T0073975

Wildvogelhaltung

Werner Lantermann • Jörg Asmus
Hrsg.

Wildvogelhaltung

mit 450 Abbildungen und 15 Tabellen

 Springer Spektrum

Hrsg.
Werner Lantermann
Oberhausen, Deutschland

Jörg Asmus
Mönsterås, Schweden

ISBN 978-3-662-59603-6   ISBN 978-3-662-59604-3 (eBook)
ISBN 978-3-662-59614-2 (print and electronic bundle)
https://doi.org/10.1007/978-3-662-59604-3

Die Deutsche Nationalbibliothek verzeichnet diese Publikation in der Deutschen Nationalbibliografie; detaillierte bibliografische Daten sind im Internet über http://dnb.d-nb.de abrufbar.

Springer Spektrum
© Springer-Verlag GmbH Deutschland, ein Teil von Springer Nature 2021

Lektorat: Stefanie Wolf
Springer Spektrum ist ein Imprint der eingetragenen Gesellschaft Springer-Verlag GmbH, DE und ist ein Teil von Springer Nature.
Die Anschrift der Gesellschaft ist: Heidelberger Platz 3, 14197 Berlin, Germany

Danksagung

Viele Fachleute – Freunde, Kollegen, Tiergärtner, Tiermediziner, Vogelhalter – haben zum Gelingen dieses Buches beigetragen. Die Autoren sind namentlich genannt und im Autorenverzeichnis mit ihrer Kurzvita noch einmal gesondert aufgeführt. Darüber hinaus haben wir von folgenden Damen und Herren weitere Unterstützung erfahren: durch die kostenfreie Bereitstellung von Fotos, das Gegenlesen von Texten, die Ergänzung und Korrektur von Textbeiträgen u. a. Ihnen möchten wir an dieser Stelle (alphabetisch) unseren ausdrücklichen Dank abstatten:

Für die Durchsicht von Buchkapiteln, Kapitelabschnitten und für ergänzende Hinweise danken wir sehr herzlich den Damen und Herren: *Norbert Bahr* für die Durchsicht des Turako-Kapitels und einen Hinweis auf die frühere Riesenturako-Haltung im Weltvogelpark Walsrode, *Peter H. Barthel* und *Dr. Christoph Hinkelmann* für die Bereitstellung der DO-G-Vogelartenliste mit den Deutschen Vogelnamen vor der Publikation, *Lisa Döll*, Untere Naturschutzbehörde des Kreises Coesfeld, für einige Hinweise zur Rechtslage bei der Haltung von Greifvögeln, Eulen und Störchen, *Dr. Christoph Hinkelmann* für die Durchsicht und Ergänzung von Textabschnitten zum Artbegriff und Hinweise zur Vogelsystematik bzw. zur Verwendung deutscher Vogelnamen, *Jürgen Hirt*, BNA, für die Durchsicht eines Abschnitts in den Hinweisen zum Artenteil (Rechtsgrundlagen), *Theo Kleefisch* für einige Informationen zur früheren Kolibri-Haltung bei den Mitgliedern des Bonner Stammtischs und dem Arbeitskreis der Kolibri-Liebhaber, *Dr. Christian Matschei* für die Durchsicht des Kapitels Verhaltensbereicherung und einige Verbesserungsvorschläge sowie für die Durchsicht des Storchen-Kapitels, *Thomas Ratjen* für die Durchsicht des Racken-Kapitels, einen ergänzenden Hinweis zur Blaurackenhaltung und zwei Fotos für das Kapitel über Kuckucksvögel, *Prof. Dr. Thomas Richter* für die Durchsicht des Falken-Kapitels und einige Verbesserungsvorschläge, *Dr. Franz Stäb* für die Durchsicht und Ergänzung von Textabschnitten zum Artbegriff, *Dr. Till Töpfer* für die Durchsicht von Textabschnitten zum Artbegriff und *Dr. Irene Urbasch* für die Durchsicht und Ergänzung des Einleitungskapitels zu den Passeriformes.

Folgende Damen und Herren haben (außer den Buchautoren für ihre eigenen Beiträge) dankenswerterweise kostenfrei Fotos für dieses Buch zur Verfügung gestellt (alphabetisch): *Maximilian Birkendorf* (Gelbwangenkakadu, Zoo Neuwied), *Johanna Bukovsky* (Schwalbensittiche aus dem Archiv des Tiergartens Schönbrunn, Fotograf: *Daniel Zupanc*), *Timo Deible* (7 Fotos für den Beitrag von Dr. Becker),

Lonnie Dueholm Ott (Habichtskauz in Schweden), *Hans-Joachim Fünfstück* (Schar-lachara in Costa Rica), *Dr. Christian Matschei* (Wanderfalke), *Björn Nobert* (Trans-port, Zoo Berlin), *Pablo Przesang* (Waldrapp-Beitrag), *Hans-Joachim Rüblinger* (Streifenkiwi), *Reinhard Sieck* (Weißstirnspint), *Frithjof Spangenberg* (Rotschna-belkitta), *Jörg Stemmler* (Bienenfresser, Wendehals, Sperlingskauz), *Werner Ster-werf* (Schleiereule), *Dr. Till Töpfer* (Schönsittich in der Museumskollektion in Tring), *Bernhard Walker* (Papstfink und Schuppenwachtel) und *Markus Zehnder* (Rotkardinal).

Für Abdruckgenehmigung von Zeichnungen und Textbausteinen danken wir: Herrn *Jochen Dietrich* vom Filander-Verlag (Textbausteine aus Baur et al. 2009. Zootierhaltung in kleineren zoologischen Einrichtungen. Fürth: Filander) und dem *Ulmer-Verlag* in Stuttgart (drei Abbildungen aus: Aeckerlein, W. 1993. Die Ernäh-rung des Vogels. Stuttgart: Ulmer).

Dr. Till Töpfer (Bonn) dankt den Kollegen des Zoologischen Gartens Wuppertal, *Hermann Stelbrink* vom Vogelschutz- und Liebhaberverein Gütersloh-Friedrichs-dorf sowie den Vogelhaltern *Peter Kronseder* und *Theo Kleefisch* für die freundliche Übergabe von in seinem Text erwähnten Vögeln an das Zoologische Forschungs-museum Alexander Koenig.

Die Herausgeber danken ihren Lebensgefährtinnen *Ramona Heuckendorf* (Möns-terås) und *Yvonne Lantermann* (Oberhausen) für die Texterfassung von vier Manu-skripten, die Korrektur von Beiträgen und für die unermüdliche Unterstützung während der Entstehungsphase des Buches.

Autoren und Herausgeber danken nicht zuletzt dem Springer-Verlag in Heidel-berg, dass er sich bereit erklärt hat, dieses Werk in sein Verlagsprogramm aufzuneh-men. Dieser Dank schließt auch und besonders unsere Koordinatorinnen Frau *Michele Beer* und Frau *Kavitha Janarthanan* mit ein, mit deren konstruktiver Hilfe wir auch durch die schwierigen Phasen der Manuskriptentstehung geleitet wurden.

Im Juli 2021   Werner Lantermann
                                                                         Jörg Asmus

Preface

Many people would agree that as a group birds are the most beautiful, the most visible and well known, the most behaviourally interesting and probably the best loved animals on earth. Yet they are also the most abused and exploited. The IUCN has assessed 11,000 bird species, of which 14 % are threatened with extinction (IUCN Red List, 2020). Of these, 39 % are affected by unsustainable levels of direct exploitation (hunting and trapping), and 75 % are threatened by all forms of biological resource use, including the effects of logging (BirdLife International 2020). Unfortunately, the status of most threatened bird species is deteriorating.

Among the actions taken to try to prevent extinctions are replanting of habitats, providing nesting sites, educating people regarding the importance and value of wildlife, and captive breeding. During the twenty-first century conservation breeding has started to prove its potential. It is the zoos and wildlife parks that are leading the way.

The general public are often not well informed about the role of zoos in breeding and releasing threatened and endangered bird species into their areas of origin. Perhaps zoos should display even more prominently and with multiple information boards within their grounds details of successful projects. Publicising the often impressive sums of money raised to support *in situ* conservation programmes is also important. Zoos also need to bombard the Press with these stories!

It is not only mainstream organisations that are achieving significant successes. Smaller, family-owned zoos are equally successful. I will give one example in the UK. Paradise Park and Jungle Barn in Cornwall has been breeding Choughs (*Pyrrhocorax pyrrhocorax*) for release since 1987. This handsome red-billed corvid was extinct in most of its former UK habitat due to farming practices that destroyed its food sources and habitat. Paradise Park's highly successful breeding programme has resulted in Choughs bred there recolonising Jersey in the Channel Islands, and the next step, under discussion, is for them to recolonise the white cliffs of Dover.

Looking much further afield, Mitchell's Lorikeet (*Trichoglossus forsteni mitchellii*) is extinct on Bali and nearing extinction on Lombok, the only other island on which it occurs. Illegal trapping is to blame. Paradise Park has built up a group of 70 individuals, with the aim of eventually sending some to a protected area on Bali.

The extinction of some bird species has been prevented by captive breeding. It is suggested that since 2010 the following, which are all extinct in the wild, would have been lost forever without a captive population: Alagoas Curassow (*Mitu mitu*), Guam Kingfisher (*Todiramphus cinnamominus*), Guam Rail, Hawaiian Crow (*Corvus hawaiiensis*) and Socorro Dove (*Zenaida graysoni*) (BirdLife International 2020). The Guam Rail (*Hypotaenidia owstoni*), has been successfully reintroduced into the wild since 2010. In Brazil, plans are well advanced to release captive-bred individuals of Spix's Macaw (*Cyanopsitta spixii*), which is extinct in the wild, into its original habitat (now a reserve) in the near future.

An extremely rare instance of a private aviculturist saving a species from extinction relates to Pedro Nardelli, a São Paulo businessman who in 1979 captured five Alagoas Curassows in a forested area that was destroyed two years later to make a sugar and ethanol plant. These five birds and their offspring saved the species. September 25, 2019 was a historic day in the conservation of South American fauna. Three pairs were reintroduced to the state of Alagoas, the first time that a Neotropical bird or animal species which was extinct in the wild was reintroduced to its former range.

The project was overseen by Professor Luís Fábio Silveira, curator of the ornithological collection at the Museum of Zoology of the University of São Paulo. He was also responsible for the programme to reintroduce the Golden Parrot (*Guaruba guarouba*) to north-east Brazil, where much of its habitat had been destroyed for development such as road-building and dams.

Captive breeding of this beautiful parrot proved very successful at the Lymington Foundation, which owns 60 ha of semi-tropical cloud forest in the state of São Paulo. Two pairs of confiscated birds have produced more than 100 young, many parent-reared. In August 2017 the first steps were taken to soft-release 14 of these captive-bred Golden Parrots into their natural habitat in Belém. This was a collaboration between the government and Lymington Foundation, overseen by Prof. Silviera. The released birds are now breeding there.

These projects take more than time and money. They rely on passionate and dedicated people.

Looking ahead, it is likely that many bird species endemic to islands, such as the Philippines and certain Indonesian islands, will increasingly depend on captive breeding for their survival.

Another island whose fauna is in deep trouble is Madagascar. The forests are now so fragmented that about half are less than 100 m from a forest boundary. Extinction looms for some of Madagascar's rarest endemics. I fear the day will come when they will be seen only in a few zoos. Several European zoos have excellent Madagascar houses but the bird park that is at the front line is Weltvogelpark Walsrode.

The Madagascar endemics are rarely seen in bird collections. But Walsrode is renowned for them, especially the unique couas, such as the beautiful blue coua (*Coua caerulea*), the giant coua (*Coua gigas*), and the crested coua (*Coua cristata*). Consistent breeding successes have been achieved with these difficult species, resulting in young being sent to other zoos.

Madagascar has two endemic ibis species. The forest-dwelling Madagascar crested ibis (*Lophotibis cristata*) is Near Threatened (IUCN), but the Madagascar sacred ibis (*Threskiornis bernieri*) is Endangered and now rare due to theft of its eggs, disturbance at nest sites and degradation of wetland habitats. Both species breed at Walsrode.

Many endangered bird species cannot be returned to the wild at the present time. When part of their habitat has been restored and introduced predators removed, the time will be right. Until then captive populations must be managed with studbooks and the participation of zoos and other institutions that focus on several endangered species, building up numbers and knowledge.

Some of the most committed private breeders participate in breeding rare bird species. Their knowledge, accrued over decades in some cases, helps to inform those involved in *in situ* breeding programmes. An outstanding example of a private breeder with more than half a century of experience is Hans-Jürgen Geil. His success with Palm Cockatoos (*Prosciger aterrimus*) is legendary.

The general information and species accounts contained in this ground-breaking book, contributed by experts in their field, will be invaluable to everyone involved in saving bird species from extinction.

Rosemary Low

References

BirdLife International. (2020). *Birds and biodiversity targets: what do birds tell us about progress to the Aichi Targets and requirements for the post-2020 biodiversity framework?* A State of the World's Birds report. Cambridge, UK: BirdLife International. ISBN 978-1-912086-67-2.

Geleitwort

Viele Menschen würden darin übereinstimmen, dass Vögel als Gruppe die schönsten und beliebtesten Tiere der Erde sind, zumal sie vielerorts präsent sind und ein interessantes Verhalten zeigen. Aber sie sind gleichzeitig auch die am meisten missbrauchte und ausgebeutete Tiergruppe. Die IUCN hat ermittelt, dass von den weltweit etwa 11.000 Vogelarten mittlerweile bereits 14 % vom Aussterben bedroht sind (IUCN Red List, 2020). Von diesen sind allein 39 % von direkter Ausbeutung (Jagd und Fang) betroffen, derweil insgesamt sogar 75 % durch alle Formen der Ressourcen-Nutzung, einschließlich der Auswirkungen des Holzeinschlags, bedroht sind (BirdLife International 2020). Leider verschlechtert sich dadurch der Zustand der meisten bedrohten Vogelpopulationen.

Zu den Maßnahmen, die ergriffen werden, um deren Aussterben zu verhindern, gehören die Aufforstung von ursprünglichen Lebensräumen, die Bereitstellung von Nistmöglichkeiten, die Aufklärung der Menschen über die Bedeutung und den Wert der wild lebenden Tiere sowie die Zucht in Menschenobhut. Im 21. Jahrhundert hat die Erhaltungszucht begonnen, ihr Potenzial unter Beweis zu stellen. Es sind die Zoos und Wildparks, die hierbei die Vorreiterrolle spielen.

Die breite Öffentlichkeit ist oft nicht gut genug über die Rolle der Zoos bei der Zucht und Auswilderung bedrohter und gefährdeter Vogelarten in ihren Ursprungsgebieten informiert. Vielleicht sollten die Zoos noch deutlicher und mit noch mehr Informationstafeln in ihren Anlagen über Einzelheiten erfolgreicher Projekte informieren. Wichtig ist auch die Bekanntmachung der oft beeindruckenden Geldsummen, die zur Unterstützung von In-situ-Erhaltungsprogrammen aufgebracht werden. Die Zoos sollten auch die Presse mit diesen Erfolgsgeschichten regelrecht „bombardieren"!

Es sind nicht nur die großen Mainstream-Zoos und -Parks, die bedeutende Erfolge erzielen. Kleinere, im Familienbesitz befindliche Tiergärten sind oftmals ebenso erfolgreich. Ich möchte ein Beispiel aus Großbritannien nennen. Der Paradise Park and Jungle Barn in Cornwall züchtet seit 1987 Alpenkrähen (*Pyrrhocorax pyrrhocorax*) zur Auswilderung. Dieser stattliche rotschnäbelige Rabenvogel war in den meisten Teilen seines früheren Lebensraums in Großbritannien aufgrund von landwirtschaftlichen Praktiken, die seine Nahrungsquellen und seinen Lebensraum zerstörten, ausgestorben. Das äußerst erfolgreiche Zuchtprogramm des Paradise Parks hat dazu geführt, dass die dort gezüchteten Alpenkrähen mittlerweile die

Gegend rund um Jersey auf den Kanalinseln wieder besiedeln. Als nächster Schritt wird diskutiert, dass man sie auch an den weißen Klippen von Dover wieder ansiedeln möchte.

Blicken wir über Europa hinaus, kommt uns z. B. der Mitchell-Allfarblori (*Trichoglossus forsteni mitchellii*) in den Sinn. Er ist auf Bali ausgestorben und auf Lombok, der einzigen anderen Insel, auf der er vorkommt, vom Aussterben bedroht. Schuld daran ist der illegale Fang. Der Paradise Park hat über die Jahre eine Zuchtgruppe von 70 Individuen aufgebaut, mit dem Ziel, einige von ihnen baldmöglichst in einem Schutzgebiet auf Bali auszuwildern.

Die endgültige Ausrottung einiger Vogelarten wurde durch Erhaltungszuchten in Menschenobhut verhindert. Es ist anzunehmen, dass seit 2010 z. B. die folgenden, in freier Wildbahn ausgestorbenen Vogelarten ohne eine Gehegepopulation in Menschenobhut für immer verloren wären: Mitu (*Mitu mitu*), Zimtkopfliest (*Todiramphus cinnamominus*), Guamralle (*Hypotaenidia owstoni*), Hawaiikrähe (*Corvus hawaiiensis*) und Socorro-Taube (*Zenaida graysoni*) (BirdLife International 2020). Die Guamralle wurde seit 2010 erfolgreich wieder ausgewildert. In Brasilien sind die Pläne weit fortgeschritten, in naher Zukunft auch in Menschenobhut gezüchtete Exemplare des im Freiland ausgestorbenen Spixaras (*Cyanopsitta spixii*) in seinem ursprünglichen Lebensraum (jetzt ein Reservat) auszuwildern.

Ein äußerst seltener Fall, in dem ein privater Vogelhalter eine Art vor dem Aussterben rettete, ist auf das Engagement von Pedro Nardelli zurückzuführen, Geschäftsmann aus São Paulo. Er fing 1979 fünf Mitus in einem Waldgebiet, das zwei Jahre später abgeholzt wurde, um dort eine Zucker- und Ethanolanlage zu errichten. Diese fünf Vögel und ihre Nachkommen retteten die Art. Der 25. September 2019 war ein historischer Tag für die Erhaltung der südamerikanischen Fauna. Drei Mitu-Paare wurden im Bundesstaat Alagoas wieder angesiedelt, zum ersten Mal wurde damit eine im Freiland ausgestorbene neotropische Vogelart wieder in ihr früheres Verbreitungsgebiet zurückgeführt.

Das Projekt wurde von Professor Luís Fábio Silveira, dem Kurator der ornithologischen Sammlung des Zoologischen Museums der Universität São Paulo, geleitet. Er war auch für das Programm zur Wiederansiedlung des Goldsittichs (*Guaruba guarouba*) im Nordosten Brasiliens verantwortlich, wo dessen Lebensraum zu einem Großteil für sogenannte Entwicklungsmaßnahmen wie Straßen- und Dammbau zerstört worden war.

Die Zucht dieses schönen Sittichs in Menschenobhut erwies sich bei der Lymington Foundation, die 60 ha halbtropischen Nebelwald im Bundesstaat São Paulo besitzt, als sehr erfolgreich. Zwei Paare beschlagnahmter Vögel haben mehr als 100 Jungvögel hervorgebracht, von denen viele bei den Eltern aufgezogen wurden. Im August 2017 wurden die ersten Schritte unternommen, um 14 dieser in Menschenobhut gezüchteten Goldsittiche behutsam in ihrem natürlichen Lebensraum in Belém freizulassen. Dies geschah in Zusammenarbeit der brasilianischen Regierung mit der Lymington Foundation unter der Leitung von Prof. Silviera. Die freigelassenen Vögel brüten nun bereits dort.

Diese Projekte erfordern mehr als Zeit und Geld. Sie sind auf leidenschaftliche und engagierte Menschen angewiesen.

Wenn man in die Zukunft blickt, ist es wahrscheinlich, dass das Überleben vieler Vogelarten, die z. B. auf Inseln wie den Philippinen oder bestimmten indonesischen Inseln endemisch sind, zunehmend von erfolgreichen Erhaltungszuchtprogrammen abhängen wird.

Eine weitere Insel, deren Fauna mittlerweile gefährdet ist, ist Madagaskar. Die Wälder sind inzwischen derart fragmentiert, dass etwa die Hälfte weniger als 100 m von einer Waldgrenze entfernt liegt. Für einige der seltensten Endemiten Madagaskars droht das Aussterben. Ich fürchte, der Tag wird kommen, an dem sie nur noch in einigen wenigen Zoos zu sehen sein werden. Mehrere europäische Zoos verfügen über ausgezeichnete Madagaskar-Häuser, aber der Weltvogelpark Walsrode ist hier führend.

Die madagassischen Endemiten sind nur selten in Vogelsammlungen zu sehen. Aber Walsrode ist für deren Haltung bekannt, vor allem für die einzigartigen Seidenkuckucke, wie dem wunderschönen Blau-Seidenkuckuck (*Coua caerulea*), dmn Riesen-Seidenkuckuck (*Coua gigas*) und dem Schopf-Seidenkuckuck (*Coua cristata*). Mit diesen schwierigen Arten wurden beständige Zuchterfolge erzielt, die dazu führten, dass Jungtiere mittlerweile auch an andere Zoos weitergegeben werden konnten.

In Madagaskar gibt es außerdem zwei endemische Ibis-Arten. Der waldbewohnende Schopf- oder Mähnenibis (*Lophotibis cristata*) gilt als potenziell gefährdet (IUCN = near-threatened), derweil der Hellaugenibis (*Threskiornis bernieri*) sogar als stark gefährdet (IUCN = endandered) eingestuft wird, vor allem weil seine Eier gestohlen, seine Nistplätze gestört und Feuchtgebiete, die seine bevorzugten Lebensräume bilden, vernichtet wurden. Beide Arten brüten erfolgreich in Walsrode.

Viele vom Aussterben bedrohte Vogelarten können derzeit nicht wieder ausgewildert werden. Erst wenn ein Teil ihres Lebensraums wiederhergestellt und eingeführte Beutegreifer wieder eliminiert worden sind, ist der Zeitpunkt gekommen. Bis dahin müssen die Gehege-Populationen mithilfe von Zuchtbüchern und unter Beteiligung von Zoos und anderen Institutionen, die sich auf gefährdete Arten spezialisiert haben, gemanagt werden, um deren Kopfzahlen zu erhöhen und die Kenntnisse über die jeweiligen Arten zu erweitern.

Einige der engagiertesten privaten Züchter beteiligen sich an der Zucht seltener Vogelarten. Ihr Wissen, das in einigen Fällen über Jahrzehnte gesammelt wurde, dient auch dazu, die Teilnehmer von In-situ-Zuchtprogrammen mit Zusatzinformationen zu versorgen. Ein herausragendes Beispiel für einen privaten Züchter mit mehr als einem halben Jahrhundert Erfahrung ist Hans-Jürgen Geil. Seine Zuchterfolge mit Palmkakadus (*Probosciger aterrimus*) sind legendär.

Die in diesem umfangreichen Buch enthaltenen Beiträge und Artkapitel, die von Experten auf ihrem Gebiet beigesteuert worden sind, werden für alle diejenigen von unschätzbarem Wert sein, die sich für die Rettung vom Aussterben bedrohter Vogelarten einsetzen.

Rosemary Low

Literatur

BirdLife International. (2020). *Birds and biodiversity targets: what do birds tell us about progress to the Aichi Targets and requirements for the post-2020 biodiversity framework?* A State of the World's Birds report. Cambridge, UK: BirdLife International.

Preface

Conservation Biology is a relatively new discipline and Captive Conservation Husbandry is even more so. This new discipline is long overdue and essential, necessary, although too few prudent individuals were quick to realise its potential and significance. My first experiences of captive husbandry for conservation were visits to the Wildfowl Trust at Slimbridge and the Durrell Wildlife Sanctuary in the Channel Islands which focusses on breeding the Madagascan lemurs, but more recently through the World Parrot Trust in the South-west of England.

Birds are a particular focus for captive conservation husbandry because of their threatened status, diversity, global distribution, amazing colours, song, and characters, including spectacular courtship and maternal care. Fortunately, like those above, initiatives have evolved, particularly in Europe and now across the World; yet until now there has been too little focus on Captive Husbandry, owing to its myriad of challenges.

Like wildlife conservation in varied habitats, and complex environments, captive husbandry is a complicated, challenging discipline with a necessary focus on holism. The whole, as we know, is greater than the sum of its parts. So is this book. Maintaining birds in captivity is one thing however breeding them in captivity is a different journey, as I know well from my amateur interest, and successes, with Australian grass parakeets. Some *Neophema* species are fairly easy to breed yet the migratory, Orange-breasted grass parakeets (*N. chrysogaster*) is in need of conservation in the wild and in captivity. There are so many more species, and in some cases sub-species desperate for attention.

Captive breeding for conservation focuses on endangered and endemic species, many of which are island species and, or, large birds. One must maintain good stud books and special interest groups. Work cooperatively in coordination, and maintain genetically pure, self-sustaining captive birds to conserve wild populations.

Removal of rare birds from the wild for captive husbandry must only happen in extreme cases for officially sanctioned conservation programmes. Do not be implicated in the (near) extinction of rare species from the wild. National, provincial, state and local level approval are essential, including participation in Species Survival Plans (SSPs).

Imported wild-caught adult birds may take too long to habituate and breed in captivity so young birds are preferred. They may be diseased or carrying parasites, so disease diagnosis, (and sex determination), are essential. Veterinary research tackles many diseases, although viral infections can quickly turn success into disaster. Problems are compounded when sourcing birds from different sub-populations or collections. Some of these diseases, e.g. Pacheco's parrot disease, can now be controlled by vaccination, but other diseases, e.g. polyoma-virus (papova-virus) and beak and feather disease remain a threat. The etiology of many recognised syndromes, e.g. proventricular dilatation syndrome, have not yet been established. Their effect on threatened wild birds and captive populations is unknown and very serious. Captive breeding alleviates pressure on wild populations; so research into disease control and nutrition, in common captive species as subjects, contributes to captive conservation efforts for rare species, especially when published.

Maintaining and breeding threatened species for reintroduction programmes is attractive, however many obstacles must to be overcome. Not disclosing captive holdings and unwillingness to relinquish birds for this have to be put aside for the common goal of conservation. For target flagship species, willingness to transfer birds to maximize genetic diversity is essential.

Captive breeders must be aware of recent advances in population management, recovery plans and species survival programmes. While threatened species are not common in captivity, their status in the wild changes with unlawful trading, predation and disease, and habitat loss. The time to develop genetically viable populations is now, while most of the breeding stock is of the wild type. The new import controls in the US and the EU may negate this problem entirely.

Captivity immediately poses questions, about the siting, housing, and internal artificial habitat for the accommodation. The size and dimensions of the aviary for a solitary, or colonial, species need to be defined and appropriately equipped and furnished. Optimal nesting facilities must be defined and provided, sometimes in excess, for open and cavity nesters. The pairing of birds may be natural or facilitated, while the sex ratio may be regular or purposely skewed. An optimal, balanced and nutritional diet is essential, although more important for some species than others, yet in some species it is critical. Minerals and vitamins as well as protein and energy are required in the proportion. Diets often change seasonally in the wild and this should be replicated in captivity. When natural foods are unavailable special and sometimes innovative efforts are needed to meet requirements. This is not easy and will take time in addition to skill and experience. Particular foods may be difficult to source, especially seasonal foods, including fruits and insects.

Health is essential as sick and mal-nourished birds will not breed, or chicks will not survive which is dis-heartening. Parasitism is a major problem as soon as birds are brought into captivity and close proximity. Prevention is always better than cure although birds recently sourced from the wild may bring parasites and disease with them. Avian veterinary medicine has progressed significantly but one has to be alert to new viral infections from the wild, or other collections. Predation should never occur in captivity

Field conservation research focuses heavily on habitat including vegetation structure, nest sites and tree cavities, and a wide range of plants often determined by particular soils. Plants are a major focus and impact largely on the physical 3-D structure of the environment. This is very important and needs to be replicated in captivity which might well include cover (bush) or open space, large trees, trunks with cavities, wetland and arid-zones. Temperature and humidity should be controlled, and in some cases, rainfall simulated.

This book provides answers to all these questions and hints from an expert perspective. I hope it gets a good reception in the professional world and a wide distribution.

Mike Perrin

Geleitwort

Die Naturschutzbiologie ist eine relativ neue Disziplin, und die Erhaltungszucht in Menschenobhut umso mehr. Diese neue Disziplin ist seit langem überfällig und unerlässlich, ja geradezu notwendig, auch wenn gegenwärtig noch zu wenige umsichtige Personen ihr Potenzial und ihre Bedeutung erkannt haben. Meine ersten Erfahrungen mit der Erhaltungszucht basieren auf Besuchen beim Wildfowl Trust in Slimbridge und im Durrell Wildlife Conservation Trust auf den Kanalinseln, der sich auf die Zucht von madagassischen Lemuren spezialisiert hat, – und in jüngerer Zeit auch auf Kontakten mit dem World Parrot Trust im Südwesten Englands.

Vögel bilden aufgrund ihrer Gefährdung, ihrer Artenvielfalt, ihrer weltweiten Verbreitung, ihrer erstaunlichen Farben, ihres Gesangs und ihres Verhaltens, einschließlich ihrer oftmals spektakulären Balz und Jungenaufzucht, einen besonderen Schwerpunkt bei den Erhaltungszuchten. Glücklicherweise haben sich bereits europa- und weltweit zahlreiche Initiativen, wie die zuvor genannten, entwickelt, doch bis jetzt findet die Zucht in Menschenobhut angesichts der zahllosen Herausforderungen immer noch zu wenig Beachtung.

Ebenso wie der In-situ-Schutz und die Erhaltung von Wildtieren in ihren ursprünglichen Lebensräumen, so ist auch die artgemäße Haltung von Tieren in Menschenobhut eine komplizierte, herausfordernde Disziplin, die niemals die Komplexität solcher Projekte aus dem Auge verlieren darf. Das Ganze ist, wie wir wissen, mehr als die Summe seiner Teile. Das gilt auch für dieses Buch. Vögel in Menschenobhut zu halten ist eine Sache, aber sie auch erfolgreich zu züchten, ist eine andere, wie ich aus meinem Amateurinteresse und meinen Erfolgen mit australischen Grassittichen weiß. Einige *Neophema*-Arten sind recht einfach zu züchten, doch die höchstbedrohten Goldbauch- oder Orangebauchsittiche (*N. chrysogaster*) müssen sowohl im Freiland geschützt als auch durch koordinierte Zuchtprojekte in Menschenobhut erhalten werden. Es gibt so viele weitere Arten und in einigen Fällen auch Unterarten, die dringend mehr Aufmerksamkeit benötigen.

Die Zucht in Menschenobhut zum Zweck der Arterhaltung konzentriert sich überwiegend auf gefährdete und endemische Arten, von denen viele Inselarten und/oder große Vögel sind. Man muss detaillierte Zuchtbücher führen und spezielle Interessengruppen bilden, die kooperativ und koordiniert zusammenarbeiten, um genetisch artenreine, sich selbst erhaltende Volierenpopulationen in Menschenobhut aufzubauen, die früher oder später auch die wild lebenden Populationen stützen könnten.

Die Entnahme seltener Vögel aus dem Freiland zum Aufbau eines Zuchtpro-
grammes in Menschenobhut darf nur noch in Ausnahmefällen und für offiziell
genehmigte Erhaltungsprogramme erfolgen, niemals darf dadurch die Gefahr der
Ausrottung einer seltenen Art forciert werden. Eine Genehmigung für solche Projekte auf lokaler, bundesstaatlicher oder nationaler Ebene ist unerlässlich, einschließlich der Beteiligung am *Species Survival Plan* (SSP).

Importierte, adulte Vögel aus dem Freiland brauchen unter Umständen zu lange,
um sich in Menschenobhut einzugewöhnen und zu brüten, deshalb sollten junge
Vögel bei solchen Zuchtprojekten bevorzugt werden. Sie könnten krank sein oder
Parasiten in sich tragen, daher sind Krankheitsdiagnose (und Geschlechtsbestimmung) zunächst unerlässlich. Die veterinärmedizinische Forschung befasst sich mit
vielen Krankheiten, aber gerade Virusinfektionen können verheerende Folgen haben
und schnell erste Erfolge in eine Katastrophe verwandeln. Die Probleme werden
unter Umständen noch verschärft, wenn die Vögel aus verschiedenen Subpopulationen (im Freiland) oder aus mehreren Kollektionen (in Menschenobhut) stammen.
Einige dieser Krankheiten, z. B. die Pacheco-Papageienkrankheit, können jetzt
durch Impfung bekämpft werden, aber andere, z. B. das Polyoma-Virus (Papova-
Virus) oder die Schnabel- und Federkrankheit der Papageien (PBFD), stellen nach
wie vor eine Bedrohung für viele Bestände dar. Die Entstehung vieler Krankheiten,
z. B. der Neuropathischen Drüsenmagendilatation (= Aviäres Bornavirus, PDD), ist
noch nicht geklärt. Ihre letztendlichen Auswirkungen auf in Menschenobhut lebende
Wildvogelpopulationen sind bislang noch weitgehend unbekannt und können sehr
schwerwiegend sein. Die Zucht in Menschenobhut mildert den Druck auf die
Wildpopulationen mancher Arten. Daher trägt die Forschung auf dem Gebiet der
Krankheitsbekämpfung und der Ernährung, die sich überwiegend auf häufige in
Menschenobhut gehaltene Arten(gruppen) bezieht, zu den Bemühungen um die
Erhaltung auch seltener Arten in Menschenobhut bei, insbesondere wenn die Ergeb-
nisse auch regelmäßig veröffentlicht werden.

Die Erhaltung und Zucht bedrohter Arten für Auswilderungsprogramme erscheint zunächst attraktiv, es müssen jedoch viele Hindernisse überwunden werden.
Seltene Vögel dürfen nicht länger bei Privathaltern „unter Verschluss" bleiben,
sondern müssen für seriöse Erhaltungszuchtprogramme freigegeben und zur Verfügung gestellt werden. Für den Erfolg bei der Zucht solcher bedrohten Flaggschiff-
arten ist die Bereitschaft aller Halter, die Vögel zur Maximierung der genetischen
Vielfalt auszutauschen, von wesentlicher Bedeutung.

Züchter, die Vögel in Menschenobhut halten und nachziehen wollen, müssen
über die neuesten Fortschritte beim Populationsmanagement, über mögliche Schutzmaßnahmen und über Erhaltungsprogramme zum Überleben der jeweiligen Arten
informiert sein. Während Vögel bedrohter Arten in Menschenobhut nicht allzu
häufig sind, ändert sich ihr Status im Freiland durch illegalen Handel, Beutegreifer
und Krankheiten sowie durch den Verlust von Lebensräumen schnell. Es ist jetzt an
der Zeit, genetisch gesunde Populationen aufzubauen, weil von vielen Arten noch
große Teile des Zuchtbestandes artenreine Wildvögel sind. Die neuen Importkon-
trollen in den USA und der EU könnten dieses Unterfangen (d. h. den Austausch von
Tieren) allerdings erschweren.

Bei der Haltung von Vögeln in Menschenobhut ergeben sich viele Fragen im Hinblick auf Standort, Unterbringungsart und Ausstattung einer Haltungsanlage. Die Anlage muss z. B. für die Einzelhaltung, die Paar- oder die Gruppenhaltung unterschiedlich bemessen und ausgestattet sein. Für Offen- und Höhlenbrüter müssen optimale Nistmöglichkeiten – manchmal mehrere zur Auswahl – bereitgestellt werden. Die Verpaarung kann auf natürliche Weise (freie Partnerwahl) erfolgen oder durch den Menschen beeinflusst werden (Zwangsverpaarung). Das Geschlechterverhältnis kann ausgeglichen oder je nach Sozialstruktur einer Art zugunsten des einen oder anderen Geschlechts verschoben sein. Eine optimale, ausgewogene und nährstoffreiche Ernährung ist unerlässlich, auch wenn dies für einige Arten wichtiger ist als für andere. Für einige Arten ist eine ausdifferenzierte Nahrungszusammensetzung allerdings substanziell. Mineralien und Vitamine sowie Eiweiß und Energie werden in einem bestimmten Verhältnis benötigt. In der freien Natur ändert sich die Nahrungszusammensetzung oft jahreszeitlich, und dies sollte auch in Menschenobhut berücksichtigt werden. Wenn natürliche Nahrungsmittel nicht zur Verfügung stehen, sind manchmal besondere Anstrengungen erforderlich, um die Nahrungsansprüche der Tiere dennoch zu befriedigen. Dies ist nicht immer einfach und erfordert neben Geschick und Erfahrung auch viel Zeit. Es kann schwierig sein, bestimmte Nahrungsmittel zu beschaffen, insbesondere saisonale Nahrungsmittel, einschließlich bestimmter Früchte und Insekten.

Die Gesundheit der Tiere ist bei der Erhaltungszucht von wesentlicher Bedeutung, da kranke und unterernährte Vögel nicht brüten oder deren Küken nicht überleben, was entmutigend ist. Parasitismus ist ein großes Problem, sobald Vögel aus dem Freiland in eine Haltungsanlage gelangen. Vorbeugen ist immer besser als heilen, gerade weil Vögel, die erst kürzlich aus dem Freiland in Menschenobhut genommen wurden, Parasiten und andere Krankheiten mitbringen können. Zwar hat die Vogelveterinärmedizin in den letzten Jahren erhebliche Fortschritte gemacht, aber man muss stets auf neue Virusinfektionen aus dem Freiland oder aus anderen Beständen gefasst sein. In Menschenobhut sollte es außerdem niemals zu Gefährdungen der Vögel durch Beutegreifer (z. B. Greifvögel oder Schadnager) kommen.

Die Feldforschung konzentriert sich überwiegend auf den Lebensraum, einschließlich der Vegetationsstruktur, der Nistplätze und Baumhöhlen, sowie auf das natürliche Spektrum der Pflanzenarten, das von der Bodenbeschaffenheit abhängt. Pflanzen sind ein wichtiger Bestandteil und wirken sich nachhaltig auf die physikalische 3-D-Struktur eines Lebensraumes aus. Dies ist sehr wichtig und muss in Menschenobhut soweit wie möglich nachgebildet werden, wozu auch Buschwerk (= Deckung) oder Freiflächen, große Bäume, Stämme mit Hohlräumen, Feucht- und Trockenzonen gehören können. Temperatur und Feuchtigkeit müssen regelmäßig kontrolliert werden, und bei bestimmten Arten sollten zeitweise auch Regenfälle simuliert werden.

Das vorliegende Buch gibt auf alle diese Hinweise und Fragen Antworten aus Expertensicht. Ich wünsche dem Werk eine gute Aufnahme in der Fachwelt und eine weite Verbreitung.

Mike Perrin

Kurzbiografie der Autoren

Dr. Wolfgang Aeckerlein, Jahrgang 1937. Studium der Veterinärmedizin in Gießen von 1956-1961, das er mit Promotion abschloss. In den Jahren danach Spezialisierung auf das Sachgebiet Gefiederte und deren Krankheiten. Einflussreiche akademische Lehrer waren die Herren Professor Dr. K. Fritzsche und Dr. Hauser, der die erste Klinik für Tauben und Ziervögel in Köln gründete. Aufbaustudien führten zu der Anerkennung „Fachtierarzt für Geflügel" und „Fachtierarzt für öffentliches Veterinärwesen". Ab 1970 amtlicher Tierarzt – zuletzt Leiter des Amtes für Verbraucherschutz, Veterinärwesen und Lebensmittelüberwachung des Rhein-Erft-Kreises, Bergheim. Neben dem amtlichen Dienst bestand die Genehmigung, außerhalb der Dienstzeit eine Ziervogelpraxis zu führen. Die bekanntesten Veröffentlichungen sind zwei Bücher: „Die Ernährung des Vogels" (Ulmer Verlag – Stuttgart 1996) und „Vögel richtig füttern" (Ulmer Verlag – Stuttgart 2003), welches gemeinsam mit dem Fachtierarzt für Wirtschafts-, Wild- und Ziergeflügel Dr. D. Steinmetz verfasst wurde.

Jörg Asmus, geboren 1966 in Havelberg. Private Vogelhaltung seit 1979 mit dem Schwerpunkt Arterhaltung. Er ist Gründungs- und Präsidiumsmitglied der Gesellschaft für Arterhaltende Vogelzucht (GAV) e.V. und dort verantwortlich für Erhaltungszuchtprojekte, außerdem Kommissionsmitglied der IUCN SSC Red List Authority. In Vorbereitung der von ihm initiierten oder begleiteten Erhaltungszuchtprojekte hat er die phänotypischen Merkmalsvariationen und die Abgrenzbarkeit der jeweiligen Vogelgruppen, vor allem von Papageien, studiert und darüber publiziert. Für seine Arbeiten auf diesem Gebiet wurde er mehrfach ausgezeichnet, u. a. 2015 mit dem Maria-Koepcke-Preis der Deutschen Ornithologen-Gesellschaft. Zahlreiche Publikationen in Journalen, aber auch einige Buchveröffentlichungen, mehrfach gemeinsam mit Werner Lantermann. Sehr viel verbindet ihn mit der Wildlife-Fotografie, einige seiner Freilandaufnahmen werden auch in diesem Buchprojekt präsentiert.

Dr. Clemens Becker, geboren 1954 in Osterburken (Baden), studierte an der Universität Heidelberg Biologie mit Schwerpunkt Zoologie und promovierte 1984 als Verhaltensforscher über das Spielverhalten bei Menschenaffen. Seit 35 Jahren arbeitet er als verantwortlicher Tiergartenbiologe und stellvertretender Zoodirektor im

Zoo Karlsruhe. Im Rahmen der europäischen Zoo-Zusammenarbeit ist er als Koordinator für das Erhaltungszuchtprogramm für Orang-Utans in 70 europäischen Zoos zuständig und international als Menschenaffenexperte gefragt. Als Vorstand der 2016 gegründeten Artenschutzstiftung Zoo Karlsruhe und Kurator für Artenschutz beim Zoo Karlsruhe betreut er weltweit Projekte zum Erhalt von Lebensräumen und zum Schutz bedrohter Tierarten. So werden in Ecuador in eigenen Schutzgebieten am Westhang der Anden Tausende von Bäumen auf ehemaligen Weideflächen gepflanzt und über Jahre gepflegt, um dort am Äquator sekundären Nebelwald entstehen zu lassen, um die einmalige Biodiversität zu erhalten und um einen positiven Beitrag in Zeiten des Klimawandels zu leisten.

Nils Becker ist 1993 in Höxter geboren und dort im benachbarten Boffzen aufgewachsen. Nach seinem Abitur 2013 begann er in Göttingen sein Studium der Biologie, das er zwei Jahre später in Oldenburg fortsetzte. Dort hat er 2017 seine Bachelorarbeit über die Systematik von Loris und 2020 seine Masterarbeit in Zusammenarbeit mit dem Institut für Vogelforschung zum Thema „Maternale Effekte der Eigröße bei Vögeln mit der Legewachtel als Modellorganismus" geschrieben. Anschließend verbrachte er ein Jahr im Zoo Duisburg als Volontär der Zoologie. Aktuell arbeitet er als zoologischer Leiter im Tier- und Freizeitpark Thüle.

Dr. Christiane Böhm, geboren 1960 in Innsbruck, hat in Innsbruck und Wien Biologie und Botanik studiert und mit einer Dissertation über den Bergpieper in den Ötztaler Alpen promoviert. Sie hat über 100 wissenschaftliche und populärwissenschaftliche vogelkundliche Arbeiten, darunter mehrere Bücher, verfasst. 1992-1994 war sie Vogelkuratorin im Tiergarten Schönbrunn, Wien. Seit 1995 ist sie im Alpenzoo Innsbruck-Tirol tätig, leitet das Forschungsinstitut des Alpenzoo Innsbruck, ist EEP Koordinatorin für den Waldrapp, und für die Singvögel kurativ verantwortlich.

Prof. Dr. Klaus Eulenberger, Jahrgang 1943, erlernte nach dem Abitur im „Thüringer Zoopark Erfurt" den Beruf des Zootierpflegers und studierte von 1964-1970 an der Leipziger Universität Veterinärmedizin, wo er dann bis 1990 als Assistent und Oberassistent tätig war. Als Fachtierarzt für Rinder sowie Zoo-, Gehege- und Wildtiere war er ab 1971 zusätzlich ehrenamtlicher und ab 1990 bis 2008 Cheftierarzt im Leipziger Zoo. 1994 wurde er zum Honorarprofessor an der Universität Leipzig bestellt. Von 1996 bis 1998 war er Gründungspräsident der European Association of Zoo and Wildlife Veterinarians. Seit 2008 ist er als tiermedizinischer Konsultant des Löwenzoos von Addis Abeba tätig und war maßgeblich an der Erstellung des Masterplans für den neuen Zoo in Addis Abeba beteiligt. Derzeit widmet sich Prof. Eulenberger als Vorsitzender des Fördervereins dem Amerika-Tierpark seiner Heimatstadt Limbach-Oberfrohna, wo er im Wesentlichen die in vorliegendem Buch beschriebenen Erfahrungen sammeln konnte.

Sascha Fischer, Jahrgang 1980, wurde in Eisenach geboren und ist in Halle und im Südharz aufgewachsen. Beruflich arbeitet er als Physiotherapeut und ist seit 2009 selbstständig. Er ist verheiratet und hat zwei Kinder im Alter von 3 und 8 Jahren. Mit der Vogelhaltung fing er bereits im 8. Lebensjahr an. Über Wellensittiche, Nymphensittiche, Zebrafinken und Kanarien kam er schließlich vorübergehend zu australischen Großsittichen und Blaustirnamazonen. Seit 2003 hält er nur noch Weichfresser und auch einige Cardueliden, wie z. B. Kernbeißer und Meisengimpel. Seine bislang größten Zuchterfolge waren 2015 die deutsche Erstzucht von Borstenhäherlingen, die VZE-Erstzucht des Blaukehlhüttensängers und die erfolgreiche Nachzucht des Weißwangenhäherlings 2019. Über diese und weitere Zuchterfolge hat er vielfach in der VZE-Vogelwelt, der Gefiederten Welt und auf der Homepage der „Arbeitsgruppe Weichfresser e.V." publiziert. 2020 erhielt er eine Goldmedaille der Zeitschrift *Gefiederte Welt* für seine Berichterstattung über Chinagraubauchhäherlinge.

Dr. Johannes Fritz, Jahrgang 1967, wuchs als sechstes von sieben Kindern auf einem Bauernhof in Mutters in Tirol auf. Nach Abschluss von zwei Ausbildungen, zum Kaufmann und zum Berufsjäger, begann er im dritten Bildungsweg das Biologiestudium in Innsbruck und in Wien. 2000 promovierte er an der Universität Wien mit Arbeiten im Bereich der Verhaltensphysiologie und Kognitionsforschung. Es folgten Forschungsaufenthalte an der Universität Wien, dem Konrad-Lorenz Institut für Evolutions- und Kognitionsforschung in Altenberg bei Wien und an der Universität Cambridge. Seit 2004 ist Johannes Fritz selbstständig tätig und leitet das von ihm gegründete „Unternehmen Waldrappteam", mit Tätigkeiten im Bereich des Artenschutzes und der Grundlagenforschung. Finanziert wird das Unternehmen insbesondere durch den „Förderverein Waldrappteam", weitere internationale Förderer sowie aus Mitteln der Forschungsförderung. 2014-2019 wurde die Wiederansiedlung des Waldrapps durch das Finanzierungsinstrument LIFE der Europäischen Union kofinanziert.

Dr. Ernst Günther, Jahrgang 1938, ist in Thüringen aufgewachsen. Nach einem Medizinstudium an der Friedrich-Schiller-Universität Jena, wo er 1966 zum Dr. med. promovierte, war er zunächst als Landarzt (Facharzt für Allgemeinmedizin), später als ärztlicher Gutachter und Sachverständiger sowie über mehrere Jahre in der klinischen Forschung tätig. 1975 erwarb er in einem Zusatzstudium ein Diplom in Staats- und Rechtswissenschaften (Dipl. rer. pol.). 1985 habilitierte er sich an der Martin-Luther-Universität Halle mit dem Thema: „Zum Verhältnis von Ethik und Recht bei der Beurteilung ärztlicher Kunstfehler". Grundlage dafür war die bereits Anfang der 1970er Jahre erfolgte erste Begegnung mit der Ethik in den Werken Albert Schweitzers. Bis heute interessiert er sich besonders für philosophische und praktizierende Ethik, Geisteswissenschaften, die Natur und alles, was lebt. In diesem Sinne war er in seinem ganzen Leben auch von Tieren umgeben, wobei Hunde,

Wirtschaftsgeflügel und vor allem tropische Vögel den Schwerpunkt bildeten. Die schwierig zu züchtenden Blattvögel waren zeitweise ein Interessenschwerpunkt. Dr. Günther war 17 Jahre lang Präsident einer großen deutschen Vogelzüchtervereinigung, seit 2014 ist er Ehrenpräsident der Gesellschaft für Arterhaltende Vogelzucht (GAV e. V.). Seit 2008 lebt er im Ruhestand in Naumburg, ist verheiratet, hat eine Tochter und zwei Enkel.

Wolf-Dietrich Gürtler wurde 1951 in Berlin geboren. Vor, neben und nach dem Studium der Biologe und Biogeografie an der FU Berlin und der Universität Saarbrücken (dort gehörte er zur Wildbiologengruppe um Erik Zimen und Hermann Ellenberg) war er zunächst Tierpfleger im Berliner Zoo. Danach arbeitete er fünf Jahre als Wildbiologe mit einheimischen Carnivoren im Nationalpark Bayerischer Wald und im Saarland. Zahlreiche Studienreisen führten ihn vor allem nach Afrika. Ab 1984 war er zunächst Kurator, später Direktor des Ruhr-Zoos in Gelsenkirchen und nach dessen Umwandlung in die ZOOM Erlebniswelt als GmbH dort als Wissenschaftlicher Koordinator tätig. Seit 2016 lebt er im Ruhestand in Radensleben. Wolf-Dietrich Gürtler ist Autor zahlreicher Beiträge in Fachzeitschriften und Zoomagazinen und Mitautor der „Zootierhaltung – Grundlagen" (Hrsg. G. Nogge).

Dr. Elisabeth Hagen, geboren 1992 in Rostock, studierte Tiermedizin an der Ludwig-Maximilians-Universität München. Ihre Dissertation (2020) beschäftigte sich mit bildgebenden und histologischen Verfahren zur Untersuchung der Netzhaut bei Greifvögeln und Eulen. Nach mehreren Tätigkeiten in der Exoten- und Zoo-/ Wildtiermedizin war sie zwei Jahre lang als Tutorin für Wildvögel an der Klinik für Vögel, Kleinsäuger, Reptilien und Zierfische der LMU München tätig. Seit 2019 leitet sie dort die Abteilung der Zier- und Wildvogelambulanz und befindet sich in der Weiterbildung zur Fachtierärztin für Geflügel, Wild-, Zier- und Zoovögel. Forschungsschwerpunkt ist vor allem die Augenheilkunde.

Dr. Christoph Hinkelmann, geboren 1957 in Nordleda, Kreis Cuxhaven, war Vogelhalter von 1972 bis 1977. Sein Studium der Biologie (Dipl.-Biol.) zwischen 1978 und 1984 in Göttingen schloss er zwischen 1985 und 1989 mit der Doktorarbeit am Zoologischen Forschungsmuseum Alexander Koenig in Bonn und der anschließenden Promotion an der Rheinischen Friedrich-Wilhelms-Universität in Bonn ab. Danach folgte eine erste berufliche Tätigkeit in Hannover von 1990 bis 1993, seit 1993 ist er wissenschaftlicher Mitarbeiter für die naturkundlichen Bereiche am Ostpreußischen Landesmuseum in Lüneburg. Durch zu viele Dienstreisen hat er keine Möglichkeit zur Vogelhaltung. Seit 1992 (mit Unterbrechungen) ist Christoph Hinkelmann Vorstandsmitglied der GTO, seit 2003 Präsident des Verbandes Deutscher Waldvogelpfleger und Vogelschützer (VDW). Er ist Autor zahlreicher wissenschaftlicher und populärer Veröffentlichungen sowie Redaktionsmitglied der Zeitschriften „Gefiederte Welt", „Blätter aus dem Naumann-Museum" und „Papageien".

Jürgen Hirt wurde 1966 in Karlsruhe geboren. Während und nach dem Studium der Biologie (Dipl.-Biol) 1989-1996 an der Universität Karlsruhe (heute Karlsruher Institut für Technologie/KIT) mit den Schwerpunkten Zoologie/Ingenieurbiologie arbeitete er mehrere Jahre zunächst als studentische Hilfskraft, dann als Volontär und später als stellvertretender Abteilungsleiter der Museumspädagogik im Staatlichen Museum für Naturkunde Karlsruhe (SMNK). Seit 2001 ist er wissenschaftlicher Mitarbeiter beim Bundesverband für fachgerechten Natur-, Tier- und Artenschutz e.V. (BNA) mit Schwerpunkt Fort- und Weiterbildung. Jürgen Hirt ist Mitautor der BNA-Schulungsordner und BNA-Tiergruppensteckbriefe. Darüber hinaus ist er IHK-Ausbilder und Prüfer für Tierpfleger sowie Mitglied im AK 8 der Tierärztlichen Vereinigung für Tierschutz e.V. (TVT).

Angelika Hogefeld, Jahrgang 1959, wohnt in Bocholt und ist seit über 20 Jahren private Vogelhalterin mit Schwerpunkt bei den Weichfressern. Die Leidenschaft begann mit zwei männlichen Sonnenvögeln, die ihr optisch und gesanglich gut gefielen. Ein Jahr später kaufte sie passende Partnerinnen und begann mit Zuchtversuchen. Zwischenzeitlich hat sie eine große Volierenanlage auf ihrem Grundstück erstellt, in der diverse Weichfresser, teils in Paarhaltung, teils in einer Gemeinschaftsanlage leben. Yuhinas und Brillenvögel bildeten zeitweise den Haltungsschwerpunkt. Sie legt bei ihrer Vogelhaltung großen Wert auf eine naturnahe Volierengestaltung, die Artenreinheit ihrer Vögel, die Naturbrut und eine geschlossene Beringung. Mehrere Veröffentlichungen, insbesondere zur Haltung von Weichfressern.

Ruben Holland wurde 1979 in Frankfurt am Main geboren. Der Diplombiologe studierte an der Goethe-Universität in Frankfurt am Main und schrieb seine Diplomarbeit über Mähnenwölfe im Zoo Frankfurt. Nach Stationen in den Zoos von Frankfurt, Kronberg, Heidelberg und London arbeitet er seit 2010 als Kurator für Säugetiere und Vögel im Zoo Leipzig. Er ist Vize Präsident der Gesellschaft für Arterhaltende Vogelzucht (GAV e. V.) und Vorsitzender der Lesser Flamingo Working Group.

Manfred Kästner wurde 1945 in Nohra bei Weimar geboren. Nach der Oberschule folgten Qualifizierungen zum Betriebsstättenleiter und Handelskaufmann, danach ein Studium an der Agraringenieurschule Stadtroda, Fachrichtung Tierzucht. Er widmete sein Leben von Anbeginn den Vögeln und der Vogelhaltung. Die Wasservogelhaltung stand zunächst im Vordergrund, später auch die Haltung von Fruchttauben und Tangaren. Er ist Verfasser der „Gründelenten" im Urania-Ratgeber Vögel, sowie zahlreicher Aufsätze in Fachzeitschriften. Träger der Alfred-Fichtner-Medaille. Manfred Kästner ist Mitglied der Arbeitsgruppe Artenschutz Thüringen (AAT), im Bundesverband für fachgerechten Natur- und Artenschutz (BNA), der Gesellschaft für Tropenornithologie (GTO) sowie der Fachgruppe für Ornithologie Weimar. 2014 war er Gründungsmitglied und ist seither Präsident der Gesellschaft für Arterhaltende Vogelzucht (GAV).

Dr. Martin Kaiser wurde 1954 in Ollendorf, Thüringen, geboren. Nach dem
Studium der Biologie mit Diplomabschluss und Promotion zum Dr. rer. nat.
an der Humboldt-Universität Berlin (Thema der Dissertation: „Untersuchungen zur Biologie und Ökologie der Antarktisseeschwalbe *Sterna vittata*") war er von 1980 bis
1993 zunächst wissenschaftlicher Mitarbeiter im Tierpark Berlin, danach von 1994
bis 1997 im Zoologischen Garten Berlin und von 1997 bis zu seiner Pensionierung
2020 Kurator für Vögel im Tierpark Berlin. Seine Fachgebiete: Ethologie, Bioakus-
tik, Tiergartenbiologie, Haltung und Zucht von Vögeln. Im Tierpark Berlin konnte er
zahlreiche Zuchterfolge mit verschiedenen Vogelarten verzeichnen. Feldornitholo-
gische Arbeiten führten ihn u.a. in die Antarktis und nach Zentralchina. Er ist Autor
und Coautor von über 150 Publikationen in verschiedenen Zeitschriften und Büchern. Seit 2016 amtiert er als Präsident der Gesellschaft für Tropenornithologie e.V.
(GTO).

Peter Kaufmann, Jahrgang 1949, begann bereits im Alter von 10 Jahren mit der
Prachtfinkenhaltung, als er sein erstes Paar Zebrafinken bekam. 1967-1972 studierte
er Veterinärmedizin in Leipzig. Von 1973-2019 praktizierte er als Tierarzt in einer
Kleinstadt im Südwesten Mecklenburgs. Von 1991-2014 hatte er den Vorsitz der IG
Prachtfinken der VZE. Im Juni 2014 war er Mitbegründer der GAV (Gesellschaft für
Arterhaltende Vogelzucht e. V.). dessen Präsidium er bis heute angehört. Im Juli
2014 gründete er gemeinsam mit Freunden die AG Prachtfinken innerhalb der GAV
und ist gegenwärtig deren Vorsitzender. Peter Kaufmann hat diverse Fachbeiträge
über Prachtfinken veröffentlicht und auch mehrere Reisen in deren Ursprungsländer
unternommen, vor allem nach Ostafrika. Er ist verheiratet, und hat zwei erwachsene
Kinder sowie zwei Enkel.

Prof. Dr. Dr. habil. Rüdiger Korbel (Jahrgang 1959, Düsseldorf) studierte Tiermedizin an der Ludwig-Maximilians-Universität München. Nach Promotion (1986)
und Habilitation (1996) zum Thema Augenheilkunde und Anästhesie beim Vogel, ist
sein Werdegang und die derzeitige Tätigkeit weitgehend international geprägt u. a.
an den Universitäten in Madrid (Spanien), Pretoria (Südafrika), Wien (Österreich), in
Abu Dhabi (Vereinigte Arabische Emirate) und Valdivia, Los Rios (Chile).Von 1999
bis 2003 war er als Associate Professor am Greifvogelzentrum der University of
Minnesota (USA) tätig und ist seit 2003 Inhaber des Lehrstuhls für aviäre Medizin
und Chirurgie an der Tierärztlichen Fakultät der Ludwig-Maximilians-Universität
München, wo er als Vorstand das ehemalige Institut für Geflügelkrankheiten in die
heutige Klinik für Vögel, Kleinsäuger, Reptilien und Zierfische als Kompetenzzen-
trum für Exoten und Wildtiere umwandelte. Einige seiner wissenschaftlichen For-
schungsschwerpunkte sind die Augenheilkunde, Anästhesie, Orthopädie, Jagd-,
Falknerei- und Falken-medizinische Themenstellungen. Prof. Korbel ist Diplomate
des European College of Zoological Medicine (Avian) sowie Fachtierarzt für Geflügel einschließlich der Teilgebiete Tauben, Zier-, Zoo-, Wild- und Greifvögel und
der Zusatzbezeichnung Augenheilkunde.

Olaf Lange, geboren 1964 in Rostock als Gärtnerssohn. Er hat nach zehn Jahren Schule ab 1980 eine Ausbildung als Baumschulgärtner gemacht und 1987 seine Meisterprüfung bestanden. Über seinen Bruder, der mit Mathias Haase Anfang der 1990er Jahre mit dem Aufbau des Vogelpark in Marlow begann, kam er schon bald als Parkgärtner in den Vogelpark. Mittlerweile ist er schon seit sechsundzwanzig Jahren dabei und weiß, „wie der Haase läuft". Vor seiner Vogelparkzeit hat er verschiedene Vogelarten gehalten, darunter Gouldamadinen, Chinesische Zwergwachteln und Kanarien.

Werner Lantermann, geboren 1956 in Dinslaken, Diplom-Sozialwissenschaftler. Nach dem Studium war er 35 Jahre lang in sozialen Berufsfeldern tätig und ist seit 2019 im Ruhestand. Er beschäftigt sich seit rund 45 Jahren mit der Haltung von Papageien und hat die Verhaltensweisen vieler Arten in der Voliere studiert und einige auch im Freiland in Ecuador, Kolumbien und Tansania beobachtet. Seine Arbeitsschwerpunkte sind u. a. die negativen Auswirkungen der Papageienimporte, die Papageienhaltung nach Kriterien der Tiergartenbiologie und die Verhaltensstörungen der Papageien. Darüber hat er in zahlreichen Veröffentlichungen in Züchterzeitschriften, Fachjournalen und Büchern berichtet. Für seine Publikationen und seine Zuchterfolge wurde er mit mehreren Preisen ausgezeichnet. Seit 2012 arbeitet er als Autor mit Jörg Asmus zusammen.

Rosemary Low wurde am 1942 in Sidcup, Kent in England geboren. Vogelhaltung, Zoos und Naturschutz standen stets im Mittelpunkt ihres Lebens. Im Alter von 12 Jahren begann sie mit der Zucht von Wellensittichen, später baute sie eine Papageien-Kollektion mit vielen eher ungewöhnlichen Arten auf. In den späten 1980er und in den 1990er Jahren war sie Kuratorin für Vögel im Loro Parque, Teneriffa, und im Palmitos Park, Gran Canaria. Dort gelangen ihr viele und zum Teil spektakuläre Zuchterfolge, z. B. mit Borstenkopfpapageien und Palmkakadus. 1989 war sie Mitbegründerin des World Parrot Trust, dessen Magazin *PsittaScene* sie bis 2004 herausgab. Rosemary Low hat ab 1969 bis heute mehr als 30 Bücher über Papageien – übersetzt in zehn Sprachen – und hunderte von Artikeln in Vogelhalter-Fachzeitschriften in der ganzen Welt veröffentlicht. Auf internationalen Konferenzen über Vogelhaltung und Naturschutz ist sie eine gefragte Referentin. Die Beobachtung von Papageien in ihren natürlichen Lebensräumen, insbesondere im Zusammenhang mit Naturschutzprojekten, ist ihre größte Freude. Ihre Schwerpunkte lagen und liegen bei südamerikanischen Papageien und Loris. Gegenwärtig hält sie immer noch Loris und Rotsteißsittiche in ihren privaten Volieren.

Dr. Christian Matschei wurde 1976 in Berlin geboren und wuchs eng mit der Historie der Berliner Tiergärten auf. In seiner Kindheit und Jugend sammelte er praktische Tiererfahrungen und durchlief in Studienzeiten die Tierpflege aller Tiergruppen des Tierpark Berlin, leitete den Jugendklub und die Spezialführungen in selbiger Einrichtung. Nach dem Studium der Biologie an der FU Berlin, mit den

Spezialisierungen Zoologie, Botanik, Ökologie und Paläontologie, der folgenden
Dissertation zu Gebirgswiederkäuern und dem folgenden zoologischen Volontariat
im Tierpark Berlin, wirkte er als Fachkundelehrer für die Ausbildung der Zootierpfleger Ostdeutschlands und der Tierpflegemeister des deutschsprachigen Raumes.
Nach den Positionen des Direktionsassistenten im Zoo Schwerin und des Kurators
beim ACTP, obliegt ihm seit 2014 die Funktion des ersten und derzeit einzigen
Futtermittelmanagers im Zoo und Tierpark Berlin. Christian Matschei ist Verfasser
von über 300 wissenschaftlichen und populärwissenschaftlichen Beiträgen zur Tiergärtnerei, sowie vierfacher Buchautor.

Prof. Dr. Mike Perrin wurde in den Midlands von England geboren und interes-
sierte sich schon in jungen Jahren für die Tierwelt. Er erwarb einen Bachelor of
Science an der Universität London und einen Doktortitel von der Universität Exeter.
Danach lehrte er zunächst zwei Jahre lang an der Makerere Universität in Uganda,
bevor er eine Forschungsstelle in Kanada annahm. Dann übersiedelte er nach
Südafrika, wo er sechs Jahre lang an der Universität Rhodes lehrte, bevor er im
Alter von 35 Jahren bis zu seiner Pensionierung den Lehrstuhl für Zoologie an der
Universität von Kwazulu-Natal inne hatte. Seine frühen Forschungsarbeiten befass-
ten sich mit der Populationsökologie und mit Schutzmaßnahmen von Kleinsäugern,
bis er sich schließlich auf afrikanische Papageien konzentrierte. Zehn Jahre lange
leitete er dort auch als Direktor das „Research Centre for African Parrot Conservation" in Pietermaritzburg. Mike Perrin verfasste – zusammen mit seinen Studenten
– mehr als 200 wissenschaftliche Arbeiten, darunter mehrere Buchbeiträge. 2012
veröffentlichte er sein 600-seitiges Mammutwerk „Parrots of Africa, Madagascar
and the Mascarene Islands", das mittlerweile als Standardwerk über afrikanische
Papageien gilt und in der Fachwelt hohe Anerkennung genießt.

Peter Pestel, geboren1952 in Elstertrebnitz (Sachsen), ist von Beruf Werkzeug-
macher und hat bis zum Eintritt in das Rentenalter als Hydraulikschlosser gearbeitet.
Er interessiert sich bereits seit früher Kindheit für die heimische Vogelwelt. Mit 16
Jahren begann er mit der Vogelhaltung und gelangte über die Haltung von Wellensittichen und Prachtfinken ab 1992 zu den Weichfressern und Fruchttauben. Seit
1976 ist er Mitglied in der VZE und in seinem örtlichen Vogelzuchtverein (Austritt
2006). Er hat zahlreiche Beiträge über seine Haltungs- und Zuchterfahrungen veröffentlicht, vor allem in den VZE-Monatsheften und in der „Gefiederten Welt" (u. a.
über Veilchenkappen-, Königs-, Schwarznacken- und Gelbbrustfruchttauben). Für
seine zum Teil seltensten Zuchterfolge erhielt er mehrere Preise der VZE (z. B. für
die Haltung der Pompadour-Fruchttaube und für vier VZE-Erstzuchten) sowie 2019
die Goldmedaille der „Gefiederten Welt" für eine Arbeit über die Haltung und Zucht
der Grey-Fruchttaube.

Johannes Pfleiderer, geboren 1988 in Sinsheim, begeisterte sich bereits seit früher
Kindheit für die Natur und Tierwelt. Bereits zum Ende der Schulzeit und insbesondere während seines Studiums baute er mit Gleichgesinnten die Zoobestandsdaten-
bank www.zootierliste.de auf und ist bis heute einer der Mitbetreiber. Der Bezug zur

Vogelhaltung wurde insbesondere durch mehrere Praktika im Kölner Zoo sowie die dort durchgeführte Bachelorarbeit zum Aggressionsverhalten von Wasservögeln sowie durch die mehrjährige Koordination des Europäischen Fruchttaubenprojekts vertieft. Seit 2015 war Johannes Pfleiderer im Zoo Duisburg tätig, zunächst als Volontärassistent, von 2016 an als Kurator und seit 2018 als Zoologischer Leiter. 2021 wechselte er als Seniorkurator in den Zoo Leipzig.

Dr. Tobias Rahde, geboren 1976 in Stadthagen/Niedersachsen, studierte Biologie und Politikwissenschaft in Düsseldorf und Berlin. Er promovierte 2014 an der FU Berlin über kognitive Fähigkeiten bei Keas. Ab 2010 war er Kurator für Vögel und Artenschutz im Zoologischen Garten Berlin und betreute dort unter anderem das größte Vogelhaus Europas. In dieser Eigenschaft führte er auch das internationale Zuchtbuch für den Edwardsfasan, leitete das Europäische Erhaltungszuchtprogramm für den Weißhaubenkakadu und die Rothalsgans und hatte bis 2020 zudem den Vorsitz der EAZA Taxon Advisory Group für die Kraniche. (Dr. Tobias Rahde starb während des Herstellungsprozesses dieses Buches am 19. Oktober 2020 an den Folgen eines tragischen Verkehrsunfalls – Hrsg.).

Thomas Rempert, geboren 1964 in Berlin, wollte schon von Kindesbeinen an immer Zootierpfleger werden. 1982 war es so weit, er begann eine Tierpflegerausbildung im Zoo Berlin, wo er bis heute tätig ist. Sein Spezialgebiet ist die Vogelpflege, da ist der Zoo Berlin mit seiner artenreichen Vogelkollektion natürlich ein idealer Arbeitsplatz. Auch privat hat er stets Vögel gehalten, darunter auch so „schwierige" Arten wie Prachtstare, Blütenpicker, Kolibris, Neuweltzeisige, Zierloris, Blattvögel u.v.a.m. Nachzuchten gelangen ihm u.a. bei Rotstirnlori, Andenamazilie, Granatastrild, Weißbrustschilffink, Grauköpfchen usw. Da ihm auch der In-situ-Artenschutz wichtig ist, arbeitet er ehrenamtlich bei einem Schutzprojekt für bedrohte Süßwasserfische mit.

Priv. Doz. Dr. Monika Rinder, Jahrgang 1962, studierte Tiermedizin an der Ludwig-Maximilians-Universität München. Dissertation (im Jahr 1994 abgeschlossen) und Habilitation (im Jahr 2000 abgeschlossen) beschäftigten sich mit Forschungen über Arthropoden und Vektor-übertragene Krankheitserreger. Nach Tätigkeiten als Associate Professor für Immunologie an der Universität von Obihiro (Japan) und in Forschungsprojekten zur Aviären Influenza am Bayerischen Landesamt für Gesundheit und Lebensmittelsicherheit ist sie seit 2008 stellvertretende Leitung der Klinik für Vögel, Kleinsäuger, Reptilien und Zierfische der LMU München und leitet dort die Abteilungen Virologie und Parasitologie. Ihre Forschung konzentriert sich auf Infektionskrankheiten bei Vögeln, und hier insbesondere auf Viruserkrankungen und Mykobakteriosen bei Papageien und Singvögeln. Sie ist Fachtierärztin für Parasitologie und Diplomate of the European Veterinary Parasitology College (non-pract.).

Priv. Doz. Dr. Wolfgang Scherzinger, Jahrgang 1944, studierte nach der Matura Zoologie, Botanik und Psychologie in Wien und promovierte dort 1969 mit einer

Freilandarbeit über Ökologie und Verhalten des Sperlingskauzes. Danach arbeitete er zunächst am Institut für vergleichende Verhaltensforschung der Österr. Akademie der Wissenschaften in Wien bevor er ab 1971 (bis zu seiner Pensionierung 2007) als Zoologe im Nationalpark Bayerischer Wald tätig war. 1986 habilitierte er sich an der Universität Wien mit einem ethologischen Thema. Seine Arbeitsschwerpunkte sind Freilandkartierungen von Eulen, Raufußhühnern und Spechten, die Begleitung von Zucht- und Auswilderungsprogrammen (Uhu, Habichtskauz, Kolkrabe, Auerhuhn) sowie der Aufbau und die Betreuung des Tierfreigeländes im Nationalpark Bayerischer Wald. Wolfgang Scherzinger ist Mitglied mehrerer naturwissenschaftlicher Organisationen, wie auch der AG-Eulen, und wurde vom Internationalen Eulen-Zentrum in Houston/MN (USA) mit dem „World Owl Award" ausgezeichnet. Sein Schriftverzeichnis umfasst rund 200 wissenschaftliche und populäre Veröffentlichungen, darunter die Bearbeitung der Eulen im „Handbuch der Vögel Mitteleuropas" (Hrsg. Glutz v. Blotzheim & Bauer) und das vielzitierte Fachbuch „Die Eulen Europas" (zusammen mit Th. Mebs).

Bernd Simon, geboren 1961 in Neubrandenburg, ist Agraringenieur für Tierproduktion und staatlich anerkannter Erzieher. Seit vielen Jahren widmet er sich der privaten Vogelhaltung mit Schwerpunkt Weichfresser. Von 2009 bis 2014 war er Vorsitzender der „Interessengemeinschaft Exotische Weichfresser" innerhalb der VZE, danach Mitgründer des eigenständigen Vereins „Arbeitsgemeinschaft Weichfresser e.V." und von Anbeginn dessen 1. Vorsitzender. Zahlreiche Publikationen über Weichfresser. 2019 erhielt er die Goldmedaille der Zeitschrift *Gefiederte Welt* für eine Arbeit über die Gruppenhaltung von Guirakuckucken, 2020 folgte eine weitere Goldmedaille für seine Berichterstattung über den Furchenschnabel-Bartvogel.

Dr. Franz Stäb, geboren 1953 in Ellwangen/Jagst, hat nach seinem Biologiestudium an der Universität Stuttgart am Tropenmedizinischen Institut der Universität Tübingen zum Dr. rer. nat. promoviert. Danach war er zunächst am Lehrstuhl für Immunologie der Universität Münster als Laborleiter und Hochschulassistent tätig, später war er Leiter des Bereichs Hautforschung und Principal Scientist bei der Beiersdorf AG in Hamburg. Dieser Tätigkeit entstammen 84 wissenschaftliche Publikationen und Patentanmeldungen. Seine Passion für die Biologie hat Franz Stäb schon in seiner frühen Kindheit entwickelt und züchtete bereits im Alter von 4 Jahren mit Unterstützung seines Opas seine ersten Zebrafinken und Wellensittiche. Das besondere Interesse an der Ornithologie und der Haltung von Wildvögeln hat ihn bis ins gerade erreichte Rentenalter begleitet. Nun hat er auch wieder die Zeit, sich dieser Passion in Praxis und Theorie intensiv zu widmen, wobei die Erhaltungszucht der Wildform von besonderen Sittich- und Ziergeflügelarten im Focus seines Interesses stehen.

Werner Sterwerf ist 1952 in Bünde in Nordrhein-Westfalen geboren und beschäftigt sich bereits seit seiner Jugend intensiv mit der Ornithologie. In der Vogelhaltung liegt sein Fokus auf Weichfressern, und er hat viele Arten, beispielsweise Brillen-

vögel, Timalien, Bülbüls, Stare, Drosseln etc. erfolgreich vermehrt. In seiner Volierenanlage hat sowohl ein Grünschwanzglanzstar als auch ein Mohrenkopfpapagei
das höchste Lebensalter dieser Arten in menschlicher Obhut erreicht. Er publizierte
bisher mehr als 200 Artikel in Fachzeitschriften und Magazinen. Als Tier- und
Naturfotograf veröffentlicht er Fotos in Büchern, Kalendern, Zeitschriften und in
der Fernsehwerbung. Siegerpreise in mehreren Fotowettbewerben runden seine
Arbeiten ab. Beruflich arbeitet er als technischer Leiter in einem international tätigen
Unternehmen, welches elektronische Steuerungen produziert.

Dr. Till Töpfer, geboren 1979 in Dresden, ist Kurator und Leiter der Sektion
Ornithologie am Zoologischen Forschungsmuseum Alexander Koenig in Bonn.
Von 1998-2003 absolvierte er ein Biologie-Studium an der technischen Universität
Dresden. Seine Diplomarbeit zur Winterernährung des Auerhuhnes absolvierte er
am Max-Planck-Institut für Ornithologie, Vogelwarte Radolfzell. 2008 folgte die
Promotion an der Johannes-Gutenberg-Universität Mainz zur Stammesgeschichte
der *Pyrrhula*-Gimpel. Er betreibt sammlungsbezogene Forschung und Freilandarbeit
zu Systematik, Taxonomie, Phylogenetik und Zoogeographie der Vögel unter Anwendung kombinierter vergleichender Methoden (Molekulargenetik, Morphologie
und Ökologie) sowie museumskundliche Studien. Überschneidungen seiner Arbeit
mit der Vogelhaltung und -zucht bestehen insbesondere im Bereich der Verwandtschaftsforschung und des Vogelschutzes.

Dr. Irene Urbasch, geboren 1953 in Hamburg. Staatlich anerkannte landwirtschaft-
liche Assistentin (LTA). Studium der Biologie an der Universität Hamburg, Ab-
schluss Diplom, Promotion und Habilitation mit Schwerpunkt Mikrobiologie und
Naturstoffanalytik. Wissenschaftliche Mitarbeiterin an der Uni Hamburg und am
Institut für Industrielle Mikrobiologie und Biotechnologie sowie an der Landwirt-
schaftskammer Kiel. Verhaltensstudien im Hamburger Tierpark Hagenbeck zur
Fortpflanzungsbiologie und Aufzucht von Vögeln. Langjährige Kartierungen im
Arbeitskreis der Staatlichen Vogelschutzwarte Hamburg. Leitung ornithologischer
Exkursionen. Etwa 140 vogelkundliche Veröffentlichungen, u.a. auch zur Haltung
von Kardinälen, Tangaren, Glanzstaren u.a.m.

Dr. Friederike von Houwald wurde 1969 in der Eifel geboren und wuchs am
Niederrhein auf. Nach dem Abitur studierte sie an der FU Berlin Tiermedizin.
Während dieser Zeit absolvierte sie mehrere Praktika an Wildtierstationen, wie
dem World of Birds in Hout Bay, Kapstadt oder dem Birds of Prey Center in
Minnesota, USA. Nach dem Abschluss in Berlin ging sie für ein Jahr nach London,
um dort den Master in Wild Animal Health zu machen. Nach diesem Abschluss
begann sie ihre Doktorarbeit über Panzernashörner an der Universität Zürich und
wurde 2001 im Zoo Basel als Kuratorin für Vögel und Säuger eingestellt. Zahlreiche
Reisen führten sie vor allem nach Afrika, wo sie über 8 Jahre eine NGO in Sambia
mitleitete. Im Zoo Basel ist sie neben ihrer kurativen Tätigkeit auch für die Natur-
schutzbelange des Zoos verantwortlich, sowie Mitglied der IUCN SSG African

Rhino Specialist Group, des EAZA Conservation Komitees, Mitglied des EAZA EEP Komitees sowie im Beirat der Stiftung Artenschutz.

Dr. Walter Wittig, geboren 1929 in Chemnitz. Er wuchs hier am Stadtrand in ländlicher Umgebung auf und hatte schon als Schüler reges Interesse an der Natur, besonders an den Vögeln, Reptilien und Amphibien. Seine Mitgliedschaft im Bund für Vogelschutz erlosch bald durch die Teilung Deutschlands. Studium der Veterinärmedizin in Leipzig von 1948 bis 1954; in diese Zeit fielen auch zahlreiche Exkursionen des dort sehr regen Arbeitskreises Ornithologie im Kulturbund. Ab 1954 arbeitete er als Tierarzt in Dresden an dem dortigen Veterinäruntersuchungsamt, vorwiegend auf den Gebieten der Pathologie und Bakteriologie. Nach dem Renteneintritt 1994 konnte er dank der nun verbesserten Voraussetzungen und nach einem Umzug in seinem Garten Volieren bauen und dort verschiedene Vogelarten – Cardueliden, Meisen, Goldalcippen und Sonnenvögel – halten und nachziehen. Seine dabei gewonnenen Erkenntnisse hat er in diversen Zeitschriftenartikeln weitergegeben. Für zwei seiner Beiträge wurde er mit der Goldmedaille der „Gefiederten Welt" ausgezeichnet.

Vereine und Verbände

In der folgenden Übersicht sind die im deutschsprachigen Raum wichtigsten Vereine und Verbände aufgeführt, die sich mit artgemäßer Vogelhaltung und -zucht sowie Erhaltungszuchtprojekten und Artenschutz im Freiland beschäftigen (alphabetisch). Es handelt sich jeweils um Selbstdarstellungen durch die amtierenden Vorstände, Pressesprecher oder Geschäftsführer.

Arbeitsgruppe Weichfresser e.V.

Aus der „VZE Interessengemeinschaft Exotische Weichfresser", die sich im April 2014 auflöste, entstand zunächst die unabhängige „Arbeitsgruppe Weichfresser" und daraus im April 2015 der Verein „Arbeitsgruppe Weichfresser e.V.". Momentan (November 2020) werden von 96 Vereinsmitgliedern aus der gesamten Bundesrepublik, der Schweiz, Tschechien und Dänemarks über 1200 Weichfresser aus 180 Arten gehalten. Die Mitglieder sind ausschließlich Privatpersonen. Mit einigen Tier- und Vogelparks besteht eine kooperative Zusammenarbeit.

Zielsetzungen des Vereins sind unter anderem das Engagement für die natürliche Arterhaltung der Vögel in menschlicher Obhut und der Erfahrungsaustausch zur artgemäßen Haltung von fruchtfressenden, insektenfressenden und blütenbesuchenden Vögeln (Weichfressern).

Der Verein sieht sich der Haltung und Vermehrung solcher Vogelarten zum ausschließlichen Zweck der Arterhaltung verpflichtet. Dies erfolgt vornehmlich unter folgenden Aspekten:

– Arterhaltung durch Zucht aus eigenen Beständen
– Ablehnung von Mischlings- und Mutationszuchten
– Einsatz für artgemäße Weichfresserhaltung
– Beteiligung an nationalen und internationalen Erhaltungsprogrammen
– Hilfestellung für alle Anfragen der Weichfresserhaltung

Jährlich werden zwei Treffen veranstaltet. Eines davon ist eine zweitägige Fachtagung, mit der Vorstellung einer zoologischen Einrichtung und Vorträgen zu relevanten Themen für Halter der betreffenden Arten. Die Publikationsorgane des Vereins sind zum einen die ständig erweiterte Homepage www.weichfresser.de, zum anderen wird jährlich jeweils ein aktualisiertes Verzeichnis gehaltener Weichfresser, eine Arten- und Nachzuchtliste, sowie das neueste Mitgliederverzeichnis herausgegeben.
Weitere Infos und Kontakt unter: www.weichfresser.de

Bundesverband für fachgerechten Natur-, Tier- und Artenschutz (BNA) e.V.

Der BNA ist ein Dachverband für Verbände, Vereine und Einzelmitglieder, die sich in der Tier- und Pflanzenhaltung engagieren. Der BNA setzt sich für einen aktiven Natur-, Tier- und Artenschutz ein und bündelt die Interessen seiner Mitglieder. Diese vertritt er in der Öffentlichkeit sowie gegenüber der Politik in den Bundesländern, in Berlin und in Brüssel.
Seit vielen Jahren ist weltweit ein Rückgang von Tier- und Pflanzenarten durch die Zerstörung der Ökosysteme festzustellen. Für die Erhaltung der Biodiversität ist daher nicht nur der Schutz dieser Ökosysteme – durch nachhaltige, zukunftsorientierte Nutzung – essenziell, sondern auch die sachkundige Haltung und Zucht von Tieren und Pflanzen in menschlicher Obhut. Zu dieser „Arche" steuern Zoos und Botanische Gärten mit Zuchtprogrammen und viele Privatpersonen – unabhängig, ob individuell oder in Vereinen oder Verbänden organisiert – mit ihrem detaillierten Wissen bei. Um auch zukünftigen Generationen die biologische Vielfalt näher zu

bringen, kooperiert der BNA eng mit wissenschaftlichen Einrichtungen und Organisationen, Halterverbänden und engagierten privaten Züchtern. In Seminaren, Fortbildungen und durch Veröffentlichungen vermittelt der BNA aktuelle Fakten und Inhalte rund um den Natur-, Tier- und Artenschutz und unterstützt damit ein vielfältiges Engagement zur Erhaltung der Artenvielfalt. – Weitere Informationen finden sich auf der Homepage www.bna-ev.de oder in der BNA-Geschäftsstelle.

Weitere Infos und Kontakt: Bundesverband für fachgerechten Natur-, Tier- und Artenschutz e.V., Ostendstr. 4, 76707 Hambrücken, Telefon: 07255/2800, Telefax: 07255/8355, E-Mail: gs@bna-ev.de

ESTRILDA e.V. – Interessengemeinschaft für Artenschutz und Erhaltungszucht exotischer Vögel

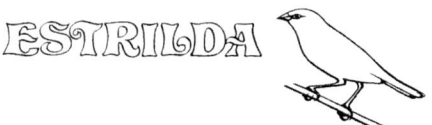

Die ESTRILDA e.V. wurde 1967 mit dem Ziel gegründet, neue Wege in der Prachtfinkenhaltung zu gehen und die naturnahe Haltung und Vermehrung in den Vordergrund zu stellen. Zu dieser Zeit war ein starker Trend hin zu einer sehr Profit-orientierten Vogelhaltung zu erkennen. Dieser äußerte sich häufig in der nicht-artgerechten Haltung in kleinsten Käfigen, fließbandmäßiger Ammenaufzucht zur „Produktion" möglichst vieler Nachzuchten, gezielter Mutationszucht, bis hin zu Unregelmäßigkeiten bei der geschlossenen Beringung der Vögel. Die ESTRILDA lehnt eine Vogelhaltung unter solchen Bedingungen ab. Sie setzt sich für eine auf die Bedürfnisse der Vögel abgestimmte Haltung und Vermehrung ein, bei der sie sich wohl fühlen. Sie möchte auf diese Weise auch die Bestände der heute noch in unseren Volieren vorhandenen Arten langfristig und in ihrer natürlichen Form in Menschenobhut erhalten. Die genaue Beobachtung des Verhaltens, der Ernährung und Fortpflanzung liefert dabei wertvolle Erkenntnisse über die Biologie der Vögel, die aus der Natur für viele Arten bis heute nicht vorliegen. Die ESTRILDA sieht es als eine wichtige Aufgabe an, der Allgemeinheit ihre Erkenntnisse und ihr Wissen zur Verfügung zu stellen und insbesondere auch Einsteigern in das Hobby der Prachtfinkenhaltung wertvolle Hilfestellung zu geben und ihnen manche negative Erfahrung zu ersparen.

Ein weiterer Punkt, der nach Meinung der ESTRILDA zur Vogelhaltung dazugehört, ist der Arten- und Naturschutz. Viele verantwortungsvolle Vogelhalter betreiben aktiven Vogel- und Naturschutz vor der eigenen Haustür. Die ESTRILDA engagiert sich seit 15 Jahren für den Schutz von Prachtfinken in deren natürlichen Lebensräumen, z. B. der Gouldamadine in Australien (Unterstützung des „Save the Gouldian Fund") und von Shelleys Bergastrild und Goldbrüstchen (Unterstützung der „Rare Finch Conservation Group") in Afrika.

Weitere Infos und Kontakt unter: www.estrilda.de

Europäisches Fruchttaubenprojekt

Die Zerstörung von Lebensräumen der Vögel betrifft auch unmittelbar die Regenwald-Habitate der Fruchttauben. In Menschenobhut, bei engagierten Privathaltern und in Zoologischen Gärten, existieren wichtige Bestände verschiedener Fruchttaubenarten. Diese Bestände gilt es als wichtige Gen-Reserven zu bewahren und verantwortungsbewusst auszubauen!

Zu diesem Zweck schlossen sich im Frühjahr 2007 europaweit Züchter, Zoos und Vogelparks zusammen, um sich gemeinsam für die in der Ordnung Columbiformes und deren Familie Columbidae vorkommenden 13 Gattungen der Fruchttauben einzusetzen und sich um deren Erhalt zu bemühen. So wurde im Vogelpark Walsrode das **Europäische Fruchttaubenprojekt** gegründet.

Zielsetzung des Projektes ist der Austausch von Zuchterfahrungen und die Optimierung der Haltungsmöglichkeiten. Darüber hinaus stellt aber auch der Tieraustausch zur Verbreiterung und Verbesserung der Zuchtbasis eine wichtige Aufgabe dar. Die Halter werden durch das Projekt stärker miteinander vernetzt und neue Kontakte hergestellt. Gleichzeitig wird der Überblick über die vorhandenen und zu verpaarenden Tiere durch eine zentrale Datenerfassung gewährleistet. Nachzuchten und überzählige Tauben werden möglichst im Projekt an verantwortungsvolle und erfahrene Züchter zielgerichtet verteilt.

Zweimal im Jahr werden auf den Projekttreffen in einer teilnehmenden zoologischen Einrichtung oder bei privaten Züchtern feste und variable Anlaufpunkte für Fachvorträge und Tieraustausch geboten. Die Partnerschaft zwischen wissenschaftlich geleiteten Zoos und passionierten Züchtern ist dabei besonders wichtig, da beide Seiten enorm voneinander profitieren. Auch Importanstrengungen werden durch die Projektverantwortlichen unternommen, um innerhalb der europäischen Zuchten einer Gendrift entgegenzuwirken. Dazu werden Kontakte zu außereuropäischen Haltungsstätten von Fruchttauben geknüpft und gepflegt.

Wir betrachten ehemals aus der Natur entnommene Vögel als schützenswerten Teil der belebten Natur, als natürliche Wesen und damit nicht vordergründig als Handelsware.

Weitere Infos und Kontakt: www.fruchttaubenprojekt.eu

EXOTIS Schweiz

Die EXOTIS ist der Verband für die Haltung und Zucht exotischer Vögel in der Schweiz. Er wurde 1951 gegründet. Seit 1953 erscheint die Zeitschrift „Gefiederter Freund" als Verbandsorgan. Die EXOTIS Schweiz ist als Verein organisiert und hat über das ganze Land verteilt verschiedene Sektionen mit Sektionsmitgliedern. Zudem werden zahlreiche Einzelmitglieder geführt. Sie machen nicht in einer Sektion mit, sind aber gleichberechtigte EXOTIS-Mitglieder. Als Mitglied erhält man achtmal jährlich die Verbandszeitschrift „Gefiederter Freund". Das Heft hat einen Umfang von 24 Seiten und ist durchgehend farbig. Züchter veröffentlichen darin ihre Erfahrungen mit der Haltung und Zucht und schreiben über ornithologische Beobachtungen in aller Welt. Das Spektrum der Artikel reicht vom Goldbrüstchen bis zum Mitu-Hokko, von ornithologischen Sammlungen Naturhistorischer Museen bis zu Zoos und Vogelparks.

Die EXOTIS führt eine jährliche Bestandsliste. Die Vogelbestände der Mitglieder sind darin mit Adressen angegeben. Es handelt sich auch um eine Nachzuchtstatistik, denn Nachzuchten eines jeden Jahres sind separat aufgeführt. Dieses Verzeichnis hilft Züchtern, Kontakte mit anderen zu finden, welche die gleichen Arten halten und züchten. Zudem dient es als Kompetenzausweis und zeigt, welche Artenfülle von Privaten gehalten und vermehrt wird. Dank der Bestandsliste konnten viele Vögel bereits zusammengeführt werden. Die EXOTIS stellt den Mitgliedern Zuchtringe zur Verfügung und setzt sich für die Sachkunde der Mitglieder ein. Darum werden Fachtagungen mit Referaten zu Themen rund um die Haltung und Zucht von Vögeln organisiert sowie Weiterbildungsreisen unternommen. EXOTIS-Sektionen bieten ihrerseits vielfältige Programme und veranstalten im Herbst Vogelausstellungen. Im Abstand von einigen Jahren organisiert die EXOTIS Schweiz nationale Ausstellungen. Die Vögel an EXOTIS-Ausstellungen werden nicht bewertet. Es handelt sich um Schauausstellungen. Die Vögel werden also in Biotopvolieren gezeigt. Sie haben somit Rückzugsmöglichkeiten in Form von belaubten Ästen, Baumstrünken und Tannenzweigen, und der Besucher erhält einen Einblick in einen Lebensraum; er sieht, wie Vögel gehalten werden sollen.

Oberstes Organ ist die Delegiertenversammlung. Im Jahr 2008 haben die Delegierten den neuen EXOTIS-Zielen zugestimmt. Sie sind Basis des Verhältnisses zu den gefiederten Freunden in den Volieren. Die EXOTIS fördert die artgerechte Haltung und Zucht von Vögeln unter Berücksichtigung der Erhaltung der Artenreinheit bezüglich der Arten, Unterarten, Farben und Formen. Sie setzt sich für die Erhaltung und Festigung der in den heutigen Züchter-Beständen vorhandenen Arten und Unterarten ein. Die EXOTIS vertritt die Interessen der Züchter gegenüber Ämtern und Behörden und macht die Passion in der Öffentlichkeit bekannt. Es macht Freude, Mitglied in der EXOTIS zu sein, nicht nur für Schweizer Vogelfreunde, sondern auch für Vogelliebhaber aus dem Ausland.

Weitere Infos und Kontakt unter: www.exotis.ch

Gesellschaft für Arterhaltende Vogelzucht (GAV) e.V.

Die Gesellschaft für Arterhaltende Vogelzucht (GAV) e.V. wurde im Jahr 2014 mit dem Ziel gegründet, Vogelarten in menschlicher Obhut so zu erhalten, wie diese in ihrem phänotypischen Erscheinungsbild in ihren natürlichen Lebensräumen in Freiheit leben. Gemäß dieser Zielsetzung wird die weitere Vermehrung von farblich veränderten Vögeln abgelehnt und findet in der GAV keine Beachtung. Hybridzuchten werden nicht zugelassen. Dies betrifft auch Individuen, die im Laufe der Zeit durch gezielte Selektionszucht in deren ursprünglicher Größe, Gestalt, Farbe und Verhalten so verändert worden sind, dass sie deutlich erkennbar vom eigentlichen Wildtyp abweichen.

Für den Erhalt von Vogelarten in ihrem ursprünglichen Erscheinungsbild ist eine Zusammenarbeit von zoologischen Einrichtungen und privaten Vogelzüchtern unausweichlich, so dass bereits seit Gründung der GAV zahlreiche Zoos, Tiergärten und Vogelparks, aber auch naturhistorische Museen innerhalb Europas zu den Mitgliedern der Gesellschaft gezählt werden können. Des Weiteren unterhält die GAV ein Netzwerk von wissenschaftlichen Beratern weltweit, die gegebenenfalls bei besonderen Fragestellungen behilflich sein können. Die Tätigkeitsfelder dieser Spezialisten decken ein großes Gebiet der Ornithologie ab und die Wissenschaftler arbeiten über die ganze Erde verteilt im Bereich der Avifauna.

Innerhalb der GAV konzentrieren sich einzelne Fachbereiche, Arbeitsgruppen und Fokusgruppen auf spezielle Vogelarten. Des Weiteren findet insbesondere bei einzelnen Zuchtprojekten eine enge Zusammenarbeit mit zoologischen Einrichtungen statt.

Das umfangreiche GAV-Journal gilt als Sprachrohr der Gesellschaft nach außen. Es setzt sich zusammen aus Beiträgen der Mitglieder, gleichermaßen von Privatleuten, von Mitarbeitern zoologischer Institutionen oder auch einzelner wissenschaftlicher Berater.

Die GAV fördert wissenschaftliche Arbeiten, Erhaltungszucht- und Artenschutzprojekte im Rahmen ihrer Möglichkeiten.

Weitere Infos und Kontakt: www.gav-deutschland.de

Gesellschaft für Tropenornithologie (GTO) e.V.

Die 1981 in Bonn gegründete GTO ist ein Zusammenschluss von ca. 100 Mitgliedern, die sich mit der Erforschung, der Beobachtung, sowie Haltung und Erhaltung tropischer und subtropischer Vögel befassen. Mit ihrem Forschungsfonds unterstützt die GTO tropenornithologische Forschungsprojekte deutscher und internationaler Wissenschaftler und Amateure. Die Untersuchungen können im Vorkommensgebiet der Vögel ebenso wie in menschlicher Obhut oder auch in Museumssammlungen durchgeführt werden und müssen neue Erkenntnisse erwarten lassen. Als relativ kleine Organisation konnte die GTO so bisher immerhin ca. 60 weltweit durchgeführte Untersuchungen mit Zuschüssen unterstützen. Seit 1992 verleiht die GTO jährlich den mit 555 € dotierten „Preis für Tropenornithologie" für hervorragende, von Amateur-Ornithologen verfasste Publikationen zu tropenornithologischen Themen. Das wichtigste öffentliche Forum der GTO ist die viel beachtete, jährlich an wechselnden Orten stattfindende mehrtägige „Tagung über tropische Vögel". Das Themenspektrum umfasst dabei die gesamte Thematik der Tropenornithologie und reicht von Avifaunistik, Biogeografie, Schutz, Ökologie, Verhalten, Systematik und Phylogenie tropischer Vögel bis hin zu praxisorientierten Fragen der Vogelhaltung, Veterinärmedizin und der Tiergartenbiologie. Seit 1997 publiziert die

GTO einen Tagungsband mit den Inhalten der Vorträge. Ausführliche Tagungs-
berichte erscheinen, neben zahlreichen weiteren tropenornithologisch interessanten
Themen, seit 2010 in den Rundschreiben der Gesellschaft, die seit 2014 als Mit-
gliederzeitschrift „Tropenornithologie" zweimal jährlich herausgegeben werden.

Weitere Infos und Kontakt: www.tropenornithologie.de oder Sekretär: Norbert
Bahr, Zur Fähre 10, D-29693 Ahlden, sekretaer@tropenornithologie.de oder Schatz-
meister: Horst Brandt, Schwalbenwinkel 3, D-30989 Gehrden, schatzmeister@tro-
penornithologie.de

Verband der Zoologischen Gärten (VdZ) e.V.

Der Verband der Zoologischen Gärten mit Sitz in Berlin ist die führende Vereinigung wissenschaftlich geleiteter zoologischer Gärten mit Wirkungsschwerpunkt
im deutschsprachigen Raum. Der 1887 gegründete Verband ist der weltweit älteste
Zoo-Verband und gab auf diese Weise einst den Anstoß zur Gründung des Welt-
zooverbandes WAZA. Aktuell gehören dem VdZ 71 Mitgliedszoos in Deutschland,
Schweiz, Österreich und Spanien an. Der Großteil der Mitglieder ist darüber hinaus
im Europäischen Zooverband EAZA aktiv, fast zwei Drittel sind noch dazu im
Weltzooverband Mitglied.

Die Mitglieder des VdZ gehören zu den größten und beliebtesten Zoos. Im Jahr
2018 wurde ein Rekord erzielt: Fast 43,6 Millionen Besucher konnten im Jahresverlauf gezählt werden – was einer Steigerung von mehr als sechs Prozent zum
Vorjahr entspricht. Insgesamt sind mehr als 170.000 Menschen Mitglieder in Zoo-
fördervereinen; 4,5 Millionen Menschen besitzen eine Jahreskarte für einen der
VdZ-Zoos.

Die Mitglieder des Verbandes bilden die biologische Vielfalt in einer einzigartigen Weise ab. So leben insgesamt mehr als 183.000 Wirbeltiere in der Obhut
ihrer Pfleger. Mit rund 1200 Arten ist der Zoo Berlin aktuell der artenreichste der

Welt. Durchschnittlich hält jeder der 71 VdZ-Zoos mehr als 50 Säugetier- und Vogelarten. Hinzu kommen zahllose Arten von Reptilien, Amphibien, Fischen und Wirbellosen.

Zu den Schwerpunkten des VdZ gehören die Vertretung der Mitgliederinteressen, die Kommunikation und Kooperation mit Behörden, Politikern, Wissenschaftlern, Verbänden und den Medien. Über die im Jahr 2015 neu geschaffene Geschäftsstelle im Herzen des politischen Berlins hat der VdZ seinen Außenauftritt angepasst und erfüllt jetzt die Ansprüche an einen modernen Verband. In diesem Zusammenhang steht auch die Aufgabe, als Stimme der Zoos des 21. Jahrhunderts aufzutreten, sich Gehör zu verschaffen und die Diskussion um die Tierhaltung der Zukunft entscheidend mitzugestalten. Weiterhin unterstützt der Verband Natur- und Artenschutzprojekte, sowie die Bildung in und die Forschung durch Zoos.

Weitere Infos und Kontakt: www.vdz-zoos.de oder: Geschäftsstelle: Tel. 030/206 53 900.

Verband deutscher Waldvogelpfleger und Vogelschützer (VDW) e.V.

Der VDW entstand 1953 als Vogelhalterverband mit dem Schwerpunkt europäische Arten, der sich der Erhaltung der phänotypischen Wildformen widmet. Die Pflege heimischer Vögel hat eine lange Tradition und darf in vielen Ländern Europas als Kulturgut verstanden werden. Der Begriff „Waldvögel" umfasst ganz grob alle in Europa beheimateten, in menschlicher Obhut gehaltenen Vogelarten, unabhängig von ihren natürlichen Lebensräumen. Die auf diese Weise mögliche Erhaltung auch bedrohter Arten ist ein ganz wesentlicher Aspekt der Haltung im VDW und so konnten durch erfolgreiche Auswilderungen von z. B. jungen Steinkäuzen *(Athene noctua)* die im Freiland verbliebenen Restbestände ganz wesentlich unterstützt werden.

Es ist die Philosophie des VDW, europäische Vogelarten (und Unterarten) so zu erhalten, wie sie in ihrer natürlichen Umwelt vorkommen. Ausstellungen sind kein vorrangiges Interesse des VDW. Wenn sie durchgeführt werden, dann um die

Vielfalt und Schönheit der europäischen Vogelarten in nachempfundenen Lebensräumen vorzustellen wie z. B. auf der „ORNIKA" des VDW-Mitglieds „Verein der Vogel- und Naturfreunde Bad Mingolsheim e.V." in Bad Schönborn, die nach 50 Jahren 2014 leider zum letzten Mal durchgeführt wurde.

Der VDW ist in mehreren Landesverbänden organisiert, die allerdings nicht alle deutschen Bundesländer repräsentieren, sondern, wie z. B. im Landesverband NORD, die Mitglieder in mehreren Ländern von der niederländischen bis zur polnischen Grenze einschließlich Berlins vereinen. Der VDW umfasst z. Zt. etwa 50 Vogelhaltervereine und etwa 900 Einzelmitglieder in ganz Deutschland. Da aufgrund der allgemeinen Entwicklung in der Vogelliebhaberei und insbesondere durch behördliche Restriktionen bei europäischen Arten die Zahl der Halter ebenso wie die ihrer gepflegten Individuen und Arten stetig zurückgeht, versteht sich der VDW als ein Sammelbecken der Liebhaber und Pfleger heimischer Vogelarten; 2012 traten die noch aktiven Mitglieder des „Bundes Deutscher Waldvogelpfleger e.V." (WVP) und 2020 der gesamte „Bund Deutscher Wildvogelzüchter e.V." (SZG; ehemals „Spezialzuchtgemeinschaft" in der früheren DDR) dem VDW bei.

Viermal im Jahr gibt der VDW die Zeitschrift „Europäische Vogelwelt" heraus. Einmal im Jahr erscheint in dieser Zeitschrift eine „Nachzuchtstatistik", in der alle im Vorjahr von VDW-Mitgliedern gemeldeten Vermehrungserfolge publiziert werden; hier sind auch die Jungvögel „exotischer" Arten ebenso wie die aus Vogelparks berücksichtigt, soweit diese Mitglieder des VDW sind.

Der VDW vergibt jährlich zwei Preise an verdiente Mitglieder. Der „Bundesnaturschutzpreis des VDW" ehrt Einzelpersonen oder Gruppen, z. B. Vereine, die sich in herausragender Weise für den Erhalt natürlicher Lebensräume einsetzen. Mit dem „Karl-Sabel-Preis" werden Mitglieder geehrt, die sich ganz gezielt um eine nachhaltige Pflege und Vermehrung europäischer Vogelarten in menschlicher Obhut verdient gemacht haben (Karl Sabel, 1923–2001, hat für die von ihm gepflegten Arten konsequent die Aspekte ihres natürlichen Lebensraums und ihre biologischen Erfordernisse berücksichtigt).

Der VDW und seine Mitglieder wollen mit aller Kraft dazu beitragen, dass Vogelarten auch durch Vermehrung in menschlicher Obhut erhalten und ihre natürlichen Lebensräume geschützt werden.

Weitere Infos und Kontakt: www.waldvogelverband.de oder Dr. Christoph Hinkelmann, Eisenbahnweg 5a, 21337 Lüneburg (Tel. 04131/408580, garrulax@arcor.de) und Herbert Geitner, Bundesgeschäftsführer, Monestraße 25, 76669 Bad Schönborn (Tel. 07253/7433, h.geitner@web.de)

Die WPA – Schutzorganisation zur Erhaltung bedrohter Hühnervögel

www.wpa-deutschland.de

Die World Pheasant Association (WPA) wurde 1975 in England von einigen engagierten Ornithologen, Vogelliebhabern, Naturschützern und Hühnervogelzüchtern gegründet. Sie ist heute ein internationaler und politisch unabhängiger Naturschutzverband, der es sich zur Aufgabe gemacht hat, den Schutz und die Haltung von Hühnervögeln weltweit zu fördern und zu koordinieren. Eigenständige Sektionen der WPA bestehen in verschiedenen Ländern weltweit.

Im Jahr 1978 gründeten Hühnervogel-Enthusiasten die Sektion Deutschland (World Pheasant Association, Sektion BRD e.V.). Mit mittlerweile fast 400 Mitgliedern ist die WPA-Deutschland eine sehr aktive und stets wachsende Sektion innerhalb der WPA International. Die WPA ist als gemeinnützig anerkannt.

Durch Erhaltungszucht und Unterstützung von Artenschutzprojekten trägt die WPA zum Schutz vieler bedrohter Arten unter den Hühnervögeln bei, zu denen neben den Fasanen auch Pfauen, Rebhühner, Frankoline, Wachteln, Raufuß-, Hokko-, Großfuß- sowie Perlhühner und Wildputen zählen.

Die Erhaltung der natürlichen Lebensräume bedrohter Arten hat höchste Priorität. Dort, wo der Schutz des Lebensraumes gegenwärtig schwierig ist oder Gebiete bereits zerstört sind und somit das Überleben der wilden Population gefährdet ist, unterstützt die WPA Auffangstationen und Zuchtzentren. Eine solche Fokusart für die WPA ist z. B. der Vietnamfasan, der in seinem Herkunftsland bereits ausgestorben ist.

Eine essenzielle Rolle für die ex-situ Erhaltungszucht spielen die privaten Hühnervogelhalter, denn ihre artenreinen und gesunden Volierenbestände bilden eine wichtige Genreserve für die Zukunft. Die WPA vernetzt Züchter untereinander und ist stets ein wichtiges Bindeglied zu den zoologischen Gärten.

Durch Fachtagungen, ein eigenes Magazin und Informationsstände fördert die WPA den Erfahrungsaustausch und die Entwicklung und Verbreitung erfolgreicher Haltungs-, Brut- und Aufzuchtmethoden. Sie berät ihre Mitglieder und andere Organisationen in allen Fachfragen, die mit der Ökologie, der Erhaltung, dem Schutz und der Zucht dieser Vögel verbunden sind.

Weitere Infos und Kontakt unter: www.wpa-deutschland.de oder: Vorstand Sekretariat: Hubert Jütten, Bahnhofstr. 161, 52538 Gangelt-Birgden, Tel. 02454/6189, E-Mail: hubertjuetten@t-online.de

Zoologische Gesellschaft für Arten- und Populationsschutz (ZGAP) e.V.

Die Zoologische Gesellschaft für Arten- und Populationsschutz e.V. (ZGAP e.V.) hat es sich seit ihrer Gründung 1982 zur Aufgabe gemacht, weltweit Artenschutzprojekte für hochbedrohte, aber wenig bekannte Arten zu initiieren und wissenschaftlich und finanziell zu unterstützen. Sie finanziert ihre Arbeit als gemeinnütziger Verein durch Mitgliedsbeiträge, Spenden und über ihre Stiftungen. Zahlreiche Projekte speziell zum Schutz bedrohter Papageienarten wurden bereits durch den Fonds für bedrohte Papageien (FbP) und die Strunden-Papageien-Stiftung (SPS) innerhalb der ZGAP gefördert. Viele Projekte und Hilfsmaßnahmen hat sie angestoßen und initial gefördert. Beispielsweise wurde bereits 1983 ein Zuchtprogramm für Ecuadoramazonen begonnen, welches später als Erhaltungszuchtprogramm (EEP)

des europäischen Zooverbandes EAZA übernommen wurde. 1987 wurde als erstes auf den akuten Gefährdungszustand des Spix-Aras aufmerksam gemacht. 1991 hat die ZGAP als erste Organisation den Erhalt des Rotsteißkakadus und 1995 des Gelbohrsittichs initiiert.

Zu den Unterstützern der Gesellschaft zählen deutschland- und weltweit zoologische Einrichtungen und Zoofreundeskreise. Die ZGAP ist Mitglied der IUCN, der WAZA, EAZA und des deutschen Verbandes der Zoologischen Gärten (VdZ). Zahlreiche Pilotprojekte wurden gemeinsam mit Zoos bereits ins Leben gerufen, dazu diverse Erhaltungszuchtprogramme für kritisch gefährdete Tierarten und Schutzmaßnahmen direkt vor Ort in deren Herkunftsländern.

Zudem wurde von der ZGAP zusammen mit der Deutschen Tierparkgesellschaft e.V. (DTG), der Gemeinschaft Deutscher Zooförderer e.V. (GDZ) und dem Verband der Zoologischen Gärten die Kampagne „Zootier des Jahres" ins Leben gerufen, um in der Öffentlichkeit und in den Medien gezielt auf den Artenschutz aufmerksam machen zu können.

Neben Projekten zur Rettung von Säugetieren und Vögeln werden auch Reptilien-, Amphibien- und Fischprojekte, sowie Maßnahmen zum Erhalt von Wirbellosen unterstützt. Die Stärke der ZGAP liegt in der schnellen Förderung von Notfallmaßnahmen und neuer Projekte für stark bedrohte Tierarten. Dafür stellt sie jährlich zwei zeitlich befristete, sowie Langzeitförderungen zur Verfügung, verleiht einen eigenen Artenschutzpreis und vergibt weitere Fördergelder durch ihren jährlichen Clip Award. Genauere Informationen zu Projekten, zur Mitgliedschaft oder einer Möglichkeit zur Spende sind über die Geschäftsstelle oder unter www.zgap.de zu finden.

Weitere Infos und Kontakt unter: www.zgap.de oder: Zoologische Gesellschaft für Arten- und Populationsschutz e.V. Geschäftsstelle: c/o Zoo Landau in der Pfalz, Hindenburgstr. 12, 76829 Landau in der Pfalz, E-Mail: office@zgap.de

Zootierliste

www.zootierliste.de

Das Internetprojekt www.zootierliste.de hat sich die möglichst vollständige Erfassung der aktuell und ehemals in öffentlichen tiergärtnerischen Einrichtungen (Zoos, Vogelparks, Aquarien, Wildparks usw.) Europas und der Staaten mit EAZA-Mitgliedern in Westasien gehaltenen Wirbeltiere zum Ziel gesetzt. Nach den ersten Schritten 2006 entwickelte sich die Zootierliste seit ihrer Neugestaltung im Jahre 2008 zu einer kaum mehr wegzudenkenden und stark frequentierten Datenbank im Internet. Die zugrunde liegende Idee war, im Gegensatz zum damaligen ISIS (International Species Information System, heute ZIMS: Zoological Information Management System) eine auch für Laien und kleinere Einrichtungen ohne entsprechende Mitgliedschaften offen zugängliche Quelle zu bieten, die nicht nur intern organisierte, sondern weitgehend alle öffentlichen Tierhaltungen im europäischen Raum (bzw. EAZA-Raum) umfasst. Mittlerweile werden die Seiten der Zootierliste wohl auch deshalb von vielen Fachleuten und Zoomitarbeitern, die auch im Betreiberteam vertreten sind, gern besucht.

Die Nutzungsmöglichkeiten der Zootierliste sind vielseitig. Im Grundaufbau systematisch nach Klassen sowie einer eigenen Sparte für domestizierte Tiere gegliedert, findet man über das tabellarische Menü leicht konkrete Arten und Unterarten mittels deutscher, englischer oder wissenschaftlicher Namen. Der Nutzer kann nach aktuellen wie ehemaligen Beständen suchen, sich Tierartenlisten bestimmter Zoos erstellen oder über eine Umkreissuche auch die zoologischen Einrichtungen in einer speziellen Region anzeigen lassen und einiges mehr. Die meisten Haltungseinträge beinhalten auch weitergehende Informationen, etwa zum gehaltenen Bestand, zur Herkunft, zum Haltungszeitraum oder Zuchtgeschehen. Es liegt auf der Hand, dass die Zootierliste damit auch für institutionelle wie private Vogelhalter von Nutzen sein kann. Über eine umfassende „Erweiterte Suche" kann man auch gezielt z. B. nach Herkunftsgebiet, Gefährdungsstatus, Zuchtprogrammen oder Kombinationen dieser Parameter suchen.

Selbstverständlich ist eine Datenbank nur so gut wie ihre Pflege. Helfer, welche die Einträge erweitern, prüfen und auf aktuellem Stand halten, sind daher stets willkommen. Idealerweise natürlich Mitarbeiter der Einrichtungen selbst, aber auch fachlich versierte Besucher, tragen dazu bei, die Datenbank so korrekt und aktuell wie möglich zu halten. Für einfache Meldungen genügt eine Registrierung auf der Webseite über eine Mailadresse. Eine letzte Entscheidung durch das siebenköpfige ehrenamtliche Administratorenteam, das auch die Kosten trägt, hat sich bei etwaigen Streitfragen bislang bewährt.

Weitere Infos und Kontakt unter: www.zootierliste.de

Inhaltsverzeichnis

Autorenverzeichnis

Wolfgang Aeckerlein Hürth, Deutschland

Jörg Asmus Gesellschaft für Arterhaltende Vogelzucht (GAV) e.V., Mönsterås, Schweden

Christiane Böhm Alpenzoo Innsbruck, Innsbruck, Österreich

Clemens Becker Zoo Karlsruhe, Karlsruhe, Deutschland

Nils Becker Berne, Deutschland

Klaus Eulenberger Amerika-Tierpark, Limbach-Oberfrohna, Deutschland

Sascha Fischer AG Weichfresser, Südharz, Deutschland

Johannes Fritz Waldrappteam, Mutters, Österreich

Alexander Fuchs Vogelpark Marlow, Marlow, Deutschland

Ernst Günther Naumburg, Deutschland

Wolf-Dietrich Gürtler Radensleben, Deutschland

Elisabeth Hagen Klink für Vögel, Kleinsäuger, Reptilien und Zierfische, Ludwig-Maximilians-Universität München, Oberschleißheim, Deutschland

Gisela von Hegel BNA, Hambrücken, Deutschland

Christoph Hinkelmann Lüneburg, Deutschland

Jürgen Hirt BNA, Hambrücken, Deutschland

Angelika Hogefeld Bocholt, Deutschland

Ruben Holland Zoo Leipzig GmbH, Leipzig, Deutschland

Friederike von Houwald Zoo Basel, Basel, Schweiz

Manfred Kästner Gesellschaft für Arterhaltende Vogelzucht (GAV) e.V., Grammetal-Nohra, Deutschland

Martin Kaiser Gesellschaft für Tropenornithologie e.V., Berlin, Deutschland

Peter Kaufmann Dipl. vet. med. Peter Kaufmann, Grabow, Deutschland

Rüdiger Korbel Klinik für Vögel, Kleinsäuger, Reptilien und Zierfische, Ludwig-Maximilians-Universität München, Oberschleißheim, Deutschland

Olaf Lange ZooGrün e.V., Marlow, Deutschland

Werner Lantermann Oberhausen, Deutschland

Christian Matschei Heidesee, Deutschland

Peter Pestel Elstertrebnitz, Deutschland

Johannes Pfleiderer Zoo Leipzig GmbH, Leipzig, Deutschland

Tobias Rahde Berlin, Deutschland

Thomas Rempert Berlin, Deutschland

Monika Rinder Klinik für Vögel, Kleinsäuger, Reptilien und Zierfische, Ludwig-Maximilians-Universität München, Oberschleißheim, Deutschland

Wolfgang Scherzinger Bischofswiesen, Deutschland

Bernd Simon Arbeitsgruppe Weichfresser e.V., Pustow, Deutschland

Martin Singheiser BNA, Hambrücken, Deutschland

Franz Stäb Echem, Deutschland

Werner Sterwerf Espelkamp, Deutschland

Till Töpfer Sektion Ornithologie, Zoologisches Forschungsmuseum Alexander Koenig, Bonn, Deutschland

Irene Urbasch Hamburg, Deutschland

Walter Wittig Dresden, Deutschland

Teil I

Allgemeiner Teil

Entstehungsgeschichte, Ansatz und Absicht des Praxishandbuches „Wildvogelhaltung"

Werner Lantermann und Jörg Asmus

Inhalt

1 Entstehungsgeschichte

Unser „Praxishandbuch" hat eine lange Vorgeschichte. Die ersten Pläne hierzu reichen zurück bis in die 1980er-Jahre, als in der Bundesrepublik Deutschland, bedingt auch in der ehemaligen DDR und einigen anderen europäischen und außereuropäischen Ländern, ein großer Boom in der Vogelhaltung herrschte. Dazu haben damals drei Faktoren entscheidend beigetragen: Zum einen ausufernde Massenimporte von Wildvögeln aus allen Teilen der Welt, vor allem aber aus dem asiatischen und südamerikanischen Raum, unter denen die Papageien (als durch das Washingtoner Artenschutzübereinkommen „geschützte" und damit registrierte Arten) mit 35–40.000 gehandelten Wildvögeln pro Jahr allein in die BRD nur die Spitze des Eisbergs darstellten (Herkenrath und Lantermann 1994). (Abb. 1) Ganz zu schweigen von den zehntausenden Weichfressern, Cardueliden, Prachtfinken und anderen „Kleinvögeln", die ohne jede Registrierung unsere Grenzen passierten und teilweise (großenteils?) unter den übelsten Bedingungen gefangen, zwischengehäl-

W. Lantermann (✉)
Oberhausen, Deutschland
E-Mail: w.lantermann@arcor.de

J. Asmus
Gesellschaft für Arterhaltende Vogelzucht (GAV) e.V., Mönsterås, Schweden
E-Mail: joergasmus@hotmail.com

© Springer-Verlag GmbH Deutschland, ein Teil von Springer Nature 2021
W. Lantermann, J. Asmus (Hrsg.), *Wildvogelhaltung*,
https://doi.org/10.1007/978-3-662-59604-3_1

Abb. 1 Timneh-Graupapageien (*Psittacus timneh*) in einer bundesdeutschen Quarantänestation um 1992. (Foto: Werner Lantermann)

tert und transportiert wurden. Todesraten waren zweifellos immens, kamen aber kaum jemals in ihrem ganzen Ausmaß an die Öffentlichkeit (vgl. Lantermann und Schuster 1990).

Der zweite Faktor war die – heute langsam abklingende – Ausrichtung der Vogelzucht auf die Zucht von „Ausstellungsvögeln" nach zweifelhaften Bewertungsstandards gewisser großer Vogelhalterverbände und die Zucht von Farbmutanten (Abb. 2 und 3). Die hierzu benötigen Ausgangsvögel mussten zu diesem Zeitpunkt zwar nicht mehr importiert werden – sie waren großenteils schon seit mehreren Generationen im Lande – und hatten während ihrer Haltungsgeschichte teilweise eine Anzahl von Farbmutanten hervorgebracht, die nun in vielen Züchterkreisen sehr gefragt waren, züchterisch gefestigt und durch Kreuzungen untereinander zu immer neuen Farbformen kombiniert wurden. Dadurch entstanden vor allem für viele Sittich- und Kleinpapageienarten, für viele Prachtfinken, Enten- und Taubenarten große farbmutierte Volierenpopulationen, die durch züchterischen „Ehrgeiz" nicht nur in der äußeren Färbung, sondern mit der Zeit auch in Größe und Verhalten immer weiter von den Wildformen abwichen. Traurige „Berühmheit" haben mittlerweile die Unzertrennlichen (*Agapornis* spec.), erlangt, bei denen von mindestens drei Arten (*A. roseicollis, A. fischeri, A. personatus*) kaum noch Vögel in den Volieren vorhanden sind, die als artenreine Nachkommen der ursprünglichen Wildvögel gelten dürfen (Asmus 2013) (Abb. 4).

Ein dritter Faktor, der der Entstehung dieses Buches letztlich Vorschub geleistet hat, waren und sind die Aufzuchtmethoden, mit denen unsere Vogelbestände viel-

Abb. 2 Ausstellungvögel werden heute nach gewissen „Standards" auf Größe, Farbe oder bestimmte Merkmale gezüchtet: Hier ein sogenannter Standardwellensittich bei einer AZ-Landesschau, der vor lauter Körpermasse kaum noch in der Lage war, auf seine Sitzstange zu klettern. Ergebnis: Erster Platz! (Foto: Werner Lantermann)

Abb. 3 Unter den Agapornidenbeständen ist mit Unterstützung der großen deutschen Züchterverbände in den vergangenen Jahrzehnten durch Mutations- und Transmutationszucht viel Schaden angerichtet worden: Hier eine blaue Farbmutante des Schwarzköpfchen (*Agapornis personatus*). (Foto: Werner Lantermann)

Abb. 4 Mischling zwischen Ruß- und Pfirsichköpfchen (*Agapornis nigrigenis x fischeri*) in einer deutschen Zuchtanlage. (Foto: Werner Lantermann)

fach vermehrt wurden und werden. Kaum ein Fasanen- oder Entenpaar, das seine Jungen noch selber ausbrüten und aufziehen darf – das erledigen heute leistungs-fähige Kunstbrüter. In den 1980er- und 1990er-Jahren war zudem die Ammenauf-zucht von (seltenen) Prachtfinken durch Japanische Mövchen (die domestizierte Form des Spitzschwanz-Bronzemännchens *Lonchura striata*) eine gängige Praxis. Und zu dieser Zeit begannen auch die ersten Handaufzuchten von Papageien: damals noch als Rettungsmaßnahme für von den Eltern vernachlässigte Jungvögel ange-wendet, gilt die Handaufzucht heute als Standardmethode und kommerzieller Faktor zur „Produktion" zahmer „Stubenvögel", vor allem aus den Reihen der sogenannten Großpapageien (Amazonen, Aras, Kakadus, Graupapageien). (Abb. 5) Verhaltens-auffälligkeiten vieler dieser Vögel waren aufgrund von Fehlprägungen fortan vor-programmiert (Lantermann 1998). Abhilfe versprechen seither weniger die Tier-ärzte, als vielmehr die selbst ernannten „Psychotherapeuten" für die Vögel (und deren Halter), nämlich sogenannte „Parrot Consultants" und andere „Vogelflüsterer" (vgl. www.wikipedia.org/animal-behavior-consultant).

Diese drei Faktoren (und weitere Randerscheinungen, die an dieser Stelle nicht weiter ausgeführt werden sollen), machten seinerzeit deutlich, dass die seriöse Vogelzucht und die darin involvierte Vogelhalterszene spätestens zum Jahrtausend-wechsel in eine deutliche Schieflage geraten war.

Um eine artgemäße Haltung und Zucht von *Wild*vögeln bemühten sich damals überwiegend die zoologischen Gärten, Vogelparks und eine Handvoll engagierter Züchter mit entsprechendem Weitblick. Und nur zwischen diesen wenigen Züchtern und den Tiergärten fand damals eine Annäherung und Zusammenarbeit statt, derweil die Zoos ansonsten jahrzehntelang die große Mehrheit der privaten Züchter und ihre

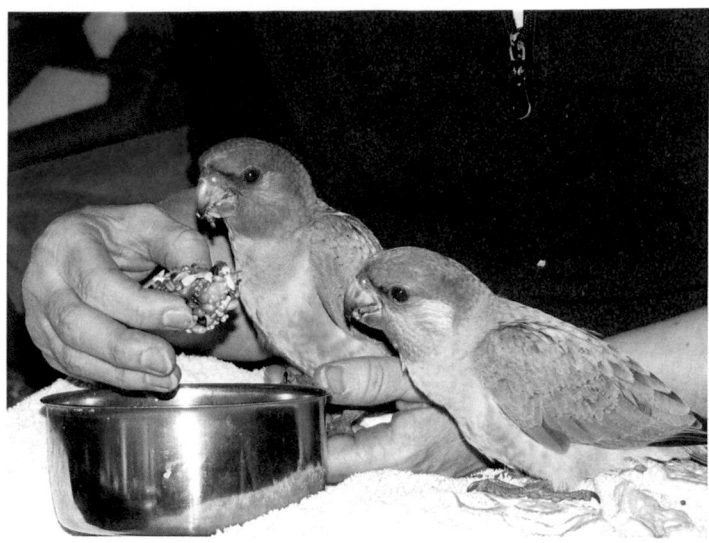

Abb. 5 Die Praxis der Handaufzucht von Papageien zur „Produktion" zahmer Stubenvögel ist in den letzten Jahrzehnten stetig vorangetrieben worden – hier handaufgezogene Senegalpapageien (früher Mohrenkopfpapageien) (*Poicephalus senegalus*). (Foto: Werner Lantermann)

Zuchtziele und -methoden eher kritisch sahen und aus ihren (Erhaltungs-)Zuchtprojekten heraushielten – eben weil man dabei von unterschiedlichen Voraussetzungen und Sichtweisen (siehe oben) ausging.

Die beiden Herausgeber haben sich über Jahrzehnte bemüht, die oben genannten Missstände zu dokumentieren, hier und dort auch öffentlich anzuprangern und waren zudem immer wieder bemüht, den Wildvogelcharakter der Vögel als Maß aller Zuchtbemühungen in den Fokus zu stellen und entsprechende adäquate Haltungsbedingungen zu beschreiben (vgl. Asmus 2013; Asmus und Lantermann 2012; Lantermann 2007 u. a. m.). Dabei kam es unweigerlich auch immer wieder zu Konfrontationen mit dem unseligen Einfluss einiger großer deutscher Züchterverbände und ihren „selbstgestrickten" Bewertungs- und Ausstellungsstandards (siehe oben), die für die Wildvogelzucht absolut kontraproduktiv sind.

Der Importstopp für alle Wildvögel in die EU seit 2007 hat vielen Vogelhaltern nun endlich die Augen geöffnet und den „Wert" der gehaltenen Vögel und die Notwendigkeiten ihrer Erhaltung im Freiland (und bei vielen Arten auch fast nur noch in Menschenobhut) verdeutlicht. Sei es auf lokaler Ebene die „Stunde der Gartenvögel" (NABU 2019) oder auf internationaler Ebene der neue Biodiversitätsreport des Weltbiodiversitätsrates der Vereinten Nationen von 2019 (IPBES 2019) – überall wird zur schmerzlichen Gewissheit, dass neben vielen anderen Arten auch die Vogelbestände weltweit im Rückgang sind: seit dem 19. Jahrhundert sind sie um etwa 80 % geschrumpft (vgl. Berthold 2018). Viele weitere Arten sind darüber hinaus derzeit gefährdet oder gar vom Aussterben bedroht (vgl. Winkler et al. 2015). Vor diesem Hintergrund ist auch die Entstehung unseres Buches zu sehen, das etwa zeitgleich mit der Ratifizierung des Importstopps an Kontur und dann zunehmend an Konkretion gewann – und nun durch den gerade veröffentlichten aufrüttelnden Biodiversitätsreport nochmals an Aktualität gewinnt.

2   Ansatz und Absicht

Eine Maßnahme, um dem weltweiten Artenschwund entgegen zu wirken, ist die wissenschaftlich fundierte Erhaltungszucht, die ja schon seit Jahrzehnten von Zoologischen Gärten und anderen professionellen Einrichtungen betrieben wird, in Europa u. a. mit Hilfe der Europäischen Erhaltungszuchtprogramme (EEPs) und Studbooks (ESBs) (Abb. 6). Das vorliegende Buch verfolgt genau diesen Ansatz und versucht, in einem theoretischen Teil zunächst die Hintergründe, Modalitäten und Ausformungen einer artgemäßen, wissenschaftlich fundierten Wildvogelzucht in 20 Übersichtskapiteln zu beschreiben. Damit ist nun erstmals in einem Werk der „Stand der Dinge" benannt. Dazu konnten viele ausgewiesene Fachleute als mitwirkende Autorinnen und Autoren (künftig Autoren genannt) gewonnen werden, die mit ihren Beiträgen auch ein Zeichen setzen gegen die oben geschilderten Missstände – und zwar in harmonischem Gleichklang zwischen Museums-, Zoo- und Vogelparkprofis, Tiermedizinern und fachlich versierten privaten Vogelhaltern.

Abb. 6 Das internationale Zuchtbuch für den Großen Soldatenara (*Ara ambiguus*) wird derzeit im französischen Zoo Sables d'Olonne mit 149 Tieren in 46 Einrichtungen (Stand: 2016) geführt. (Foto: Werner Lantermann)

Im zweiten Buchteil, dem Artenteil, finden sich ebenfalls Autoren aus Zoos und Vogelparks Seite an Seite mit spezialisierten Privathaltern, die Haltungsanleitungen für alle wesentlichen in Menschenobhut gehaltenen Vogelgruppen erarbeitet haben. Manche dieser Autoren sind Mitglieder solcher Vogelhaltervereinigungen, die schon frühzeitig die Zeichen der Zeit erkannt hatten und sich seit Jahren ausschließlich um artgemäße Haltungen von Wildvögeln bemühen, um deren Bestände – zumindest in Menschenobhut – zu festigen oder überhaupt erst aufzubauen. Dazu gehören z. B. die WPA Deutschland e. V., die Estrilda e. V., die Arbeitsgruppe Weichfresser e. V., das Europäische Fruchttaubenprojekt oder die GAV (Gesellschaft für arterhaltende Vogelzucht e. V.), um nur einige zu nennen.

Ausdrücklich soll an dieser Stelle betont werden, dass es sich bei Arterhaltungsmaßnahmen durch Erhaltungszucht lediglich um *eine* Möglichkeit handeln kann, bedrohte Arten vor dem endgültigen Aussterben zu bewahren. Und diese Möglichkeit ist keineswegs ein Allheilmittel und wird zudem – auch unter Fachleuten – nicht unkritisch gesehen. Besonders unter Freilandforschern, Ökologen oder Avifaunisten steht diese Methode in der Kritik. Als Argumente stehen die Ablehnung sämtlicher „Gefangenschaftshaltung" von Wildtieren im Raum, aber auch der Hinweis auf mangelnde Kenntnisse des Freilebens vieler Tiere und die Umsetzungsmöglichkeiten der Bedürfnisse in Menschenobhut. Auch wird hier und dort „Domestikation" nach nur wenigen Generationen befürchtet, Verhaltensauffälligkeiten werden ins Feld geführt, ebenso die Schwierigkeit einer späteren Wiederauswilderung nachgezogener Jungtiere usw. Manches davon mag seine Berechtigung haben, manches ist aber zweifellos ideologisch gefärbt. – Es ist hier nicht der Ort, ausführlicher auf Argumente oder Gegenargumente einzugehen. Konsens ist – auch bei Fachleuten aus Zoo und Wissenschaft – dass die Erhaltungszucht (ggf. mit später Wiederausbürgerung von Nachzuchten) ein letzter Rettungsanker für bestimmte Tierarten sein kann, die es sonst nicht mehr gäbe oder bald nicht mehr geben wird – nicht mehr, und nicht weniger!

Eine ganz vordergründige Problematik zeigt allerdings die Grenzen der Erhaltungszucht auf. Denn ganz abgesehen von biologischen Daten, die uns aus dem Freiland vielleicht fehlen, oder von den Schwierigkeiten einer geeigneten Futterzusammenstellung, einer Paarzusammenstellung, Aufzuchtproblemen usw. haben wir mit drei fundamentalen Problemen zu tun: Zum einen können wir nicht drei- oder viertausend bedrohte Vogelarten (der weltweit mehr als 10.500 Arten), um die man sich derzeit vielleicht kümmern müsste, in unsere Volieren übernehmen. Dazu fehlt schlichtweg das Platzangebot – und für viele bislang auch das tiergartenbiologische Know-how (Abb. 7). Das gilt zweitens auch und gerade für Zoos, die ja meist sehr an ihre Bestandsplanung gebunden sind. Sie können oder wollen immer häufiger nur publikumswirksame Arten halten oder beschränken sich vielleicht nur auf die höchstbedrohten Arten, derweil die weniger gefährdeten durch das Raster fallen. Viele Zoos gehen sogar inzwischen dazu über, ihre Vogelbestände massiv zurückzufahren, um mehr Platz für die (auch vom Publikum favorisierten) Großsäuger zu haben. Zu einer solchen Reduktion der Vogelbestände fühlen sich manche Zoos inzwischen aber auch von der Gesetzgebung gedrängt. Seitdem das einseitige Kupieren (Flugunfähigmachen) von Stelzvögeln (Flamingos, Kraniche, Störche)

Abb. 7 Für viele Vogelarten
fehlt immer noch das
tiergartenbiologische Know-
how für eine artgemäße
Haltung und Zucht, z. B. bei
den selten importierten
Leistenschnabeltukanen
(*Andigena laminirostris*).
(Foto: Werner Lantermann)

und Entenvögeln verboten ist, sehen sich viele Zoos außerstande, für diese Arten
große Freiflugvolieren (statt bisher „Stelzvogelwiesen" oder „Wassergeflügeltei-
che") zu erstellen (Abb. 8). Eine naheliegende Konsequenz ist daher nicht selten
die schrittweise Abschaffung dieser Arten. Diese Entwicklung trifft somit insbesondere die großen Stelzvögel, weil sie überwiegend im Zoo und nur in wenigen
privaten Vogelanlagen gehalten werden können. Die privaten Halter können diesen
Artenrückgang somit nur selten kompensieren. Schließlich muss drittens der Blick
auf eben diese Privathalter gelenkt werden. Sie halten oftmals Arten und verfügen
über Erfahrungen, die selbst in vielen Zoos nicht zu finden sind. Sie halten damit
wichtige Ressourcen in ihren Händen bzw. Volieren. Aber die Möglichkeiten privater Erhaltungszuchten sind insofern begrenzt, als ihnen zum einen oftmals der
Langzeitfaktor abgeht, zweitens ihre Volierenanzahl allzu begrenzt ist und der
Weitblick für Erhaltungszuchtprojekte fehlt (was geschieht mit den Jungvögeln,
wer kümmert sich langfristig um die Zuchtbuchführung, wer koordiniert die Nachzucht mit anderen Haltern, wer kümmert sich ggf. um Wiederausbürgerungsprojekte
usw.). Hinzu kommt, dass die private Vogelhalterszene inzwischen deutlich überaltert ist, so dass abzusehen ist, wie die weitere Entwicklung im privaten Sektor
verläuft: Auch hier werden Rückgänge zu verzeichnen sein, und zwar sowohl im
Hinblick auf die Anzahl erfahrener, seriöser Züchter, als auch im Hinblick auf die
von ihnen gehaltenen Arten(zahlen).

Abb. 8 Derzeit sind noch fast alle Kraniche, Flamingos, Pelikane und Störche, die auf Freianlagen leben, flugunfähig gemacht worden, wie dieser Jungfernkranich (*Anthropoides virgo*). Eine neue Gesetzeslage verbietet diese Praxis inzwischen. (Foto: Werner Lantermann)

3   Artbegriff und Artenauswahl

Wenn in den vergangenen Abschnitten immer wieder von „**artgemäßer Wildvogel-zucht**" die Rede war, müssen beide Begriffe zumindest kurz erläutert werden. Was „artgemäß" ist und was nicht, wird über die Generationen hinweg unterschiedlich definiert. Auch Begriffe wie „artgerecht" oder „tiergerecht" waren immer wieder in der Diskussion. Wir möchten an dieser Stelle keine Definition liefern und der Diskussion nicht vorgreifen, sondern verweisen dazu auf den Beitrag von Friederike von Houwald (Kap. ▸ „Artgerechte Vogelhaltung in EAZA-Zoos", in diesem Band), wo die Maßstäbe beschrieben werden, nach denen die modernen Zoos heute ihre Haltungsbedingungen ausrichten.

Wenden wir uns nun dem Begriff „**Wildvogel**" zu. Was genau ist ein Wildvogel? In Sinne dieses Buches ist ein Wildvogel ein Vertreter seiner biologischen Art (siehe unten), so wie diese Art im Freiland vorkommt – mit allen arttypisch genetischen, morphologischen, physiologischen, phonetischen und ethologischen Merkmalen, aber auch mit allen natürlichen Merkmalsvariationen (vgl. Töpfer 2018). Jede Form züchterischer Veränderung in Form, Größe, Farbgebung und Verhalten, und erst recht eklatante Merkmale beginnender oder bereits erfolgter Domestikation, machen keinen „Wildvogel" mehr aus. Solche Vögel sind für Erhaltungszuchtprogramme wertlos und aus solchen auszuschließen.

Und mit diesen Gedanken leiten wir auch über zum **Artbegriff**. Früher wurden Individuen von gleichem geschlechtsspezifischem Phänotyp (äußere Erscheinungsform) und gleicher Verhaltensweise als Art zusammengefasst. Dieser vornehmlich „morphologisch definierte Artbegriff" ist jedoch insofern problematisch, als sich über viele Generationen hinweg der Phänotyp einer Art im Verlauf der natürlichen Evolution verändern kann. Einerseits können z. B. durch Zuchtauswahl (u. a. bei Hühnern, Kanarien) Individuen mit sehr unterschiedlichem Aussehen (Rassen) entstehen, obwohl sie zu einer Art gehören. Andererseits können Individuen sehr ähnlich aussehen (z. B. Zilpzalp, *Phylloscopus collybita* im Vergleich zum Fitis, *Phylloscopus trochilus*), gehören aber eindeutig zwei verschiedenen Arten an.

Der „biologische Artbegriff" fokussiert vornehmlich auf die Vermehrungsfähigkeit zweier verschiedengeschlechtlicher Individuen. Unter einer Art verstehen wir hier die **Biospezies** (die „biologische Art") mit folgender Definition: „Eine Art ist eine Gruppe natürlicher Populationen, die sich untereinander kreuzen können und von anderen Gruppen isoliert sind ... Mit anderen Worten: eine Art ist ein Fortpflanzungsgemeinschaft. Ihre reproduktive Isolation wird durch Isolationsmechanismen ermöglicht, das heißt durch Eigenschaften von Individuen, die eine Kreuzung mit Individuen einer anderen Art verhindern (oder erfolglos machen)" (Mayr 2005, S. 207–208).

Oder ausführlicher: „Eine Biospezies ist eine Gruppe sich tatsächlich oder potenziell kreuzender Individuen, die voll fertile Nachkommen hervorbringen. Der genetische Zusammenhalt von Individuen einer Biospezies wird durch physiologische, ethologische, morphologische und genetische Eigenschaften gewährleistet, die gegenüber artfremden Individuen isolierend wirken, also verhindern, dass zwischenartliche Bastardierung stattfindet. Die Angehörigen einer Art bilden demnach eine Fortpflanzungsgemeinschaft innerhalb eines genetisch definierten Rahmens. Innerhalb dieses genetisch definierten Rahmens besteht Genfluss zwischen beiden Geschlechtern bei der Erzeugung von Nachkommen. Beide Geschlechter haben Anteil an einem gemeinsamen Genpool einer artgleichen Population und bilden somit die genetisch definierte Einheit dieser artgleichen Population, in der evolutionärer Wandel stattfindet" (vgl. Lexikon der Biologie 2019, Ergänzung von Stäb, in litt.).

Mit diesen Definitionen sind die Kriterien für die Zugehörigkeit zur selben Art recht eng gefasst:

1. Wie bei allen genetischen Artbegriffen wird die Fähigkeit, Nachkommen zu erzeugen, gefordert.
2. Die Nachkommen müssen „unter natürlichen Bedingungen", d. h. in den natürlichen Lebensräumen, erzeugt werden. Kreuzungen, die unter Zuchtbedingungen auftreten, werden nicht berücksichtigt, weil sie in der Natur praktisch nicht vorkommen (können).
3. Die Nachkommen müssen fruchtbar sein, also selber wieder Nachkommen erzeugen können (vgl. Mayr 2005).

In der Vogelzucht stellen sich diesen Definitionen aber gewisse Grenzen entgegen, die zum einen durch die Art-/Unterartproblematik bedingt sind. Denn die unterschiedlichen Artabgrenzungen in verschiedenen Listen hängen mit den verschiedenen konzeptionellen Unterscheidungskriterien zusammen. Formen, die in einem Konzept als Unterarten gelten (definiert als Gruppe von Populationen, welche eine Art geografisch vertreten), können in einem anderen Konzept bereits als „gute" Arten eingestuft werden. Und umgekehrt werden frühere Arten manchmal zu Unterarten, wenn z. B. die tiergeografischen und/oder molekularbiologischen Befunde dies nahelegen. In den meisten Fällen sind nah verwandte Arten auch im Freiland untereinander fortpflanzungsfähig, doch in der Regel sind die Nachkommen unfruchtbar. Unterarten dagegen sind untereinander unbegrenzt fruchtbar und können, wo ihre Verbreitungsgebiete unmittelbar aneinander grenzen, natürliche Hybridisierungzonen ausbilden. Eine zweite Problematik ist die Vergleichbarkeit lebender Volierenvögel, die zu Zuchtzwecken vorgesehen sind, mit dem ursprünglichen Vogeltypus aus dem Freiland (z. B. anhand von Balgexemplaren in den wissenschaftlichen Sammlungen naturkundlicher Museen). Man weiß bei bestimmten Arten, die z. T. seit Generationen in Menschenobhut gehalten werden, nie genau, ob in der Vergangenheit Unterartenkreuzungen vorgenommen wurden oder ob verdeckte Mutationen (in Farbe, Größe oder Körperanhängen) vorliegen, die erst bei der Weiterzucht sichtbar würden. Die Chance, wirklich arten- und/oder unterartenreine Vögel im eigenen Bestand zu haben, steigt mit der Kürze der Zeit, in der die Vögel in menschlicher Obhut leben. Das soll heißen: Bei erst kürzlich aus dem Freiland (und einer definierten geografischen Region) importierten Vögeln ist die Wahrscheinlichkeit hoch, dass es sich um „reine" Vertreter ihrer biologischen Art oder Unterart handelt. Umgekehrt sind phänotypisch „artenreine" Vögel aus langjährigen Zuchten kaum jemals über alle Zweifel erhaben. Ein Beispiel wäre der australische Königssittich (*Alisterus scapularis*), der noch in vielen Exemplaren mit phänotypisch „einwandfreiem" Erscheinungsbild in den Zoo- und Züchtervolieren fliegt, von dem aber niemand genau weiß, ob und wann evtl. welche Unterarten importiert wurden, deren genetische Anteile diese Vögel teilen. Auf der sicheren Seite, was die Genetik betrifft, wäre man somit gegenwärtig nur bei Zuchtprojekten mit Arten, die keine Unterarten bilden und von denen bislang keine Zuchtformen (mit Veränderungen der Größe, der Farbe und der Form, s. o.) bestehen, z. B. bei diversen neotropischen Sittichen (Gattungen *Eupsittula*, *Aratinga* u. a.), afrikanischen Glanzstaren (Gattung *Lamprotornis* u. a.), Bartvögeln (Gattungen *Lybius*, *Capito* u. a.) (Abb. 9). Im Einzelfall ist also genau abzuwägen, mit welchen Vogelarten bzw. -unterarten der Aufbau eines Erhaltungszuchtprojektes möglich und lohnenswert ist. Bei im Freiland höchstbedrohten Arten, von denen nur noch (Einzel-)Exemplare in Menschenobhut vorhanden sind, stellt sich diese Frage weniger. Hier muss möglichst unverzüglich gehandelt werden, um die Art zu retten.

Der begrenzte Druckraum in diesem Buch zwang uns im Artteil zu einer **Auswahl der Arten**(gruppen), die relativ häufig in Menschenobhut gehalten werden, und auch zu einer gewissen Schwerpunktsetzung. Das bearbeitete Artenspektrum wurde im Wesentlichen über zwei Datensammlungen festgelegt: zum einen die Artenliste der in der GAV und den angeschlossenen 45 Zoos gehaltenen Vogelarten (derzeit insgesamt etwa 1100 Arten) und zum anderen die im Internet publizierte und ständig aktualisierte Zootierliste (etwa 2100 Arten in allen europäischen Zoos,

Abb. 9 Erhaltungszuchtprojekte für Arten mit einer
kurzen Importhistorie, die
zudem keine Unterarten
bilden, können am ehesten
davon ausgehen, dass sie mit
„echten" Wildvögeln arbeiten
(ohne frühere Einkreuzungen
anderer Unterarten und ohne
die Gefahr des Auftretens von
Farbmutanten). Sollte für den
Rotbauch-Glanzstar
(*Lamprotornis pulcher*)
einmal ein
Erhaltungszuchtprojekt
notwendig werden, wäre er
ein gutes Beispiel. (Foto:
Werner Lantermann)

www.zootierliste.de). Aus beiden Listen ließen sich nicht nur qualitative Daten
(welche Arten werden gehalten?), sondern auch die Anzahl der Haltungsorte (quantitative Daten) ermitteln, so dass sich daraus gewisse Schwerpunkte ergaben. So
waren z. B. in beiden Datensätzen die Gänsevögel, Hühnervögel, Tauben und
Papageien stark repräsentiert, derweil andere Vogelgruppen wie z. B. die Kuckucke,
Bartvögel, die Trogone, Mausvögel, Tangaren, Kolibris und Trappen, um nur einige
Beispiele zu nennen, kaum noch in deutschen Zoos oder Liebhaberbeständen vorhanden sind (vgl. dazu auch den Beitrag von J. Pfleiderer, in diesem Band). Ihnen
wurde entsprechend weniger Druckraum eingeräumt.

4   Ein Blick in die Zukunft

Ein wichtiger Aspekt bei der Initiierung dieses Buches war, nicht nur dazu beizutragen, dass ausgewiesene Fachleute hier ihre Sicht von Erhaltungszuchtmaßnah-
men bzw. ihre Haltungserfahrungen darlegen, sondern darüber hinaus auch, dass
sich auf Dauer der zum Teil negativ geprägte öffentliche Blick auf die Wildvogelhaltung verändert. Um dies zu erreichen, müssen nach Ansicht der Verfasser mehrere
Maßnahmen ineinandergreifen:

Zunächst muss die Wildvogelhaltung in den öffentlichen Tiergärten noch mehr als bisher als notwendige Artenschutzmaßnahme dargestellt und zudem transparent gemacht werden, warum welche Arten wie gehalten und präsentiert werden. Hier muss die Zoopädagogik, die in vielen Zoos und Vogelparks nur mit Teilzeitstellen (oder überhaupt nicht!) vertreten ist, noch deutlichere Zeichen setzen. Die privaten Vogelhaltungen, die zwar überwiegend keinen regelmäßigen Publikumsverkehr haben, brauchen oftmals eine neue „Ethik" für die praktische Ausübung ihrer Vogelhaltung. Hinterhofhaltungen mit schlecht gepflegten Vögeln in windschiefen, zugigen Volieren müssen der Vergangenheit angehören. Die Haltungen müssen jederzeit vorzeigbar sein (viele sind das natürlich bereits jetzt!), auch gegenüber den (zum Teil nur sehr lax) kontrollierenden Artenschutzbehörden.

Von seriösen engagierten Privathaltern, die sich der Erhaltungszucht verschrieben haben oder künftig verschreiben wollen, darf erwartet werden, dass sie künftig keine Volierenplätze, keine Finanzmittel, kein Know-how und kein zeitliches Investment mehr in die Haltung zweifelhafter „Zuchtprodukte" (farbmutierte Sittiche, federfüßige Hühner und Tauben . . .) investieren, sondern diese Ressourcen in geplante und gut organisierte Erhaltungszuchten für die Vielzahl bedrohter Vogelarten einbringen. Damit bleibt die Vogelhaltung nicht nur eine Feierabends-„Passion", sondern wird zu einer daten- und faktenorientierten (Begleit-)Wissenschaft im Sinne dessen, was im angelsächsischen Bereich als „Aviculture" bezeichnet wird (vgl. Delacour 1969).

In Zusammenarbeit bei Zuchtprogrammen zwischen Vogelparks, Zoos und kenntnisreichen Privathalten werden für wenig gehaltene und seltene Vogelarten Haltungsstandards entwickelt und deren Ergebnisse so publiziert, dass alle Beteiligten davon profitieren können (also sowohl in wissenschaftlichen Zeitschriften, Studbooks und „Best Practise Guidelines" als auch in populären Fachzeitschriften).

Auch den Gegnern der Vogelhaltung sollten die Zoo- und Privathaltungen von Vögeln jederzeit guten Gewissens und ohne Einschränkungen präsentiert werden können. Dazu gehören – insbesondere in Privathand (bei den Zoos stellt sich dieses Problem nicht) – durchweg legale, mit allen erforderlichen Papieren und Genehmigungen ausgestattete Vögel, die nicht den Ruch illegal besorgter Vögel (z. B. aus dem osteuropäischen Ausland) haben.

Vogelhaltervereine, die noch immer Bewertungsschauen ihrer Vögel in kleinsten Ausstellungskäfigen durchführen und damit die Grenze zur Tierquälerei streifen, gehören nicht mehr in diese Landschaft seriöser Zuchtbemühungen (Abb. 10). Sie sollten, wenn schon keine gesetzlichen Maßnahmen zu deren Abschaffung in Sicht sind, ebenso boykottiert werden wie die äußerst fragwürdigen Vogelbörsen mit zehntausenden dort angebotener und eng eingepferchter Vögel (z. B. auf der „berühmten" Börse im niederländischen Zwolle). Demgegenüber sind jedoch manche Vogelausstellungen mit der Präsentation von Vögeln in großen, gut ausgestatteten Volieren, begehbaren Großvolieren oder schön gestalteten Vitrinen als pädagogische Maßnahme explizit hervorzuheben und sinnvoll. Mit der richtigen Beschriftung und Präsentation kann in solchen Ausstellungen durchaus für eine artgemäße und artenschutzorientiere Vogelhaltung geworben und damit einer breiten Öffentlichkeit ein seriöses Bild von Vogelhaltung vermittelt werden (beispielhaft waren stets die Ausstellungen der „Ornithea" in Köln).

Abb. 10 Bewertungsschauen der großen deutschen Vogelhalterverbände, bei denen die Vögel – in engste Käfige gepfercht (hier die ansonsten sehr agilen Spring- und Ziegensittiche (*Cyanoramphus auriceps* und *novaezelandiae*) – den Preisrichtern vorgestellt werden, gehören hoffentlich bald der Vergangenheit an. (Foto: Werner Lantermann)

Schließlich muss noch ein Blick auf den Nachwuchs geworfen werden. Während die Zoos sich in den letzten Jahren an vielen Orten personell „verjüngt" haben, leidet die private Vogelhaltung an deutlicher Überalterung. Und mit dem „Aussterben" dieser Vogelhaltergeneration geht vieles an „Know-how", das vielleicht auch niemals veröffentlicht worden ist, verloren. Es ist also höchste Zeit, jungen Leuten die Idee von seriöser Vogelhaltung zu vermitteln und ihnen Wege und Projekte aufzuzeigen, an denen sie engagiert und motiviert mitarbeiten können, ohne das Gefühl zu haben, in verkrusteten Strukturen mit anachronistischen Zielen vereinnahmt zu werden.

5 Vorgängerwerke

Schließlich möchten wir noch auf die verdienstvollen Vorgängerwerke verweisen (Abb. 11). Ein erster Überblick über alle damals (vorwiegend in Privathaltungen) gepflegten und gezüchteten Vögel wurde mit dem „Handbuch des Vogelliebhabers" (Band 1) noch in der damaligen DDR verlegt (Dathe 1974), Band 2 folgte mehr als 10 Jahre später in einem westdeutschen Verlag (Dathe 1986). Einen beinahe vollständigen Überblick über die in Zoos und Parks gehaltenen Vögel bietet die seitenstarke „Zootierhaltung" von Grummt und Strehlow (2014). Sehr umfassend ist auch das zweibändige „Lexikon der Vogelhaltung" von Robiller (2003), das aber kein eigentliches „Haltungsbuch" ist, sondern das Wesentliche lexikalisch zusammenfasst. Und schließlich wäre noch die von Baur et al. (2009) herausgegebene „Wildtierhaltung in kleineren zoologischen Einrichtungen" zu nennen, die darauf abzielt, das Artenspektrum in den kleineren Tier- und Vogelparks und deren Haltung zu beschreiben, aber insgesamt nur einen kleinen Ausschnitt aller gehaltenen Vogelgruppen abdeckt. Bis auf die „Zootierhaltung" von Grummt und Strehlow (2014) (Neuauflage: Strehlow 2019) sind alle genannten Bände mittlerweile vergriffen.

Danksagung Allen unseren Autoren, Korrektoren, Bildautoren, Manuskriptgutachtern und allen anderen, die zum Gelingen dieses Gemeinschaftswerkes beigetragen haben, sei an dieser Stelle herzlich für ihre Mitarbeit gedankt. Fast alle unsere Autoren sind stark in ihren beruflichen Alltag eingebunden und standen während der Manuskriptabfassung unter hoher Arbeitsbelastung und starkem Zeitdruck, die durch unsere Manuskriptvorgaben zweifellos noch verstärkt wurden. Aber alle haben es irgendwie möglich gemacht, sich an dem Buchprojekt zu beteiligen. Dafür gilt ihnen unser Dank und unser Respekt! – Eine namentliche Danksagung an alle Menschen, die uns freundlicherweise in irgendeiner Form zugearbeitet haben (z. B. durch fachliche Durchsicht von Kapiteln, durch Bereitstellung von Literatur oder Fotos, durch Einräumung von Abbildungsrechten etc.) findet sich ganz am Anfang des Buches!

Abb. 11 Die verdienstvollen Vorgängerwerke zu unserem Buch. (Foto: Werner Lantermann)

Dass die Realisierung des Buchprojektes eine so lange Vorlaufzeit benötigte (siehe oben) lag aber auch daran, dass zunächst ein geeigneter Verlag für das Projekt gefunden werden musste. Es musste ja ein gut aufgestellter, etablierter Verlag sein, der ein solches seitenstarkes Buch (mit der Betreuung von mehr als 30 Autoren) überhaupt stemmen konnte. Für die Übernahme des Buchprojektes gilt deshalb dem Springer-Verlag als Fachverlag für naturwissenschaftliche und medizinische Themen unserer ausdrücklicher Dank, ebenso unseren Projektkoordinatorinnen Michele Beer und Kavitha Janarthanan – auch in Namen unserer Autoren.

Literatur

Asmus, J. (2013). *Agaporniden – Haltung, Zucht und Artenschutz*. Reutlingen: Oertel & Spörer.
Asmus, J., & Lantermann, W. (2012). *Australische Sittiche – Haltung, Zucht und Artenschutz*. Reutlingen: Oertel & Spörer.
Baur, M., Fritz, T., Gansloßer, U., Hartig, C., Härtl, E., Lantermann, W., & Türbl, T. (2009). *Wildtierhaltung in kleineren zoologischen Einrichtungen* (Bd. 2). Fürth: Filander.
Berthold, P. (2018). *Unsere Vögel*. Berlin: Ullstein.
Dathe, H. (1974). *Handbuch des Vogelliebhabers* (Bd. 1). Berlin: Deutscher Landwirtschaftsverlag.
Dathe, H. (1986). *Handbuch des Vogelliebhabers* (Bd. 2). Wiesbaden: Aula.
Delacour, J. (1969). The progress of aviculture during the last three-quarters of a century. *Avicultural Magazine, 75*, 224–225.
Grummt, W., & Strehlow, H. (Hrsg.). (2014). *Zootierhaltung – Vögel*. Haan-Gruiten: Europa-Lehrmittel.
Herkenrath, P., & Lantermann, W. (1994). *Flieg' Vogel oder stirb – Vom Elend des Handels mit Wildvögeln*. Göttingen: Die Werkstatt.
IPBES. (2019). Assessment report in biodiversity and ecosystem services. www.ipbes.net. Zugegriffen am 18.03.2020.
Lantermann, W. (1998). *Verhaltensstörungen bei Papageien – Entstehung, Diagnose, Therapie*. Stuttgart: Encke.
Lantermann, W. (2007). *Handbuch Papageienhaltung*. Brunsbek: Cadmos.
Lantermann, W., & Schuster, A. (1990). *Papageien – vom Aussterben bedroht*. Hamburg: Rasch & Röhring.
Mayr, E. (2005). *Das ist Evolution*. München: Bertelsmann.
NABU. (2019). Stunde der Gartenvögel. www.nabu.de/stunde-der-gartenvoegel. Zugegriffen am 27.12.2019.
Robiller, F. (2003). *Das große Lexikon der Vogelpflege*, 2 Bde. Stuttgart: Ulmer.
Töpfer, T. (2018). Morphological variation in birds: Plasticity, adaptation, and speciation. In D. T. Tietze (Hrsg.), *Bird species* (Fascinating life sciences, S. 63–74). Heidelberg: Springer.
Winkler, D. W., Billermann, S. M., & Lovette, I. J. (2015). *Bird families of the world*. Barcelona: Lynx.

Vogelhaltung gestern – heute – morgen

Christoph Hinkelmann

Inhalt

C. Hinkelmann (✉)
Lüneburg, Deutschland

© Springer-Verlag GmbH Deutschland, ein Teil von Springer Nature 2021
W. Lantermann, J. Asmus (Hrsg.), *Wildvogelhaltung*,
https://doi.org/10.1007/978-3-662-59604-3_2

1   Einleitung

Solange es Menschen gibt, interessieren sie sich für Vögel. Diese erste Verbindung weist auf die Zeiten zurück, in denen schon unsere Primatenvorfahren sich nicht nur von Pflanzen ernährten, sondern ihre Nahrung vielseitiger gestaltet haben. Insofern begann das Interesse der Menschen an unseren gefiederten Mitlebewesen vor Millionen Jahren, und es war schon damals sehr einseitig angelegt. Es waren zunächst das Fleisch, die Federn, die Eier und in manchen Fällen das Fett der Vögel, was den Menschen erstrebenswert war.

An dieser Einseitigkeit, die das Interesse des Menschen höher bewertet als das des Vogels, hat sich im Prinzip bis heute nichts geändert. Zwar sind die Gründe, wegen derer wir Vögel in unsere Nähe bringen und zur Verfügung haben wollen, sehr vielfältig geworden, doch stets sind es unsere Vorstellungen, nach denen sich der Vogel richten muss.

Es darf als gesichert gelten, dass die erste Vogelhaltung dazu diente, hochwertige Eiweißnahrung leichter und vielleicht auch zuverlässiger zur Verfügung zu haben als das Tier zu jagen. Dies setzte voraus, dass die Menschen sesshaft geworden waren, was erstmals für die Jungsteinzeit, die vor etwa 12.000 Jahren begann, im „fruchtbaren Halbmond" in Mesopotamien nachgewiesen ist. Wann aber genau die Haltung begann, wird vermutlich nie belegt werden können. Es ist zu vermuten, dass es junge Enten und anderes Wassergeflügel waren, die man in dieser Region vom Ei an aufzog oder als junge Küken in seine Obhut nahm und auf Menschen prägte (Kisling 2018a; Svanberg und Möller 2018).

Eine ganz entscheidende Voraussetzung für jede längerfristige Haltung und Vermehrung von Vögeln in menschlicher Obhut war und ist bis heute, dass ihnen artgemäße Nahrung regelmäßig und in ausreichender Menge zur Verfügung gestellt werden kann. Leider konnte diese Bedingung erst im 20. Jahrhundert als erfüllt gelten. Viele Vogelarten lebten zuvor nur für kurze Zeit in den Käfigen oder Volieren der Vogelpfleger, weil das Futterangebot oft von „Versuch und Irrtum" geprägt war. Arterhaltende Vogelhaltung war nur bei wenigen Arten möglich, die als eher anspruchslos oder als Vögel gelten, die man auch Anfängern anvertrauen darf. Heute wäre es kaum noch möglich, dass in großer Zahl gehaltene Vogelarten wie Karolinasittich *(Conuropsis carolinensis)* oder Wandertaube *(Ectopistes migratoria)* aussterben könnten (Lindholm 2018).

2   Vogelhaltung zur Gewinnung sicherer und hochwertiger Nahrung – Nutzgeflügel

Die Vorfahren der heute wirtschaftlich wichtigsten zum Nutzen von uns Menschen gehaltenen Vogelart, des Haushuhns (Bankivahuhn, *Gallus gallus*), wurden in Süd- und/oder Südostasien vermutlich erst vor 5000 Jahren in Kultur genommen. Hühner sind in Mesopotamien und Ägypten bereits vor 3500 Jahren gehalten worden, waren ein fester Bestandteil der griechischen und römischen Hochkulturen und sind im übrigen Europa seit dem frühen Mittelalter präsent. Sie sind allerdings aus ihrer Ursprungsregion heraus auch nach Osten verbracht wurden und in ostasiatischen und pazifischen Kulturen seit langem fester Bestandteil der Kultur (Svanberg und Möller 2018).

Unsere gewöhnlichen Hausenten stammen von der Stockente (*Anas platyrhynchos*) ab und wurden vermutlich bereits vor sehr langer Zeit im westlichen Eurasien und im südöstlichen Asien, Indien oder Südostasien, unabhängig voneinander in Kultur genommen. Moschusenten (*Cairina moschata*) dagegen wurden im tropischen Südamerika domestiziert und gelangten erst im 16. Jahrhundert nach Spanien. Als sie wenig später erstmals in Deutschland zu sehen waren, wurden sie als „Indische" oder „Türkische Enten" bezeichnet (Svanberg und Möller 2018).

Auch Gänse gelangten an unterschiedlichen Orten erstmals in menschliche Obhut. Hausgänse stammen von der Graugans (*Anser anser*) ab, die bereits seit etwa 4000 Jahren in Ägypten, aber auch in Europa gehalten wird. In der ägyptischen Hochkultur war auch die Haltung der Nilgans (*Alopochen aegyptiacus*) verbreitet. Aus Ostasien dagegen stammt die Höckergans, die domestizierte Form der Schwanengans (*Anser cygnoides*), die erst im 17. Jahrhundert in Europa bekannt wurde (Svanberg und Möller 2018).

Perlhühner sind in mehreren Arten in Afrika weit verbreitet. Nur eine Art, das Helmperlhuhn (*Numida meleagris*) wurde, vermutlich in Ägypten, domestiziert und im gesamten Mittelmeerraum verbreitet. Mit dem Ende der römischen Hochkultur verschwand es dort und wurde erst von den portugiesischen Seefahrern wieder nach Europa gebracht (Svanberg und Möller 2018). In Ostasien überführte man die unserer europäischen Art nah verwandten Japanwachteln (*Coturnix japonica*) in die Haltung, denen wir außer ihrem Fleisch auch die im Handel angebotenen Wachteleier verdanken (Svanberg 2018).

Truthühner wurden vermutlich in Mexiko domestiziert. Sie waren in den mittel- und südamerikanischen Hochkulturen von den Azteken (vermutlich auch bei deren Vorfahren) bis zu den Inkas in Peru bekannt. In Mexiko kommen zwei Truthahnarten vor, das wilde Truthuhn (*Meleagris gallopavo*) und das Pfauentruthuhn (*Meleagris occellata*), von denen sich das erstere als erfolgreicher in der Haltung erwies. Mit den Spaniern gelangten die ersten Truthühner nach Europa, und englische Siedler brachten sie aus ihrer Heimat nach Nordamerika, wo die Wildtruthühner in den Wäldern leben, aber von der autochthonen Bevölkerung nur als Jagdwild genutzt wurden (Svanberg und Möller 2018).

Auch die größten, nicht flugfähigen Vögel, Strauße (*Struthio camelus*) und ihre Verwandten wurden schon vor langer Zeit in die Haltung genommen. Allerdings werden sie erst seit dem 19. Jahrhundert in ihrer afrikanischen Heimat und seit dem 20. Jahrhundert auch in anderen Regionen zur Gewinnung von Fleisch, Eiern, Federn und Leder, z. T. auch von Fett, verwendet. In Australien wird der Emu (*Dromaius novaehollandiae*) seit 1976 aus ähnlichen Gründen gehalten (Svanberg und Möller 2018).

3 Vogelhaltung zur indirekten Gewinnung von Nahrung für den Menschen

Während die Jagd und die Haltung von Fleisch und Eier liefernden Vögeln direkt der Nahrungsgewinnung dienten, sind auch Praktiken entwickelt worden, bei denen Vögel in menschlicher Obhut indirekt zur Ernährung der Menschen beitrugen. Das bekannteste Beispiel ist die Beizjagd oder Falknerei mit abgerichteten Greifvögeln oder Falken. Aus dem Nest genommene Eier wurden ausgebrütet und die Jungvögel aufgezogen. Insbesondere einige größere Arten wie Adler, Bussarde, Habichte oder Großfalken eignen sich hierfür. Die Jagd mit Greifvögeln wurde irgendwo im Nahen, Mittleren oder Fernen Osten entwickelt, vor etwa 4500 Jahren in Mesopotamien und vor etwa 4000 Jahren in China bestätigt. Erste künstlerische Darstellungen, die Beizjagdszenen zeigen, sind etwa 3500 Jahre (Vorderasien) bzw. 2300 Jahre (Assyrien) alt (Ægisson 2018). Falknerei wurde von den römischen Kaisern betrieben und fand ihre Blüte im europäischen Mittelalter, wo die Kunst, mit Vögeln zu jagen zu einem Teil der Ausbildung junger Adliger wurde (Svanberg und Möller 2018; Kisling 2018a). Seit Jahrhunderten bereits im Nahen Osten und seit etwa 100 Jahren in Europa und Nordamerika wurde und wird die Jagd mit Greifvögeln und Falken heute wieder sehr ausgeprägt betrieben, dient aber allenfalls nebenher der Nahrungsgewinnung. Jungvögel zur späteren Vorbereitung auf die Beizjagd werden seit dem 20. Jahrhundert nicht mehr Nestern im Freiland entnommen, sondern in Volieren erbrütet (Abb. 1).

Mindestens 2400 Jahre alt und zuerst in Südeuropa gepflegt ist die Hüttenjagd. Dabei diente ein gezähmter Uhu (*Bubo bubo*) tagsüber und frei sitzend auf einem Pflock dazu, Krähen und andere kleinere Vögel anzulocken, die dann von einem in unmittelbarer Nähe gut verborgen in einem Versteck sitzenden Jäger gefangen oder abgeschossen wurden. Hier machte man sich das von zahlreichen Vögeln bekannte „Hassen" auf Greifvögel und Eulen zunutze. Neben dem Uhu wurden lokal auch kleinere Eulenarten eingesetzt. Aus vielen Gegenden des deutschsprachigen Raums war der Vogelfang mit dem Kauz oder „Wichtl" bekannt (Ruß 1892). Vermutlich ist hierfür v. a. der Steinkauz *(Athene noctua)* verwendet worden, der sich unter den kleinen, heimischen Arten dem Menschen und seinen Wohnstätten am meisten nähert. Seine Haltung im klassischen Griechenland dürfte eine Mischung aus Zier- und Nutzvogelpflege, letztere zur Insektenvertilgung im Haus, vielleicht auch aus sakralen Überlegungen begründet gewesen sein. In Russland vor 1900 wurden Raubwürger (*Lanius excubitor*) eingesetzt, um Singvögel zu erbeuten (Ståhlberg und Svanberg 2018).

Eine lange Tradition hat auch das Fischen mit Kormoranen, dessen erste Beschreibung aus dem 6. Jahrhundert n. Chr. aus China vorliegt. Dort wurde die auch bei uns in Mitteleuropa verbreitete Art, *Phalacrocorax carbo*, eingesetzt. In Japan diente hierfür der nah verwandte Japankormoran (*P. capillatus*). Vermutlich hat man stets Jungvögel aus Nestern der in Kolonien brütenden Vögel geholt, aufgezogen und zum Fischfang abgerichtet. Mit Fischen im Schnabel kehren die Vögel zu den in Booten wartenden Menschen zurück. In manchen Gegenden sorgten Halsringe dafür, dass die Vögel nur kleinere Beute verschlucken konnten,

Abb. 1 Wüstenbussard
(Harris' Hawk, *Parabuteo
unicinctus*) als Beizvogel.
(Foto: Werner Lantermann)

größere Fische aber ihren Besitzern lieferten. Im nördlichen Europa wurden im
18./19. Jahrhundert Gänsesäger (*Mergus merganser*) gezähmt und dazu abgerichtet, Fische in die Netze der Fischer zu treiben (Jackson 1997; Svanberg und Möller
2018).

4   Vogelhaltung zur Nachrichtenübermittlung

Auch die Domestikation der Haustaube aus der west- und südeuropäischen Felsentaube (*Columba livia*) war zunächst primär der menschlichen Ernährung geschuldet. Doch ihre auffällige Standorttreue und sichere Orientierung müssen die
Menschen schon früh darauf gebracht haben, sie als „Brieftauben" zur schnellen
Nachrichtenübermittlung einzusetzen. Bereits in der Antike wurde dieses Verhalten insbesondere bei kriegerischen Auseinandersetzungen vielfach genutzt – schon
bald jedoch wurde eine Kompensationsmöglichkeit entdeckt: man richtete Großfalken auf Brieftauben ab und unterbrach die Kommunikation (Ægisson 2018).
Auch im Mittelalter und in der frühen Neuzeit wurden Tauben vielfach zum
Transport von Mitteilungen verwendet. Heute spielt diese Nutzung keine Rolle
mehr.

5   Nützlicher Nebeneffekt der Vogelhaltung: Wachvögel

Eine recht nützliche Rolle spielten an zahlreichen Orten weltweit sehr verschiedene
Vogelarten, die beim Eindringen hausfremder Personen Warnrufe ausstießen und
damit die Bewohner warnten. Bereits 390 v. Chr. machten Hausgänse am Kapitol in
Rom auf Gallier aufmerksam, die sich im Schutz der Dunkelheit Zutritt verschaffen
wollten. Von Höckergänsen in Ostasien wurden ähnliche Leistungen berichtet. Auch
zahlreiche zur Zierde gehaltene Hühnerarten wie Pfau (*Pavo cristatus*), Perlhühner
oder Chukarhühner (*Alectoris chukar*) in Zentralasien oder Kraniche verschiedener
Arten (Familie Gruidae) sicherten die Anwesen ihrer Besitzer in zahlreichen Gegenden Europas. In Südamerika waren es Trompetervögel (*Psophia* spec.) in Amazonien und Hokkos und Schakuhühner (Familie Cracidae) in Bolivien und im südlichen Brasilien, die die Menschen, mit denen sie zusammenlebten, vor Angreifern
warnten (Svanberg und Möller 2018).

Aus Grönland wird berichtet, dass gefangene Eistaucher (*Gavia immer*) die
Menschen auf potenzielle Angreifer aufmerksam machten und überall, wo Papageien gehalten wurden, konnten diese ihre menschlichen Mitbewohner auf ungewöhnliche Vorgänge hinweisen (Svanberg und Möller 2018; Strunden 1984).

Eine ganz besondere Ausprägung der Wachvögel stellten die in kleinen Käfigen
auf dem Boden ihrer Stollen von den Bergleuten, insbesondere im Harz im 19.
Jahrhundert unter Tage eingesetzten Kanarienvögel (*Serinus canaria* f. domestica)
dar. Solange sie sangen, zeigten sie an, dass die Atemluft in Ordnung war. Wenn aber
Grubengas (Kohlenmonoxid) in der Luft war, das sich zunächst in Bodennähe
sammelt, verstummten die fleißigen Sänger und zeigten den Arbeitern, dass sie
den Platz so schnell wie möglich verlassen mussten (Schneider 2005; Svanberg
und Möller 2018).

6   Gehaltene Vögel zur Schädlingsbekämpfung im weitesten Sinne

Oftmals erwies es sich als ein angenehmer Nebeneffekt, dass gehaltene Vögel ihren
Besitzern auch bei der Bekämpfung von lästigen Wirbellosen im weitesten Sinne
nützlich werden können. Moschusenten und einige aus Asien stammende Zuchtformen der Hausente verzehren auch Nacktschnecken, was sich bei Nutzpflanzen im
Garten als sehr wirkungsvoll erweist. Hausenten wurden auch auf Reisfeldern im
südlichen China um 1500 eingesetzt, wo sie amphibisch lebende Krabben vertilgen
sollten. Haushühner haben sich zu allen Zeiten seit ihrer Domestikation nützlich
erwiesen und im Siedlungsbereich ihrer Besitzer Würmer, Larven und andere möglicherweise lästige Wirbellose gefressen. Gezähmte Sekretäre (*Sagittarius serpentarius*) wurden in Südafrika gegen Schlangen, Turmfalken (*Falco tinnunculus*) in den
ungarischen Steppengebieten in Gebäuden gegen Mäuse, Renn- oder Wegekuckucke (*Geococcyx velox, G. californianus*) in Mexiko gegen kleine Schlangen, Mäuse,
Reptilien und Insekten, Guirakuckucke (*Guira guira*) im Chaco und in Paraguay
gegen alle kleinen Lästlinge im Haus eingesetzt. In Santo Domingo wurden gern

dämmerungsaktive Dominikanertriele (*Burhinus bistriatus*) in Häusern gehalten, um diese von Küchenschaben zu befreien (Ståhlberg und Svanberg 2018).

Aus vielen Gegenden Europas, insbesondere Skandinaviens wird berichtet, dass vom 16. bis zum 20. Jahrhundert vorübergehend in die Haltung genommene Singvögel wie Braunkehlchen (*Saxicola rubetra*), Zaunkönige (*Troglodytes troglodytes*), Rotkehlchen (*Erithacus rubecula*), Gartenrotschwänze (*Phoenicurus phoenicurus*), Birkenzeisige (*Acanthis flammea*), Grauschnäpper (*Muscicapa striata*) und Trauerschnäpper *(Ficedula hypoleuca)* sowie Goldhähnchen (*Regulus* spec.) ein Haus oder mehrere Häuser frei von Insekten machen sollten und dieser Aufgabe auch recht ordentlich nachkamen. Auch einige Schnepfenarten wie Grünschenkel *(Tringa nebularia),* Dunkelwasserläufer (*Tringa erythropus*), Bruchwasserläufer (*Tringa glareola*) oder Kampfläufer (*Philomachus pugnax*) wurden im nördlichen Skandinavien eingesetzt, um Schaben und andere lästigen Insekten aus den Häusern zu entfernen. Während die Singvögel, wenn das Haus insektenfrei war, freigelassen wurden, behielt man die Schnepfenarten meist noch weiter in der Haltung (Ståhlberg und Svanberg 2018).

7 Vogelhaltung für religiöse und sakrale Zwecke

Eine besondere Ausrichtung der Vogelhaltung war die Bereitstellung von Vögeln, die bei besonderen zeremoniellen Anlässen anwesend sein mussten und in den meisten Fällen geopfert wurden. Im alten Ägypten wurden mehrere größere Arten als heilig und wertvoll genug angesehen, um sie den Göttern zu opfern. Pharaonenibisse (*Threskiornis aegyptiacus*), bis vor kurzem mit Blick auf diese Tradition noch Heilige Ibisse genannt, Nilgänse und Falken z. B. wurden als so bedeutend erachtet, dass sie geopfert und anschließend oft mumifiziert wurden. Im Alten Testament wird erwähnt, dass die Israeliten Tauben und Wachteln opferten; vermutlich stammten diese aus ihrer Haltung (Svanberg und Möller 2018).

Besonders ausgeprägt war die Opferkultur in den altamerikanischen Hochkulturen. Federn, und insbesondere die großen, roten Federn des Scharlacharas (*Ara macao*, auch Hellroter Ara), waren äußerst wichtige Bestandteile religiöser Zeremonien v. a. in Mittelamerika (Abb. 2). Sie zierten Predigtstäbe, die Insignien der Priester darstellten. Besondere, diesen sakralen Zeremonien vorbehaltene Kleidungsbestandteile wie z. B. Schärpen konnten tausende von bunten Federn enthalten. Truthühner, Adler und Aras als besonders große und beeindruckende Vögel wurden den Göttern zum Opfer gebracht (Kisling 2018b).

Zum höchsten religiösen Anlass der Inkas, dem Fest der Sonne, wurden Aras, kleinere Geier und selbst Kondore *(Vultur gryphus)* nach Cuzco gebracht. Auch wenn die Nachprüfung heute praktisch unmöglich ist, muss doch davon ausgegangen werde, dass zumindest ein Teil von ihnen den Göttern geopfert wurde. Von den autochthonen Völkern in den südwestlichen USA und im angrenzenden Mexiko wurden wild lebende Steinadler (*Aquila chrysaetos*) und Rotschwanzbussarde (*Buteo jamaicensis*) in die Haltung genommen, um ihnen Federn für besonders wichtige

Abb. 2 Scharlachara
(Hellroter Ara, Arakanga, *Ara
macao*) in Costa Rica. (Foto:
Hans-Joachim Fünfstück)

Anlässe entnehmen zu können; die Vögel selbst aber wurden nach einer bestimmten
Zeit wieder frei gelassen (Kisling 2018b; Svanberg und Möller 2018).

In buddhistisch geprägten Kulturen ist das Freilassen von Vögeln als symboli-
sche, gute Tat noch heute weit verbreitet. Um den Menschen in den Städten dies zu
ermöglichen, werden im Umland große Mengen wild lebender Vögel gefangen und
zum Freilassen verkauft. In Südostasien ist dies zu einem riesigen Markt geworden,
für den in vielen Regionen die heimische Vogelwelt nicht mehr ausreicht. Einzig
zum Zweck des Freilassens werden Vögel in weit entfernten Gegenden gefangen
und sorgen für eine nicht unbedeutende Faunenverfälschung – wenn sie nicht
unmittelbar nach der Freilassung für ein nächstes Ritual dieser Art wieder eingefangen werden. In Indonesien, China, Hongkong, Taiwan, Singapur, Thailand, Laos,
Vietnam, Japan und selbst in den nicht-buddhistischen Ländern Iran und Türkei
wurden und werden diese Rituale bis heute gepflegt (Svanberg und Möller 2018).

Alle bisher vorgestellten Beispiele der Vogelhaltung bedeuteten einen Nutzen für
die Besitzer. Den im Folgenden genannten Vogelarten ist zunächst einmal kein
unmittelbarer Nutzen zuzuweisen. Die als Ziervögel in menschliche Obhut über-
führten Vögel stellten für die in aller Regel begüterten Besitzer durchaus einen Wert
dar, der sich materiell, nicht aber in praktischem Nutzen beziffern ließ, womit der
Charakter der Vogelhaltung auf eine gänzlich andere Stufe gestellt erscheint.

8   Ziervogelhaltung in den alten Kulturen der „Alten Welt"

Mit der Entwicklung urbaner Zivilisationen ab etwa 5000 Jahren vor heute, in deren
Folge Königreiche und bevorzugte, kaum einmal hart arbeitende Bevölkerungsschichten mit viel Geld, Freizeit, Muße und Bildung entstanden, konnte sich auch
eine besondere Form der Vogelhaltung herausbilden, bei der der Aspekt der Nahrungsverfügbarkeit kaum noch Bedeutung hatte. Im fruchtbaren Halbmond Meso-

potamiens sind bereits vor 4500 Jahren wilde Vögel in Flugkäfigen (Ibisse, Kraniche, Reiher, Pfaue und Pelikane) nachgewiesen. Durch die Handelsverbindungen der Sumerer, Babylonier und Assyrer mit China, Indien und über Ägypten mit Afrika kamen auch Vögel in den Besitz der Herrschenden des Zweistromlandes. Mit diesen Statussymbolen ließen sich ihre Autorität, ihre Macht und ihr Reichtum demonstrieren. Entsprechend stark war man darauf bedacht, die großen Opfer herauszustreichen, die man vor dem Erwerb dieser Kostbarkeiten zu tätigen hatte. Die mesopotamische Vogelhaltung kann, zusammen mit der im alten Ägypten, als die erste allein wegen ihrer Statusbedeutung begründete gelten (Kisling 2018a).

Die Hochkultur im alten Ägypten beiderseits des Nils begann vor etwa 4700 Jahren mit dem Alten Reich, das bis etwa 2200 v. Chr. dauerte. Von den Besitzenden wurden v. a. Gänse und Enten, Schwäne, Tauben, Ibisse, Kraniche und Reiher gehalten. Vogelfänger war damals ein nachgewiesener Beruf, der allerdings wenig angesehen war. Im Mittleren und im Neuen Reich (etwa 2140 bis 1070 v. Chr.) wurden Vogelkäfige immer verbreiteter, v. a. bei den Reichen und in der unmittelbaren Nähe der Pharaonen. Während die einfachen Bewohner Ägyptens Vögel für ihre Ernährung, als Tribut und als Opfertiere hielten, hielten die Mächtigen Vögel aus dem Marschland beiderseits des Nils, aber auch Greifvögel und importierte, aus den Nachbarländern stammende und exotische Arten (Kisling 2018a).

Entlang des Indus-Flusses im heutigen Pakistan existierte vor etwa 4500 und 3500 Jahren eine Hochkultur, in der Pfauen gehalten und nach Westen exportiert wurden. Vermutlich wurden hier die ersten Papageien in die Haltung genommen. Auch nach 1500 v. Chr. und vor 500 n. Chr., als die Europäer mit ihnen in direkten Kontakt traten, gab es im damaligen Indien Tiersammlungen bei den Einflussreichen der Region (Kisling 2018a).

Auch aus China ist bekannt, dass seit der Shang-Periode vor etwa 3500 bis 3000 Jahren, wenn die Zeiten friedlich waren, Tiersammlungen aufgebaut wurden. In der Han-Dynastie (vor etwa 2200 bis 1800 Jahren) beispielsweise existierten königliche Parks mit Schwänen, Gänsen, Enten, Trappen, Reihern, Kormoranen und anderen Arten, die aus der Region stammten bzw. aus anderen asiatischen Ländern bis hin nach Mesopotamien kamen (Kisling 2018a). Aus China kamen, allerdings im frühen 18. Jahrhundert und damit deutlich später, die ersten weißen, bereits domestizierten Vorfahren der „Japanischen Mövchen" (Zuchtform von *Lonchura striata*) nach Japan, wo sie zu der uns heute bekannten Form gezüchtet wurden. Auch die Japanwachtel und die weißen Reisfinken (Reisamadine, *Padda* oder *Lonchura oryzivora*) entstanden vor Japans Öffnung gegenüber der westlichen Kultur 1854 im bis dahin fast völlig abgeschotteten Land der Shogune und Samurai (Svanberg 2018).

Im alten Griechenland begann mit den Feldzugen Alexander des Großen (323 bis 327 v. Chr.) eine Zunahme des Imports exotischer Tiere in das hellenische Herrschaftsgebiet ebenso wie in das Römische Reich. Aus Griechenland ist die weit verbreitete Haltung von Steinkäuzen überliefert, die ihre Spuren bis heute auch in Mitteleuropa hinterlassen hat: Der Sinnspruch „Eulen nach Athen tragen" hat seine Wurzel im hellenischen Reich und der griechische Euro erinnert bis heute an diese Tradition.

Abb. 3 Grauhals-Kronenkranich (*Balearica regulorum*) als Beispiel für eine schon früh von den Mächtigen gehaltene, repräsentative Art. (Foto: Werner Lantermann)

30 v. Chr. eroberte Rom das schon längst nicht mehr selbständige ägyptische Reich und fand in Alexandria eine große Tiersammlung vor. Vermutlich ist dies die erste Quelle gewesen, aus der afrikanische Tiere nach Rom gebracht wurden. Stärker als in der Republik wurde die Tierhaltung von den Kaisern gepflegt, nachgewiesen sind Strauße, Adler, Kraniche, Störche, Reiher, Ibisse, Pelikane, Schwäne, Gänse, Enten, Pfauen, Perlhühner, Fasane, Rebhühner, Wachteln, asiatische Papageien und Tauben. Auch Raben- und Singvögel wurden in zahlreichen Arten und in mehr oder weniger großen Käfigen gehalten (Kisling 2018a) (Abb. 3).

9 Ziervogelhaltung in den präkolumbianischen Kulturen der „Neuen Welt"

Auch auf dem amerikanischen Doppelkontinent vor der „Entdeckung" durch Christoph Kolumbus (um 1451–1506) 1492 wurden Vögel gehalten. Aus dem Nest genommene Jungtiere von Papageien und Tukanen wurden in den Dörfern aufgezogen und dienten vermutlich als Spielzeuge für die Kinder. Zahme Vögel wurden frei oder in Käfigen aus Strohstangen gehalten. Diese im tropischen Amerika weit verbreitete Tradition dürfte sehr alt sein, da die Autochthonen in Amazonien vielfach noch heute wie vor tausenden von Jahren leben. Mit der Entwicklung von Ackerbaukulturen vor gut 3000 Jahren wurden Vögel und ihre Federn Handelsgut. Bereits die Zapoteken in Mexiko vor etwa 3100 bis 1700 Jahren verehrten Scharlacharas als heilige Vögel und räumten ihnen eine große Bedeutung in ihrem kulturellen Leben ein. Von der Hochkultur der Mayas (etwa 300 bis 900 n. Chr.) ist bekannt, dass sie Gärten mit Teichen auch für Vögel, z. B. Papageien, anlegten, die sie zur Freude hielten. Von den Tolteken (etwa 900 bis 1200 n. Chr.) und Azteken (etwa 1200 bis 1521) wurden diese Traditionen übernommen und ausgebaut. Es gab Fernhandel, Tributzahlungen und Steuern, mit denen die bevorzugten Gesellschaftsschichten ihren Luxus finanzierten. Handelswege reichten von Mexiko bis zum Inkareich in Südamerika und im Norden bis zur Region der großen Ebenen im Süden der heutigen USA, überall dort, wo sesshafte Völker Ackerbau betrieben – und auch Vögel hielten (Svanberg und Möller 2018; Kisling 2018b).

Als die Spanier 1533 die Inkahauptstadt Cuzco einnahmen, fanden sie in den königlichen Anwesen auch große Vogelhaltungen vor. Dort lebten Nandus (*Rhea americana*), Hokkos und verwandte Hühnervogelarten, Papageien verschiedenster Arten, Tukane und zahlreiche Singvögel, die v. a. farbenprächtig waren wie z. B. Trupiale (*Icterus* spec.) (Kisling 2018b).

Am besten bekannt ist die Vogelhaltung des Aztekenherrschers Montezuma (etwa 1465–1520), der in allen seinen Residenzen Vögel halten ließ. Er besaß Teiche mit Wasservögeln, große Vogelhäuser für zahlreiche Arten und Tierhäuser, in denen auch Greifvögel gepflegt wurden. Etwa 300 Personen waren allein mit der Versorgung der Vögel beschäftigt, weitere 300 Menschen waren mit der Pflege der übrigen Tiere und der Greifvögel beauftragt. Vorläufer von Tierärzten kümmerten sich um das Wohlbefinden der Pfleglinge. Gehalten wurden Vögel aus der Region und aus den Gegenden, mit denen man zu seiner Zeit Handel betrieb. Ein besonders wertvolles Importgut stellten Quetzale (*Pharomachrus mocinno*) dar (Kisling 2018b).

Der besondere Wert von Vögeln in den altamerikanischen Kulturen lag in der Produktion von Federn. Ihre Länge, die den Quetzal einmalig machte, und Farben, unter denen die rote herausragende Bedeutung hatte, stellten ein wichtiges Gut dar. Als Lieferant von großen roten Federn nahm der Scharlachara eine Sonderstellung ein. Seine Steuerfedern waren auch im Südwesten der USA, wo die Art gar nicht vorkam, sehr begehrt und so wurden Vögel und Federn über weite Wege dorthin gehandelt. Die Nachfrage war so groß, dass vermutlich im 12. oder 13. Jahrhundert im heutigen Casas Grandes in der Paquimé-Region im Norden Mexikos eine Station eingerichtet wurde, in der Scharlacharas und Soldatenaras (*Ara militaris*) gehalten und weitergehandelt wurden. Man fand bei Ausgrabungen Reste von etwa 300 Scharlach- und 80 Soldatenaras, vor allem aber Brutkäfige aus luftgetrockneten Ziegeln. Da alle bisherigen Haltungen in den alten Kulturen wegen des leichten Nachschubs kaum auf die Vermehrung in menschlicher Obhut achten mussten, ist dieser erste Nachweis von erfolgreicher Brut in großen Käfigen im alten Amerika besonders bedeutsam (Kisling 2018b).

Federn wurden für zahlreiche Dekorationszwecke gebraucht und stellten als am Körper getragene Gegenstände wie Decken, Mützen, Armbänder, Schultergurte, Mäntel oder als Haarschmuck einen hohen Wert dar, der den Status des Trägers unterstrich. Gewiss wurden sie vielfach gehaltenen Vögeln entnommen, doch mindestens genauso viele wurden von gejagten Tieren gewonnen. Außer den genannten Federn von Quetzals und Aras lieferten Rosalöffler *(Platalea ajaja)* oder Amazonen (*Amazona* spec.) das begehrte Gut (Abb. 4). Grüne Federn aber, wie auch die von Soldatenaras oder Kiefernsittichen *(Rhynchopsitta pachyrhyncha)* standen nirgends so hoch im Kurs wie die roten Federn der Scharlacharas. Die sie verarbeitenden Handwerker bildeten eine hoch angesehene Zunft (Kisling 2018b).

Abb. 4 Rosalöffler (*Platalea ajaja*), Lieferant begehrter roter Federn in der Neuen Welt. (Foto: Werner Lantermann)

10   Ziervogelhaltung zur Zeit des europäischen Mittelalters

Während das Römische Reich als Großmacht 476 n. Chr. zu Ende ging, überdauerten viele seiner Wesenszüge im christlich geprägten „Heiligen Römischen Reich" (das erst im 15. Jahrhundert den Zusatz „Deutscher Nation" erhielt). Tier- und damit auch Vogelhaltung wurde von regionalen Herrschern, in freien Städten und in den Klöstern betrieben. Wiederholt belegen alte Dokumente die Haltung von Adlern, die ganz unmittelbar den Status eines Herrschers unterstrichen. Karl der Große (um 748–814) unterhielt Vogelhaltung an mehreren Orten und Friedrich II. (1194–1250) schrieb mit „De arte venandi cum avibus" (Die Kunst mit Vögeln zu jagen) nicht nur das erste Vogelbuch der Geschichte, sondern hielt auf Sizilien auch Beizfalken. Nach dem Siegeszug des Islam im 7. Jahrhundert n. Chr. existierten große Tier- und Vogelhaltungen in Bagdad, in Kairo und in Zahra nahe Córdoba im maurisch regierten Spanien (Kisling 2018a).

Reichere Menschen hielten im späten Mittelalter Vögel meist in großen Käfigen, die auch den Flug ermöglichten, weniger gut Betuchte hielten ihre Vögel in kleinen Käfigen. Besonders gern wurden Finken (Fringillidae), Stieglitz *(Carduelis carduelis)*, Grünfink *(Chloris chloris)*, Buchfink *(Fringilla coelebs)* oder Bluthänfling *(Linaria* oder *Carduelis cannabina),* aber auch Lerchen (Alaudidae), Wachteln *(Coturnix coturnix)* und Turteltauben *(Streptopelia turtur)* gehalten. Es handelt sich hier sämtlich um Arten, die in der näheren Umgebung leicht gefangen und durch ihre Pflanzennahrung einfacher am Leben erhalten werden konnten (de Roo 2018).

11   Kampf und Wettstreit – eine besondere Ausrichtung der Vogelhaltung

Das Revierverhalten der männlichen Vögel territorialer Arten wurde und wird in manchen Kulturen noch immer gern genutzt, um einzelne Vögel gegeneinander kämpfen zu lassen. Vorab-Bewertungen und Wetten sorgen dann für eine den

Pferdewetten nicht ganz unähnliche, fieberhafte Situation, die manchen spektakulären finanziellen Verlust bewirken kann. In erster Linie sind hier die besonders im tropischen Asien und Amerika, seltener in Südeuropa verbreiteten Haushühner, die „Kampfhähne" zu nennen. Kämpfe zwischen besonders daraufhin gezüchteten Hähnen gehören zu den ältesten dieser für Menschen besonders ungefährlichen Schauspiele. Entwickelt wurde dieses Freizeitvergnügen in China, Japan und dem Iran, wo es bis heute große Bedeutung in der mit nur wenig Zerstreuung gesegneten Bevölkerung hat. Erst 2007 wurden Hahnenkämpfe in den USA vollständig verboten (Svanberg und Möller 2018).

Im alten Rom schickte man afrikanische Strauße in die mörderischen Wettkämpfe der Gladiatoren untereinander und mit gefährlichen Tieren in die Stadien. Es dürfte unstrittig sein, dass sie trotz ihrer Größe in diesen Kämpfen kaum Überlebenschancen besaßen. Die weniger wohlhabenden Schichten schickten Wachtelhähne (*Coturnix coturnix*) gegeneinander ins Rennen. In Südeuropa, Zentralasien, China, Java und Sumatra verwendete man Bindenlaufhühnchen (*Turnix suscitator*), in Afghanistan Chukarhühner (*Alectoris chukar*) und in Indien Frankoline (*Francolinus* spec.). In Russland entstand die Tulaer Kampfgans, bei der die Ganter zum Kampf gegeneinander losgelassen wurden. Safranammern (*Sicalis* spec.) in Brasilien, Dajaldrosseln (*Copsychus saularis*) in China und zahlreiche weitere Singvogelarten in Südostasien belegen, dass die Faszination von Vogelkämpfen v. a. in Asien nach wie vor ungebrochen ist (Svanberg und Möller 2018).

Vögel, die man wegen ihres Gesangs hält, wurden und werden bis heute in einer für die Vögel deutlich weniger zerstörerischen Form zu Gesangswettbewerben zusammengeführt. Kanarienvögel, die seit den 1850er-/1860er-Jahren in und um St. Andreasberg im Harz zu Gesangskanarien („Harzer Roller" oder „Edelroller") veredelt wurden, sind hier besonders zu nennen (Svanberg und Möller 2018; Schneider 2005). Eine weitere, abweichende Ausprägung der Wettkämpfe wird seit mindestens dem Ende des 16. Jahrhunderts in Flandern, später auch in der Wallonie, in Frankreich, den Niederlanden und an verschiedenen Orten in Deutschland, ganz besonders aber im Harz, in Thüringen und anderen Industrieregionen bis heute mit dem Buchfink (*Fringilla coelebs*) durchgeführt. Das erste in Deutschland dokumentierte „Finkenmanöver" fand im Frühjahr 1868 in Thale statt. Die territorial veranlagten Männchen werden in verhängten Käfigen, so dass sie ihre Konkurrenten nicht sehen können, auf einen Turnierplatz gebracht. Früher (bis 1920 in Deutschland, bis 2002 in Belgien) wurden die Vögel gefangen und für den Wettbewerb vorbereitet; als beste Sänger galten Vögel, die man geblendet hatte. Heute lässt man ausschließlich in menschlicher Obhut erbrütete, voll sehfähige Vögel aus der eigenen Vermehrungshaltung gegeneinander ansingen (Santens 2018; Wille und Spormann 2008).

12   Anders singende und „sprechende" Vögel

Singende Vögel in ihrer Nähe zu haben dürfte für die Menschen in Europa bereits im Mittelalter ein wesentliches Bedürfnis gewesen sein. Heimische Arten wurden gefangen und in kleine Käfige gesetzt (Ruß 1892; de Roo 2018; Svanberg und

Möller 2018). Je nach Außentemperatur oder Jahreszeit befanden sich diese in den Wohnräumen oder an den Außenwänden der Häuser. Die detailgetreuen Gemälde Carl Spitzwegs (1808–1885) aus Kleinstädten der Biedermeierzeit (1815 bis 1848) liefern hier beredte Zeitdokumente. Kanarienvögel sind übrigens die einzige Tierart, deren natürliche Lautäußerungen vom Menschen zu einer Vielfalt von Gesängen züchterisch verändert wurden (Bielfeld 2008).

Es scheint, als ob die Kreativität der Menschen, sich die Fähigkeiten der Vögel nutzbar zu machen, ohne jede Rücksicht auf die Bedürfnisse des Tiers ausgelebt werden musste. Welchen Sinn hätte es sonst, Vögel zum Nachahmen menschlicher Lautäußerungen, zum Vortragen nicht arteigener Musikstücke oder gar zu tanzähnlichen Bewegungen (Papageien) zu unserem Vergnügen zu animieren? Sprechende Papageien sind durch Plinius d. Ä. (23–79 n. Chr.) seit der Antike bekannt. Aus dem vierten Jahrhundert vor Christus bereits stammt ein Bericht über einen sprechenden Pflaumenkopfsittich *(Psittacula cyanocephala)*. Vielfach hielt man unterschiedlichste Papageienarten einzeln und allein zu dem Zweck, sie zum Nachplappern möglichst vieler menschlicher Wörter und Sätze abzurichten. Alexander von Humboldt (1769–1859) berichtet dies auch von indianischen Völkern aus Nordamazonien. Graupapageien *(Psittacus erithacus)*, einige Kakadu-Arten (*Cacatua* spec.), ganz besonders aber auch Nymphensittich *(Nymphicus hollandicus)* und Wellensittich gelten als „sprachbegabt". Ein Wellensittich soll lt. „Guinness-Buch der Rekorde" 1728 Wörter beherrscht haben! (Strunden 1984; Svanberg und Möller 2018; de Roo 2018).

Neben den Papageien sind es Rabenvögel (Corvidae) und Stare (Sturnidae), unter denen Arten mit „Sprachfreudigkeit" bekannt sind. Die ältere Vogelhalterliteratur weist zahlreiche Beispiele „sprechender" Vögel auf und in Portugal besteht eine lange Tradition, heimische Rabenvogelarten zum Nachplappern menschlicher Wörter zu bringen. Unter den Staren sind insbesondere die heimische Art *(Sturnus vulgaris)* und die südostasiatischen Beos (*Gracula* spec.) für solche Kunststücke bekannt (Svanberg und Möller 2018).

Von Dompfaffen/Gimpeln *(Pyrrhula pyrrhula)* ist schon lange bekannt, dass sie, früh aus dem Nest genommen und auf die Lautäußerungen des Menschen geprägt, Lieder zu pfeifen lernen. Solange dies nicht verboten war, nahm man sie regional in großen Zahlen aus den Nestern – und war, wie z. B. in Westfalen, davon überzeugt, der heimischen Obst-, insbesondere der Birnenkultur einen Gefallen zu tun, denn jeder Gimpel in der Haltung konnte keine Knospen in den Obstgärten mehr verbeißen. In seinem Handbuch für Vogelliebhaber, -züchter und -händler liefert Karl Ruß (1833–1899) zahlreiche Hinweise zu diesem Thema (Ruß 1892).

13   Vogelhandel für die Haltung in der Neuzeit

Vögel waren seit dem Mittelalter feste Bestandteile des Verkaufsangebots auf europäischen Märkten, wo die städtische Bevölkerung einkaufte. Allerdings wurden hier bis ins 18. Jahrhundert hinein heimische, meist in der Region mit Leim, Netzen oder Fallen gefangene Vögel verkauft, von denen viele der Ernährung zugeführt, kleinere Sperlingsvögel aber ihres Gesanges wegen auch gekäfigt wurden. Als erste nicht-heimische Vögel gelangten im 17. Jahrhundert Kanarienvögel auf diese Märkte (Brehm 1872; Svanberg und Möller 2018; de Roo 2018).

Christoph Kolumbus hatte bereits 1493 von seiner ersten Reise in die „Neue Welt" 60 Aras aus der Neuen Welt mitgebracht und begründete eher unbeabsichtigt einen im 16. und 17. Jahrhundert immer bedeutender werdenden Import exotischer Vögel. Seit dieser Zeit prägte das Bild vom Seemann mit seinem zahmen, oft sprechenden Papagei auf der Schulter das Erscheinungsbild des Matrosen auf Überseeschiffen (Svanberg und Möller 2018).

Rotkardinäle (*Cardinalis cardinalis*) aus den USA wurden bereits zu Beginn des 17. Jahrhunderts nach Frankreich verschifft. Aus dem 18. Jahrhundert ist überliefert, dass zahlreiche farbenfrohe Kleinvogelarten wie z. B. Indigo- und Papstfink (*Passerina cyanea, P. ciris*) oder Goldzeisig (*Spinus* oder *Carduelis tristis*, auch Trauerzeisig) aus dem südlichen Nordamerika nach Europa gebracht wurden (Svanberg und Möller 2018; Lindholm 2018).

Firmen, die sich auf den Handel mit Tieren aus Übersee spezialisierten, entstanden erst um die Mitte des 19. Jahrhunderts. In Deutschland waren es 1847 Carl Reiche (1827–1885) in Alfeld in Niedersachsen und 1860 Ludwig Ruhe (1828–1883) ebenfalls in Alfeld, die sich zeitweise auf unterschiedliche Tiergruppe verständigten, um die Konkurrenz gering zu halten. Die Familie Hagenbeck in Hamburg begann 1866 mit professioneller Zurschaustellung und dem Handel mit Tieren allgemein; die Tochter Christiane war schon bald für den gesamten Vogelhandel des Unternehmens verantwortlich und importierte um 1880 bereits 50.000 bis 60.000 Vögel jährlich nach Deutschland. 1840 gegründet, führte das Unternehmen von Charles Jamrach in London (1815–1891) 1880 etwa 50.000 bis 70.000 Vögel nach Großbritannien ein. Wurden 1858 noch 51 verschiedene Arten exotischer Vögel auf dem Berliner Markt ermittelt, stiegen die Zahlen schnell auf 230 im Jahr 1871 bzw. 830 im Jahr 1878 (Schneider 2005; Ruß 1872, 1887).

Vogelhandel von Kontinent zu Kontinent fand aber nicht allein mit dem Ziel Europa statt. Im 19. Jahrhundert bestand ein florierender Handel mit Kanarienvögeln aus Tirol, dem Erzgebirge, dem Harz und Thüringen in die „Neue Welt". Um 1880 exportierten die Alfelder Firmen Reiche und Ruhe zwischen 50.000 und 75.000 der kleinen Sänger nach den USA. In den großen Hafenstädten wie New York etablierten sich, oft aus Deutschland oder Europa stammende Händler wie ab 1840 die Brüder Karl und Heinrich Reiche in New York, die sich auf den Import von Vögeln aus der Alten Welt spezialisierten. 1906 beispielsweise wurden 322.297 Singvögel in die USA importiert, unter ihnen 274.914 Kanarienvögel (Mann 1848; Reiche 1853; Schneider 2005; Lindholm 2018; de Roo 2018).

Das Zentrum des Exports von Vögeln aus den USA nach Europa lag im Bundesstaat Louisiana, bis 1906 dieser aus den gesamten USA verboten wurde. Daraufhin entwickelte sich Mexiko zum bedeutendsten Exporteur der Region, aus der auch zahlreiche Brutvögel aus den USA – wenn sie im Winterquartier gefangen wurden – in die „Alte Welt" gelangten (Lindholm 2018).

Die Hochphase des weltweiten Vogelhandels, insbesondere der zahlreichen Importe währte bis zum Ausbruch des Ersten Weltkriegs 1914. Nach dessen Ende

1918 und dem weltweiten Konjunktureinbruch zu Beginn der 1920er-Jahre dauerte es allerdings bis 1924, dass die Nachfrage in Europa und Nordamerika wieder durch Handelsnetze bedient werden konnte. Der weltweite Vogelhandel, insbesondere der Import nach Europa und Nordamerika blieb, unterbrochen vom Zweiten Weltkrieg 1939–1945 bis in die 1970er-Jahre auf hohem Niveau (Abb. 5). Der Transport mit Flugzeugen reduzierte die Zeit und die Verluste. Doch viele Länder verfügten Exportverbote oder senkten die Quoten ausgeführter Vögel und das Washingtoner Artenschutzübereinkommen (WA oder CITES) sorgte ab 1975 für weitere Einschränkungen. Seit 1990 ist der legale Import von gefangenen Vögeln in die USA und seit 2005 in die Europäische Gemeinschaft verboten (Lindholm 2018; Svanberg und Möller 2018).

Selbstverständlich war und ist der insbesondere im 20. Jahrhundert ausgeübte massenweise Fang ohne angemessene Eingewöhnung mit seinen unvermeidlich folgenden, großen Verlusten auf dem Transport und bei den Importhändlern ein massiver Raubbau an den frei lebenden Beständen (Schneider 2005). Doch wie wenn dies völlig ohne Bedeutung gewesen sei, „blüht" außerhalb Europas und Nordamerikas der Handel für eine keineswegs nachhaltige Vogelhaltung in neuen „Verbraucherstaaten" weiterhin und bedroht insbesondere im tropischen Asien zahlreiche Vogelarten in ihrer Existenz.

Abb. 5 Rotstirnamazonen (früher: Gelbwangenamazonen) (*Amazona autumnalis*) auf einem Vogelmarkt in Ecuador. (Foto: Werner Lantermann)

14 Vogelhaltung in der Neuzeit

In der Renaissancezeit im 15. und 16. Jahrhundert wurden von wohlhabenden Regenten die ersten Menagerien gegründet. Sie sollten die Bedeutung des Herrscherhauses sichtbar werden lassen und existierten allein zu deren Freude. Sie gelten als die unmittelbaren Vorgänger der öffentlichen Zoologischen Gärten, Tier- und Vogelparks und enthielten oft bereits geräumige Volieren oder Flugkäfige. Wohlhabende Bürger dieser Epoche zeigten ihren Status oft mit Papageien an, die sie in ihrer Obhut hatten und gern präsentierten. Als Importe waren sie aus Afrika, Mittel- und Südamerika, der Karibik und sogar aus Madagaskar (Vasapapageien, *Coracopsis* spec.) gekommen (Kisling 2018a; Svanberg und Möller 2018; Strunden 1984).

Der Tiergarten Schönbrunn in Wien, entstanden aus einer 1752 gegründeten privaten Menagerie der Habsburger, wurde 1778 der Öffentlichkeit zum Besuch freigegeben und gilt als der älteste noch bestehende Zoo der Welt. Seine Tiere bezog er vielfach aus Verbindungen des Wiener Herrscherhauses zu zahlreichen Regenten aus fernen Ländern per Schiff. Durch dieses Vorbild animiert gründeten fast alle bedeutenderen Städte Europas im 19. Jahrhundert Tiergärten, in denen v. a. spektakuläre Säugetiere, aber immer auch besondere Vögel zu sehen waren. Der Berliner Zoo zeigte um 1900 etwa 1000 Vögel in 400 Arten (Schneider 2005). Papageien wurden vielfach in Käfigen oder auf Ständern und Bügeln, an denen sie angekettet waren, gehalten. Die Welle von Zoogründungen „schwappte" auch auf die „Neue Welt" über. In den USA, z. B. in Philadelphia wurde bereits zu Beginn des 19. Jahrhunderts alles gehalten, was man in die Hand bekam, darunter auch Weißkopfseeadler *(Haliaeetus leucocephalus)*, Seeadler *(Haliaeetus albicilla)*, Königsgeier *(Sarcoramphus papa)* und Scharlachsichler (*Eudocimus ruber*, auch Roter Sichler). Der Zoo in New York besaß 1913 insgesamt 3038 Vögel in 903 Arten (und Unterarten) (Lindholm 2018).

Bis zur Mitte des 19. Jahrhunderts blieb in Europa die Haltung von Vogelarten aus fernen Ländern, die auf Grund ihres Gesangs oder ihrer ansprechenden Erscheinung gehalten wurden, schon aus Kostengründen ein Privileg der reicheren Bevölkerungsgruppen. „Normalverdiener" der damaligen Zeit griffen auf heimische Vögel zurück. Bereits Johann Matthäus Bechstein (1757–1822) verwendete in seinem 1795 erschienenen Buch den Begriff „Stubenvögel" für vorwiegend kleinere, heimische Arten, die man sich in die „Stube", also ins Innere des Hauses hinein holte (Bechstein 1795). Diese wurden auf den lokalen Märkten erworben oder selbst gefangen. In seinem Handbuch für Vogelliebhaber, -züchter und -händler weist Karl Ruß (1892) auf alle Voraussetzungen und Tricks hin, die beim erfolgreichen Fang und der Eingewöhnung der Vögel zu bedenken – und damals noch erlaubt waren. Auch nach der Verabschiedung eines ersten „Vogelschutzgesetzes" 1888 in Deutschland bestanden damals praktisch noch keine ernsthaften Beschränkungen (Svanberg und Möller 2018; de Roo 2018; Schneider 2005).

Ab den 1850er-Jahren, als mit leistungsfähigen Segelschiffen immer mehr Importe kamen, wurde die Haltung exotischer Vögel eine Freizeitbeschäftigung breitester Kreise. In Deutschland war vermutlich Carl Bolle (1821–1909) der erste private Halter dieser Vögel (Schneider 2005).

Karl Ruß, im Deutschland der zweiten Hälfte des 19. Jahrhunderts der führende Experte der Vogelhaltung, gilt auch als Erfinder der „Vogelstube". Als solche gilt ein Raum innerhalb einer Wohnung oder eines Privathauses, der ausschließlich zur Vogelhaltung genutzt wird. In diesen Räumen pflegte und vermehrte Ruß wechselnd große Zahlen unterschiedlichster Arten („zweihundert Vögel in reichlich 70 Arten" berichtet er 1872), die als einzige Voraussetzung eine allgemeine Verträglichkeit zu gewährleisten hatten. Im ausgehenden 19. Jahrhundert war dies eine echte Alternative für Menschen, die an die Großstadt gebunden waren – sofern der Vermieter dies mittrug (Schneider 2005; Ruß 1887, 1892).

Je nach den finanziellen und raumbedingten Möglichkeiten der Vogelliebhaber wurden Käfige in allen Größen bis hin zu Flugkäfigen (Volieren) angefertigt. Die Vogelhalter-Literatur von etwa 1860 bis 1960 ist voll von Beschreibungen und Darstellungen von Spezialkäfigen für alle in menschlicher Obhut zu pflegenden Arten. In den 1880er-Jahren hielt man auch in den USA Kleinvögel in Volieren mit 50 und mehr Individuen – ganz offensichtlich hatte sich das Prinzip der Gemeinschaftshaltung auch auf der anderen Seite des Atlantiks herumgesprochen (Schneider 2005; Neunzig 1921, 1922; Steinbacher 1957; Lindholm 2018).

Die Gründung der ältesten noch bestehenden, auf die Vogelhaltung spezialisierten Zeitschrift „Gefiederte Welt" erfolgte am 4. Januar 1872 in Berlin. Ihr Herausgeber war wiederum Karl Ruß. Er erklärte von Beginn an, dass Vogelhaltung eine legitime Möglichkeit für die in immer größer werdenden Städten lebenden Menschen sei, ein wenig Natur in ihrer Nähe zu haben. Es verwundert nicht, dass diese Entwicklung mit der Industrialisierung und dem rapiden Anwachsen der Bevölkerungen großer Städte einherging (Ruß 1872; Schneider 2005).

15   Vermehrung und Erhaltung von Vogelarten in menschlicher Obhut

Die Vermehrung von Vögeln in menschlicher Obhut war bei vielen Arten bereits in lange zurückliegenden Zeiten möglich, wurde aber selten einmal konsequent betrieben. Sie blieb für lange Zeit eine seltene Ausnahme, v. a. weil der Ersatz durch den Kauf neuer Vögel für die „Endverbraucher" preiswerter war und deshalb kein Anreiz für die Vermehrung bestand. Der stetige Zufluss neuer Vögel in den letzten gut 150 Jahren von überall her ließ die Brut im Käfig oder in der Voliere zweitrangig erscheinen. Viele „Erstzuchten" blieben die einzige erfolgreiche Vermehrung einer Vogelart in menschlicher Obhut und der Aufbau sich selbst erhaltender, vom Menschen gepflegter Populationen fand fast ausschließlich bei domestizierten Arten statt. Doch belegen Berichte, dass Ziervögel wie Rotkardinäle bereits im 18. Jahrhundert in Frankreich und den Niederlanden erfolgreich vermehrt wurden und um 1800 in Frankreich afrikanische und asiatische Prachtfinken wie Bandastrilde/Bandamadinen *(Amadina fasciata)*, Senegalamaranten *(Lagonosticta senegala)* oder Zebraamadinen/Zebrafinken *(Taeniopygia guttata)* zur Vermehrung gebracht werden konnten (Schneider 2005; Lindholm 2018; Svanberg und Möller 2018).

Erst mit dem Versiegen der Nachschubimporte ab den 1970er-Jahren besann man sich in Europa und Nordamerika auf die Möglichkeiten, Vögel in menschlicher Obhut auch zu erhalten. Für zahlreiche Arten allerdings, von denen viel zu geringe genetische Reserven gepflegt wurden, kam dieses Umdenken zu spät. Sie sind aus der Haltung, sowohl in Zoos als auch bei Privatpersonen, und in einigen Fällen auch vollständig von dieser Erde verschwunden. Es ist in diesem Zusammenhang kaum nachvollziehbar, dass der Erhaltung von Karolinasittich und Wandertaube, die sowohl in Europa als auch in Nordamerika in Zoos und bei privaten Haltern in großen Zahlen gepflegt wurden, kaum Aufmerksamkeit gewidmet wurde – heute sind sie unwiederbringlich verloren und gingen, sehr wahrscheinlich, einer sehr großen, noch folgenden Zahl ausgestorbener Vogelarten voraus (Abb. 6). Mit den heutigen Kenntnissen hätten die ebenfalls für immer verschwundenen Papageienarten Dreifarbenara *(Ara tricolor)*, Norfolkkaka *(Nestor productus)* oder Maskarenenpapagei *(Mascarinus mascarinus)* genauso wie zahlreiche weitere Vogelarten erhalten werden können (Svanberg und Möller 2018; Lindholm 2018; Robiller 2003).

Verantwortungsvolle Vogelhalter, sowohl private als auch in Zoos und sehr oft in enger Kooperation miteinander, haben sich im 20. Jahrhundert erfolgreich für die Erhaltung bedrohter Arten eingesetzt. In menschlicher Obhut konnten die Hawaiigans *(Branta sandvicensis)*, die Socorrotaube *(Zenaida graysoni)*, der Balistar *(Leucopsar rothschildi)*, der Kalifornienkondor *(Gymnogyps californianus)*, der Spixara *(Cyanopsitta spixii)*, aber auch der Guam-Zimtkopfliest *(Todiramphus cinnamominus)* und der Blaukehlara *(Ara glaucogularis)* erhalten werden. Es sind sämtlich Arten, die im Freiland ausgerottet oder sehr stark bedroht waren bzw. es noch immer sind, deren natürliche Vorkommen durch jeweils unterschiedliche Gründe (fast) zum Erliegen gekommen sind. Wo immer der Lebensraum erhalten geblieben ist und die Gefährdungsursachen ausgeschaltet werden konnten, fanden erfolgreiche Wiederauswilderungen/-ansiedlungen statt (Svanberg und Möller 2018; Lindholm 2018; Robiller 2003).

Abb. 6 Balgexemplar eines (ausgestorbenen) Dreifarbenaras (Kubaara, *Ara tricolor*) im Museum für Naturkunde in Berlin. (Foto: Werner Lantermann)

16   Bedeutende historische Personen als Vogelhalter

Bis ins 19. Jahrhundert hinein war die Ziervogelhaltung vielfach ein Privileg der Reichen und Mächtigen. Sie repräsentierten besonders mit den auffallenden, schönen oder großen Arten, doch die Pflege der ihnen anvertrauten Gefiederten überließen sie ihrem Personal. Dann wurde die Haltung individueller, die Besitzer selbst interessierten sich für die Bedingungen und bemühten sich um optimale Voraussetzungen für Wohlergehen und Vermehrung ihrer Pfleglinge. Ziervogelhaltung war eine gesellschaftlich weithin akzeptierte Freizeitbeschäftigung und so traten v. a. im 19. und 20. Jahrhundert auch einige bedeutende Persönlichkeiten als Vogelhalter hervor, die sich selbst um eine möglichst gute und erfolgreiche Pflege bemühten. Aus Europa ist hier ganz besonders Prinz Ferdinand von Sachsen-Coburg und Gotha (1861–1948) zu nennen, der ab 1887 Fürst und von 1908 bis 1918 Zar von Bulgarien war. Er hat mit zahlreichen eigenen Erfahrungen zur Erweiterung der Kenntnisse in der Vogelhaltung beigetragen (Schneider 2005).

In den USA waren es mehrere Präsidenten, die mehr oder minder intensiv auch als Vogelhalter in die Geschichte eingingen. Von George Washington (1732–1799) ist bekannt, dass er in den 1780er-Jahren Goldfasanen *(Chrysolophus pictus)* und eine Amazone *(Amazona* spec.) hielt. Thomas Jefferson (1743–1826) besaß viele Jahre lang u. a. Spottdrosseln *(Toxostoma* spec.) und zeitweise auch eine Hudsonelster *(Pica hudsonia)*. John Tyler (1790–1862) war Halter von Kanarienvögeln. Als besonders engagierter Vogelfreund, der als Präsident die Zahl der Nationalparks verdoppeln und 51 Naturreservate schaffen ließ, galt Theodore Roosevelt (1858–1919). Von ihm ist überliefert, dass er auch für die Haltung aufgeschlossen war und zumindest einen Hyazinthara *(Anodorhynchus hyacinthinus)* hielt (Kelly 1992; Lindholm 2018).

17   „Akklimatisierungen" – als Faunenbereicherungen gedachte Faunenverfälschungen

Ein interessantes Phänomen, das in der zweiten Hälfte des 19. Jahrhunderts stattfand, war die Vorstellung, dass die heimische Vogelwelt durch das Einbringen von Arten aus fernen Regionen erweitert und damit interessanter werden könnte. Dieser eher europäischen Perspektive entsprach in Nordamerika der Wunsch vieler aus Europa stammender Immigranten, Vögel aus der alten Heimat auch in der „Neuen Welt" hören und erleben zu können. Ohne die, zumindest vorübergehende Haltung hätten all diese „Akklimatisierungen" genannten Aktionen nicht durchgeführt werden können (Lindholm 2018).

Die Einführung von Pflanzenarten zur Bereicherung der heimischen Land- und Forstwirtschaft, des Gartenbaus, oder von Nutztieren und Fischen aus anderen Regionen der Erde, dienten als Vergleichsmaßstab – warum nicht auch Vogelarten dort freilassen, wo sie noch nicht vorkamen? Exotische Wachteln, Rotkardinäle *(Cardinalis cardinalis)*, Hüttensänger *(Sialia* spec.), Wellen-, Nymphen- und v. a. Mönchssittiche *(Myiopsitta monachus)* wurden an zahlreichen Stellen, aber zumindest in Deutschland nirgendwo langfristig erfolgreich ausgesetzt. Mönchssittiche hielten sich z. B. in Karlshof nahe Cottbus oder in Sohland am Rotstein nahe Görlitz um 1900 über Jahre, gingen aber außer in Südeuropa doch irgendwann überall zugrunde oder wurden von den Besitzern von Obstgärten als Ernteschädlinge abgeschossen (Schneider 2005).

Bereits 1851 wurden die ersten 16 Haussperlinge *(Passer domesticus)* aus Großbritannien nach New York gebracht und dort ausgesetzt. 1853 folgten weitere 60 aus Portugal, die ebenfalls in New York freigelassen und betreut wurden, damit sie sich gut einleben konnten. 1869 setzte man in Philadelphia tausende dieser Sperlinge frei, die sich hervorragend etablierten, so dass bereits 1883 per Gesetz beschlossen wurde, den Abschuss der zu Ernteschädlingen gewordenen Neozoen zu erlauben (Lindholm 2018).

In den Jahren von 1872 bis 1874 wurden in der Umgebung von Cincinnati in Ohio, USA, in einer von dem in Deutschland geborenen Andreas Erkenbrecher (1821–1885) geleiteten Aktion etwa 4000 Singvögel verschiedener Arten (u. a. Feldlerche *Alauda arvensis*, Kohlmeise *Parus major*, Amsel *Turdus merula*, Misteldrossel *Turdus viscivorus*, Singdrossel *Turdus philomelos*, Nachtigall *Luscinia megarhynchos*, Rotkehlchen, Star *Sturnus vulgaris*, Hänfling, Stieglitz *Carduelis carduelis*, Dompfaff/Gimpel, Haussperling), aber auch Wachtelkönige *(Crex crex)* ausgesetzt. Sie sollten den Neubürgern vertraute Tierlaute aus der alten Heimat vermitteln, als weitere Begründung wurde eine verheerende Raupenplage genannt. Doch weder wurden die Raupen dezimiert, noch wirkte sich die Ansiedlung in irgendeiner anderen Weise förderlich aus (Lindholm 2018).

1878 wurden erstmals Stieglitze im Central Park in New York ausgesetzt. Im Gegensatz zu den gleichzeitig frei gelassenen, aber wieder verschwundenen Feldlerche, Nachtigall und Buchfink blieben sie der nordamerikanischen Vogelwelt bis heute erhalten. Die in den 1890er-Jahren ausgesetzten Stare waren ebenfalls erfolgreich; so sehr, dass sie zu ernsthaften Konkurrenten heimischer Höhlenbrüter und vielerorts zur Plage wurden. Auch das Vorkommen der Kanadagans *(Branta canadensis)* (Abb. 7) in Europa geht auf eine geplante Aussetzung, diesmal in Schweden, zurück (Lindholm 2018).

Abb. 7 Kanadagans *(Branta canadensis)* als Beispiel für eine aus der Ziervogelhaltung stammende, nordamerikanische Art, die heute in Europa weit verbreitet ist. (Foto: Jörg Asmus)

18 Neozoen – aus der Vogelhaltung entstandene Faunenverfälschungen und daraus resultierende Probleme

Den absichtlichen Aussetzungen gegenüber stellen die unabsichtlich aus der Haltung entwichenen und erfolgreich adaptierten Vogelarten vielerorts ein deutlich größeres Problem dar. Insbesondere Papageien, Park- und Wassergeflügel kommen in manchen Regionen längst in guten, sich selbst tragenden Beständen vor und treten in Konkurrenz mit heimischen. Arten. Als Beispiele können die im westlichen Deutschland und in 11 weiteren europäischen Ländern seit den 1960er- und 1970er-Jahren frei lebenden Halsbandsittiche *(Psittacula krameri)* und die offensichtlich in den Niederlanden verwilderten und sich stark nach Osten ausbreitenden Nilgänse *(Neochen jubatus)* gelten. Beide stellen Konkurrenten um Bruthöhlen bzw. Brutplätze für heimische Arten dar (Schneider 2005; Strunden 1984).

Ein früher Beleg für Faunenverfälschung aus der Vogelhaltung der Azteken dürfte das Vorkommen des eigentlich in den küstennahen Tieflandgebieten verbreiteten Großschwanzgrackels *(Quiscalus mexicanus)* im mexikanischen Hochland sein (Kisling 2018b). Hausgimpel *(Carpodacus mexicanus)*, die in den 1910er-Jahren im Südwesten der USA gefangen und eingewöhnt worden waren, um nach Europa verschifft zu werden, wurden nach dem Eintritt der USA in den Ersten Weltkrieg 1917 an der Ostküste, weil dort unverkäuflich, in großen Mengen frei gelassen. Diese Aktionen vergrößerten das Verbreitungsgebiet der Art erheblich. Papageien, die bereits seit Jahrhunderten in zahlreichen Gegenden außerhalb ihrer natürlichen Verbreitungsgebiete gehalten werden, sind vergleichsweise häufig ins Freiland entwichen und haben sich in mehreren Arten auch in Europa und Nordamerika etabliert. 27 verschiedene Papageienarten wurden nach Nordamerika importiert, mehr oder weniger beabsichtigt freigelassen und konnten lokal stabile Populationen aufbauen. Allein in Florida wurden 65 Papageienarten im Freiland registriert (Lindholm 2018).

Viele aus menschlicher Obhut entwichene Arten können, wo die klimatischen Verhältnisse nicht denen ihrer Herkunftsregionen entsprechen, kaum den Winter überleben oder längerfristig existierende Populationen aufbauen. Letzteres gilt auch für die zahlreichen Einzelvögel, die vielleicht überleben, aber keinen Geschlechtspartner der eigenen Art finden können. Es sind vorwiegend Enten-, Gänse- und Schwanarten, die als Zier- und Parkgeflügel gehalten wurden und werden und zumindest vorübergehend die mitteleuropäische Vogelwelt „bereichern". Mandarinenten *(Aix galericulatus)* z. B., die seit vielen Jahrhunderten in Ostasien und seit den 1740er-Jahren auch in Europa als Parkgeflügel gehalten werden, haben in den Parkanlagen zahlreicher europäischer Städte stabile Populationen aufgebaut. Auch die aus mehreren Arten bestehende Flamingo-Kolonie *(Phoenicopterus* spec.) im Zwillbrocker Venn im Münsterland hat ihren Ursprung in der Ziervogelhaltung.

Ein besonders kurioser Fall ist die unbedachte Freilassung von Nandus *(Rhea americana)* entlang der Grenze zwischen den deutschen Bundesländern Schleswig-Holstein und Mecklenburg-Vorpommern im Winter 1999/2000. Die Population ist, obwohl in härteren Wintern zahlreiche Jungvögel umkommen, auf mittlerweile etwa 600 Köpfe angestiegen. Als in ihrer südamerikanischen Heimat bedrohte Art tut man sich schwer, diese neue, den Weltbestand stabilisierende Population zu regulieren; dem deutschen Jagdrecht lässt sich der Nandu kaum hinzufügen.

Aus der Vogelhaltung resultierende Faunenverfälschungen sind außerhalb der gemäßigten Klimazonen, in den mediterranen, subtropischen und tropischen Regionen der Erde deutlich erfolgreicher. Zahlreiche Arten insbesondere der Familien Finken (Fringillidae) und Prachtfinken (Estrildidae) sind in vielen Ländern etabliert, die weit außerhalb ihrer natürlichen Verbreitungsgebiete liegen. Moderne Feldführer für die Vögel von Ländern und Regionen geben Aufschluss darauf, durch welche Arten ihre Vogelwelt erweitert wurde.

19 Domestizierte Arten, ihre Vermehrung und Zucht bis zur Extreme Qualzucht

Später als die meisten als Nutzgeflügel angesehenen Vogelarten und die Haustaube wurden in der Haltung mehrere Arten von Ziervögeln domestiziert. Vor über 3000 Jahren begann man in Südasien, den Pfau *(Pavo cristatus)* in menschlicher Obhut zu halten und zu vermehren. Es blieb in der langen seitdem vergangenen Zeit nicht aus, dass durch Mutationen neue Farbschläge entstanden, die weiter gezüchtet wurden. Ebenfalls sehr früh, bereits vor etwa 2500 Jahren, wurde vermutlich in Ägypten und/ oder im heutigen Sudan die Lachtaube *(Streptopelia roseogrisea)* domestiziert. Von ihr sind mittlerweile über 40 verschiedene Farbschläge anerkannt. Auch die asiatische Zwergwachtel *(Coturnix chinensis)* gilt längst als domestiziert. Von den Papageien können bislang nur Nymphensittich *(Nymphicus hollandicus)* und Wellensittich *(Melopsittacus undulatus)* aus Australien als domestizierte Arten angesehen werden. Bei beiden Arten sind eine große Fülle neuer, nicht der Wildform entsprechender Gefiederfärbungen herausgezüchtet worden. Dies gilt zwar auch für zahlreiche weitere Sittich- und Papageienarten (z. B. die Unzertrennlichen *Agapornis* spec., die Sperlingspapageien *Forpus* spec., mehrere südamerikanische Sittiche, v. a. *Pyrrhura*-Arten und besonders viele australische Plattschweifsittiche), doch dürfen diese bislang allenfalls als auf dem Weg zu domestizierten Vogelarten befindlich betrachtet werden (Svanberg und Möller 2018; Lindholm 2018) (Abb. 8).

Der Unterschied zwischen der Vermehrung, die der Erhaltung der wildfarbenen, phänotypisch der im Freiland entsprechenden Erscheinungsform gilt, und der Zucht ist das Bestreben des Menschen, die in seiner Obhut befindlichen Lebewesen zu verändern oder zu optimieren. Der Begriff „Zucht" geht auf das Verb „ziehen" zurück und bedeutet das Verändern in eine mehr oder weniger klar vorgegebene, zumindest gewünschte Richtung.

John Gould (1804–1881) brachte 1840 die ersten Wellensittiche aus Australien nach Europa. 1846 gelang in Paris die vermutlich weltweit erste Vermehrung in menschlicher Obhut; die erste deutsche „Nachzucht" erfolgte 1855 in Berlin. Der Massenimport setzte erst später ein; 1868 wurden um 10.000 Vögel nach Europa eingeführt. Doch bereits 1894 verbot Australien die Ausfuhr der kleinen Papageien, womit deren Vermehrung in menschlicher Obhut in großem Stil begann. Erste Farbmutationen traten schnell auf, doch erst in den 1920er-Jahren begann der Boom

Abb. 8 Zum Verkauf angebotene Prachtfinken, Sittiche und Tauben in verschiedenen Zuchtfarben
auf einer norddeutschen Vogelbörse. (Foto: Werner Lantermann)

der Zucht auf immer neue Farben und deren Kombinationen sowohl in Europa als
auch in Nordamerika (Schneider 2005; Svanberg und Möller 2018).

Kanarienvögel wurden im 14. Jahrhundert von den Spaniern „entdeckt", nach-
dem diese die Kanarischen Inseln erobert hatten. Ende des 15. Jahrhunderts bereits
galt ihre Haltung in Käfigen auch auf dem spanischen Festland als etabliert. In der
Mitte des 17. Jahrhunderts entwickelte sich das Grenzland zwischen der Schweiz,
Italien und Tirol zum Zentrum der Kanarienvogelzucht. Von hier aus brachten
Vogelhändler in wochenlangen Fußmärschen die Vögel in kleinen Käfigen auf
dem Rücken in die bedeutenden Städte Europas wie Amsterdam und Paris, bzw. in
Hafenstädte, von denen aus sie nach London bzw. auf der Donau bis Istanbul
gelangten. Erst Ende des 18. Jahrhunderts gingen die hohen Preise zurück, so dass
sich auch weniger gut betuchte Menschen die kleinen Vögel leisten konnten, die
längst auch in verschiedenen Regionen Deutschlands, Frankreichs, Großbritanniens
und der Niederlande entstanden waren. Zu Beginn des 18. Jahrhunderts waren
bereits 28 verschiedene Zuchtfarben bekannt (Svanberg und Möller 2018; de Roo
2018; Schneider 2005).

Kanarienvögel galten als die erste Singvogelart, die als Ziervogel, allein zur
Freude und Unterhaltung des Menschen, domestiziert und keineswegs gegessen
wurde. Dies ist allerdings der europäische Blickwinkel; Japanische Mövchen, die
sich vom süd(ost)asiatischen Spitzschwanz-Bronzemännchen *(Lonchura striata)*

herleiten, wurden vor langer Zeit im Fernen Osten domestiziert, weil sie den Menschen gefielen. Auch die Reisamadine/der Reisfink *(Padda oryzivora)* wurde bereits von den Japanern domestiziert; die hier entstandenen weißen Vögel gelangten allerdings erst im 19. Jahrhundert nach Europa, während die ersten wildfarbenen Artangehörigen aus dem heutigen Indonesien bereits im 18. Jahrhundert hier eintrafen. Zebraamadinen/Zebrafinken*(Taeniopygia guttata)* kamen erst gegen Ende des 19. Jahrhunderts zu uns und gelten aufgrund ihrer hohen Zahl an herausgezüchteten Färbungen, Zuchtrassen, als längst domestiziert (Svanberg 2018).

Die Zucht auf neue Gefiederfarben oder Veränderungen in der morphologischen Erscheinung wie z. B. der Größe, der Schnabelform, der Schwanzlänge usw., die als Mutationen spontan auftreten, begann als Ziel der Vermehrung in menschlicher Obhut in Europa erst um die Mitte des 19. Jahrhunderts. 1858 waren selbst vom Haushuhn auf unserem Kontinent nur sechs verschiedene Rassen bekannt, 1866 allerdings waren es bereits 17. Vogelhalter- und Geflügelzüchtervereine in Deutschland entstanden ebenfalls in dieser Zeit und vertraten zunächst beide Vermehrungsrichtungen gemeinsam. Die Entstehung reiner Vogelhaltervereinigungen getrennt von den Geflügelzüchtern ist eine Entwicklung, die im 20. Jahrhundert begann (Schneider 2005).

Betrachtet man die Vielfalt von Zuchtrassen, die sich heute in den Haltungen v. a. in Europa und Nordamerika befinden, steht man bei Hausenten, -hühnern und -tauben, bei den Ziervögeln insbesondere bei Wellensittichen und Kanarienvögeln einer kaum noch überschaubaren Zahl verschiedener Farben, Größen und Formen gegenüber. Es versteht sich von selbst, dass diese Vögel in Ausstellungen präsentiert und prämiert werden, was ihren Besitzern Lob, Anerkennung und Geld einbringt. Diese Ausprägung von Vermehrung in menschlicher Obhut hat mit der vielfach propagierten „Arterhaltung durch Vogelzucht" nichts zu tun und bindet Zeit, Geld und Kapazitäten, die in einer verantwortungsvollen Haltung sinnvoller eingesetzt wären. Dass die Übergänge von tierschutzgerechter Zucht zur Qualzucht fließend sind, zeigt sich nicht nur bei domestiziertem Nutzgeflügel, sondern zunehmend auch bei Wellensittichen und Kanarienvögeln.

20 Aus der Haltung stammende Beiträge zur Kenntnis der Biologie von Vögeln

Erfolgreiche Vogelhaltung und -vermehrung hat vielfach die Kenntnis über die gepflegten Arten erweitert und verbessert. Einzelheiten aus der Biologie, der Individualentwicklung, der Mauserfolge, des Nahrungsspektrums, der Brutbiologie, der Genetik (Vererbung) oder des Verhaltens konnten in menschlicher Obhut erstmals entdeckt und beschrieben werden. Mutationen z. B. verkürzen in der Natur sehr oft und schnell das Leben eines Tiers und setzen sich nur selten durch. In der Haltung dagegen können sie wertvolle Hinweise auf die Genetik liefern. An Zebrafinken wurden schon früh ausführliche Versuchsreihen durchgeführt. Hans Julius Duncker

(1881–1961), Karl Reich (1885–1944) und Carl Hubert Cremer (1858–1938) untersuchten die Vererbung von Gesang, Gefiederfarben und -strukturen an Kanarienvögeln und der Farben der Wellensittiche in den 1920er- und 1930er-Jahren in Bremen
(Schneider 2005).

Erfahrungen aus der Haltung lieferten die Information, dass junge Männchen
des Papstfinken *(Passerina ciris)* erst im zweiten Lebensjahr ins Erwachsenenge-
fieder wechseln oder dass es sich bei den deutlich unterschiedlich gefärbten Edel-
papageien *(Eclectus roratus)* nicht um verschiedene Arten, sondern um einen
Geschlechtsdimorphismus handelt. Für die Wissenschaft sind diese und zahlreiche
weitere Erkenntnisse vor allem deshalb interessant, weil es für die meisten exotischen, aber auch für zahlreiche europäische Arten lange Zeit unmöglich war,
Einzelheiten aus ihrer Biologie im Freiland zu erkennen (Ruß 1887; Neunzig
1921).

21   Bilanz der bisherigen Ausführungen und Zukunftsaussichten

Aus dem Vorstehenden dürfte deutlich geworden sein, dass die Vogelhaltung
aufgrund ihrer in Jahrzehnten und Jahrhunderten gesammelten Erfahrungen in
der Befriedigung der Grundbedürfnisse der Vögel in der Lage ist, praktisch alle
Arten und Gruppen zu pflegen und in menschlicher Obhut zur Vermehrung zu
bringen. In den Fachzeitschriften wird seit Jahrzehnten darüber berichtet und die
Nach „zucht"statistiken der Vogelhaltervereine halten die Ergebnisse regelmäßig
und summarisch fest. Selbst bei den heiklen Kolibris (Trochilidae) sind Jahre
lange Haltung und Vermehrung vielfach gelungen (Hinkelmann 2006; Lindholm
2018). Nur für wenige Gruppen, die sich fast ausschließlich in der Luft fliegend
aufhalten wie Albatrosse und die Sturmvogel-Verwandtschaft (Procellariiformes)
oder die Segler (Apodidae) dürfte eine Haltung auch in Zukunft unmöglich
bleiben.

Die Vogelhaltung hat, wo sie mit Verantwortungsbewusstsein durchgeführt
wird, einen hohen Qualitätsstandard erreicht. Doch sie hat sich, ganz grob, in zwei
Richtungen gespalten: in die Haltung und Zucht von Nutzgeflügel und Rasse-
vögeln, die sich immer weiter von der Wildform entfernen einerseits, und in die
Haltung und Vermehrung von Vogelarten, bei denen die Erhaltung in menschlicher
Obhut das sinnstiftende Element darstellt, andererseits. Während erstere zur
Freude an der Vielfalt und vielfach aus Gewinnstreben durchgeführt wird, steht
bei der zweiten die Verantwortung für die uns anvertrauten Lebewesen im Vordergrund – die Erhaltung sich selbst tragender Populationen in der Haltung neben
denen im Freiland. Dies vor allem mit der Perspektive, dass die immer stärker
bedrohten Vorkommen in den natürlichen Lebensräumen eines Tages vielleicht
durch die Genreserve aus menschlicher Obhut gestärkt werden können. Der Aufgabe, sich selbst erhaltende Populationen außerhalb des natürlichen Vorkommens
aufzubauen und Tiere aus dieser für Auswilderungs-, besser Wiederansiedlungsprojekte zur Verfügung zu stellen, haben sich die Zoos und Vogelparks weltweit

bereits seit den 1960er- und 1970er-Jahren verschrieben. Parallel dazu kommt hier auf die privaten Halter, die sich für diese Haltungsrichtung entschieden haben, eine ungemein große, verantwortungsvolle Aufgabe zu, die ganz gewiss weder uneingeschränkte Zufriedenheit noch finanzielle Vorteile mit sich bringen wird. Angesichts der immer stärker einwirkenden behördlichen Auflagen und Einschränkungen insbesondere für private Halter muss man sich die Frage stellen, ob die vor allem in den höher entwickelten Ländern bestehenden Ressourcen an Geld und Arbeitskraft dafür noch ausreichen werden?

Während sich in Deutschland die mitgliederstärksten Vogelhaltervereine, die Vereinigung für Artenschutz, Vogelhaltung und Vogelzucht (AZ), der Deutsche Kanarien- und Vogelzüchter-Bund (DKB) und die Vereinigung für Zucht und Erhaltung einheimischer und fremdländischer Vögel (VZE) vorrangig den Mutationen und der unbegrenzten Vielfalt der Erscheinungsformen jenseits des aus dem Freiland bekannten Phänotyps der Arten verschrieben haben, sind es die kleineren Verbände wie die Gesellschaft für arterhaltende Vogelzucht (GAV), der Verband Deutscher Waldvogelpfleger und Vogelzüchter (VDW), die Gesellschaft für Tropenornithologie (GTO), die Interessengemeinschaft für Artenschutz und Erhaltungszucht tropischer Vögel (Estrilda), sowie die deutschen Sektionen der Gesellschaft zum Schutz und zur Erforschung von Eulen (S.C.R.O.) und der World Pheasant Association (WPA), die sich die Erhaltung stabiler, sich selbst erhaltender und der Wildform entsprechender Populationen in menschlicher Obhut zum Ziel gesetzt haben. Doch deren noch Vögel haltende Mitglieder werden immer älter und immer weniger; eine natürliche Verjüngung in diesen Verbänden findet nicht im ausreichenden Maß statt. Die Gründe hierfür sind vielfältig und liegen ganz erheblich in den realitätsfremden und die ordnungsgemäße Haltung von Vögeln, die der Wildform entsprechen, massiv bedrohenden Regelungen durch Gesetze und Verordnungen. Anstatt die immer weniger werdenden Artenschützer mit Vögeln in ihrer Obhut zu unterstützen und sie zu fördern, bewegen sich diese oft in einem von den Naturschutzbehörden nur tolerierten oder sehr kritisch hinterfragten, aber keineswegs akzeptierten, weil nicht verstandenen Rahmen. Es wird schlichtweg nicht erkannt oder ignoriert, dass diese Vogelhalter eine wertvolle Erbgut-Reserve bereithalten und dass die natürlichen Lebensräume dieser Vögel durch die moderne Land- und Forstwirtschaft, durch stetiges Wachstum der menschlichen Siedlungsgebiete, durch Vernichtung natürlicher Lebensräume und eine direkte oder indirekte Belastung mit lebensfeindlichen Substanzen massiv bedroht sind. Dies gilt für unsere mitteleuropäische Umwelt seit mindestens 200 Jahren, seitdem die wirtschaftliche Entwicklung bis hin zur Industrialisierung die Kernstruktur unserer Umwelt verändert hat, aber ebenso auch in West-, Süd- und Osteuropa, im gesamten Mittelmeerraum, in Vorder-, Mittel-, Hinter-, Süd-, Südost- und Ostasien, in zahlreichen Regionen Afrikas, Australiens und allen Teilen des amerikanischen Doppelkontinents. Die Haltung und Vermehrung von der Wildform entsprechenden Vögeln hat unvermindert große Bedeutung und sollte sowohl als traditionelles Kulturgut als auch als Sicherung genetischer Ressourcen für mögliche Wiederansiedlungen nicht nur erhalten, sondern unbedingt gefördert werden (Abb. 9)!

Abb. 9 Rotohrara (*Ara rubrogenys*) als Beispiel für eine bedrohte und in menschlicher Obhut gut vermehrbare Vogelart. (Foto: Jörg Asmus)

Literatur

Ægisson, S. (2018). Icelandic trade with Gyfalcons. In I. Svanberg & D. Möller (Hrsg.), *Aviculture – A history* (S. 45–62). Surrey/Blaine: Hancock.

Bechstein, J. M. (1795). *Naturgeschichte der Stubenvögel*. Gotha: Ettinger.

Bielfeld, H. (2008). *Kanarien: Gesangkanarien; Farbenkanarien, Positurkanarien, Mischlinge*. Stuttgart: Ulmer.

Brehm, A. E. (1872). *Gefangene Vögel. Ein Hand- und Lehrbuch für Liebhaber und Pfleger einheimischer und fremdländischer Käfigvögel*. Leipzig/Heidelberg: Winter.

Hinkelmann, C. (2006). Von Goldenen Fackeln und Grünen Fliegen – aus der Geschichte der Kolibrihaltung. *Gefiederte Welt, 13*, 245–249.

Jackson, C. E. (1997). Fishing with cormorants. *Archives of Natural History, 24*, 189–211.

Kelly, N. (1992). *Presidential pets*. New York: Abbeville.

Kisling, V. (2018a). Aviculture in ancient Old World societies. In I. Svanberg & D. Möller (Hrsg.), *Aviculture – A history* (S. 33–43). Surrey/Blaine: Hancock.

Kisling, V. (2018b). Parrot aviculture in ancient New World societies. In I. Svanberg & D. Möller (Hrsg.), *Aviculture – A history* (S. 63–70). Surrey/Blaine: Hancock.

Lindholm, J. (2018). Aviaries in the wilderness to arks in the metropolis. Some notes on the evolution of American aviculture. In I. Svanberg & D. Möller (Hrsg.), *Aviculture – A history* (S. 140–202). Surrey/Blaine: Hancock.

Mann, J. (1848). *The American bird-keeper's manual*. Boston: Selbstverlag.

Neunzig, K. (1921). *Die fremdländischen Stubenvögel*. Magdeburg: Creutz.

Neunzig, K. (1922). *Die einheimischen Stubenvögel*. Magdeburg: Creutz.

Reiche, C. (1853). *The bird fancier's companion*. New York/Boston: Selbstverlag.

Robiller, F. (2003). *Das große Lexikon der Vogelpflege*. Stuttgart: Ulmer.

Roo, T. de (2018). Innovations in early modern aviculture. In I. Svanberg & D. Möller (Hrsg.), *Aviculture – A history* (S. 99–109). Surrey/Blaine: Hancock.

Ruß, K. (1872). Neuere und seltene Erscheinungen des deutschen Vogelmarkts. *Gefiederte Welt, 1*, 60.

Ruß, K. (1887). *Handbuch für Vogelliebhaber, -züchter und – händler. I. Fremdländische Stubenvögel* (3. Aufl.). Magdeburg: Creutz.

Ruß, K. (1892). *Handbuch für Vogelliebhaber, -züchter und – händler. II. Einheimische Stubenvögel* (3. Aufl.). Magdeburg: Creutz.

Santens, F. (2018). Chaffinch sport in Flanders. In I. Svanberg & D. Möller (Hrsg.), *Aviculture – A history* (S. 71–91). Surrey/Blaine: Hancock.

Schneider, B. (2005). *Als die Wellensittiche nach Europa kamen*. Berlin: Selbstverlag.

Ståhlberg, S., & Svanberg, I. (2018). Birds as domestic pest control. In I. Svanberg & D. Möller (Hrsg.), *Aviculture – A history* (S. 92–97). Surrey/Blaine: Hancock.

Steinbacher, G. (1957). *Knaurs Vogelbuch*. München/Zürich: Droemer.

Strunden, H. (1984). *Papageien einst und jetzt. Geschichtliche und kulturgeschichtliche Hintergründe der Papageienkunde*. Bomlitz: Müller.

Svanberg, I. (2018). Two Asian domesticated species. In I. Svanberg & D. Möller (Hrsg.), *Aviculture – A history* (S. 128–135). Surrey/Blaine: Hancock.

Svanberg, I., & Möller, D. (2018). History of aviculture. In I. Svanberg & D. Möller (Hrsg.), *Aviculture – A history* (S. 9–31). Surrey/Blaine: Hancock.

Wille, L., & Spormann, D. (Hrsg.). (2008). *Buchfink und Mensch. Geschichte der Finkenliebhaberei im Harz*. Benneckenstein: Selbstverlag Kultur- und Heimatverein Benneckenstein e.V.

Ethische Grundlagen der Wildvogelhaltung

Ernst Günther

Inhalt

1   Einleitung

Wenn Menschen Wildvögel erwerben und zu sich nehmen, gehen sie unausweichlich auch eine moralische Beziehung zu ihnen ein, die sich in ihrer allgemeinsten Form als Verantwortung für das Tier darstellt. Diese am Schicksal des Individuums orientierte Verantwortung dominiert im Gewande des Tierschutzes die öffentliche Diskussion zum Mensch-Tier-Verhältnis. Darüber hinaus hat sich aber die Haltung sonst wild lebender Arten auch am Schicksal der Art zu rechtfertigen oder zu motivieren, also zu verantworten. Und da jede Art Teil der Artenvielfalt und der biologischen Gemeinschaft Natur ist, muss sich Wildvogelhaltung auch ihres Verhältnisses zur Natur als Ganzes bewusst sein und es verantwortlich gestalten.

Das beginnt mit der Entscheidung, es überhaupt zu tun, setzt sich fort über die vielfältigen Fragen nach dem „wie" man es am besten tut und endet bei der Sorge, – die leider viele Menschen noch immer nicht haben – welche Wirkungen das eigene Tun hervorbringt.

E. Günther (✉)
Naumburg, Deutschland

© Springer-Verlag GmbH Deutschland, ein Teil von Springer Nature 2021   49
W. Lantermann, J. Asmus (Hrsg.), *Wildvogelhaltung*,
https://doi.org/10.1007/978-3-662-59604-3_4

Überall dort, wo Entscheidungen zu diesen Fragen nicht von außen, also beispielsweise durch Gesetzgebung getroffen werden, trifft sie der einzelne Mensch selbst nach dem Maße der Werte, die der Gegenstand seiner Begierde für ihn hat, nach seinen Idealen und sittlichen Vorstellungen, also nach moralischen Maximen. Dabei läuft alles auf die Frage hinaus: „Was soll ich tun?", die den weiten Bogen von „Was darf ich tun?" bis „Was muss ich tun?" umfasst und den Gegenstand der Ethik als der Wissenschaft, die sich mit den moralisch begründeten Verhaltensweisen des Menschen befasst, ausmacht.

Ethik ist eine sehr lebensnahe Wissenschaft, keiner entgeht ihren Inhalten in seinen Alltagshandlungen, gleichviel, ob und in welchem Umfange ihm das bewusst wird oder nicht. Sie steht dafür, sich der Zusammenhänge des eigenen Tuns und Lassens, des Verhältnisses der eigenen Werte und Wünsche zu den natürlichen und gesellschaftlichen Gegebenheiten zu besinnen, und auf dieser Grundlage ein angemessenes eigenes Handeln zu gestalten.

Sich so zu verhalten wird allgemein als „gut" anerkannt, und so hat sich eingebürgert, den Begriff „ethisch" nicht mehr wertfrei als „Nachdenken über etwas", sondern wertpositiv im Sinne von „moralisch gut" zu verwenden. Insofern geht es im folgenden Text um den ethischen (moralisch guten) Menschen auf einem sehr speziellen Felde seiner Bewährung, der Wildvogelhaltung.

Im Folgenden sollen die moralischen Inhalte und Probleme der Wildvogelhaltung an vier Fragekomplexen diskutiert werden.

2   Darf es Wildvogelhaltung überhaupt geben?

Wildvogelhaltung ist nicht Vogelhaltung und schon gar nicht Vogelzucht im hergebrachten landläufigen Sinne. Gleichwohl ist sie als „Haltung" (willkürliche Einengung des Lebensraums) mit allen ihr anhaftenden Urteilen und mit Blick auf die Herkunft der Vögel aus der Natur Teil der sehr kontrovers geführten öffentlichen Diskussion um das Verhältnis des Menschen zu Tier und Natur.

Das war nicht immer so. Der Beginn der Haltung von ursprünglich wild lebenden Tieren in menschlichem „Besitz" reicht tief in die Steinzeit zurück. Und Vögel, nämlich Tauben (Haag-Wackernagel 1998) und Hühner (Schmidt 1999) waren ganz früh dabei, vielleicht sogar die ersten. Diese erste „Inbesitznahme" von Tieren durch den Menschen diente wahrscheinlich zunächst ausschließlich der Ernährung der Menschen, die im Zuge der Sesshaftwerdung nach neuen Formen suchte. Es ist aber nicht auszuschließen, dass sich in diesem sich verändernden Mensch-Tier-Verhältnis auch emotionale empathische Beziehungen von Menschen zu Tieren einstellten. Nur auf dieser Grundlage war dann irgendwann vor 3000 Jahren die Haltung von Vögeln ohne animalische Absichten, allein für kulturelle Zwecke möglich. Und es hat dann durchaus etwas Logisches, dass es Vögel waren, die in den Grenzen ihrer Art zu empathischen Verhaltensweisen befähigt sind, nämlich z. B. sozial lebende Papageienarten, die wahrscheinlich als erste Gegenstand von Vogelpflege zu rein kulturellen Zwecken in Menschenobhut wurden (Strunden 1984) (Abb. 1).

Abb. 1 Große Alexandersittiche (*Psittacula eupatria*) und andere Edelsittiche spielten bereits in der Antike und im frühen Mittelalter eine wichtige Rolle als „Haustiere" der Herrschenden. (Foto: Werner Lantermann)

Dieser Vorgang der ursprünglichen Inbesitznahme von anderem Leben durch den Menschen ist nie mit der Frage konfrontiert worden, ob die Menschen das durften. Das ist gut so, denn im zeitgeschichtlichen Kontext des zweiten vorchristlichen Jahrtausends gab es diese Frage noch nicht, und die naturwissenschaftlichen, moralischen und rechtlichen Einsichten von heute sind nicht geeignet, die Handlungen von Menschen der Steinzeit oder Bronzezeit rückblickend rechtlich oder moralisch zu bewerten.

Dann kann man allerdings konsequenter Weise die Ursprungsgeschichte der Vogelhaltung auch nicht als Legitimation für die Vogelhaltung im 21. Jahrhundert heranziehen.

Vielmehr haben wir uns heute mit einer Geschichte der Vogelhaltung auseinander zu setzen, die aus dem vergleichsweise harmlosen naturrechtlichen Zugriff der Menschen auf Vögel vor 3000 oder 2000 Jahren im Laufe der Zeit, namentlich im 19. und 20. Jahrhundert einen Wirtschaftszweig „Vogelfang, Vogelhandel, Vogelzucht" gemacht hat, in dem die Vögel die Rolle einer natürlichen Ressource, einer Handelsware und eines unbedingten Eigentums erlangten. Man konnte theoretisch mit ihnen umgehen wie mit einem Stück Braunkohle oder jedem beliebigen Gebrauchsgegenstand. Über viele Jahrhunderte wurde diese Gleichsetzung lebendiger Tiere als menschliches Eigentum mit anderen materiellen Gütern nicht oder nur sehr zaghaft moralisch oder rechtlich hinterfragt, und noch heute ist es eine Selbstverständlichkeit, dass Vögel gegen Geld gehandelt werden.

Erst in den 1970er-Jahren des 20. Jahrhunderts haben Tom Regan mit der Tier-
rechtetheorie (Regan 1998) und Peter Singer mit der Tierbefreiungstheorie (Singer
2015) die Diskussion um die Frage, ob anderes Leben überhaupt Eigentum von
Menschen sein kann, in das öffentliche Denken getragen. Hintergrund der revolu-
tionären Ideen Regans und Singers waren Erfahrungen mit der extrem rücksichtslo-
sen Massentierhaltung einerseits und Erkenntnisse und Vermutungen zur Fähigkeit
der Tiere, sich selbst wahrzunehmen und ihre Lebenssituation als Leid zu begreifen.
Namentlich aus diesem letzteren Argument leitet sich die Kritik an der Haltung sonst
wild lebender Tiere – auch Vögel – ab, weil der Verlust der „Freiheit" immer als Leid
empfunden werde und der Zugriff des Menschen auf Tiere als Ausdruck seines
patriarchalischen Selbstverständnisses das Prinzip der Gleichheit aller Lebensformen auf der Erde verletze (Abb. 2).

So notwendig das von diesen Ansichten ausgehende Signal ist, das Verhältnis der
Menschheit zum nicht menschlichen Leben auf der Erde zu überdenken und zu
korrigieren, so klar ist allerdings auch, dass die Gleichheit so unterschiedlich
entwickelter und funktionierender Lebensformen, wie wir sie auf der Erde haben –
einschließlich der Tatsache, dass der Mensch als einziges Lebewesen eine Kultur-
form darstellt – eine realitätsferne Illusion und keine Lösung darstellt (Günther
2017).

Und auch eine andere Einsicht steht der Gleichheit, wie sie einige Tierschutzideen
verfechten, entgegen: Die Aneignung anderen Lebens zum Zwecke des eigenen

Abb. 2 Partner auf
Augenhöhe? – oder wie ist
„Gleichheit" zu verstehen?
Das Bild zeigt eine zahme
Guatemala-Amazone
(*Amazona guatemalae*) auf
dem Arm ihres Halters. (Foto:
Werner Lantermann)

Überlebens ist ein Naturprinzip von Anbeginn der Evolution, und es wird von ihr nicht ertragen, sondern es trägt die ganze Evolution und den „Status quo" in der Natur zu allen Zeiten. Es ist ein Widerspruch in sich, den Menschen allen anderen Lebensformen gleichzusetzen und ihm zugleich abzusprechen, sich „gleich" zu verhalten, nämlich anderes Leben zu seinem Nutzen in Anspruch zu nehmen. Allerdings hat der Mensch eine Form der Aneignung anderen Lebens entwickelt, die die naturrechtliche Selbstverständlichkeit des Nehmens und Gebens außer Kraft setzt. Er entnimmt der Natur Lebewesen (bei den Vögeln waren das in den letzten zwei Jahrhunderten mehrere Hundert Millionen!), um sie in Handelsware und Geldwerte zu verwandeln. Ihre natürlichen Eigenschaften als Leben, das Träger einer individuellen Würde ist (des Anspruchs, als Teil eines Ganzen so sein zu dürfen, wie es ist), werden nichtig gegen ihren künstlichen Geldwert.

Und das gerät im Angesichts rasch zunehmender Erkenntnisse zu den psycho-emotionalen Fähigkeiten und Leistungen der Vögel (und aller anderen Tiere), die zu der quälenden Frage führen, ob sie nicht doch eine Vorstellung von sich und der Welt haben, ein „Ich" sind, zu Recht immer mehr in Kritik. Es gibt in der aktuellen Forschung zahlreiche Hinweise darauf, dass Tiere entgegen traditioneller Ansichten eben doch eine Selbstwahrnehmung haben, die sie deutlich abhebt gegen alle „Sachen" im materiellen Sinne. Das kann für den Anspruch, einen moralisch guten Umgang mit den Tieren zu üben, nicht ohne Konsequenzen bleiben.

„Gleichheit" von Mensch und Tier ist allerdings ein Kurzschluss, der die eine oder andere Tierschutzströmung zu abenteuerlichen bis lächerlichen Forderungen verleitet hat.

Gleich sind wir dagegen alle, Menschen und Tiere, in unserem Dasein als Produkte der Evolution auf dieser einen Erde, und gleich muss daher der Anspruch allen Lebens auf dieser Erde sein, nach Maßgabe seiner Art zu leben. Und in der Tat hat der Mensch sich zu seinem Wohle Möglichkeiten der Nutzung von Natur und nicht menschlichem Leben geschaffen, mit denen er rücksichtslos und oft zerstörerisch Einfluss nimmt auf die Lebensmöglichkeiten von Tieren und Pflanzen auf der Erde. Das Schicksal unzähliger Vogelarten auf der Erde steht exemplarisch für diese Aussage.

Die Lösung des Problems kann andererseits nicht darin bestehen, zwischen Mensch und Natur einschließlich der dort lebenden Tierwelt ein Schaufensterglas zu installieren. Für ein tragfähiges Verhältnis der Menschen zur Natur ist die unmittelbare Interaktion zwischen Mensch und Tier unerlässlich, ein Verständnis der Natur ist anders nicht zu erreichen. Das schließt die Herstellung einer räumlichen Nähe zu den Tieren (Vögeln) als Möglichkeit ein, wie sie nur in Haltungen gegeben ist. Diese müssen dann allerdings so gestaltet sein, dass der Vogel seinen natürlichen Lebensvollzügen nachgehen kann. Nur so kann er dem Anspruch, Naturnähe zu vermitteln, gerecht werden.

Und statt „Eigentum" im Sinne eines Geldwertes zu sein, sollten sich die Vögel bestenfalls in einer vormundschaftlichen Verwaltung der zuständigen Menschen befinden und immer als Teil des Naturschatzes „Lebensvielfalt" verstanden werden (Abb. 3). Dass dies durchaus eine realistische Vorstellung ist, beweist das Beispiel des in der Natur ausgestorbenen Spixaras (*Cyanopsitta spixii*): alle Vögel in seriösen

Abb. 3 Eigentum des
Menschen oder
vormundschaftliche
Verwaltung eines
Naturschatzes? Im
Weltvogelpark Walsrode
betreibt man vorsorglich ein
ESB (European Studbook) für
den charismatischen Marabu
(*Leptoptilos crumeniferus*) -
für den Fall, dass seine
Freilandbestände
zurückgehen. (Foto: Jörg
Asmus)

Haltungen sind Eigentum Brasiliens und nicht handelbar! (zumindest theoretisch).
Madagaskar z. B. hat für die Bernierente (*Anas bernieri*) ein ähnliches Prinzip
eingeführt, das aber noch weite Handlungsspielräume lässt (vgl. Bartlett 2002).

Die Realität der privaten Wildvogelhaltung ist noch weit davon entfernt, ohne
geschäftliche Abläufe zu funktionieren. Man wird sich aber dieser Frage intensiver
zuwenden müssen angesichts der Tatsache, dass die zunehmende existenzielle
Bedrohung von immer mehr Vogelarten in ihren natürlichen Lebensräumen deren
Haltung und Bewahrung in Menschenobhut nicht nur rechtfertigt, sondern zunehmend (er-)fordert.

Es wird im 21. Jahrhundert in völlig neuen Dimensionen einer moralischen
Motivation bedürfen, auch in der privaten Wildvogelhaltung: Vögel um ihrer selbst
und ihrer Art willen zu pflegen, jenseits jeden Kommerzes, wie das in öffentlichen
zoologischen Einrichtungen schon weit verbreitet ist. Die Loslösung der Wildvogelhaltung von jeglichem „geschäftlichen" Inhalt ist ein Schritt hin zur Selbstlosigkeit des Vogelhalters im Dienste von Natur und Art und der Wiedergeburt der Würde
des Individuums in menschlicher Obhut.

Mit dem Wandel von der Rechtfertigung hin zur Notwendigkeit verliert auch ein
wesentlicher historischer Einwand gegen die Wildvogelhaltung an Bedeutung, nämlich der, dass jede Haltung ein „Einsperren" ist, ein Entzug der Freiheit und als
solcher den Vögeln Leid zufügt. Dieser Vorwurf war zu allen Zeiten aus mehreren
Gründen unrichtig:

Freiheit ist ein immaterieller Wert und als solcher nur Menschen zugänglich, die ihn ihrerseits mit so vielen positiven Attributen ausgestattet haben, dass er zum Mittelpunkt ihres Selbstgefühls geworden ist. Dies auf Vögel zu übertragen ist verstandeswidrig, Vögel haben keine Werte. Sie sind in ihrem Lebensraum Getriebene ihrer Überlebensbedürfnisse, und was die Menschen „Freiheit" nennen, ist der Raum, in dem sie diese realisieren können. Dieser Lebensraum kann auch von Menschen gestaltet werden, und kein Vogel leidet, wenn er keinen Hunger oder Durst und keine Fressfeinde mehr hat. Allerdings ist auf dem Gebiet der Haltungsbedingungen für Vögel namentlich in der traditionellen Vogelzucht in der Vergangenheit und bis heute so massiv gegen das Mindeste an Vernunft, Anstand und besseres Wissen verstoßen worden, dass die Quelle der Argumente gegen Vogelhaltung noch immer sprudelnd fließt und ein differenzierteres öffentliches Urteil über Ziele und Praktiken der Vogelhaltung nicht zustande kommt. Diese bittere Erfahrung hat aber keine Wirkung auf die Feststellung, dass eine leidfreie, naturnahe Haltung von Vögeln, in der der Wildvogel auch ein Wildvogel bleibt, möglich – und damit moralisch „erlaubt" – ist.

3 Wie ergeht es einem Wildvogel in menschlicher Haltung?

Zur moralischen Pflicht eines jeden Vogelhalters, Leben und Wohlergehen der Vögel in seiner Haltung zu schützen und zu bewahren, besteht ein weitgehender Konsens unter den Vogelhaltern und in und mit der Gesellschaft. Das ist zunächst keine große moralische Leistung, sondern der Tatsache geschuldet, dass jeder denkbare Zweck von Vogelhaltung daran gebunden ist, dass der Vogel lebt und sich in einem Zustand befindet, der ihm erlaubt, seine natürlichen Lebensvollzüge zu praktizieren. Dieser auf die existenziellen Interessen des Individuums gerichtete Grundsatz gilt folgerichtig für alle Formen von Vogelhaltung (und jede Tierhaltung). Er reflektiert den aktuellen Stand der Verwirklichung der Tierschutzidee, die am Beginn des 19. Jahrhunderts aus der Beobachtung des Leides von Tieren in menschlicher Nutzung (Hunde und Pferde) entstanden ist und bis heute eine vielfältige Ausgestaltung erfahren hat. Mit der Gesetzgebung zum Tierschutz ist heute die Sicherung des Wohlergehens von Tieren in Menschenobhut im Rahmen gewisser Standards zur Rechtspflicht geworden, deren Verletzung mit Sanktionen bedroht ist. Es bleibt aber in diesem Rahmen ein weites Feld von moralisch zu verantwortenden Möglichkeiten der Gestaltung der Lebensbedingungen z. B. von Wildvögeln in menschlichen Haltungen.

Dabei ist heute, besonders in solchen „kulturellen" Nutzungsformen wie Vogelhaltung, nicht mehr das Leid von Tieren und dessen Vermeidung der Schwellenwert, an dem sich Tierschutz orientiert, sondern die Schaffung von Haltungsbedingungen, in denen das Tier seine Lebensnormalität praktizieren kann (Abb. 4).

Für die Wildvogelhaltung, die sich an dem Wert definiert, Vögel als Naturbesitz mit allen ihnen eigenen Eigenschaften zu erhalten, gilt diese Forderung in besonderer Weise. Hier steht das Individuum ganz im Dienste der Art. Sein Schutz ist nicht mehr Zweck an sich, sondern Mittel zum Zweck, aber gleichwohl unerlässlich, weil nur ein in den Selbstverständlichkeiten seiner Art und damit fern von Tierschutzeinwänden lebender Vogel der Erhaltung seiner Art dienen kann.

Angesichts des Grundkonsenses zum Schutz der Tiere in menschlichen Haltungen (von der industriellen Massentierhaltung einmal abgesehen) ist es erstaunlich,

Abb. 4 Lebensbedingungen, in denen Vögel ihre Lebensnormalität praktizieren können? Groß-voliere für südamerikanische Vögel (Aras, Hokkos) im Artis-Zoo in Amsterdam. (Foto: Werner Lantermann)

wie viel Streit es zu diesem Thema, auch die Wildvogelhaltung betreffend, in der Gesellschaft noch immer gibt.

Dabei geht es vor allem um die inhaltliche Ausgestaltung des Tierschutzes in den unterschiedlichen Bereichen der Tierhaltung.

Nachdem wir uns zuvor die Frage, ob Wildvogelhaltung überhaupt erlaubt sei, beantwortet haben, bleibt vor allem das Thema „Art und Weise der Vogelhaltung", das sich in der Praxis verkürzt auf „Größe und Ausgestaltung von Vogelgehegen", das zu einer Diskussion unter ethischen Gesichtspunkten herausfordert.

Für die Vogelhaltung im Allgemeinen gelten in Deutschland eine Reihe soge-nannter „Mindestanforderungen", die in Zuständigkeit des Bundesministeriums für Ernährung, Landwirtschaft und Forsten erarbeitet wurden und in den Bundesländern mit unterschiedlichen Auslegungen und unterschiedlicher Konsequenz angewendet werden. Sie sind dem Tierschutz, also dem Individualschutz der Vögel verpflichtet, als solche mit Rücksicht auf die Interessen der Halter echte „Mindest"anforderungen und nicht geeignet, Wildvögel in ihren Wildeigenschaften über Generationen zu erhalten. Gleichwohl wird eine Vogelhaltung gemäß den Mindestanforderungen als „artgerecht" angesehen.

Dabei gibt es bis heute keine verbindliche Definition der Eigenschaft „artge-recht". Man verwendet das Wort für die Haltung von Legehennen oder Rassekatzen, für Goldfische oder für industriell hergestelltes Spielzeug für Papageien. Da geht es weder um definierte Arten, noch um natürliche Ansprüche der Vögel, sondern um menschliche Ersatzleistungen, die aus menschlichem Mitgefühl und guter Absicht geboren sind, aber an den natürlichen Herausforderungen der Vögel oftmals völlig vorbeigehen, ja oftmals sogar geeignet sind, die diesbezüglichen Fähigkeiten der Vögel zu demontieren.

Der Hauptmangel des öffentlichen Umgangs mit dem Begriff „artgerecht" besteht darin, dass alles, was dem Vogel gut tut, positiv bewertet wird und alles, was ihm Stress bereitet, zu vermeiden ist. Damit wird die Tauglichkeit der Vögel für die Natur, für die doch als das Ziel aller Wünsche geltende „Freiheit", binnen weniger Generationen, vielleicht sogar einer einzigen, aufgehoben, weil Tauglichkeit für die Natur die Beherrschung von Überlebensstrategien bedeutet, die ohne entsprechende Herausforderungen nicht erreichbar ist.

Das kann für Wildvogelhaltung so nicht akzeptiert, andererseits aber auch nicht mit leichter Hand aus der Welt geschafft werden. Die Nachahmung natürlicher Mangelsituationen oder Bedrohungen in der Haltung dürfte schwierig und risikoreich sein und alsbald auf ethische Bedenken stoßen. Deshalb werden von zuständigen Institutionen bei Versuchen der Wiederansiedlung von in Haltungen gezogenen Vögeln oder anderer Tiere andere Methoden des schrittweisen Wiederkennenlernens der natürlichen Lebensräume angewendet. Das liegt im Übrigen außerhalb der Kompetenz des privaten Vogelhalters und sollte es auch bleiben (Abb. 5).

Für ihn gilt im Gegenteil, dass die „Freilassung" von Vögeln in die Natur, wie sie in missverstandener Auslegung der Tierbefreiungsidee immer wieder gefordert und auch ausgeführt wird, keine moralische Leistung für die Art oder die Natur ist, sondern ein moralisches Vergehen am Einzeltier, das praktisch keine Überlebenschance hat. Damit entfällt auch das nicht nur von Laien häufig zitierte Motiv für Wildvogelhaltung, die ihrerseits vielmehr ihr Selbstverständnis reduzieren muss auf die Haltung und Vermehrung von natürlichen Arten in Menschenobhut – zunächst ohne jeden darüber hinaus gehenden Zweck. Sollte ein Zugriff auf private Wildvogelbestände einmal notwendig und die Rahmenbedingungen dafür gegeben sein, so ist von den Haltern eine weitere moralische Leistung gefordert: Die Vögel sind als „geliehenes" Eigentum der Natur ohne finanzielle Gegenleistung zur Verfügung zu stellen, sie gehören der Natur!

Die moralische Grundidee der Wildvogelhaltung ist damit die Bewahrung natürlicher Arten um ihrer selbst willen, ohne menschliches Eigeninteresse in völliger „Selbstlosigkeit", eine Eigenschaft, die die Geschichte der Vogelhaltung auf den Kopf stellt und als Alleinstellungsmerkmal die der Natur verpflichtete Vogelhaltung auszeichnet.

4   Wildvogelhaltung und Artenschutz

Wildvogelhaltung nach dem Verständnis dieses Buches erfährt ihre entscheidenden Impulse aus der immer dringlicher werdenden Notwendigkeit, natürliche Lebensformen gegen die Vernichtung durch Verdrängung aus ihren Lebensräumen, Ver-

Abb. 5 Zurück zur Natur durch Wiederauswilderung? In Menschenobhut gezüchtete Hispanio-
laamazonen (früher Blaukronenamazonen) (*Amazona ventralis*) dienten in den 1980er-Jahren auf
Puerto-Rico zunächst als „Modelle" für die Auswilderung der hochbedrohten Puerto-Rico-Amazo-
nen (*Amazona vittata*). (Foto:Werner Lantermann)

brauch und züchterische Veränderungen zu schützen und zu bewahren. Das bedeutet
nicht weniger als die Aufgabe der Grundidee der Vogelzucht, wie sie zu Beginn des
16. Jahrhunderts mit der Entstehung der ersten Kanarienvogelrassen geboren wurde.
Seitdem war und ist überwiegend bis heute Vogelzucht immer auf Veränderung des
Vogels, Erzeugung neuer Formen und ihre Vollendung gerichtet mit dem Ziel, als
Züchter etwas Besonderes zu leisten und bei Zuchtwettbewerben Preise zu gewinnen. Die großen Populationen reiner Zuchtformen, die in diesem Prozess bei Kanarien, Wellensittichen, Zebrafinken und vielen anderen Arten entstanden sind, haben
jede Bedeutung für ihre Ausgangsarten verloren und stellen für Wildvogelhaltung
keinen Gegenstand dar.

Weit bedeutsamer ist dagegen, dass die weit verbreitete Idee von der Veränderung der Vögel in Menschenhand auch den Umgang mit Wildformen bestimmt und
deren Abgleiten in Zuchtformen billigend in Kauf nimmt oder auch fördert.
Entscheidend für diese Haltung ist die Wertstellung des Vogels als Mittel zur
Profilierung des Züchters, eventuell in Verbindung mit materiellem Wertgewinn.
Die natürlichen Erscheinungsformen und Verhaltensweisen der Vögel, die übrigens ihre Würde als Geschöpf ausmachen, stellen für traditionelle Vogelzucht nur
so lange einen Wert dar, wie die Art neu ist in den Halterbeständen und den
„Besitz" als etwas Besonderes ausweist. In dem Maße, wie sich die Art in Züchter-

kreisen verbreitet, sinkt ihr Wert als Vorzeigeobjekt und als Ware. Da wird das Auftreten von Farbmutationen zum Glücksfall (und wer darauf nicht warten will, hilft dem Glück mit Hybridisierung nach), der dem Züchter Vögel mit hohem Marktwert und im Kreise Gleichgesinnter auch Ansehen beschert. Das Schicksal der Art bleibt dabei völlig unbeachtet.

Wildvogelhaltung dagegen orientiert sich ausschließlich an dem ideellen Wert „Artidentität" des Vogels und an der Erhaltung und Vermehrung der Individuen einer Art. Innerhalb einer Wildvogelpopulation, gleichviel, ob in der Natur oder in menschlichem Gewahrsam, hat jeder Vogel den gleichen (ideellen) Wert, der seiner Bedeutung für die Erhaltung der Art und damit der Biodiversität entspricht und nicht in materiellen Werten ausgedrückt werden kann. Die Rückkehr der Vogelhaltung zu einem ausschließlich moralischen Wert ihres Gegenstandes ist der entscheidende Schritt hin zu einer glaubwürdigen und wirksamen Rolle bei der Erhaltung von Arten. Damit hat sie zwei Ziele im Blick: Die Erhaltung überlebensfähiger Populationen natürlicher Vogelarten in Menschenobhut und ihr Schutz gegen Zuchtpraktiken, die die Domestikation befördern einerseits und die Bewahrung vom Aussterben bedrohter oder ausgestorbener Arten in Menschenobhut andererseits. Schon heute leben von etlichen Arten mehr Exemplare in menschlichen Haltungen als in der Natur, z. B. beim Balistar (*Leucopsar rothschildi*) oder Edwardsfasan (*Lophura edwardsi*), oder es gibt sie überhaupt nur noch dort (z. B. Spixara) (Abb. 6).

Traditionelle Vogelhaltung wird nicht müde zu behaupten und mit ihren „Produkten" zu „belegen", dass es unmöglich sei, Wildarten über einen längeren Zeit-

Abb. 6 Vom indonesischen Balistar (*Leucopsar rothschildi*) leben derzeit deutlich mehr Exemplare in Menschenobhut als in freier Natur. (Foto: Werner Lantermann)

raum in menschlicher Obhut „rein" zu halten. Das ist leicht zu durchschauen als
Versuch, das eigene Verschulden am Verlust zahlreicher natürlicher Arten in den
Züchterbeständen durch Umwandlung in Zuchtformen zu widerlegen. Wahr ist
allerdings, dass es eines erheblichen Aufwandes bedarf, eine Art über viele Generationen in ihrem Naturzustand zu erhalten.

Dieser Aufwand, der so erheblich ist, dass er in der Tat eine moralische Herausforderung darstellt, entsteht aus der Notwendigkeit, dem Wildvogel die Bedingungen zu
schaffen, die ihn in der Natur hervorgebracht haben. Das setzt voraus, dass man sie
kennt, und die Art und Weise, wie sie sich am Vogel auswirken ebenso. Wissen ist hier
nicht nur eine Sachfrage, sondern mit dem moralischen Anspruch der Wildvogelhaltung
so eng verquickt, dass es für sich selbst eine moralische Dimension entwickelt.

Im Einzelnen geht es dabei um die Beherrschung genetischer Prozesse, Haltungs-
und Ernährungsfragen und vor allem – weil in der Vogelhaltertradition über lange Zeit
vernachlässigt – Verhaltensansprüche der Vögel (siehe hierzu andere Kapitel dieses
Buches).

Eine Verkürzung der Auseinandersetzung mit diesen Fragen auf Volierengrößen,
wie sie völlig undifferenziert für alle Formen von Vogelhaltung geführt wird, wird
jedenfalls dem Anspruch von Wildvogelhaltung bei weitem nicht gerecht. Wenn
Arten in menschlicher Obhut erhalten werden sollen, bedürfen sie menschlicher
Sorgfalt in ganz anderen Fragen, die absolut artspezifischer Natur sind und sich nicht
an menschlichen Gefühlen, sondern am Wissen um die natürlichen Lebensumstände
der Vögel orientieren.

„Artenschutz" im engeren Sinne des Begriffs ist durch Wildvogelhaltung nicht zu
leisten, sondern findet in den natürlichen Lebensräumen statt. Die Haltung von
Vögeln (und anderen Wildtieren) zum Zwecke der Arterhaltung ist „nur" die Sicherung einer Reserve für den Fall, dass der Schutz einer Art in ihrem Lebensraum
misslingt (Abb. 7). Der Wildvogelhalter muss wissen, dass er insoweit nur für eine
„Eventualität" arbeitet, des Lohnes einer Beteiligung an der Rettung einer Art also
alles andere als gewiss sein kann. Insofern ist die Motivation für Wildvogelhaltung
nur herzuleiten aus einer grundsätzlichen Verantwortung für Natur und Leben, die
dem Prinzip des Dienens folgt.

5   Wildvogelhaltung und Naturschutz

Über Jahrhunderte galt die Natur der Vogelhaltung lediglich als ein – zeitweise für
unerschöpflich gehaltenes – Reservoir, aus dem ein ewiger Nachschub an Vögeln
floss, der den Verlust durch Sterblichkeit und den steigenden Bedarf infolge des
Massencharakters, den Vogelhaltung annahm, zu decken hatte. Als in der zweiten
Hälfte des 20. Jahrhunderts die Auswirkungen dieser massenhaften Naturentnahmen
deutlich zu werden begannen, führte das zunächst nicht zu einer aus Einsicht
hergeleiteten Reduzierung der Entnahmen, sondern zu einer Erhöhung der Preise
und damit der Lukrativität des Vogelhandels. Weder Vogelfang und Vogelhandel
noch die Vogelhalter selber fanden die moralische Kraft, den Raub an der Natur
einzustellen oder auch nur sinnvoll einzuschränken. Es bedurfte politischer Maß-

Abb. 7 „Arterhaltung" durch Nachzucht ist zunächst lediglich die Sicherung einer Genreserve in Menschenobhut. Der stark gefährdete Kagu (*Rhynochetos jubatus*) im Weltvogelpark Walsrode, der einige Tiere zu Arterhaltungszwecken aus Neukaledonien erhalten hatte und seither gute Zuchterfolge aufweisen kann, ist ein Beispiel. (Foto: Werner Lantermann)

nahmen wie des Verbotes des Imports von Vogelwildfängen nach Europa, um diese Entwicklung zu stoppen, wenn auch nur für Europa.

Inzwischen sind andere Faktoren, vor allem der Lebensraumverlust für bestimmte Arten in fast allen Regionen der Erde hinzugekommen und haben die Schadwirkung des Vogelfangs auf die Vogelbestände noch überholt. Die Umgestaltung auch des letzten Quadratmeters Natur durch die rasant wachsende Menschheit scheint unausweichlich und damit der Verlust zahlreicher Vogelarten und anderer Lebensformen, die die Biodiversität ausmachen, die das Leben auf der Erde erhält.

Wenn die willkürliche Inbesitznahme von Lebewesen aus der Natur um des Einzellebewesens willen schon immer eine mit vielen Fragen und Zweifeln belastete Praxis war, so geht es heute um die Existenz ganzer Arten. Aus dem quantitativen Einfluss auf die Menge der Individuen droht ein qualitativer zu werden, der zum Verlust ganzer Arten und damit zu unwiderruflichen Veränderungen der Natur führt. Vor diesem Hintergrund ist die Entnahme von Vögeln aus der Natur für den Zweck der Erbauung des Menschen, für Hobbyzwecke moralisch absolut unzulässig (Abb. 8). Die Natur ist Gemeingut der Menschheit. Wer sich an ihr und ihren Teilen erfreut, hat die moralische Verpflichtung, dieses Erleben jedem Menschen zu ermöglichen, was die unbedingte Erhaltung der Natur voraussetzt.

Abb. 8 Die Entnahme von
Vögeln aus der Natur zu
„Hobbyzwecken", wie seit
Jahrzehnten praktiziert, ist mit
den Ansprüchen einer Ethik
der Vogelhaltung nicht
vereinbar. Hier ein
Vogelmarkt in Ecuador in den
1990er-Jahren. (Foto: Werner
Lantermann)

6 Ein Fazit

Wildvogelhaltung im 21. Jahrhundert kann nicht mit dem „Original", dem aus der
Natur kommenden Vogel, arbeiten. Sie verwaltet stattdessen die Nachkommenschaft
von Individuen, die der Natur vor etlichen Generationen gestohlen wurden. Ihre
moralische Rechtfertigung, ja Verpflichtung, erwächst aus der Tatsache, dass das
Überleben bedrohter Arten in Menschenobhut mittlerweile in vielen Fällen immer
noch sicherer ist, als in der Natur. In Ausnahmefällen wird möglicherweise künftig
erwogen werden, letzte Exemplare einer bedrohten Art in Menschenobhut zu nehmen, um sie so dem endgültigen Untergang zu entziehen. Ob private Wildvogelhaltung an derartigen Maßnahmen je beteiligt sein wird, kann nicht vorausgesagt
werden. Sie sollte eine solche Möglichkeit aber nicht als Traum bewahren, sondern
mit einer Vogelhaltung um des Vogels und seiner Art willen das Vertrauen der
Fachwelt und der Öffentlichkeit gewinnen, dass sie dazu nicht nur technisch,
sondern auch moralisch in der Lage ist (Günther 2017).

Literatur

Bartlett, T. (2002). *Ducks and Geese – A guide to management*. Ramsbury: Growood Press.

Günther, E. (2017). *Wenn ich ein Vöglein wär*. Minden: Media Natur.

Haag-Wackernagel, D. (1998). *Die Taube*. Basel: Schwabe & Co.

Regan, T. (1998). Wie man Rechte für Tiere begründet. In A. Krebs (Hrsg.), *Naturethik* (S. 33–46). Frankfurt: Suhrkamp.

Schmidt, H. (1999). *Hühner und Zwerghühner*. Stuttgart: Ulmer.

Singer, P. (2015). *Die Befreiung der Tiere*. Erlangen: H. Fischer.

Strunden, H. (1984). *Papageien einst und jetzt*. Walsrode: Horst Müller.

Vogelbestände in Tiergärten – Entwicklungen und Tendenzen

Johannes Pfleiderer

Inhalt

1   Einführung

Auch wenn in den meisten tiergärtnerischen Einrichtungen, abgesehen von auf bestimmte Tiergruppen spezialisierten Institutionen wie Vogelparks und Aquarien, Säugetiere die Hauptrolle spielen, nimmt seit jeher auch die Vogelhaltung in Tiergärten einen wichtigen Stellenwert ein. Bereits in den frühen Jahren der Zoos in den europäischen Metropolen wurden dort gemäß der damals üblichen systematischen Aufteilung spezialisierte Gebäude und Anlagen errichtet. So erhielt beispielsweise der 1866 eröffnete Zoo der ungarischen Hauptstadt Budapest in seinen ersten Jahren ein schmuckvolles Fasaneriegebäude, ein achteckiges Vogelhaus, eine Eulenburg und einen großen dreigeteilten Greifvogel-Flugkäfig mit künstlicher Felsrückwand (Persányi 2013). Besondere Ausprägung erfuhren die systematischen Vogelhäuser im ältesten deutschen Zoo, dem 1844 eröffneten Zoologischen Garten Berlin. Zu Beginn des 20. Jahrhunderts war der dortige Vogelbestand, der zu den artenreichsten der Welt zählt, auf mehrere Wasservogelteiche, Wasservogelflugkäfige, eine Fasa-

J. Pfleiderer (✉)
Zoo Duisburg gGmbH, Duisburg, Deutschland
E-Mail: Pfleiderer@zoo-duisburg.de

© Springer-Verlag GmbH Deutschland, ein Teil von Springer Nature 2021   65
W. Lantermann, J. Asmus (Hrsg.), *Wildvogelhaltung*,
https://doi.org/10.1007/978-3-662-59604-3_5

nerie, ein Vogelhaus für Exoten, den „Raubvogelfelsen", einen Komplex für Greifvögel und Eulen, ein Straußenhaus, ein Stelzvogelhaus, und das heute noch existierende Hühner- und Taubenhaus verteilt (Klös et al. 1994).

Neben diesen klassischen Vogelanlagen, zu denen auch Teichanlagen für Wassergeflügel und Stelzvogelwiesen gehören, entstanden in der Nachkriegszeit mit dem
technischen Fortschritt auch immer ausgereiftere spezialisierte Gebäude. Ein noch
heute bestehendes Beispiel sind die berühmten Faust-Vogelhallen im Zoo Frankfurt,
die 1961 eröffnet wurden und für ihre Zeit hochmoderne Landschaftsvolieren, die
Lebensraumausschnitte zeigten, sowie eine begehbare Freiflughalle umfassten. In
den folgenden Jahrzehnten konnten dort zahlreiche Welterstzuchten, insbesondere
von Weichfressern verzeichnet werden (siehe auch Abschn. 2) (Kleefisch 2011).
Auch klimatisierte Anlagen für subantarktische, als Leitart meist für Königspinguine
(*Aptenodytes patagonicus*), und in wenigen Fällen antarktische Pinguine entstanden
in dieser Zeit in zahlreichen größeren Tiergärten, beispielsweise 1962 im Zoo
Duisburg (Thienemann 1963).

In der zweiten Hälfte des 20. Jahrhunderts wurden mit zahlreichen Vogelparks
auch größere auf Vögel spezialisierte Einrichtungen eröffnet, wie etwa in Alphen/
Niederlande (1950), Walsrode (1962), Metelen (1972), Puerto de la Cruz/Spanien
(1972), Timmendorfer Strand (1973), Bad Rothenfelde (1975), Cambron-Casteau/
Belgien (1994) und Marlow (1994). Allerdings haben mehrere dieser Einrichtung
nicht bis in die heutige Zeit überdauert und andere ihren Schwerpunkt verlagert. So
sind in Marlow und Alphen Säugetiere, v. a. Primaten, als Publikumsmagneten
eingezogen. Der Loro Parque in Puerto de la Cruz und Pairi Daiza, der ehemalige
Vogelpark Paradisio, in Cambron-Casteau wurden zu Erlebniszoos, wo Hauptanzie-
hungspunkte längst große Säugetiere wie Schwertwale, Große Tümmler, Gorillas,
Große Pandas oder Elefanten sind.

Nicht zu vergessen sind auch zahlreiche kleinere Vogelparks, die von Vereinen
betrieben werden. Zumeist werden dort Ziergeflügel und Papageien gehalten, aber
es gibt auch spezialisierte Einrichtungen wie den Vogelpark Heppenheim, dem
einige beachtliche Zuchterfolge bei Hornvögeln gelangen (Strehlow 2001). Allerdings ist auch hier ein Abwärtstrend zu beobachten, zumeist aus Nachwuchsman-
gel, und zahlreiche derartige kleine Parks haben in den letzten Jahren bereits
geschlossen.

Besonders in Deutschland und dem Vereinigten Königreich existieren zudem
zahlreiche Falknereien und andere auf Greifvögel spezialisierte Einrichtungen.
Manche von diesen haben überwiegend Schaucharakter, aber in vielen werden
auch mit großem Erfolg Greifvögel und Eulen nachgezogen, die teilweise auch
für Auswilderungsprojekte wie für den Europäischen Seeadler (*Haliaeetus albicilla*) bereitgestellt wurden (Meyburg 1989). Der Deutschen Greifenwarte Burg
Guttenberg gelang in enger Zusammenarbeit mit dem Zoologischen Garten
Berlin sogar die Welterstzucht des Bindenseeadler (*Haliaeetus leucoryphus*)
(Lange 1990).

Während zur Zeit des Wiederaufbaus nach dem Zweiten Weltkrieg Vogelhäuser
in fast jedem größeren Zoo Standard waren, nahm deren Anteil unter den Neubauten
der letzten Jahrzehnte stark ab. Nur sehr vereinzelt entstanden größere Bauten wie in

Abb. 1 Die Anzahl der Halter der Weißnacken-Fasantaube (*Otidiphaps aruensis*) steigt dank ihrer Eignung für Gemeinschaftsvolieren und dem zunehmenden Fokus auf Vogelarten Südostasiens stetig (Foto: Johannes Pfleiderer)

Augsburg, Berlin und – wenn auch als *Regenwald*haus nicht ausschließlich auf Vögel ausgerichtet – Köln (Dieckmann et al. 2000). Mancherorts wurde das Vogelhaus ersatzlos abgerissen, um Platz für die Erweiterung bzw. Errichtung anderer Anlagen zu schaffen wie etwa im Zoo Duisburg (Frese 2002).

Ein weiteres wichtiges Standbein der Vogelbestände der meisten Tiergärten war die Wasservogelhaltung. In fast jeder Einrichtung befanden sich ein oder gar mehrere Teiche mit Ziergeflügel, so dass die Gänsevögel (Anseriformes) zu den in Tiergärten am meisten vertretenen größeren Vogelordnungen zählten. Durch das Kupierverbot sowie den Aufwand und lokal auch Einschränkungen des regelmäßigen Beschneidens großer Anzahlen von Wasservögeln, brechen deren Bestände mehr und mehr weg. Bei den meisten Arten übersteigt mittlerweile die Anzahl der beendeten Haltungen die der noch bestehenden teilweise deutlich (www.zootierliste.de).

Klassische Volierenreihen, z. B. in Form von Fasanerien oder Papageienvolieren, verschwinden ebenfalls zunehmend. An ihre Stelle treten, sofern die Flächen nicht einer anderen Nutzung zugeführt werden, oftmals Gemeinschaftsvolieren, die meist auch begehbar sind (Abb. 1). Für viele verträgliche Vogelarten oder Koloniebrüter bietet dies Chancen, darunter auch für Gänsevögel, die als Beibesatz in vielen Großvolieren für größere Arten wie Ibisse, Reiher, Störche oder Flamingos gehalten werden.

2   Erstzuchten von Vogelarten in Tiergärten

Die Haltungshistorie vieler Arten ist eng mit Tiergärten verknüpft. Teilweise gelang dort auch die erstmalige Vermehrung in Menschenobhut. In Deutschland sticht hier allen voran der Weltvogelpark Walsrode heraus. Bei einem Bestand von zeitweise etwa 240 Papageienformen (Brehm 1980) wurden bei Vertretern dieser Ordnung zahlreiche Erstzuchten erzielt, darunter die Welterstzuchten von Braunlori (*Chalcopsitta duivenbodei*) 1976, Sulalori (*Trichoglossus flavoviridis*) 1977, Goldkappensittich (*Aratinga auricapillus aurifrons*) 1983, Gelbbauchamazone (*Alipiopsitta xanthops*) 1987 und Veraguasittich (*Psittacara finschi*) 1988 (Schürer 2012;

www.zootierliste.de). Auch wenn mit Afrikanischem Löffler (*Platalea alba*) 1978, Goldhalskasuar (*Casuarius unappendiculatus aurantiacus*) 1980, Sekretär (*Sagittarius serpentarius*) 1981 u. a. (Schürer 2012) die unterschiedlichsten Vogelarten erstmalig in Walsrode gezüchtet wurden, entfällt ein großer Teil auf Weichfresser. Mit insgesamt vier Welterstzuchten – Grünmanteltrogon, früher Weißschwanztrogon (*Trogon viridis*) 1995, Rotkopftrogon (*Harpactes erythrocephalus*), Diardtrogon, früher Halsbandtrogon (*Harpactes diardii*), Javatrogon (*Apalharpactes reinwardtii*) 2002 (Schürer 2012) – nehmen die Trogone hierbei einen besonderen Stellenwert ein. Weitere Erstzuchten umfassen unter anderem Grautoko (*Lophoceros nasuatus*) 1981, Bergspint (*Merops oreobates*) 1986, Graukopfwürger (*Malaconotus blanchoti*) 1986, Javapfeifdrossel (*Myophonus glaucinus*) 2001, Diademschmätzer (*Myiomela diana*), früher Dianaschnäpper (*Cinclidium diana*) 2002, Großparadiesvogel (*Paradisaea apoda*) 2001 und Weißkopf-Hornvogel (*Horizoceros albocristatus*) 2004 (Gerstner und Patzwahl 1987; Schürer 2012, www.zootierliste.de). Im Rahmen der Importe zahlreicher madagassischer Vogelarten nach Walsrode gelangen auch hier zahlreiche Welterstzuchten, so beim Schopfibis (*Lophotibis cristata*) und Schopfseidenkuckuck (*Coua cristata*) 2000, beim Sichelschnabelvanga (*Falculea palliata*) 2002, bei der Madagaskarfruchttaube (*Alectroaenas madagascariensis*), beim Blauseidenkuckuck (*Coua caerulea*) 2005, beim Dickschnabelreiher (*Ardeola idae*) 2006 und beim Hellaugenibis (*Threskiornis bernieri*) sowie Riesenseidenkuckuck (*Coua gigas*) 2007 (Schürer 2012).

Der Zoo Frankfurt als zweitältester deutscher Zoo konnte in seiner früheren Geschichte bereits einige Welterstzuchten verzeichnen wie etwa beim Rotschnabeltoko (*Tockus erythrorhynchus*) 1926 und beim Kronenkiebitz (*Vanellus coronatus*) 1928 (www.zootierliste.de). Aber insbesondere nach Eröffnung der Faust-Vogelhallen (siehe auch Abschn. 1) konnten innerhalb weniger Jahrzehnte zahlreiche Vogelarten dort erstmalig vermehrt werden. Besonders hervorstechen hierbei die Stelzenkrähen (Picathartidae), bei denen dies bei beiden Arten – beim Gelbkopf-Felsenhüpfer, früher Weißhals-Stelzenkrähe (*Picathartes gymnocephalus*) 1966 und beim Buntkopf-Felsenhüpfer, früher Blaustirn-Stelzenkrähe (*Picathartes oreas*) 1971-gelang (Kleefisch 2011). Mit dem Tod eines 1984 geschlüpften Weibchens der letzteren Art endete 2009 auch im Zoo Frankfurt die Haltung dieser Vogelfamilie in Menschenhand (www.zootierliste.de). Ebenfalls spektakulär ist die Liste der Welterstzuchten von Bartvögeln: Tupfenbartvogel (*Capito niger*) 1965, Doppelzahn-Bartvogel (*Lybius bidentatus*) 1966, Andenbartvogel (*Eubucco bourcierii*) 1967, Tukanbartvogel (*Semnornis ramphastinus*) 1972 Schuppenbartvogel (*Pogoniulus scolopaceus*) 1985 und Weißnacken-Bartvogel (*Capito squamatus*) 1987 (Lantermann 2016; Schürer 2012). Desweiteren wurden dort 1969 Lappenstar (*Creatophora cinerea*), 1973 Krokodilwächter (*Pluvianus aegyptius*), 1974 Weißmaskenhopf (*Phoeniculus bollei*) und Meisenyuhina (*Yuhina nigrimenta*), 1975 Kappenliest (*Halcyon pileata*), 1982 Halsband-Naschvogel (*Iridophanes pulcherrimus*), früher Halsbandtangare (*Chlorophanes pulcherrimus*) und 1983 Bergblauschnäpper (*Cyornis banyumas*) erstmals in Menschenhand vermehrt (Kleefisch 2011; Schürer 2012, www.zootier liste.de).

3 Vogelbestände in europäischen Tiergärten

Aktuell (Stand: Dezember 2019) werden in europäischen Tiergärten Wildvögel in 2128 Taxa (Arten und Unterarten) gehalten. Dem gegenüber stehen 3324 Taxa, die ehemals gehalten wurden und derzeit nicht mehr in den Beständen vertreten sind (www.zootierliste.de).

Die einzigen Vogelfamilien, die mehr als nur eine Handvoll Arten zählen, und bei denen weiterhin alle Arten in europäischen Tiergärten vertreten sind, sind die Kakadus (Cacatuidae) mit 21, die Pelikane (Pelecanidae) mit acht und die Flamingos (Phoenicopteridae) mit sechs Arten (www.zootierliste.de).

Bemerkenswert bei den Pelikanen ist, dass drei Arten nach der Jahrtausendwende zunächst nur in nicht mehr lebensfähigen Restbeständen in Europa vertreten waren, die aber dank Importen wieder aufgebaut werden konnten. Der Graupelikan (*Pelecanus philippensis*) war europaweit nur noch im Tierpark Berlin vertreten, bis der tschechische Zoo Dvur Kralové 2004 neue Tiere aus dem Dehiwala Zoo auf Sri Lanka importierte und mit diesem Ausgangsbestand 2008 die europäische Erstzucht und in der Folge regelmäßige Nachzuchten erzielte (www.zootierliste.de). Auch wenn der Zoo Dvur Kralové die Haltung zwischenzeitlich aufgrund des ausschließlichen Fokus auf afrikanische Tierarten wieder aufgegeben hat, sollte die Zukunft der Art, die mittlerweile in neun europäischen Tiergärten vertreten ist, gesichert sein, da bereits drei weitere Einrichtungen Zuchterfolge verbuchen können (www.zootierliste.de). Der europäische Bestand des Nashornpelikans (*Pelecanus erythrorhynchos*) war nach der Jahrtausendwende auf zwei alte männliche Tiere im Zoologischen Garten Berlin, wo 1964 erstmalig in Europa die Nachzucht gelungen war, und in Großbritannien (anfangs Blackbrook Zoological Park, später noch kurzzeitig im Exmoor Zoological Park) zurückgegangen (www.zootierliste. de). Nach einem Import zweier Paare aus den Vereinigten Staaten in den Tierpark Berlin, gelingt dort ab 2012 regelmäßig die Nachzucht, so dass die Art mittlerweile wieder in fünf europäischen Tiergärten vertreten ist (Kaiser 2016, www.zootierliste.de). Vom Chilepelikan (*Pelecanus thagus*) lebte in Europa nur noch ein Einzeltier im Zoo Halle (www.zootierliste.de), als 2005 aufgepäppelte Fundtiere aus Chile nach Walsrode importiert wurden. 2006 gelang dort die Welterstzucht (Ruske et al. 2008). Allerdings fand diese Art nicht die Verbreitung der beiden vorher genannten und ist derzeit nur in zwei Haltungen vertreten (www.zootierliste.de).

Während die drei Großflamingoarten der Gattung *Phoenicopterus* und der Zwergflamingo (*Phoeniconaias minor*) zu den sehr häufig gehaltenen Arten gehören und – die Großflamingos regelmäßig, der Zwergflamingo in den letzten Jahren zunehmend – nachgezogen werden, überleben die beiden weiteren Arten, der Andenflamingo (*Phoenicoparrus andinus*) und der ebenfalls aus dem südamerikanischen Hochgebirge stammende Jamesflamingo (*Phoenicoparrus jamesi*) nur in winzigen Stückzahlen. Beide Arten werden nur noch in zwei europäischen Tiergärten: dem Zoologischen Garten Berlin, wo 1989 weltweit erstmals der Jamesflamingo nachgezogen wurde (Klös 1990), und dem Wildfowl und Wetland Trust in Slimbridge, dem 1969 die Welterstzucht des Andenflamingos glückte (www.zootierliste.de).

Nach der Jahrtausendwende wurden beide Arten nur noch in Berlin vermehrt (www. zootierliste.de).

Während insbesondere in den 1960cr-Jahren zahlreiche Zoos Anlagen für sub-antarktische Pinguine, insbesondere Königspinguine (*Aptenodytes patagonicus*), Eselspinguine (*Pygoscelis papua*) und Felsenpinguine (*Eudyptes chrysocome* und *E. moseleyi*) in Betrieb genommen hatten (siehe Abschn. 1), wurden besonders ab den 1990er-Jahren diese Arten vielerorts abgeschafft (www.zootierliste.de). So gab auch der Zoo Duisburg seine letzten Individuen 1993 an den Zoo Wuppertal ab (Frese 1994). Dort, aber auch beispielsweise in Berlin (Lange 2003) und Hamburg (Urbasch 2018) entstanden ab der Jahrtausendwende moderne Anlagen, so dass die Zukunft der oben genannten Arten in europäischen Tiergärten zumindest in einem kleineren Halterkreis gesichert scheint. Der Fokus der meisten Zoos in der Pinguin-haltung liegt aber klar auf dem südafrikanischen Brillenpinguin (*Spheniscus demer-sus*) und dem südamerikanischen Humboldtpinguin (*Spheniscus humboldti*). Auf-grund ihrer Herkunft sind die Anforderungen dieser Arten deutlich geringer, zudem sind beide Arten in der Wildbahn stark gefährdet bzw. gefährdet.

Alle 20 Arten der Störche (Ciconiidae) waren bis in die 1990er-Jahre in europä-ischen Tiergärten vertreten (www.zootierliste). Während Störche lange Zeit meist Beibesatz auf Stelzvogelwiesen oder teilweise auch Huftieranlagen gewesen waren, rückten sie später zunehmend in den Fokus von Zuchtbemühungen (siehe auch Abschn. 4 und 5). Bei einigen Arten waren diese nicht von Erfolg gekrönt oder es standen kaum noch ausreichend Tiere zur Verfügung, so dass Riesenstorch (*Ephip-piorhynchus asiaticus*), Jabiru (*Jabiru mycteria*), Argalamarabu (*Leptoptilos dubius*) und Waldstorch (*Mycteria americana*) aus Europa verschwanden (www.zootierliste.de). Bei anderen Arten gelang schließlich und vermehrt die Zucht, etwa beim Asiatischen Wollhalsstorch (*Ciconia episcopus*) und beim Afrikanischen Nimmersatt (*Mycteria ibis*), so dass sie bis heute in den Beständen vertreten sind. Der Silberklaffschnabel (*Anastomus oscitans*) ist trotz Zuchterfolgen in Walsrode, wo im Jahr 2000 die Welter-stzucht gelang (Schürer 2012), wieder verschwunden, ebenso der Höckerstorch (*Cico-nia stormi*), von dem zwischenzeitlich Nachzuchten aus den USA Einzug hielten (www. zootierliste.de).

In ähnlichem Maße wie die Bestände der Wasservögel gehen die von Hühner-vögeln, v. a. von Fasanen, in Tiergärten zurück. Während der „Census of Rare Animals in Captivity 1979" bei Arten wie dem Weißen Ohrfasan (*Crossoptilon crossoptilon*) oder dem Mikadofasan (*Syrmaticus mikado*) noch zahlreiche große Zoos aufführt (Olney et al. 1980), sind diese heute nur noch in wenigen größeren Einrichtungen zu finden, die noch große Fasanerien besitzen, wie der Tierpark Berlin (www.zootierliste.de). In Anbetracht der zahlreichen gefährdeten Arten dieser Ord-nung sind die Hühnervögel mit nur neun Arten auch vergleichsweise spärlich in den Erhaltungszuchtprogrammen vertreten (EAZA Executive Office 2019).

Dank regelmäßiger Importe waren auch Spinte (Meropidae) bis nach der Jahr-tausendwende in größerer Artenzahl in europäischen Tiergärten vertreten (www. zootierliste.de). Auch wenn einige Arten nachgezogen wurden, setzte seither eine Konsolidierung der Bestände ein, so dass heute nur noch Scharlachspint (*Merops nubicus*) (Abb. 2) und Europäischer Bienenfresser (*Merops apiaster*) in einer nen-

Abb. 2 Der Scharlachspint (*Merops nubicus*) ist eine von zwei Spintarten, die noch in mehr als einer Handvoll Tiergärten gehalten wird. (Foto: Johannes Pfleiderer)

nenswerten, wenn auch überschaubaren, Anzahl von Tiergärten zu bewundern sind (www.zootierliste.de).

Unter den Tukanen (Ramphastidae) wurden bis Ende der 1980er-Jahre nur etwas mehr als eine Handvoll Arten in europäischen Tiergärten vermehrt: der Bunttukan (*Ramphastos discolorus*) 1967 als Welterstzucht und 1971 in Walsrode, der Gold-arassari, früher Goldtukan (*Baillonius bailloni*) ebenfalls als Welterstzucht 1978 in Bad Rothenfelde, der Blutbürzelarassari (*Aulacorhynchus haematopygus*) 1982 im Tropical Bird Gardens Padstow/Großbritannien, der Fischertukan (*Ramphastos sulfuratus*) 1983 im Zoo Wuppertal, 1986 der Hellschnabelarassari, früher Rotsteiß-arassari (*Pteroglossus erythropygius*) in der Wilhelma Stuttgart und der Riesentukan (*Ramphastos toco*) im Zoo Wuppertal sowie 1989 der Dottertukan (*Ramphastos vitellinus*) im Zoo Chester (Büngener 1989, www.zootierliste.de). Deutlich erfolgreicher waren zu diesem Zeitpunkt bereits amerikanische Einrichtungen (Büngener 1989), bei denen auch deutlich mehr Welterstzuchten zu verzeichnen waren (www.zootierliste.de).

Für drei Tukanarten bestehen heute Zuchtbücher (EAZA Executive Office 2019) und mit Abstand am häufigsten ist mittlerweile der Riesentukan in Tiergärten vertreten (www.zootierliste.de). Doch auch mehrere Arassariarten sind nach wie vor in Tiergärten zu finden und werden dort auch nachgezogen, allen voran der Grünarassari (*Pteroglossus viridis*), bei dem viele Tiere von Privathaltern stammen, und der Schwarzkehlarassari (*Pteroglossus aracari*) (www.zootierliste.de).

Dagegen befinden sich die Bartvögel, obwohl hier in der Vergangenheit eine ganze Reihe von Arten in Tiergärten nachgezogen wurde, darunter auch eine große Anzahl von Welterstzuchten (siehe Abschn. 2), weiterhin im Rückgang. Im Jahr 2016 waren noch neun Arten in deutschen Tiergärten gehalten (Lantermann 2016), heute (Ende 2019) sind es nur noch 6 Arten. Regelmäßige Nachzucht in Tiergärten und in Privathand gelingt nur bei Flammenkopf- (*Trachyphonus erythrocephalus*) und Furchenschnabel-Bartvogel (*Lybius dubius*) (Lantermann 2016), andere Arten wie Diadembartvogel (*Tricholaema diademata*) und Rotbüschel-Bartvogel (*Psilopogon pyrolophus*) sind nur noch in Restbeständen vertreten (www.zootierliste.de) (Abb. 3).

Die neotropischen Schmuckvögel (Cotingidae) waren schon immer eine tendenziell seltener in Tiergärten gehaltene Vogelfamilie. Doch ihre Vertreter verschwinden dort zunehmend. Im vergangenen Jahrzehnt sind gleich vier Arten aus den europäischen Tiergärten verschwunden: die Nackthalskotinga (*Gymnoderus foetidus*) wurde zuletzt bis 2016 in Veldhoven/Niederlande gehalten, die Pompadourkotinga (*Xipholena punicea*) bis 2018 in Walsrode, die Nacktgesichtkotinga (*Procnias nudicollis*) bis 2014 in Wuppertal, wo 1995 auch die Welterstzucht gelungen war, und die Blutkotinga (*Phoenicircus carnifex*) bis 2013 ebenfalls in Wuppertal (www.zootierliste.de). Allerdings konnten bei Tiefland-Felsenhahn (*Rupicola rupicola*) 2015 und Kapuzinerkotinga (*Perissocephalus tricolor*) 2016 auch jeweils die europäische Erstzucht in Walsrode erzielt werden (Frei 2017). Da beide Arten auch

Abb. 3 Der Rotbüschel-Bartvogel (*Psilopogon pyrolophus*) ist eine von nur drei asiatischen Bartvogelarten, die aktuell noch in europäischen Tiergärten gehalten wird. (Foto: Johannes Pfleiderer)

regelmäßig in den USA nachgezogen werden, bleibt zu hoffen, dass sie langfristig in Europa erhalten werden können.

Mehrere andere neuweltliche Singvogelfamilien sind bereits vollständig aus europäischen Tiergärten verschwunden, so beispielsweise die Ameisenpitas (Grallariidae), die Ameisenvögel (Thamnophilidae) und Waldsänger (Parulidae) (www. zootierliste.de)

4   Der Stellenwert von Vogelarten in der Erhaltungszucht

Bereits in den Anfangsjahren der EEPs (anfangs Europäisches Erhaltungszuchtprogramm, im Zuge der neuen Bestandsmanagementstrategie des Europäischen Zooverbandes EAZA Europäisches Ex-situ-Programm) spielten Programme für Vogelarten eine Rolle, wenn auch in deutlich geringerem Umfang als für Säugetiere. So führt das 1991 erschienene EEP Yearbook 1990 zehn Vogelarten auf, für die zum damaligen Zeitpunkt, fünf Jahre nach Begründung der EEPs, Programme bestanden. Es handelte sich hierbei primär um große oder besonders begehrte Vogelarten wie Kongopfau (*Afropavo congensis*), Mandschurenkranich (*Grus japonensis*), Mönchsgeier (*Aegypius monachus*) und Hyazinthara (*Anodorhynchus hyacinthinus*) (Brouwer et al. 1991). Im Jahr 2000 bestanden bereits 68 Programme, davon 34 EEPs und 34 ESBs. Letztere sind Europäische Zuchtbücher, im Rahmen derer die Bestände erfasst und oft auch Zucht- und Transferempfehlungen ausgesprochen werden, die aber nicht so verbindlich wie die der EEPs sind. Mit Abstand die meisten Programme bestanden zu diesem Zeitpunkt für Papageien (24), gefolgt von Hornvögeln (10) sowie Greifvögeln und Tauben (jeweils 7) (Versteege et al. 2003). Mitte 2019 bestanden bereits 114 Programme, davon 48 EEPs, 65 ESBs und ein „new style EEP" (EAZA Executive Office 2019).

Auch im Jahr 2019 entfallen die meisten Programme auf die Verantwortlichkeit der EAZA-Fachgruppe (Taxon Advisory Group) für Papageien (EAZA Parrot TAG), die auch mit einem etwa doppelt so hohen Anteil gefährdeter Arten als der Durchschnitt aller Vogelarten als am meisten gefährdete Vogelordnung gelten (Olah et al. 2016). Allerdings ist die Anzahl der Programme im Vergleich zur Jahrtausendwende um etwas mehr als ein Viertel auf 17 zurückgegangen (EAZA Executive Office 2019).

Mit 15 Programmen haben die Taxa der EAZA Raptor TAG, die neben den Greifvögel (Accipitriformes) auch die Neuweltgeier (Cathartiformes) und Falken (Falconiformes) umfassen, den derzeit (2019) zweitgrößten Anteil (EAZA Executive Office 2019).

Der Bengalengeier (*Gyps bengalensis*), ehemals der häufigste Großgreifvogel der Welt, durchlief ab den 1990er-Jahren, wie mit Indien- (*Gyps indicus*) und Dünnschnabelgeier (*G. tenuirostris*) die beiden anderen Arten der Gattung auf dem Subkontinent, einen dramatischen Einbruch der Population (Prakash et al. 2003; Baral et al. 2005). Es dauerte leider einige Jahre, bis der Grund für den Rückgang, die Verwendung des Medikaments Diclofenac, das die Geier über Viehkadaver aufnahmen, herausgefunden wurde. Aufgrund der geringen Individuenzahl dieser ehemaligen Allerweltsart in Europa scheiterte der Aufbau einer Reservepopulation, die letzten Tiere aus deutschen Tiergärten wurden 2005 aus Köln (Nogge 2006) und Timmendorfer Strand nach Großbritannien abgegeben, wo 2013 das letzte Tier in Europa starb (www.zootierliste.de). Glücklicherweise scheinen sich die Bestände auf dem Indischen Subkontinent in den letzten Jahren wieder leicht zu erholen (Galligan et al. 2019).

Auf den einige Jahre später zu verzeichnenden ebenfalls dramatischen Einbruch der afrikanischen Geierpopulationen, allerdings aufgrund deutlich komplexerer Gefährdungsursachen (Ogada et al. 2011), konnte aufgrund von größeren gehaltenen Individuenzahlen besser reagiert werden. In Folge der dramatischen Verschlechterung der Lage der afrikanischen Geier, aber auch aufgrund von positiven Erfahrungen mit Auswilderungsprogrammen für Geier in Europa und Asien, wurden mit Unterstützung der Fachgruppe für Geier der Weltnaturschutzunion (IUCN Vulture Specialist Group) auch für eine Reihe afrikanischer Arten zunächst ESBs und später EEPs eingerichtet (Buij et al. 2016). Heute bestehen EEP-Programme für Weißrückengeier (*Gyps africanus*) (Abb. 4), Sperbergeier (*Gyps rueppelli*), Ohrengeier (*Torgos tracheliotus*) und Wollkopfgeier (*Trigonoceps occipitalis*) sowie für Schmutzgeier (*Neophron percnopterus*) und Bartgeier (*Gypaetus barbatus*), die wie die anderen beiden in Europa vorkommenden Arten Mönchsgeier (*Aegypius monachus*) und Gänsegeier (*Gyps fulvus*) schon länger koordiniert werden (EAZA Executive Office 2019).

Die Fachgruppe für Schreitvögel, deren Taxa sich nach aktueller Systematik auf drei Ordnungen – Ciconiiformes, Pelecaniformes und Phoenicopteriformes – vertei-

Abb. 4 In Folge der dramatischen Populationsrückgänge in Afrika wurde auch für den Weißrückengeier (*Gyps africanus*) ein EEP-Programm eingerichtet. (Foto: Johannes Pfleiderer)

len sowie die für Hornvögel zählen je 11 Programme (EAZA Executive Office 2019).

Durch das Bestehen der Programme konnten die Bestände vieler Arten deutlich vergrößert werden, so haben sich beispielsweise die europäischen Zoopopulationen von Krontauben, die auch zu den ersten Vogelarten gehören, für die Zuchtbücher eingerichtet wurden, vervielfacht. Von der Fächertaube (*Goura victoria*) waren Ende 1990 70 Tiere im Zuchtbuch registriert (Nijboer 1991). Ende 2017 belief sich der Bestand auf 155 (Sannier 2018). Noch deutlich stärker stieg der Bestand der Sclater-krontaube (*Goura sclaterii*) von 24 Ende 1990 (Nijboer 1991) auf 99 Ende 2016 (Axelsen 2017). Ebenfalls deutlich im Aufwind ist der Bestand der Weißnacken-Fasantaube (*Otidiphaps aruensis*) von den Aru-Inseln (www.zootierliste), die wie die Krontauben oftmals in Tropenhallen und großen Gemeinschaftsvolieren gepflegt wird.

Auch der Afrikanische Marabu (*Leptoptilos crumenifer*), von dem weltweit bis zur Jahrtausendwende trotz der vielfachen Haltung nur Nachzuchten aus 11 Tiergärten bekannt waren (Nogge und Pagel 2001), wird mittlerweile in einem Europäischen Zuchtbuch koordiniert (EAZA Executive Office 2019) und in immer mehr Einrichtungen erfolgreich nachgezogen (www.zootierliste.de).

Wenn man allerdings die Anzahlen der gefährdeten Vogelarten insgesamt denen gegenüberstellt, für die in der EAZA Zuchtprogramme existieren, wird klar, dass die Erhaltungszucht nur für einen kleinen Anteil eine Rolle spielen kann. Aus Kapazitätsgründen ist dies auch nicht überraschend, da für die jeweiligen Arten auch genügend Halter für einen langfristig gesunden Bestand nötig sind. Eine Art, die Socorrotaube (*Zenaida graysoni*), wird als „in der Wildbahn ausgestorben" („extinct in the wild", EW) eingestuft, 13 als „vom Aussterben bedroht" („critically endangered", CR, gegenüber 222 Arten weltweit), 19 als „stark gefährdet" („endangered", EN, gegenüber 461 weltweit) und 33 als „gefährdet" („vulnerable", VU, gegenüber 786 weltweit) (EAZA Executive Office 2019; BirdLife International 2018, www.iucnredlist.org). Weitere Programme befinden sich in Vorbereitung. Aktuell (Dezember 2019) werden insgesamt 229 Arten in den oben genannten höchsten vier Gefährdungskategorien in europäischen Tiergärten gehalten, also etwa 15 Prozent aller gefährdeten Arten (www.zootierliste.de).

5 Zusammenarbeit zwischen Zoos und privaten Haltern

Zahlreiche, insbesondere kleinere, Vogelarten wären ohne die Zusammenarbeit mit privaten Haltern überhaupt nicht in Tiergärten vertreten, da oftmals nur eine überschaubare Anzahl von Einrichtungen Interesse an diesen hat und somit Kooperationspartner in der Zoowelt fehlen. So werden etwa 33 von 73 derzeit (Dezember 2019) in europäischen Tiergärten gehaltenen Prachtfinkenformen nur in ein oder zwei Einrichtungen gepflegt (www.zootierliste.de). Von einer dieser Arten, der Fidschipapageiamadine (*Erythrura pealii*) wurden alleine von Züchtern eines Verbandes 2018 106 Jungvögel nachgezogen (www.az-vogelzucht.de/nachzuchtstatistik 2018).

Zahlreiche Arten, die in Privathand gepflegt und, teilweise in großen Zahlen, nachgezogen werden, sind jedoch auch überhaupt nicht in Tiergärten vertreten, insbesondere Tauben und Sperlingsvögel. Beispiele sind Kupfertaube (*Columba punicea*), Zwergtäubchen (*Columbina minuta*), Rotachseltaube (*Leptotila rufaxilla*), Gartenbaumläufer (*Certhia brachydactyla*), Weißscheitel-Rotschwanz (*Phoenicurus leucocephalus*), Buntkopf-Papageiamadine (*Erythrura coloria*) und Yarrellzeisig (*Spinus yarrellii*) (www.az-vogelzucht.de/nachzuchtstatistik 2018, www.zootierliste.de)

In Folge des Importstopps von Wildvögeln in die Europäische Union wurde 2007 das Europäische Fruchttaubenprojekt gegründet. Nachdem der reguläre Nachschub mit Wildfängen weggebrochen war, sollte ein besser organisierter Austausch von Wissen und Tieren helfen, die Bestände dieser farbenfrohen, aber auch vergleichsweise anspruchsvollen Tauben zu erhalten. Auch wenn dies nicht bei allen Arten gelang, konnten bei einer Reihe von Arten die Bestände stabilisiert werden und auch bei einigen, anfangs seltenen, Arten wie der Goldstirn-Fruchttaube (*Ptilinopus aurantiifrons*) und der Gelbbrust-Fruchttaube (*Ptilinopus occipitalis*) die Bestände deutlich vergrößert werden (Pfleiderer 2015). Kernelement des Projektes ist die Zusammenarbeit mit Zoos, insbesondere mit dem von Anfang an stark eingebundenen Kölner Zoo. Unter Einbindung von Tieren aus Privathand konnte gar im Rahmen eines Austauschs mit nordamerikanischen Zoos die zwischenzeitlich in Europa ausgestorbene Jambufruchttaube (*Ptilinopus jambu*) wieder in die hiesigen Bestände zurückkehren (Pfleiderer 2015).

Ebenfalls eng mit Tiergärten verzahnt ist die World Pheasant Association (WPA). In ihren Reihen wurde in den 1970er-Jahren ein Zuchtbuch für den mittlerweile möglicherweise in der Wildbahn ausgestorbenen Edwardsfasan (*Lophura edwardsi*) begründet. Dieses wurde 1994 vom Zoo Clères in Frankreich übernommen (Jacken 2013) und wird mittlerweile im Zoo Berlin geführt. Zudem wird im Zoo Prag ein EEP koordiniert (EAZA Executive Office 2019).

Beim vom Aussterben bedrohten australischen Schwalbensittich (*Lathamus discolor*) übersteigt der Bestand in europäischer Menschenobhut den in der australischen Wildbahn schon lange mehrfach (Asmus 2004). Die zunehmend bedrohliche Lage der Art im Freiland führte auch dazu, dass das Interesse der Tiergärten an der Art gestiegen ist. Auch hier gehen viele Haltungen auf Tiere aus Privathand zurück (www.zootierliste.de).

6 Globale Zusammenarbeit

Während viele Arten in den letzten Jahren und Jahrzehnten aus Europa verschwunden sind, kehrten auch einige durch die Zusammenarbeit mit internationalen Partnern in die Bestände der europäischen Tiergärten zurück.

Darunter befindet sich auch eine der bedrohtesten Vogelarten der Erde. Die Javabuschelster (*Cissa thalassina*) wurde 2012 durch eine Aufspaltung zu einer eigenen Art, und kurz nach dieser taxonomischen Veränderung wurde klar, dass die Art, der zuvor als Unterart keine große Beachtung geschenkt wurde, kurz vor dem Aussterben steht (Abb. 5). Aufgrund der dramatischen Lage wurde ein Plan zur

Abb. 5 Die Javabuschelster (*Cissa thalassina*) wurde durch die Erhaltungszucht mit den letzten noch vorgefundenen Individuen vor dem Aussterben bewahrt. (Foto: Johannes Pfleiderer)

Erhaltungszucht geschmiedet. Mit Vögeln, die auf Vogelmärkten oder bei Privathaltern gefunden wurden, wurde in Cikananga auf Java ein Bestand aufgebaut, wo 2013 der erste Jungvogel aufgezogen wurde (Owen 2018). In der Folge wuchs der Bestand stetig weiter, so dass weitere Einrichtungen einbezogen werden konnten, um das Risiko für die Population zu reduzieren. Dass dies dringend nötig war, zeigte auch ein Einbruch im Cikananga Conservation Breeding Centre 2014, bei dem 142 bedrohte – und daher im Vogelhandel besonders wertvolle – Vögel gestohlen wurden, darunter eine Buschelster (Owen 2018). Im gleichen Jahr wurden die ersten Tiere an Taman Safari Indonesia, einen Zoo in Westjava abgegeben, von wo 2015 sechs Paare über den Zoo Chester, der auch das neugegründete EEP für die Art koordiniert, nach Europa gelangten (Owen 2018). Dank guter Zuchterfolge wird die Java-Buschelster mittlerweile in fünf europäischen Tiergärten gehalten (Owen 2018).

Noch nicht völlig aus Europa verschwunden war der Fadenparadiesvogel, früher Fadenhopf (*Seleucidis melanoleucus*), als der Weltvogelpark Walsrode 2008 aus dem Bronx Zoo in New York ein über 30-jähriges Männchen dieser Paradiesvogelart erhielt (Hoppmann 2014). Obwohl es kaum noch für möglich gehalten wurde, dass dieses für Nachwuchs sorgen würde, wurden allein von 2012, als die erste Nachzucht in einem europäischen Tiergarten gelang, bis 2014 sieben Jungvögel aufgezogen (Hoppmann 2014).

Ebenfalls aus New York, wo die Art seit vielen Jahren erfolgreich gezüchtet wird, kehrte das Hammerhuhn (*Macrocephalon maleo*), ein Großfußhuhn von der indonesischen Insel Sulawesi, nach Europa zurück (www.zootierliste.de).

Auch nahezu aus Europa verschwunden waren der Milchstorch (*Mycteria cinerea*) und der Buntstorch (*Mycteria leucocephala*), bis der Zoo Zlín in Tschechien 2009 einen Grundstock beider Arten aus dem Zoo Negara in Kuala Lumpur/ Malaysia importierte. Beide Arten wurden in der Folge nachgezogen, beim Milchstorch stellte dies 2010 die europäische Erstzucht da, so dass eine Handvoll weiterer Tiergärten Nachzuchten dieser Arten übernehmen konnten (www.zootier liste.de).

7   Fazit

Der üppige Artenreichtum der Vogelbestände in Tiergärten früherer Jahre ist ver-
gangen, ebenso deren starke Fluktuation. Es werden nicht mehr regelmäßig neue
Vogelarten aus dem Handel erworben, die Bestände werden insgesamt kleiner und
statischer. Zugleich werden die Bestände aber auch stabiler und nachhaltiger. Zuchtprogramme erlangen eine immer größere Rolle, und für eine Reihe bedrohter
Vogelarten sind diese entscheidend für deren Überleben. Dennoch gelangen durch
die Kooperation mit Privathaltern und Partnern in anderen Weltregionen auch immer
wieder neue oder zwischenzeitlich verschwundene Arten zurück in die Vogelbestände europäischer Tiergärten.

Eine große Herausforderung ist und wird weiterhin die Behauptung der Vogelhaltung in einem Umfeld sein, in dem Zoos zunehmend betriebswirtschaftlich
agieren müssen. Vögel – abgesehen von wenigen Gruppen wie Pinguinen, großen
Greifvögeln und Flamingos – gelten oft als langweilig und finden dementsprechend
oftmals weniger Beachtung bei neuen Anlagen. Es bleibt zu hoffen, dass auch
zukünftige Generationen von Zoobesuchern diese artenreichste terrestrische Wirbel-
tierklasse in einer angemessenen Bandbreite kennenlernen dürfen.

Literatur

Asmus, J. (2004). Der Schwalbensittich – Lori oder Sittich? *Gefiederte Welt, 128*(2), 46–49.
Axelsen, H. (2017). Scheepmaker's crowned pigeon (*Goura scheepmakeri*)/Sclater's crowned
     pigeon (*Goura sclaterii*) *ESB Annual Report* 2016.
Baral, N., Gautam, R., & Tamang, B. (2005). Population status and breeding ecology of White-
     rumped Vulture *Gyps bengalensis* in Rampur Valley, Nepal. *Forktail, 21*, 87–91.
BirdLife International. (2018). *State of the world's birds: taking the pulse of the planet.* Cambridge,
     UK: BirdLife International.
Brehm, W. W. (1980). *Vogelpark Walsrode – Parkführer* (17. Aufl.).
Brouwer, K., Smits, S., & de Boer, L. E. M. (Hrsg.). (1991). *EEP Yearbook* 1990 with summaries of
     contributions and discussions of the 8th EEP Conference, Budapest 12–15 May 1991. Amster-
     dam: EEP Executive Office.
Buji, R., Habben, M., & Lammers, J. (2016). African vultures in crisis. *EAZA Zooquaria, 94*, 20–22.
Büngener, W. (1989). Tukane und Arassaris. *Gefiederte Welt, 113*(3), 73–76.
Dieckmann, R., Pagel, T., & Wolters, J. (2000) Der REGENWALD – ein neuartiges Tropenhaus im
     Kölner Zoo. *Zeitschrift des Kölner Zoo, 2*, 5–73.
EAZA Executive Office. (2019). *EAZA Ex-situ Programme overview.* Amsterdam: EAZA Execu-
     tive Office.
Frei, A. (2017). Schmuckvögel im Weltvogelpark Walsrode. *Gefiederte Welt, 141*(6), 8–13.
Frese, R. (1994). *Chronik 1993.* Jahresbericht 1993 der Zoo Duisburg Aktiengesellschaft. Duisburg.
Frese, R. (2002*). Zoo Duisburg,* gemeinnützige Aktiengesellschaft. Geschäftsbericht 2001.
Galligan, T. H., Bhusal, K. P., Paudel, K., Chapagain, D., Joshi, A. B., Chaudhary, I. P., Chaudhary,
     A., Baral, H. S., Cuthbert, R. J., & Green, R. E. (2019). Partial recovery of critically endangered
     Gyps vulture populations in Nepal. *Bird Conservation International*, 1–16.
Gerstner, R., & Patzwahl, S. (1987). Erstzucht des Schwarzbrustspintes (*Melittophagus oreobates*,
     Sharpe 1892). *Gefiederte Welt, 111*(3), 62–63.
Hoppmann, A. (2014). Zucht des Fadenparadieshopfes im Weltvogelpark Walsrode. *Gefiederte
     Welt, 138*(6), 8–12.

Jacken, H. (2013). Edwardsfasanen – gibt es sie noch in der Natur? *Gefiederte Welt, 137*(2), 26–27.

Kaiser, M. (2016). Die Vogelabteilung des Tierparks Berlin – Anmerkungen zu besonderen Ereignissen im Jubiläumsjahr 2015. *Gefiederte Welt, 140*(6), 19–23.

Kleefisch, T. (2011). 50 Jahre Faust-Vogelhallen im Zoo Frankfurt/Main. *Gefiederte Welt, 135*(11), 20–23 und 12, 22–25.

Klös, H.-G. (1990). *Jahresbericht des Zoo Berlin für das Jahr 1989* (S. 131–226). Berlin: Bongo.

Klös, H.-G., Frädrich, H., & Klös, U. (1994). *Die Arche Noah an der Spree. 150 Jahre Zoologischer Garten Berlin*. Eine tiergärtnerische Kulturgeschichte von 1844 bis 1994. Berlin: FAB.

Lange, H. (1990). *Der mühsame Weg der Bandseeadler (Haliaeetus leucoryphus) von der Unverträglichkeit bis zur erfolgreichen Zucht* (Bd. 16, S. 55–70). Berlin: Bongo.

Lange, J. (2003). *Jahresbericht des Zoo Berlin für das Jahr 2002* (S. 105–186). Berlin: Bongo.

Lantermann, W. (2016). Die Haltung von Bartvögeln (Capitonidae, Piciformes) in deutschen Zoos und in Privathand – ein unbewältigtes Problem. *Der Zoologische Garten, 85*, 197–209.

Meyburg, B.-U. (1989). Weltweite Schutzstragien für bedrohte Greifvögel. *Laufener Seminarbeiträge* 1 (S. 67–104). Laufen/Salzach: Akademie für Naturschutz und Landschaftspflege.

Nijboer, G. (1991). Crowned pigeon (*Goura cristata, G. scheepmakeri* and *G. victoria*) EEP Annual Report 1990. In K. Brouwer, S. Smits & L. E. M. de Boer (Hrsg.), *EEP Yearbook 1990 with summaries of contributions and discussions of the 8th EEP Conference, Budapest 12–15 May 1991*. Amsterdam: EEP Executive Office.

Nogge, G., & Pagel, T. (2001). Marabus im Zoologischen Garten Köln. *Zeitschrift des Kölner Zoo, 2*, 55–62.

Nogge, G. (2006). Jahresbericht der Aktiengesellschaft Zoologischer Garten Köln. *Zeitschrift des Kölner Zoo, 1*, 3–32.

Ogada, D. L., Keesing, F., & Virani, M. Z. (2011). Dropping dead: causes and consequences of vulture population declines worldwide. The Year in Ecology and Conservation Biology. *Annals of the New York Academy of Sciences, 40*, 1–15.

Olah, G., Butchart, S. H. M., Symes, A., Guzmán, I. M., Cunningham, R., Brightsmith, D. J., & Heinsohn, R. (2016). Ecological and socio-economic factors affecting extinction risk in parrots. *Biodiversity and Conservation, 25*, 205–223.

Olney, P. J. S., Biegler, R., & Ellis, P. (1980). Census of rare animals in captivity 1979. In *International Zoo Yearbook* (Bd. 20, S. 449–484). Zoological Society of London: London.

Owen, A. (2018). Songbird on the Brink. How the Threatened Asian Songbird Alliance has brought the Javan Green Magpie back from the brink of extinction. *EAZA Zooquaria, 102*, 10–11.

Persányi, M. (2013). *The Heritage of Budapest Zoo*. Budapest: Budapest Zoo and Botanical Garden.

Pfleiderer, J. (2015). Das Fruchttaubenprojekt – eine Bilanz nach acht Jahren des Bestehens. *Gefiederte Welt, 139*(11), 16–19.

Prakash, V., Pain, D. J., Cunningham, A. A., Donald, P. F., Prakash, N., Verma, A., Gargi, R., Sivakumar, S., & Rahmani, A. R. (2003). Catastrophic collapse of Indian white-backed *Gyps bengalensis* and long-billed *Gyps indicus* vulture populations. *Biological Conservation, 109*, 381–390.

Ruske, K., Marcordes, B., & Jensen, S. B. (2008). Aufzucht von Chilemeerespelikanen (*Pelecanus occidentalis thagus*) im Vogelpark Walsrode mit Vergleichen zu anderen publizierten Erfahrungen mit Pelikanen. *Der Zoologische Garten, 77*(3), 157–171.

Sannier, M. (2018). Victoria Crowned Pigeon (*Goura victoria*). *ESB Annual Report* 2017.

Schürer, U. (2012). *Erstzuchten in Zoologischen Gärten des Verbands Deutscher Zoodirektoreseit 1975* (Bd. 43, S. 39–78). Berlin: Bongo.

Strehlow, H. (2001). Hornbills in Zoos – a Review. *International Zoo News, 48*(2), 78–102.

Thienemann, H.-G. (1963). Tierpark-Chronik für das Jahr 1962. Duisburger Tierpark Aktiengesellschaft: Duisburg.

Urbasch, I. (2018). Nachzuchterfolg in Hagenbecks Eismeer. *Gefiederte Welt, 142*(3), 7.

Versteege, L., Garn, B., Hiddinga, B., & Brouwer, K. (Hrsg.). (2003). *EAZA Yearbook 2000*. Amsterdam.

www.zootierliste.de. *Zootierliste* – Informationen über die aktuellen und ehemaligen Tierbestände europäischer Zoos und sonstiger öffentlicher Tierhaltungen.

Erhaltungszuchtprogramme und moderner Artenschutz

Entwicklung der Ex-Situ Programme zur Erhaltung hochbedrohter Tierarten und moderne Wege mit In-Situ Projekten

Clemens Becker

Inhalt

1 Geschichtliche Entwicklung der Zoologischen Gärten

Zu allen Zeiten und in allen Kulturen wurden Wildtiere in Menschenhand gehalten. Immer spielte also das Verhältnis „Mensch-Tier" für die Menschheitsgeschichte und für die Kulturgeschichte eine entscheidende Rolle. Diese enge Beziehung zum Tier führte einerseits über zahme Wildtiere zu den verschiedenen Formen der Haustiere (Domestikation), andererseits zur Entstehung von Zoologischen Gärten (Tiergärten) und zur heutigen Haltung exotischer Tiere in Privathand.

Die Haltung von wilden Tieren ist uns in allen Hochkulturen der Welt bekannt. In Europa finden sich erste Anfänge im Mittelalter; Wildtiere wurden in Burgen, Klöstern und in Stadtanlagen gehalten. Aber erst in der Renaissance und besonders im Barock wurden Tiergärten zu regelrechten Modeerscheinungen, die allerdings ausschließlich Kaisern, Königen und Fürsten als Statussymbole vorbehalten waren.

C. Becker (✉)
Zoo Karlsruhe, Karlsruhe, Deutschland
E-Mail: clemens.becker@zoo.karlsruhe.de

© Springer-Verlag GmbH Deutschland, ein Teil von Springer Nature 2021
W. Lantermann, J. Asmus (Hrsg.), *Wildvogelhaltung*,
https://doi.org/10.1007/978-3-662-59604-3_6

Exotische Tiere wurden in Anlagen gehalten, die als Menagerien zu bezeichnen sind. Das „gemeine Volk" konnte wilde Tiere nur in Wandermenagerien bestaunen.

Erst die französische Revolution führte hier zu einem Wandel. Tierhaltungen wurden ab dieser Zeit als Privilegien des Adels abgeschafft und einem breiten Publikum zugänglich gemacht. Das Engagement und Interesse vieler Tierliebhaber aus dem Bürgertum führten somit zur Gründung vieler Zoologischer Gärten und auch Zoologischer Gesellschaften in Mitteleuropa. Es entstanden die bekannten Einrichtungen „Tierpark Schönbrunn" in Wien, „Jardin des Plantes" in Paris, „Regent's Park" in London (1828), Antwerpen (1843) oder Rotterdam (1857). In Deutschland folgten die Zoogründungen in Berlin (1844), Frankfurt (1958), Köln (1860), Dresden (1961) und schließlich Hannover und Karlsruhe im Jahre 1865. So wurden bis zum Ende des 19. Jahrhunderts vor allen Dingen in Europa nahezu 80 heute noch existierende Zoos gegründet.

Diese Zoologischen Gärten waren – begründet durch vielfältige Privatinitiativen – nun auch weiten Kreisen der „normalen" Bevölkerung zugänglich; die Naturwissenschaften nahmen durch Forschungen in allen Teilen der Welt und Beobachtungen dieser Tiere im Freiland und in Zoos einen großen Aufschwung. Es war die Epoche der großen Forscher wie Lamarck und Humboldt, Darwin und Brehm. Die zuvor in Verliesen und Gräben untergebrachten Wildtiere wurden nun auch in zeitgerechten und oft prunkvollen Bauten präsentiert – ein Wandel in der Tierhaltung. Zu Anfang des 20. Jahrhunderts revolutionierte Carl Hagenbeck mit der Eröffnung seines Tierparks in Hamburg/Stellingen die gesamte bisher praktizierte Zoohaltung. Er zeigte seine Tiere „in größtmöglicher Freiheit" in weitläufigen, naturnah gestalteten Panoramagehegen in Tiergruppen und ohne den bislang überwiegenden Gittereindruck – ein Vorläufer moderner Freigehege. Nach dem 2. Weltkrieg kam es mit dem Wiederaufbau vieler Zoos und mit Einzug moderner Veterinärmedizin in Zoos zu einem „optischen Rückschritt", den man mit „Kachelzoo" bezeichnen muss. Um Tiergehege besser reinigen und desinfizieren zu können, hielten Elemente wie Stahl-Klettergerüste, Panzerglasscheiben, gekachelte Wände und asphaltierte Fußböden Einzug. Erst ab den 1970er-Jahren wurden solche sterilen Gestaltungselemente nach und nach durch natürliche Materialien ersetzt. Mit dieser modernen „Bauweise" für Tiere, die bis heute nichts an Gültigkeit verloren hat, sollen dem Zoobesucher in Freigehegen neben dem bloßen Anschauen und Bestaunen von Tieren die nachempfundenen natürlichen Lebensräume gezeigt und auch natürliche Verhaltensweisen deutlich gemacht werden.

2   Aufgaben Zoologischer Gärten

Im Laufe der Geschichte Zoologischer Gärten haben sich parallel zum Wandel im äußeren Erscheinungsbild auch die Aufgaben und Zielsetzungen geändert- dies besonders in den vergangenen 40 Jahren (Hediger 1977, 1987; Ruempler 1987a).

Die ursprünglich erste und vornehmste Aufgabe – heute fast ans Schlusslicht in der Wertigkeit der Aufgaben tretend – bestand darin, einem breiten Publikum, besonders Großstadtbewohnern, als Erholungsraum zu dienen. Entspannung und

Freude an der lebendigen Umwelt wurden umso wichtiger, je mehr diese Umwelt durch Asphalt, Beton und Technik erstickt wurde. Besonders Kinder verlieren den direkten Kontakt zur Natur, die wir Zug um Zug vernichten (Sümpfe, Auenlandschaften, Heiden, Berg- und Regenwälder, Savannen und Gletscher) und damit die Vielfalt der Tier- und Pflanzenarten gezielt vermindern. Umso dringlicher werden Zoos als „letzte Oasen", als noch einzig möglicher Kontakt zur Natur. Noch niemals zuvor wurden sie von so vielen Menschen besucht. Wenn man die Besucherzahlen anderer kultureller Einrichtungen mit denen der Zoos vergleicht, sieht man, dass die Zoos die bei weitem höchsten Besucherzahlen aufweisen. Im Jahre 2018 hatten die 71 Zoos des deutschsprachigen „Verband der Zoologischen Gärten e.V." – mit jährlichen Wachstumsraten – zusammen 43,6 Millionen Besucher. Allein der Karlsruher Zoo wird jährlich von weit über 1 Million Menschen aus allen Bevölkerungsschichten besucht (VdZ 2017, 2019, 2020) (Abb. 1).

Eine zweite wichtige Aufgabe ist die wissenschaftliche Forschung. Der Tierbestand eines jeden Zoos stellt buchstäblich ein weitreichendes Feld für wissenschaftliche Untersuchungen im Sinne des Naturschutzes dar, die heute häufig die Basis zur Erhaltung von bedrohten Arten in ihren natürlichen Lebensräumen darstellt. Zoos sind ein Forum, auf dem sich Wissenschaftler und Besucher austauschen können. Von einer großen Zahl von Tierarten sind Einzelheiten ihrer Lebensweisen noch unbekannt und nur sehr schwer im Freiland (In-Situ) zu studieren. Gerade aber dieses Wissen ist wichtig, um bedrohten Tieren in ihrer Heimat den nötigen Schutz zukommen zu lassen. Die Zeit drängt, da die Ausrottung vieler Arten unmittelbar bevorsteht und die sogenannten „Roten Listen" immer länger werden. Gerade diese Ex-Situ-Forschungen in Zoos und Wildparks bringen neue Ergebnisse, die den Freiland-Populationen von Nutzen sind. Es ist deshalb unerhört wichtig, aus allen tiergartenbiologischen Bereichen Daten zu sammeln (Ethologie, Zoologie und Ökologie, Physiologie und Genetik, Tiermedizin und Pathologie, etc.), sich aktiv an wissenschaftlichen Projekten und an der Grundlagenforschung zu beteiligen. Eine enge Zusammenarbeit und Vernetzung mit Instituten und Universitäten, eine Förderung von Studien wie Bachelor-, Master- und Promotionsarbeiten ist unerlässlich (de Boer 1989; Becker 1991; WAZA 2020).

Abb. 1 Logo des VdZ, der seit 2014 „Verband der Zoologischen Gärten e.V." heißt und derzeit etwa 70 Mitglieder hat

VdZ
Verband der Zoologischen Gärten e.V.

Tiere im Zoo sind die Botschafter der bedrohten Tierwelt, stehen als Patentiere für ihre natürlichen Lebensräume, die mehr und mehr verschwinden. Sie werben somit unmittelbar für den Arten- und Naturschutz. Nur was der Mensch aus eigener Anschauung kennt, ist er auch bereit zu fördern und zu verteidigen. Da Tiere aber nicht über menschliche Kommunikationsmittel (Sprache) verfügen, brauchen sie ein anderes Sprachrohr. Es ist deshalb das Ziel der Zoos als dritte Hauptaufgabe, der ein gesetzlicher Bildungsauftrag zugrunde liegt, ein optimales Maß an Information zu vermitteln und dadurch Umwelterziehung direkt in den Zoos zu betreiben, Tieren ein Gehör zu verschaffen. Sie müssen das öffentliche Bewusstsein zur Erhaltung biologischer Vielfalt, der Biodiversität, fördern. Heute vermittelt moderne Zoopädagogik in Form von Zooschulen mit ausgebildeten Fachkräften fast überall diese „Naturbotschaft", bietet Kindern, Jugendlichen und Erwachsenen Informationen über Tiere, über ihre Lebens- und Verhaltensweisen, ihre Herkunft und ihre Gefährdung in der freien Wildbahn bis hin zu großflächigen Zerstörungen großflächiger Lebensräume mit Millionen von Tieren, Pflanzen und Pilzen. Sie schafft die Grundlagen für ein breites Naturverständnis, zeigt biologische Zusammenhänge auf und richtet sich neben der besonderen Zielgruppe „Kinder und Jugendliche" an alle Zoobesucher. Der heutige Zoobesucher ist durch seine besseren Vorkenntnisse kritischer und anspruchsvoller gegenüber der Institution „Zoo" geworden. Zoos unterliegen deshalb immer einem Strukturwandel und müssen sich fragen, ob sie diesen Ansprüchen wirklich gerecht werden. Im Jahre 2018 nahmen über 1,2 Millionen Menschen aus allen Gesellschafts- und Altersschichten an mehr als 171.000 speziellen und zielgruppenspezifischen Bildungsprogrammen in den VdZ-Zoos teil (Hediger 1987; Ruempler 1987b).

Ein vierter großer Bereich, eine Hauptaufgabe, die den Zoos erst in den 1970er- und 1980er-Jahren zwangsläufig zugefallen ist, ist der Natur- und Artenschutz, neben der Umwelterziehung die wichtigste Aufgabe. Diesem Thema wird im nächsten Kapitel besondere Aufmerksamkeit gewidmet. Die vergangenen 50 Jahre sind geprägt vom explosionsartigen Wachstum der Weltbevölkerung und vom fast nicht mehr zu steuernden Auswuchern technischer Prozesse und Entwicklungen bis hin zur „Digitalen Revolution" und deren globaler Auswirkungen. Damit ist – besonders in den letzten drei Dekaden – eine Natur- und Umweltzerstörung in allen Teilen der Welt in nicht abschätzbarem Umfang direkt verbunden. Die Weltbevölkerung – zur Zeit mehr als 7,8 Milliarden – vermehrt sich weiter ungebremst und wird zur Mitte des 21. Jahrhunderts auf ca. 10 Milliarden prognostiziert. In gleichem Maße geht die Biodiversität (Vielfalt der Pflanzen- und Tierarten, Vielfalt der Lebensräume, genetische Vielfalt) drastisch zurück. In jedem Jahr gibt es 82 Millionen Individuen der Art „Mensch" mehr auf dieser Erde. Gleichzeitig ist bei Tieren und Pflanzen kein Ende der Abwärtsspirale in Sicht. In der aktuellen Roten Liste, ein Indikator für den Zustand der Biodiversität, hat die Weltnaturschutzunion IUCN am 10. Dezember 2019 insgesamt 30.178 Tier- und Pflanzenarten als bedroht aufgeführt – mehr als je zuvor. Viele weitere Arten, vielleicht Millionen, werden ausgerottet, ohne dass sie überhaupt entdeckt worden wären. Verdeutlicht man sich diese Situation, hat die Aufgabe Zoologischer Gärten, durch planvolle Zucht verschwindender Tierarten zu deren Erhaltung beizutragen, eine völlig neue Dimension (Nogge 1987; Schmidt 1989; IUCN 2017, 2018).

3 Arterhaltung und Auswilderung

Der dramatische Rückgang ungezählter Arten bürdet Zoologischen Gärten und Privathaltern von Wildtieren ein hohes Maß an Verantwortung auf. Neben der richten Pflege ihrer Tierbestände sind sie gewissermaßen dazu verpflichtet, durch Zucht zum Erhalt dieser bedrohten Tierarten beizutragen. Diese Aufgabe der Arterhaltung haben sich Zoos nicht selbst gesucht, um in einer Phase deutlicher Zookritik, die in den 1980er-Jahren massiv einsetzte, ihre Existenz zu begründen. Diese Aufgabe ist ihnen automatisch durch ihre jahrzehntelange Erfahrung in Pflege und Zucht von Wildtieren zugesprochen worden. Es bezweifelt auch niemand, dass gerade Zoos für diese Aufgabe die kompetenten Fachinstitute sind. Ebenso wenig gibt es Zweifel darüber, dass „Arterhaltung", wie sie in den vergangenen Jahrzehnten vor 1980 praktiziert wurde, mit den darauf folgenden modernen Erkenntnissen und daraus abgeleiteten praktischen Vorgehensweisen (Erhaltungszuchtprogramme) nichts mehr zu tun hat.

Das Wort „Arterhaltung" wurde erst geprägt, nachdem vom Menschen das Verschwinden von Tieren und Pflanzen bemerkt worden war, die ihm nicht unmittelbar nützten. Voraussetzung hierfür waren die Ergebnisse der um 1970 und 1980 beginnenden modernen Ökologie, die biologische Kreisläufe und Gesetzmäßigkeiten in Naturabläufen erarbeitete und aufzeigte. Auch in Zoologischen Gärten spielte der Artenschutz bis zur Mitte des 20. Jahrhunderts eine unwichtige Rolle, da man den Nachschub für verstorbene Zootiere noch einer „mehr oder weniger intakten Natur oder freien Wildbahn" entnehmen konnte. Bemühungen um erfolgreiche Nachzuchten waren weitgehend unbekannt und noch nicht nötig. Unbemerkt starben so eine ganze Reihe von Wildtieren aus unterschiedlichsten Gründen aus (1883 das Quagga, 1865 der Kaplöwe, ca. 1870 der Kuba-Ara, 1875 die Labradorente, 1907 die Nordamerikanische Wandertaube, 1914 der Carolinasittich, 1922 der Berberlöwe, etc.).

Hinreichend bekannt sind aber einige typische Beispiele dieses „alten", aber sehr erfolgreichen Artenschutzes:

Das letzte frei lebende Exemplar des **Wisents** (*Bos bonasus*) – europäisches Gegenstück zum amerikanischen „Indianerbüffel" oder Bison – wurde 1921 erlegt. Nach einem Aufruf des Zoologen Dr. K. Priemel zur Gründung der „Internationalen Gesellschaft zur Erhaltung des Wisents" begann in Zoologischen Gärten eine planmäßige Zuchtarbeit mit den letzten 56 Zooexemplaren. Diese haben sich bis heute auf über 3000 Tiere vermehrt. Rund 60 Prozent des Weltbestandes lebten im Jahre 2004 in frei lebenden Populationen, die durch Auswildern z. B. im Kaukasus, in der Slowakei und in Rumänien, aber auch in Deutschland entstanden sind (Abb. 2).

Der **Davidshirsch** (*Elaphurus davidianus*) oder Milu (1865 entdeckt von Pater Armand David in einem Wildpark bei Peking) wurde in seinem chinesischen Verbreitungsgebiet durch Katastrophen und politische Wirren ausgerottet. Um die

Abb. 2 Das weltweit älteste Erhaltungszuchtprogramm gilt seit 1923 dem Wisent (*Bos bonasus*) – hier die Karlsruher Herde, aus deren Nachzucht immer wieder Tiere zur Auswilderung bereitgestellt werden. (Foto: Timo Deible)

Jahrhundertwende zog der Herzog von Bedford in seinem englischen Wildpark die letzten 18 Tiere aus verschiedenen Zoos zusammen, die er bis 1914 auf eine Gruppe von 90 Tieren vermehren konnte. 1946 war der Bestand bereits auf 300 Hirsche angewachsen, heute beträgt er ca. 1300 Tiere, von denen rund 1000 wieder in China leben.

Von den ursprünglichen Wildpferden hat bis heute nur das Mongolische Wild-pferd oder **Przewalskipferd** (*Equus przewalski*) überlebt. Erst in den 1960er-Jahren starben auch in der inneren Mongolei die letzten Tiere aus. Hagenbeck gelang es Anfang des Jahrhunderts, in zwei Transporten letzte Wildpferde zu importieren, welche die Zuchtgrundlage bildeten. Bei der Begründung des Zuchtbuches durch Erna Mohr 1958 lebten nur noch 56 eng miteinander verwandte Pferde, die aus-schließlich im Prager Zoo und im Tierpark Hellabrunn Fohlen zur Welt brachten. Heute ist ihre Zahl auf ca. 2000 angewachsen. Mehrere Initiativen haben dazu geführt, dass Przewalski-Pferde wieder erfolgreich in der freien Wildbahn überleben können (China und Mongolei). In Deutschland leben seit 2008 im von der Heinz Sielmann Stiftung unterhaltenen 5000 Hektar großen Naturpark „Döberitzer Heide" (Brandenburg) Przewalskipferde zusammen mit Wisenten und Rothirschen. Das internationale Zuchtbuch wird im Prager Zoo, das Erhaltungszuchtprogramm (EEP) im Zoo Köln geführt.

Immer wird auch die **Hawaiigans** (*Branta sandvicensis*), auch Néné genannt, als weiteres wichtiges Beispiel für eine erfolgreiche Arterhaltung angeführt. 1951 wurde sie durch den Einfluss von verwilderten Hausschweinen und Haushunden ausgerottet. Der englische Vogelkenner Sir Peter Scott begann deshalb in seinem Wasservogelpark in Slimbridge mit nur drei Gänsen eine gezielte Zucht. In nur acht Jahren vermehrten sich diese auf 99 Tiere. Bis heute ist ihre Zahl in vielen Zoologischen Gärten auf weit über 10.000 angewachsen. Von ihnen konnten nach dem Verschwinden der Haustiere aus den Vulkanhängen von Hawaii 2000 Gänse in ihrer Ursprungsheimat wieder ausgebürgert werden, deren Bestand durch Habitatsverlust 1990 aber auf ca. 350 zurückgegangen war. Die IUCN nennt 1999 einen Freilandbestand von knapp 1000 Tieren, 2012 waren es bereits 2500 Tiere – Tendenz steigend (vgl. den Beitrag von Jörg Asmus, in diesem Band).

Heute pflanzen sich bedrohte Tierarten in menschlicher Obhut, in Zoologischen Gärten und in Privathänden, fort, die jahrzehntelang als „nicht züchtbar" galten. Man denke nur an die Zooerfolge z. B. bei Löwenäffchen und Menschenaffen, Kleideraffen und Pandas, bei Arabischer Oryx und Säbelantilopen (*Oryx dammah*) (Abb. 3). Zuchterfolge sind aber – wie schon erwähnt – nicht auf den ausschließlichen Erfolg der Zoos zurückzuführen. In vielen Fällen haben Privatzüchter, die sich Tag und Nacht um ihre spezielle Art kümmern können, größere Erfolge als Zoos, was besonders in der Papageienhaltung deutlich wird. An erster Stelle ist hier der Spix-Ara zu nennen. Der in Vietnam ausgestorbene Edwardsfasan (*Lophura edwardsi*) (Abb. 4) konnte aufgrund einer Initiative der World Pheasant Association (WPA) in

Abb. 3 Seit 1980 hält der Karlsruher Zoo Säbelantilopen (*Oryx dammah*). Bereits 1990 konnten die ersten 10 Tiere in Marokko wieder ausgewildert werden. (Foto: Timo Deible)

Abb. 4 Für den
Edwardsfasan (*Lophura
edwardsi*) gründete die World
Pheasant Association in den
1970er-Jahren ein Zuchtbuch,
heute wird es als EEP vom
Berliner Zoo geführt. (Foto:
Werner Lantermann)

Menschenobhut erhalten werden. Er wird durch konzertierte Bemühungen in naher
Zukunft wieder in Zentral-Vietnam ausgewildert werden können (Lantermann 2014,
2017; Schäfer 2018; Wagner 2018; Ziegler und Rauhaus 2019).

Leider aber ist mit diesen vielen Einzelerfolgen in der Vergangenheit, d. h. mit
einer ungezielten Vermehrung sowohl von Zoos als auch Privathaltern noch nicht
das Überleben einer Tierart zu gewährleisten. Zum Aufbau einer Tierpopulation in
Menschenhand, die über viele Generationen bestehen und die langfristig sich selbst
erhalten und vital bleiben soll, muss Kooperation und Koordination hinzutreten
(Jones 1986; Nogge 1987).

4   Europäische und globale Zusammenarbeit, Datenaustausch, Zuchtbücher und Erhaltungszuchtprogramme

In den 70er-Jahren wurde im Zoo Minnesota (USA) eine erste computergestützte
Datenbank für Zootiere entwickelt, die sehr schnell zu einer weltweiten Zentrale für
Zootiere und deren Daten mit dem Namen ISIS (International Species Information
System) ausgebaut wurde. Ab 1985 begannen auch die ersten europäischen Zoos mit
diesem System und wurden Mitglieder in ISIS. Mehr und mehr gingen die Zoos dazu
über, ihre eigenen handschriftlichen individuellen Zookarteien mittels elektronischer
Datenverarbeitung zu führen und sämtliche Tierdaten mit der Software ARKS
(Animal Record Keeping System) zu bearbeiten. So wurden große Teile dieses
Tierbestandes eines Zoos monatlich zunächst per Diskette an den Zentralcomputer
ISIS gemeldet. Erstmalig wurden Daten in großem Ausmaß geteilt bzw. untereinander ausgetauscht, wodurch Kooperation auf weltweiter Basis möglich gemacht
wurde. Nun konnte man die Tierbestände anderer Zoos auf der ganzen Welt einse-

hen. Später wurde die Datenübertragung weiter modernisiert und vereinfacht, d. h. nach Einloggen in das System ISIS mit persönlichen Passwörtern ermöglicht.

Eine logische Weiterentwicklung erfolgte vor wenigen Jahren durch eine Überführung von ISIS in „Global Information Serving Conservation" mit der Institution „Species360" im Internet und der gemeinsamen Daten-Software ZIMS (Zoological Information Management System) – mittlerweile ein Netzwerk

- für die internationale Zusammenarbeit aller Tier-Kollektionen
- zum Austausch und zur Analyse der Kenntnisse im Wildtierbereich
- zur ständigen Weiterentwicklung auf dem Sektor Tierpflege und Tiermedizin
- zum Aufbau von Basiswissen im weltweiten Artenschutz

Heute (Stand 2020 und nach 44 Jahren Datensammlung) hat Species360 über 1200 Teilnehmer aus Zoos, Aquarien, Universitäten, Forschungsinstituten und Regierungs-Vertretungen in 99 Ländern aller sechs Kontinente. Die Datensammlung umfasst 22.000 Tierarten mit 10 Millionen Tier-Individuen (historisch und lebend), und über diese 82 Millionen medizinische und 220 Millionen allgemeine Einzeldaten (GISC 2020).

Erste Hilfsmittel und Zeichen für eine Zoo-Kooperation waren und sind internationale Zuchtbücher. Diese Ära begann 1923 mit dem ersten Zuchtbuch für Wisente. Heute – rund 100 Jahre später – existieren neben einer Vielzahl von regionalen und nationalen Zuchtbüchern 130 Internationale Zuchtbücher unter dem Dach des Welt-Zooverbandes WAZA (World Association of Zoos and Aquariums). Die Entwicklung in der Vergangenheit, die mit hand- und mit Schreibmaschinen geschriebenen Zuchtbüchern ihren Anfang nahm, zeigte aber sehr schnell, dass ein simpler Datenaustausch und Miteinander-Kooperieren zur Entwicklung sich selbst erhaltender Tierpopulationen ungenügend ist. Zuchterfolge müssen vielmehr das Ergebnis geplanter, wissenschaftlich fundierter Zuchtprogramme sein, die auf den Erkenntnissen der Populationsgenetik und der Demografie von Populationen basieren. So wurde die Zusammenarbeit auf nationaler, europäischer und internationaler Ebene weiter intensiviert. Zur reinen Kooperation musste die strenge Koordination aller Einzelbemühungen treten (Schmidt 1986; Jones 1986; Lücker 1991; Becker 1991).

Ein Beispiel aus der weiter zurückliegenden Zoo-Zuchtarbeit der frühen 1990er-Jahre soll dies verdeutlichen: Damals betrug der Bestand des Amur- (Sibirischen) Tigers (*Panthera tigris altaica*) in der Natur nur noch knapp 200 Tiere. Intensive Bemühungen seitens der Zoos zur Erhaltung dieser Art setzten ein, unterstützt durch das Internationale Tiger-Zuchtbuch, das seit 1972 im Zoo Leipzig geführt wird. Heute verzeichnet dieses Zuchtbuch bei dieser ohne Probleme züchtenden Unterart bereits über 5000 Tiger. Die ursprünglich sehr teuren Tiere – durch unkoordinierte Zucht nun auf ca. 2000 Individuen angewachsen – waren damals selbst als Geschenk von Zoo zu Zoo nicht mehr „absetzbar" – die Zoos waren voll! Viele Zoos gingen deshalb dazu über, eine ebenfalls untereinander nicht koordinierte Geburtenregelung durch die „Antibaby-Pille" vorzunehmen, d. h. mittels Hormongaben die Reproduktion zu steuern, was bei Großkatzen problemlos möglich ist. Dies kann jedoch in nur wenigen Jahren dazu führen, dass der Tigerbestand überaltert bzw. sogar nicht mehr fortpflanzungsfähig ist, wenn diese Methode nicht koordiniert praktiziert wird. Deshalb wurde 1984 ein Weltzuchtplan für den Tiger erstellt. Dieser sollte sowohl das Aussterben der Art als auch ungezielte Vermehrung verhindern. Das Ziel war eine lebensfähige Population von ca. 500 Tieren in einer gesunden Altersstruktur.

Anfang der 1980er-Jahre haben die zoologischen Gärten der Welt auf regionaler und internationaler Ebene deshalb erste Strategien entwickelt, um die Kooperation und Koordination der einzelnen Zuchtbemühungen voran zu treiben. Es wurde erkannt, dass nur durch eine gemeinsame Strategie gewährleistet wird, dass langfristig sich selbst erhaltende Tierpopulationen in Menschenhand aufgebaut werden können – unter Vermeidung von Überproduktion und unter Berücksichtigung der Ergebnisse der Populationsgenetik und -Demografie. So wurden von der amerikanischen Zoovereinigung die „Species Survival Plans" (SSP) in Nordamerika, von der australischen Zoovereinigung die „Australian Species Management Plans" (ASMP) und auf den britischen Inseln die „Joint Management of Species Programme" (JMSG) ins Leben gerufen (Nogge 1987).

1985 reihten sich die mitteleuropäischen Zoos in diese Bewegung ein und etablierten zunächst bei einem Dutzend bedrohter Tierarten die ersten sogenannten „Europäischen Erhaltungszuchtprogramme" (EEP). Dies war der „Startschuss" für eine große Serie von EEPs im westlichen Teil von Europa und auch der Beginn einer europaweiten Zoo-Zusammenarbeit, die in die Gründung eines ersten europäischen Zoo-Zusammenschlusses einmündete – der „Zooverband der Europäischen Gemeinschaft" (ECAZA). Nach dem Mauerfall und dem politischen Zusammenwachsen von West und Ost wurde 1992 ein gesamt-europäischer Verband gegründet, der bis heute „European Association of Zoos and Aquaria" (EAZA) genannt wird. Diese europäische Zoo-Gemeinschaft – mit Zentrale in Amsterdam – umfasst (Stand 2020) inzwischen 423 Zoos, Aquarien und Zooverbände aus 48 Ländern in Europa und Nahost. EAZA wiederum ist Mitglied im Welt-Zooverband „World Association of Zoos and Aquariums" (WAZA 2020). Das Aufgabenspektrum der EAZA ist vielfältig und betrifft alle Bereiche der Zooarbeit von der Tierhaltung, über die Zucht, die Werbung bis hin zur Organisation. Es gibt verschiedene Komitees, u. a. das „EEP-Komitee", das 1995 zur Koordinierung der wachsenden Zahl von EEPs ins Leben gerufen wurde. Regelmäßige Tagungen in ganz Europa (im Jahre 2019 in Valencia/Spanien mit 881 Teilnehmern aus 357 Institutionen und 61 Ländern) dienen dem Gedankenaustausch, der Knüpfung und Vertiefung von Kontakten zwischen den einzelnen Mitgliedsorganisationen und somit der kontinuierlichen Verbesserung der Zootierhaltung aller Mitglieder. Regelmäßig widmet sich EAZA in Form gezielter Kampagnen einer bedrohten Tiergruppe oder einem bedrohten Lebensraum und ruft die Zoos und Aquarien dazu auf, die Besucher gezielt für das jeweilige Artenschutzproblem zu sensibilisieren (EAZA 2019, 2020; WAZA 2020) (Abb. 5a–c).

Inzwischen existieren in Europa unter dem Dach von EAZA insgesamt ca. 400 koordinierte Zuchtprogramme für bedrohte Tierarten aller Tierklassen (bedrohte Arten von Vögeln und Säugetieren, Amphibien, Reptilien und Fischen), die aus 224 EEPs und 174 ESBs (Europäische Zuchtbücher) bestehen – ein Populations-Management auf zwei unterschiedlichen Niveaus. Der Karlsruher Zoo beispiels-

Abb. 5 Logos der
Europäischen
Erhaltungszuchtprogramme,
heute Europäische Ex-Situ-
Projekte (EEP), des
Europäischen Zooverbandes
(EAZA) und des Welt-
Zooverbandes (WAZA)

weise, der 314 Arten in 5154 Individuen hält (Stand 31.12.2019), beteiligt sich mit 60 bedrohten Tierarten an dieser intensiven Form des Managements von Tierpopulationen (29 EEPs, 21 ESBs und 10 EAZA-Monitoring-Arten), das sind fast 20 % der im Zoo Karlsruhe lebenden Tierarten (Becker 2015, 2019).

Tab. 1 listet die 50 Tierarten auf, die in der Natur ausgestorben waren und die im Rahmen von Zuchtprogrammen in den Zoos erhalten werden konnten. Diese Tierarten verdanken ihre Existenz den Nachzuchten in Zoos (Abb. 6).

In der Praxis erarbeitet bei den EEPs und ESBs ein Koordinator – ein wissenschaftlicher Mitarbeiter eines europäischen Zoos – auf der Basis eines europäischen Zuchtbuches im Rahmen seines Programmes Managementpläne und künftige Transfervorschläge für Tier-Individuen nach demografischen, genetischen und anderen Richtlinien (u. a. Verhalten, etc.). Zusammen mit dem Koordinator entscheidet eine „Species Committee" (Artkommission) aus im 5-Jahres-Rhythmus demokratisch gewählten Zoologen und Veterinären der am Programm beteiligten Zoos über das Management der bedrohten Tierart. Die Mitglieder treffen sich regelmäßig anlässlich mehrtägiger „Jahres-Workshops" zu Beratungsgesprächen. Heute haben sich aufgrund der Fülle von Zuchtprogrammen die EEPs zu taxonomischen Arbeits-Einheiten zusammengeschlossen (Taxon Advisory Groups; TAGs). So sind unter allen 43 taxonomischen Einheiten unter dem Dach von EAZA zum Beispiel auch TAGs für die „Tukane und Turakos", „Papageien" und „Kraniche" oder für „Großkatzen", „Marine Säuger" und „Menschenaffen" definiert worden (siehe Tab. 2).

In einem Erhaltungszuchtprogramm (EEP) wird gewährleistet, dass alle Tiere einer bedrohten Art in den Zoos als Einheit betrachtet und gemeinsam als eine europäische Population verwaltet werden. Die Schaffung dieser EEPs ist Ausdruck dafür, dass sich die Zoologischen Gärten ihrer Verantwortung für die ihnen anvertrauten Tierbestände bewusst geworden sind und diese „in die Zukunft managen".

Seit 1982 führte der Verfasser, der seit 1977 in Diplom- und Promotionsarbeit die Ethologie der Menschenaffenart „Orang-Utan" intensiv in über 20 europäischen

Tab. 1 Liste der durch die Arbeit der Zoos vom Aussterben geretteten Tierarten. (siehe Zoos.media 2015)

Weichtiere	Insekten	Krebstiere	Fische	Amphibien	Reptilien	Vögel	Säugetiere
Aylacostoma chloroticum	**Oahu-Buschgrille** (Leptogryllus deceptor)	**Socorro-Assel** (Thermosphaeroma therophilum)	Acanthobrama telavivensis	**Wyomingkröte** (Bufo baxteri)	**Seychellen-Riesen-schildkröte** (Dipsochelys hololissa)	**Kalifornischer Kondor** (Gymnogyps californianus)	**Rotwolf** (Canis rufus)
Aylacostoma guaraniticum			Ameca splendens	**Kihansi-Gischtkröte** (Nectorphrynoides asperginis)	**Arnold-Riesenschildkröte** (Dipsochelys arnoldii)	**Alagoas-Hokko** (Mitu mitu)	**Schwarzfussiltis** (Mustela nigripes)
Aylacostoma stigmaticum			Skiffia francesae		**Schwarze Weichschildkröte** (Aspideretes nigricans)	**Guam-Ralle** (Gallirallus owstoni)	**Przewalskipferd** (Equus przewalskii)
Partula dentifera			Cyprinodon alvarezi			**Socorro-Taube** (Zenaida graysoni)	**Miluhirsch** (Elaphurus davidianus)
Partula faba			Cyprinodon longidorsalis			**Spixara** (Cyanopsitta spixii)	**Wisent** (Bison bonasus)
Partula hebebella			Haplochromis lividus			**Mikronesischer Eisvogel** (Halcyon c. cinnamomina)	**Mhorrgazelle** (Gazella dama mhorr)
Partula mirabilis			Haplochromis ishmaeli			**Hawaii-Krähe** (Corvus hawaiiensis)	**Saudi-Gazelle** (Gazella saudiya)
Partula mooreana			Haplochromis perrieri				**Arabische Oryx** (Oryx leucoryx)
Partula nodosa			Megupsilon aporus				**Säbelantilope** (Oryx dammah)

Partula rosea	*Platytaeniodus degeni*					
Partula suturalis strigosa	*Stenodus leucichthys*					
Partula suturalis vexillum						
Partula tohiveana						
Partula tristis						
Partula varia						

Abb. 6 Die Socorrotaube
(*Zenaida graysoni*) – hier ein
Foto aus dem Exotenhaus des
Karlsruher Zoos – gilt im
Freiland als ausgestorben.
(Foto: Timo Deible)

Tab. 2 Auflistung der 43 Taxon Advisory Groups (TAGs) der EAZA. (Quelle: EAZA Taxon Advisory Groups, www.eaza.net)

Säugetiere	Vögel	Reptilien	Amphibien	Sonstige
Kloaken- und Beuteltiere	Laufvögel	Reptilien	Amphibien	Wirbellose Landtiere
Halbaffen	Schreitvögel und Flamingos			Süßwasser Knochenfische
Krallenaffen	Wasservögel und Ruderfüßer			Salzwasser Knochenfische
Neuweltaffen	Raubvögel			Knorpelfische
Altweltaffen	Hühnervögel			Korallen
Gibbons	Kranichvögel			Quallen
Menschenaffen	Regenpfeiferartige			
Kleinsäuger	Tauben			
Hunde/Hyänen	Papageien			
Bären	Tukane und Turakos			
Kleine Beutegreifer	Hornvögel			
Katzen	Singvögel			
Meeressäuger				
Elefanten				
Einhufer				
Nashörner				
Tapire/Schweine				
Rinder/Kamele				
Hirsche				
Antilopen/Giraffen				
Ziegenartige				

Zoos studierte, ein Regionales Zuchtbuch für diese Art im Bereich Mitteleuropa. Bereits 1987 wurde er gebeten, die Möglichkeit eines EEPs für diese Art zu prüfen. Nach Umfragen in den beteiligten Zoos wurde das Regionale Zuchtbuch 1988 auf den Bereich „Kontinentaleuropa" ausgedehnt. Im September 1989 beschlossen schließlich die europäischen Mitglieder der IUDZG – der damalige „Internationale Verband der Zoodirektoren"; heute WAZA – auf ihrer Konferenz in San Antonio (Texas, USA) auch das EEP für die Art „Orang-Utan" und setzten den Verfasser als europäischen Artkoordinator ein (Becker 1998) (Abb. 7). Die Artkommission des „EEP für Orang-Utans" besteht bis heute aus 13–15 Kuratoren europäischer Zoos und ist Teil der „Menschenaffen-TAG", zu der auch die EEPs für Gorillas, Schimpansen und Bonobos gehören. In Kontinentaleuropa beteiligen sich zurzeit 73 Zoologische Gärten mit ihren ca. 344 Orang-Utans an diesem Erhaltungszuchtprogramm. Sämtliche Übersichts-Daten sowie genetische und demografische Analysen sind im vorliegenden 37. Zuchtbuch (2019) des Verfassers zusammengefasst (Becker 2019). Die eine Art „Orang-Utan" (*Pongo pygmaeus*) der 1980er-Jahre wurde im Laufe der folgenden Jahrzehnte in drei Arten differenziert (Borneo-Orang-Utan, *Pongo pygmaeus*; Sumatra-Orang-Utan, *Pongo abelii* und – erst vor zwei Jahren – Tapanuli-Orang-Utan; *Pongo tapanuliensis*). Diese Differenzierung steht beispielhaft für eine Entwicklung in vielen anderen Taxa – die Aufteilung in immer mehr Arten und Unterarten, was im Zeitalter der „Gen-Revolution" auf verfeinerte genetische Analysen zurückzuführen ist. Diese neuen Techniken sind

Abb. 7 Seit 1989 ist der Verfasser Koordinator und Zuchtbuchführer des EEPs für die Orang-Utans (*Pongo pygmaeus* und *Pongo abelii*). (Foto: Artenschutzstiftung Zoo Karlsruhe)

mittlerweile in der Lage, komplette Genom-Sätze von Tierarten zu analysieren und damit Evolutionsgeschichte „neu zu schreiben" (Groves 2018).

5 Populationsgenetische Aspekte bei Erhaltungszuchtprogrammen

Es ist heute im „Zeitalter der weltweiten Klimakatastrophen" nicht nur jedem Biologen oder Naturwissenschaftler, sondern einer breiten Bevölkerungsschicht klar geworden, dass es beim Arten- und Naturschutz zunächst um die Erhaltung von natürlichen Ökosystemen und Biotopen geht. Leider ist heute in den allermeisten Fällen weltweit der Schutz von Ökosystemen und Biotopen nicht mehr gewährleistet, so dass von der Spezies „Homo sapiens" seit einigen Dekaden von Jahren ganze Lebensräume ausgelöscht und Tausende von Tierarten ausgerottet werden, es folglich keine Garantie für die Erhaltung von Arten gibt (IUCN 2017, 2018; WWF 2019). Deshalb besteht die Notwendigkeit, solchermaßen hoch bedrohte Tierarten getrennt von ihren natürlichen Lebensgemeinschaften, d. h. unter den künstlichen Bedingungen eines Zoos oder eines engagierten Privathalters zu erhalten, z. B. durch Zuchtprogramme (IUDCG 1993; Gilbert et al. 2017).

Eine **Art** im biologischen Sinn besteht aus einer Zahl an Individuen. Diese müssen nach ihrem Leben sterben, Kontinuität entsteht durch die Fortpflanzung, wodurch die Merkmale von Generation zu Generation weitergegeben werden. Es muss deshalb bei der Erhaltung einer Art vor allen Dingen darauf geachtet werden, dass die einzelnen Individuen möglichst lange am Leben bleiben und diese sich fortpflanzen, um den Fortbestand der Art über Generationen zu sichern (Zoo Leipzig 2015; Stiftung Artenschutz 2020).

Die Methoden, wie man eine Art erhalten soll, werden von der **Populationsgenetik** aufgezeigt. Begriffe wie „Genetische Variabilität", „Inzucht" und „Unnatürliche Selektionsdrücke" sind zu diskutieren. In den zurückliegenden Jahrzehnten und heute hörte man – meist von Gegnern der Zucht von Wildtieren in Menschenhand – auch immer wieder die Schlagwörter „Domestikation und Degeneration". Erhaltungszuchten seien unsinnig, weil nach vielen Generationen „Gefangenschafts-Zucht von Wildtieren" diese Erscheinungen dazu führen würden, dass Tierbestände nicht mehr für spätere Auswilderungen zu gebrauchen, d. h. für ein späteres Leben in freier Natur untauglich seien.

Die moderne Populationsgenetik erlaubt klare Einblicke in die Prozesse, die sich während der Zucht abspielen können. Es gilt deshalb, die Unterschiede einer **künstlichen Population** im Gegensatz zu einer natürlichen Population im Freiland zu betrachten und daraus die notwendigen Folgerungen abzuleiten.

- Die künstliche Population ist viel kleiner (meistens einige hundert Tiere oder sogar weniger als 100) als die natürliche Population, die tausende bis hunderttausende Tiere zählen kann.
- Die künstliche Population ist keine Einheit, da sie in viele Unterpopulationen aufgeteilt ist (kleine Bestände in den einzelnen Zoos, bei privaten Züchterver-

bänden oder bei Privathaltern). Es herrscht deshalb kein freier Austausch der Erbmerkmale, wo „jeder mit jedem eine Paarung eingehen kann".

• Die künstliche Population lebt nicht wie die natürliche Population unter natürlichen Bedingungen.

Die meisten natürlichen Populationen verfügen über eine hohe **genetische Variabilität** (Farbe, Größe, äußere Gestalt, Blutgruppen- und Enzymsysteme, Proteine, etc.). Diese Variabilität ist wichtig, um schnell auf sich verändernde Umweltbedingungen reagieren zu können. Durch genetische Vielfalt sind Tiere einer Population in der Lage, auf solche sich ändernde Bedingungen, d. h. auf wechselnde Selektionsdrücke, zu reagieren. Bei Populationen in Menschenhand muss man davon ausgehen, dass die gesamte genetische Variabilität – also der gesamte Gen-Pool, der ursprünglich von den Gründertieren aus der freien Wildbahn stammt – für das Überleben der Population wichtig sein kann und deshalb zu erhalten ist. Wenn man in einer Erhaltungszucht nur mit wenigen Gründertieren arbeitet, sinkt die genetische Variabilität schon nach wenigen Generationen drastisch: zum Beispiel sinkt die Variabilität bei nur 10 Gründertieren nach 10 Generationen auf 60 % (wenn die Populationsgröße gleich bleibt), bei 50 Tieren nach 10 Generationen auf 90 %. In wachsenden Populationen geht diese Variabilität langsamer verloren, d. h. es ist – theoretisch – möglich, annähernd 100 % Variabilität zu bewahren, wenn jedes Gründertier mehrere Nachkommen bekommt. Es ist aber verständlich, dass für eine Population in Menschenhand nur Platz für eine begrenzte Tieranzahl vorhanden ist (vgl. Wirtz et al. 2017; EAZA 2019).

Inzuchterscheinungen umschreiben das Problem, dass bei der Zucht mit verwandten Tieren seltene Gene leicht verloren gehen können, d. h. (wissenschaftlich ausgedrückt) dass Gene in heterozygotem Zustand leicht homozygot werden können. Möglicherweise können solche durch Verwandtschaft „herausgezüchtete" homozygote Gene von tödlicher Wirkung sein, möglicherweise können sie aber lange Zeit überhaupt keine Auswirkungen haben. Nur Zufallsprozesse bedingen günstige oder tödliche Auswirkungen, das Risiko ist aber immer vorhanden. Schnell steigt Inzucht (der Inzuchts-Koeffizient) bei sehr kleinen Teilpopulationen an, wenn sich die Tiere in kleinen Beständen in Zoos und in Privathand ohne Austausch befinden, da hier keine freie Partnerwahl existiert. Trotz einer vielleicht sogar wachsenden Populationsgröße kann es zu einer starken genetischen Verarmung und zum Auftauchen ungünstiger Merkmale kommen.

Probleme können **unnatürliche Selektionsdrücke** von Populationen in Menschenhand bereiten, die in natürlichen Populationen nicht existieren. Der Mensch schafft eine künstliche Umgebung, setzt Paare künstlich zusammen und trifft eine Entscheidung über die Zahl der Nachkommen, etc.

Als negative Folgen in einer Population in Menschenhand kann deshalb ein Verlust an erblicher Variabilität durch zufällige Prozesse, zunehmende Inzuchterscheinungen und ein Verlust an erblichen Merkmalen durch gerichtete, unnatürliche Selektion auftreten. Bestimmte Merkmale können irreversibel verloren gehen.

In einem Erhaltungszuchtprogramm ist aus diesem Grunde die Sicht auf all diese Faktoren und deren Berücksichtigung von essenzieller Bedeutung, um solchen

Domestikations- und Degenerationsprozessen vorzubeugen. Folgenden Punkten muss Beachtung geschenkt werden:

- Die Zahl der Gründertiere aus der freien Wildbahn muss in einem Erhaltungs-zuchtprogramm mindestens einige Dutzend Tiere betragen, die nicht miteinander verwandt sein dürfen.
- Diese Gründergruppe muss sich möglichst schnell vermehren.
- Die Gesamtgröße der Population sollte aus einigen hundert Tieren bestehen.
- Schwankungen in dieser Gesamtgröße müssen vermieden werden.
- In jeder Generation sollte das Geschlechtsverhältnis ausgeglichen sein.
- Die Zuchttiere in jeder Generation sollten nach Möglichkeit gleichviele Nach-kommen haben.
- Die Generationsdauer sollte möglichst lang sein, da der Verlust an Variabilität bei jedem Generationswechsel stattfindet, d. h. er ist gekoppelt an die Generationen und nicht an die zeitliche Dauer eines Erhaltungszuchtprogramms.
- Blutsfremde Tiere sollten nach Möglichkeit einbezogen werden, da sie immer einen günstigen Einfluss auf die genetische Vielfalt haben und die genetische Variabilität erhöhen.
- Genetisch überrepräsentierte Tiere sollten mit geeigneten Methoden am Weiter-züchten gehindert bzw. deren Beteiligung an der Zucht reduziert werden (z. B. durch Empfängnisverhütung oder andere Methoden).
- Es sind möglichst natürliche und artgerechte Haltungsbedingungen zu schaffen, um den Einfluss der unnatürlichen Selektion zu reduzieren.

6 Weiterentwicklung der Organisation von Erhaltungszuchtprogrammen: Die Entstehung von EEPs der 2. Generation

Unter Beachtung der geschilderten Fakten und der oben angeführten Problemfelder wird deutlich, dass professionelle Erhaltungszuchtprogramme nur beim Vorhanden-sein geeigneter Organisationsstrukturen denkbar und in der Regel mit immensem Aufwand zu führen sind. Innerhalb der Zoologischen Gärten wurden solche Struk-turen national, europaweit und international aufgebaut. Hierbei spielen (siehe unter Punkt 4: Europäische und globale Zusammenarbeit…) Zuchtbuchführer, Art-Koor-dinatoren und Art-Kommissionen sowie Zooverbände eine entscheidende Rolle. Meist sind Privatzüchter oder Züchter-Vereinigungen hierbei überfordert, und viele Beispiele der nahen Vergangenheit zeigen, dass private Zuchtprogramme – trotz anfänglichem Optimismus – wieder aufgegeben werden mussten. Dagegen sind geeignete fachkompetente Koordinatoren in der Lage, die ausgewählte Population unter genetischen, demografischen und ethologischen Gesichtspunkten zu betrach-ten und zu analysieren. Daneben bedarf es geeigneter Organisationsstrukturen (Zoos und Institute, etc.), die personelle und materielle Hilfe gewähren sowie die überge-ordnete Koordinationsarbeit leisten.

Trotzdem können und dürfen Erhaltungszuchtprogramme nicht ausschließlich den Zoos vorbehalten bleiben. Zoos können – besonders aus personellen, finanziellen und Platzgründen – nur eine bestimmte Anzahl von Tieren oder Tierpopulationen halten. Die aufgezeigten Ergebnisse aus der Populationsgenetik fordern aber für jede Population eine Minimalgröße, die in vielen Fällen nur mit Einbeziehung von Tieren aus privaten Haltungen und mit Unterstützung geeigneter Züchter-Verbände oder -Vereine zu erreichen ist.

Aus der Auflistung der „Taxon Advisory Groups" (TAGs) in Tab. 2 mit der Vielzahl an EEPs und ESBs wird ersichtlich, dass sich Zoos zunächst dem Erhalt von Säugetieren zugewandt hatten, bevorzugt sogar den großen und attraktiven Säugetierarten wie Elefanten, Giraffen oder Menschenaffen (Becker 1998; Mondberge 2017; Rietkerk und Pereboom 2018). Tab. 3 gibt einen Überblick über die existierenden EAZA-Zuchtprogramme, die von Zoos betreut werden, an denen aus vielerlei Gründen private Züchter nur bedingt Anteil hatten bzw. sogar ausgeschlossen waren (vgl. Lücker 1991).

Lantermann (2014, 2017) sowie Schäfer (2018) diskutieren ausführlich Vor- und Nachteile privat geführter Zuchtprogramme. Jedoch werden viele Tierarten – besonders aus den Tierklassen der Fische, Amphibien, Reptilien und Vögel – vielfach oder

Tab. 3 Liste der unter dem Dach der EAZA bestehenden 17 EEPs und ESBs der Ordnung „Papageien" mit den koordinierenden Institutionen/Zoos. (vgl. Lantermann 1999; Kalbus und Wüst 2019; Schäfer 2019)

Deutscher Name	Englischer Name	Lateinischer Name	Typ	Institution/ Zoo
Rotsteißkakadu	Red-vented cockatoo	*Cacatua haematuropygia*	EEP	Beauval
Molukkenkakadu	Moluccan cockatoo	*Cacatua moluccensis*	EEP	Dublin
Orangehaubenkakadu	Citron-crested cockatoo	*Cacatua sulphurea citrinocristata*	EEP	Dublin
Palmakakadu	Palm cockatoo	*Probosciger aterrimus*	EEP	Beauval
Erzlori	Purple-napedLory	*Lorius domicellus*	ESB	Köln
Prachtlori	ChatteringLory	*Lorius garrulous*	ESB	Athinai
Kea	Kea	*Nestor notabilis*	ESB	Bristol-Place
Rotschwanzamazone	Red-tailed amazon	*Amazona brasiliensis*	EEP	Paignton
Ecuadoramazone	Ecuadorian amazon	*Amazona lilacina*	EEP	Chester
Grünwangenamazone	Red-crowned amazon	*Amazona viridigenalis*	EEP	Amersfoort
Hyazinthara	Hyacinth macaw	*Anodorhynchus hyacinthinus*	EEP	Cambron-Casteau
Großer Soldatenara	Buffon's macaw	*Ara ambiguus*	EEP	Sables-Olonne
Blaukehlara	Blue-throated macaw	*Ara glaucogularis*	EEP	Chester
Kleiner Soldatenara	Mexicanmilitary macaw	*Ara militaris mexicanus*	ESB	Antwerpen
Rotohrara	Red-fronted macaw	*Ara rubrogenys*	EEP	Edinburgh
Goldsittich	Golden conure	*Guaruba guarouba*	ESB	Lisboa-Zoo
Blaulatzsittich	Ochre-marked parakeet	*Pyrrhura cruentata*	ESB	Muzillac

sogar ausschließlich von Privathaltern gehalten. Unter Einbindung dieser Kapazitäten und der großen Erfahrungen und Kenntnisse von Privathaltern könnte deshalb einerseits die in den letzten Jahren weitgehend konstante Zahl der offiziellen Erhaltungszuchtprogramme (ca. 400) in der Zukunft vermehrt werden. Andererseits kann die Hinzunahme von Tier-Individuen aus der privaten Hand oder Zucht zur „genetischen Bereicherung" einer Tierpopulation in bereits existierenden Zuchtprogrammen beitragen (Abb. 8).

Das Koordinieren von Zuchtprogrammen erfordert von Anfang an eine gut durchdachte und straffe Organisation (Abb. 9). Alle an einem Programm beteiligten Partner müssen nach bestimmten „Spielregeln" agieren. Nur dann sind Erhaltungszuchtprogramme sinnvoll. In Zoo-Kreisen ist allgemein anerkannt, sich von den Gedanken finanzieller Gewinne mit bedrohten Tierarten freizumachen und sich echten Erhaltungsstrategien ohne Profitdenken hinzuwenden. Zoos können auch die nötige personelle und finanzielle Logistik und die organisatorische Basis für funktionierende Zuchtprogramme gewährleisten, die von Privatzüchtern meistens nicht leistbar sind:

Mit den Teilnehmern eines Programms ist regelmäßiger Kontakt zu halten, jährliche standardisierte Fragebögen müssen versandt, eingefordert und analysiert werden. Zuchtbücher müssen erstellt werden, die die Tierdaten, jährliche Veränderungen sowie demografische und genetische Analysen enthalten. Hierzu wiederum sind der Einsatz von Computern und die Nutzung von Populationsmanagement-Programmen als „Zoo-Software" unerlässlich. Schließlich ist wichtig, Workshops und Meetings meistens für Dutzende von Teilnehmern zu organisieren und zu besuchen, um Strategien zur Weiterentwicklung einer gegebenen Population zu entwickeln.

Nach dem Start von Zuchtprogrammen im Jahre 1985 und nach nunmehr 35 Jahren erfolgreichen Managements von bedrohten Tierpopulationen in „Europäischen Erhaltungszuchtprogrammen" (EEP) unter dem europäischen Dach von EAZA wurde ab 2015 über neue Strategien und eine Neuorganisation beraten, um einerseits zukunftsfähig zu sein, andererseits aber auch in die einzelnen Programme Tier-Individuen von Privatzüchtern oder „Nicht-EAZA-Institutionen" einzubezie-

Abb. 8 Der Hyazinthara (*Anodorhynchus hyacinthinus*) gehört zu den Papageienarten, bei denen auch in Privathand eine große Nachfrage besteht. Kooperationen zwischen Zoos und Privathaltern sind bei dieser Art eher schwierig. (Foto: Timo Deible)

Abb. 9 Für die Blaubrust-Krontaube (*Goura cristata*) – hier ein Fotos aus dem Exotenhaus des Karlsruher Zoos – wird ein ESB im Zoo Budapest geführt. Es war eines der ersten Zuchtbücher überhaupt für eine Vogelart in Europa. (Foto: Timo Deible)

hen. Dies war jahrzehntelang leider nicht der Fall. Die neue EAZA-Strategie wurde 2019 im sogenannten „EAZA Population Management Manual. Standards, procedures and guidelines for population management within EAZA" (PMM) publiziert (EAZA 2019). Diese Strategie erneuert die bisherige EAZA-Politik bezüglich des Managements von Populationen und soll bis 2023 alle (noch) existierenden Zuchtbücher (ESBs) in die neu strukturierten Erhaltungszuchtprogramme (EEPs) überführen, die nun „EAZA Ex-Situ-Programme" (mit gleichem Kürzel – EEPs) genannt werden. Die Teilnahme von Nicht-EAZA-Mitgliedern an diesen neuen Programmen ist ausdrücklich vorgesehen. Dies können sein:

- Zoos und Aquarien in der EAZA-Region
- Privathalter und Privatzüchter
- Zuchtzentren mit dem Schwerpunkt „Arterhaltung"
- Auffangstationen für Tiere und Auswilderungs-Stationen (Sanctuaries and Rescue Centres)
- Universitäten und Forschungsinstitute

Dadurch soll gewährleistet werden, dass in die EEPs zum Beispiel weitere Tier-Individuen mit z. B. möglicherweise unterrepräsentierten Zuchtlinien und Fachwissen von Haltern und Züchtern, aber auch zusätzlicher (privater) Raum in Form von Gehegen und Volieren eingebracht werden.

Für alle Programme werden „Long-term Management Plans" (LTMPs) entwickelt, die als „Lang-Zeit-Strategien" für hochbedrohte Tierarten bezeichnet werden können. Solche Einzelstrategien existieren schon für eine ganze Zahl von Arten, z. B. auch für Orang-Utans (Becker 2019).

7   Schlussbetrachtung und Ausblick: Parallel-Entwicklung von Ex-Situ-Populationen und In-Situ-Artenschutz-Projekten

Die Erhaltung von hoch bedrohten Tieren außerhalb ihrer natürlichen Ökosysteme oder ihrer Biotope ist in einer Zeit großflächiger Zerstörung ganzer Lebensräume und der spürbaren negativen Folgen des Klimawandels, die beide von Menschen verursacht sind, nicht die ideale Form des Naturschutzes. Die volle Aufmerksamkeit muss ohne weiteren Zeitverlust weltweit auf die Erhaltung von Biotopen und auf effiziente Maßnahmen im Klimaschutz gelenkt werden. Diese immer schneller fortschreitende Naturzerstörung, die mit einem rasanten Verschwinden von Pflanzen- und Tierarten verbunden ist, wurde besonders in den 1970er- und 1980er-Jahren erkannt und dann als Aufgabe für zoologische Gärten formuliert. Sie führte in Europa zur Entwicklung von 400 Erhaltungszuchtprogrammen (EEPs), die heute in neuer Struktur als „EAZA Ex-Situ Programme" (EEPs) weitergeführt und weiter entwickelt werden (EAZA 2019). Es hat sich in der 35-jährigen Praxis solcher EEPs gezeigt, dass Zoo-Populationen (Ex-Situ-Populationen) hoch bedrohter Tierarten erfolgreich aufgebaut und mit großer genetischer Variabilität „gemanagt" werden können, wenn sie nach den Erkenntnissen moderner Populationsgenetik und Populations-Demografie geführt werden. Es zeigte sich auch, dass solche „Zoo-Populationen" noch nach Generationen mit ihren ursprünglichen Merkmalen, d. h. mit hoher genetischer Variabilität, überleben können, so dass jederzeit auch die Möglichkeiten zur Auswilderung bestehen. Voraussetzung dafür sind gut erhaltene, geeignete Lebensräume und eine wissenschaftliche Organisation und Überwachung solcher Vorhaben. Weltweit können Zoologische Gärten nur eine begrenzte Zahl von Erhaltungszuchtprogrammen durchführen. Die neue Struktur sieht vor, dass auch andere Institutionen, Universitäten, Verbände, Vereine und Privathalter mit einbezogen werden müssen, um die Gesamtkapazitäten für eine bestimmte Tierart, aber auch für weitere Tierarten zu vergrößern. Der europäische Zooverband EAZA hat dafür nun geeignete Strukturen geschaffen, um solche Vorhaben zu ermöglichen, die auch eine große Publikumswirkung in Bezug auf den Naturschutz besitzen. Ex-Situ-Erhaltungszuchtprogramme können deshalb als flankierende Maßnahmen im gesamten Natur- und Artenschutz betrachtet werden.

Parallel zu Ex-Situ-Erhaltungszuchtprogrammen haben viele Zoos, Organisationen und Institutionen schon vor einiger Zeit begonnen, sich unmittelbar der freien Natur zu widmen, d. h. Natur- und Artenschutz (Conservation) direkt vor Ort zu betreiben bzw. In-Situ-Projekte durchzuführen, die man mit folgenden drei Schwerpunkten umschreiben kann:

- Maßnahmen zur Unterstützung einzelner bedrohter Tierarten in ihren natürlichen Lebensräumen
- Maßnahmen zur Auswilderung von Nachzuchten
- Maßnahmen zum Erhalt oder zur Wiederherstellung ganzer Lebensräume und Lebensgemeinschaften

Nur wenn die Umstände günstig sind, können Nachzuchten in aufwendigen Projekten ausgewildert, d. h. wieder in die freie Natur entlassen werden (Gilbert und Sorae 2017; Gilbert et al. 2017). Alleine im Jahr 2016 konnten von den Zoos des VdZ 350 Tiere aus 28 Arten ausgewildert werden.

Beispiele für erfolgreiche Auswilderungsprogramme sind Bartgeier in den Alpen (vgl. den Beitrag von Christiane Böhm in diesem Band), Gänsegeier im französischen Zentralmassiv, Wisente im Białowieża-Nationalpark, Europäische Biber in Bayern, Europäische Luchse in der Schweiz, Wanderfalken in Deutschland, USA und Schweden sowie Uhus oder Wildkatzen in Deutschland.

Beispiele für noch laufende Auswilderungsprojekte sind Orang-Utans auf Borneo, Przewalski-Pferde in der Mongolei, Waldrappen in Österreich, Italien und Marokko (bald auch in Süddeutschland) (vgl. den Beitrag von Johannes Fritz diesem Band), Zwerggänse in Skandinavien und Deutschland, Europäische Luchse im Nationalpark Harz, Habichtskäuze im Böhmerwald, Mhorrgazellen und Säbelantilopen in Nordafrika, Wisente im nordrhein-westfälischen Rothaargebirge sowie Europäische Sumpfschildkröten in Niedersachsen und im Elsass (vgl. Owen et al. 2014; Fritz et al. 2017; Bradtka et al. 2018; Böhm 2019).

Als Beispiel für eine bemerkenswerte Anzahl von Zoo-Initiativen und Zoo-Stiftungen, aber auch privater Organisationen, Vereine und Fördergemeinschaften für In-Situ Arten- und Naturschutzprojekte soll hier abschließend die vom Verfasser mit initiierte „Artenschutzstiftung Zoo Karlsruhe" vorgestellt werden (Abb. 10). Diese wurde 2016 gegründet und ruft mit großem Erfolg die Bevölkerung, aber auch Wirtschaftskreise zu Spenden auf. Mit Hilfe eines Artenschutz-Euros, der seit 2019 zum Zoo-Eintritt auf freiwilliger Basis erhoben wird, gelingt es zusätzlich, hohe Beträge für den In-Situ Schutz zu generieren. Waren es anfangs 40.000 Euro, die im Gründungsjahr 2016 auf der Einnahmenseite standen, sind es heute über eine halbe Million Euro, die für Projekte jährlich zur Verfügung stehen.

Abb. 10 Logo der sehr erfolgreichen „Artenschutzstiftung Zoo Karlsruhe", die 2016 gegründet wurde

Drei große Schwerpunkts-Projekte der Stiftung sollen hier angeführt werden, die einerseits den Schutz ganzer Lebensräume, andererseits aber auch die Auswilderung (Rehabilitation) und In-Situ Förderung einzelner Tierarten betreffen. In den meisten Fällen ist die örtliche Bevölkerung in den Ursprungsländern unmittelbar beteiligt (Schulprojekte, Unterstützung von Sozialstationen und Dorf-Genossenschaften). In Ecuador ist die Artenschutzstiftung in der Zwischenzeit Besitzer von zwei Reservaten (La Elenita und Saloya), die zusammen 62 Hektar schützenswerten Nebelwald und ehemalige Viehweiden umfassen. Diese werden mit Tausenden von Bäumen aus über 30 endemischen Baumarten wieder aufgeforstet (Abb. 11). Sie binden CO_2 und wachsen zehnmal schneller am Westhang der Anden als in Deutschland. Schon in wenigen Jahren können sich dort wieder Tangaren-, Tukan- und Kolibriarten, aber auch Bromelien- und Orchideenarten ansiedeln. In Kenia unterstützt die Stiftung als strategischer Partner des WWF eine Masai-Dörfer-Gemeinschaft (Conservancy) und pachtet von dieser Zug um Zug ca. 1000 Hektar Land gegen die Zersiedelung und Zerstörung der großen Savannen-Landschaft, zum Weiterbestehen der großen Tierwanderungen (in der Serengeti und im Masai-Mara-Nationalpark) und zum Schutz der Wald- und Wasserressourcen. Auf Borneo erhält die Rehabilitations-Station „Sintang Orangutan Center" für verwaiste Orang-Utan-Babys von Willie Smits kontinuierliche Unterstützung zur Auswilderung im National Park Betung Kerihun – verbunden mit einem Schulprojekt (Scholarship) für die Dajak-Bevölkerung. Der

Abb. 11 Aufforstung im Nebelwald am Westhang der Anden – das Foto zeigt Dr. Clemens Becker von der Artenschutzstiftung Zoo Karlsruhe (rechts) und Dirk Vogeley von der Karlsruher Energie- und Klimaschutzagentur (KEK, links) beim Pflanzen von Baumsetzlingen im Reservat „La Elenita". (Foto: Artenschutzstiftung Zoo Karlsruhe)

Niederländer Smits hat über die Jahrzehnte schon mehr als 600 Tiere in die Natur zurückgebracht.

Weiterhin unterstützt die Artenschutzstiftung die Waisenstation für asiatische Elefanten beim Udawalawe-Nationalpark in Sri Lanka, finanziert ein Auswilderung-Zentrum für Edwardsfasane in Vietnam (eine Initiative des Edwardsfasan-EEP und der „World Pheasant Association" WPA) sowie eine Krankenstation für Plumploris auf Sumatra (ein Projekt des Verein für Plumploris e.V.) (Stawinoga 2018) und fördert die Freilandforschung des Orangehauben-Kakadus (Abb. 12 und 13) auf der Insel Sumba (ein Projekt der Arbeitsgruppe „Fonds für bedrohte Papageien" in der Zoologischen Gesellschaft für Arten- und Populationsschutz – ZGAP) (vgl. Reinschmidt 2009; Kalbus und Wüst 2019). Der Gibbon war das „Zootier des Jahres 2019". Mit dieser Aktion konnte die Aufmerksamkeit für die kleinen Menschenaffen erhöht werden, die durch Lebensraumzerstörung und illegalen Tierhandel stark bedroht sind. Der Zoo Karlsruhe und seine Artenschutzstiftung sind Premium-Förderer dieser Aktion „Zootier des Jahres" und beteiligen sich in besonderem Maße am Schutz des Schopfgibbons in Laos und Vietnam (ein Projekt, das der britische Zooexperte Anthony Sheridan initiierte und das in Kooperation mit der Stiftung Artenschutz und der Zoologischen Gesellschaft Frankfurt (ZGF) durchgeführt wird). Neu ist der Start von Projekten auf lokaler und regionaler Ebene, z. B. gegen das Insektensterben als Projekt „Wildbiene, Schmetterling & Co." mit der Ausgabe von 40.000 Samentütchen für blühende Wiesen, mit dem Anbringen von Nisthilfen für örtliche Mehlschwalben-Kolonien, die Kooperation mit Landwirten zur Umwandlung von traditionellen Ackerflächen in Wiesen- und Bracheflächen und die Zucht und Auswilderung von Wiesenbrütern im Oberrheingebiet.

Noch nie war unseren Menschen-Gesellschaften dieser Erde die weltweite Bedrohung der Biodiversität und die drastischen Folgen der Klima-Katastrophe bewusster als heute (vgl. UN 2019). Gründe für diese Bedrohungen und für die Ausrottung

Abb. 12 Der Orangehaubenkakadu (*Cacatua sulphurea citrinocristata*) gehört zu den von der Ausrottung bedrohten indonesischen Kakadus. (Foto: Timo Deible)

Abb. 13 Hinter den Kulissen hält der Karlsruher Zoo 5 Volieren für die Zucht des vom Aussterben bedrohten Orangehaubenkakadus (*Cacatua sulphurea citrinocristata*) als Reservepopulation vor. (Foto: Timo Deible)

Tausender von Tier- und Pflanzenarten sind die fortschreitende Vernichtung natürlicher Lebensräume mit Ausbeutung natürlicher Ressourcen für unseren Konsum, die weiter ansteigende Klimaerwärmung, der ungebremste Aktionismus des illegalen Tierhandels und eine übermäßige Jagd sowie Übernutzung für vermeintliche medizinische Zwecke. Es ist vorrangige Aufgabe der „Verbraucher-Gesellschaften", schnellstmöglich geeignete Maßnahmen dagegen zu ergreifen, auch wenn diese für Politik, Wirtschaft und den privaten Bereich „schmerzlich" sind und Einschnitte verlangen. Für den nationalen, europäischen und internationalen Arten- und Naturschutz ist eine Verknüpfung von Ex-Situ-Programmen und In-Situ-Maßnahmen das Gebot der Stunde. Nur wenn alle Kräfte sinnvoll zusammenwirken, wird es möglich sein, Gottes Schöpfung in ihrer Gesamtheit mit einer Vielfalt von Pflanzen- und Tierarten zu bewahren.

Literatur

Becker, C. (1991). Erhaltungszuchtprogramme – Verpflichtung nur für Zoos? *Psittacus – Schriftenreihe Papageienforschung und -schutz* (1, 11–26). Oberhausen.

Becker, C. (1998). Status and management of orang-utans *Pongo pygmaeus ssp* in European zoos. *International Zoo Yearbook, 36*, 113–118.

Becker, C. (2015). Zoo Karlsruhe – der Sprung zum modernen Zoo. Von der Tierschau zum Naturschutz, Lebenswelten für Tiere, Aufgaben und Ziele. In C. Beil (Hrsg.), *Der Zoo in Karlsruhe* (S. 97–111). Karlsruhe: Info.

Becker, C. (2019). *EEP für Orang-Utans* – Zuchtbuch für Kontinentaleuropa/Europäisches Erhaltungszuchtprogramm. XXXVII/2019 Zoologischer Garten Karlsruhe.

Boer, L. E. M. de. (1989). Preservation of species in zoological and botanical gardens. In *EEP coordinators' manual*. Amsterdam: NFRZ.

Böhm, C. (2019). Der Waldrapp – eine (un)endliche Geschichte? *Zeitschrift des Kölner Zoos, 62*, 107–123.

Bradtka, J., Domeyer, M., & Hauser, C. (2018). Das Wiederansiedlungsprojekt Habichtskauz in Nordostbayern. *Zeitschrift des Kölner Zoos, 61*, 105–113.

EAZA. (2019). European association of zoos and aquaria. *EAZA population management manual. Standards, procedures and guidelines for population management within EAZA*. https://www.eaza.net/assets/Uploads/Governing-documents/EAZA-Population-Management-Manual-Final.pdf. Zugegriffen am 04.03.2020.

EAZA. (2020). European association of zoos and aquaria. https://www.eaza.net. Zugegriffen am 04.03.2020.

Fritz, J., Kramer, R., Hoffmann, W., Trobe, D., & Unsöld, M. (2017). Back into the wild: Establishing a migratory Northern bald ibis *Geronticus eremita* population in Europe. *International Zoo Yearbook, 51*, 107–123.

Gilbert, T., & Soorae, P. S. (2017). Editorial: The role of zoos and aquariums in the reintroduction and other conservation translocations. *International Zoo Yearbook, 51*, 9–14.

Gilbert, T., Gardner, R., Kraaijeveld, A. R., & Riordan, P. (2017). Contributions of zoos and aquariums to reintroductions: historical reintroduction effort in the context of changing conservation perspectives. *International Zoo Yearbook, 51*, 15–31.

GISC. (2020). Species360 – Global information serving conservation. https://www.species360.org. Zugegriffen am 05.03.2020.

Groves, C. P. (2018). The latest thinking about the taxonomy of great apes. *International Zoo Yearbook, 52*, 16–24.

Hediger, H. (1977). *Zoologische Gärten. Gestern – Heute – Morgen*. Bern: Hallwag.

Hediger, H. (1987). „Wildtiere in Gefangenschaft" – einst und jetzt. *Bongo, 13*, 174–184, Berlin.

International Union for Conservation of Nature (IUCN). (2017). *Second nature. Changing the future for endangered species*. St. Paul: IUCN.

International Union for Conservation of Nature (IUCN). (2018). *The IUCN red list of threatened species*. Gland/Cambridge, UK. https://www.iucn.org/ und https://www.iucnredlist.org. Zugegriffen am 05.03.2020.

IUDCG. (1993). The world zoo organisation. The role of zoos and aquaria of the world in global conservation. Chicago Zoological Society, USA/Deutsche Ausgabe. (1997). *Die Welt-Zoo-Naturschutzstrategie*. Köln: Zoologischer Garten.

Jones, M. L. (1986). Success and failores of captive breeding. In K. Benirschke (Hrsg.), *Primates, the road to self-sustaining populations* (S. 959–979). New York: Springer.

Kalbus, H., & Wüst, R. (2019). 30 Jahre erfolgreicher weltweiter Schutz freilebender Papageien: Der Fond für bedrohte Papageien. *ZGAP-Mitteilungen, 2*, 28–29.

Lantermann, W. (1999). *Papageienkunde*. Berlin: Parey.

Lantermann, W. (2014). Private Erhaltungszuchtprojekte für Papageien. Anspruch und Wirklichkeit. *GAV-Journal, 2*, 6–11.

Lantermann, W. (2017). Verantwortungsvolle Wildvogelhaltung in Privathand. *GAV-Journal, 13*, 30–34.

Lücker, H. (1991). Europäische Erhaltungszuchtprogramme (EEPs) in Zoos – Der Hyazinzh-Ara (*Anodorhynchus hyacinthinus*): Zwischenbericht nach 4 Jahren. *Schriftenreihe Papageienforschung und -schutz, 1*, 67–81. Oberhausen.

Mondberge. (2017). Hilfe für die sanften Riesen. Berggorilla & Regenwald Direkthilfe e.V. Mondberge. *Magazin für Umwelt-, Natur- und Artenschutz*, April bis Juli 2017, S. 48–49.

Nogge, G. (1987). Kooperation und Koordination Zoologischer Gärten bei der Zucht bedrohter Tierarten. In H.-G. Horn (Hrsg.), *Erfolge und Probleme bei der Zucht von Wildtieren in menschlicher Obhut* (S. 67–73). Köln: Bundesverband für fachgerechten Natur- und Artenschutz.

Owen, A., Wilkinson, R., & Sözer, R. (2014). In situ conservation breeding and role of zoological institutions and private breeders in the recovery of high endangered Indonesian passerine birds. *International Zoo Yearbook, 48*, 199–211.

Reinschmidt, M. (2009). *Farbatlas der Papageien. 353 Arten im Portrait.* Stuttgart: Ulmer.

Rietkerk, F., & Pereboom, J. J. M. (2018). Editorial: Conservation of Great Apes. Zoo contributions towards improving management and well-being of great apes: Augmenting knowledge to safeguard our closest relatives. *International Zoo Yearbook, 52*, 9–15.

Ruempler, G. (1987a). Zoologische Gärten und Naturschutz. *Bongo, 13*, 63–80, Berlin.

Ruempler, G. (1987b). Der Zoo als Arche – Anspruch und Wirklichkeit. In H.-G. Horn (Hrsg.), *Erfolge und Probleme bei der Zucht von Wildtieren in menschlicher Obhut* (S. 12–27). Köln: Bundesverband für fachgerechten Natur- und Artenschutz.

Schäfer, F. (2018). Worauf es ankommt: Zuchtbücher und Anforderungen an die private Vogelhaltung. *GAV-Journal, 13*, 30–34.

Schäfer, M. (2019). Schutz der Ecuadoramazone. *ZGAP-Mitteilungen, 2*, 25–27.

Schmidt, C. R. (1986). A review of zoo breeding programs for primates. *International Zoo Yearbook, 24/25*, 107–123.

Schmidt, C. R. (1989). Vom Tierhandel zur Erhaltungszucht zoologischer Gärten. *Zeitschrift Kölner Zoo, 32*, 137–142.

Stawinoga, M. (2018). Ein Verein für Plumploris und der Aufbau einer Plumplori-Rehabilitationsstation in Nordsumatra. *ZGAP Mitteilungen, 2*, 28–32.

Stiftung Artenschutz. (2020). https://www.stiftung-artenschutz.de. Zugegriffen am 10.03.2020.

UN. (2019). UN-Bevölkerungsprojektion. https://www.dsw.org/wp-content/uploads/2019/06/2019_WPP_highlights_final.pdf. Zugegriffen am 10.03.2020.

VdZ. (2017). *Tiere erleben – Biologische Vielfalt erhalten.* Berlin: Verband der Zoologischen Gärten e.V.

VdZ. (2019). *Lernort Zoo – Zentrale Ergebnisse der VdZ-Bildungsstudie.* Berlin: Verband der Zoologischen Gärten e.V.

VdZ. (2020). Verband der Zoologischen Gärten e.V. Faktenblatt. https://www.vdz-zoos.org/de/verband/faktenblatt. Berlin, Zugegriffen am 04.03.2020.

Wagner, P. (2018). Die letzten ihrer Art – 15 Jahre erfolgreiche Erhaltungszucht im Internationalen Zentrum für Schildkrötenschutz (IZS). *ZGAP Mitteilungen, 2*, 4–9.

WAZA. (2020). World association of zoos and aquariums. https://www.waza.org. Zugegriffen am 10.03.2020.

Wirtz, S., Böhm, C., Fritz, J., Kotrschal, K., Veith, M., & Hochkirch, A. (2017). Optimizing the genetic management of reintroduction projects: Genetic population structure of the captive northern bald ibis population. *Conservation Genetics, 19*(4), 853–864.

WWF. (2019). World Wide Fund for Nature. Die Rote Liste bedrohter Tier- und Pflanzenarten. https//www.wwf.de/themen-projekte/weitere-artenschutzthemen. Zugegriffen am 10.03.2020.

Ziegler, T., & Rauhaus, A. (2019). Der Beitrag des Kölner Zoos zur Erhaltung der Amphibienvielfalt: Nachzucht-, Forschungs- und Schutzprojekt. *Zeitschrift des Kölner Zoos, 62*, 79–104.

Zoo Leipzig. (2015). *Artenschutz mit Engagement.* Hier steht der Schutz biologischer Vielfalt an erster Stelle. Zoo Leipzig.

Zoos.media. (2015). http://zoos.media/zoo-fakten/was-haben-zoos-bisher-schon-erreicht/. Zugegriffen am 10.03.2020.

Die Zusammenarbeit von ornithologischer Forschung und Vogelhaltung

Till Töpfer

Inhalt

1   Einleitung

Auf den ersten Blick mögen Vogelhaltungen und wissenschaftliche Einrichtungen nicht in besonders engem Zusammenhang stehen. Aus der Besuchersicht werden Zoos, Vogelparks und private Haltungen wohl vielfach zunächst als Orte des Kennenlernens (exotischer) Tiere und des nahen Kontaktes zwischen Mensch und Vogel wahrgenommen, also quasi auf Basis ihres Schauwertes beurteilt. Naturwissenschaftliche Museen, die in ihren Ausstellungen vorwiegend Tierpräparate zeigen (Abb. 1), werden hingegen kaum mit Lebendtierhaltungen in Verbindung gebracht.

Tatsächlich ist aber eine Verknüpfung von attraktiver Vogelhaltung, erfolgreicher Zucht und wissenschaftlichem Anspruch oftmals viel stärker und im Fall der Erhaltungszucht sogar eine unabdingbare Voraussetzung. Dies betrifft bei weitem nicht nur Zoos und die großen Vogelparks, sondern auch zahlreiche ambitionierte Vogelhalter und -züchter. Letztere sind in der Öffentlichkeit allerdings weniger sichtbar, denn anders als Zoos haben sie kein bestimmtes Vermittlungsprogramm, um auf ihre Beteiligung aufmerksam zu machen, oder möchten das als Privatpersonen auch nicht. Dennoch ist die Vernetzung der einzelnen Akteure groß und Kooperationen existieren auf unterschiedlichen Ebenen.

T. Töpfer (✉)
Sektion Ornithologie, Zoologisches Forschungsmuseum Alexander Koenig, Bonn, Deutschland
E-Mail: t.toepfer@leibniz-zfmk.de

© Springer-Verlag GmbH Deutschland, ein Teil von Springer Nature 2021
W. Lantermann, J. Asmus (Hrsg.), *Wildvogelhaltung*,
https://doi.org/10.1007/978-3-662-59604-3_7

Abb. 1 Portrait des Schaupräparats eines Tukanbartvogels *Semnornis ramphastinus* (Nr. ZFMK_ORN 2018.6) aus der ornithologischen Sammlung des Zoologischen Forschungsmuseums Alexander Koenig in Bonn. Solche in möglichst lebensechter Pose präparierten Vögel dienen heute vor allem Schau- und Lehrzwecken. Dieses Präparat gehörte ursprünglich einem Vogelzüchter-Verein und wurde später an das Museum übergeben. (Foto: Till Töpfer, ZFMK)

Im Folgenden sollen daher nicht nur bestehende Zusammenhänge zwischen wissenschaftlicher Forschung und der Vogelhaltung beleuchtet, sondern auch Möglichkeiten aufgezeigt werden, wie sich eine solche Zusammenarbeit zu gegenseitigem Nutzen weiterentwickeln kann. Insbesondere die Erhaltungszucht mit den verbundenen gemeinsamen Interessen des Arten- und Populationsschutzes stellt dafür eine wichtige Schnittstelle dar.

2   Vogelforschung und Vogelhaltung aus historischer Perspektive

Während die Vogelhaltung heutzutage verallgemeinernd gern auf eine reine Zurschaustellung oder auf private Liebhaberei reduziert wird, die mit Wissenschaft nichts zu tun hat, besteht historisch gesehen eigentlich keine so deutliche Abgrenzung. Die Ornithologie als eigenständiger Wissenschaftszweig ging aus einer Reihe vogelkundlicher Traditionen hervor, unter denen die Vogelhaltung ein ganz selbstverständlicher Bestandteil war (Haffer et al. 2014). Gerade in der Anfangszeit der wissenschaftlichen Ornithologie war die Vogelhaltung auch unter den frühen Fachornithologen nicht nur weit verbreitet, sondern auch als Beitrag für die Entwicklung verschiedener wissenschaftlicher Teildisziplinen durchaus entscheidend.

Die prominentesten Beispiele liefern sicherlich die Arbeiten Charles Darwins (1809–1882), der im 19. Jahrhundert grundlegende Einsichten über evolutionsbiologische Zusammenhänge auch durch das Studium von Haustauben gewann, sowohl was deren züchterisch bedingten körperbaulichen Veränderungen als auch die damit verbundenen Verhaltens- und Fortbewegungsweisen betraf. Darwin hielt zudem engen Kontakt zu Tierzüchtern, um von ihnen Information über Zucht- und Kreu-

zungsphänomene zu erhalten (Desmond und Moore 1991). Wesentliche Pionierar-
beit in der Verhaltensforschung wurde von Oskar (1871–1945), Magdalena (1883–
1932) und Katharina (1897–1989) Heinroth in der ersten Hälfte des 20. Jahrhunderts
geleistet (Schulze-Hagen und Birkhead 2015), die durch die Verknüpfung von
wissenschaftlich motivierter Vogelhaltung und Verhaltensbeobachtung an handaufgezogenen Vögeln sowie dem engem fachlichem Austausch mit Kollegen (u. a. mit
Konrad Lorenz) geprägt war. Oskar Heinroth bediente sich außerdem für eine der
ersten systematischen Gefiedermauser-Studien gleichermaßen lebender Vögel aus
Haltungen als auch präparierter Vögel in Sammlungen (Schulze-Hagen 2019). Etwa
im gleichen Zeitraum beschäftigte sich Hans Duncker (1881–1961) mit Untersuchungen zur Vererbung von Gefiedermerkmalen an gehaltenen Wellensittichen
Melopsittacus undulatus und Kanarienvögeln *Serinus canaria*. Er führte das wahrscheinlich erste transgene Kreuzungsexperiment bei Vögeln durch, indem er ein für
die rote Gefiederfärbung zuständiges Gen des Kapuzenzeisigs *Carduelis cucullatus*
auf den Kanarienvogel übertrug und damit grundlegende Techniken der Genetik mit
der Vogelhaltung verband (Birkhead et al. 2003). Nicht zuletzt spielen Vogelhaltungen in der Vogelzugforschung seit jeher eine wichtige Rolle: jahrelange Selektions-
experimente mit Zugvögeln, wie z. B. Mönchsgrasmücken *Sylvia atricapilla* (Berthold 2007), sind bis in das Zeitalter der molekulargenetischen Analysen bedeutend.

Mit der Emanzipation der Ornithologie als eigenständige Wissenschaft ging eine
zunehmende Vervielfältigung vogelkundlicher Teildisziplinen einher (Haffer et al.
2014). Gleichzeitig wandelte sich, oftmals methodisch bedingt, die Bedeutung
einzelner Teildisziplinen im Laufe der Zeit (Walters 2003; Chansigaud 2009; Birkhead et al. 2014). Die Vogelhaltung erlangte dabei keine größere Bedeutung als
eigenständiges Fachgebiet mehr, auch wenn die wissenschaftliche Ornithologie auf
die Vogelhaltung als infrastrukturelle Unterstützung ihrer Forschungsaufgaben bis
heute angewiesen blieb. Zudem trugen separate Entwicklungen in ornithologischen
Fachgesellschaften und in Vogelzüchter-Vereinigungen zu einer weiteren Trennung
von Forschung und Vogelhaltung bei. Dabei soll aber nicht übersehen sein, dass es
stets Persönlichkeiten gab, die den fachlichen Austausch über diese vermeintlichen
Grenzen hinweg gesucht haben. In Zeiten des zunehmenden Artenschwundes sind
wir heute gefordert, solch einen Austausch zu intensivieren, um gemeinsame Schutzbemühungen durchzusetzen. Durch die Popularisierung des Naturschutzgedankens
und der damit verbundenen Konzepte zur Unterstützung oder Neuschaffung von frei
lebenden Populationen gefährdeter Arten durch (Wieder-)Auswilderung ist die
Wildvogelhaltung mindestens seit etwa Mitte des 20. Jahrhunderts als bedeutendes
Reservoir genetischer Vielfalt außerhalb natürlicher Populationen im Rahmen von
Erhaltungszuchtprogrammen besonders gefragt.

3   Was können Vogelhaltung und -zucht zur Forschung beitragen?

Dass innerhalb der Ornithologie aufgrund der starken Spezialisierung ihrer For-
schungszweige einzelne Arbeitsgebiete zunehmend Berührungspunkte verlieren,
betrifft nicht nur das Gebiet der Vogelhaltung, sondern auch viele andere Aktivitäten

im vogelkundlichen Amateurbereich. Die deswegen zu Recht geforderten „Verständnisbrücken" zwischen professioneller und ambitionierter Freizeit-Vogelkunde (Bezzel 2019) können ohne weiteres auch zur Vogelhaltung geschlagen werden. Ein unvoreingenommener Austausch kann hier beide Seiten voranbringen, denn die im Kreise der Vogelhalter vorhandenen praktischen Kenntnisse brauchen den Vergleich zum wissenschaftlichen Erkenntnisgewinn oftmals nicht zu scheuen.

Der wahrscheinlich am meisten unterschätzte Wissensfundus innerhalb der Vogelhalter-Gemeinschaft betrifft die Verhaltenskunde (Löhrl 1989). Dass Halter und Züchter „ihre" Vögel sehr gut kennen und deren Bedürfnisse und Verhaltensweisen dahingehend interpretieren, ihnen optimale Lebens- und Brutbedingungen zu bieten, wird oft sicherlich einfach vorausgesetzt – gerade aber in diesem Grundlagenwissen könnten bislang unbeachtete Erkenntnisse schlummern (Töpfer 2011). Egal ob in Freiheit oder in Menschenobhut, Vögel reagieren sensibel auf Veränderungen in ihrem sozialen Umfeld und in ihrer Umwelt. Solche äußeren Faktoren wirken sich auf Kondition und Verhalten aus und werden daher in der Vogelhaltung möglichst optimiert. Die individuellen Reaktionen der Vögel, sowohl untereinander als auch umweltbezogen, sind Bestandteile eines Verhaltensrepertoires, das für manche Vogelarten immer noch erstaunlich lückenhaft dokumentiert ist. So sind selbst bei häufigen Arten bestimmte Lautäußerungen ausgesprochen schlecht belegt, insbesondere in ihrem Verhaltenskontext: ob es sich beispielsweise bei einem kurzen Vogellaut um einen Kontaktruf oder um ein Warnsignal handelt, können viele Halter schnell sagen, auch weil sie die zugehörige körperliche Reaktion (z. B. die Körperhaltung) der Vögel kennen – in der ornithologischen Fachliteratur fehlen diese Bezüge jedoch in vielen Fällen, weil sie als vermeintlich alltägliche Lebensäußerungen nicht dokumentiert wurden.

Ein sich in den vergangenen Jahren stark weiterentwickelt habendes Themengebiet ist das Altern von Tieren (Nussey et al. 2013). Dabei werden in Verbindung mit molekulargenetischen Untersuchungen die Mechanismen des Alterns und grundlegende Prinzipien der Langlebigkeit bei verschiedenen Organismen analysiert. Neben der Dokumentation des maximalen Lebensalters, das bei Vögeln in Menschenobhut allerdings mit Sicherheit höher liegt als in der freien Wildbahn, sind hier insbesondere jene altersbedingten Erscheinungen interessant, die bei freilebenden Vögeln relativ selten festgestellt werden. Ein Bespiel dafür ist die schrittweise Reduktion von dunkler (Melanin-)Pigmenteinlagerungen im Gefieder („progressive greying", also „fortschreitendes Ergrauen"; van Grouw 2013), die durch einen zunehmenden Anteil weißer oder grauweißer Federn nach mehreren Mauserzyklen gekennzeichnet ist. Es handelt sich dabei augenscheinlich nicht um eine haltungsbedingte Mangelerscheinung, da das Phänomen auch bei wild lebenden Vögeln bekannt ist (van Grouw 2013, 2018). Allerdings wurde es von Vogelhaltern bisher nur selten dokumentiert (z. B. bei Meisenyuhinas *Yuhina nigrimenta*; Kleefisch 2009), obwohl es zumindest statistisch häufiger bei den in Menschenobhut länger lebenden Vögeln zu erwarten wäre.

Ebenfalls häufig übersehen wird das Interesse wissenschaftlicher Vogelsammlungen an verstorbenen Vögeln aus Haltungen. Zwar sind diese nicht für alle Fragestellungen geeignet (vgl. Frahnert et al. 2013), können aber als spezielle Präparate

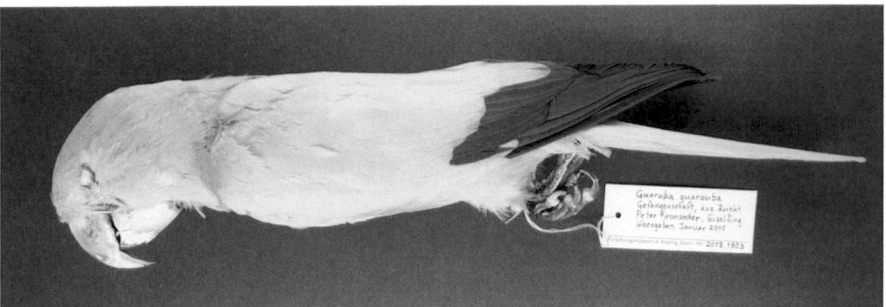

Abb. 2 Balgpräparat eines Goldsittichs *Guaruba guarouba* (Nr. ZFMK_ORN 2019.1903) aus der ornithologischen Sammlung des Zoologischen Forschungsmuseums Alexander Koenig in Bonn. Der Vogel wurde in Privathand gehalten und nach seinem Tode dem Museum übergeben. Das Präparat erfüllt nun eine wichtige Belegfunktion und stellt wertvolles Vergleichsmaterial für eine Vielzahl wissenschaftlicher Untersuchungen dar. (Foto: Till Töpfer, ZFMK)

für bestimmte Forschungs-, Lehr- und Schauzwecke eingesetzt werden (Abb. 2). Nicht selten schließen Vögel aus Haltungen Lücken in den wissenschaftlichen Sammlungen, die sich heute anders nicht mehr komplettieren ließen. Hinsichtlich ihrer Nutzung werden wissenschaftliche Vogelpräparate (Bälge, Skelette, aber auch Federn, Eier und Nester) für vergleichende Untersuchungen herangezogen, die sich neben dem Studium des Körperbaus und der damit verbundenen Merkmals-Variationen (Töpfer 2018) auch mit (mikro-)strukturellen oder molekulargenetischen Themen befassen. Letztere werden mit Hilfe von mit dem Präparat aufbewahrten Gewebeproben durchgeführt. Klassische sammlungsbasierte Themenfelder sind Studien zur Stammesgeschichte und Systematik der Vögel, meist gekoppelt mit taxonomischen Fragestellungen (Töpfer 2011; Frahnert et al. 2013). Auch bei gefiederkundlichen Studien, die entweder Teil der vorgenannten Untersuchungen oder eigenständige Forschungsaufgaben sein können (z. B. zu Mauser oder Federfeinstrukturen), sind Vögel aus Haltungen wichtige Quellen. Dabei ist es unter Umständen sogar zielführender, auf Vögel aus Haltungen zurückzugreifen: diese sind präparatorisch häufig in geeigneterem Zustand als manche historische Präparate, die auch aus sammlungsgeschichtlicher Sicht nicht immer einbezogen werden sollten, insbesondere bei nicht-beschädigungsfreien Untersuchungsmethoden.

Vogelpräparate dienen auch diversen Dokumentationszwecken, zumeist dem Beleg des räumlich-zeitlichen Vorkommens einer Vogelart im Freiland. Mit Blick auf Vögel aus Haltungen kommt noch ein anderer Aspekt hinzu, nämlich jener der züchterischen Veränderung des Erscheinungsbildes in Färbung, Größe und Proportion durch gezielte Zucht oder Kreuzungen. Da sich Zuchtstandards und -moden auch historisch gewandelt haben (extrem z. B. beim Wellensittich; Bartels et al. 2009), sind gut datierte Präparate immer auch Belege für historische Schwerpunkte in der Vogelzucht: so finden sich beispielsweise Kanarienvogel-Präparate aus den Duncker'schen Kreuzungsversuchen in der Vogelsammlung des Bremer Überseemuseums (Birkhead 2003). Umgekehrt geben Präparate von Vögeln, die aus den ursprünglichen Herkunftsgebieten stammen, Aufschluss über das natürliche Erschei-

nungsbild und über züchterisch unbeeinflusste Variationsbreiten, was sie gleichzeitig
zu dauerhaften Referenzen für in Erhaltungszuchtprogrammen einbezogene Vögel
macht.

4   Was Forschung zur Vogelhaltung beitragen kann: Beispiel Erhaltungszucht

Aktuelle ornithologische Forschungserkenntnisse tragen aufgrund der erwähnten
thematischen Vielfalt und Spezialisierung derzeit wahrscheinlich eher indirekt zu
einer optimierten Vogelhaltung bei, am meisten wohl in Form neuer veterinärmedi-
zinischer Einsichten. Ein Aspekt der Vogelhaltung ist aber tatsächlich eng mit der
wissenschaftlichen Ornithologie verzahnt und wird sich voraussichtlich noch stärker
mit ihr vernetzen: die Erhaltungszucht.

Erhaltungszuchten, wie zum Beispiel die international koordinierten Europäischen Erhaltungszuchtprogramme (EEPs) des Europäischen Zooverbandes (EAZA),
bedürfen unzweifelhaft einer besonderen wissenschaftlich fundierten Basis, geht es
doch um zu dokumentierende Effekte bei der Populationsstützung von hoher Natur-
und Artenschutzrelevanz, einschließlich der Erfolgskontrollen in Haltungen und im
Freiland. Ein festgelegtes Regelwerk, zentral geführte Zuchtbücher und besondere
Fachgremien sorgen für einen kontrollierten Austausch von Zuchtvögeln und überwachen die Einhaltung der fachlichen Vorgaben (Oberwemmer et al. 2012). Die für
Erhaltungszuchten notwendige methodische Expertise jenseits der züchterischen
Praxis kann von der Seite der Wissenschaft zum Beispiel in Form von molekulargenetischen Methoden (siehe unten) oder durch Empfehlungen zur Erfassung morphologischer Merkmale (z. B. Eck et al. 2011) geliefert werden. Dabei müssen die
dafür verwendeten Daten keineswegs ausschließlich von Forschungsinstitutionen
erhoben werden, da sich die vielfältigen Aspekte dieser Arbeit ohnehin in Koo-
perationsprojekten wiederfinden und zudem zahlreiche Zoos eigene Forschungsprojekte für den Artenschutz betreiben (Abb. 3).

Der Kernaspekt bei Erhaltungszuchten ist in allen Fällen die Bewahrung einer
möglichst großen genetischen Vielfalt, gerade aufgrund der oftmals nur relativ
geringen Zahl der in den Zuchtprogrammen vorhandenen Individuen. Das bezieht
sich dabei nicht nur auf die in der Praxis ohnehin angestrebte Verpaarung von
möglichst nicht näher verwandten Individuen, sondern auch auf die gesamte genetische Variabilität der in Haltung befindlichen Zuchtpopulation (Tudge 1993). Diese
Variationsbreite soll sicherstellen, dass es im Vergleich zu den Wildvogelpopulationen nicht zu einer Verarmung an genetischen Varianten kommt und gleichzeitig
unerwünschte Inzuchteffekte unterbleiben, die nicht nur die Vitalität der späteren
ausgewilderten Population beeinträchtigen, sondern auch negative gesundheitliche
Aspekte (z. B. körperliche Fehlbildungen) bei den Programmvögeln zur Folge haben
können.

Hinzu kommt, dass nicht selten aufgrund von in Zuchtanlagen erzeugten Kreuzungen verschiedener Vogelformen (wie z. B. die Hybriden bei Unzertrennlichen
Agapornis, van der Zwan et al. 2019) genetische Konstellationen entstanden sind,

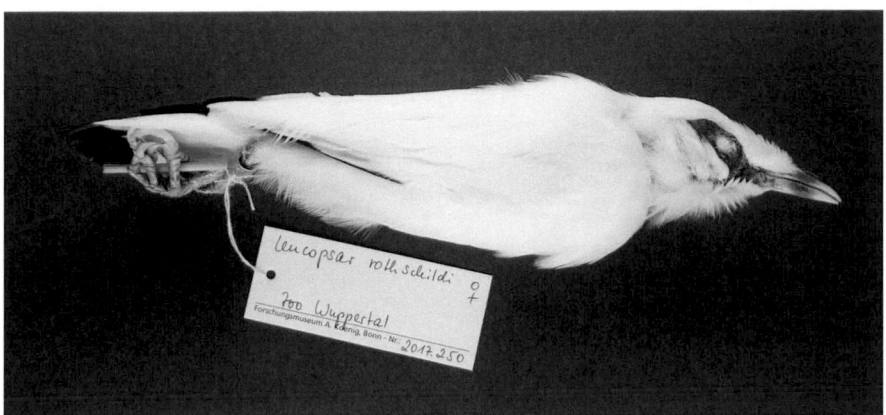

Abb. 3 Balgpräparat eines Balistars *Leucopsar rothschildi* (Nr. ZFMK_ORN 2017.250) aus der Sammlung des Zoologischen Forschungsmuseums Alexander Koenig in Bonn. Der Vogel wurde im Zoo Wuppertal im Rahmen des Europäischen Erhaltungszuchtprogramms (EEP) für den Balistar gehalten und dokumentiert damit auch die internationalen Bemühungen um den Erhalt dieser Vogelart. (Foto: Till Töpfer, ZFMK)

die für die Stützung oder Wiederherstellung natürlicher Vogelpopulationen nicht erwünscht sind, da sie im Freiland so nicht vorkommen. Ebenfalls ungeeignet für Erhaltungszuchten sind sogenannte „(Farb-)Mutanten". Obwohl die Resultate sogenannter „Mutationszuchten" als vom Wildvogel-Erscheinungsbild mehr oder weniger deutlich abweichender Farbschläge leicht zu erkennen sein können, muss immer auch mit dem Vorhandensein äußerlich nicht sichtbarer (rezessiver) genetischer Information gerechnet werden, die unter Umständen erst nach einigen Generationen wieder zum Vorschein kommt.

Um natürliche genetische Variationsbreiten zu ermitteln (und eventuelle frühere Einkreuzungen nachzuweisen), können moderne populationsgenetische Techniken angewandt werden. Im Gegensatz zur inzwischen kommerziell verfügbaren molekularen Geschlechtsbestimmung als Standardmethode bei der Zusammenstellung von Zuchtpaaren sind die Verfahren der Populationsgenetik methodisch aufwändiger und teurer. Daher werden sie zumeist nur bei besonders seltenen Arten eingesetzt. Eine mögliche Perspektive für eine breitere Anwendung solcher Techniken in der Erhaltungszucht könnte sich aus den aktuellen Bemühungen ergeben, forensische Identifikationsverfahren zur Bekämpfung des illegalen Tierhandels einzusetzen (FONA 2019). Dafür wird von jeder Art eine Grundlagendatenbasis ihrer genetischen Merkmalsvariation benötigt. Diese genetische Datenbasis kann auch mit Hilfe von Proben gehaltener Vögel erstellt werden und würde damit im Gegenzug wertvolle Informationen über die genetische Zusammensetzung der Vogelbestände in Menschenobhut liefern. Da die Zielarten von Erhaltungszuchten teilweise mit jenen der Bekämpfung des illegalen Tierhandels identisch sind, könnten sich hier methodische Überschneidungen zu gegenseitigem Nutzen ergeben.

Außerdem können aktuelle Forschungsmethoden dazu beitragen, geeignete Lebensräume für Auswilderungsvorhaben auszuwählen bzw. deren Eignung statistisch zu überprüfen. Ansätze wie die Habitatmodellierung, bei der auf Basis bekannter Vorkommensdaten in Kombination mit landschaftlichen (Höhenlage, Vegetationsverbreitung, Fragmentierung) und klimatischen (Temperatur, Luftfeuchte) Parametern die Vorkommens-Wahrscheinlichkeiten und Lebensraum-Präferenzen einzelner Arten analysiert werden, können wertvolle Vorab-Informationen für Wiederansiedlungsprojekte liefern (z. B. Gedeon et al. 2018). Solche Modelle können zudem genutzt werden, um die Auswirkung des Klimawandels auf das Vorkommen von Vogelpopulationen abzuschätzen (z. B. Bender et al. 2019); eine Methode, die auch für Artenschutzmaßnahmen immer wichtiger werden dürfte.

5   Schlussfolgerungen und Ausblick

Die vorgenannten Ausführungen sollen der landläufigen Vorstellung von einer von der Wissenschaft abgekoppelten Vogelhaltung ein realistisches Bild der vielfältigen aktuell bestehenden Verflechtungen gegenüberstellen. Trotzdem bestehen im Hinblick auf die fachlichen Möglichkeiten, die solche Kooperationen bieten, durchaus noch weitere Perspektiven zu beiderseitigem Nutzen. Potenzial besteht dabei nicht nur in der konkreten züchterischen Zusammenarbeit, sondern auch in der Weitergabe von Wissen (Löhrl 1989; Töpfer 2011). Dies bezieht sich nicht nur auf die klassische Wissensvermittlung für die Öffentlichkeit, sondern auch auf die Verbesserung der Kommunikation zwischen allen an Vogelhaltung und Wissenschaft beteiligten Interessengruppen. Hier schließt sich der Kreis zwischen Institutionen, Behörden und Privatpersonen, die an verschiedenen Stellen und in verschiedenen Funktionen in Erhaltungszuchtprogramme eingebunden sind (Abb. 4).

Dafür ist zunächst eine weitere Intensivierung des fachlichen Austausches gefragt, insbesondere in der Erhaltungszucht, bei der es auf die effektive Nutzung allen zur Verfügung stehenden Expertenwissens ankommt. Auf übergeordneter Ebene sind dazu bereits wichtige Schritte unternommen worden, wie zum Beispiel der Abschluss einer gemeinsamen Absichtserklärung des naturwissenschaftlichen Fachkomitees des Internationalen Museumsrates (ICOM NATHIST) und des internationalen Dachverbandes der Zoos und Aquarien (WAZA) (Dick 2018). In der Praxis müssen solche Abkommen jedoch durch konkrete Einzelinitiativen getragen werden. Internationale Erhaltungszuchtprogramme wie die EEPs bieten dafür die ideale Grundlage, da deren Strukturen und Abläufe gefestigt sind und die nötigen Netzwerke existieren. Hier können leicht weitere Partner eingebunden werden, ob in beratender, analytischer oder konkreter züchterischer Funktion. Es wäre überaus wünschenswert, wenn solche Synergieeffekte weiterhin forciert würden, um Erhaltungszuchtprogramme noch effektiver zu gestalten (Oberwemmer et al. 2012).

Mit Blick auf die enge Einbindung von privaten Vogelhaltern, aber auch von ganz allgemein naturbegeisterten Sympathisanten, kommt noch ein weiterer Aspekt zum Tragen, der zukünftig weiter an Bedeutung gewinnen wird: die Beteiligung des

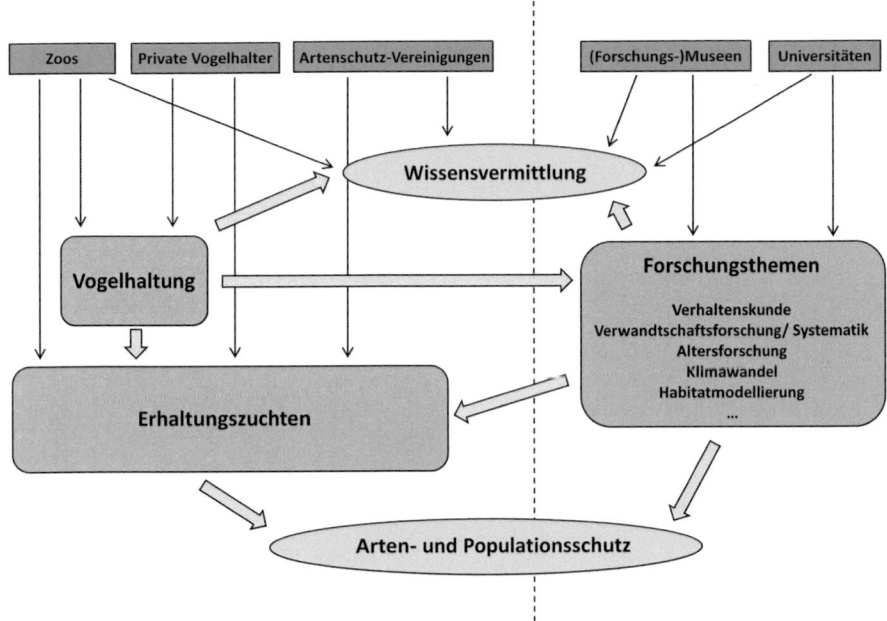

Abb. 4 Verflechtungen zwischen Wissenschaft und Vogelhaltung. Dieses vereinfacht dargestellte Netzwerk besteht in der Praxis aus unterschiedlichsten Kooperationen zwischen allen Beteiligten (dunkelgrün), die entweder der vogelhalterischen oder der wissenschaftlichen Seite zugeordnet werden können (gestrichelte Linie). Dabei sind nur die wesentlichsten inhaltlichen Beiträge (dicke graue Pfeile) und funktionellen Schnittstellen (dünne Pfeile) zu den Hauptaufgaben (blau) der Partner dargestellt. Die Übergänge sind allerdings insbesondere bei den zoologischen Gärten fließend; konkrete Synergieeffekte (hellgrün) entstehen spätestens bei der Wissensvermittlung und beim Arten- und Populationsschutz. Erhaltungszuchten, obwohl eigentlich Element einer breit aufgefassten Vogelhaltung, sind aufgrund ihrer inhaltlich stark verbindenden Funktion explizit hervorgehoben. Zu beachten ist dabei insbesondere die wichtige Rolle der privaten Vogelhalter. (Grafik: Till Töpfer, ZFMK)

Bürgerinteresses an Schutzmaßnahmen. Diese in Anlehnung an die sogenannten „Bürgerwissenschaften" („citizen science") auch als „citizen conservation" bezeichnete Bewegung umfasst die aktive Teilnahme an und Unterstützung von artenschutzrelevanten Maßnahmen und deren wissenschaftlichen Begleitung. Für die dazu notwendige Sensibilisierung breiter Bevölkerungsschichten tragen Zoos und Museen eine besondere Verantwortung.

Damit besteht nicht zuletzt auch die Notwendigkeit, das innerhalb der fachlichen Netzwerke erhobene Wissen verfügbar zu machen. Dies sollte am besten im Rahmen gemeinsamer Publikationen erfolgen, egal ob in klassischer Druckform oder über digitale Medien, in der die gewonnen Erkenntnisse zielgruppengerecht aufgearbeitet werden. „Zielgruppengerecht" bezieht sich in diesem Falle ausdrücklich nicht nur auf den populären Wissenstransfer, sondern auch darauf, die wissenschaftlichen Aspekte der Haltungs- und Zuchtbemühungen herauszustellen und zu dokumentieren. Dazu sollten aktiv auch wissenschaftliche Publikationsorgane ins Auge gefasst werden (im Anbetracht der globalen Herausforderungen des Artenschutzes auch internationale, d. h. englischsprachige Journale).

Literatur

Bartels, T., Cramer, K., Wolf, P., Hässig, M., & Boos, A. (2009). Osteological examinations on the Budgerigar (*Melopsittacus undulatus* Shaw 1805) with special reference to skeletal alterations conditioned by breeding. *Anatomia, Histologia, Embryologia, 38*, 262–269.

Bender, I. M. A., Kissling, W. D., Böhning-Gaese, K., Hensen, I., Kühn, I., Nowak, L., Töpfer, T., Wiegand, T., Dehling, D. M., & Schleuning, M. (2019). Projected impacts of climate change on functional diversity of frugivorous birds along a tropical elevational gradient. *Scientific Reports, 9*, 17708.

Berthold, P. (2007). *Vogelzug. Eine aktuelle Gesamtübersicht* (7. Aufl.). Darmstadt: Wissenschaftliche Buchgesellschaft.

Bezzel, E. (2019). *55 Irrtümer über Vögel*. Wiebelsheim: Aula.

Birkhead, T. R. (2003). *The red canary. The story of the first genetically engineered animal*. London: Weidenfeld & Nicolson.

Birkhead, T. R., Schulze-Hagen, K., & Palfner, G. (2003). The colour of birds: Hans Duncker, pioneer bird geneticist. *Journal für Ornithologie, 144*, 253–270.

Birkhead, T. R., Wimpenny, J., & Montgomerie, R. (2014). *Ten thousand birds. Ornithology since Darwin*. Princeton: Princeton University Press.

Chansigaud, V. (2009). *The history of ornithology*. London: New Holland.

Desmond, A., & Moore, J. R. (1991). *Darwin*. München/Leipzig: List.

Dick, G. (2018). Natural history museums, zoos, and aquariums. In E. Dorfman (Hrsg.), *The future of natural history museums* (S. 157–167). London: Routledge.

Eck, S., van den Elzen, R., Fiebig, J., Fiedler, W., Heynen, I., Nicolai, B., Töpfer, T., Winkler, R., & Woog, F. (2011). *Measuring birds. Vögel vermessen*. Wilhelmshaven: Deutsche Ornithologen-Gesellschaft.

FONA. (2019). Forensic Genetics for Species Protection (FOGS). https://www.fona.de/de/massnahmen/foerdermassnahmen/fogs.php. Zugegriffen am 09.12.2019.

Frahnert, S., Päckert, M., Tietze, D. T., & Töpfer, T. (2013). Aktuelle Schwerpunkte sammlungsbezogener Forschung in der Ornithologie. *Vogelwarte, 51*, 185–191.

Gedeon, K., Rödder, D., Zewdie, C., & Töpfer, T. (2018). Evaluating the conservation status of the Black-fronted Francolin *Pternistis atrifrons*. *Bird Conservation International, 28*, 653–661.

Grouw, H. van (2013). What colour is that bird? The causes and recognition of common colour aberrations in birds. *British Birds, 106*, 17–29.

Grouw, H. van. (2018). White feathers in black birds. *British Birds, 111*, 250–252.

Haffer, J., Hudde, H., & Hillcoat, B. (2014). The development of ornithology and species knowledge in Central Europe. *Bonn Zoological Bulletin, Supplementum, 59*, 1–116.

Kleefisch, T. (2009). Meisenyuhinas – Erinnerung an Zuchterfolge. *Gefiederte Welt, 133*, 8–11; 20–23.

Löhrl, H. (1989). Beziehungen zwischen Vogelhaltung und Wissenschaft. *Gefiederte Welt, 113*, 3.

Nussey, D. H., Froy, H., Lemaitre, J.-F., Gaillard, J.-M., & Austad, S. N. (2013). Senescence in natural populations of animals: Widespread evidence and its implications for bio-gerontology. *Ageing Research Reviews, 12*, 214–225.

Oberwemmer, F., Lackey, L. B., & Gusset, M. (2012). Which species have a studbook and how threatened are they? *WAZA Magazine, 12*, 34–36.

Schulze-Hagen, K. (2019). Oskar Heinroth, Erwin Stresemann und die Geschichte der Mauserforschung. *Vogelwarte, 5*, 1–12.

Schulze-Hagen, K., & Birkhead, T. R. (2015). The ethology and life history of birds: The forgotten contributions of Oskar, Magdalena and Katharina Heinroth. *Journal of Ornithology, 156*, 9–18.

Töpfer, T. (2011). Aspekte der Verwandtschaftsforschung bei Vögeln. *VZE Vogelwelt, 56*, 19–23.

Töpfer, T. (2018). Morphological variation in birds: Plasticity, adaptation, and speciation. In D. T. Tietze (Hrsg.), *Bird species. How they arise, modify and vanish* (S. 63–74). Cham: Springer.

Tudge, C. (1993). *Letzte Zuflucht Zoo. Die Erhaltung bedrohter Arten in Zoologischen Gärten.* Berlin: Spektrum Akademischer.

Walters, M. (2003). *A concise history of ornithology.* London: Christopher Helm.

Zwan, H. van der, Visser, C., & van der Sluis, R. (2019). Plumage color variations in the *Agapornis* genus: A review. *Ostrich, 90,* 1–10.

Artgerechte Vogelhaltung in EAZA Zoos

Friederike von Houwald

Inhalt

1   Einführung

Dieses Kapitel gibt einen Einblick in die Bedeutung der artgerechten Haltung von Vögeln in zoologischen Gärten, welche sich den Standards der EAZA (Europäischer Verband der Zoos und Aquarien) angeschlossen haben.

1992 wurde der Europäische Verband der Zoos und Aquarien (EAZA) gegründet. Hauptziel war damals die politische Einflussnahme auf ein Gesetzgebungsverfahren, das länderübergreifende Standards für zoologische Gärten und Aquarien vorsah und 1999 die EU- Zoodirektive hervorbrachte.

Themen wie Bildung, Forschung, Artenschutz und Haltungsbedingungen von Wildtieren wurden definiert und im Laufe der Jahre immer weiter verfeinert und verbessert. Im Zentrum der Arbeit aller EAZA-Zoos stehen das Tier und sein Wohlergehen (EUR-Lex 1999).

Durch den Weltzooverband (WAZA) sowie EAZA wurden ethische Leitlinien und Standards verabschiedet, die die Zoos u. a. darin unterstützen, dem Wohlergehen der ihnen anvertrauten Tiere jederzeit höchste Priorität einzuräumen. So geht unter anderem die Animal Welfare Strategy (WAZA 2015) des Weltzooverbandes davon

F. von Houwald (✉)
Zoo Basel, Basel, Schweiz
E-Mail: Friederike.vonHouwald@zoobasel.ch

© Springer-Verlag GmbH Deutschland, ein Teil von Springer Nature 2021
W. Lantermann, J. Asmus (Hrsg.), *Wildvogelhaltung*,
https://doi.org/10.1007/978-3-662-59604-3_8

aus, dass Zoos und Aquarien in der Verantwortung stehen, hohe Standards beim Wohlergehen der Tiere zu setzen, um ihre erklärten Ziele als moderne Natur- und Artenschutzorganisationen zu erreichen. Diverse Publikationen seitens der EAZA (EAZA Standards for the Accomodation and Care of Animals (EAZA 2019a)), EAZA Population Management Manual (EAZA 2019b), EAZA Code of Ethics (EAZA 2015), formulieren sehr klar, nach welchen Standards Wildtiere in EAZA-Zoos gehalten, gezüchtet, gehandhabt und gezeigt werden sollen. Diese Richtlinien gelten für alle Wildtiere.

Für manche Arten, welche in EAZA-Zoos gehalten werden, werden Best Practice Guidelines (BPG) geschrieben. In diesen Guidelines wird sehr gezielt auf das Vorkommen in der Natur, die Biologie bestimmter Tierarten und die daraus resultierenden Bedürfnisse sowie die Art und Weise der Haltung in Menschenobhut eingegangen. Anhand dieser Informationen soll gewährleistet werden, dass die Wildtierhaltung in EAZA-Zoos nach den neuesten wissenschaftlichen Erkenntnissen erfolgt und zum Wohlergehen des Tieres vollumfänglich beiträgt. Die Best Practice Guidelines vereinen ein großes Wissen aus Zoos, welche über Jahrzehnte Erfahrungen gesammelt haben. Erfahrungen stammen zum Teil aus der Wildbahn, aber auch aus der Haltung in Menschenobhut. Die Best Practice Guidelines werden nach entsprechender Peer Review auf der EAZA-Webseite veröffentlicht und stehen für jeden Interessierten zur freien Verfügung (EAZA 2020).

2   Tiergerechte Haltung – was bedeutet das?

Um einen Vogel tiergerecht halten zu können, muss einem bewusst sein, was tiergerechte Haltung überhaupt impliziert.

Eine tiergerechte Haltung definiert sich grundsätzlich dadurch, dass ein Tier mit der Art und Weise wie es gehalten wird, gut zurechtkommt. Eine gute Situation des Wohlergehens liegt vor, wenn es gesund ist (muss wissenschaftlich belegt sein), sich wohl fühlt, gut ernährt ist, sich sicher fühlt, in der Lage ist, sein angeborenes Verhalten zu zeigen, und es darf nicht an unerwünschten Zuständen wie Schmerz, Furcht und Stress leiden (gemäß der Definition der OIE – World Organisation for Animal Health, OiE 2008).

Das Wohlbefinden umschreibt immer die gesamte Situation eines Tieres, einschließlich seiner Gefühle und Empfindungen, die es als Resultat seiner physischen Gesundheit und der Umwelteinflüsse erlebt. Dabei kommt dem psychischen Zustand eines Tieres bei der langfristigen Beurteilung seines Wohlergehens eine große Bedeutung zu. Wohlergehen ist ein Zustand innerhalb eines Tieres und beschreibt, was das Tier subjektiv erlebt. Es gibt zwei Hauptquellen dieser mentalen Erfahrung: Die erste Quelle sind die Gefühle und Empfindungen. Diese motivieren das Tier zu einem Verhalten, welches für das Überleben essenziell ist (z. B. Durst, Hunger, Schmerz). Sie werden durch die Grundpfeiler Ernährung, Lebensraum und physische Gesundheit abgedeckt.

Die zweite Quelle sind positive wie auch negative Erfahrungen und werden unter dem Grundpfeiler Verhalten abgedeckt. Sie beziehen sich darauf, wie Tiere äußere

Gegebenheiten wahrnehmen. Zum Beispiel kann Bedrohung Flucht auslösen, Isolation zu Einsamkeit führen und Sicherheit Vertrauen fördern (WAZA 2015).

Nimmt man nun alle Faktoren aus den jeweiligen Bereichen zusammen, dann ergibt sich ein Gesamtbild des Wohlergehens.

Dabei ist es wichtig zu verstehen, dass ein Tier erst dann in der Lage ist positive Erfahrungen zu machen, wenn die Grundbedürfnisse wie Atmen, Trinken, Fressen und eine adäquate Umgebungstemperatur erfüllt sind, es weder Verletzungen aufweist, noch krank ist.

Die Motivation eines Tieres, sich mit weiteren Bereichen auseinander zu setzen, wird durch viele weitere, äußere Lebensumstände beeinflusst. Ein Beispiel wäre die Gestaltung der Umgebung (z. B. werden viele verschiedene Sitzäste oder nur zwei angeboten), oder das Ausleben der Sozialität (ein Artgenosse oder mehrere).

Je grösser die positive Erfahrung in der Bewältigung einer Aufgabe ist, desto höher die Motivation des Tieres, sich wiederholt mit Aufgaben zu beschäftigen. Eine hohe Motivation geht oft einher mit einem hohen Wohlbefinden (WAZA 2015).

Eine tiergerechte Haltung erfordert in seiner Summe die Krankheitsvorbeugung und tierärztliche Fürsorge, eine angemessene Unterbringung, ein sorgfältiges Tierhaltungsmanagement, eine artspezifische Ernährung, eine humane Behandlung in jeder Situation und zu guter Letzt ein schmerzfreies Töten.

3   Die Beurteilung einer artgerechten Vogelhaltung

Die Klasse der Vögel umfasst über 10.000 Arten weltweit. Ihre Verbreitungsgebiete erstrecken sich auf sieben Kontinente und den sie umgebenden Ozeanen.

Für die Beurteilung des Wohlergehens einer Vogelart in Menschenobhut ist es wichtig, sich mit der Biologie und dem natürlichen Verbreitungsgebiet des Tieres zu beschäftigen. Es ist wichtig, sich mit folgenden (nicht abschließenden) Fragen auseinander zu setzen:

Wie sieht das natürliche Verbreitungsgebiet des Vogels aus?

Was ist über seine Adaptation an den Lebensraum bekannt?

Wie wird ein Lebensraum genutzt?

Wie ist sein Verhalten gegenüber seinen Artgenossen zu verschiedenen Jahreszeiten?

Was sind seine Nahrungsbedürfnisse und welche Strategien werden angewandt, um an Futter zu kommen?

Wie verhält sich der Vogel im Umgang mit anderen Arten?

Welche gezielten Bedürfnisse hat es mit Blick auf klimatische Bedingungen wie Temperatur, etc.?

Im optimalen Fall fließen alle oben genannten Informationen zu einem Bild zusammen. Dieses Bild hilft, das Verhalten eines Vogels wie auch seine Haltung beurteilen zu können. Je detaillierter das Wissen ist, desto genauer wird die Beurteilung des Vogels in Menschenobhut ausfallen.

Bei der sehr großen Vielfalt an Vögeln und dem zum Teil recht großen Nicht-Wissen über natürliche Verhaltensweisen gewisser Arten ist es allerdings schwer, diese Bilder für jede Art entstehen zu lassen. Auch ist es logisch, dass die Haltung von Vögeln in Menschenobhut zwangsläufig zu Verhaltensveränderungen führen wird, dennoch ist es wichtig, sich an der Natur zu orientieren und sie so gut wie möglich in die Aspekte der Haltung einfließen zu lassen.

4 Beurteilung des Wohlergehens eines Tieres

Folgende Parameter sollten bei der Beurteilung des Wohlergehens eines Vogels beachtet werden:

4.1 Erscheinungsbild

Das **Federkleid** sollte glänzend, sauber, intakt und in der richtigen (natürlichen) Farbe sein. In der Regel liegt es glatt an, es sei denn, die Tiere plustern sich wegen Kälte auf, stellen die Federn zum Sonnenbaden ab oder sind in der Mauser. Vögel mausern auf sehr unterschiedliche Art und Weise. Es ist wichtig zu wissen, ob eine Mauser normal verläuft, um das Wohlergehen des Tieres beurteilen zu können.

Alle **Körperöffnungen** (Schnabel, Augen, Nasen, Ohren, Kloake) sind sauber und frei von Schmutz und Verklebungen. Die Augen sind bei wachem Zustand offen, bzw. öffnen sich, wenn der Vogel erwacht.

Die **Körperhaltung** ist aufrecht, beide Beine werden i. d. R. gleichmäßig belastet (außer im Schlaf/Entspannung). Die Flügel liegen glatt an, es sein denn, der Vogel sonnenbadet bzw. trocknet sein Gefieder, fliegt oder balzt.

Tiere **altern,** und das ist ein normaler Prozess. Dieser Prozess spiegelt sich oftmals in reduzierten Aktivitäten wieder und auch in Veränderungen der Körperhaltung. Ziel einer guten Vogelhaltung ist es, auch diesen Tieren das Altern zu erlauben und ihnen eine altersgerechte und angepasste Haltung anzubieten. Es muss vermieden werden, dass es zu altersbedingtem Stress, Schmerzen und damit verbunden Leiden kommt.

Der **Ernährungszustand** trägt maßgeblich zum äußeren Erscheinungsbild bei. Als Halter gehört es dazu, einen Vogel fachgerecht einzufangen, manuell korrekt zu fixieren und den Ernährungszustand des Vogels beurteilen zu können. Neben der Ausbildung der Brustmuskulatur gibt auch das Unterhautfettgewebe Rückschlüsse auf den Ernährungszustand. Ist das Brustbein deutlich zu fühlen, so ist das ein Hinweis auf eine unzureichende Futteraufnahme, eine gestörte Verdauung oder andere gesundheitliche Probleme. Ist ein Vogel gut genährt, schimmert am oberen Rand der Brustmuskulatur (Richtung Kopf) gelbes Unterhautfett durch. Eine stark gewölbte Brustmuskulatur und viel sichtbares, gelbes Unterhautfett sind Hinweise auf einen sehr guten, mitunter zu guten Ernährungszustand. Im Optimalfall gibt es artspezifische und genaue Richtlinien, auf die der Halter für die jeweilige Art zurückgreifen kann (wie beispielsweise die EAZA Best Practice Guidelines, EAZA 2020).

Ein gesunder Vogel zeigt i. d. R. reges Interesse an der Futtersuche und Futteraufnahme.

4.2   Verhalten

Gesunde Vögel sind aufmerksam, reagieren angemessen (d. h. sie fliegen nicht hektisch im stereotypen Dauerrhythmus von einem Ast zum anderen, sie sitzen aber auch nicht apathisch in der Ecke). Sie reagieren situativ und artgemäß auf Interaktionen seitens ihrer Artgenossen bzw. anderer Arten. Gesunde Vögel zeigen mitunter ein territoriales Verhalten, was auch in Aggressivität umschlagen kann. Das ist nicht zu verwechseln mit der generellen Aggressivität, die durch Fehlprägung und unsachgemäße Haltung erworben sein kann (Angstbeißer, Stress, etc.).

Gesunde Vögel halten eine ausreichende Fluchtdistanz zum Menschen, es sei denn, sie sind besonders zahm, auf Menschen geprägt, bzw. so krank, dass sie nicht mehr wegfliegen können. Ein gesunder Vogel wird immer mit Gegenwehr auf Handling reagieren (außer man fixiert gewisse Arten auf den Rücken, in dieser Haltung ‚erstarren' viele Hühnervögel und auch Greifvögel).

Gewisse Verhaltensweisen, wie zum Beispiel das repetitive Hin- und Herbewegen des Körpers, oder Teile des Körpers, das wiederholte Abspulen gewisser Bewegungsmuster und auch das wiederholte Nachahmen der menschlichen Sprache, verbunden mit einer starken Fixation auf den Menschen, sind Verhaltensweisen, die nicht natürlich sind und ihre Ursachen oftmals in einer nicht artgerechten Haltung haben. Es gibt durchaus Vogelarten, die ganz selbstverständlich Geräusche aus ihrem Umfeld übernehmen und sie auch benutzen. Das ist nicht zu verwechseln mit dem stereotypen Verhalten, welches sich auf die Anwesenheit einer Person fixiert und damit zu tun haben kann, dass nachahmungsbegabte Vögel einzeln gehalten werden.

4.3   Fortpflanzung

Gesunde Vögel zeigen je nach Saison andere Verhaltensweisen. Die meisten beginnen im Frühling (Lichtdauer und -intensität nehmen zu) mit der Balz, singen, färben mitunter um, besetzen Reviere, sammeln Nistmaterial, bauen Nester, verpaaren sich, etc.

Oftmals wird jedoch die erfolgreiche Fortpflanzung mit Wohlergehen verwechselt. Die Fortpflanzung ist hormongesteuert und wird durch multiple Faktoren beeinflusst, je nach Art ist es einfacher bis extrem schwierig einen Vogel zur Zucht zu bringen. Den Rückschluss zu ziehen, dass Vögel, welche sich fortpflanzen, artgerecht gehalten sind, ist jedoch nicht immer richtig. Eine artgerechte Haltung beinhaltet weitaus mehr als das Ausleben des Fortpflanzungstriebes. Das Ausleben des natürlichen Fortpflanzungstriebes stellt aber einen sehr wichtigen Aspekt in der artgerechten Haltung von Vögeln in Menschenobhut dar. Wiederholtes Verhindern der Brut kann zu großen Mängeln im Wohlbefinden der Tiere führen.

Das gesunde Aufwachsen von Jungvögeln im natürlichen Sozialverband ist ebenfalls ein wichtiger Aspekt der artgerechten Vogelhaltung.

4.4 Gefühle und Empfindungen

Dieser Bereich ist sehr schwer zu beurteilen, da er nicht nur artabhängig ist, sondern auch sehr individuell und in Abhängigkeit des Alters und der Saison steht. Es gibt wissenschaftliche Untersuchungen an Säugetieren und einigen Vogelarten, die sich mit diesem Thema auseinandersetzen (z. B. Mellor und Beausoleil 2015). Ein wichtiger Punkt ist, dass Tierhalter verstehen, dass jedes Tier, welches alleine in sehr karg eingerichteten und reizarmen Unterkünften lebt und sein Futter schnell aufnehmen kann, wahrscheinlich negative Erlebnisse wie Ängstlichkeit, Furcht, Frustration, Einsamkeit, Langeweile und Depression erfährt. Tiere, welche in sozialen Verbänden, in verhaltensanregenden Umgebungen, mit Möglichkeiten zum Erforschen, zur Futtersuche oder zur Jagd, wechselseitigen Beziehungen, Aktivitäten verbunden mit Aufregung, Aufzucht von Jungtieren und sexuellen Aktivitäten leben, werden mit großer Wahrscheinlichkeit weitaus mehr positive Erlebnisse haben (WAZA 2015).

5 Aspekte der tierartgerechten Vogelhaltung

Auf Grund der großen Vielfalt unter den Vögeln, ist es extrem schwer, von ‚der' artgerechten Vogelhaltung zu sprechen. Aber wie am Anfang erwähnt, gibt es viele Gemeinsamkeiten, die zeigen, dass es einem Vogel in Menschenobhut gut geht. Damit das gelingt, muss man nicht nur die Bedürfnisse der Tiere kennen, sondern man muss auch in der Lage sein, sie richtig umzusetzen. Im Grunde genommen muss der Vogelbesitzer Übersetzer spielen, indem er die Natur des Tieres versteht und die Bedürfnisse in eine artgerechte Vogelhaltung umsetzt.

Dabei gibt es folgende Grundsätze zu beachten:

5.1 Raum

Man muss sich darüber im Klaren sein, dass ein Vogelhalter nie in der Lage sein wird, die Natur zu kopieren. Kein Raum wird je groß und vielfältig genug sein, um die Vögel ‚wie in der Natur' zu halten. Aber Vogelhalter können interpretieren und umsetzen.

Eine zweite Schwierigkeit besteht darin, zu beurteilen, was ‚ausreichend Raum' bedeutet. Das Gesetz gibt Vorgaben, die es zu erfüllen gilt, meisten sind dieses Richtwerte, die sich auf die minimalen Anforderungen in der Haltung beziehen.

Ein Raum kann extrem spannend eingerichtet sein, ein Raum kann aber dasselbe Maß haben und extrem unpassend für eine artgerechte Haltung sein. Ein Raum kann pragmatisch eingerichtet sein und einfach zu säubern, aber auch das muss noch lange nicht heißen, dass er artgerecht ist. Auch ein für Menschen attraktiv bepflanztes und hübsch eingerichtetes Gehege muss nicht zwangsläufig artgerecht für Vögel sein.

Deshalb ist es wichtig, die Bedürfnisse der Vögel zu verstehen und sie dementsprechend umzusetzen. Hierbei hilft die Vorstellung, einen Raum in Komfortzonen zu teilen. Dabei soll der Vogel jederzeit die Möglichkeit haben selber wählen zu können, ob er sich im kalten oder warmen, hellen oder dunklen Bereich aufhalten möchte, ob er alleine sein möchte, oder sich lieber in Gesellschaft aufhalten will, ob er den oberen oder unteren Bereich einer Voliere aufsuchen möchte, und so weiter. Komfortzonen bieten dem Tier jederzeit die Möglichkeit, sich mit verschiedenen Optionen auseinander zu setzen und anschließend eigene Entscheidungen zu treffen.

5.2   Weitere Aspekte:

- Zugang zu Innen- und Aussenvolieren unter Berücksichtigung der Art, ihrer Bedürfnisse und der jeweiligen Saison anbieten. Vögel sollten (je nach Art) selber entscheiden können, welche Orte sie aufsuchen wollen (manche Arten lieben es im Schnee zu sein etc.).
- Sicherheit – Schutz vor Schadnagern und Raubtieren (Katzen, Marder, Greife)
- Sicherheit – Eintritt via Schleuse in Aussen- und Innenvoliere
- Einrichtung:
  - Natürliche Sitzäste in unterschiedlicher Dicke, Beweglichkeit und Ausrichtung im Raum
  - Natürliche Pflanzen mit Möglichkeiten zum Sitzen, Futtersuche, Baden und Nisten. Vorsicht: Vermeidung von ‚Fallen' bei zu glatten Strukturen, an denen Vögel keinen Halt finden und in Spalten rutschen/fliegen, aus denen sie selber nicht mehr herauskommen. Pflanzen mit Dornen erschweren beispielsweise die Pflege, und Vögel können mit ihren Ringen hängenbleiben.
- Sonnen- und Schattenplätze anbieten
- Wasserbad – je nach Vogelart am Boden, bzw. in der Höhe oder in Pflanzen wie Bromelien. Tiefe beachten, der Vogel muss selbstständig aus dem Wasser kommen können.
- Sprinkleranlagen im Innen- und Aussenbereich fördern das natürliche Badeverhalten im ‚Regen', bzw. in und auf nassen Blättern.
- Futter – je nach Art sollte es am Boden oder in der Höhe angeboten und das Suchverhalten gefördert werden. Das Futter sollte der Art entsprechend dargereicht werden, d. h. Vögel, die spezielle Schnäbel haben, sollten die Möglichkeit haben, diese Werkzeuge auch artgerecht einsetzen zu können. Dabei sollte die Futtervielfalt berücksichtigt werden.
- Rückzugsmöglichkeiten an verschiedenen Orten anbieten – beispielsweise dichte Bepflanzung
- Nester – Vielfalt an verschiedenen Orten in ruhigen Zonen der Voliere anbieten. Um Störungen zu vermeiden, besonders bei seltenen Arten, Kameras für Kontrolle vorsehen. Nistmaterial in grosser Vielfalt anbieten (grobes bis feines Material).

- Bodensubstrat – gut zu reinigen und zu ersetzen (genügend großen Zugang zur Voliere gewährleisten). Bereiche am Boden mit natürlichem Substrat anbieten, besonders wichtig für bodenlebende Arten oder Vögel, die gerne am Boden in der Erde, im Laub oder in morschem Holz nach Futter suchen und gerne ein Staubbad nehmen.
- Hygiene – je nach Jahreszeit täglich/wöchentlich reinigen.
- Beschäftigung/Behavioural Enrichment
  - Regelmässige Anreize schaffen für alle Arten, die besonders intelligent und verspielt sind (Art und Weise, wie man Futter anbietet, Einrichtung möglichst flexibel halten und häufig wechseln/verändern etc.)
  - Alle Vögel, welche knabbern, nagen etc., sollten dieses Verhalten ausleben können, indem man ihnen natürliche und artgerechte Materialien anbietet.
  - Das Futter muss ‚manipuliert' werden können, so wie Vögel es auch in der Natur machen müssen (z. B. Nüsse mit Schalen, ganze Früchte, lebende Insekten, etc.).
  - Vergesellschaftung mit Vögeln derselben Art
  - Vergesellschaftung mit Tieren anderer Arten
  - Training kann bei gewissen Arten helfen, die Vögel an ein gewisses Handling zu gewöhnen, ohne dass sie dadurch gestresst werden (z. B. Futterkäfige, Target Training etc.).

6   Wie sieht die Zukunft der Vogelhaltung in EAZA-Zoos aus?

Viele Zoos müssen sich der Gesetzgebung anpassen und verzichten in Folge auf die Haltung gewisser Arten. In absehbarer Zeit kann das zu einer Artenverarmung in den Zoos führen. Auf der anderen Seite kristallisiert sich immer mehr heraus, dass Zoos, wie auch viele Privathalter über ein sehr umfangreiches Wissen in der Haltung und Zucht von Vögel verfügen, welches in Hinblick auf den Erhalt von seltenen Arten besonders wichtig ist.

Viele Zoos und auch Privathalter haben dank erfolgreicher Zuchten bereits Arten vor dem Aussterben gerettet. Auf Grund des Importstops von Vögeln aus der Wildbahn müssen sich Zoos und auch Privathalter immer mehr auf die nachhaltige Zucht von Vögeln fokussieren, um die Bestände in Menschenobhut gesund zu erhalten. Das heißt, der Trend in den Zoos verschiebt sich. Gewisse Arten, die noch häufig in der Natur vorkommen, werden in Zoos immer seltener, und andere Arten, welche in der Natur seltener werden, finden in Zoos immer mehr Beachtung.

Zoos haben ihre Mission in den letzten Jahren verändert. Früher ging es darum, dem Besucher die bunte Vielfalt der Vogelwelt zu zeigen. Heute liegt der Fokus auf Zuchtprogrammen, in denen es darum geht, genetisch gesunde Populationen von seltenen Arten in Zoos langfristig zu züchten und zu erhalten und sie so vor dem Aussterben zu bewahren.

Dass das machbar ist, wurde mit einigen Arten bereits gezeigt, als Beispiel sei hier der Balistar (*Leucopsar rothschildi*) genannt. Künftige Erhaltungszuchtprogramme werden in Zukunft mehr Wert darauf legen, bestimmte Verhaltensmuster, Gesänge oder Fähigkeiten in den Populationen zu erhalten und zu fördern. Vogelhaltungen werden zunehmend in den Fokus von Forschungsvorhaben kommen. Sie sollen helfen, die Bedürfnisse – welche bei vielen Arten immer noch zu wenig bekannt sind – detaillierter zu erforschen und Situationen, welche möglicherweise Stress verursachen können, zu messen und zu beurteilen. Im Sinne des Wohlergehens der Vögel wird durch vermehrte Forschung das Verständnis von den sozialen Bedürfnissen der unterschiedlichsten Arten steigen und positiven Einfluss nehmen auf die Haltung. Ein wichtiger Bereich ist zum Beispiel die Verpaarung kompatibler Partner, welche in Zukunft einen weitaus größeren Stellenwert in der Forschung erhalten wird.

Eine weitere Entwicklung in Zoos ist, dass Besucher die exotischen Vögel nicht mehr in kleinen Volieren antreffen und betrachten, sondern die Tiere in einer naturnah gestalteten Voliere anschauen und beobachten können und damit eine Nähe vom Betrachter zum Tier erlauben, die den Besucher begeistern, ohne das Tier zu stressen.

Viele Zoos haben große Volieren, welche den Besucher einladen einzutreten und auf Augenhöhe mit dem Tier zu treten. Jene Arten aber, welche weniger kompatibel mit anderen bzw. besonders selten oder heikel in der Zucht sind, werden nach wie vor in Volieren gehalten und gezüchtet.

Der Zoo Basel ist in dieser Hinsicht ein gutes Beispiel. Das historische Haus aus dem Jahr 1927 hielt zur Eröffnung 1400 Vögel – viele von ihnen in Einzelkäfigen, aufgereiht in Reih und Glied. Im Laufe der Jahre veränderte sich die Einstellung gegenüber der Wahrnehmung, und die Käfige verschwanden zugunsten von kleinen Volieren, später größeren Volieren, und zu guter Letzt wurden die Vögel freifliegend in die große Halle gelassen. Das Ziel war immer, die Vögel – egal in welcher Voliere oder welchem Raum – nachzuzüchten und somit nachhaltig zum Arterhalt beizutragen.

Bevor der Entscheid im Jahr 2018 fiel, das Haus zu sanieren und weitere Anlagen zu bauen, wurden fast alle Arten, die im Haus lebten, regelmäßig nachgezogen, darunter Arten, welche entweder sehr selten nachgezogen werden, wie der Türkisnaschvogel (*Cyanerpes cyaneus*), oder sehr selten in der Natur sind, wie der Montserrattrupial (*Icterus oberi*). Das Geheimnis der Zuchterfolge liegt im tiefen Verständnis für die Bedürfnisse der Tiere und ihre Umsetzung. Aber auch der Austausch unter Kollegen, sei es aus Zoos oder aus dem Privaten, hat dazu beigetragen, dass das Wissen vermehrt und zugunsten der Tiere eingesetzt werden konnte.

Im neuen Konzept des Vogelhauses soll das Besucher-Erlebnis im Vordergrund stehen, gleichzeitig aber auch die Zucht vor und hinter den Kulissen von ausgewählten, seltenen und bedrohten Arten. Denn mit dem Wissen um die artgerechte Haltung von Vögeln in Menschenobhut ist es möglich, auch in Zukunft noch mehr für den Artenschutz und die Bildung zu tun, so dass Vögel nicht nur in Menschenobhut, sondern auch in freier Natur vermehrt geschützt werden.

Literatur

EAZA. (2015). *EAZA code of ethics*. Amsterdam. www.eaza.net. Zugegriffen am 18.12.2019.
EAZA. (2019a). *Standards for the accommodation and care of animals in zoos and aquaria*. Amsterdam. www.eaza.net. Zugegriffen am 15.12.2019.

EAZA. (2019b). *Population management manual: Standards, procedures and guidelines for population management within EAZA*. Amsterdam. www.eaza.net. Zugegriffen am 15.12.2019.

EAZA. (2020). *Conservation programmes/best practice guidelines*. www.eaza.net. Zugegriffen am 04.01.2020.

EUR-Lex (1999). Council directive 1999/22/EC relating to the keeping of wild animals in zoos. *Office Journal of the European Communities, 9*(4), 24–26.

Mellor, D. J., & Beausoleil, N. J. (2015). Extending the ‚five domains‘ model for animal welfare assessment to incorporate positive welfare states. *Animal Welfare, 24*, 241–253.

OiE. (2008). *Animal welfare: A new definition for the terrestrial animal health code: Animal welfare*. Paris: World Organization for Animal Health.

WAZA. (2015). *Verantwortung für Wildtiere. Die Welt-Zoo- und Aquarium Tierschutzstrategie*. Gland: WAZA executive office. www.waza.org. Zugegriffen am 18.12.2019.

Bauen für die Vogelhaltung

Tobias Rahde

Inhalt

1 Einleitung

Bei einem Bau für die Vogelhaltung sind im Vorhinein eine Vielzahl von Entscheidungen zu treffen. In der modernen Zootierhaltung blicken prinzipiell drei Parteien mit teilweise völlig unterschiedlichen Interessen auf einen solchen Bau. Zum einen natürlich die Vögel, welche in dem Gehege gehalten werden sollen. Sie benötigen ihre Nist- und Nahrungsplätze, Bademöglichkeiten, Verstecke, Sonnen- und Ruheplätze oder auch Balzarenen. Die zweite Partei ist das Pflegepersonal, welches das Gehege möglichst effektiv reinigen, Nistmöglichkeiten kontrollieren und Jungvögel beringen muss, Fangmöglichkeiten benötigt und den gehaltenen Vogel durch tägliche Inaugenscheinnahme auf gesundheitliche Probleme oder Verhaltensauffälligkeiten kontrollieren will. Als dritte wichtige Partei in öffentlich zugängigen Anlagen ist noch das Publikum zu nennen. Dieses sollte den Vogel in einer möglichst

Der Autor Dr. Tobias Rahde ist im Oktober 2020 verstorben.

T. Rahde (✉)
Berlin, Deutschland

© Springer-Verlag GmbH Deutschland, ein Teil von Springer Nature 2021
W. Lantermann, J. Asmus (Hrsg.), *Wildvogelhaltung*,
https://doi.org/10.1007/978-3-662-59604-3_9

naturgetreuen Umgebung erleben, ohne jedoch allzu lange nach dem Tier suchen zu müssen. Die Anlage soll den didaktischen Zielen und der Vision des Zoos folgen und dem Publikum ermöglichen, das volle Verhaltensrepertoire des Tieres beobachten zu können. Alle drei Parteien müssen grundsätzlich bei der Planung und dem Bau eines Geheges mitbedacht werden. Diese Liste lässt sich in der Realität jedoch auch noch erweitern, denn in den allermeisten Fällen existieren hierzu noch ein mehr oder weniger enges Budget, bauliche Verordnungen oder tierhalterische Gutachten. Die Erfahrung hat zudem gezeigt, dass immer wieder unvorhergesehene Dinge eintreten, welche sich nicht vollständig planen lassen. Einiges ist jedoch auch weiterhin zu erwarten. So müssen Vogelhalterinnen und –halter auch in den nächsten Jahren immer wieder mit Fällen der Vogelgrippe rechnen (Poen et al. 2019) und Präventionsmaßnahmen bereits jetzt in einen Neubau integrieren. Die Schritte bis zum fertigen Bau bedürfen also bereits vor der Grundsteinlegung einer genauen Prüfung. Dieses Kapitel soll hierfür einige Entscheidungshilfen geben.

2   Planung und Vorbereitung für den Bau

Im Mittelpunkt aller Betrachtungen steht im Normalfall die zu haltende Art. Hierbei ist abzuklären, in welcher Gruppenstärke Schwärme am besten gehalten werden sollten, welches Geschlechterverhältnis zu empfehlen ist und wie eine mögliche Verträglichkeit mit anderen Arten zu bewerten ist. Hierbei muss das Rad nicht immer neu erfunden werden. Es lohnt sich sehr, einen Blick in andere Zoologische Gärten oder zu Züchtern und Privathaltern zu werfen und von deren Erfahrungen zu profitieren. Die Planung sollte jedoch immer langfristig erfolgen. Mögliche, gewünschte oder unerwünschte Zuchterfolge, Unterbringungen in Krankheitsfällen oder Unverträglichkeiten müssen bereits im Voraus eingeplant werden. Einige grundlegende Entscheidungsfragen für den Bau der Voliere sollen im Folgenden behandelt werden.

2.1   Gemeinschaftshaltung versus Artvoliere

Die grundsätzliche Frage des Besatzes einer Voliere ist ein entscheidendes Kriterium für weitere Baumaßnahmen. Es gibt zahlreiche Beispiele für gelungene Vergesellschaftungen. Das Vorbild kann hierbei fast immer der natürliche Lebensraum der Arten sein. Aber auch wenn sich Arten in ihrem Lebensraum begegnen, heißt es nicht automatisch, dass sie auch in einer Voliere verträglich sind. Bei einigen Arten ist hierbei eine besondere Saisonalität zu beachten. So sind sie beispielsweise nur außerhalb der Paarungszeit oder nur während ihrer natürlichen Zugzeit verträglich. Einige Arten lassen sich wiederum fast ausschließlich in Artvolieren vermehren. Grundsätzlich müssen bei einer Gemeinschaftsvoliere genügend Futter- und Versteckplätze angeboten werden. Speziell bei den Futterplätzen ist es wichtig darauf zu achten, dass alles angebotene Futter auch für den gesamten Besatz verträglich ist. Die Vögel werden sich in den meisten Fällen nicht an einen speziell ihnen zugedachten Futterplatz halten, sondern ebenso an anderen Plätzen fressen. Dieses kann auch zur Verfettung einzelner Arten führen. Bei einer paarweisen Haltung sollte für jedes Tier ein Futterplatz zur Verfügung stehen, damit bei möglichen Streitereien beide Tiere einen Nahrungszugang haben. Es empfiehlt sich außerdem, Arten zu vergesellschaften, welche unterschiedliche Etagen der Voliere nutzen. Hierdurch wird die gesamte Voliere belebt, für das Publikum damit attraktiver, und die Arten haben die Möglichkeit sich gegenseitig aus dem Weg zu gehen. Ähneln sich die Arten optisch zu sehr, kann es gelegentlich zu Konflikten der sonst vielleicht friedlichen Arten kommen, da die andere Art als Konkurrent (um Weibchen, Brutplatz oder Nahrung) angesehen wird (Martin et al. 2017). Auch bei zu eng verwandten Arten sollte von einer Vergesellschaftung abgesehen werden, da es eventuell zu gemischtem, gegebenenfalls unfertilem Nachwuchs kommen kann (Lamichhaney et al. 2018). Ziel einer Zucht, auch im Sinne des Artenschutzes, sollte immer die artenreine Zucht sein.

2.2 Lebensraumdarstellung versus künstliche Welt

Grundsätzlich können zwei unterschiedliche Darstellungsweisen für Volieren in Schaubetrieben gewählt werden. Die erste und wohl auch am häufigsten gewählte Möglichkeit ist die Darstellung des natürlichen Lebensraumes. Innerhalb dieses Themas existieren jedoch deutlich Abstufungen. Die genaue Nachbildung des Lebensraumes einer Vogelart beinhaltet zahlreiche Details, wie zum Beispiel die Auswahl der Bepflanzung, Baum- und Gesteinsarten sowie die klimatischen Gegebenheiten. Eine solch präzise Auswahl schafft eine didaktisch stringente Lebenswelt, engt den Halter in seinen Möglichkeiten des Besatzes allerdings auch sehr ein. Aus diesem Grund stellen die meisten Zoos eher Großlebensräume (z. B. die Savanne Afrikas) dar. Der Sprung zu einer komplett künstlichen Welt ist also in den meisten Fällen gar nicht so weit. In der künstlichen Welt dient nicht ein konkreter Lebensraum als Vorbild, sondern ausschließlich die Haltungsansprüche der Tiere. Speziell bei Papageien werden häufig solche künstlichen Welten gewählt, da viele Arten dazu neigen, Pflanzen und Sitzbäume zu zernagen. Hier können mit leicht auszutauschenden Spiel- und Knabbermöglichkeiten sowohl für die Tiere als auch für das Publikum attraktive Möglichkeiten geschaffen werden (Abb. 1).

2.3 Mindestgröße versus Großvoliere

Die Größen von Volieren werden zunehmend zu politischen Entscheidungen. Es existieren bereits einige Gutachten für die Vogelhaltung (z. B. BMEL 2019), welche zwar keinen rechtsverbindlichen Charakter haben, aber von amtlicher Seite gelegentlich als solche ausgelegt werden. Grundsätzlich empfiehlt es sich, wo immer möglich, diese Gutachten zumindest zu erfüllen, wenn nicht sogar zu übererfüllen, um somit unnötige gerichtliche und öffentliche Auseinandersetzungen zu vermeiden. Zahlreiche Vogelarten haben in der Vergangenheit in kleineren Boxen wesent-

Abb. 1 Lebensraumvoliere Asien im Zoo Berlin. (Foto: Tobias Rahde)

lich bessere Zuchterfolge geliefert, als in großen Volieren. Ziel der Vogelhaltung sollte es jedoch nicht sein, an solchen Prinzipien starr festzuhalten, sondern auch in den Großvolieren entsprechende Möglichkeiten zur Verfügung zu stellen, um diese Arten erfolgreich zu züchten. Wie in der gesamten Zootierhaltung gilt auch bei Volieren: Wesentlich wichtiger als die tatsächliche Größe des Geheges, ist die Struktur der Anlage. Diese sollte den Bedürfnissen der Vögel entsprechen. Hierzu sind Sitzbäume, Versteck- und Brutmöglichkeiten und ähnliches unerlässlich. Kleine Boxen können hier nur eine temporäre Unterbringung, z. B. in Krankheitsfällen oder zur gesonderten Beobachtung, darstellen. Als solche sind sie jedoch absolut tolerierbar. Die teilweise sehr kleinen, von Zoos häufig als ,Juwelen-Boxen' bezeichneten Glasvitrinen, in denen besonders farbenprächtige Kleinvögel gehalten wurden, sind zurecht nicht mehr zeitgemäß, da sie den Tieren keinen oder nur einen sehr eingeschränkten Flugraum zur Verfügung stellen und somit das natürliche Verhaltensrepertoire stark einengen (Abb. 2 und 3).

2.4 Kunstlicht versus Sonnenlicht

Vögel haben eine besondere Sehfähigkeit, die sich grundlegend von der menschlichen unterscheidet. Anders als wir, sehen Vögel tetrachromatisch. Neben den von uns Menschen wahrgenommenen Wellenlängen (rot, grün und blau) verfügen Vögel über weitere Zapfen zur Wahrnehmung von ultraviolettem Licht (Hart und Hunt 2007). Man könnte also durchaus sagen, dass die sichtbare Welt der Vögel deutlich

Abb. 2 Historische Vogelhaltung im Zoo Berlin um 1900

Abb. 3 Sogenannte „Juwelenkästen" im Berliner Zoo um 1963

bunter ist als unsere sichtbare Welt. Der UV- Licht-Anteil spielt eine entscheidende Rolle bei der visuellen Unterscheidung von Artgenossen oder der Umgebung (Bennett et al. 1996). Wo immer es irgendwie möglich ist, sollte den Vögeln ein Zugang zu natürlichem Sonnenlicht gewährt werden. Dieses kann in geschlossenen Häusern auch durch UV-durchlässige Scheiben geschehen. Sollte es nicht möglich sein, Vögeln einen Zugang zu natürlichem Sonnenlicht zu gewähren oder sollten die Sonnenlichtphasen artspezifisch saisonal zu kurz sein, muss den Tieren eine künstliche UV-Licht-Option zur Verfügung gestellt und regelmäßig auf ihre Wirksamkeit kontrolliert werden. Unterschiedliche Lichtoptionen werden ausführlicher in Abschn. 4.1 behandelt.

2.5   Glas versus Draht

Drahtgeflecht, ob Edelstahl, beschichtet oder flexibles Netz in unterschiedlicher Maschenweite, gilt nach wie vor als beliebtes Baumaterial für Volieren und bietet eine Vielzahl an praktischen Vorteilen. Nicht nur, dass die Gitter von den Vögeln zum Klettern und als Anflug genutzt werden können, auch können an den Gittern relativ problemlos Sitzstangen, Futternäpfe oder Nisthilfen befestigt werden. Innerhalb einer verdrahteten Voliere herrscht außerdem ein permanenter Luftaustausch, und die Gefahr von unerwünschter Stauwärme wird minimiert. Aus Publikumsperspektive wird Gitter jedoch häufig als störende Barriere empfunden, ein Effekt, der durch einen Anstrich der Gitter mit schwarzer Farbe gemindert werden kann. Dennoch kann es manchmal sinnvoll sein, auf Glas statt auf Gitter zurückzugreifen. Glas hat den Vorteil, dass Gäste nicht in direkten Kontakt mit sehr empfindlichen Vögeln treten können. Auf diese Weise unterbleibt nicht gewünschtes Füttern oder Streicheln. Zudem können auch weniger Krankheitsvektoren, wie Mäuse, Schaben oder Kleinvögel in die Volieren gelangen. Das Publikum kann durch eine saubere Scheibe einen optisch barrierefreien Einblick in die Voliere erhalten und den gut eingewöhnten Bewohnern sehr nahekommen, ohne Fluchtverhalten auszulösen. Bei der Verwendung von Glas sind jedoch verschiedene Parameter zu bedenken. Vögel erkennen Glas häufig nicht als Barriere und es kommt zu Kollisionen. Solche Traumata enden oft tödlich für die Vögel. Dieses betrifft nicht nur die Volierenbewohner, sondern auch Wildvögel. Jedes Jahr sterben allein in Deutschland rund 100 Millionen Vögel durch eine Kollision mit Glas (LAG 2017). Auch wenn es bislang kaum eine Möglichkeit gibt, diesen Glasschlag komplett zu vermeiden, so sind doch schon eine Vielzahl an Techniken bekannt, diesen zu minimieren. Bedruckte Schutzfolien auf dem Glas machen die Barriere für Vögel sichtbar. Hierbei hat sich vor allem ein Balken- oder Streifenmuster bewährt. Diese Horizontalstreifung wird von Besuchern nicht allzu stark wahrgenommen, verringern aber das Kollisionsrisiko bei einem Streifenabstand von maxima l5 cm und einer Streifendicke von mindestens 3 mm signifikant (Schmid et al. 2012). Durch ultraviolettes Licht sichtbar gemachte Beklebung von Glasscheiben zeigt bislang nur Effekte, wenn der dahinterliegende Horizont einfarbig (Kontrast zum Himmel oder einer Wand) ist. Bei einem natürlichen Hintergrund (Bepflanzung, Felsen) tritt kein signifikanter Effekt auf (Schmid et al. 2012). Bei der Auswahl der Folie ist darauf zu achten, dass diese im Falle einer Beschädigung durch Zerkratzen auswechselbar ist. Wichtig für Vögel und Publikum ist zudem eine Verringerung der Reflektion der Scheibe. Hierfür ist es hilfreich die Scheibe bei Außenanlagen durch einen kleinen Unterstand zu beschatten. Die Scheibe weist deutlich weniger Reflektionen auf, und durch ihre Lage im dunkleren Raum wird sie von Vögeln seltener angeflogen. Zur Eingewöhnung neuer Vögel sollte die Scheibe zunächst entweder mit Papier abgeklebt oder mit einem Kreide-Wasser-Gemisch eingeschlämmt werden, um die Barriere sichtbar zu machen (Abb. 4 und 5).

2.6 Schutzhaus versus Winterquartier

Auch in den Wintermonaten sollte eine Voliere für das Publikum attraktiv bleiben. Vögel der tropischen Regionen oder Zugvögel müssen jedoch während der kalten Jahreszeit adäquat untergebracht werden. Häufig bietet sich hierfür ein Schutzhaus an, welches im besten Falle auch vom Publikum eingesehen werden kann. Solche Schutzhäuser haben den Vorteil, dass sie direkt an die Voliere angrenzen und auch im Sommer als zusätzlicher Volierenraum genutzt werden können. Außerdem kann durch ein Schutzhaus sehr spontan auf Wetterveränderungen reagiert werden, da es meist wenig Arbeit macht die Vögel ein- oder umzusperren. Das Schutzhaus muss jedoch geschlossen und beheizbar sein. Ein zentrales Winterquartier bietet sich vor

Abb. 4 Veränderung der Sichtbarkeit von Gittern durch Farbanstrich; und Abbildung. (Foto: Tobias Rahde)

Abb. 5 Vogelschutzfolien
auf Glasscheiben. (Foto:
Tobias Rahde)

allem für kleinere Parks an, die vielleicht sogar während der Wintermonate den
Schaubetrieb einstellen. In zentralen Winterquartieren können die anfallenden
Arbeiten effektiver gestaltet werden, da eventuell Wegstrecken zwischen einzelnen
Volieren entfallen. Natürlich müssen auch in diesen Winterquartieren unverträgliche
Arten getrennt werden.

3   Sicherung

In Zoos oder Privathand gehaltene Tiere sind unsere Schutzbefohlenen. Die Halterinnen und Halter sind moralisch und gesetzlich dazu verpflichtet, den Tieren die
bestmögliche Unterbringung und Schutz zukommen zu lassen.

3.1   Schadnager

In Volieren wird den Vögeln Futter in ausreichender Menge zur Verfügung gestellt.
Viele Vogelarten gehen mit dem Futter allerdings nicht besonders sorgsam um. So
werden Körner, Samen, Frucht- und Obststücke fallen gelassen oder die Futternäpfe

vom Pflegepersonal so positioniert, dass sie auch von anderen Tieren erreichbar sind. Ein Problem, welches in vielen Volieren auftritt, sind Schadnager. Mäuse oder gar Ratten finden fast immer einen Weg in die Volieren und an den gedeckten Tisch. Doch sie fressen nicht nur das Futter der Pfleglinge, sondern übertragen auch Krankheiten und Parasiten, fressen Eier und Jungvögel oder attackieren oder töten die gezeigten Vögel. Die Bekämpfung von Schadnagern muss deshalb Teil der pflegerischen Routine sein, und mit einigen baulichen Maßnahmen lassen sich diese bereits eindämmen. Am Wichtigsten ist es, das potenzielle Eindringen von Schadnagern zu verhindern. Dieses lässt sich mit einem guten Untergrabschutz, wie beispielsweise einer Fundamentwanne mit gesichertem Abfluss oder, etwas kostengünstiger aber nicht ganz so haltbar, einem eingegrabenen Maschendrahtgeflecht mit einer Maschenweite von weniger als 15 mm bewerkstelligen. Je nach gehaltener Art sollte dieses Fundament in einer Tiefe von mindestens 80 cm liegen. Es empfiehlt sich zudem ein Sockel als äußere Umrandung der Voliere, um so einerseits Schadnagern den Einstieg in die Voliere zu erschweren, andererseits aber auch, um dem Publikum das Beobachten der Vögel am Boden zu erleichtern. Entscheidend ist auch der Abschluss des Volierenzaunes an dem Fundamentsockel. Hier empfiehlt sich ein Metallrahmen um das Zaungeflecht, welcher bündig mit dem Fundament abschließt und so keine Lücken für Schadnager lässt. Beim Einbringen von Kunstfelsen ist darauf zu achten, diesen möglichst lückenlos an die Wände oder den Boden anzubringen, da die meist dahinterliegenden Hohlräume schnell zu einer Brutstätte von Schädlingen werden können. Eine gut schließende Revisionsklappe kann auch hier eine Schädlingsbekämpfung möglich machen. Der Einsatz von Gift zur Bekämpfung von Schädlingen ist nicht zu empfehlen, da die eingesetzten Vögel entweder direkt oder indirekt (durch Aufnahme der verendeten Tiere) mit dem Gift in Kontakt kommen können und so Schaden nehmen würden.

Auch die Futterstellen müssen so gesichert werden, dass Schadnager sie nicht erreichen können. Bei an den Sitzbäumen angebrachten Futterschalen oder Steckobst empfehlen sich Baummanschetten aus rutschigem Material wie zum Beispiel glattem Metall oder Plastik. Auch einfache Futterständer aus Edelstahl sind denkbar, sollten aber etwas unauffälliger platziert werden, da sie in Schauvolieren eher als Fremdkörper wahrgenommen werden und mit ihrem technischen Erscheinungsbild den Gesamteindruck stören können. Bei angebrachten Futterschalen am Volierengitter verhindert eine 50 × 50 cm große Plexiglasplatte an der Volierenwand hinter dem Futternapf das ungewollte Füttern von Schadnagern (Abb. 6).

3.2   Prädatoren

Die in Abschn. 3.1 erwähnten Maßnahmen zum Schutz gegen Schadnager halten auch einen wichtigen Teil der Prädatoren ab. Diese sind in den mitteleuropäischen Breiten vor allem Marder, Waschbären, Wiesel, Marderhund und Eulen. In offenen Anlagen kommen zudem noch Füchse und Greifvögel hinzu. Auch streunende Katzen oder Hunde können Schaden an den gehaltenen Vögeln verursachen. Der erste entscheidende Schritt gegen mögliche Prädatoren muss es sein, deren Eindrin-

Abb. 6 Sicherung von Futternäpfen gegen Schadnager. (Foto: Tobias Rahde)

gen in die Voliere zu verhindern. Bei Parkanlagen mit Kleintierhaltung empfiehlt es sich, die Gesamtanlage mit einem mindestens 1,80 m hohen Zaun und einem mindestens 60 cm tiefem Untergrabschutz zu umgeben. Dieses allein reicht jedoch noch nicht, um Füchse, Marder, Waschbären und ähnliches abzuhalten. Hierfür ist es notwendig, nach außen abweisende Stromzäune in circa 15 und 180 cm Höhe am Zaun zu befestigen. In wesentlich wärmeren oder gar tropischen Breitengraden ist zudem ein Schutz gegen Schlangen durch entsprechende Maschenweite oder glatte Wände zu bedenken. Die Kontrolle des Zaunes und die Funktionstüchtigkeit der Elektrozäune müssen in die tägliche Pflegeroutine integriert werden. Doch auch wenn die Volieren selbst gegen das Eindringen von Prädatoren geschützt sind, können beispielsweise Eulen noch kleinere Vögel durch die Gitter erbeuten. Um dieses Risiko zu minimieren, empfiehlt es sich, eine nächtliche Eulenbeleuchtung in der unmittelbaren Nähe der Voliere anzubringen. Eine einfache kleine Nachtbeleuchtung ermöglicht den Vögeln in der Voliere anfliegende Eulen rechtzeitig zu sehen und vom Gitter in den Raum der Voliere und somit außerhalb der Reichweite der Eulen zu fliegen. Zudem hat es sich bereits in zahlreichen Volierenhaltungen bewährt, speziell an den Kanten der Volieren eine circa 20 bis 30 cm breite Verschalung, beispielsweise aus Holzbrettern, anzubringen, um den Vögeln dort einen Schutz vor Angriffen durch das Gitter zu geben. Bei Volieren, welche sich außerhalb der Besucherbereiche oder bei Privatpersonen befinden, sind zudem doppelte Verdrahtung und eine Stromsicherung denkbar und effektiv. In Besucherbereichen von Zoos oder Tierparks sind diese jedoch keine Alternative. Besonderen Schutz sollten natürlich auch die Brutstätten der Volierenvögel genießen. Offene Brutnester sollten sich deshalb nicht direkt an den randständigen Gittern der Außenvolieren befinden und auch keinen Zugang für Mäuse oder Ratten ermöglichen. Bei aneinandergrenzenden Volieren ist darauf zu achten, dass der Besatz so gewählt wird, dass die Tiere sich gegenseitig nicht durch die Gitter gefährden oder verletzen können. Bei Papageien empfiehlt sich grundsätzlich ein Doppelgitter mit einem Abstand von mindestens 4–5 cm. Auch sollten keine Vögel, trotz Doppelgitter, nebeneinandergesetzt werden, die sich gefährden könnten, da die Stresswirkung für die Tiere trotz ausbleibender Verletzungen zu groß wird. Gelegentlich gelingt es auch, Prädatoren, welche sich außerhalb der Voliere aufhalten, zu vergrämen. Bei Füchsen, Waschbären und ähnlichem hat es schon öfter geholfen, an prägnanten Orten Kot von Großraubtieren (Großkatzen oder Bären) auszulegen. Bei Habichten können gelegentlich aufgestellte Plastikraben die Anflüge minimieren.

3.3   Ausbruch

Um den Ausbruch von Vögeln aus den Volieren zweckmäßig zu verhindern, ist es notwendig die Zugänge mit einem Schleusensystem zu sichern. Der Abstand der beiden Schleusentüren ist hierbei so zu wählen, dass innerhalb der Schleuse mindestens eine Person mit allem notwendigen Reinigungszubehör wie zum Beispiel Eimer (oder Schubkarre), Besen, Harke und Schaufel, bequem Platz findet und sich die Tür noch öffnen lässt. Die innere Schleusentür sollte sich auf jeden Fall von der Voliere weg öffnen lassen, um einerseits Unfälle mit den Tieren zu vermeiden, welche direkt vor der Tür sitzen, und andererseits dem Pflegepersonal ein schnelles Verlassen in einem Notfall zu erleichtern. Schleusen verhindern das sofortige Entkommen der Vögel durch eine einfache Tür. In der Schleuse sollte im besten Falle auch immer ein passendes Fangnetz bereitstehen, um Tiere, die in die Schleuse geraten sind, schnell wieder fangen und zurück in die Voliere setzen zu können. Es empfiehlt sich außerdem den Zugangsbereich dunkler als die Voliere zu halten. Eine solche Dunkelfalle verhindert bei den meisten Arten (mit Ausnahme der Nachtaktiven) ein Einfliegen in die Schleuse. Gut bewährt hat sich hierbei das „Berliner Modell". Hierbei befindet sich der Pflegergang zwischen der Außen- und der Innenvoliere. Auf 2,10 m Höhe sind beide Volieren mit einem Gittergang verbunden, welcher sowohl in der Mitte, als auch an beiden Enden verschließbar ist. Die Türen der Innen- und Außenvoliere können ebenfalls als Durchflugschleuse zum Pflegegang geöffnet werden. Auf diese Weise kann der gesamte Pflegergang als Schleuse genutzt werden und weitere Türen zu den Besucherseiten sind nicht notwendig.

Besonders bei für Besucher begehbaren Volieren erfüllen die Schleusen einen wichtigen Zweck. Die Schleusenlänge ist hierbei so zu wählen, dass möglichst jeweils eine Tür geschlossen bleibt, d. h. in die Schleuse sollte wenigstens ein Kinderwagen mit einem Erwachsenen passen. Andernfalls wird man immer erleben, dass beide Türen aufgehalten werden und somit Vögel entfliegen können. Auch hier sollten die Schleusen dunkel gehalten werden, wenn es sich nicht gerade um eine Voliere für Eulenvögel handelt. Auch das Material der Schleusentür kann variieren. Verwendung finden neben klassischen Türen vor allem Vorhänge aus Seilen, leichten Gliederketten aus Metall oder flexiblen Kunststoffbahnen, wobei der Abstand der einzelnen Bahnen oder Seile dem Besatz angepasst werden muss. Um ein Entkommen der Tiere effektiv zu verhindern, sollte jedoch immer mindestens eine klassische selbstschließende Tür vorhanden sein (Abb. 7).

Abb. 7 Schleusensystem
„Berliner Modell". (Foto:
Tobias Rahde)

3.4   Diebstahl

Immer wieder kommt es vor, dass aus Zoologischen Gärten, Tierparks, aber auch
Privatanlagen Tiere gestohlen werden. Je seltener oder farbenprächtiger ein Vogel
ist, desto größer ist meist auch die Wahrscheinlichkeit eines Diebstahls. Dementsprechend sollten Volieren und gegebenenfalls die gesamte Anlage gesichert werden. Bei besonders wertvollen Vögeln empfehlen sich Sicherungen per Überwachungskameras, welche auch eine Nachricht an Mobiltelefone versenden, sollten sie
Alarm auslösen. Natürlich sind speziell bei Überwachungskameras in öffentlichen
Räumen geltende Gesetze des Datenschutzes zu beachten und einzuhalten. Bei
größeren Betrieben müssen hierzu Datenschutzbeauftragte und der Betriebsrat hinzugezogen werden. Bestehende Alarmketten müssen regelmäßig auf ihre Funktion
und Effektivität hin geprüft werden. Bei sehr wertvollen Arten empfiehlt es sich
mitunter, die Tiere über Nacht in geschlossenen Häusern zu halten.

3.5   Seuchenprävention

Der Ausbruch der aviären Influenza oder auch gemeinhin als Vogelgrippe bezeichneten Epidemie im Jahr 2016/17 in Deutschland hat zahlreiche Zoos und Tierparks

vor eine enorme Herausforderung gestellt. Dieses Szenario hat sehr deutlich gemacht, dass Seuchen und ihre Bekämpfung bereits bei dem Neubau von Volieren eine wichtige Rolle spielen und stets mitbedacht werden müssen. Zur Bekämpfung beziehungsweise der Prävention der Vogelgrippe, des Usutuvirus oder des West-Nil-Virus ist es mitunter notwendig, Vektoren wie beispielsweise wild lebende Vögel (und ihre Ausscheidungen) oder blutsaugende Insekten wie Mücken von den gehaltenen Tieren zu isolieren. Auch das Publikum kann durch direkten Kontakt mit den Tieren mitunter als Überträger fungieren. Es muss also für die einzelnen Vogelarten eine Möglichkeit geben, die Tiere in Bereichen unterzubringen, wo dieser Kontakt nicht gegeben ist oder aber die vorhandenen Möglichkeiten einfach, schnell und günstig umzurüsten sind, wenn ein Seuchenfall auftritt. Im Falle der Vogelgrippe sind besondere Maßnahmen bei Hühner- und Gänsevögeln vorzusehen. Diese sind gegebenenfalls auch aus Gemeinschaftsvolieren zu entfernen. Auch für das Pflegepersonal sind an den Volieren Umkleideräume vorzusehen, in denenSchutzanzüge, Gummistiefel und gesondertes Reinigungsmaterial ohne Kontakt zur gewöhnlichen Bekleidung angelegt werden können. Für Desinfektionswannen müssen geeignete Edelmetallunterlagen geschaffen werden. Die erforderlichen Maßnahmen bei einem Seuchenfall lassen sich entweder bei dem zuständigen amtlichen Veterinär oder auch beim Friedrich-Löffler-Institut erfragen (Merkblatt Nutzgeflügel schützen 2017). Es empfiehlt sich sehr, bereits bei dem Bau einer Voliere oder eines Vogelhauses Präventionsmaßnahmen gegen den Ausbruch von Tierseuchen einzuplanen, da ein nachträgliches Absichern meist entweder baulich nicht möglich ist oder auch mit hohen Kosten verbunden sein kann. Bei Vogelhäusern oder Volierenkomplexen sollten einzelne Kompartimente gebildet werden, welche durch Desinfektionsmaßnahmen und Kleiderwechsel voneinander getrennt und geschützt sind. Dieses kann im Ausbruchsfall verhindern, dass der gesamte Bestand per Anordnung gekeult werden muss. Die Alarmpläne und Verhaltensweisen bei einem Seuchenausbruch müssen dem Personal bekannt sein.

3.6   Verletzungen

Jede Voliere sollte so gebaut sein, dass das Verletzungsrisiko für die Tiere minimiert wird. Scharfe Kanten, Ecken, in die Vögel gedrängt werden können, oder Türen, in denen sich die Tiere einklemmen könnten, müssen vermieden oder gesichert werden. Bei Vögeln, welche einen besonderen Flugbedarf haben, sollte eine Voliere mit Kuppeldach gewählt werden, damit sich die Tiere nicht in den Ecken verfangen. Bei Vögeln, welche zum steilen Auffliegen bei Gefahr neigen, wie zum Beispiel Kampfläufer oder Sandflughühner, sollte in jedem Fall ein federndes Netz im oberen Bereich angebracht oder eine sehr hohe Voliere gebaut werden. Auch muss immer bedacht werden, dass eine Voliere die Möglichkeit bieten muss, einzelne Tiere zu fangen, ohne dabei Verletzungen des Tieres oder weiterer Volierentiere zu riskieren. Freiliegende Kabel oder Lampen sind so zu sichern, dass sie von den Vögeln weder zerstört noch berührt werden können. Hierfür eignen sich Kabelschächte oder Unterputzverlegungen beziehungsweise bei den Lampen entsprechende Körbe. Auch hier

ist bereits der potenzielle Besatz zu bedenken, denn natürlich kann ein Weißhaubenkakadu erheblich mehr Schaden anrichten als eine Purpurtangare. Auch Heizkörper,
so vorhanden, stellen eine potentielle Unfallgefahr da und müssen mit einem Loch-
blech oder ähnlichem sicher verkleidet werden.

4   Das Vogelhaus

Vogelhäuser sind komplexe Lebensräume. Sie beinhalten mehrere Volieren und
einen Besucherbereich. In diesem Kapitel werden die Besonderheiten eines solchen
Gesamtkonstrukts betrachtet. Dieses ist wichtig, da das Gesamtbild in diesem Falle
mehr ist als nur die Summe der einzelnen Teile. In einem Vogelhaus stehen die
Volieren in den meisten Fällen durch einen gemeinsamen Luft- und Temperaturraum
im Kontakt. Das hat natürlich starke Auswirkungen auf den Besatz. In gemeinsamen
Kompartimenten sollten also nach Möglichkeit Vögel mit sehr ähnlichen Klimaan-
sprüchen gehalten werden. In diesem Kapitel werden zunächst einige abiotische
Umweltfaktoren eines Vogelhauses besprochen, bevor auf die konkrete Volierengestaltung und die Besucherführung eingegangen wird.

4.1   Licht

Im Abschn. 2.3 wurde bereits kurz auf die Bedeutung von Licht eingegangen. Licht
hat auf die gehaltenen Vögel einen enormen Einfluss. So wird nicht nur der Schlaf-
Wachrhythmus durch die Intensität des Lichtes beeinflusst, sondern damit einhergehend auch der Stoffwechsel, die Aktivität des Immunsystems, die körpereigene
Reparatur der Gefäßzellen sowie bei manchen Arten die Jahreszeitenrhythmik
möglicherweise einhergehend mit Zugunruhe. Zudem hat die Lichtintensität großen
Einfluss auf die Gesangsaktivität und die komplette visuelle Wahrnehmung der
Vögel. Bei der Auswahl des geeigneten Lichtes für Vogelhäuser oder Innenvolieren
sollten sich die Halterin und der Halter nicht auf ihre eigene Wahrnehmung verlassen,
sondern die Besonderheiten der Pfleglinge beachten und die Lichtintensität mit
einem entsprechenden Messgerät, welche günstig zu erhalten sind, kontrollieren.
Bei der Lichtintensität empfiehlt es sich, sich an dem Tageslicht zu orientieren. Die
Tageslichtintensität liegt, je nach Bewölkung, zwischen 20.000 und 100.000 Lux.
Ein durchschnittlich beleuchteter Innenraum, den wir Menschen zum Leben und
Arbeiten nutzen,erreicht hingegen nur 800 bis 2000 Lux. Um eine Grundbeleuch-
tung in den Volieren eines Vogelhauses zu gewährleisten, bieten sich Leuchtstoff-
lampen oder LEDs an. Bei sämtlichen Entladungslampen ist jedoch zwingend ein
elektronisches Vorschaltgerät notwendig. Vögel können aufgrund einer anderen
Gehirnleistung wesentlich mehr Bilder pro Sekunde als Einzelbilder verarbeiten
als Menschen. Aus diesem Grund erscheint ihnen das für uns Menschen gleich-
mäßige Leuchten der Entladungslampen wie zum Beispiel Leuchtstoffröhren, Halo-
gen-Metalldampflampen oder Energiesparlampen, wie ein Stroboskoplicht. Das
Vorschaltgerät erhöht die Flackerfrequenz in einen Bereich, der auch von Vögeln

nicht mehr wahrgenommen werden kann und somit als gleichförmiges Licht gesehen wird. Bei LEDs übernimmt diese Aufgabe ein vorgeschalteter Trafo. Um das Licht optimal zu nutzen und in die Voliere zu lenken, empfehlen sich Parabol- oder Doppel-Ellipsoid-Reflektoren. Neben der Grundhelligkeit ist es wichtig den richtigen UV-Anteil im Licht zu gewährleisten. Für die Farbwahrnehmung ist es wichtig, dass das Licht UVA enthält, für die Synthese von Vitamin B muss zusätzlich UVB im Licht enthalten sein. Um ersteres zu gewährleisten sollte das Lichtspektrum dauerhaft den Bereich von 360–800 nm abdecken. Für den Vitamin-D Haushalt muss zusätzlich eine Bestrahlung im Bereich von 295–310 nm gegeben sein. Dieser Bereich sollte spotartig angebracht werden und nicht die gesamte Voliere ausleuchten. Hier ist auch, speziell in kleineren Volieren, eine temporäre Gabe denkbar. Die UV-Spots müssen regelmäßig gewartet und auf ihre Wirksamkeit überprüft werden, da die Leuchtmittel mit der Zeit an der Abgabehöhe des UV-Anteils nachlassen.

4.2 Temperatur

Die Temperatur sollte der gehaltenen Vogelart angemessen sein. Vögel aus tropischen und subtropischen Regionen brauchen das ganze Jahr über sehr moderate Temperaturen, was jedoch jahreszeitlich bedingte leichte Schwankungen nicht völlig ausschließt. Empfehlenswert für ein Vogelhaus ist ein klimatisiertes Lüftungssystem, welches Frischluft vor dem zugfreien Einblasen temperiert. Auf diese Weise lässt sich an sehr heißen Sommertagen auch eine mögliche Überhitzung des Hauses und der Vögel vermeiden. Leicht variierende Temperaturen innerhalb einer Voliere sind jedoch sehr wünschenswert und ermöglichen den Vögeln auch unterschiedliche Plätze je nach Bedarf aufzusuchen. Über die Temperaturanforderungen der einzelnen Vogelhausbewohner muss sich der Halter genau informieren und den Besatz danach abstimmen.

4.3 Luftfeuchtigkeit

In engem Zusammenhang mit der Temperatur steht auch die Luftfeuchtigkeit. Gerade die Bewohner der Tropen brauchen höhere Temperaturen allerdings immer im Zusammenhang mit einer hohen Luftfeuchtigkeit. Wird die Luft zu sehr aufgeheizt, trocknet sie auch stark aus. Einige Arten, wie beispielsweise die allermeisten Papageien, lieben es zudem regelmäßig abgeduscht zu werden. Eine relativ optimale Lösung hierfür ist eine an eine Osmoseanlage angeschlossene Beregnungsanlage. Hierbei wird vollentsalztes Wasser durch kleine Düsen vernebelt und in die entsprechende Anlage gesprüht. Zahlreiche Vögel vor allem der Tropen genießen diese regelmäßigen Regenfälle und nutzen sie für ein ausgiebiges Bad. Hierdurch erhalten die Federn neuen Glanz und es trägt zur Beschäftigung der Tiere bei. Wo der Bau einer solchen Anlage nicht möglich ist, sollte wenigstens von Hand gewässert und geduscht werden. Um ein Austrocknen der Anlage zu verhindern ist es gelegentlich auch sinnvoll die Temperatur zu senken. Die meisten Arten sind weniger empfindlich gegen Temperaturabfälle als gegen große Trockenheit. Eine zu geringe Luftfeuchtigkeit begünstigt mitunter Atemwegserkrankungen oder Aspergillose (Wüst 2016).

4.4   Volierengestaltung

Die optisch ansprechende Gestaltung von Volieren ist der Schlüssel für die Besucherakzeptanz eines Vogelhauses. In Zoologischen Gärten ist der größte Teil des Publikums meistens nicht speziell wegen der Vögel da. Es fällt in den meisten Fällen viel leichter eine Begeisterung für große oder gefährliche Säugetiere zu wecken als für teilweise hoch bedrohte Vogelarten. Doch genau das sollte immer Anspruch einer Vogelhaltung sein: Die bestmögliche Haltung in einer für das Publikum hoch attraktiven Umgebung, welche Interesse und Begeisterung für die gehaltene Art erzeugt. Speziell bei einem Vogelhaus mit mehreren Volieren ist es sehr empfehlenswert, nicht nur den Fokus auf die einzelnen Gehege zu richten, sondern auch das Gesamtbild im Kopf zu behalten. Eine Aneinanderreihung von vielen aufwendig gestalteten Volieren kann schnell ein sehr unruhiges Gesamtbild erzeugen. Wichtig ist vor allem die Auflösung von klaren Grenzen vom Gehege zum Besucherbereich. Die Betrachterin und der Betrachterder Voliere sollten im besten Falle das Gefühl haben selbst Teil der Voliere zu sein und keine klare Trennung vorzufinden. Da bei Vogelvolieren jedoch mit der Ausnahme von begehbaren Volieren eine Trennung in Form von Glas oder Zaunelementen vorliegen muss, kann die Trennlinie weniger scharf gestaltet werden, indem die Gestaltungselemente bis in den Besucherbereich fortgeführt werden. So endet beispielsweise der Bodengrund und die Bepflanzung nicht an der Barriere für die Tiere, Sitzelemente für Besucher sind der geografischen Umgebung angepasst oder eine akustische Untermalung unterstützt den Immersionsgedanken. Auf diese Weise wird das PublikumTeil des Erlebnisses, verlässt den reinenBeobachtungsstatus und es entsteht eine größere Emotionalität zum Gesehenen. Auf diese Weise können auch Grenzen zwischen den Volieren aufgehoben werden und es besteht die Möglichkeit mehrere Einzelvolieren zu einem großen Biotopkomplex verschwimmen zu lassen. Auch Hintergründe sollten im Gesamtbild verschwimmen. In der Aquaristik nutzt man schon lange Fotowände oder künstliche Felsen um optische Barrieren im Hintergrund aufzuheben. Ähnliche Maßnahmen empfehlen sich auch für eine Voliere. Um jedoch vom eigentlichen Besatz nicht abzulenken, ist es angebracht, eher schlichte Landschaften in nicht allzu scharfer Detailtreue für den Hintergrund nachzubilden. So wird dem Betrachter eine Weite und Tiefe der Voliere suggeriert. Auch die hinteren Ecken können abgerundet werden und dadurch eine weitere Sichtachse ermöglichen. Sitz und Futterstellen sollten im vorderen und hinteren Bereich der Voliere in unterschiedlichen Höhen vorhanden sein, um so die Vögel zum Fliegen und aktivem Verhalten zu ermuntern. Auch der Bodengrund sollte nicht gleichförmig gestaltet werden. Kleine Hügel oder die Nachbildung von trockenen Bachläufen lockern den Gesamteindruck der Voliere auf. Mit großen Pflanzen lassen sich lange Zaunstrecken ebenfalls auflockern. Bei der Bepflanzung sollten nicht zu viele verschiedene Pflanzenarten eingebracht werden. Häufig ist es sinnvoll sich auf drei bis vier Pflanzenarten unterschiedlicher Größe zu beschränken um damit einen homogeneren Eindruck zu erzielen. Baumwurzeln und Laub am Boden verstärken den natürlichen Eindruck und dienen zudem den Vögeln, welche am Boden zwischen dem Laub nach Insekten suchen, als Beschäftigung. Da es für Schauvolieren nicht hilfreich ist, dass sich die Vögel in großen Pflanzen dauerhaft verstecken, empfehlen sich einige, für das Publikumgut sichtbare, Komfortzonen. Diese können beispielsweise aus einem Sonnenspot, einer Sandbadestelle oder einem Laubhaufen bestehen. Generell sollte die Voliere den Vögeln die Möglichkeit bieten ihr gesamtes Verhaltensrepertoire auszuleben (Abb. 8 und 9).

4.5 Besucherführung

Speziell bei größeren Häusern ist eine gute Besucherführung dringend notwendig. Wird das Publikumgut und schlüssig durch das Haus geleitet, wird die Verweildauer vor den Gehegen steigen und das Interesse für die gehaltenen Arten stärker geweckt. Manchmal empfiehlt es sich bereits in der Planung des Vogelhauses zu bedenken, dass ein großer Teil des Publikums erst an das spezielle Thema Vögel herangeführt werden muss. So kann beispielsweise eine kleine Restauration, ein integrierter Kiosk oder Toiletten im Haus die eventuell vorhandene Hemmschwelle zum Betreten des Hauses senken. Oft lässt sich das Publikum bereits, speziell in größeren Häusern, relativ verlässlich führen, indem Vogelsilhouetten in die zu führende Richtung weisen. Bei komplexeren Häusern empfiehlt sich ein eindeutiges Wegweiser-System, welches einen Rundweg vorgibt. Anhand dieses Leitsystems kann auch die komplexer werdende didaktische Aufbereitung der zu vermittelnden Themenkomplexe aufgebaut werden. Speziell bei großen oder verwinkelten Häusern, bezie-

Abb. 8 Strandvogelvoliere im Zoo Berlin. (Foto: Tobias Rahde)

Abb. 9 Rückwandgestaltung der Kaguvoliere im Zoo Berlin. (Foto: Tobias Rahde)

hungsweise bei zu erwartenden starken Besucheraufkommen sind solche Wege-
leitsysteme sehr von Vorteil.

5 Die Voliere

Im Gegensatz zum Vogelhaus oder zu komplexen Volierenstrukturen, soll im folgenden Abschnitt ein Blick auf unterschiedliche Einzelstrukturen geworfen werden.
Die hier vorgestellten Volieren erfüllen unterschiedliche Zwecke und haben deshalb
auch ganz unterschiedliche Ansprüche an die Konstruktion.

5.1 Die Schauvoliere

Einzeln stehende Schauvolieren sollten immer einen klaren Besuchereinblick haben.
Dieser muss nicht eine komplette Seite der Voliere einnehmen. Es ist auch denkbar,
kleinere Bereiche durch Antritte oder niedrige Bepflanzung als Sichtachsen freizu-
geben. Dieses hat auch für die Volierenbewohner den klaren Vorteil, dass Rück-
zugsräume bleiben, in denen sie nicht gesehen werden können. Eine Schauvoliere
muss eine klare didaktische Aufgabe erfüllen. Entweder soll der Lebensraum möglichst genau dargestellt werden oder Verhalten beobachtbar sein und ähnliches.
Dieses didaktische Ziel sollte vorher klar definiert und bei der Volierengestaltung
bedacht werden. Den Vögeln sollte immer die Möglichkeit gegeben werden, Zonen

der Voliere aufzusuchen, die ein ihnen angenehmes Klima aufweisen. Neben Schatten und Sonnenplätzen sind hier auch Regenschutzzonen einzuplanen. In Schauvolieren sollte natürlich möglichst gewährleistet werden, dass das Publikum die Tiere möglichst schnell sehen und gut beobachten kann. Die Einrichtung von gut sichtbaren Komfortzonen für die Tiere ist deshalb besonders wichtig.Im besten Fall ist eine Schauvoliere auch gleichzeitig eine Zuchtvoliere.

5.2   Die Zuchtvoliere

Mit einer reinen Zuchtvoliere ist vor allem eine Voliere gemeint, welche nicht speziell für den Besucherkontakt gedacht ist. Hier steht eindeutig eine Zweckmäßigkeit im Vordergrund. Die meisten Vogelarten benötigen für die Zucht ungestörte und geschützte Plätze. Aus diesem Grund muss eine Voliere, welche als Zuchtvoliere genutzt werden soll, vorbereitet werden. Da die Züchterin und der Züchter mitunter Jungtiere zu bestimmten Zeiten beringen muss, braucht man klare Erkenntnisse über das Alter und auch den Gesundheitszustand von Jungtieren oder auch von Eiern. Um Störungen zu vermeiden, empfiehlt es sich daher, eine kleine Kamera in oder über der Nistmöglichkeit anzubringen. Diese Kameras sind mittlerweile für wenig Geld zu bekommen und können mit Magnethalterungen flexibel angebracht werden und über WLAN Bilder auf das Smartphone oder den Computer übertragen. Um den Tieren zusätzlichen Sichtschutz zu ermöglichen, ist es zudem denkbar, an den Gittern der Voliere entweder eine Bambusmatte oder Äste anzubringen. Um Störungen in Zuchtvolieren zu minimieren und die Volieren trotzdem hygienisch reinigen zu können, empfiehlt sich ein von dem Voliereneingang leicht abfallender gefliester Boden mit einer Abflussrinne im hinteren Bereich. Auf diese Weise kann die Voliere mit einem Wasserschlauch von der Tür aus gereinigt werden und das Wasser und der Schmutz fließen im hinteren Bereich ab. Auch die Futterstellen sollten sich aus denselben Gründen im vorderen Bereich der Voliere in der Nähe der Tür befinden oder mit einem Drehteller am Volierengitter angebracht sein. Zuchtvolieren sind außerdem speziell auf Schlupflöcher oder Verletzungsmöglichkeiten für die Jungvögel abzusuchen.

5.3   Die Quarantänevoliere

Wird ein Tier neu in den Bestand gebracht, muss der Gesundheitszustand genau kontrolliert werden. Da sich manche Krankheiten aufgrund der Inkubationszeit oder versteckter Symptome nicht sofort erkennen lassen, sollten Neuankömmlinge zunächst in einer Quarantäne gehalten werden. Zoologische Gärten, welche für den innergemeinschaftlichen Handel mit Tieren im Sinne des Artikels 2(1)(c) der Richtlinie 92/65/EWG aufgrund des Paragrafen 16 Satz 2 der Binnenmarkt-Tierseuchenschutzverordnung (BmTierSSchV) in der Fassung der Bekanntmachung vom 6. April 2005 (Bundesgesetzblatt I Seite 997) zugelassen sind, verfügen über eine eigene Quarantäne. Eine solche Quarantäne ist vom Bestand der Zoos klar getrennt und verfügt über einen eigenen Luftraum, sowie eine eigene Wasser- und Abfallentsorgung. Die Quarantäne wird vom amtlichen Veterinär abgenommen. Zoos, Tierparks oder Privathalter, welche nicht über diese sogenannte BALAI-Zulassung verfügen, sollten dennoch eine einfache Quarantäne haben. Auch diese muss vom existierenden Bestand räumlich getrennt sein, und das Pflegepersonal muss die Hygienevorschriften und Desinfektionen einhalten. In der Quarantänevoliere werden die Neuankömmlinge nur vorübergehend gehalten. Auch ein Besucherkontakt findet hier nicht statt. Trotzdem müssen sich die Pfleglinge in ihrer neuen Umgebung halbwegs wohlfühlen. Es sollten also auch hier Rückzugs- und Versteckmöglichkeiten geschaffen werden. Diese müssen jedoch so gestaltet werden, dass die Pfleger täglich mehrfach die Tiere in Augenschein nehmen können, um den Gesundheitszustand zu überprüfen. Ferner müssen alle Einrichtungsgegenstände und Reinigungswerkzeuge desinfizierbar sein oder nach der Quarantäne fachgerecht entsorgt werden.

5.4   Die begehbare Voliere

Begehbare Volieren sollen das Publikum noch stärker als normale Schauvolieren in einen Lebensraum führen und in den scheinbar barrierefreien Kontakt mit den Vögeln bringen. Die hohe Kunst einer begehbaren Voliere ist es jedoch, unsichtbare Barrieren für das Publikum zu schaffen und somit den Tieren den nötigen Rückzugsraum zu gewähren. Die Wegeführung durch eine begehbare Voliere sollte immer so gewählt werden, dass die Voliere noch möglichst viel Tiefe als nutzbaren Raum für die Tiere hat und den Gästen dennoch das Gefühl vermittelt, alles sehen zu können. Die Wege sollten deshalb eine leicht amorphe Form haben und gerade klare Linien vermeiden. Hierdurch entsteht der Eindruck der Natürlichkeit. Als Wegebelag eignet sich hierbei besonders Prägebeton, da er relativ einfach zu reinigen ist, einen festen Untergrund bildet, aber trotzdem natürlich wirkt. In einer begehbaren Voliere muss zudem ein Schleusensystem gewählt werden, welches dem Publikum den Eintritt, den Vögeln jedoch kein Entkommen ermöglicht (siehe Abschn. 3.3). Besonders reizvoll werden begehbare Volieren dann, wenn sich das gesamte Ausmaß der Voliere nicht sofort erschließt. Wege, welche um eine Baumgruppe oder einen Stein herumführen und somit neue Blickwinkel und Perspektiven eröffnen, geben den Volieren eine eigene Spannung und ermöglichen Gästen ihre eigenen Entdeckungen zu machen. Wie in jeder Voliere, empfiehlt es sich auch hier besondere Komfortzonen für die Tiere einzurichten um somit Beobachtungsmöglichkeiten zu schaffen. Speziell die Anordnung von unterschiedlichen Futterplätzen kann dazu beitragen, dass die Vögel aktiv zwischen den einzelnen Standorten pendeln und dabei beispielsweise auch den Besucherweg passieren (Abb. 10).

5.5   Vergesellschaftungen mit Säugetieren

Die klassische Vergesellschaftung von Vögeln und Säugetieren bezog sich bislang meistens auf Huftiere, welche mit großen flugunfähigen oder flugunfähig gemachten

Abb. 10 Begehbare Greifvogelvoliere im Zoo Berlin. (Foto: Tobias Rahde)

Vögeln auf offenen Anlagen gehalten wurden. Häufig waren solche Vergesellschaftungen allerdings zum Nachteil der Vögel. Mittlerweile sind allerdings auch immer wieder Vergesellschaftungen zu sehen, bei denen Vögel in volierenartigen Strukturen gemeinsam mit großen Huftieren gehalten werden. Beispielhaft sei hier nur die Vergesellschaftung von Afrikanischen Schwarzbüffeln mit Glanzstaren und Kronenkranichen im Zoo von Antwerpen genannt. Klassische Vergesellschaftungen auch in kleineren Volieren sind hingegen solche mit Agutis (*Dasyprocta*), Kantchils (*Tragulidae*), kleinen Nagern oder Krallenaffen. Bei allen Vergesellschaftungen ist natürlich auf das Wohl jeder Art zu achten.

6   Die Teichanlage

Große offene Teichanlagen waren früher in nahezu jedem Zoo anzutreffen. Da jedoch der Bestand an nicht flugfähigen Vögeln für solche Anlagen aufgrund der geänderten Gesetzgebung rapide abgenommen hat, wird es zunehmend nötig, große Teichanlagen innerhalb von Volieren anzulegen und zu pflegen, damit die teilweise in ihrem natürlichen Lebensraum bedrohten Enten- und Gänsearten, Flamingos, Pelikane und Kraniche weiterhin in Zoologischen Gärten anzutreffen sein werden. Speziell bei den Enten- und Gänsearten spielen die privaten Liebhaberinnen und Liebhaber, welche teilweise sehr viel Geld und Herzblut in die Haltung dieser Arten investieren, eine wichtige Rolle, denn vor großen Investitionen in solche, vermeintlich beim Publikum nicht besonders attraktiven Arten, schrecken Zoos derzeit noch

häufig zurück. Die Gefahr ist deshalb groß, dass viele Arten aus den Beständen
nahezu unbemerkt verschwinden. Damit wären die Reservepopulationen für die
Arterhaltung nicht mehr vorhanden. Aus diesem Grund ist es wichtig, auch solche
Anlagen in Zoos und Privathand zu fördern.

6.1 Umfriedung

Ein völlig offener Teich ist aus vielerlei Gründen nicht mehr zu empfehlen. Zum
einen ist ein Besatz für eine solche Anlage nicht mehr zu finden, zum anderen ist der
Beutedruck durch die Prädatoren in den meisten Fällen zu groß. Auch eine geeignete
Seuchenprävention ist auf großen offenen Teichanlagen kaum möglich. Es gab in
einigen Zoos bereits Experimente mit besonderen Teilnetzstrukturen, welche besonders die großen und schweren Vögel daran hindern sollten zu starten und abzu-
fliegen. Eigene Beobachtungen haben jedoch schon gezeigt, dass sowohl Pelikane
als auch Flamingos im Notfall und bei günstigen Windverhältnissen nahezu senkrecht starten können. Große Teichanlagen werden künftig also mit vielfältigem
Besatz nur noch in großen Volieren möglich sein. Besonders zu beachten ist bei
den Umfriedungen, dass viele der gängigen Wasservögel keine allzu geschickten
und gewandten Flieger sind. Wenn also ein Flugraum zur Verfügung gestellt wird, ist
die Verletzungsmöglichkeit relativ hoch und speziell Ecken oder Winkel sollten
vermieden werden, da sie den Vögeln keine Ausweich- oder Wendemöglichkeit
mehr bieten. Speziell für Wasservögel eignen sich deshalb am besten weitläufige
Kuppeln. Natürlich ist auch hierbei auf besondere Sicherung gegen Schadnager und
Prädatoren zu achten (siehe Abschn. 3.1 und 3.2). Der Teich selbst sollte auch in
einer Voliere eine klare Struktur haben. Als Bodengrund in einer Teichanlage gibt es
unterschiedliche Möglichkeiten. Zum einen kann ein Teich mit einer Betonschicht
ausgegossen werden, in welche verschließbare Ablaufe eingelassen werden. Eine
solche Schicht ermöglicht regelmäßige Reinigungen und ist vor allem bei höherer
Besatzdichte zu empfehlen. Bei kleineren Teichanlagen sind auch Teichfolien eine
gute Möglichkeit, wobei jedoch eine erhöhte Anfälligkeit durch Beschädigungen
und Materialermüdungen zu beachten sind. Auch eine Lehmschicht kann zur Ab-
dichtung des Teiches dienen. Als Untergrabschutz sollte hierbei jedoch noch ein
Schutzgitter eingebracht werden. Die Lehmschicht muss eine Dicke von mindestens
50 cm haben. Die Reinigung eines solchen Teiches muss jedoch über Pumpen und
Filtersysteme erfolgen, da ein einfaches Ausspritzen die Lehmschicht auflösen und
damit den Teich undicht machen kann. Bei seicht abfallenden Teichen ist auch ein
Tongranulat denkbar, welches 30 cm dick eingebracht und dann mit einer circa
20 cm dicken Sandschicht überdeckt wird.

6.2 Struktur

Speziell große Teiche sollten eine wechselnde Struktur aufweisen. Neben tiefen
Bereichen sollten auch Flachwasserzonen und ein Schilfgürtel vorhanden sein. Die

Struktur eines Teiches ist natürlich auch immer von seinem Besatz abhängig. So muss in einem Ententeich zumindest ein Teil der Schilfzone gegen Abfraß geschützt werden. Schilf dient in einem großen Gewässer auch als ausgezeichnete natürliche Klärung und Deckung. Viele Arten schätzen zudem eine Insel, auf die sie sich zurückziehen oder auch brüten können. Als Zugang zu der Insel empfiehlt sich ein circa 10 bis 20 cm unter der Wasseroberfläche liegender Metallsteg, auf welchem man mit Gummistiefeln zur Insel gelangen kann, ohne dass dieser Zugang für Besucher sichtbar ist. Auch bei großen Teichen ist es empfehlenswert, Sichtachsen für Gäste zu definieren und Rückzugsbereiche und Komfortzonen für die Bewohner zu schaffen. Bei der Form des Teiches ist darauf zu achten, diesen möglichst natürlich zu gestalten. Es kann also sehr sinnvoll sein, kleinere Lagunen zu schaffen und somit auch den Tieren zu ermöglichen, sich gegenseitig aus dem Weg zu gehen und Streitigkeiten zu vermeiden.

6.3   Strömung

Bei großen Teichanlagen kann es sehr sinnvoll sein, vorab ein Strömungsprofil zu erstellen. Mithilfe von leistungsstarken Pumpen kann so eine gerichtete Strömung erzielt werden. Eine solche Strömung hat mehrere Vorteile. Zum einen dient sie zur Aktivierung der gezeigten Arten. Durch die Strömung, welche natürlich den Tierarten angepasst sein muss, erhöht sich häufig das Tauch- und Schwimmverhalten. Mit der Strömung verteilen sich Kleinstlebewesen im Wasser und werden erbeutet. Eine gerichtete Strömung kann zudem die Reinigungsarbeiten sehr erleichtern. Der Laub- und Schmutzeintrag selbst in einen nicht sehr dicht besetzten Teich ist nicht zu unterschätzen. Die Strömung kann diesen Eintrag bei guter Ausrichtung an einer speziellen Stelle des Teichs sammeln, wo er dann einfacher herausgenommen werden kann. Die Strömungspumpen sind jedoch gut gegen tauchende Enten zu sichern.

6.4   Reinigung

Größere Teiche sollten (abhängig von der Besatzdichte) mindestens alle zwei Jahre komplett gereinigt werden. Herbei sollte ein großer Teil des am Boden abgesetzten Schlammes entfernt werden. Die Reinigungsintervalle lassen sich durch eine Filterung jedoch deutlich verlängern. Wichtig ist es, bei Teichen regelmäßig Wasserproben zu nehmen und auf die gängigen Werte hin zu untersuchen. Speziell in den warmen Sommermonaten können stehende Gewässer umkippen oder sich in den tieferen Schichten anaerobe Bakterien, wie beispielsweise *Clostridium botulinum*, der Erreger für Botulismus, stark vermehren. Es empfiehlt sich zum Schutz hiergegen eine Tiefenbelüftung in die Teiche zu installieren. In der Fischzucht werden bereits unterschiedliche Modellsysteme hierfür angeboten.

6.5 Brutmöglichkeiten

Neben den bereits erwähnten Inseln kann es für viele Enten und Gänsearten sehr empfehlenswert sein, Schwimmhütten auf den Teich zu setzen. Durch unterschiedliche Röhrendurchmesser lassen sich die Zugänge für die unterschiedlichen Arten gut definieren. Für die Hütten empfiehlt sich ein Zweikammerbrutsystem, damit sowohl die Jungtiere als auch die Eier vor anderen Vögeln gut geschützt sind (Rahde 2016)

7 Fazit

Eine gute Vogelhaltung erfordert eine akribische Vorarbeit. Die Ansprüche der Pfleglinge müssen im Vorhinein genauestens recherchiert werden und es empfiehlt sich ein Austausch mit erfahrenen Halterinnen und Haltern. Ein nützliches Werkzeug hierfür kann auch die neu entstehende „Aviary Database" bieten (Bracko und King 2014). Bevor der erste Spatenstich gemacht wird, sollten sich alle Beteiligten, d. h. Pflegepersonal, wissenschaftliche und tiermedizinische Fachkräfte, Didaktik- und Marketingabteilungen gemeinsam an einen Tisch setzen und die Ziele der Haltung definieren. Hinter jeder Haltung müssen ein klar definiertes Ziel und eine verständliche Begründung für die Haltung der Art stehen und beides muss sich in der Struktur der Gehege und deren Präsentation wiederfinden. Auch in Privathand müssen zumindest die pflege- und züchterischen Aspekte vorab definiert werden. Aber auch Privathalterinnen und -halter werden mehr Freude an ihren Volieren und Vögeln haben, wenn sie die auf das Publikum zielenden Punkte dieses Kapitels beachten. Denn das Ziel aller Vogelhaltungen sollte immer sein, seine anvertrauten Tiere in der bestmöglichsten Art und Weise zu halten.

Literatur

Bennett, A. T. D., Cuthill, I. C., Partridge, J. C., & Maier, E. J. (1996). Ultraviolet vision and mate choice in zebra finches. *Nature, 380*, 433–435.

BMEL. (2019). Gutachten über die Mindestanforderung an die Haltung von Straußen, Nandus, Emus und Kasuaren. https://www.bmel.de/SharedDocs/Downloads/Tier/Tierschutz/Gutachten Leitlinien/GutachtenMindestanforderungen_Haltung_Straussen_Nandus_Emus_und_Kasua ren.pdf?__blob=publicationFile. Zugegriffen am 13.11.2019.

Bracko, A., & King, C. E. (2014). Advantages of aviaries and the Aviary Database Project: A new approach to an old housing option for birds. *International Zoo Yearbook, 48*, 166–183.

Hart, N. S., & Hunt, D. M. (2007). Avian visual pigments: Characteristics, spectral tuning, and evolution. *The American Naturalist, 169*(1), 7–26.

LAG VSW, Länderarbeitsgemeinschaft der Vogelschutzwarten. (2017). Der mögliche Umfang von Vogelschlag an Glasflächen in Deutschland – eine Hochrechnung. *Berichte zum Vogelschutz, 53/54*, 63–67.

Lamichhaney, S., Han, F., Webster, M. T., Andersson, L., Grant, B. R., & Grant, P. R. (2018). Rapid hybrid speciation in Darwin'sfinches. *Science, 359*(6372), 224–228.

Martin, P. R., Freshwater, C., & Ghalambor, C. K. (2017). The outcomes of most aggressive interactions among closely related bird species are asymmetric. *PeerJ, 5*, e2847. https://doi.org/10.7717/peerj.2847.

Merkblatt des FLI: Nutzgeflügel schützen. (2017). https://www.openagrar.de/servlets/MCRFileNo deServlet/openagrar_derivate_00001778/Merkblatt-Nutzgefluegel_schuetzen-2017-02-15.pdf. Zugegriffen am 18.10.2019.

Poen, M. J., Venkatesh, D., Bestebroer, T. M., Vuong, O., Scheuer, R. D., Munnink, B. B. O., de Meulder, D., Richard, M., Kuiken, T., Koopmans, M. P. G., Kelder, L., Kim, Y.-J., Lee, Y.-J., Steensels, M., Lambrecht, B., Dan, A., Pohlmann, A., Beer, M., Savic, V., Brown, I. H., Fouchier, R. A. M., & Lewis, N. S. (2019). Co-circulation of genetically distinct highly pathogenic avian influenza A clade 2.3.4.4 (H5N6) viruses in wild waterfowl and poultry in Europe and East Asia, 2017–18. *Virus Evolution, 5*(1). https://doi.org/10.1093/ve/vez004.

Rahde, T. (2016). Bruthütten für Wassergeflügel. *Arbeitsplatz Zoo, 1*, 27–29.

Schmid, H., Doppler, W., Heynen, D., & Rössler, M. (2012). *Vogelfreundliches Bauen mit Glas und Licht.* (2., überarb. Aufl.). Sempach: Schweizerische Vogelwarte Sempach.

Wüst, E. (2016). Haltungs- und fütterungsbedingte Erkrankungen beim Graupapagei. *Kleintier konkret, 19*(2), 40–45.

Ausstattung und Bepflanzung von Tropenhäusern, Volieren und Freianlagen

Olaf Lange

Inhalt

1 Grundlegendes

Die Haltung von Wildvögeln beruht zu einem sehr hohen Prozentsatz auf dem Bedürfnis, die Tiere um ihrer selbst Willen aus ästhetischen Gründen in einer möglichst naturnahen Umgebung zu präsentieren. In Ausnahmefällen werden die Tiere rein zur Arterhaltung gehalten. Bei diesen Zuchtvolieren wird der ästhetische Aspekt vielfach völlig außer Acht gelassen. Hier genügen Holzplatten als Versteckmöglichkeiten, unterschiedlich starke Sitzstangen, hygienisch günstiger Sand, bzw. Papier als Einstreu, ebenso wie Futterschalen auf Gitterrosten (Abb. 1).

In der Geschichte der Vogelhaltung wurde anfangs nur Wert auf das eigentliche Individuum gelegt. Seinen Bedürfnissen wurde aber nur im seltensten Fall entsprochen. Häufig ging die Zweckmäßigkeit des Käfigs im epochalen Schönheitsempfinden unter. Das gipfelte in verschnörkelten Rundkäfigen oder den sogenannten Papageienschaukeln. Oftmals waren Ketten, Futter- und Wassernapf auch noch an der kreisrunden Sitzstange befestigt.

In der heutigen Zeit wird wiederum versucht, den Vogel in einem biotopähnlichen Gehege oder einer Voliere zu präsentieren. Durch den technischen Fortschritt ist es heute vielfach möglich, Pflanzen aus dem heimatlichen Habitat in der Voliere oder Freianlage zu präsentieren. Bis auf wenige Ausnahmen ist es den Tieren selbst aber

O. Lange (✉)
ZooGrün e.V., Marlow, Deutschland
E-Mail: lange@vogelpark-marlow.de

Abb. 1 Funktionale Zuchtvoliere für Papageien, bei der gestalterische Gesichtspunkte keine Rolle gespielt haben. (Foto: Werner Lantermann)

völlig egal, ob sie mit Pflanzen aus ihrem Habitat oder mit Gewächsen von anderen Kontinenten zusammenleben müssen. Vielmehr ist es hier der menschliche Hang zum Perfektionismus, der eine authentische Kopie des natürlichen Lebensraumes als unabdingbar dahinstellt (Abb. 2).

Doch ein möglichst naturnah eingerichtetes Gehege ist dem Tierwohl keinesfalls abkömmlich. Hier kann man seinen Ideen freien Lauf lassen. Grundsätzlichen gestalterischen Regeln sollte aber trotzdem Aufmerksamkeit beigemessen werden. In den zu gestaltenden Raum muss Bewegung gebracht werden, indem er gegliedert wird. Von der Betrachterseite aus mit niedrigen Elementen begonnen, um dann im hinteren Bereich vielleicht sogar auf Raumhöhe zu enden. Wenn dann im Vordergrund Pflanzen mit großen Blättern platziert werden und im hinteren Bereich Pflanzen mit sehr feingliederigen Blättern, wird eine enorme gefühlte Tiefe erzielt. Die Voliere oder Anlage wirkt fast noch einmal so groß. Das bringt den Tieren zwar nichts, aber verstärkt bei dem Betrachter die Illusion eines großzügigen Lebensraumes.

Die oft in der Literatur erwähnten „Versteckmöglichkeiten" sind oftmals nicht als Versteck vor dem Betrachter gemeint. Sie sind vielmehr Einrichtungen, um den Tieren das Gefühl des Schutzes und der Geborgenheit zu geben. Ein nach drei Seiten geschlossener Raum aus Pflanzen, Rinde, Steinen oder Baumstubben darf auch

Abb. 2 Biotop-ähnliche Großvoliere im Weltvogelpark Walsrode. (Foto: Werner Lantermann)

gerne zur Betrachterseite hin offen sein. Nach einer gewissen Eingewöhnungszeit wird der Betrachter von den meisten Tieren kaum noch wahrgenommen. Das Gehege oder die Voliere sind für den Menschen aber dadurch viel wertvoller. Bei Vitrinen bleibt den Tieren dadurch sogar das Klopfen der Besucher an die Scheibe erspart, da sie ja eh zu sehen sind. Am Ende leben sie sogar noch stressfreier.

Bei der Gliederung der Anlage wird in sogenannten Gruppen gearbeitet. Bei einer Ufergestaltung zum Beispiel werden zwei Steine, die optisch zu einem Drittel im Boden verschwunden sein müssen, dicht beieinander anordnet, und ein weiterer Stein etwas weiter weg. Natürlich macht sich ein sogenannter Ausreißer, der im vorderen Bereich schon zwei Drittel der Gestaltungshöhe erreicht, und vielleicht als Sitzwarte genutzt wird, sehr gut. Allerdings kann mit mehreren „Ausreißern" dann sehr viel Unruhe in die Anlage gebracht werden (Abb. 3).

Um den Tieren Schutz vor Nachstellungen von anderen Mitbewohnern, egal ob derselben oder einer anderen Art zu gewähren, hat es sich bewährt, einen Teil der Bepflanzung heckenartig bis fast in die Mitte des Geheges oder der Voliere anzulegen. Dadurch können sich die Kontrahenten zumindest optisch gewissermaßen aus dem Wege gehen.

Bei Besatz mit sogenannten Zerstörern darf auch gern in die Trickkiste gegriffen werden. Viele Papageien interessieren sich zum Beispiel überhaupt nicht für Pflanzen im Bodenbereich. Hier wird dann mit Stauden, Gräsern, Farnen gearbeitet. Manchmal gelingt es, den Boden völlig zu begrünen. Mit den verwendeten Pflan-

Abb. 3 Neu gestaltete und frisch bepflanze Voliere für Jägerlieste (*Dacelo novaeguineae*). (Foto: Florian Becker)

zenarten muss man allerdings ein wenig experimentieren. Auch Pflanzen, die als giftig und ungenießbar bekannt sind, kann man teilweise verwenden. Die enthaltenen Giftstoffe sind ein Schutz der Pflanze. In der Regel sind die Tiere durch den Geschmack gewarnt, so dass sie diese Pflanzen als Nahrung von vornherein ablehnen. Allerdings sollte dann darauf geachtet werden, dass diese nicht zur alleinigen Vegetation reduziert werden. Ausreichend artgerechtes Futter muss schon vorhanden sein. Dann überlebt z. B. sogar ein Holunder in einer mit Gimpeln (*Pyrrhula pyrrhula*) oder Auerhühnern besetzten Voliere. Bei Papageienvögeln ist in kleinen Volieren allerdings Vorsicht geboten, da diese gewissermaßen aus der sprichwörtlichen Langeweile heraus an Pflanzen knabbern.

Vielfach wird versucht, die Volieren gleich mit sogenannten Futterpflanzen zu bepflanzen. Es ist zwar naheliegend, auf diese Art den Tieren eine optimale und einfache Ernährung zu gewährleisten, aber dieses gelingt eigentlich nur bei Gänsen und Laufvögeln. Frucht-, knospen- oder blattfressenden Arten sollte man besser die Zweige oder Früchte aus externem Anbau täglich zufüttern. Dabei ist gewährleistet, dass die Vögel auch wirklich reife und dann meist bedeutend vitaminhaltigere Früchte bekommen.

Bei der Pflanzenauswahl muss nicht zu sehr auf die Authentizität der Pflanzen aus dem natürlichen Lebensraum der jeweiligen Vogelart geachtet werden (Abb. 4).

Abb. 4 Auch ohne
authentische Bepflanzung aus
dem natürlichen Lebensraum
wird sich dieser
Schwarzkinnarassari
(*Aulacorhynchus atrogularis*)
in seiner Voliere wohl fühlen.
(Foto: Werner Lantermann)

Besonders in Gemeinschaftsvolieren ist das ja auch kaum möglich. Wichtig ist eine dem Biotop angepasste Gestaltung. In zoologischen Einrichtungen kann man oftmals nicht einmal so schnell neue Pflanzen bestellen, wie der Besatz ausgetauscht wird. Dort würde die Bepflanzung stets hinterherhinken. Der Ufer-, Savannen- oder Waldcharakter bliebe aber trotzdem erhalten. Wenn dann noch dem Brutverhalten bei der Gestaltung der Anlage genügend Beachtung geschenkt wird, ist es schon der richtige Weg.

Bei Außenanlagen kann der „Fremdkörper" Gehege oder Voliere ein wenig mit der Umgebung verschmelzen, indem die Bepflanzung über die Gehege- bzw. Volierengrenzen hinausgezogen wird, d. h. wenn dieselben Pflanzen, die innen an der Abgrenzung stehen, noch außerhalb weitergepflanzt werden. Dann wirken die Tiere weniger „eingesperrt".

Ein großer Fehler wird oftmals auch bei der farblichen Gestaltung des Drahtes oder Gitters gemacht. Wohl aus einem Bauchgefühl heraus wird oft ein dunkler Grünton verwendet. Optimal ist in diesem Fall aber anthrazitgrau. Dieser Farbton hebt sich nahezu von selbst auf. Wenn der Betrachter vor dem Gehege steht, sieht er förmlich durch das dunkle Gitter hindurch auf das eigentliche Objekt. Auch bei Fotoaufnahmen ist dunkler Draht sehr von Vorteil, da ein helles Gitter zu sehr reflektiert und dadurch die Belichtungs- und Fokussierautomatik irritiert (Abb. 5 und 6).

Abb. 5 Der Blick in die Voliere wird bei verzinktem ungestrichenem Volierendraht erschwert. (Foto: Olaf Lange)

2   Beispiele

2.1   Freianlagen/Gehege

Die wenigsten Probleme in der Einrichtung und Unterhaltung gibt es bei Außenvolieren und Gehegen, sofern die Gehegeart dem vorhandenen Gelände und Boden anpasst wird. Feuchte Wiesenflächen sollten bevorzugt für Schreitvögel, Kraniche oder Gänse genutzt werden (Abb. 7). Perfektioniert wird das Ganze dann noch, wenn eine größere Wasserfläche schon vorhanden ist oder eingebaut werden kann. Wenn irgend möglich, sollte die Wasserfläche seitlich oder im Vordergrund platziert werden. Denn oft wird das Gewässer zusätzlich mit Wassergeflügel besetzt, welches dann im hinteren Bereich der Anlage weniger präsent wäre. Die Ufervegetation würde auch den Blick auf das Wasser versperren. Bei künstlichen Gewässern muss in der Regel auf biotopfremde Uferpflanzungen ausgewichen werden, sofern nicht im Wasser schon eine Sumpfzone eingerichtet wurde. Ist diese Sumpfzone aber zu klein, wird sie eventuell von Schwänen oder stark pflanzenfressenden Enten in wenigen Wochen vernichtet. Wenn der Landteil für Sumpfpflanzen nicht feucht genug sein sollte, kann auf Gräserstauden ausgewichen werden. Um das Röhricht zu imitieren eignet sich *Miscanthus* (Chinaschilf) mit seinen vielen Sorten. Für tropisches Flair kommt *Miscanthus x giganteus* (Riesenchinaschilf) mit bis zu drei Metern Höhe ins Spiel, sollte der europäische Charakter präsentiert werden, könnten

Abb. 6   Bei dunkel gestrichenem Volierendraht wird der „Durchblick" auf das Voliereninnere verbessert. (Foto: Olaf Lange)

auch die blühenden Sorten von *Miscanthus sinensis* Wirkung zeigen. Sumpfiris, *Carex*-Arten (Seggen) und *Caltha palustris* (Sumpfdotterblume) runden das Bild ab, benötigen aber dann schon wieder frischen Boden. Wem es nicht zu kitschig wirkt, kann auch gern eine *Salix alba pendula* (Trauerweide) pflanzen. Mit den Jahren werden das aber doch recht große Bäume. Ist ein Weidengestrüpp gewünscht, sollte auf *Salix caprea* (Salweide) zurückgegriffen werden. Diese Weidenart lässt sich aber leider sehr schlecht aus Steckholz ziehen. Die im Landschaftsbau oftmals verwendeten Weidenarten sind weniger geeignet, da diese steckholzvermehrten Sorten sehr kräftig wachsen und mitunter Rutenlängen von bis zu drei Metern erreichen. Es sei denn, es werden Kopfweiden (z. B. als Futterpflanzen) gewünscht. Dazu wird dann ein über armdickes und bis zwei Meter langes Aststück ca. 60 Zentimeter tief eingegraben. Nach zwei Sommern kann dann unsere junge Kopfweide schon auf den Stamm zurückgesetzt werden, und man erhält Futterzweige, z. B. für Sittiche und Papageien.

Bei Laufvogelanlagen ist ein der Vogelart entsprechender Zaun zu wahlen. Um Unfällen vorzubeugen, muss der Zaun schon an die zwei Meter hoch sein. Emus, Kasuare und Strauße erfordern allein durch ihre Körpermasse einen sehr stabilen Zaun. Bei den Steppenvögeln beschränkt sich die pflanzliche Gestaltung auf einige Strauchgruppen oder Solitärbäume. *Hippophae* (Sanddorn) und *Eleaegnus* (Ölweide) wirken durch ihre hell-graugrünen Blätter recht ähnlich wie eine Dornbuschsavanne. Um ein afrikanisches Ambiente zu fördern, kann auf unsere heimische

Abb. 7 Durch ihre Größe und den Wildkräuterbewuchs gewinnt die Kranichanlage viel an Natürlichkeit. (Foto: Olaf Lange)

Robinia (Scheinakazie) oder die amerikanische *Gleditsia* (Lederhülsenbaum) zurückgegriffen werden. Allerdings muss bei jungen Bäumen mit Schnittmaßnahmen bei der Kronengestaltung gewissermaßen etwas Hilfestellung gegeben werden.

Der Boden der Anlage wird mit Gräsern begrünt. Das hat mehrere Vorteile: es staubt nicht, die Tiere können sich davon ernähren und die gesamte Anlage wirkt ästhetischer. Bewährt hat sich hier die Weidemischung „Country Horse Pferdegreen". Diese Mischung ist sehr strapazierfähig, kann sehr kurz gefressen werden und hat, wenn sie nicht zu stark beweidet wird, auch ein wenig Wiesencharakter. Wer jetzt noch sehr ins Detail gehen möchte, sät oder pflanzt mehrere Horste z. B. von *Calamagrostis* (Reitgras), *Helictotrichon* (Blaustrahlhafer) oder *Pennisetum* (Lampenputzergras), um die Anlage noch ein wenig zu strukturieren. Diese Form der Strukturierung ist leichter durchzuführen, als das Gelände etwas hügeliger zu gestalten, was dann natürlich das sogenannte i-Tüpfelchen wäre. Beim Kasuar als Waldvogel sieht das Gehege völlig anders aus. Wenn ein Waldstück schon vorhanden ist, wird in diesem Fall das Anlegen einer Wiese problematisch werden. Hier kann noch etwas Unterholz dazu gepflanzt werden, Farne, *Mahonia*, *Ribes alpinum* (Alpenjohannisbeere), *Berberis* (Berberitze, Sauerdorn). Bei Neuanlagen sollten auf jeden Fall einige größere Bäume als Schattenspender gepflanzt werden. Rasen und relativ niedrige Sträucher oder Großstauden bringen Abwechslung. Größere Sträucher und kleinkronige Bäume stehen vorzugsweise am Gehegezaun bzw. noch besser auch dahinter. So entsteht der Eindruck einer Waldlichtung.

2.2   Wasservogelanlagen

Bei Wasservogelanlagen ist bis auf wenige Gänsearten nun das Wasser das entscheidende Kriterium. Speziell nordische Entenarten benötigen zur Aufzucht sauberes Wasser. Um die Keimbelastung relativ gering zu halten, ist ein schattiger und relativ tiefer Teich sinnvoll, da sich hier das Wasser nicht so stark erwärmt, wie in einer vollsonnigen flachen Schale. Bei Folienteichen hat es sich bewährt, zumindest bis ca. dreißig Zentimeter Tiefe eine Betonschicht über die Folie zu legen. Sehr grobes Gewebe, z. B. Kokosgewebe oder -netz, wird mit erdfeuchtem Beton überzogen. Dadurch gelangt keine UV-Strahlung auf die Teichfolie, und die Folie kann wirklich „ein Leben lang" halten. Besonders wichtig ist die Betonabdeckung oberhalb des Wasserspiegels (Abb. 8). Außer den technischen Gründen ist die Betonkante lebenswichtig für Jungvögel, die beim Verlassen des Wassers oftmals auf der veralgten Folie ausrutschen und tatsächlich Gefahr laufen, zu ertrinken oder zu unterkühlen. Ein wirklich flach auslaufendes Teichufer wird in der Regel in Höhe des Wasserspiegels veralgen bzw. gar bemoosen und so die strukturierte oder aufgeraute Betonkante optisch gewissermaßen verschwinden lassen. Mit etwas Glück kann man mit dem flachen Ufer auch noch verhindern, dass speziell Schwäne, aber auch einige Enten- und Gänsearten bis an die Teichkante heranschwimmen und den

Abb. 8 Ein Beton- oder Natursteinrand an Teichen dient einerseits zum Schutz der Teichfolie und gibt anderseits den Tieren besseren Halt beim Betreten oder Verlassen der Flachwasserzone (Wollhalsstorch *Ciconia episcopus*). (Foto: Werner Lantermann)

angrenzenden Wiesensaum auf Halslänge in eine Morast- und Kraterlandschaft verwandeln. Wenn die Tiere im flachen Wasser ohnehin zu Fuß gehen, laufen sie auch weiter in die Fläche hinein und beweiden den Saum nicht so intensiv. Selbst bei Wassergeflügel ist eine höhere Bepflanzung von Nöten, um den Tieren etwas Schatten zu bieten. Eine Röhrichtwand am gegenüberliegenden Ufer lässt sich mit *Phragmites australis* (Schilfrohr) oder *Thypha*-Arten (Rohrkolben) leicht errichten. Vorteil dieser Arten ist ihre fast weltweite Verbreitung, so dass sie fast mit jeder Vogelart gewissermaßen kompatibel sind. Auch *Iris pseudacorus* (Sumpfschwertlilie) kann in den Flachwasserteil gepflanzt werden. Ist der Teich groß genug, kann er direkt mit den Sumpf- oder Uferpflanzen bepflanzt werden. Es lässt sich aber auch an den Teich ein Klärbeet anlagern, das dann mit dem Wasservogelteich über Rohrleitungen oder Schläuche verbunden ist und durch eine Umlaufpumpe gespeist wird. Pflegeleichter ist jedoch ein größerer Teich, der gewissermaßen durch die Pflanzen im Verhältnis 1:5 bis 1:10 geteilt wird. Eine Bachlaufpumpe, die in dem kleinen Bereich positioniert wird, pumpt von dort das Wasser über ein möglichst dickes Rohr oder auch einen Schlauch in den großen Bereich. Wenn das Wasser dann den Pflanzenstreifen zur Pumpe durchströmt, filtern die Pflanzen die Nährstoffe heraus.

Der Landteil sollte den zu haltenden Arten angepasst sein. Lappentaucher benötigen nur sehr kleine Landflächen, Gänsevögel dafür umso größere. Besonders bei Gänsen und Schwänen muss der Weidefläche viel Beachtung geschenkt werden. Kleine Flächen sind schnell überweidet und wirken dann vegetationslos völlig kontraproduktiv. Dass hier auf sehr robuste Rasensorten zurückgegriffen werden sollte, müsste eigentlich selbstverständlich sein. Je nach Brutverhalten müssen bei Bodenbrütern Sandflächen, Sumpfbereiche, hohe Wiesenbereiche, Strauchgruppen oder für die Höhlenbrüter gar Nisthöhlen vorhanden sein. Diese, aus einem entsprechend starken Stammstück gefertigt, können dann sehr dekorativ sein.

2.3   Papageienvolieren

Papageienvolieren gelten oft als schwierig bepflanzbar. Höhere Sträucher oder Bäumchen haben in diesen Volieren sehr selten die Chance, im nächsten Frühjahr wieder auszutreiben. Oftmals werden diese Gehölze von den Tieren wie Kletter- oder Futteräste be- und zernagt (Abb. 9). Hier lässt sich aber mit bodennahen Pflanzen, Wurzeln und Steinen auch recht anspruchsvoll dekorieren. Selbst höher wachsende Gräser haben oftmals eine Chance, sich noch gut entwickeln zu können. Auch z. B. *Cornus alba* (Hartriegel), *Berberis thunbergii* (Heckenberberitze) oder Holunder können mitunter so gut wachsen, dass sie gelegentlich sogar zurückgeschnitten werden müssen. Bei den Papageienvolieren kann man auch gut mit außenstehenden berankten Pergolen, die einige Zentimeter vom Draht entfernt sind, arbeiten, wobei sie dann auch noch als Schattenspender wirken. So wird doch noch ein wenig Urwaldcharakter inszeniert, der vielleicht mit robusten Farnen in der Voliere komplettiert wird.

Bei Bewohnern der offenen Landschaft lässt sich gut mit Steinen, Gräsern, Iris (Schwertlilien) oder auch *Yucca* (Palmlilie) arbeiten. Rindenmulch, nicht gerade

Abb. 9 Papageienvolieren sind schwierig dauerhaft zu bepflanzen. Sie nutzen – wie dieser Springsittich (*Cyanoramphus auriceps*) – alle erreichbaren Naturäste zum Beknabbern. (Foto: Werner Lantermann)

unter den Lieblingssitzplätzen platziert, kann allein durch seinen Kontrast zum Kies schon sehr dekorativ wirken. Ein kleiner Tränk- und Badeteich rundet das Biotop noch ab. Der lässt sich relativ schnell und einfach bauen, indem eine flache Senke ausgehoben wird. Diese sollte ca. zehn Zentimeter tiefer und breiter in alle Richtungen sein, als der fertige Teich gewünscht wird. Anschließend wird möglichst gleichmäßig eine fünf Zentimeter dicke Betonschicht aufgetragen. Dieser Schicht folgt dann eine Bewehrung in Form von dünnem Volierendrahtgeflecht. Anschließend kommt noch die zweite Schicht Beton darüber. Wichtig ist, den Draht vollständig im Beton verschwinden zu lassen. Ob die Oberfläche nun mit Zementschlempe geglättet wird oder rau bleibt, um eine möglichst natürlich aussehende Pfütze zu erhalten, bleibt dem Nutzer überlassen. Eine raue Oberfläche veralgt schnell und wirkt dann sehr natürlich, die glatte Oberfläche lässt sich dafür mit einer Bürste besser sauber halten. Je flacher die Wanne gestaltet wird, desto schneller lässt sich der Wasserwechsel vollziehen, indem das Wasser mit Schwung herausgebürstet oder herausgefegt wird. Günstig ist es, wenn dann hinter dem Teich robuste Gräser wie z. B. *Miscanthus*-Sorten (Chinaschilf) oder *Carex* (Seggen) wachsen. Diese nehmen das tägliche Reinigungswasser auf und verwehren den Vögeln den Zugang zum sonst durchnässten Bodenbereich, der meist schnell mit Keimen überladen ist.

Bei stark knabbernden Papageien ist es von Vorteil, gleich ein großes Tor oder ein leicht ausbaubares Gitter in der Voliere einzuplanen, um den doch relativ häufigen Einrichtungswechsel zügig vollziehen zu können. Ein kräftiger, stark verzweigter Ast bietet den Tieren mehr Abwechslung als gerade Sitzstangen, die allerdings bedeutend leichter durch kleine Volierentüren passen. Der Schauwert einer Voliere mit verzweigten und nicht allzu sehr zernagten Sitzbäumen ist um ein Vielfaches höher, als eine Reihe womöglich noch waagerecht angeordneter Sitzstangen. Die Vögel werden gefordert, sind beschäftigt und nehmen wechselnde Körperhaltungen ein.

2.4   Tropenhäuser

In der Regel werden Tropenhäuser auch ihrem Namen entsprechend als Urwald eingerichtet (Abb. 10). Wichtig ist für die Pflanzen eine möglichst vollflächige „Glaseindeckung". Denn das Wichtigste zum Gedeihen der Pflanzen ist ausreichend Licht. Gerade im Winterhalbjahr fehlt es schon allein aus natürlichen Gründen. Auch wenn in den tropischen Breiten mehr oder weniger Tag-Nachtgleiche herrscht, ist die Sonnenstrahlung dort bedeutend intensiver. Glaseindeckungen lassen zwar recht viel der in unseren Breiten geringen Sonneneinstrahlung durch, sind aber energetisch sehr teuer. Die PVC-Mehrkammerplatten haben zwar einen hohen Dämmwert, absorbieren jedoch aufgrund der häufigen Lichtbrechungen einen nicht zu vernach-lässigenden Teil der Sonneneinstrahlung. Die heute modernste Dachform sind die

Abb. 10 Viele Tiergärten haben inzwischen Tropenhäuser eingerichtet. Eines der größten und ältesten Anlagen ist der Burger's Bush im holländischen Arnheim. (Foto: Werner Lantermann)

Folienkissen mit recht guten Isolationswerten und auch einer guten Lichtdurchlässigkeit.

Auch wenn in der dunklen Jahreszeit sehr viel Augenmerk auf die Wärmeversorgung gelegt wird, rückt in den Sommermonaten das Thema Abkühlung in den Vordergrund. Selbst ein Tropenhaus wird ab 30 °C für die meisten seiner Bewohner unangenehm und für Besucher in Zusammenwirkung mit der hohen Luftfeuchte schon fast unerträglich. Zusätzlich zu den Lüftungsfenstern in Firstnähe sind seitliche Lüftungsöffnungen sehr vorteilhaft, um den sogenannten Kamineffekt zu erzielen. Das wiederum setzt die Luftfeuchtigkeit sehr weit herunter. Nebelanlagen lindern diesen Effekt etwas, da die Wasservernebelung naturgemäß die Temperatur senkt und gleichzeitig die Luftfeuchte erhöht. Die viel gepriesene automatische Bewässerung der Vegetation über Tröpfchenbewässerung oder Perlschläuche suggeriert zwar eine Erleichterung der Pflege, ersetzt aber nicht das manuelle Gießen vollständig. Je nach Heizungsart gibt es unterschiedlich warme bzw. bestrahlte Bereiche. Desweiteren ist eine differenzierte Assimilationsleistung der einzelnen Pflanzenarten in Betracht zu ziehen. Dazu kommt noch der Durchwurzelungsradius, bzw. die Durchwurzelungstiefe einzelner Arten. Einige müssen täglich besprüht werden, andere kaum. Am Ende steht man als Pfleger dann doch wieder mit dem Schlauch in der Hand da.

Wasserfälle sprechen immer die Emotion des Betrachters an (Abb. 11). Sie erhöhen auf recht einfache Art die Luftfeuchte und schaffen im unmittelbaren Bereich ein besonderes Mikroklima. Nach einigen Jahren entwickelt sich auch ohne gärtnerisches Zutun in diesem Bereich eine ganz eigene Flora. Moos- und Farnsporen keimen an ihnen zusagenden Orten, andere Pflanzenarten verlagern tatsächlich ihren Standort, Wasserpflanzen wachsen emers, einige Arten sterben völlig ab. Zu beachten ist allerdings, dass dieses Ökosystem sehr empfindlich auf den Ausfall der Wasserversorgung reagiert. Besonders bei tosenden Wasserfällen ist es eine Überlegung wert, ob wir den meisten unserer Tiere wirklich einen Gefallen damit tun. Aufgrund des Stresses durch die hohe Geräuschkulisse für viele Vogelarten verlieren wir teuren Lebensraum für die Tiere.

Dem Boden sollte sehr viel Aufmerksamkeit zuteil werden, muss er doch mit den Gießwassermengen zurechtkommen, darf nicht verschlämmen und soll dabei noch die Tektonik des Tropenhauses halten. Vielfach wird topografisch bewegtes Gelände in Tropenhäuser eingebaut, um den Schauwert der Anlage zu erhöhen. Besonders Hühnervögel setzen der Geländestruktur oftmals arg zu. Enten, die Zugang zum gesamten Terrain haben, können dem Substrat ebenfalls stark zusetzen, indem sie es vernässen und verdichten. Aus diesem Grunde ist normaler Gartenboden, womöglich noch mit hohem Lehmanteil, völlig ungeeignet. Nach einer gewissen Zeit ist normales Substrat nicht mehr in der Lage, bei regulären Bewässerungsmaßnahmen Wasser aufzunehmen. Hier muss mit Einmischen von Blähton, Lavakies oder ähnlich wirkenden Zusatzstoffen gegengesteuert werden. Sie verhindern ein oberflächiges Abfließen des Gießwassers und durchlüften das Substrat. Grobhumuszugaben haben zwar dieselbe Wirkung, sind aber nicht sehr lange wirksam, da der Humus durch die tropenähnlichen Verhältnisse doch sehr schnell wieder zersetzt wird. Besonders bei feinteiligem Humus ist dann die Gefahr des Verschlämmens sehr

Abb. 11 Wasserfälle in
Tropenhäusern üben eine
starke Faszination auf die
Besucher aus und erhöhen
gleichzeitig auch die
Luftfeuchtigkeit (Burger's
Bush, Arnheim). (Foto:
Werner Lantermann)

hoch. Bei dem oft recht hohen Tierbesatz und den relativ hohen Temperaturen ist
eine Geruchsbelästigung dann nicht ausgeschlossen.

Da die Tropenvegetation sehr artenreich ist, liegt der Slogan „Erlaubt ist, was
gefällt" schon nahe. Einige Einschränkungen gibt es jedoch schon. Nicht alle
Zimmerpflanzen sind mit der oft vorherrschenden Luftfeuchtigkeit glücklich, da
vielfach Pilzkrankheiten ihrem Wachstum Einhalt gebieten. Besonders, wenn sie
relativ dunkel stehen. Die Binsenwahrheit, dass Pflanzen mit derben Blättern robuster wären, ist auch nicht immer wahr. *Schefflera* (Strahlenaralie), *Ficus benjamini*
(Birkenfeige) und auch *Hibiscus* und Citrusgewächse leiden im Tropenhaus häufig
an Schildlausbefall. Insbesondere der *Honigtau*, wenn er dann völlig veralgt ist, lässt
die Pflanzen unansehnlich erscheinen, während die Pflanzen noch relativ gut mit
dem Befall zurechtkommen.

In der Nähe von Futterstellen hat es sich bewährt, recht derbe Pflanzen zu
verwenden, da diese von den Vögeln häufig frequentiert werden. Wenn die noch
eingerollten Blätter von *Musa* (Banane) oder *Monstera* (Fensterblatt) viele Male am
Tag als Sitzgelegenheit dienen, können kaum ansehnliche Blätter ausgebildet werden. Hier sind *Hibiscus*, *Ficus*-Arten oder auch *Dracaena* (Drachenbaum) und
Yucca (Wunderholz) robustere Vertreter an Futterstellen.

Fazit

Als oberstes Gebot der Gehegegestaltung ist das Augenmerk auf die natürlichen Lebensbedürfnisse unserer Pfleglinge zu legen. Eine schön eingerichtete Anlage hebt die Tierhaltung auf ein höheres Level. Wichtig ist bei allem jedoch, dass die tägliche Pflege und Reinigung nicht durch die Dekoration erschwert oder gar verhindert wird. Irgendwann werden die schwer zugänglichen Stellen doch nicht mehr so akkurat gereinigt, wie es eigentlich notwendig wäre. Von diesem Moment an sinkt der ästhetische Wert unserer Anlage zeitgleich mit dem Verlust an Hygiene. Dann ist letztlich eine quadratische, praktische Futterstelle um ein Vielfaches wertvoller als der schönste ausgehöhlte Ast, die saubere Wasserschale angenehmer als ein übel riechender Tümpel.

Weiterführende Informationen

Zunächst soll auf den Verein „ZooGrün e. V." hingewiesen werden, in dem sich Zoomitarbeiter aus dem gärtnerischen Bereich im deutschsprachigen Raum zusammengeschlossen haben. Regelmäßige Jahrestagungen in wechselnden Tiergärten tragen zum Informationsaustausch bei (https://www.zoogrün.de). Aus der Vielzahl der Veröffentlichungen zur Gartengestaltung, zum Garten- und Landschaftsbau, zur Baumschularbeit usw. sei nur exemplarisch auf die Standardwerke von Günther (1979) und Göritz (1981) verwiesen. Über Bau und Einrichtung von Vogelunterkünften (mit Schwerpunkt auf Privatanlagen) informiert die umfassende Veröffentlichung von Robiller (2007).

Literatur

Göritz, H. (1981). *Laub- und Nadelgehölze für Garten und Landschaft*. Berlin: Deutscher Landwirtschaftsverlag.

Günther, H. (1979). *Schöne Blütengehölze*. Berlin: Deutscher Landwirtschaftsverlag.

Robiller, F. (2007). *Vogelheime, Volieren und Teiche*. Stuttgart: Ulmer-Verlag.

Umwelt- und Verhaltensbereicherung in der Vogelhaltung – eine Herausforderung nicht nur für Zoos

Werner Lantermann

Inhalt

1 Einleitung

Der kleine Metallkäfig mit dem hundertmal von Stange zu Stange hüpfenden Rotkardinal *(Cardinalis cardinalis),* der Freisitz für den einzeln gehaltenen Gelbbrustara *(Ara ararauna)* mit gerupftem Brustgefieder, der glänzende Rundkäfig mit einem dauerhaft ängstlich nach oben blickenden Dreifarben-Glanzstar *(Lamprotornis superbus)* – all das sind unzureichende Haltungsbedingungen, die früher oder später zu Verhaltensauffälligkeiten der so gehaltenen Tiere führen (können). Um das zu erkennen, benötigt man eigentlich keine wissenschaftlichen Beobachtungsmethoden, das besagt schon der gesunde Menschenverstand. Und dennoch hat es teilweise bis in die 1970er-Jahre gedauert, bis beispielsweise endlich der gerupfte

W. Lantermann (✉)
Oberhausen, Deutschland
E-Mail: w.lantermann@arcor.de

© Springer-Verlag GmbH Deutschland, ein Teil von Springer Nature 2021
W. Lantermann, J. Asmus (Hrsg.), *Wildvogelhaltung,*
https://doi.org/10.1007/978-3-662-59604-3_11

Gelbbrustara in den Fokus der Tiermedizin und der Verhaltenswissenschaftler ge-rückt ist – mit der Erkenntnis, dass hier in der Regel kein Mineralstoff-, Vitamin-oder Ernährungsmangel vorliegt (wie man lange glauben wollte), sondern eine massive Verhaltensauffälligkeit, ausgelöst durch Langeweile in einer reizarmen Umgebung (Lantermann 1998) (Abb. 1).

Wenn man bedenkt, dass bis vor gut 10 Jahren noch große Mengen an Wild-vögeln aus der Natur entnommen und dann oftmals in eine Käfighaltung überführt wurden, wundert es kaum, dass eine solche Umstellung für viele Vögel zu massiven Befindlichkeitsstörungen geführt hat. Besonders prädestiniert dafür waren impor-tierte Großpapageien, die zu allem Fang- und Transportstress auch noch eine 30–45tägige Quarantäne über sich ergehen lassen mussten – allen voran der Graupapa-gei (*Psittacus erithacus*), der überwiegend oder ausschließlich als „sprechender" oder nachahmungsbegabter Vogel für die Wohnungshaltung vorgesehen war. Wenn sich bei ihm vier Eigenschaften, nämlich das grundsätzlich sensible Wesen des Graupapageien, die „Hochintelligenz" dieser Art, die Einzelhaltung (um das Sprech-training zu forcieren) und die enge Käfighaltung vereinten und zu einer massiven Käfigneurose mit nachfolgenden Verhaltensstörungen entwickelten, ist eigentlich verwunderlich, dass im statistischen Durchschnitt nur jeder zweite gehaltene Grau-papagei von einer sichtbaren Störung betroffen war (Herkenrath und Lantermann 1994; Asmus und Lantermann 2013).

Mittlerweile sind die Zusammenhänge zwischen inadäquaten Haltungsbedin-gungen und dem Auftreten von Verhaltensauffälligkeiten besser bekannt, die Haltungsansprüche für viele Vogelarten im Detail erforscht. Und entsprechend bemühen sich in den Zoos und Vogelparks die verantwortlichen Kuratoren zusammen mit den Tierpflegern, im Sinne des Tierwohls die Haltungsbedingun-gen in der Vogelhaltung zu optimieren und durch zum Teil ausgeklügelte Be-schäftigungsangebote Verhaltensauffälligkeiten zu minimieren oder ganz zu unterbinden. Während lange Zeit die Mehrzahl dieser Bemühungen in erster Linie den Primaten und anderen hoch entwickelten Säugern galt, ist inzwischen auch bei der Vogelhaltung eine deutliche Fortentwicklung beim „Enrichment" im Gange.

Abb. 1 Eine reizarme Umgebung und weitere inadäquate Haltungsbedingungen führen bei Großpapageien wie diesen Gelbbrustaras (*Ara ararauna*) nicht selten zum Federrupfen. (Foto: Werner Lantermann)

Aus der Homepage des Verbandes deutscher Zoologischer Gärten
„Alle Mitgliederzoos des VdZs sind wissenschaftlich geleitet und halten ihre Tiere nach den neuesten Erkenntnissen der Tiergartenbiologie. Diese Fachrichtung liefert die Grundlagen für die optimale Versorgung von Wildtieren im Zoo. Durch den Weltzooverband (WAZA) sowie den Europäischen Verband der Zoos und Aquarien (EAZA) wurden ethische Leitlinien und Standards verabschiedet, die die Zoos u. a. darin unterstützen, dem Wohlergehen der ihnen anvertrauten Tiere jederzeit höchste Priorität einzuräumen. So geht unter anderem die Animal Welfare Strategy des Weltzooverbandes davon aus, dass Zoos und Aquarien in der Verantwortung stehen, hohe Standards beim Wohlergehen der Tiere zu setzen, um ihre erklärten Ziele als moderne Natur- und Artenschutzorganisationen zu erreichen.

Ziel der Zoos im VdZ ist es deshalb, den Tieren bestmögliche Lebensbedingungen zu bieten. Eine angemessene Pflege ist selbstverständlich und auch eine gute tierärztliche Versorgung ist immer gewährleistet. Viele Tierarten werden in möglichst naturnahen Gehegen gehalten und – wo immer möglich – auch mit anderen Tierarten auf einer Anlage gemeinsam (Abb. 2). In die Weiterentwicklung der Tieranlagen fließen jedes Jahr viele Überlegungen und das Fachwissen der Zoomitarbeiter ein. Allein im Jahr 2016 investierten die Zoos des VdZs 110 Millionen Euro in die Weiterentwicklung von Tieranlagen und Tierwohl" (vdz-zoos.org/tierhaltung und tierschutz).

Abb. 2 Eine solche Großvoliere für die Gemeinschaftshaltung von Hühnervögeln, Staren und anderen Arten (Artis, Amsterdam) bildet einen natürlichen Lebensraum nach und bietet den gehaltenen Vögeln eine Vielzahl von Beschäftigungsmöglichkeiten. (Foto: Werner Lantermann)

Abb. 3 Eine adäquate Vogelunterkunft bietet viele Anreize und Beschäftigungsmöglichkeiten in räumlicher und sozialer Hinsicht – dazu zählt auch die Bereitstellung von entsprechenden Nistmöglichkeiten (hier Pfirsichköpfchen *Agapornis fischeri* mit Nistmaterial im Schnabel). (Foto: Werner Lantermann)

2 Optimierung der Haltungsbedingungen – Minimierung von Verhaltensauffälligkeiten

Heute gibt es innerhalb der Europäischen Union keine Massenimporte von Wildvögeln mehr. Allerhöchstens kleine Importe mit geringen Stückzahlen von Vögeln bedrohter Arten werden für Erhaltungszuchtprogramme Zoologischer Garten zugelassen. Im Umkehrschluss bedeutet dies, dass immer mehr Vögel, die wir heute in den Tiergärten und Privatanlagen antreffen, aus den immer häufiger gelingenden Nachzuchten stammen. Sie haben die Freiheit nie kennen gelernt, ihnen ist der Fang-, Transport und Quarantänestress erspart geblieben. Wenn es sich um Elternaufzuchten handelt, gelten die Nachzuchtvögel im Durchschnitt als robuster und weniger anfällig für Verhaltensauffälligkeiten als Wildfänge (auf die Problematik der Handaufzuchten wird weiter unten noch näher eingegangen). Ihr Gehege bzw. ihre Voliere nehmen die Tiere als ihr Territorium wahr, dessen Grenzen sie – besonders zur Brutzeit – gegen Volierennachbarn oder Volierenmitbewohner zum Teil vehement verteidigen. Voraussetzung ist allerdings, dass die Vögel ihre Voliere als adäquaten Lebensraum mit allen wichtigen Fixpunkten (Futterplätze, Sand-, Regen- und Sonnenbadestellen, Versteckmöglichkeiten, ggf. entsprechende Bepflanzung, Brutstätten oder Nisthöhlen, Nistmaterial . . .) empfinden, den sie dann als ihr Revier auch verteidigen (Abb. 3).

3 Umwelt- und Verhaltensbereicherung

Allerdings sind Zoogehege und Volieren und ebenso auch Privatanlagen deutlich reizärmer als der natürliche Lebensraum der Vögel in den Steppen, Savannen, Sumpfgebieten, Mangroven oder Regenwäldern ihrer ursprünglichen Heimat. Die Vögel haben bei der Haltung in Menschenobhut über einen Großteil des Jahres –

abgesehen von der Brutzeit mit anschließender Jungenaufzucht – keine „Aufgaben".
Sie sind der Futtersuche enthoben, müssen sich nicht mit rivalisierenden Artgenossen herumplagen, müssen keine Zeit für Partnersuche oder Flucht vor Prädatoren
verbringen – kurzum: sie sind vielfach unterbeschäftigt. Dieses Vakuum wird nun
seit einigen Jahren in den Tiergärten wahrgenommen und bei manchen Arten mehr,
bei anderen weniger ausgefüllt durch psychische und physische Beschäftigungs-
maßnahmen, die üblicherweise unter den drei Hauptbegriffen

- Behavioral Enrichment
- Environmental Enrichment
- Social Enrichment

zusammengefasst werden. Manche Autoren fügen als viertes Feld noch das
Sensory Enrichment hinzu, das darauf abzielt, den Tieren durch Anbieten verschiedener Futtermittel mit unterschiedlichem Geruch und Geschmack olfaktorische und
gustatorische Reize zu bieten (vgl. Baumans 2005).
   Behavioral Enrichment (Verhaltensbereicherung) zielt darauf ab, das Ausleben
artgemäßer Verhaltensweisen der gehaltenen Tiere durch bestimmte pflegerische
Maßnahmen zu fördern. Das kann in ganz unterschiedlicher Weise geschehen,
z. B. durch Verstecken von Futter, das dann aktiv „gesucht" werden muss, durch
das Anbieten von besonders feinem bzw. kleinkörnigem Futter, das die Dauer der
Nahrungsaufnahme verlängert, durch Bereitstellung bestimmter „Spielzeuge" und
anderer Gegenstände zum Erkunden, Beknabbern und Manipulieren (Abb. 4), durch

Abb. 4 Die einfachste Form, um z. B. Papageien in der Voliere zu beschäftigen, ist das Anbieten
von frischen Ästen zum Beknabbern (Blaukopfaras *Primolius couloni* im Weltvogelpark Walsrode).
(Foto: Petra Schmidt)

die Installation einer Beregnungsanlage oder das Bereitstellen von Staub- oder Sandbadebecken, um das entsprechende Komfortverhalten zu unterstützen. Und schließlich auch durch bestimmte „Intelligenztests" bei denen die Vögel gewisse Manipulationen an einer Apparatur usw. vornehmen müssen, um an Futter zu gelangen. Drei aktuelle Beispiele aus der Veterinärmedizinischen Universität Wien bzw. dem der Universität angeschlossenen Messerli-Institut sollen dies verdeutlichen. Dort werden kognitive Forschungen an Keas (*Nestor notabilis*), an Goffinkakadus (*Cacatua goffiniana*) und an Geradschnabelkrähen (früher Neukaledonienkrähen) (*Corvus moneduloides*) durchgeführt, die darauf abzielen, das „Intelligenz"verhalten dieser Arten zu erforschen. Dabei werden den Vögeln jeweils Aufgaben gestellt, nach deren Lösung sie mit begehrtem Futter belohnt werden. Keas müssen beispielsweise kooperativ (und gleichzeitig!) an dünnen Ketten ziehen, ehe eine speziell konstruierte Apparatur Futter auswirft (Huber et al. 2008). Goffinkakadus lernen „Werkzeuge" aus Holzspänen herzustellen, mit deren Hilfe sie Nüsse unter einem Gitter hervorangeln können (vgl. Auersperg et al. 2012). Geradschnabelkrähen stellen ebenfalls unterschiedliche „Werkzeuge" her und lernen, sie zur Nahrungsbeschaffung erfolgreich einzusetzen und zu kombinieren (vgl. von Bayern et al. 2018). Diese und viele weitere Aufgaben tragen nicht nur zur Lösung von Forschungsfragen (zum kognitiven Verhalten der Vögel bei), sondern dienen ihnen gleichzeitig auch als anspruchsvolle, problemlösende Beschäftigung.

Der zweite große Bereich ist das **Environmental Enrichment** (Umweltbereicherung). Darunter verstehen wir hier insbesondere die Gehege- oder Volierengestaltung, die für die Vögel unterschiedlichste Sinnesreize bietet: weg von einer reizarmen Stelzvogelwiese oder einer mit nur zwei Sitzstangen ausgestatteten und ansonsten „kahlen" Voliere, hin zu gut strukturierten Gehegen und Volieren mit kleinen Hügeln, einem Teich, einer adäuaten Bepflanzung, einem „reizvollen" Bodenbelag (in dem Vögel scharren, kratzen, picken können), einer Schutz gewährenden natürlich gestalteten Volierenrückwand, Ästen und Baumstämmen verschiedener Dicke, Nistmaterial und Bruthöhlen – bis hin zum freien Blick über das benachbarte Gehege oder einen Spielplatz, wo die ständigen Aktivitäten der Gehegebewohner (oder Zoobesucher) für zusätzliche Sinnesreize sorgen (Abb. 5).

Unter **Social Enrichment** (Soziale Bereicherung) versteht man die Möglichkeit, innerhalb einer Voliere oder eines Geheges auch soziale Anreize für die gehaltenen Vögel zu bieten. Dazu gehört bei den monogamen Arten zunächst fraglos ein adäquater Geschlechtspartner. Außer bei Kasuaren, Kolibris und einigen anderen Arten, die zweitweise oder überwiegend solitär leben, benötigen alle Vögel in der Haltung zu ihrem Wohlbefinden einen – oder je nach Sozialsystem – auch mehrere Sozialpartner, mit dem oder denen sie ihr arteigenes Sozial- und Brutverhalten praktizieren können (Abb. 6). Zur sozialen Bereicherung können auch die Jungvögel des laufenden Jahres beitragen, die man – solange wie möglich – bei den Eltern belässt, um eine Familiengruppe zu begründen. Bei manchen Arten, z. B. den afrikanischen Glanzstaren (*Lamprotornis*), fungieren sie sogar als Helfer am Nest bei der Aufzucht der nächsten Jungengeneration (vgl. Rubenstein 2006). Andererseits dienen auch artfremde Volierenmitbewohner zur sozialen Bereicherung. Viele Enten- und Limikolenarten lassen sich bei ausreichendem Platzangebot bestens auf

Abb. 5 Auch in Privathand findet man mancherorts große, gut strukturierte Volierenanlagen (hier für die Haltung von Dreifarben-Glanzstaren *Lamprotornis pulcher*). (Foto: Werner Lantermann)

Abb. 6 Die adäquate Haltung von Mönchssittichen (*Myiopsitta monachus*) besteht immer in der Gruppenhaltung, die ihrer sozialen Organisation im Freiland entspricht. (Foto: Werner Lantermann)

oder an großen Teichen vergesellschaften. Das gilt natürlich auch für die gruppenlebenden Flamingos, Reiher oder manche Ibisse, die überhaupt nur in Brutstimmung
kommen, wenn die umgebende Gruppe (auch artfremder Vögel) groß genug ist. Bei
der Vergesellschaftung von Volierenvögeln im Zoo gibt es zahlreiche gelungene
Beispiele, allerdings wirkt hier zum einen das Platzangebot (= die Volierengröße)
limitierend, zum anderen das Brutsystem. Viele Arten leben ganzjährig friedlich mit
anderen Volierenbewohnern zusammen, andere nur außerhalb der Brutzeit. Wenn
solche Vögel dann ihren Brutplatz oder gar die gesamte Voliere aggressiv gegen
Artfremde verteidigen, muss der Pfleger regulierend eingreifen und die Kontra-
henden zeitnah trennen. Eine solche Gruppenzusammensetzung mit regelmäßigen
Auseinandersetzungen der Vögel weiterhin bestehen zu lassen, hat mit Social
Enrichment nichts zu tun, sondern führt lediglich – wenn nicht zu körperlichen
Schäden einiger unterlegener Volierenbewohner – so doch auf Dauer mindestens zu
stressbedingten „Faktorenkrankheiten".

4   Einsatz und Ziele von Enrichment-Maßnahmen

Enrichment-Maßnahmen werden – auch wenn sie in der Zoowelt nicht immer so
deklariert werden – mittlerweile praktisch bei allen Vogelarten eingesetzt. Denn
außer den gezielten expliziten Maßnahmen, die zum Beispiel bei Papageien, Rabenvögeln, Staren und anderen „Hochintelligenzlern" unter den Vögel zur Anwendung
kommen (vgl. Field und Thomas 2000; King 2000), kann jede abwechslungsreiche
Volierengestaltung, jede Futtervariation, jeder neue Geruch und Geschmack des
Futters als Enrichment-Maßnahme gewertet werden (Meister 1998). Besonders die
Art der Fütterung der Tiere hat sich bei vielen Arten als wichtige Maßnahme zur
Verhaltensanreicherung erwiesen. „Viele Futtermittel werden heute nicht mehr nur
in den Gehegen oder Anlagen ausgebracht, vielmehr sind die Tiere gefordert, mit
Geschicklichkeit und Ausdauer ihren Hunger zu befriedigen. Spezielle Futterauto-
maten sind beispielsweise bei vielen Tierarten im Einsatz. Es erfordert deutlich mehr
Zeit, mit oder ohne Hilfsmittel an das Futter heranzukommen und wie man gut
beobachten kann, stellen sie sich diesen Aufgaben" (vdz-zoos.org/lebensraum-zoo/
enrichment). Für die Vogelhaltung bedeutet dies, dass die Tiere ihr Futter zum einen
nicht nur einmal am Tag in der Gesamtration, sondern in mehreren Portionen über
den Tag verteilt bekommen, zum anderen, dass sie das Futter aktiv suchen müssen,
z. B. Rindenstückchen umdrehen müssen, um an das darunter verborgene Futter zu
gelangen, oder „Werkzeuge" herstellen müssen, um an begehrte Nüsse zu kommen usw.

Das Leben der Vögel in menschlicher Obhut wirkt auf den Betrachter auf den
ersten Blick zunächst weit besser als die Lebensbedingungen ihrer wild lebenden
Verwandten. Sie leben in einem geschützten Raum mit einer optimalen Ernährung
und einer guten pflegerischen und tierärztlichen Versorgung, frei von Angst vor
Nahrungsknappheit, Krankheiten oder Prädatoren. Die Kehrseite der Medaille ist
jedoch geprägt von Käfig- oder Volierenlangeweile, überwiegend aufgrund räumlicher Enge, Reizarmut, fehlender Abwechslung. Die Folgen sind oft sensorische

und kognitive Unterforderung, Frustration und das Auftreten von Verhaltensstörungen in unterschiedlicher Ausprägung (Meyer et al. 2010). Diese reichen von (zunehmender) Inaktivität und leichten Bewegungsstereotypien über pathologisches Schreien und Hyperaggressivität bis hin zu massiven Zwangsbewegungen und Federrupfen, nicht selten mit begleitender Automutilation (vor allem bei Papageien) (Lantermann und Pees 2010). Die moderne, nach tiergartenbiologischen Prinzipien ausgerichtete Tierhaltung ist bestrebt, solchen Verhaltensauffälligkeiten durch Enrichment-Maßnahmen entgegenzuwirken. Nach Baumans (2005); Sachser (2008); Meyer et al. (2010) und anderen Autoren lassen sich durch Enrichment- Maßnahmen mehrere positive Effekte für das Tierwohl erzielen:

- Verbesserung der Haltungsqualität und vermehrte Aktivität
- Nutzung und Kontrolle des gesamten räumlichen und sozialen Umfeldes
- Ausleben eines vielfältigeren Verhaltens
- Verminderung des Neophieverhaltens, Steigerung des Explorationsverhaltens
- Reduktion von abnormen Verhaltensweisen, z. B. Stereotypien
- Vermehrte positive Nutzung des Umfeldes
- Verbesserte Fähigkeiten der Tiere, Herausforderungen zu bewältigen
- Erhöhung der physischen und psychischen Belastbarkeit

Die Beschäftigung von Tieren wirkt sich zudem vielfältig auf den Organismus aus. Sie führt zu einer Zunahme der Synapsen, deren Größe sowie eine verbesserte Vernetzung, wodurch wiederum das Lernverhalten positiv beeinflusst wird (Baumans 2005). Außerdem stärken positive Sozialkontakte und die erfolgreiche Bewältigung einer anspruchsvollen, komplexen (aber bewältigbaren) Umwelt das serotonerge System. Serotonin ist ein Hormon und Neurotransmitter (im Volksmund auch als Glückshormon bezeichnet), welches bei regulärer physiologischer „Steuerung" zu einem vermehrten Wohlbefinden und einem ausgeglichenen Charakter beitragen kann (vgl. Herrmann 2009).

Pfleger (und ebenso auch private Vogelhalter) sowie Zoobesucher werden die Tiere nach erfolgreichen Enrichment-Maßnahmen als aktiver und „ausgeglichener" erleben. Der Ersatzlebensraum Gehege oder Voliere, in denen Verhaltensauffälligkeiten der Bewohner immer mehr zur Ausnahme werden, wird zugleich die Akzeptanz der Vogelhaltung, ja überhaupt der Tierhaltung in menschlicher Obhut, in der Öffentlichkeit stärken. Gerade fragwürdige Vogelausstellungen und Bewertungsschauen einiger großer deutscher Vogelhaltervereine haben die seriöse Wildvogelhaltung in den letzten Jahren in Misskredit gebracht und zudem selbst ernannte wie auch fachlich versierte Tierschützer auf den Plan gerufen, die diese Verhältnisse angeprangert haben. – Besonders die öffentlichen, viel besuchten Tiergärten haben somit die Möglichkeit, mit ihren Enrichment-Maßnahmen nicht nur dem Tierwohl zu dienen, sondern durch transparente, für den Zoobesucher nachvollziehbare Maßnahmen zur Verhaltensanreicherung ein positives Bild der Zootierhaltung in der Öffentlichkeit zu präsentieren. Besonders Enrichment-Maßnahmen, die in Gegenwart der Zoobesucher oder sogar in Interaktion mit ihnen stattfinden, genießen dabei eine hohe Akzeptanz (Abb. 7).

Abb. 7 Die begehbare Wellensittichvoliere im Zoo Salzburg in Österreich ist eine gut angenommene Attraktion für Alt und Jung. (Foto: Werner Lantermann)

5 Zahmheit und Medical Training

Oftmals wird auch einer vertrauensvollen Tier-Mensch-Beziehung eine besondere Bedeutung innerhalb des Konzepts des Behavioral Enrichment zugesprochen. So gilt z. B. die regelmäßige Anwesenheit der Pfleger in den Anlagen und Gehegen als anregende Abwechslung für die Tiere, und eine intensive Beschäftigung des Pflegers mit den gehaltenen Tieren schafft eine engere Bindung und damit eine Vertrauensbasis für einen stressfreien Umgang. So oder so ähnlich wird die Rolle des Pflegers in manchen Statements der Zoologischen Gärten beschrieben. Und sie macht ja bei vielen Tierarten, besonders den Großsäugern durchaus Sinn. Denn diese wären anders ja auch kaum oder gar nicht zu handhaben, von Außenanlagen in Innenställe zu bewegen oder tierärztlich zu behandeln. Aber gelten solche Aussagen auch für Vögel?

Es kommt darauf an, welches Bild von der Vogelhaltung dahinter steht. Sicherlich sind einige Arten prädestiniert für die Zähmung bzw. lassen schnell einen direkten Kontakt mit dem Menschen zu. Dazu gehören wiederum bevorzugt die Papageien, aber auch Tukane, Hornvögel, Rabenvögel, Stare und manche andere Arten verhalten sich in der Voliere zunächst abwartend neugierig und können bei adäquater Behandlung und Pflege bzw. mit entsprechendem Training schließlich sehr vertraut oder sogar dem Menschen gegenüber zahm werden. Zahmheit reicht von der sogenannten Futterzahmheit (= der Vogel nimmt Futterbrocken aus der Hand) über Handzahmheit (= der Vogel steigt auf die Hand, lässt sich zum Teil auch anfassen) bis hin zu vollkommener Zahmheit (= der Vogel lässt sich rundherum anfassen, hochheben, in eine Transportkiste oder den Käfig setzen, kraulen usw.). Mit derart zahmen Vögeln lässt sich dann natürlich auch relativ leicht ein Medical Training einleiten.

Zum Medical Training im engeren Sinn gehören Trainingsmaßnahmen, die es im gegebenen Fall erlauben, Vögel ohne Betäubung zu behandeln oder den Stress beim Einfangen oder Transportieren zu reduzieren. Mit Hilfe von positiven Verstärkern wie Futter und Streicheleinheiten lassen sich die Vögel dann freiwillig Blut abnehmen, die Krallen schneiden, das Schnabelwachstum korrigieren, eine Wundstelle mit Salbe einreiben oder Augentropfen verabreichen. Auch Vorsorge-Übungen zur Früherkennung von Erkrankungen, z. B. gelegentliches Wiegen, genauere optische Inspektion, Abtasten bestimmter Körperregionen usw. gehören dazu. Ein solches Training setzt aber – wie oben angeführt – zunächst voraus, dass die betreffenden Vögel eine gewisse Grundzahmheit haben. Und die haben sie ja nicht einfach von selbst, sondern die muss ihnen zuerst einmal antrainiert werden, sie müssen „zahm gemacht" werden. Und hier beginnen sich die Ansichten zu scheiden. Will man Wildvögel im ursprünglichen Sinn, mit ursprünglichem Verhalten, das nicht von Trainingsmethoden überformt ist, um diese Vögel z. B. für Artenzucht-Maßnahmen einzusetzen? Dann sind derartige Zähmungsbemühungen mit anschließendem (Medical) Training in der Regel eher kontraproduktiv. Oder will man halb oder ganz zahme Vögel (dem Publikum präsentieren), die „auf Befehl" in die Transportbox steigen, den Flügelbug zum Blutabnehmen heben oder die Krallen zum Krallenschneiden entgegenstrecken? Hier muss von Fall zu Fall erwogen werden, welcher Aspekt der Wichtigere ist – ganz abgesehen davon, dass eine Vielzahl der in Zoos und Privatanlagen gehaltenen Vögel für solche Zähmungs- und Trainingsmaßnahmen überhaupt nicht zugänglich sind.

Solche Trainingsmaßnahmen erfolgen in der Regel über Methoden aus dem Lernverhalten mit Hilfe der klassischen Konditionierung. Unter Einsatz eines Signalgebers, meist eines Klickers, wird das gezeigte (und erwünschte) Verhalten belohnt. Das Klickergeräusch zeigt dem Tier an, dass das eben gezeigte Verhalten „gut" (= erwünscht) war und gleich eine Belohnung erfolgt. Klickern erzeugt somit eine positive Stimmung beim Tier und löst Vorfreude auf eine Belohnung aus. Diese darf niemals verweigert werden, weil sonst die Gefahr besteht, dass die Verknüpfung zwischen Signal und Belohnung wieder erlischt (vgl. Laser 2000).

6   Flugshows als Enrichment-Maßnahme

Ein Sonderfall einer engen Tier-Mensch-Beziehung, die Bewegung und Beschäftigung der Vögel fördern, sind die Flugshows. Eindrucksvolle Beispiele solcher Flugvorführungen lassen sich z. B. im Kölner Zoo und den deutschen Vogelparks Marlow bzw. im Weltvogelpark Walsrode erleben, um nur drei Beispiele zu nennen. Papageien, Ibisse,

Greifvögel, selbst ein Andenkondor (*Vultur gryphus*) und eine mehrköpfige Gruppe von Grauhals-Kronenkranichen (*Balearica regulorum*) werden zum Beispiel in Walsrode einem staunenden Publikum von den Tiertrainern vorgeführt, die diese Vögel allesamt mit leichter Hand und völlig freifliegend präsentieren, hier- und dorthin dirigieren und schließlich – bis zur nächsten Show – wieder unversehrt in ihre Unterkünfte locken. Ein beeindruckendes Spektakel und ein bemerkenswerter Ausdruck einer engen Tier-Mensch-Beziehung zwischen Trainern und Tieren (Abb. 8).

Aber ist das wirklich so, wie dort beschrieben? Gespräche des Verfassers mit den Trainern in verschiedenen Flugshows haben übereinstimmend ergeben, dass alle die in den Shows gezeigten Vögel handaufgezogen und damit immer in gewisser Weise auf den Trainer/die Trainerin (fehl-)geprägt sind. Natürlich dienen diese Shows vordergründig der Beschäftigung der Vögel. Sie bewegen sich, können frei(!) fliegen (welcher Volierenvogel kann das – selbst bei bester Haltung – schon?), werden durch bestimmte kleine Aufgaben gefordert, haben (Sozial-)Kontakte zu Artgenossen, artfremden Vögeln und zum Teil auch zum Publikum. Aber der eigentliche Grund für solche Shows, für die diese Vögel eigens aufgezogen und trainiert werden, ist die Präsentation einer Attraktion für die Besucher, die teilweise oder überwiegend wegen solcher Events die betreffenden Parks besuchen. Positiv vermerken könnte man noch, dass sich die bis zur Show „reife" erforderlichen Trainingsmaßnahmen

Abb. 8 Flugshows sind in Vogelparks oftmals ein Besuchermagnet. Für Erhaltungszuchtprojekte sind die dabei eingesetzten handaufgezogenen Vögel aber in der Regel verloren. (Foto: Werner Lantermann)

vordergründig förderlich auf eine positive Beziehung der Vögel zu ihren Trainern auswirken und das Vertrauen stärken, wodurch der Umgang und die Haltung für die Tiere stressfreier werden. Dem Publikum wird im Gegenzug eine positive Tier-Mensch-Beziehung präsentiert, die wiederum helfen kann, ein positives Bild der Zootierhaltung in der Öffentlichkeit zu erzeugen. Aber ob solche Shows mit hand-aufgezogenen Vögeln mit den Maßstäben einer artgemäßen Wildvogelhaltung und -zucht vereinbar sind, darf zumindest bezweifelt werden.

7   Begehbare Volieren

Als letztes Beispiel zum Teil fragwürdiger Enrichment-Maßnahmen sollen noch die vielerorts in den Tiergärten eröffneten begehbaren Volieren kurz gestreift werden. Drei Hauptgruppen von Vögeln werden in solchen Volieren präsentiert, und zwar die domestizierten Formen der Wellensittiche (*Melopsittacus undulatus*) und Nymphen-sittiche (*Nymphicus hollandicus*) einerseits, und die australischen Allfarbloris (*Tri-choglossus haematodus*) andererseits. Bei den ersten beiden Arten haben viele Parks aus der Not eine Tugend gemacht und die vielen aus Privathand abgegebenen Vögel zu einer Großgruppe vereint und in einer begehbaren Anlage für das Publikum zugänglich gemacht. Vorteil ist, dass viele dieser Vögel – sehr zur Freude der Besucher, besonders auch des jüngeren Publikums – durch ihr „Vorleben" schon handzahm oder zahm sind und sich auf direkte Kontakte mit den Besuchern einlas-sen. Für die Vögel ergeben sich in einer solchen, meist großdimensionierten Anlage eine Vielzahl an Sinnesreizen, Flug-, Kletter- Knabbermöglichkeiten und Sozialkon-takten, die sonst in keinem Käfig, in keiner Voliere möglich gewesen wären. Und wiederum dürfte sich der direkte Kontakt der Zoobesucher positiv auf das Bild der öffentlichen Tierhaltungen mit den vielen quirligen Sittichen, denen es hier beson-ders gut zu gehen scheint, auswirken. Nachteilig wirkt sich dagegen hier und dort das unbedarfte bis zum Teil rüpelhafte Verhalten mancher Zoobesucher aus, die die Vögel mit Schirmen und anderen Gegenständen erschrecken, ihnen krankmachen-des Futter anbieten oder sie bewusst jagen und „ärgern".

Etwas kritischer muss die Sicht auf die Volieren mit den Allfarbloris ausfallen. Das sind – auch wenn sie in aller Regel in Menschenobhut geschlüpft sind – noch Vögel, die überwiegend Wildvogelcharakter tragen. Sie werden durch den Dauer-kontakt zum Publikum, das oftmals auch die Möglichkeit erhält, die Vögel mit kleinen Nektarportionen zu füttern, doch sehr in ihrem natürlichen Verhalten beein-trächtigt. In manchen Gärten haben die Tiere nur wenige Ausweichmöglichkeiten, andere dagegen bieten den Tieren und den Besuchern strikt getrennte Bereiche. Im früheren Plantaria-Park in Kevelaer zum Beispiel galt für die Besucher eine fest definierte Wegführung durch die Lorivoliere, dann folgte ein größeres Wiesenstück als Pufferzone, dahinter hingen die Nistkästen für die Loris unter einer Überda-chung, und noch weiter dahinter waren die beheizten Innenräume für die Vögel angelegt. Hier hatten die Tiere die Möglichkeit, sich den Besuchern zu nähern, aber auch gut geschützte Rückzugsmöglichkeiten aufzusuchen, wo auch Brutverhalten möglich war. Eine reichhaltige Nachwuchsschar an jungen Allfarbloris bestätigte

Abb. 9 Für Zoobesucher
sind begehbare Volieren und
Interaktionen mit den
gehaltenen Vögeln immer
attraktiv. Aus Sicht des
Tierwohls sind dafür aber
spezielle Volieren mit
entsprechenden
Rückzugsmöglichkeiten für
die Tiere erforderlich
(Allfarbloris *Trichoglossus
haematodus* im holländischen
Vogelpark Avifauna). (Foto:
Werner Lantermann)

alljährlich den Erfolg dieses gut durchdachten Konzeptes einer begehbaren Voliere
(Abb. 9).

Begehbare Großpapageienvolieren, z. B. für Graupapageien (vielfach Abgabevögel), aber auch Kakadus, Amazonen und Aras, wie sie zeitweise in manchen Parks
betrieben wurden (und noch werden), sind – zumindest aus Besuchersicht – kritisch
zu bewerten. Ganz davon abgesehen, dass solche Vogelgruppen sorgfältig zusammengestellt werden müssen, damit es nicht zu Daueraggressionen unter den Vögeln
kommt, profitieren die Tiere in solchen Großanlagen natürlich von vielfachen
Enrichment-Maßnahmen (Gehegegestaltung und -strukturierung, Wahl zwischen
mehreren Futterplätzen, Flugmöglichkeiten, Sozialkontakte zu Artgenossen und
artfremden Vögeln usw.). Aber dem Sicherheitsaspekt gegenüber den Besuchern
wird beim Betreiben solcher Anlagen oftmals nicht genügend Beachtung geschenkt.
Gerade in der Brutzeit werden vormals zahme oder halbzahme Papageien aus den
genannten Artengruppen nicht nur gegen Artgenossen, sondern auch gegenüber
Besuchern recht aggressiv und können sie sogar aktiv angreifen – und nicht nur,
wenn sich diese unbedacht ihren Nisthöhlen nähern. Von den Vögeln mögen solche
von Besuchern unbewusst (manchmal auch bewusst!) provozierten Übergriffe vielleicht als Enrichment-Maßnahmen empfunden werden (was letztlich zu bezweifeln
ist), für die Besucher selber sind aggressiv anfliegende, attackierende, beißende
Großpapageien sicherlich kein Spaß. Aus Sicht des Verfassers sind solche Vögel
für begehbare Anlagen denkbar ungeeignet (Abb. 10).

Abb. 10 Begehbare Volieren für Großpapageien, hier Graupapageien *Psittacus erithacus*, sind stets kritisch zu betrachten, wenn Interaktionen zwischen Besuchern und Tieren vorgesehen/möglich sind. Denn „Zahmheit" kann bei den schnabelbewehrten Großpapageien leicht in Aggressivität umschlagen und zu Bissverletzungen führen. (Foto: Yvonne Lantermann)

8   Ein Blick nach vorn

Die Durchführung von Enrichment-Maßnahmen für die Vögel in den Tiergärten steht sicherlich noch am Anfang der Entwicklung. Aber viele Maßnahmen, die gar nicht explizit als Enrichment-Maßnahmen ausgewiesen werden, dienen bereits jetzt der Verhaltens- oder Umweltbereicherung der Vögel. Besondern in den Tiergärten ist man zunehmend bemüht, durch eine gut strukturierte Gehege- oder Volierenge-staltung die „Umwelt" für die Vögel interessant und „reizvoll" zu gestalten. Hinzu kommen ein oftmals ausgeklügeltes Futtermanagement sowie die Haltung der Vögel in adäquaten Sozialsystemen. Diese drei Faktoren tragen schon wesentlich zu einer physischen und psychischen Gesunderhaltung der Vögel bei. Bei einigen Arten kommen noch besondere Enrichtment-Maßnahmen hinzu, die in der Regel auf erschwerte Futtersuche (z. B. durch Lösung kleiner Aufgaben) abzielen. Der Fokus liegt hier (leider) immer noch überwiegend bei den Papageien (vgl. Field und Thomas 2000; King 2000; Mettke-Hofmann 2000). Einige wenige Parks sind mittlerweile sogar schon mit entsprechenden Personalstellen ausgestattet, deren Inhaber sich überwiegend der Tierbeschäftigung widmen dürfen.

In Privathaltungen haben sich die verschiedenen Möglichkeiten des „Enrich-ments" noch nicht flächendeckend durchgesetzt. Das liegt zum einen daran, dass bislang noch kaum eine Publikation aus dem Liebhaberbereich explizit darauf hinweist (neuerdings gibt es allerdings entsprechende Veröffentlichungen zu Be-schäftigungsmöglichkeiten von Papageien, vgl. Wagner 2011; Gekeler 2019). Zum anderen haben es die großen Vogelhalterverbände in den vergangenen Jahren schlicht versäumt, ihre Mitglieder über derartige Entwicklungen zu informieren und praktische Umsetzungsmöglichkeiten anzubieten. Stattdessen hat man das Feld der Empfehlungen zum Thema den zum Teil äußerst zweifelhaften Internetplattfor-men überlassen. Und drittens darf nicht außer Acht gelassen werden, dass die private

Vogelhalterszene momentan massiv an Überalterung krankt, was zur Folge hat, dass sich viele Halter und Züchter „auf ihre alten Tage" nicht mehr bei ihren Haltungsmethoden umstellen möchten. Die relativ überschaubare jüngere Vogelhaltergeneration dürfte für solche neuen Impulse dagegen durchaus zu interessieren sein.

Literatur

Asmus, J., & Lantermann, W. (2013). *Langflügelpapageien und andere afrikanische Papageien.* Bretten: Arndt.

Auersperg, A. M. I., Szabo, B., von Bayern, A. M. P., & Kacelnik, A. (2012). Spontaneous innovation of tool manufacture and use in a Goffin's cockatoo. *Current Biology, 22*(21), 903–904.

Baumans, V. (2005). Environmental enrichment for laboratory rodents and rabbits: Requirements of rodents, rabbits, and research. *ILAR Journal, 64*(2), 162–170.

Bayern, A. M. P. von, Danel, S., Auersperg, A.M.I., Miodruszewska, B., & Kacelnik, A. (2018). Compound tool construction by New Caledonian crows. *Scientific Reports*, 8, 15676. Online Open Access.

Field, D., & Thomas, R. (2000). Environmental enrichment for psittacines at Edinburgh Zoo. *International Zoo Yearbook, 37*, 232–237.

Gekeler, J. (2019). *Kreative Beschäftigung für Papageien, Sittiche und Co.* Bretten: Arndt.

Herkenrath, P., & Lantermann, W. (1994). *Flieg' Vogel oder stirb. Vom Elend des Handels mit Wildvögeln.* Göttingen: Die Werkstatt.

Herrmann, U. (2009). *Neurodidaktik: Grundlagen und Vorschläge für gehirngerechtes Lehren und Lernen.* Weinheim: Beltz.

Huber, L., Gajdon, G., Federspiel, I., & Werdenich, D. (2008). Cooperation in Keas: Social and cognitive factors. In S. Itakura & K. Fujita (Hrsg.), *Origins of the social mind: Evolutionary and developmental views* (S. 99–119). Heidelberg: Springer.

King, C. E. (2000). Situation-dependant management of large parrots by manipulation of the social environment. *International Zoo Yearbook, 37*, 238–244.

Lantermann, W. (1998). *Verhaltensstörungen bei Papageien.* Stuttgart: Enke.

Lantermann, W., & Pees, M. (2010). Kapitel Verhaltensstörungen. In M. Pees (Hrsg.), *Leitsymptome bei Papageien und Sittichen* (S. 257–266). Stuttgart: Enke.

Laser, B. (2000). *Clickertraining.* München: Cadmos.

Meister, J. (1998). Environmental Enrichment. In U. Gansloßer (Hrsg.), *Kurs Tiergartenbiologie* (S. 85–98). Fürth: Filander.

Mettke-Hofmann. (2000). Reactions of nomadic and resident parrot species to environmental enrichment at the Max-Planck-Institut. *International Zoo Yearbook, 37*, 244–256.

Meyer, S., Puppe, B., & Langbein, J. (2010). Kognitive Umweltanreicherung bei Zoo- und Nutztieren – Implikationen für Verhalten und Wohlbefinden der Tiere. *Berliner und Münchener Tierärztliche Wochenschrift, 123*, 11–12, 446–456.

Rubenstein, D. R. (2006). The evolution of the social and mating systems of the plural cooperatively breeding superb starling (*Lamprotornis superbus*). PhD dissertation. Ithaca: Cornell University.

Sachser, N. (2008). Das Wohlergehen der Tiere. In J. S. Ach & M. Stephany (Hrsg.), *Die Frage nach dem Tier: Interdisziplinäre Perspektiven auf das Mensch-Tier-Verhältnis. Münsteraner Bioethik-Studien* (Bd. 9, S. 1–122). Münster: LIT.

Wagner, C. (2011). *Beschäftigung von Papageien.* Bretten: Arndt.

Gemeinschaftshaltungen von Wildvögeln

Klaus Eulenberger

Inhalt

1 Bedeutung von Gemeinschaftshaltungen für Wildvögel

In zunehmendem Maße wird bei der Haltung von Vögeln in menschlicher Obhut zu Gemeinschaftshaltungen übergegangen. In besonderem Maße gilt das für tiergärtnerische Einrichtungen, wo es einen Bildungsauftrag gegenüber der Öffentlichkeit zu erfüllen gilt.

Dem Besucher sollen nicht nur Vögel im „Setzkastenprinzip" gezeigt werden, sondern in einer möglichst natur- und artgemäßen Umgebung. Diese, wenn auch nur von Menschenhand geschaffenen und gepflegten Biotope, können dem Besucher vermitteln, dass die Vögel wie in der Natur auch in menschlicher Obhut einen anspruchsvollen Lebensraum benötigen, der gleichzeitig einen besseren Eindruck der biologischen Vielfalt vermittelt. Außerdem werden den Tieren günstigere Lebensbedingungen geboten: Sie finden Rückzugsmöglichkeiten, unterschiedliche Sitzmöglichkeiten, Beschäftigung (auch miteinander), ggf. zusätzliches Futter (Insekten, Sämereien). Es entwickeln sich Hierarchien, wodurch Stresssituationen entschärft werden. Die Vergesellschaftung verschiedener Arten geht aufgrund der

K. Eulenberger (✉)
Amerika-Tierpark, Limbach-Oberfrohna, Deutschland
E-Mail: keulenberger@zoo-leipzig.de

© Springer-Verlag GmbH Deutschland, ein Teil von Springer Nature 2021   189
W. Lantermann, J. Asmus (Hrsg.), *Wildvogelhaltung*,
https://doi.org/10.1007/978-3-662-59604-3_12

unterschiedlichen Gewohnheiten der einzelnen Arten mit einer Verhaltensanreicherung für alle in der Anlage lebenden Tiere einher.

Leider bleiben Unverträglichkeiten nicht aus; besonders in Zeiten von Fortpflanzungsaktivitäten, worauf neben vielen positiven Aspekten auch Lücker (2003) für
einzelne Arten mit stark territorialem Verhalten hinweist. Auch kann es zu Streitigkeiten um das Futter kommen, und eine differenzierte Fütterung ist nicht immer zu
gewährleisten.

Die folgenden Ausführungen sind exemplarisch zu verstehen und sollen erste, im
Wesentlichen in drei Gemeinschaftsanlagen des Amerika-Tierparks in Limbach-
Oberfrohna gesammelte Erfahrungen vermitteln.

2   Gemeinschaftsvoliere „Flamingoland" im Amerika-Tierpark Limbach-Oberfrohna

2.1   Gestaltungskonzept

Für Flamingoland war die Zielstellung gegeben, ein süd- oder mittelamerikanisches
Feuchtgebiet zu imitieren, in dem die Kubaflamingos die dominierende Vogelart sein
sollten, ergänzt durch weitere Sumpf- und Wasservögel, insbesondere die ebenfalls
attraktiven roten Scharlachsichler und diverse Reiher sowie neotropische Pfeifgans-
und Entenarten und zeitweise auch Rotfußseriemas (Abb. 1). Inzwischen leben dort
auch zwei Arten Sumpfschildkröten. Die insgesamt 20 verschiedenen Vogelarten
(Tab. 1) harmonieren gut miteinander und tolerieren auch die Besucher. Mit der
begehbaren Anlage soll den Besuchern das Gefühl vermittelt werden, sich auf

Abb. 1 Scharlachsichler (*Eudocimus ruber*) und Seidenreiher (*Egretta garzetta*) an der Brutinsel
in Flamingoland. (Foto: Klaus Eulenberger)

Tab. 1 Artenliste *Flamingoland*

Gelbwangenschmuckschildkröte (*Trachemys scripa scripta*)	Falsche Landkartenschildkröte (*Graptemys pseudogeographica*)
Scharlachsichler (*Eudocimus ruber*)	Nachtreiher (*Nycticorax nycticorax*)
Seidenreiher (*Egretta garzetta*)	Rosalöffler (*Platalea ajaja*)
Kubaflamingo (*Phoenicopterus ruber*)	Moschusente (*Cairina moschata*)
Witwenpfeifgans (*Dendocygna viduata*)	Rotschnabel-Pfeifgans (*Dendocygna autumnalis*)
Gelbbrust- Pfeifgans (*Dendocygna bicolor*)	Schopfente (*Lophonetta specularioides*)
Amazonasente (*Amazonetta brasiliensis*)	Bahamaente (*Anas bahamensis*)
Fuchslöffelente (*Spatula platalea*)	Spitzschwingenente (*Anas flavirostris oxyptera*)
Rotaugenente (*Netta erythrophtalma*)	Rosenschnabelente (früher Peposakaente) (*Netta peposaca*)
Rotschulterente (*Callonetta leucophrys*)	Schwarzkopf-Ruderente (*Oxyura jamaicensis*)
Kappensäger (*Lophodytes cucullatus*)	Rotfußseriema (*Cariama cristata*)
Schwarznackenstelzenläufer (*Himantopus mexicanus*)	

Abb. 2 Natürliche Brut und Aufzucht bei den Kubaflamingos (*Phoenicopterus ruber*). (Foto: Klaus Eulenberger)

Vogelbeobachtungstour zu befinden, und während der Brutzeit von April bis September erleben sie tatsächlich Brut- und Aufzuchtgeschehen aus nächster Nähe, also Biologie pur (Abb. 2).

Die Flugfähigkeit der Bewohner bleibt dank der Übernetzung erhalten. Nachzuchten hat es schon bei den Flamingos, den Scharlachsichlern, Nacht- und Seidenreihern gegeben.

Speziell für die Flamingos sind die Salzwasserlagune und eine lange Laufstrecke von Bedeutung, wo die sogenannte „*loveparade*", also das Balzen der Männchen, stattfinden kann. Von besonderer Bedeutung ist ein Salzwasserpool, in welchem die Flamingos den überwiegenden Teil des Tages verbringen und in dem von den Vögeln auch die farbegebenden Mikroorganismen heraus geseiht werden. Dass die Flamingos ihre Flugfähigkeit behalten, ist besonders für die Fortpflanzung von Bedeutung: Für eine erfolgreiche Kopulation müssen beide Flügel voll funktionstüchtig sein, sonst

Abb. 3 Kubaflamingos (*Phoenicopterus ruber*) bei der Balzparade, davor Witwenpfeifgänse (*Dendocygna viduata*). (Foto: Klaus Eulenberger)

können die Männchen beim Tretakt die Balance nicht sicher halten. Nur im tiefen Wasser scheinen es auch einseitig flügelgestutzte Vögel zu schaffen!

Für die Winterzeit steht den Vögeln ein Haus mit vier Abteilen zur Verfügung. Der Großteil der Vögel bleibt auch im Winter im Freien, abends suchen aber die meisten Reiher und die Sichler freiwillig das Haus auf. Auch die Flamingos könnten den ganzen Winter im Freien bleiben; wenn das Wasser mit Eis bedeckt wird, werden sie aber in ihr Winterquartier gebracht, indem sich eine flache Wasserfläche befindet, und natürlich auch bei Vogelgrippegefahr (Abb. 3).

Technische Daten der Anlage
Außenanlage (Voliere): Fläche 1580 m^2, Volumen ca. 6000 m^3. Die Wasserfläche nimmt etwa zwei Drittel der Gesamtfläche ein. Die Insel für die Reiherkolonie hat eine Fläche von ca. 200 m^2. Höhen: Netzhöhe an Randstützen ca. 300 m, Netzhöhe an den Mittelstützen ca. 400 m bzw. 600 m.

2.2   Erfahrungen zum Tierverhalten

Im Großen und Ganzen verläuft das Zusammenleben der ca. 60 Vögel in 20 Arten harmonisch. Das galt im Wesentlichen auch für die Seriemas. Attacken gegenüber anderen Vögeln wurden niemals beobachtet. Nur wenn sie in recht hoher Geschwindigkeit durch die Anlage gelaufen sind, reagierten anfangs einige Arten, u. a. auch die Flamingos schreckhaft. Das Hauptproblem mit ihnen war die Eierräuberei; ihnen

Abb. 4 Junger Chileflamingo (*Phoenicopterus chilensis*) und Gelbbrust-Pfeifgans (*Dendocygna bicolor*) gemeinsam am Futtertrog. (Foto: Klaus Eulenberger)

blieb so gut wie kein Ei verborgen. Inwieweit sie am Verschwinden der Stelzenläufer beteiligt waren, bleibt offen.

Die Flamingos verbringen den größten Teil des Tages im Salzwasserpool, wo sie offensichtlich auch noch physiologische Zusatznahrung finden und aus dem Schlamm ihre Bruthügel bauen sowie diese während des Brütens noch weiter erhöhen. In der Brutzeit, in der die Geräuschkulisse besonders hoch ist, sind kaum andere Arten in ihrer Nähe zu finden. In der übrigen Zeit dagegen scheint es keine Berührungsängste zwischen den Arten zu geben (Abb. 4).

Während Scharlachsichler und Seidenreiher problemlos in einer Kolonie brüten, scheinen die Nachtreiher, die im Jahr auch zuerst mit dem Nestbau beginnen, die Seidenreiher gelegentlich zu vertreiben. Beobachtet wurde das allerdings erst, als die Zahl der Nachtreiher zugenommen hatte. Wahrscheinlich sollte maximal ein Brutpaar gehalten werden. Bei den Entenarten fallen lediglich die Schopfenten während der fortpflanzungsaktiven Phase mit einem aggressiven Territorialverhalten auf.

3 Gemeinschaftsvoliere „Pinguinland" im Amerika-Tierpark Limbach-Oberfrohna

3.1 Gestaltungskonzept

Zielstellung war der Bau einer übernetzten, für Besucher begehbaren Anlage für Humboldtpinguine und weitere Vögel der amerikanischen Pazifikküste bei natürlicher und weitgehend authentischer Landschaftsgestaltung (Abb. 5). Zur Erhöhung der Besucherattraktivität dienen folgende Elemente:

Abb. 5 Inkaseeschwalben (*Larosterna inca*) und Graukopfmöwen (*Chroicocephalus cirrocephalus*) im Pinguinland. (Foto: Klaus Eulenberger)

- Begehbarkeit der naturnah gestalteten Anlage mit direktem Pinguinkontakt und Kontakt zu den übrigen Volierenbewohnern
- Beobachtungshütte zur Vogelbeobachtung, auch per Fernglas, sowie zum Anbringen der Beschilderung und von Edutainment-Elementen. Vermittlung von Nationalparkflair.
- Kommentierte Fütterungen
- Unterwassereinsicht

3.2 Erfahrungen zum Tierverhalten

Die Verträglichkeit der verschiedenen Arten (Tab. 2) ist gut. Einschränkend ist allerdings zu bemerken, dass die Dampfschiffenten bislang nicht paarweise gehalten worden sind, wenn sie nach Jacob (2014) zur Brutzeit starkes territoriales Verhalten entwickeln.

Auch in dieser Multispezieshaltung bildet sich über kurz oder lang eine feste Hierarchie, die offensichtlich für eine stabile, stressarme Gemeinschaft sorgt. Das ändert sich allerdings, wenn neue Vögel – Individuen wie Arten – dazukommen. So attackierten die Graukopfmöwen neu hinzugekommene Artgenossen, während die zuletzt einzelne Dampfschiffente – sonst verträglich gegenüber Mitbewohnern – eine neue eingesetzte Graumöwe unter Wasser zog und tötete.

Gegenüber den Besuchern zeigen sich die Vögel völlig entspannt. Pinguine und Dampfschiffente suchen den direkten Besucherkontakt und die Graukopfmöwen

Tab. 2 Artenliste *Pinguinland*

8,8 Humboldtpinguine (*Spheniscus humboldti*)	1,1 Rotkopfgänse (*Chloephaga rubidiceps*)
0,2 Magellan-Dampfschiffenten (*Tachyeres pteneres*)	1,1 Austernfischer (*Haematopus ostralegus*)
7 Schwarznackenstelzenläufer (*Himantopus mexicanus*)	4,4 Inkaseeschwalben (*Larosterna inca*)
2,2 Graukopfmöwen (*Chroicocephalus cirrocephalus*)	1,1 Graumöwen (*Leucophaeus modestus*)

Abb 6 Graukopfmöwenbrut (*Chroicocephalus cirrocephalus*) am Besucherweg. (Foto: Klaus Eulenberger)

brüteten 50 cm neben dem Besucherweg (Abb. 6). 2019 brüteten 4 Paare der Humboldtpinguine. Aus den insgesamt 8 Eiern schlüpfte allerdings nur ein Jungvogel, der von den Eltern erfolgreich aufgezogen worden ist. Die Vögel hatten gerade die Geschlechtsreife erreicht. Ein Paar hatte sich unter einer Wurzel sogar eine Naturhöhle gegraben. Die Gelege der Stelzenläufer sind leider immer zerstört worden; eine Handaufzucht ist dann erfolgreich verlaufen. Der dann zugesetzte Jungvogel wurde von seinen Artgenossen allerdings erst nach ca. 3 Wochen akzeptiert. Zu bedenken ist, dass die Futterstellen für die flugfähigen Vögel so angebracht werden müssen, dass die Pinguine diese nicht erreichen können. Ansonsten okkupieren sie diese Stellen und ernähren sich z. B. sogar von Mehlkäferlarven.

Über eine ähnliche Großvoliere mit Besucherzugang – allerdings ohne Pinguine – berichten Klös und Reinhard (1991). Einige der dort gehaltenen Limikolen und Inkaseeschwalben schritten auch zur Brut oder zeitigten Gelege.

4 Gemeinschaftsvolieren im Amerika-Tierpark Limbach-Oberfrohna

4.1 Gestaltungskonzept

Aus ehemals 12 Einzelvolieren, vorwiegend zur Haltung von diversen Psittaziden, wurden 4 natürlich gestaltete Volieren geschaffen (Abb. 7), die durch Röhren im Durchmesser von 7 cm miteinander verbunden sind. Dadurch wird kleineren Arten die Nutzung aller 4 Teilanlagen ermöglicht. Im Verlaufe der letzten 8 Jahre wurden in den 4 Anlagen gemeinschaftlich 17 verschiedene Tierarten gehalten (Tab. 3).

4.2 Erfahrungen zum Tierverhalten

4.2.1 Voliere 1
Eine Gemeinschaftshaltung der Kleinen Soldatenaras mit weiteren Vogelarten ist letztlich an der Aggressivität der Aras gescheitert, je eine Berghaubenwachtel und

Abb 7 Gemeinschaftshaltung von 1,1 Scharlacharas (*Ara macao*) und 1,1 Goldrückenagutis (*Dasyprocta leporine*) in Voliere 2. (Foto: Klaus Eulenberger)

Tab. 3 Artenliste Gemeinschaftsvolieren

Köhlerschildkröten (*Chelenoides carbonaria*)	Kleine Soldatenaras (*Ara militaris mexicanus*)
Gelbbrustaras (*Ara ararauna*)	Scharlacharas (früher Hellrote Aras) (*Ara macao*)
Venezuelaamazonen (*Amazona amazonica*)	Rostkappenpapageien (*Pionites leucogaster*)
Mönchsittiche (*Myiopsitta monachus*)	Schwarzkappensittiche (früher Steinsittiche) (*Pyrrhura rupicola*)
Rosenscheitelsittiche (*Pyrrhura roseifrons*)	Blaukehlguans (*Pipile cumanensis*)
Berg(hauben)wachteln (*Oreortyx pictus*)	Virginiawachteln, Mexikanische Baumwachteln (*Colinus virginianus mexicanus*)
Galeriewaldrallen (früher Ipecaharallen (*Aramides ypecaha*))	Guirakuckucke (*Guira guira*)
Goldrückenagutis (*Dasyprocta leporine*)	Kanadische Rothörnchen (*Tamiasciurus hudsonicus*)
Bergmeerschweinchen o. Mokos (*Kerodon rupestris*)	

eine Mexikanische Baumwachtel wurden nach 3 Monaten verletzt bzw. tot aufgefunden, ohne dass vorher ernsthafte Aggressivität beobachtet werden konnte. Die gemeinsame Haltung mit den Rothörnchen verläuft seit 2 Jahren ohne Probleme.

4.2.2 Voliere 2

Die Verträglichkeit der Scharlacharas (früher Hellrote Aras) und der Agutis untereinander ist gut – wie es auch aus anderen Arahaltungen bekannt ist und wie es schon Schroepel (2014) ausführt. Sie nehmen sich offensichtlich kaum wahr. Kleinere Vögel finden sich dort seltener ein. Guirakuckucke haben sich leider nicht dauerhaft halten lassen. Die Todesursachen waren verschieden; Unverträglichkeiten waren allerdings nicht zu beobachten (vgl. Strehlow 2014). Das von Lücker (1995) beschriebene temporäre Hassen der Kuckucke auf neu in die Voliere gekommene Hyazintharas (*Anodorhynchus hyacinthinus*) war gegenüber anderen Insassen – wie auch in Dresden – nie beobachtet worden.

4.2.3 Voliere 3

Die gemeinsame Haltung von Galeriewaldrallen (früher Ipecaharallen), Amazonen, Rostkappenpapageien und Mönchsittichen verläuft ebenfalls problemlos, wobei die beiden letztgenannten Arten zwischen Voliere 3 und 4 wechseln und dabei den Weg durch die Röhren in den Wänden nutzen. Zwischen einer Amazone und einem Mönchsittich besteht seit längerem eine „Partnerschaft" (Abb. 8). Die von Schroepel (2014) angeführte Unverträglichkeit der zu den Weißbauchpapageien zählenden Rostkappenpapageien konnte in der Multispeziesvoliere bislang nicht beobachtet werden. Die im Sommer in der Anlage gehaltenen Köhlerschildkröten blieben von allen Arten unbehelligt.

Abb. 8 Venezuelaamazone
(*Amazona amazonica*) und
Mönchsittich (*Myiopsitta
monachus*) als „Partner"
vögel. (Foto: Klaus
Eulenberger)

4.2.4 Voliere 4

Die gemeinsame Haltung der kleinen Papageienarten mit den Guans (Abb. 9) verläuft seit 7 Jahren problemlos. Die Guans brüten auch regelmäßig im rückwärtigen
Bereich, allerdings bislang ohne Erfolg. Aggressionen im Sinne von Verscheuchen
der kleineren Arten, was Grummt (2014) für Hokkohühner generell für möglich
erwähnt, sind nie beobachtet worden.

Die Schwarzkappensittiche (früher Steinsittiche) erschienen überraschend mit
flüggen Jungvögeln. Sie hatten sich in der dekorativen Wand aus Lehmziegeln eine
Bruthöhle geschaffen, die sie jetzt jährlich nutzen. Regelmäßig Nachzuchten bringen
auch die Mönchsittiche aus ihren selbst gefertigten Nestern. Allerdings ist es bislang
nicht zu dem erhofften großen Gemeinschaftsnestgebilde gekommen.

5   Vergesellschaftung von Nandus und Alpakas im Amerika-Tierpark Limbach-Oberfrohna

Eine weitere Gemeinschaftshaltung bestand viele Jahre zwischen Nandus und Alpakas (Abb. 10). Dabei ist nur wichtig, dass die Alpakas (*Vicugna vicugna f. pacos*)
daran gehindert werden, an das Futter der Nandus zu kommen. Seit drei Jahren läuft
in der Alpakaherde ein Hahn der Darwinnandus (*Rhea pennata*) mit. Einziges
Problem: Kommt der Nandu in Balzstimmung, dann treibt er zeitweise die Alpakas
und versucht offensichtlich auch zu treten.

Abb. 9 Blaukehlguans (*Pipile cumanensis*) in Voliere 4. (Foto: Klaus Eulenberger)

Abb. 10 Alpakas (*Vicugna vicugna f. pacos*) und Darwinnandus (*Rhea pennata*) in einer Freianlage. (Foto: Klaus Eulenberger)

Literatur

Grummt, W. (2014). Ordnung Hühnervögel (Galliformes). In W. Grummt & H. Strehlow (Hrsg.), *Zootierhaltung. Tiere in menschlicher Obhut. Vögel* (S. 207–259). Haan-Gruiten: Europa-Lehrmittel.

Jacob, K. (2014). Ordnung Gänsevögel (Anseriformes). In W. Grummt & H. Strehlow (Hrsg.), *Zootierhaltung. Tiere in menschlicher Obhut. Vögel* (S. 119–163). Haan-Gruiten: Europa-Lehrmittel.

Klös, H.-G., & Reinhard, R. (1991). Eine neue Großvoliere im Zoologischen Garten Berlin. *Der Zoologische Garten (N.F.), 61*, 89–94.

Lücker, H. (1995). Hassen von Guira-Kuckucken (*Guira guira*). *Der Zoologische Garten (N.F.), 65*, 268–270.

Lücker, H. (2003). 4 Jahre Tundra-Volieren-Komplex im Zoo Dresden. *Der Zoologische Garten (N.F.), 73*, 1–10.

Schroepel, M. (2014). Ordnung Papageien (Psittaciformes). In W. Grummt & H. Strehlow (Hrsg.), *Zootierhaltung. Tiere in menschlicher Obhut. Vögel* (S. 355–448). Haan-Gruiten: Europa-Lehrmittel.

Strehlow, H. (2014). Ordnung Kuckucksvögel (Cuculiformes). In W. Grummt & H. Strehlow (Hrsg.), *Zootierhaltung. Tiere in menschlicher Obhut. Vögel* (S. 449–468). Haan-Gruiten: Europa-Lehrmittel.

Koordination und Kooperation von Zoo- und Freilandarbeit bis zur Wiederansiedlung: vier Fallbeispiele

Christiane Böhm, Johannes Fritz und Jörg Asmus

Inhalt

1   Vorbemerkungen der Herausgeber

Freilandbeobachtungen spielen als Grundlage für eine spätere erfolgreiche Haltung von Tieren eine maßgebliche Rolle. Sie sind somit auch der Schlüssel zu einer artgemäßen Vogelhaltung in Menschenobhut.

Der Idealfall wäre, die zur Haltung vorgesehenen Vogelarten zunächst ausführlich im Freiland zu studieren, bevor man wagen könnte, sie erfolgversprechend in Menschenobhut zu halten oder gar nachzuzüchten. Denn dann wären Lebensraum, Ernährungsansprüche, Sozialformen, Paarfindung und -bindung, Nestbau, Brut und Jungenaufzucht so weit bekannt, dass man eine entsprechende Haltungsform in

C. Böhm
Alpenzoo Innsbruck, Innsbruck, Österreich
E-Mail: c.boehm@alpenzoo.at

J. Fritz
Waldrappteam, Mutters, Österreich
E-Mail: jfritz@waldrapp.eu

J. Asmus (✉)
Gesellschaft für Arterhaltende Vogelzucht (GAV) e.V., Mönsterås, Schweden
E-Mail: joergasmus@hotmail.com

© Springer-Verlag GmbH Deutschland, ein Teil von Springer Nature 2021   201
W. Lantermann, J. Asmus (Hrsg.), *Wildvogelhaltung*,
https://doi.org/10.1007/978-3-662-59604-3_13

Volieren oder Freigehegen nachempfinden oder zumindest mit allen wesentlichen Belangen der künftigen Bewohner substituieren könnte. Klar ist, dass keine noch so große Voliere, keine noch so große Freianlage, „Stelzvogelwiese" oder Afrika-Steppe identische Merkmale des natürlichen Lebensraumes aufweisen kann – vor allem nicht in räumlicher Hinsicht. Denn alle Gehege in Menschenobhut sind zwangsläufig begrenzt.

Das muss aber kein substanzieller Nachteil sein, sagt Heini Hediger (1908–1992), der Begründer der modernen Tiergartenbiologie. Nach seinen Grundsätzen kann ein Tiergehege oder eine Voliere durchaus tausendmal oder gar zehntausendmal kleiner sein, als der natürliche Lebensraum, sofern alle Grundbedürfnisse der Bewohner darin abgedeckt werden (Hediger 1965). Sie haben zunächst ein Bedürfnis nach Sicherheit, müssen also Versteck- und Ruheplätze haben (besonders wichtig in Zoohaltungen mit hohem Besucheraufkommen). Dazu hat Hediger den Begriff „Heim erster Ordnung" geprägt. Für gehaltene Vögel wären dies bevorzugte Ruhe- oder Schlafstellen, Nisthöhlen, Felsspalten, Horste, Innenräume u. a. m. Sie müssen zweitens adäquat ernährt werden, wobei jahreszeitliche Veränderungen (Ruhezeiten, Brutzeit, Zeit der Jungenaufzucht) in der Nahrungszusammensetzung Berücksichtigung finden müssen. Für ihr Komfortverhalten müssen alle erforderlichen „Einrichtungen" vorhanden sein, z. B. Flachwasserzonen oder Teiche, Wasserschalen, Sprinkleranlagen, Sonnen-, Sand- oder Staubbadeplätze usw. Sie sollten die Möglichkeit zur freien Partnerwahl haben (was in der Praxis leider selten und vor allem bei soziallebenden Vögeln vorkommt), sollten eine Brutstätte besetzen und herrichten sowie ein kleines Territorium gegenüber anderen Volierenmitbewohnern verteidigen können. Dazu wäre allerdings eine gewisse Volieren- oder Gehegegröße vonnöten, ansonsten enden solche Territoriumskämpfe oftmals mit ernsten Verletzungen der Unterlegenen. Schließlich und endlich sollte das Tier in Bewegung bleiben und kognitiv gefordert werden – Eigenschaften, die leicht verkümmern, da ihnen ja in Menschenobhut die Notwendigkeit des Nahrungs- bzw. Beuteerwerbs abgenommen wird und zudem alle Fixpunkte ihres künstlichen Lebensraumes dicht beieinander liegen und schnell erreichbar sind. Unter dem Begriff „Behavioral Enrichment" bzw. „Environmental Enrichment" werden den unterschiedlichsten Tierarten verschiedenartige Spiel- und Beschäftigungsmöglichkeiten geboten, die zum einen die aktive Nahrungssuche fördern, zum anderen dazu beitragen sollen, dass Verhaltensauffälligkeiten, insbesondere Bewegungsstereotypien oder gar Käfig„neurosen" ausbleiben. Soweit der Idealfall, wenn viele Fakten aus dem Freileben der Vögel bekannt sind und auf Volieren- bzw. Gehegeverhältnisse umgesetzt werden können!

In der Realität beruhten die allermeisten Vogelhaltungen der Vergangenheit jedoch nicht auf etwaigen soliden Kenntnissen des Freilebens der gehaltenen Vögel, sondern wurden oftmals nach dem Versuch-und-Irrtum-Prinzip durchgeführt. Gerade zu Beginn des 20. Jahrhunderts (in der Zeit zwischen den Weltkriegen) und dann wieder ab den 1970er-Jahren waren allein in Deutschland teils (Massen-)Importe von vielen unterschiedlichsten Vogelarten aus vielen Teilen der Welt zu verzeichnen, von denen man – gerade im Bereich der Kleinvögel und Weichfresser – oftmals kaum den Namen, geschweige denn den Lebensraum, die Nahrungsansprüche oder das Sozialsystem kannte. Entsprechend viele Vögel sind diesem Prinzip seinerzeit zum Opfer gefallen – die Überlebenden haben später nur zum kleinen Teil sich selbst erhaltende Volierenpopulationen begründet. Am Beispiel der Bartvögel (Capitonidae u. a.) lässt sich dieses Prinzip (leider) gut verdeutlichen. Zwischen 1960 und 2000 lebten in den deutschen Zoos und Vogelparks etwa 52 (!) Bartvogelarten – fast allesamt mit nur geringer Lebensdauer und in der Regel nur höchstens einmaligem oder nur sehr gelegentlichem Fortpflanzungserfolg. Lediglich 2 (!) Arten, nämlich Flammenkopfbartvögel (*Trachyphonus erythrocephalus*) und Furchenschnabelbartvögel (*Pogonornis dubius*), werden heute noch in 14 bzw. 10 Parks gehalten und dort auch überwiegend gezüchtet (www.zootierliste.de). Beide Arten haben sich mittlerweile soweit in Menschenobhut etabliert, dass deren Aussterben in den Volieren der Zoos und Liebhaber nicht mehr zu befürchten ist (Lantermann 2016). Alle anderen Arten sind für Erhaltungszuchtprojekte, falls dazu einmal die Notwendigkeit aufkommen sollte, unweigerlich verloren. Mehrere ähnliche Beispiele aus anderen Vogelgruppen ließen sich an dieser Stelle leicht aufführen.

Mit dem Ende der (Massen-)Importe nach Europa im Jahr 2007 entstand in manchen Vogelhalterkreisen ein neues Bewusstsein gegenüber der Wildvogelhaltung. Neuer „Nachschub" aus der Natur war fortan nicht mehr zu erwarten. Es kam nun bei den vorhandenen Vögeln mehr als vorher auf die sorgfältige Abstimmung der Haltungsbedingungen an, um diese Vögel möglichst lange am Leben zu erhalten und deren Nachzucht zu forcieren. Gleichzeitig wurden und werden spätestens seit Anfang des neuen Jahrtausends immer weitere und immer detailliertere Daten und Fakten in Freilandstudien erarbeitet und erreichen auch die Tiergärten und die Privathalter, die daraus wiederum wichtige Erkenntnisse für das Haltungs „design" ihrer Vogelarten ableiten.

In manchen Fällen folgen auf erfolgreiche Haltungen und Zuchterfolge auch Überlegungen zur Auswilderung der erbrüteten Jungvögel in geeigneten Lebensräumen – wenn es denn solche noch oder (nach entsprechenden „Renaturierungsmaßnahmen") wieder gibt. Zum einen müssen ja die vorgesehenen Freilassungsorte alle notwendigen (Über-)Lebensbedingungen für die Vögel aufweisen, zum zweiten müssen schädigende Einflussfaktoren (z. B. invasive Prädatoren, Vogelfang u. a.) weitgehend ausgeschaltet sein, und drittens müssen die Vögel entsprechend auf ein Leben in Freiheit vorbereitet werden. Ein solches Projekt ist in der Regel langfristig angelegt, meist mit diversen Rückschlägen behaftet und vor allem personal- und kostenintensiv. Ein frühes professionell durchgeführtes Projekt war die Wiederausbürgerung der Puerto-Rico-Amazone (*Amazona vittata*) durch den US Fish- and Wildlife Service, dessen ausführliche Dokumentation mit allen Höhen und Tiefen bei Snyder et al. (1987) nachzulesen ist.

Die folgenden vier Fallbeispiele zeigen – neben einem nur kurz angerissenen „klassischen" Fall aus den 1950er-/1960er-Jahren (= Hawaiigans) – in welcher Weise heute Erkenntnisse aus dem Freiland, der Tiergartenbiologie, der Genetik und der Tiermedizin genutzt werden, um artgemäße Haltungssysteme zu entwickeln und in einem ersten Schritt sich selbst erhaltende Volierenpopulationen für bedrohte und aussterbende Vogelarten zu etablieren, um dann in einem zweiten Schritt auch Auswilderungsprojekte mit Nachzuchtvögeln in Angriff nehmen zu können.

2   Fallbeispiel Bartgeier (*Gypaetus barbatus*): Seine Wiederkehr in den Alpen

Christiane Böhm

2.1   Einleitung

Knochenbrecher, Boanbrüchl, Lämmergeier – nicht gerade freundliche Namen, die dem Bartgeier in früheren Zeiten gegeben wurden. Da sind Benennungen wie Geieradler, Goldadler oder Bartfalk treffender, ja geradezu bewundernd. Dennoch steckt in allen alten Namen ein Fünkchen „Wahrheit". Tatsächlich „bricht" der Bartgeier „Beine", indem er große Röhrenknochen mit in die Luft nimmt und an geeigneten Stellen, Knochenschmieden genannt, fallen lässt, damit sie in verschluckbare Stücke zerschellen. Auf Suche nach Nahrung fliegt der Bartgeier oft neugierig knapp an den Berghängen entlang und kommt dabei manchem Bergwanderer durchaus, scheinbar bedrohlich, nahe. Auch landet er zwischen Schaf- oder Ziegenherden (die sich übrigens davon nicht stören lassen), um sich die Nachgeburten zu holen (Hofrichter 2005). Sein Flug, auf fast falkenartig spitzen Flügeln, ist elegant und wendig. Der Bartgeier erinnert da mehr an einen Riesenfalken oder Adler als an einen kreisenden Geier. Das hat sich auch in der wissenschaftlichen Namensgebung niedergeschlagen: die griechische Bezeichnung für Geier lautet *Gyp*(s), für den Adler *Aetus*.

Trotzdem: Wie bei keinem anderen Geier hat man das Wesen dieses Vogels verkannt, als Lamm- und Kinderräuber verschrien und in sein Verhalten Eigenschaften hinein interpretiert, die nicht mit der Realität übereinstimmen.

2.2   Verbreitung des Bartgeiers

Bartgeier sind in Bergländern der Alten Welt zu finden, in Eurasien, Nord-, Ost- und Südafrika. Sie bevorzugen Lebensräume mit starkem Relief, die günstige Aufwinde, gut einsehbares Gelände zur Nahrungssuche, Wasserstellen sowie Ruhe und Ungestörtheit für die Jungenaufzucht bieten. Solche Bedingungen findet der Bartgeier manchmal sogar direkt am Meer, z. B. auf Kreta, in Eurasien vor allem aber in den Gebirgsregionen der Alpen, des Pamir, Altai oder des Himalaya (Robin et al. 2003). Weltweit ist nach wie vor, besonders in Afrika, ein Bestandrückgang zu beobachten, sodass diese Art auf der IUCN Liste als „near threatened" geführt wird. Der Weltbestand wird derzeit auf ca. 6700 erwachsene Vögel geschätzt (BirdLife 2017). Wegen des großen Verbreitungsgebietes unterscheidet man zwei Unterarten: *Gypaetus barbatus barbatus* in Eurasien und *Gypaetus barbatus meridionalis*, die afrikanische Unterart. Letztere ist kleiner, hat kürzere Federhosen und hellere Wangen als die Nominatform.

2.3 Knochentrockene Nahrung

Wie alle Geier ist auch der Bartgeier „Restevernichter", wenn auch mit einer extremen Spezialisierung. Seine Nahrung besteht zu 70–90 % aus Knochen, den Rest machen Muskeln, Haut oder Sehnen aus. Knochen haben es aber in sich: sie sind reich an Kalzium, Phosphat und Eiweißen, das Knochenmark enthält bis zu 90 % Fett. Allerdings ist die Verdauung von Knochen anspruchsvoll. Damit der Bartgeier seine Nahrung aufschließen kann, benötigt er einen guten Magen! Spezifische Anpassungen sind eine extreme Magensäure (pH 1–2!) und eine große, dehnbare Speiseröhre. Anders als die meisten Geier verfügt er über keinen Kropf. Die Öffnung der Luftröhre liegt sehr weit vorne im Schnabel. Somit kann der Bartgeier selbst große, oft recht klobige, bis 30 cm lange Stücke verschlucken, ohne in Atemnot zu gelangen (Abb. 1). Für die Verdauung der Knochennahrung benötigen Bartgeier bis zu 24 Stunden und reichlich Wasser, denn die Knochen sind deutlich trockener als z. B. Muskelfleisch. Knochen enthalten nur zu etwa 25 % Wasser. Dennoch haben sie wesentliche Vorteile: sie sind lange haltbar und es gibt keine Konkurrenz darum (Schulze-Hagen et al. 2016).

2.4 Rot ist die Liebe, rot ist der Tod

Bartgeier verfügen über weitere ungewöhnliche Besonderheiten: sie „schminken" sich! Eigentlich ist beim Bartgeier das Gefieder am Bauch, Kopf und Hals weiß. Bartgeier baden aber sehr gerne in eisenoxidhaltigem Schlamm, wodurch diese Gefiederpartien einen kräftig rostroten Ton erhalten (s. Abb. 1, 2). Es spricht vieles dafür, dass das Einfärben eine innerartliche Signalwirkung hat. Denn die dominanten Weibchen sind oft stärker gefärbt, und vor und während der Brutperiode wird auch intensiver im Schlamm gebadet.

Abb. 1 Bartgeier (*Gypaetus barbatus*) verschlingen bis 30 cm lange Knochen. Man beachte die weite Öffnungsspalte des Schnabels. (Foto: Archiv Alpenzoo)

Abb. 2 Das alte Bartgeierpaar des Alpenzoo Innsbruck. Das Paar produzierte 29 Küken: die Hälfte davon wurde freigelassen, die andere Hälfte in die Zuchtpopulation integriert. (Foto: Archiv Alpenzoo)

Eine andere besondere Verhaltensweise ist etwas irritierend: Geschwistermord oder Kainismus. Zwischen den Küken gibt es eine sehr ausgeprägte Geschwister-konkurrenz, die für das jüngere Küken immer tödlich endet. Das Gelege des Bart-geiers besteht normalerweise aus 2 Eiern, die in einem Abstand von 6–10 Tagen gelegt werden. Nach ca. 54 Tagen Bebrütung schlüpft das Küken des ersten Eies, das zweite entsprechend später. Das ältere Küken unterdrückt das jüngere sofort. Sobald sich das jüngere Küken rührt, schlägt und schüchtert das ältere Küken das kleinere dermaßen ein, dass es nicht mehr zu betteln wagt. Auch wenn beide Jungen gut gefüttert werden und satt sind, ändert sich das Verhalten nicht (vgl. Thaler und Pechlaner 1980) (Abb. 3). Das Elternpaar mischt sich nicht ein, es füttert immer das Küken, das bettelt. Beide, versuchsweise durch einen Sichtschutz getrennte Küken, wurden problemlos von den Altvögeln aufgezogen. Wenn man diese, im Zoo entdeckte, Verhaltenseigenheit berücksichtigt, kann man beide Küken großziehen, indem man ein Küken mittels Handaufzucht (nur wenige Tage, um eine Prägung auf den Menschen zu vermeiden) und/oder durch Ammenvögel aufzieht. Damit können mehr Jungvögel in einem kürzeren Zeitraum für die Ausbürgerung bereitgestellt werden. Unter natürlichen Bedingungen, im Freiland, ist aber die simultane Auf-zucht von zwei überlebenstüchtigen Küken für diese Nahrungsspezialisten anschei-nend nicht möglich. Da Bartgeierküken oft schon im Hochwinter schlüpfen, muss man davon ausgehen, dass das 2. Ei nur eine Art Reserve darstellt, falls das erste Küken gar nicht schlüpft oder früh verstirbt.

2.5   Ausrottung und gescheiterte Wiederkehr

Der Bartgeier war wahrscheinlich bis in die erste Hälfte des 19. Jahrhunderts in den Alpen regelmäßig anzutreffen. Der niedrige Wildtierbestand, die Aufgabe extensiver Weidewirtschaft und vor allem die direkte Verfolgung mit Gift und Flinte haben aber dazu geführt, dass der „Lämmergeier" schon Ende des 19. Jahrhunderts in den Zentralalpen und gut 20 Jahre später in den Südalpen verschwand. Der letzte

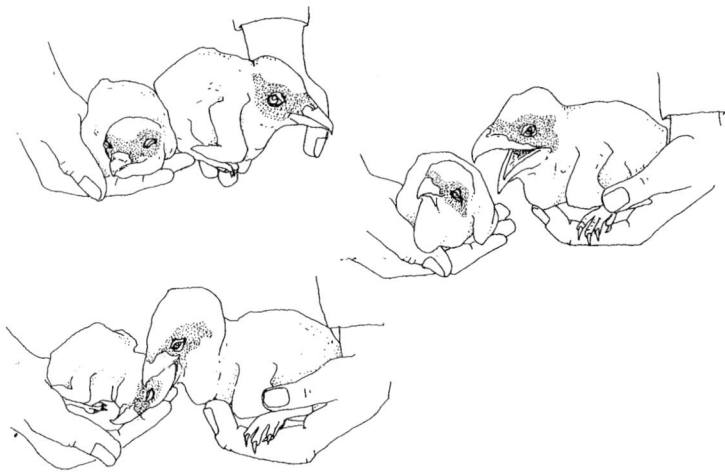

Abb. 3 Einschüchterung und Hackreaktion eines 12 Tage alten Bartgeierkükens gegenüber seinem 7-tägigen Nestgeschwister. Die Angriffe erfolgen auch bei vollkommener Sättigung des Älteren, was für ein angeborenes Verhalten spricht (Grafik aus: Thaler und Pechlaner 1980)

Bartgeier wurde z. B. in Tirol bei Pfunds 1881 noch lebend gefangen, der letzte Alpenbartgeier 1917 im italienischen Aostatal erschossen. Schon wenige Jahrzehnte später setzten sich bekannte Vogelkundler, wie der Schweizer Carl Stemmler oder Oskar Heinroth für eine Wiederansiedlung in den Alpen ein. In den Anfängen hatten die Befürworter noch viel mit alten Vorurteilen zu kämpfen. Erste Freilassungsversuche in den Westalpen, die in den 1970er-Jahren von Paul Géroudet und Gilbert Amigues mit in Asien oder Südeuropa gefangenen Vögeln initiiert wurden, scheiterten. Die Vögel überlebten nur kurz. Die Zucht des Bartgeiers galt damals als sehr schwierig bis unmöglich (Robin et al. 2004). Dies, die ernüchternden Ergebnisse der ersten Versuche, die Schwierigkeiten bei der Beschaffung neuer Vögel und auch die neuen gesetzlichen Bestimmungen zur Beschaffung von Wildtieren, veranlasste die Freunde des Bartgeiers, nach neuen Lösungen zu suchen.

2.6   Zucht und hochfliegende Pläne

Bartgeier waren in Tiergärten in den 1970er-Jahren mit etwa 40 Vögeln vertreten. Im Zoo von Sofia soll ein Paar schon von 1915 bis 1926 und ein weiteres Paar im Zoo Berlin 1943 erfolgreich gebrütet haben. Die Schwierigkeiten der Zoonachzucht bestanden anfänglich zum einen darin, festzustellen, ob man wirklich ein Paar hatte (Männchen sind zwar deutlich kleiner, die individuellen Unterschiede aber recht groß), und zum anderen wurden Bartgeier damals meist in großen Volieren mit anderen Geiern gehalten. Die klassische „Schauhaltung" dominiert ja heute noch nicht selten die „Zuchthaltung". Der Gründer des Alpenzoo Innsbruck, Hans Psenner, hatte jedoch beobachtet, dass Bartgeier in der Rangordnung der Geier ganz unten stehen. Deshalb gab er dem Bartgeierpaar, das aus dem Zoo Dresden in Oktober 1973 nach Innsbruck kam, eine eigene Voliere. Noch im selben Winter (!) begann das Paar ein Nest zu bauen und zog erfolgreich ein Küken groß. Im folgenden Jahr wurden die Eier gestohlen, doch das Paar machte ein Ersatzgelege. Bei den nun jährlichen Nachzuchten wurde der Kainismus (s. o.) beobachtet und das zweite Küken deshalb mit der Hand aufgezogen (Thaler und Pechlaner 1980). Infolge dieser Zuchterfolge wurde nun daran gedacht, mit ausschließlich nachgezüchteten Bartgeiern eine erneute Wieder-ausbürgerung zu starten.

Bereits 1978 wurde in Morges, Schweiz, ein Bartgeier-Treffen organisiert, an dem 41 Vertreter diverser Naturschutzorganisationen, Universitäten, Amtsstellen und Zoos teilnahmen, um Richtlinien für eine Wiederansiedlung zu erarbeiten. Die dort gefassten Beschlüsse kann man durchaus als wegweisend und als Meilenstein für die Konzeption, Planung und Zielsetzung von Wiederausbürgerungen bezeich-nen. Der dreistufige Maßnahmenplan enthielt folgende Punkte:

1. Es sollen nur in Zoos und Zuchtzentren nachgezüchtete Tiere verwendet und keine weiteren Vögel mehr der Natur entnommen werden. Nur Vögel aus dem Projekt werden wieder angesiedelt. Erst mit dem Erreichen einer soliden Zucht-gruppe soll mit Auslassungen begonnen werden.
2. Auslassungsorte sollen auf Habitat- und Nahrungseignung für den Bartgeier und die Wiedereinbürgerung generell auf Akzeptanz in der lokalen Bevölkerung geprüft werden. Für Letzteres wurde eine breite PR-Kampagne für den Bartgeier gestartet.
3. Die Vögel sollten markiert werden und ihr Status und Wohlergehen soll in einem mehrjährigen, die Ausbürgerungen begleitenden Monitoring kontrolliert werden.

Diese heute als so selbstverständlich erscheinenden Beschlüsse waren 1978 ausgesprochen vorausschauend und sind wahrscheinlich der Grund dafür, warum das Bartgeierprojekt so erfolgreich ist und heute noch als Vorzeigeprojekt gilt.

Der WWF Österreich, die Veterinärmedizinische Universität Wien, der IUCN und die Frankfurter Zoologische Gesellschaft waren die Gründungsmitglieder des Bartgeierprojektes. Mit deren Unterstützung gründete der Veterinärmediziner und Ornithologe Hans Frey in der Nähe von Wien eine zentrale Zuchtstation mit vielen Zuchtpaaren. Mit enormem Engagement gelang es ihm auch, viele Zoos und auch private Halter zur Mitarbeit zu überreden. So wuchs bis 2016 der Zuchtbestand des Erhaltungszuchtprogrammes für den Bartgeier auf 164 Vögel an (Llopis-Dell und Frey 2016).

Basierend auf den Erkenntnissen der ersten regelmäßigen Zuchterfolge im Alpenzoo Innsbruck sowie vielfältigen eigenen Beobachtungen und Erfahrungen erstellte Hans Frey Haltungsrichtlinien und konzipierte eine Freilassungsmethode. Zusätzlich wurde von Schweizer Wildbiologen eine detaillierte Habitatanalyse potenzieller Auslassungsorte erstellt. So entstand ein immer größer werdendes Netzwerk von Zoos, Zuchtzentren, privaten Züchtern, Rehabilitationsstationen, NGOs, die sich an der Zucht und Wiederansiedlung des Bartgeiers beteiligten.

An Hand der Herkunft der Vögel wurden genetische Linien und entsprechend passende Paare zusammengestellt. Gleichzeitig wurden Handaufzuchten wegen der Gefahr der Prägung auf den Menschen vermieden und stattdessen Ammenpaare bzw. -vögel zur Aufzucht genutzt (Robin et al. 2004). Alle Vögel im Programm wurden zudem auch veterinärmedizinisch überprüft und versorgt. Ziel war es von vornherein, nur sich normal verhaltende, gesunde und möglichst genetisch wertvolle Vögel auszuwildern.

Nach weiteren 8 Jahren Vorlaufzeit war es dann so weit: 1986 wurden die ersten 4 jungen Bartgeier im Raurisertal, Hohen Tauern, Österreich ausgewildert. In den folgenden Jahren kamen weitere Gebiete in Frankreich (1987 in Hochsavoyen), Italien (1994 Regionalpark Argentera) und der Schweiz (1991 Nationalpark Engadin) dazu. Bis 2019 folgten weitere Gebiete in verschiedenen Alpenregionen: in Österreich wurden inzwischen an insgesamt 9, in der Schweiz an 3, in Frankreich an 5, in Italien an 2 verschiedenen Orten Bartgeier ausgelassen (s. Tab. 1, www.bartgeier.ch).

Tab. 1 Anzahl der Bartgeier, die im Alpenraum während 31 Jahren in Frankreich, Italien, Österreich und der Schweiz in 19 verschiedenen Regionen ausgesetzt wurden (Daten nach https://www.bartgeier.ch/uebersicht-auswilderungen)

Land	Auslassungsort	Jahr	n Küken
Österreich		**1986–2018**	**63**
	Rauris	*1986–2008*	*33*
	Mallnitz	*2000–2018*	*10*
	Gschlöss	*2001*	*2*
	Gastein	*2002*	*2*
	Kals	*2004–2015*	*8*
	Habachtal	*2011*	*2*
	Fleisstal	*2012*	*2*
	Debanttal	*2014*	*2*
	Untersulzbachtal	*2016*	*2*
Frankreich		**1987–2019**	**80**
	Hochsavoyen	*1987–2004*	*31*
	Mercantour	*1993–2013*	*19*
	Doran	*2001–2005*	*8*
	Vercors	*2010–2019*	*13*
	Les Baronnies	*2016–2019*	*9*
Schweiz		**1991–2018**	**47**
	Engadin	*1991–2007*	*26*
	Calfeisental	*2010–2014*	*12*
	Melchsee-Frutt	*2015–2018*	*9*
Italien		**1994–2015**	**37**
	Alpi Marittime	*1994–2015*	*26*
	Martell	*2000–2008*	*11*
Summe		**33 Jahre**	**227**

2.7 Wiederansiedlung in Raten

Wiederansiedeln bedeutet nicht, ein Individuum, ob erwachsen oder jung, einfach ins Freiland zu entlassen. Um ein Gelingen zu gewährleisten, sind viel Wissen und Vorarbeit notwendig, um den Tieren einen guten Start und realistische Überlebenschancen zu ermöglichen. Beim Bartgeier hat sich die „Hacking-Methode" als die Richtige erwiesen. Man arbeitet mit Jungvögeln, die generell anpassungsfähiger als Altvögel sind. Dazu belässt man die Jungvögel 90–100 Tage, also knapp bis zum Flüggewerden, bei den Eltern. Sie sind dadurch gut sozialisiert und auch sexuell auf Bartgeier geprägt. 1–2 Jungvögel werden dann in eine vorbereitete, geschützte Felsnische, eine Art Ersatznest, ins Auswilderungsgebiet gebracht. Ein Betreuungsteam überwacht und versorgt sie regelmäßig mit Futter (Abb. 4 und 5). Im Alter von 110–130 Tagen werden die Junggeier flügge und starten von diesem Ersatznest aus ihre ersten Erkundungsflüge. Sie durchleben, bis auf die Trennung von den Eltern, im Grunde genommen normale Nestlingsentwicklungen und -wege in die Selbstständigkeit. Gut 88 % der mit dieser Methode ausgewilderten Bartgeier haben ihr erstes Lebensjahr, meist das gefährlichste, überlebt. Bis 2019 wurden 227 junge Bartgeier erfolgreich ausgewildert (Tab. 2, www.bartgeier.ch).

2.8 Bartgeier brüten wieder in den Alpen

Bartgeier können erstaunlich alt werden, im Schnitt 27 Jahre, einige wenige im Zoo bis über 50 Jahre! Die Vögel werden erst mit 5–7 Jahren geschlechtsreif. Entsprechend lange musste man auf einen Fortpflanzungserfolg im Freiland warten. Erst

Abb. 4 Bartgeier-Auswilderung 2006 Rauris, Österreich. Zur Wiederansiedlung werden die noch nicht flüggen Bartgeierküken in Holzkisten zu einer vorbereiteten Nestnische transportiert. (Foto: Archiv Alpenzoo)

Abb. 5 Bartgeier-
Auswilderung 2006 Rauris,
Österreich. Die noch nicht
flüggen Bartgeierküken
werden in der vorbereiteten
Nestnische ausgesetzt und mit
Nahrung versorgt. Von dieser
Nische aus starten sie ihre
ersten Erkundungsflüge.
(Foto: Archiv Alpenzoo)

1997, 11 Jahre nach der ersten Auslassung, wurde das erste Bartgeierküken „Phö-
nix" in Bargy, Hochsavoyen, Frankreich flügge. 1998 erfolgte eine zweite erfolgreiche Brut im Nationalpark Stilfserjoch, Italien. Von da an wurden regelmäßig und
eine steigende Anzahl Horste der Bartgeier gefunden. Bis 2019 wurden 271 erfolgreiche Bruten gezählt (siehe Tab. 2, www.bartgeier.ch), das sind mehr Vögel als
bisher ausgewildert wurden.

2.9   Resümeé

Im gesamten Alpenraum fliegen heute wieder gut 230–250 Bartgeier, ein großartiger
Erfolg! Dennoch ist das Projekt nach über 50 Jahren nicht abgeschlossen. Eine
Studie zur genetischen Diversität der freigelassenen Bartgeier zeigt, dass weitere
Auswilderungen nötig sind, um Inzuchteffekte zu vermeiden (Frey et al. 2016).
Einige Regionen der Alpen weisen durchaus noch Bartgeier-Lücken und Defizite in
erfolgreichen Freibruten auf. In den kommenden Jahren möchte man deshalb gezielt
in diesen Gebieten je 1–3 Jungvögel aussetzen.
    Bartgeier waren früher nicht nur im Alpenraum zu finden, sondern auch auf
vielen Mittelmeerinseln, dem Balkan, den französischen Cevennen und den Pyre-
näen. Inzwischen ist diese Art aber im Mittelmeerraum nur noch auf Korsika und
Kreta vertreten und hat trotz Schutzstatus abnehmende Populationstrends (Lörcher
und Llopis-Dell 2016). Am Balkan gilt der Bartgeier inzwischen als verschwunden.
In den Pyrenäen wurde der Bestand 1980 noch auf 30 Paare geschätzt. Infolge
Schutzmaßnahmen stieg dort bis 2015 deren Anzahl wieder auf 180 Brutpaare.
Die pyrenäischen Bartgeier sind aber alle eng miteinander verwandt. Ein genetischer
Austausch mit den Bartgeiern im Alpenraum wäre wünschenswert.
    1992 wurde die Foundation for the Conservation of Bearded Vultures (FCBV)
gegründet, um die Bemühungen und Projekte für den Bartgeier in Frankreich,

Tab. 2 Anzahl, der im Alpenraum seit 1997 festgestellten erfolgreichen Bartgeierbruten nach Jahr und Staaten. Daten nach https://www.bartgeier.ch

Jahr	Frankreich	Italien	Schweiz	Österreich
1997	1			
1998	1	1		
1999	1			
2000	1	2		
2001		1		
2002	2	3		
2003	1	1		
2004	2	3		
2005	4	3		
2006	3	3		
2007	4	3	3	
2008	3	2	2	
2009	5	2	2	
2010	5	2	2	1
2011	5	4	4	1
2012	4	3	2	1
2013	6	4	6	
2014	6	3	8	2
2015	6	5	8	1
2016	5	7	11	2
2017	8	8	14	1
2018	11	7	9	2
2019	14	10	11	3
Summe Bruten	**98**	**77**	**82**	**14**

Italien, Österreich und der Schweiz zu verbinden und Aktionen gemeinsam zu koordinieren. 2009 entstand dann ein Gesamtnetzwerk aller Geierprojekte Europas, die Vulture Conservation Foundation (VCF). Dieses Netzwerk aller Organisationen, Amtsstellen, NGOs, Geierfreunde, Zoos, etc. soll auch an „Brücken" für den Bartgeier bauen, damit sich eine Metapopulation bilden kann, die das alte europäische bis nordafrikanische Verbreitungsgebiet wieder besiedelt. Junge, vor allem zweijährige Bartgeier unternehmen oft große Wanderflüge. Die Art hat also durchaus großes Potenzial, sich selbst neue Gebiete zu erobern.

Frei fliegende Bartgeier müssen nach wie vor viele, altbekannte wie neue, Gefahren meistern. Giftköder sind, besonders am Balkan und in Südeuropa, nach wie vor eine große Gefahrenquelle, ebenso Bleivergiftungen durch das Fressen geschossener Tiere. Das Medikament Diclofenac, das bei Geiern, aber besonders bei *Gyps*-Arten, binnen 2–3 Tagen zu letalem Nierenversagen führt, ist in Europa nach wie vor im Einsatz. Obwohl die tödliche Wirkung auf Geier (und möglicherweise auch auf andere Greifvögel) anerkannt ist, wurden von der Europäischen Kommission keine Verbote, sondern nur Empfehlungen zur Gefahrenvermeidung erlassen (!). Letztlich sind Bartgeier auch durch die zunehmende Verdrahtung der Gebirgslandschaften gefährdet. Kollisionen mit Stromleitungen und Seilen von Skiliften sind dokumentiert (Heuret 2016). Diese Kollisionen könnten leicht durch einfache Maßnahmen vermieden werden.

Es sind also noch einige Aufgaben zu erledigen. Hätten die Teilnehmer des Treffens 1978 geahnt, wie zeit-, arbeits- und kostenintensiv das Bartgeier-Projekt werden würde, es hätte sie wohl der Mut verlassen. Das Projekt ist aber ein gutes Beispiel dafür, wie wichtig internationale Kooperationen über alle Grenzen und Arbeitsbereiche hinweg für ein Artenschutzprojekt sind und wieviel Zeit nötig ist, um eine Art wieder zu etablieren. Schließlich ist es auch ein Musterbeispiel für eine gelungene Kooperation und Koordination zwischen Tierhaltung und Freiland-forschung.

3 Fallbeispiel Waldrapp (*Geronticus eremita*) – vom Zoo zurück ins Freiland

Johannes Fritz

3.1 Einleitung

Ein Vogel von herber Schönheit, so könnte man den Waldrapp wohlwollend bezeichnen. Außergewöhnlich und wohl auch gewöhnungsbedürftig ist insbeson-dere der kahle, rot-schwarz gefärbte Kopf, umrahmt von einer metallisch schil-lernden Federboa, mit einem schlanken, langen, gekrümmten Schnabel. Diesem Erscheinungsbild trägt auch der lateinische Name Rechnung: *Geronticus eremita*, der greise Einsiedler. Systematisch steht der Waldrapp innerhalb der Ordnung der Ruderfüßer (Pelecaniformes) in der Familie der Ibisvögel (Threskiornithidae). Zur Gattung *Geronticus* zählt neben dem Waldrapp nur mehr der in Südafrika heimi-sche Glattnackenrapp (*G. calvus*), der sich äußerlich durch den blassen Kopf mit roter „Kappe", dunkler Iris, einem dick befiederten Hals und dem Fehlen von Schopffedern unterscheidet.

Beim Waldrapp werden keine Unterarten beschrieben. Allerdings berichten Pegoraro et al. (2001) von Unterschieden zwischen Vögeln aus der Türkei und Marokko in einer Sequenz der mitochondrialen DNA. Die Autoren interpretieren das als Zeichen für eine genetische Differenzierung der Population. Diese auf einer sehr geringen Stichprobenzahl beruhende Interpretation wurde in einer aktu-ellen, umfangreichen Studie nicht bestätigt. Wirtz et al. (2016, 2018) fanden keinen Hinweis auf evolutionär signifikante genetische Unterschiede zwischen den ehe-maligen Populationen. Vielmehr kann von einer ehemals zusammenhängenden Gesamtpopulation ausgegangen werden, die erst in jüngerer Vergangenheit durch das Erlöschen vieler Kolonien in eine Ost- und West-Population getrennt wurde (Abb. 6)

Abb. 6 Portrait eines adulten
Waldrapps (*Geronticus
eremita*). (Foto: Johannes
Fritz)

3.2   Der Waldrapp im Mittelalter und der frühen Neuzeit

Bis ins Mittelalter war der Waldrapp auch in Europa heimisch. Er lebte in
Kolonien, brütete in Felsnischen und suchte seine Nahrung, vornehmlich Würmer und Larven, im Umfeld menschlicher Siedlungen auf Feldern und Wiesen.
Evidenz für historische Brutvorkommen gibt es unter anderem bei Salzburg,
Graz, Passau, Kelheim an der Donau, Überlingen am Bodensee, Bad Ragaz
und Zürich (Schenker 1977). Um 1630 verschwand er aus Europa, gemäß den
Überlieferungen vornehmlich aufgrund von menschlicher Nachstellung (Unsöld
und Fritz 2011). Allmählich erloschen auch die Erinnerungen an diesen Vogel.
Zwar gab es überlieferte Darstellungen des Waldrapps, die insbesondere vom Schweizer Naturforscher Conrad Gesner (1516–1565) stammten, aber er wurde für ein
Fabelwesen gehalten. Erst Ende des 19. Jh. gelang es Naturwissenschaftlern nachzuweisen, dass es sich bei dem in Nordafrika und dem Vorderen Orient lebenden
Schopfibis und dem von Gesner (1557) beschriebenen Waldrapp um ein und dieselbe
Art handelt.

Von Gesner (1557) stammen auch detaillierte Kenntnisse der mittelalterlichen
Verbreitung und Lebensweise dieses Ibisvogels. Er hat ihn als schwarzen Raben
beschrieben, der in Wäldern und Einöden nistet. Der Naturforscher machte sogar
eine Sektion eines Waldrapps, bei der er im Magen „*über andere unzifer auch vil
deren thierlinen gefunden/so den wurtzen der früchten schaden thund*". Gemeint
sind Maikäferengerlinge und Maulwurfsgrillen, die im weiteren Text namentlich
genannt werden (Gesner 1557).Von ihm bekommen wir auch die Erklärung für den
gebräuchlichen deutschen Namen *Waldrapp*, weil er „*in den einöden Wäldern auf
Türmen und Felsen brütet*". Bäume nutzte er gerne als exponierten Rast- und
Schlafplatz, ansonsten hat er als Bewohner offener Landschaften mit dem Wald
wenig zu tun.

3.3 Historische und heutige Verbreitung

Außerhalb Europas war der Waldrapp in Nordafrika und der Arabischen Halbinsel mit zahlreichen Brutkolonien verbreitet, die aber inzwischen fast alle erloschen sind. Eine der bekanntesten ehemaligen Brutkolonien war in der türkischen Stadt Birecik am Euphrat beheimatet und umfasste rund 1300 Vögel (Kumerloeve 1978). Die Vögel nisteten am Stadtrand in ausgewaschenen Kalksteinwänden entlang des Euphrat. Etwa Mitte Juli brachen sie gegen Süden auf, um im Februar des darauffolgenden Jahres wieder zurückzukehren. Die Bewohner Bireciks verehrten diese Zugvögel, weil sie im Sommer in Richtung Mekka flogen und im Frühjahr nach dem Zeitraum einer Pilgerreise aus dieser Richtung wiederkehrten. Auch heute noch wird in Birecik im Frühjahr ein traditionelles Kelaynak-Fest gefeiert (Kelaynak = türkisch für Waldrapp). Zudem war es, nach einer im Osten Anatoliens verbreiteten Überlieferung, ein Waldrapp, der Noah nach dem Ende der Sintflut vom Berg Ararat talwärts zum Oberlauf des Euphrat führte, wo er mit seiner Familie sesshaft wurde.

Leider nützte dem Waldrapp selbst die mythologische Verehrung nicht viel. Ende der 1950er-Jahre wurde in der Türkei großräumig mit dem Einsatz von Insektiziden begonnen. Allein im Jahr 1959 wurden mehr als 600 tote Waldrappe im Umfeld von Birecik gefunden, vergiftet infolge des übermäßigen Einsatzes von DDT zur Bekämpfung von Heuschrecken und Malariamücken. Auf Initiative des WWF und der Frankfurter Zoologischen Gesellschaft wurden in Birecik ab 1977 jährlich ein Teil der noch vorhandenen Vögel eingefangen, um eine Zuchtgruppe aufzubauen. Doch auch das trug zur weiteren Reduktion des Wildbestandes bei, bis die Kolonie 1989 schließlich erlosch (Akcakaya 1990; Fritz und Unsöld 2011; Yeniyurt et al. 2017).

Zu der Zeit waren auch schon alle anderen Kolonien in der Türkei ausgestorben. Erhalten geblieben ist die Zuchtgruppe in Birecik, die den Sommer über im Freiflug gehalten und ab Juli wieder bis über den Winter eingesperrt wird. Allerdings verschwand jährlich ein beträchtlicher Teil der Jungvögel, bevor sie eingesperrt werden konnten, von 1990 bis 1997 waren es etwa 147 Individuen. Schon damals wurde vermutet, dass diese Jungvögel einer inneren Zugunruhe folgend zur Herbstmigration aufbrechen, von der sie aber nicht wieder zurückkehrten. Diese Annahme hat sich bestätigt, als man in Birecik von 2007 bis 2009 insgesamt 12 mit Telemetriesendern ausgestattete Jungvögel im Juli außerhalb der Voliere beließ. Die Hälfte dieser Jungvögel flog zielstrebig Richtung Süden. Allerdings verendeten alle (primär durch Abschuss oder Kollision mit Strommasten) bereits nach wenigen Wochen in Jordanien bzw. Saudi Arabien (Hatipoglu 2016).

In Marokko, am westlichen Rand des historischen Brutgebietes, gab es Mitte des vergangenen Jahrhunderts noch mehr als 40 Brutkolonien, größtenteils im Atlasgebirge (Bowden et al. 2008). Zum Überwintern migrierten die Vögel der Westküste Afrikas folgend bis in die Westsahara und nach Mauretanien. Einzelne Kolonien an der Atlantikküste wechselten unter Einfluss des maritimen Klimas, das einen ganzjährigen Aufenthalt ermöglicht, zu einer sedentären Lebensweise und halten sich ganzjährig im Brutgebiet auf. Zwei dieser Kolonien, nahe den Städten Agadir und Tamri, konnten bis heute überleben.

Regelmäßige Zählungen weisen aber darauf hin, dass jedes Jahr bis zu 100 Jungvögel diese Kolonie verlassen. Wiederholte Sichtungen entlang der Atlantikküste bis zu 600 km südlich des Brutgebietes legen nahe, dass sie immer noch einer inneren Zugunruhe folgend Richtung Süden fliegen. Damit zeigt sich ein Verhaltensmuster, das auch in Birecik beobachtet wurde. Ein Teil der Jungvögel verlässt das Brutgebiet zur Zeit der Herbstmigration in Richtung Süden, auch wenn der überwiegende Teil der Kolonie nicht (mehr) migrierend ist oder am Migrieren gehindert wird.

Es ist davon auszugehen, dass der größte Teil der Jungvögel umkommt, wenn sie ohne die Gesellschaft zugerfahrener Artgenossen migrieren und überwintern. Das hat sich auch bei den besenderten Jungvögeln in Birecik gezeigt. Da die marokkanischen Vögel nicht beringt werden, ist nicht bekannt, ob ein Teil der im Herbst abgeflogenen Jungvögel wieder in die Brutkolonie zurückkehrt. Geplante Besenderungen in den kommenden Jahren lassen diesbezüglich spannende neue Erkenntnisse erwarten.

Abgesehen von den einzelnen Kolonien, die sekundär zur sedentären Lebensweise wechselten, war der Waldrapp in seinem gesamten Verbreitungsgebiet ein Zugvogel (Bowden et al. 2008; Fritz et al. 2019). Aktuelle Studien zum Flug- und Zugverhalten weisen den Waldrapp als gewandten Flieger aus, der bei Migrationsflügen die aerodynamischen Vorteile des Formationsflugs ebenso wie thermische und orographische Aufwinde zu nutzen vermag (Portugal et al. 2014; Sperger et al. 2017; Voelkl und Fritz 2017; Voelkl et al. 2015). All diese Untersuchungen wurden mit Nachkommen aus ehemaligen Brutkolonien des marokkanischen Atlasgebirges gemacht (Abb. 7).

3.4   Erste Schutzbemühungen

Der ganzjährige Aufenthalt in einem vom Menschen bislang wenig besiedelten Gebiet hat sicher wesentlich zum Überleben der letzten beiden Wildkolonien in Marokko beigetragen. Aber auch diese beiden marokkanischen Kolonien waren substanziell gefährdet, mit einem Tiefstand von 48 Brutpaaren im Jahr 1992 (Bowden et al. 2008). Erst intensive internationale Schutzbemühungen konnten den Bestand stabilisieren und vergrößern. Heute leben in Marokko wieder mehr als 500 Vögel. Zudem gab es 2017 erste Hinweise auf eine Ausdehnung des Brutareals entlang der Küste nach Norden. Drei aktive Brutpaare wurden in einer Distanz von bis zu 60 km nördlich von Tamir entdeckt (Aourir et al. 2017). Die positive Entwicklung der Population in Marokko war schließlich auch der primäre Anlass, um den Waldrapp 2018, nach 24 Jahren, in der Roten Liste bedrohter Arten von der höchsten Bedrohungsstufe „critically endangered" auf „endangered" herabzustufen.

Ob die Entwicklung der marokkanischen Wildpopulation tatsächlich diese Herabstufung rechtfertig, bleibt Gegenstand von Diskussionen. Diese Population ist nach wie vor auf zwei räumlich eng zusammenhängende Kolonien beschränkt. Wenn es auch erste Ansätze für eine Arealausweitung gegeben hat, so ist diese doch

Abb. 7 Bei der menschengeführten Migration folgen die Vögel der Ziehmutter am Rücksitz des Fluggerätes; über den Alpen erreicht die Formation eine Flughöhe von bis zu 2900 Meter, dabei folgen die Vögel dem Fluggerät häufig in energiesparendem Formationsflug. (Foto: Pablo Przesang)

räumlich sehr beschränkt und nicht als Kolonie-Neugründung zu interpretieren. Es besteht weiterhin das Risiko, dass die gesamte Wildpopulation durch Krankheit oder eine Umweltkatastrophe erlischt. Es muss sogar davon ausgegangen werden, dass dieses Risiko zunimmt, da für die Küstenregion Marokkos starke Einflüsse durch den Klimawandel erwartet werden. Das betrifft sowohl Wetterextreme infolge der exponierten Küstenlage als auch die Folgen der Ausweitung von Trockengebieten im Landesinneren. Die sedentäre Lebensweise dieser beiden Kolonien könnte in Anbetracht dieser Veränderungen negative Folgen zeigen, da die durch das Zugverhalten bedingte ökologische Flexibilität verloren ging.

Deshalb ist die primäre Zielsetzung des 2015 veröffentlichten zehnjährigen internationalen Aktionsplans für den Waldrapp (Bowden 2015) die Ausweitung des Lebensraumes auf andere Areale des ehemaligen Verbreitungsgebietes. Das soll insbesondere durch die Gründung neuer Kolonien erfolgen. Der Aktionsplan sieht dafür vorrangig Maßnahmen im ehemaligen Verbreitungsgebiet außerhalb Europas vor, da dort die Brutkolonien erst in jüngerer Vergangenheit verschwanden. Allerdings fanden in diesen Gebieten bis zur Halbzeit des Aktionsplans noch keine konkreten Wiederansiedlungsprojekte statt. Ein wesentlicher Grund dafür ist, dass in diesen Gebieten die Ursachen für das einstige Aussterben immer noch gegeben sind, insbesondere unkontrollierte Jagd, Stromtod, Vergiftung und die fortschreitende Zerstörung der Lebensräume. Zudem müsste im Großteil des ehemaligen Verbreitungsgebietes bei der Gründung neuer Brutkolonien auch eine neue Zugtradition in ein geeignetes Überwinterungsgebiet gegründet werden, um den Vögeln ein ganzjähriges Überleben zu sichern. Dafür fehlten bislang jedoch die technischen, finanziellen und logistischen Voraussetzungen.

3.5   Wiederansiedlungsmaßnahmen

Die ehemaligen Zugtraditionen der Waldrappe sind allesamt erloschen. Sie verbanden einst die Brutgebiete mit Überwinterungsgebieten am Südende der Arabischen Halbinsel, entlang der Ostküste Afrikas in Eritrea und Äthiopien sowie entlang der Westküste Afrikas bis Mauretanien und Senegal. Das Weibchen Zenobia verschwand 2014 auf seiner Zugroute, die von Birecik im Zentrum Syriens über rund 3300 km in das Hochland von Äthiopien führte (Serra et al. 2015). Mit Zenobia starb der letzte wilde Waldrapp, der noch das arttypische Zugverhalten zeigte (Abb. 8).

Das Waldrappteam hat sich zum Ziel gesetzt, den Waldrapp wieder als Zugvogel in seinem ehemaligen Verbreitungsgebiet in Europa anzusiedeln. Damit sollen aber auch die nötigen methodischen Voraussetzungen geschaffen werden, um gemäß den Zielsetzungen des internationalen Aktionsplans migrierende Kolonien in anderen dafür geeigneten Teilen des ehemaligen Verbreitungsgebiets zu gründen (Fritz et al. 2019).

Waldrappe gehören zu jenen Zugvogelarten, bei denen die Zugroute eine sozial erlernte Tradition ist. Jungvögel folgen im Herbst des ersten Lebensjahres zugerfahrenen Artgenossen vom Brutgebiet in das Wintergebiet. So erlernen sie die Route, der sie dann zeitlebens folgen. Bei den Vögeln in Menschenobhut ist dieses tradierte Wissen verloren gegangen. Die Hauptanforderung bei der Auswilderung von Nachkommen aus Zoohaltung ist daher die Gründung einer neuen Zugtradition.

Dafür werden pro Saison rund 30 Küken im Alter von 2–8 Tagen aus Zookolonien entnommen und von zwei menschlichen Zieheltern aufgezogen. Die Zusammenstellung der Gruppe ist jedes Jahr wieder eine Herausforderung. Einerseits soll die Gruppe für das erforderliche Training möglichst homogen sein und daher der Altersunterschied zwischen dem jüngsten und dem ältesten Küken 10–12 Tage nicht überschreiten. Andererseits müssen für die Handaufzucht Nester mit 3–4 Küken

Abb. 8 Eine selektive Prägung auf zwei Zieheltern ist die Grundlage, um die Jungvögel zu trainieren und sie mit den Fluggeräten in das Wintergebiet zu führen, wo sie ausgewildert werden. Hier im Bild die Projektmitarbeiterin Corinna Esterer. (Foto: Johannes Fritz)

zusammengestellt werden, die jeweils einen Altersunterschied von 1–2 Tagen haben, denn Waldrappe schlüpfen asynchron und der natürliche Altersunterschied verhindert übermäßige Nestlingsaggression (Pegoraro 1992; Tintner und Kotrschal 2002). Aufgrund der erfolgreichen Erhaltungszucht von Waldrappen in zahlreichen Europäischen Zoos, koordiniert durch ein Erhaltungszuchtprogramm (EEP; Boehm und Pegoraro 2011), sind die nötigen Küken für die Auswilderung jedes Jahr verfügbar.

Ab April widmen sich zwei Zieheltern der Aufzucht und dem Training der Waldrappe. Nur sie haben Zugang zu den Vögeln, jeglicher direkte Kontakt anderer Personen zu den Tieren wird vermieden. So erreichen wir eine sehr selektive Prägung der Jungvögel. Während sie ihnen unbekannten Menschen gegenüber ausreichend scheu bleiben, knüpfen sie mit den Zieheltern ein enges soziales Band. Das sind die nötigen Voraussetzungen für das umfangreiche Training und die folgende Auswilderung.

Ab Juni beginnt das Training mit den mittlerweile flüggen Jungvögeln. Dazu schlagen wir das Trainingscamp auf einem Flugplatz in der Nähe des späteren Brutstandortes auf. Im Laufe von zwei Monaten werden die Vögel an das Ultraleicht-Fluggerät gewöhnt. Sie müssen lernen, dass sich eine ihrer Bezugspersonen am Rücksitz des Fluggerätes befindet, erst das gibt ihnen einen Grund dem Fluggerät zu folgen. Ab circa Mitte Juli finden die ersten Flüge mit zunehmender Streckenlänge von bis zu 70 km statt. Trainiert wird drei bis viermal pro Woche.

Die Waldrappe in Europa kommen Anfang August in Zugunruhe (Fritz et al. 2006). Dann ist es Zeit, das Training zu beenden. Mitte August beginnt dann die menschengeführte Migration zum Wintergebiet. Die Strecke von rund 1000 km führt über die Alpen und den Apennin bis in das WWF Schutzgebiet Laguna die Orbetello in der südlichen Toskana. Geflogen wird in Tagesetappen von durchschnittlich 170 Kilometer (Maximum 360 km). Dabei versuchen wir den Flugstil weitgehend an die Bedürfnisse der Vögel anzupassen. So nutzen wir bei der Alpenpassage Aufwinde, die uns auf eine Seehöhe von bis zu 2900 Meter tragen. Auch in der Ebene kreisen wir in thermischen Aufwinden bis zu einer Höhe von 500 Meter über Grund, um dann im Sinkflug weiterzuleiten, hin zum nächsten Aufwind (Sperger et al. 2017). Das ist zwar ein langsames Vorwärtskommen, das immer wieder durch Aufwärtskreisen in der Thermik unterbrochen wird, aber es ist für die Vögel äußerst energiesparend. Etwas weniger effizient, aber dafür stetiger und schneller ist der Formationsflug, den die Vögel nutzen, um dem Fluggerät bei fehlender Thermik zu folgen. Wie wir in mehreren Studien zeigen konnten, erfordert der Formationsflug eine hochpräzise Koordination der relativen Position und des Flügelschlags, die selbst Jungvögel schon perfekt beherrschen (Portugal et al. 2014; Voelkl et al. 2015).

Die Migration mit rund 6 Flugetappen und dazwischenliegenden Pausentagen dauert zwei bis drei Wochen. Nach der Ankunft im Wintergebiet müssen die Vögel noch für einige Zeit in einer Voliere bleiben, um sich an das neue Umfeld zu gewöhnen, bevor sie ausgewildert und in die bestehende Wildpopulation integriert werden. Mit Beginn des dritten Lebensjahres werden die Waldrappe geschlechtsreif. Etwa ein Drittel der Vögel erreicht dieses Alter und kehrt in das Brutgebiet zurück, um Jungvögel aufzuziehen, welche dann im Herbst ihren Artgenossen in das Wintergebiet folgen. So setzt sich die neugegründete Zugtradition über die Generationen hinweg fort.

3.6   Stand der Dinge

Von 2002 bis 2013 wurden in einer Machbarkeitsstudie gemäß den IUCN Guidelines for Reintroductions and other Conservation Translocations die Grundlagen für die Wiederansiedlung erarbeitet. Seit 2014 findet die Wiederansiedlung im Rahmen eines europäischen LIFE Projektes mit Partnern aus Deutschland, Österreich und Italien statt. Bislang wurden 257 Jungvögel im Rahmen von menschengeführten Migrationen ausgewildert. Seit 2011 brüten Waldrappe in freier Wildbahn. Im Jahr 2019 sind 27 Jungvögel in den beiden Brutgebieten Burghausen in Bayern und Kuchl im Land Salzburg aufgewachsen. Ein drittes Brutgebiet wird aktuell in Überlingen am Bodensee gegründet. Der Gesamtbestand Ende 2019 umfasst 142 Vögel. Laut populationsdynamischen Modellierungen muss die Population auf mindestens 314 Individuen anwachsen, um selbstständig überlebensfähig zu sein. Dieses Ziel hoffen wir bis 2027 zu erreichen, um damit die europäische Fauna mit einer ehemals heimischen Zugvogelart zu bereichern und maßgeblich zum Erhalt dieser charismatischen Ibisart beizutragen.

Die Wiederansiedlung 2014-2019 wurde mit 50 % Unterstützung des Finanzierungsinstruments LIFE der Europäischen Union (LIFE+12-BIO_AT_000143, LIFE Northern Bald Ibis) durchgeführt.

4   Fallbeispiel Schwalbensittich (*Lathamus discolor*) – ein Kampf gegen invasive Prädatoren

Jörg Asmus

4.1   Einleitung

Der Schwalbensittich (*Lathamus discolor*) zählt gegenwärtig zu den am meisten bedrohten Vogelarten Australiens. Die IUCN stuft die Art derzeit als „critically endangered" ein, mit einem stark abnehmenden Populationstrend. Nach Ergebnissen aus 4 Rechenmodellen der jüngsten Zeit ist zu erwarten, dass die Schwalbensittich-Population innerhalb von nur 3 Generationen (Stand 2015) um 78,8–94,7 % (Mittelwert = 86,9 %) abnehmen wird. Der Gesamtbestand dieser Vögel ist im Freiland schwer zu überwachen, da die Schwalbensittiche Jahr für Jahr, aufgrund räumlicher sowie zeitlicher Schwankungen in der Futterverfügbarkeit, ihre Brutplätze auf einem Gebiet von etwa 10.000 km^2 auswählen müssen.

4.2   Konkurrenz mit dem Kurzkopfgleitbeutler

Auf der Hauptinsel Tasmanien wird der Bestand stark durch die Anwesenheit der dort eingeschleppten Kurzkopfgleitbeutler (*Petaurus breviceps*) beeinflusst. Knapp

51 % der brütenden Schwalbensittichweibchen werden von den kleinen Gleitbeutlern in der Bruthöhle getötet (Heinsohn et al. 2015). Auch die bereits geschlüpften Jungvögel werden getötet, indem die Kurzkopfgleitbeutler die Kröpfe der Vögel aufbeißen, um an deren Inhalt (Nektar) zu gelangen. Die Rechenmodelle stellen ein Best-Case-Szenario dar, da andere Ursachen, wie Lebensraumverluste und Nistplatzkonkurrenzen nicht in die Berechnungen mit einflossen. Allein die anhaltende Prädation durch die Kurzkopfgleitbeutler ist wahrscheinlich so schwerwiegend, dass selbst erfolgreiche Bruten auf den vorgelagerten Inseln, die frei von diesen Räubern sind, nicht ausreichen werden, um einen Rückgang der Gesamtpopulation zu verhindern. Eine düstere Prognose für die noch 1000–2499 frei lebenden Schwalbensittiche.

Auf Tasmanien engagiert sich das Swift Parrot Recovery Team um den Erhalt der Art, mit teils guten Ergebnissen. Die Erhaltung der Lebensräume und die Gefahren für die frei lebende Population, die durch den Kurzkopfgleitbeutler verursacht werden, stehen dort beim Erhalt der Spezies Schwalbensittich im Vordergrund. So wurden z. B. kürzlich spezielle künstliche Nisthöhlen entwickelt, die mit einem auf Lichtsensoren reagierenden Verschlussmechanismus dafür sorgen, dass die nachtaktiven Kurzkopfgleitbeutler mit Einbruch der Dunkelheit keine Möglichkeit mehr haben in das Innere einer solchen Bruthöhle zu gelangen. Das Problem wird sein, dass die Anzahl derartiger Nisthöhlen noch zu gering ist und die Schwalbensittiche auch weiterhin noch vorhandene natürliche Bruthöhlen in Bäumen nutzen müssen.

4.3   Ein Zuchtprojekt für den Schwalbensittich

In Europa hat man am 31.10.2015 damit begonnen, ein internationales Zuchtprojekt für den Schwalbensittich ins Leben zu rufen, das sich in den Zielen kaum, in der Durchführung jedoch deutlich von ähnlich gelagerten Projekten unterscheidet. Der Plan war eine gesunde und genetisch vielfältige Schwalbensittich-Population in Menschenhand zu schaffen, die zu einem späteren Zeitpunkt einmal Teil eines Wiederansiedlungsprojektes werden könnte. Die Initiative startete von Beginn an als Gemeinschaftsprojekt der Gesellschaft für Arterhaltende Vogelzucht e. V. und der EAZA Parrot TAG und sollte zudem das Handeln von zoologischen Einrichtungen und Privathaltern zum Erhalt des Schwalbensittichs in Europa vereinen. Zahlreiche Aufgaben starteten ab Oktober 2015 zeitgleich. Mit einer gezielten Öffentlichkeitsarbeit sollte dafür gesorgt werden, dass das Projekt in den Zoos und auch im Kreis der Schwalbensittichhalter bekannt gemacht wird. Gleichzeitig nahmen die Initiatoren Kontakt mit den Mitarbeitern des Swift Parrot Recovery Team auf, um ihre Zusammenarbeit anzubieten. Eine besondere Initiative startete der Tiergarten Schönbrunn in Wien, indem er im September 2019 eine 140 m^2 große, mit Teich, Buschwerk und vielen Sitz- und Beschäftigungsmöglichkeiten ausgestatte Großvoliere eröffnete, bei der die Zoobesucher einen guten Eindruck vom Zusammenleben eines Schwalbensittich-Schwarms gewinnen können (Abb. 9, 10).

Die gesamte Schwalbensittichpopulation in Europa dürfte Schätzungen zufolge die Zahl der frei lebenden Artgenossen in Australien übertreffen. Folglich legte man

Abb. 9 Junger Schwalbensittich (*Lathamus discolor*) im Tiergarten Schönbrunn, Wien. (Foto: Tiergarten Schönbrunn/Daniel Zupanc)

Abb. 10 Die im September 2018 neu eröffnete Großvoliere für Schwalbensittiche (*Lathamus discolor*) im Tiergarten Schönbrunn, Wien. (Foto: Tiergarten Schönbrunn/Daniel Zupanc)

große Hoffnung auf eine entsprechend große Beteiligung an dem Projekt, um schließlich aus einer möglichst großen Anzahl gemeldeter Vögel, die gesunden und genetisch passenden Individuen auswählen zu können. Um geeignete Schwalbensittiche zu identifizieren, mussten zunächst einige morphologische Variationsbreiten ermittelt werden. Hierbei orientierten sich die Initiatoren an vorhandenen Sammlungstücken (Balg-, Stopfpräparate) in naturhistorischen Museen auf der ganzen Welt, wobei die historischen Präparate direkt aus Australien stammen und sich in einem guten Zustand befinden mussten. Zur Auswahl kamen insgesamt 6 Messstrecken, die auch am lebenden Vogel leicht reproduzierbar sind. Da in der Vergangenheit durch das Zuchtgeschehen der letzten Jahrzehnte auch bei den Schwalbensittichen farbliche Veränderungen auftraten, die von einigen Züchtergruppen gezielt weiter vermehrt werden, musste auch die Färbung australischer Schwalbensittiche mit den hiesigen Vögeln verglichen werden. Neben den Museumspräparaten lieferten auch die Freilandaufnahmen einiger Fotografen gute Vergleichsmöglichkeiten.

Zwischenzeitlich organisierte sich ein Projektteam aus Zoomitarbeitern und Privatleuten, in dem weitere anfallende Aufgaben verteilt wurden. Die bereits gemeldeten Schwalbensittiche wurden mit möglichst umfangreichen Datensätzen in die ZIMS-Datenbank übernommen und es wurde damit begonnen Best Practice Guidelines zu erarbeiten. Eine Arbeitsgruppe widmete sich zudem den veterinärmedizinischen Aspekten, die bei der Projektdurchführung Beachtung finden müssen, z. B. scheint die Psittacine Beak and Feather Disease (PBFD) bei den europäischen Schwalbensittichen eine häufige Todesursache darzustellen.

Bald schon standen die Initiatoren vor einem Problem, dass sich in der Vergangenheit immer wieder bei gleichgearteten Vorhaben ergab. Bei den ersten gemeldeten Schwalbensittichen bestand nämlich für jeden Projektteilnehmer nach wie vor die Möglichkeit, sich mit seinen bereits gemeldeten Individuen zu jedem Zeitpunkt ohne Weiteres wieder aus dem Projekt zurück ziehen zu können, da bis dahin keine Verpflichtungen bindend waren. Dies würde zu einer zusätzlichen finanziellen Belastung führen, denn für die in dem Projekt gemeldeten Schwalbensittiche sollten zukünftig Gelder bereitgestellt werden, z. B. für die ersten Gesundheitschecks und genetischen Untersuchungen zu den Verwandtschaftsverhältnissen der Projektvögel zueinander. Es wurden entsprechende Verträge entworfen, mit denen jeder einzelne gemeldete Schwalbensittich dem Projekt übereignet wurde. Einzelne Projektteilnehmer verpflichten sich, ihnen überlassene Schwalbensittiche im Gegenzug nach den erarbeiteten Teilnahmebedingungen kostenlos zu verwahren. Nachzuchten von Projektvögeln werden automatisch zu Projektvögeln. Die Entscheidung, welcher Schwalbensittich letztendlich bei welchem Projektteilnehmer untergebracht wird, entscheidet ein Zuchtbuchkoordinator. Von der sich so aufbauenden Population werden zu einem späteren Zeitpunkt die genetischen Proben mit denen von Freilandvögeln (ersatzweise Museumspräparaten) verglichen, um anhand dessen eventuelle genetische Abweichungen, die über die Jahrzehnte der isolierten Zucht hier in Europa (in etwa seit 1960) entstanden sein können, nachzuweisen.

5   Fallbeispiel Hawaiigans (*Branta sandvicensis*) – von 30 auf 3000 Individuen

Jörg Asmus

5.1   Einleitung

Die Hawaiigans (*Branta sandvicensis*) wird laut Roter Liste derzeit als gefährdete („vulnerable") Spezies eingestuft (www.iucnredlist.org), und noch immer zählt diese Gans zu den seltensten Vertretern innerhalb ihrer Familie weltweit. Ein Blick auf die Bestandsentwicklung der Hawaiigans im Freiland offenbart eines der bekanntesten Beispiele für den Einfluss des Menschen auf Inselpopulationen. Durch die Einfuhr von Hunden, Katzen, Ratten, Schafen, Ziegen, Mungos und selbst durch den Einfluss verwilderter Hausschweine, die die Gelege dieser Vögel fraßen, wurde der Bestand dieser Gänseart von geschätzten 25.000 Individuen (1778) im Laufe der Zeit extrem stark dezimiert. Die Bejagung durch den Menschen spielte zusätzlich eine nicht zu unterschätzende Rolle bei dieser negativen Entwicklung, und so wurde der Gesamtbestand 1951auf gerade noch etwa 30 Exemplare geschätzt. Die Population der Hawaiigans wurde ganz nebenbei auch durch die Lebensraumzerstörung beeinflusst, die der Besiedelung des Landes und auch der sich ausweitenden Landwirtschaft in dem 16.625 km^2 großen Verbreitungsareal der Hawaiigans diente (Kolbe 1999).

5.2   Bestandsentwicklung

Diese Gans lebt das ganze Jahr über an Wasserflächen oder Flussläufen auf den Inseln des hawaiianischen Archipels. Hier fand die Hawaiigans vor langer Zeit in ihrem natürlichen Lebensraum noch eine Vielzahl geeigneter Brutgebiete, in denen sie ungefährdet leben und sich fortpflanzen konnte. Diese Habitate bestanden aus dicht mit Gräsern, Sträuchern und Pflanzen von niedriger Wuchshöhe bewachsenen Flächen, die gut mit den normalen Witterungseinflüssen zurechtkamen. Endemische Inselpopulationen sind aufgrund ihres begrenzten Lebensraums immer einem erhöhten Gefahrenpotenzial ausgesetzt und können so durch verschiedenste Einflüsse an den Rand des Aussterbens gelangen. Neben den anthropogenen Einflüssen setzen so auch Wetterextreme den auf Inseln lebenden Tieren arg zu. Vor allem aber die durch den Menschen veränderten Bedingungen sorgten für eine stark negative Bestandsentwicklung bei der Hawaiigans, die man in den 1950er-Jahren versuchte aufzuhalten. Nachdem man zu dieser Zeit feststellte, dass die Population der Hawaiigans im Freiland zu erlöschen drohte, begann man nach und nach in Menschenhand aufgezogene Exemplare auf dem Archipel auszuwildern. Annähernd 2000 Individuen sollen auf diese Weise nach 1960 wieder in die Freiheit entlassen worden sein. Anfängliche Misserfolge waren der nach wie vor intensiv betriebenen Landwirtschaft, der anhaltenden Habitatvernichtung und den Gefahren durch den Fahrzeugverkehr zuzuschreiben. Bis 1990 konnte sich der

Bestand der Hawaiigans nur langsam erholen und stieg bis dahin auf eine Gesamtgröße von etwa 350 Exemplaren. Durch einen aktiven Schutz der Lebensräume und eine intensive Kontrolle der Prädatoren konnte sich der Bestand in den darauffolgenden Jahren weiter stabilisieren. Bei der letzten großen Zählung auf Hawaii im Jahr 2012 konnten etwa 2500 Exemplare gezählt werden. Durch Experten wird derzeit eingeschätzt, dass bei dieser Gänseart ein weiterer positiver Populationstrend erwartet werden kann (Asmus 2014).

Die größte Teilpopulation (etwa 1500 Individuen) existiert gegenwärtig auf der Insel Kauai, deren positive Entwicklung wahrscheinlich auf das Vorhandensein von erheblich größeren im Flachland befindlichen Habitatflächen zurückzuführen ist. Auf Hawaii tätige Wissenschaftler glauben, dass die Reproduktionsraten im Tiefland wesentlich größer sind als in den höher gelegenen Regionen der hawaiianischen Inselgruppe. Es wird ebenfalls angenommen, dass die Hawaiigänse in den flacheren Regionen schon immer früher zur Brut geschritten sind und sich dann während der Sommermonate in höhere Lagen zurückgezogen haben. Genau dieses Verhalten zeigen Hawaiigänse auf Kauai (Asmus 2014).

Die bekannten Ursachen der früheren Bestandsrückgänge bei der Hawaiigans sind im Laufe der zurückliegenden Jahrzehnte selbstverständlich noch nicht gänzlich beseitigt worden, und sehr wahrscheinlich werden diese Einflüsse auch noch viele Jahrzehnte zu spüren sein. Durch ein erfolgreiches Auswilderungsprojekt haben verantwortungsvolle Menschen es aber ermöglicht, dass die Freilandpopulation der Hawaiigans vor etwa einem halben Jahrhundert nicht bereits erloschen ist. So waren im Jahr 1951, neben den gerade noch 30 wild lebenden Exemplaren, nur noch 13 Hawaiigänse als Gehegevögel vorhanden, 11 davon in Privatbesitz. Die zuvor genannten Schutzmaßnahmen, der Bau einer Zuchtstation auf Hawaii und die enormen Zuchterfolge im Wildfowl Trust in Slimbridge bewahrten die Hawaiigans vor dem Aussterben (Asmus 2014).

In Menschenobhut existiert mittlerweile eine große Gehegepopulation, so dass heute viele Tiergärten und Privatleute diese Gänseart in ihrem Bestand pflegen und auch nachzüchten können (Abb. 11).

Abb. 11 Hawaiigänse (*Branta sanvicensis*) sind heute in vielen Tiergärten und Privatanlagen vertreten. Ihre Zahl übersteigt mittlerweile die der frei lebenden Population um ein Mehrfaches. (Foto: Werner Lantermann)

Literatur

Akcakaya, H. R. (1990). Bald Ibis *Geronticus eremita* population in Turkey: an evaluation of the captive breeding project for reintroduction. *Biological Conservation, 51*, 225–237.

Aourir, M., Bousadik, H., El Bekkay, M., Oubrou, W., Znari, M., & Qninba, A. (2017). New breeding sites of the critically endangered Northern Bald Ibis *Geronticus eremita* on the Moroccan Atlantic Coast. *International Journal of Avian & Wildlife Biology, 2*(3), 1–4.

Asmus, J. (2014). Die Situation der Hawaiigans (*Branta sandvicensis*) und Hawaiiente (*Anas wyvilliana*) in deren Heimat. *GAV-Journal, 3*, 17–20)

BirdLife International. (2017). *Gypaetus barbatus*. The IUCN red list of threatened species 2017. https://doi.org/10.2305/IUCN.UK.2017. Zugegriffen am 01.02.2020.

Böhm, C., & Pegoraro, K. (2011). *Der Waldrapp Geronticus eremita: Ein Glatzkopf in Turbulenzen. Neue Brehm-Bücherei* (Bd. 659). Hohenwarsleben: Westarp.

Bowden, C. G. R. (2015). *International single species action plan for the conservation of the Northern Bald Ibis (Geronticus eremita)* (Bd. 55). Bonn: UNEP/AEWA Secretariat.

Bowden, C. G. R., Smith, K. W., El Bekkay, M., Oubrou, W., Aghnaj, A., & Jimenez-Armesto, M. (2008). Contribution of research to conservation action for the Northern Bald Ibis *Geronticus eremita* in Morocco. *Bird Conservation International, 18*, 74–90.

Fritz, J., Feurle, A., & Kotrschal, K. (2006). Corticosterone patterns in Northern Bald Ibises during a human-led autumn migration. *Journal of Ornithology, 147*(5), 168.

Fritz, J., Unsoeld, M., & Voelkl, B. (2019). Back into European Wildlife: The Reintroduction of the Northern Bald Ibis (*Geronticus eremita*). In A. Kaufman, M. Bashaw & T. Maple (Hrsg.), *Scientific foundations of Zoos and Aquariums: Their role in conservation and research* (S. 339–366). Cambridge: University Press.

Fritz, J., & Unsöld, M. (2011). Artenschutz für einen historischen Schweizer Vogel: der Waldrapp im Aufwind. *Wildbiologie International, 5*(17), 1–16.

Frey, H., Terrasse, M., Hegglin, D., & Fasce, P. (2016). Bartgeier in den Alpen. *Der Falke. Sonderheft Geier* (S. 16–20).

Gesner, C. (1557). *Historiae animalium liber III, qui est de avium natura; erste deutsche Übersetzung.* Zurich: Christoffel Froschouer.

Hatipoglu, T. (2016). Conservation project, Birecik, Turkey. In C. Böhm & C. Bowden (Hrsg.), *Report of 4th IAGNBI meeting Seekirchen* (S. 40–46).

Hediger, H. (1965). *Mensch und Tier im Zoo – Tiergartenbiologie.* Zürich: Albert Müller.

Heinsohn, R., Webb, M., Lacy, R., Terauds, A., Aldermann, R., & Stojanovic, D. (2015). A servere predator-induced population decline predicted for endangered, migratory swift parrots (*Lathamus discolor*). *Biological Conservation, 186*, 75–82.

Heuret, M. (2016). Kollisionen minimieren. Geier. Sonderheft. *Der Falke. Sonderheft Geier* (S. 64).

Hofrichter, R. (2005). *Die Rückkehr der Wildtiere – Wolf, Geier, Elch & Co.* Graz: Stocker.

Kolbe, H. (1999). *Die Entenvögel der Welt.* Stuttgart: Ulmer.

Kumerloeve, H. (1978). Waldrapp, *Geronticus eremita* und Glattnackenrapp, *Geronticus calvus*: Zur Geschichte ihrer Erforschung und zur gegenwärtigen Bestandssituation. *Annalen des Naturhistorischen Museums in Wien, 81*, 319–349.

Lantermann, W. (2016). Die Haltung von Bartvögeln (Capitonidae, Piciformes) in deutschen Zoos und in Privathand – ein unbewältigtes Problem. *Der Zoologische Garten* (N.F.), *85*, 197–209.

Llopis-Dell, A., & Frey, H. (2016). Vom Zoo in die Freiheit. *Der Falke. Sonderheft Geier* (S. 34–35).

Lörcher, F., & Llopis-Dell, A. (2016). Bartgeier: die letzten Inselpopulationen. *Der Falke. Sonderheft Geier* (S. 34–35).

Pegoraro, K. (1992). *Zur Ethologie des Waldrapps (Geronticus eremita L.). Beobachtungen in Volieren und im Freiland (Türkei, Marokko).* Dissertation Univ. Innsbruck (S. 1–368).

Pegoraro, K., Föger, M., & Parson, W. (2001). First evidence of mtDNA sequence differences between Northern Bald Ibises (*Geronticus eremita*) of Moroccan and Turkish origin. *Journal für Ornithologie, 142*(4), 425–428.

Portugal, S. J., Hubel, T. Y., Fritz, J., Heese, S., Trobe, D., Voelkl, B., & Usherwood, J. R. (2014). Upwash exploitation and downwash avoidance by flap phasing in ibis formation flight. *Nature, 505*(7483), 399–402.

Robin, K., Müller, J. P., & Pachlatko, T. (2003). *Der Bartgeier*. Uznach: Robin Habitat AG.

Robin, K., Müller, J. P., Pachlatko, T., & Buchli, C. (2004). Das Projekt zur Wiederansiedlung des Bartgeiers in den Alpen ist 25-jährig: ein Überblick. *Ornithologischer Beobachter, 101*, 1–18.

Schenker, A. (1977). Das ehemalige Verbreitungsgebiet des Waldrapps *Geronticus eremita* in Europa. *Der Ornithologische Beobachter, 74*, 13–30.

Schulze-Hagen, K., Frey, H., & Margalida, A. (2016). Der Vogel, der vom Knochen lebt. *Der Falke. Sonderheft Geier* (S. 8–15).

Serra, G., Lindsell, J. A., Peske, L., Fritz, J., Bowden, C. G. R., Bruschini, C., & Wondafrash, M. (2015). Accounting for the low survival of the Critically Endangered Northern Bald Ibis *Geronticus eremita* on a major migratory flyway. *Oryx, 49*(2), 312–320.

Sperger, C., Heller, A., Voelkl, B., & Fritz, J. (2017). Flight Strategies of Migrating Northern Bald Ibises – Analysis of GPS Data During Human-led Migration Flights. *AGIT – Journal für angewandte Geoinformatik, 3*, 62–72.

Snyder, N. F. R., Wiley, J. W., & Kepler, C. B. (1987). *The parrots of Luquillo: Natural history and conservation of the Puerto Rican parrot*. Los Angeles: Western Foundation of Vertebrate Zoology.

Tintner, A., & Kotrschal, K. (2002). Early social influence on nestling development in waldrapp ibis (*Geronticus eremita*). *Zoo Biology, 21*(5), 467–480.

Thaler, E., & Pechlaner, H. (1980). Cainism in the Lammergeier or Bearded Vulture *Gypaetus barbatus aureus*. *International Zoo Yearbook, 20*, 277–280.

Unsöld, M., & Fritz, J. (2011). Der Waldrapp – ein Vogel zwischen Ausrottung und Wiederkehr. *Wildbiologie, 2*, 1–16.

Voelkl, B., & Fritz, J. (2017). Relation between travel strategy and social organization of migrating birds with special consideration of formation flight in the Northern Bald Ibis. *Philosophical Transactions of the Royal Society B: Biological Sciences, 372*(1727), 20160235. https://doi.org/10.1098/rstb.2016.0235.

Voelkl, B., Portugal, S. J., Unsöld, M., Usherwood, J. R., Wilson, A. M., & Fritz, J. (2015). Matching times of leading and following suggest cooperation through direct reciprocity during V-formation flight in ibis. *Proceedings of the National Academy of Sciences, 112*(7), 2115–2120.

Wirtz, S., Boehm, C., Fritz, J., Hankeln, T., & Hochkirch, A. (2016). Isolation of microsatellite loci by next-generation sequencing of the critically endangered Northern Bald Ibis *Geronticus eremita*. *Journal of Heredity Advance, 107*(4), 363–366.

Wirtz, S., Boehm, C., Fritz, J., Kotrschal, K., Veith, M., & Hochkirch, A. (2018). Optimizing the genetic management of reintroduction projects: Genetic population structure of the captive Northern Bald Ibis population. *Conservation Genetics, 19*(4), 853–864.

Yeniyurt, C., Oppel, S., Isfendiyaroglu, S., Özkinaci, G., Erkol, I. L., & Bowden, C. G. R. (2017). Influence of feeding ecology on breeding success of a semi-wild population of the critically endangered Northern Bald Ibis *Geronticus eremita* in southern Turkey. *Bird Conservation International, 27*, 537–549.

Grundzüge der Vogelernährung und -fütterung

Wolfgang Aeckerlein

Inhalt

1   Einleitung

Der Vogel hat einen ständigen Bedarf an Nähr- und Wirkstoffen, den er durch die verschiedensten Futtermittel deckt. Dabei ist festzustellen, dass die Mehrzahl der Vögel, bezogen auf die gesamte Lebenszeiternährung, insgesamt eine flexible Ernährungsstrategie verfolgt. Hierfür verantwortlich ist einerseits das jahreszeitlich wechselnde Angebot, andererseits sind es die im Jahreslauf sich ändernden physiologischen Anforderungen. Die Einteilung der Arten nach ihrer bevorzugten Ernährungsweise in Pflanzenfresser (Herbivore), Fruchtfresser (Frugivore), Körnerfresser (Granivore), Insektenfresser (Insektivore), Fleischfresser (Carnivore) oder Allesfresser (Omnivore) ist deshalb nur bedingt sinnvoll.

    Durch ein breit genutztes Nahrungsspektrum, welches vom Nektar bis zu den Säugetieren reicht, haben der Gastro-Intestinal-Trakt und das äußere Erscheinungs-

W. Aeckerlein (✉)
Hürth, Deutschland

© Springer-Verlag GmbH Deutschland, ein Teil von Springer Nature 2021
W. Lantermann, J. Asmus (Hrsg.), *Wildvogelhaltung*,
https://doi.org/10.1007/978-3-662-59604-3_14

bild der Vögel im Laufe der Evolution morphologische Anpassungen erfahren, die eine effiziente Ernährungsweise und Maximierung der Überlebensaussichten und Fortpflanzung erwarten lassen (Bairlein 1996). Vor diesem Hintergrund findet sich bei den Gefiederten eine außergewöhnliche Divergenz, die sich jedoch auf wenige sinnfällige Grundprinzipien reduzieren lässt. Fußend auf diesen lassen sich generalisiert nutritive Bedürfnisse des Vogels ableiten, die in den folgenden Kapiteln in stark komprimierter Form dargestellt werden (vgl. Aeckerlein 1993; Aeckerlein und Steinmetz 2003).

2 Anatomische und physiologische Grundlagen des Verdauungstraktes

Das Verdauungssystem des Vogels reicht vom Schnabel bis zur Kloake, zuzuordnen sind Pankreas und Leber, deren Verdauungssäfte für die Aufschließung der Futtermittel sorgen.

2.1 Schnabel (Rostrum)

Der am Anfang des Verdauungssystems befindliche, in der Form sehr variable hornige, zahnlose Schnabel hat sich im Laufe der Entwicklungsgeschichte an die eingenommene ökologische Nische, das dort gegebene Nahrungsangebot und weitere vielfältige Aufgaben, wie z. B. den Nestbau, die Pflege des Gefieders und die Jungen- sowie Partnerfütterung adaptiert (Navalon et al. 2019).

Harte, konisch zulaufende Schnäbel sind für Körnerfresser typisch, dem gegenüber besitzen Insektenfresser schlanke pinzettenförmige Schnäbel in variierender Länge. Zum Zerkleinern hartschaliger Nahrung (Samen oder Nüsse) hat die Gruppe der Papageien den „Krummschnabel" entwickelt. Extravagante Schnabelformen sind z. B. bei Hornvögeln, Tukanen, Kolibris, Pelikanen und Schuhschnäbeln zu finden. Weil sich der Schnabelbau dem Nahrungsangebot und der davon bestimmten Nahrungsweise angepasst hat, gilt die Aussage: *„Zeig mir deinen Schnabel und ich sage dir, was du frisst!"* (Abb. 1, 2, 3 und 4).

In der Schnabelhöhle befinden sich Speicheldrüsen (Glandulae salivales), deren Sekret die Nahrungsbestandteile befeuchtet, so dass das Abschlucken erleichtert wird. Bei Sumpf- und Wasservögeln sind diese nicht oder nur schwach entwickelt, da die feuchte Nahrung Speicheldrüsen überflüssig macht. Der Speichel enthält bei einigen Körnerfressern das Enzym Amylase, so dass bereits ab der Schnabelhöhle eine Vorverdauung der Nahrung gegeben ist (Bezzel und Prinzinger 1990). An der Vielgestaltigkeit des Schnabels beteiligt sich die Zunge, deren anatomische Ausbildung stets mit einer bestimmten Methode der Nahrungsaufnahme und -bearbeitung im Zusammenhang steht (Homberger 1980).

Abb. 1 Verschiedene Schnabelformen der Vögel, die auf ihre jeweils spezifische Ernährungsweise hindeuten: **a** Körnerfresser, **b** Insektenfresser, **c** Fluginsekten fangender Vogel, **d** Fischfresser, **e** Sumpfbewohner – Schnabel zum „Stochern" nach Nahrung, **f** Schnabel zum „Sieben" der Nahrung, **g** Greifvogel (aus: Aeckerlein 1993, S. 10)

2.2 Verdauungskanal (Canalis alimentarius)

Gegenüber den Säugetieren hat auch der aviäre Verdauungstrakt, im Interesse der für das Fliegen notwendigen Leichtigkeit, tief greifende, gar mit dem Jahreskalender sich ändernde, evolutive Anpassungen in der Anatomie und Physiologie erfahren. Als Beispiel sei die Bartmeise genannt, die sich im Sommer insektiv, im Winter granivor ernährt. Der sich ändernden Aufgabe folgend entwickelt sich der im Sommer kleine und weichhäutige Magen im Winter zu einem muskulösen Organ.

Abb. 2 Extravagante
Schnabelformen weisen zum
Beispiel Hornvögel und
Tukane (hier im Bild ein
Dottertukan *Rhamphastos
vitellinus*). (Foto: Jörg Asmus)

Abb. 3 . . . Pelikane (hier im
Bild ein Krauskopfpelikan
Pelecanus crispus). (Foto:
Werner Lantermann)

Ähnliche Beobachtungen, im Verlauf der Jahreszeiten, gibt es im Hinblick auf die
Darmlänge der sich herbivor ernährenden Gänse (Bairlein 1996).

2.3   Speiseröhre (Oesophagus) und Kropf (Ingluvies)

Die aufgenommene Nahrung wird über die dehnbare Speiseröhre in den Kropf
weitertransportiert. Dieser ist in Weite und Dehnbarkeit, in Abhängigkeit von
den bevorzugten Nahrungsobjekten und deren Behandlung, außerordentlich unter-

Abb. 4 … und der
Schuhschnabel (*Balaeniceps
rex*) auf. (Foto: Werner
Lantermann)

schiedlich ausgebildet. Während bei vielen Gefiederten die Speiseröhre lediglich einen stark dehnbaren Schlauch darstellt, erweitert sich diese bei Körnerfressern und Vogelarten, die in der Lage sein müssen diskontinuierlich größere Futtermengen aufzunehmen, zu einem Kropf, der als Vorratskammer für die aufgenommene Nahrung fungiert. Dort wird diese temporär gespeichert, eingeweicht und mit muskösem Schleim versehen. Das nunmehr leichter verdauliche Futter wird durch Muskelkontraktionen ständig in den nachgeordneten Drüsenmagen weitergeleitet. Dadurch wird Futter – auch über Nacht – für die Verdauung bereitgestellt, so dass ein Energienachschub „rund um die Uhr" gegeben ist.

2.4 Vormagen (Proventriculus) und Magen (Ventriculus)

Der Vogelmagen ist unterteilt in den Vor- oder Drüsenmagen und den Muskel- oder Kaumagen. Beide bilden eine funktionelle Einheit für den chemischen und mechanischen Aufschluss des Futters. Im Drüsenmagen wird mit Hilfe von Fermenten und Salzsäure die bereits teilweise im Kropf begonnene chemische Aufbereitung der Nahrung fortgesetzt. In seinen Dimensionen und mikroskopischen Strukturen ist auch hier eine große Anzahl von Anpassungsmerkmalen zu finden, die in direkter Beziehung zur bevorzugten Nahrung stehen. Beispielsweise ist der Drüsenmagen besonders erweiterungsfähig und chemisch aktiv bei Vögeln, die große Mengen von

Futter auf einmal verschlingen (Kormorane, Pelikane), während er bei Körnerfressern klein und wenig dehnbar ist.

Der Muskelmagen kompensiert das Fehlen der Zähne, indem dieser die mechanische Futterzerkleinerung übernimmt. Einen gut ausgebildeten muskulösen Ventriculus besitzen Körner-, Pflanzen- und einige Allesfresser. In diesem wird die Nahrung durch rhythmische Kontraktionen, mit Hilfe der von den Vögeln aufgenommenen Steinchen (Gastrolithe), deren Durchmesser mit der Größe der Vögel zunimmt, mechanisch für die weitere Verdauung aufbereitet. Bei Gefiederten, die sich von leicht verdaulichem Futter (Fleisch, Fisch, Früchten, Nektar) ernähren, hat der Muskelmagen seine mechanische Funktion verloren. In diesen Fällen ist er zu einem muskelarmen, dehnbaren Hohlorgan zurückgebildet.

Fleisch- und Insektenfresser bilden im Muskelmagen aus unverdaulichen Nahrungsbestandteilen (Knochen, Chitin, Haaren, Federn) Gewölle, die sie auswürgen. Dadurch wird im Interesse der energieaufwendigen Bewegungsform Fliegen Gewicht eingespart (Lingen 2004). Zudem gelangen durch die Abgabe von Speiballen Verdauungsenzyme auch in den vorgelagerten Verdauungstrakt, so dass bereits dort ein chemischer Abbau der Nahrung stattfinden kann. Die Speiballen- oder Gewöllbildung ist somit ein wichtiger Teil des Verdauungsvorganges, weshalb die Verfütterung ohne gewöllbildende Substanzen durchaus geeignet ist, schwerwiegende Verdauungsstörungen hervorzurufen (Münch 2003).

2.5   Darm (Intestinum)

Der Darm ist ein hohles schlauchförmiges Organ, welches vom Muskelmagenausgang bis zur Kloakenmündung reicht. Der Darm der Vögel ist im Verhältnis zur Körperlänge deutlich kürzer als bei den Säugetieren. Im Vergleich der Vogelarten miteinander ist er relativ kurz bei Nektarivoren (Nektarfressern), Fruktivoren (Fruchtfressern), Karnivoren (Fleischfressern) und Insektivoren (Insektenfressern), länger bei Herbivoren (Pflanzenfressern) und Granivoren (Körnerfressern). Durch die relative Kürze des Darmes wird eine weitere Reduktion des Körpergewichtes im Interesse der für das Fliegen notwendigen Leichtigkeit erreicht. Damit verbunden sind ein geringes Fassungsvermögen des Darmes und eine beschleunigte Nahrungspassage. Beide Momente erfordern eine hohe Energiedichte und Verdaulichkeit des Futters. Hiervon ausgenommen sind flugunfähige Vögel, deren Verdauungstrakt nicht der Leichtbauweise folgen muss.

Der erste Darmabschnitt ist der Zwölffingerdarm; er bildet eine U-förmige Schleife, in der sich die Bauchspeicheldrüse befindet. Durch deren Verdauungssäfte (Enzyme) werden in Verbindung mit der Galle aus der Leber Proteine, Fette und Kohlenhydrate der Nahrung gespalten. Das Spektrum der genetisch determinierten Enzyme variiert mit der Hauptnahrung. Vögel sind deshalb auf ein Futter angewiesen, das der Enzymkapazität entspricht.

Vom Zwölffingerdarm wird die Nahrung in den Dünndarm weitergeleitet, wo der größte Teil der Verdauung und der Resorption der Nahrungsbestandteile stattfindet. Diesem folgt der wesentlich kürzere End- oder Dickdarm, der sich allgemein in zwei

Blinddärme, den Grimmdarm und die Kloake gliedern lässt. In den Blinddärmen, die vielen Gefiederten fehlen (Wellensittich u. a.) oder nur stummelförmig ausgebildet sind (Taube u. a.), wird schwer verdauliche Kost (Rohfaser) von Bakterien mit einem breit gefächerten Enzymspektrum abgebaut und so dem Körper teilweise zur Energiegewinnung verfügbar gemacht.

Obgleich etlichen Psittaciden die Blinddärme fehlen, konnte bei verschiedenen Arten dennoch eine hohe Verdaulichkeit der Rohfaser durch Enzyme symbiotischer Bakterien ermittelt werden (Frömbling 2000).

2.6   Kloake (Cloaca)

Die Kloake des Vogels ist der gemeinsame Körperausgang für Kot, Harn und die Geschlechtsprodukte.

3   Hintergliedmaßen

Die Beine und Füße der Vögel gelten als ein Beispiel adaptiver Radiation, d. h. ausgehend von einem Grundtyp haben sie sich bei allen Vogelgruppen und -arten im Laufe der Evolution zu unterschiedlichen Konstruktionen entwickelt, die für das Überleben vorteilhaft sind.

Kräftige Greiffüße mit jeweils zwei nach vorn und hinten gerichteten Zehen besitzen die Papageien. Damit können sie sich geschickt kletternd im Gezweig fortbewegen, dort Früchte und Knospen finden, diese „füßisch", vergleichbar mit einer Hand, halten und bearbeiten (Abb 5). Die Hintergliedmaßen der Kolibris sind stark zurückgebildet und zur Fortbewegung kaum geeignet. Die Nahrung wird deshalb im Flug (Insekten) oder schwirrend von speziellen Blüten erbeutet (Abb. 6). Bodenvögel, wie Amseln und Hühnervögel, scharren mit kräftigen Zehen im Boden und legen auf diese Weise Würmer oder Insektenlarven frei. Vögel mit langen Beinen, wie z. B. Ibisse, Löffler, Störche und Reiher suchen ihre Nahrung in flachen Gewässern, Teichen und Sümpfen (Abb. 7).

Da die Hintergliedmaßen mit ihren verschiedenen Ausbildungsformen eng mit dem Habitat verbunden sind, gilt ähnlich wie beim Schnabel: *Zeige mir deine Füße und ich nenne dir deinen Lebensraum, wo du deine Nahrung findest* (Abb. 8).

4   Flügel und Gefieder

Der Vogelflügel ist unter evolutiven Gesichtspunkten eine Modifizierung der Vorderextremität, der sich nach den gegebenen ökologischen Ansprüchen unterschiedlich ausgebildet hat. Gute Flieger besitzen lange, spitze und schmale Flügel. Demgegenüber sind die Flügel der Hühnervögel breit, kurz und abgerundet zum gewandten Fliegen kaum geeignet. Nahrung wird am Boden gesucht. Pinguine, deren Nahrung Fische sind, benutzen die kurzen Flügel nur noch als Ruder zum

Abb. 5 Papageien nehmen
oftmals einen Fuß bei der
Verarbeitung ihrer Nahrung
zur Hilfe (im Bild: Großer
Gelbhaubenkakadu *Cacatua
galerita*). (Foto: Werner
Lantermann)

Schwimmen und Tauchen. Federlosigkeit an Kopf und cranialen Teilen des Halses weisen auf Aasfresser hin. So ausgestattet bleiben Geier relativ sauber, wenn sie nach Nahrung in der Leibeshöhle verendeter Tiere suchen.

Mit Hilfe der Flügel hält der schnelle Strauß nur sein Gleichgewicht, die Vorderextremität hat für die fliegende Fortbewegung seine Bedeutung verloren. Wenn man nicht fliegen muss, ist das Gewicht kein begrenzender Faktor. Deshalb verfügen flugunfähige Flachbrustvögel über ein längeres Darmkonvolut und gut ausgebildete Blinddärme, mit denen auch schwer verdauliche Struktursaccharide effektiv verwertet werden können (TVT 2011).

Beeindruckend ist auch die unterschiedliche Färbung des Gefieders, mit den Funktionen Kommunikation und Tarnung. Amazonen verstecken sich gleich gefärbt im immergrünen Laubwald, während in Bodennähe überwiegend Gefiederte anzutreffen sind, deren Färbung den dort gegebenen farblichen Nuancen entspricht.

Somit ergeben sich auch über die Betrachtung des Flügels und der Farbe des Gefieders indirekt Hinweise auf das wahrscheinliche Nahrungsspektrum des Vogels.

5   Sinne des Vogels

Von allen Sinnesorganen wird von den Gefiederten der Gesichtssinn zum Nahrungserwerb bei weitem am häufigsten eingesetzt (Korbel 1996). Bei dessen Betrachtung sind zwei Eigenschaften zu nennen, durch die der Vogel seine Umwelt anders sieht,

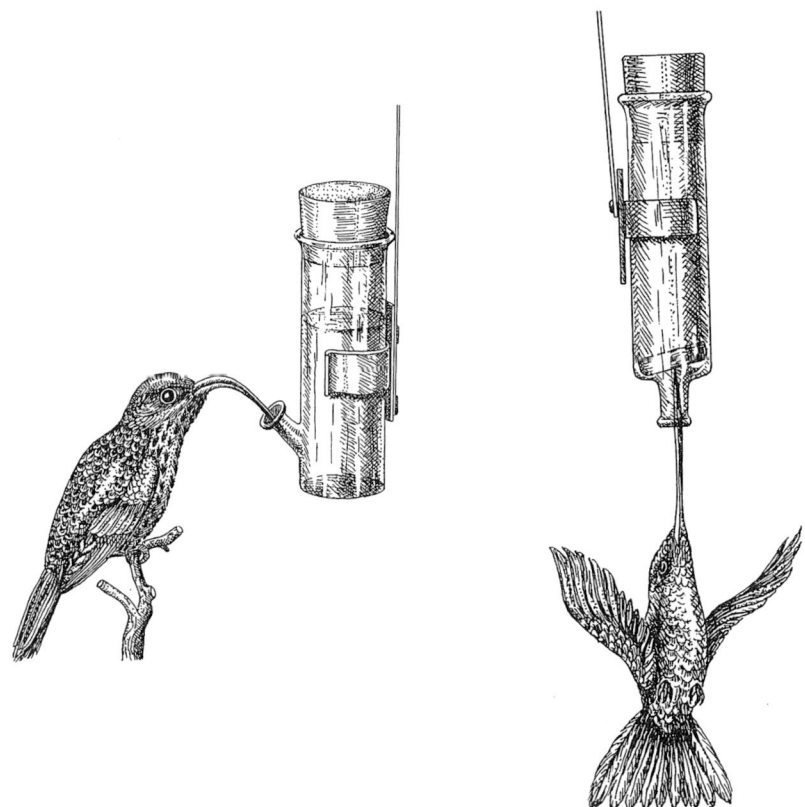

Abb. 6 Futtergefäße nach ernährungsökologischen Gesichtspunkten für Kolibris (links Sichel-schnabel- oder Adlerschnabelkolibri *(Eutoxeres* spec.), rechts Schwertschnabelkolibri (*Ensifera ensifera*) (aus: Aeckerlein 1993, S. 86, mod. nach Schuchmann et al. 1979)

Abb. 7 Der Glattnackenibis (*Geronticus calvus*) sucht seine Nahrung mit dem langen „Stocherschnabel" im Erdreich und in sumpfigen Flachwasserzonen. (Foto: Jörg Asmus)

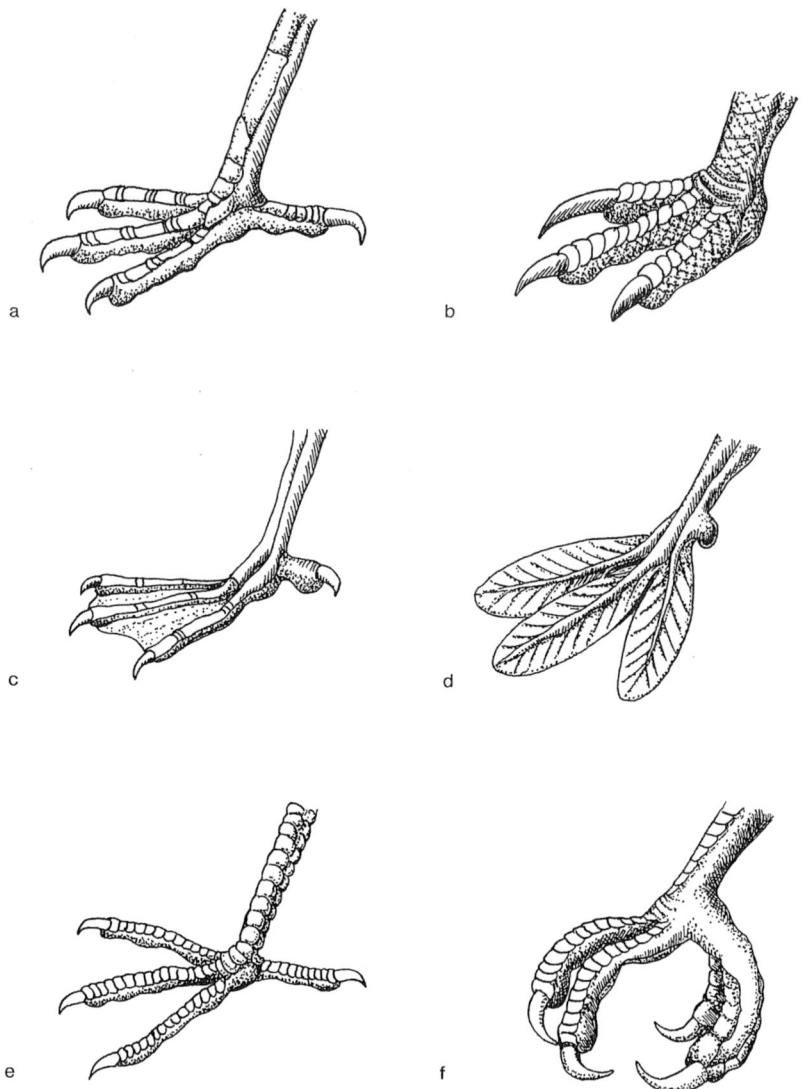

Abb. 8 Verschiedene Formen von Vogelfüßen, die auf den jeweils spezifischen Lebensraum hinweisen, in dem die Vögel ihre Nahrung finden: **a** unspezialisierter Schreit- und Sitzfuß eines Singvogels, **b** Schreitfuß mit Ausfall der Hinterzehe und mit Wehrkralle des Kasuars, **c** Fuß mit Schwimmhäuten zwischen drei Zehen (Gänse, Möwen), **d** Fuß mit Schwimmlappen (Lappentaucher), **e** Sitzfuß eines Reihers, **f** Greiffuß mit Wendezehe beim Fischadler (aus: Aeckerlein 1993, S. 16, mod. nach Ziswiler 1976)

als das menschliche Auge sie wahr nimmt. Menschen können im Lichtspektrum nur die Wellenlängen rot, blau und grün sowie die daraus resultierenden Komplementäreffekte wahrnehmen. Gegenüber der trichromatischen Empfindlichkeit zeichnet sich das Vogelauge, ausgenommen sind nachtaktive und palaeognathe (Urkiefervögel) Vertreter, durch einen tetra- oder gar pentachromatischen Visus aus. Damit können Vögel auch im UV- Bereich sehen, so den Reifegrad von Früchten erkennen. Damit erfahren sie, ob es sich lohnt, eine Frucht zu ernten, oder ob der Zuckergehalt noch zu gering ist. Auf diese Weise spart der Gefiederte Energie, und die Pflanze kann sicher sein, dass nur reife Samen mit dem Kot verbreitet werden (Goldsmith 2007). Der UV-Anteil im Lichtspektrum hat somit Bedeutung für die Erkennung und Beurteilung von potenziellen Nahrungsobjekten (Bohnet 2007).

Eine weitere Besonderheit gegenüber dem menschlichen Auge besitzt der Gesichtssinn der Vögel, indem dieser Flickerfrequenzen bis zu 150 Hz aufzulösen vermag. Wegen dieses tierartspezifischen Wahrnehmungsvermögens dürften die üblichen einseitig spektral emittierenden Haushaltslampen/Leuchtstoffröhren von Gefiederten als störende Lichtpulsation empfunden werden, die die Sinneswahrnehmung sowie den „Sehkomfort" beeinträchtigen (Steigerwald 2006).

Es folgt der Gehörsinn, der beispielsweise bei der Nahrungssuche der Eulen und Spechte von Bedeutung ist. Viele Informationen über die Beschaffenheit der Nahrung vermittelt der Tastsinn. Reich an Tastkörpern sind Schnabelspitze, Schnabelhöhle und Zunge. Beurteilt werden Größe, Form und Oberfläche (rau, glatt, klebrig, trocken, behaart etc.). Besonders deutlich wird dies bei der Wahl der Grünfutterpflanzen. Zarte Pflanzen (Knospen, frische Triebe) werden von den Gefiederten meist gern aufgenommen; derbe, zähe und behaarte dagegen verschmäht.

Lange wurde angenommen, dass der Geruchssinn der Vögel schlecht entwickelt ist. Jüngste Untersuchungen des Max-Planck-Institutes für Ornithologie lassen jedoch erkennen, dass diese Einschätzung nicht haltbar ist, denn Gefiederte nutzen ihr Riechvermögen zur Orientierung, Nahrungssuche, Nestfindung, zur Unterscheidung von Individuen und zur Navigation (Wallraff 2003). Das Riechvermögen der Vögel ist ein Bereich, in dem zukünftig noch viele weitere neue Erkenntnisse zu erwarten sind.

Der Geschmackssinn spielt bei der Nahrungsaufnahme bei den meisten Vögeln eine untergeordnete Rolle, weil Vögel ihre Nahrung meist schnell abschlucken und damit eine Prüfung des Geschmacks nur begrenzt möglich ist. Entgegen der allgemeinen Auffassung gibt es Beispiele, dass der Geschmackssinn der Vögel doch nicht so untergeordnet zu sein scheint wie allgemein angenommen. In dieser Auffassung überraschen einige Kolibris, die eine 12 %ige Saccharoselösung von einer 10 %igen unterscheiden können (Schuchmann et al. 1979). Andere Vögel sind befähigt, Unterschiede im Bereich zwischen 2 und 2,5 % des Gehaltes an Kohlenhydraten, Proteinen und Fetten zu erfassen (Bairlein 1990).

6   Körper- und Umgebungstemperatur

Vögel gehören zu den endothermen (homiothermen) Organismen, die sich dadurch auszeichnen, dass sie in der Lage sind, ihre Körpertemperatur in einem gegebenen Toleranzbereich endogen, unabhängig von der Umgebungstemperatur, konstant zu halten.

Die normale Körperkerntemperatur der verschiedenen Vogelarten liegt zwischen 38–42 °C, und damit deutlich über der Körpertemperatur höherer Säugetiere. Damit verknüpft ist ein intensiverer Stoffwechsel, der deutlichen Schwankungen unterliegt. Am auffälligsten ist bei tagaktiven Gefiederten eine circadiane Periodik nach Tagesanbruch und am späten Nachmittag. Zu diesen Zeiten (Wachphasen) steigt die Körpertemperatur um ca. 2–5 °C über den Wert der Schlafphase (Bezzel und Prinzinger 1990). Eng damit verbunden ist eine erhöhte Futteraufnahmeaktivität, die auch unter den Bedingungen der Käfig- und Volierenhaltung beibehalten wird (Graubohm 1998).

Der biphasischen Futteraufnahmeaktivität folgen nicht alle Vögel, wie es sich bei einigen in Menschenobhut gehaltenen Loriarten beobachten ließ. Begründet wird dieses Verhalten mit der kürzeren Passagezeit des Futters durch den Gastro-Intestinal-Trakt, der den nektarivoren Arten eigen ist (Hänich 2004). Dem circadianen Rhythmus entziehen sich zwangsläufig auch andere Gefiederte. Als Beispiel sei der Geier genannt, der erst zur Nahrungssuche aufbrechen kann, wenn warme Aufwinde gegeben sind.

Homiotherme Lebewesen besitzen die Fähigkeit ohne großen Aufwand im Bereich der sogenannten Thermoneutralzone ihre Körpertemperatur konstant zu halten. Der von Art zu Art unterschiedliche Toleranzbereich wird durch ein Maximum und ein Minimum begrenzt. Dessen Lage ist genetisch festgelegt, artspezifisch abhängig von der Außentemperatur des ursprünglichen Lebensraumes. Wird die jeder Art zugewiesene klimarelevante Variabilität nach oben oder unten überschritten, so kommt es zu einer Überhitzung (Hyperthermie) bei zu hohen, einer Unterkühlung (Hypothermie) bei zu niedrigen Außentemperaturen. In beiden Fällen steigt die Stoffwechselrate an, um die notwendigen Energien für die Abkühlung oder Aufheizung des Körpers bereitzustellen. Dies gilt insbesondere für sehr kleine Vögel, da der Stoffwechsel warmblütiger Tiere eine Funktion des Verhältnisses zwischen Gewicht und Oberfläche des Körpers ist (vgl. Prinzinger 1990).

Im Bereich der Wirtschaftsgeflügelhaltung wurde ermittelt, dass sich eine fluktuierende Temperatur im Verlauf eines Tages, gelegen innerhalb des Toleranzbereiches, auf die Leistung günstiger als eine konstante Temperatur auswirkt (Pingel 1980). Korrelierend zu dieser Erkenntnis sind im Interesse einer artgerechten Haltung, die mit der geografischen Herkunft wechselnden Temperaturansprüche des Wildvogels zu beachten.

7   Die Bestandteile der Futterstoffe, deren Bedeutung, Verdauung und Resorption

7.1   Organische Bestandteile

Alle Nahrungsobjekte, gleich ob tierischen oder pflanzlichen Ursprungs, lassen sich durch analytische Methoden in verschiedene Stoffgruppen zerlegen. Die gröbste Aufschlüsselung ist die in Wasser und Trockensubstanz. Letztere lässt sich weiter in organische und anorganische Stoffe unterteilen. Der Unterschied zwischen beiden besteht darin, dass die organischen Anteile vollkommen verbrennen, während die anorganischen Bestandteile Asche hinterlassen.

Die organische Substanz setzt sich aus den Roh- oder Hauptnährstoffen (Eiweiß, Fett, Kohlenhydrate) und den Wirkstoffen (Vitamine, Hormone sowie Fermente) zusammen. Die anorganische Komponente sind die Mineralstoffe (Mengen- und Spurenelemente). Alle Nahrungsobjekte lassen sich somit auf wenige Stoffgruppen zurückführen. Sie unterscheiden sich lediglich durch den unterschiedlichen Gehalt an den genannten Stoffgruppen. Hierauf beruht die Tatsache, dass die verschiedenen Futterstoffe unterschiedliche Wirkungen auf den Organismus ausüben. Aus diesem Grund ändern Vögel in freier Wildbahn, nach gegebener spezifischer Stoffwechsel-anforderung, ihre Nahrungswahl im Jahresverlauf.

7.2   Eiweiß (Proteine)

Die Eiweißstoffe, wissenschaftlich Proteine genannt, nehmen unter den drei Haupt-nährstoffen eine Sonderstellung ein, weil sie im Stoffwechsel durch keinen anderen Nährstoff ersetzt werden können. Hierfür verantwortlich sind die Aminosäuren, die Grundbausteine jeder Eiweißverbindung, die nach ernährungsphysiologischen Gesichtspunkten in essenzielle (unentbehrliche) und nicht essenzielle (entbehrliche) eingeteilt werden. Das Fehlen oder ein Unterangebot an nur einer einzigen essenzi-ellen Aminosäure begrenzt die Verwertung der übrigen Bausteine und damit die Leistung des Vogels, zum Beispiel in Form einer Wachstumsverzögerung, mangel-hafter Mauser, eines Rückganges des Körpergewichtes oder verminderter Resistenz gegenüber Infektionen. Durch die Existenz der essenziellen Aminosäuren ist die Eiweißversorgung nicht nur ein quantitatives, sondern auch ein qualitatives Pro-blem. Einen hohen Gehalt an essenziellen Aminosäuren und damit einen guten Futterwert hat grundsätzlich das tierische Eiweiß. Demgegenüber steht das Protein pflanzlicher Herkunft zurück.

Wegen ihrer hohen Wertigkeit sind Proteine tierischer Herkunft während der Brutperiode und während des Wachstums der Nestlinge und Küken allgemein notwendig. Aus diesem Grund wenden sich herbivore Vögel während der Brutzeit auch dem tierischen Eiweiß zu, weil dessen Aminosäurespektrum zum Aufbau von Körpergewebe wertvoller ist. Den Hauptbestandteil für die tierische Ernährung bildet das Riesenheer der Insekten (Berndt und Meise 1959). Dabei ist festzustellen, dass dieses in den verschiedenen Jahreszeiten sehr unterschiedlich sein kann (Jost 1975).

Die Bedeutung der Verfügbarkeit von Proteinen tierischen Ursprungs geht aus einer an Rebhühnern erstellten Studie hervor. Diese zeigte, dass Rebhuhnküken bei rein pflanzlicher Kost in jeweils 6 Tagen nur 1,5 % an Gewicht zunahmen, bei Zugaben von Insekten 43 % und bei proteinreicher künstlicher Kükennahrung sogar 86 % (Kalchreuther 1982). Außerdem wurde festgestellt, dass in insektenarmen Gebieten durchschnittlich nur 13 %, in Gebieten mit reichlichem Kerbtiervorkom-men dagegen 55 % der geschlüpften Tiere überlebten.

Vergleichbare Untersuchungen an Mönchs-, Gartengrasmücke, Rotkehlchen, Amsel und Feldsperling ließen erkennen, dass auch diese bei experimenteller Fütterung mit rein pflanzlicher Kost rasch an Gewicht verlieren, bei der Zufütterung von tierischem Eiweiß dagegen sogleich wieder zunehmen (Berthold 1976).

Fußend auf diesen Erkenntnissen lässt sich die Forderung ableiten, dass Gefiederten, zumindest während der Brutperiode und dem Wachstum der Nestlinge/Küken, tierisches hochwertiges Eiweiß anzubieten ist, da in diesen Zeiten ein Bedürfnis nach leicht aufschließbaren Proteinen hoher Qualität gegeben ist. Die Bedeutung der Verfügbarkeit von tierischem Protein während der Brutzeit zeigt der drastische globale Rückgang der Wildvogelbestände, der sich u. a. auch auf den massiv eingebrochenen Bestand an Insekten zurückführen lässt.

Letztlich besteht auch während der Mauser ein erhöhter Eiweißbedarf, vor allem an schwefelhaltigen Aminosäuren (Lysin, Cystin und Methionin). Deshalb muss diese – ebenso wie die Brutperiode – in freier Wildbahn in Zeiten liegen, in denen sowohl die Umweltbedingungen als auch das Nahrungsangebot stimmen. Um dem Eiweiß- und Wirkstoffbedarf der Vögel während der Brutperiode und der Mauser zu genügen, muss das Nahrungsangebot vielfältig und abwechslungsreich sein, weil sich Nahrungsobjekte in ihrem Gehalt an lebensnotwendigen Inhaltsstoffen – Mangel in einem, Überschuss in einem anderen – positiv ergänzen. Ein breites Nahrungsspektrum bietet deshalb am ehesten die Gewähr, dass der Vogel den benötigten Bedarf an essenziellen Nähr- und Wirkstoffen in ausreichender Menge erhält, zumal manche Vögel in der Lage sind, die spezifische Nährstoffqualität bestimmter Nahrungsobjekte zu erkennen (Bairlein 1996). Der Proteinbedarf ist keine feste Größe sondern schwankt bereits innerhalb verschiedener Papageienarten erheblich (Hänich 2004).

7.3   Kohlenhydrate (Saccharide)

Kohlenhydrate werden von den Pflanzen über Fotosynthese aus Kohlendioxyd und Wasser gebildet. Entsprechend häufig stehen diese Nährstoffe in freier Natur zur Verfügung. Von Gefiederten genutzt werden zarte, weiche Triebe, Knospen, Früchte, Samen, Beeren, Wasserpflanzen, Wurzeln u. v. a. mehr, dagegen werden ältere, grobe Pflanzenteile wegen des hohen Rohfaseranteils allgemein gemieden. Lediglich Vögel mit gut ausgebildeten Blinddärmen können einen Teil der Struktursaccharide durch bakterielle Zersetzungsvorgänge für sich nutzbar machen. Da aber stets nur ein geringer Teil der Nahrung in die relativ kleinen Blinddärme eintritt, ist die Fähigkeit zur Rohfaserverdauung dennoch gering. Gut ausgebildete Blinddärme besitzen herbivore Vögel (Gänse, Rauhfußhühner u. v. a.), die deshalb auch weniger gehaltvolle Nahrung verwerten können (Aschenbrenner 1985). Obgleich die Rohfaser praktisch nicht als Nährstoff verwertet werden kann, diese gar die Verdaulichkeit anderer Hauptnährstoffe senkt, benötigen die meisten Vögel für die normale Funktion des Verdauungstraktes dennoch einen gewissen Anteil von unverdaulichen Substanzen (Bezzel und Prinzinger 1990).

Die wichtigste pflanzliche Nahrung sind Samenkörner mit ihren hoch konzentriert gespeicherten Nährstoffen (Berndt und Meise 1959). Der besondere Wert der Nahrungsobjekte pflanzlichen Ursprungs liegt in deren Reichtum an Vitaminen, Mineralien und Phytoöstrogenen. Teils wurden auch antibiotische Wirkungen (z. B. in Heidelbeertrieben) nachgewiesen, was die Überlebenschancen einiger Küken, beispielsweise die der skandinavischen Moorschneehühner (*Lagopus l. lagopus*), deutlich verbesserte (Robin 1985).

In die Gruppe der Kohlenhydrate ist der Milchzucker (Laktose) einzuordnen, den die Vögel wegen des ihnen fehlenden Enzyms Laktase nicht aufschließen können. Als Folge reagieren Kolibris und Loris auf Milchzucker (Muttermilch-Ersatzpräparate) mit heftigen Entzündungen des Magen-Darm-Traktes, Loris zudem auch mit Erbrechen. Nach eigenen Erfahrungen vertragen andere Gefiederte (Hühner, Tauben, Meisen) mit einer geringeren Spezialisierung des Magen-Darm-Traktes Milch und die darin enthaltene Laktose gut.

Im Darm werden die verschiedenen Kohlenhydrate durch Enzyme zu Einfachzucker (Traubenzucker) umbeziehungsweise abgebaut und resorbiert. Dieser wird im Körper entweder sofort zur Energiegewinnung verbrannt oder in tierische Stärke, Glykogen oder Fett umgewandelt und gespeichert. Bei der Verbrennung der Kohlenhydrate im Organismus entstehen die Oxidationsprodukte Kohlendioxyd und Wasser, die ausgeatmet bzw. über den Kot ausgeschieden werden.

7.4   Fette (Lipide)

Fette sind Bestandteile jeder pflanzlichen und tierischen Struktur. Sie sind zusammengesetzt aus einem Mix einfach und mehrfach ungesättigter und gesättigter Fettsäuren. Ihre Energiedichte ist deutlich höher als bei Kohlenhydraten und Proteinen. Fette können durch Überlagerung, Sauerstoff- und Lichteinwirkung ranzig werden. Dabei bilden sich Peroxide, welche viele Nähr- und Wirkstoffe schnell oxidieren und zerstören.

Die vom Vogel mit dem Futter aufgenommenen Fette werden in körpereigene Fette umgewandelt und als Depotfett unter der Haut und der Leber abgelagert. Dort dient es als Reserve bei deren Abbau keine Schlacken entstehen, weil Fette restlos zu Kohlendioxid und Wasser verbrannt werden. Letzteres nutzen Zugvögel, indem sie damit einen Großteil ihres Flüssigkeitsbedarfs decken. So können Gefiederte Wüsten oder Meere überqueren, ohne trinken zu müssen. Fettdepots sind damit ein Grundstein, der den Vogelzug über weite Strecken erst möglich gemacht hat (Bairlein und Kelsey 2018).

Andere Vögel, die den periodisch wechselnden Energiebedarf nicht immer sofort durch gesteigerte Nahrungsaufnahme, z. B. in der kalten Jahreszeit, decken können, haben einen saisonalen Jahreskörpergewichtsverlauf zu Gunsten der Fettanlagerung entwickelt, der auf einer physiologischen Phase erhöhter resorptiver Kapazität basiert. Mit diesem steht dem Gefiederten in Zeiten der Not zusätzliche Energie zur Verfügung. Amseln verzeichnen vor diesem Hintergrund im Herbst eine Gewichtszunahme von bis zu 20 Prozent. Mit der Unterstützung der Körperfettdepots überstehen Rauhfußhühner mit energiearmen Knospen, effektiv arbeitenden Blinddärmen und eingeschränkter lokomotorischer Aktivität die lang anhaltende kalte Jahreszeit (Bergmann 1978). Viele Vögel zeigen auch eine vorbrutzeitliche Körpermassenzunahme, die wohl als Anpassung an die in der Brutperiode gegebene Stoffwechselleistung der Bebrütung zu sehen ist (Bairlein 1996).

Aus diesem jahreszeitlich/endogen unterschiedlich bedingten Fettansatz können sich für Vögel in Menschenobhut Gesundheitsstörungen entwickeln, weil die energiezehrenden Momente des Freilebens und damit die wesentlichen Faktoren eines Fettabbaus fehlen.

Neben der physiologischen Bedeutung des Fettes als Energielieferant mindert dieses durch seine schlechte Wärmeleitfähigkeit den Energieverlust durch Abstrahlung. Nicht zuletzt deshalb besitzen polare Pinguine neben einem dichten, wasserundurchlässigen Gefieder eine 2–3 cm dicke Fettschicht unter der Haut, mit der diese Vögel während der Brutzeit 62 Tage ohne Nahrung überleben können.

An die Substanz Fett sind die fettlöslichen Vitamine A, D, E und K gebunden. Wegen dieses Gehaltes, aber auch wegen der essenziellen Fettsäuren (Linol-, Linolen- und Arachidonsäure), kann das Fett nicht durch andere Substanzen ersetzt werden. Ein bestimmter Fettanteil im Futterangebot ist deshalb notwendig. Zu den fettähnlichen Substanzen zählen auch Wachse und Carotinoide (fettlösliche Farbpigmente). Erstere befinden sich besonders im Sekret der Bürzeldrüse, letztere verursachen die gelben und roten Farben vieler Pflanzen und Früchte. Die fettlöslichen Carotinoide (Canthaxanthin) müssen vielen Gefiederten (Flamingo, Ibis) mit dem Futter zugeführt werden, da sie wichtige Bausteine zum Aufbau natürlicher Farben des Gefieders darstellen.

Der direkte Einfluss der Fütterung auf die Farbe des Gefieders lässt sich bei in Menschenobhut gehaltenen Birkenzeisigen, Bluthänflingen, Gimpeln, Kreuzschnäbeln, Flamingos und vielen anderen sehr gut beobachten. Denn diese Tiere zeigen, wenn lipochromreiche Pflanzenteile (Brombeere, Liguster, Holunder, Algen usw.) oder tierische Organismen (Krebstierchen etc.) fehlen oder mit der Nahrung nur unzureichend angeboten werden, nach der Mauser häufig ein verblasstes Gefieder. Dieser als Melanisierung bezeichnete Vorgang scheint, neben der Fütterung, auch mit dem Gesamtstoffwechsel in Verbindung zu stehen, denn während bei gleicher Fütterung Birkenzeisige in einer großen Voliere in der Mauser ein Federkleid wie in der Natur erhalten, verblassen Tiere in einer kleinen Voliere deutlich (Weber 1961).

7.5   Vitamine

Unter den Vitaminen sind eine Reihe sehr unterschiedlicher organischer Substanzen zu verstehen, die mit der Nahrung zugeführt werden müssen, da sie vom Körper selbst nicht hergestellt werden können. Auf Grund ihrer Lösbarkeit lassen sich die Vitamine in fett- (A, D, E und K) und wasserlösliche (B-Komplex und C) einteilen.

Jedes einzelne Vitamin hat im Organismus eine bestimmte Aufgabe zu erfüllen, die von keiner anderen Substanz in gleicher Weise übernommen werden kann. Das Fehlen eines jeden Vitamins hat daher typische Ausfallserscheinungen, sogenannte

Avitaminosen, zur Folge. Derartige Mangelsituationen treten lediglich bei extrem einseitigen Ernährungsverhältnissen auf, teils sind sie nur im Experiment zu erzielen. Vergleichbar selten sind auch die Hypervitaminosen als Folge einer zu starken ständigen Vitaminzufuhr. In der Vogelernährung sind am ehesten Hypovitaminosen zu erwarten, die auf einer länger bestehenden suboptimalen Vitaminversorgung gründen. Hierfür verantwortlich sind meist eine einseitige Ernährung mit überlagertem Futter, Therapien mit Chemotherapeutika, ein erhöhter Bedarf bei besonderen Leistungen (Brut, Wachstum, Mauser) und Resorptionsstörungen infolge von Erkrankungen des Magen – Darmtraktes.

Vitamin-A- und D-Mangelzustände sind bei der Ernährung von Gefiederten, insbesondere bei Graupapageien und Amazonen, in der Relation zu den übrigen Vitaminen, am häufigsten anzutreffen, weil die Diäten granivorer wie omnivorer Vogelspezies häufig einen nicht bedarfsdeckenden Gehalt an diesen Wirkstoffen beinhalten. Der gelegentliche Einsatz von synthetischen Vitaminen zur Komplettierung eines nicht bedarfsgerechten Gehaltes im Futter und als Sicherheitszusatz unter den Bedingungen von Stresseinwirkung, Krankheit und besonderen Leistungen kann deshalb grundsätzlich empfohlen werden. Bei der Gabe fettlöslicher Vitamine ist zu bedenken, dass diese – im Gegensatz zu den wasserlöslichen – akkumulieren, deshalb auch Überdosierungen mit nicht unerheblichen Nebenwirkungen möglich sind. Der Einsatz von Vitaminpräparaten muss deshalb stets unter Beachtung der dem Produkt beigegebenen Dosierungsanweisungen erfolgen. Die allgemein gegebene Gefahr der Akkumulation relativierend sei angefügt, dass Überdosierungen von Vitamin D3 beim Küken erst dann gegeben sind, wenn die bedarfsgerechte Dosis um das Tausendfache bei Geflügelküken (Jeroch et al. 2012), um das 20fache bei Papageien überschritten wird (Manderscheid 2018).

7.6   Vitamin A

(Retinol) ist nur in Futtermitteln tierischer Herkunft enthalten. Demgegenüber befinden sich in den pflanzlichen Nahrungsobjekten nur Provitamine, sogenannte Carotinoide, die der Vogel in Vitamin A umwandeln und anschließend in der Leber speichern kann. Da während der Lagerung, durch Sauerstoff und Lichteinwirkung, der Vitamingehalt pflanzlicher Produkte rasch abnimmt, ist ein Vitamin-A-Defizit bei ausschließlicher Verfütterung getrockneter Sämereien stets möglich. Ebenso betroffen sind nur mit schierem Fleisch ernährte Greifvögel, da zu deren Nahrung das gesamte Beutetier, also auch dessen Vitamin A reiche Leber gehört.

Der Vitamin-A-Bedarf ist bei vielen Vogelspezies nicht bekannt. Wissenschaftlich begründete Empfehlungen sind deshalb allgemein kaum möglich. Dass eine ausreichende Versorgung mit Vitamin A über die alleinige Gabe von ß-Carotin über ein breites Nahrungsangebot frischer vegetabiler Futterobjekte möglich ist, haben Fütterungsversuche an Wellensittichen und Agaporniden ergeben (Wapelhorst et al. 2018). Dennoch sind Vitamin-A-Mangelsituationen bei Papageien und vielen anderen Vogelarten recht häufig zu diagnostizieren, weshalb entsprechende Ergänzungen zu empfehlen sind (Wolf und Kamphues 2001).

7.7   Vitamin D

Vitamin D ist als Vitamin D2 (Ergocalciferol) und Vitamin D3 (Cholecalciferol)
bekannt. Während bei den Säugetieren beide D – Vitamine gleich stark wirken, hat bei
den Gefiederten das Vitamin D3 einen 20 bis 30mal höheren Wirkungsgrad als D2.

Die wichtigste Aufgabe der Vitamine D besteht in der Regulierung des Calcium-
und Phosphatstoffwechsels. Deshalb führt ein Mangel an Vitamin D zu einer
unzureichenden Verkalkung der Knochen, welche beim wachsenden Vogel die
Rachitis und beim erwachsenen Tier die Osteomalazie (Knochenentkalkung) her-
vorruft.

Hohe Anforderungen an den Calciumstoffwechsel und den damit verbundenen
Vitamin D-Bedarf stellt neben dem Wachstum auch die Eibildung dar, da innerhalb
weniger Stunden erhebliche Mengen Calcium benötigt werden. Da dieser Bedarf
nicht mit der während der Eibildung aufgenommenen Nahrung gedeckt werden
kann, muss der Vogel auf die im Skelett befindlichen Reserven zurückgreifen. In
dieser Situation kann ein Vitamin D – Mangel in Verbindung mit einem Ca-Defizit
das sogenannte „Lähmesyndrom" verursachen (Lüthgen 1982). Vitamin D3 wird mit
der Nahrung aufgenommen oder aus 7-Dehydrocholesterol unter UV – Einwirkung
gebildet. Zu Ausfallserscheinungen kommt es deshalb bei Tieren, die in UV-armer
Umgebung hinter Glas (absorbiert UV-Strahlen) gehalten werden.

7.8   Anorganische Bestandteile

Zu den anorganischen Substanzen zählen eine Vielzahl von Mengen- und Spurenelementen sowie das Wasser. Über deren Funktionen im Vogelkörper liegen noch
keine ausreichenden Kenntnisse vor. Beim Versorgungsstatus unterscheidet man
zwischen Mangel und suboptimaler, optimaler, subtoxischer sowie toxischer Auf-
nahmehöhe (Jeroch et al. 2012).

7.9   Mineralstoffe

Unter dem Begriff der Mineralstoffe wird die Summe der anorganischen Substanzen
verstanden, welche nach der vollständigen Verbrennung eines Tierkörpers oder
Futtermittels als Asche zurückbleibt. Entsprechend ihrer Konzentration im Organismus und dem Tagesbedarf werden Mineralstoffe in Mengen- (Ca, P, Mg, Na, K, Cl,
S) und Spurenelemente eingeteilt. Viele der benötigten Elemente können in Grenzen
gespeichert werden, um bei Bedarf regulierend einen Ausgleich zu schaffen. Die
Mineralstoffe sind am Aufbau des Skelettes sowie an einem breiten Spektrum
unterschiedlicher biologischer Aufgaben beteiligt. Sie sind Bestandteil des Blutes
sowie einer Reihe von Fermenten und spielen bei der Regelung des osmotischen
Zelldruckes, also beim Austausch von Flüssigkeit zwischen den einzelnen Körperzellen eine bedeutende Rolle. Problematisch gestaltet sich die adäquate Zufuhr von
Calcium, Phosphor und Natrium wie auch Eisen, Jod, Zink und Selen (Hänich

2004). Mineralstoffe, besonders Calcium und Phosphat, werden in hohem Maße in der Brutperiode wegen der Bildung der Eischale und zum Aufbau des Skelettes der Nestlinge und Küken benötigt. Ca und P wirken im Stoffwechsel antagonistisch, müssen deshalb in einem ausgewogenen Verhältnis zueinander in der Nahrung vertreten sein. Für Psittaciden wurde ein Verhältnis im Bereich von 1,5–2,1 ermittelt, um negative Effekte des Calciums auf die Phosphorabsorption zu vermeiden (Lineva 2018).

Ca wird in nicht unerheblicher Menge in den Spelzen von Samen gelagert, die von Psittaciden beim Fressvorgang entfernt werden. Wegen dieser Futterbearbeitung sind speziell bei Psittaciden defizitäre Momente in der Ca-Versorgung nicht selten, entsprechende Ergänzungen deshalb angeraten (Wolf 2018). Hierfür in Betracht kommen Sepiaschalen, Knochenschrot, Mineralstoffmischungen, Muschel- und Eischalen, wobei letztere wegen der Gefahr der Übertragung von Krankheiten nur nach ausreichender Erhitzung angeboten werden sollten (Wapelhorst et al. 2018). Reich an verschiedenen Mineralien ist auch die Rinde (Borke) verschiedener Bäume, die immerhin einen Aschegehalt von bis zu 10,7 % (amerikanische Weißeiche) aufweisen kann (Kupferschmid 2001). Als Nahrungsbestandteil wird Borke deshalb von Papageien vielfach genutzt (Wolf 2018).

Um den Mineralstoffwechsel zu decken, finden sich zur Brutzeit Karmingimpel an Stellen ein, an denen Salz aus dem Boden tritt (Bozhko 1980), Papageien suchen sogenannte Barreiros auf (Roth 1982), Kolibris begeben sich während der Mauser sowie vor der Eiablage auf den Boden, der sonst gemieden wird (Schuchmann 1975), und Haustauben und Wildvögel frequentieren Grillplätze um dort Asche/Mineralien aufzunehmen. Die aufgeführten Freilandbeobachtungen werden ergänzt durch Beobachtungen bei Hühnern, indem diese zu Zeiten eines erhöhten Ca-Bedarfes einen „Ca-spezifischen" Appetit entwickeln und so ausbalanciert ihren Bedarf an diesem Element decken (Wapelhorst et al. 2018). Diese wenigen Beispiele zeigen, dass der Vogel den ständigen und mit besonderen Leistungen verbundenen Bedarf an anorganischen Substanzen teilweise durch Veränderungen der Verhaltensweisen bei der Nahrungssuche deckt. In diesem „intelligenten" Verhalten sollten Gefiederte durch ein entsprechendes Angebot unterstützt werden. Als ein weiterer Grund der Geophagie (Verzehr von Erde) wird in der Literatur die Neutralisierung von Pflanzengiften durch chemische Reaktionen und die vermehrte Schleimabsonderung durch die Zellen der Magen-Darm-Innenwand erwähnt (Gilardi et al. 2000).

7.10 Wasser

Wasser ist ein lebensnotwendiger Bestandteil in der Ernährung des Vogels. Es ist beteiligt an diversen Stoffwechselvorgängen, dient als Lösungs- sowie Transportmittel und hat bei der Wärmeregulation Bedeutung. Wegen dieser vielfältigen Aufgaben kommt es bei einem Wasserentzug sehr rasch zum Erliegen verschiedener Körperfunktionen.

Zum Ausgleich des Wasserverlustes über Harn, Kot und ausgeatmete Luft muss der Vogel ständig Flüssigkeit aufnehmen. Eine Ausnahme hiervon machen nur einige Fleisch-, Fisch- und Fruchtfresser, die ihren Wasserbedarf über den hohen Feuchtigkeitsgehalt der Nahrung decken. Bedeutung für eine ausgeglichene Wasserbilanz hat auch das „Verbrennungswasser", welches beim Abbau von Fett und Kohlenhydraten entsteht.

8   Stoffwechsel

Unter dem Begriff Stoffwechsel ist die Freisetzung der in der Nahrung enthaltenen Energie zu verstehen, die zur Aufrechterhaltung der verschiedenen Lebensvorgänge notwendig ist. Für die Energiegewinnung werden in erster Linie Kohlenhydrate und Fette herangezogen. In besonderen Situationen (Zugzeit), nach Erschöpfung der Fett- und Glykogenreserven, auch das Eiweiß. Die Umwandlung der Nährstoffe in Energie erfolgt in stufenweisen Abbauprozessen, die von den in den Zellen erzeugten Wirkstoffen (Fermenten oder Enzymen) gesteuert werden.

Äußeres Zeichen eines ausgeglichenen Energiestoffwechsels, das heißt der ausbilanzierten Energieaufnahme und -abgabe, ist der physiologisch zu erwartende Nährzustand des Vogels.

8.1   Grundumsatz

Den geringsten Energiebedarf hat der Vogel, wenn er ruht, nüchtern ist (der Energieaufwand für die Verdauung entfällt) und in Indifferenztemperatur (Wärmeproduktion und Wärmeabgabe halten sich in dieser die Waage) gehalten wird. Der Grundumsatz ist bei allen Gefiederten, wegen deren höherer Körpertemperatur, im Vergleich zu den Säugetieren, relativ groß. Der Grundumsatz ist nicht gleichbleibend, sondern verzeichnet einen Tagesgang. Höhere Werte findet man in der Zeit, in der die Vögel unter natürlichen Bedingungen aktiv sind. Die niedrigeren Werte fallen in die Zeit, in der die Vögel normalerweise ruhen. Die Differenz zwischen Grundumsatz in der Aktivitätszeit zum Grundumsatz in der Ruhezeit beträgt 25 % (Aschoff et al. 1970).

8.2   Erhaltungsbedarf

Unter den natürlichen Gegebenheiten des Freilebens muss der Vogel laufen, fliegen, Nahrung suchen, verdauen und die Körpertemperatur regeln, also eine ganze Reihe von Leistungen vollbringen. Die dafür notwendige Energiemenge, einschließlich des Grundumsatzes, ist der Erhaltungsbedarf. Der Energiebedarf eines Vogels steigt, bezogen auf das Körpergewicht je kg, mit abnehmender Größe. Beispielsweise benötigen kleine Greife ca. 25–30 % ihres Körpergewichtes pro Tag an Nahrung, dagegen Adler und Geier nur ca. 5 % (Bertram 2003/2004).

In freier Wildbahn müssen Gefiederte, um den täglichen Anforderungen zu genügen, auf Energiekonstanz achten. Das heißt, sie dürfen nur so viel Energie aufnehmen, wie sie zur Deckung ihres Bedarfes benötigen. Hierzu nutzen sie das umfangreiche mit der Jahreszeit wechselnde Futterangebot, welches den gegebenen physiologischen Anforderungen des Vogels entspricht. Dieser oft unbekannte „Idealzustand" wird unter Haltungsbedingungen mitunter nicht erreicht, zumal eine über das Jahr gleich bleibende Futterration nach gegebener Vorliebe des Vogels selektiert wird. Beispielsweise bevorzugen Papageien fettreiche Komponenten, was häufig zu einer Gewichtszunahme führt, da auf eine hohe Energiekonzentration in der Ration zumeist verzögert – wenn überhaupt – reagiert wird.

Zur Reduzierung des Erhaltungsbedarfes haben besonders zahlreich kleine Vögel im Laufe der Evolution einige Besonderheiten entwickelt, die den Gefiederten in die Lage versetzen, auch extreme Situationen zu überstehen. So besitzen z. B. Segler, Kolibris, Nachtschwalben und Mausvögel die Fähigkeit, ihre Körpertemperatur über Nacht und bei kühler Witterung erheblich herabzusetzen, ohne Schaden zu nehmen. Sie verfallen dabei in Starre (Torpidität) und erhöhen über einen stark eingeschränkten Energieverbrauch ihre Überlebenschance (Schuchmann 1976; Schuchmann et al. 1979).

8.3 Leistungsbedarf

Der Leistungsbedarf schließt neben dem Erhaltungsbedarf den Energieaufwand für besondere Leistungen (Brutperiode, Wachstum, Mauser) ein. Der in der Brutperiode gegebene Stoffwechsel erhöht sich durch die Aufgaben Balz, Reviersuche und -verteidigung, Nestbau, Eiproduktion, Bebrütung und Aufzucht der Nestlinge. Damit verbunden, exemplarisch dargestellt am Rotkehlchen, bezogen auf 3–4 flügge Jungvögel, steigt der Energie-/Nahrungsbedarf in etwa um das Dreifache des Grundumsatzes. Das ist der größte Aufwand aller energetischen Anforderungen (Prinzinger 1993). Im Vordergrund steht dabei der Bedarf an Rohprotein für die Produktion eines Geleges aus 5–6 Eiern mit einem Gewicht von je 2,5 Gramm. Damit erbringt das ca. 17 Gramm schwere Rotkehlchen in 5–6 Tagen eine Stoffwechselleistung, die mehr als 70 % des eigenen Körpergewichtes beträgt. Unabhängig von diesem Aufwand ist zu bedenken, dass in jedem Ei alle Nähr- und Wirkstoffe vorhanden sein müssen, die für eine ungestörte Keimentwicklung notwendig sind. Die Erlangung dieses Potenzials ist nur zu erwarten, wenn bereits geraume Zeit vor der Eiablage ein vollwertiges Nahrungsangebot zur Verfügung steht. Nach dem Schlupf der Nesthocker besteht die nächste Anforderung in der Sicherung eines ungestörten Wachstums. Denn innerhalb von knapp 10 Tagen müssen die beiden Altvögel bei 4 Jungtieren eine Proteinmasse von rund 51 Gramm heranfüttern.

Mit einem erhöhten Energie- und Proteinstoffwechsel ist letztlich auch die Mauser verknüpft, die deshalb sorgfältig mit den übrigen Anforderungen im Jahreserlauf abgestimmt werden muss. Verantwortlich für die physiologische Belastung zeichnen eine erhöhte Körpertemperatur, fehlende Federn im Flügelbereich, die Neubildung der Federn und die vermehrte Wärmeabstrahlung durch das ausgedünnte Federkleid. Diese Anforderungen bedingen eine Erhöhung des Grundumsatzes um etwa 20–22 % (Prinzinger 1993).

In Verbindung mit den besonderen Leistungen schwankt der Stoffwechsel eines Vogels in einer saisonalen Umwelt zwischen Erhaltungs- und Leistungsbedarf. Aus diesem Trend hat sich bei den Gefiederten eine Jahresperiodik entwickelt, die selbst im tropischen Regenwald zu finden ist, obwohl dort ganzjährig ausreichend Futter zur Verfügung steht (Künne 2000). Der Jahresperiodik folgend empfiehlt sich eine energie- und proteinreiche Kost zu Zeiten besonderer Leistungen, ein „mageres" Erhaltungsfutter nach der Brutperiode und Mauser zur Ruhezeit. Da der Jahresrhythmus allgemein auch mit sich ändernden abiotischen Faktoren (Tageslichtdauer, Temperatur) verbunden ist, sind diese in die Jahresperiodik mit einzubeziehen.

9   Fazit

Aus dem komplexen Zusammenspiel zwischen der Anatomie, der Physiologie, der Chemie der Nähr- und Wirkstoffe und der Art der Nahrungsobjekte einerseits, sowie aus den Erkenntnissen, die andererseits aus den Beobachtungen von im Freiland und in Menschenobhut lebenden Tieren gewonnen wurden, ergeben sich für die tägliche Vogelernährung und -fütterung folgende Hinweise:

1. Jeder Vogel hat im Laufe der Evolution viele morphologische Merkmale entwickelt, die sich im Habitat bewährt haben. Über die äußere Betrachtung derselben lässt sich erkennen/vermuten, welche Nahrung genutzt wird.
2. Entsprechend den vielfältigen äußeren Merkmalen variieren auch die inneren Abschnitte des Verdauungstraktes morphologisch und physiologisch nicht unerheblich. Jedem Vogel wird dadurch ein Nahrungsschema zugewiesen, das im Einklang mit der gegebenen Spezialisierung steht.
3. Der Vogel hat aus anatomischen Gründen allgemein kein oder nur ein geringes Verdauungsvermögen für rohfaserreiche Kost, da „Gärkammern" (Blinddärme) fehlen oder nur so ausgebildet sind, dass stets nur ein kleiner Teil der Gesamtnahrung in sie eintreten und bakteriell aufgeschlüsselt werden kann. Der Vogel ist deshalb fast ausnahmslos auf Futterstoffe mit hoher Verdaulichkeit und Nährstoffkonzentration angewiesen.
4. Der Nährstoffbedarf der Gefiederten ändert sich im Jahreslauf mit der gegebenen physiologischen Situation (Brutperiode, Mauser, Zug). Damit verbunden sind wechselnde qualitative und quantitative Nahrungsansprüche.
5. Die Brutperiode erfordert bereits Wochen vor der Eiablage eine spezifisch hohe Stoffwechselleistung, die nur über ein breites Nahrungsspektrum, tierisches Protein und ein ausreichendes Angebot an Vitaminen und Mineralien erbracht werden kann. Nur so wird sichergestellt, dass über die Eiablage hinaus auch den Küken und Nestlingen die erforderlichen Depots in den Reserveorganen (Dottersack, Leber), kurz nach dem Schlupf, zur Verfügung stehen.
   Vergleichbare Anforderungen an die Nähr- und Wirkstoffversorgung stellt der hormonell gesteuerte Vorgang der Mauser.
6. Homiothermie erfordert grundsätzlich eine hohe Stoffwechselleistung, die ab einer unteren oder oberen kritischen Temperatur nicht mehr aufrecht erhalten

werden kann. Die Lage und Breite der Thermoneutralzone ist bei verschiedenen Arten unterschiedlich, genetisch festgelegt und abhängig von den Außentemperaturen des ursprünglichen Lebensraumes. Hiervon abweichende Kriterien beeinflussen die physiologische Leistung/den Stoffwechsel negativ.

7. Nahrungsobjekte besitzen einen unterschiedlichen Gehalt an Nähr- und Wirkstoffen. Durch ein breit gefächertes Nahrungsangebot werden Defizite in einem Nahrungsobjekt durch Überschüsse in einem anderen zu einem günstigen Mittelwert ergänzt, was am ehesten eine ausreichende Versorgung mit Nähr- und Wirkstoffen erwarten lässt.

8. Vögel beachten vielfach aus einem breiten Nahrungsspektrum die jeweils notwendigen Komponenten, die ihrem Bedarf am ehesten entsprechen. Diesem Grundsatz widersprechend entwickeln viele Vögel in Menschenobhut Präferenzen für einzelne Nahrungsobjekte, wodurch die gegebene Breite des Futterangebotes vernachlässigt wird. Damit verbunden sind Stoffwechselprobleme durch Nährstoffinbalancen.

9. Die Nahrungsmenge, welche der Vogel verzehrt, wird wesentlich von deren Energiegehalt bestimmt. Aus diesem Grund steigt die Nahrungsaufnahme bei einer Energieverringerung und sinkt mit zunehmendem Energiegehalt. Allerdings ist bekannt, dass vielfach der Futterverzehr nicht in gleichem Umfang abnimmt, mit dem der Energiegehalt ansteigt. Deshalb verursachen energiereiche Futtermittel häufig eine Bedarfsüberschreitung, die den Stoffwechsel nachteilig tangiert.

10. Der Vogel verfügt über gut ausgebildete Sinne, mit denen ein allgemein breit gefächertes, sich im Jahreslauf änderndes, Futterangebot eingeschätzt wird. Neu auftretende Nahrungsobjekte werden rasch angenommen, wenn sie in das Nahrungsschema passen. Ein vielfältiges Nahrungsangebot deckt deshalb am ehesten verhaltensrelevante Ansprüche, wie sie in freier Natur gegeben sind. Dem gegenüber bietet eine auf lediglich wenige Nahrungsobjekte reduzierte Fütterung nur ein verarmtes Reizmuster, was einer artgerechten Ernährung nicht entspricht.

11. Alle Vogelarten widmen im Freileben einen großen Teil der täglichen Aktivität der Nahrungssuche. Anders verhält es sich in Menschenobhut, da Futter und Wasser in der Regel ständig, stets ausreichend angeboten werden. Hieraus folgt ein Aufgabendefizit, welches verantwortlich für Verhaltensstörungen ist, wie beispielsweise die Fremdkörperaufnahme bei Pinguin, Pute und Strauß oder Motilitätsstereotypien bei großen Papageien. Es ist deshalb angeraten, teils sogar notwendig, den Gefiederten mehrmals täglich kleinere Futterrationen, ein „Beschäftigungsfutter", an mehreren und versteckten Stellen anzubieten, damit der Vogel eine ausreichende, das heißt eine „artgemäße" Zeit mit der Nahrungsaufnahme beschäftigt ist.

12. Die Nahrung sollte dort platziert werden, wo der Gefiederte natürlicherweise seine Nahrung sucht. Dadurch werden die im Dienste des Nahrungserwerbs stehenden Körperteile nach ihrer Bestimmung eingesetzt, Technopathien vermieden.

13. Wild lebende Vögel vollziehen ihre arttypischen Verhaltensweisen unter einem voll-spektralen und flickerfreien Licht, welches auch in Menschenobhut zu fordern ist. Die Lichteinwirkungsdauer hat sich nach den spezifischen Ansprüchen der gehaltenen Vogelart zu richten.

Vögel haben durch Homiothermie und Flugvermögen fast jeden Winkel der Erde erobert. Damit verbunden ist eine große Formenvielfalt, deren Breite nicht zu beschreiben ist. Gleiches gilt für die variablen, in vielen Fällen noch unbekannten Nahrungsbedürfnisse. Mit den vorstehenden Zeilen ist die Hoffnung verknüpft, Basiswissen über die Vogelernährung und -fütterung vermittelt zu haben. Sollte zudem das Bedürfnis geweckt worden sein, sich noch fundierter mit den biologischen Ansprüchen des Vogels zu beschäftigen, so eröffnet sich dem Vogelhalter ein weites interessantes Betätigungsfeld.

Literatur

Aeckerlein, W. (1993). *Die Ernährung des Vogels*. Stuttgart: Ulmer.
Aeckerlein, W., & Steinmetz, D. (2003). *Vögel richtig füttern*. Stuttgart: Ulmer.
Aschenbrenner, H. (1985). *Rauhfußhühner – Lebensweise, Zucht, Krankheiten, Ausbürgerung*. Hannover: Schaper.
Aschoff, J., et al. (1970). Der Ruheumsatz von Vögeln als Funktion der Tageszeit und der Körpergröße. *Journal für Ornithologie, 111*, 38–47.
Bairlein, F. (1990). Zur Nahrungswahl der Gartengrasmücke *Sylvia borin*. Ein Beitrag zur Bedeutung der Frugivorie bei omnivoren Singvögeln. Proc. Int. 100. DO-G. Meeting (S. 103–110). *Current Topics Avian Biology*. Bonn 1988.
Bairlein, F. (1996). *Ökologie der Vögel* (S. 17–18, 31–33, 67). Stuttgart: Fischer.
Bairlein, F., & Kelsey, N. (2018). Quantitative Magnetresonanz – eine neue nicht invasive Methode zur Bestimmung des Körperfettes von Zugvögeln. *Jahresbericht Institut für Vogelforschung Helgoland* 13, 6.
Bergmann, H.-H. (1978). *Das Haselhuhn. Die Neue Brehm Bücherei*. Wittenberg-Lutherstadt: Ziemsen.
Berndt, R., & Meise, W. (1959). *Naturgeschichte der Vögel* (S. 241, 250–251). Stuttgart: Frankh'sche Verlagshandlung.
Berthold, P. (1976). Animalische und vegetarische Ernährung omnivorer Singvogelarten: Nahrungsbevorzugung, Jahresperiodik der Nahrungswahl, physiologische und ökologische Bedeutung. *Journal für Ornithologie, 117*, 145–209.
Bertram, Chr. (2003/2004). *Retrospektive Analyse von Datensätzen über Erkrankungen und Todesursachen von Greifvögeln*. Dissertation, Gießen.
Bezzel, E., & Prinzinger, R. (1990). *Ornithologie* (S. 165, 212). Stuttgart: Ulmer.
Bohnet, N. E. (2007). *Augenuntersuchung beim Vogel*. Diss. med. vet., München.
Bozhko, S. J. (1980). *Der Karmingimpel. Die Neue Brehm Bücherei*. Wittenberg-Lutherstadt: Ziemsen.
Frömbling, M. (2000). *Einfluss unterschiedlicher Rohfasergehalte im Alleinfutter auf die scheinbare Verdaulichkeit der Rohnährstoffe bei verschiedenen Ziervogelarten im Vergleich zu Hühnern*. Diss. med. vet., Hannover.
Gilardi, J. et al. (2000). Warum Papageien Erde fressen. Zit. nach Hachtel, W., *Spektrum der Wissenschaft* 2/2000 (S. 14).
Goldsmith, T. H. (2007). Vögel sehen die Welt bunter. *Spektrum der Wissenschaft*. Januar 2007 (S. 96–103).

Graubohm, S. (1998). *Vergleichende Untersuchungen zur Zusammensetzung, Akzeptanz und Verdaulichkeit extrudierter Alleinfuttermittel für Graupapageien.* Dissertation, Hannover.

Hänich, A.-C. (2004). *Vergleichende Untersuchungen an zwei Loriarten.* Diss. med. vet., Hannover.

Homberger, D. G. (1980). Funktionell-morphologische Untersuchungen zur Radiation der Ernährungs- und Trinkmethoden der Papageien (Psittaci). *Bonner Zoologische Monographien, 13,* 71–77.

Jeroch, H., Simon, A., & Zentek, J. (2012). *Geflügelernährung* (S. 35, 56). Stuttgart: Ulmer.

Jost, O. (1975). Zur Ökologie der Wasseramsel (*Cinclus cinclus*) mit besonderer Berücksichtigung ihrer Ernährung. *Bonner Zoologische Monographien 6,* S. 143. Bonn: Universitäts-Buchdruckerei

Kalchreuther, H. (1982). *Vom Rebhuhn und seiner Umwelt.* Mainz: Hoffmann.

Korbel, R. (1996). *Spezielle Anatomie und Physiologie von Vogel- und Reptilienaugen. Handbuch zum DVG-Grundlagenseminar Ophtalmologie bei Vögeln und Reptilien.* Gießen: Dtsch. Veterinärmed. Ges.

Künne, H.-J. (2000). *Die Ernährung der Papageien und Sittiche.* Bretten: Arndt.

Kupferschmid, A. (2001). *Rindenkunde und Rindenverwertung – Teil 4.* Zürich: Eidgenössische Technische Hochschule.

Lineva, A. (2018). Zur Ernährung von Graupapageien. *Papageien. Sonderheft Ernährung* (S. 34–39).

Lingen, T. (2004). *Vogelwelten – Federn, Flügel, Vielfalt.* Dissertation, Universität Bonn.

Lüthgen, W. (1982). Das „Lähmesyndrom" der Täubin. *Geflügelbörse, 103,* 11.

Manderscheid, C. (2018). Vitamin D bei Papageien. *Papageien. Sonderheft Ernährung* (S. 58–61).

Münch, T.-A. (2003). *Retrospektive und prospektive Auswertung von Todesursachen von Vögeln im Münchener Tierpark Hellabrunn.* Diss. med. vet., München.

Navalon et al. (2019). Vogelschnäbel: Nahrungsökologie allein erklärt Formentwicklung nicht ausreichend. Evolution. https://doi.org/10.1111/evo.13655. Zit. In: *Der Falke 3/2019* (S. 5).

Pingel, H. (1980). *Biologische Grundlagen der industriellen Geflügelproduktion* (S. 60). Jena: Fischer.

Prinzinger, R. (1990). Temperaturregulation bei Vögeln. *Ornithologische Zeitschrift der Vogelkundlichen Beobachtungsstation Untermain, 46*(5/6), 255.

Prinzinger, R. (1993). Zum Vogel des Jahres 1992. Wieviel Nahrung(senergie) braucht das Rotkehlchen (*Erithacus rubecula*) im Jahreslauf. *Ornithologische Zeitschrift der Vogelkundlichen Beobachtungsstation Untermain, 47*(5/6), 255–279.

Robin, K. (1985). Fünf Jahre Haselhuhnzucht im Tierpark Bern. *Gefiederte Welt, 109,* 88–92.

Roth, P. (1982). *Habitat-Aufteilung bei sympatrischen Papageien des südlichen Amazonasgebietes.* Dissertation, Universität Zürich.

Schuchmann, K.-L. (1975). Eine interessante Kolibriart der Anden – der Turmalin-Sonnenengel (*Heliangelus exortis)* in der Natur und Gefangenschaft. *Gefiederte Welt, 99,* 222–223.

Schuchmann, K.-L. (1976). *Kolibris – Haltung und Pflege.* Frankfurt a. M.: Biotropic.

Schuchmann, K.-L., et al. (1979). Energetische Untersuchungen bei einer tropischen Kolibriart (*Amazilia tzacatl*). *Journal für Ornithologie, 120,* 78–85.

Steigerwald, K. (2006). *Sehleistung des Vogelauges.* Diss. med. vet., München.

TVT. (2011). *Merkblatt 96 – Artgemäße Straußenhaltung,* Tierärztliche Vereinigung für Tierschutz. Brahmsche (S. 6).

Wallraff, H. G. (2003). Zur olfaktorischen Navigation der Vögel. *Journal für Ornithologie, 144,* 1–32.

Wapelhorst, X., et al. (2018). Calciumergänzungen in der Ziervogelfütterung. *Papageien. Sonderheft Ernährung,* 14–17.

Weber, H. (1961). Über die Ursache des Verlustes der roten Federfarbe bei gekäfigten Birkenzeisigen. *Journal für Ornithologie, 102,* 158 ff.

Wolf, P. (2018). Sind Amazonen wirklich Körnerfresser? *Papageien. Sonderheft Ernährung,* 40–44.

Wolf, P., & Kamphues, J. (2001). Zur Ernährung von Papageien. *Cyanopsitta, 61,* 56–60.

Ziswiler, V. (1976). *Wirbeltiere* (Bd. 1). Stuttgart: Thieme.

Fang, Handling und Transport von Vögeln

Wolf-Dietrich Gürtler

Inhalt

1   Allgemeiner Teil

1.1   Vögel als Fangobjekt

Vögel unterscheiden sich in vielerlei Hinsicht von domestizierten oder Wildsäugetieren. Morphologie und Verhalten stehen weitgehend im Dienste der Flugfähigkeit: Der Körperbau ist in der Regel filigran und leicht verletzlich, das Skelett gewichtsreduziert, Röhrenknochen meist marklos und bruchgefährdet, die Muskel-, Sinnes- und Stoffwechselleistungen hoch. In engem Zusammenhang damit stehen bei flugintensiven Arten weitreichende Luftsäcke zusätzlich zu den Lungen, die Atmung und Sauerstoffaufnahme optimieren, sowie ein Federkleid, welches zwar einerseits wärmedämmend wirkt, andererseits aber, besonders bei kleineren Formen, auch schnell zu Hitzestau und -tod führen kann. Die Ordnungen der Laufvögel und der Pinguine haben die Flugfähigkeit nur sekundär wieder verloren. Auch wenn vor allem handaufgezogene Vögel sehr zahm werden können und mancherlei Manipulationen ohne erkennbare Belastung hinnehmen, bleiben sie in der Regel „wild", wirken in ihren Reaktionen häufig kopflos hinsichtlich ihres Verhaltens in Stresssituationen und kollidieren bei Fluchtversuchen mit Wänden, Scheiben oder Gittern. Dabei kann es zu schweren Frakturen bis tödlichen Verletzungen besonders an Schnabel, Schädel oder Flügeln kommen. Stress ist ein Faktor, dem bei Fang, Handling und Transport auch ohne Frakturen stets besondere Beachtung geschenkt

W.-D. Gürtler (✉)
Radensleben, Deutschland

© Springer-Verlag GmbH Deutschland, ein Teil von Springer Nature 2021
W. Lantermann, J. Asmus (Hrsg.), *Wildvogelhaltung*,
https://doi.org/10.1007/978-3-662-59604-3_15

werden muss. Er kann sich in gesundheitsgefährdenden Folgen bis hin zum Schock-
tod äußern. Die Möglichkeit, die dritte Dimension zu nutzen, haben Vögel ebenfalls
den Säugetieren voraus und entziehen sich direkten Maßnahmen eher durch Flucht
als durch Widerstand. Allerdings kann dieses Verhalten in bestimmten Lebenssitua-
tionen – z. B. der Brut oder der Jungenaufzucht – auch in Aggression umschlagen.
Gerade im Normalfall besonders zutrauliche Individuen können zur Fortpflanzung
besonders aggressiv sein, da ihnen die bremsende Scheu vor dem Menschen fehlt.
Trotz all' ihrer „weichen" Merkmale sind viele Vogelarten überraschend wehrhaft
und können mit Krallen, Schnäbeln oder Flügelschlägen schmerzhafte Verletzungen
zufügen. Grundsätzlich gilt beim Umgang mit Tieren die Sicherheit sowohl des
Tieres als auch der ausführenden Person als oberstes Gebot. Dabei sollte auch für
den Privathalter potenziell gefährlicher Vögel, soweit zutreffend, die in der Tiergärtnerei geltende DGUV-Regel 114-001 – „Haltung von Wildtieren" (Bundesverband der Unfallkassen 2012) für Sicherheit und Unfallschutz Beachtung finden. Bei
größeren oder ungebärdigen Vögeln sind in der Regel zwei Personen zu Aktionen
am Tier notwendig: eine, die ihn fängt und hält, und eine weitere, die die Maßnahmen an ihm vornimmt. Für die Unterbringung fordert die DGUV-Regel bei sehr
gefährlichen Tieren (hier: männlicher Strauß, Kasuar, Harpye) ein zweigliedriges
Haltungssystem, in dem die Tiere vor dem Betreten zur Aufnahme der Routine-
tätigkeiten umgesperrt und abgeschibert werden können.

1.2   Fangen und Halten

Meistens ist der Fang eines Vogels die Voraussetzung für alle Maßnahmen des
Handlings und des Transports. In der Regel sollte dies innerhalb eines Haltungs-
systems vorgenommen werden, denn ein Entweichen des Vogels ist nie ganz auszuschließen. Handelt es sich bei dem Haltungssystem um einen Käfig, so muss der
Vogel dazu meistens heraus gefangen werden. Dies sollte nur in geschlossenen
Räumen (Türen, Fenster, Lüftungsöffnungen usw. beachten!) erfolgen. Handelt es
sich um einen Freiflugraum oder eine Voliere, so ist es zweckmäßig, den Vogel
zunächst in einen ihm vertrauten kleineren Raum (angeschlossenen Winterraum,
Schlafkiste o. ähnliches) zu sperren, aus dem er ohne zu langes Herumjagen entnommen werden kann. Schon das Gegriffenwerden mit der bloßen Hand wird vom
Vogel dem Gepacktwerden durch einen Beutegreifer gleichgesetzt und deshalb als
große Belastung empfunden. Sie addiert sich zur Dauer der Belastung durch die
vorhergehenden Fangversuche. Naheliegender Weise sollten Vögel deshalb nicht
ohne triftigen Grund gefangen werden. So sind auch schon im Vorfeld Überlegungen
hinsichtlich der Wahl der geeignetsten Methode sowie bei mehreren Beteiligten
genaue Absprachen nötig. Der Fänger sollte die arttypischen, mitunter sogar individuellen Reaktionen des zu Fangenden kennen und sich darauf einrichten (Abb. 1).
    Beim Fang von größeren, kräftigen Arten mit spitzen Krallen, starken Flügeln
und kräftigen Schnäbeln gilt der erste, sichernde Griff den potenziellen Waffen.
Nach Möglichkeit (sicherer, aber nicht zu grober Griff!) sind zum Selbstschutz feste
langschäftige Lederhandschuhe zu tragen. Beim Betreten von Käfigen und Volieren

Abb. 1 Sicheres Halten eines
wehrhaften Großvogels
(Marabu). (Foto: Wolf-
Dietrich Gürtler)

mit bekannt aggressiven Arten (Greife, Eulen, Papageien, große Schreitvögel) oder
Individuen kann, vor allem zur Fortpflanzungszeit, sogar das Tragen von Schutz-
helmen mit Nackenleder nötig sein, denn häufig wird der Kopf angeflogen. Das wohl
bei Vögeln am häufigsten verwendete Hilfsmittel ist der Kescher, ein Netzsack aus
Garnen verschiedener Maschenweite und Fadenstärke an einem Bügel. Netzwerk
und Bügel müssen in Maßen und Stabilität der Masse und Kraft des zu fangenden
Vogels angepasst sein, d. h, er darf auch nicht zu groß sein, um ihn auch in engeren
oder dekorierten Volieren handhaben zu können. Wichtig ist ein ausreichend tiefer
Kescherbeutel, in dem der Vogel durch Drehen oder Umschlagen des Keschers auch
fixiert werden kann. Auch große Kescher sollten leicht und elastisch gebaut sein, um
den fragilen Vogelkörper nicht zu verletzen. Mit einem Kescher lassen sich auch
tauchende Wasservögel fangen, indem man die Blasenspur verfolgt und den Vogel
beim Auftauchen keschert. Der Kescherfang ist zwar gerade für Kleinvögel auch
eine Belastung, versetzt sie aber nicht so in Todesangst wie das Greifen mit der
Hand, zumal, wenn dadurch das vorhergehende Treiben abgekürzt werden kann. Am
elegantesten ist der Kescherfang an einem „Zwangspass": dabei wird der Vogel z. B.
durch die gewohnte Öffnung, z. B. eine Flugklappe zwischen Innen- und Außen-
käfig getrieben. Wenn der Kescher an den Klappenausgang gehalten wird, gerät der
Vogel durch seinen Schwung wie von selbst in den Netzsack. Auch das Entnehmen
des Vogels aus einem Kescher hat in einem geschlossenen Raum zu erfolgen, damit

Abb. 2 Festsetzen eines
Abdimstorches (*Ciconia
abdimii*) im Keschersack
durch Umschlagen des
Bügels. (Foto: Björn Nobert)

er nicht gleich fliehen kann. Oft kann es schwierig sein, Schnabel oder Krallen aus
dem Geflecht des Netzsackes zu lösen. Bei manchen Vögeln, z. B. Hühnern, Mausvögeln oder Tauben, können sich beim Greifen Gefiederpartien in Form einer
„Schreckmauser" lösen, und ein nicht darauf vorbereiteter Fänger hat mit einer
Handvoll Federn buchstäblich das Nachsehen! (Abb. 2).

Bei sehr großen, hohen Flugräumen oder Tropenhallen versagt oft auch der
Versuch, Vögel mit dem Kescher zu fangen. Eine letzte Fangmöglichkeit ist dann
der nach dem Fallenprinzip arbeitende Fangkorb. Dabei wird ein aufgeklappter,
drahtbespannter Deckel über einem Korb in Offenposition gehalten. Futter oder
ein Artgenosse im Korb dient als Köder. Bei der Landung berührt der Vogel den
Auslösemechanismus, der Deckel klappt zu und setzt den Vogel fest. Mitunter lässt
sich diese Methode auch erfolgreich bei entflohenen Vögeln draußen anwenden.

1.3   Fang durch Betäubung

Zu fangende Tiere habhaft zu werden, indem man sie medikamentell ruhigstellt oder
betäubt, ist eine bei wehrhaften, intelligenten oder zur Panik neigenden Säugetieren
heute nicht selten angewandte Methode. Abhängig vom verwendeten Präparat lässt
sich ein Zustand erreichen, der von einer Laissez-Faire-Haltung („rosarote Brille")
bis zur völligen Bewegungslosigkeit reicht. Die Applikation erfolgt über Futter oder
per (Distanz-)Injektion. Wegen der geringen Größe der meisten Vögel, der Schwierigkeit, bei deren geringer Masse die richtige (gewichtsbezogene) Dosierung zu
ermitteln und dem Risiko, aus der Distanz wichtige Organe oder die Luftsäcke zu
verletzen, scheidet diese Injektionsmethode hier in den meisten Fällen aus. Deshalb
werden Vögel heute meistens per Inhalation betäubt oder narkotisiert, atmen also ein
gasförmiges Präparat ein, mit dem Kopf in einer „Glocke" steckend. Da man sie
dazu ohnehin erst einmal in der Hand haben muss, ist dieses Vorgehen für den Fang
ungeeignet. Grundsätzlich gilt für jede Betäubung, gleich ob beim Säugetier oder
beim Vogel:

- Viele Betäubungs- oder Narkosemittel stellen auch für den Menschen ein hohes Risiko dar. Sie sind daher nicht für jedermann zugänglich. Alle dabei zu verwendenden Präparate unterliegen dem Betäubungsmittelgesetz. Sie dürfen ausschließlich von (Tier-)Ärzten oder Personen mit Sondererlaubnis (Lehrgangsnachweis) angewandt werden. Auch diese müssen sich die Medikamente jedoch von Tierärzten aushändigen lassen und können sie nicht frei kaufen.
- Grundsätzlich ist jede Betäubung mit einem Risiko behaftet. Dazu können u. a. Kreislaufschäden oder Organversagen gehören oder Erbrechen mit nachfolgender Aspiration und Ersticken. Im Einzelfall ist abzuwägen, ob das Risiko des herkömmlichen Fangens nicht geringer ist als das Betäubungsrisiko.
- Es ist verboten, Tiere zu transportieren, die unter dem Einfluss von Betäubungsmitteln stehen. Auch in der Aufwachphase kann es zu heftigen, unkoordinierten Bewegungen und damit zu Verletzungen im Behälter kommen. Zur Notwendigkeit, einen Ausübungsberechtigten zu haben, und zur Vorbereitungszeit für den medizinischen Ablauf (dazu gehört auch die Zeit von der Verabreichung der Medikamentengabe bis zum völligen Wirkungseintritt) addiert sich also eine Nachbereitungszeit, in der ein Tier überwacht werden und seine volle Aktions- und Reaktionsfähigkeit wiedererlangt haben muss.

Bei der Behandlung von Vögeln kann die Inhalationsbetäubung in vielen Fällen sehr hilfreich sein, um z. B. stressfrei die Krallen oder den ausgewachsenen Schnabel zu kürzen. Für Fang und Transport spielt diese Methode dagegen keine Rolle.

1.4   Transportieren

Geht es nur um einen kurzen Ortswechsel, z. B. innerhalb eines Betriebes zwischen zwei Gehegen, kann man sich bei in Gruppen lebenden Arten wie Flamingos, Gänsevögeln oder Pinguinen den inneren Gruppenzusammenhalt und das Bestreben zum Ausweichen zu Nutze machen und sie mit mehreren Personen vorsichtig treiben und lenken (jedenfalls, wenn es sich um flugunfähige Vögel handelt). Ansonsten werden Vögel in aller Regel in geschlossenen Behältern transportiert. Ungeachtet der arttypischen Ausführung gelten für Tierkisten einige Grundvoraussetzungen (Gürtler et al. 2016):

- Sie müssen leicht, aber stabil genug sein, den Kräften oder Waffen des Tieres Widerstand zu leisten und der Transportbelastung (Druck von außen, Stürze) zu widerstehen.
- Sie müssen absolut ausbruchssicher sein.
- Sie müssen den Insassen vor der Einflussnahme unberechtigter Dritter schützen.
- Sie müssen in ihren Dimensionen nicht nur auf die Art, sondern oft sogar auf das Individuum (Alter, Geschlecht, saisonale Sonderbildungen wie längere Schwanzfedern usw.) zugeschnitten sein.
- Zum Öffnen und Schließen einer Tierkiste eignen sich leicht in Schienen laufende Schieber am besten, deren Öffnungsbreite an die Notwendigkeiten anzupassen

ist. Verschlüsse müssen absolut sicher sein, sollten sich aber trotzdem einfach öffnen lassen, ohne mit der Hand in den Einwirkungsbereich der Waffen des Vogels zu geraten.

- Das normale, artgemäße Verhalten des Insassen (Stehen, Sitzen, Liegen, sich Drehen) und eine grundsätzliche Bewegungsfreiheit in der Kiste müssen möglich sein.
- Im Innenraum dürfen keine Nägel, Schrauben, Splitter, Bolzen vorstehen oder durch die Einwirkung des Vogels freigelegt werden können.
- Die Zahl der Luftlöcher bzw. Offenflächen (Gitter oder Geflechte) muss der Stoffwechselintensität des Vogels angepasst sein (Atemluft, Luftzirkulation bei von Hitzestau bedrohten Tieren). Diese Luftöffnungen dürfen während des Transport nicht zugestellt werden (eventuell durch Distanzleisten sicherstellen).
- Gitter, Sicht- und Luftöffnungen müssen so beschaffen sein, dass Schnäbel, Krallen, Schwänze nicht hindurch gesteckt werden können (eventuell mit feinem Drahtgeflecht abdecken).
- Vor dem Start und nach der Ankunft wird Vögeln grundsätzlich ausreichend Futter und Wasser angeboten. Kurze Transporte werden nüchtern durchgeführt. Allerdings können nur Fleisch- oder Fischfresser längere Zeit fasten. Die hohe Stoffwechselintensität zwingt bei anderen Vögeln dazu, bei längeren Transporten die Möglichkeit einer Versorgung mit Futter und Wasser vorzusehen. Um ein völliges Ausschwappen von Wasser zu verhindern, lässt sich ein Schwamm ins Trinkgefäß legen, der in vollgesaugten Zustand immer noch eine Restmenge Wasser bereithält.
- Eine geeignete Einstreu muss Kot und Flüssigkeiten absorbieren können, um eine Verunreinigung des Gefieders zu verhindern. Auch ein Stück Jute oder Teppich auf dem Kistenboden gibt besseren Halt und ist einfach entsorgt. Importbestimmungen einiger Länder können die Einfuhr mancher Einstreumaterialien verbieten.
- Die Tierkiste muss deutliche Hinweise auf den Inhalt (Vorsicht! Lebende Tiere!) und auf die Oberseite (Richtungspfeile) tragen. Enthält sie gefährliche Tiere, muss sie zusätzlich mit diesem Hinweis etikettiert sein. Weitere Hinweise (nicht stürzen! Nicht in die Sonne stellen!) haben sich bewährt.
- Große und schwere Tierkisten (Laufvögel) brauchen in ca. 60 cm Höhe stabile Tragegriffe zur sicheren Handhabung. Kisten über 60 kg Gewicht müssen so konstruiert sein, dass ein Gabelstapler oder eine Hebebühne verwendet werden kann.
- Tierkisten dürfen nicht aus chemisch oder mit Bioziden behandeltem Holz hergestellt sein; Die Verwendung von Kunst- und Klebstoffen ist ebenfalls zu vermeiden, und es darf kein verlöteter Zinn für die Insassen erreichbar sein.
- Zum Transport werden grundsätzlich nur saubere, desinfizierte Tierkisten benutzt; nach Benutzung wird eine Tierkiste sofort desinfiziert, um stets griffbereit zu sein.

Die Größe einer Tierkiste wird von den Maßen des Insassen bestimmt. Dabei ist keineswegs die größte die tiergerechteste, sondern die, in der er bequem sitzen, stehen und eventuelle Versorgungseinrichtungen erreichen kann. Bei einem größeren Transportbehälter besteht die Gefahr, dass der Insasse so viel Schwung aufnehmen kann, dass er sich an den Kistenwänden verletzt. Nadelholz oder Sperrholz ist neben flexiblen, stoffbespannten Drahtgeflechten das für Vögel gebräuchlichste Material. Bretter müssen gehobelt und gefugt sein. Hartholz und Blech sind schwer, unökonomisch und schwer zu bearbeiten und bleiben Sonderfällen (Papageien, große Nashornvögel usw.) vorbehalten. Die Gleitbahnen für die Schieber müssen so beschaffen sein, dass sie den Befreiungsversuchen des Insassen widerstehen und leichtgängig genug, um ein Verkanten oder Klemmen des Schiebers in der Führung zu verhindern. Dass bei Tiertransporten, die von darauf spezialisierten Unternehmen durchgeführt werden, Gewicht und Größe eine Rolle bei der Preisgestaltung spielen, ist ein zusätzliches Argument, den Transportbehälter nicht größer als nötig zu wählen. Hinsichtlich der Versorgung unterwegs ist zu bedenken, dass Vögel im Dunkeln nichts zu sich nehmen – es muss bei längeren Transporten also wenigstens zeitweise Dämmerlicht in der Kiste herrschen. Das Eingewöhnen („Crate Training") eines Tieres in den Transportbehälter, in der Regel durch Einfüttern, ist stets die eleganteste und schonendste Methode, ein Tier in die Kiste zu bekommen. Da sich ein solcher Vorgang aber über Tage oder gar Wochen hinziehen kann, ist dafür oft nicht ausreichend Zeit gegeben.

Auch für einen zu transportierenden Vogel gelten einige Grundvoraussetzungen:

- Wegen der großen Stressbelastung werden nur Vögel mit einwandfreier Kondition und in gutem Futterzustand transportiert; dazu gehört nicht nur ein gepflegtes Gefieder und ein gut bemuskeltes Brustbein, sondern auch eine saubere, nicht verklebte Befiederung um den After.
- Besondere Vorsicht gilt in der Fortpflanzungszeit: während Balz und Brut werden weder Paare auseinandergerissen noch Weibchen, bei denen eine Eiablage zu erwarten ist, transportiert; Elterntiere, die noch unselbstständige Junge versorgen, werden ebenfalls nicht abgegeben.
- Jungvögel müssen befiedert, selbstständig und futterfest sein.
- Vögel mit Federn im Wachstum (Blutkiele) werden wegen der Gefahr einer Kielverletzung und folgendem Blutverlust nicht transportiert.

Kleinere, in Schwärmen oder Gruppen lebende Vögel können zu mehreren in einer Kiste verpackt werden; große, wehrhafte Arten wie Lauf-, Greif-, Schreitvögel oder Eulen brauchen Einzelbehälter. Bei mehreren Vögeln pro Kiste ist der Besatz so zu wählen, dass keiner erdrückt werden kann, wenn sich alle in eine Ecke drängen. Arboricole Arten sind auf Sitzstangen in ihrer Kiste angewiesen, auf denen sie sich artgemäß festhalten können. Der Masse von Vögeln, ihrer Kraft und ihrem leichten Körperbau entsprechend kann eine Vogelkiste auch vergleichsweise leicht gebaut sein. Eine wichtige Rolle spielt der Anteil offener Flächen (Luftöffnungen) an der gesamten Kistenoberfläche, wichtig für den Luftaustausch und die Vermeidung von Hitzestau. Vögel haben einen höheren Sauerstoffbedarf als andere Wirbeltiere gleicher Größe. Die aus der Heimtierhaltung bekannten „Vari Kennels" (Flugkisten, Abb. 3) werden für mittelgroße, kurzbeinige und -schwänzige Vogelarten gern verwendet, haben aber auch Nachteile: die beiden Kunststoffschalen, die die Kiste

Abb. 3 Modifizierte „Flight Kennel"-Kiste mit Teppich, Deckenpolsterung, Jutebespannung und über Außentrichter befüllbarem Wassernapf, geeignet für verschiedene mittelgroße, kurzschwänzige und kurzbeinige Vögel. (Foto: Wolf-Dietrich Gürtler)

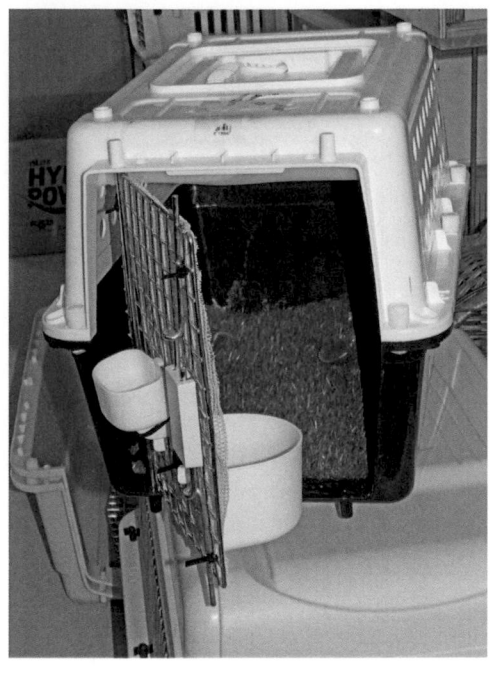

bilden, werden nur von einigen Schrauben zusammengehalten; die Tür öffnet nach außen und gibt dem Insassen damit die Gelegenheit zu überraschendem Entweichen, bevor man hineingreifen kann; ihr Schließmechanismus ist ungünstig und nur im Einwirkungsbereich von Schnabel oder Krallen zu bedienen. Daraus ergibt sich, dass ein solcher Transportbehälter auch allenfalls für Vögel bestimmter Größe passt – Kleinvögel können darin so heftig toben, dass sie sich verletzen. Auch die im Heimtierhandel verwendeten Pappschachteln für Kleinvögel sind für den professionellen Vogeltransport ungeeignet: das Pappmaterial ist schnell mit dem Schnabel zerstört, und die Schachtel selbst hält nicht dem geringsten Außendruck stand. Wichtige Hinweise auf Bau und Ausgestaltung von Transportbehältern gibt die regelmäßig überarbeitete Broschüre der LAR (Live Animals Regulations), die von der Flugbehörde IATA (International Air Transport Association) in Kooperation mit CITES (Convention on International Trade in Endangered Species of Wild Fauna and Flora) herausgegeben wird. Für Straßentransporte wurde ähnliche Regelungen von der Animal Transportation Association (ATA) entwickelt. Für manche Transportunternehmen, aber auch in manchen Ländern haben diese Hinweise Vorschriftscharakter, d. h, die Annahme eines Transports oder der Grenzübertritt wird verweigert, wenn der Transportbehälter diesen Hinweisen nicht genügt. Mit einer daran orientierten Vogelkiste sollte es auch bei einem Flug oder Grenzübertritt keine Differenzen geben, weder mit den Zollbehörden noch mit dem Grenztierarzt. Wegen der leichten Erregbarkeit und Stressanfälligkeit von Vögeln ist mit einer besetzten Tierkiste grundsätzlich äußerst vorsichtig umzugehen: heftige Bewegungen, Schrägstellungen oder Lärm und Vibrationen in unmittelbarer Umgebung sind zu vermeiden, und selbstverständlich wird sie weder in die pralle Sonne, in den Frost noch in heftigen Wind gestellt.

Da ein Fangvorgang stets mit enormer Aufregung und starken physiologischen Reaktionen für den Vogel verbunden ist, lässt sich zwar das Fangen üben, nicht aber das Gefangenwerden. Dabei geht nicht nur der oft hilfreiche, weil aktionsverkürzende Überraschungs- oder Überrumpelungseffekt verloren, es steigt auch die Gefahr, dass der Vogel in ständiger Angst vor seinen Betreuern lebt, lernt, frühzeitig auszuweichen oder sich schon prophylaktisch zur Wehr zu setzen („Angstbeißer"). Wenig stressresistente Vögel bleiben oft mit körperlichen Schäden auf der Strecke! Es sollte deshalb auch zur Planung gehören, was an notwendigen Manipulationen gleichzeitig erfolgen kann, wenn man den Vogel einmal in der Hand hat: ihn jedes Mal neu zu fangen zur Markierung, zur Geschlechtsbestimmung, zum Impfen, zur Blutabnahme und vielleicht noch mal zum Transport, spricht nicht für ausgeprägtes Verantwortungsbewusstsein.

Allerdings haben sich für den privaten Transport von Vögeln inzwischen auch in Deutschland zahlreiche Tiertransportunternehmen etabliert, die ein zu beförderndes Tier innerhalb von 24 Stunden von Ort zu Ort bringen. Qualifizierte Unternehmen müssen dazu über ein Fahrzeug mit Zulassung zum gewerblichen Tiertransport verfügen, der Fahrer über einen speziellen Sachkundenachweis. Die gesetzlichen Grundlagen regelt die EG-Tierschutztransportverordnung EG-VO 1/2005. Die Kosten für solche Tiertransporte richten sich nach Größe und Gewicht der betreffenden Transportkiste samt Inhalt. Der derzeitige Preis (im Sommer 2019) für den Transport eines Kleinvogels/Papageien/einer Taube usw. liegt bei den meisten Unternehmen etwa zwischen 35 und 40 Euro pro Transport innerhalb Deutschlands. Das befreit den Besitzer zwar vom Aufwand der eigentlichen Fahrt und dem Erwerb eines eigenen Sachkundenachweises für einen Tiertransport, in der Regel aber nicht vor dem selbst durchzuführenden, vorhergehenden Fang und Verpacken des Vogels – und einer zumindest ethischen „Restverantwortung" für das unbeschadete Ankommen. Empfindliche oder wertvolle Vögel wird der verantwortungsbewusste Halter jedoch persönlich vom Züchter abholen, wo er gleich die bisherigen Haltungsbedingungen in Augenschein nehmen kann.

1.5   Sonstige Transportvorbereitungen

Das Fangen und Überführen eines Tieres in eine Transportkiste ist heute nur der letzte und am wenigsten aufwendige Teil einer Tierweitergabe, zumindest bei grenzüberschreitenden Transporten und bei Tieren, die einem besonderen Schutzstatus im Hinblick auf das Washingtoner Artenschutzabkommen unterliegen. Gerade in diesem Zusammenhang ist es unabdingbar, dass das Tier eindeutig gekennzeichnet ist (bei Vögeln in der Regel durch einen Fußring oder subkutan angebrachten Chip). Dieser „praktischen" Seite geht ein hoher Aufwand an Logistik und Papierarbeit voraus, der zum Ziel hat, das Tier gesund und sicher ankommen zu lassen, potenzielle Übertragung von Krankheiten auszuschalten und es unverwechselbar zu machen. Dazu gehört die Beschaffung der notwendigen Begleitpapiere, die die Durchführung der vom Empfänger bzw. von den Ländern vorgeschriebenen Zoll-, Naturschutz- und Veterinärmaßnahmen dokumentieren. Für die Naturschutzdokumente (gemäß CITES bzw. Bundesartenschutzverordnung, Ex- und Importgenehmigung, Herkunftsnachweis) ist regional die Untere Landschaftsbehörde zuständig, (inter)national das Bundesministerium für Umwelt, Naturschutz und nukleare Sicherheit (BfN). Die Vordrucke für diese Dokumente können beim BfN heruntergeladen werden. Veterinärdokumente (Nachweis durchgeführter Tests und Untersuchungen; Nachweis, dass das Tier an seinem bisherigen Haltungsort unter tierärztlicher Überwachung stand; Freisein des Tieres von übertragbaren Krankheiten; Freisein des bisherigen Haltungsorts von anzeigepflichtigen übertragbaren Krankheiten; Attest, dass das Tier unmittelbar vor dem Transport als gesund und transportfähig befunden wurde) liegen in der Verantwortung des lokalen Amtstierarztes. Für einige Tiergruppen, darunter Geflügel, gibt es spezielle Vordrucke, die auch gruppentypische Tests (Geflügelpest, Psittakose usw.) einschließen. Bei den Zollbehörden liegt die Zuständigkeit für die Transportbescheinigung, die Rechnung bzw. Pro-forma-Rechnung, bei Flugtransporten auch das Shipper's Certificate. Ferner muss der Transporteur einen Sachkundenachweis vorlegen können, und das benutzte Fahrzeug muss nachweislich für Tiertransporte zugelassen sein. Eine Futteranweisung und ein ARKS-Ausdruck des Halters (Animal Keeping Record System, Software für die „digitale Kartei") mit den individuellen Daten des Tieres, wenn vorhanden, ergänzen das Dokumentenkonvolut.

Zu beachten ist, dass einmal ausgestellte Papiere nur für begrenzte Zeit Gültigkeit haben, andererseits aber die Beantragung und Bearbeitung (Verwaltungsarbeiten der Behörden, Laborarbeiten für tierärztliche Tests) Vorlaufzeit kosten. Die Ausstellung aller Dokumente ist deshalb zeitlich so zu koordinieren, dass sie gleichzeitig fertig im zueinander passenden „Zeitfenster" vorliegen – und nicht gerade zu einem Wochenende! Auf Tiertransporte spezialisierte Unternehmen können bei der Beschaffung aller notwendigen Dokumente Hilfestellung geben.

2 Spezieller Teil

Eine Ausnahme bezüglich des Umgangs und der Anforderungen an die Stabilität bilden Transportkisten für

2.1 Laufvögel

Der unmittelbare Umgang mit großen Laufvögeln (vor allem Strauße, Kasuare, Emus) kann lebensgefährlich sein durch hoch angesetzte Tritte mit den langen, scharfen Krallen. Besonders in der Balzzeit und beim Führen der Jungen durch den Hahn ist diese Gefahr erheblich. Einem solchen Vogel sollte man nicht allein und nicht ungeschützt gegenüber treten. Für alltägliche Arbeiten im Gehege sind diese Vögel am besten wegzusperren, da sie auch in großen Gehegen dem Arbeitenden oft nicht ausweichen, sondern ihn aktiv verfolgen. Beim Fang und Handling hat die Absicherung der Beteiligten Priorität und ist durch geeignete Hilfsmittel zu gewährleisten. Dazu zählen Fangklappen (Holzschilder geeigneter Größe mit rückseitigen Griffen, hinter denen sich der Fänger schützen und mit denen der Vogel zu mehreren abgedrängt oder eingeengt werden kann) oder Fanggabeln, die zur Abwehr an Brust oder Hals des Vogels angesetzt werden. Laufvögel werden auch ruhiger, wenn man ihnen die Sicht nimmt, z. B. durch einen über den Kopf gestülpten Sack. Ein aggressiver Nanduhahn konnte allein dadurch ruhig gestellt werden, dass ihm für die Dauer der Tätigkeit ein Strumpf übergezogen wurde. Um dann direkte Manipulationen am Vogel selbst vorzunehmen, ist er zuvor zum Abliegen zu bringen und sicher niederzuhalten, um ihm das Austreten unmöglich zu machen.

Zum Transport ist ein Laufvogel in eine geeignete Kiste anzufüttern oder mit den genannten Geräten hineinzudrängen. Eine Laufvogelkiste hat einen etwa quadratischen Grundriss, in der sich der Vogel drehen und abliegen, aber nicht Schwung holen kann, und eine Höhe, dass er darin aufrecht stehen kann. Mindestens 10 cm Abstand zwischen erhobenem Kopf und Decke müssen gewährleistet sein. Wegen der kräftigen Tritte, zu denen die Insassen fähig sind, muss sie solide gebaut sein. Um Schädelverletzungen bei Sprungversuchen zu vermeiden, ist das Kistendach elastisch auszuführen, z. B. durch eine Lage Stroh zwischen zwei Lagen Leinwand oder eine Jutedecke mit darüber locker ausgespanntem Kükendraht. Eine Wand der Transportkiste hat im oberen Drittel ein Gitterfeld mit einem Stababstand, der es dem Vogel erlaubt, bei längeren Transporten den Kopf hindurch zu strecken, um einen davor befestigten Futterbehälter zu erreichen. Damit ist gleichzeitig ausreichende Luftzirkulation und die Vermeidung von Hitzestau sichergestellt. Laufvögel fressen während eines Transports wenig, daher sind Luzernehäcksel und Röstbrotwürfel unterwegs meistens ausreichend. Bei Nichtgebrauch des Behälters kann dieses Gitterfeld ebenfalls mit einem Jutevorhang abgedeckt werden, um den Vogel Geborgenheit zu vermitteln. Abdunkelung trägt bei Vögeln unterwegs generell zur Beruhigung bei, muss aber wenigstens zeitweise zur Futteraufnahme reduziert werden. Selbstverständlich darf diese Fläche dann nicht zugestellt werden, z. B. beim Transport auf einem Fahrzeug.

Jungvögel von Strauß, Emu oder Nandu können bis zum Alter von einem halben Jahr zu mehreren (maximal 10) in einer allseits gepolsterten Kiste reisen, ältere nur einzeln. Laufvögel, aber auch große Stelzvögel können auch „frei" (ohne Kiste) in einem speziellen Transportanhänger verfrachtet werden, der unterwegs wie ein kleiner Stall wirkt und größere Bewegungsfreiheit zulässt.

2.2   Pinguine

Pinguine werden wegen ihrer Empfindlichkeit und des daraus resultierenden Haltungsaufwands – Wasserverbrauch, Kühl- und Filtertechnik, zur Ernährung stets einwandfreie frische Meerestiere mit Futteradditiven, Gruppenhaltung – selten in Privathand gepflegt. Größere Arten sind nicht ganz ungefährlich, da sie mit dem Schnabel nach den Augen hacken und schmerzhafte Flügelschläge austeilen können. Frischimporte müssen zwangsgefüttert werden. Sie lassen sich daran gewöhnen,

Futter individuell aus der Hand zu nehmen, so dass auch bei größeren Gruppen die Futteraufnahme eines jeden Einzeltieres (inklusive individueller Medikamentengabe) kontrolliert werden kann. Der Wärmehaushalt von Pinguinen ist auf die Speicherung von Körperwärme ausgerichtet. Deshalb droht ihnen, besonders im Sommer, bei Transporten ein Hitzestau. Sie reisen am besten außerhalb der warmen Jahreszeit und in allseits offenen Transportkisten mit Drahtbespannung, aber einem Boden, der als flache Blechwanne ausgeführt ist. So können sie unterwegs auch mit lauwarmem Wasser übergossen werden. Feuchter Schaumgummi oder nasse Sägespäne als Bodenbelag speichern die Feuchtigkeit länger und tragen durch Verdunstungskälte zu einem günstigen Mikroklima bei. Da Pinguine untereinander streitlustig sein können, werden sie am besten in einer Kiste transportiert, in der sie einzeln in Fächern mit Zwischenwänden aus Drahtgeflecht untergebracht werden.

2.3   Seetaucher, Lappentaucher und Röhrennasen

Spielen in der Tierhaltung praktisch kaum eine Rolle. Sie kommen am ehesten als verölte, verunglückte oder geschwächt auf dem Zug niedergegangene Vögel in Menschenhand. Es handelt sich stets um Wildtiere, deren Scheu und deren Angstreaktionen stark ausgeprägt sind. Bei unverletzten Vögeln sollte die Freilassung angestrebt werden, sobald es ihr Zustand erlaubt (Grummt und Strehlow 2014). Erst in jüngerer Zeit gab es einige Haltungsversuche, z. B. im Zoo Cottbus oder bei Lundi, Verl.

2.4   Ruderfüßer

Die Familien der Tropik- und Fregattvögel sowie der Tölpel (Ausnahme: Basstölpel) spielen tierhalterisch kaum eine Rolle, Kormoran-, Schlangenhalsvogel- und besonders Pelikanarten gehören dagegen zu den traditionell häufig gehaltenen und beliebten Zoo-Vögeln. Sie bewegen sich an Land unbeholfen watschelnd fort. Die etwa entengroßen Kormorane und Schlangenhalsvögel haben kein pneumatisiertes Skelett, sie jagen in Tauchgängen und liegen beim Schwimmen tief auf dem Wasser. Fangversuchen versuchen sie sich ebenfalls tauchend zu entziehen. Sie müssen deshalb meist aus dem Wasser gekeschert werden. Pelikane wirken zwar massiv, verfügen aber über ein pneumatisiertes Skelett, gut ausgebildete Luftsäcke und Luftpolster unter der Haut. Diese Luftpolster sind beim Tragen zu spüren und „knistern". Pelikane schöpfen ihre Nahrung oberflächennah vom Wasser (Ausnahme: Meerespelikan), sind deshalb vergleichsweise leicht und neigen nicht zum Tauchen. Sie setzen sich, genauso wie Kormorane, gegen Fangversuche zur Wehr, indem sie blitzschnell mit dem Schnabel nach den Augen des Fängers stoßen. Dabei können sie den Hals unerwartet weit vorstrecken und haben so eine überraschende Greifweite. Für den Ungeübten empfiehlt sich das Tragen einer Schutzbrille. Der erste Griff des Fängers muss deshalb dem Sichern des vorn mit einer gebogenen Spitze versehenen Schnabels gelten. Der Schnabel muss auch während der ganzen

Abb. 4 Unterteilte
Dreifachkiste für mittelgroße
Ruderfüßer,
Deckenpolsterung. (Foto:
Wolf-Dietrich Gürtler)

Aktion festgehalten werden – wie stets beim Halten eines Schnabels ist aber unbedingt darauf zu achten, dass nicht die Nasenlöcher zugehalten werden! Die andere Hand umgreift den Vogelleib in der Form, dass der Arm die Flügel an den Körper drückt und die Hand die Beine fixiert. So sind Vogel und Fänger gesichert, und eine zweite Person kann die notwendigen Aktionen am Tier vornehmen.

Ruderfüßer werden in rechteckigen, in der Größe passenden Kisten mit Luftöffnungen von 2,5 cm Durchmesser, drei festen Seiten und einer teilweise mit Drahtgeflecht bespannten vierten Seite transportiert. Der nach oben öffnende Deckel besteht ebenfalls aus Drahtgeflecht und ist mit Leinwand oder Schaumstoff unterlegt, um den Vogelkopf bei nach oben gerichteten Bewegungen zu schützen (Abb. 4). Wird das Drahtgeflecht innen angebracht, sind dessen Ränder abzudecken, um Verletzungen zu vermeiden. Außerdem ist eine Tränkmöglichkeit vorzusehen. Ruderfüßer können 24 Stunden fasten; bei längeren Transporten müssen sie unterwegs mit (frisch gehaltenem!) Fisch versorgt werden. Es können zwar Kisten für mehrere Insassen konstruiert werden, jedoch ist dann auf jeden Fall eine Inneneinteilung vorzusehen, die eine Einzelverpackung der Vögel erlaubt, um gegenseitige Verletzungen auszuschließen. Ein Bodenbelag aus feuchtem Schaumgummi oder die Einstreu feuchter Sägespäne schafft an warmen Tagen ein günstiges Innenklima und schont die empfindlichen Schwimmhäute der Füße, die zu Ballengeschwüren („bumblefoot") neigen.

2.5 Schreitvögel

Die Familien der Schreitvögel – Reiher, Schattenvögel, Schuhschnäbel, Störche, Ibisse und Löffler – sind mit wenigen Ausnahmen langbeinig und langhalsig. Auch bei ihnen ist beim Umgang besondere Vorsicht geboten, weil sie mit dem Schnabel zielsicher nach den Augen des Greifenden stoßen. Andererseits können ihnen leicht die langen Röhrenknochen der Beine verletzt werden – ein gebrochener Lauf kommt bei einem solchen Vogel oft dem Todesurteil gleich! Besonders bei Ibissen stehen die langen, feinen Schnäbel auch im Dienste des Tastsinns und brechen leicht bei Anprall oder ungünstigem Zugriff. Trotzdem gilt auch hier der erste sichernde Griff einer Hand dem Schnabel; dann wird, analog zu Pelikanen, mit der anderen der Körper so umfasst, dass die Flügel mit dem Arm am Vogelleib fixiert werden. Dabei müssen gleichzeitig die langen Beine im Gelenk eingeschlagen und sicher gehalten werden, damit der Vogel beim Umsichtreten weder sich selbst noch die Halteperson verletzen kann. Schuhschnäbel können mit ihren scharfen Schnabelkanten und der Hakenspitze der Halteperson außerdem Bissverletzungen beibringen (Abb. 5, 6 und 7).

Zum Transport werden Schreitvögel in leichten, stehhohen Sperrholzkisten mit innerer Bespannung oder Polsterung unter dem Dach verpackt. Da sie sich leicht gegenseitig mit Schnabel oder Krallen verletzen können, müssen sie darin einzeln stehen. Überwiegend fleisch- oder fischfressende Arten können 24 Stunden fasten, wenn sie vorher gut gefüttert wurden.

2.6   Flamingos

Flamingos sind durch den Bau ihres Schnabels weniger gefährlich im Umgang, aber ihrerseits durch die langen, leicht gebauten Gliedmaßen bruchgefährdet. Aus diesem Grunde werden Flamingos auch besser nicht mit dem Kescher gefangen, sondern

Abb. 5 Doppelkiste für große Schreitvögel, Kraniche oder Sekretäre. (Foto: Wolf-Dietrich Gürtler)

Abb. 6 Erster Zugriff beim
Fangen eines Hammerkopfes
(*Scopus umbretta*): Sicherung
von Schnabel und Flügeln; es
folgt Umgriff und Sicherung
der Füße. (Foto: Björn
Nobert)

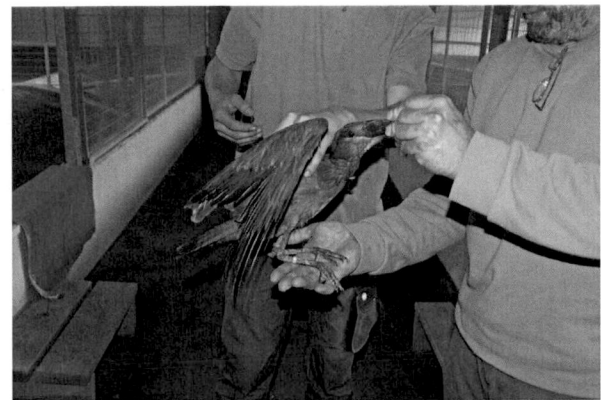

Abb. 7 Mehrfachkiste für
mittlere Schreitvögel. (Foto:
Wolf-Dietrich Gürtler)

eingeengt und gegriffen. Auch ein Flamingo ist am sichersten auf Storchenart, also
mit im Gelenk eingeschlagenen, gehaltenen Beinen zu tragen. Fasst man ihn nur
nach Entenart oben an den Flügelansätzen mit einem sichernden Finger dazwischen,
kann er immer noch um sich treten und sich die Läufe verletzen, wenn er irgendwo
gegenschlägt. Auch bei Flamingos sind die Schwimmhäute und Fußunterseiten sehr
empfindlich und neigen zu Ballengeschwüren. Geht es nur um einen kürzeren
Ortswechsel innerhalb eines Betriebes, kann man gerade bei ihnen den Gruppenzusammenhalt ausnutzen und mit der Fluchtdistanz (hier besser: Ausweichdistanz)
„spielen", indem man sie vorsichtig zu Mehreren in die gewünschte Richtung treibt.
Das funktioniert sogar mit Booten auf einem See. Wenn man ihnen dabei unsensibel
zu nahe kommt, werden flugfähige Flamingos sich allerdings in die Luft erheben
(Abb. 8).

Wegen dieser Bruchgefährdung gelten für die Transportbehälter von Flamingos
hohe Anforderungen, zumal sie untereinander zänkisch sein können. Früher hat man
ihnen deshalb einen Strumpf über den Körper und die eingeschlagenen Beine

Abb. 8 Eintreiben von Flamingos von einem Teich. (Foto: Wolf-Dietrich Gürtler)

gestreift und sie dann gemeinsam in eine Kiste gesteckt. Dabei kam es allerdings auf längeren Transporten zu Blutstauungen und der Gefahr des Absterbens der Läufe. Heute sind Kisten vorgeschrieben, in denen bis zu vier Flamingos in Einzelfächern in einer Art Hängematte sitzen. Die Läufe ragen unten heraus und können gerade den Boden erreichen, so dass der Vogel stehen und Kistenbewegungen unterwegs ausgleichen kann. Der Boden sollte mit feuchtem Schaumstoff, Teppich ö. ä. für die empfindlichen Füße bedeckt sein. So ist die Unversehrtheit unterwegs am ehesten gegeben. Auch hier muss eine leichte Stoffbespannung der Kiste die Aufwärtsbewegungen dämpfen. Flamingos kommen, wenn sie vorher gut gefüttert und getränkt wurden, ebenfalls 24 Stunden ohne Versorgung aus.

2.7   Gänsevögel

Zu den Gänsevögeln sind, neben Gänsen, Enten, Schwänen und Sägern, auch die Wehrvögel zu rechnen. Alle Gänsevögel leben während der Brutzeit in enger Paarbindung, außerhalb der Brutzeit häufig sozial in größeren Gruppen. Mehrere Arten wurden domestiziert und haben zusätzlich eine Vielzahl von Rassen entstehen lassen (Abb. 9 und 10).

Gänsevögel lassen sich gut mit einem Kescher angepasster Größe fangen, am besten an Land. Im Wasser neigen viele Arten zum Tauchen. Dabei kann man sie anhand der Blasenspur verfolgen und beim Auftauchen keschern. Größere Arten von Gänsen oder Schwänen können durch heftige Flügelbugschläge und Schnabelbisse

Abb. 9 Leichte
Gemeinschaftskiste für junge
Gänse und Hühner. (Foto:
Wolf-Dietrich Gürtler)

Abb. 10 Käufliche Kiste für
Hausgeflügel. (Foto: Wolf-
Dietrich Gürtler)

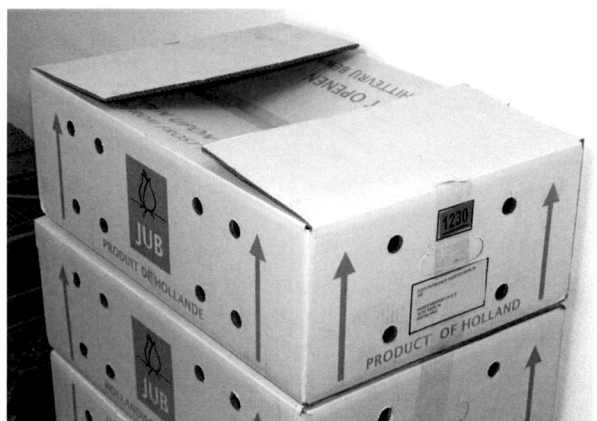

überraschend wehrhaft sein. Der Name „Wehrvogel" der Familie rührt von spornar-
tigen Auswüchsen auf der Vorderseite der Mittelhandknochen, die die drei Arten bei
Bedrängnis durch Flügelschläge einsetzen, zur Brutzeit auch gegen den Pfleger.
Auch Schwäne zeichnen sich während der Brut durch besondere Aggressivität aus,
vor allem der Singschwan, unter den Gänsen die Hühnergans und unter den Enten
die Dampfschiffenten. Der erste Griff sichert deshalb bei allen die Flügel, der zweite
den Schnabel. Die meisten Arten können über kürzere Strecken getragen werden,
wenn man die Flügelansätze an der Schulter mit einer Hand umgreift, den Zeigefinger sichernd zwischen beiden Flügeln. Zum längeren Tragen oder Halten muss auch
ein Gänsevogel unter Sicherung der angelegten Flügel mit dem Arm umfasst und
durch Festhalten der Füße von unten unterstützt werden.

Die Transportbehälter können, angepasst an die Größe und Kraft der zu transportierenden Arten, leicht gebaut sein. Für kleinere Formen oder Jungvögel reicht
ein Holzrahmen mit festem Boden und stoffbespannten Wänden und Decke. Nur

große Gänse und Schwäne brauchen stabilere Tierkisten. Diese werden einzeln in Kisten gesetzt, Schwäne mit enger Paarbindung auch gemeinsam. Kleinere Enten oder Jungvögel lassen sich zu mehreren in eine Gemeinschaftskiste setzen, aber nur so viele, dass die Gefahr des In-die-Ecke-Drückens von schwächeren Individuen vermieden wird. Selbstverständlich ist bei einer so leichten Kiste sicher zu stellen, dass sie nicht ihrerseits von schwereren Gepäckstücken gequetscht werden kann, z. B. durch äußere Distanzleisten. Da die meisten Arten Pflanzen- oder Allesfresser sind, können sie nicht längere Zeit fasten. Die Möglichkeit zur Futter- und Wasseraufnahme muss daher auf längeren Transporten stets gegeben sein.

2.8   Greifvögel und Eulen

Greifvögel – vor allem Habichtartige (Adler, Gaukler, Weihen, Habichte, Bussarde, Milane usw.) – neigen zu leichter Erregbarkeit. Sie sind dann hektisch und sehr leicht in Panik zu versetzen. In diesem Zustand stürmen sie kopflos davon und kollidieren ungebremst mit Wänden, Netzen, Gittern, Scheiben oder der Gehegeeinrichtung. Eine mit Greifen besetzte Voliere betritt man nie, ohne sich vorher bemerkbar zu machen, und nie ohne gründliche Vorbereitung. Beim Umgang mit ihnen sind Ruhe und Vorsicht besonders wichtig. Sie sind deshalb am ehesten durch erfahrenes Personal und zügig zu fangen, zumal sie dank stark bekrallter Fänge und scharfer Schnäbel auch ausgesprochen wehrhaft sind. Auch im Freiland sind Greife besonders häufig von Unfällen betroffen und gelangen deshalb oft als Verletzte in Tierheime, Auffangstationen oder Zoologische Gärten. Oft ist es schwierig, einen Greif, der sich in der Netzbespannung eines Keschers festklammert, daraus zu befreien. Im Zweifelsfall sollte eher der Kescher geopfert, also einige seiner Maschen zerschnitten werden, als Gewalt an den Fängen anzuwenden. In jedem Fall müssen vor weiteren Manipulationen die Fänge sicher gehalten und der Kopf bzw. Schnabel fixiert sein. Die Kehrseite leichter Erregbarkeit können auch bei vielen Arten ungestüme Angriffe sein, besonders zur Fortpflanzungszeit und auch gegen den vertrauten Pfleger. Die Harpyie (*Harpia harpyja*) hat ein großes Risikopotenzial und steht in derselben Gefahrenkategorie wie Kasuare oder männliche Strauße. Angriffe richten sich bei Greifen häufig gegen den Kopf und bergen die Gefahr schwerer Verletzungen durch die Fänge. Wenn die Maßnahme kein Umsperren in ein Nachbargehege zulässt, ist in solchen Fällen das Betreten der Voliere nur zu zweit vorzunehmen und nur, wenn beide Personen Handschuhe, Schutzbrille und einen Helm mit ledernem Nackenschutz tragen. Während die eine die notwendigen Arbeiten durchführt, kann die andere sie schützen, indem sie mit einem Besen o. ä. die Angriffe abwehrt. Der Fang wird am sichersten mit einem großen, tiefen Kescher mit nicht zu engmaschigem Netz durchgeführt. Große Arten können am Boden auch mit einem Besen niedergedrückt werden, bevor ein sicherer Griff erfolgen kann (Abb. 11).

Zum Transport von Greifvögeln eignen sich Kisten mit einem stabilen Rahmen und festen Wänden, in denen der Insasse aufrecht stehen und sich umdrehen kann. Der Innenraum darf aber nicht zu hoch sein, damit er sich bei kräftigen Sprüngen nicht den Schädel verletzt; aus diesem Grunde ist auch eine Innenpolsterung der

Abb. 11 Kiste für
mittelgroße Greifvögel und
Eulen. (Foto: Wolf-Dietrich
Gürtler)

Decke erforderlich. Eine Leinwand o. ä. gibt dem Vogel Halt am Boden. Alle
Lüftungsöffnungen müssen ebenfalls mit Drahtgeflecht gesichert sein. Viele Greife
sitzen gern auf einem niedrigen, sicher befestigten Holzblock, der gleichzeitig die
Verschmutzung oder Beschädigung des Schwanzes verhindert. Die IATA fordert,
dass hinter dem eigentlichen Schieber, der zwei Gucklöcher von ca. 5 cm Durchmesser haben soll, sicherheitshalber ein weiterer aus Metallgeflecht anzubringen ist.
Trommer (1993) weist allerdings darauf hin, dass dann Schnabelwachshaut und
Flügelbug verletzungsgefährdet sind, wenn der Vogel in der Kiste tobt, und schlägt
vor, auch die Drahtinnenfläche von innen mit Sackleinwand zu bespannen. Von ihm
stammt auch der Tipp, dass kleinere Greife kurzfristig mit dem Kopf nach unten
hängend gehalten werden können, wenn nur die bekrallten Fänge in sicherem Griff
sind. Wasser muss unterwegs stets angeboten und nachgefüllt werden können, Futter
nur bei Transporten über 24 Stunden, wenn sie vorher gut gefressen haben. Greifvögel werden einzeln in ihrer Kiste transportiert. Sekretäre werden wie Störche oder
Kraniche verpackt.

2.9 Hühnervögel

Hühnervögel gehören, vor allem in ihren domestizierten Formen, zu den ältesten und
wichtigsten Nutztieren, aber auch Wildformen erfreuen sich großen Zuspruchs. Mit
ihrem Sporn an der Rückseite des Laufs können sie bei unpassendem Griff den

Fangenden oder Haltenden verletzen. Wildhühner sind leicht erregbar und schnell in Panik zu versetzen – ihr Verhalten ist mit dem eines Haushuhns kaum vergleichbar. Raethel (1988) beschreibt den Vorgang des Erfassens und Haltens eines frisch eingetroffenen Wildhuhns vorbildlich: „. . . man öffnet den Transportbehälter so weit, dass man die Vögel mit der Hand greifen und herausholen kann, um sich von ihrem Gesundheitszustand zu überzeugen. Zu diesem Zweck tastet man die Brustmuskulatur ab. Sie muss beim gut genährten Tier vollfleischig sein, während sie beim abgemagerten wie ein Schiffskiel hervorragt. Es ist außerordentlich wichtig zu wissen, wie ein Hühnervogel fachmännisch angefasst werden muss: Man umgreift mit einer Hand beide Läufe dicht oben unter dem Bauch und hält den Vogel so weit von sich ab, dass er auch bei eventuellen Flügelschlägen weder sich noch den Haltenden verletzen kann. Hält man ihn dagegen mit den Flügeln an den Leib gepresst, versucht der erregte Vogel sich mit aller ihm zur Verfügung stehenden Kraft zu befreien, wobei es in vielen Fällen durch Herzvorkammer- oder Aortenrisse zu innerer Verblutung kommt. Schon mancher wertvolle Hühnervogel hat durch den falschen Festhaltegriff seines Pflegers den Tod gefunden" (S. 25). Mit einem bloßen Ergreifen der Flügelansätze wie beim Haushuhn (siehe auch Entenvögel) ist es also nicht getan! Dann lässt man das Wildhuhn auch nicht aus der Hand frei in die Voliere, sondern steckt es zunächst in den Transportbehälter zurück, den man geöffnet in den Flugraum stellt und sich entfernt. Das gilt im Übrigen auch als Königsweg für das Auslassen anderer Vögel: ein frisch „der Hand Entkommener" wird in seiner Aufregung losstürmen und möglicherweise mit dem nächstbesten Hindernis kollidieren. Ein Vogel, der sich wieder gefasst hat und vorsichtig selber den Weg aus dem Transportbehälter findet, wird sich stets zunächst orientieren und das neue Terrain ohne Panik erkunden.

Auch Hühner müssen in ihrem Transportbehälter aufrecht stehen und sich drehen können. Zum Schutz vor Schädelverletzungen sollten sie allerdings keine Sprung- oder Flugversuche machen können. Allerdings können Kisten für Hühner ähnlich wie die für Gänsevögel vergleichsweise leicht gebaut sein. Während es für Hausgeflügel zahllose, sogar stapelbare Varianten fertig zu kaufen gibt, in denen sie jeweils auch zu mehreren transportiert werden, sind für Wildformen höhere Ansprüche zu beachten. Zur Vermeidung von Hitzestau muss mindestens eine Kistenseite aus Drahtgeflecht bestehen, dessen Maschenweite aber nicht so groß sein darf, dass die Insassen die Köpfe hindurchstecken können – sonst besteht die Gefahr, dass sie sich den Schnabel oder nackte Kopfanhänge (Kämme, Kehllappen usw.) verletzen. Eine zusätzliche feine Innenverdrahtung aus Fliegendraht oder eine Stoffbespannung verhindern dies zuverlässig. Eine Tür bzw. ein Schieber ist auf der Rückseite angebracht. Für längere Transporte empfiehlt sich ebenfalls eine Bodenbespannung aus Drahtgeflecht mit darunterliegender Bodenwanne, in die Kot oder Futterreste durch die Maschen fallen und so das Gefieder sauber halten. Große Wildhühner werden einzeln transportiert, mittlere können zu zweit und kleine zu viert in eine Kiste gesetzt werden. Lange Schwanzfedern, z. B. bei Fasanen, können vor dem Einsetzen gekürzt (selbstverständlich nicht bei Blutkielen!) oder ein Zeitpunkt gewählt werden, an dem diese gemausert sind. Unterwegs muss Futter angeboten werden. Für Reisen unter drei Tagen Dauer sind eigentlich keine Trinkwasserbehälter notwendig, wenn unterwegs frisches Grün und eingeweichtes Brot gereicht wird, die IATA fordert allerdings Tränkmöglichkeiten schon bei Transporten über 8 Stunden.

2.10 Kranichvögel und Trappen

Analog zu Schreitvögeln ist beim Umgang mit Kranichen ebenfalls Vorsicht geboten: auch sie setzen sich durch blitzschnelles Zustoßen mit dem dolchartigen Schnabel zur Wehr und zielen dabei meistens nach den Augen. Dies gilt auch und besonders für handaufgezogene Kraniche, die durch Prägung die Scheu vor dem Menschen verloren haben. Der erste Griff gilt deshalb dem Sichern des Schnabels. Da sie mit den Krallen beim Umsıchtreten ebenfalls verletzen können – u. U. sogar sich selbst – müssen auch hier die Beine im Gelenk eingeschlagen und die Füße gesichert werden. Auch hinsichtlich des Transports und der Gestaltung der Tierkiste ist wie bei den Schreitvögeln zu verfahren.

2.11 Wat-, Möwen- und Alkenvögel

Diese Vogelordnung beinhaltet sehr unterschiedliche Formen, die in der Größe von klein (Strandläufer) bis mittelgroß (einige Schnepfen und Möwen) rangieren. Die meisten Arten sind Bodenbrüter und suchen Bäume nur selten auf. Viele, aber längst nicht alle sind an feuchte Lebensräume gebunden. Diesen ist meistens ein Schwimmfuß mit häutiger Verbindung zwischen den Zehen gemeinsam, der bei vielen Formen frostgefährdet ist, in der Haltung empfindlich und zu Ballengeschwüren neigend. Möwen und Seeschwalben zeigen während der Brut und Jungenaufzucht oft ein aggressives Verhalten, besonders vertrauten Personen gegenüber, welches sich in Angriffen und Schnabelhieben gegen den Kopf oder „Kotbeschuß" äußert und eine Kopfbedeckung erforderlich macht. Beim Greifen ist zumindest bei den größeren Formen ebenfalls zuerst der Schnabel zu sichern.

Zum Transport kommen Behälter zur Anwendung, die sich unter Berücksichtigung der Größe der Insassen, auf die Grundform zurückführen lassen: 75 % der Frontfläche, die auch abgeschrägt sein kann, sind mit einem Drahtgeflecht bespannt, welches bei nervösen Vögeln mit Leinwand überdeckt ist. Bei den überwiegend am Boden aktiven Vögeln sind keine Sitzstangen nötig. Angehörige der meistens in Kolonien brütenden Arten können zu mehreren in eine Kiste entsprechender Grundfläche gesetzt werden, bekanntermaßen aggressive (z. B. Kampfläufer) einzeln. Dafür können auch Kisten verwendet werden, die mehrere getrennte Kompartimente aufweisen, jedes mit eigenem Schieber. Die Höhe der Kiste muss dem Vogel ein aufrechtes Stehen auf dem Boden erlauben mit normaler Kopfhaltung (nicht mit hochgestrecktem Hals) erlauben. Transporte über 24 Stunden erfordern eine Versorgung mit Futter (für Pflanzenfresser Geflügelpellets, für Fleischfresser Hackfleisch, klein geschnittene, hart gekochte Eier oder Dosenfutter) und Wasser.

Für Möwen und Alken eignen sich würfelförmige Transportbehälter, deren Klappdeckel drahtbespannt und innen zusätzlich mit Schaumstoff o. ä. abgedeckt ist. Zusätzlich zu den Luftlöchern in den Seiten muss auch ein Anteil der Frontseite aus Drahtgeflecht bestehen. Feuchter Schaumstoff oder Teppich als Bodenbelag schont die empfindlichen Füße. Diese Vögel müssen einzeln im Behälter transportiert werden. Ähnlich wie Pinguine sind Vögel, die aus kalten Klimaten stammen, besonders hitzestaugefährdet. Wasser muss stets im Napf zur Verfügung stehen, Futter (je nach Größe frische Stinte oder Heringe) nur bei Transporten über 24 Stunden. Wie bei Pinguinen sollte ein längerer Transport an einem heißen Sommertag vermieden werden.

2.12 Taubenvögel

Analog zu den Hühnern gibt es auch bei den Tauben eine seit Langem domestizierte Form, die der Felsentaube (*Columba livia*), deren Heimfindevermögen schon den Römern bekannt war. Aus ihrem Handling ist nicht unbedingt der Umgang mit anderen Wildtaubenarten abzuleiten, zu denen auch größere Arten (Krontauben!) gehören. Zum Halten einer Haustaube wird diese von vorn so mit beiden Händen gegriffen, dass diese zunächst die Flügel am Leib fixieren. Dann greift eine Hand von hinten und umfängt die Flügelspitzen und den Schwanz, dabei die Füße zwischen Zeige- und Ringfinger nehmend. So lässt sich die Taube mit dieser Hand halten und mit der anderen behandeln. Wildtauben dagegen sind schreckhaft und scheu. Sie müssen in der Regel zunächst mit dem Kescher gefangen werden, bevor man sie in die Hand nehmen kann.

Der Transportbehälter darf für Tauben ebenfalls nicht zu groß und muss an der Oberseite weich abgedeckt sein, um Schädelverletzungen zu vermeiden. Die für Haustauben mitunter verwendeten gemeinschaftlichen Korbbehälter sind für Wildtauben ungeeignet. Eine Taubenkiste für Wildvögel kann zwar mehrere Einzelgelasse enthalten, in jedes wird aber nur ein Vogel gesetzt, damit sich die Insassen nicht gegenseitig beunruhigen oder verletzen. Nur aneinander gewöhnte Paare kleiner bis mittelgroßer Wildtauben lassen sich gemeinsam transportieren. Eine aus Drahtgeflecht oder runden Holzstäben (Abstand 2,5 cm) bestehende Frontwand stellt ausreichend Luftaustausch sicher. Futterbeigaben (Körnerfutter; Fruchttauben: Beeren oder geschnittenes Obst, eingeweichte Bisquits) und bei Transporten über 24 Stunden auch ein Wasserangebot sind obligatorisch.

2.13 Papageienvögel

Auch wenn die Größe der Vögel zwischen Sperlingspapagei und Hyazinthara (*Anodorhynchus hyacinthinus*) ein weites Spektrum aufweist, sind Papageien als Vogelordnung vergleichsweise einheitlich gebaut. Auch kleine Sittiche oder Agaporniden können schon sehr unangenehm mit ihrem Schnabel zwicken; große Aras oder Kakadus sind nicht nur in der Lage, hartschalige Nüsse zu öffnen, sondern auch Fingerglieder abzutrennen, da sie den Schnabel nicht stechend, sondern beißend und nagend einsetzen. Dies ist sowohl beim Umgang als auch bei der Konstruktion von Transportbehältern zu berücksichtigen.

Sicherheitshalber ist bei Manipulationen an Papageien ein Lederhandschuh zu tragen, zumindest so lange, wie dieser nicht den sicheren Griff oder die vorzunehmenden Maßnahmen beeinträchtigt. Zum Fang aus einer Voliere findet ein Kescher Verwendung. Mitunter lässt sich ein kleinerer Papagei, der am Gitter hängt, auch zunächst vorsichtig mit einem Tuch andrücken und dann „abpflücken", wobei darauf zu achten ist, dass er sich mit Schnabel und Zehen dort anklammert. Diese müssen vorsichtig gelöst werden. Zunächst muss der Schnabel derart gesichert werden, dass mit Daumen und Mittelfinger der Kopf von hinten umfasst und gehalten wird. Der Zeigefinger auf dem Hinterkopf verhindert, dass der Vogel sich durch Zurückwerfen des Kopfes aus diesem Griff befreien kann. Die anderen Finger halten die Flügel am Leib und die Füße. Schon bei Papageien ab Mohrenkopfgröße empfiehlt sich beim Fang das Zusammenwirken von zwei Personen. Mittelgroße Papageien wie Amazonen, Kakadus oder gar große wie Aras, die sich nachdrücklich zur Wehr setzen können, sollten von vornherein zu zweit gefangen werden. Ihr Festhalten am Gitter oder in den Maschen des Keschers ist oft so stark, dass sie sich mit einer Hand nicht lösen lassen. Oft kann man sie auch vorsichtig mit einem Handfeger oder Besen an den Boden oder die Wand drücken. Wenn sie sich dann in diesen verbeißen, kann man auch bei ihnen als erstes den sichernden Kopfgriff anbringen, während die zweite Hand die Füße mit den scharfen Krallen hält. Auch während der weiteren Behandlung ist es oft nützlich, dem Vogel ein Beißholz in den Schnabel zu geben, welches ihn davon abhalten kann, die Finger des Haltenden zu erreichen (Abb. 12).

Bei der Wahl der Transportkiste sind ebenfalls das Nagevermögen und die Schnabelkräfte von Papageien zu berücksichtigen. Kleinpapageien lassen sich gut in einer hölzernen Kleinvogelkiste transportieren, bei der die Front, zumindest die obere abgeschrägte Hälfte, mit einem stabilen Vierecks-Drahtgeflecht (nicht Kükendraht) versehen ist. Dieses Drahtgeflecht sollte möglichst engmaschig sein. Schon ein Mohrenkopfschnabel ist in der Lage, einen solchen Draht durchzubeißen, wenn

Abb. 12 Kopffixierungsgriff an einem wehrhaften Papagei. (Foto: Maximilian Birkendorf)

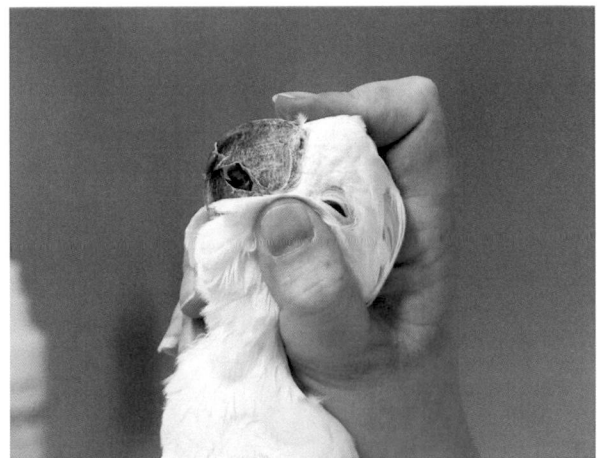

er ihn packen kann. Zwar sind alle Papageien ausgesprochen sozial, aber in einer solchen Box werden höchstens kleinere Formen zu mehreren verpackt, größere Arten einzeln; besonders Keas und Kakadus sind unterwegs aggressiv zueinander. Es dürfen grundsätzlich nie mehr Individuen sein, als bequem auf der obligatorischen Sitzstange Platz haben. Der Vogel soll auf der Stange aufrecht sitzen können, darf aber keine Flug- oder Sprungversuche machen. Gerade bei lebhaften Vögeln bietet eine Deckenpolsterung zusätzlichen Schutz. Bei Loriarten empfiehlt es sich, über dem eigentlichen Kistenboden noch ein Drahtgeflecht anzubringen. Die vergleichsweise flüssigen Ausscheidungen fallen durch die Maschen, die so verhindern, dass sich die Insassen daran verschmutzen. Bei Transporten über 24 Stunden muss neben Futter auch Trinkwasser angeboten werden. Auch mittelgroße Papageien reisen gut in einer entsprechenden, in den Dimensionen angepassten Tierkiste. Hier sollte das Holz der Kiste mindestens eine Stärke von 1,2 cm aufweisen und keine Ansatzstellen für den Schnabel bieten (Luftlöcher von innen verdrahten!) (Abb. 13).

Aras und große Kakadus sind nicht nur in der Lage, schnell auch ein starkes Drahtgeflecht zu zerbeißen, sondern sich auch durch stabile Holzwände zu nagen. Am sichersten sind Transportbehälter, die mit Blechen ausgeschlagen sind oder komplett aus Metall bestehen. Drahtgeflechte müssen äußerst widerstandsfähig sein, besser sollten Metallstäbe verwendet werden; die Sitzstange muss aus Hartholz bestehen. Auch die Versorgungseinrichtungen müssen aus einem von den Insassen nicht zerstörbaren Material sein (Abb. 14).

2.14 Nashornvögel, Spechte und Tukane

Das Größenspektrum der Nashornvögel reicht von mittelgroßen Formen wie den Tokos bis zu den afrikanischen Hornraben, die Truthahngröße erreichen können. Wie bei Spechten und Tukanen (Höhlenbrüter!) sind Schnabelbau, Kopf-Hals-Muskulatur und Verhalten zum Bearbeiten von Holz ausgelegt, jedoch nicht nagend wie

Abb. 13 Blechausgeschlagene Mehrfachkiste für mittelgroße Papageien (Amazonen usw.). (Foto: Wolf-Dietrich Gürtler)

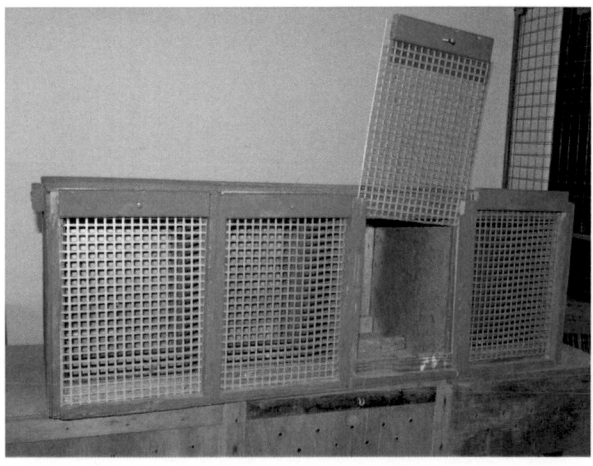

Abb. 14 Blechaus-
geschlagene Einzelkiste für
Großpapageien. (Foto: Wolf-
Dietrich Gürtler)

bei Papageien, sondern schlagend. Wenn sie gefangen werden, zielen sie ebenfalls mit dem Schnabel nach den Augen, dem deshalb auch hier der erste Zugriff gelten muss. Große Formen müssen nach Storchenart, mit durch Umfassen mit dem anderen Arm an den Leib gedrückten Flügeln gehalten werden, dessen Hand gleichzeitig die Füße sichert.

Entsprechend widerstandsfähig müssen die Transportkisten gestaltet werden. Einem Sudanhornraben gelang es, in einer Nacht durch gezielte, hammerartige Schnabelschläge seine Holzkiste in Einzelteile zu zerlegen. Ein solcher Transportbehälter sollte mit Blech ausgeschlagen oder von vornherein aus Metall hergestellt werden. Die Behälterdecke ist zusätzlich zu polstern. Nashornvögel haben einen hohen Frischluftbedarf: An der Frontseite ist eine Doppelwand mit ebenfalls doppeltem, stabilem Metallgitter in 8–10 cm Abstand vorzusehen, das etwa drei Viertel der Fläche abdeckt. An den drei anderen Wänden müssen ausreichend mit Drahtgeflecht abgedeckte Luftlöcher von 5 cm Durchmesser vorhanden sein. Die Kisten für kleinere Nashornvögel (Tokos) brauchen keine Blechauskleidung, wenn sie aus stabilem Holz von mindestens 1,2 cm Stärke gebaut sind. Alle brauchen eine feste Sitzstange von einem Durchmesser, dass sich der Insasse sicher darauf halten kann. Sie müssen stets einzeln verpackt werden. Bei Transporten über 24 Stunden müssen sie mit geeignetem Futter (Hundedosenfutter, geschnittenes Obst, eingeweichte Bisquits) und Wasser versorgt werden (Abb. 15).

2.15 Kleinvögel (Sperlingsvögel und andere)

Viele Vögel kleinerer bis mittlerer Größe können ungeachtet ihrer systematischen Zugehörigkeit in ähnlicher Weise gegriffen und transportiert werden. Zum Fang sind besonders kleine, leichte Kescher mit einem Gazesack und leichtem, elastischem

Abb. 15 Doppelkiste für
mittelgroße Nashornvögel,
Tukane usw. (Foto: Wolf-
Dietrich Gürtler)

Bügel zu verwenden, um die Verletzungsgefahr zu minimieren. Bei einem sitzenden
oder am Gitter hängenden Vogel hilft oft ein rasch übergeworfenes Handtuch. Für
eine Behandlung wird der Vogel (etwa bis Drosselgröße) im Fixiergriff gehalten:
seine Oberseite liegt in der hohlen Hand; dabei darf der Griff vom Rücken her gerade
so fest sein, dass er sich nicht durch Strampeln befreien kann, aber so locker, dass er
ihm weder Schmerzen bereitet noch durch Einengung von Bauch oder Brust am
Atmen hindert (Hakemeyer 2020). Manche Kleinvögel, besonders Körnerfresser,
können mit dem Schnabel empfindlich hacken; dann kann der Kopf, wie bei Kleinpapageien beschrieben, mit Daumen, Zeige- und Mittelfinger fixiert werden. Der
Druck der Finger auf die Unterseite ist feinfühlig zu steuern – bei unsachgemäßem
Festhalten ist die Erstickungsgefahr groß! Die Füße liegen entweder unterhalb der
Finger oder werden zwischen den Fingern 4 und 5 gehalten, z. B. zum Beringen, das
besser eine zweite Person durchführen sollte. Auch auf die Beine darf keine Gewalt
ausgeübt werden, da sie leicht brechen oder bei Zug ausgerenkt werden können. Von
unvermeidlichen längeren Behandlungen abgesehen, sollte der Vogel unverzüglich
wieder freigelassen bzw. in die Transportbox überführt werden. Je kleiner der Vogel,
desto größer ist bei längerem Halten in der geschlossenen Hand auch die Gefahr des
Schock- oder Hitzetods. Größere Vögel (etwa ab Elsterngröße) sind, unter Berücksichtigung der eben ausgeführten Gefahren, mit beiden Händen zu halten.

Zum Transport finden Behälter Verwendung, die von der Grundform abzuleiten
sind. Viele Kleinvögel sind sozial und untereinander wenig aggressiv, so dass sie
auch zu mehreren in einer Kiste sitzen können. Jeder muss auf der obligatorischen
Sitzstange Platz finden, ohne andere oder die Futter- und Wassernäpfe mit Kot zu
verunreinigen. Bekannt aggressive Arten oder Individuen müssen einzeln oder in
abgeteilten Kompartimenten einer Gemeinschaftskiste reisen. Auch hier empfiehlt
es sich, die Decke zur Vermeidung von Schädelverletzungen innen abzupolstern.
Grundsätzlich ist Wildfängen mehr Raum zu geben als bereits in Menschenhand
geschlüpften Vögeln (Abb. 16).

Abb. 16 Standardkiste für
Kleinvögel. (Foto: Wolf-
Dietrich Gürtler)

Körnerfresser

z. B. Finken, Weber usw.: LAR empfiehlt maximal vier parallele Sitzstangen (für
größere Arten drei) von 1 cm (1,3 cm) Durchmesser im Abstand von 5 cm (7 cm).
Kardinäle sollten wegen Unverträglichkeit einzeln sitzen. Wegen ihres raschen
Stoffwechsels muss stets Futter angeboten werden; z. B. werden nicht zu harte
Samen (z. B. Hirse) über den Boden verstreut, für Wasser sorgt ein vollgesogener
Schwamm im Napf.

Frucht- und Allesfresser

z. B. Drosseln, Turakos, Mausvögel, Trogons, Elstern usw.: Breite und Höhe des
Behälters müssen der Vogelgröße angepasst sein. Die Transportkiste muss ca. 2,5 cm
über dem eigentlichen Boden ein Drahtgeflecht mit 2,5 cm Maschenweite aufweisen, durch das Kot hindurch fallen kann, ohne die Insassen zu verschmutzen. Sie
muss auch bei langschwänzigen Arten aufrechtes Sitzen und Umdrehen ohne
Schwanzknicken ermöglichen. Häher und Elstern müssen wegen Unverträglichkeit
einzeln transportiert werden. Bei Transporten über 24 Stunden muss Futter angeboten werden, z. B. geschnittenes Obst, Beeren, eingeweichte Bisquits, klein geschnittene hart gekochte Eier (Abb. 17 und 18).

Insektenfresser

z. B. Bienenfresser, Wiedehopf, Eisvögel, Stelzen, Bülbüls, Meisen, Fliegenschnäpper, Häherlinge usw.: Dreiviertel der Frontseite müssen als Drahtgeflecht (Maschenweite 1,2 cm) oder Stabgitter (Abstand 1,2 cm) ausgeführt sein. Auch hier ermöglicht ein zusätzliches Drahtgeflecht 2,5 cm über dem Kistenboden den Exkrementen,
hindurch zu fallen. Aufrechtes Sitzen auf der Stange und Umdrehen, ohne den
Schwanz zu knicken, ist zu gewährleisten. Fütterung wie bei Frucht- und Allesfressern, gern auch mit lebenden Insekten (Mehlwürmer, geköpfte Heimchen oder
Heuschrecken usw.). Etwas größere Arten wie Raben und Krähen, kleine Rallen und
Reiher oder Paradiesvögel reisen in Transportboxen entsprechend denen kleinerer
Nashornvögel (Tokos).

Abb. 17 Käufliche
Fertigkiste mit Einzelabteilen
für Kleinvögel; bei
geschlossener Kiste ist der
Luftaustausch knapp
bemessen! (Foto: Wolf-
Dietrich Gürtler)

Abb. 18 Käufliche
Fertigkiste mit Einzelabteilen
für Kleinvögel mit
abgenommenem Deckel.
(Foto: Wolf-Dietrich Gürtler)

Nektarfresser

z. B. Kolibris, Nektarvögel: Hierbei handelt es sich um besonders kleine Vögel mit
empfindlichen weichen Schnäbeln. Darauf ist auch beim Fang besondere Rücksicht
zu nehmen. Bei der Transportkiste ist anstelle von Drahtgeflecht der offene Teil der
Frontseite (wie auch die Ventilationsöffnungen) mit fest-elastischer Gaze zu beziehen, die zusätzlich mit einer luftdurchlässigen Leinwand oder Jute abgedeckt wird.
Die Sitzstangen sollten nicht mehr als 0,5 cm Durchmesser aufweisen, damit die
Vögel einen sicheren Griff anbringen können. Der Boden wird mit absorbierendem
Material (Sägespäne, Küchenpapier) abgedeckt. Als Futter müssen die üblichen
Trinkflaschen mit Nahrungslösung angeboten werden. Sie sind so zu befestigen,
dass sie nicht kippen und auslaufen, aber von außen gut befüllt werden können. Da
die Vögel gewohnt sind, das Futter aus einer gefärbten Öffnung (meist rot) zu

entnehmen, muss diese Öffnung auch hier die entsprechende Farbe aufweisen. Viele Arten sind gerade unter Transportbedingungen aggressiv und müssen einzeln im Behälter oder in Kompartimenten sitzen.

Die Verantwortung für das Leben und Wohlbefinden von Tieren in Menschenhand erfordert besonders bei potenziell derart kritischen Handlungen im direkten Umgang ein besonderes Maß an Sorgfalt, vorausgehender Planung und sicherer Durchführung. Erfolgreicher Fang und Transport von Vögeln sind ohne Einfühlungsvermögen, Geschick und Fingerspitzengefühl kaum vorstellbar, wenn dabei Beschädigungen am Tier, aber auch eigene Verletzungen vermieden werden sollen. Die Beschränkung auf notwendige Fälle sowie eine zügige, sichere Durchführung durch erfahrene Personen sind damit auch ein wichtiger Beitrag zum Arbeits- und zum Tierschutz.

Literatur

Bundesverband der Unfallkassen. (Hrsg.). (2012). DGUV-Regel 114-001 – *Haltung von Wildtieren*. München: Wolters Kluver Deutschland GmbH.

Grummt, W., & Strehlow, H. (Hrsg.). (2014). *Zootierhaltung – Vögel*. Haan-Gruiten: Europa-Lehrmittel.

Gürtler, W.-D., Eulenberger, K., & Fischer, W. (2016). Fang, Transport und Eingewöhnung von Zootieren. In Nogge (Hrsg.), *Zootierhaltung – Grundlagen*. Haan-Gruiten: Europa Lehrmittel.

Hakemeyer, M. (2020). Wie atmen Vögel? Gef. *Welt 144*, 5. Bretten.

Raethel, H.-S. (1988). *Hühnervögel der Welt*. Melsungen: Neumann-Neudamm.

Trommer, G. (1993). *Greifvögel: Lebensweise, Schutz und Pflege der Greifvögel und Eulen*. Stuttgart: Ulmer.

Rahmenbedingungen für eine erfolgreiche Wildvogelhaltung

Manfred Kästner

Inhalt

1   Einleitung

Die Vermehrung von in menschlicher Obhut gehaltenen Wildvögeln ist die wichtigste Zielstellung und auch Rechtfertigung für die Vogelhaltung. Dabei stehen die Arterhaltung und der Artenschutz im Vordergrund. So gesehen findet die Zuchtvorbereitung bereits bei der Anschaffung der Vögel statt. Um eine Verpaarung nahe verwandter (blutsverwandter) Individuen möglichst auszuschließen, ist auf die genetische Herkunft der Geschlechtspartner großer Wert zu legen. Dabei geht es im Wesentlichen darum, die Populationen in den Haltungsanlagen so stabil wie möglich zu halten, um die Freilandpopulationen zu schützen. Um einer Gendrift entgegenzuwirken, würde sich allerdings ein in geringem Maße stattfindender Genfluss in Richtung Gehegepopulationen positiv auswirken. Damit könnte einer unerwünschten

M. Kästner (✉)
GAVe. V., Grammetal-Nohra, Deutschland

© Springer-Verlag GmbH Deutschland, ein Teil von Springer Nature 2021   285
W. Lantermann, J. Asmus (Hrsg.), *Wildvogelhaltung*,
https://doi.org/10.1007/978-3-662-59604-3_16

genetischen Drift (Flaschenhalseffekt) und einer verminderten Variationsbreite entgegengewirkt werden (vgl. den Beitrag von Clemens Becker, in diesem Band).

2   Haltungsrelevanz

Von den über 10.000 Vogelarten könnte der überwiegende Teil auch in menschlicher Obhut gehalten und vermehrt werden. Die Palette der haltungsrelevanten Arten reicht vom imposanten Afrikanischen Strauß (*Struthio camelus*), dem größten Vogel, bis zur Bienenelfe (*Mellisuga helenae*), einem Kolibri, der zu den kleinsten Vögeln zählt. Der männliche Afrikanische Strauß kann über 2,70 m groß und bis zu 150 kg schwer werden (Abb. 1). Die Bienenelfe ist 5–6 cm klein und wiegt um die 2 g (Perrins 2004).

In einigen Vogelordnungen, wie den Röhrennasen (Procellariiformes) und den Seetauchern (Gaviiformes) zum Beispiel, muss man bei der Haltungsrelevanz Abstriche machen. Auch die Tropikvögel (Phaethontidae) gehören dazu, ebenso solche Arten wie Alpensegler (*Tachymarptis melba*) und Mauersegler (*Apus apus*), aber auch noch zahlreiche weitere Vogelgruppen. Nur selten gelangen solche Vögel in Menschenhand und wenn doch, dann meist als verletzte oder kranke Vögel. Sind sie gesund gepflegt und auswilderungsfähig, müssen sie an geeigneten Orten und mit speziellen Maßnahmen wieder in die Freiheit entlassen werden. Detaillierte Informationen über die Haltungsrelevanz von Vögeln in Menschenobhut kann man der Zootierliste (www.zootierliste.de) entnehmen.

Für die Haltung und Vermehrung von Vögeln sind grundsätzlich Fachkunde und die entsprechenden Möglichkeiten einer optimalen Haltung unablässige Bedingungen.

Abb. 1 Der Afrikanische Strauß (*Struthio camelus*) ist der größte Vogel der Welt – hier mit Jungtieren im Vogelpark Marlow. (Foto: Jörg Asmus)

3 Lebensräume

Der beste Ratgeber für die Haltung und Vermehrung von Vögeln und auch die Vorbereitung zur Zucht ist und bleibt die Natur. Wer sich über das Leben der Vögel in ihren natürlichen Lebensräumen informiert, sorgt für die Grundlage einer optimalen Haltung dieser Tiere in Menschenhand. Dabei erlangt der Halter Kenntnisse über die verschiedensten Lebensräume, über die ökologischen Nischen, die Vögel besetzen und an die sie sich angepasst haben. Dabei lernt er die Lebensräume Feld, Wald und Wiese kennen, aber auch Gewässer und sonstige Feuchtbiotope. Er informiert sich bei Bedarf über die Besonderheiten des Lebens der Vögel im Gebirge, in Steppen und Wüsten. Er bemerkt, dass der urbane, vom Menschen besiedelte Raum auch immer mehr zum Lebensraum der Vögel wird. Die Meere gehören ebenso dazu, und selbst in den Lüften leben Vögel, die nur äußerst selten festen Boden unter die Füße bekommen, meist nur während der Brut (vgl. Spillner und Zimdahl 1990).

Nach diesen Kenntnissen werden die Anlagen (Volieren, Gehege) für Vögel errichtet und eingerichtet. Auch wenn dabei Grenzen gesetzt sind, lassen sich auf vielfältige Weise Volieren gestalten und regen auf diese Weise die Vögel zur Fortpflanzung an. Neben der Unterbringung in dreidimensionalen Einfriedungen wurden manche Vogelgruppen auch auf großen, nach oben offenen Anlagen gehalten. Die Flugfähigkeit der Vögel muss dazu in dem Maße eingeschränkt sein, dass ein Entweichen aus der Anlage nicht möglich ist. Zu beachten ist dabei, ob dieser Haltungsform vom zuständigen Gesetzgeber Beschränkungen auferlegt wurden (hier geht es um das Verbot des „Flugunfähigmachens"). Die Vorteile dieser Art der Haltung sind erkennbar. Besonders Gänsevögeln und anderen bodenbewohnenden Arten kann man auf diese Weise deutlich ausgedehntere Flächen als Lebensraum zur Verfügung stellen. Das betrifft besonders solche Arten, deren wichtigste Lebensbereiche im aquatischen Raum zu finden sind. Gründelenten nutzen ihr Flugvermögen beispielsweise überwiegend dazu, um innerhalb ihres Habitats zu wechseln, Nahrungsgründe aufzusuchen, natürlichen Feinden auszuweichen oder in die Winterquartiere zu ziehen. Diese Verhaltensweisen spielen bei solchen Arten während der Haltung in Zuchtanlagen keine Rolle, sie werden durch den Tierhalter in anderer Weise ausgeglichen und beeinträchtigen das Wohlbefinden der Tiere nicht. Für Nester und Gelege nutzen diese Vögel bis auf wenige Ausnahmen den Bodenbereich. Während der Jungenaufzucht bleiben die Eltern, beziehungsweise die Mutter bei den Jungen. Während der Großgefiedermauser sind Entenvögel ohnehin einige Wochen flugunfähig. Einige Arten, wie Aucklandenten (*Anas aucklandica*), und auch zwei Arten der Dampfschiffenten (*Tachyeres* spec.) haben ihr Flugvermögen wieder verloren, da es ihnen im Laufe der Evolution keinen Vorteil brachte. Dennoch nutzen einige Arten ihr Flugvermögen auch in entsprechend großen Volieren oder übernetzten Teichanlagen. Besonders bei waldbewohnenden Arten ist dies zu beobachten. Sie suchen für die Ruhephasen zuweilen gern Bäume auf. Sicher spielt dabei auch eine Rolle, dass sie in den natürlichen Lebensräumen im Bodenbereich oder aus dem Wasser heraus ständig durch Prädatoren gefährdet waren. Für Mandarinenten (*Aix galericulata*) (Abb. 2), Brautenten (*Aix sponsa*) und Rotschulterenten

Abb. 2 Neben anderen Arten könnten die äußerst standorttreuen Mandarinenten (*Aix galericulata*) im Freiflug gehalten werden. Diese Haltungsform ist zumindest in Deutschland aber nicht gestattet. (Foto: Jörg Asmus)

(*Callonetta leucophrys*) wäre auch eine Haltung im Freiflug denkbar. Sie sind standorttreu und wandern nicht ab. Außerdem bilden sie als invasive Arten keine Gefahr für die Vogelwelt, da sie keinerlei verwandtschaftliche Beziehung zu einheimischen Arten besitzen. Das würde auch für andere standorttreue Anatiden-Arten, wie bestimmte Pfeifgansarten (*Dendrocygna* spec.) zutreffen. Allerdings ist diese Haltungsform nicht gesetzeskonform.

4   Klimatische Bedingungen

Für spätere Zuchterfolge sind auch die klimatischen Bedingungen in den unterschiedlichen Lebensräumen von besonderem Interesse. Der Klimabegriff kann einen örtlichen, regionalen, nationalen, kontinentalen und interkontinentalen Zustand erfassen. Bei Verwendung dieser Begriffe ist es möglich, das Klima in räumlichen Dimensionen näher zu beschreiben. Für den Vogelhalter ist es wichtig, seine Einrichtungen für Vögel dem Mikroklima (örtliches Klima), dem Mesoklima (regionales oder nationales Klima) oder dem Makroklima (kontinentales oder globales Klima) anzupassen. Diese Klimate sind zutreffend für die fünf separaten Klimazonen: Tropen, Subtropen, Gemäßigte Zone, Polargebiete, Subpolare Zone. Die Einordnung der in Zuchtanlagen gehaltenen Vögel ergibt sich aus der Kenntnis der natürlichen Lebensräume dieser Tiere. Dabei interessieren den Vogelhalter neben anderen Parametern vor allem: Lufttemperatur, Luftfeuchtigkeit, Niederschlag und Sonnenscheindauer (Tag-Nacht-Rhythmus).

In der Praxis erfährt der fachkundige Vogelhalter, dass am „Grünen Tisch" ausgearbeitete und in Halterichtlinien festgehaltene Vorgaben zur Vogelhaltung dem Wohlbefinden der Vögel oft nicht dienlich sind. Bei vorgegebenen Mindestanforderungen liegen die Temperaturgrenzwerte oft im niedrigen positiven Bereich. Tatsächlich wird der erfahrene Züchter feststellen, dass es bei solchen Vogelarten zur Gesunderhaltung wesentlich günstiger ist, wenn man den Tieren den Aufenthalt in einem durch künstliche Wärmequellen klimatisierten Innenraum mit Zugang in die

Freivoliere gestattet, auch wenn dort die Temperaturen im Minus-Bereich liegen. Das Mikroklima in Innenräumen kann für eine dauerhafte und zwanghafte Unterbringung nicht immer für die Lebensansprüche der Vögel ausreichend gestaltet werden. Deshalb sollte man den Vögeln die Auswahl des Aufenthalts zu unterschiedlichen Tageszeiten teilweise und unter Kontrolle selbst überlassen. Die Erfahrungen zeigen, dass die Erwartungen auf nachfolgende, der Jahreszeit entsprechende Brutaktivitäten sich dadurch spürbar steigern lassen. Das liegt auch daran, dass sich Brut- und Ruhephasen deutlicher voneinander abgrenzen und dass sie einen notwendigen und gewohnten Jahresrhythmus vortäuschen. Vor allem genießen die Vögel auf natürliche Weise die bessere Versorgung mit Sauerstoff, Luftfeuchtigkeit und natürlichem Tageslicht.

5   Ernährung der Vögel

Die Ernährung der Vögel spielt bei der Zuchtvorbereitung eine wesentliche und entscheidende Rolle. Heute bietet die Tierernährungsindustrie verschiedene extrudierte und sonstige Futtermittel als Alleinfutter an. Dieses Futter ist eine ausreichende, aber nicht optimale Ernährung für die Vögel. Es enthält die erforderlichen Nährstoffe und Spurenelemente und es sorgt für den Vitamin- und Mineralstoffbedarf der Vögel. Eine aus der Natur gewohnte Ernährung kann es aber nicht ersetzen. Es sorgt allerdings bei der täglichen Versorgung für eine gewisse Effizienz für den Tierversorger. Dennoch sollte einer abwechslungsreichen Ernährung der Vorrang eingeräumt werden. Besonders wichtig ist das für eine Reihe der Vögel und Vogelgruppen, die in ihren natürlichen Lebensräumen von lebensraumtypischen Früchten und Sämereien (Herbivoren) leben und dann haltungsbedingt auf handelsübliches Körnerfutter und Pellets umgestellt werden. Dabei bieten die Lebensmittelindustrie und die natürliche Umgebung genügend Alternativen für eine deutlich günstigere Ernährung.

Das betrifft auch Vögel mit karnivorer Ernährung, die in der Natur aus vielerlei Beutetieren für insekten- und fleischfressende Vögel besteht. Bei der Versorgung mit handelsüblichem Futter soll (so wird von verschiedener Seite empfohlen) beispielsweise die karnivore Ernährung für manche Vogelarten durch Mischungen von leichtbeschaffbaren Wasserinsekten ersetzt werden. Das entspricht in der Regel aber keiner artgerechten Ernährung. Der Handel bietet als Grundversorgung für solche Vögel eine ganze Palette von Futtertieren, lebend, gefrostet und auch getrocknet an. Als verantwortungsvoller Vogelhalter wird man auf die unterschiedlichen Vogelarten abgestimmte Nahrungsmittel in ausreichender Menge zur Verfügung haben und regelmäßig bedarfsgerecht bieten. Oft erweist sich ein kleiner Komposthaufen in der Voliere als vorteilhaft. Er zieht Würmer, Schnecken und Insekten magisch an und dient so den Vögeln als natürliche Nahrungsquelle.

Zu beachten sind auch die jahreszeitlich unterschiedlichen Anforderungen der Vögel an ihre Ernährung. Ein stereotyp gleichbleibendes Nahrungsangebot ist zwar zur Erhaltung der Lebensfunktionen ausreichend, führt in der Regel aber nicht zu befriedigenden Zuchterfolgen. Deshalb sollten die Nahrungsangebote in der Natur in den unterschiedlichen Jahresperioden auch während der Haltung in menschlicher Obhut Beachtung finden. Der Vogelzüchter hat darauf zu achten, dass neben dem Bedarf für den normalen Energiestoffwechsel auch die Besonderheit des steigenden Bedarfs während der Mauser und der Legetätigkeit beachtet werden müssen. Vögel müssen durch die Legetätigkeit, aber auch während der Mauser zusätzliche Leistungen erbringen, für die bei der Versorgung der Tiere die Grundlagen zu erbringen sind (vgl. hierzu den Beitrag von Wolfgang Aeckerlein, in diesem Band).

6   Auslöser der Brutaktivität

Für das Auslösen der Brutaktivität sind verschiedene Umweltfaktoren entscheidend. Da ist vor allem die Tageslänge (Fotoperiode), die den Vögeln ermöglicht, über einen längeren Zeitraum am Tag nach Nahrung zu suchen. So können sie den erhöhten Bedarf während der Jungenaufzucht ausgleichen. Außerdem führen steigende Temperaturen zu einem reichhaltigeren natürlichen Nahrungsangebot. Diese Faktoren verändern sich mit den Jahreszeiten und den damit einhergehenden typischen Wetterlagen. In den Tropen ist nicht selten der Beginn der Brutzeit auch mit dem der Regenzeit verbunden. Bei Zugvögeln ist es die Ankunft im Brutrevier, wobei die Paarbindung teilweise schon im Winterquartier einsetzt. Die einsetzende Brutaktivität führt zu erheblichem Stress und Energieaufwand, durch die Suche von geeigneten Brutrevieren und deren Verteidigung. Bei Zugvögeln kommt der Flug, meist über tausende Kilometer dazu. Dabei werden Fettreserven aufgebraucht und sogar Masseverluste bei Organen in Kauf genommen. Auf einen Teil dieser natürlichen Anforderungen muss sich auch der Vogelhalter einstellen und mit entsprechenden Maßnahmen und zweckmäßigen Einrichtungen diese Veränderungen simulieren. Technische Möglichkeiten dazu bilden unter anderem Tageslichtlampen und das Versprühen oder Vernebeln von Wasser zur Steigerung der Luftfeuchtigkeit. Das Umsetzen vom Winterquartier in geräumige Freivolieren kann sich ebenfalls vorteilhaft auf die Auslösung des Bruttriebs auswirken. Soziale Interaktionen innerhalb der Brutpaare sind entscheidende Faktoren zum Auslösen der Brutaktivität (Bezzel und Prinzinger 1990).

7   Fortpflanzungshabitate

In der Regel wählen die Vögel ihre Habitate aufgrund angeborener, evolutionärer Verhaltensmuster aus. Aber auch vorhandene Lebensgemeinschaften, Nahrungsangebot, Nistgelegenheiten und der Schutz vor natürlichen Feinden sind entscheidend. Darauf muss sich der Vogelhalter einstellen, vor allem wenn es um die Vergesellschaftung (Artendiversität) mit weiteren Vogelarten geht. Die Bereitschaft zur Koexistenz muss vorhanden sein, Konkurrenzdruck sollte vermieden werden. Selbst bei der Unterbringung in angrenzenden (Sichtkontakt) oder auch in Hörweite liegenden Volieren können bei manchen Vogelarten solche Störfaktoren nicht oder nicht völlig ausgeschlossen werden.

Die Gestaltung und Einrichtung der Volieren sollte auf die zu haltenden Arten abgestimmt werden. Das beginnt bei der Bodengestaltung, der arttypischen Bepflanzung (Deckung) und setzt sich fort bei der Anbringung von Sitzgelegenheiten und Ansitzwarten. Dabei kann es entscheidend sein, wie die Sitzstangen in ihrer Dicke und Länge beschaffen sind, und ob sie waagerecht, schräg, oder sogar senkrecht angebracht werden. Es muss darauf geachtet werden, ob sich die Vögel fliegend oder mehr kletternd in der Voliere bewegen und welche Distanzen dabei vonnöten sind. Sitzgelegenheiten sind Aufenthaltsorte für das sich gegenseitige Näherkommen und sind Orte für Beginn und Verlauf der Balz. Je umfangreicher solche Strukturen sind, umso mehr kann eine Koexistenz positiv beeinflusst werden. Der Brutrevieranspruch aus dem Freiland ist auch für die Gehegehaltung von besonderer Bedeutung. Werden dort große Brutreviere beansprucht, sollte in den Volieren ebenfalls, wie bereits erwähnt, auf eine gemeinsame bzw. nachbarschaftliche Haltung verzichtet werden. Lautäußerungen, wie Rufe und Gesang sind ein wichtiges Revierverhalten (Reviergesang) während der Fortpflanzungsperiode und dienen der Reviermarkierung und Revierabgrenzung. Andererseits kann eine Gruppenhaltung bei Koloniebrütern nur empfohlen werden. Es gibt diesbezügliche Beobachtungen aus dem Freiland die zeigen, dass bei manchen Koloniebrütern (einige Arten der Möwen) der Bruterfolg von der Synchronisation und Beschleunigung der Brutzeit abhängig ist. Das trifft auch auf die Überlebenschancen für den Nachwuchs zu (Bergmann 1987; Bezzel und Prinzinger 1990).

In großen zoologischen Anlagen werden artgleiche Vogelgesellschaften zum Beispiel bei Pinguinen, Möwen und Seeschwalben erfolgreich durchgeführt. Im privaten Bereich findet man diese Form der Vogelhaltung hauptsächlich bei Webervögeln und gruppenlebenden Sittichen bzw. Kleinpapageien (z. B. *Agapornis* spec.) (Abb. 3). In Vogelkolonien ist ein Konkurrenzdruck aufgrund von Nahrungsstreitigkeiten fast ständig zu beobachten. Es ist der Preis, den die Vögel für die Minimierung des Drucks vor Prädatoren zu zahlen haben. Bei der Haltung in menschlicher Obhut kann dieser Druck durch ein ausreichendes Nahrungsangebot teilweise umgangen werden.

Abb. 3 Unter den Papageien sind u. a. die Agaporniden – hier eine Gruppe Rußköpfchen (*Agapornis nigrigenis*) – für eine Gruppenhaltung prädestiniert. (Foto: Werner Lantermann)

8   Fortpflanzungsbeginn und Brutzeit

Das Ziel einer verantwortungsbewussten Haltung von ansonsten frei lebenden Vögeln liegt nicht nur im Naturerleben mit diesen Tieren in unmittelbarer Nähe des Menschen, sondern ist meist auch mit dem Wunsch oder auch der Verpflichtung verbunden, Nachkommen zu erzielen. Auch dabei ist Verantwortung gefragt. Einerseits sollen die Nachkommen für eine ausreichend große Population von in Gehegen gehaltenen Vögeln der betreffenden Arten sorgen, um Naturentnahmen zu minimieren oder unnötig werden zu lassen. Andererseits kann sich ein Überangebot an Individuen bei manchen Arten auch negativ auswirken. Der infrage kommende Interessentenkreis für die abzugebenden Nachkommen sollte den eigenen Vorstellungen einer verantwortungsbewussten Vogelhaltung entsprechen. Handel von Vögeln um jeden Preis, Börsenhandel und der Vertrieb über Großhändler sind keine Garanten für eine anschließend optimale Haltung der Vögel.

Auch bei der Zuchtvorbereitung gehören Kenntnisse vom Freileben der Vögel dazu.

Die Fortpflanzung erfolgt in der Regel in den Phasen: Besetzung der Reviere, Balz, Paarbildung, Neststandortsuche, Nestbau, Eiablage, Brut, Aufzucht der Jungvögel und Betreuung des Nachwuchses nach Verlassen des Nestes. Nicht immer läuft die Reproduktion der Arten nach diesem Schema und in dieser Reihenfolge ab. So wie die Paarbindung bei Zugvögeln in der Regel bereits im Winterquartier stattfindet, kann sie sich bei anderen Arten, beispielsweise bei Tauben, auch mehrfach im Jahr wiederholen. Das hängt im Wesentlichen mit der Anzahl der Bruten im Jahr zusammen. Manche Arten, zum Beispiel Kiebitz (*Vanellus vanellus*) (Abb. 4) und Mauersegler (*Apus apus*), zeitigen Nachgelege nur bei Verlust von einem Gelege, andere Arten vermehren sich regelmäßig durch mehrere Jahresbruten (z. B. Tauben) (Bezzel 1985, 1993).

Die Balz ist bei vielen Arten die Vorstufe für den Nestbau. Häufig fällt sie auch mit dem Nestbau zusammen und ist ein wichtiger Abschnitt der Brutvorbereitung. Deshalb sollte der Vogelzüchter diesen Ritualen eine besondere Bedeutung beimes-

Abb. 4 Kiebitze (*Vanellus vanellus*) gehören zu den Vogelarten, die ein Nachgelege zeitigen, wenn das Erstgelege z. B. durch Witterungseinflüsse oder Prädatoren verloren geht. (Foto: Jörg Asmus)

sen. Sollten sich Vögel verschiedener Arten während der Balz auffallend stören, gehören sie nicht in eine Vergesellschaftung.

Gründe für ausbleibende Zuchterfolge sollte der Halter zunächst bei sich selbst suchen. Oft liegt es an geeigneten Plätzen für den Nestbau, oder an mangelndem, arttypischen Nistmaterial. Meist liegt es aber an der für die Brutzeit nicht ausreichend angepassten stimulierenden Ernährung oder den Haltungsbedingungen allgemein.

9 Nester, Nisthöhlen und Nistmaterial

Alle Vögel legen Eier, die meisten benötigen dazu ein entsprechendes Nest, das von den Elterntieren nach den unterschiedlichsten Ansprüchen errichtet wird. Es gibt Ausnahmen, wie die Feenseeschwalbe (*Gygis alba*). Ihr genügt zur Eiablage ein kahler Ast oder eine Astgabel. Einige Pinguinarten legen ihre Eier auf ihren Füßen ab und werden in eine Brutspalte aufgenommen, sonst würden sie vom Frost zerstört. Andere Arten, wie die Laubenvögel (Ptilonorhynchidae), tragen nach bestimmten Mustern farbiges Baumaterial zusammen, um den Weibchen zu imponieren. Meist werden aber mehr oder weniger kunstvolle Nester errichtet. Zaunkönige (Troglodytidae) bauen beispielsweise überwiegend Kugelnester mit oft seitlichem Eingang an den unterschiedlichsten Standorten. So nutzt der Kaktuszaunkönig (*Campylorhynchus brunneicapillus*) dazu fast ausschließlich Kakteen in den entsprechenden Landschaften im südlichen Nordamerika. Ganz im Gegensatz dazu werden von Taubenvögeln (Columbidae) einfache, fast liederlich wirkende Nester aus einigen zusammengefügten Zweigen genutzt. Nicht selten sind dann von unten die Eier durch die lockeren Zweige sichtbar. So unterschiedlich die Nester sind, so unterschiedlich sind auch die Neststandorte. Manchen genügt der karge Boden (Limikolen), dem die Gelege als Tarnung farblich angepasst erscheinen (Abb. 5). Andere benötigen dazu eine mehr oder weniger dichte Bodenvegetation. Wieder andere bevorzugen niederes Buschwerk, oder auch hohe Bäume. In den Wäldern gibt es für alle Etagen der Vegetation auch Interessenten für den Neststandort. An Felswänden brüten beispielsweise verschiedene Seevögel, wie die Alkenvögel (Alcidae). Sie legen meist nur ein Ei auf Felsvorsprüngen oder in Felsnischen ab. Viele Arten benötigen zur Eiablage Baumhöhlen in Altholzbeständen, die sie sich selbst zimmern (Spechte) oder auch Nachnutzer solcher Höhlen sind. Nachnutzer solcher Bruthöhlen findet man z. B. in der Familie der Eigentlichen Eulen (Strigidae). Aus dieser Vogelfamilie gibt es auch Nachnutzer von Baumhorsten. Da sie selbst keine Nester bauen, nutzen sie zum Beispiel verlassene Krähennester (Bezzel und Prinzinger 1990; Harrison 2004).

Da ist der Vogelhalter gefordert. Für die meisten Neststandorte lassen sich in Volieren Bedingungen schaffen, die von den Vögeln angenommen werden und die sie auch benötigen. Da eine Vielzahl der haltungsrelevanten Vogelarten Höhlenbrüter sind, ist das Thema Bruthöhlen aus der Vogelhaltung nicht wegzudenken. Besonders in der Ordnung der Papageienvögel (Psittaciformes) findet der Vogelhalter ein reiches Betätigungsfeld und hat es fast immer auch mit höhlenbrütenden

Abb. 5 Limikolengelege
sind meist in ganz
unscheinbaren Nestern – und
gut getarnt – zu finden. Hier
ein vollständiges
Mornellregenpfeifer-Gelege
(*Eudromias morinellus*).
(Foto: Jörg Asmus)

Abb. 6 Papageien in
Menschenobhut brüten in der
Regel in Nisthöhlen.
Bevorzugt werden
ausgehöhlte Naturstämme, in
denen die Jungvögel – hier im
Bild junge Schwalbensittiche
(*Lathamus discolor*) –
geschützt heranwachsen.
(Foto: Werner Lantermann)

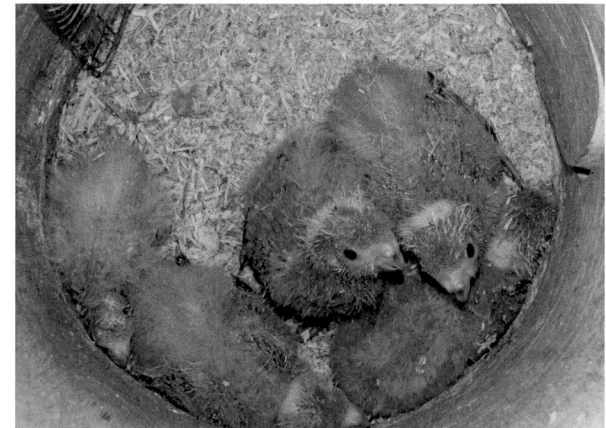

Arten zu tun. Dabei unterscheiden sich Bruthöhlen für die Vogelhaltung in vielerlei
Hinsicht. Oft wird auf die handelsüblichen Nistkästen aus künstlich gepressten
Holzabfällen oder Sperrholz zurückgegriffen. Sie werden in verschiedenen Größen
und Strukturen angeboten, in senkrechter oder waagerechter Form. Besser geeignet
und den Ansprüchen einer naturnahen Einrichtung angepasst sind Nisthöhlen aus
natürlichen Baumstämmen (Abb. 6). Nicht immer wird man die aus den natürlichen
Lebensräumen geeignetste Baumart auftreiben können, aber Beschaffung der Hohlräume und der Einflugmöglichkeiten lassen sich arttypisch gestalten.

Bei Bodenbrütern lassen sich vor allem bei Wasservögeln geeignete Wasserpflanzen auf Inseln oder im Uferbereich pflanzen. Dazu bietet sich ein reichhaltiges
Angebot wie Schilfrohr, Calmus, Seggen, Binsen und Wasseriris an. Solche Bereiche werden von Wasservögeln bevorzugt zur Nestanlage aufgesucht. Lappentaucher
(Podicipediformes) nisten bevorzugt auf schwimmenden Inseln, die sie in der Natur
selbstständig aus schwimmendem Material errichten. Für Regenpfeiferartige (Cha-

radriiformes) sollte man verschiedenerlei Kiesschüttungen in die Volieren bringen. Die Nestmulden werden durch die Brutvögel darin selbst gescharrt.

Brandgänse (*Tadorna tadorna*) brüten gern in Erdhöhlen, in der Natur sind es meist verlassene Kaninchenbaue. In der Voliere lässt man solche nachgebildeten Erdhöhlen in einem Kontrollschacht enden. Das erleichtert die Nestkontrolle.

Für Bienenfresser (*Merops apiaster*) kann man als Ersatz für Steilwände und Uferböschungen, in denen sie ihre teils zwei Meter langen Brutröhren anlegen, Ersatz schaffen, indem man aus künstlichem Material Wände errichtet. Dazu verwendet man zweckmäßigerweise Polystyrolerzeugnisse. Sie lassen sich leicht zusammenfügen und anschließend zu einer Brutröhre gestalten.

Für den Nestbau in Buschwerk oder Bäumchen kann man zusätzlich Astgabeln anbringen, auch Astquirle lassen sich leicht binden, um so geeignete Nestunterlagen zu schaffen. Im Handel sind gefertigte Nester in verschiedenen Größen und aus unterschiedlichen Materialien erhältlich, die von den Vögeln entsprechend fertiggestellt werden. Verlassene Nester aus dem natürlichen Umfeld können nach entsprechender Reinigung und Desinfektion ebenfalls genutzt werden.

In geräumigen Volieren finden Vögel oft genügend Nistmaterial. Gelegentlich muss man aber auch hier etwas beisteuern. Viele Vogelarten benutzen Astwerk in unterschiedlichster Beschaffenheit, um damit ihre Nester zu errichten. Kleinere Vögel benutzen unterschiedliche Pflanzenfasern, frisch und getrocknet. Daraus flechten sie mehr oder weniger kunstvoll ihr Nest. Beutelmeisen (*Remiz pendulinus*) benutzen auch Samenwolle für ihr anspruchsvolles Bauwerk. Ausgekleidet werden die Nester mit Blattwerk, Moosen, Federn und Tierhaaren.

Kleiber nutzen als Nesteinlage in ihrer Bruthöhle auch Rindenstücke. Sie sind auch in der Lage, das Einflugloch nach ihren Vorstellungen mit Lehm zu verkleinern. Ein Verhalten, das in der Familie der Hornvögel (Bucerotidae) noch wesentlich intensiver ausgeführt wird. Bei ihnen wird lediglich eine schmale Öffnung zur Versorgung des brütenden Vogels gelassen. Verlassen kann er während der Brutzeit seine Höhle nur im äußersten Notfall, wenn das Männchen als Versorger ausbleibt oder stirbt (Attenborough 1999).

Im Handel werden Materialien, wie Kokosfaser, Scharpie, Sisal, Jute und Hanf angeboten. Einige Arten der Webervögel (Ploceidae) nehmen beispielsweise ausschließlich Kokosfasern zum Verflechten ihrer kunstvollen Nester. Damit beschäftigen sich meist die Männchen. Teilweise errichten Webervögel auch riesige Gemeinschaftsnester. Bei den Siedelwebern (*Philetairus socius*) oder auch bei den Büffelwebern (*Bubalornis niger*) bauen die Männchen an diesen riesigen Brutstätten. Solche Nester findet man auch bei den Mönchssittichen (*Myiopsitta monachus*), die ihr gemeinschaftliches Nest bevorzugt in Palmen, aber auch anderen Bäumen errichten.

10 Eiablage, Brut und Aufzucht der Jungvögel

Arterhaltende Vogelzucht bedeutet Eiablage unter den für die Arten typischen Verhältnisse und die Brut und Aufzucht der Jungvögel den Eltern zu überlassen. Damit beginnt bereits bei der Eiablage arterhaltende Vogelzucht, denn ein vollständiges

Gelege ist das Ziel und man erhält es in der Regel am sichersten, wenn man die Eier von Legebeginn an im Nest belässt. Nicht immer ist das möglich. Mitunter werden die Gelege nicht vollständig getätigt. Dann entscheidet der Status der Art in Menschenobhut, ob die Eier im Inkubator künstlich bebrütet werden. Nicht selten sind die Neststandorte durch Prädatoren gefährdet, oder ein Gelege wird während der Brut verlassen. Auch hier ist die Kunstbrut die einzige vernünftige Möglichkeit im Sinne der Arterhaltung. Die anschließende Handaufzucht ist dann die Alternative zur natürlichen Aufzucht der Jungen. Trotzdem muss an dieser Stelle betont werden, dass gewerbsmäßige Handaufzucht in der Absicht maximaler Gewinnerzielung nicht im Sinne arterhaltender Vogelzucht ist. Während der Handaufzucht ist besonders auf die Zeit der Prägungsphase zu achten. Die Jungtiere sollten, um anschließend als vollwertige Individuen der Gehege-Population zur Reproduktion innerhalb ihrer Art beitragen zu können, keinesfalls auf den Menschen (Pfleger) als Kontaktpartner geprägt sein. Das gilt ebenfalls für als Ammen genutzte artfremde Vögel oder artfremde Jungtiere während der Aufzuchtphase.

Es ist vorteilhaft über die zu erwartende Anzahl der Eier eines Geleges Kenntnis zu haben.

Die Anzahl der Eier eines Geleges schwankt von Art zu Art mitunter deutlich (Abb. 7). Einige Arten legen nur ein einziges Ei, wie es beispielsweise bei vielen Fruchttaubenarten, aber auch Pinguinen der Fall ist. Andere wiederum legen mehr als zwanzig Eier, bei den Hühnervögeln ist das nicht selten. Aber auch innerhalb einer Art ist die Eizahl eines Geleges von verschiedenen Faktoren abhängig. Bekannt ist, dass das zu erwartende Nahrungsangebot einer der Faktoren ist, aus wie vielen Eiern ein Gelege zur Zeit des Nahrungsangebots besteht. Das kann von Jahr zu Jahr deutlich schwanken. Deshalb kann es vorkommen, dass Vögel in Volieren größere Gelege (ständiges Nahrungsangebot) tätigen, als ihre Verwandten in der freien Natur. Während der Eiablage sollte den Vögeln die nötige Ruhe eingeräumt werden. Nicht alle Vögel dulden Nestkontrollen, und reagieren nicht selten mit Unterbrechungen des Legeinterwalls oder dem Verlassen des unvollende-

Abb. 7 Das Gelege der Feldlerche (*Alauda arvensis*) besteht aus 2–6 Eiern und liegt gut getarnt in höherem Gras in einer Bodenmulde. (Foto: Werner Lantermann)

ten Geleges. Manche Vögel reagieren derart sensibel, dass sie bereits bei einem spürbaren Blickkontakt mit ihrem Pfleger das Gelege verlassen. Auch in den Volieren sollte man den natürlichen Vorgängen den entsprechenden Freiraum lassen.

Während der Brut ist Fingerspitzengefühl gefragt. Nestkontrollen sind ein geeignetes Mittel, um bei unbefruchteten Gelegen rechtzeitig ein Nachgelege zu erzielen. Jedoch sind auch bei Nestkontrollen von Art zu Art und von Individuum zu Individuum Kenntnisse über den Duldungsgrad der Vögel vonnöten. Nicht selten ist dabei der Verlust des Geleges zu beklagen. Durch fluchtartiges Verlassen des Nestes können die Eier Schaden nehmen. Manche Arten (Anatiden) bespritzen bei solchen Kontrollen das Gelege mit Kot und stellen damit den Schlupferfolg infrage. Günstig ist es, wenn man Nestkontrollen in die Brutpausen der Vögel verlegt. Manche Vögel verlassen grundsätzlich bei Erscheinen des Pflegers das Nest, dann sind Nestkontrollen relativ einfach. Andere bleiben auf dem Gelege sitzen. Dann werden Nestkontrollen schon schwieriger. Es gibt jedoch auch brütende Vögel, bei denen der Bruttrieb so stark ausgeprägt ist, dass man den Vogel leicht anheben kann, um so das Gelege zu kontrollieren. Das kann auch an einem bedingungslosen Vertrauen zum Pfleger liegen.

Es gibt einige Besonderheiten während der Legeperiode und der anschließenden Brut. So variiert der Brutbeginn in dieser Zeit von Vogelart zu Vogelart. Manche brüten bereits ab dem ersten Ei (zahlreiche Papageienarten), andere zeitigen grundsätzlich erst das Vollgelege und beginnen erst dann mit der Brut. Auch die Beteiligung der Geschlechter an der Brut ist unterschiedlich. Bei vielen Arten brüten grundsätzlich nur die weiblichen Vögel, bei anderen beteiligen sich beide Partner an der Brut. Nicht selten setzen sich die Männchen während der Abwesenheit des Weibchens auf die Eier, ohne wirksam zu brüten. Sie beschützen lediglich das Gelege. Auch die Brutzeit insgesamt fällt sehr unterschiedlich aus. Während der Buntspecht (*Dendrocopos major*) und auch andere Spechte mit dem Minimum von 10 Tagen Brutzeit auskommen (Abb. 8), braucht der Südstreifenkiwi (*Apteryx australis*) fast 90 Tage (Abb. 9). Besondere Vorsicht sollte man während der Schlupfphase walten lassen, denn sowohl zwischen den schlüpfenden Küken, als auch zu dem brütenden Vogel bilden sich Kommunikationskontakte immer stärker

Abb. 8 Der Buntspecht (*Dendrocopus major*) hat mit rund 10 Tagen eine der kürzesten Brutzeiten aller Vögel. (Foto: Jörg Asmus)

Abb. 9 Die längsten Brutzeiten unter den Vögeln mit rund 90 Tagen haben die Kiwis. Im Foto links der Verfasser, daneben Herausgeber Jörg Asmus und Ramona Heukendorf bei der Bewunderung eines Nordstreifenkiwis (*Apteryx mantelli*) im Berliner Zoo. (Foto: Hans-Joachim Rüblinger)

aus. Sie dienen den schlüpfenden Küken auch zur Koordination eines möglichst nahe beieinander liegenden gemeinsamen Schlüpfens, sowie einer möglichst verlustarmen Bewältigung nachfolgender Entwicklungsstufen, wie dem Verlassen des Nestes bei Jungvögeln, welche kurz nach dem Schlupf bereits das Nest verlassen (Bezzel 1985; Bezzel und Prinzinger 1990; Perrins 2004).

Bei der Aufzucht der Jungvögel ist entscheidend, welchem Entwicklungstyp der Nachwuchs nach dem Schlupf entspricht. Grundsätzlich werden Nesthocker, Nestflüchter und Platzhocker unterschieden. Bei Nesthockern bleiben die Jungvögel zunächst im Brutnest, während Platzhocker sich in unmittelbarer Nähe des Nestes aufhalten. Typische Nesthocker finden wir bei den Singvögeln, Greifvögeln, Papageien und Tauben. Mit noch verschlossenen Augen und Gehörgängen sind sie völlig hilflos auf die Fürsorge ihrer Eltern angewiesen. Ihre Haut ist überwiegend nackt und lediglich mit einem spärlichen Dunenkleid bedeckt. Sie werden von den Eltern gefüttert, gewärmt und beschützt. Sobald sie sich entsprechend entwickelt haben, sehen und hören können und das Schutzkleid sich vom Dunenkleid in ein Federkleid wandelt, versuchen sie vorsichtig das Nest zu verlassen.

Während der Aufzucht der Jungen müssen sich meist auch Körnerfresser und Fruchtfresser auf animalische Kost zur Versorgung der Jungen umstellen. Der Züchter hat dann dafür zu sorgen, dass dieser Entwicklungsstufe und dem Bedarf angepasst entsprechend Nahrung zur Verfügung steht. Der Zuchterfolg hängt dann oft davon ab, ob der Züchter den Aufwand der Vögel zur Nahrungssuche im Freiland auch in die Voliere übertragen kann. In den natürlichen Lebensräumen sind die Elterntiere den ganzen Tag über damit beschäftigt, genügend Futter herbeizuschaffen. Sie legen dabei oft erhebliche Strecken zurück und dabei vergeht Zeit. Der fütternde Vogel findet, am Nest angekommen, ständig sperrende (geöffnete Schnäbel) Junge vor und versorgt in der Regel den am weitesten geöffneten Schnabel. Dabei versorgt er meist auch den Vogel, dessen Fütterung am weitesten zurückliegt. Der Bedarf an Futter für die Nestlinge ist in dem Maße vorhanden, dass die fütternden Elterntiere beim Eintreffen am Nest immer geöffnete Schnäbel vorfinden, eine Animation zur Nahrungssuche.

In der Voliere beträgt der Weg von der gefüllten Futterkrippe zum Nest oft nur wenige Meter oder noch kürzer. Die Jungvögel können zügig versorgt werden, und es könnte verhängnisvolle Folgen haben, wenn sie keinen Hunger mehr verspüren und die Schnäbel nicht mehr aufsperren und damit die Animation zum Füttern negativ beeinflussen. Ist der Fütterungstrieb einmal erloschen, kann es geschehen, dass er auch nicht wieder aktiviert werden kann und die Jungen müssen verhungern. Meist werden sie dann aus dem Nest geworfen und der Züchter wundert sich, dass trotz voller Futterkrippen die Jungen am Boden liegen.

Zur Aufzucht von Jungvögeln gibt es im Handel ein umfangreiches Angebot, entsprechend dem natürlichen Bedarf. Dennoch sollte man daran denken, dass man auch in dem natürlichen Umfeld mit Wiesenplankton oder durch mit Hilfe von Lichtfallen erbeuteten Insekten den Speiseplan noch etwas aufbessern kann.

Mit Platzhockern hat man es zu tun, wenn man sich mit der Haltung und Zucht von verschiedenen Seevögeln (Möwen, Seeschwalben, Alken) beschäftigt. Die Jungen nehmen durch ihre Jungenentwicklung den Brutplatz zwar noch kurze Zeit in Anspruch, sind aber in der Lage, ihn sehr zeitig zu verlassen, um bald die nähere Umgegend zu erkunden. Verschiedene Sinnesorgane und eine ausreichend ausgebildete Motorik binden sie nur bedingt an den Brutplatz.

Während Nesthocker in der Regel bei Baumbrütern vorkommen, brüten Nestflüchter meist am Boden. Ausnahmen bestätigen auch hier die Regel. So brüten die Feldlerchen (*Alauda arvensis*) als typische Nesthocker am Boden (Abb. 10). Auch weitere Singvogelarten brüten zumindest in Bodennähe.

Andererseits brüten die *Mergus*- und *Bucephala*-Arten wie auch weitere Anatiden-Arten in Baumhöhlen, oft hoch über dem Erdboden. Dabei benutzen sie oft verlassene Spechthöhlen. Nach dem Schlupf springen die Küken aus der Bruthöhle und schweben begünstigt durch das Daunenkleid und den dadurch relativ großen

Abb. 10 Zu den Bodenbrütern unter den Singvögeln gehört die Feldlerche (*Alauda arvensis*). Ihre Gelege und Jungvögel sind damit besonders gefährdet. (Foto: Jörg Asmus)

Abb. 11 Schellenten
(*Bucephala clangula*) sind
typische Baumbrüter. Als
Brutstandorte nutzen sie u. a.
verlassene Spechthöhlen.
(Foto: Jörg Asmus)

Luftwiderstand wie eine Feder aus teils großen Höhen zu Boden. Danach werden sie durch die Mutterente und durch ständige Rufe eingesammelt und zum Wasser geführt. Beispiele solcher Baumbrüter sind Gänsesäger (*Mergus merganser*), Schellenten (*Bucephala clangula*) (Abb. 11) und Mandarinenten (*Aix galericulata*).

Schwäne, Gänse und Enten sind typische Nestflüchter. Während Schwäne und Gänse dabei als Familienverband in Erscheinung treten, führen bei den meisten Entenarten überwiegend nur die Mütter die Jungen. Die männlichen Enten (Erpel) finden sich in dieser Zeit zu teils gemischten Junggesellengemeinschaften zusammen, um ihr Großgefieder zu wechseln. Zu den typischen Nestflüchtern zählen auch die Laufvögel und Hühnervögel, ferner Steißhühner, Rallen und Kraniche. Voraussetzungen für ein so zeitiges Verlassen des Brutnestes sind ein dichtes Daunenkleid, bereits gut funktionierende Sinnesorgane (Sehen und Hören) und eine ausreichend ausgeprägte Motorik. Die Küken müssen in der Lage sein, ihren Eltern schnellstmöglich zu folgen und bereits, teilweise unter Anleitung der Eltern, Nahrung aufzunehmen. Alles, was sich bewegt und als Nahrung infrage kommen könnte, ist für die frisch geschlüpften Küken von Interesse. Küken der Eiderenten (*Somateria* spec.) ernähren sich in den ersten Tagen beispielsweise von Mücken, denen sie unentwegt nachstellen (Bezzel und Prinzinger 1990).

Auch bei der Gehegehaltung ist der natürlichen Aufzucht unter Führung der Elterntiere der Vorrang einzuräumen. Nicht immer wird es möglich sein, da bei einigen Arten die Eltern zu hektisch und aufgewühlt agieren und dadurch den Erfolg der Aufzucht infrage stellen können. Durch die Elterntiere aufgezogene Junge haben einen entscheidenden Vorteil, sie haben damit auch eine artgerechte Prägungsphase durchlebt und werden bei der späteren Partnersuche nicht fehlgeleitet. Nicht angeborene Fähigkeiten werden so in einem Lernprozess durch die Alttiere vermittelt. Das betrifft bei einigen Arten auch die Nahrungsaufnahme. Die Regulierung der Körpertemperatur (Hudern) wird durch Küken und Eltern in einem sich entwickelnden Prozess bis zur Vollendung vollzogen.

Muss die Aufzucht der Jungtiere durch den Pfleger erfolgen, ist für eine geeignete Wärmequelle zu sorgen. Aufzuchtbox, Wärmeplatte oder auch eine Wärmelampe sollten für alle Fälle immer anwendungsbereit zur Verfügung stehen. Zu beachten ist dabei, dass den Jungtieren immer auch ein kälterer Bereich zur Verfügung stehen muss. Auch in der Natur werden die Küken nur bei Bedarf gehudert. Wenn überhaupt, hat diese Art der Aufzucht den Vorteil, dass hochwertiges Aufzuchtfutter ausschließlich den Jungtieren geboten werden kann. Lernprozesse bei der Nahrungsaufnahme, sofern erforderlich, müssen nun ebenfalls vom Pfleger übernommen werden. Bei Wasservögeln eignen sich hierfür besonders Wasserlinsen, da sie in der Regel mit zahlreichen Wasserinsekten durchmischt sind. Bei manchen Arten muss man den Küken die Nahrung mittels Pinzette oder Holzspießchen vorhalten, damit sie die Futteraufnahme erlernen. Sich bewegende Futtertiere erwecken dabei besonders ihr Interesse.

Auch wenn es zu dem Thema Prägung bei Vögeln noch viele offene Fragen gibt, sollte man die Aufzucht verschiedener Arten in *einem gemeinsamen* Aufzuchtabteil vermeiden. Die sexuelle Prägung erfolgt zu einem Zeitpunkt, zu dem noch kein diesbezügliches Erfolgserlebnis möglich ist, also zu einem sehr frühen Zeitpunkt. Dennoch wird häufig beobachtet, dass sich geschlechtsreife Vögel immer wieder zu Partnern anderer Arten hingezogen fühlen, wenn sie mit denen gemeinsam aufgewachsen sind. Die Prägung erfolgte auf das Erscheinungsbild einer anderen Art (Bezzel und Prinzinger 1990).

11 Fazit

Die Haltung von Vögeln in ihrer natürlichen Erscheinungsform und deren Vermehrung in menschlicher Obhut ist als ein wichtiger Beitrag zur Arterhaltung zu betrachten. Vogelhaltung und Vogelzucht müssen durch die rasant voranschreitende Zerstörung natürlicher Lebensräume und damit der Lebensgrundlagen der Vögel als eine Möglichkeit der in dieser Form möglichen Gegensteuerung des Verlustes eines Teils der biologischen Vielfalt gesehen werden. Arterhaltende Vogelzucht heißt auch, Freilandpopulationen und die in menschlicher Obhut gehaltenen Populationen der Vogelarten als Einheit zu betrachten. Die immer wieder propagierte und auch einseitige Sichtweise auf den Artenschutz im Freiland als einziges Mittel zur Arterhaltung wird auf Dauer nicht ausreichen. Nur wenn wir beides – den Artenschutz im Freiland und die Erhaltungszucht in menschlicher Obhut – als Einheit sehen und in breiten Kreisen von Verantwortungsträgern auch danach handeln, könnte es gelingen, einen Teil der augenblicklich noch vorhandenen Artenvielfalt für die Nachwelt zu erhalten.

Literatur

Attenborough, D. (1999). *Das geheime Leben der Vögel*. Bern/München/Wien: Scherz.
Bergmann, H. H. (1987). *Die Biologie des Vogels*. Wiesbaden: Aula.
Bezzel, E. (1985). *Kompendium der Vögel Mitteleuropas: Nonpasseriformes – Nichtsingvögel*. Wiesbaden: Aula.

Bezzel, E. (1993). *Kompendium der Vögel Mitteleuropas: Passeriformes – Singvögel*. Wiesbaden: Aula.

Bezzel, E., & Prinzinger, R. (1990). *Ornithologie*. Stuttgart: Ulmer.

Harrison, C. (2004). *Jungvögel, Eier und Nester der Vögel Europas, Nordafrikas und des Mittleren Ostens*. Wiebelsheim: Aula.

Perrins, C. (2004). *Vögel der Welt. München*. Wien/Zürich: BLV Verlagsgesellschaft.

Spillner, W., & Zimdahl, W. (1990). *Feldornithologie*. Berlin: Deutscher Landwirtschaftsverlag.

Geruchs-orientierte Partnerwahl bei Vögeln und ihre Relevanz für die arterhaltende Vogelzucht

Franz Stäb

Inhalt

1   Fortpflanzungsstrategien im Tierreich

Die sexuelle Fortpflanzung bietet bei den meisten Tierarten und ausnahmslos bei allen Wirbeltierarten, d. h. auch bei Vögeln, die einzige Möglichkeit innerhalb einer artgleichen Population, die Gene aus dem jeweils hälftigen Genpool beider Elterntiere optimal neu zu kombinieren und an die jeweiligen Nachkommen weiterzugeben (Leditzky und Pass 2011; Kamiya et al. 2014). Besonders wichtig ist hierbei eine geeignete Neukombination der Gene, die für ein funktionelles Immunsystem codieren. Dies betrifft vor allem die individuell hoch variablen Gene des sogenannten *Major Histocompatibility Complexes* (MHC). MHC – Gene codieren für individuell sehr variable Eiweissstrukturen (MHC-Peptide), die die genetische und immunologische Einzigartigkeit eines Individuums charakterisieren (Ziegler 2003). Dadurch erhalten deren Nachkommen ein individuell einzigartiges Genprofil mit vermeintlich bestmöglicher individueller Chance zu überleben und auch erfolgreicher eigene Fortpflanzungspartner zu finden. Innerhalb einer artgleichen Population kann sich somit eine möglichst breite genetische Vielfalt erhalten. Die MHC-Peptide binden auf der Zelloberfläche Parasitenbestandteile von infizierten Körperzellen (z. B. von Viren, Bakterien, Pilze, Würmer) und präsentieren diesen Komplex den Immun-

F. Stäb (✉)
Echem, Deutschland

© Springer-Verlag GmbH Deutschland, ein Teil von Springer Nature 2021
W. Lantermann, J. Asmus (Hrsg.), *Wildvogelhaltung*,
https://doi.org/10.1007/978-3-662-59604-3_76

zellen, die dann eine immunologische Abwehrreaktion gegen die Parasiten starten. Ohne die Komplexierung der Parasitenbestandteile durch die MHC-Peptide reagiert das Immunsystem nur schwach oder gar nicht. Je vielfältiger das MHC-Repertoire eines Individuums ist, umso besser können Parasitenbestandteile gebunden und dem Immunsystem effektiv präsentiert werden. Ferner gibt es Hinweise, dass Parasiten-populationen dadurch einen stetigen evolutionären genetischen Druck auf ihre lokal verfügbaren Wirtspopulationen ausüben und damit das MHC-Rezeptorrepertoire ihrer potenziellen Wirte spezifisch an die lokal vorhandene Parasitenpopulation anpassen, d. h. optimieren können und somit auch den individuellen MHC-Geruch als integraler Bestandteil des Körpergeruchs eines Individuums (Loiseau et al. 2011; Eizaguirre et al. 2012; Sorci 2013; Kamath et al. 2014). Dadurch kann sich eine artgleiche Population an eine sich stetig verändernde Umwelt und Parasitenpopula-tion kontinuierlich anpassen und dadurch längerfristig überleben.

Interessanterweise verfolgen bei der Fortpflanzung, Natur bedingt, die Männchen und Weibchen einer Art sehr unterschiedliche Strategien, obwohl beide Geschlechter Partner bevorzugen, die einen möglichst großen Reproduktionsungserfolg garantie-ren. Evolutionär haben sich zwei Grund-Typen der sexuellen Partnerwahl bei Wir-beltieren entwickelt. Zum einen die sogenannte intrasexuelle Wahl (z. B. bei Rothir-schen, Robbenartigen), bei der das physisch stärkste Männchen einer Population im direkten Kampf mit dem Nebenbuhler das Recht zur alleinigen Paarung mit allen Weibchen eines Rudels vor Ort erwirbt (Kappler 2012b). Zum anderen die interse-xuelle Wahl (z. B. bei Fischen, Reptilien, Vögeln und einigen Säugetierarten), bei der die Weibchen ihre männlichen Geschlechtspartner anhand deren individuellen, genetisch festgelegten Merkmale auswählen (Kappler 2012a).

Bei vielen Tierarten ist der individuelle Aufwand für eine erfolgreiche Fortpflan-zung bei den Weibchen meist wesentlich höher als bei den Männchen. Außerdem wäre die Chance der Weibchen in einer artgleichen Population, Anteile aus dem weiblichen Genpool innerhalb ihrer Population an die Nachkommen weiterzugeben, aufgrund ihrer deutlich geringeren Zahl an Geschlechtszellen (Eizellen) im Ver-gleich zu denen der Männchen (Spermien) relativ gering. Dadurch würden die Männchen einer Population durch den naturgegebenen Vorteil zu häufigen Kopula-tionen mit vielen artgleichen Partnerinnen und der Menge an einsetzbaren Spermien den Genpool dieser Population absolut dominieren. Eine optimale Durchmischung sowohl des weiblichen als auch des männlichen Genpools der Population einer Art bietet jedoch einen wichtigen Selektionsvorteil im Kontext zu einer stetig notwen-digen, genetischen Anpassung der Art an sich ständig verändernde Umweltbedin-gungen und ebenso sich verändernde Parasitenpopulationen in dem jeweiligen Habitat (Loiseau et al. 2011; Eizaguirre et al. 2012; Sorci 2013; Kamath et al. 2014). In diesem natürlichen Wettstreit um die Zusammensetzung des Genpools einer Art zwischen den Geschlechtern verfolgen Weibchen bei der Reproduktion deshalb nicht die männliche Strategie, möglichst viele Nachkommen zu erzeugen (d. h. Quantität statt individueller Qualität), sondern Nachkommen zu erzeugen, die ein gutes und erfolgreiches Erbgut haben und für die der deutlich höhere weibliche Mehraufwand bei der Reproduktion auch lohnt, d. h. die Reproduktionsstrategie der Weibchen fokussiert auf Qualität statt Quantität bei der Fortpflanzung.

1.1   Fortpflanzungsstrategien bei Vögeln

Das natürliche Fortpflanzungsverhalten bei Vögeln umfasst diesbezüglich ein besonders vielfältiges Verhaltensspektrum mit z. T. hoher Variabilität zwischen den einzelnen Gattungen und teilweise sogar zwischen einzelnen Arten. Dabei können sich diese artspezifischen Strategien bei der Partnersuche, d. h. Partnerattraktion, Wettstreit zwischen gleichgeschlechtlichen Konkurrenten und finale Auswahl eines potenziell geeigneten Geschlechtspartners, so deutlich unterscheiden, dass sie oft auch der natürlichen Abgrenzung zwischen den Arten dienen. Die Bestandteile der Balz stellen hierbei sogenannte Schlüsselreize dar, die den Paarungsinstinkt eines potenziellen Partners stimulieren. Der relative Aufwand beim Balzritual ist Ausdruck eines entsprechend starken sexuellen Selektionsdrucks, der evolutionär zu besonders ausgefallenen männlichen Merkmalen und Verhaltensweisen bei Arten führen kann. Durch die selektive Partnerwahl der Weibchen werden dann solche besonders attraktiven, männlichen Merkmale weitervererbt und in der Population genetisch manifestiert (Tschirren et al. 2012). Im Extremfall können sich auf diese Weise auch neue Unterarten oder sogar Arten entwickeln.

In diesem Zusammenhang sind z. B. die sehr unterschiedlichen, artspezifischen Balzstrategien und das außergewöhnlich bunte Prachtgefieder der Männchen bei Paradiesvogelarten oder bei *Pipra*-Arten (Stymacks 2018) zur Attraktion von artgleichen weiblichen Geschlechtspartnern zu nennen. Der Besitz eines definierten Reviers und dessen räumliche Abgrenzung durch Dominanz in Gefiederpracht, physischer Präsenz und/oder Gesang gegenüber anderen männlichen Konkurrenten ist hierbei eine wesentliche Voraussetzung, um die potenziellen Geschlechtspartner möglichst nahe mit Aussicht auf Erfolg anlocken zu können. Zusätzlich haben manche Vogelarten z. T. kuriose Spezialvarianten im Balzverhalten entwickelt (Abb. 1). So engagieren z. B. dominante Männchen bei den Blaubrustpipras (*Chiroxiphia caudata*) für ihre Balz mehrere artgleiche männliche „Gehilfen" (sogenannte Wingboys) mit denen eine individuelle Balzchoreografie einstudiert wird, um diese dann interessierten Weibchen zu präsentieren. Der berühmte „Moonwalk" im Balzrepertoire der Gelbhosenpipra-Männchen (*Ceratopipra mentalis*) hat unter Vogelkennern schon Kultstatus. Manche Vogelarten, wie z. B. Kranich- und Flamingo-Arten, balzen in gemischtgeschlechtlichen Gruppen oder laufen in einzigartiger Weise paarweise übers Wasser, wie z. B. Lappentaucher-Arten (z. B. Renntaucher *Aechmophorus occidentalis*). Andere Vogelarten, wie die optisch unscheinbaren Laubenvögel (Abb. 2), bauen sehr aufwändige, individuell gestaltete, mit farblich abgestimmten Gegenständen geschmückte Nester (Lauben), um Weibchen zu erobern. Die Vielfalt an arttypischen Gesangsvarianten ist in der Vogelwelt bei den Singvögeln besonders ausgeprägt (Bergmann und Helb 2008; Slade et al. 2017).

Nicht immer unterscheiden sich jedoch die Geschlechtspartner innerhalb einer Art durch für den Menschen deutlich sichtbare oder hörbare Geschlechtsmerkmale. Bei Arten, die sich in ihrem Äußeren nicht unterscheiden lassen, spielen vermutlich andere, mit den menschlichen Sinnen kaum wahrnehmbare, geschlechtsspezifische Signale und Verhaltensweisen eine wesentliche Rolle im Zusammenspiel der artgleichen Partner (Abb. 3).

Abb. 1 Die Haubentaucher (*Podiceps cristatus*) haben ein Balzritual entwickelt, bei dem Männchen und Weibchen sich gegenseitig Geschenke in Form von Futter oder Nistmaterial überreichen. (Foto: Jörg Asmus)

Bei Vögeln ist der Typus der intersexuellen Partnerwahl, bei dem das Weibchen den Partner bestimmt, die Regel. Bei Vogelarten, deren artspezifische, intersexuelle Fortpflanzungsstrategie evolutionär auf einen Revierbesitz der artgleichen Männchen angewiesen ist (McDonalds et al. 2017) scheinen hier zunächst die Männchen im Vorteil, die aufgrund ihrer physischen Dominanz Reviere erobern und für eine hinreichende Zeit verteidigen können (z. B. Arena-Balz, u. a. bei Paradiesvögeln, Pipras, Rauhfußhühnern). Allerdings, bei all diesen Varianten der intersexuellen Partnerauswahl wählen die Weibchen letztendlich dennoch den Geschlechtspartner aus, der ihnen gemäß seiner individuellen Gene am besten zur erfolgreichen Reproduktion geeignet erscheint.

Eine in den letzten Jahren rasch anwachsende Zahl an wissenschaftliche Publikationen belegt, dass Vogelweibchen ihren männlichen Geschlechtspartner vor allem nach dessen genetisch festgelegtem, individuellem Profil seiner MHC-Gene auswählen (Arct et al. 2010; Fox et al. 2019; O'Connor et al. 2019). Dadurch werden die eigenen, weiblichen MHC-Gene optimal ergänzt und damit eine bestmögliche Vielfalt des MHC-Genprofil der Nachkommen gewährleistet. Das Profil der MHC-Gene eines Individuums ist einzigartig und nur bei eineiigen Zwillingen gleich. Je vielfältiger das Repertoire der MHC-Gene (MHC-Polymorphismus) eines Individuums ist, desto besser kann dessen Immunsystem auf Infektionen reagieren. Diese genetische Anpassung des individuellen MHC-Profils von Generation zu Generation innerhalb einer Population kommt einem stetigen Update des Immunrepertoires der Individuen einer Population gleich. Deshalb bestimmt die genetische Vielfalt bei den

Abb. 2 Einige Arten der eher
unauffällig gefärbten
Laubenvögel, hier ein
Weißohr-Laubenvogel
(*Ailuroedus buccoides*), bauen
aufwändig geschmückte
Nester, mit denen sie die
Aufmerksamkeit der
Weibchen auf sich ziehen.
(Foto: Werner Lantermann)

Abb. 3 Gerade unter den hoch entwickelten Neuweltpapageien, wie diesen Grünwangenamazonen (*Amazona viridigenalis*), sind die Geschlechter äußerlich nicht unterscheidbar. Hier müssen andere Mechanismen bei der Partnerwahl eine Rolle spielen. (Foto: Werner Lantermann)

MHC-Genen der Nachkommen deren Überlebenschance und damit den Reproduktionserfolg eines Elternpaares innerhalb einer Wildvogelpopulation und letztlich das Überleben der Population.

Hier stellt sich jedoch die Frage, wie bei Wildvögeln die selektive Erkennung des individuellen Profils der MHC-Gene eines Partners funktionieren kann, wenn dies für die Vögel weder optisch noch akustisch identifizierbar ist. Bei Vögeln wurde bisher als gesichert angenommen, dass deren Geruchssystem weitgehend unterentwickelt ist. Bei vielen Wirbeltierarten gibt es diesbezüglich bereits seit längerem Hinweise, dass artgleiche Tiere die sogenannten MHC-Gene von Individuen der gleichen Art riechen und nach Geschlecht und Verwandtschaftsverhältnis qualifizieren und zur einer gezielten Partnerwahl zum Zwecke einer optimalen Vielfalt in den MHC-Genen einer artgleichen Population nutzen können (Brennan 2004; Kamiya et al. 2014).

2   Geruchs-dominierte Partnerwahl im Tierreich

Den Satz: „Diese Person kann ich nicht riechen" hat fast jeder von uns schon einmal gehört oder gar selbst gebraucht oder wenigstens insgeheim gedacht. Gemeint war dabei aber eigentlich nicht ein manchmal objektiv deutlich wahrnehmbarer, unangenehmer Körpergeruch eines Mitmenschen mit mangelhafter Hygiene. Stattdessen beschreibt dieser Satz eher ein diffuses Gefühl der Ablehnung, das einen im Umgang mit manchem Mitmenschen beschleichen kann, ohne dass damit eine bewusste Geruchswahrnehmung zu verbinden ist. Gefühle, so glaubt man gemeinhin, sind sowieso etwas nicht konkret Fassbares, gleichsam Immaterielles, Mystisches – und sogenannte Instinkte gibt es ja nur bei Tieren. Wir Menschen glauben, wir sind eigentlich rein rational gesteuert und treffen alle unsere Entscheidungen selbstbewusst, frei und unabhängig nach eigenem Willen. Neuere Forschungen im Bereich der Neurobiologie und Verhaltensbiologie liefern jedoch immer mehr konkrete Hinweise, dass sowohl das tierische als auch das menschliche Sozialverhalten und vor allem auch die Partnerwahl durch unbewusst wahrgenommene, chemische Geruchssignale und nicht nur durch vermeintlich rationale Entscheidungen maßgeblich beeinflusst werden (Brennan 2004; Leinders-Zufall et al. 2004; Brennan und Zufall 2006; Overath und Natsch 2018). Zumindest erscheinen auch diesbezüglich die Unterschiede zwischen Mensch und Tier nicht mehr so gravierend, wie man das vielleicht gerne glauben möchte.

Wir kennen Alle auch die Floskel: „Zwischen uns stimmt die Chemie" (Abb. 4). Kaum einer, der diese Floskel benutzt, um damit das gute Verhältnis zu einem Partner zu beschreiben, glaubt aber wirklich daran, dass bei dieser so beschriebenen, zwischenmenschlichen Beziehung tatsächlich reine Chemie im Spiel ist. Deshalb erscheint es dem Laien vielleicht obskur oder gar absurd, dass nun ausgerechnet Chemie ein wesentlicher natürlicher Faktor bei der nicht-verbalen zwischenmenschlichen und -tierischen Kommunikation mit signifikantem Einfluss auf das Sozialverhalten, die Partnerwahl und die damit verbundenen überlebenswichtigen Anpassungsfähigkeit der Arten an sich stetig ändernde Umweltbedingungen haben soll.

Abb. 4 Zwischen diesen
Salomonenkakadus (*Cacatua*
ducorpsii) scheint „die
Chemie zu stimmen". (Foto:
Jörg Asmus)

Fakt ist jedoch, dass alle Lebewesen, ob Virus, Bakterium, Pilz, Pflanze oder Tier
(inkl. Mensch) aus einer überschaubaren Zahl an natürlich vorkommenden, aber per
se leblosen chemischen Grundsubstanzen (Elemente) bestehen, wie z. B. Kohlen-
stoff, Sauerstoff, Wasserstoff, Stickstoff, Schwefel, Kalzium, Phosphor, Eisen, die
nach einem noch nicht völlig verstandenen mathematisch-physikalisch-chemischen
Grundprinzip auf „wundersame Weise" reproduzierbar zusammengebaut, zu einer
Vielzahl an biologisch verschiedenartigen Lebewesen mit individuellen Merkmalen
geworden sind. Ohne die genannten chemischen Komponenten kann aber nirgendwo Leben existieren. Demzufolge sollte es dann nicht mehr ganz so sehr
überraschen, dass auch die soziale Kommunikation zwischen potenziellen Sexualpartnern einer artgleichen Population, insbesondere bei Wirbeltieren, maßgeblich
direkt über individuell spezifische, chemische Signale in Form von Geruchsfaktoren
erfolgt.

Bei einer rein naturwissenschaftlichen Betrachtung dieser aktuellen Erkenntnisse
zu evolutionären Mechanismen des Lebens auf diesem Planeten und ggf. im ganzen
Weltall erscheinen diese höchst relevant, insbesondere im Kontext zu Entstehung
und Erhaltung von Arten. Neuere, naturwissenschaftlich gesicherte Befunde belegen
zweifelsfrei, dass quer durch das Tierreich, wie bei Insekten (z. B. Seidenspinner),
bei Fischen (z. B. Stichlingen) oder bei Säugetieren (z. B. Mäusen) nachgewiesen,
die *freie* Partnerwahl meist geruchs-orientiert, vornehmlich durch das Weibchen,
innerhalb einer artgleichen Gruppe erfolgt. Dies scheint neben den bekannten
Strategien, wie z. B. Balzverhalten, Prachtfärbung und Revierbesitz des Männchens
vornehmlich durch olfaktorisch übertragene, körpereigene chemische Geruchsstoffe
(u. a. Pheromone) gesteuert zu sein (Gahr et al. 2018). Das heißt auch im Tierreich
muss die „Chemie" zwischen den Partnern stimmen, um eine Paarbildung positiv zu
beeinflussen.

Bei einigen Wirbeltierarten ist es bereits sicher nachgewiesen, dass entsprechende, genetisch festgelegte Geruchsrezeptoren zur individuellen Identifizierung
des Geschlechts, des Sozialstatus und der Individualität eines jeden Tieres innerhalb
einer artgleichen Tiergruppe vorhanden sind und überraschender Weise auch auf der

Zelloberfläche der Immunzellen des selben Individuums zu finden sind (Milinski et al. 2013; Andreou et al. 2017). Demnach dienen diese identischen Rezeptoren einerseits dem Immunsystem eines Individuums zur Erkennung von schädlichen Keimen und Parasiten und andererseits der optimalen Wahl eines potenziellen Partners innerhalb einer artgleichen Population per individuellem Geruch entsprechend des individuellen Typus seines Körpergewebes. Jedes Individuum hat davon ein eigenes spezielles Set an solchen Rezeptoren und Geruchsfaktoren, das sich mehr oder weniger deutlich vom Set eines anderen Individuums einer artgleichen Population unterscheidet (Overath und Natsch 2018). Nur eineiige Zwillinge haben das gleiche Set und den gleichen Gewebe-Typus. Dabei ist es für die Anpassungsfähigkeit einer artgleichen Population an sich stetig ändernde Umweltbedingungen (z. B. spezifische lokale Parasitenpopulationen) für deren längerfristiges Überleben essenziell, dass innerhalb der Gesamtpopulation eine möglichst hohe, individuell aber breit verteilte Diversität solcher Rezeptor-Varianten bereitgehalten werden (Eizaguirre et al. 2012; Kamath et al. 2014).

In den bisher untersuchten Wirbeltierpopulation gibt es deshalb erwartungsgemäß auch eine außergewöhnlich große Vielfalt an Varianten der Gene (Gen-Polymorphismus), die speziell für diese Geruchs-Rezeptoren codieren im Vergleich zu einer deutlich geringeren Häufigkeit von Variationen im übrigen Genspektrum einer artgleichen Population. Bei diesen Rezeptoren handelt es sich um chemisch sehr variable Eiweißstrukturen, die die immunologische Einzigartigkeit eines jeden Individuums, gleichsam eines individuellen, genetisch festgelegten chemischen Fingerabdrucks bedingen (Leinders-Zufall et al. 2004).

Da innerhalb einer gleichartigen Population ein Individuum seinem potenziellen Partner aber nicht ansieht, wie sein individuelles Repertoire an diesen Eiweißstrukturen aussieht, hat die Natur dieses überlebenswichtige kommunikative Problem bei der genetisch optimalen Partnerfindung auf geniale Weise über den diese Information enthaltenden, individuellen Geruch eines vielleicht passenden Partners gelöst. Dabei werden die individuellen Geruchsstoffe (Liganden) des einen potenziellen Partners von den dazu passenden Rezeptoren des anderen potentiellen Partners nach dem Schlüssel-Schloss-Prinzip chemisch gebunden, um dann über spezielle Geruchsrezeptoren des jeweiligen Empfänger ein spezifisches neuronales Signal ans Gehirn zu senden, das dort zu einer Entscheidungshilfe bei der Partnerwahl verarbeitet wird. Auch die Wiedererkennung des eigenen Nachwuchses oder des Verwandtschaftsgrades von Individuen innerhalb einer Population, und bei Vögeln sogar der eigenen Eier (Caro et al. 2015; Golüke et al. 2016; Leclaire et al. 2017b; Caspers et al. 2017), soll über dieses geruchsorientierte Prinzip erfolgen. Inzucht schwächt u. a. das Immunsystem der Nachkommen und damit der gesamten Population, weil dadurch eine genetische Verarmung in der Vielfalt dieser arteigenen Rezeptorvarianten innerhalb einer Population entsteht. Innerhalb des Stammbaums der Wirbeltiere sorgt vermutlich ein entsprechend genetisch festgelegter, übergeordneter „Stammbaum dieser Rezeptortypen" dafür, dass Artgrenzen bei der geruchs-orientierten Partnerwahl nicht so ohne weiteres überschritten werden, da artfremde Signale bei der Partnerwahl vermutlich nicht mehr über die arteigenen Rezeptoren erkannt werden.

Es scheint deshalb bei der freien Partnerwahl von großem Vorteil auch für die artgleiche Population zu sein, dass die diesbezüglichen Gene des potenziellen Partners sich innerhalb des artspezifischen Spektrums optimal (d. h. nicht automatisch maximal) von dem des anderen Partners unterscheiden. Dies verhindert innerhalb einer artgleichen Population sogenannte Inzucht und verleiht der Nachkommenschaft ein genetisch von beiden Elternteilen stammendes, nach Vorauswahl durch das Weibchen bedarfsgerecht neu kombiniertes, d. h. individuell optimiertes Rezeptorrepertoire und gewährt damit die Voraussetzung für eine schnell angepasste immunologische Abwehrfähigkeit z. B. gegen die jeweils lokal aktuell existierenden Parasitenpopulationen. Außerdem bedingt dieses, für jedes geschlechtsreife Individuum einer Art gleichermaßen leicht und sofort verfügbare, weil geruchsvermittelte, arttypische Partnerwahlsystem, dass einerseits die Artengrenze innerhalb einer Art unter normalen Umständen bewahrt wird, andererseits erlaubt es und fördert es aufgrund seiner genetisch potenziell großen Kombinationsvielfalt die Bildung von Unterarten oder neuer Arten, wenn sich verändernde Umweltbedingungen dies erfordern.

2.1 Geruchs-orientierte Partnerwahl bei Vögeln

Was zur geruchs-orientierten Partnerwahl bei vielen Wirbeltierarten schon seit einiger Zeit international gut erforscht und dokumentiert ist, kommt bei Vögeln erst vor relativ kurzer Zeit mehr in den wissenschaftlichen Fokus (O'Connor et al. 2019). Vorher war zu olfaktorisch-beeinflusster Partnerwahl bei Vögeln wenig bekannt, da man ja auch bis vor kurzem noch annahm, dass das Geruchsempfinden bei Vögeln generell unterentwickelt und deshalb relativ bedeutungslos ist. In einem Beitrag über die Sinne der Papageien weist Hoppe (2018) auf der Grundlage wissenschaftlicher Daten darauf hin, dass auch der Geruchssinn bei Papageien durchaus gut entwickelt ist und er ihnen demnach als Orientierungshilfe und bei der sozialen Kommunikation dienen könnte (Abb. 5). Auch bei Geiern wurde bereits vermutet, dass deren Geruchssinn gut entwickelt ist (Corfield et al. 2015). Über den aktuellen Stand des Wissens der internationalen Forschung zum Geruchssinn bei Vögeln im allgemeinen und insbesondere zu geruchs-orientierter Partnerwahl bei Vögeln wurden dann erstmals 2018 im vereinsinternen *Journal der Gesellschaft für arterhaltenden Vogelzucht e.V.* (GAV) und danach in einem öffentlich zugänglichen Journal für Vogelzüchter berichtet (Stäb 2019).

Da jedoch innerhalb einer artgleichen Population eine signifikante Änderung im Repertoire z. B. des Gesangs oder des Prachtgefieders evolutionär erst über einen Zeitraum von vielen Generationen erfolgen kann, ist begründet anzunehmen, dass diese Parameter bei der finalen Partnerwahl, wie oben bereits beschrieben, eigentlich nur eine untergeordnete Rolle spielen können, um eine rasche Anpassung an aktuelle Umweltbedingungen zu ermöglichen.

Bewusst wahrnehmbare Geruchssignale (wie z. B. Rosenduft) werden auch bei Vögeln über den Riechnerv der Nase ins Großhirn geleitet und dort verarbeitet. Dagegen wird der individuelle Geruch des Immunsystems (MHC-Geruch) eines

Abb. 5 Neuere
wissenschaftliche
Erkenntnisse deuten darauf
hin, dass der Geruchssinn bei
den Papageien nicht nur bei
der Nahrungsauswahl,
sondern auch bei der sozialen
Kommunikation eine wichtige
Rolle spielt (Scharlachara *Ara
macao*). (Foto: Werner
Lantermann)

potenziellen Partners, vermittelt durch dessen unbewusst riechbaren persönlichen
MHC-Moleküle, über den Riechnerv nicht ins Großhirn, sondern in den Bereich des
Hypothalamus und des limbischen Systems des Gehirns weitergeleitet, in dem u. a.
die Sexualfunktionen neuronal gesteuert werden (Golüke et al. 2019).

Experimentell riechunfähig gemachte, artgleiche Vogelweibchen wählen in einer
artgleichen Population dagegen nach dem Zufallsprinzip auch nah verwandte Partner aus (Caspers et al. 2015).

Die olfaktorisch orientierte Partnerwahl und das Sozialverhalten innerhalb der
arteigenen Gruppe über volatile körpereigene Geruchsstoffe (MHC-Moleküle)
scheint demnach bei Vögeln in sehr ähnlicher Weise wie bei allen anderen Wirbeltierarten zu erfolgen (Caro und Balthazart 2010; Caro et al. 2015; Golüke et al. 2016;
Leclaire et al. 2017a; Lenz et al. 2018; Overath und Natsch 2018). Die entsprechenden, individuell spezifischen Geruchsstoffe interessierter Partner werden vermutlich
bei der Balz oder bei näherem Kontakt über die Umgebungsluft verbreitet und von
den spezifischen Geruchsrezeptoren des Empfänger-Vogels unbewusst registriert
und als rein instinktgesteuerte Entscheidungshilfe bei der Partnerwahl oder auch
bei der sozialen Kommunikation in der Population verwendet (Caspers et al. 2017;
Leclaire et al. 2017a).

Die chemischen Vorläufer dieser speziellen Geruchsstoffe, die bei Wirbeltieren
über Körpersekrete (z. B. Schweiß, Hautdrüsensekrete) in die Umgebung verteilt
werden, scheinen für die Partnerwahl bei Vögeln u. a. auch verteilt über das
Bürzeldrüsensekret auf der relativ großen Oberfläche des Gefieders in volatiler Form

verfügbar zu sein. Bei der Freisetzung der volatilen Komponenten dieser Geruchsstoffe aus dem Gefieder in die Umgebungsluft, könnten auch dort lebende Bakterien noch hilfreich beteiligt sein, indem sie die nicht-volatile chemische Vorläufer aus dem Bürzeldrüsensekret in eine volatile Form zersetzen, die dann von den Geruchsrezeptoren potenzieller Weibchen erkannt werden können (Maraci et al. 2018).

Ein weiterer, bemerkenswerter Nutzen eines optimiert angepassten Immunsystems (d. h. MHC-Vielfalt) der Nachkommenschaft besteht möglicherweise darin, dass insbesondere die Söhne eines solchen Elternpaares durch ihren variantenreichen MHC-Geruch vergleichsweise attraktiver für andere artgleiche Weibchen sein können und dadurch besonders populationsgenetisch wirksam werden können (Jennions und Petrie 2000; Tschirren et al. 2012; Booksmythe et al. 2017; Lenz et al. 2018; Moehring und Boughman 2019). Weibchen, die sich mit einem Partner mit hoher MHC-Divergenz paaren, scheinen größere Gelege und mehr Männchen unter ihren Nachkommen zu haben (Sardell und DuVal 2013). In der aktuellen wissenschaftlichen Literatur gibt es Hinweise, dass ein hoher männlicher MHC-Polymorphismus oft auch mit anderen, für Weibchen potenziell attraktiven Merkmalen (z. B. Gefieder- und/oder Gesangs-Varianten) zusammen auftreten kann (Tschirren et al. 2012; Slade et al. 2017).

3   Weitere MHC-abhängige Fortpflanzungsmechanismen

Neben der oben beschriebenen, relativ häufig vorkommenden, geruchs-dominierten Partnerwahl monogamer Vogelarten paaren sich u. a. bei polygamen Hühnervogelarten die Weibchen mit mehreren Geschlechtspartnern (Polyandrie), wobei hier neben dem Geruch auch andere Merkmale der gewählten Männchen (Revier, „Gesang", Prachtgefieder, Balzverhalten) zunächst eine vorentscheidende Rolle spielen können (Slatyer et al. 2012; Lichtenauer et al. 2019) (Abb. 6). Bei solchen Arten werden dann erst im Nachhinein, d. h. postkopulativ, im Uterus aus den dort gespeicherten Spermien unterschiedlicher Männchen, die genetisch am besten zu den weiblichen MHC-Genen passenden zur Befruchtung der Eier durch biologische Mechanismen final selektiert (Wei Tan et al. 2017; McDonalds et al. 2017; Lenz et al. 2018; Fox et al. 2019; Moehring und Boughman 2019).

Bei anderen Vogelarten (z. B. Bartmeisen, Staffelschwänze u. a.) leben die Weibchen z. T. dauerhaft in einem engen Familienverband nah verwandter Vögel und suchen sich auch aus diesem Familienverband die „offiziellen" Partner, paaren sich dann aber „heimlich" auch mit anderen Partnern außerhalb des eigenen Familienverbandes (Lifjeld et al. 2019; Downing et al. 2017; Moehring und Boughman 2019). Das heißt, die Weibchen nutzen hier die Vorteile einer familiären Gemeinschaft, auch für die oft gemeinsam erfolgende Aufzucht der Jungen, und vermeiden aber durch „heimliche" Polyandrie trotzdem Inzucht und können aufgrund der familiären Helfer bei der Jungenaufzucht pro Jahr bis zu 4 Bruten (z. B. Bartmeisen) durchführen. Eine Haltung solcher Wildvogelarten im Familienverband auch während der Brutzeit in einer geräumigen Voliere kann deshalb zum Bruterfolg wesentlich beitragen. In all diesen natürlich vorkommenden Varianten der Partnerwahl und

Abb. 6 Weithin hörbare
Laute von erhöhter Warte aus
spielen beim
Halsbandfrankolin
(*Francolinus francolinus*) zur
Balzzeit eine
vorentscheidende Rolle bei
der Partnerwahl. (Foto:
Werner Lantermann)

Fortpflanzung scheint die finale Befruchtung der Eier im Uterus aber stets nach genetisch optimierten Selektionskriterien (u. a. MHC-abhängig) zu erfolgen.

4 Relevanz für die Praxis in der arterhaltenden Wildvogelzucht

Die nun vorliegenden Forschungsergebnisse belegen, dass definierte geruchs-orientierte Auswahlkriterien bei der Partnerwahl die genetische Vielfalt und insbesondere den MHC-Polymorphismus innerhalb einer Population in der freien Natur bestimmen und erhalten. Daraus lassen sich auch neue Perspektiven für die Wildvogelzucht ableiten. Zusätzlich sind für die arterhaltende Wildvogelzucht wissenschaftliche Befunde von besonderem Interesse, die vor allem bei schwarmbildenden Vogelarten beschreiben, dass die geschlechtsreifen Söhne aufgrund ihres sehr ähnlichen MHC-Geruchs (Familiengeruch) einen negativen Einfluss auf das Brutverhalten der Schwestern oder nah verwandten Weibchen haben können, wenn sie in Geruchsnähe zusammen gehalten werden (Caspers et al. 2015). Deshalb kann es bei der Zucht von Vorteil sein, die nahverwandten, männlichen Nachkommen spätestens beim Erreichen der Geschlechtsreife aus der Zuchtgruppe geruchsneutral (z. B. anderer Zuchtraum) zu entfernen. Bei vielen herdenbildenden Säugetierarten ist in diesem Zusammenhang ja auch bekannt, dass die geschlechtsreifen, männlichen Nachkommen aus der Herde vertrieben werden.

Allerdings, bei Zwangsverpaarungen genetisch nah verwandten Vögel einer Art können diese natürlichen, geruchs-dominierten Schutzmechanismen zur Verhinderung von Inzucht durch den überbordenden Sexualtrieb (sexueller Notstand) der so verpaarten Vögel aufgrund fehlender sexueller Alternativen dominiert werden. Vergleichende wissenschaftliche Studien zeigen jedoch, dass bei derartigen Zwangsverpaarungen genetisch nah verwandter Vögel, die Gelegegrößen, Befruchtungs- und Schlupfraten sowie die Überlebensraten der Jungen signifikant kleiner sind als bei freier Partnerwahl und die so zwangsverpaarten Weibchen weniger engagiert bei der Jungenaufzucht sein können (Arct et al. 2010).

Allerdings ist darauf hinzuweisen, dass die bisher adressierten Mechanismen der individuellen Partnerwahl bei Vögeln ja nur den Beginn eines artspezifischen Brutablaufs beschreiben. Mögliche postkopulative Spermienselektion im Uterus des Weibchen oder spezifische Genselektion in der bereits befruchteten Eizelle im Verlauf einer Allelsegregation während der Meiose (Lenz et al. 2018) sowie eine funktionierende Kooperation der Partner während der Brut und während der erfolgreiche Aufzucht des Nachwuchses sind weitere wesentliche Parameter, die das Überleben einer Population in einem Habitat auch bei Vögeln zusätzlich entscheidend beeinflussen können.

4.1   Potentielle Analyseverfahren für die genetische Zuchtauswahl

Eine gezielte und verlässliche Auswahl von genetisch geeigneten Wildvogelpaaren zum Erhalt einer genetisch breit strukturierten Wildvogelpopulation in menschlicher Obhut anhand ihres individuellen MHC-Profils zur Zucht von Nachkommen mit einem bestmöglichen MHC-Profil erfordert neue, preisgünstige, kommerziell erhältliche Analyseverfahren. Molekularbiologische Methoden zur zuverlässigen Analyse des individuellen Körpergewebe-Typus (entspricht dem MHC-Typus) beim Menschen sind fast Laborroutine, da diese vor allem vor einer Organtransplantation zwingend zum Einsatz kommen. Die immunologisch bedingte Abstoßungsreaktion von Organtransplantaten erfolgt, wenn Organspender und -empfänger nicht einem sehr ähnlichen gemeinsamen Gewebe-Typus (MHC-Typus) zugehören. Deshalb muss der individuelle MHC-Typus des Spenders und des Empfängers vor jeder Transplantation auf Kompatibilität (d. h. größtmögliche Ähnlichkeit) geprüft werden. Diese bereits gut etablierte Methodik zur MHC-Typisierung beim Menschen könnte deshalb auch in der Tierzucht für eine breitere Anwendung etabliert werden, da der individuelle Gewebe-Typus mit dem genannten individuellen Geruchsrezeptorsystem korreliert.

Molekularbiologische Methoden zur sicheren Bestimmung des Geschlechts oder viraler Infektionen bei Vögeln mittels DNA-Analyse, die vor kurzem noch sehr teuer waren, sind inzwischen Routine und relativ kostengünstig bei diversen kommerziellen Prüflabors allgemein verfügbar. Insbesondere auch für die arterhaltende Zucht könnten ähnliche molekularbiologische Methoden zur Identifizierung des individuellen MHC-Profils zur gezielten Vorauswahl von potenziell geeigneten Zuchtpartnern Verwendung finden. Gerade bei sehr seltenen, vom Aussterben bedrohten Vogelarten, die ggf. nicht zur eigenständigen Partnerwahl in Gruppen gehalten

werden können und oft per se weniger reproduktiv sind, könnte diese Methodik eine
zusätzliche Unterstützung für eine zielgerichtete und damit erfolgreichere Vorauswahl von potenziellen Paaren (Geruchsfavoriten) anhand deren individuellen Typus
des Geruchs-Rezeptor/-Liganden – Sets aus einer vorhandenen Gruppe bieten
(Charge et al. 2014; Leclaire et al. 2017a; Caspers et al. 2017). Langwierige und
am Ende trotzdem erfolglose Versuche bei Zwangsverpaarungen, basierend auf evtl.
nur lückenhaft vorhandenen Daten aus Zuchtbüchern oder rein empirisch, nach dem
Prinzip Versuch und Irrtum, könnten damit eher vermieden werden (Abb. 4).

Zur Etablierung einer kostengünstigen Standard-Methodik zur Identifizierung des
individuellen Geruchssystems bei Vögeln benötigt man jedoch interessierte, kompetente Partner aus universitärer Wissenschaft und/oder Industrie. Noch ist diese Technik
keine allgemein verfügbare Routine in der Tierzucht (Lenz et al. 2009). Auch hier
entscheidet vielleicht in näherer Zukunft die Nachfrage die allgemeine Verfügbarkeit
und den Preis. Kommerzielle Angebote für die Zucht von Rassehunde sind allerdings
schon offiziell verfügbar, wenn auch bei Tierärzten noch umstritten (Zinkant 2018).

Aber auch ohne die Möglichkeit einer molekularbiologischen Typisierung bei der
arterhaltenden Vogelzucht können die bisher verfügbaren wissenschaftlichen Daten
zur geruchs-orientierten Partnerwahl bei Vögeln von Nutzen bei aktuellen und
zukünftigen arterhaltenden Zucht-Projekten sein. Deshalb erscheint es besonders
vorteilhaft, wenn man von diesen wissenschaftlichen Erkenntnissen verlässlich profitieren kann, die postulieren, dass Wildvögel eigenständig, per Geruch den genetisch
optimalen Partner in einem vorgegebenen artgleichen Schwarm auswählen und damit
von selbst einen genetisch optimierten Nachwuchs in großen Gemeinschaftsvolieren
aufziehen (Abb. 7). Hinweise, dass selbst gewählte Partnerschaften bei Vögeln dauerhafter bestehen und verlässlicher ihren Nachwuchs aufziehen, sind in der wissenschaftlichen Literatur beschrieben (Martin-Wintle et al. 2018). Wie ebenfalls in der
Literatur beschrieben, wirken sich Parasitenpopulationen evolutionär besonders effektiv auf die Optimierung einer Immunabwehr und damit auf den betreffenden Gen-
Polymorphismus in der entsprechend komplementären Wirtspopulationen aus (Eizaguirre et al. 2012). Diesbezüglich wird es jedoch im Rahmen von arterhaltenden
Vogelzuchtprojekten zur Optimierung eines Vogel-Genpools in Menschenhand (z. B.
in Europa) außerhalb der ursprünglichen Abstammungsgebiete schwierig bleiben,
solche Vogelpopulationen, die zur späteren Auswilderung vorgesehen sind, an diese
Freilandbedingungen vor Ort, z. B. in Australien, optimal vorzubereiten. Die Verluste
durch lokal spezifische Parasitenpopulationen könnten deshalb vor allem in der ersten
Auswilderungsgeneration hoch sein.

5   Abschlussanmerkung

Die generelle Richtigkeit dieser Literaturhinweise zur geruchs-orientierten Partnerwahl bei den zahlreichen Wildvogelarten und deren verlässliche Übertragbarkeit in
die Zuchtpraxis, kann von erfahrenen Züchtern unter kontrollierten Bedingungen
oder anhand evtl. schon vorhandener Daten aus sorgfältig geführten Zuchtbüchern
von über mehrere Generationen im Schwarm gehaltenen, artgleichen Vogelpopula-

Abb. 7 Die „Zwangsverpaarung" ist bei Zuchtversuchen – gerade bei seltenen Arten – immer noch an der Tagesordnung. Eine freie Partnerwahl, wie innerhalb dieser Gruppe von Goldsittichen (*Guaruba guarouba*), verspricht dagegen eine beständigere Partnerschaft und größere Zuverlässigkeit bei der Jungenaufzucht. (Foto: Werner Lantermann)

tionen selbst überprüft und nachvollzogen werden. Experimentell könnte dies bei manchen, schnell reproduktiven Arten sogar über einen relativ kurzen Zeitraum erfolgen. Geschwisterpaarungen und Paarungen von nahen Verwandten sollten dann bei freier Partnerwahl innerhalb einer Gruppe nicht oder nur selten vorkommen, soweit eine geschlechtlich paritätische und verwandtschaftlich hinreichend unabhängige Auswahl an potenziellen Sexualpartnern in einem Schwarm zur Verfügung steht und die Fallzahlen der Paarungspartner statistisch relevant sind (d. h. wenigstens 10 Paare). Anhand solcher Daten wären dann ggf. Konsequenzen für zukünftige arterhaltende Zuchtprojekte bzgl. der diesbezüglich zu empfehlenden Haltungsbedingungen abzuleiten. Vorausgesetzt, die genannten Literaturdaten halten einer artenübergreifenden, praktischen Überprüfung stand, könnten diese Erkenntnisse mittelfristig die Erfolgsrate bei der arterhaltenden Wildvogelzucht erhöhen und gleichzeitig den Haltungsaufwand (Einzelpaarhaltung versus artgleiche Gruppenhaltung) zum Wohl der Vögel und zu Gunsten der Züchter reduzieren.

Eine stetige Weiterverfolgung der einschlägigen wissenschaftlichen Literatur erscheint demnach für interessierte Züchter auf jeden Fall den Aufwand wert und ist daher zu empfehlen.

Persönliche Berichte von engagierten Wildvogelzüchtern über eigene Beobachtungen aus der täglichen Praxis im Kontext zu den in der wissenschaftlichen Literatur publizierten Erkenntnissen zum Thema „Mechanismen der geruchs-orientierten Partnerwahl bei Wildvögeln", insbesondere bei im Schwarm gehaltenen arteigenen Wildvögeln, sind außerordentlich willkommen und werden vom Verfasser jederzeit gerne entgegengenommen (staebf@gmail.com).

Literatur

Andreou, D., et al. (2017). Mate choice in sticklebacks reveals that immunogens can drive ecological speciation. *Behavioral Ecology, 28*(4), 953–961.

Arct, A., et al. (2010). Kin recognition and adjustment of reproductive effort in zebra finches. *Biology Letters, 6*(6), 762–764.

Bergmann, H.-H., & Helb, H.-W. (2008). *Die Stimmen der Vögel Europas*. Wiebelsheim: Aula-Verlag.

Booksmythe, I., et al. (2017). Facultative adjustment of the offsprings sex ratio and male attractiveness: A systemic review and meta-analysis. *Biological Reviews of the Cambridge Philosophical Society, 92*(1), 108–134.

Brennan, P. A. (2004). The nose knows who's who: Chemosensory individuality and mate recognition in mice. *Hormones and Behavior, 46*(3), 231–240.

Brennan, P. A., & Zufall, F. (2006). Pheromonal communication in vertebrates. *Nature, 444*, 308–315.

Caro, S. P., & Balthazart, J. (2010). Pheromones in birds: Myth or reality? *Journal of Comparative Physiology A, 196*(10), 751–766.

Caro, S. P., et al. (2015). The perfume of reproduction in birds: Chemosignalling in avian social life. *Hormones and Behavior, 68*, 25–42.

Caspers, B. A., et al. (2015). Impact of kin odour on reproduction in zebra finches. *Behavioral Ecology and Sociobiology, 69*(11), 1827–1833.

Caspers, B. A., et al. (2017). Zebra Finch chicks recognize parental scent, and retain chemosensory knowledge of their genetic mother, even after egg cross-fostering. *Scientific Reports-Nature, 7*, 12859–12871.

Charge, R., et al. (2014). Can sexual selection theory inform genetic management of captive populations? A review. *Evolutionary Application, 7*(9), 1120–1133.

Corfield, J. R., et al. (2015). Diversity in olfactory bulb size in birds reflects allometry, ecology and phylogeny. *Fontiers in Neuroanatomy, 9*(102), 1–21. https://doi.org/10.3389/fnana.2015.00102.

Downing, P. A., et al. (2017). How to make a sterile helper. *BioEssays, 39*(1), 1–9. https://doi.org/10.1002/bies.201600136.

Eizaguirre, C., et al. (2012). Rapid and adaptive evolution of MHC genes under parasite selection in experimental vertebrate population. *Nature Communications, 3*(621), 1–6. https://doi.org/10.1038/ncomms16322.

Fox, R. J., et al. (2019). Sexual selection, phenotypic plasticity and female reproductive output. *Philosophical Transactions of the Royal Society London B: Biological Sciences, 374*(1768), 1–7. https://doi.org/10.1098/rstb.2018.0184.

Gahr, C. L., et al. (2018). Female assortative mate choice functionally validates synthesized male odours of evolving sticklebacks river-lake ecotypes. *Biology Letters, 14*(12), 1–7. https://doi.org/10.1098/rstb.2018.0730.

Golüke, S., et al. (2016). Femal zebra finches smell their eggs. *PLoS One, 11*(5), 1–8. https://doi.org/10.1371/journal.pone.0155513.

Golüke, S., et al. (2019). Social odour activates the hippocampal formation in zebra finches (*Taeniopygia guttata*). *Behavioural Brain Research, 364*, 41–49.

Hoppe, D. (2018). Die Sinne der Papageien. *Gefiederte Welt, 142*(11), 20–25.

Jennions, M. D., & Petrie, M. (2000). Why do female mate multiply? A review of the genetic benefits. *Biological Reviews of the Cambridge Philosophical Society, 75*(1), 21–64.

Kamath, P. L., et al. (2014). Parasite-mediated selection drives immunogenetic trade-off in plains zebras (*Equus quagga*). *Proceedings of the Royal Society B: Biological Sciences, 281*(1783), 1–15. https://doi.org/10.1098/rspb.2014.0077.

Kamiya, T., et al. (2014). A quantitative review of MHC- based mating preference: The role of diversity and dissimilarity. *Molecular Ecology, 23*(21), 5151–5163.

Kappler, P. K. (2012a). Intersexuelle Selektion: was Weibchen wollen, Kapitel 9–10. In *Verhaltensbiologie*. Berlin/Heidelberg: Springer VS.

Kappler, P. K. (2012b). Intrasexuelle Selektion: wie Männchen konkurrieren, Kapitel 8. In *Verhaltensbiologie*. Berlin/Heidelberg: Springer VS.

Leclaire, S., et al. (2017a). Odour-based discrimination of similarity at the MHC in birds. *Proceedings of the Royal Society B: Biological Sciences, 284*, 1846–1854.

Leclaire, S., et al. (2017b). Blue petrels recognize the odor of their egg. *Journal of Experimental Biology, 220*, 3022–3025.

Leditzky, W., & Pass, G. (2011). Die Bedeutung der Sexualität für Evolutionsprozesse. In M. S. Johannsen & D. Krüger (Hrsg.), *Evolutionsbiologie* (S. 65–91). Heidelberg: Spektrum.

Leinders-Zufall, T., et al. (2004). MHC Class I peptides as chemosensory signals in the vomeronasal organ. *Science, 306*(5698), 1033–1047.

Lenz, T. L., et al. (2009). RSCA genotyping of MHC for high-throughput evolutionary studies in the model organism three-spined stickleback *Gasterosteus aculeatus*. *BMC Evolutionary Biology, 9*, 57, 1–32.

Lenz, T. L., et al. (2018). Cryptic haplotype-specific gamete selection yields offspring with optimal MHC immune genes. *Evolution, 72*(11), 2478–2490.

Lichtenauer, W., et al. (2019). Indirect fitness benefits through extra-pair mating are large for an inbred minority, but cannot explain widespread infidelity among red-winged fairy-wens. *Evolution, 73*(3), 467–480.

Lifjeld, J. T., et al. (2019). Evolution of female promiscuity in Passerides songbirds. *BMC Evolutionary Biology, 19*, 169, 1–37.

Loiseau, C., et al. (2011). Plasmodium relictum infection and MHC diversity in the house sparrow (*Passer domesticus*). *Proceedings of the Royal Society B: Biological Sciences, 278*(1709), 1264–1272.

Maraci, Ö., et al. (2018). Olfactory communication via microbiota: What is known in birds? *Genes (Basel), 9*(8), 387–404.

Martin-Wintle, M. S., et al. (2018). Improving the sustainability of ex situ populations with mate choice. *Zoo Biology, 26*, 119–133.

McDonalds, G. C., et al. (2017). Pre- and postcopulatory sexual selection favor aggressive, young males in polyandrous groups of red junglefowls. *Evolution, 71*(6), 1653–1669.

Milinski, M., et al. (2013). Major histocompatibility complex peptide ligands as olfactory cues in human body oudor assessment. *Proceedings of the Royal Society B: Biological Sciences, 280*, 1755–1763.

Moehring, A. J., & Boughman, J. W. (2019). Veiled preferences and cryptic female choice could underlie the origin of novel sexual traits. *Biology Letters, 15*(2), 1–6. https://doi.org/10.1098/rsbl.2018.0878.

O'Connor, E. A., et al. (2019). Avian MHC evolution in the era of genomics: Phase 1.0. *Cells, 8*, 1152–1157.

Overath, P., & Natsch, A. (2018). Gibt es einen „Duft der Gene"? *Biologie in unserer Zeit, 48*(1), 27–35.

Sardell, R. J., & DuVal, E. V. (2013). Differential allocation in a lekking bird: Females lay larger eggs and are more likely to have male chicks when they mate with less related males. *Proceedings of the Royal Society B: Biological Sciences, 281*, 1774–1784.

Slade, J. W. G., et al. (2017). Birdsong signals individual diversity at the major histocompatibility complex. *Biology Letters, 13*(11), 1–6. https://doi.org/10.1098/rsbl.2017.0430.

Slatyer, R. A., et al. (2012). Estimating genetic benefits of polyandry from experimental studies: A meta-analysis. *Biological Reviews of the Cambridge Philosophical Society, 87*(1), 1–33.

Sorci, G. (2013). Immunity, resistance and tolerance in bird-parasite interactions. *Parasite Immunology, 35*(11), 350–361.

Stäb, F. (2019). Der Geruchssinn der Vögel – ein Schlüsselfaktor auch bei der Partnerwahl? *Gefiederte Welt, 143*(8), 18–22.

Stymacks, A. (2018). Spektakuläre Balzrituale. https://www.nationalgeographic.de/tiere. Zugegriffen am 26.12.2019.

Tschirren, B., et al. (2012). When mothers make sons sexy: Maternal effects contribute to the increased sexual attractiveness of extra-pair offspring. *Proceedings of the Biological Society of Washington, 279*(1731), 1233–1240.

Wei Tan, C. K., et al. (2017). The contrasting role of male relatedness in different mechanisms of sexual selection in red junglefowls. *Evolution, 71*(2), 403–420.

Ziegler, A. (2003). Moleküle des MHC und olfaktorische Rezeptoren: Mögliche Bedeutung im Rahmen der Reproduktion. *Journal für Fertilität und Reproduktion, 13*(4), 14–18. Ausgabe für Österreich.

Zinkant, K. (2018). Tierärzte gegen Gentests für Hunde. https://www.sueddeutsche.de/wissen. Zugegriffen am 26.12.2019.

Grundzüge der Hygiene und Prophylaxe in der Wildvogelhaltung

Monika Rinder und Rüdiger Korbel

Inhalt

1 Einleitung

In jeder Tierhaltung kommt der Verhinderung des Auftretens von Krankheiten eine große Bedeutung zu. Krankheiten können das Wohlbefinden der Vögel, ihre Lebensdauer und damit auch den Erfolg bei der Nachzucht reduzieren und darüber hinaus ein Risiko für den Menschen darstellen (Zoonosen). Es ist daher von großer Bedeutung, Faktoren zu erkennen, die ein Auftreten von Krankheiten begünstigen, damit effektive Gegenmaßnahmen getroffen werden können. Die Aviäre Influenza (klassische Geflügelpest) verursacht hohe (wirtschaftliche) Verluste und ist wegen ihres seuchenhaften Verlaufes für die gesamte Geflügelhaltung eines Gebietes von Bedeutung. Bei dieser anzeigepflichtigen Erkrankung treten gesetzlich vorgeschriebene, in der Geflügelpest-Verordnung festgelegte Bekämpfungsmaßnahmen in Kraft. Es gibt jedoch auch zahlreiche Erkrankungen mit mehr oder weniger stark ausgeprägten Symptomen, deren Ursachen häufig weniger gut bekannt sind und die oft multifaktoriell bedingt sind. Auch bei solchen Krankheiten können Maßnahmen zur Hygiene und Vorbeugung (Prophylaxe) eine wichtige Rolle spielen und Verluste reduzieren.

M. Rinder (✉) · R. Korbel
Klinik für Vögel, Kleinsäuger, Reptilien und Zierfische, Ludwig-Maximilians-Universität München, Oberschleißheim, Deutschland
E-Mail: Monika.Rinder@vogelklinik.vetmed.uni-muenchen.de; korbel@lmu.de

© Springer-Verlag GmbH Deutschland, ein Teil von Springer Nature 2021
W. Lantermann, J. Asmus (Hrsg.), *Wildvogelhaltung*,
https://doi.org/10.1007/978-3-662-59604-3_17

Die Risiken für das Auftreten von Erkrankungen und ihre möglichen Auswirkungen auf die Tiergesundheit sind variabel. Sie unterscheiden sich u. a. in Abhängigkeit von den gehaltenen Vogelarten, Standorten, Haltungssystemen und Haltungsbedingungen einschließlich Fütterung und ggf. bestehenden Vorschädigungen. Die Höhe eines Risikos wird aber bei Infektionskrankheiten auch maßgeblich vom Erreger, von den Behandlungsmöglichkeiten und von der Epidemiologie der Erkrankung beeinflusst. Die Auswahl geeigneter Maßnahmen zur Hygiene und Prophylaxe von Krankheiten basiert daher im Einzelfall auf einer Kosten-Nutzen-Analyse, bei der natürlich auch ethische Aspekte zum Erhalt der Gesundheit und des Lebens des Tieres einfließen sollten. Die Einschätzung der Kosten, also der Bedeutung einer Erkrankung für einen Bestand, ist allerdings oft schwierig. Vorbeugemaßnahmen (also der Prophylaxe) kommt daher nicht nur für das Wohl der gehaltenen Tiere, sondern auch hinsichtlich der finanziellen Kosten große Bedeutung zu. Die Prophylaxe ist i. d. R. günstiger als Bekämpfungsmaßnahmen bei bereits vorliegender Erkrankung, und sie besitzt zudem einen hohen Stellenwert bei der Verringerung des Einsatzes von Antibiotika und der Vermeidung der Entstehung von Antibiotika-Resistenzen. „Vorbeugen ist die beste Medizin" ist daher eines der wichtigsten Grundprinzipien, welches auch für die Vogelhaltung Gültigkeit hat.

2   Medizinische Grundlagen

Oft führt erst eine komplexe Wechselwirkung von unterschiedlichen Faktoren zum Auftreten einer Erkrankung. Allein das Vorkommen eines Erregers reicht dazu in vielen Fällen nicht aus. In der Regel spielen bei einer Krankheitsentstehung drei Hauptkomponenten eine Rolle: das sogenannte Agens, die Umwelt und der Wirt (hier der Vogel). Diese Faktoren stehen in ständiger Wechselwirkung.

Das Agens im weiten Sinne umfasst infektiöse und nichtinfektiöse Ursachen, z. B. Nahrungsmängel oder -überschüsse, Chemikalien (Gifte oder Allergene), physikalische Einflüsse (Kälte oder Trauma) oder Infektionserreger. Zu den letztgenannten gehören Prionen, Viren, Bakterien, Pilze und Parasiten. Bei den Infektionserregern ist es wichtig zu wissen, dass einzelne Erreger eine unterschiedliche Infektionsdosis benötigen, um eine Krankheit auszulösen. Dies hängt von der Stärke der krankmachenden Eigenschaften ab, die zwischen einzelnen Erregerarten oder sogar Erregerstämmen einer einzelnen Art variiert. So gibt es große Unterschiede zwischen Salmonellen-Varianten. Einige Varianten sind stark krankmachend (pathogen), und bei ihnen reicht die Aufnahme weniger Keime aus, um eine Erkrankung auszulösen. Andere Varianten lösen erst dann Krankheiten aus, wenn viele Keime in der Umwelt vorkommen und vom Vogel dann auch in großer Zahl aufgenommen werden. Bei diesen schwach krankmachenden Salmonellenvarianten reicht als Maßnahme zur Verhinderung einer Erkrankung eine Reduktion des Infektionsdruckes aus, also eine Verringerung der Zahl der Salmonellen in der Umgebung. Eine völlige Freiheit von Salmonellen ist in diesem Fall nicht notwendig (Martin 2017).

Die Umwelt ist eine weitere Determinante von Erkrankungen. Umweltbedingungen, die Stress verursachen, können das Immunsystem des Vogels und damit die Widerstandsfähigkeit gegenüber Erkrankungen beeinträchtigen. Dazu gehören Extreme von Temperatur und Feuchtigkeit, Schadgase in der Luft, eine schlechte Einstreuqualität, unzureichende Zugangsmöglichkeit zu Futter oder Wasser, unvertraute Geräusche, unzureichende Licht- oder Beleuchtungsqualität oder eine zu hohe Besatzdichte. Manche Krankheitserreger können unter bestimmten Bedingungen in organischen oder anorganischen Bestandteilen der Umwelt überleben und sich vermehren, so dass hier Erregerreservoire entstehen können. Beispiele sind stehendes Wasser oder Mist. Auch Nagetiere, Wildvögel oder Insekten können als Reservoire für Erreger in der Umwelt vorkommen.

Der Wirt, also in unserem Fall der potenziell zu Schaden kommende Vogel, stellt die dritte Determinante dieser Dreiecksbeziehung dar. Die Vogelart, aber auch die Prädisposition des Wirtsindividuums für Erkrankungen, welche durch seine Genetik, aber auch durch Alter, Geschlecht, Stoffwechselzustand oder Reproduktionsphase bestimmt werden, haben Einfluss auf die Widerstandsfähigkeit gegenüber einer Erkrankung. Die natürliche Resistenz eines Vogels gegen einen Erreger wird vor allem durch seine Immunkompetenz bestimmt. Ein gut funktionierendes Immunsystem kann den Einfluss einer Infektion minimieren, während sich fehlende oder überschießende Reaktionen negativ auswirken (Martin 2017).

Wichtig ist in diesem Zusammenhang auch der Begriff der Faktorenerkrankung. Darunter versteht man eine Erkrankung, die unter „normalen" Umweltbedingungen und einer unbeeinträchtigten Abwehrkraft des Wirtes nicht vorkommt, aber bei Vorliegen negativer äußerer Einflüsse, so genannten begünstigenden Faktoren, ausbrechen kann.

2.1 Verläufe von Erkrankungen

Bei der Festlegung sinnvoller Maßnahmen zur Hygiene und Prophylaxe von Krankheiten sind Grundkenntnisse zu ihrem Verlauf wichtig. Je nach Agens, einwirkenden Umweltfaktoren oder Wirt bestehen, wie oben bereits beschrieben, Unterschiede in den Folgen eines Zusammentreffens, also in der Reaktion von Vögeln und anderen Tieren auf einen Erreger. Wenn sich eine Krankheit entwickelt, kommt es nach Kontakt zwischen Erreger und Vogel zu einer Infektion, also zu einer Vermehrung des Erregers im Wirt, die dann zu pathologischen, also krankhaften Veränderungen von Organen oder Geweben im Vogel führt. Infolge dieser Organveränderungen zeigt der Vogel möglicherweise Krankheitssymptome und erholt sich irgendwann wieder oder verstirbt (Abb. 1). Es kann aber durchaus auch vorkommen, dass der bloße Kontakt zwischen Erreger und Wirt nicht zu einer Infektion führt oder dass eine Virusvermehrung keine Krankheitserscheinungen, also eine Infektionskrankheit, zur Folge hat. Unerkannt können auf diese Weise Krankheitserreger weiterverbreitet werden.

Für Krankheiten, die nicht durch Infektionserreger verursacht werden, gilt sinngemäß das gleiche. Nicht jeder Kontakt mit einem Agens führt zu einer sichtbaren

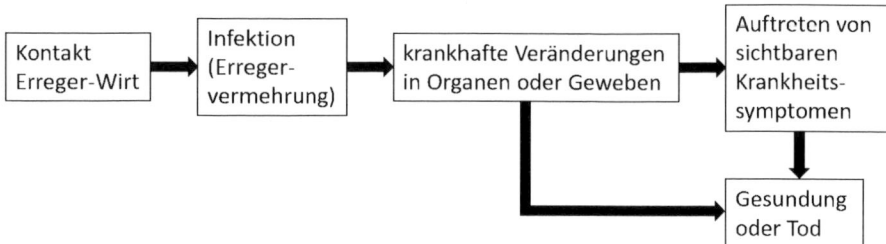

Abb. 1 Schema zum Fortschreiten von Erkrankungen (Grafik: Monika Rinder)

Erkrankung, kann aber unter Umständen zu Organveränderungen führen und so dennoch den Tierorganismus schwächen.

Wie schnell sich eine Erkrankung in einem Vogel entwickelt, hängt von dem beteiligten Agens, der Umwelt und dem Wirt ab. Der Zeitraum zwischen Infektion und Auftreten von Krankheitssymptomen wird als Inkubationszeit bezeichnet. Es gibt Krankheiten, die nach Exposition innerhalb weniger Stunden, d. h. mit einer sehr kurzen Inkubationszeit, ausbrechen und zum Tod führen können, dies wird als perakuter Verlauf bezeichnet. Ein Beispiel für eine perakut verlaufende Erkrankung ist die klassische Geflügelpest (Aviäre Influenza, Vogelgrippe) beim Nutzgeflügel. Einen akuten Verlauf, also das Auftreten von Krankheitssymptomen wenige Tage nach Kontakt, zeigen unter anderem die Newcastle Disease, also die atypische Geflügelpest, oder die Schnabel- und Federkrankheit der Papageien (PBFD) bei Jungvögeln. Subakute Krankheiten treten wenige Tage bis Wochen nach Exposition auf, wie z. B. die Kokzidiose. Bei manchen Krankheiten kann es Wochen bis Monate dauern, bis sie sichtbar werden. Dieser Verlauf wird als chronisch bezeichnet und kommt bei vielen fütterungsbedingten Erkrankungen vor, aber z. B. auch bei der Neuropathischen Drüsenmagendilatation (PDD) der Papageienvögel, einer durch Bornaviren verursachten Krankheit.

Wichtig zum Verständnis der Epidemiologie von Infektionserkrankungen und ihrer Übertragung ist die Tatsache, dass Erreger nicht nur von sichtbar erkrankten Tieren, sondern in vielen Fällen auch schon vor Ausbruch der Erkrankung und auch noch nach Gesundung in die Umwelt abgegeben werden können. Wann und wie lange eine Erregerausscheidung erfolgt, wird stark von der Art des Erregers beeinflusst. Manchmal scheiden auch Tiere, die niemals Krankheitssymptome zeigen, Erreger aus. Diese Tiere werden Träger oder Carrier genannt, ihrer Übertragungswirkung nach können sie als Vektoren bezeichnet werden.

2.2   Widerstandsfähigkeit von Erregern in der Umwelt

Wie lange Organismen in der Umwelt ihre Fähigkeit aufrecht erhalten können, Mensch oder Tier zu infizieren und Krankheiten auszulösen, also die sog. Tenazität des Erregers, hängt stark von der Erregergruppe und der chemischen Zusammensetzung der zellulären Strukturen oder Partikel ab. So besitzen Dauerstadien vieler

Tab. 1 Erhalt der Infektionsfähigkeit einiger Erreger unter unterschiedlichen Umweltbedingungen

Erreger	Überlebensdauer
Aviäre Influenzaviren	2 Tage auf sauberen Oberflächen, bis zu 30 Tage in mit Kot kontaminiertem Wasser
Mycoplasma	7 Tage in Mist
Colibakterien	11 Wochen in Mist
Kokzidienoozysten	Monate bis Jahre
Salmonellen	mehrere Jahre in Mist
Mykobakterien (aviäre Tuberkuloseerreger)	Monate, im Boden Jahre
Spulwurmeier	mehrere Jahre
Pilzsporen	mehrere Jahre
Bakteriensporen	Jahrzehnte oder länger im Boden

Parasiten eine sehr stabile Wand aus Lipiden und Glykoproteinen, die diesen Parasiten eine sehr hohe Widerstandsfähig gegen Kälte, Trockenheit, UV-Strahlung und viele chemische Desinfektionsmittel verleiht, so dass sie viele Jahre in der Umwelt überleben können. Typische Beispiele sind Spulwurmeier oder Kokzidien-Oozysten. Sehr lange in der Umwelt überstehen können auch Salmonellen oder unbehüllte Viren (z. B. PBFD-Viren oder Polyomaviren). Einen Einfluss auf die Überlebensdauer haben aber auch äußere Umweltfaktoren. So überstehen viele Erreger lange Zeit in Kot oder organischer Substanz, sie sind dann vor Austrocknen oder vor der desinfizierenden Wirkung der UV-Strahlung des Sonnenlichts geschützt. Dies hat auch praktische Bedeutung. So entscheiden vorhandener Schmutz oder mangelhafte Reinigung über Erfolg und Misserfolg von Desinfektionsmaßnahmen. Eine Übersicht über die maximale Überlebensdauer einiger Krankheitserreger unter unterschiedlichen Umweltbedingungen ist in Tab. 1 dargestellt.

2.3   Übertragungswege

Für die Entwicklung effektiver Bekämpfungsstrategien von Infektionskrankheiten ist die Kenntnis darüber, wie Erreger von einem Vogel zum anderen übertragen werden, von großer Bedeutung. Krankheitserreger unterscheiden sich sowohl in der Art und Weise der Aufnahme in einen empfänglichen Wirt als auch darin, wie sie nach ihrer Vermehrung wieder ausgeschieden werden. Häufig ist die Eintrittspforte des Erregers das Organsystem oder Gewebe, wo sich später auch Krankheitserscheinungen entwickeln. So gelangen Kokzidien, die Darmsymptome entwickeln, oral, also bei Vögeln über die Schnabelhöhle in den Verdauungstrakt. Krankmachende Bakterien der Art *Escherichia coli* verursachen Atemprobleme, wenn sie über den Respirationstrakt aufgenommen werden, während sie nach Aufnahme über kontaminiertes Futter Durchfall verursachen und nach Eindringen in eine Hautwunde Abszesse zur Folge haben können (Martin 2017).

Die Austrittspforte beschreibt, wie Erreger nach ihrer Vermehrung ihren Wirt verlassen und in die Umwelt gelangen. Dies kann über den Atmungstrakt mittels

Aerosole (Tröpfchen), z. B. durch Nasensekrete, erfolgen, wie es von Mykoplasmen bekannt ist. Der Erreger kann auch über Ausscheidungen des Verdauungstraktes, hier vor allem über den Kot, nach außen gelangen. Dies trifft für viele Magen-Darm-Parasiten zu. Unter Umständen kann eine Erregerausscheidung aber auch über Abschilferungen des Federfollikelepithels, also über Federstaub erfolgen. Dies spielt bei der durch Herpesviren hervorgerufenen Marek-Krankheit der Hühner, aber auch bei der PBFD (Psittacine Beak and Feather Disease) der Papageien eine große Rolle. Aviäre Influenzaviren gelangen über mehrere Wege aus dem Körper in die Umwelt, und zwar über Tröpfchen und Sekrete des Atemtraktes und über den Verdauungstrakt, also den Kot, im Verletzungsfall auch über Blut. Derart komplexe Ausscheidungswege erschweren häufig die Kontrolle.

Grundsätzlich kann man eine horizontale und eine vertikale Übertragung von Infektionserregern unterscheiden. Von einer horizontalen Übertragung spricht man, wenn die Weitergabe des Erregers durch Kontakt der Tiere untereinander erfolgt, meist über Tröpfchen oder Kot. Dabei kann sich die Übertragung direkt, also unmittelbar beim Kontakt von Ausscheider mit dem empfänglichen neuen Wirt, ereignen. Möglich ist auch eine indirekte Übertragung, ohne direkten Tierkontakt, mit einem Transport des Erregers durch unbelebte und belebte Vektoren. Unbelebte Vektoren sind z. B. kontaminiertes Futter, Wasser, Boden oder die Luft. Als belebte Vektoren kommen Insekten, Nagetiere oder der Mensch infrage. Insbesondere der Mensch, und dabei der Tierhalter selbst, aber auch Besucher spielen bei vielen Erkrankungen eine ganz wichtige Rolle. Die indirekte horizontale Übertragung ist der Hauptübertragungsweg von Erregern von einem Vogelbestand zum anderen.

Von einer vertikalen Übertragung spricht man, wenn Erreger direkt von den Eltern auf die Nachkommen weitergegeben werden. Bei Vögeln erfolgt dies über die Eier, also transovarial. Eine solche Übertragung ist z. B. für Mykoplasmen oder Salmonellen bekannt. Wenn Erreger sowohl vertikal als auch horizontal übertragen werden, kann ein Eintrag in einen Bestand zunächst über Bruteier erfolgen und sich die Erreger dann nach Schlupf der Küken von Tier zu Tier im Bestand ausbreiten.

Je nach erforderlicher Mindest-Infektionsdosis sind Erreger leicht oder schwer in einer empfänglichen Population übertragbar. Wenn eine große Zahl von Erregern aufgenommen werden muss, also eine hohe Infektionsdosis erforderlich ist, ist die Übertragbarkeit zwischen Tieren oft eher gering. Ein weiterer Faktor mit Einfluss auf die Ausbreitung von Erregern im Bestand ist die Höhe einer Immunität, die bereits gegen diese Erreger im Bestand vorliegt. Je höher der Anteil immuner Tiere im Bestand, desto höher ist die Wahrscheinlichkeit, dass die Erreger auf ein immunes Tier treffen, in dem sie sich nicht weiter vermehren können und desto geringer ist folglich die Wahrscheinlichkeit einer Ausbreitung. Schließlich spielen hierbei auch Stressoren aller Art, welche zu einer Verringerung der Infektionsabwehr von Einzeltieren führen können, eine wesentliche Rolle. So kann ein Überbesatz von Volieren und hierdurch bedingter (Sozial-)Stress zum Auftreten eines sogenannten „Crowding-Effektes" mit den oben beschriebenen Konsequenzen führen.

Je nach Muster des zeitlichen Auftretens kann man zwischen sporadischen, endemischen und epidemischen Krankheiten unterscheiden. Von sporadisch spricht man, wenn eine Erkrankung gelegentlich vorkommt. Häufig ist die Ursache dieser

Erkrankung unbekannt, und wegen ihres seltenen Auftretens erfolgen keine gezielten Bekämpfungsmaßnahmen. Endemisches Vorkommen beschreibt eine Situation, in der die Erkrankung kontinuierlich über die Zeit auftritt. Epidemisches Auftreten ist durch eine erhöhte Zahl von Krankheitsfällen in einer Population gekennzeichnet. Ursache für das Auftreten von Epidemien können eine erhöhte Erreger-Exposition (z. B. durch Erregereintrag über kontaminiertes Futter) sein, eine erhöhte Empfänglichkeit der Tiere durch stressige oder andere die Immunkompetenz schwächende Begleitumstände oder eine Erhöhung der Pathogenität des Erregers durch eine Mutation (wie es z. B. bei der Aviären Influenza geschehen kann). Von einer Pandemie spricht man hingegen, wenn sich eine Infektionserkrankung des Menschen überregional ausbreitet, also mehrere Länder oder Kontinente erfasst.

3 Grundlagen der Hygiene und Maßnahmen zur Vermeidung der Verschleppung von Infektionserregern (Biosicherheit)

Idealerweise soll bei Infektionskrankheiten durch Hygiene- und vorbeugende Maßnahmen eine Ausmerzung eines Erregers erreicht werden. In der Regel gelingt dies aber nicht, sondern es erfolgt lediglich eine Reduktion des Infektionsdruckes in der Umgebung auf ein erträgliches Maß, also so weit, dass Schädigung der Vögel reduziert wird. In diesem Zusammenhang spielen Maßnahmen zur Reinigung und Desinfektion eine große Rolle. Von Bedeutung sind aber auch Wasser- und Futterhygiene, die Bekämpfung von potenziellen Schädlingen in der Haltung (z. B. Insekten oder Nagetiere) und Maßnahmen, die eine Einschleppung von Erregern in den Bestand reduzieren (Biosicherheitsmaßnahmen). Impfmaßnahmen, die letztendlich ebenfalls zu einer reduzierten oder fehlenden Erregerausscheidung durch das geimpfte Tier führen, spielen bei der Verringerung der Keimbelastung in der Umwelt zwar beim Nutzgeflügel eine wesentliche Rolle, wegen fehlender Verfügbarkeit geeigneter Impfstoffe ist dieses Verfahren aber derzeit auf unter menschlicher Obhut gehaltene Wildvögel nicht übertragbar. Im Folgenden sollen die Reinigung und Desinfektion und Biosicherheitsmaßnahmen etwas genauer beschrieben werden.

3.1 Reinigung und Desinfektion

Keime, die in der Umgebung des Vogels vorkommen, also z. B. am Boden der Voliere, in der Einstreu oder an Einrichtungsgegenständen, können ein Gesundheitsrisiko für die sich dort aufhaltenden Vögel darstellen. Viele Krankheitserreger werden mit dem Kot oder mit Körperflüssigkeiten (Nasenausfluss o. ä.) ausgeschieden und können dann in der Außenwelt ihre Infektiosität, also ihre Fähigkeit, Tiere zu infizieren, unter Umständen über Wochen und Monate in Kot, Wasser oder Futterresten aufrechterhalten. Das im Allgemeinen als Schmutz wahrgenommene Material schützt dabei die Erreger vor Austrocknen oder vor der keimtötenden UV-Strahlung des Sonnenlichts.

Eine gründliche Reinigung beseitigt den Schmutz mit den darin enthaltenen Organismen, führt also dadurch schon zu einer starken Reduktion der Keimbelastung der Umwelt. Vom Tier ausgeschiedene Erreger finden in einer sauberen Umgebung zudem in der Regel weniger gute Überlebensbedingungen. Auch das kann als positiver Effekt einer Reinigung angesehen werden.

Der Begriff der Desinfektion beinhaltet Maßnahmen, die dazu führen, dass Erreger nicht mehr infizieren können. Dabei können physikalische, thermische und chemische Verfahren angewendet werden. Ein Beispiel für thermische Desinfektionsverfahren ist das Erhitzen, das im Labor beim Autoklavieren oder Abflammen angewendet wird. Desinfektionsmittel wirken chemisch. Sie zerstören Strukturen der Erregerpartikel, z. B. die Zellwand von Bakterien, die Hülle von Viren oder die Eischalen von Parasiten. Die Desinfektionsmittel reagieren dabei je nach Wirkstoff mit Fetten, Eiweiß oder anderen Bestandteilen der Krankheitserreger. Damit sie ihre Wirkung stark genug ausüben können, müssen sie in ausreichender Konzentration einwirken. Die praktische Konsequenz davon ist, dass das Aufbringen von Desinfektionsmitteln auf eine stark verschmutzte Oberfläche nicht sinnvoll ist, weil die Desinfektionsmittel dann nicht nur mit den Keimen, sondern auch mit den im Schmutz vorhandenen Stoffen reagieren und dadurch verbraucht, also inaktiviert werden können. Sie erreichen dann an der Oberfläche der Keime nicht mehr die erforderliche Konzentration, führen also nicht zu einer ausreichend starken Keimschädigung. Es ist also sehr wichtig, dass eine Desinfektion erst *nach* einer gründlichen Reinigung stattfindet. Nur dann erzielt die Desinfektion den gewünschten Effekt. Es gibt kein Produkt auf dem Markt, das auf schmutzige Einstreu, Stiefel oder Geräte gesprüht werden kann und dann 99,999 % der Keime abtötet.

Wesentliche Grundlage für eine erfolgreiche Reinigung und Desinfektion sind darüber hinaus Art und Beschaffenheit der zu reinigenden und desinfizierenden Räumlichkeiten, Flächen und Gerätschaften. Holz und andere poröse Oberflächen sind in der Regel nicht in ausreichendem Maße zu reinigen und desinfizieren. Dies sollte daher unbedingt schon vorab beim Bau von Unterbringungen beachtet werden (z. B. Beton statt Holzbauweise). Gegenstände und Werkzeuge sollten hell und glänzend sein, um Verschmutzungen leicht erkennen zu können.

Die chemischen Reaktionen, die zwischen Desinfektionsmittel und Keim, Virus oder Parasit ablaufen, benötigen Zeit, damit die Erreger ausreichend stark geschädigt werden. Das heißt, es ist darauf zu achten, dass die vom Hersteller angegebene Mindesteinwirkdauer nicht unterschritten wird. Außerdem sind viele chemische Prozesse stark temperaturabhängig. Das bedeutet für die Desinfektion, dass einige Mittel eine Mindest-Temperatur benötigen, damit sie überhaupt effektiv werden können. Sie sind dann im Winter für eine Anwendung in ungeheizten Räumen nicht geeignet.

Die 6 Schritte einer erfolgreichen Reinigung und Desinfektion

Der Arbeitsaufwand für eine erfolgreiche Reinigung und Desinfektion sollte nicht unterschätzt werden, und insbesondere der Reinigung kommt eine große Bedeutung zu (von der Lage et al. 2010). Als Faustregel kann gelten, dass etwa 80 % der Zeit für die ersten fünf Schritte der Maßnahmen, die Reinigung, verwendet wird, und die eigentliche Desinfektion, also der sechste und damit letzte Schritt, nur etwa 20 % der Zeit benötigt (McKenzie 2017).

Schritt 1: Grobreinigen

Bei der Grobreinigung werden Futter- und Tränkwasserreste sowie der grobe Schmutz mit den darin enthaltenen Erregern mit mechanischen (physikalischen) Methoden und ohne Verwendung von Wasser, also trocken, entfernt. In der Praxis erfolgt das durch Herausnehmen von Einstreu oder Käfigeinlagen, durch Abkratzen oder durch Abbürsten von auf den Oberflächen anhaftenden Kotresten. Dieser Schmutz einschließlich der darin enthaltenen Erreger wird aus der Tierhaltung oder aus dem Bestand entfernt und entsorgt. Bei der Grobreinigung wird also bereits eine starke Reduktion der Zahl der Erreger erreicht.

Schritt 2: Einweichen

Mit der Hilfe von Wasser werden alle nach der Grobreinigung noch sichtbaren Schmutzreste von den Oberflächen aufgeweicht. Ein erfolgreiches Einweichen dauert oft mehrere Stunden. Die Verwendung von Tensiden, also Seifen, kann den Vorgang des Einweichens beschleunigen. Die Hauptwirkung der Tenside besteht darin, die Oberflächenspannung des Wassers herabzusetzen, so dass es besser in Verschmutzungen eindringen kann. Diese Wirkung entfaltet sich meist erst nach einer ausreichend langen Einwirkzeit, und während dieser Zeit sollte der Seifenschaum feucht bleiben. Ein gründliches Einweichen mit einer ausreichenden Menge von Wasser kann die nachfolgende Reinigung deutlich erleichtern und verkürzen.

Schritt 3: Reinigen

Dieser Schritt sollte immer mit System durchgeführt werden. Alle Bestandteile eines Abteils, also Decken, Wände, Einrichtung, Böden, gegebenenfalls Zu- und Abluftleitungen sollten immer gleichzeitig gereinigt werden, es sollten dabei keine Ecken oder andere Stellen vergessen werden. Bei der Reinigung mit einem Hochdruckreiniger sollte immer von oben nach unten gearbeitet werden, damit herablaufende Flüssigkeit nicht bereits gereinigte Flächen verschmutzt. Günstig ist auch, wenn die Reinigungsarbeiten nicht nur unter dem Sichtwinkel im Stehen, sondern auch in hockender Position durchgeführt werden. Bei Volieren oder Käfigen gilt sinngemäß Entsprechendes, es sollte systematisch vorgegangen werden, damit keine Bestandteile vergessen werden. Hohe Wassertemperaturen oder der Zusatz von chemischen Reinigungsmitteln beschleunigen in der Regel den Reinigungsvorgang. So ermöglichen alkalische Reinigungszusätze auch bei niedrigen Wassertemperaturen ein gutes Lösen von Fetten und Eiweißstoffen.

Schritt 4: Abspülen mit klarem Wasser

Nach Ende der Einwirkzeit des Seifenschaums wird gründlich mit klarem und sauberem Wasser abgespült. Auch hier ist es günstig, wenn das Wasser mit einem gewissen Druck, also in Abteilen z. B. mit einem Hochdruckreiniger, aufgebracht werden kann. Durch das Abspülen werden die beim Einseifen aufgeweichten Schmutzbestandteile mit physikalischen Methoden entfernt, und dabei auch aus

Ritzen und Ecken und an Stellen, die weit oben und damit schwer mit Bürsten oder Kratzern erreichbar sind. Das Spülwasser mit dem darin enthaltenen Schmutz wird anschließend möglichst gut aus der Haltung entfernt, z. B. über das Abwasser. Bei Schritt 4 erfolgt also zum zweiten Mal nach Schritt 1 eine Entfernung von Keimen und anderen Erregern aus der Haltung. Wichtig ist, dass am Ende der Reinigung alle Oberflächen, Behälter und gegebenenfalls die Futter- und Wasserleitungen visuell sauber sind. Die ursprüngliche Oberflächenbeschaffenheit muss deutlich sichtbar sein. Das ablaufende Wasser sollte keine Schmutzpartikel mehr enthalten.

Schritt 5: Trocknen

Nach dem Abspülen mit klarem Wasser sollten die Oberflächen und Einrichtungs-gegenstände abtrocknen. Dieser Schritt ist zeitintensiv, besitzt aber eine große Bedeutung für den Erfolg des letzten Schritts der Maßnahmen, die Desinfektion. Ohne Trocknen würde das Desinfektionsmittel mit dem Restwasser so stark ver-dünnt werden, dass die für die Unschädlichmachung der Erreger erforderliche Konzentration nicht erreicht wird. Hinzu kommt, dass Wasserlachen oder -pfützen, die sich möglicherweise am Boden an einigen Stellen ansammeln, häufig Reste an organischer Substanz, also z. B. Eiweiße enthalten, die die Desinfektionsmittel chemisch inaktivieren und dadurch ihre Wirkung reduzieren oder gar aufheben. Es ist daher wichtig, dass bei diesem vierten Arbeitsschritt das Wasser gut abfließen kann und alle Wasserpfützen beseitigt werden, z. B. durch Verwendung eines Abziehers. Konkrete Angaben zur Dauer der Trockenzeit können nicht gemacht werden, sie variieren je nach den herrschenden Bedingungen. Eine Trocknung über Nacht ist aber meist zu empfehlen. Wärmezufuhr (z. B. die Heizung einschalten) kann das Trocknen beschleunigen. Häufig ist es nicht nötig, dass alle Flächen komplett trocken sind. Es sollte aber sichergestellt sein, dass die vor Beginn der Desinfektion vorhandene Restfeuchtigkeit das Desinfektionsmittel nicht zu stark verdünnt.

In der Tierhaltung und auch in der Wildvogelhaltung liegt das Ziel der Maß-nahmen zur Reinigung und Desinfektion primär darin, die Erregerzahl in der Umge-bung so weit zu reduzieren, dass das Risiko einer Infektion oder Übertragung so weit minimiert wird, dass Einbußen verhindert werden. Je nach Situation kann dieses Ziel bereits nach einer Reinigung, also nach Durchlaufen der Schritte 1 bis 5 ohne Durchführung der eigentlichen Desinfektion erreicht werden. Insbesondere dann, wenn in einer mit Vögeln belegten Haltung eine Desinfektion gegen bestimmte Erreger nicht möglich ist, kann durch eine gründliche Reinigung dennoch ein positiver Effekt erreicht werden.

Schritt 6: Desinfizieren

Wie bereits erwähnt, stellt eine gründliche und sorgfältige Reinigung, wie sie in den Schritten 1 bis 5 beschrieben wurde, die primäre Voraussetzung für eine erfolgreiche Desinfektion dar. Desinfektion ohne vorherige Reinigung ist nahezu wirkungslos (van der Lage et al. 2010).

Die durch Reinigung und Desinfektion erzielbare Keimreduktion ist ganz erheb-lich. Während vor der Reinigung von etwa 1 Milliarde (1.000.000.000) Keimen pro cm^2 Oberfläche ausgegangen werden kann, wird durch die Reinigung eine Verringerung der Keimzahl um 99,9 %, also auf 1 Million (1.000.000) pro cm^2 Oberfläche erreicht. Nach einer erfolgreichen Desinfektion liegt die Zahl der Keime pro cm^2 Oberfläche oft unter 1000, das entspricht letztendlich einer Reduktion um mehr als 99,999 %. Eine Sterilisation, also die vollständige Entfernung aller Keime, ist in der Landwirtschaft und in gleicher Weise auch in der Wildvogelhaltung nicht möglich. Häufig wird aber auch eine Reduktion der Keimbelastung um 99,999 % gar nicht erreicht, weil eine hohe Belastung mit organischer Substanz oder poröse Oberflächen eine so starke Reduktion verhindern. Dies ist aber zum Glück meist auch gar nicht erforderlich. Wie bereits erwähnt, liegt in der Tierhaltung und auch in der Wildvogelhaltung das Ziel der Reinigung und Desinfektion primär darin, die Erregerzahl in der Umgebung so weit zu reduzieren, dass Einbußen verhindert werden.

Auswahl des Desinfektionsmittels

In der Tierhaltung werden meistens chemische Desinfektionsmittel angewendet, die mikrobiozid wirken, also Keime abtöten können. Klassische Wirkstoffgruppen umfassen die Aldehyde (z. B. Formalin oder Glutaral), Chlorabspalter (z. B. Aktivchlor), Sauerstoffabspalter (z. B. Wasserstoffperoxid, Chlordioxid, Persäuren), Jodverbindungen, Phenole und quaternäre Ammoniumverbindungen.

Die Deutsche Veterinärmedizinische Gesellschaft (DVG) und andere Institutionen führen unabhängige Prüfungen zur Wirksamkeit von Desinfektionsmitteln durch und veröffentlichen regelmäßig aktualisierte Listen zu geprüften und für wirksam befundenen Mitteln, die zum Teil auch öffentlich frei verfügbar sind, wie es z. B. für die DVG-Desinfektionsmittellisten (www.desinfektion-dvg.de) oder die Desinfektionsmittelliste des Robert-Koch-Instituts (www.rki.de/DE/Content/Infekt/Kranken haushygiene/Desinfektionsmittel/Desinf_Listen) zutrifft. Darüber hinaus vergibt die Deutsche Landwirtschafts-Gesellschaft ein DLG-Gütesiegel für Desinfektionsmittel, die sich durch ihre Materialverträglichkeit gegenüber Stalleinrichtungen und ihr Benetzungsverhalten auszeichnen (www.dlg.org/de/landwirtschaft/tests/informatio nen-fuer-hersteller/betriebsmittel-pruefungen-und-dienstleistungen/stalldesinfek tionsmittel). Bei der Auswahl eines geeigneten Desinfektionsmittels sind diese Listen sehr hilfreich.

Desinfektionsmittel unterscheiden sich in ihrer Wirkung auf bestimmte Krankheitserreger. So sind einige Mittel nur gegen manche Viren, sogenannte behüllte Viren, effektiv. Diese Viren besitzen eine lipidhaltige äußere Hülle und können damit leicht von fettlösenden Substanzen angegriffen und geschädigt werden. Andere Mittel inaktivieren auch sogenannte unbehüllte Viren, deren äußere Begrenzung aus widerstandsfähigeren Bestandteilen aufgebaut ist. Wenn eine konkrete Krankheitsproblematik im Bestand vorliegt, kann und sollte daher eine spezielle Desinfektion durchgeführt, werden, das heißt, das Desinfektionsmittel sollte je nach vorkommendem Erreger gezielt ausgesucht werden. Im Seuchenfall ist eine solche spezielle Desinfektion besonders wichtig. Häufig soll aber lediglich im Rahmen von Hygienemaßnahmen eine allgemeine Verminderung des Keimgehaltes der Umgebung erreicht werden. Für eine solche vorbeugende Desinfektion ist es günstig, ein

Desinfektionsmittel mit breiter Wirkung gegen Viren, Bakterien und Pilze auszusuchen. Für eine vorbeugende Desinfektion reicht dann auch häufig eine geringere Wirkstoffkonzentration bei der Anwendung aus. Informationen dazu finden sich in den bereits erwähnten Desinfektionsmittel-Listen oder bei den Angaben des Herstellers.

Die meisten Desinfektionsmittel stehen als Flüssig-Konzentrate zum Kauf zur Verfügung und müssen dann auf die Anwendungskonzentration verdünnt werden. Wie stark verdünnt werden soll, ist abhängig von der Erregerzielgruppe, sie variiert also je nachdem, welche Keime vorranging inaktiviert werden sollen. Hier sollte den Angaben des Herstellers oder den Informationen neutraler Gesellschaften oder Organisationen, die sich mit der Prüfung von Desinfektion beschäftigen, wie z. B. die Deutsche Veterinärmedizinische Gesellschaft, strikt gefolgt werden. Bei der Desinfektion sehr wichtig ist, dass ausreichend Flüssigkeit auf die Flächen aufgebracht wird. Eine Mindestmenge von 400 ml pro Quadratmeter Fläche ist erforderlich.

Die Desinfektionsmittel werden häufig als Spray mit Tröpfchen mittlerer Größe oder als Schaum mit geringem Druck auf die Flächen aufgebracht. Wie lange sie einwirken müssen, ist abhängig von der Art des Mittels und der Keime, die inaktiviert werden sollen und ist der Begleitinformation des Desinfektionsmittels oder veröffentlichten Desinfektionsmittellisten zu entnehmen.

Desinfektionsmittel wirken dadurch, dass sie mit Krankheitserregern, die aus organischen Stoffen bestehen, chemische Verbindungen eingehen. Viele Desinfektionsmittel reagieren dabei, wie weiter oben schon erwähnt, nicht nur mit den Erregern, sondern auch mit anderen vorkommenden organischen Substanzen. Wenn also viel organische Substanz vorkommt, wird das Desinfektionsmittel dadurch verbraucht und steht für die Erreger nicht mehr oder in geringerer Menge zur Verfügung. Durch diesen sogenannten Eiweißfehler wird also die Erreger-schädigende Wirkung reduziert. Wie bereits beschrieben kann dieser Fehler durch eine gründliche Reinigung vor der Desinfektion vermindert werden.

Die chemischen Reaktionen, die die Desinfektionsmittel mit den Erregern eingehen, sind außerdem temperaturabhängig, sie laufen bei kalten Temperaturen teilweise zu langsam ab. Einige Desinfektionsmittel, z. B. Aldehyde, sind hier besonders empfindlich, sie werden durch Kälte sehr stark beeinträchtigt, während Peressigsäuren bei kalten Temperaturen oft noch gut einsetzbar sind. Diesem sogenannten „Kältefehler" kann also durch die Wahl eines auch in der Kälte effektiven Mittels und durch Erhöhung der Wirkstoffkonzentration begegnet werden.

Nicht zuletzt sollte sich jeder Halter aber bewusst sein, dass sich die zellzerstörende Wirkung der Desinfektionsmittel nicht nur auf Keime auswirkt, sondern oft auch vor den Vögeln oder dem Menschen nicht haltmacht. Daher sollten die je nach Desinfektionsmittel unterschiedlich starken Gefährdungen beachtet und die vom Hersteller empfohlenen Schutzmaßnahmen, wie das Tragen von Atemmasken oder Handschuhen, unbedingt beachtet werden. Nicht jedes Desinfektionsmittel ist zur Anwendung im belegten Stall oder in Räumen, in denen sich gleichzeitig Vögel aufhalten, geeignet.

3.2 Maßnahmen zur Reduktion des Eintrags von Erregern in einen Bestand

Eine große Bedeutung für die Gesunderhaltung eines Tierbestandes besitzen Maßnahmen mit dem Ziel, den Eintrag von Krankheitserregern in die Haltung zu minimieren oder gar zu verhindern. Sie sind somit sehr wichtig für die Unterbrechung von Infekt-Ketten bei Infektionen, die durch belebte oder unbelebte Vektoren indirekt von Tier zu Tier übertragen werden. Diese auch als Biosicherheitsmaßnahmen bezeichneten Aktivitäten umfassen Zugangsbeschränkungen für Mensch und Tiere sowie strikte Kontrolle der Menschen und Tiere, für die ein Zugang in die Haltung erforderlich oder, z. B. im Fall von Zukäufen, erwünscht ist. Bedeutende Komponenten sind Zutrittsverbote für Unbefugte (mit entsprechenden Hinweisschildern), regelmäßige Kontrolle und gegebenenfalls Bekämpfung von Schädlingen (z. B. Mäuse, Insekten), sowie Hygieneschleusen im Zugangsbereich zur Vogelhaltung und Quarantänemaßnahmen bei Vogel-Neuzugängen. Empfehlenswert ist, Räumlichkeiten und Gegenstände mit Schildern oder Aufklebern entsprechend zu kennzeichnen.

Hygieneschleusen

Hygieneschleusen sollen als Barriere für Krankheitserreger dienen und eine Grenze zwischen einem reinen, also „sauberen", „weißen" Bereich und einem potenziell Erreger-haltigen, „schmutzigen" oder „schwarzen" Bereich bilden. In der Regel stellt der Tierhaltungsbereich den sauberen Raum dar, während die Umgebung als der potenziell mit Erregern belastete „schwarze" Bereich anzusehen ist. Je nach Situation kann sich das aber durchaus auch einmal umkehren. Aufwand und Umfang der beim Betreten und Verlassen der Tierhaltungsräume sinnvollen Maßnahmen orientieren sich nicht nur am aktuellen Risiko einer Erregereinschleppung, sondern sicherlich auch am kommerziellen oder ideellen Wert der gehaltenen Vögel.

Der Boden und damit die Schuhe, mit denen der Mensch über den Boden läuft, sowie die Hände, mit denen alles Mögliche angefasst wird, beherbergen das größte Risiko einer Keimbelastung und damit eines entsprechenden Eintrags. Als Mindestanforderungen an eine Hygieneschleuse sind daher eine Einrichtung zum Wechseln der Schuhe und zusätzlich eine Gelegenheit zum Waschen und zur Desinfektion der Hände anzusehen. Seifen- und Desinfektionsmittelspender, die handberührungsfrei bedient erden können, leisten hier gute Dienste (Abb. 2).

Wichtig ist, dass eine Händedesinfektion mit ausreichend Desinfektionsmittel (jeweils mindestens 3 ml) und ausreichend lange (meist zwischen 30 sec und 2 min, variiert je nach Art des Desinfektionsmittels, die Information dazu ist der Gebrauchsinformation enthalten) durchgeführt wird. Alle Finger und Handflächen sollten einbezogen werden. Bebilderte Anleitungen mit Hinweisen zur korrekten Durchführung einer hygienischen Händedesinfektion finden sich in der DIN EN 1500 (Hygienische Händedesinfektion – Prüfverfahren und Anforderungen). Bei einem systematischen Vorgehen kann die Desinfektion folgendermaßen durchgeführt werden: Reiben von Handfläche auf Handfläche, dann Handfläche auf Handrücken, Reiben der Hände ineinander mit gespreizten Fingern und dann mit

Abb. 2 Mindestanforderungen an eine Händewascheinrichtung einer Hygieneschleuse. (Foto: Monika Rinder, Klinik für Vögel, Kleinsäuger, Reptilien und Zierfische der LMU München)

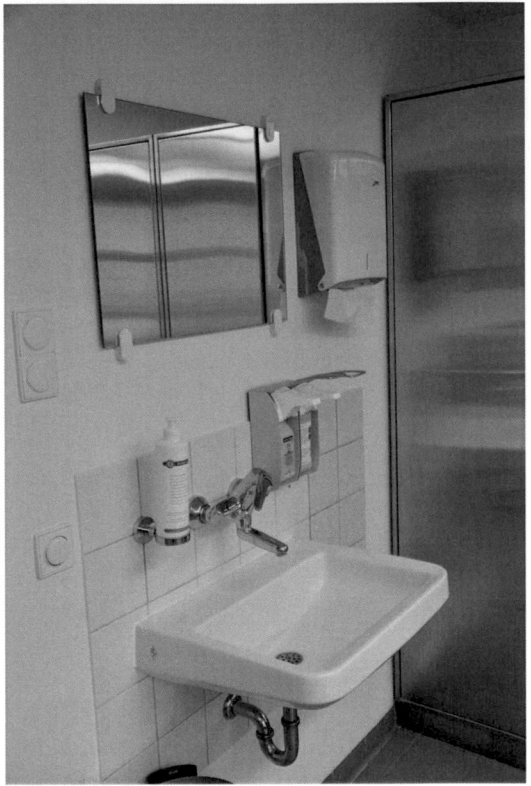

verschränkten Fingern, Abreiben des Daumens und am Ende Reiben der Fingerkuppen auf der Handfläche.

Einrichtungen zum Anlegen und Wechseln von Schutzkleidung (wie Schutzkittel, Overalls, Handschuhe) werden höheren Anforderungen an eine Hygieneschleuse gerecht. Dadurch kann auch einer Verschleppung von an der Kleidung haftenden Erregern entgegengewirkt werden. Dabei ist eine klare Abgrenzung des sauberen „weißen" vom schmutzigen „schwarzen" Bereichs hilfreich und damit eine exakte Regelung, wo Schutzkleidung einschließlich Reinraum-Schuhe getragen werden muss und wo die normale Straßenkleidung zulässig ist. Die Wechselschuhe und die Schutzkleidung sollten „betriebseigen" sein, also in den zugewiesenen durch die Schleuse geschützten Bereichen verbleiben. Sie sollten zudem regelmäßig gereinigt oder gewaschen werden. Gegebenenfalls kann der Einsatz von Desinfektionsmittelwannen, in denen die Schuhe für den Reinraum desinfiziert werden, sinnvoll sein.

Empfehlenswert und für die praktische Durchführung hilfreich ist das Anbringen von Kurzanweisungen für kritische Maßnahmen (wie z. B. die Händedesinfektion), die ggf. auch bebildert sind. Über Erfolg oder Misserfolg entscheiden, ob die Hygienemaßnahmen standardisierten Protokollen folgen und vor allem, ob sie absolut strikt eingehalten werden.

Quarantänemaßnahmen

Unter Quarantäne versteht man eine vorübergehende Isolierung von Personen oder Tieren, die von einer ansteckenden Krankheit befallen sind oder bei denen Verdacht darauf besteht. Sie dient als Schutzmaßnahme gegen eine Verbreitung der Krankheit.

Wie weiter oben bereits beschrieben wurde, können auch Vögel, bei denen keinerlei Krankheitssymptome erkennbar sind, Träger von Infektionserregern sein. Sie können diese Erreger aktuell oder zu einem späteren Zeitpunkt ausscheiden, also als Infektionsquelle für andere fungieren. Es ist möglich, dass sich diese Vögel in der Inkubationszeit einer Erkrankung befinden, also *noch* keine Anzeichen der Erkrankung zeigen, oder dauerhaft krankheitsresistent, also gesund sind. Dadurch, dass gesund erscheinende Vögel eine gewisse Zeit in einer Quarantänestation verbringen, bevor sie in den Bestand integriert werden, soll erreicht werden, dass bei Zukauf verdeckt vorliegende Krankheiten ausbrechen und erkannt werden. Von großer Bedeutung ist dabei, dass während der Quarantänezeit Untersuchungen zum Gesundheits- und Infektionsstatus der Neuzugänge durchgeführt werden können. Dadurch können sogenannte Carrier-Tiere oder Infektionen mit sehr langen Inkubationszeiten diagnostiziert werden.

Da die Inkubationszeit von Krankheiten erheblich variieren kann, ist eine exakte Angabe der Dauer der Quarantänezeit nicht möglich, sie hängt von der generellen Krankheitssituation ab. Eine Dauer von mindestens 4 bis 6 Wochen ist jedoch meist erforderlich und sinnvoll. Welche tierärztlichen Untersuchungen oder diagnostische Tests während der Quarantäne zu empfehlen sind, hängt unter anderem von wirtschaftlichen Faktoren ab und wird von der Vogelart und vom kommerziellen oder ideellen Wert der Tiere des Bestandes mitbestimmt. In jedem Fall sollte während der Quarantänezeit überprüft und überwacht werden, ob die Tiere Krankheitssymptome zeigen. Diagnostische Tests zum Nachweis von Infektionserregern sind insbesondere dann sinnvoll, wenn es sich um Krankheiten mit sehr langer Inkubationszeit handelt, deren Ausbruch während der Quarantänezeit also nicht unbedingt zu erwarten ist und die durch Fehlen entsprechender Krankheitssymptome äußerlich nicht zu erkennen sind. Außerdem ist eine labordiagnostische Untersuchung auf Erreger ratsam, für die Möglichkeiten einer Behandlung und Heilung der betroffenen Vögel oder einer Elimination der Erreger aus dem Bestand nicht existieren. Generell von hoher Bedeutung sind auch Zoonosen, also Krankheiten, die vom Tier auf den Menschen übergehen können. Unter Berücksichtigung dieser Aspekte hat sich z. B. bei Papageien zumindest eine Untersuchung auf PBFD-Viren (Circoviren), aviäre Polyomaviren, Bornaviren und Herpesviren sowie Chlamydien als sinnvoll erwiesen.

Von entscheidender Bedeutung für den Erfolg einer Quarantänemaßnahme ist, dass dabei eine Übertragung von Erregern zwischen Quarantäne und Bestand mit höchstmöglicher Sicherheit ausgeschlossen wird. Eine möglichst vollständige räumliche Abtrennung der Quarantänestation und die Einrichtung von Hygieneschleusen zum Altbestand, wie sie oben beschrieben wurden, ist also zu beachten. Einrichtungsgegenstände, Putzgeräte und ähnliches sollten strikt getrennt sein, das heißt, die Quarantänestation sollte eine eigene Ausstattung besitzen. Am besten sollten für die Versorgung der Vögel in der Quarantäne andere Personen aufkommen als für den

Restbestand. Falls das nicht möglich ist, sollten die Vögel der Quarantänestation immer erst nach den Vögeln des Altbestandes betreut werden. Wenn die Einrichtung einer räumlich abgetrennten Quarantäne im eigenen Bestand nicht möglich ist, kann auch die vorübergehende Unterbringung der Neuzugänge während der Quarantänezeit bei Freunden oder Bekannten, natürlich ohne dortiges Infektionsrisiko, eine sinnvolle Alternative darstellen.

3.3   Besondere Regelungen zur Aviären Influenza

Die klassische Geflügelpest, auch Vogelgrippe genannt, ist eine schwere Form der Aviären Influenza, die durch hochpathogene Aviäre Influenza-A-Viren der Subtypen H5 und H7 verursacht wird und bei Nutzgeflügel, insbesondere bei Haushühnern und Puten, durch eine extrem hohe Sterberate gekennzeichnet ist. Hauptsymptome sind Apathie, Atemnot, Schwellungen im Bereich des Kopfes, Blaufärbung und Schwellung an den Kopfanhängen, Durchfall, zentralnervöse Symptome, hohe Sterblichkeit und Abfall der Legeleistung. Ein perakuter, also sehr schneller Verlauf ist primär durch eine hohe, bis 100 % erreichende Sterblichkeit gekennzeichnet, die Tiere zeigen dann vor dem Verenden oft nur Anzeichen eines akuten Kreislaufversagens. Die klassische Geflügelpest unterliegt einer gesetzlich geregelten Bekämpfung, die durch die lokalen Veterinärbehörden angeordnet wird. Infektionen mit anderen Subtypen der Aviären Influenzaviren bleiben meist ohne schwerwiegende Folgen. Jedoch ist bekannt, dass niedrigpathogene Influenzaviren der Subtypen H5 und H7 nach Eintrag in Nutzgeflügelbestände zu hochpathogenen Viren mutieren können. Daher werden auch diese niedrigpathogenen Viren bei Nachweis in Geflügelbeständen durch die Behörden bekämpft.

Wegen ihrer hohen Übertragungsrate und enormen wirtschaftlichen Bedeutung hat die klassische Geflügelpest in Deutschland den Status einer anzeigepflichtigen Tierseuche. Die Verordnung zum Schutz vor der Geflügelpest (Geflügelpestverordnung) in der Fassung vom 15. Oktober 2018 (Anonymus 2018) enthält in Bezug auf die Aviäre Influenza viele wichtige Regelungen, die sich vor allem auf gehaltene Vögel (Geflügel und Gefangenschaft gehaltene Vögel anderer Arten) bezieht. Dabei wird Geflügel in der Geflügelpestverordnung definiert als Hühner, Truthühner, Perlhühner, Rebhühner, Fasanen, Laufvögel, Wachteln, Enten und Gänse, die in Menschenobhut aufgezogen oder gehalten werden. Als wesentlicher Bestandteil sind in der Geflügelpest-Verordnung zudem umfangreiche Biosicherheitsmaßnahmen zum Schutz vor der Einschleppung von Influenzaviren dargestellt, die für Geflügelbestände mit Haltung von mehr als 1000 Stück Geflügel vorgeschrieben sind.

In der Geflügelpestverordnung ist vorgegeben, dass Halter von Geflügel über Tierärztinnen und Tierärzte Ausschlussuntersuchungen zur Aviären Influenza einleiten müssen, wenn innerhalb von 24 Stunden in Kleinbeständen oder räumlich abgetrennten Abteilen von bis zu 100 Vögeln Todesfälle von mindestens drei Tieren und in größeren Hühnerhaltungen oder Abteilen Sterberaten von mindestens 2 % der Vögel auftreten. Die Pflicht zur Einleitung einer Ausschlussdiagnostik gilt auch bei Abnahme der üblichen Legeleistung oder der durchschnittlichen täglichen Gewichtszunahme um mehr als 5 % innerhalb von 24 Stunden. Für Gänse und Enten, die generell für Erkrankungen durch Aviäre Influenzaviren nicht so empfänglich sind, reicht sogar eine weniger stark erhöhte Sterblichkeit aus, genauer gesagt, Verluste von mehr als der dreifachen üblichen Sterberate der Tiere des Bestandes oder des räumlich abgegrenzten Teils des Bestandes, damit eine Ausschlussdiagnostik eingeleitet werden muss.

Wenn die Geflügelpest in einem Bestand festgestellt wurde, entscheidet die für diesen Bestand zuständige Veterinärbehörde (meist das örtliche Veterinäramt) über entsprechende Bekämpfungsmaßnahmen. Diese Maßnahmen beziehen nicht nur den von der Geflügelpest betroffenen Bestand, sondern auch Bestände mit gehaltenen Vögeln, die sich in so genannten Restriktionszonen befinden, mit ein. Dabei wird ein Gebiet mit einem Radius von mindestens 3 km um den Ausbruchsbestand, der so genannte Sperrbezirk, und ein daran anschließender, sich bis auf einen Radius von mindestens 10 km um den Ausbruchsbestand erstreckender Beobachtungsbezirk eingerichtet. Die zuständige Veterinärbehörde ordnet beim Ausbruch der Geflügelpest in der Regel nicht nur die Keulung der Tiere des betroffenen Bestandes an, sondern meist auch die Tötung von Vögeln, die in anderen Beständen des Sperrbezirks gehalten werden. Auf Antrag sind jedoch Ausnahmegenehmigungen von dieser Tötungspflicht möglich.

Maßnahmen zum Schutz von Vogelhaltungen vor der Geflügelpest
Die Gesellschaft zur Erhaltung alter und gefährdeter Haustierrassen e. V. (GEH) hat in enger Zusammenarbeit mit den Veterinärbehörden im Jahr 2019 unter dem Titel „Gesundheitsmanagement und Seuchenschutz für gefährdete Nutztierrassen" ein Handbuch für Tierhalterinnen und Tierhalter mit Grundlagen für die Zusammenarbeit mit zuständigen Veterinären herausgegeben, dessen Inhalt prinzipiell auch auf die Haltung anderer Nutzgeflügelrassen und anderer Vogelarten übertragbar ist. In diesem Handbuch, das auch online als E-Book frei verfügbar ist (www.g-e-h.de), werden die Grundsätze des Gesundheitsmanagements und Seuchenschutzes dargestellt und letztendlich Vorgehensweisen beschrieben, die als Voraussetzungen für das Erhalten einer Ausnahmegenehmigung zum Tötungsgebot fungieren können. Maßnahmen des Hygienemanagements, die die Einschleppung und Verbreitung von Tierseuchen unterbinden und in einem Bestand etabliert sein sollten, umfassen demnach die Reinigung und Desinfektion, Hygienemaßnahmen beim Zutritt in den Bestand, Zutrittsbeschränkungen, Schadnagerbekämpfung, Verhinderung des Kontaktes mit Haus- und Wildtieren, ein möglichst gut geregelter Tierverkehr bei Tausch, Kauf oder Ausstellungen, Quarantänemöglichkeiten, die sichere Lagerung von Futtermitteln, Einstreu und Abprodukten sowie die sichere Lagerung von Kadavern. Im Handbuch wird ein GEH-Biosicherheitskatalog beschrieben, bei dem notwendige Maßnahmen in Form einer Checkliste dargestellt und kritische Aspekte erfragt werden. Die abgefragten Bereiche umfassen dabei Betriebsgelände und Betriebsorganisation, Stallanlage, Fütterung und Entmistung sowie Betreuung und Tiergesundheit. Die Tierhalter können sich auf diese Weise einen Überblick über grundsätzliche tierhygienische Anforderungen und das eigene Gesundheits- und Hygienemanagement verschaffen und sich Stärken und Schwächen bewusst ma-

chen. Basierend auf diesen Analysen können dann in Zusammenarbeit mit betreuenden Tierärzten und den Veterinärbehörden Verbesserungen der Schwachstellen in der konkreten Situation des Bestandes geplant und bereits im Vorfeld eines Seuchengeschehens Notfallpläne für den Fall eines Seuchenausbruches in einem anderen Bestand der Region erstellt werden. Im Seuchenfall liegt es dann im Ermessen der Veterinärbehörde, Tierbestände von einer vorbeugenden Tötung auszunehmen, sofern der Tierbestand selbst gesund ist (GEH 2019).

4   Impfungen

Impfungen sind beim Nutzgeflügel, vor allem bei kommerziell gehaltenen Haushühnern, weit verbreitet, um Schäden durch Infektionserreger, vor allem Salmonellen und eine Reihe von Viren, gelegentlich aber auch gegen Parasiten (Hühner-Kokzidien) zu reduzieren. Verwendung finden hierbei vor allem aktive Immunisierungen. Dabei werden Erreger, die ihre krankmachenden Eigenschaften weitgehend oder völlig verloren haben, an die Tiere verabreicht. Infolge dessen werden erregerspezifische Abwehrmechanismen, vor allem die Antikörperbildung und die Bildung spezifischer Abwehrzellen induziert, so dass der Körper bei einem natürlichen Kontakt mit dem Erreger sehr rasch und stark gezielt reagieren kann. Dadurch können Schäden durch den Erreger minimiert werden. Einige Impfungen sind gesetzlich geregelt. So ist in Deutschland bei Haushühner und Puten eine Impfung gegen die Newcastle Disease vorgeschrieben, und diese Impfpflicht gilt für alle Haltungen unabhängig von der Bestandsgröße oder der Nutzungsrichtung.

Impfstoffe können in zwei große Gruppen eingeteilt werden. Die sogenannten Lebendimpfstoffe enthalten vermehrungsfähige Organismen, die nach der Verabreichung eine Multiplikation durchlaufen und dabei das Immunsystem des Vogels aktivieren. Bei den verwendeten Impfstämmen handelt es sich in der Regel um geschwächte Erreger, die nicht in der Lage sind, Krankheitserscheinungen zu verursachen. Bei der zweiten Impfstoffgruppe handelt es sich um sogenannte Totimpfstoffe oder Inaktivat-Impfstoffe. Hier wurden die eingesetzten Erreger so behandelt, dass sie sich nach der Impfung im Vogel nicht mehr vermehren können. Damit die im Impfstoff enthaltene Antigenmenge für eine schützende Immunantwort ausreicht, werden diesen Totimpfstoffe Substanzen zugesetzt, die das Immunsystem zusätzlich stimulieren. Diese sogenannten Adjuvantien fördern also die immunogene Wirkung des Impfstoffes, können aber auch unerwünschte Nebenwirkungen wie Schmerzen oder Entzündungen an der Injektionsstelle zur Folge haben. Außerdem müssen Totimpfstoffe für eine ausreichende Wirkung injiziert, also mit einer Spritze verabreicht werden, während Lebendimpfstoffe z. B. auch über Trinkwasser oder als Tröpfchen zum Einatmen gegeben werden können.

Impfstoffpräparate müssen, damit sie bei Tieren in Deutschland eingesetzt werden dürfen, in der Regel vom Paul-Ehrlich-Institut zugelassen und einer Chargenprüfung unterzogen worden sein. Das Paul-Ehrlich-Institut stellt auf seiner Website eine aktquelle Liste aller immunologischen Arzneimittel, und dabei insbesondere der zugelassenen Tierimpfstoffe zur Verfügung (www.pei.de/DE/arzneimittel/tierarznei

mittel/tierarzneimittel-node). Zum Zeitpunkt der Erstellung dieses Manuskripts existierten zugelassene Impfstoffe in Deutschland nur für Hühner, Puten, Enten, Gänse, Moschusenten und Tauben, also nicht für gehaltene Wildvögel.

Nur in Ausnahmefällen dürfen Tierimpfstoffe auch ohne Zulassung durch das Paul-Ehrlich-Institut eingesetzt werden, sie dürfen dann aber nur in einem bestimmten Bestand verwendet werden. Die Impfstoffe müssen in diesem Fall mit Erregern aus diesem Bestand hergestellt worden sein und dürfen nur inaktivierte, also nicht-vermehrungsfähige Erreger enthalten. Auf die Herstellung dieser als bestandsspezifische Impfstoffe bezeichneten Arzneimittel sind bestimmte Firmen spezialisiert, und die Herstellung ist mit recht hohen Kosten verbunden, so dass ein Einsatz in der nicht-kommerziellen Vogelhaltung bislang nicht üblich ist.

Literatur

Anonymus. (2018). *Verordnung zum Schutz gegen die Geflügelpest* (Geflügelpest-Verordnung) in der Fassung der Bekanntmachung vom 15. Oktober 2018. Bundesgesetzblatt I S. 1665, 2664 (S. 1–47).

GEH. (2019). *Gesundheitsmanagement und Seuchenschutz für gefährdete Nutztierrassen*. Ein Handbuch für Tierhalterinnen und Tierhalter sowie Grundlagen für die Zusammenarbeit mit zuständigen Veterinären (S. 1–70). Witzenhausen: Gesellschaft zur Erhaltung alter und gefährdeter Haustierrassen. www.g-e-h.de. Zugegriffen am 01.03.2020.

Lage, A. van der Beckert, I., & Niemann, F. (2010). *Hygienetechnik und Managementhinweise zur Reinigung und Desinfektion von Stallanlagen* (DLG-Merkblatt 364, S. 1–24). Frankfurt: DLG e. V.

Martin, M. (2017). Biosecurity and disease control – The problem defined. In R. L. Owen (Hrsg.), *A practical guide for managing risk in poultry production* (2. Aufl., S. 1–12). Jacksonville: American Association of Avian Pathologists.

McKenzie, K. S. (2017). A simple practical approach to cleaning and disinfecting: If it sounds too good to be true, it probably is. In R. L. Owen (Hrsg.), *A practical guide for managing risk in poultry production* (2. Aufl., S. 69–88). Jacksonville: American Association of Avian Pathologists.

Wichtige Zoonosen und andere Infektionskrankheiten in der Wildvogelhaltung

Monika Rinder und Rüdiger Korbel

Inhalt

1   Einleitung

In Menschenhand gehaltene Wildvögel können, wie auch Menschen und andere Tiere, Mikro- und Makroorganismen einen Raum bieten, in dem sie sich vermehren können. Die Vögel stellen diesen Organismen nicht nur einen Ort, sondern auch Wasser, Nährstoffe und andere Substrate zum Leben zur Verfügung. Die Folgen dieses Zusammenlebens können sehr unterschiedlich sein. In vielen Fällen wird der Vogel nicht geschädigt, sondern hat unter Umständen sogar einen Nutzen, zum Beispiel, wenn durch diese eigentlich körperfremden Organismen Nährstoffe im Darm verdaut und so für Vogel erst verfügbar gemacht werden. Es ist jedoch auch möglich, dass Schäden entstehen, indem Körperzellen zerstört, die Funktion von Organen beeinträchtigt oder starke Entzündungsreaktionen ausgelöst werden, so dass es zu Krankheitserscheinungen kommt. Gesunde Vögel können viele möglicherweise krankmachende Erreger mit ihren körpereigenen Abwehrmechanismen so weit kontrollieren, dass sie keine Schäden auslösen. Krankheiten entwickeln sich in solchen Fällen erst dann, wenn die Abwehrkraft des Vogels aus den unterschiedlichsten Gründen geschwächt ist, eventuell, weil er noch sehr jung oder schon sehr alt ist oder weil er bereits an einer anderen Erkrankung leidet.

M. Rinder (✉) · R. Korbel
Klink für Vögel, Kleinsäuger, Reptilien und Zierfische, Ludwig-Maximilians-Universität München, Oberschleißheim, Deutschland
E-Mail: Monika.Rinder@vogelklinik.vetmed.uni-muenchen.de; korbel@lmu.de

© Springer-Verlag GmbH Deutschland, ein Teil von Springer Nature 2021   341
W. Lantermann, J. Asmus (Hrsg.), *Wildvogelhaltung*,
https://doi.org/10.1007/978-3-662-59604-3_18

Grundsätzlich kann man Organismen, die Vögel, Menschen oder andere Tiere besiedeln und gegebenenfalls Krankheiten auslösen, nach ihrem Aufbau und ihren Körperfunktionen in verschiedene Gruppen einteilen. Prionen und Viren besitzen keinen eigenen Stoffwechsel, sie verwenden für alle Lebensfunktionen den Stoffwechsel ihres Wirtes, hier also des Vogels. Bakterien haben einen eigenen Stoffwechsel, ihr Erbgut (Genom) ist aber im Unterschied zu Pilzen, Pflanzen und Tieren nicht in einem Zellkern, also einem durch Zellmembranen abgegrenzten Raum lokalisiert. Die Zellen von Pilzen besitzen echte Zellkerne, wie sie in tierischen Zellen, also auch den Körperzellen von Vögeln und Menschen vorkommen. Pilze unterscheiden sich von den Tieren aber durch einen anderen Zellaufbau, so besitzen sie Zellwände und Vakuolen. Als Parasiten im engeren Sinne werden tierische Lebewesen bezeichnet, die andere Lebewesen schädigen, wenn sie sie aufsuchen oder besiedeln.

2 Wichtige bei Vögeln vorkommende Zoonosen

Als Zoonosen (altgriechisch ζῷον *zōon* „Tier", νόσος *nósos* „Krankheit") werden auf natürliche Weise zwischen Tier und Mensch übertragbare Infektionskrankheiten verstanden. Gegenwärtig sind etwa 200 Krankheiten bekannt, die sowohl bei einem Tier als auch beim Menschen vorkommen und in beide Richtungen übertragen werden können und die durch Viren, Bakterien, Pilze, Parasiten oder Prionen hervorgerufen werden. Während Zoonosen bei Reptilien, Amphibien und Fischen aufgrund ihres vom Menschen stark abweichenden Stoffwechsels (u. a. infolge der Ektothermie, sie sind wechselwarme Tiere) nur eine untergeordnete Bedeutung zukommt, sind bei Wildvögeln eine Vielzahl von Infektionserkrankungen bekannt, welche durch direkten oder indirekten Kontakt (bei der Handhabung oder ihrem Verzehr, über Ausscheidungen, Vektoren, die Luft) auf den Menschen übertragen werden können.

Als Personenkreis mit erhöhtem Infektionsrisiko sind Kinder, ältere Menschen, Schwangere und immunsupprimierte Personen anzusehen, welche auch als YOPI-Gruppe (**y**oung, **o**ld, **p**regnant, **i**mmunocompromised) bezeichnet werden. Bei diesem Personenkreis können auch nicht primär, d. h. nicht eigenständig krankmachende Erreger zu schweren Erkrankungen bis hin zum Tode führen. Im Grundsatz kann davon ausgegangen werden, dass mit steigendem Keimdruck in der Umwelt und höherer Virulenz und Pathogenität, d. h. krankmachenden Eigenschaften eines Erregers, das Infektions- und Erkrankungsrisiko zunimmt. Nach der gesetzlich verankerten „Verordnung über anzeigepflichtige Tierseuchen" sind derzeit die Aviäre Influenza (Klassische Geflügelpest), die Newcastle-Krankheit und Infektionen mit West-Nil-Virus bei Verdacht dem zuständigen Veterinäramt anzuzeigen. Sie werden über das Tierseuchen-Nachrichten-System dokumentiert und jährlich in einem Tiergesundheitsjahresbericht publiziert. Dieser Jahresbericht, der auf der Grundlage des Tiergesundheitsgesetzes erstellt wird, ist öffentlich zugänglich (Friedrich-Loeffler-Institut 2020a, b). Das Gesetz zur Verhütung und Bekämpfung von Infektionskrankheiten beim Menschen (Infektionsschutzgesetz) regelt, welche Erkrankungen des Menschen bei Verdacht, Erkrankung oder Tod und welche labordiagnostischen

Erregernachweise meldepflichtig sind. Die Fälle werden in einem wöchentlich erscheinenden epidemiologischen Bulletin sowie im Infektionsepidemiologischen Jahrbuch des Robert-Koch-Institutes publiziert (Hartung et al. 2019).

Aus den genannten Gründen ergibt sich, dass Aspekten der Hygiene, also Reinigung, Desinfektion und Quarantäne (vgl. den Beitrag von Monika Rinder und Rüdiger Korbel „Grundzüge der Hygiene und Prophylaxe in der Wildvogelhaltung", in diesem Band) beim Umgang mit Wildvögeln besonderes Augenmerk zu schenken ist. Hinsichtlich der Auswahl geeigneter Desinfektionsmittel ist die von der Deutschen Veterinärmedizinischen Gesellschaft (DVG) in regelmäßigen Abständen publizierte Desinfektionsmittelliste fachlich gesehen ein Standard und hilfreich. Besondere Bedeutung kommt hierbei Desinfektionsmitteln zu, die gegen Tuberkulose-Erreger (Mykobakterien) sowie Aviäre Influenzaviren wirksam sind. Nicht nur um Neuinfektionen im Vogelbestand selbst vorzubeugen, sondern auch, um auf den Menschen übertragbare Infektionen zu erkennen, sollte bei Neuerwerbung von Vögeln stets eine vorübergehende Haltung unter Isolationsbedingungen (Quarantäne) vorgenommen werden. Dabei können bestehende, ggf. subklinische, d. h. äußerlich nicht erkennbare Infektionen festgestellt sowie deren Verschleppung wirksam vorgebeugt werden. Neben der routinemäßigen Einhaltung und standardisierten Durchführung von Reinigungs- und Desinfektionsmaßnahmen von Händen, Geräten und Arbeitsflächen sowie dem regelmäßigen Wechsel von Desinfektionsmitteln (Hospitalismus-Prophylaxe) ist zu beachten, dass Arbeitskleidung nicht außerhalb der eigentlich dafür vorgesehenen Haltungsräume getragen werden sollte. Quarantäneräume und deren Zugänge sollten strikt in einen infektiösen und einen nicht-infektiösen Bereich (sog. „Schwarz-Weiß-Prinzip") getrennt sein, um mögliche Infektketten wirksam unterbrechen zu können. Hierbei sollten der Zugangsbereich (Vorraum) auch optisch, z. B. durch eine auf dem Fußboden anzubringende Linie, getrennt werden und eine Wasch- und Desinfektionsmöglichkeit gegeben sein. Für Quarantäneräume ist eine gesonderte Arbeitskleidung vorzuhalten. Für die Unterbringung von erkrankten Wildvögeln haben sich leicht zu reinigende und zu desinfizierende Boxensysteme bewährt, welche ggf. mit Unterdruck gefahren werden. Die Verwendung von separaten (Einmal-) Handtüchern und Einmal- oder leicht zu reinigenden oder sogar zu desinfizierten Utensilien ist bei der Handhabung von Vogelpatienten erforderlich, damit das Risiko einer Infektionsübertragung verringert wird.

Bei den Übertragungswegen von Krankheitserregern vom Vogel auf den Menschen kommt neben dem Eindringen über Hautverletzungen des Menschen insbesondere der Aufnahme über die Luft (der sog. aerogenen Übertragung) eine besondere Rolle zu. Daher müssen in ersterem Falle schützende Handschuhe getragen werden und im zweiten Fall vor allem bei Vorliegen von Vorerkrankungen der Atemwege grundsätzlich erhöhte Vorsicht, ggf. das Tragen einer Atemschutzmaske, geboten sein. Bei Verdacht auf das Vorliegen einer zoonotischen Infektion sollte eine Exposition von prädisponierten Personen der YOPI-Gruppe vorsorglich unterbleiben.

Vögel, und dabei auch in Menschenhand gepflegte Wildvögel, können eine ganze Reihe von Erregern beherbergen, die bei Menschen dazu in der Lage sind, Erkrankungen auszulösen. Die Vögel können an diesen Infektionen selbst erkranken, sie können aber auch ohne Anzeichen einer Erkrankung die Erreger ausscheiden und so eine Infektionsquelle für den Menschen darstellen. Erreger mit zoonotischem Potenzial sind häufig „Generalisten", d. h. sie gehen nicht nur von einer Vogelart auf den Menschen über, sondern infizieren oft auch ein breites Spektrum von Vogelarten. Eine Übersicht über häufig vorkommende zoonotische Erreger ist in Tab. 1 dargestellt. Hinsichtlich der Ausprägungsform und ihrer Erkennbarkeit sind stets die vogelartenspezifischen morphologischen Grundlagen zu berücksichtigen (König et al. 2008, 2016). Im Folgenden werden einige ausgewählte Erkrankungen ausführlicher dargestellt.

2.1   Aviäre Tuberkulose

Bei der aviären Tuberkulose (aviären Mykobakteriose) handelt es sich um eine Erkrankung, die vermutlich alle Vogelarten betrifft. Diese Erkrankung zeigt eine Breite von möglichen Krankheitsbildern, wie sie bei kaum einer anderen Erkrankung zu finden ist. Bei chronischem, d. h. einem sich über einen langen Zeitraum entwickelnden Verlauf der Infektion werden in Beständen oft plötzliche Todesfälle beobachtet. Viele betroffene Vögel zeigen eine starke Abmagerung, ein schlechtes Gefieder oder wechselhaft auftretenden Durchfall. Es fallen immer wieder Lahmheiten oder Atemprobleme auf. Vor allem bei Papageienvögeln ist eine sog. „Augenform" bekannt, bei der sich u. a. durch die Lidbindehaut durchscheinende porzellanfarbene knotige Veränderungen zeigen (Abb. 1) (Korbel et al. 1997).

Die Erkrankung wird durch Mykobakterien verursacht. Diese Bakterien sind durch eine lipidreiche, dicke, wachsartige Zellwand gekennzeichnet, die ihnen eine sehr hohe Widerstandsfähigkeit nicht nur in der Umgebung, sondern auch gegenüber Antibiotika und Desinfektionsmittel verleiht. Die auch als säurefeste Stäbchen bezeichneten Bakterien können in der Außenwelt viele Jahre lang überleben und dabei ihre Infektionsfähigkeit erhalten. Die Überlebensdauer in der Umwelt wird maßgeblich verlängert, wenn sich der Erreger in einem feuchten Milieu (Schmutz, Kot u. a.) befindet. Von der Vielzahl der bekannten Mykobakterien-Arten werden bei Vögeln am häufigsten *Mycobacterium avium* in der Unterart *avium* und *Mycobacterium genavense* festgestellt. Es werden aber auch gelegentlich andere Arten nachgewiesen, dabei auch die vom Menschen bekannte Art *Mycobacterium tuberculosis*. Alle beim Vogel vorkommenden Arten sind als zoonotisch zu betrachten. Das heißt, sie sind in der Lage, wechselseitig Vogel und Mensch zu infizieren. Beim Menschen wurden Infektionen mit aviären Mykobakterien bislang vor allem bei der bereits erwähnten YOPI-Gruppe dokumentiert, also bei Personen, die aus unterschiedlichen Gründen eine geschwächte Abwehr besitzen. Hinsichtlich des zoonotischen Charakters ist anzumerken, dass in der älteren Literatur aus dem frühen letzten Jahrhundert in erster Linie Infektionen vom Menschen hin zum Tier beschrieben wurden, während heute vor dem Eindruck einer zunehmenden Häufigkeit immunsupprimierender Infektionen, z. B. mit HI-Viren, Infektionen vom Tier auf den Menschen zu verzeichnen sind und dies mit steigender Tendenz. Die Relevanz wird deutlich durch epidemiologische Erhebungen, nach denen ca. 3–5 % aller Mykobakteriosen des Menschen durch aviäre Mykobakterien hervorgerufen werden, bei welchen in der

Tab. 1. Alphabetische Übersicht von wichtigen zoonotischen Wildvogelerkrankungen, mögliche Übertragungswege auf den Menschen, wichtige Krankheitssymptome bei Vogel und Mensch sowie Therapieansätze

Erreger	Name der Erkrankung	vor allem betroffene Vögel	Übertragung	Krankheitserscheinungen Vogel	Krankheitserscheinungen Mensch	Therapie
Bakterien						
Aeromonaden	Aeromonadose	Wasservögel	Wasser	Plötzliches Massensterben, ZNS, Darm-Entzündung	Magen-Darm-Entzündung, Septikämie, Wundinfektion	Antibiotika
Campylobacter	Campylobacter-Enteritis	Wirtschaftsgeflügel, Wildvögel	Kot, Wasser, Lebensmittel	Darm-Entzündung	Mager-Darm-Entzündung	
Chlamydien	Chlamydiose (Psittakose/Ornithose)	alle	Kot, Federstaub	Nasenausfluss, Augen-Bindehautentzündung, Darm-Entzündung	Lungenentzündung, Lymphknotenschwellung, intermittierendes Fieber	Antibiotika
Erysipelothrix rhusiopathiae	Rotlauf	alle	Direkter Kontakt	Todesfälle, punktförmige Blutungen in der Haut	Hautrötung, punktförmige Blutungen in der Haut	
Mykobakterien	(aviäre) Tuberkulose	alle	über den Mund, über die Luft, Wasser, direkter Kontakt, Wunden	plötzliche Todesfälle, Krankheitsbilder je nach betroffenem Organsystem variierend. Häufig Abmagerung, schlechtes Gefieder, Lahmheiten, Durchfall	symptomlos, Lungenerkrankung	keine
Pasteurellen	Pasteurellose	alle	Biss- oder Kratzverletzungen (häufig Katzenbiss), über den Mund oder über die Luft	plötzliche Todesfälle, ZNS, Wundinfektionen, Atemwegserkrankung, Durchfall	Wundinfektion, Septikämie, Hirnhautentzündung	Antibiotika
Pseudomonaden		alle	Wasser	Darm-Entzündung	Lungenentzündung, Darmentzündung	Antibiotika

(Fortsetzung)

Tab. 1. (Fortsetzung)

Erreger	Name der Erkrankung	vor allem betroffene Vögel	Übertragung	Krankheitserscheinungen Vogel	Krankheitserscheinungen Mensch	Therapie
Salmonellen	Salmonellose	alle	Direkter Kontakt, Kot, Wasser, Lebensmittel	Darm-Entzündung, ZNS, Septikämie, Gelenkerkrankungen, reduzierte Schlupfraten	Magen-Darm-Entzündung, Septikämie, Hirnhautentzündung, Knochenentzündung	Antibiotika, bei einigen Tierarten Impfung
Viren						
Aviäre Influenzaviren	Aviäre Influenza, Vogelgrippe, Klassische Geflügelpest	alle	über die Luft	Massenhafte, plötzliche Todesfälle, Darm-Entzündung, ZNS	Grippeartige Symptome, Todesfälle	Keine (Keulung)
Orthoavulavirus 1 (aviäres Paramyxovirus 1)	Newcastle Disease (Atypische Geflügelpest)	alle	über die Luft, Tröpfcheninfektion	Massenhafte Todesfälle, Augen-Hornhaut-Bindehaut-Entzündung, Darm-Entzündung, ZNS	Augen-Hornhaut-Bindehaut-Entzündung	Impfung
Usutu-Virus	Amselsterben	alle	über Stechmücken, Schmierinfektionen	plötzliches Massensterben	meist ohne Symptome, fieberhafte Erkrankung, Lungenentzündung, Hautveränderungen	Keine
West-Nil-Virus	West-Nil-Virus-Erkrankung	alle	über Stechmücken, Schmierinfektionen	Plötzliche Todesfälle, ZNS, Augen-Netzhaut-Aderhaut-Entzündung	Fieber, Kopf- und Gliederschmerzen, Lungenentzündung	Keine

Pilze

Cryptococcus	Kryptokokkose	alle, v. a. Tauben, Papageien, Passeriformes, Falconiformes	Ausscheidung über Kot, kontaminierte Böden, Aufnahme über die Luft	Erkrankung des Atmungstraktes und des ZNS	Lungenentzündung, Gehirn- und Hirnhautentzündung	Pilzmittel

Parasiten

Toxoplasma gondii	Toxoplasmose	vermutlich alle	Aufnahme sporulierter Oozysten aus der Umwelt oder von Gewebezysten	meistens keine. Bei manchen Vogelarten (z. B. Fruchttauben) plötzliche Todesfälle	Gelegentlich grippeähnliche Erscheinungen. Bei Schwangeren ggf. Fehlgeburten oder Schädigungen des ungeborenen Kindes. Bei Immunsupprimierten zentralnervöse Ausfallserscheinungen.	Antiparasitika
Trematoden (Saugwürmer) *Trichobilharzia* u. a.		Entenvögel	Einbohren von im Wasser schwimmenden Larven in die Haut	meist keine	„swimmers itch", Badesee-Dermatitis, Mückenstich-ähnliche juckende Hautveränderungen	

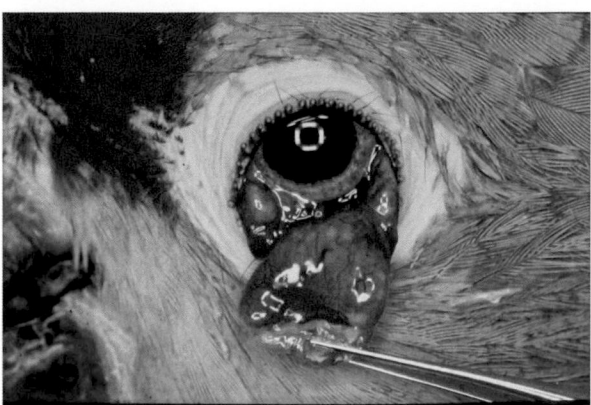

Abb. 1 Augenmanifestation einer **Mykobakteriose** (Tuberkulose) bei einer Gelbwangen-Amazone (*Amazona autumnalis*): die Mykobakteriose (Tuberkulose) ist bei Vögeln durch ein mannigfaltiges Krankheitsbild, bei Augenmanifestationen typischerweise durch granulomatöse Lidbindehautentzündungen gekennzeichnet. (Foto: Rüdiger Korbel)

Humanmedizin gebräuchliche Arzneimittel unwirksam sind. Vor diesem Hintergrund soll nochmals die Bedeutung der zuverlässigen Einhaltung von Hygienemaßnahmen hervorgehoben werden.

Nach Aufnahme in den Körper siedeln sich die Mykobakterien bei Vögeln in unterschiedlichen Organen an und schädigen sie. Im Gegensatz zum Menschen, bei dem Lungenformen der Erkrankung im Vordergrund stehen, sind bei Vögeln verschiedene andere innere Organe, u. a. der Darmtrakt sowie an der Infektionsabwehr beteiligte Organe wie Leber, Milz und Knochenmark betroffen. Hautformen sind selten. Der Körper reagiert mit einer starken Entzündungsreaktion, es können sich oft, aber nicht immer, schon mit bloßem Auge erkennbare knotige Veränderungen, sogenannte Granulome, bilden, in denen die Mykobakterien überdauern können. Zu unterscheiden sind bei Vögeln eine granulomatöse Verlaufsform mit einzelnen oder zusammenfließenden porzellanfarbenen Knötchen (sog. Solitär- oder Miliargranulome bzw. -tuberkel), die vor allem bei Hühnervögeln vorkommt, eine paratuberkulöse Verlaufsform mit keulenartiger Verdickung der Darmschleimhautzotten im Zwölffingerdarmbereich vor allem bei Papageienvögeln sowie eine unspezifische Verlaufsform mit Organschwellungen, u. a. der Leber, welche vor allem bei Wassergeflügel anzutreffen ist. Die Erkennung der unterschiedlichen Verlaufsformen ist auch für die Beurteilung von im Rahmen der Jagd erlegten Tierkörpern, welche dem menschlichen Genuss zugeführt werden sollen, von großer Bedeutung (Fohrmann in Vorbereitung). Hervorzuheben ist, dass es sich bei der aviären Tuberkulose in der Regel um eine sog. „offene Tuberkulose" handelt, bei welcher der Erreger über den Darminhalt in die Umwelt abgegeben wird, wodurch bei unzureichender Hygiene ein erhöhtes Infektionsrisiko für den Menschen gegeben ist. Je nachdem, welche Organe betroffen sind, variieren die daraus resultierenden Krankheitserscheinungen in breitem Umfang.

Erkrankungen durch Mykobakterien werden besonders häufig bei Ziervögeln der Ordnung Passeriformes nachgewiesen, aber auch bei Tauben, Papageienvögeln, Entenvögeln, Hühnervögeln oder Falconiformes. Sie können aber vermutlich alle Vögel infizieren, auch wenn die Empfänglichkeit zwischen Vogelarten und auch zwischen einzelnen Individuen variiert. Wegen der sich langsam entwickelnden Symptomatik werden Erkrankungen bei älteren Tieren häufiger beobachtet als bei Jungvögeln. Diagnostiziert wird eine Infektion durch Nachweis der Mykobakterien mittels Mikroskopie nach Anwendung spezieller Färbemethoden (der sog. Ziel-Neelsen-Färbung) oder molekularbiologischer Methoden, zum Beispiel der Polymerasekettenreaktion (PCR) (Schmitz et al. 2018a, b). Als Untersuchungsmaterial dienen bei lebenden Vögeln Kotproben oder verfügbare Proben von verändertem Gewebe, bei toten Tieren stehen dafür auch innere Organe zur Verfügung. Für *Mycobacterium avium* existieren auch Antikörpertests aus Blutproben.

Eine Behandlung, die zuverlässig zu einer Eliminierung der Mykobakterien, also zur Beseitigung der Erreger bei dem betroffenen Vogel führt, ist nicht bekannt. Dies bedeutet, dass ein Vogel, bei dem eine Mykobakterien-Infektion nachgewiesen wurde, lebenslang als Erreger-Ausscheider und somit als Infektionsquelle für andere Vögel und den Menschen anzusehen ist. Daher ist auch zum Schutz des Menschen eine Euthanasie des betroffenen Vogels anzuraten. Von Relevanz für den Umgang mit Wildvögeln ist, dass erst ein wiederholter Kontakt mit den Erregern (u. a. durch kontaminierten Kot) zur Erkrankung führt. Aus diesem Grunde stellt die aviäre Mykobakteriose typischerweise eine Erkrankung von älteren Tieren, nicht jedoch von Jungtieren dar. Die aviäre Tuberkulose ist als Bestandsproblem anzusehen, das heißt, wenn dieser Vogel zusammen mit anderen Vögeln gehalten wird, ist davon auszugehen, dass auch andere Individuen dieses Bestandes infiziert sind. Die aktuell am lebenden Tier zur Verfügung stehende Diagnostik ist jedoch leider als unbefriedigend anzusehen, und es ist bekannt, dass Mykobakterien nur intermittierend ausgeschieden werden. Das heißt, es ist aktuell schwierig, eine Infektion am lebenden Tier mit hoher Sicherheit zu erkennen oder auch auszuschließen. Die Anzahl infizierter Tiere eines Bestandes kann zudem stark variieren (Schmitz et al. 2018a). Je nach Situation ist daher eine Räumung des Bestandes oder zumindest eine wiederholte Testung der Vögel des Bestandes zu erwägen.

Da Mykobakterien eine saprophytische Lebensweise zeigen und in der Umwelt lange persistieren können, ist eine strikte Reinigung und Desinfektion erforderlich. Wegen der hohen Widerstandsfähigkeit der Mykobakterien gegenüber Umwelteinflüssen können nur ganz spezielle Desinfektionsmittel, und meist erst bei hohen Konzentrationen, diese Bakterien zerstören. Geeignete Mittel sind in der bereits erwähnten Desinfektionsmittel-Liste der Deutschen Veterinärmedizinischen Gesellschaft besonders gekennzeichnet. Nicht desinfizierbare Einrichtungsgegenstände (wie z. B. Einrichtungsgegenstände aus Holz, porösen Materialien) müssen aus dem Bestand entfernt und unschädlich (z. B. durch Verbrennen) beseitigt werden. Eine Desinfektion von Naturböden mit Desinfektionsmitteln ist nicht möglich. Es ist sehr schwierig, eine Bekämpfung bei kontaminierten Flächen durchzuführen. Sie sollten durch Ausbringen von Branntkalk (ungelöschtem Kalk, Calciumoxid) behandelt und für mindestens zwei Jahre nicht als Auslauf genutzt werden. Ein Abtragen der oberen Bodenschichten bis zu einer Tiefe von 20 oder 30 cm wird empfohlen. Zusätzlich zu den genannten Maßnahmen ist ein Ruhenlassen der Flächen für einen Zeitraum von ca. 2 Jahren unerlässlich, um einer biologischen Reinigung durch den Ultraviolettanteil des Sonnenlichtes einen ausreichenden Zeitraum zu lassen. Die genannten Maßnahmen entsprechen in hohem Maße dem Umweltschutzgedanken, wenngleich die praktische Umsetzung nicht immer einfach ist.

2.2   Salmonellose

Salmonellen kommen bei vielen Tierarten, und dabei auch bei einer Vielzahl von Vogelarten vor. Die Folgen einer Infektion reichen von einem völligen Fehlen von Krankheitserscheinungen bis hin zu schweren Verläufen mit Versterben der Tiere. Im Vordergrund stehen Magen-Darm-Erkrankungen mit Durchfall. Salmonellen können sich aber auch außerhalb des Darms vermehren, zum Beispiel in Gelenken oder in den Gehirnhäuten, und dort zu Schäden und entsprechenden Krankheitssymptomen wie Gelenkschwellungen und Lahmheiten, unkoordinierte Bewegungen oder Verdrehen des Kopfes (Torticolllis) führen. Lidbindehautentzündungen, v. a. bei Finkenvögeln weißliche, flächenhafte Auflagerungen auf Kropf – und Schlundschleimhaut oder Organveränderungen ähnlich wie bei einer Mykobakteriose (Tuberkulose) kommen ebenfalls vor. Vogeleier können im infizierten Muttertier bereits vor der Ablage, aber auch erst danach, zum Beispiel über mit Kot verschmutzte Eischalen oder kontaminierte Brutschränke, mit Salmonellen infiziert werden. Eier stellen daher eine bedeutende Infektionsquelle für den Menschen dar. Es kann aber bei der Eiinfektion auch zu Schädigungen der Embryonen und verringerten Schlupfraten oder, nach Infektion von bereits geschlüpften Küken, zu Nabelentzündungen und Versterben von Jungvögeln kommen. Jungvögel sind gegenüber Salmonellen besonders empfindlich und erkranken meist häufiger oder schwerer als ältere Vögel.

Bei Vögeln spielt primär die Salmonellenart *Salmonella enterica* mit ihrer Unterart *enterica* eine Rolle, die in einer Vielzahl von Serovaren, Varianten und Typen vorkommt und eine sehr diverse Gruppe von Stämmen umfasst. Die einzelnen Typen unterscheiden sich sehr stark in ihren biologischen Eigenschaften, also zum Beispiel in der krankmachenden Wirkung oder in ihrem Wirtsspektrum. Einige Typen sind bekannt dafür, dass sie ein breites Spektrum unterschiedlicher Tierarten einschließlich des Menschen infizieren können. Als Beispiele sind hier die meisten Vertreter des Serovars Salmonella Typhimurium, das zahlenmäßig bei Wildvögeln dominiert, Salmonella Enteritidis oder Salmonella Infantis zu nennen. Diese wenig wirtstierartadaptierten Stämme sind daher als Zoonoseerreger von besonderer Relevanz. Andere Salmonellentypen hingegen besitzen eine stark ausgeprägte Wirtsadaption, sind in ihrer Vermehrung an eine eng begrenzte Zahl von Vogelarten besonders angepasst und kommen nicht beim Menschen vor, wie die Stämme DT2 und DT99 von Salmonella Typhimurium variatio Copenhagen, die bei Tauben dominieren und auch klinisch erfassbare Erkrankungen auslösen. Diese Stämme besitzen damit kein zoonotisches Potenzial (Branchu et al. 2018). Demgegenüber gibt es Stämme, die zwar an bestimmte Vogelgruppen adaptiert sind, jedoch zusätzlich in der Lage sind,

Erkrankungen beim Menschen auszulösen, zum Beispiel der fast ausschließlich bei Enten vorkommende Typ DT8, der als Ursache von Salmonellose-Ausbrüchen beim Menschen nach Verzehr von rohen Enteneiern identifiziert wurde. Dieser Typ wurde bisher nicht bei anderen Tieren gefunden (Branchu et al. 2018). In ähnlicher Weise sind die Typen DT40 und DT56var an Vögel der Ordnung Passeriformes adaptiert und lösen zum Beispiel bei Finken oder Sperlingen immer wieder schwere Erkrankungen und Todesfälle aus. Sie werden aber auch bei erkrankten Menschen nachgewiesen (Branchu et al. 2018). Generell ist bei dem überwiegenden Teil der Salmonellenstämme von einem zoonotischen Potenzial auszugehen.

Salmonellen werden mit dem Kot ausgeschieden und bei einer Infektion in der Regel oral, also über den Schnabel oder den Mund, aufgenommen. Futter oder Lebensmittel, die mit Salmonellen-belastetem Kot kontaminiert wurden, stellen also eine wichtige Infektionsquelle dar. In der Umwelt können Salmonellen über Monate bis Jahre ihre Infektiosität behalten. Ein Salmonellen-Eintrag in einen Bestand erfolgt auf unterschiedlichem Wege, zum Beispiel über latent infizierte Neuzugänge, über Nager, Insekten, Wildvögel, den Menschen selbst, Futter, Fahrzeuge und vieles mehr. Hygienemaßnahmen wie Reinigung, Desinfektion und Zugangsbeschränkungen für Tiere und Menschen stellen also wichtige Maßnahmen zur Senkung des Infektionsdruckes in einem Bestand dar.

Infektionen mit Salmonellen können mit Antibiotika behandelt werden. Da Antibiotikaresistenzen bei Salmonellen weit verbreitet sind, sollte eine solche Therapie auf der Grundlage eines Resistenztests erfolgen. Allerdings gelingt es durch eine Behandlung trotzdem nicht immer, die Salmonellen aus dem Körper zu eliminieren. Dann kann es zu Salmonellen-Dauerausscheidern kommen, die keine Krankheitssymptome zeigen, aber die Infektion verbreiten. ZNS-Symptome und Gelenkveränderungen mit Lahmheiten sind in der Regel durch eine Behandlung nicht mehr ausheilbar, sondern es ist davon auszugehen, dass diese Krankheitsanzeichen bestehen bleiben. Impfstoffe gegen Salmonellosen, die für Tauben und Wirtschaftsgeflügel (Enten, Hühner und Puten) in Deutschland zugelassen sind, stehen aktuell für andere Vögel kommerziell nicht zur Verfügung.

Aufgrund der außerordentlich kurzen Generationszeit vermehren sich Salmonellen in wasser- und nährstoffreichen Lebensmitteln bei Temperaturen zwischen 20 °C und 40 °C derart schnell, dass sich innerhalb von 20 Minuten die Zahl der Bakterien verdoppelt und bereits nach 40 Minuten verachtfacht. Damit werden innerhalb von wenigen Stunden infolge der exponentiellen Vermehrung Infektionsdosen erreicht, die beim Menschen krankheitsverursachend sind. Dies ist hinsichtlich der Bedeutung von Hygienemaßnahmen im Umgang mit Vögeln grundsätzlich zu beachten.

2.3 Chlamydiose

Die Chlamydiose, früher bei Papageien als Psittakose (Papageienkrankheit) und bei anderen Vögeln als Ornithose bezeichnet, ist eine Erkrankung, die sehr viele Vogelarten betrifft. Merkmale der Erkrankung sind neben Mattigkeit, Appetitlosigkeit und Abmagerung eine typische, aber nicht immer zusammen auftretende Trias von

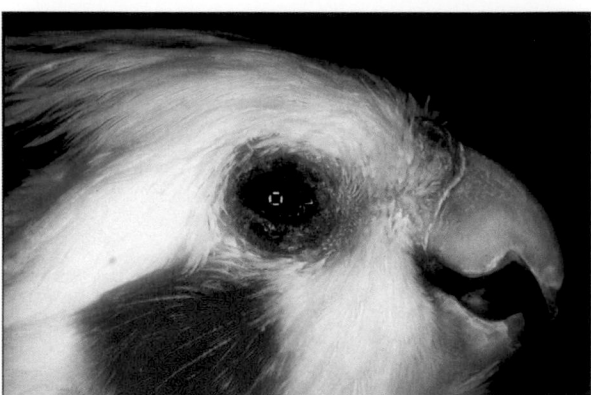

Abb. 2 Chlamydiose (Psittakose) bei einem Nymphensittich (*Nymphicus hollandicus*): das Erkrankungsbild ist typischerweise durch eine Trias von Lidbindehautentzündung (Konjunktivitis), Nasenausfluss (Rhinitis) und (nicht im Bild) Durchfall (Enteritis) bei mehr oder weniger ausgeprägter Reduktion des Allgemeinbefindens gekennzeichnet. (Foto: Rüdiger Korbel)

Symptomen einer ein- oder beidseitigen Bindehautentzündung der Augen (Konjunktivitis), Nasenentzündung (Rhinitis) und Durchfall (Diarrhoe) (Abb. 2). Die Schwere der Erkrankung kann von asymptomatisch bis hin zu plötzlichen Todesfällen variieren. Beim Menschen verläuft eine Infektion meist ohne Krankheitsanzeichen oder aber mit grippeähnlichen Symptomen mit – aufgrund der Erregerbiologie – typischen rhythmischen Fieberschüben und Lymphknotenschwellungen. Bei schweren Fällen kommen Lungenentzündungen ggf. mit Todesfolge vor. Als Komplikationen können Herzerkrankungen und ZNS-Erscheinungen auftreten.

Verursacht wird die Erkrankung durch *Chlamydia psittaci*, einem obligat intrazellulären (d. h. innerhalb der Körperzellen des Wirtstieres lebenden) Bakterium mit einem komplexen zweigeteilten (biphasischen) Vermehrungszyklus. *Chlamydia psittaci* wurde bislang bei mehr als 400 Vogelarten nachgewiesen, besitzt also ein sehr breites Wirtsspektrum. Die Bedeutung anderer vor kurzem bei einigen Vogelarten nachgewiesenen Chlamydien als Zoonoseerreger ist derzeit noch unklar. Dabei handelt es sich um *Chlamydia avium* (bisher bei Tauben und Papageienvögeln festgestellt), *Chlamydia gallinacea* (bisher bei Hühnern, Enten und Gänsen nachgewiesen), *Chlamydia ibidis* (beim Ibis festgestellt), *Chlamydia buteonis* (beim Rotschulterbussard nachgewiesen) und *Chlamydia abortus* (bei Tauben nachgewiesen) (Laroucau et al. 2019; Li et al. 2020).

Die Ausscheidung der Chlamydien erfolgt über den Kot und mit Augen- oder Nasensekreten. Menschen und Vögel infizieren sich über das Einatmen von Erregern in Kotstaub und getrockneten Sekreten oder über die orale Aufnahme von kontaminiertem Futter. Bei Vögeln erfolgt die Weitergabe der Erreger auch bei der Fütterung der Jungvögel. Chlamydien erhalten in Kot bis zu 30 Tage ihre Infektionsfähigkeit und können auch über Insekten, Milben oder andere Vektoren verbreitet werden.

Da die Inkubationszeit, also die Zeit von der Infektion bis zum Ausbruch einer Erkrankung, sehr variabel ist und Wochen bis Monate betragen kann und auch asymptomatische Trägertiere bekannt sind, besteht die wichtigste Maßnahme zum Schutz eines Bestandes vor einem Chlamydieneintrag in der Einhaltung von Quarantänezeiten von Neuzugängen und ihre gleichzeitige Untersuchung. Für PCR-Untersuchungen am besten geeignet sind Kombinations-Abstrichtupfer, sog. „Dreifachtupfer", von Lidbindehaut, Rachen und Kloake, die in der genannten Reihenfolge beprobt werden. Eine weniger gute Aussagekraft besitzt die Untersuchung von Kotproben, da die Erreger diskontinuierlich über den Darminhalt ausgeschieden werden.

Chlamydien werden mit Antibiotika behandelt. Allerdings wird auch nach der allgemein üblichen sehr langen Behandlungsdauer von mindestens 30 Tagen eine Erregerfreiheit nicht immer erreicht. Der Erfolg einer Behandlung sollte daher mit labordiagnostischen Tests kontrolliert werden und die Behandlungsdauer gegebenenfalls verlängert werden. Möglicherweise bleiben jedoch manche Vögel trotz Behandlung lebenslang infiziert und scheiden immer wieder Chlamydien aus, vor allem dann, wenn ihre Abwehr geschwächt ist.

2.4   Aviäre Influenza (Vogelgrippe, klassische Geflügelpest)

Die Aviäre Influenza ist eine Erkrankung, die vor allem bei Hühnervögeln einen schweren Krankheitsverlauf nimmt und durch das gehäufte Auftreten plötzlicher Todesfälle gekennzeichnet ist. Bei so genannten perakuten, also sehr raschen Verläufen tritt der Tod so schnell ein, innerhalb weniger Stunden, dass vorangehende Krankheitsanzeichen nicht deutlich werden. Bei etwas langsameren Verläufen zeigen betroffene Tiere eine hochgradige Mattigkeit und Apathie, Veränderungen des Atemtraktes mit Augen- und Nasenausfluss, Blaufärbung und Schwellung von Kopfanhängen, hochgradige Durchfälle und zentralnervöse Erscheinungen sowie durch Nierenschädigungen verursachte massenhafte Ausscheidung von Harnsäure. Je nach betroffener Vogelart und Virusvariante kann die Erkrankung aber auch milder, ggf. mit völligem Fehlen klinischer Symptome verlaufen, zum Beispiel bei Wassergeflügel. Die Aviäre Influenza führt in Wirtschaftsgeflügelbeständen insbesondere bei Hühnern und Puten zu sehr großen wirtschaftlichen Verlusten. Sie besitzt daher den Status einer anzeigepflichtigen Erkrankung, deren Bekämpfung gesetzlich, und zwar in der Verordnung zum Schutz gegen die Geflügelpest (Geflügelpest-Verordnung), geregelt ist (Anonymus 2018).

Die Aviäre Influenza wird durch Orthomyxoviren, und zwar Influenza A-Viren, hervorgerufen. Diese Viren werden, je nachdem, ob sie bei Hühnern eine stark oder weniger stark krankmachende Wirkung haben, in hoch- oder niedrig-pathogene aviäre Influenzaviren eingeteilt. Interessanterweise wurden bislang nur Viren mit bestimmten Oberflächenproteinen, und zwar den Hämagglutinin-Serotypen H5 und H7 als hochpathogen eingestuft, so dass diesen Subtypen eine besondere Relevanz zukommt. Dabei gibt es auch niedrigpathogene H5- und H7-Subtypen. Infolge einer hohen Mutationsfreudigkeit verändern sich Influenzaviren rasch. Auf diese Weise ist auch eine Mutation von niedrigpathogenen H5 oder H7 zu hochpathogenen Varianten möglich.

Aviäre Influenzaviren, und dabei in der Regel niedrigpathogene Varianten, sind bei Wildwasservögeln weit verbreitet. Insbesondere wild lebende Schwäne, Enten und Gänse fungieren somit als Erregerreservoire und können die Viren in von Menschen gehaltene Vogelbestände direkt, also über Kontakt, oder indirekt, zum Beispiel über virushaltigem Kot, eintragen. Freilebende Wildvögel stellen damit eine Gefahrenquelle für Wirtschaftsgeflügelbestände, aber auch für Bestände von in Menschenhand gehaltenen Wildvögeln dar. Die Viren können sich in Wassergeflügelarten gut vermehren und damit ausbreiten, während diese Vögel meist nicht sichtbar erkranken. Allerdings gibt es dazu auch Ausnahmen. So fielen bei der in den Jahren 2006 bis 2008 in Mitteleuropa beobachteten und durch H5N1 verursachten aviären Influenza-Epidemie viele Wildwasservögel der Infektion zum Opfer und starben. Die biologischen Eigenschaften der Virusvarianten variieren also sehr stark, und je nach zirkulierendem Virustyp können mehr oder weniger viele Vogelarten von einer Erkrankung betroffen sein. Insbesondere Vögel aus der Ordnung der Watvögel (Charadriiformes, zum Beispiel Möwen), Greifvögel oder Krähen sind regelmäßig einbezogen.

Auch das Wirtsspektrum kann sich je nach Virusvariante unterscheiden. Bei der Aviären Influenza handelt es sich in der Regel um eine Erkrankung bei Vögeln, also um eine Tierseuche. Es gibt aber immer wieder Virusstämme, die in der Lage sind, Menschen zu infizieren und bei ihnen schwere Erkrankungen zu verursachen. Beispiele sind die „Spanische Grippe", eine Pandemie, die nach dem Ersten Weltkrieg (1918–1919) zu weltweit etwa 50 Millionen Todesfällen beim Menschen geführt hat oder die „Hongkong-Grippe" Ende der Sechziger Jahre des letzten Jahrhunderts, die durch aviäre Influenzaviren hervorgerufen wurden. Auch das in den Jahren 2006–2007 in Mitteleuropa zirkulierende H5N1-Virus führte vor allem in asiatischen Ländern zu Infektionen beim Menschen und zu hohen Todesraten bei Erkrankten.

Die Ausscheidung aviärer Influenzaviren erfolgt über virushaltige Se- und Exkrete sowie über virushaltigen Kot. Die Übertragung kann über direkten Kontakt von Tier zu Tier (oder zu Menschen) über die Luft, also als Tröpfcheninfektion, oder über eine orale Aufnahme erfolgen, Die Viren können auch über belebte und unbelebte Vektoren in Bestände eingeschleppt werden. Neben Wildvogelkontakten sind hier insbesondere Einträge über den Menschen von hoher epidemiologischer Relevanz. Besonders in Zeiten eines erhöhten Risikos kommt daher strikten Hygienemaßnahmen bei der Bekämpfung eine hohe Bedeutung zu. Dabei stellen vor allem Beschränkungen des Zugangs für Personen und Tiere (frei lebende Wildvögel, Schadnager etc.) in den Bestand auf das absolut Notwendige bei gleichzeitiger Verwendung betriebseigener Schutzkleidung (Schuhe, Schutzkittel usw.) wichtige und wirksame Maßnahmen dar.

Die Diagnose einer Infektion mit aviären Influenzaviren erfolgt routinemäßig über den Virusgenomnachweis mittels molekularbiologischer Methoden, und zwar der PCR. Dabei ist unter Einsatz unterschiedlicher Protokolle nicht nur ein Nachweis von Influenza-A-Viren, sondern auch eine Ermittlung der beteiligten Subtypen und eine Differenzierung zwischen hoch- und niedrigpathogenen H5 und H7 innerhalb weniger Stunden möglich.

Da es sich bei der Aviären Influenza in Deutschland um eine anzeigepflichtige Tierseuche handelt, erfolgt die Bestätigung des Nachweises über das Nationale Referenzlabor, das am Friedrich-Loeffler-Institut auf der Insel Riems angesiedelt ist. Die Feststellung des Vorliegens einer Aviären Influenza im Bestand und die Umsetzung der in der Geflügelpest-Verordnung festgelegten Bekämpfungsmaßnahmen erfolgt über das für den Bestand zuständige Veterinäramt. Therapieversuche sowie Impfungen sind in Deutschland verboten. Betroffene Bestände werden bereits im Verdachtsfall gesperrt und sind nach Weisung der Behörden zu räumen und dekontaminieren. Im Seuchenfall sind auch andere Geflügelbestände, die im Umkreis des betroffenen Betriebes liegen, von Bekämpfungsmaßnahmen betroffen und fallen ggf. unter eine Ausmerzungspflicht. Wie im Kap. ▶ „Grundzüge der Hygiene und Prophylaxe in der Wildvogelhaltung" erwähnt (Monika Rinder und Rüdiger Korbel, in diesem Band), sind aber unter Umständen auf Antrag Ausnahmen möglich.

Der Prävention der Aviären Influenza kommt ein sehr hoher Stellenwert zu. Neuzugänge im Bestand sollten grundsätzlich eine Quarantäneperiode durchlaufen. Insbesondere bei wertvollen Beständen und wenn es sich um Wassergeflügel handelt, ist eine Testung von Neuzugängen zu empfehlen.

2.5 Paramyxovirose (Newcastle-Krankheit und Tauben-Paramyxovirose)

Bei der Newcastle-Krankheit, auch als atypische Geflügelpest bezeichnet, handelt es sich um eine seuchenhaft verlaufende Erkrankung, die durch hohe Erkrankungsraten und Sterblichkeiten gekennzeichnet ist. Wichtige Krankheitserscheinungen umfassen Durchfall, zentralnervöse Erscheinungen mit Kopfverdrehen (Torticollis), Inkoordination und Festliegen. Manchmal treten auch eine vermehrte Ausscheidung von Flüssigkeit mit dem Harn und Entzündungen des Atemtraktes auf. Hühnervögel (Haushühner, Puten, Fasanen, Rebhühner u. a.) sind besonders empfänglich, aber viele andere Vogelarten können ebenfalls erkranken. Bei der Newcastle-Krankheit handelt es sich wie bei der Aviären Influenza um eine anzeigepflichtige Tierseuche, das heißt, bei einem Ausbruch ist die Bekämpfung gesetzlich geregelt. Die durchzuführenden Maßnahmen sind in der Verordnung zum Schutz vor der Geflügelpest und der Newcastle-Krankheit (Geflügelpest-Verordnung in der Fassung von 2005) festgelegt (Anonymus 2005).

Ursache für die Newcastle-Krankheit sind hochpathogene (sog. velogene) und moderat pathogene (sog. mesogene) Varianten eines Paramyxovirus des Serotyps 1 (Orthoavulavirus 1). Das Orthoavulavirus 1 kommt in der Natur in Formen mit unterschiedlich stark krankmachender Wirkung (Pathogenität) vor, die von fehlender Krankmachung bis zur Verursachung von schweren Verläufen mit plötzlichen Todesfällen reichen. Wichtig ist, dass nur Erkrankungen als Newcastle-Krankheit aufgefasst werden, die von velogenen und mesogenen Varianten des Orthoavulavirus 1 verursacht werden und bei Vögeln auftreten, die unter die Definition Geflügel entsprechend der Geflügelpest-Verordnung fallen. Nur Erkrankungen bei solchen

Vogelarten und unter Beteiligung von velogenen oder mesogenen Erregern sind anzeigepflichtig und werden dann staatlich bekämpft. Infektionen mit Orthoavulavirus 1, früher als aviäres Paramyxovirus 1 bezeichnet, wurden bei Vogelarten aus 27 Ordnungen beschrieben, so dass von einer Empfänglichkeit aller europäischen Vogelarten auszugehen ist (Kaleta 2012). Auch Papageienvögel können infiziert werden und erkranken.

Die Viren werden über Se- und Exkrete, zum Beispiel Nasenausfluss, und über den Kot befallener Tiere ausgeschieden. In feuchtem Material, insbesondere in Kot, sind sie sehr stabil und können ihre Infektiosität über Wochen aufrechterhalten. Die Übertragung der Erreger erfolgt hauptsächlich über direkten Kontakt und aerogene Aufnahme der Viren über Tröpfcheninfektionen oder orale Aufnahme über kontaminiertes Futter oder Wasser.

Die Diagnose einer Infektion mit Orthoavulavirus 1 erfolgt meist durch Nachweis von Virusgenom mittels PCR-basierter Techniken. Hinweise auf das Vorliegen von meso- und velogenen Varianten liefern ebenfalls PCR-Tests, die auf entsprechende Markersequenzen im Genom der Viren gerichtet sind. Die molekularbiologischen Ergebnisse können durch Ermittlung der krankmachenden Wirkung in einem Infektionsversuch mit Hühnern bestätigt werden. Antikörpernachweise können Hinweise auf eine in der Vergangenheit erfolgten Infektion und Auseinandersetzung des Vogels mit dem Virus liefern.

Bei der Tauben-Paramyxovirose handelt es sich um eine Infektion mit besonders an Tauben adaptierten aviären Paramyxoviren des Serotyps 1, das ebenfalls zur Virusspezies Orthoavulavirus1 gehört und auch als „pigeon paramyxovirus 1" (PPMV-1) bezeichnet wird. Diese Viren zirkulieren insbesondere zwischen Tauben der Art *Columba livia*, also bei Brieftauben, Stadttauben und ggf. auch Rassetauben dieser Art. Infektionen kommen aber auch bei anderen Arten der Ordnung Columbiformes, zum Beispiel bei Ringel- (*Columba palumbus*) oder Türkentauben (*Streptopelia decaocto*) vor. Die klinischen Symptome ähneln sehr der Newcastle-Krankheit, allerdings treten hier im Krankheitsverlauf zusätzlich sehr häufig Polyurie, also eine starke Flüssigkeitsausscheidung mit dem Harn bei unveränderter Kotkonsistenz, sowie zentralnervöse Störungen mit Lahmheiten der Gliedmaßen und Krampfanfällen auf. Jungtauben gelten als besonders empfänglich und können sehr schwer erkranken. Es gibt aber auch milde Verläufe. Da Brieftauben und Stadttauben nicht zu „Geflügel" nach der für die Newcastle-Krankheit geltenden Geflügelpest-Verordnung gehören, fallen Infektionen bei diesen Vogelgruppen nicht unter die Bekämpfungspflicht. Allerdings muss bei Brieftaubenhaltungen geprüft werden, ob gegebenenfalls Geflügel-Kontakttiere existieren und infiziert sind, und ob sich daraus eine staatlich geregelte Bekämpfungspflicht ergibt.

Für Hühner und Puten besteht in Deutschland eine Impfpflicht gegen die Newcastle-Krankheit, und zwar unabhängig von der Bestandsgröße und Nutzungsrichtung der Tiere. Die Bekämpfung unterscheidet sich damit fundamental von der „Stamping-out"-Strategie bei der Aviären Influenza. Es stehen mehrere zugelassene Impfstoffe mit verschiedenen Virusstämmen kommerziell zur Verfügung.

Auch für Brieftauben und Rassetauben sind in Deutschland Impfstoffe zugelassen, deren Anwendung nicht gesetzlich vorgeschrieben, aber bei Teilnahme von

Brieftauben an Wettflügen nach den Bestimmungen der Reiseverordnung des Deutschen Brieftaubenverbandes und bei Teilnahme von Rassetauben an Ausstellungen verpflichtend ist. Für andere Vogelarten sind in Deutschland derzeit keine Impfstoffe zugelassen, so dass die Bekämpfung auf allgemeinen Hygienemaßnahmen zur Verhinderung des Eintrags der Viren in den Bestand basiert.

2.6   Infektionen mit Usutu-Virus und West-Nil-Virus

Erkrankungen durch Infektionen mit Usutu-Virus und West-Nil-Virus, die in jüngerer Zeit zunehmend an Bedeutung gewinnen, sind bei Vögeln vor allem durch plötzliche Todesfälle gekennzeichnet. Das Usutu-Virus wurde als Erreger des „Amselsterbens" bekannt, zeigt aber auch bei anderen Vogelarten schwerwiegende Verläufe und führt beim Menschen in der Regel zu symptomlosen Infektionen. Beim West-Nil-Virus stehen dagegen schwere Erkrankungen von Menschen und Pferden im Fokus der Aufmerksamkeit. Beide Erreger sind nahe miteinander verwandt. Sie gehören zu den Flaviviren und werden in enzootischen Zyklen zwischen als Vektoren fungierenden Stechmücken und Vögeln übertragen.

Usutu-Viren wurden in Deutschland erstmals im Jahr 2011 am Oberrhein nachgewiesen. Seit 2016 stiegen jedoch nicht nur die bei Vögeln nachgewiesenen Infektionen im Südwesten von Deutschland stark an, sondern es erfolgte insbesondere bei den sehr hohen Sommertemperaturen im Jahr 2018 auch eine Ausbreitung nach Osten und Norden mit nachgewiesenen Infektionen in Hessen, Nordrhein-Westfalen, Niedersachsen, Schleswig-Holstein, Bremen, Sachsen und Sachsen-Anhalt, Mecklenburg-Vorpommern, Berlin und in einzelnen Gebieten von Bayern. Betroffen waren in erster Linie Vögel der Ordnungen Passeriformes (vor allem Amseln *Turdus merula*, aber auch Stare *Sturnus vulgaris*, Singdrosseln *Turdus philomelos* u. a.), Strigiformes (z. B. Bartkäuze *Strix nebulosa*), und Falconiformes (z. B. Turmfalken *Falco tinnunculus*) (Michel et al. 2019).

Das West-Nil-Virus führte in den Jahren 2000 bis 2004 in Nordamerika entlang der großen Zugvogelroute am Mississippi zu einem massenhaften Sterben von Weißkopfseeadlern (*Haliaeetus leucocephalus*), die ausgeprägte Veränderungen am Auge mit Blutungen zeigten (Wünschmann et al. 2017). Das Virus wurde erstmals 1960 in Europa, und zwar in Frankreich, nachgewiesen, breitete sich in den letzten 20 Jahren aber stark aus und wurde im Jahr 2018 auch in Deutschland festgestellt. Dabei wurden natürliche, mückenübertragene Infektionen bei zwölf Vögeln, und zwar bei vier Habichten (*Accipiter gentilis*), drei Bartkäuzen, zwei Schnee-Eulen (*Bubo scandiacus*), zwei Amseln und einem Waldkauz (*Strix aluco*), sowie bei zwei Pferden nachgewiesen. Bis auf zwei Funde bei in Bayern gehaltenen und tot aufgefundenen Bartkäuzen erfolgten die anderen Nachweise im Osten Deutschlands (Sachsen-Anhalt, Berlin, Brandenburg, Mecklenburg-Vorpommern). Im Jahr 2019 war die Zahl nachgewiesener Infektionen im Vergleich zu 2018 bereits deutlich höher. Es wurden 76 Fälle bei Vögeln, 36 infizierte Pferde und fünf bestätigte mückenübertragene autochthone Fälle beim Menschen dokumentiert, die bis auf einen Fall in Hamburg, ausschließlich im Osten Deutschlands lokalisiert waren (Ziegler et al. 2020). Epidemiologische Analysen zeigten, dass es mehrfach zu Einträgen des Virus nach Deutschland gekommen war, vermutlich aus Österreich und der Tschechischen Republik, und dass es in Ostdeutschland nach Einschleppung auch zu einer Weiterverbreitung des Virus gekommen war. Es zeigte sich außerdem, dass die in den Jahren 2018 und 2019 herrschenden hohen Temperaturen mit der Etablierung des Virus assoziiert waren (Ziegler et al. 2020). In Zukunft ist in Verbindung mit der Klimaveränderung mit einem Anstieg von West-Nil-Virus-Infektionen zu rechnen, und zwar nicht nur bei Vögeln, sondern auch bei Pferden und Menschen.

3   Weitere bei Vögeln vorkommende Infektionskrankheiten

Bei Wildvögeln kommen auch viele Krankheitserreger vor, die nicht auf den Menschen übertragbar sind. Diese Erreger können sich in der Regel nicht in allen Vogelarten vermehren, sondern sind nur bei bestimmten, mehr oder weniger vielen Arten relevant. Wie groß dieses Spektrum empfänglicher Vögel ist, hängt vom jeweiligen Erreger ab. Vor allem einige Parasiten oder Viren sind sehr wirtsspezifisch, das heißt, sie können möglicherweise nur eine einzige Wirtstierart infizieren. In Anbetracht der Tatsache, dass bei vielen Wildvogelarten nur sehr geringe Kenntnisse über Erkrankungen vorliegen, sind sicherlich viele Erreger noch völlig unbekannt, und es besteht hier ein großer Forschungsbedarf.

In den folgenden Abschnitten des Kapitels werden nur einige der bei Wildvögeln bekannten und wichtigen Krankheiten ausführlich dargestellt, ein Anspruch auf Vollständigkeit besteht dabei nicht. Eine Übersicht findet sich zudem in Tab. 2.

3.1   Schnabel- und Federkrankheit der Papageien (PBFD) und andere Circovirus-bedingte Erkrankungen

Die Schnabel- und Federkrankheit der Papageienvögel oder „Psittacine Beak and Feather Disease" (PBFD) ist eine Viruserkrankung, die sich durch Jungvogelsterblichkeit sowie Ausfall, Missbildungen oder Farbveränderungen von Federn (Abb. 3) und insbesondere bei Kakadus durch ein weiches, brüchiges Schnabelhorn auszeichnet. Für in Menschenhand gehaltene Papageienvögel ist zudem eine durch diese Viren verursachte Immunsuppression besonders relevant. Sie führt zu einer erhöhten Anfälligkeit des betroffenen Vogels für andere Infektionen und damit zu dem Bild eines ständig kranken Vogels. Jungvögel sind für eine Infektion und die Ausbildung von Krankheitserscheinungen besonders empfänglich. Die Stärke der Krankheitserscheinungen ist jedoch variabel. So können vor allem bei Jungvögeln akute, also plötzliche Todesfälle auftreten. Manche Vögel versterben erst nach längerer Krankheitsdauer an anderen Infektionen. Es gibt aber auch symptomlose Verläufe, bei denen lediglich eine Virusausscheidung feststellbar ist. Die PBFD ist derzeit als eine der wichtigsten Infektionskrankheiten der Papageienvögel anzusehen

Tab. 2 Übersicht über wichtige Infektionserkrankungen bei Wildvögeln, mögliche Übertragungswege, wichtige Krankheitssymptome sowie Therapieansätze

Erreger	Name der Erkrankung	vor allem betroffene Vögel	Übertragung	Krankheitserscheinungen Vögel	Therapie
Herpesviren (unterschiedliche Arten)	Mareksche Krankheit	Hühner, Wachteln, Puten	Federstaub, über die Luft	Immunsuppression, Lahmheiten, Tumoren, Augenveränderungen	Huhn: Impfung
	Infektiöse Laryngotracheitis	Hühner, Fasane, Pfaue	orale und Nasensekrete, Aufnahme über die Luft	Atemprobleme und -geräusche, Augenbindehautentzündung	Huhn: Impfung
	Tauben-Herpesvirus-Infektion, Smadel's Disease, Einschlusskörperchen-Hepatitis	Tauben	Ausscheidung über Kot und Kropfinhalt, Aufnahme über den Mund, Jungvogelfütterung	oft symptomlos: ggf. bei Jungtauben Augen- und Nasenausfluss, gelbliche Auflagerungen in Schnabelhöhle, Mattigkeit, Durchfall, grünlicher Kot	Impfung
	Einschlusskörperchen-Hepatitis	Eulen, Falken, Kraniche, Kormorane	Kot, orale Sekrete, Aufnahme über den Mund, infizierte Futtertauben	Todesfälle, Appetitlosigkeit, grüne Harnsäure	keine
	Pacheco-Krankheit	Papageienvögel	Kot, orale Sekrete, über Kontakt, kontaminiertes Futter und Wasser	plötzliche Todesfälle, Apathie, Durchfall	symptomatisch, Aciclovir u. ä.
	Innere Papillomatose	Papageienvögel	siehe Pacheco-Krankheit	Tumoren in der Kloake, Schnabelhöhle, Leber, Pankreas	chirurgische Entfernung von Tumoren an Schleimhäuten
	Entenpest	Entenvögel	Kot, orale Sekrete, über Kontakt, kontaminiertes Futter und Wasser	Todesfälle, wässriger grünlicher oder blutiger Durchfall, Augenentzündungen	
Pockenvirus (Geflügelpocken,	Pocken	viele Vogelgruppen (Entenvögel,	über Verletzungen von Haut und Schleimhäuten,	Haut- und Schleimhautveränderungen	Impfung bei Hühnern und Tauben

(Fortsetzung)

Tab. 2 (Fortsetzung)

Erreger	Name der Erkrankung	vor allem betroffene Vögel	Übertragung	Krankheitserscheinungen Vögel	Therapie
Kanarienpocken, Papageienpocken)		Hühnervögel, Falken, Eulen, Singvögel, Tauben, Papageien, andere)	Kontakt, Stechmücken, andere stechende Arthropoden	(knotige Zubildungen, Auflagerungen) Atemnot, plötzliche Todesfälle	Separierung erkrankter Vögel, Desinfektion Hautveränderungen
Bornaviren (verschiedene Arten)	Neuropathische Drüsenmagendilatation der Papageien (Proventricular dilatation disease, PDD), ähnliche Erkrankung bei anderen Vögeln	Papageienvögel, Kanarien, Wassergeflügel (Enten, Gänse, Schwäne)	Virus-Ausscheidung über Se- und Exkrete (Kot, Harn, Erbrochenes, Federstaub) Infektionsweg unklar	ZNS (Inkoordination, Krampfanfälle) Verdauungsstörungen mit Durchfall und Erbrechen	leicht verdauliches Futter, Antientzündungsmittel
Circoviren (verschiedene Arten)	Papageien-Schnabel- und Federkrankheit (PBFD)	Papageienvögel	über den Mund, über die Luft	Jungtiersterblichkeit, -erkrankung, Abwehrschwäche, Befiederungsstörungen, Schnabelveränderungen	
	Circovirusinfektion	Kanarien, Zebrafinken und andere Passeriformes, Tauben, vermutlich viele andere Vögel	über den Mund, über die Luft	Jungtiersterblichkeit, Abwehrschwäche, Durchfall, Gewichtsverlust, Entwicklungsverzögerung, Leistungsschwäche, plötzliche Todesfälle	
	Circovirusinfektion der Gänse	Gänse	über den Mund, über die Luft	Jungtiersterblichkeit, plötzliche Todesfälle, Durchfall,	

Polyomaviren	Nestlingssterblichkeit, Französische Mauser	Wellensittiche, andere Papageien	über den Mund, über die Luft	Jungtiersterblichkeit, Befiederungsstörungen, Nierenerkrankung	
	Hämorrhagische Nephritis und Enteritis der Gänse	Gänse	über den Mund, über die Luft	Jungtiererkrankung, Todesfälle, Teilnahmslosigkeit, schwankender Gang, blutiger Durchfall	
	Polyomavirusinfektion der Finken	Zebrafinken, Kanarien, Buchfinken, Stieglitze u. a.	über den Mund, über die Luft	unklar, evtl plötzliche Todesfälle, Befiederungsstörungen, Abmagerung	
Rotaviren	Rotavirusinfektionen der Taube, Jungtaubenkrankheit	Brieftauben und Rassetauben (Columba livia)	Ausscheidung über Kot, Aufnahme über den Mund	Erbrechen, Durchfall, Abmagerung, Kropfstase, Tod	Impfung (ggf. mit Sondergenehmigung)
Adenoviren	Papageien-Adenovirusinfektion	Papageienvögel	Kontakt, über den Mund, evtl. über die Eier	oft ohne Symptome, Durchfall, Mattigkeit, Abmagerung, zentralnervöse Störungen	
	Greifvogel-Adenovirusinfektion	Falconiformes, Strigiformes	evtl. Aufnahme infizierter Futtertiere	blutige Durchfälle, Tod	
	Tauben-Einschlusskörperchen-Hepatitis, nekrotisierende Hepatitis	Tauben	Ausscheidung über Kot und Kropfinhalt, Aufnahme über den Mund, Jungvogelfütterung	Mattigkeit, Erbrechen, Durchfall, grün-gelblicher Kot	Impfung

(Fortsetzung)

Tab. 2 (Fortsetzung)

Erreger	Name der Erkrankung	vor allem betroffene Vögel	Übertragung	Krankheitserscheinungen Vögel	Therapie
Mykoplasmen (viele verschiedene Arten)	Mykoplasmose	viele Vogelarten	über Nasensekrete mit Aufnahme über die Luft, über die Eier	oft ohne Krankheitserscheinungen. Entzündungen des oberen Atemtraktes (Schnupfen, Augenbindehautentzündung, auch einseitig, Atemprobleme), je nach Art Gelenks- und Sehnenscheidenentzündung	ggf. Antibiotika
Aspergillen	Aspergillose	viele Vogelarten	Einatmen von in der Umwelt vorkommenden Pilzsporen	Leistungsinsuffizienz, Atemnot, Atemgeräusche durch Entzündungen und Granulombildung in luftführenden Wegen, Lungen und Luftsäcken, ggf. Ausbreitung in innere Organe	Pilzmittel
„Megabakterien" (*Macrorhabdus ornithogaster*)	Megabakteriose, „Going light"	viele Vogelarten, v. a. Wellensittiche, Finken	Kot, hochgewürgtes Material, Aufnahme über den Mund	Abmagerung, Durchfall, unverdaute Körner im Kot, Würgen, Erbrechen	Pilzmittel
Candida	Candidose	viele Vogelarten	über den Mund	Appetitlosigkeit, gelbliche Auflagerungen in der Schnabelhöhle im Rachen und im oberen Verdauungstrakt	Pilzmittel

Trichomonaden	Trichomonose, Gelber Kropf	kleine Papageienvögel (Wellensittich, Agapomiden u. a.), Passeriformes, Tauben, Greifvögel	über den Mund, Partnerfütterung, Wasser, infizierte Futtertiere	gelbliche Auflagerungen in der Schnabelhöhle, im Kropf, Würgen, Erbrechen, Atemnot, Augen-Bindehautentzündung, Abmagerung, u. U. Ausbreitung in innere Organe	Antiparasitika
Histomonaden	Schwarzkopf, ansteckende Leber-Blinddarm-Entzündung	Hühner, Puten, Pfauen	Aufnahme von Zwischen- und Stapelwirten (Blinddarmwürmer, Regenwürmer), Eindringen über die Kloake	Jungtiererkrankung, Mattigkeit, Appetitlosigkeit, reduziertes Wachstum, gelbliche Durchfälle	bei nicht Lebensmittel liefernden Vögeln Antiparasitika
Kokzidien	Caryosporose	Eulen, Falken	Kot, Aufnahme sporulierter Oozysten über den Mund	meist Jungvogelerkrankung, Durchfall, Gewichtsverlust, Abmagerung, Appetitlosigkeit, Leistungsschwäche	Antikokzidia
	Eimeriose	viele Vogelarten	Kot, Aufnahme sporulierter Oozysten über den Mund	vor allem bei Jungtieren und bei starkem Befall Durchfall, Mattigkeit, Abmagerung	Antikokzidia
	intestinale Kokzidiose (Isosporose)	Passeriformes	Kot, Aufnahme sporulierter Oozysten über den Mund	vor allem bei Jungtieren und bei starkem Befall Lustlosigkeit, Durchfall, Abmagerung, Tod	Antikokzidia
	extra-intestinale Kokzidiose, Atoxoplasmose, Isosporose, Rotbäuchigkeit	Passeriformes, häufig bei Kanarien und anderen Finken	Kot, Aufnahme sporulierter Oozysten über den Mund	vor allem bei Jungtiere, Plustern, Schwäche, Abmagerung, manchmal Durchfall und neurologische Symptome, Rotbäuchigkeit durch Leberschwellung, Tod	Antikokzidia

(Fortsetzung)

Tab. 2 (Fortsetzung)

Erreger	Name der Erkrankung	vor allem betroffene Vögel	Übertragung	Krankheitserscheinungen Vogel	Therapie
Spulwürmer	Ascarose	viele Vogelarten, unterschiedliche Wurmarten mit hoher Wirtsspezifität	Kot, Aufnahme von Wurmeiern über den Mund	reduzierte Entwicklung, bei Massenbefall Darmverschluss, Durchfall	Wurmmittel
Haarwürmer	Capillarose	viele Vogelarten	Kot, Aufnahme von Wurmeiern über den Mund, einige Wurmarten: Aufnahme von infizierten Zwischenwirten (Käfer, Schnecken)	reduzierte Entwicklung, bei Massenbefall Durchfall, Anämie	Wurmmittel
Tracheal- und Lungenwürmer	Syngamose, Cyathostomose, Serratospiculose	viele Vogelarten	Aufnahme von Wurmeiern oder Stapelwirten (Regenwürmer, Schnecken u. ä.) über den Mund, Serratospiculum, Cyathosthoma: Aufnahme infizierter Zwischenwirte (Käfer oder Regenwürmer)	oft ohne Krankheitsanzeichen, Stimmveränderung, Atemgeräusche, Aufreißen des Schnabels, Kopfschütteln Atemnot, Abmagerung	Wurmmittel

Bandwürmer		Unterschiedliche Würmer mit Spezifität für bestimmte Vogelarten. Vögel mit Kontakt zu infizierten Zwischenwirten	Aufnahme von Zwischenwirten über den Mund	meist symptomlos. Bei starkem Befall eventuell Abmagerung und Durchfall	Wurmmittel
Rote Vogelmilben		viele Vogelarten	Milben in Ritzen und Spalten in der Umgebung, suchen v. a. nachts aktiv den Wirt zum Blutsaugen auf.	Unruhe, Juckreiz, Blutarmut	Umgebung: Silikate, im leeren Stall ggf. Akarizide; am Tier bei nicht Lebensmittel liefernden Vögeln und bei Legehennen: Akarizide
Luftsackmilben (*Sternostoma trachacolum*, *Cytodites nudus*)	*Sternostomatose*	viele Vogelarten, vor allem Gouldamadinen, Kanarien	Partnerfütterung, Trinkwasser	knackende Atemgeräusche, Schnabelatmung, Kopfschütteln	bei nicht Lebensmittel liefernden Vögeln Akarizide
Knemidocoptes sp.	Knemidocoptes-Räude, Kalkbeinräude	viele Passeriformes, Wellensittiche, Hühner	Kontakt	krustige Zubildungen an der unbefiederten Haut	Auftragen von Ölen, ggf. Akarizide

Abb. 3 Circovirusinfektion
(Psittacine beak and feather
disease, PBFD) bei einem
Halsbandsittich (Kleiner
Alexandersittich, *Psittacula
krameri*): das Krankheitsbild
ist typischerweise durch
Befiederungsstörungen
gekennzeichnet. (Foto:
Claudia Löbel, Klinik für
Vögel, Kleinsäuger, Reptilien
und Zierfische der LMU
München)

und spielt nicht nur bei gehaltenen Vögeln eine wichtige Rolle, sondern bedroht auch die Existenz einiger wild lebender Populationen.

Die Erkrankung wird durch ein psittazines Circovirus, das Beak and feather disease virus, hervorgerufen, das sich in schnell teilenden Körperzellen vermehrt und diese Zellen schädigt. Betroffen sind hier unter anderem die körpereigenen Abwehrzellen und die Zellen der Federfollikel. Ausgeschieden werden die Viren über Kot, Se- und Exkrete aus dem Schnabel und mit abgeschilferten Federfollikel-epithelzellen, also über den Federstaub. Aufgenommen werden die Viren bei der Jungvogel- oder Partnerfütterung, aber auch über eingeatmeten Kot- und Federstaub. Circoviren sind in der Umwelt und auch gegen bekannte Desinfektionsmittel sehr widerstandsfähig. Vermutlich bleibt eine Virusinfektion dauerhaft bestehen, ein betroffener Vogel stellt damit lebenslang eine mögliche Infektionsquelle für andere Vögel dar. Infektionen mit PBFD-Viren wurden bei einer großen Zahl von Vogel-arten aus der Ordnung Psittaciformes nachgewiesen, vermutlich sind alle Arten der Papageienvögel empfänglich.

Die Diagnosestellung erfolgt in der Regel durch Virusnachweis mittels moleku-larbiologischer Methoden (PCR). Eine Behandlung, die die Viren eliminieren könn-te, ist aktuell nicht bekannt. Ein inaktivierter, in den USA verwendeter Impfstoff ist in Deutschland derzeit nicht zugelassen. Die Bekämpfung stützt sich daher aktuell auf die Verhinderung der Einschleppung des Virus in den Bestand, das heißt, auf die

Durchführung einer Quarantäne bei Neuzugängen in Verbindung mit der Durchführung diagnostischer Tests.

Circovirusinfektionen bei anderen Vögeln

Derzeit sind neben dem *Beak and feather disease virus* noch zehn weitere Circovirus-Arten bei Vögeln anerkannt, und zwar *Canary circovirus, Duck circovirus, Finch circovirus, Goose circovirus, Gull circovirus, Pigeon circovirus, Raven circovirus, Starling circovirus, Swan circovirus* und *Zebra finch circovirus*. Diese Viren lassen sich anhand von Unterschieden in ihrem Erbgut unterscheiden und werden als hoch wirtsspezifisch angesehen, das heißt, sie infizieren im Allgemeinen nur eine Vogelart oder wenige nahe miteinander verwandte Spezies. Die Kenntnisse zu den bei unterschiedlichen Vögeln vorkommenden Circoviren sind aktuell noch sehr beschränkt, und vorläufige Untersuchungen zeigen, dass bei vielen Wildvogelarten bisher unbekannte Circoviren vorkommen (Rinder, unveröffentlichte Untersuchungen).

Die Bedeutung der Circoviren als Krankheitserreger ist nicht immer klar, ihnen wird aber generell eine immunsupprimierende Wirkung zugeschrieben, so dass die betroffenen Vögel infolge einer geschwächten Abwehrkraft häufiger an anderen Infektionen erkranken, im Wachstum zurückbleiben und abmagern. Einige Viren verursachen vermutlich auch Befiederungsstörungen. Bei Zebrafinken (*Taeniopygia guttata*) waren Virusinfektionen jedoch nicht mit Befiederungsstörungen assoziiert (Rinder et al. 2017). Ob die sog. „Schwarzpunktkrankheit" der Kanarien durch Circoviren verursacht wird oder ob Kokzidien (*Isospora serini*) dafür verantwortlich sind, ist derzeit noch unklar.

Bei Tauben werden Circoviren für vermehrte Todesfälle bei Jungtauben verantwortlich gemacht. Auch bei diesen Vögeln steht eine durch die Virusinfektion verursachte Immunsuppression im Zentrum der Schadwirkung. Gänse-Circoviren können sowohl bei als Wirtschaftsgeflügel gehaltenen Gänsen als auch bei einer Reihe von wild lebenden Gänsen vorkommen. Sie werden für Durchfälle, verzögerte Entwicklung, Abmagerung und Todesfälle sowie Befiederungsstörungen verantwortlich gemacht. Eine kausale Therapie und eine Impfung ist bei Vogel-Circoviren derzeit nicht möglich.

3.2   Polyomavirus-Infektionen

Aviäre Polyomaviren können viele Arten von Papageienvögel befallen, besitzen aber vor allem bei Wellensittichen als Erreger der so genannten Wellensittich-Nestlingskrankheit (Französische Mauser, engl. Budgerigar fledgling disease) Bedeutung. Diese Erkrankung ist durch eine hohe Nestlingssterblichkeit, Federausfall und Federmissbildungen gekennzeichnet und zeigt somit große Ähnlichkeit mit der PBFD. Insbesondere Jungvögel zeigen Krankheitsanzeichen. Die Diagnose erfolgt durch Virusnachweis, eine kausale Therapie ist nicht möglich, ein inaktivierter Impfstoff ist in Deutschland derzeit nicht zugelassen. Eine natürliche Durchseuchung von Beständen scheint jedoch bei den Vögeln zu der Entwicklung einer vor

Erkrankung schützenden Immunität zu führen, die über maternale Antikörper im Ei auch auf die Nachkommen übertragen wird.

Bei Gänsen und Enten verursachen Polyomaviren die so genannte hämorrhagische Nephritis und Enteritis, eine mit Todesfällen, Bewegungsstörungen der Hintergliedmaßen, Teilnahmslosigkeit, Atemproblemen und blutigem übelriechenden Kot verbundene Erkrankung. Auch hier sind Jungtiere besonders empfindlich.

Bei Finken der Familien Estrildidae und Fringillidae kommen Infektionen mit Polyomaviren vermutlich relativ häufig vor. Hier dominieren zwei Polyomavirusarten, *Serinus canaria polyomavirus 1* (Kanarien-Polyomavirus) und *Pyrrhula pyrrhula polyomavirus 1* (Finken-Polyomavirus), die Finken eines breiten und überlappenden Artenspektrums dieser Vogelfamilien infizieren können. Die Bedeutung dieser Polyomaviren als Krankheitserreger ist noch unklar (Rinder et al. 2018).

3.3 Bornavirus-verursachte Erkrankungen

Aviäre Bornaviren wurden erstmals im Jahr 2008 bei an der Neuropathischen Drüsenmagendilatation („Proventricular Dilatation Disease", PDD) erkrankten Papageienvögeln nachgewiesen. Papageien-Bornaviren sind mittlerweile als Erreger dieser Erkrankung allgemein anerkannt. Das klinische Bild der PDD bei Papageien ist sowohl durch eine beeinträchtigte Funktion des Verdauungstraktes als auch durch ZNS-Symptome gekennzeichnet. Durchfall, Erbrechen, Abmagerung und die Ausscheidung unverdauter Körner sowie Koordinationsstörungen, Krampfanfälle und Zitterbewegungen von Kopf und Flügeln prägen die Erkrankung. Es treten häufig auch Veränderungen am Augenhintergrund mit Schädigung der Gefäß- und Netzhaut auf, die zu mehr oder weniger ausgeprägten Beeinträchtigungen des Sehvermögens der Tiere führen können. Bei erkrankten Vögeln ist der Verlauf meist tödlich. Für die PDD charakteristisch sind eine variable, aber meist lange Inkubationszeit und ein chronischer Verlauf. Es kann Monate oder Jahre dauern, bis ein infizierter Vogel Krankheitsanzeichen entwickelt, auch wenn er vorher möglicherweise bereits Viren ausgeschieden und zur Infektionsausbreitung beigetragen hat. Der genaue Übertragungsweg ist derzeit noch ungeklärt, es zeigt sich aber aus epidemiologischen Untersuchungen, dass ein enger und längerer Kontakt zwischen Vögeln erforderlich ist. Die Infektion breitet sich also damit eher langsam in einem Bestand aus.

Infektionen mit Bornaviren und PDD-ähnliche Erkrankungen wurden auch bei Kanarienvögeln und anderen Finkenvögeln sowie bei Gänsen, Enten und Schwänen nachgewiesen. Die bei Vögeln vorkommenden Bornaviren sind genetisch sehr divers und wurden unterschiedlichen Virusarten zugeordnet. Dabei gehören die bei Papageienvögeln nachgewiesenen Viren den beiden Arten *Psittaciform 1 Orthobornavirus* und *Psittaciform 2 Orthobornavirus* an. Die Virusarten *Passeriform 1 Orthobornavirus* und *Passeriform 2 Orthobornavirus* wurden bei Vögeln der Ordnung Passeriformes nachgewiesen, und die Art *Waterbird 1 Bornavirus* enthält bei Gänsen, Enten und Schwänen festgestellte Viren.

Derzeitige Kenntnisse stützen die Auffassung, dass aviäre Bornaviren in der Regel zu persistierenden Infektionen führen. Aktuell sind keine Behandlungen bekannt, die zur dauerhaften klinischen Besserung oder zur Erregerelimination führen würden. Eine Futterumstellung auf leicht verdauliche Nahrung, zum Beispiel Pellets, und die Gabe von Anti-Entzündungsmitteln können, wenn die Erkrankung noch nicht zu weit fortgeschritten ist, aber zu einer vorübergehenden klinischen Heilung führen.

Die Bekämpfung der PDD und der Bornavirus-Infektionen der anderen Vogelgruppen stützt sich daher auf die Verhinderung der Einschleppung von Bornaviren in die Vogelhaltungen über infizierte Neuzugänge sowie, in betroffenen Beständen, auf die Abtrennung von infizierten Vögeln und die Anwendung von Hygienemaßnahmen. Die Einhaltung von Quarantänemaßnahmen, während dessen Neuzugänge auf eine Infektion mit Bornaviren getestet werden, ist also essenziell. Zum Nachweis von Infektionen stehen sowohl PCR-Tests zur Detektion von Virusgenom als auch Antikörpertests zur Verfügung, die idealerweise in Kombination angewendet werden sollten. Da sich, wie bereits erwähnt, Bornaviren in Beständen oft eher langsam ausbreiten, ist nach Identifizierung eines infizierten Vogels eine Bestandssanierung durchaus erfolgversprechend. Dazu sollten alle Vögel eines Bestandes eventuell mehrmals in einem Abstand von mehreren Wochen untersucht und die positiv getesteten separiert werden. Ob in der Zukunft ein Impfstoff kommerziell verfügbar sein wird, ist aktuell noch offen. Kürzlich durchgeführte experimentelle Studien zur Vakzinierung zeigten vielversprechende Ergebnisse (Rall et al. 2019).

3.4   Pacheco-Krankheit der Papageien und andere durch Herpesviren bedingte Erkrankungen

Die bedeutendste Herpesviruserkrankung bei Papageienvögeln ist die Pacheco-Krankheit der Papageien („Pachecosche Papageienkrankheit"), die in Beständen sehr rasch, also perakut bis akut und seuchenhaft verlaufen kann und durch plötzliche Todesfälle, hochgradige Teilnahmslosigkeit, Plustern, hochgradigen giftgrünen Durchfall, eine erschwerte Atmung und gelegentlich neurologische Symptome gekennzeichnet ist. Die Schwere der Erkrankung ist allerdings variabel, und es gibt auch Papageienvögel, die nach Infektion keine Anzeichen einer Erkrankung zeigen.

Verursacht wird diese Erkrankung durch Herpesviren, also durch Viren, die allgemein dafür bekannt sind, dass sie persistierende Infektionen auslösen. Das bedeutet, dass ein Vogel lebenslang Virusträger und potenzieller Virusausscheider bleibt, wenn er einmal infiziert wurde. Außerdem kann auch bei einem Vogel, der aktuell keine Symptome zeigt, vermutlich lebenslang eine Krankheit jederzeit ausbrechen. Welche Faktoren einen Ausbruch auslösen, ist Großteils noch unbekannt. Wichtig sind hier aber sicherlich stressige Ereignisse wie Bestandswechsel oder andere Erkrankungen, die die Widerstandskraft des Vogels herabsetzen. Im typischen Fall treten Ausbrüche der Pacheco-Krankheit nach einer Inkubationszeit von etwa 2–3 Wochen nach Neuzugang eines Vogels in einen Bestand oder nach Ausstellungsbesuch auf, also nach Ereignissen, die unter Umständen zu einer Infektion oder zu einer Aktivierung der Herpesvirusinfektion und dann möglicherweise auch zur Erregerübertragung auf andere Papageien führen. Die Herpesviren werden mit dem Kot oder mit Ausscheidungen aus dem Schnabel in die Außenwelt abgegeben, und die Infektion von Vögeln erfolgt primär über Kontakt durch Aufnahme von Viren über den Schnabel oder durch Einatmen.

Herpesviren wurden auch bei Papageienvögeln nachgewiesen, die an der so genannten Inneren Papillomatose leiden, also einer Erkrankung, bei der es zu warzen- oder tumorartigen Zubildungen an Schleimhäuten der Schnabelhöhle, des Darms oder der Kloake oder zu Bauchspeicheldrüsen- oder Lebertumoren kommt. Zudem wurde bei einigen Papageien und Sittichen eine Atemwegserkrankung beschrieben, an der Herpesviren beteiligt waren. Bei einem Teil dieser Fälle wurde die Erkrankung als Amazonentracheitis bezeichnet.

Molekulargenetische und serologische Analysen ergaben, dass bei Infektionen unterschiedliche Viren beteiligt sind, die von einigen Autoren in Psittaziden-Herpesvirus (PsHV) 1, 2 und 3 unterteilt wurden, wobei auch innerhalb von PsHV-1 eine große Variationsbreite von Viren vorkommt. PsHV-1 wurde bislang bei Vögeln mit der Pacheco-Krankheit und mit Innerer Papillomatose nachgewiesen, während PsHV-2 bisher vor allem bei Graupapageien und Aras mit Innerer Papillomatose gefunden wurde, und PsHV-3 bei Vögeln mit Atemwegserkrankungen vorkam.

Die Diagnose erfolgt im Allgemeinen über molekularbiologischen Nachweis der Viren in Abstrichtupferproben aus dem Rachen oder der Kloake. Zum Nachweis von latent infizierten Vögeln haben sich auch serologische Untersuchungen mit dem Nachweis von Antikörpern als geeignet erwiesen. Bei einem Ausbruch der Pacheco-Krankheit kann durch die Gabe von bestimmten Wirkstoffen, zum Beispiel Aciclovir, in möglichst frühen Phasen der Infektion die Schwere einer Erkrankung reduziert werden. Solche Medikamente hemmen die Herpesvirus-Vermehrung, eine Elimination der Viren gelingt damit aber leider nicht. Bestandsspezifische Impfstoffe können zudem in betroffenen Beständen die Ausbreitung der Erkrankung reduzieren. Außerdem ist eine Abtrennung erkrankter Vögel zu empfehlen.

Da eine Therapie, mit der eine Erreger-Elimination gelingt, bislang nicht existiert und ein wirksamer Impfstoff kommerziell nicht zur Verfügung steht, kommt bei der Bekämpfung der Erkrankungen einer Verhinderung der Einschleppung in die Bestände eine Schlüsselrolle zu. Die konsequente Umsetzung von Quarantänemaßnahmen und Untersuchung aller Neuzugänge ist dabei sehr wichtig.

Weitere durch Herpesviren verursachte Erkrankungen

Herpesviren spielen nicht nur bei Papageienvögeln als Krankheitserreger eine wichtige Rolle, sondern stellen auch die Ursache für bedeutende Erkrankungen bei anderen Wildvögeln dar. So wurden Herpesviren in der Vergangenheit bei einer Vielzahl von Vogelgruppen nachgewiesen, und zwar unter anderem bei Tauben, Hühner- und Entenvögeln, Greifvögeln und Eulen, Störchen, verschiedenen Finken. Dabei reicht die Bandbreite der Schwere nachgewiesener Erkrankungen von latenten subklinischen Verläufen bis hin zum Auftreten hoher Todesraten. Es wurden je nach Wirtstierart, beteiligtem Virusstamm und Umweltfaktoren Variationen festgestellt (Kaleta 2012).

Die Marek-Krankheit (sog. Klassische Geflügellähme), die bei Haushühnern große Bedeutung besitzt, aber auch bei Puten und Wachteln vorkommen kann, ist durch Läsionen an peripheren Nerven, Tumoren in den inneren Organen und in der Haut gekennzeichnet und hat auch eine Immunsuppression der betroffenen Vögel zur Folge. Bei der Entenpest, eine Erkrankung, die bei vielen Enten- und Gänsearten und bei Schwänen vorkommt, können plötzliche Todesfälle, wässrige grünliche bis blutige Durchfälle und gelegentlich auch entzündliche Schwellungen der Augenlider auftreten. Bei der Untersuchung verstorbener Tiere werden regelmäßig Blutungen und starke Entzündungen im Dünndarm mit Zerstörung von Zellen in der Darmwand sichtbar. In ähnlicher Weise sind bei der Infektiösen Laryngotracheitis, einer Erkrankung des oberen Atemtraktes, die bei Haushühnern, Fasanen und Pfauen vorkommt, Blutungen und starke Entzündungen feststellbar, hier allerdings in Nase, Augenbindehaut und Luftröhre. Bei Herpesvirusinfektionen anderer Vogelarten finden sich Veränderungen im Darm und in einer Vielzahl innerer Organe wie der Leber oder der Milz. Betroffene Vögel zeigen oft hochgradige Mattigkeit und Durchfälle oder versterben rasch infolge von Funktionsstörungen der betroffenen Organe (Kaleta 2012).

3.5   Weitere Viruskrankheiten

Über die genannten Virusinfektionen hinaus ist eine Reihe weiterer Infektionen, z. B. mit Adenovirus, Reovirus, Papilloma- oder Pockenviren von Bedeutung, die auch in Tab. 2 dargestellt sind. Für zusätzliche und ausführlichere Informationen ist auf weiterführende Literatur zu verweisen, u. a. Kaleta und Krautwald-Junghanns (2011); Gavier-Widén et al. (2012); Gabrisch und Zwart (2015); Rubbenstroth et al. (2019) oder Swayne (2020).

3.6   Aspergillose

Bei der Aspergillose handelt es sich um eine meist chronische, also sich über einen längeren Zeitraum entwickelnde Pilzerkrankung primär des Atemtraktes, bei der Atemprobleme, trockene Atemgeräusche, Gewichtsverlust und Abmagerung auffallen. Gelegentlich treten infolge Schädigung der Nieren durch Pilztoxine auch vermehrter Harnabsatz (Polyurie) oder Erbrechen auf. Perakute, also plötzlich auftretende schwere Atemnot mit Erstickungsgefahr entwickelt sich gelegentlich bei Vorkommen von isolierten Pilzgranulomen mit Verlegung der Luftröhre und im Bereich des Stimmkopfes der Vögel (sog. „isolierte Syrinxmykose"). Eine Ausbreitung der Pilzinfektion vom Respirationstrakt auf innere Organe ist bei schweren Verläufen möglich.

Die Erkrankung wird durch Pilzbefall der Schleimhäute der Atemwege, Lungen und Luftsäcke verursacht. Am häufigsten beteiligt ist *Aspergillus fumigatus*, es können aber auch andere *Aspergillus*- oder *Mucor*-Arten als Ursache auftreten. Bei diesen Pilzen handelt es sich um saprophytische Arten, die sehr häufig in der Umwelt vorkommen und die zum Beispiel auch für Schimmelpilzbefall in feuchten Ecken von Wohnungen oder auf Obst verantwortlich sind. Pilzsporen sind also ubiquitär vorhanden.

Nach Einatmen der Pilzsporen aus der (massiv kontaminierten) Luft können sich unter gewissen Umständen die Pilze auf den Schleimhäuten des Atemtraktes dauerhaft ansiedeln, vermehren und zu Schäden führen. Das heißt, für die Entwicklung einer Erkrankung sind zusätzlich zur Einatmung der ubiquitär vorhandenen Sporen begünstigende Bedingungen, so genannte Kofaktoren, entscheidend. So sind einige Vogelgruppen (wie Papageienvögel, Pinguine, Falkenvögel und Habichte) besonders empfänglich für eine Aspergillose. Die Zugehörigkeit zu bestimmten Vogelarten kann also ein solcher Faktor sein. Zu den Arten mit einer Prädisposition für die Entwicklung einer Aspergillose gehören vor allem Papageien, die aus tropischen Regionen der Welt mit normalerweise sehr hoher Luftfeuchtigkeit stammen. Wenn diese Vögel in Mitteleuropa gehalten werden, insbesondere in im Winter geheizten Wohnungen, ist die Feuchtigkeit der Raumluft sehr niedrig, wodurch es bei diesen Vögeln zum Austrocknen und somit zu einer Vorschädigung der Schleimhäute des Atemtraktes kommen kann. Pilze können sich auf solchen vorgeschädigten Schleimhäuten dann leicht ansiedeln.

Grundsätzlich kann eine Immunsuppression, also eine geschwächte Abwehrkraft eines Vogels, zu einer erhöhten Anfälligkeit für eine Pilzinfektion führen. Stress, andere Erkrankungen, eine unausgewogene Ernährung, die zum Beispiel zu Vitaminmangel führt, oder Cortison-Behandlungen sind hier als mögliche Ursachen für eine geschwächte Körperabwehr zu nennen. Eine lange Antibiotika-Behandlung kann zu einer Störung des mikrobiellen Gleichgewichts auf Schleimhäuten mit einer Verschiebung zugunsten von Pilzen führen. Wichtige Kofaktoren für eine Pilzerkrankung stellen generell ungünstige Umweltbedingungen dar, also zum Beispiel eine zu geringe Luftfeuchtigkeit oder ungeeignetes, mit Pilzsporen kontaminiertes und nicht bedarfsdeckendes Futter sowie Vitamin-A-Mangelsituationen. Bei Durchführung von Kunstbrut kann eine starke Pilzbelastung des Brutschranks Infektionen in den Eiern oder bei den frisch geschlüpften Küken zur Folge haben.

Bei einem auf Krankheitserscheinungen basierenden Verdacht wird die Diagnose einer Pilzinfektion durch Kombination bildgebender, röntgenologischer Verfahren mit Darstellung typischer pilzbedingter Veränderungen im Lungen-Luftsackbereich in Kombination mit einer mykologischen kulturellen Untersuchung aus Luftröhrenabstrichen gestellt. Mykologische Untersuchungen im Labor mit Anzucht der Pilze erlauben zudem die Durchführung von Resistenztests, also die Feststellung, welche Pilzmittel wirksam sind.

Die Behandlung von Pilzinfektionen ist schwierig und langwierig, die Prognose vorsichtig bis ungünstig zu stellen. Oft sind wochenlange Gaben von Pilzmittel erforderlich, die über die Schnabelhöhle, aber auch über eine Inhalationstherapie verabreicht werden können. Bei einer Pilzinfektion der Syrinx ist es oft erforderlich, die Pilzgranulome chirurgisch mittels Endoskopie zu entfernen, damit die Atemwege wieder frei und für die Luft passierbar werden. Bei der Bekämpfung der Aspergillose entscheidend ist jedoch, dass oben beschriebene Kofaktoren, die eine Erkrankung begünstigen, beseitigt werden. Einer ausgewogenen vitaminreichen

Ernährung und ausreichend Bewegung kommt hier sicher eine hohe Bedeutung zu. Wichtig ist es, die Sporenbelastung der Umwelt, auch des Futters, möglichst stark zu reduzieren. Dennoch ist die Prognose für Vögel, die an einer Aspergillose erkrankt waren, vorsichtig, und ein Versterben betroffener Vögel oder Rückfälle nach vorübergehender Besserung sind häufig.

3.7   Megabakteriose

Bei der Megabakteriose handelt es sich um eine Pilzerkrankung des Magen-Darm-Traktes, die vor allem bei kleinen Papageienvögeln wie Wellensittichen (*Melopsittacus undulatus*) oder Agaporniden, aber auch bei Finken, z. B. Kanarien, Stieglitzen (*Carduelis carduelis*), Zebrafinken oder bei Webervögeln auftritt. Dabei zeigen sich ein Leichterwerden („Going light") der betroffenen Vögel, also ein Gewichtsverlust, der zu Beginn der Erkrankung oft trotz gutem Appetit und erhaltener Futteraufnahme auftritt, Durchfall, Erbrechen, unter Umständen eine Ausscheidung unverdauter Körner mit dem Kot und im Endstadium der Erkrankung auch zentralnervöse Störungen.

Verursacht wird die Erkrankung durch den Pilz *Macrorhabdus ornithogaster*, der ursprünglich als ein sehr großes Bakterium aufgefasst wurde, woraus sich der auch heute noch gängige Name Megabakteriose ableitet. Diese Pilze werden immer wieder in geringer Zahl auch bei gesunden Vögeln festgestellt, so dass Kofaktoren, die die Ausbildung einer Erkrankung begünstigen, vermutet werden. Denkbar sind hier zum Beispiel gleichzeitige Infektionen mit Viren. So finden sich bei an Megabakteriose erkrankten Finkenvögeln sehr häufig gleichzeitig Infektionen mit Circoviren, Polyomaviren oder Adenoviren (Rinder et al. 2017, 2018, 2020).

Die Pilze siedeln sich zunächst in der Schleimhaut des Magen-Darm-Traktes am Übergang vom Drüsenmagen zum Muskelmagen an. Dadurch wird die Produktion von Schleim und Verdauungsenzymen gestört, es kommt zu Geschwüren und einer Störung der physiologischen Magen-Darm-Peristaltik und Verdauung. Aufgenommenes Futter kann daher nicht mehr ausreichend aufgeschlossen und genutzt werden, mit dem Ergebnis, dass sich eine Energiemangelsituation entwickelt.

Die Diagnose der Megabakteriose erfolgt bei Vorliegen der Krankheitssymptome durch eine Kombination von röntgenologischer Untersuchung und mikroskopischem Nachweis der Pilze im Kot. Gelegentlich werden Megabakterien auch in Kropfabstrichen festgestellt. Bei der Röntgenaufnahme können durch Verwendung von Kontrastmitteln in rund 70 % aller Fälle typische, durch entzündliche Veränderungen der Magenschleimhaut hervorgerufene Veränderungen dargestellt und eine Verdachtsdiagnose gestellt werden, welche durch mikroskopischen Nachweis der Erreger bestätigt wird. Eine Behandlung dieser Pilzinfektion ist über eine langandauernde Gabe von Pilzmitteln möglich. Bei starkem Durchfall oder Gewichtsverlust ist zusätzlich ein Ausgleich von Flüssigkeitsverlusten und eine unterstützende Fütterung mit energiereichem, leicht verdaulichem Futter und eine Schmerztherapie erforderlich. Für Vögel, die bereits stark an Gewicht verloren haben und schwerwiegende Schleimhautschäden im Verdauungstrakt ausgebildet haben, sind die Erfolgsaussichten der Behandlung nicht sehr gut. Auch bei vorübergehender Besserung ist mit Rückfällen zu rechnen, so dass eine sorgfältige Überwachung mit Gewichtskontrolle anzuraten ist.

3.8   Infektionen mit *Trichomonas gallinae* („Gelber Knopf" und ähnliche Erkrankungen)

Bei *Trichomonas gallinae* handelt es sich um einen mikroskopisch kleinen, einzelligen, begeißelten Parasiten, der bei einer Reihe von Vögeln auf den Schleimhäuten des oberen Verdauungstraktes und des oberen Atmungstraktes vorkommen und dort zu Schäden und Entzündungen führen kann. Als Krankheitserreger sind diese Flagellaten insbesondere bei kleinen Papageienvögeln (Wellensittichen, andere kleine Sittiche, Agaporniden u. a.), bei Finkenvögeln (Prachtfinken, Kanarien u. a.), Tauben und Falken (Falconiformes) bedeutend.

Die aus einer Infektion resultierenden Krankheitserscheinungen variieren von sehr mild bis hin zu Todesfällen, und zwar in Abhängigkeit vom beteiligten Parasitenstamm, aber auch von der Vogelart, von der Abwehrkraft, und, wie es vor allem bei Tauben bekannt ist, vom Alter des betroffenen Individuums. Entzündungen der Schleimhäute der Schnabelhöhle und des Kropfes in Verbindung mit Würgen und Erbrechen, Augenbindehautentzündungen oder Entzündungen des oberen Atmungstraktes, also der Nasen und Nebenhöhlen sind auftretende Krankheitsanzeichen. Dabei kann es zu gelblich-käsigen entzündlichen Auflagerungen in der Schnabelhöhle, aber auch in Kropf und Speiseröhre kommen, die die Nahrungsaufnahme der Atmung erschweren und zur Abmagerung führen. Als Komplikationen können Abszesse der Kropfwand oder eine Ausbreitung der Trichomonaden im Körper mit Schädigung der inneren Organe auftreten.

Bei Tauben wird die Erkrankung auch als „gelber Knopf" bezeichnet, abgeleitet von den schon in der Schnabelhöhle sichtbaren gelblichen Auflagerungen. Hier sind vor allem Jungvögel von Erkrankungen betroffen, während ältere Tauben lediglich geringgradig infiziert sind, ohne Symptome zu zeigen, und die Trichomonaden dann mit der Kropfmilch auf ihre Jungvögel übertragen. Bei jungen Tauben sind auch Nabelentzündungen infolge einer Trichomonadeninfektion bekannt.

Übertragen wird *Trichomonas gallinae* direkt von Tier zu Tier über Jungvogel- bzw. Partnerfütterung oder über kontaminiertes Trinkwasser. Der Eintrag in einen Bestand erfolgt in der Regel über Neuzugänge oder über Wildvogelkontakt mit Nutzung gemeinsamer Wasserquellen. Die Parasiten sind in der Umwelt nur wenig widerstandsfähig. Sie sind sehr empfindlich gegenüber Austrocknen oder Erhitzen.

Der Nachweis der Parasiten erfolgt in der Regel mikroskopisch durch Untersuchung von Schleimhautabstrichen. Neben einer Behandlung mit Antiflagellaten-Mitteln, die immer alle Vögel des Bestandes einschließen sollte, ist Trinkwasserhygiene bei der Bekämpfung sehr wichtig. So sollten alle Wassergefäße täglich gewechselt und heiß ausgespült werden und anschließend gut trocknen. Zur Verhinderung der Einschleppung des Erregers in den Bestand sind Eingangsuntersuchungen von Neuzugängen sehr wichtig.

3.9 Schwarzkopfkrankheit (Histomonose)

Die Histomonose, verursacht durch einzellige Parasiten der Art *Histomonas melea-gridis*, ist eine Erkrankung, die vor allem bei Hühnervögeln (Galliformes) vorkommt. Große Bedeutung besitzt sie primär bei domestizierten Arten, insbesondere bei Puten, aber auch bei Haushühnern. Sie kann aber auch bei in Menschenhand gehaltenen Wildputen, Wachteln, Fasanen, Pfauen oder Kragenhühnern auftreten. Von einer Erkrankung sind vor allem Jungvögel betroffen, sie zeigen Mattigkeit, Appetitlosigkeit und Plustern. Außerdem tritt schaumiger Durchfall auf, der häufig schwefelgelb gefärbt und übel riechend ist und Blutbeimengungen enthalten kann. Die Sterberate im Bestand kann hoch sein. Bei weniger empfindlichen Vogelarten wie Haushühnern verläuft eine Infektion oft ohne Symptome. Ein starker Befall kann aber auch hier zu milden Krankheitserscheinungen und zum Rückgang der Legeleistung führen.

Die Histomonaden siedeln sich in den Blinddärmen und in der Leber an und führen hier zu Entzündungen und Zellzerstörungen. In der Außenwelt sind Histomonaden nur kurze Zeit überlebensfähig, sie bilden keine Dauerstadien aus und sind sehr empfindlich gegenüber Austrocknen. Wenn sie über den Schnabel aufgenommen werden, werden sie vermutlich von den Säuren und Verdauungsenzymen in Magen und Dünndarm abgetötet. Bei gleichzeitiger Infektion mit Blinddarmwürmern (*Heterakis gallinarum*) werden die Histomonaden jedoch regelmäßig in die Wurmeier eingeschlossen und dann durch die Eihülle geschützt ausgeschieden. Dadurch erhöht sich die Überlebensfähigkeit der Histomonaden in der Außenwelt erheblich. Wenn ein Vogel Wurmeier mit den darin enthaltenen Histomonaden aufnimmt, infiziert er sich also gleichzeitig mit beiden Parasiten.

In der Außenwelt können die Wurmeier mit den darin eingeschlossenen Histomonaden auch von Regenwürmern aufgenommen werden. In diesen Regenwürmern sind die Flagellaten besonders gut geschützt und können im Boden einige Jahre überdauern. Auf diese Weise bleiben Ausläufe viele Jahre lang mit den eigentlich sehr fragilen Einzellern belastet. Vögel, die sich auf diesen Flächen aufhalten, fressen Regenwürmer und nehmen so gleichzeitig die Histomonaden auf.

Es existiert jedoch auch ein Übertragungsweg direkt von Vogel zu Vogel über den Flagellaten-haltigen Kot. Dabei wandern die Parasiten über die Kloake in den Verdauungstrakt ihrer neuen Wirte ein und bewegen sich dann gegen den Strom des Darminhaltes bis in die Blinddärme. Dieser direkte Übertragungsweg ist bei im Stall gehaltenen Vögeln, bei denen weder Blinddarmwürmer noch Regenwürmer vorkommen, von Relevanz.

3.10 Kokzidiosen

Kokzidien sind einzellige Parasiten, die sehr widerstandsfähige Stadien in der Außenwelt besitzen, die so genannten Oozysten. Oozysten werden mit dem Kot befallener Vögel ausgeschieden und können in der Umwelt unter Umständen über ein Jahr ihre Infektiosität aufrechterhalten. Neue Wirte infizieren sich durch

Aufnahme der Oozysten über den Schnabel. Bei Vögeln wurde eine Vielzahl unterschiedlicher Kokzidien-Gattungen beschrieben. In der Wildvogelhaltung am bedeutendsten sind dabei sicherlich die Gattungen *Eimeria, Isospora, Caryospora, Sarcocystis* und *Toxoplasma*. Die meisten bei gehaltenen Wildvögeln vorkommenden Kokzidien haben einen direkten Entwicklungszyklus, das bedeutet, dass für das Durchlaufen des Lebenszyklus nur ein Wirt erforderlich ist. Zwischenwirte, wie zum Beispiel Käfer oder Schnecken, sind nicht erforderlich, und dies begünstigt die Etablierung der Parasiten in vom Menschen gehaltenen Vogelbeständen. *Toxoplasma gondii* und Vertreter der Gattung *Sarcocystis* haben sehr komplexe Entwicklungszyklen mit Zwischenwirten, bei denen sich Entwicklungsstadien unter anderem in der Muskulatur bilden. Diese müssen dann von anderen Tieren, den Endwirten, aufgenommen werden, damit der Lebenszyklus des Parasiten vollendet wird.

Kokzidien sind in der Regel sehr wirtsspezifisch, das heißt, eine bestimmte Parasitenart kann sich nur in einer Vogelart oder vielleicht in einigen wenigen nahe verwandten Vogelarten, meist aus derselben Gattung, vermehren. Eine Ausnahme stellt auch hier *Toxoplasma gondii* dar, der Erreger der Toxoplasmose, einer Erkrankung, die nicht nur bei vielen Wirbeltieren, sondern auch beim Menschen vorkommt. *Toxoplasma gondii* ist daher als ein Zoonose-Erreger anzusehen. Katzen und Katzenartige stellen für diesen Parasiten die Endwirte dar und scheiden Oozysten aus. Eine Infektion mit *Toxoplasma gondii* verläuft bei den meisten Vögeln ohne erkennbare Krankheitssymptome. Einige Vogelarten, zum Beispiel Fruchttauben, reagieren jedoch mit schweren Krankheitssymptomen und können versterben.

Bei den meisten Kokzidienarten vermehren sich die Parasiten nur im Darm. Das bedeutet, Schäden treten nur dort auf, und Durchfall in Verbindung mit Flüssigkeitsverlusten und einer verringerten Nährstoffaufnahme über den Darm stellen die wichtigsten Folgen dar. Häufig sind Jungvögel besonders empfindlich und erkranken vor allem bei einem starken Befall, während ältere Vögel Infektionen gut tolerieren.

Einige Kokzidien befallen aber auch Körperzellen außerhalb des Darms. Als Beispiel ist hier *Isospora serini* zu nennen, der Erreger einer bei Kanarien, und hier vor allem bei Jungvögeln auftretenden schweren Erkrankung, der so genannten Rotbäuchigkeit oder Atoxoplasmose. Ähnliche Kokzidien der Gattung *Isospora* mit Vermehrungsstadien außerhalb des Darms wurden auch bei anderen Vogelarten nachgewiesen. Der Entwicklungszyklus von *Isospora serini* ist sehr komplex. Nach Aufnahme von sporulierten Oozysten durchdringen die Parasiten die Darmwand der Kanarienvögel und werden von weißen Blutkörperchen aufgenommen und im Blut in viele Organe transportiert, zum Beispiel die Leber und Milz, und vermehren sich dort. Dabei kommt es zur Schwellung und Schädigung dieser Organe, die im Falle der Leber bei befallenen Vögeln oft schon von außen als Rotfärbung am Bauch sichtbar ist. Die Parasiten gelangen anschließend wieder in den Darm der Vögel und vermehren sich in Darmzellen, und letztendlich kommt es zur Bildung von Oozysten, die über viele Monate ausgeschieden werden können. Plötzliche Todesfälle können auftreten. Erkrankte Kanarien zeigen Plustern, Schwäche, Abmagerung, Durchfall und zentralnervöse Erscheinungen, und die Sterberate kann erheblich sein.

Die bei Wasservögeln nachgewiesene Nierenkokzidiose, die durch unterschiedliche *Eimeria*-Arten, bei Gänsen durch *Eimeria truncata,* ausgelöst wird, ist ein weiteres Beispiel für die Vermehrung von Kokzidien außerhalb des Darms. Hier findet allerdings die gesamte Entwicklung der Parasiten in Nierenepithelien statt, und Oozysten werden über die harnableitenden Wege und schließlich die Kloake nach außen geleitet.

Für die Behandlung von Kokzidiosen stehen Medikamente zur Verfügung, die auf die Vermehrungsstadien im Vogel gerichtet sind. Für eine wirksame Bekämpfung essenziell sind jedoch Hygienemaßnahmen, die auf eine Beseitigung der widerstandsfähigen Oozysten in der Umgebung gerichtet sind und ein Absenken des Infektionsdruckes, das heißt, eine Vermeidung von starken, krankheitsauslösenden Infektionen erreichen sollen. Einer gründlichen Reinigung, bei der der Kot mit den Oozysten entfernt wird, kommt hier eine große Bedeutung zu. Bei der Auswahl von Desinfektionsmitteln muss darauf geachtet werden, dass Wirkstoffe auf Kresolbasis verwendet werden, die die stabilen Oozysten zerstören können.

3.11 Wurmbefall

Bei Wildvögeln kommen sehr viele unterschiedliche Würmer vor, die sich einer großen, fast unüberschaubaren Zahl von Arten zuordnen lassen. Viele Parasiten besitzen eine große Wirtsspezifität, das heißt, sie sind an ganz wenige Vogelarten angepasst und können nur dort überleben. Das Parasitenspektrum vieler Vogelarten, vor allem der nicht in Menschenhand gehaltenen Arten, ist derzeit daher nur sehr unvollständig bekannt.

Würmer lassen sich nach ihrem Körperaufbau in zwei große Gruppen einteilen, in die Plattwürmer, die einen abgeplatteten Körper besitzen, und die Rundwürmer, deren Körper im Querschnitt eine rundliche Form besitzt. Das Leben der Plattwürmer ist durch besonders komplexe Entwicklungszyklen gekennzeichnet. Die meisten bei Vögeln parasitierenden Plattwurm-Arten benötigen neben einem Vogel auch noch andere Tierarten, um dann in den einzelnen Tieren jeweils unterschiedliche Entwicklungsphasen zu durchlaufen. So genannte Endwirte, also Wirte, in denen sich die Parasiten geschlechtlich vermehren, sind ebenso notwendig wie zusätzliche so genannte Zwischenwirte, in denen sich die Plattwürmer weiterentwickeln und dabei mehr oder weniger stark ungeschlechtlich vermehren. Wenn nur einer von beiden, End- oder Zwischenwirt, fehlt, kann sich ein Plattwurm nicht dauerhaft in einem Gebiet oder in einer Haltung etablieren.

Rundwürmer zeigen demgegenüber in ihrer Lebensweise eine sehr große Vielfalt. Hier gibt es ebenfalls, ähnlich wie bei den Plattwürmern, Arten, die in ihrem Lebenszyklus Zwischen- und Endwirte eingeschaltet haben. Viele Arten benötigen aber nur eine Wirtstierart, in der sie sich vermehren und ihren Lebenszyklus durchlaufen, und neue Wirte infizieren sich über Aufnahme von in die Umwelt ausgeschiedenen Eiern.

Ob ein Parasit bei in Menschenhand gepflegten Vögeln eine Bedeutung besitzt, hängt ganz entscheidend davon ab, ob er unter den entsprechenden Haltungsbedingungen gute Lebensbedingungen findet. Wichtig ist also, dass alle Voraussetzungen für das Durchlaufen des Entwicklungszyklus gegeben sind, und zwar einerseits im

Hinblick auf die Verfügbarkeit der Wirte, aber andererseits auch im Hinblick auf die
abiotischen Bedingungen, die das Überleben einzelner Entwicklungsstadien in der
„Außenwelt" bestimmen.

Je nach gehaltener Vogelart und nach den herrschenden Haltungsbedingungen
können also unterschiedliche Parasiten von Bedeutung sein. Bei ausschließlicher
Haltung der Vögel im Stall oder in Innenräumen, also unter Bedingungen, bei denen
Insekten oder Schnecken, die häufig als Zwischenwirte von Vogelparasiten vorkommen, sehr gut kontrolliert werden können, werden Plattwürmer möglicherweise
lediglich über Vogel-Neuzugänge eingetragen, sie können sich mit ihren komplexen
Entwicklungszyklen aber nicht dauerhaft etablieren. Bei der Freilandhaltung nicht-
heimischer Vogelarten spielt die Tatsache eine Rolle, dass die speziellen Zwischenwirte, die im Herkunftsland der exotischen Vögel endemisch und für die Entwicklung der Plattwürmer erforderlich sind, oft gar nicht vorkommen. Plattwürmer
spielen also bei vielen in Menschenhand gehaltenen Vogelarten nur eine sehr
untergeordnete Rolle. Bei den Rundwürmern sind dementsprechend diejenigen
Arten mit einem direkten Entwicklungszyklus, bei dem also keine Zwischenwirte
eingeschlossen sind, im Vorteil und solche Arten sind teilweise von sehr großer
Relevanz.

Plattwürmer

Saugwürmer (Trematoden) und Bandwürmer (Zestoden) gehören zu den Plattwürmern (Plathelminthes). Die meisten bei Vögeln vorkommenden Trematoden besitzen einen flachen, blattartigen Körperbau und komplexe Entwicklungszyklen, bei
denen Schnecken, in der Regel Wasserschnecken, als Zwischenwirte fungieren. Die
Saugwürmer parasitieren im Darm, in der Leber, den Nieren oder in einer Vielzahl
anderer Organe der Vögel. Erkrankungen kommen bei Vögeln nur gelegentlich vor,
sie variieren je nach befallenem Organ. Unter anderem können Durchfall, Abmagerung, Schwäche oder Teilnahmslosigkeit auftreten. Vertreter der Gattung *Echino-
stoma* sind bei Enten als Ursache schwerwiegender Erkrankungen bekannt (Huffman 2008). Diagnostiziert wird ein Befall mit Trematoden bei Vögeln durch
mikroskopischen Nachweis von Parasiteneiern im Kot.

Bandwürmer

Bandwürmer (Zestoden) finden sich meist im Dünndarm, gelegentlich im Magen
oder in den Blinddärmen von Vögeln. Sie sind durch ihre segmentierte Gestalt leicht
von anderen Würmern zu unterscheiden. Adulte Würmer sind weißlich, etwas
durchscheinend und erreichen je nach Art eine Größe von 1–2 mm bis 1 m. Meistens
sind sie unter 10 cm lang. Ihr Körper ist in Kopf (Skolex), Hals (Proliferationszone)
und Gliederkette (Strobila) gegliedert. Mit dem Kopf, der mit Saugnäpfen, Haken
oder anderen Halteeinrichtungen ausgestattet ist, verankert sich der Bandwurm in
der Darmschleimhaut. Im kurzen Halsabschnitt bilden sich die Glieder (Proglotti-
den) des Bandwurms wie an einer Kette, so dass sie mit der Zeit immer weiter vom
Kopf weggeschoben werden, sie wachsen dabei heran. Jede Proglottide besitzt ein
vollständiges Set an männlichen und weiblichen Geschlechtsorganen, die mit zunehmendem Alter des Bandwurmgliedes heranreifen. An der Spitze des Bandwurms

im Darmlumen, am weitesten von seinem Kopf entfernt, finden sich die ältesten Glieder mit befruchteten Eiern in ihrem Inneren. Die Eier werden entweder mit der reifen Proglottide im Darm abgeschnürt oder direkt in den Darminhalt abgegeben und gelangen so in die Außenwelt, wo sie von Zwischenwirten, das sind im Fall von Vogelbandwürmern meist Käfer, andere Insekten, Regenwürmer oder Schnecken, aufgenommen werden und sich weiterentwickeln. Der Entwicklungszyklus wird dann geschlossen, wenn ein Vogel den Zwischenwirt mit den darin enthaltenen Bandwurmstadien frisst.

Die Wirtsspezifität von Bandwürmern, also die Anzahl der Vogelarten, die infiziert werden können, variiert zwischen Bandwurmarten. Während manche Bandwürmer nur einzelne Vogelarten befallen können, sind andere in der Lage, Vogelarten aus unterschiedlichen Familien zu befallen, wie es zum Beispiel für *Fimbriaria fasciolaris* bekannt ist, eine Bandwurmart, die weltweit und auch in Europa bei insgesamt mehr als 60 Arten der Gänsevögel (Anseriformes) nachgewiesen wurde (McLaughlin 2008). Bandwürmer aus Wildvögeln können über infizierte Zwischenwirte in Bestände eingetragen werden und dann ggf. die gehaltenen Vögel infizieren.

Ein Bandwurmbefall wird von Vögeln in der Regel gut toleriert. Krankheitssymptome treten normalerweise nur bei einem Massenbefall oder bei Vögeln mit Vorerkrankungen oder einer geschwächten Abwehr auf.

Kratzer (Acanthocephala)

Kratzer sind wenige mm bis über 10 cm große Würmer, die im Dünndarm ihrer Wirte mit einem mit Stacheln oder Haken bewehrten Vorderende in der Schleimhaut festgeheftet sind und Nährstoffe aus dem Darmlumen der Wirte über ihre Körperoberfläche aufnehmen. Die Eier gelangen mit dem Kot nach außen und werden von Zwischenwirten, und zwar Arthropoden wie Insekten, Käfer, kleine Krebse o. ä. aufgenommen. Hier entwickelt sich eine für den Endwirt infektiöse Larve. Vögel fressen die Zwischenwirte und infizieren sich so mit diesen Parasiten. Es ist unklar, ob Kratzer zu Krankheitserscheinungen führen, auch wenn sie immer wieder bei geschwächten, erkrankten oder toten Vögeln festgestellt werden (Richardson und Nickol 2008).

Rundwürmer

Rundwürmer, und dabei vor allem die Nematoden, sind weltweit verbreitet und zeigen sehr unterschiedliche Lebensweisen. Es gibt frei lebende Arten, aber auch zahlreiche Spezies, die als Parasiten von Pflanzen und Tieren eine wichtige Rolle spielen. Die Wirtsspezifität variiert, und es ist davon auszugehen, dass die genaue Artzugehörigkeit der meisten Nematoden, die bei in Menschenhand gehaltenen Vogelarten vorkommen, noch gar nicht bekannt ist. Die Vielfalt der Arten spiegelt sich auch in sehr unterschiedlichen Lebensweisen wider. So gibt es Wurmarten, die eine direkte Entwicklung zeigen, während andere Nematodenspezies mehrere Tierarten mit einer Funktion als Zwischen- und Endwirte einschließen. Aus weiter oben bereits beschriebenen Gründen spielen bei in Menschenhand gehaltenen Vögeln vor allem diejenigen Wurmarten eine Rolle, die sich direkt entwickeln, also ohne Zwischenwirte auskommen. Im Folgenden werden einige relevante Nematoden etwas näher vorgestellt.

Spulwürmer der Gattung *Ascaridia* und **Blinddarmwürmer** der Gattung *Hete-rakis*, die zur Ordnung Ascaridida und hier der Superfamilie Heterakoidea gehören, kommen häufig bei Wildvögeln und bei gehaltenen Vögeln, auch beim Wirtschafts-geflügel, vor. Sie haben eine direkte Entwicklung, das heißt, Vögel infizieren sich über Eier, die mit dem Kot in die Umwelt gelangt sind. Es ist aber auch möglich, dass die Eier von so genannten Stapel- oder Transportwirten wie Regenwürmern auf-genommen werden, in denen sich die Nematoden aber nicht weiterentwickeln. Vögel infizieren sich in solchen Fällen dann, wenn sie die Regenwürmer fressen. Während Spulwürmer mit einer Größe zwischen 16 und 120 mm relativ große, kräftige Würmer darstellen und im Dünndarm parasitieren, sind Vertreter der Gat-tung *Heterakis* mit 5,5 bis 31 mm Länge eher klein. Sie siedeln im Blinddarm. Die meisten Arten der Spul- und Blinddarmwürmer haben offenbar ein sehr breites Wirtsspektrum. So wurde das Vorkommen des Spulwurms *Ascaridia galli* unter anderem bei Haushühnern, Wachteln, Fasanen, Rebhühnern, Pfauen und anderen Hühnervögeln, einer ganzen Reihe von Entenarten der Familie Anatidae, bei Ver-tretern der Accipitridae und Strigidae, bei Marabus, Goldammern (*Emberiza citrinel-la*), Haussperlingen (*Passer domesticus*) und Misteldrosseln (*Turdus viscivorus*) do-kumentiert. *Heterakis gallinarum*, der Blinddarmwurm des Haushuhns, wurde auch bei vielen anderen Hühnervögeln beschrieben, zum Beispiel bei Fasanen, Pfauen, Wachteln und Puten, bei einigen Entenvögeln oder bei Tauben (Fedynich 2008).

Die von Spul- und Blinddarmwürmern ausgeschiedenen Eier sind dickschalig und in der Umwelt sehr stabil. Sie können ihre Infektiosität über Jahre aufrecht-erhalten. Bei gehaltenen Wildvögeln können bei starkem Befall gelegentlich Krank-heitserscheinungen beobachtet werden. Schädigungen und Entzündungen der Dünn-darmschleimhaut mit Blutungen können bei Spulwurmbefall entstehen. Außerdem sind Darmverlegungen (Obstruktionen) bei sehr starkem Befall mit diesen großen Würmern möglich. Bei Heterakis-Infektionen können Abmagerung, Schwäche oder Durchfall entstehen. Von *Heterakis gallinarum* ist bekannt, dass er als Zwischenwirt für *Histomonas meleagridis* fungieren kann, den Erreger der Schwarzkopf-Krankheit, die bei Puten, Fasanen und Pfauen große Bedeutung besitzt (siehe Abschn. 3.9).

Haarwürmer, die so genannten Capillarien, sind Rundwürmer, die bei in Men-schenhand gehaltenen Vögeln eine große Bedeutung besitzen. Diese Gruppe umfasst kleine, haardünne Würmer einer Reihe von Gattungen der Unterfamilie Capillarinae in der Familie Trichuridae, unter anderem die Gattungen *Capillaria*, *Ornithocapil-laria*, *Baruscapillaria* oder *Eucoleus*. Die Zuordnung zu bestimmten Arten ist jedoch oft unklar, und die Taxonomie dieser Würmer ist aktuell noch Änderungen unterworfen (Yabsley 2008). Bei Vögeln besiedeln Capillarien unterschiedliche Regionen des Magen-Darm-Traktes von der Schnabelhöhle bis zu den Blinddärmen. Es gibt Arten mit direktem und indirektem Entwicklungszyklus, also ohne und mit Zwischenwirt. Bei in Menschenhand gehaltenen Vögeln spielen vor allem die Haarwürmer mit einem direkten Entwicklungszyklus eine wichtige Rolle. Schad-wirkungen treten dadurch auf, dass die Würmer sich in die Schleimhaut einbohren und sie an ihrem Siedlungsort verletzen. Meist sind Krankheitsanzeichen nicht erkennbar, gelegentlich entwickeln sich Durchfälle, Erbrechen, Appetitlosigkeit oder Abmagerung.

Einige Rundwürmer parasitieren im Atemtrakt von Vögeln. Wichtige Arten dieser als **Trachealwürmer** bezeichneten Parasiten sind *Syngamus trachea*, auch als Roter Luftröhrenwurm oder Gabelschwanzwurm bezeichnet, bei dem die Adultwürmer ausschließlich in der Luftröhre zu finden ist, sowie *Cyathostoma bronchialis*, der auch an in den Luftsäcken oder Nebenhöhlen des Kopfes vorkommt. Bei *Syngamus trachea* sind die etwa 6 mm großen männlichen und die 5–40 mm großen weiblichen Würmer rot gefärbt und in Dauerkopulation an der Schleimhaut der Trachea angeheftet, so dass sie eine Gabel- oder Y-Form einnehmen. Bei *Cyathostoma bronchiale* haben die Würmer eine ähnliche Größe, Dauerkopulation kommt aber nicht vor. Würmer beider Arten legen Eier ab, die hochgeflimmert und dann meist abgeschluckt werden, bevor sie mit dem Kot nach außen gelangen. In den Entwicklungszyklus des Roten Luftröhrenwurms sind Regenwürmer, Schnecken, Käfer oder andere Insekten fakultativ als Stapelwirte eingeschaltet. In der Regel infizieren sich neue Wirte dann über die Aufnahme von Stapelwürmern mit Wurmlarven und vermutlich nur gelegentlich über die Aufnahme freier larvenhaltiger Eier. Bei *Cyathostoma bronchialis* sind Regenwürmer als echte Zwischenwirte obligat in den Zyklus eingeschlossen (Fernando und Barta 2008).

Bei in Menschenhand gehaltenen Vögeln finden Infektionen in der Regel nur in Volieren mit Naturboden und Zugang zu Stapelwirten statt. Die Trachealwürmer spielen zudem nur bei Vogelarten, die ihr Futter vom Boden aufnehmen, eine wichtige Rolle. Bei starkem Befall können sich in der Luftröhre oder ggf. in den Luftsäcken Entzündungsreaktionen mit starker Schleimbildung ausbilden. Die Vögel entwickeln dabei massive Atemprobleme mit Stimmveränderungen, Kopfschütteln, Schnabelatmung und Halsstrecken in Verbindung mit Atemgeräuschen. Fasanen sind besonders empfindlich. Unter Umständen kann durch den Wurmbefall und die darauffolgende Entzündungsreaktion die Luftröhre verlegt werden und die betroffenen Vögel ersticken. Infektionen mit *Cyathostoma bronchialis* verlaufen in der Regel milder.

3.12   Befall mit Arthropoden

Gliederfüßer, sogenannte Arthropoden, und dabei vor allem Zecken, Milben und Insekten, führen bei Vögeln meistens als Ektoparasiten zu Schäden, das heißt, sie parasitieren auf der äußeren Oberfläche der Vögel. Als Beispiele sind hier die blutsaugende Rote Vogelmilbe (*Dermanyssus gallinae*) und Räudemilben der Gattung *Knemidocoptes* zu nennen sowie die Federlinge oder Federmilben, die zu Gefiederschäden führen können. Einige Milben, zum Beispiel die Luftsack- oder Luftröhrenmilben, befallen den Respirationstrakt im Körperinneren, sind also als Endoparasiten aufzufassen.

Ektoparasitenbefall
Die Rote Vogelmilbe (*Dermanyssus gallinae*) ist ein Ektoparasit, der seine Wirte nur zum Blutsaugen, in der Regel nachts, aufsucht. Ansonsten halten sich die Milben in Ritzen und Spalten in der Umgebung (in Ställen, Außenvolieren oder Nestern) auf. Sie häuten sich dort auch und legen ihre Eier ab. Die knapp 1 mm großen und daher mit

bloßem Auge noch erkennbaren Milben entwickeln sich bei warmen Temperaturen besonders rasch und können bei Massenbefall zu erheblicher Unruhe im Bestand sowie, insbesondere bei Jungvögeln, zu Blutarmut bis hin zu Todesfällen führen.

Räudemilben der Gattung *Knemidocoptes* graben Bohrgänge in die Haut von Vögeln, in der Regel an unbefiederten Stellen, oft an den Ständern, und führen zu Hautreaktionen wie eine übermäßige Verhornung, Hautverdickungen und krustige Auflagerungen. Beispiele sind die als Kalkbeinmilbe bezeichnete Art *Knemidocoptes mutans*, die beim Wirtschaftsgeflügel (v. a. bei Hühnern) vorkommt, *Knemidocoptes jamaicensis*, eine Art, die bei vielen Arten der Passeriformes, unter anderem bei Finkenvögeln, und auch bei Vögeln anderer zoologischer Ordnungen vorkommt, sowie *Knemidocoptes pilae*, die bei Wellensittichen und anderen Papageienvögeln als Erreger der Kopf- und Schnabelräude Bedeutung besitzt, sich aber auch an den Ständern und an der Kloake ansiedelt. Die Veränderungen durch *Knemidocoptes pilae* sind gekennzeichnet durch Zubildungen von schwammartigem Aussehen. Die kleinen Bohrkanäle der Milben sind deutlich erkennbar (Abb. 4).

Infektionen mit Tracheal- oder Luftsackmilben

Bei in Menschenhand gehaltenen Vögeln, aber auch bei wild lebenden Vögeln, besitzen vor allem zwei Milbenarten als Parasiten des Respirationstraktes Bedeutung. *Sternostoma tracheacolum* kommt meist bei kleinen Vögeln, wie Kanarien und Finken, aber auch vielen anderen Wildvogelarten in der Trachea und in den Luftsäcken vor. Gouldamadinen (*Erythrua gouldiae*) gelten als besonders empfänglich. Milben der Art *Cytodites nudus* (Luftsackmilben) befallen eher größere Vögel wie Hühner, Puten, Fasanen oder Tauben und leben in den Luftsäcken ihrer Wirte. Abgelegte Eier werden hochgeflimmert und gelangen so über die Schnabelhöhle nach außen oder werden abgeschluckt und mit dem Kot nach außen abgegeben. Die Übertragung von Vogel zu Vogel erfolgt über Kontakt (Partnerfütterung) oder über in das Trinkwasser

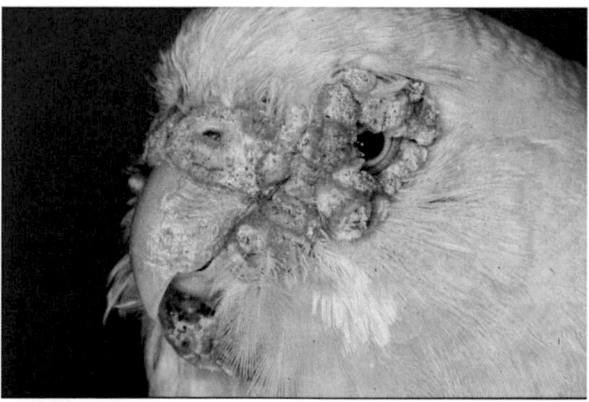

Abb. 4 Knemidocoptose bei einem Wellensittich (*Melopsittacus undulatus*): die durch Grabmilben (*Knemidocoptes pilae*) hervorgerufene Erkrankung ist durch krustöse Hautauflagerungen im Augen-, Nasen-, Schnabel-, sowie Hintergliedmaßen- und Kloakenbereich gekennzeichnet, und das typische bimssteinartige Erscheinungsbild wird durch die Grabaktivität der Milben mit Lochbildungen in der Haut verursacht. (Foto: Rüdiger Korbel)

ausgeschiedene Milbeneier. Anzeichen für einen Befall stellen ein reduziertes Allgemeinbefinden mit Plustern, Atemprobleme mit feuchten oder knackenden Atemgeräuschen, Kopfschütteln oder eine reduzierte Gesangsaktivität dar. Die Symptome können bei starkem Befall erheblich sein. Die Diagnose kann bei kleinen Vögeln, z. B. bei Kanarien oder Prachtfinken, mittels Durchleuchtens der Luftröhre im Gegenlicht mit einer hinter den Vogel gehaltenen starken Lichtquelle (Diaphanie) gestellt werden. Die Milben sind dann als bewegliche dunkle Punkte, die vor dem Licht fliehen, zu erkennen. Außerdem können die Milben bei Sektionen in der Luftröhre und den Luftsäcken nachgewiesen werden. Unter Umständen sind Milben oder Milbeneier auch bei mikroskopischen Untersuchungen von Kotproben sichtbar.

4   Schlussfolgerungen

In Menschenhand gehaltene Wildvögel können von einer großen Vielfalt von Erregern infiziert werden. Daraus können Beeinträchtigungen der Leistungsfähigkeit, also zum Beispiel des Erfolges bei der Nachzucht, entstehen, Unter Umständen entwickeln sich aber auch schwere Erkrankungen bis hin zum Tod der Vögel. Zum Erhalt des Tierwohls ist daher von entscheidender Bedeutung, Erkrankungen früh zu erkennen oder am besten ganz zu verhindern. Einer guten Tierbeobachtung und einem sinnvollen Hygienekonzept kommt dabei eine große Relevanz zu.

Angesichts der zum Teil sehr ähnlichen Krankheitsanzeichen und der Vielzahl von Erregern, die mit unterschiedlichen Mitteln bekämpft werden müssen, stellt eine sorgfältige Diagnosestellung die Voraussetzung für eine erfolgreiche Behandlung dar. Wegen möglicher Nebenwirkungen und in Anbetracht der global zunehmenden Resistenzproblematik bei Bakterien gegenüber Antibiotika dürfen Medikamente nicht unkritisch oder auf Verdacht, sondern basierend auf einer fundierten tierärztlichen Diagnose eingesetzt werden. Für das eigentliche Ziel, das darin bestehen sollte, die Tiergesundheit zu fördern, bevor Krankheiten entstehen, ist vor allem in größeren Beständen mit wertvollen Tieren eine enge Zusammenarbeit von Halterinnen und Haltern mit vogelkundigen Tierärzten und Tierärztinnen im Rahmen einer tierärztlichen Bestandsbetreuung wichtig und zu empfehlen. Dabei können Vorgehensweisen etabliert werden, die ein auf die örtlichen Gegebenheiten angepasstes Hygienekonzept und regelmäßige Gesundheitskontrollen der Vögel enthalten, damit sich das Zusammenleben sowohl für die Vögel als auch für die Halterinnen und Halter nach dem Motto „Vorbeugen ist besser als Heilen" optimal gestaltet.

Literatur

Anonymus. (2005). *Verordnung zum Schutz gegen die Geflügelpest und die Newcastle-Krankheit* (Geflügelpest-Verordnung) vom 20. Dezember 2005 (BGBl. I S. 3538).
Anonymus. (2018). *Verordnung zum Schutz gegen die Geflügelpest* (Geflügelpest-Verordnung). Ausfertigungsdatum 18.10.2007 in der Fassung der Bekanntmachung vom 15. Oktober 2018 (BGBl. I S. 1665, 2664).

Branchu, P., Bawn, M., & Kingsley, R. A. (2018). Genome variation and molecular epidemiology of *Salmonella enterica* Serovar Typhimurium pathovariants. *Infection and Immunity, 86*(8). https://doi.org/10.1128/IAI.00079-18.

Fedynich, A. M. (2008). Heterakis and Ascaridia. In C. T. Atkinson, N. J. Thomas & D. B. Hunter (Hrsg.), *Parasitic diseases of wild birds* (S. 388–412). Ames: Wiley-Blackwell.

Fernando, M. A., & Barta, J. R. (2008). Tracheal worms. In C. T. Atkinson, N. J. Thomas & D. B. Hunter (Hrsg.), *Parasitic diseases of wild birds* (S. 343–354). Ames: Wiley-Blackwell.

Fohrmann, B. (in Vorbereitung). *Leitfaden zur Beurteilung von jagdlich erlegtem Federwild – ein interaktives Lehrprogramm.* Vet. Med. Diss. München.

Friedrich-Loeffler-Institut. (2020a). TSN – *das Tierseuchennachrichtensystem.* www.fli.de/de/service/informationssysteme-und-datenbanken/tsn/. Zugegriffen am 09.04.2020.

Friedrich-Loeffler-Institut. (2020b). *Tiergesundheitsjahresbericht.* ISSN: 1867-9374 www.openagrar.de/receive/openagrar_mods_00011127. Zugegriffen am 09.04.2020.

Gabrisch, K., & Zwart, P. (2015). *Krankheiten der Heimtiere* (Hrsg. M. Fehr, L. Sassenrath & P. Zwart). Hannover: Schlütersche.

Gavier-Widén, D., Duff, J. P., & Meredith, A. (2012). *Infectious diseases of wild mammals and birds in Europe.* Chichester: Wiley-Blackwell.

Hartung, M., Alt, K., Käsbohrer, A., & Tenhagen, B.-A. (2019). *Erreger von Zoonosen in Deutschland im Jahr 2016.* Berlin: Bundesinstitut für Risikoforschung.

Huffman, J. E. (2008). Trematodes. In C. T. Atkinson, N. J. Thomas & D. B. Hunter (Hrsg.), *Parasitic diseases of wild birds* (S. 225–245). Ames: Wiley-Blackwell.

Kaleta, E. F. (2012). Herpesvirus infections in wild birds. In D. Gavier-Widén, J. P. Duff & A. Meredith (Hrsg.), *Infectious diseases of wild mammals and birds in Europe* (S. 22–36). Chichester: Wiley-Blackwell.

Kaleta, E. F., & Krautwald-Junghanns, M. E. (2011). *Kompendium der Ziervogelkrankheiten: Papageien – Tauben – Sperlingsvögel* (4. Aufl.). Hannover: Schlütersche.

König, H. E., Korbel, R., & Liebich, H.-G. (2008). *Anatomie der Vögel – Klinische Aspekte und Propädeutik.* Stuttgart/New York: Schattauer Verlag.

König, H. E., Korbel, R., & Liebich, H.-G. (2016). *Avian anatomy: Textbook and colored atlas* (2. Aufl.). Sheffield: 5M Publications.

Korbel, R., Schäffer, E. H., Ravelhofer, K., & Kösters, J. (1997). Okulare Manifestationen von Mykobakteriosen bei Vögeln. *Tierärztliche Praxis Ausgabe K: Kleintiere Heimtiere, 25,* 105–111.

Laroucau, K., Vorimoree, F., Aaziz, R., Solmonson, L., Hsia, R. C., Bavoil, P. M., Fach, P., Hölzer, M., Wünschmann, A., & Sachse, K. (2019). *Chlamydia buteonis*, a new *Chlamydia* species isolated from a red-shouldered hawk. *Systematic and Applied Microbiology, 42*(5), 125997. https://doi.org/10.1016/j.syapm.2019.06.002.

Li, Z., Liu, P., Hou, J., Xu, G., Zhang, J., Lei, Y., Lou, Z., Liang, L., Wen, Y., & Zhou, J. (2020). Detection of *Chlamydia psittaci* and *Chlamydia ibidis* in the endangered Crested Ibis (*Nipponia nippon*). *Epidemiology and Infection, 148,* e1. https://doi.org/10.1017/S0950268819002231.

McLaughlin, J. D. (2008). Cestodes. In C. T. Atkinson, N. J. Thomas & D. B. Hunter (Hrsg.), *Parasitic diseases of wild birds* (S. 261–276). Ames: Wiley-Blackwell.

Michel, F., Sieg, M., Fischer, D., Keller, M., Eiden, M., Reuschel, M., Schmidt, V., Schwehn, R., Rinder, M., Urbaniak, S., Müller, K., Schmoock, M., Lühken, R., Wysocki, P., Fast, C., Lierz, M., Korbel, R., Vahlenkamp, T. W., Groschup, M. H., & Ziegler, U. (2019). Evidence for West Nile virus and Usutu virus infections in wild and resident birds in Germany, 2017 and 2018. *Viruses, 11,* 674. https://doi.org/10.3390/v11070674.

Rall, I., Amann, R., Malberg, S., Herden, C., & Rubbenstroth, D. (2019). Recombinant modified vaccinia virus Ankara (MVA) vaccines efficiently protect cockatiels against Parrot Bornavirus infection and proventricular dilatation disease. *Viruses, 11*(12). pii: E1130. https://doi.org/10.3390/v11121130.

Richardson, D. J., & Nickol, B. B. (2008). Acanthocephala. In C. T. Atkinson, N. J. Thomas & D. B. Hunter (Hrsg.), *Parasitic diseases of wild birds* (S. 277–288). Ames: Wiley-Blackwell.

Rinder, M., Schmitz, A., Peschel, A., Wörle, B., Gerlach, H., & Korbel, R. (2017). Molecular characterization of a recently identified circovirus in zebra finches (*Taeniopygia guttata*) associated with immunosuppression and opportunistic infections. *Avian Pathology, 46*(1), 106–116.

Rinder, M., Schmitz, A., Peschel, A., Moser, K., & Korbel, R. (2018). Identification and genetic characterization of polyomaviruses in estrildid and fringillid finches. *Archives of Virology, 163* (4), 895–909.

Rinder, M., Schmitz, A., Baas, N., & Korbel, R. (2020). Molecular identification of novel and genetically diverse adenoviruses in passeriform birds. *Virus Genes.* https://doi.org/10.1007/s11262-020-01739-3.

Rubbenstroth, D., Peus, E., Schramm, E., Kottmann, D., Bartels, H., McCowan, C., Schulze, C., Akimkin, V., Fischer, N., Wylezich, C., Hlinak, A., Spadinger, A., Großmann, E., Petersen, H., Grundhoff, A., Rautenschlein, S. & Teske, L. (2019). Identification of a novel clade of group A rotaviruses in fatally diseased domestic pigeons in Europe. *Transboundary and Emerging Diseases 66*(1), 552–561. https://doi.org/10.1111/tbed.13485.

Schmitz, A., Korbel, R., Thiel, S., Wörle, B., Gohl, C., & Rinder, M. (2018a). High prevalence of *Mycobacterium genavense* within flocks of pet birds. *Veterinary Microbiology, 218*, 40–44.

Schmitz, A., Rinder, M., Thiel, S., Peschel, A., Moser, K., Reese, S., & Korbel, R. (2018b). Retrospective evaluation of clinical signs and gross pathologic findings in birds infected with *Mycobacterium genavense. Journal of Avian Medicine and Surgery, 32*(3), 194–204.

Swayne, D. E. (2020). *Diseases of poultry* (Bd. 2., 14. Aufl.). Hoboken: Wiley-Blackwell.

Wünschmann, A., Armién, A. G., Khatri, M., Martinez, L. C., Willette, M., Glaser, A., Alvarez, J. & Redig, P. (2017). Ocular lesions in red-tailed hawks (*Buteo jamaicensis*) with naturally acquired West Nile Disease. *Veterinary Pathology, 54*(2), 277–287.

Yabsley, M. J. (2008). Capillarid nematodes. In C. T. Atkinson, N. J. Thomas & D. B. Hunter (Hrsg.), *Parasitic diseases of wild birds* (S. 463–497). Ames: Wiley-Blackwell.

Ziegler, U., Santos, P. D., Groschup, M. H., Hattendorf, C., Eiden, M., Höper, D., Eisermann, P., Keller, M., Michel, F., Klopfleisch, R., Müller, K., Werner, D., Kampen, H., Beer, M., Frank, C., Lachmann, R., Tews, B. A., Wylezich, C., Rinder, M., Lachmann, L., Grünewald, T., Szentiks, C. A., Sieg, M., Schmidt-Chanasit, J., Cadar, D., & Lühken, R. (2020). West Nile virus epidemic in Germany triggered by epizootic emergence, 2019. *Viruses, 12*, 448. https://doi.org/10.3390/v12040448.

Medizinische Versorgung von verletzt aufgefundenen heimischen Wildvögeln

Rüdiger Korbel, Elisabeth Hagen und Monika Rinder

Inhalt

1   Einleitung

Immer wieder werden Wildvögel verletzt oder flugunfähig in der freien Natur aufgefunden, oder es werden verlassene hungrige Jungvögel angetroffen, die von den Altvögeln nicht mehr versorgt werden. Die Anzahl derartig aufgefundener Wildvögel kann beträchtlich sein. An einer spezialisierten Klinik im süddeutschen Raum werden jährlich rund 1500 Wildvögel vorgestellt (Bergs 2009). Zu berücksichtigen ist, dass wissenschaftlichen Untersuchungen zufolge nur rund 12–13 % aller in der tierärztlichen Praxis vorgestellten verletzten Wildvögel wieder erfolgreich, d. h. mit einer Mindestüberlebensdauer von 1 Jahr in freier Wildbahn, rehabilitiert werden können (Korbel et al. 2005; Lierz et al. 2005; Neubeck 2009) und – je nach Vogelspezies – nur rund 20 % das erste Lebensjahr in freier Wildbahn überleben. Hintergrund sind hier komplexe Selektionsmechanismen, in welchen

R. Korbel · E. Hagen · M. Rinder (✉)
Klink für Vögel, Kleinsäuger, Reptilien und Zierfische, Ludwig-Maximilians-Universität München, Oberschleißheim, Deutschland
E-Mail: korbel@lmu.de; elisabeth.hagen@vogelklinik.vetmed.uni-muenchen.de; Monika.Rinder@vogelklinik.vetmed.uni-muenchen.de

© Springer-Verlag GmbH Deutschland, ein Teil von Springer Nature 2021
W. Lantermann, J. Asmus (Hrsg.), *Wildvogelhaltung*,
https://doi.org/10.1007/978-3-662-59604-3_19

z. B. neben jahreszeitlichen witterungsbedingten Einflüssen auch Beutegreifern eine wesentliche Bedeutung bei der natürlichen Regulation von Wildvogelpopulationen zukommt.

Aus tierschutzrechtlicher und ethischer Sicht stellt die Versorgung aufgefundener Wildvögel eine Verpflichtung dar, die jedoch vielen praktischen Problemen unterliegt (Cooper und Cooper 2006). Die große anatomische und physiologische Vielfalt, die von Wintergoldhähnchen (*Regulus regulus*) mit einer Körpermasse von etwa 6 g bis hin zu aus Gewichtsgründen gerade noch flugfähigen Höckerschwänen (*Cygnus olor*) mit einer Körpermasse von 12 bis 15 kg reicht, setzt ein fundiertes Wissen über eine fachgerechte Fixation und Handhabung sowie über komplexe und angepasste Diagnostik- und Therapiemaßnahmen voraus. Weiterhin sind zahlreiche rechtliche Vorschriften bei der Versorgung von Wildvögeln zu beachten. Wildtiere unterliegen dem Bundesnaturschutzgesetz. Niemand darf ein Wildtier ohne vernünftigen Grund aus der Natur entnehmen, es besteht grundsätzliches Aneignungsverbot (Wildtiere als sogenannte herrenlose Tiere). Nach § 1 des deutschen Tierschutzgesetzes (TSchG) hat jeder die Verpflichtung, erkrankten und plötzlich in Not geratenen Tieren zu helfen („das Tier als Mitgeschöpf des Menschen"). Niemand darf einem Tier ohne vernünftigen Grund Schmerzen, Leiden oder Schäden zufügen (§ 1 TSchG). Um diesem Grundsatz des Tierschutzgesetztes zu folgen, muss die vollständige und schnellstmögliche Wiederherstellung der Wildbahntauglichkeit das oberste Ziel bei der Versorgung von Wildvögeln sein. Das bedeutet, dass eine schnellstmögliche Wiedereingliederung des Fundvogels in die Wildvogelpopulation (Rehabilitation) angestrebt werden muss, welche nur durch eine kompetente Vorgehensweise im Sinne des § 3 des Tierschutzgesetzes erreicht werden kann. So darf beispielsweise ein Jungvogel nach einer längeren Zeit in menschlicher Obhut nicht ohne Weiteres, das heißt, ohne Erlernen der vollständigen Selbstständigkeit, wieder in die Freiheit ausgesetzt werden.

Es bedarf daher komplexer Rehabilitationsprogramme mit einem standardisierten, gleichzeitig jedoch fallorientierten Vorgehen, um bestmögliche Überlebenschancen gewährleisten zu können. Damit verbunden ist eine frühestmögliche Entscheidungsfindung zwischen Rehabilitation, Haltung unter menschlicher Obhut oder aber – sofern unvermeidbar – tierschutzindizierter Euthanasie, um dem Tier weitere vorhersehbare Leiden und Schäden zu ersparen. Die dauerhafte Haltung nicht rehabilitierbarer, invalider Wildvögel unter menschlicher Obhut kann infolge der menschlichen Nähe als massiver, chronischer Stressor für Wildtiere, hierdurch bedingter Folgeerkrankungen durch Immunsuppression sowie anderweitiger haltungsbedingter Schädigungen (z. B. Sohlenballengeschwüre) nur in eng begrenzten Ausnahmefällen (fachlich geführte Nachzuchtprojekte u. a.) ein Ziel sein. Das Ansammeln von invaliden Wildvögeln ist demgegenüber aufgrund von chronisch einwirkenden „Crowdingfaktoren" und seinen Folgen (s. o.) auch tierschutzrechtlich nicht zulässig. Anzustreben ist vielmehr hinsichtlich der Versorgung, Pflege und Wiederauswilderung rehabilitierbarer Wildvögel ein koordiniertes, standardisiertes, fachlich fundiertes Rehabilitationsverfahren unter Zugrundelegung einer Zulassung beteiligter Einrichtungen nach § 11 TSchG, um tierschutzrechtliche, tierärztliche, wildtierbiologische sowie pflegerisch- und wiederauswilderungstechnische Erfordernisse gleichermaßen sicherstellen zu können. Entsprechende Einrichtungen mit koordinativer Funktion sind in verschiedenen Bundesländern, wie z. B. Niedersachsen und Hessen gegeben und derzeit in Bayern mit Gründung einer „Wildtierstation Bayern" in der Etablierung. Dem steht die Problematik eines weitestgehenden Fehlens finanzieller Unterstützung der Versorgung von Wildtieren als sogenannten „herrenlosen Tieren" entgegen, welche eine weitverbreitete Tätigkeit auf freiwilliger, ehrenamtlicher Basis mit allen Vor- aber auch Nachteilen erfordert. Hier ist in Zukunft im Sinne der Sorge um „Wildtiere als Mitgeschöpfe des Menschen" ein grundlegendes Umdenken der derzeitigen (finanziellen) Rahmenbedingungen erforderlich, wobei in anderen Ländern und Erdteilen geübte Verfahren wie ein groß angelegtes „Fundraising" oder steuerliche Erleichterungen für Freiwilligenarbeit im Bereich der Wildtierversorgung, wie sie z. B. in vielen US-Bundesstaaten gebräuchlich sind, im deutschsprachigen Raum nur sehr bedingt oder gar nicht umsetzbar sind.

Es ist wichtig zu erwähnen, dass die Aufzucht und Auswilderung von Jungtieren für die Gesamtpopulation einer Wildvogelart in der Regel unerheblich, jedoch aus ethischen Gründen angezeigt ist. Wildbiologisch gesehen ist die Wiederauswilderung aufgezogener Jungvögel aus verschiedenen Gründen (Eingriff in natürliche Selektionsmechanismen, potenziell fehlende Wiederaufnahme in die Wildvogelpopulation, u. a. durch für das menschliche Auge nicht sichtbare fütterungsbedingte Farbveränderungen des Gefieders im Ultraviolettbereich u. v. m.) kritisch zu sehen.

2   Woran erkenne ich einen kranken oder hilfebedürftigen Vogel?

Vor der Entnahme eines Tieres aus seinem natürlichen Lebensraum sollte unbedingt sichergestellt werden, dass ein Eingreifen durch den Menschen tatsächlich notwendig ist. Offensichtliche Verletzungen wie beispielsweise sichtbare Wunden und Blutungen oder unphysiologische, also nicht normale Körperhaltungen sind sichere Anzeichen für die Hilfsbedürftigkeit eines Vogels. In vielen Fällen und aufgrund der bei Vögeln sprichwörtlichen Symptomarmut ist jedoch die Entscheidung für eine Notwendigkeit menschlicher Versorgung nicht leicht zu treffen. Vögel sind generell durch gering ausgeprägtes subjektives Beschwerdeäußerungsvermögen gekennzeichnet. Das heißt, dass Erkrankungen und damit verbundene Schmerzen durch ein reflexgesteuertes Verhalten und insbesondere durch den allen Reflexen übergeordneten Fluchtreflex kaschiert werden. Zum Überleben in freier Wildbahn ist dieses Verhalten für den Vogel essenziell, um nicht für potenzielle Beutegreifer auffällig zu werden. Grundsätzlich gilt für alle Vogelarten „Je stärker der Schmerz, desto passiver der Vogel", was die Erkennung von Krankheiten erschwert. Indizien für einen hilfsbedürftigen Vogel sind beispielsweise eine fehlende Flugfähigkeit, fehlende Abwehrbewegungen, ein lethargisches Verhalten oder ein aufgeplustertes Gefieder (Abb. 1).

Aufgefundene Jungvögel stellen ein gesondertes Problem dar. Hier ist zwischen noch unbefiederten Nestlingen und vollständig befiederten Ästlingen zu unter-

Abb. 1 Wildvögel zeigen generell keine oder nur unspezifische Krankheitssymptome. Unspezifische Erkrankungszeichen als Beispiel bei einem hilfebedürftigen Kuckuck (*Cuculus canorus*) sind fehlender Fluchtreflex, fehlende Flugfähigkeit, Lethargie, Aufplusterung, (halb) geschlossene Augenlieder, verklebte Körperöffnungen. (Foto: Werner Lantermann)

scheiden, bei denen ggf. lediglich der Schwanz mit den als letztes vollständig „geschobenen" Federn noch kurz erscheint. Nestlinge sollten, wenn sie unverletzt erscheinen, nach Möglichkeit wieder ins Nest zurückgesetzt werden, da die Tiere von den sich meist in der Nähe befindlichen Eltern weiter aufgezogen werden. Eine Rücksetzung in das Nest ist auch nach 24 Stunden noch möglich. Eine Wahrnehmung des Geruchs des Finders durch die Elternvögel ist nämlich, anders als bei vielen Säugetieren, gering ausgeprägt oder fehlt vollständig. Nestlinge stehen mit den Elterntieren im ständigen Rufkontakt und werden weiterhin versorgt. Ist das Nest aber nicht auffindbar oder ist der Nestling verletzt, benötigt er menschliche Hilfe.

Viele Vögel durchlaufen in ihrer Entwicklung ein sogenanntes „Ästlingsstadium". Erst in diesem Stadium erlernen sie das Fliegen, befinden sich daher auch zeitweise auf dem Boden und werden dann irrigerweise als in Not geratene Tiere verstanden und aufgenommen, auch wenn sich die Elterntiere in der Nähe befinden und sie weiterhin füttern würden. Ästlinge sollten daher zunächst aus sicherer Entfernung beobachtet werden, um zu überprüfen, ob sie von den Altvögeln noch versorgt werden. Findet innerhalb von zwei Stunden keine Fütterung durch die Elterntiere statt, ist ein Eingreifen des Menschen notwendig, damit der Jungvogel überleben kann.

Auf dem Boden aufgefundene Mauersegler und Schwalben nehmen eine besondere Stellung ein: Jungvögel dieser Vogelgruppe verlassen das Nest erst, wenn sie „flügge" sind. Das heißt, eine Ästlingsphase mit einer Versorgung durch die Elterntiere außerhalb des Nestes findet nicht statt. Mauersegler (*Apus apus*) und Schwalben benötigen also, wenn sie flugunfähig am Boden aufgefunden werden, in jedem Fall fachgerechte Hilfe. Nützliche Hinweise dazu finden sich z. B. auf der Website der „Deutschen Gesellschaft für Mauersegler e. V." (www.mauersegler.com).

Anzumerken ist, dass bei einzelnen Vogelarten allerdings eine Aufzucht durch die Elterntiere zwingend erforderlich ist und unter menschlicher Obhut nicht ersetzt werden kann. Dies gilt zum Beispiel bei Eulenvögeln für die Vermittlung einer erfolgreichen Jagd, welche unabdingbar für das selbstständige Überleben in freier Wildbahn ist. Andererseits können – ebenfalls bei Eulen – aufgefundene Findlinge bei bekannter Position von Nestern der gleichen Spezies – den anderen Alttieren erfolgreich zur Aufzucht untergeschoben werden (Ausnutzung eines Ammeneffektes).

3   Einfangen von Wildvögeln

Stellt sich heraus, dass der aufgefundene Wildvogel menschlicher Hilfe bedarf, sollte das Einfangen möglichst stressfrei für den Vogel erfolgen. Es ist davon auszugehen, dass jede Annäherung des Menschen bei Wildtieren Stresssituationen bis hin zur Todesangst induziert. Da Vögel nicht an die menschliche Hand gewöhnt sind und ein reflexgesteuertes Verhalten besitzen, sollte das Einfangen möglichst schonend sowie zur schnellstmöglichen Ausschaltung des übergeordneten Sehsinnes (Auge) unter Zuhilfenahme einer Decke oder eines Tuches erfolgen (sogenanntes „Optisches Ruhigstellen"). Durch eine solche Abdeckung kann der Vogel ruhiggestellt werden und ggf. lebensbedrohlichen Stress- und Schockzuständen vorgebeugt werden. Wichtig ist in diesem Zusammenhang aber, dass der Finder je nach Vogelspezies auch bei sich selbst auf eine mögliche Verletzungsgefahr achten sollte, die von den Krallen (z. B. bei Grifftötern wie Eulen, Habichten) oder dem Schnabel (z. B. bei Schwänen, Kormoranen und Krähen oder Bisstötern wie Falken) ausgeht. Bei einigen Vogelarten wie Graureihern (*Ardea cinerea*) und Störchen (*Ciconia ciconia*) ist außerdem große Vorsicht vor blitzschnellen und reflexgeleiteten Schnabelstichen in Richtung des Auges des Fängers geboten. Hintergrund ist, dass das für den Vogel auf der Hornhaut des Menschen sichtbare Spiegelbildchen ähnlich wie ein Lichtreflex bei einem Fisch im Wasser reflexartige zielgerichtete Schnabelstiche auslöst. Vor allem zum Einfangen von größeren, wehrhaften Vögeln sollten zum eigenen Schutz daher ein Tuch oder eine Decke, Handschuhe und zum Schutz der Augen eine Brille verwendet werden.

Ein eventuell notwendiger Transport des eingefangenen Vogels sollte zur Stressvermeidung in geschlossenen Pappschachteln erfolgen, auf deren Boden ein gut saugendes Papierfließ zur Aufnahme der Ausscheidungen des Vogels eingebracht wird und in denen sich im unteren Bereich (da die sich erwärmende Luft in der Box aufsteigt) allseitig und in ausreichendem Maße Luftlöcher befinden. Die Box, in der der Vogel nur zeitweise zum Zweck des Transportes untergebracht wird, sollte als Schutz vor Verletzungen nur so groß ausgelegt sein, dass der Vogel seine Schwingen **nicht** vollständig ausbreiten kann. Dadurch vereinfacht sich auch die Entnahme aus der Box erheblich. Das Einbringen von Sitzmöglichkeiten oder von Futter ist in der Regel nicht notwendig oder angebracht. Wasser sollte ggf. bei längeren Transporten angeboten werden. Die Transportdauer sollte aber immer so gering wie möglich gehalten werden. Vor allem in den Sommermonaten ist darauf zu achten, dass sich das Innere eines Transportfahrzeugs und damit auch der (vgl. schlechter ventilierte) Boxeninnenraum nicht zu stark aufheizen.

4   Die klinische Untersuchung

Um den Gesundheitsstatus und den Verletzungsgrad eines aufgefundenen Wildvogels feststellen zu können, ist eine klinische Allgemeinuntersuchung notwendig. Vor der Untersuchung sollte jedoch eine Artbestimmung erfolgen, um eine artgerechte Fütterung und Haltung zu ermöglichen. Dabei wird gleichzeitig der rechtliche Schutzstatus des Tieres ermittelt. Dann erfolgt eine Betrachtung des Vogels in Ruhe: Wie ist das Allgemeinbefinden des Vogels? Ein fehlender Fluchtreflex, Apathie, Aufplusterung, das Stecken des Kopfes in das Gefieder, halb geschlossene Augen, kot-, harn- oder flüssigkeitsverschmierte Federn im Bereich der Körperöffnungen zeigen eine Erkrankung an. Die Steh- und Koordinationsfähigkeit des Vogels sollte ebenfalls beurteilt werden. Weiterhin sollte auf unphysiologische Gliedmaßenstellungen geachtet werden und auf die Reaktion des Vogels auf Annäherung. Nach einer genauen Beobachtung in Ruhe muss der Vogel für eine weitere Untersuchung fixiert werden. Die Untersuchung sollte möglichst schnell erfolgen. Der Kopf des Tieres sollte mit einem Tuch zur „optischen Ruhigstellung" als wesentliche Maßnahme zur Reduzierung von Stress- und Schockrisiken abgedeckt werden. Bei Greifvögeln und Eulen ist zur Vermeidung sowohl der untersuchenden Person als auch des Vogels selber auf eine fachgerechte Fixation zu achten, bei denen die Beine und der Schnabel fixiert werden. Nach der Fixation erfolgt eine Beurteilung von Kopf bis Fuß. Der Ernährungszustand des Vogels wird durch Abtasten des Brustbereiches bestimmt. Die gesamte Körperoberfläche wird auf mögliche Verletzungen abgesucht und das Gefieder auf Vollständigkeit überprüft. Die Augen und Körperöffnungen (Ohren, Schnabelhöhle, Kloake) werden auf Veränderungen wie z. B. Blutungen überprüft. Eine beidseitig vergleichende Durchtastung (Palpation) der Schwingen und Ständer vom Körper zu den Gliedmaßenspitzen gibt Hinweise auf mögliche Frakturen, Gelenksschwellungen und Zubildungen (Korbel 2003; Scope 2003).

5   Die Erstversorgung verletzter Wildvögel

Das oberste Gebot bei der Erstversorgung von verletzen Wildvögeln ist Ruhe. Der Vogel sollte an einen mäßig warmen, trockenen und luftdurchlässigen Ort (z. B. Karton) verbracht werden. Häufig tritt bei Vögeln, die gegen eine Scheibe geflogen sind und eine Gehirnerschütterung ohne weitere körperliche Läsionen erlitten haben, nach einer Ruhezeit von ungefähr 6 bis 24 Stunden eine vollständige Genesung ein, ohne dass eine zusätzliche Behandlung notwendig ist. Daher ist es ratsam, einen solchen Patienten bei Fehlen offensichtlicher Verletzungen zunächst an einen ruhigen Ort zu verbringen und nach ein paar Stunden zu überprüfen, ob sich der Vogel vielleicht schon völlig erholt hat, einen Fluchtreflex zeigt und in die Freiheit entlassen werden kann. Hautverletzungen können vorsichtig mit Wasser oder besser mit steriler physiologischer Kochsalzlösung gereinigt und Blutungen, die nicht innerhalb kurzer Zeit zum Stillstand kommen, mit Druckverbänden versorgt werden. Beim Anbringen von Verbänden ist aber stets darauf zu achten, dass sie nicht die

Atmung des Vogels behindern. Knochenbrüche sollten zunächst mithilfe von Verbänden provisorisch ruhiggestellt werden, damit sie später optimal versorgt werden können. Katzenbisse oder Verletzungen durch Beutegreifer bergen ein großes Risiko einer bakteriellen Infektion, häufig mit Pasteurellen, welche i. d. R. innerhalb 24 Stunden zum Tode führen. Bereits beim Verdacht einer Bissverletzung ist daher aufgrund der im Gefieder häufig nicht auffindbaren Bissmarken eine tierärztliche antibiotische Notfallversorgung angezeigt. Bei Verletzungen ist weiterhin die Verabreichung von Schmerzmitteln durch einen Tierarzt indiziert.

Die Gabe von Futter spielt bei der Erstversorgung eines verletzt aufgefundenen Wildvogels eine untergeordnete Rolle. Eine Fütterung kann unter Umständen sogar kontraindiziert sein, sich also negativ auf die Heilung auswirken. Ist die erste problematische Zeit überstanden und war die Erstversorgung erfolgreich, sollte eine intensive tierärztliche Untersuchung und Versorgung mit kritischer Beurteilung der Heilungschancen folgen (Kummerfeld et al. 2005; Schmidt und Stenkat 2016). Im Grundsatz gilt hinsichtlich vermeidbarer Manipulationen und des grundsätzlich bei allen Vögeln erhöhten Stress- und Schockrisikos das Prinzip des „Weniger ist mehr"!

6 Häufige Erkrankungen bei aufgefundenen heimischen Wildvögeln

6.1 Befiederungsdefekte

Abgebrochene Schwungfedern lassen sich mit sehr guter Prognose reparieren (sog. „shiften") (Hagen et al. 2005). Dabei handelt es sich um eine traditionelle Methode aus der Falknerei, bei welcher der Kiel der abgebrochenen Feder mit einer entsprechenden Feder, bei Greifvögeln idealerweise einer Mauserfeder der gleichen Spezies und der gleichen Position, durch Klebung oder Naht verbunden wird. Beim nächsten Federwechsel (Mauser) wächst die „geshiftete" Feder heraus und wird ganz natürlich im Rahmen der Mauser gewechselt. Sind zu viele Federn abgebrochen oder gar ausgerissen, muss der Patient allerdings bis nach der nächsten Mauser artgerecht untergebracht werden, damit bei der Entlassung in die freie Wildbahn ein unbeeinträchtigtes Flugvermögen sichergestellt ist. Zu beachten ist, dass ein temporäres, jahreszeitlich begrenztes Flugunvermögen bei bestimmten Spezies (z. B. sog. „Sturzmauser" mit komplettem, mauserbedingtem Fehlen von Schwungfedern bei Entenvögeln) physiologisch ist und eine derartig bedingte, temporäre Flugunfähigkeit nicht mit Krankheitszuständen verwechselt werden darf. Federlose Stellen im Bauchbereich zur Brutsaison (z. B. bei Enten) stellen ggf. sog. „Brutflecke" dar und sind ebenso physiologisch und nicht mit pathologischen Zuständen zu verwechseln. Ebenso ist es verschiedenen Wildvogelspezies (durch Unwetter oder Kfz-bedingt zu Boden gedrückt) anatomisch oder gewichtstechnisch nicht möglich, vom Boden aus zu starten (z. B. Mauersegler, Höckerschwäne ohne zur Verfügung stehender Wasserfläche für den Start). In ersterem Fall ist das Abstreichen lassen von der flachen Hand als Starthilfe ausreichend. Im Auflicht, besser Gegenlicht senkrecht zum

Federkiel sichtbare helle oder durchsichtige Streifen, die durch unzureichende Ausbildung von Federfeinstrukturen während der Mauser entstehen, werden als sog.
„Hungermale" oder „Grimale" bezeichnet und sind häufig Ausdruck von chro-
nischen, die Mauser beeinflussenden Erkrankungen. Depigmentierungen einzelner
oder mehrerer Federn, welche jeweils weiß erscheinen, können in die gleiche
Richtung deuten.

6.2 Anflugverletzung (Anflugtrauma, Commotio)

Anflugtraumata, d. h. Verletzungen nach Anflug gegen Hindernisse (sog. Vogel-
schlag) stellen die häufigsten Verletzungen bei aufgefundenen Wildvögeln dar
(Stenkat et al. 2013). Dies ist auch als Folge des zunehmenden Eingreifens des
Menschen in den Lebensraum der Vögel zu sehen. Abzuklären sind jedoch in jedem
Fall auch Infektionserkrankungen, da diese häufig die primäre Krankheitsursache
und traumatisch bedingte Läsionen lediglich sekundäre Folgezustände nach primärer
Vorschädigung und Schwächung darstellen. Dabei kommt es meist zur Kollision mit
Gebäuden oder Verkehrsmitteln, z. B. mit Autos. Die betroffenen Vögel erleiden
infolgedessen eine Gehirnerschütterung. Die wichtigste Maßnahme zur Behandlung
einer Gehirnerschütterung ist die Einhaltung von Ruhe. In leichten Fällen kann allein
eine Ruhe von 6 bis 24 Stunden ausreichen, um eine Wiederherstellung der Gesundheit und Flugfähigkeit zu erreichen. Auf umfangreiche Rehabilitationsmaßnah-
men zur Vorbereitung der Auswilderung kann und sollte zur Vermeidung weiterer
Stressoren in diesen Fällen mit kurzer Krankheitsdauer verzichtet werden. Zeigt der
Patient nach einem Anflugtrauma deutliche Ausfallserscheinungen, wie beispielsweise Kopfschiefhaltungen, Koordinationsstörungen, Blutungen aus den Nasenlöchern etc. (Abb. 2), so ist zur Vermeidung eines Hirnödems (Hirnschwellung) die
tierärztliche Verabreichung eines starken Mittels gegen Entzündungen, z. B. Predni-
solon sowie unterstützend die Gabe eines Vitamin-Präparats angezeigt. Da Predni-
solon und andere Kortikosteroide bei Vögeln auch bei einmaliger Gabe eine ausgeprägte, langandauernde immunsuppressive Wirkung besitzen, werden tierärztlich
gleichzeitig gegen Bakterien und Pilze wirksame Medikamente zur Bekämpfung
sekundärer Infektionen verabreicht. Häufig erleiden Patienten beim Anflug gegen
ein Hindernis und bei der massiven Gewalteinwirkung auch Verletzungen weiterer
Gewebe und der inneren Organe, Knochenbrüche oder, besonders häufig, Verletzungen der Augen (siehe unten). Eine Röntgen- und Augen-Untersuchung ist somit
in jedem Fall zwingend erforderlich.

6.3 Knochenbrüche (Frakturen)

Knochenbrüche sind die Verletzungen, die bei aufgefundenen Wildvögeln am häufigsten festgestellt werden (Stenkat et al. 2013). Frakturen sollten als erste Maßnahme mit Verbänden ruhiggestellt werden. Hilfsweise und, sofern nicht anders
möglich, kann die Ruhigstellung auch in einer kleineren Pappschachtel erfolgen,

Abb. 2 Sperber (*Accipiter nisus*) mit typischen Hinweisen auf ein Anflugtrauma: Nasenbluten (Epistaxis) und geringgradige Verletzungserscheinungen (Hautabrasionen) oberhalb des Auges (Supraorbitalspange). (Foto: Rüdiger Korbel)

die ausgedehnte Bewegungen unterbindet, um eine weitere Verletzung und Schmerzen, insbesondere bei einem Weitertransport, zu verhindern. Anschließend sind eine röntgenologische Untersuchung und eine gezielte Therapie bei einem vogelkundigen Tierarzt angezeigt.

Im Vergleich zum Säugetier weisen die Knochen der Vögel einige Besonderheiten auf. Sie besitzen nur eine sehr dünne äußere Rinde und sind sehr reich an Mineralstoffen, was ihnen eine große Sprödigkeit verleiht. Die langen, körpernahen Röhrenknochen (Oberarm, Oberschenkel) beinhalten Ausstülpungen der Luftsäcke und sind daher mit Luft gefüllt, an den Extremitäten nur spärlich von Weichteilgewebe umgeben und somit wenig geschützt. Infolgedessen sind Vogelknochen bei Gewalteinwirkung besonders anfällig für Frakturen und neigen zu Trümmer- und Splitterbildungen, was häufig zu offenen Frakturen mit Verletzung der Haut im Bereich des Knochenbruchs, Austreten von Knochenteilen nach außen (Abb. 3) oder zu Blasenschlagen der Blutungen im Frakturbereich infolge teilweiser Atmung über die hier eröffneten Luftsackdivertikel führt. Bei den bei Vögeln vorkommenden Knochenbrüchen handelt sich damit meistens um komplizierte Frakturen. Bedingt durch ihre im Vergleich zum Säugetier hohe Stoffwechselrate und eine sehr effiziente Infektionsabwehr zeigen Vögel bei fachgerechter Versorgung eine sehr schnelle Bruchheilung, welche belastbar innerhalb von 3 bis 4 Wochen abgeschlossen sein kann.

Für eine erfolgreiche Wiederauswilderung eines Vogels ist entscheidend, ob ein Knochenbruch mit voller Herstellung der Funktion des Knochens und damit z. B. der Flugfähigkeit ausheilen kann. Die wichtigsten Kriterien für die Prognose von Frakturen, d. h. die Erfolgsaussichten auf Heilung, sind die Art der Fraktur (Quer-, Schräg-, Splitterfraktur, gedeckte oder offene Fraktur), das Alter der Fraktur bei Auffinden des Vogels, die Nähe der Fraktur zum Gelenk sowie das Ausmaß der Verschiebung der Frakturenden zueinander. Für eine adäquate Beurteilung der Heilungschancen und Wiederauswilderungsfähigkeit von Relevanz ist aber auch die Vogelspezies und damit, wie wichtig ein optimales Flugvermögen für das Überleben in der freien Wildbahn ist. Die Prognose für die Flugfähigkeit ist bei Frakturen mit Gelenksbeteiligung unabhängig von der Vogelspezies infaust (aussichtslos), da es hier stets zu Gelenkversteifungen kommt, welche eine Wiedererlangung der

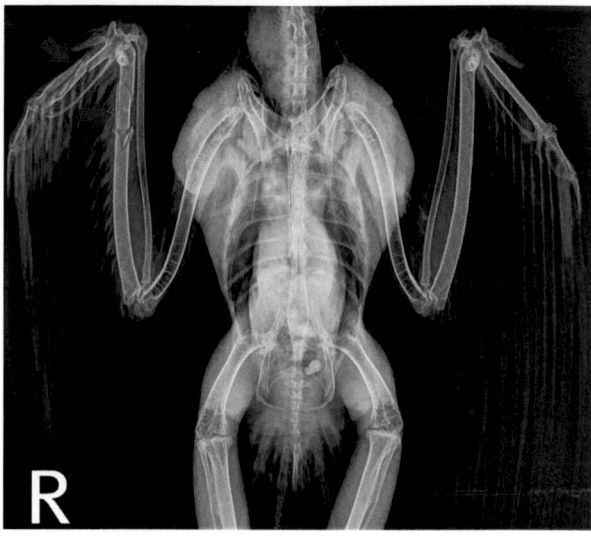

Abb. 3 Splitterfraktur der rechten Elle und der rechten Mittelhandknochen bei einem Mäusebussard (*Buteo buteo*). Die Pfeile zeigen Bruchstücke der Knochen an. (Foto: Rüdiger Korbel)

Flugfähigkeit ausschließen. Offene Frakturen sind kritischer zu betrachten als gedeckte, da hier neben dem Knochenbruch zusätzlich umfangreiche Schäden von Weichteilgewebe, also von Muskeln, Blutgefäßen, Sehnen, Nerven und Bändern sowie ein grundsätzlich erhöhtes Infektionsrisiko gegeben sind.

Grundsätzlich können Knochenbrüche konservativ, das heißt mit Verbänden und Käfigruhe, oder chirurgisch behandelt werden, also z. B. durch das Anbringen von Nägeln, Schrauben oder außerhalb des Gewebes verlaufende brückenartige Fixierungen (sog. Fixateur externe). Bei der konservativen Versorgung mit einem Verband besteht der Vorteil, dass ein Narkoserisiko und eine weitere Schädigung von Weichteilgewebe, die bei einer Operation nahezu unvermeidbar ist, umgangen werden. Jedoch kann es durch die erforderliche lange Ruhigstellung des Knochens und Fehlstellungen mit Einschränkung der Bewegung der betroffenen Gliedmaße zu Muskelabbau, Gelenkversteifungen sowie Sehnenverkürzungen kommen. Um dies zu verhindern, ist im Rahmen der orthopädischen Nachsorge eine regelmäßige Physiotherapie mit Dehnung der Schwingen auf einen physiologischen Streckzustand notwendig. Besonders wichtig ist dies bei Verbänden im Bereich der Schwingen, um eine irreversible Verkürzung der Flügelspannhäute zu vermeiden, welche trotz adäquater Knochenheilung infolge der Inaktivität der Flügel eine häufige Komplikation nach Schwingenfrakturen darstellt. Die Physiotherapie steht allerdings der Ruhigstellung der Fraktur entgegen und kann daher zu einer verlängerten Rekonvaleszenzzeit führen. Die konservative Behandlung ist bei Frakturen mit fehlender bis geringgradiger Verlagerung der Bruchenden angezeigt. Auch bei der Versorgung von Schultergürtelfrakturen (exkl. Koracoid, d. h. Rabenbein), welche chirurgisch nicht therapierbar sind, bei sehr kleinen Knochen (Zehen, Finger), und grundsätzlich bei sehr kleinen Vögeln wird eine Behandlung durch Verbände und/oder Ruhigstellung durch Boxenruhe bei Abdunkelung durchgeführt. Bei

Vogelspezies mit hohen Anforderungen an Flugdynamik und -geschwindigkeit (z. B. bei Spezies mit langen, schmalen Schwingen wie Falken oder Mauersegler) und mit starker Bruchendenverlagerung sollten Frakturen stets chirurgisch versorgt werden. Ausgeprägte Splitterfrakturen sind chirurgisch nur bedingt therapierbar und besitzen sehr schlechte Heilungsaussichten.

Besonders häufig von Frakturen betroffen sind die Knochen des Schultergürtels (Herrmann 2009). Der Schultergürtel ist für eine chirurgische Versorgung nicht zugänglich, sodass eine konservative Behandlung in Form von Körperverbänden mit 3 bis 4 Wochen Boxenruhe durchgeführt wird. Eine Ausnahme stellen hier lediglich Brüche des Koracoids (Rabenbein) dar, bei denen Marknagelungen durchgeführt werden können (Schellings 2014). Wissenschaftliche Untersuchungen mit telemetrisch gestützten Langzeitverfolgungen in freier Wildbahn (Neubeck 2009) zeigen, dass die Erfolgsrate hinsichtlich Wiedererlangung der Flugfähigkeit dieser Frakturen trotz rein konservativer Versorgung mit rund 60 % aller Fälle überdurchschnittlich hoch ist.

Frakturen der Knochen der Schwingen (Humerus, Radius, Ulna) treten ebenfalls häufig auf. Sie können durch eine konservative Therapie mit einem Achtertouren-Verband stabilisiert und über 3 bis 4 Wochen behandelt werden. Wichtig ist, niemals beide Schwingen gleichzeitig einzubinden, da Vögel ihr Gleichgewicht sonst nicht mehr halten können. Bei großen Vögeln können Frakturen des Humerus, des Radius und der Ulna auch chirurgisch versorgt werden (Samour 2016) (Abb. 4). Frakturen der Beckengliedmaße (Femur, Tibiotarsus, Tarsometatarsus, Zehenknochen) können je nach Grad der Verschiebung konservativ oder chirurgisch versorgt werden. Bei Grifftötern ist eine uneingeschränkte Heilung erforderlich, hier sind besonders die I. und II. Zehe zum Jagen essenziell (Meiners 2007; Muller 2009). Frakturen im Bereich der Wirbelsäule des Beckens mit einhergehender Querschnittslähmung und Rückenmarksschädigung besitzen eine ungünstige Prognose (Schmidt und Stenkat 2016).

Die Überprüfung einer korrekten Flügelstellung unmittelbar nach chirurgischer Versorgung kann in Rückenlage des unter Anästhesie befindlichen, relaxierten Patienten bei leichter Schwingenstreckung erfolgen. Hierbei bilden die Schwingen eine zur Körperunterseite gerichtete Hohlkehle, die Schwingenspitzen sind von der (Tisch-)Unterlage abgehoben. Die Hohlkehlenbildung ist analog zu einem Flugzeugflügel eine aerodynamische Grundvoraussetzung zur Flugfähigkeit. Flach, über die gesamte Schwingenlänge auf der (Tisch-)Unterlage aufliegende Schwingen sind indikativ für Fehlstellungen mit nachfolgendem Unvermögen zu fliegen.

Das erfolgreiche Flugvermögen muss zum Abschluss einer fachgerechten tierärztlichen Versorgung nach Ausheilung orthopädisch versorgter Verletzungen und vor Übergabe zur pflegerischen Nachsorge und fachgerechten Entlassung in die freie Wildbahn durch Flugproben, z. B. zwischen zwei Sitzgelegenheiten („hohe Reck"), überprüft werden.

6.4   Augenerkrankungen

Ein voll funktionsfähiger Visus (das heißt, die volle Sehfähigkeit) und damit die vollständige Gesundheit des Auges sind für das Überleben von Vögeln in freier

Abb. 4 Intramedulläre
Marknagelung der Speiche bei
einer Stadttaube. (Foto:
Rüdiger Korbel)

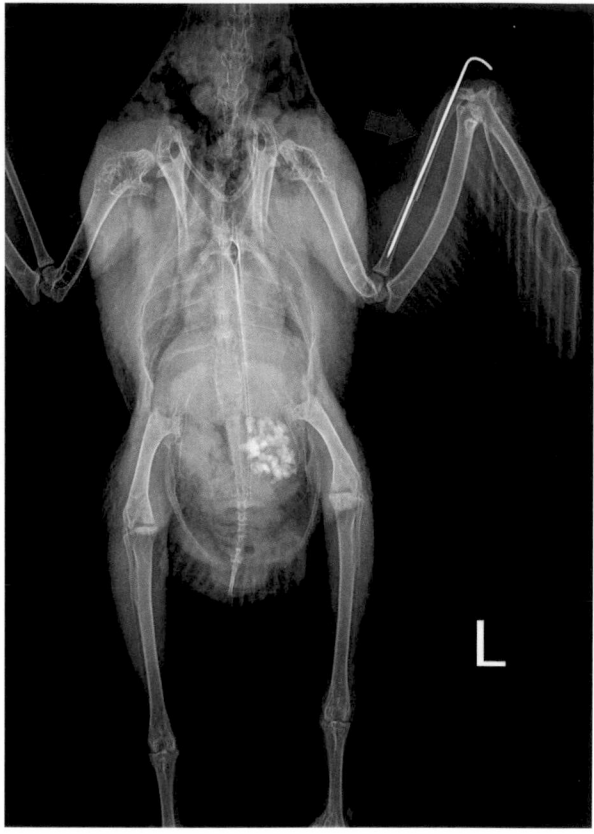

Wildbahn essenziell. Bereits teilweise oder einseitige Einschränkungen der Sehleistung (visuelle Perzeption) haben zur Folge, dass aufgefundene Wildvögel nicht mehr in die freie Wildbahn entlassen werden können, entsprechend erkrankte Wildvögel nicht überleben können. Die Bedeutung und Komplexität des voll funktionsfähigen Visus wird auch anhand der spezifischen, auf die jeweiligen Lebensumstände und Biotope angepassten Sehleistungen des Vogelauges deutlich, welche je nach Vogelspezies die des menschlichen Auges teilweise, jedoch nicht generell, wesentlich übertreffen können. Von Bedeutung sind in diesem Zusammenhang eine vergleichsweise hohe Sehschärfe bei Greifvögeln (mit einem Auflösungsvermögen von Objekten mit 10 cm Länge, z. B. einer Maus, über Entfernungen von bis zu 2000 m), Anpassung an niedrige Lichtintensitäten (Eulenvögel) oder ein stark erweiterter Bildwinkel (z. B. 360° Winkel ohne jegliche Bewegung des Kopfes bei Bodenbrütern, z. B. bei der Waldschnepfe *Scolopax rusticola*) (König et al. 2008, 2016). Darüberhinaus umfasst das visuelle Spektrum des Auges fast aller tagaktiven Vogelspezies das für das menschliche Auge unsichtbare Ultraviolettspektrum (visuelles Spektrum des menschlichen Auges 400–680 Nanometer, der meisten Vogelaugen exkl. dämmerungs- und nachaktiver Spezies demgegenüber 320–680 Nanometer). Das Vogelauge ist darüberhinaus dazu befähigt, auch sehr schnelle Bewegungen in Einzelbilder auflösen zu können (sog. Flickerfusionsfrequenz), welche die des menschlichen Auges bei weitem übertrifft (Flickerfusionsfrequenz des menschlichen Auges je nach Helligkeit und Bildkontrast 8–100 Einzelbilder/Sekunde, bei Vögeln 180 Bilder/Sekunde und mehr). Die genannten Sehleistungen spielen eine essentielle Rolle nicht nur hinsichtlich der Orientierung und des Vogelfluges, sondern u. a. auch bei der Arterkennung und Fortpflanzung (Erkennung von Artgenossen über die UV-Reflexion des Gefieders), bei der Fütterung von Jungvögeln (UV-reflektive Flächen in der Schnabelhöhle von Jungvögeln, welche beim Schnabelsperren eine Fütterungsreflex auslösen), der Erkennung und Beurteilung des Reifezustandes von Nahrungsquellen (Änderung der Wachskutikula von Früchten in Abhängigkeit vom Reifezustand, z. B. bei Schlehen), bei der Auswahl von Beutefeldern bei Greifvögeln (anhand der UV-Reflexion von Mäuseharn), der Detektion von Insekten (z. B. von für das menschliche Auge unsichtbaren grünen Insekten auf grünen Blättern im UV-Bereich) sowie bei der Detektion und dem zielgerichteten Fangen von Beutevögeln bei Greifvögeln im schnellen Flug, Orientierung anhand des terrestrischen Magnetfeldes bei Zugvögeln u. v. m.

Vor diesem Hintergrund ist von Bedeutung, dass bei knapp 40 % aller verunfallten Wildvögel, gleichgültig ob es sich um Schädeltraumata nach Anflug (Problematik des „Vogelschlages") oder um Frakturen der Gliedmaßen handelt, Blutungen am Auge auftreten, welche zum weit überwiegenden Anteil äußerlich nicht oder kaum sichtbar sind (Korbel 1995, 1997; Korbel und Van Wettere 2002). Sie sind am Augenhintergrund lokalisiert und können dort zu Erblindungen führen. Hier spielt eine anatomische Besonderheit der Vögel eine Rolle, der am Augenhintergrund lokalisierte Augenfächer (Pecten oculi), welchem wichtige Eigenschaften bei der Ernährung sowie bei der Temperatur- und Drucksteuerung des Augeninneren zukommt. Der Augenfächer ragt in das Augeninnere und ist daher für äußerliche Gewalteinwirkungen (Noxen) in hohem Maße empfindlich (Abb. 5, 6, 7, 8 und 9).

Abb. 5 Querschnitt durch das Vogelauge (Mäusebussard (*Buteo buteo*), rechtes Auge, untere Augenhälfte) mit dem am Augenhintergrund sichtbaren, weit in das Augeninnere ragenden und daher für Traumata und Blutungen in das Augeninnere sehr anfälligen „Augenfächer". (Foto: Rüdiger Korbel)

Abb. 6 Normaler
Augenhintergrund eines
tagaktiven Greifvogels
(Mäusebussard (*Buteo buteo*),
linkes Auge) mit dem
vogelspezifischen sog.
„Augenfächer"
(Augenspiegel-Aufnahme).
(Foto: Rüdiger Korbel)

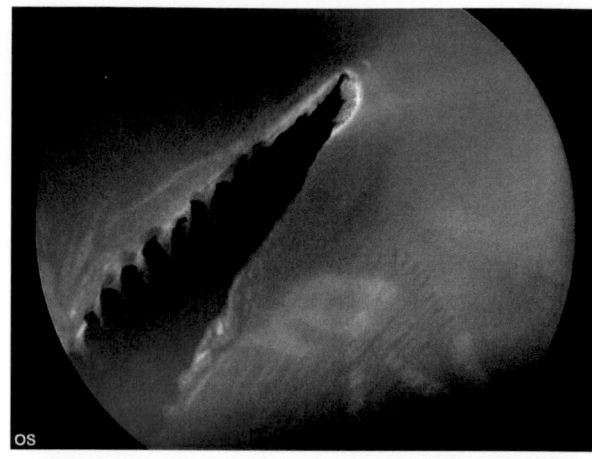

Abb. 7 Normaler
Augenhintergrund eines
dämmerungs- bzw.
nachaktiven Greifvogels
(Uhu, *Bubo bubo*), mit einem
im Vergleich zum tagaktiven
Vogel schwächer
pigmentierten
Augenhintergrund und daher
sichtbaren
Augenhintergrundgefäßen
(Augenspiegelaufnahme).
(Foto: Rüdiger Korbel)

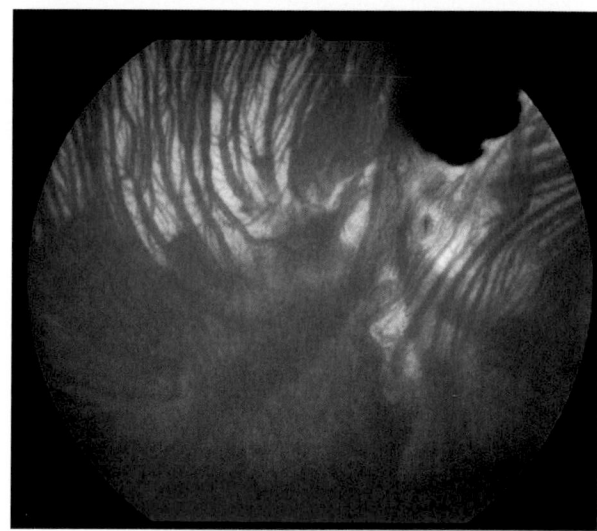

Als Konsequenz und aufgrund der am Auge äußerlich in der weit überwiegenden
Zahl der Fälle nicht erkennbaren, am Augenhintergrund lokalisierten Läsionen,
welche zu Erblindungen führen können, bedeutet dies, dass verunfallte Wildvögel
stets einer diagnostischen Augenspiegelung sowie ggf. einer augenheilkundlichen
Therapie unterzogen werden sollten, da bereits partielle Visuseinschränkungen aus
den genannten Gründen ein Überleben in freier Wildbahn unmöglich machen bzw.
betreffende Tiere bei Visuseinschränkungen und fehlender Rundumsicht absehbar
rasch Opfer von Beutegreifern werden. Prognostisch kann abschließend festgestellt
werden, dass bei tagaktiven (Greif-)Vögeln bereits ein einseitiger, teilweiser Visus-

Abb. 8 Augenfächer beim
Wanderfalken (*Falco
peregrinus*).
Fluoreszenzangiographische
Fundusaufnahme
(Augenspiegelaufnahme).
(Foto: Rüdiger Korbel)

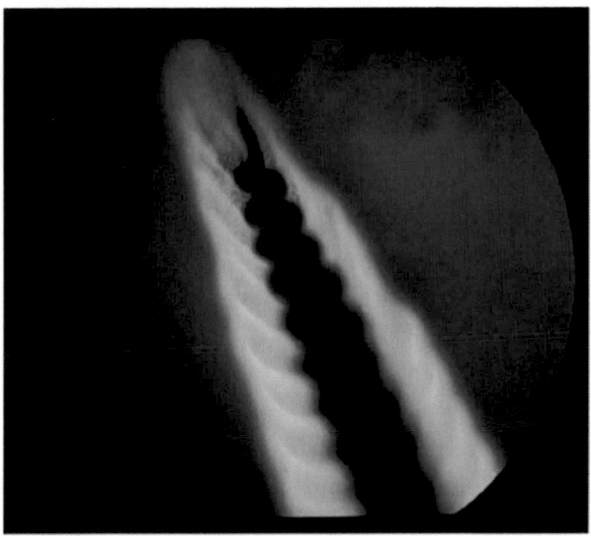

Abb. 9 Einblutung in den
Augenhintergrund ausgehend
vom Augenfächer bei einem
Mäusebussard (*Buteo buteo*,
rechtes Auge). (Foto: Rüdiger
Korbel)

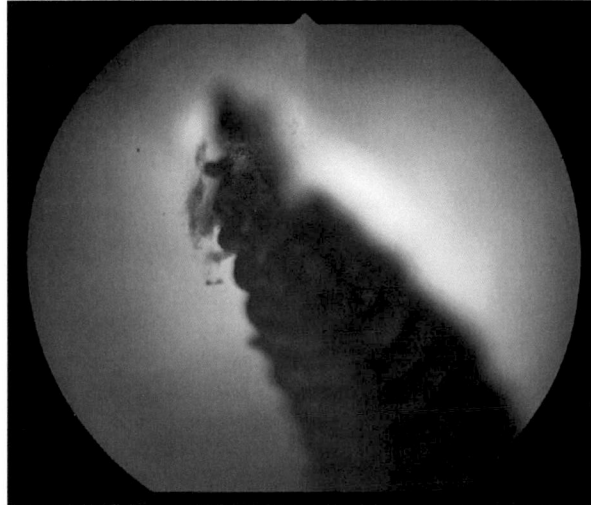

verlust je nach Vogelspezies auch durch Training unter menschlicher Obhut nicht
bzw. kaum ausgeglichen werden kann und daher eine erfolgreiche Wiederauswilderung in aller Regel nicht möglich ist. Anders stellt sich dies z. B. bei Eulenvögeln
mit beidseits nach vorne gerichteten Augen sowie einer primären akustischen
Orientierung auch beim Beutefang dar, so dass Vertreter diese Vogelgruppe auch
bei nur partiell oder einseitig erhaltenem Visus erfolgreich ausgewildert werden
können. Trotz oder gerade aufgrund der genannten besonderen visuellen Perzep-

tionsqualitäten spielt der sogenannte „Vogelschlag" mit Anflug gegen Fens-
terscheiben (aufgrund sich darin spiegelnder Landschaft), Stromleitungen oder
Windkraftrad-Propeller, durch welche jährlich Millionen von Wildvögeln zu Tode
kommen, eine große Rolle, wenngleich die komplexen Hintergründe dieser Problematik hier aus Platzgründen nicht näher dargestellt werden können.

6.5   Wunden durch Beutegreifer

Häufig werden einheimische Wildvögel mit Bissverletzungen aufgefunden. Insbesondere in der Jungvogelzeit fallen viele Vögel Katzen zum Opfer. Aber auch
Bisswunden durch Hunde und Marder kommen vor. Bei Bisswunden ist von einer
gleichzeitigen bakteriellen Wundinfektion auszugehen, so dass eine schnellstmögliche antibiotische Behandlung durch einen Tierarzt oder eine Tierärztin überlebenswichtig ist. Innerhalb von 24 bis 48 Stunden kann es ohne ein Antibiotikum zu einer
bakteriellen Septikämie (Blutvergiftung) insbesondere durch *Pasteurella multocida*
und zum Tod der Tiere kommen, auch wenn mit bloßem Auge u. a. aufgrund des
Gefieders keine offenen Verletzungen („Bissmarken") erkennbar sind. Das bedeutet,
dass als Ausnahmefall hier allein der begründete Verdacht einer Bissverletzung eine
notfallmäßige antibiotische Behandlung erfordert.

Offene Wunden sollten in den warmen Sommermonaten auf das Vorliegen von
Fliegeneiern oder Maden überprüft werden, da einige Fliegenarten die Wunden oft
innerhalb kurzer Zeit zur Eiablage nutzen und sich dann eine Fliegenmadenkrank-
heit (Myiasis) entwickelt. Die Eier und Maden sollten mit einer Pinzette vorsichtig
entfernt werden. Wichtig ist es, das Tier danach fliegenfrei unterzubringen, um eine
erneute Kontamination der Wunde mit Fliegeneiern und Maden zu verhindern.

Grundsätzlich sollte die Tiefe der Wunden beurteilt werden. Ist nicht sicher
auszuschließen, dass es zu einer Eröffnung der Luftsäcke gekommen ist, sollte auf
ein Spülen der Wunden verzichtet werden. Stattdessen ist zu empfehlen, die Wunde
mit steriler Kochsalzlösung und Tupfern vorsichtig abzutupfen und so zu säubern.
Eventuell sollten die Wunden anschließend mit einer antiseptischen Auflage (z. B.
mit Betaisodona) abgedeckt werden. Nach der Erstversorgung ist der Gang zum
Tierarzt und eine fachgerechte Versorgung der Wunden obligatorisch.

6.6   Vergiftungen

Hin und wieder sind Wildvögel von Vergiftungen (Intoxikationen) betroffen, bedingt
durch Schwermetalle wie Blei oder Zink, aber auch durch ausgebrachte Gifte gegen
Schadnager oder durch gebeiztes Saatgut. Schussverletzungen mit im Körper des
Tieres verbliebener Munition oder aufgenommene Fremdkörper (z. B. Schrauben)
können zu einer Schwermetallintoxikation infolge fortdauernder Resorption in den
Körper führen (Abb. 10). Betroffene Tiere sind teilnahmslos, zeigen bei fortgeschrit-
tenem Erkrankungsstadium Veränderungen des Kotbildes (blutiger oder grünlicher
Durchfall, grünliche Harnsäure) oder zentralnervöse Störungen und sind aufgrund

Abb. 10 Schussverletzung
bei einer Stadttaube mit
Trümmerfraktur der linken
Elle und Speiche, der Pfeil
zeigt auf das Projektil. (Foto:
Rüdiger Korbel)

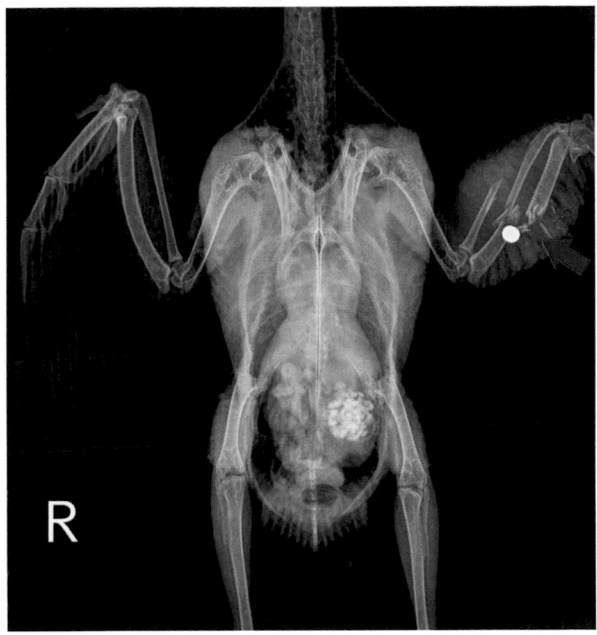

von (bleibedingten) Herzmuskelschädigungen, auch wenn sie in Menschenhand überleben, nicht rehabilitierbar. Bei Verdacht auf eine Intoxikation mit Schwermetallen sind eine röntgenologische Untersuchung und ein Test zur Ermittlung der Schwermetallkonzentration im Blut angezeigt. Wenn ein Fremdkörper als Ursache entdeckt wurde, ist dieser (ggf. operativ) zu entfernen. Bariumsulfat kann bei sich im Magen-Darm-Trakt befindenden Schwermetallpartikeln zur Reduktion der Resorption oral verabreicht und eine abführende Wirkung ausgenutzt werden. Zu verabreichende Komplexbildner binden bereits in den Körper aufgenommene Schwermetallmoleküle, deren Ausscheidung über die Nieren durch Verabreichung von nierenfiltrationsfördernden Substanzen gefördert wird. Unterstützend sollten außerdem Flüssigkeit und sowie Vitamin B und zur Kompensation der oxidativen Effekte u. a. von Blei und Zink Vitamin C und E verabreicht werden (Pees 2010).

6.7   Infektionserkrankungen

Bei aufgefundenen Wildvögeln müssen auch Infektionen als Krankheitsursache in Betracht gezogen werden, deren Bedeutung auch als Zoonosen nicht übersehen werden dürfen (vgl. den Beitrag von Monika Rinder und Rüdiger Korbel „Wichtige Zoonosen und andere Infektionskrankheiten in der Wildvogelhaltung", in diesem Band). Hier kommt eine große Vielfalt von unterschiedlichen Erregern in Betracht, deren Nachweis sehr häufig eine gezielte Diagnostik in Speziallaboren erfordert.

Parasiten werden bei aufgefundenen Wildvögeln sehr häufig in moderatem Umfang nachgewiesen, wobei i. d. R. ein Gleichgewicht zwischen den Parasiten und dem Wirtstier besteht. Eine übermäßige Parasiteninfektion ist demgegenüber meist Ausdruck dafür, dass dieses Gleichgewicht durch anderweitige (Primär-) Erkrankungen wie z. B. bakterielle oder virale Infektionserkrankungen aus dem Gleichgewicht gebracht wurde und erst dann eine behandlungswürdige Krankheitssituation zur Eliminierung bzw. Reduktion der Parasiten entsteht. Meistens wird bei mikroskopischen Untersuchungen von Kotproben eine breite Palette unterschiedlicher Arten nachgewiesen, dabei sehr häufig Kokzidien, Rundwürmer wie zum Beispiel Spulwürmer, sowie Bandwürmer oder Saugwürmer. Ähnliches gilt auch für Ektoparasiten, die im Gefieder von Wildvögeln normalerweise in geringer Zahl vorkommen. Bei Greifvögeln und Eulen, die geschwächt und abgemagert aufgefunden werden, ist immer wieder eine Massenvermehrung von Federlingen festzustellen. Bei solchen Vögeln sind häufig große Mengen von Eiern, die so genannten Nissen, in Haufen an der Federbasis sichtbar. Ein solcher Massenbefall kann dann durchaus zu Gefiederschäden führen. Diesen Parasiten kommt in solchen Fällen eine sog. „Indikatorfunktion" zu, welche den Rückschluss auf anderweitige primäre Erkrankungen zulässt, die diagnostisch abgeklärt werden müssen. Es ist dann sinnvoll, die Federlinge zu behandeln, jedoch dabei die Grunderkrankung nicht außer Acht zu lassen. In der Regel führt eine Beseitigung der Grunderkrankung nach einer Weile dazu, dass sich mit der verbesserten Widerstandsfähigkeit der Vögel die Zahl der Federlinge wieder auf ein normales niedriges Maß reduziert. Zecken finden sich häufiger an unbefiederten Körperstellen wie den Ohröffnungen. Lausfliegen können auch für den Menschen ein erhebliches Lästlingsproblem darstellen.

Eine relativ große Bedeutung als Krankheitserreger besitzt der Parasit *Trichomonas gallinae*. Dabei handelt es sich um mikroskopisch kleine, einzellige begeißelte Erreger, die vor allem im oberen Verdauungstrakt, also in der Schnabelhöhle und dem Kropf von einer Reihe von Vögeln vorkommen. Sie verursachen dort Schleimhautschäden bis hin zu massiven Entzündungen, die zu gelblichen Auflagerungen (sog. „gelber Knopf") führen, und können sich auch in innere Organe, vorzugsweise die Leber ausbreiten. Trichomonaden wurden in der Vergangenheit unter anderem für ein Massensterben von Buchfinken (*Fringilla coelebs*) verantwortlich gemacht, werden aber immer wieder auch bei anderen Singvögeln, Tauben und Greifvögeln (v. a. Wanderfalken *Falco peregrinus*, Turmfalken *Falco tinnunculus*) nachgewiesen.

Vögel sind normalerweise Träger einer ganzen Reihe von Bakterien, sie besiedeln zum Beispiel den Magen-Darm-Trakt oder die Haut. Einige Bakterienarten sind aber als eigentliche Krankheitserreger anzusehen oder schädigen die Wildvögel in Stress- oder Mangelsituationen, zum Beispiel im Winter. So werden Salmonellen immer wieder für Vogelsterben verantwortlich gemacht, insbesondere während der Winterfütterung, wenn sich viele und dabei auch erkrankte Vögel an der Futterstelle ansammeln und die Erreger leicht zwischen den Vögeln übertragen werden können. Im Jahr 2020 wurde in Deutschland ein gehäuftes Sterben von Meisen, insbesondere von Blaumeisen (*Parus caeruleus*), beobachtet, welches einer Infektion mit *Suttonella ornithocola* zugeschrieben wurde. Darüber hinaus gehende virale Erkrankungsursachen stehen derzeit in der Diskussion. Aeromonaden-Infektion können beim Wassergeflügel vor allem bei warmem Wetter zu Krankheitserscheinungen ähnlich wie Botulismus führen und gehäufte Todesfälle und zentralnervöse Störungen bedingen (sog. Badesee-Erkrankung). Ursächlich liegen dem hierbei auftretenden massenhaften Sterben von Wildvögeln durch den Menschen verursachte Probleme (Überfütterung, massenhafte Ansammlung von Wildvögeln an Gewässern, unzureichende Zu- und Abläufe mit Ansteigen der Gewässertemperatur) und konsekutiver massenhafter Vermehrung der Krankheitserreger zugrunde. Grundsätzlich muss festgestellt werden, dass kranke, aber auch gesunde Wildvögel Träger von Bakterien sein können, welche Antibiotikaresistenzgene in sich tragen. Wenn solche Bakterien auf den Menschen übergehen, sich die Resistenzen also ausbreiten, kann daraus ein Problem bei der Behandlung des Menschen resultieren (Gerhofer 2015). Daher sollten beim Umgang mit Wildvögeln immer die Grundregeln der Hygiene wie das Waschen der Hände nach dem Wildvogelkontakt beachtet werden.

Auch Virusinfektionen können zu Erkrankungen bei frei lebenden Wildvögeln führen. So wurden in den letzten Jahren zunehmend West-Nil-Viren und Usutuviren als Todesursache von Wildvögeln nachgewiesen. Dabei waren vor allem Amseln (*Turdus merula*), Greifvögel und Eulen betroffen, aber auch andere Arten. Beide Viren können auch beim Menschen Erkrankungen verursachen, besitzen also als Zoonoseerreger Bedeutung. Aviäre Paramyxoviren (Orthoavulavirus 1) sind als Erreger der Tauben-Paramyxovirose vor allem bei der Felsentaube (*Columba livia*), aber auch bei anderen Taubenarten wie der Türkentaube (*Streptopelia decaocto*) oder der Ringeltaube (*Columba palumbus*) relevant. Aviäre Influenzaviren führen ebenfalls immer wieder zu Todesfällen bei Wildvögeln. Die Bedeutung von Infektionserregern ist im Beitrag von Monika Rinder und Rüdiger Korbel „Wichtige Zoonosen und andere Infektionskrankheiten in der Wildvogelhaltung" (in diesem Band) detailliert dargestellt.

7 Entscheidungsschlüssel zwischen Wiederauswilderung und tierschutzinduzierter Euthanasie

Das Ziel aller tierärztlichen und pflegerischen Bemühungen um Wildvögel muss die schnellstmögliche erfolgreiche Wiederauswilderung sein. Nur in Ausnahmefällen ist eine medizinische Versorgung, die zu dauerhaft pflegebedürftigen Wildvögeln führt, vertretbar, unter Berücksichtigung tierschutzrechtlicher Aspekte, wie bereits in der Einleitung dieses Kapitels beschrieben wurde.

Die Haltung invalider Vögel oder die Haltung während der Rehabilitation unterliegt rechtlichen Bestimmungen, wie dem Natur- und Bundesartenschutzrecht sowie dem Jagdrecht. Privatpersonen ist es demnach grundsätzlich nicht erlaubt, Wildvögel dauerhaft zu halten. Jedermann hat jedoch nach dem Tierschutzgesetz die Pflicht und die Möglichkeit, in Not geratenen Wildvögeln zu helfen. In Not geratene Wildvögel dürfen kurzfristig aufgenommen und nach bestem Wissen und Gewissen versorgt werden. Zur langfristigen Pflege und medizinischen Versorgung müssen diese Tiere jedoch an entsprechend zugelassene Einrichtungen verbracht werden. Es liegt in der Verantwortung des Tierarztes und der mit der Pflege des Wildvogels beauftragten Person, in zweifelsfrei aussichtslosen Fällen rechtzeitig ein langes Leiden der Tiere zu verhindern. Laut Tierschutzgesetz ist ein Weiterleben invalider Vögel in menschlicher Obhut nur vertretbar, wenn ein Leben ohne Leiden und Schmerzen möglich ist. Es muss somit bei jedem Wildvogel zwischen einer Wiederauswilderung als oberstem Ziel, einem Weiterleben mit Einschränkungen in menschlicher Obhut oder einer tierschutzindizierten Euthanasie entschieden werden. Eine Entscheidung sollte grundsätzlich zum frühestmöglichen Zeitpunkt getroffen werden, also sobald eine Krankheitsentwicklung absehbar ist. Das heißt, es sollte im günstigsten Fall bereits bei der Vorstellung und Eingangsuntersuchung des Tieres eine Entscheidung gefällt werden, um unnötige Schmerzen, Leiden und Schäden zu ersparen. Im Folgenden sollen einige grundsätzliche Überlegungen als Entscheidungshilfe dienen (Korbel et al. 2005; Lierz et al. 2005). Dabei werden aufgefundene Wildvögel jeweils nach vorliegender Erkrankung in verschiedene Gruppen eingeteilt, für die das weitere Vorgehen unterschiedlich ist:

Gruppe A: Wiederauswilderung/Lebenserhaltung unter menschlicher Obhut möglich

Gruppe B: Euthanasieempfehlung

Gruppe C: Reevaluierung

Bei der Gruppe A handelt es sich um Vögel, bei denen während der Eingangsuntersuchung festgestellt wird, dass eine reelle Aussicht auf eine erfolgreiche Wiederauswilderung mit der Fähigkeit zum selbstständigen Futter- und Beuteerwerb in der freien Wildbahn besteht. Für diese Gruppe ist ein Weiterleben ohne Schmerzen, Leiden und Schäden möglich. Für Tiere der Gruppe B werden so schwere Erkrankungen nachgewiesen, dass ein tierschutzgerechtes Weiterleben auch nach medizinischer Behandlung in keinem Fall zu erwarten und ein Weiterleben in menschlicher Obhut abzulehnen ist. In Gruppe C sollten diejenigen Patienten eingruppiert werden, bei denen zum Zeitpunkt der Eingangsuntersuchung keine Entscheidung über eine Zuordnung zu Gruppe A oder B erfolgen kann und eine Reevaluierung im Laufe der medizinischen Betreuung oder vielleicht auch erst während der Rehabilitations- und Trainingsmaßnahmen im Anschluss an die eigentliche Erkrankung mit späterer Zuordnung zu Gruppe A oder B notwendig wird.

Die Einstufung in Gruppe B, also die Euthanasie invalider Vögel, sollte als sorgfältige Einzelentscheidung getroffen werden und unter Berücksichtigung der jeweiligen Haltungs- und Lebensumstände des Patienten. Besteht keine Möglichkeit, die Wildbahnfähigkeit sicher zu erreichen oder für Ausnahmefälle eine artgemäße Dauerpflege zu organisieren, ergibt sich unabhängig von der Vogelart eine Indikation zur Euthanasie.

Für eine Entscheidungsfindung ist es notwendig, zwischen bestimmten Vogelarten zu differenzieren. Besonders spezialisierte Vögel, die eine hohe Flugleistung erbringen, wie zum Beispiel Falken oder Mauersegler, erfordern in jeder Hinsicht eine uneingeschränkte Wiederherstellung der Flugfähigkeit. Sie benötigen für eine erfolgreiche Wiederauswilderung ein perfekt intaktes Gefieder sowie eine kompetente Rehabilitation, um die körperliche Hochleistungsform wiederzuerlangen. Bereits geringste Einschränkungen der körperlichen Leistungen gefährden die Wildbahntauglichkeit. Steht einer Wiedereingliederung in die Wildpopulation nichts entgegen, so ist für diese hochspezialisierten Vögel eine erfolgreiche Wiederauswilderung nachweislich durchführbar (Neubeck 2009).

8   Nach- und Begleitsorge

Neben der Pflege und Rehabilitation spielt die artgerechte Ernährung eine entscheidende Rolle. Fütterungsfehler wie beispielsweise das Füttern von Mauerseglern mit Hackfleisch oder Katzenfutter führen zu irreversiblen Organ- und Gefiederschäden, welche nachträglich nicht mehr korrigiert werden können und eine Indikation zur Euthanasie des Tieres herbeiführen können.

Hinsichtlich der Fütterung ist insbesondere auch bei Greifvögeln eine „Fütterungskaskade" nach SOP-Verfahren (Standard Operation Procedure) einzuhalten, welche auf eine vorzugsweise selbstständige Futteraufnahme durch den Vogel statt initialer Zwangsfütterung ausgerichtet ist. Grund hierfür ist, dass die für eine Zwangsfütterung notwendige Fixation (siehe unten, Stufe 5 und 6) aufgrund der einwirkenden Stressoren und Abwehrbewegungen und die i. d. R. mehrfach täglich notwendigen Maßnahmen ggf. trotz Zwangsfütterung eine negative Energiebilanz für den Patienten nach sich zieht. Eine Fütterungskaskade gestaltet sich z. B. wie folgt:

Stufe 1: Anbieten von Futter mit selbstständiger Aufnahme (bei Greifvögeln in jedem Fall Totfütterung, Eröffnung der Leibeshöhle der Futtertiere, welche auf dem Rücken liegend ausgelegt werden, um durch die rote, glänzende Farbe der Innereien und Blut den Futteraufnahmereflex zu initiieren).

Stufe 2: Zerteilen des Futters und Anbieten von kleinen Futterstücken zur selbstständigen Futteraufnahme.

Stufe 3: Zerteilen des Futters und Anbieten von kleinen Futterstücken mit einer Pinzette („Pinzettenfütterung") bei Umstreichen des Schnabels des unfixierten Vogels. Bei Aufnahme und gleichzeitig mit dem Abschlucken kann ein (Pfeif-)Geräusch durch die fütternde Person erzeugt werden (Ausnutzen eines „Clickertraining-Effektes").

Stufe 4: Manuelles Öffnen des Schnabels am nichtfixierten Vogel und vorsichtiges Einschieben von Futterteilen mit „Clickertraining-Effekt".

Stufe 5: Fixierung des Vogels und Applikation des Futters in die Schnabelhöhle, ggf. den Kropf mittels Pinzette, Auslösen des Schluckreflexes durch Applikation von einigen Wassertropfen und einem begleitendem akustischen Reizauslöser („Clickertraining").

Stufe 6: Verabreichung eines Futterbreies über eine Kropfsonde als letztmögliche Maßnahme.

Eine wiederholte (Zwangs-) Fütterung sollte bei Greifvögeln stets nur mit „gewöllearmem" Futter (keine Federn, Haut und Knochen von Futtertieren) sowie nach Werfen von Speiballen („Gewölle") zur Vermeidung von Verstopfungen erfolgen.

Besonders bei der Aufzucht von Jungvögeln sind eine artgerechte Ernährung und ausreichende Zufuhr von Mineralstoffen für die Ausbildung von Skelett und Gefieder essenziell. Für Tiere mit starken Entwicklungsstörungen und Deformationen des Skeletts und Gefieders ist die Prognose infaust. Bei längeren stationären Aufenthalten kann es, bedingt durch die Unterbringung selbst oder behandlungsinduzierten Stress der Tiere, zu Folgeerkrankungen kommen. Meer-, See- und Greifvögel beispielsweise neigen zur Entwicklung einer sekundär bedingten Pilzerkrankung der Atemwege. Bei längeren Bewegungseinschränkungen können unter anderem Sohlenballenentzündungen entstehen. Werden keine Präventionsmaßnahmen getroffen und die Sekundärerkrankungen nicht erkannt, waren schlussendlich alle tierärztlichen und pflegerischen Bemühungen vergeblich.

Bei allen Vögeln, die unmittelbar von ihrer Flugfähigkeit abhängig sind (z. B. Singvögel, Greifvögel, Segler und Schwalben), erfordert der dauerhafte Verlust der Flugfähigkeit die Euthanasie. Ein völliger Verlust der Flugfähigkeit kann durch funktionelle Einschränkungen, wie beispielsweise die Versteifung oder totale Luxation (Ausrenkung) eines Gelenks sowie durch den Verlust eines Flügels bedingt sein. Aber auch eine nur teilweise eingeschränkte und damit unzureichende Flugfähigkeit kann bei diesen Vögeln eine Indikation zur Euthanasie darstellen. Eine Amputation von Flügeln ist somit grundsätzlich abzulehnen. Eine Ausnahme von der Euthanasie und eine Entscheidung für die Dauerpflege bei Flugunfähigkeit ist ggf. bei naturnaher, artgerechter und überwachter Unterbringung für Stelzvögel, Wasservögel, Rallen und Hühnervögel und dabei abhängig vom Einzelfall vertretbar. Weniger spezialisierte Vogelarten, sogenannte Opportunisten, welche sich flexibel an ihren Lebensraum anpassen können (z. B. Mäusebussarde (*Buteo buteo*), Krähen, Elstern (*Pica pica*), Amseln, Tauben), stellen keine extremen Anforderungen an die Flugleistungen. Geringgradige Einschränkungen der Flugfähigkeit sind für diese Vogelgruppe somit vertretbar. Das vielfältige Nahrungsangebot und der breite Lebensraum ermöglichen trotzdem ein erfolgreiches Überleben in der freien Wildbahn. Hochgradige Einschränkungen des Flugvermögens sind aber auch hier nicht zu tolerieren.

Einschränkungen der Hintergliedmaße, wie hochgradige Verletzungen, die eine Teil- oder vollständige Amputation erfordern, und totale Luxationen eines Hüft- oder Sprunggelenks erfordern eine Euthanasie. Bei Greifvögeln können insbesondere Luxationen und Frakturen der Zehen eine infauste Prognose darstellen. Die IV. Zehe ist für diese Vögel zum erfolgreichen Jagen als sogenannte „Fangklaue", die I. und II. Zehe zum Fixieren von Futter bzw. Beute als sogenannte „Atzklaue" essenziell, eine ggf. notwendige Amputation bedingt je nach Spezies eine Indikation zur Euthanasie.

Um dem Wildvogel bestmögliche Überlebenschancen zu bieten, sollte die Wiederauswilderung im günstigsten Fall am für den Vogel bereits bekannten Fundort durch fachlich geschulte Personen erfolgen. Insgesamt verschlechtern lange Pflegezeiten, auch im Hinblick auf jahreszeitliche Klimaänderungen oder Zugvogelzeiten, die Prognose für die erfolgreiche Wiederauswilderung. Infaust sind ebenso chronische, nicht heilbare Infektionserkrankungen, wie z. B. Mykobakteriosen (Tuberkulosen) oder Salmonellose (wie durch *S. enterica* serovar Typhimurium). Eine Heilung oder gar eine Eliminierung der Erreger ist bei diesen Infektionen nicht möglich. Hier müssen neben den Tierschutzaspekten auch seuchenhygienische und zoonotische Aspekte mit in eine Entscheidungsfindung einfließen (vgl. den Beitrag von Monika Rinder und Rüdiger Korbel „Wichtige Zoonosen und andere Infektionskrankheiten in der Wildvogelhaltung", in diesem Band). Weitere Beispiele für infauste Prognosen sind Verletzungen des Schnabels, die eine selbstständige Nahrungsaufnahme nicht mehr zu lassen, sowie teilweise oder vollständige Einschränkungen des Visus) (Korbel 1995; König et al. 2008, 2016). Vor allem Greifvögel sind für die erfolgreiche Nahrungssuche auf einen uneingeschränkten Visus angewiesen. Einschränkungen des Sehsinns können bei Eulen jedoch zum Großteil beim Jagen über den Gehörsinn ausgeglichen werden, sodass selbst bei einäugigen Eulenvögeln eine realistische Chance auf erfolgreiche Wiederauswilderung besteht (Hegemann et al. 2007). Weiterhin fordern alle großflächigen Verletzungen mit umfangreichen Gewebeschäden und Absterben des Gewebes (z. B. Stromschlag, Verletzungen der Flügelspannhaut) eine rechtzeitige Euthanasie (Kummerfeld 2005).

Die Überlebenschancen aufgezogener Jungvögel sind von vorneherein als sehr vorsichtig zu betrachten. Bei der Aufzucht besteht zudem ein hohes Risiko für eine fehlende Sozialisierung. Jungvögel sind somit möglichst unter Artgenossen aufzuziehen und deren Aufzucht nur von geschulten Personen durchzuführen. Kritisch muss die Prognose auch für aufgefundene halbjährige Greifvögel gestellt werden, welche mit dem Einbruch des Winters und der Kälte abgemagert und geschwächt aufgefunden werden. Diese Tiere sind anderen Jung- und Altvögeln unterlegen und somit innerartlich nicht konkurrenzfähig. Deren Überlebenschancen sind trotz erfolgreicher Pflege sehr fraglich (Kummerfeld et al. 2005).

Sämtliche pflegerischen und medizinischen Bemühungen dienen insbesondere dem einzelnen Individuum aus Gesichtspunkten der Ethik und des Tierschutzes. Wildbiologische Aspekte des Natur- oder Artenschutzes für die Gesamtpopulation spielen demgegenüber keine oder nur eine untergeordnete Rolle (von Ausnahmen im Rahmen von Wiederauswilderungsprojekten abgesehen, z. B. bedrohte Arten wie Seeadler *Haliaeetus albicilla* oder Weißstorch). Bei einer Entscheidung zwischen Wiederauswilderung, ausnahmsweiser Haltung unter menschlicher Obhut oder tierschutzinduzierter Euthanasie dürfen emotional geleitete Entscheidungsfindungen oder menschliche bzw. vermenschlichende Sichtweisen in keinem Fall in die Entscheidungsfindung einfließen. Zu keinem Zeitpunkt ist vertretbar, dass Wildvögel unter Inkaufnahme möglicher Leiden und Schäden so lange am Leben erhalten werden, bis ein natürlicher Tod eintritt.

Literatur

Bergs, S. (2009). *Der Wildvogelpatient: Statistische Untersuchungen zum medizinischen, organisatorischen und finanziellen Aufwand für die Versorgung von Wildvögeln.*Vet. Dissertation, Ludwig-Maximilians-Universität München.

Cooper, J., & Cooper, M. E. (2006). Ethical and legal implications of treating casualty wild animals. *In Practice, 28*(1), 2–6.

Gerhofer, C. (2015). *Vorkommen und Bedeutung von Antibiotikaresistenzen und Extended-Spectrum Beta-Lactamasen (ESBL) bei Escherichia coli aus Wildvögeln mit Kontakt zu Menschen aus Südbayern.* Vet. Dissertation, Ludwig-Maximilians-Universität München.

Hagen, N., Lierz, M., & Hafez, H. M. (2005). Federreparatur zur Wiederauswilderung eines Mauerseglers (*Apus apus*). *Der Klinische Fall. Tierärztliche Praxis, 33*, 389–392.

Hegemann, A., Hegemann, E., & Krone, O. (2007). Erfolgreiche Wiederauswilderung eines einäugigen Uhus (*Bubo bubo*) mit anschließender Brut. *Berliner und Münchner Tierärztliche Wochenschrift, 120*, 183–188.

Herrmann, T. J. (2009). *Klinische Untersuchungen zum Frakturgeschehen bei einheimischen Wildvögeln unter besonderer Berücksichtigung konservativer und operativer Therapiemaßnahmen.* Vet. Dissertation. Universität Leipzig.

König, H. E., Korbel, R., & Liebich, H.-G. (2008). *Anatomie der Vögel – Klinische Aspekte und Propädeutik.* Stuttgart/New York: Schattauer.

König, H. E., Korbel, R., & Liebich, H.-G. (2016). *Avian anatomy: textbook and colored atlas* (2. Aufl.). Sheffield: 5M Publications.

Korbel, R. (1995). *Augenkrankheiten bei Vögeln – Ätiologie und Klinik, Luftsack-Perfusionsanästhesie, ophthalmologische Photographie und Bildatlas der Augenkrankheiten bei Vögeln.* München: Habilitation, Ludwig-Maximilians-Universität.

Korbel, R. (1997). Erkrankungen des Augenhintergrundes bei Greifvögeln. In Deutscher Falkenorden (Hrsg.), *Greifvögel Falknerei – Jahrbuch Deutscher Falkenorden (DFO)* (S. 69–88). Meisungen: Neumann-Neudamm.

Korbel, R. (2003). Der traumatisierte Greifvogel – Untersuchung und Versorgung. In K. Müller & O. Krone (Hrsg.), *Tagungsband zum II. Berliner Greifvogelseminar* (S. 24–35). Berlin: Freie Universität.

Korbel, R., & Van Wettere, A. (2002). Linsentrübung bei juvenilen Greifvögeln. *Tierärztliche Praxis, 30*, 145–147.

Korbel, R., Kummerfeld, N., Lierz, M., & Van Wettere, A. (2005). Grundsätzliche Überlegungen zu einem Leitfaden zur Entscheidungsfindung zwischen Rehabilitation oder Euthanasie verletzter Wildvögel. *Tagungsband der DVG-Fachgruppe Tierschutzrecht, Tierzucht, Erbpathologie und Haustiergenetik, Nürtingen* (S. 30–37). Gießen: DVG-Verlag.

Kummerfeld, N. (2005). Verletzungen von Wildvögeln an Hoch-und Mittelspannungsleitungen. *Der Praktische Tierarzt, 86*, 238–244.

Kummerfeld, N., Korbel, R., & Lierz, M. (2005). Therapie oder Euthanasie von Wildvögeln –tierärztliche und biologische Aspekte. *Tierärztliche Praxis Ausgabe K: Kleintiere/Heimtiere, 33*(06), 431–439.

Lierz, M., Greshake, M., Korbel, R., Kummerfeld, N., & Hafez, H. M. (2005). Falknerisches Training und Auswilderbarkeit von Greifvögeln – ein Widerspruch? *Tierärztliche Praxis. Ausgabe K, Kleintiere/Heimtiere, 33*(06), 440–445.

Meiners, M. (2007). *Frakturversorgung der Beckengliedmaße beim Vogel mittels Kombinations-Osteosynthese mit Fixateur externe und integriertem Marknagel (External Skeletal Fixator Intramedullary-Pin„ tie-in").* Vet. Dissertation, Ludwig-Maximilians-Universität München.

Muller, M. G. (2009). *Practical handbook of falcon husbandry and medicine.* New York: Nova Science Publishers.

Neubeck, K. (2009). *Evaluierung des Rehabilitationserfolges von Mäusebussard (Buteo buteo) und Habicht (Accipiter gentilis) mittels Radiotelemetrie und Ringfunden.* Vet. Biol. Dissertation, Ludwig-Maximilians-Universität München.

Pees, M. (2010). *Leitsymptome bei Papageien und Sittichen: Diagnostischer Leitfaden und Therapie.* Stuttgart: Enke.

Samour, J. (2016). *Avian medicine.* London: Elsevier.

Schellings, T. F. (2014). Coracoid fractures in wild birds: a comparison of surgical repair versus conservative treatment. *Journal of Avian Medicine and Surgery, 28*(4), 304–309.

Schmidt, V., & Stenkat, J. (2016). Veterinärmedizinische Betreuung von Wildvögeln – Teil 1: Klinische Untersuchung, Erstversorgung, medizinische Versorgung und rechtliche Grundlagen. *Kleintierpraxis, 61*(9), 503–514.

Scope, A. (2003). Klinischer Untersuchungsgang. In E. F. Kaleta & M. E. Krautwald-Junghanns (Hrsg.), *Kompendium der Ziervogelkrankheiten* (S. 61–78). Hannover: Schlütersche.

Stenkat, J., Krautwald-Junghanns, M. E., & Schmidt, V. (2013). Causes of morbidity and mortality in free-living birds in an urban environment in Germany. *EcoHealth, 10*(4), 352–365.

Rechtliche Grundlagen der Wildvogelhaltung (Deutschland, Österreich, Schweiz)

Jürgen Hirt, Martin Singheiser und Gisela von Hegel

Inhalt

1   Einleitung

Die Gründe, warum sich Menschen aktiv mit der Vogelhaltung und -zucht beschäftigen, mögen sehr vielfältig sein. Sich durch eine Vielzahl unterschiedlicher Rechtsvorschriften zu wühlen, gehört mit Sicherheit nicht dazu. Doch leider schützt Unwissenheit nicht vor Unannehmlichkeiten. Daher werden nachfolgend die wichtigsten Rechtsbereiche und ihre Bedeutung für die Vogelhaltung vorgestellt. Dabei steht das deutsche Recht im Vordergrund, auf Rechtsvorschriften in der Schweiz und Österreich wird jedoch ebenfalls verwiesen.

Auf eine allzu detaillierte Ausarbeitung wurde aus Gründen der besseren Lesbarkeit bewusst verzichtet. Vielmehr soll das nachfolgende Kapitel dem interessierten Vogelhalter dabei helfen, sich etwas einfacher im Dickicht der Rechtsvorschriften zu orientieren, um sich zukünftig (noch) aktiver mit diesem Thema zu beschäftigen. Denn jeder Vogelhalter und -züchter *muss* sich vor der Anschaffung neuer Tiere und während der Haltung (selbstständig) über den jeweils *aktuellen* Stand der Rechtsvorschriften informieren!

J. Hirt (✉) · M. Singheiser · G. von Hegel
BNA, Hambrücken, Deutschland
E-Mail: schulung@bna-ev.de; singheiser@bna-ev.de; gs@bna-ev.de

© Springer-Verlag GmbH Deutschland, ein Teil von Springer Nature 2021
W. Lantermann, J. Asmus (Hrsg.), *Wildvogelhaltung*,
https://doi.org/10.1007/978-3-662-59604-3_21

2   Leitfaden – die wichtigsten Rechtsbereiche, ihre Aufgaben und Auswirkungen

Wo genau liegt der Unterschied zwischen Tier- und Artenschutz? Welcher Rechts-bereich hat welches Ziel? Wann bin ich als Züchter oder Halter betroffen? Die folgende Tabelle (Tab. 1) ermöglicht einen ersten Überblick über die wichtigsten[1] Rechtsbereiche und ihre Folgen für die Vogelhaltung.

3   Tierschutz(recht)

„Tiere sind Mitgeschöpfe und leidensfähig"– dieser Grundsatz beschäftigte bereits zu Beginn des 19. Jahrhunderts die europäische Bevölkerung, die nicht mehr hinnehmen wollte, dass Tiere – zu dieser Zeit vor allem Pferde und andere Nutztiere – der Willkür des Menschen hilf- und schutzlos ausgeliefert waren. Im Zuge der wachsenden Sensibilität für Tiere und ihrer Bedürfnisse entstanden zuerst in Eng-land, anschließend auch in Deutschland Tierschutzorganisationen und in Folge auch die ersten Gesetze zum Schutz der Tiere (1822 in England). In Deutschland wurde

Tab. 1 Rechtsbereiche, ihre Aufgaben und konkrete Folgen für die Vogelhaltung. (Quelle: BNA)

Rechtsbereich	Aufgabe	Konkrete Bedeutung
Tierschutz	Schutz jedes Tieres vor Schmerzen, Leiden und Schäden durch den Menschen, unabhängig von der Art des Tieres.	• Haltungsvorgaben • Sachkunde Tierhalter • Gewerbsmäßiges Züchten • Zurschaustellung • Verbote u. a. Qualzuchten, Kupieren
Natur- und Artenschutz	Schutz bedrohter Tier- und Pflanzenarten sowie von Habitaten.	• Kontrolle des Besitzes und der Vermarktung • Legalitäts-/Herkunftsnachweise • Kennzeichnungspflicht • Anzeigepflicht • Buchführungspflicht
Jagdrecht	Welche Tierarten dürfen gejagt werden (Wild) und wer darf diese Arten halten.	• Haltung von Greifvögeln, Eulen und anderer jagdbarer Vogelarten (z. B. Raufußhühner)
Invasive Arten	Schutz lokaler Flora und Fauna vor gebietsfremden, invasiven (schädlichen) Arten.	• Haltungs-, Import-, Vermehrungs- und Vermarktungsverbote
Tierseuchenrecht	Festlegung, welche Tierkrankheiten (Tierseuchen und Zoonosen) staatlich überwacht und/oder bekämpft werden.	• Melde- und Anzeigepflichten • Schutzimpfungen
Baurecht	Gesamtheit aller Rechtsvorschriften, die das Bauen betreffen.	• Standort und Größe von Volieren

[1]Stand Dezember 2019.

Abb. 1 Das Tierschutzgesetz schützt unabhängig vom Entwicklungsgrad jedes lebende Tier, also auch wirbellose Tiere. Deswegen muss beispielsweise bei der Hälterung von Futterinsekten eine artgemäße Ernährung und Unterbringung sichergestellt werden. Zudem dürfen den Tieren keine unnötigen Schmerzen, Leiden und Schäden zugefügt werden. (Foto: Jürgen Hirt)

erstmalig 1871 das Quälen von Tieren im Reichsstrafgesetzbuch unter Strafe gestellt. Der weitere Weg führte über das Reichstierschutzgesetz (1933) zum heutigen **Tierschutzgesetz** (TierSchG 1972).

Aufgabe des TierSchG ist es, Tieren zum einen ein möglichst artgemäßes Leben in menschlicher Obhut zu ermöglichen und sie zum anderen vor Schmerzen, Leiden oder Schäden zu schützen. Dabei steht immer der Schutz des *einzelnen* Individuums, unabhängig ob Wirbeltier *oder* wirbelloses Tier im Vordergrund (Abb. 1). Im TierSchG selbst finden sich nur wenige konkrete Vorgaben für die Tierhaltung. Diese sind in nachfolgenden Rechtsvorschriften wie beispielsweise der Tierschutz-Versuchstierverordnung (TierSchVersV), der Tierschutz-Nutztierhaltungsverordnung (TierSchNutztV), der Allgemeinen Verwaltungsvorschrift zum Tierschutzgesetz (AVV) sowie den Gutachten über die Mindestanforderungen an die Haltung bestimmter Tiergruppen zu finden.

Unter bestimmten Voraussetzungen sind Abweichungen zulässig (sogenannter „*vernünftiger Grund*"), damit beispielsweise die Haltung von Tieren für die Erzeugung von Nahrungsmitteln, für Tierversuche oder den Handel möglich ist. Da aber die Heimtierhaltung ausschließlich der Freude des Menschen dient und der Tierschutz hierbei keinen wirtschaftsbedingten Regularien unterliegt, werden bei der Heimtierhaltung jedoch die höchsten Maßstäbe angesetzt und Schmerzen, Leiden oder Schäden sind grundsätzlich zu vermeiden.

In der Schweiz und Österreich gehen die Anforderungen an den Tierschutz teilweise deutlich weiter als in Deutschland. So ist es Zweck des Schweizer Tierschutzgesetzes, die Würde[2] und das Wohlergehen des Tieres zu schützen. Aller-

---

[2]„*Würde: Eigenwert des Tieres, der im Umgang mit ihm geachtet werden muss. Die Würde des Tieres wird missachtet, wenn eine Belastung des Tieres nicht durch überwiegende Interessen gerechtfertigt werden kann. Eine Belastung liegt vor, wenn dem Tier insbesondere Schmerzen, Leiden oder Schäden zugefügt werden, es in Angst versetzt oder erniedrigt wird, wenn tief greifend in sein Erscheinungsbild oder seine Fähigkeiten eingegriffen oder es übermäßig instrumentalisiert wird*" (Tierschutzgesetz TSchG, Stand 1. Mai 2017).

dings bezieht sich das Schweizer Tierschutzgesetz primär auf Wirbeltiere. In Österreich wurde das Tierschutzgesetz 2004 grundlegend überarbeitet und beinhaltet seitdem viele konkrete Vorgaben für die Haltung von Tieren, auch von Wildvögeln (TSchG 2004). Ein verbindliches Europäisches Tierschutzgesetz[3] existiert derzeit nicht. Vorgaben der EU beschäftigen sich vielmehr mit Teilaspekten des Tierschutzes, wie dem Tiertransport oder dem Umgang mit Nutz- und Versuchstieren. Es gibt aber seit längerem Überlegungen für ein Europäisches Heimtierschutzgesetz.

3.1 Anforderungen an die Haltung

Grundlegende Forderungen an alle Personen, die Tiere halten, betreuen oder zu betreuen haben, finden sich in § 2 TierSchG:
Wer ein Tier hält, betreut oder zu betreuen hat,

1. *muss das Tier seiner Art und seinen Bedürfnissen entsprechend angemessen ernähren, pflegen und verhaltensgerecht unterbringen,*
2. *darf die Möglichkeit des Tieres zu artgemäßer Bewegung nicht so einschränken, dass ihm Schmerzen oder vermeidbare Leiden oder Schäden zugefügt werden,*
3. *muss über die für eine angemessene Ernährung, Pflege und verhaltensgerechte Unterbringung des Tieres erforderlichen Kenntnisse und Fähigkeiten verfügen.*

Das TierSchG definiert an dieser Stelle allerdings nur die grundsätzlichen Anforderungen an die Tierhaltung bzw. den Tierhalter. Konkrete Angaben oder weiterführende Informationen werden in den Gutachten des Bundesministeriums für Ernährung und Landwirtschaft (BMEL) zu den Mindestanforderungen an die Haltung verschiedener Tiergruppen (s. Abschn. 3.2) sowie in der AVV zum TierSchG aufgeführt. Eine besondere Bedeutung misst das TierSchG der Sachkunde – also den erforderlichen Kenntnissen und Fähigkeiten für eine Tierhaltung – bei. Wie der Tierhalter diese Kenntnisse erwirbt, z. B. durch Lesen von Fachliteratur, lässt das TierSchG offen. Auch wird bisher kein genereller Sachkundenachweis, ähnlich einem Führerschein gefordert. Allerdings wird dies zurzeit politisch diskutiert und einzelne Bundesländer (z. B. Nordrhein-Westfalen) haben bereits Tierführerscheine für die Hundehaltung verbindlich eingeführt.

In der Schweiz und in Österreich definieren Tierschutzverordnungen teils sehr konkrete (rechts)verbindliche Vorgaben für die Tierhaltung (TSchV 2014; Tierhaltungsverordnung 2020). In der Schweiz wird von vielen Vogelhaltern nicht nur ein

---

[3]Derzeit existiert nur das sehr allgemein gehaltene *„Europäische Übereinkommen zum Schutz von Heimtieren"* vom 13.11.1987.

Befähigungsnachweis[4] verlangt, vielmehr unterliegt die Haltung vieler Vogelarten (z. B. von Großpapageien) auch einer Bewilligungspflicht. Für einige Vogelarten, z. B. Großtrappe *(Otis tarda)* oder Sekretär *(Sagittarius serpentarius)* muss auf der Grundlage eines Gutachtens einer unabhängigen und anerkannten Fachperson im Vorfeld nachgewiesen werden, dass die vorgesehenen Gehege und Einrichtungen eine tiergerechte Haltung ermöglichen (TSchV § 92). In Österreich unterliegt die Haltung von Wildtieren mit besonderen Anforderungen an die Haltung (§ 8 der 2. Tierhalteverordnung) einer generellen Anzeigepflicht. Darunter fallen alle Wildtierarten der Vögel (Aves). Ausgenommen hiervon sind Arten der Unzertrennlichen *(Agapornis* spp.), Plattschweifsittiche (Platycercidae), Wellensittiche *(Melopsittacus undulatus)*, Nymphensittiche *(Nymphicus hollandicus)*, Prachtfinken (Estrildidae), der Chinesische Sonnenvogel *(Leiothrix lutea)*, die Chinesische Zwergwachtel *(Coturnix chinesis)* sowie das Diamanttäubchen *(Geopelia cuneata)*.

3.2   BMEL-Gutachten über Mindestanforderungen

Konkrete Vorgaben für die Haltung vieler Tiergruppen, beispielsweise zur artgerechten Ernährung, klimatischen Ansprüchen, Mindestgrößen oder verhaltensgerechter Unterbringung, werden in den *Gutachten über Mindestanforderungen* des Bundesministeriums für Ernährung und Landwirtschaft beschrieben. Als (antizipierte) Sachverständigen-Gutachten sind sie zwar nicht direkt rechtsverbindlich, unterstützen aber Behördenvertreter und Gerichte bei der Entscheidung, ob eine Tierhaltung den (Mindest-) **Vorschriften des Tierschutzgesetzes** (§ 2) entspricht und dienen damit Tierhaltern als Orientierung.

Die in den Gutachten zu den Mindestanforderungen aufgeführten Volieren- bzw. Käfigmaße und Besatzdichten stellen das absolute Minimum dessen dar, was in einer dauerhaften privaten Tierhaltung oder Zucht erfüllt werden muss. Werden die genannten Maße unter-, bzw. die Besatzdichte überschritten, ist dies als ein direkter Verstoß gegen das Tierschutzgesetz zu werten. Die Gutachten sind deshalb *nicht* als Haltungsempfehlungen anzusehen. Wünschenswert ist, dass die Haltungseinrichtungen (deutlich) größer sind.

Derzeit liegen folgende Gutachten vor:

- Mindestanforderungen an die Haltung von Greifvögeln und Eulen (10. Januar 1995, wird derzeit überarbeitet)

---

[4]Mündliche Mitteilung der Fachstelle Wildtiere, Schweizer Tierschutz (STS) mit Verweis auf § 89 der TSchV: *„Das private Halten folgender Wildvögel ist bewilligungspflichtig: Schuhschnabel, Kiwis, Laufvögel, Pinguine, Pelikane, Kormorane, Schlangenhalsvögel, Stelzvögel, Flamingos, Kraniche, Sumpf- und Strandvögel; Großpapageien (Aras und Kakadus); alle Greife, Sekretär; Nachtschwalben, Seeschwalben; Kolibris, Trogons, Nashornvögel, Nektarvögel, Paradiesvögel; Tropikvögel; Seetaucher, Lappentaucher, Alken, Tölpel, Fregattvögel; Großtrappen; Segler".*

- Mindestanforderungen an die Haltung von Kleinvögeln, Teil 1 – Körnerfresser (10. Juli 1996, wird aktuell überarbeitet)
- Mindestanforderungen an die Haltung von Papageien (10. Januar 1995, wird aktuell überarbeitet).

Achtung: Derzeit existieren von diesem Gutachten zwei Varianten: Das ursprüngliche *„BMEL Gutachten zu den Mindestanforderungen an die Haltung von Papageien"* von 1995 und eine aktualisierte, richterlich bestätigte Version aus dem Jahre 2008, das im Wesentlichen auf dem früheren Nikolai-Gutachten beruht.[5]

- Mindestanforderungen an die Haltung von Straußen, Nandus, Emus und Kasuaren (März 2019, NEU!)

Das Bundesamt für Naturschutz (BfN) hat zusätzlich Mindestanforderungen für die Haltung von Augenbrauenhäherling (*Garrulax canorus*), Silberohrsonnenvogel (*Leiothrix argentauris*), Sonnenvogel (*Leiothrix lutea*) (Abb. 2) und Bergbeo (*Gracula religiosa*) sowie für Hornvögel (Bucerotidae) und Turakos (Musophagidae) veröffentlicht.[6]

Abb. 2 Mit wenigen Ausnahmen werden die Mindestanforderungen an die Haltung in den BMEL-Gutachten beschrieben. Für Sonnenvögel (*Leiothrix lutea*) und Bergbeos (*Gracula religiosa*) gibt es beispielsweise Vorgaben durch das Bundesamt für Naturschutz (BfN). (Foto: Jürgen Hirt)

---

[5]Sachverständigengruppe Gutachten über die tierschutzgerechte Haltung von Vögeln (Hrsg. Bundesministerium für Ernährung, Landwirtschaft und Forsten) und Berechnungen der Niedersächsischen Obersten Naturschutzbehörde (bearbeitet durch die Senatsverwaltung für Stadtentwicklung, 2008) auf Grundlage des Urteils OVG 3 G 1259/914 A 103/89 des Niedersächsischen Oberverwaltungsgerichts Mindestanforderungen an die Haltung von Papageien vom 10. Januar 1995.

[6]Mindestanforderungen zur Umsetzung von Art. 4(2)b) der EG-VO 338/97 aus dem Jahr 2000 (Beo und andere), 2007 (Hornvögel) und 2009 (Turako).

Wichtig: Viele Gutachten werden aktuell überarbeitet. Im Zuge der Überarbeitung werden die Gutachten teilweise deutlich umfangreicher und sollen zukünftig auch viele Details zur Tierhaltung (z. B. Hygienemanagement, Vergesellschaftung) beinhalten.

3.3   Gewerbsmäßiges Züchten

In § 11 TierSchG werden die Anforderungen für das gewerbsmäßige Züchten, Trainieren, Handeln und Zurschaustellung von bzw. mit Wirbeltieren definiert. Gewerbsmäßig im Sinne des Tierschutzgesetzes ist eine Tätigkeit, wenn sie selbstständig, planmäßig, fortgesetzt und mit der Absicht der Gewinnerzielung ausgeübt wird. In diesem Fall ist immer eine § 11-Erlaubnis erforderlich, die unter Erfüllung bestimmter Bedingungen, vom jeweils zuständigen Veterinäramt erteilt wird. Zu den Bedingungen zählen u. a. geeignete Räume und Einrichtungen sowie ein Sachkundenachweis. In der Allgemeinen Verwaltungsvorschrift zur Durchführung des Tierschutzgesetzes sind konkrete Rahmenbedingungen für das „gewerbsmäßige Züchten" angegeben (AVV 12.2.1.5.1). Die Voraussetzungen hierfür sind in der Regel erfüllt, wenn eine Haltungseinheit folgenden Umfang oder folgende Absatzmengen erreicht: *„Ein gewerbsmäßiges Züchten liegt in der Regel vor, wenn bei Vögeln regelmäßig Jungtiere verkauft werden und*

- *mehr als 25 züchtende Paare von Vogelarten bis einschließlich Nymphensittichgröße,*
- *mehr als 10 züchtende Paare von Vogelarten größer als Nymphensittiche*
- *(Ausnahme: Kakadu und Ara: 5 züchtende Paare) gehalten werden."*

3.4   Verbote

Im TierSchG finden sich eine Reihe von Verboten: So sind beispielsweise in § 3 konkrete Verbote aufgeführt, die tierschutzwidrige Vorgänge in allen Bereichen der Tier-Mensch-Beziehung (u. a. Zwangsernährung, Sodomie, Aussetzen von Tieren) umfassen. Zudem sind diese Verbote zwingend, d. h. ein *„vernünftiger Grund"* als Rechtfertigung spielt hier keine Rolle.

Weitere Verbote finden sich u. a. in § 6 *„Verboten ist das vollständige oder teilweise **Amputieren** von Körperteilen oder das vollständige oder teilweise Entnehmen oder Zerstören von Organen oder Geweben eines Wirbeltieres".* Unter diesen Punkt fallen einige und z. T. komplexe, auch die Vogelhaltung betreffende, Fragestellungen, wie beispielsweise die Kastration oder das „Flugunfähigmachen". Derzeit werden Kastrationen, z. B. von Papageien, sehr kontrovers diskutiert und dürfen grundsätzlich nur erfolgen, wenn sie medizinisch notwendig sind (z. B. bei einem Hodentumor) und nicht etwa, um Tiere „ruhiger" zu machen.

Für die überwiegende Anzahl flugfähiger Vogelarten ist das Fliegen ein essenzieller Teil ihres arteigenen Verhaltens und wichtig für die Gesundheit. Alle Maßnahmen, welche Vögel dauerhaft (Teilamputation der Flügel, Veröden der Federpapillen) oder auch nur zeitlich begrenzt (Schneiden der Schwungfedern) am Fliegen hindern, sind daher als tierschutzwidrig einzustufen. Dies gilt insbesondere für Ziervögel wie Papageien. Ob bei bestimmten Arten wie Pelikanen, Flamingos oder Kraninchen das „Flugunfähigmachen" sinnvoll sein kann, wird derzeit kritisch überprüft (Abb. 3). Dies betrifft aber vorrangig Zoos, Tier- und Vogelparks.

3.5   Qualzuchten

Gemäß § 11b TierSchG ist es verboten, Wirbeltiere zu züchten oder durch bio- oder gentechnische Maßnahmen zu verändern, wenn damit gerechnet werden muss, dass bei den Tieren selbst oder ihren Nachkommen aufgrund der züchterischen Veränderungen Schmerzen, Leiden oder Schäden auftreten (Qualzucht). So eindeutig die Formulierungen im „Qualzuchtparagraph" auch erscheinen, so schwierig ist deren Umsetzung. Das liegt unter anderem daran, dass der konkrete (wissenschaftliche) Nachweis, ob Tiere bestimmter Zuchtformen bzw. deren Nachkommen leiden, von Seiten der Vollzugsbehörden oft sehr schwierig zu führen ist. Gerade bei Zuchtformen von Kanarienvögeln, Zebrafinken oder Wellensittichen werden zumeist keine aufwändigen wissenschaftlichen Studien durchgeführt, obwohl es hier Hinweise auf Qualzuchten gibt. Zudem unterliegt die Zucht einer hohen Dynamik, d. h. es werden ständig neue Farbmorphen und/oder Rassen gezüchtet, die im Sinne des § 11b überprüft werden müssten. Um etwas Klarheit zu schaffen, wurde im Auftrag des BMEL 1999 ein Gutachten zu Qualzuchten (§ 11b) veröffentlicht, das in diesem Zusammenhang aber als stark veraltet zu bewerten ist (BMEL 1999).

Abb. 3 Das Kupieren der Flügel oder andere Methoden, um Vögel flugunfähig zu machen, werden z. Z. auch in zoologischen Gärten kritisch hinterfragt. (Foto: Jürgen Hirt)

3.6   Tierschutztransportverordnung

Die Tierschutztransportverordnung (TierSchTrV) beinhaltet Regelungen und Vorschriften für den Transport von Wirbeltieren, wie beispielsweise die Transportdauer, das Verladen oder die Ernährung und Pflege während des Transportes. Im Gegensatz zur „alten" Tierschutztransportverordnung bezieht sich die neue Verordnung nicht mehr nur auf gewerbliche Tiertransportunternehmen und Viehhändler, sondern auf alle Transporte von Tieren über eine Strecke von mehr als 65 km, die in Verbindung mit einer wirtschaftlichen Tätigkeit durchgeführt werden. Personen, die regelmäßig zu gewerblichen Zwecken (z. B. Ausliefern von Nachzuchten an den Handel) Tiere transportieren, sollten sich bei der zuständigen Stelle über den derzeit aktuellen Stand informieren.

4   Arten- und Naturschutz(recht)

Zu den vielen Ursachen des weltweit zu beobachteten Artensterbens gehört auch die Entnahme von (wild lebenden) Tier- und Pflanzenarten für den Handel. Internationale, europäische und nationale Vorgaben für den Artenschutz zielen daher vorrangig auf die Kontrolle des Handels und des Besitzes von Arten, deren wild lebende Populationen in ihrem Bestand aktuell schon bedroht sind oder durch eine unkontrollierte Entnahme in Zukunft bedroht sein könnten. Diese Arten dürfen nur unter bestimmten Voraussetzungen gehalten, gezüchtet und/oder vermarktet werden. Dabei umfasst der Begriff „*Vermarktung*" sowohl Kauf, Verkauf, Tausch, Vermietung als auch Beförderung zu Verkaufszwecken, Anbieten zum Verkauf, Ausstellen zu kommerziellen Zwecken und jede sonstige entgeltliche Nutzung. Konkrete artenschutzrechtliche Maßnahmen betreffen immer *alle Individuen* einer geschützten Art, d. h. auch Nachzuchten, Farbmutationen und sogar Hybriden sowie Körperteile, Präparate, Bälge oder Eier.

4.1   Internationaler, europäischer und nationaler Artenschutz

Weltweite Grundlage des internationalen Artenschutzes ist das **Washingtoner Artenschutzübereinkommen** (WA) oder **CITES** (**C**onvention on **I**nternational **T**rade in **E**ndangered **S**pecies of wild fauna and flora), welches 1973 in Kraft trat und dem derzeit 183 Staaten, unter anderem auch alle Mitgliedsstaaten der Europäischen Union angehören. In den drei Schutzkategorien des WA (Anhang I, II, III) sind aktuell etwa 5800 Tier- und 30.000 Pflanzenarten gelistet, darunter knapp 1300 Vogelarten. Hierzu zählen beispielsweise alle Greifvögel und Eulen sowie fast alle Papageienvögel. Die Anhänge werden regelmäßig alle 2–3 Jahre überarbeitet und aktualisiert.

Die CITES-Bestimmungen werden in der Europäischen Union durch EU-Verordnungen für alle 28 Mitgliedsstaaten einheitlich umgesetzt und teilweise noch verschärft (z. B. höherer Schutzstatus, Einfuhrbeschränkungen). Maßgeblich sind dabei die (Artenschutz)**Verordnung (EG) Nr. 338/97** (EG-VO 1997) sowie diverse Durchführungs- und Änderungsverordnungen (z. B. 865/2006, 2017/160). Letztere dienen dazu, die europäische Artenschutzverordnung an die Aktualisierungen des WA anzupassen. In der EU werden vier Schutzkategorien – die Anhänge A, B, C und D – unterschieden, wobei insbesondere die Anhänge A und B für Halter relevant sind. Weitere europäische Regelungen zum Artenschutz finden sich in der **Fauna-Flora-Habitat-Richtlinie** (FFH-RL; 92/43/EWG) und der für Halter europäischer Vogelarten besonders wichtigen **Vogelschutzrichtlinie** (2009/147/EG).

Obwohl die EU-Verordnungen in allen EU Mitgliedsstaaten direkt anwendbar sind, müssen diese in ihrem nationalen Recht entsprechende Rechtsinstrumente zur konkreten Umsetzung und Durchführung schaffen. Dabei handelt es sich vor allem um die notwendigen Strafbestimmungen, Nachweispflichten oder auch Kontrollbefugnisse. In Deutschland geschieht dies durch das Bundesnaturschutzgesetz und die Bundesartenschutzverordnung (s. u.). In Österreich erfolgt die Umsetzung über das Artenhandelsgesetz (ArtHG 2019) sowie die Arten-Kennzeichnungsverordnung (ArtKV 2019) und in der Schweiz als Teil der EFTA (1960) über das Bundesgesetz über den Natur- und Heimatschutz (NHG 2017).

Ziel des deutschen Gesetzes über Naturschutz und Landschaftspflege, kurz **Bundesnaturschutzgesetz** (BNatSchG) ist es, die Natur- und Artenvielfalt in Deutschland zu schützen und als Lebensgrundlage für spätere Generationen zu sichern. Neben dem Schutz von Natur und Landschaft sowie wild lebenden Tier- und Pflanzenarten vor menschlichen Eingriffen regelt das Gesetz aber auch den Vollzug des Artenschutzes, den Betrieb von Zoologischen Gärten sowie Tier- und Vogelparks. Als neue Aufgabe kam 2017 das Management invasiver Tier- und Pflanzenarten hinzu (s. Abschn. 5). Die **Bundesartenschutzverordnung** (BArtSchV) ist eine ergänzende Rechtsverordnung zum Bundesnaturschutzgesetz. Sie regelt zum einen den nationalen Vollzug des Artenschutzes (u. a. die Haltung, Zucht und Vermarktung geschützter Arten, Kennzeichnungspflicht, Anzeigepflicht), zum anderen stellt sie besonders gefährdete (einheimische) wild lebende Tier- und Pflanzenarten, sofern sie nicht schon durch internationales Recht erfasst sind, unter konkreten Schutz. Darüber hinaus werden auch einige nicht geschützte, aber als besonders invasiv eingestufte Arten einem generellen Besitz- und Vermarktungsverbot unterworfen (z. B. Grauhörnchen, Kanadischer Biber, Schnapp- und Geierschildkröte).

Zudem existieren noch weitere Gesetze und Verordnungen, die zumindest in Einzelfällen, beispielsweise bei der Haltung von Greifvögeln und Eulen, zu beachten sind, wie das Bundesjagdgesetz oder die Bundeswildschutzverordnung (s. Abschn. 4.3) sowie Ausführungs- und Verwaltungsvorschriften der einzelnen Bundesländer.

Praxistipps
1. **Regelmäßig informieren!** Eine Ursache für die Komplexität des Artenschutzrechtes sind nicht nur die vielen internationalen und nationalen Regelwerke. Der

Artenschutz unterliegt darüber hinaus einer ständigen Aktualisierung, da alle 2–3 Jahre die Vertragsstaaten des WA über Anpassungen verhandeln, die erfahrungsgemäß immer die Aufnahme neuer Arten in die Anhänge des WA oder eine Änderung im Schutzstatus bisher gelisteter Arten bedeuten können. So wurden beispielsweise 2017 der Graupapagei (*Psittacus erithacus*) von Anhang II auf Anhang I hochgestuft (17. Vertragsstaatenkonferenz, Johannesburg), 2019 der Königsfasan (*Syrmaticus reevesii*) neu in Anhang II gelistet und der Schwarzhals-Kronenkranich (*Balearica pavonina*) auch von Anhang II in Anhang I heraufgesetzt (18. Vertragsstaatenkonferenz, Genf 2019). Die Beschlüsse der WA-Vertragsstaatenkonferenzen müssen innerhalb von 90 Tagen in europäisches Recht umgesetzt werden und sind dann rechtsverbindlich; in Europa erfolgt dies über eine Anpassung der EG-Verordnung 338/97. Dieses Zeitfenster sollten von Veränderungen betroffene Halter dazu nutzen, um mit der zuständigen Behörde die konkrete Vorgehensweise zu besprechen.

2. **Wissenschaftlichen Artnamen kennen!** Ohne den wissenschaftlichen Artnamen ist eine exakte artenschutzrechtliche Zuordnung nicht möglich! Änderungen des wissenschaftlichen Artnamens oder der systematischen Zuordnung (Art/Unterart) können sich auf den Schutzstatus auswirken und entsprechende Konsequenzen bezüglich der Nachweis-, Anzeige- oder Kennzeichnungspflicht mit sich führen! Entscheidend sind die für den Schutzstatus international und national festgelegten taxonomischen Referenzwerke!

3. **Vorsicht bei grenzüberschreitenden Transporten!** Für den grenzüberschreitenden Handel und Transport mit geschützten Arten, z. B. aus Deutschland in die Schweiz, sind weitere artenschutzrechtliche Regelungen zu beachten (z. B. Import- und Exportgenehmigungen). Auch werden in einigen Mitgliedstaaten der EU Transporterlaubnisse benötigt (z. B. Frankreich). Auskünfte erteilt das Bundesamt für Naturschutz (BfN), Konstantinstr. 110, 53179 Bonn.

4. **Umkehr der Beweislast!** Der artenschutzrechtliche Status eines Tieres muss dem Halter immer bekannt sein! Dies ist insbesondere aufgrund der im Artenschutz angewandten Umkehr der Beweislast von großer Bedeutung. Im Gegensatz zu den meisten anderen Rechtsbereichen muss der Tierhalter oder -züchter gegenüber den Vollzugsbehörden jederzeit den Nachweis erbringen können, dass sich artgeschützte Tiere rechtmäßig in seinem Besitz befinden.

5. **WISIA nutzen!** Mit der Datenbank **WISIA** – Abkürzung für **W**issenschaftliches **I**nformations**S**ystem zum **I**nternationalen **A**rtenschutz (www.wisia.de) – steht seit einigen Jahren eine wertvolle Recherchemöglichkeit zur Verfügung, um den Schutzstatus der jeweiligen Tierart zu ermitteln.

6. **Auch Nachzuchten, Farbmutationen und Erzeugnisse sind geschützt!** Die artenschutzrechtlichen Regelungen gelten auch für Nachzuchten und Farbmutationen geschützter Arten und sogar für Hybriden (Bastarde, Mischlinge) bis einschließlich der vierten Generation, falls ein Elterntier einer artgeschützten Art angehört. Sind beide Elterntiere geschützt, ist der jeweils *höchste* Schutzstatus entscheidend. Der Schutzstatus gilt auch für Teile (Federn, Eier, Schädel etc.) oder Produkte (z. B. Präparate) von geschützten Arten.

7. **Seltene Ausnahmen!** In Anhang X der Verordnung (EG) Nr. 865/2006[7] sind
derzeit 21 Vogelarten aufgeführt, deren Wildpopulationen zwar geschützt sind,
für in Menschenobhut geborene und gezüchtete Tiere wurden die artenschutzrechtlichen Vorgaben aber deutlich reduziert oder gänzlich aufgehoben. Hierzu
zählen unter anderem Kapuzenzeisig (*Carduelis cucullata*), Ziegensittich (*Cyanoramphus novaezelandiae*) (Abb. 4), Hawaiigans (*Branta sandvicensis*) und
Mikadofasan (*Syrmaticus mikado*).

4.2   Vogelschutzrichtlinie[8]

Ziel der Vogelschutzrichtlinie (VSR)[9] ist es, sämtliche im Gebiet der Mitgliedstaaten
natürlicherweise vorkommenden „europäischen" Vogelarten in ihrem Bestand dauerhaft zu erhalten und neben dem Schutz auch die Bewirtschaftung sowie Nutzung
dieser Arten zu regeln. Eine der wichtigsten Maßnahme der VSR ist die Schaffung
bzw. Bewahrung von Schutzgebieten für seltene oder stark bedrohte europäische

Abb. 4 Der Ziegensittich
(*Cyanoramphus novaeze-
landiae*) zählt zu den seltenen
Ausnahmen, deren Wildpopulationen zwar geschützt ist, für
in Menschenobhut geborene
und gezüchtete Tiere wurden
die artenschutzrechtlichen
Vorgaben aber deutlich reduziert (Anhang X der Verordnung (EG) Nr. 865/2006).
(Foto: Jürgen Hirt)

---

[7]Anhang X: Hawaigans *(Branta sandvicensis)*, Knäkente *(Anas querquedula)*, Laysan Ente *(Anas
laysanensis)*, Moorente *(Aythya nyroca)*, Rothalsgans *(Branta ruficollis)*, Weißkopf-Ruderente *(Oxyura leucocephala)*, Brauner Ohrfasan *(Crossoptilon mantchuricum)*, Edwardfasan *(Lophura edwardsii)*, Elliotfasan *(Syrmaticus ellioti)*, Himalaya-Glanzfasan *(Lophophorus impejanus)*, Hume-Fasan
(Syrmaticus humiae), Mikadofasan *(Syrmaticus mikado)*, Palawan-Pfaufasan *(Polyplectron empha-
num)*, Ridgways Virginiawachtel *(Colinus virginianus ridgwayi)*, Swinhoefasan *(Lophura swinhoii)*,
Wallichfasan *(Catreus wallichii)*, Weißer Ohrfasan *(Crossoptilon crossoptilon)*, Kapuzenzeisig *(Carduelis cucullata)*, Felsentaube *(Columba livia)*, Hooded-Sittich *(Psephotus dissimilis)*, Ziegensittich
(Cyanoramphus novezaelandiae).

[8]Quelle: Bundesamt für Naturschutz (BfN), Bonn.

[9]Die **Richtlinie über die Erhaltung der wild lebenden Vogelarten** (Richtlinie 79/409/EWG) oder
kurz **Vogelschutzrichtlinie** wurde am 2. April 1979 vom Rat der Europäischen Gemeinschaft
erlassen und 30 Jahre nach ihrem Inkrafttreten kodifiziert. Die kodifizierte Fassung (Richtlinie
2009/147/EG) vom 30. November 2009 ist am 15. Februar 2010 in Kraft getreten (Quelle BfN).

Vogelarten (Europäische Vogelschutzgebiete, *Special Protection Area*). Zudem beinhaltet die Richtlinie Regelungen für die Jagd, die auf insgesamt 81 Arten zutreffen (Anhänge II/A und II/B).

Als „europäische" Vogelarten im Sinne der Richtlinie gelten alle Vogelarten, die natürlicherweise in der EU vorkommen, einschließlich der Zugvogelarten inklusive gelegentlich auftretender Irrgäste. Die **Referenzliste** der „europäischen Arten" umfasst aktuell 691 Arten und eine Gattung (ohne Aufschlüsselung der einzelnen Arten) (Referenzliste 2019). Weitere 15 Arten sind nach Auffassung der Europäischen Kommission als eingebürgert anzusehen und gelten somit nicht als „europäische" Arten im Sinne der Vogelschutzrichtlinie (sondern als Neozoen bzw. invasive Arten)[10].

Die Vogelschutzrichtlinie wird vor allem über das BNatSchG in nationales Recht umgesetzt. Alle „europäischen" Arten[11] gelten mindestens als „besonders geschützt" und ihre Haltung unterliegt damit den Vorgaben der BArtSchV (z. B. Anzeige- und Kennzeichnungspflicht). Für einzelne Arten gelten Ausnahmen (Anhang III); hierzu zählen vor allem die häufigeren regulär jagdbaren Vogelarten, vornehmlich Enten- und Hühnervögel (z. B. Stockenten, Jagdfasan). Die Vogelschutz-Richtlinie wird in Österreich in den jeweiligen Landesnaturschutzgesetzen umgesetzt.

4.3   Bundeswildschutzverordnung

Die **Bundeswildschutzverordnung** (BWildSchV 2018) ergänzt das **Bundesjagdgesetz** (BJagdG 2018) und regelt unter anderem die Haltung von Greifvögeln, aber auch von anderen zum „Wild" zählenden Tierarten (z. B. einheimische Gänse- und Entenarten, Raufußhühner). Die Vorschriften gelten allerdings nicht für in Menschenobhut gezüchtete Fasane, Rebhühner, Stockenten und Wachteln.

Besondere Regelungen enthält die BWildSchV zur Haltung und Vermarktung von Greifvögeln. Nur Inhaber eines Falknerscheins dürfen Greifvögel halten, die in Anlage 4 der BWildSchV[12] aufgeführt sind, unabhängig davon ob die Tiere zur Jagd eingesetzt werden oder nicht. Zudem ist die Anzahl der gehaltenen Tiere bei bestimmten Arten (Habicht, Steinadler, Wanderfalke) beschränkt und eine Kennzeichnung der

---

[10]*Threskiornis aethiopicus, Alopochen aegyptiacus, Aix galericulata, Oxyura jamaicensis, Callipepla californica, Colinus virginianus, Syrmaticus reevesii, Chrysolophus pictus, Chrysolophus amherstiae, Psittacula krameri, Myiopsitta monachus, Paradoxornis alphonsianus, Estrilda astrild, Amandava amandava, Corvus splendens.*

[11]Der Schutzstaus gilt auch für tote Tiere, Federn, Eiern, etc.

[12]Anlage 4 BWildSchV (zu § 3 Absatz 1) Liste der Greife und Falken, deren Haltung beschränkt ist: Fischadler (*Pandion haliaetus*), Wespenbussard (*Pernis apivorus*), Schwarzmilan (*Milvus migrans*), Rotmilan (*Milvus milvus*), Seeadler (*Haliaeetus albicilla*), Rohrweihe (*Circus aeruginosus*), Kornweihe (*Circus cyaneus*), Wiesenweihe (*Circus pygargus*), Sperber (*Accipiter nisus*), Habicht (*Accipiter gentilis*), Mäusebussard (*Buteo buteo*), Raufußbussard (*Buteo lagopus*), Steinadler (*Aquila chrysaetos*), Turmfalke (*Falco tinnunculus*), Rotfußfalke (*Falco vespertinus*), Merlin (*Falco columbarius),* Baumfalke (*Falco subbuteo*), Wanderfalke (*Falco peregrinus*).

gehaltenen und gezüchteten Vögel ist vorgeschrieben. Zugänge und Abgänge im Bestand sind meldepflichtig und Vermarktungsgenehmigungen werden benötigt.

4.4   Greifvogelhybriden[8]

Seit dem Jahr 2005 bestehen erstmalig Zucht-, Haltungs- und Flugbeschränkungen für Greifvogelhybride (§§ 9 bis 11 BArtSchV). Diese Neuregelung war erforderlich, um die von Greifvogelhybriden für die heimischen Greifvögel ausgehenden Gefahren (Störungen, Verdrängung aus Brutrevieren, Fortpflanzung mit heimischen Greifvögeln) wirksam zu begrenzen (BfN 2010).

Als Greifvogelhybride werden Tiere definiert, die genetische Anteile von mindestens einer heimischen sowie einer weiteren Greifvogelart enthalten. Erfasst werden damit sämtliche Hybridzüchtungen mit heimischen Greifvogelarten, auch Mehrfachhybriden, unabhängig vom genetischen Anteil der an der Züchtung beteiligten Arten, z. B. Ger- x Ger-Wanderfalke. Hierbei spielt zudem keine Rolle, ob die gekreuzten Arten insgesamt oder nur zum Teil dem Jagdrecht unterliegen. Entscheidend ist, dass an der Hybridzucht eine heimische Art[13] beteiligt ist. Greifvogelhybriden müssen mit einem speziellen (blauen) Ring gekennzeichnet werden, der nur von BNA oder ZZF ausgegeben werden darf.

4.5   Aufnahme verletzter, hilfloser oder kranker Vögel

Es ist erlaubt, vorübergehend verletzte, hilflose oder kranke Vögel aufzunehmen, um sie gesund zu pflegen und unverzüglich wieder freizulassen. Aufgrund der medizinischen und rechtlichen Komplexität sollten die Tiere in tierärztliche Hände oder spezialisierte Wildtierpflege- bzw. Auffangstationen abgegeben werden. Die konkrete Vorgehensweise muss mit der zuständigen Vollzugsbehörde und gegebenenfalls mit der örtlichen Jägerschaft oder der Jagdbehörde abgestimmt werden.

4.6   Artenschutzrechtliche Anforderungen für Halter und Züchter

Bei der Haltung, Zucht und dem Handel mit geschützten Tierarten sind die nachfolgenden artenschutzrechtlichen Anforderungen zu beachten:[14] Schutzstatus, An-

---

[13]Als heimisch gelten alle in Anhang 4 der BWildSchV[12)] aufgeführten Arten und zusätzlich noch der Bartgeier (*Gypaetus barbatus*), Gänsegeier (*Gyps fulvus*), Schlangenadler (*Circaetus gallicus*), Schelladler (*Aquila clanga*), Schreiadler (*Aquila pomarina*), Zwergadler (*Hieraaetus pennatus*), Würg- oder Sakerfalke (*Falco cherrug*).

[14]Die nachfolgenden Ausführungen gelten nur für den Handel innerhalb Deutschlands. Insbesondere bei Tierverkäufen an Nicht-EU-Bürger (z. B. Schweiz) müssen die CITES-Vorgaben beachtet werden.

zeigepflicht, Nachweispflicht, Führung eines Aufnahme- und Auslieferungsbuches (Nachweisbuch), Vermarktungsgenehmigung und Kennzeichnung.

Hinweis: Aufgrund der Komplexität des Artenschutzrechtes sowie bundes-land- bzw. behördenspezifischer Besonderheiten wird dringend empfohlen, die konkrete Vorgehensweise mit der jeweils zuständigen Behörde abzuspre-chen. Wertvolle Hinweise liefern auch die vom Bundesamt für Naturschutz (BfN) herausgegebenen „Vollzugshinweise zum Artenschutzrecht" (Stand: 19.11.2010).

4.6.1 Schutzstatus – Besonders und streng geschützte Arten

Nach deutschem Recht wird zwischen besonders und streng geschützten Arten unterschieden. Für streng geschützte Arten – beispielsweise alle in Anhang A (EU) gelisteten Arten sowie (fast) alle europäischen Vogelarten – gelten aufgrund ihrer hohen Gefährdung schärfere Schutzbestimmungen als für besonders geschützte Arten. Streng geschützte Arten sind zugleich auch immer besonders geschützt. Informationen zum aktuellen Schutzstatus finden sich unter www.wisia.de.

4.6.2 Anzeige-/Meldepflicht[15]

Wer Wirbeltiere einer geschützten Art hält, muss diese – auch in jedem Einzelfall – der nach Landesrecht zuständigen Behörde unverzüglich, zumeist innerhalb von 14 Tagen melden. In der Anzeige müssen Anzahl, Art, Alter, Geschlecht, Herkunft, Verbleib, Standort, Verwendungszweck und Kennzeichen der Tiere (falls vorhan-den) angegeben werden. Die Anzeige ist zu datieren und zu unterzeichnen. Ange-zeigt werden muss darüber hinaus jede Bestandsveränderung (z. B. Nachzucht, verstorbene, erworbene und verkaufte oder entkommene Tiere) sowie unlesbare oder verloren gegangene Kennzeichen. Die Anzeigepflicht besteht sowohl für ge-werbliche und gewerbsmäßige Tierhaltungen als auch für private Halter.

Versäumte, verspätete oder unvollständige Anzeigen können als Ordnungswid-rigkeit geahndet werden. Bei gewerbsmäßigen Tierhaltungen können die zuständi-gen Behörden Ausnahmen von der Anzeigepflicht zulassen, soweit durch gleich-wertige Vorkehrungen eine ausreichende Überwachung gewährleistet ist. So könnte beispielsweise eine Bestandsanzeige zum Ende eines jeden Quartals anhand von Kopien des Nachweisbuches einschließlich der dazugehörigen Herkunftsnachweise erfolgen. Von der Anzeigepflicht ausgenommen sind alle in der Anlage 5 der BArtSchV aufgeführten Arten. Bei ihnen handelt es sich um sehr häufig nachgezüch-tete Arten (v. a. Papageienvögel), bei denen auf die Anzeigepflicht verzichtet wird. Dennoch ist bei diesen Arten die Nachweispflicht zu beachten (s. u.).

---

[15]Im Gegensatz zum Tiergesundheitsrecht gibt es beim Artenschutz keine Unterschiede zwischen Anzeige- und Meldepflicht. Beide Begriffe werden als Synonym gebraucht.

Hinweis: Häufig bieten die zuständigen Behörden eigene Formulare für die Anzeige an, die das Meldeverfahren vereinfachen.

4.6.3 Nachweispflicht/Herkunftsnachweise

Der Besitz von geschützten Arten ist grundsätzlich verboten und nur in Ausnahmefällen erlaubt, beispielsweise wenn es sich um legale Einfuhren oder Nachzuchten handelt. Deshalb muss der Tierhalter jederzeit nachweisen können, dass die Tiere ordnungsgemäß erworben wurden (Umkehr der Beweislast). Grundsätzlich kann hierfür jedes zur Nachweisführung geeignete Beweismittel als Besitzberechtigungsnachweis anerkannt werden (z. B. Einfuhrdokumente, CITES-/EG-Bescheinigungen, behördliche Bescheinigungen, Zuchtbelege, Rechnungen oder Lieferscheine). Allerdings sollte auch in diesem Fall mit der zuständigen Behörde abgeklärt werden, in welcher Form genau der Nachweis erbracht werden muss. Die Nachweispflicht gilt, so lange das Tier lebt.

Bei Bescheinigungen und Belegen ist es wichtig, dass diese eindeutig dem jeweiligen Tier zugeordnet werden können. Daher empfiehlt sich grundsätzlich eine Kennzeichnung (z. B. mit Verbandsringen), auch wenn diese vom Gesetzgeber nicht ausdrücklich vorgeschrieben sind.

Zu beachten: Die Herkunftsbestätigung des Vorbesitzers oder Züchters reicht häufig nicht aus, um zweifelsfrei nachzuweisen, dass das betreffende Tier und/ oder seine Vorfahren ursprünglich legal erworben wurden. Daher sind vielfach mehrere Dokumente – beispielsweise von früheren Besitzern oder zu den Elterntieren – erforderlich, um die Legalität eindeutig nachzuweisen (lückenloser Nachweis der legalen Herkunft).

Wichtig: Auch für die von der Anzeigepflicht befreiten, in der Anlage 5 der BArtSchV genannten Arten, z. B. Schwarz- oder Pfirsichköpfchen, gilt grundsätzlich die Nachweispflicht. Ausnahmen können nur von der jeweiligen Behörde erlassen werden!

4.6.4 Nachweisbuch (Aufnahme- und Auslieferungsbuch)

Wer geschützte Tierarten züchtet oder mit diesen handelt, muss ein Aufnahme- und Auslieferungsbuch mit täglicher Eintragung führen. Bei nicht tagesaktueller Buchführung geht die Beweiskraft verloren. In diesem Buch sind in dauerhafter Form mindestens folgende Eintragungen vorzunehmen: Lfd. Nummer, Eingangstag, deutscher und wissenschaftlicher Artname, ggf. Beschaffenheit und Nummer der Kennzeichnung, Bezeichnung und Nummer der besitzberechtigenden Dokumente, Name und Anschrift des Einlieferers, Abgangstag, Name und Anschrift des Empfängers. Eintragungen in das Buch dürfen nicht verändert werden.

Die Aufbewahrungsfrist beträgt 5 Jahre und beginnt mit dem Schluss des Kalenderjahres, in dem die letzte Eintragung gemacht worden ist. Die Nachweisbücher sind den zuständigen Behörden auf Verlangen zur Prüfung auszuhändigen.

> Hinweis: Zur einfacheren Zuordnung sollte auf den Herkunftsbestätigungen die laufende Nummer des Nachweisbucheintrages vermerkt werden. Bei Vermarktungsgenehmigungen wird die Nummer der Genehmigung in das Nachweisbuch eingetragen.

4.6.5   Kennzeichnung

Eine wichtige Voraussetzung für eine korrekte Nachweisführung ist die ordnungsgemäße Kennzeichnung im Sinne der Anlage 6 der BArtSchV. In dieser Anlage werden alle kennzeichnungspflichten Tierarten und die erlaubten Kennzeichnungsmethoden aufgeführt: Offene und geschlossene Ringe, Transponder und Fotodokumentation. Für die Kennzeichnung nach BArtSchV dürfen nur Ringe und Transponder verwendet werden, die ausschließlich für diesen Zweck vom BNA oder ZZF ausgegeben werden ("Artenschutzkennzeichen"). Die "Artenschutzringe" können anhand ihrer Beschriftung und Farbe leicht von Verbandsringen unterschieden werden (Abb. 5).

Bei kennzeichnungspflichtigen Vögeln ist der geschlossene Ring mit dem in der Anlage 6 vorgegebenen Ringdurchmesser zwingend vorgeschrieben. Nur in begründeten Ausnahmefällen darf nach einer (Einzelfall-)Genehmigung der Behörde ein offener Ring, ein abweichender Ringdurchmesser oder ein Transponder verwendet werden.

> Wichtig: Eine geschlossene Beringung oder ein Transponder ersetzen nicht die Nachweisführung mit einem Herkunftsnachweis!

Abb. 5 Beschriftungsschema eines BNA-Artenschutzringes (Bild: BNA)

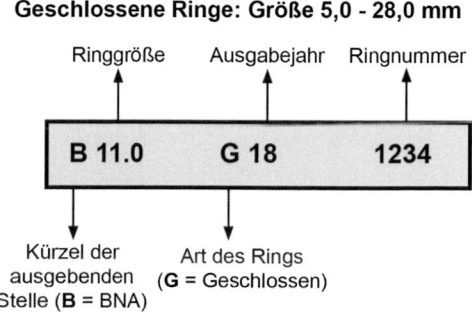

4.6.6 Vermarktungsgenehmigungen

Für Arten des Anhanges A ist eine gültige behördliche Genehmigung für den Besitz bzw. die Vermarktung in Form einer EG-Bescheinigung erforderlich. Diese EG-Bescheinigung muss beim Kauf oder Verkauf des Tieres bereits vorliegen und dem Käufer mit dem Tier übergeben werden. Die Vermarktungsbescheinigungen beziehen sich im Regelfall auf ein Tier und berechtigen zur unbegrenzten Vermarktung dieses Exemplars in der Europäischen Union. Inhaberbezogene Vermarktungsbescheinigungen berechtigen nur den Inhaber zur Vermarktung des in der Bescheinigung eingetragenen Tieres. Daher müssen folgende Punkte schon beim Ankauf der Tiere überprüft werden:

- Stimmt das Kennzeichen am Tier mit dem auf der Vermarkungsbescheinigung aufgeführten Kennzeichen überein?
- Handelt es sich um eine inhaberbezogene Vermarktungsbescheinigung?
- Darf das Tier kommerziell vermarktet oder nur gehalten werden?

Wichtig: Werden Unregelmäßigkeiten (z. B. fehlende oder falsche Kennzeichnung, keine eindeutige Zuordnung möglich) festgestellt, sollte vom Erwerb des Tieres Abstand genommen werden.
Beim Verkauf muss unbedingt darauf geachtet werden, dass die richtige Vermarktungsbescheinigung ausgehändigt wird und das entsprechende Tier zweifelsfrei erkannt werden kann.
Die Vermarktungsgenehmigung darf nicht verändert oder beschriftet werden.

4.6.7 Sachkunde

Die BArtSchV enthält in § 7 konkrete Forderungen an die Halter artbeschützter Tiere. Diese müssen auf Verlangen der Behörde nachweisen, dass sie über die erforderliche Zuverlässigkeit, ausreichende Kenntnisse über die Haltung und Pflege der Tiere sowie über die erforderlichen Einrichtungen zur Gewährleistung einer den tierschutzrechtlichen Vorschriften entsprechenden Haltung der Tiere verfügen. Ausgenommen sind nur die in der Anlage 4 BWildSchV aufgeführten Greifvogelarten, da deren Haltung ohne Falknerschein nicht erlaubt ist.

4.7   Checkliste Artenschutz

Zur besseren Übersicht – insbesondere vor Neuerwerbungen – ist es empfehlenswert, eine Checkliste anzulegen (vgl. auch Tab. 2), anhand derer die erforderlichen artenschutzrechtlichen Vorgaben verdeutlicht und leicht „abgearbeitet" werden können:

1) Welche Art/Unterart (deutscher & wissenschaftlicher Artname)?
2) Welcher Schutzstatus?
3) Herkunftsbestätigung vorhanden und inhaltlich schlüssig?
4) Vermarktungsgenehmigung bei Anhang A-Arten vorhanden und inhaltlich schlüssig?

Tab. 2 Aktuelle Vorgaben für den Handel und den Besitz mit geschützten Vogelarten in tabellarischer Form. (Quelle: BNA)

	Anzeige-pflicht	Nachweis-pflicht	Buchführungs-pflicht	Kennzeichnungs-pflicht	Vermarktungs-genehmigung
Anhang A⁵ EG-VO Nr. 338/97	Ja¹	Ja²	Ja	Ja	Ja
Anhang B⁵ EG-VO Nr. 338/97	Ja¹	Ja²	Ja	Teilweise³	Nein
FFH-Richtlinie Anhang IV	Ja¹	Ja	Ja	Teilweise³	Nein
Vogeschutz-richtlinie⁶	Ja¹	Ja	Ja	Ja	Nein
BArtSchV⁶ Anlage 1	Ja¹	Ja	Ja	Teilweise³	Nein
BWildSchV⁷	Ja⁴	Ja⁴	Ja⁴	Ja⁴	Ja⁴
	1	2	3	4	5
Bitte beachten:	Gilt nicht für Arten, die in der Anlage 5 BArtSchV aufgeführt sind	Bei den in der Anlage 5 BArtSchV aufgeführten Arten, kann die Behörde auf eine Herkunfts-bestätigung verzichten	Alle in der Anlage 6 der BArtSchV aufge-führten Arten sind kennzeich-nungspflichtig	Für die konkrete Umsetzung sind die Vorgaben der BWildSchV und ihre Anhänge zu beachten	Bei Greifvögeln, Eulen und jagd-barem Wild müssen zusätzlich die Vorgaben der BWildSchV beachtet werden

5) Kennzeichnung überprüfen (Anlage 6 BArtSchV)!
6) Anzeigepflicht (Anlage 5 BArtSchV & Behördenabsprache beachten)?
7) Ein-/Austrag im Nachweisbuch (bei Züchtern und Händlern)?

5 Invasive Arten

Durch den weltweiten Handel, Verkehr und Tourismus werden immer wieder – beabsichtigt oder nicht – Tier- und Pflanzenarten aus ihren ursprünglichen Verbreitungsgebieten in neue Regionen eingeschleppt. Auch durch den Klimawandel gelingt es heutzutage vielen Tierarten, Gebiete dauerhaft zu besiedeln, die früher ein Überleben nicht erlaubten. Als **invasiv** werden diejenigen Arten bezeichnet, die in der neuen Umgebung ökologische, soziale und ökonomische Schäden verursachen –

indem sie beispielsweise heimische Arten verdrängen, hohe Schäden in Ökosystemen und/oder der Landwirtschaft verursachen sowie die Gesundheit der Menschen
gefährden. Welche dramatischen Folgen invasive Arten haben können, zeigt sich
beispielsweise in Australien (z. B. Kaninchen, *Oryctolagus cuniculus*), Florida
(Tigerpython, *Python molurus*) oder der Ostküste der USA und der Karibik (Rot-
feuerfisch, *Pterois volitans*). Auch einige Vogelarten werden zu den invasiven Arten
gezählt, unter anderem die Felsentaube (*Columba livia*), die Nilgans (*Alopochen aegyptiaca*), der Mönchssittich (*Myiopsitta monachus*) oder der Hirtenmaina (*Acridotheres tristis*).

Die Bekämpfung bereits etablierter invasiver Arten ist zumeist schwierig bis
unmöglich. Daher ist es durchaus vernünftig, mit entsprechenden präventiven Maßnahmen ein Einschleppen oder gar Freisetzen problematischer Arten zu verhindern.
So versucht beispielsweise Australien seit 1908 nicht nur eingeschleppte Ratten,
Hunde oder Füchse in Naturschutzgebieten konsequent zu töten, sondern es hat
zudem ein sehr striktes Einfuhrverbot für lebende Tiere erlassen.

Einen ähnlichen Weg beschreitet seit kurzem auch die EU: Im Oktober 2014
wurde die *Verordnung (EU) Nr. 1143/2014 über die Prävention und das Management der Einbringung und Ausbreitung invasiver gebietsfremder Arten* beschlossen,
die am 1. Januar 2015 in Kraft trat. Ziel der Verordnung ist es, zu verhindern, dass
sich als invasiv eingestufte Spezies im Raum der Europäischen Union verbreiten
können. Dies soll zum einen durch eine gezielte Bekämpfung bereits vorhandener
invasiver Arten (*„Management“*), zum anderen aber auch durch Früherkennung
sowie Haltungs- und Importverbote von potenziell invasiven Arten (*„Prävention“*)
erreicht werden. Als Grundlage konkreter Maßnahmen fungiert dabei die sogenannte „**Unionsliste**“ (Liste der invasiven gebietsfremden Arten von unionsweiter Bedeutung, Artikel 4 der EU-Verordnung). Arten, die auf der Unionsliste stehen,
dürfen zukünftig **nicht** mehr nachgezüchtet, importiert, transportiert und vermarktet
werden.[16] Bereits bestehende Haltungen dürfen nur mit Genehmigung der Behörde
weitergeführt werden. Somit hat die Verordnung (EU) Nr. 1143/2014 erhebliche
Auswirkungen für Tierhalter, Zoologische Gärten, Tierheime und den Zoofachhandel. Aktuell umfasst die Unionsliste 66 als invasiv eingestufte Tier- und Pflanzenarten.[17] Derzeit gelistete Vogelarten[18] sind, die Glanzkrähe (*Corvus splendens,
2016*), der Heilige Ibis (*Threskiornis aethiopicus, 2016*), der Hirtenmaina (Hirtenstar, *Acridotheres tristis, 2019*), die Nilgans (*Alopochen aegyptiaca, 2017*) (Abb. 6)
und die Schwarzkopf-Ruderente (*Oxyura jamaicensis, 2016*).

Die Unionsliste unterliegt einer regelmäßigen Überprüfung und Ergänzung. Vor
der Aufnahme einer Tier- oder Pflanzenart wird durch eine Expertengruppe eine
Risikoabschätzung über das invasive Potenzial einer Art, deren gegenwärtige Ver-

---

[16]Zoologische Einrichtungen haben die Möglichkeit eine Sondergenehmigung für die Haltung bei
der Europäischen Kommission zu beantragen.

[17]Die erste Version der Unionsliste umfasste 37 Arten und trat am 03.08.2016 in Kraft, inzwischen
gibt es bereits zwei Ergänzungen, mit einmal 12 Arten (02.08.2017) und 17 Arten (15.08.2019).

[18]In der Klammer wird die Jahreszahl der Listung angegeben.

Abb. 6 Für bestimmte invasive gebietsfremde Arten, wie beispielsweise Nilgänse (*Alopochen aegyptiaca*), gilt ein europaweites Haltungs-, Nachzucht- und Vermarktungsverbot. (Foto: Jürgen Hirt)

breitung innerhalb der Mitgliedsstaaten der Europäischen Union sowie mögliche Ausbreitungspfade erstellt. Wenn anhand dieser Risikoabschätzung festgestellt wird, dass die Besiedlung einzelner (klimatisch besonders geeigneter) Mitgliedsstaaten der EU möglich ist, kann eine Art in die Unionsliste aufgenommen werden und unterliegt damit allen geltenden Einschränkungen. Daher ist zu befürchten, dass bei zukünftigen Erweiterungen der Unionsliste auch haltungsrelevante Arten gelistet und ihre Haltung verboten werden kann. Zusätzlich zur Unionsliste können die Mitgliedsstaaten noch eigene nationale Listen mit weiteren Arten erstellen.

Wie genau die Verordnung (EU) Nr. 1143/2014 in Deutschland umgesetzt wird, ist derzeit noch unklar. Zwar wurde das Bundesnaturschutzgesetz bereits entsprechend angepasst, aber die Umsetzung konkreter Maßnahmen obliegt den einzelnen Bundesländern. Derzeit ist weder erkennbar, ob und wie Haltungsverbote umgesetzt werden, noch ob dies bundeseinheitlich erfolgt. In der Schweiz und Österreich gelten ebenfalls Bestimmungen zu invasiven Arten, besonders in der Schweiz mit teilweise sehr konkreten Vorgaben.

6 Tierseuchenrecht

Die Trennlinie zwischen einer „normalen" Tierkrankheit, unabhängig von ihrem Schweregrad, und einer Tierseuche mag auf den ersten Blick willkürlich erscheinen. Sie orientiert sich aber vorrangig an zwei Punkten: Kann eine ansteckende Erkrankung erstens einen hohen wirtschaftlichen Schaden bzw. eine schwerwiegende Gefährdung von Nutztierbeständen verursachen und/oder zweitens den Menschen erheblich gefährden (Zoonose)? Trifft einer dieser beiden Punkte zu, spricht man von einer Tierseuche, die im Gegensatz zu „normalen" Tierkrankheiten, staatlich überwacht und/oder bekämpft wird.

Erste Rechtsgrundlagen für die Tierseuchenbekämpfung stammen bereits aus dem frühen 20. Jahrhundert und beziehen sich unter anderem auf seuchenverdächtige Tiere, verseuchtes Fleisch oder andere tierische Produkte. Nach der-

Tab. 3 Unterschiedliche Vorgehensweisen bei anzeigepflichtigen Tierseuchen bzw. meldepflichtigen Erkrankungen. (Quelle: BNA)

	Anzeigepflichtige Tierseuche	Meldepflichtige Erkrankung
Wer muss anzeigen/melden?	Halter, fachkundige Personen, Tierärzte und Untersuchungsinstitute	Nur Tierärzte und Untersuchungsinstitute
Wann muss angezeigt/gemeldet werden?	Bereits bei Verdacht und unverzüglich!	Erst nach der Diagnose
Bei wem muss angezeigt/gemeldet werden?	Beim zuständigen Veterinäramt	
Was passiert?	Kontrolle, Einleitung erster Maßnahmen und eine evtl. erforderliche Bekämpfung obliegt der zuständigen Behörde; u. U. werden praktische Tierärzte mit eingebunden	Behandlung obliegt dem bestandsbetreuenden Tierarzt. Evtl. werden von der zuständigen Behörde weitergehende Maßnahmen veranlasst
Ziel?	Die Anzeigepflicht soll sicherstellen, dass die zuständigen Veterinärämter unmittelbar Kenntnis von einem möglichen Seuchenausbruch erlangen, um umgehend amtliche Maßnahmen zur Bekämpfung der Seuche und zur Verhinderung ihrer Ausbreitung einleiten zu können	Die Meldepflicht dient vorrangig statistischen Zwecken. Sie soll sicherstellen, dass ständig ein aktueller Überblick über die Verbreitungssituation vorliegt
Beispiele	Tollwut, Geflügel- und Schweinepest	Chlamydiose, Vogelpocken (Avipoxinfektion)

zeitigem Stand gelten die tierseuchenrechtlichen Bestimmungen weiterhin nur für Nutztiere und verwandte Arten (z. B. Hühnervögel) bzw. gefährliche Zoonosen (z. B. Clamydiose). Konkrete Vorgaben finden sich im **Tiergesundheitsgesetz** (TierGesG 2019) und in detaillierten Verordnungen über einzelne Tierseuchen, wie beispielsweise der Geflügelpest-Verordnung. Bezüglich des Grades der staatlichen Intervention wird zwischen anzeigepflichtigen Tierseuchen und meldepflichtigen Tierkrankheiten unterschieden (Tab. 3). Weitere und aktuelle Informationen zu Tierseuchen finden sich im TierSeuchenInformationsSystem (TSIS, http://tsis.fli.bund.de).

Die Gesetzeslage ist aufgrund europäischer Vorgaben in Österreich und der Schweiz[19] sehr ähnlich, allerdings gibt es zum Teil deutliche Unterschiede in den Detailbestimmungen zu einzelnen Tierseuchen. Die relevanten Tierseuchen in der (Wild)Vogelhaltung werden nachfolgend kurz vorgestellt.

---

[19]Schweiz und Österreich: Tierseuchengesetz (TSG).

6.1 Clamydiose (früher Papageienkrankheit, Psittakose, Ornithose)

Die Clamydiose – früher auch Psittakose oder Papageienkrankheit genannt – zählt mit Sicherheit zu den bekanntesten Erkrankungen, die vom Tier auf den Menschen übertragen werden können (Zoonose). Es handelt sich um eine bakterielle Infektion, verursacht durch *Chlamydophila psittaci*, das bei einer Vielzahl unterschiedlicher Vogelarten vorkommen kann. Da bei den Tieren häufig keine eindeutigen Symptome erkennbar sind, ist ein sicherer Nachweis nur mittels mikrobiologischer Untersuchung von Kot und/oder Abstrichen möglich. In der Regel infiziert sich der Mensch durch direkten Kontakt mit (infizierten) Vögeln oder durch das Einatmen von erregerhaltigem Staub, beispielsweise bei der Reinigung von Haltungseinrichtungen. Als Folge kann es beim Menschen zu Erkrankungen der Atemwege mit grippeähnlichen Symptomen kommen. Es sind aber auch schwere Verlaufsformen mit hohem Fieber über mehrere Wochen, Lungenentzündung, Schädigungen des Herzens und sogar Todesfälle bekannt.

Aus tierseuchenrechtlicher Sicht wurde bis Oktober 2012 unterschieden, bei welcher Vogelart der Erreger gefunden wurde, beziehungsweise welche Vogelart für eine Infektion des Menschen verantwortlich war. Dabei galt die Intensität des Tier-Mensch-Kontaktes als ein entscheidendes Merkmal für die Unterscheidung. Erfolgte der Nachweis des Erregers bei einem Papagei oder Sittich wurde die Erkrankung als anzeigepflichtige Tierseuche (Psittakose) eingestuft, da aufgrund des häufig engen Tierkontaktes ein erhöhtes Risiko für den Menschen gesehen wurde. Bei „Nichtpapageienvögeln" – z. B. Tauben oder Hühnervögeln – wurde die Erkrankung dagegen nur als meldepflichtige Tierkrankheit (Ornithose) eingestuft. Haltung sowie Zucht und Verkauf von Papageienvögeln waren in dieser Zeit (vor Oktober 2012) nur mit einer tierseuchenrechtlichen Erlaubnis (ehemals § 17g Tierseuchengesetz) und unter Einhaltung hoher Auflagen (u. a. Quarantäneraum, tierseuchenrechtliche Beringungs- und Buchführungspflicht) möglich. Details wurden in der sogenannten Psittakose-Verordnung geregelt. Vor dem Hintergrund der geringen wirtschaftlichen Bedeutung der Erkrankung erfolgte im Herbst 2012 die Aufhebung der Psittakose-Verordnung. Beide Erkrankungen – Psittakose und Ornithose – wurden zur meldepflichtigen Clamydiose zusammengefasst. Durch die Meldepflicht soll auch weiterhin ein Überblick über Vorkommen und Verbreitung möglich sein. Eine allgemeine Beringungs- und Buchführungspflicht von Papageien und Sittichen nach dem Tierseuchenrecht besteht damit offiziell zwar nicht mehr; Züchtern wird aber weiterhin dringend geraten, ihre Tiere zu kennzeichnen und entsprechend Buch zu führen, um gegebenenfalls eine Rückverfolgbarkeit zu gewährleisten.

In der Schweiz sind Inhaber von Betrieben, die mit Psittaziden handeln, diese gewerbsmäßig züchten oder zur Schau stellen, verpflichtet, alle verendeten Psittaziden ihres Bestandes einer vom kantonalen Veterinäramt hierfür bezeichneten Untersuchungsstelle zur Abklärung der Todesursache einzusenden (Art. 251 TSV).

6.2   Geflügelpest

Vom Vogelgrippe-Virus sind mehrere verschiedene Varianten bekannt, die sowohl hinsichtlich ihrer krankmachenden Wirkung als auch ihres Wirtsspektrums sehr unterschiedlich sind. Für gewöhnlich werden daher hoch- und niedrigpathogene Virustypen (HPAIV, LPAIV) unterschieden. Die hochpathogene Influenza-Virus-Infektion (HPAI, **H**ighly **P**athogenic **A**vian **I**nfluenza), auch bekannt als Geflügel-pest, Aviäre Influenza oder Vogelgrippe, ist eine hochansteckende und anzeige-pflichtige Tierseuche, die vor allem bei Hühnern und Puten zu massiven Ausfällen führen kann. Auch andere Vogelarten (beispielsweise Gänse, Enten sowie Raben-, Greif- und Papageienvögel) können sich mit dem Virus infizieren; der Krankheits-verlauf kann bei ihnen aber sehr unterschiedliche Formen – von absoluter Symptom-freiheit bis zu plötzlichen Todesfällen – annehmen.

Die Gefahr von erheblichen Schäden für Geflügelbetriebe und ein – wenn auch nur geringes – Zoonoserisiko haben zur Folge, dass die Verordnung zum Schutz vor Geflügelpest (GeflPestSchV 2018) die Haltung von Geflügel und die Vorgehens-weise bei einem Verdacht auf Geflügelpest sehr detailliert regelt. So unterliegen **alle** Geflügelhaltungen – unabhängig von der Art und Anzahl – der Anzeige- und Registrierungspflicht (Abb. 7 und 8). Im Sinne der Verordnung zählen zum Geflügel: Hühner, Enten, Gänse, Fasane, Perlhühner, Rebhühner, Tauben, Truthühner, Wach-teln und Laufvögel. Anzugeben sind dabei u. a. die Anzahl der im Jahresdurchschnitt gehaltenen Tiere und der Standort. Die Anzeigepflicht für Geflügelhaltungen ist erforderlich, damit im Falle eines Seuchenausbruchs schnell und effektiv die erfor-

Abb. 7 Für die Haltung von Hühnervögeln gelten – unabhängig von der Anzahl der gehaltenen Tiere – tierseuchenrechtliche Bestimmungen, wie die Melde- und Impfpflicht. (Foto: Jürgen Hirt)

Abb. 8 Auch bei der Haltung von Ziergeflügel, z. B. Chinesischen Zwergwachteln, müssen die tierseuchenrechtlichen Bestimmungen beachtet werden. (Foto: Jürgen Hirt)

derlichen Bekämpfungsmaßnahmen eingeleitet und überwacht werden können. Die Anzeige muss in Schriftform erfolgen. Falsche und unvollständige Angaben oder unterlassene Anzeigen stellen Ordnungswidrigkeiten im Sinne des Tiergesundheitsgesetzes dar. Die in der Geflügelpestverordnung festgelegte Registrierungspflicht gilt für alle in Menschobhut gehaltenen Vogelarten, die zu Erwerbszwecken gehalten werden. Grundsätzlich sind Aufzeichnungen über Zu- und Abgänge von Tieren zu führen. Im Falle der Abgabe von Geflügel auf einer Geflügelausstellung oder ähnlichen Veranstaltungen sind außerdem Anzahl und Kennzeichnung der Vögel aufzuzeichnen.

Achtung: Für konkrete Bekämpfungs- und Sicherungsmaßnahmen (z. B. Aufstallungspflicht) sind die Bundesländer verantwortlich. Geflügelhaltern wird empfohlen, sich mit den gängigen Biosicherheitsmaßnahmen (z. B. Abdeckung von Volieren, Schutzkleidung und Desinfektionswannen) vertraut zu machen, um im Seuchenfall adäquat reagieren zu können.

6.3   Newcastle-Krankheit (ND, atypische Geflügelpest)

Bei der Newcastle-Krankheit handelt es sich um eine hoch ansteckende und anzeigepflichtige Viruserkrankung (Aviäre Paramyxoviren, APMV), die fast alle Vogelarten betreffen kann. Weltweit wurde der Erreger bereits bei über 240 Vogelarten festgestellt. Besonders betroffen sind Hühner und Puten. Die Symptome können sehr unterschiedlich ausgeprägt sein und reichen von abnehmender

Legeleistung bis zu einer stark erhöhten Sterblichkeit. Der Nachweis und die genaue Klassifikation des Virus werden mithilfe von komplexen Laboruntersuchungen geführt. Infektionen durch mittelgradig- und hochvirulente APMV-1 Virusstämme unterliegen dann den gesetzlichen Regelungen (im Sinne der GeflPestSchV).

Aufgrund der Gefährlichkeit der ND besteht eine **Impfpflicht** für Hühner und Puten; dies gilt auch für kleine Hobbyhaltungen unabhängig von der Tierzahl. Eine korrekt durchgeführte Impfung – diese erfolgt über das Trinkwasser – bietet einen Schutz gegen die Newcastle-Krankheit.

7   Baurecht

Bei der Planung von Außenvolieren sollte immer die für Baurecht zuständige Behörde frühzeitig kontaktiert werden. Die Vielzahl von Sonderregelungen, die es nicht nur in einzelnen Bundesländern, sondern auch teilweise auf kommunaler Ebene gibt, macht eine generelle Empfehlung an dieser Stelle leider nicht möglich.

Literatur

ArtHG. (2019). Artenhandelsgesetz 2009. Fassung vom 31.12.2019. BGBl II, Nr. 16. Bonn.
ArtKV. (2019). Verordnung des Bundesministers für Land- und Forstwirtschaft, Umwelt und Wasserwirtschaft über die Kennzeichnung von Arten (Arten-Kennzeichnungsverordnung). BGBl. II Nr. 164/2006. Fassung vom 31.12.2019. Bonn.
BfN. (2010). Vollzugshinweise zum Artenschutzrecht vom ständigen Ausschuss „Arten- und Biotopschutz" überarbeitet (Stand: 19.11.2010). Bonn: Bundesamt für Naturschutz.
BJagdG. (2018). Bundesjagdgesetz, 14. November 2018. BGBl I (S. 1850). Bonn.
BMEL. (1999). Gutachten zur Auslegung von § 11b des Tierschutzgesetzes (Verbot von Qualzüchtungen). Nov. 1999. Bundesministerium für Ernährung und Landwirtschaft. Bonn.
BWildSchV. (2018). Bundeswildschutzverordnung, 28. Juni 2018. BGBl I (S. 1159). Bonn.
EFTA. (o. J.). Europäische Freihandelsassoziation/European Free Trade Association. Genf.
EG-VO. (1997). Verordnung (EG) Nr. 338/97 – Schutz von Exemplaren wildlebender Tier- und Pflanzenarten durch Überwachung des Handels. ABl L 61 (S. 1–69). Luxemburg.
EG-VO. (2017). Verordnung(EU) 2017/160 Der Kommission vom 20. Januar 2017 zur Änderung der Verordnung (EG) Nr. 338/97 des Rates über den Schutz von Exemplaren wildlebender Tier- und Pflanzenarten durch Überwachung des Handels. ABl L 27 (S. 1–4 + Anhang). Luxemburg.
GeflPestSchV. (2018). Verordnung zum Schutz gegen die Geflügelpest in der Fassung der Bekanntmachung vom 15. Oktober 2018. BGBl I (S. 1665, 2664). Bonn.
NGH. (2017). Bundesgesetz über den Natur- und Heimatschutz (NHG) vom 1. Juli 1966 (Stand am 1. Januar 2017). AS 1966 (S. 1637). Bern.
Referenzliste. (2019). www.ec.europa.eu/environment/nature/conservation/wildbirds/eu_species/introd_species_en.htm.
TierGesG. (2019). Gesetz zur Vorbeugung vor und Bekämpfung von Tierseuchen (Tiergesundheitsgesetz). 20. November 2019. BGBl I (S. 1938). Bonn.
Tierhaltungsverordnung. (2020). *Verordnung über die Haltung von Wirbeltieren, die nicht unter die 1. Tierhaltungsverordnung fallen, über Wildtiere, die besondere Anforderungen an die Haltung*

stellen und über Wildtierarten, deren Haltung aus Gründen des Tierschutzes verboten ist (2. Tierhaltungsverordnung). Wien.

TSchG. (2004). *Bundesgesetz über den Schutz der Tiere.* Wien/Österreich: Bundesgesetzblatt.

TSchV. (2014). Tierschutzverordnung (TSchV, 29. Dezember 2014). Bern.

TierSchG (24.07.1972); Tierschutzgesetz in der Fassung der Bekanntmachung vom 18. Mai 2006 (BGBl. I S. 1206, 1313), das zuletzt durch Artikel 280 der Verordnung vom 19. Juni 2020 (BGBl. I S. 1328) geändert worden ist.

Teil II

Artenteil: Non-Passeriformes – Nicht-Sperlingsvögel

Hinweise zum Artenteil

Werner Lantermann und Jörg Asmus

Der nun folgende Artenteil umfasst die Mehrzahl der in Tiergärten und Privathand gehaltenen Vogelgruppen – aus insgesamt 27 (von 36[1] rezenten) Ordnungen. Die umfangreichste darunter ist die der Sperlingsvögel (Passeriformes), von denen 17 Familien bearbeitet wurden – rund ein Achtel der gegenwärtig anerkannten 142 Sperlingsvogel-Familien mit insgesamt rund 6500 Vogelarten. Unsere Darstellung erhebt somit keinen Anspruch auf Vollständigkeit, sondern räumt den Arten(gruppen), die regelmäßig in Menschenobhut gehalten wurden oder werden, (mehr) Platz ein. Nicht behandelt wurden Arten(gruppen), Familien und Ordnungen, aus denen bislang nur ausnahmsweise oder keine Tiere in menschlicher Obhut gehalten wurden oder werden.

In der Systematik und bei den wissenschaftlichen und deutschen Vogelnamen richten wir uns im Grundsatz nach den Vorgaben des *Handbook of the Birds of the World* (del Hoyo et al. 1992–2013), der *Illustrated Checklist of the Birds of the World* (del Hoyo und Collar 2014, 2016) und den Aktualisierungen der *Bird Families of the World* (Winkler et al. 2015). In Zweifelsfällen oder bei der Benennung neuer Arten wurde das *Handbook of the Birds of the World Alive* (del Hoyo et al. 2013 ff.) in der jeweils gültigen Neufassung hinzugezogen. Dadurch ergeben sich – meist aufgrund neuester molekularbiologischer Untersuchungen oder Artensplittings – hier und dort taxonomische Verschiebungen gegenüber der ursprünglichen Nomenklatur im *Handbook of the Birds of the World*.

---

[1]Zoologische Systematik ist ein dynamischer Prozess. In einer Anfang März 2020 aktualisierten Version der IOC World Bird List gehen Gill et al. (2020) mittlerweile sogar von 40 Ordnungen, 250 Familien und 2322 Gattungen aus.

W. Lantermann (✉)
Oberhausen, Deutschland
E-Mail: w.lantermann@arcor.de

J. Asmus
Gesellschaft für Arterhaltende Vogelzucht (GAV) e.V., Mönsterås, Schweden
E-Mail: joergasmus@hotmail.com

© Springer-Verlag GmbH Deutschland, ein Teil von Springer Nature 2021   443
W. Lantermann, J. Asmus (Hrsg.), *Wildvogelhaltung*,
https://doi.org/10.1007/978-3-662-59604-3_75

In dieser etwas unübersichtlichen Gemengelage wurde uns zu einem Zeitpunkt, als sich ein Großteil der Buchbeiträge bereits in der Produktion befand, der noch nicht publizierte Vorabausdruck der Liste *Deutsche Namen der Vögel der Erde* zur Verfügung gestellt, die neben den derzeit gültigen wissenschaftlichen Vogelnamen der IOU (Gill und Donsker 2019) auch alle künftig verbindlichen deutschen Artnamen enthält. Diese Liste ist zwar zu einem großen Teil deckungsgleich mit den deutschen Artnamen im *Handbook of the Birds of the World*, allerdings gibt es hier und dort auch einige Abweichungen. Der Leser mag gelegentlich einen langjährig gebräuchlichen deutschen Artnamen vermissen und durch einen neuen Namen ersetzt sehen. Wir haben uns jedoch bemüht, in diesen Fällen auch stets den gebräuchlicheren deutschen Namen mit anzuführen. Soweit das noch möglich war, haben wir die Artnamen dieser Liste noch in die Buchbeiträge eingearbeitet, was aus technischen Gründen zwar überwiegend, aber nicht mehr durchgängig gelungen ist. Die vollständige Revision der deutschen Namen muss deshalb einer Nachfolgeauflage vorbehalten bleiben. Unser Dank gilt Herrn Peter H. Barthel, Herrn Dr. Christoph Hinkelmann und ihren Mitautoren (Barthel et al. 2020), die uns die seinerzeit noch nicht publizierte Artenliste, vorab zur Verfügung gestellt haben.

Viele unserer Autoren haben auch mit der *Zootierliste* (www.zootierliste.de) gearbeitet, um aktuelle oder frühere Vogelbestände in Tiergärten zu benennen (Zootierliste 2008 ff.). Wir haben bei den jeweiligen Zitaten darauf verzichtet, den Tag des Zugriffs auf diese Liste mit anzugeben, um den Text etwas zu entzerren. Die Anzahl gehaltener Vögel bzw. die Nennung der jeweiligen Tiergärten bezieht sich also maximal auf den Zeitraum der Manuskripterstellung (August 2019 bis März 2020). Wenn zwischenzeitlich die eine oder andere Abweichung vom aktuellen Tierbestand eines Zoos oder Vogelparks eingetreten ist, ist das der natürlichen Dynamik von Tierbeständen in menschlicher Obhut geschuldet, ändert aber in der Regel nichts an den Trends, die mit der Benutzung dieser Zahlen aufgezeigt werden sollen.

Die *Statusbestimmungen* für einzelne Vogelarten oder -gruppen wurden der Roten Liste der IUCN (International Union für Conservation of Nature) (IUCN 1964 ff., www.iucnredlist.org) in der jeweils tagesaktuellen Fassung entnommen. Auch hier können sich innerhalb der oben genannten Referenzwerke leichte Abweichungen (in der Regel Höherstufungen) ergeben, wenn neue Forschungsergebnisse bzw. Feldstudien eine Änderung des Status nahelegen. Auch hier haben wir darauf verzichtet, den Tag des Zugriffs zu benennen und verweisen wiederum auf den o. g. Zeitraum der Manuskripterstellung. Der Status jeder Vogelart ist in dieser Roten Liste benannt, soweit bekannt bzw. einschätzbar. Vogelarten, über die man zu wenige Daten hat, werden als DD („data defizient" – fehlende Datengrundlage) eingestuft. Vogelarten, die derzeit keinen Bedrohungsfaktoren ausgesetzt sind, gelten als LC („least concern" – nicht bedroht). Es folgt die Vorwarnstufe NT („near-threatened" – potenziell gefährdet), dann die erste Gefährdungsstufe VU („vulnerable" – gefährdet), danach EN („endangered" – stark gefährdet) und schließlich CR („critically endangered" – vom Aussterben bedroht). Arten, die ausgestorben sind, bekommen als Statusangabe ein E („extinct" – ausgestorben), Arten die nur noch in

Menschenobhut überlebt haben, ein EW („extinct in the wild" – Im Freiland ausgestorben) (www.iucnredlist.org).

In den meisten Artkapiteln befindet sich am Ende der „Haltungsanforderungen" ein Hinweis auf die *gesetzlichen Vorgaben* für die Haltung der betreffenden Vogelarten in Deutschland, vor allem, wenn sie zu den geschützten Arten gehören (Vermarktungs-Bescheinigung, Meldepflicht, Buchführungspflicht, Beringungspflicht). Gerade bei den Arten der EU-Artenschutzverordnung Anhang B und teilweise der Europäischen Vogelschutzrichtlinie herrscht zum Teil große Rechtsunsicherheit bezüglich der Beringungs-/Kennzeichnungspflicht, die nur teilweise in der Bundesartenschutzverordnung, Anlage 6, geregelt ist. Denn seit dem Wegfall der Psittakose-Verordnung und der dort verbindlich geregelten Kennzeichnung, besteht zum Beispiel für viele Papageienarten zwar eine Nachweis-/Meldepflicht im Sinne des Artenschutzes, aber keine Beringungspflicht mehr. Allerdings ist grundsätzlich bei allen Nachzuchten eine geschlossene Beringung (mit oder ohne Artenschutzring, siehe Anlage 6 BArtSchV) zu empfehlen, weil es stets sinnvoll ist, das Alter eines Vogels über den Jahresring nachweisen zu können. Und auch für eine DNA-Geschlechtsbestimmung ist eine eindeutige Zuordnung eines Vogels notwendig. Zu den Details dieser Problematik verweisen wir zum einen auf das Kapitel *Rechtliche Grundlagen der Wildvogelhaltung* von Jürgen Hirt, Martin Singheiser & Gisela von Hegel (in diesem Band). Zum anderen empfehlen wir in Zweifelsfällen stets die zuständige Behörde zu kontaktieren und die Vorgehensweise (Meldung, Buchführung, Beringung) im Einzelfall abzuklären.

In der Sprache der Tiergärtner und in Verkaufsanzeigen werden häufig Abkürzungen für die Anzahl und das Geschlecht gehaltener Tiere angeben, die wie folgt zu verstehen sind: 1,1 bezeichnet ein Paar, 1,0 ein Männchen, 0,1 ein Weibchen. Zahlen hinter dem zweiten Komma bezeichnen noch nicht geschlechtsbestimmte Tiere: Beispiele: 0,0,3 meint drei noch nicht geschlechtsbestimmte (Jung-)Tiere, 1,1,2 bezeichnet ein Paar mit zwei noch nicht geschlechtsbestimmten (Jung-)Tieren.

Schließlich sei hier noch die Liste der in den Texten verwendeten *Abkürzungen* (alphabetisch) aufgeführt: BArtSchV = Bundesartenschutzverordnung, BdZ = Berufsverband der Zootierpfleger e. V., BNA = Bundesverband für fachgerechten Natur-, Tier und Artenschutz e. V., CITES = Convention on International Trade in Endangered Species of Wild Fauna and Flora, DTG = Deutsche Tierpark-Gesellschaft e. V., EAZA = European Association of Zoos and Aquaria, EEP = Europäisches Erhaltungszucht-Programm, neuerdings: European Ex-situ-Programme, ESB = European StudBook, GAV = Gesellschaft für Arterhaltende Vogelzucht e. V., GTO = Gesellschaft für Tropenornithologie e. V., IUCN = International Union for Conservation of Nature, NABU = Naturschutzbund Deutschland e. V., S.C.R.O. = Society for the Conservation and Research of Owls, VDW = Verband Deutscher Waldvogelpfleger und Vogelschützer e. V., VZE = Vereinigung für Zucht und Erhaltung einheimischer und fremdländischer Vögel e. V., VdZ = Verband der Zoologischen Gärten e. V., WA = Washingtoner Artenschutzübereinkommen, WPA = World Pheasant Association e. V., WAZA = World Association of Zoos and Aquariums.

Literatur

Barthel, P. H., Barthel, C., Bezzel, E., Eckhoff, P., van den Elzen, R., Hinkelmann, C., & Stein-heimer, F. D. (2020). *Deutsche Namen der Vögel der Erde*. Aus der Kommission „Deutsche Namen für die Vögel der Erde" (Standing Committee for German Names of the Birds of the World) der Deutschen Ornithologen-Gesellschaft und der International Ornithologists' Union, *Vogelwarte* 58, 1–214.

Gill, F., & Donsker, D. (2019). IOC world bird list (v9.1). https://doi.org/10.14344/IOC.ML9.1.

Gill, F., Donsker, D., & Rasmussen, P. (Hrsg.). (2020). IOC world bird list (v10.1). https://doi.org/10.14344/IOC.ML.10.1.

Hoyo, J. del, & Collar, N. J. (2014, 2016). *HBW and BirdLife International illustrated checklist of the birds of the world*. Bd. 1 (2014: Non-Passerines), Bd. 2 (2016: Passerines). Barcelona: Lynx.

Hoyo, J. del, Elliot, A., & Sargatal, J. (1992–2013). *Handbook of the birds of the world* (Bd. 1–16). Barcelona: Lynx.

Hoyo, J. del, Elliott, A., Sargatal, J., Christie, D.A., & de Juana, E. (Hrsg.). (2013). *Handbook of the birds of the world alive*. Barcelona: Lynx. www.hbw.com/species.

IUCN. (1964 ff.). Red list of threatened species. International Union for Conservation of Nature. www.iucnredlist.org. Zugegriffen am 05.08.2020

Winkler, D. W., Billermann, S. M., & Lovette, I. J. (2015). *Bird families of the world*. Barcelona: Lynx.

Zootierliste (2008 ff.). Initiiert und betrieben von Ronny Graf (Magdeburg), Johannes Pfleiderer (Leipzig), Markus Fritsche (Rinteln), Jirka Schmidt (Riesa), Rene Mantei (Lünen), Sven P. Peter (Bargteheide) und Frithjof Spangenberg (Konstanz). www.zootierliste.de. Zugegriffen am 05.08.2020.

Ordnung: Struthioniformes – Flachbrustvögel

Christian Matschei

Inhalt

1 Familien: Struthionidae, Rheidae, Tinamidae, Casuariidae, Apterygidae

Systematik und allgemeine Biologie

Die Ordnung der Flachbrustvögel umfasst Vogelvertreter ohne Flugfähigkeit (Ausnahme Steißhühner) mit teils wenig oder sehr stark reduzierten Flügeln, kräftigen Laufbeinen und oft reduzierten und krallenbesetzten Zehen. Bei den Straußen sind lediglich 2 Zehen vorhanden, während Kiwis noch 4 tragen. Reduziert sind ebenso der Brustbeinkamm, die Bürzeldrüse (nicht bei Tinamus) und die Anordnung des Federkleides in Fluren und Raine (Robiller 2003). Die Gaumenstruktur ordnet die Ordnung zu den Urkiefervögeln (Palaeognathae) (Grummt 2014). Der Geschlechtsdimorphismus ist unterschiedlich deutlich. Die größten und schwersten Vertreter der Ordnung, ebenso wie der Vogelwelt, sind die Afrikanischen Strauße mit bis zu 3 Metern Scheitelhöhe und über 150 kg Gewicht. Die kleinsten Struthioniformes sind die Tinamus, deren kleinste Arten nur die Größe einer Wachtel erreichen.

Folgende Familien und Arten sind derzeit in der Ordnung der Flachbrustvögel vereint (nach Winkler et al. 2015):

Familie Struthionidae mit 1 Gattung *Struthio* mit 2 Arten: Afrikanischer Strauß (*Struthio camelus*), Somali-Blauhalsstrauß (*Struthio molybdophanes*).

C. Matschei (✉)
Heidesee, Deutschland

© Springer-Verlag GmbH Deutschland, ein Teil von Springer Nature 2021
W. Lantermann, J. Asmus (Hrsg.), *Wildvogelhaltung*,
https://doi.org/10.1007/978-3-662-59604-3_40

Familie Rheidae mit 1 Gattung *Rhea* mit 3 Arten: Nandu (*Rhea americana*), Puna-Nandu (*Rhea tarapacensis*), Darwin-Nandu (*Rhea pennata*).

Familie Tinamidae mit 9 Gattungen: *Tinamus, Nothocercus, Crypturellus, Rhynchotus, Nothoprocta, Nothura, Taoniscus, Eudromia, Tinamotis* und 48 Arten.

Familie Casuariidae mit 2 Gattungen (*Dromaius* und *Casuarius*) mit 4 Arten: Emu (*Dromaius novaehollandiae*), Einlappenkasuar (*Casuarius unappendiculatus*), Helmkasuar (*Casuarius casuarius*), Bennettkasuar (*Casuarius bennetti*).

Familie Apterygidae mit 1 Gattung (*Apteryx*) mit 5 Arten: Nördlicher Streifenkiwi (*Apteryx mantelli*), Südlicher Streifenkiwi (*Apteryx australis*), Okaritokiwi (*Apteryx rowi*), Haastkiwi (*Apteryx haastii*), Zwergkiwi (*Apteryx owenii*).

Allen Vertretern der Struthioniformes ist gemein, dass sie fast ausschließlich die Südhalbkugel bewohnen. Strauße sind heute nur noch in Afrika, außerhalb der Wüsten und Regenwälder, anzutreffen und bevorzugen Grassavannenlandschaften. Nandus bewohnen die Hochebenen und das offene Flachland Südamerikas und dringen hier bis über 4500 m Höhe vor. Auch die Steißhühner leben in Süd- und Mittelamerika. Emus bewohnen den australischen Kontinent und Kasuare den Norden Australiens, wie auch die vorgelagerte Insel Neuguinea und deren Satelliteninseln. Kiwis werden nur auf der Nord- und Südinsel Neuseelands angetroffen. Laufvögel sind in unterschiedlichen Habitaten beheimatet. Während Emus, Nandus und Strauße offene, aride Landschaften nutzen, sind Kasuare Tropenwaldtiere und Kiwis Vögel der unterholzreichen, gemäßigten Wälder. Tinamus sind in den unterschiedlichsten Lebensräumen anzutreffen – vom tropischen Regenwald bis in die trockenen Hochlagen. Sie sind meist nachtaktiv und leben scheu und zurückgezogen.

Strauße und Nandus ernähren sich vornehmlich herbivor, wobei auch Wirbellose und kleine Reptilien ergriffen werden. Emus zeigen sich stärker omnivor und Kasuare gar bevorzugt fruktivor. Die dämmerungs- und nachtaktiven Kiwis sind auf wirbellose Bodenbewohner spezialisiert, während die oft ebenso in der Dunkelheit aktiven Steißhühner eine omnivore Ernährung äußern, bei der, je nach Art, gern Früchte und Samen, aber auch Insekten und Mollusken verzehrt werden können (del Hoyo et al. 1992).

Alle Vertreter der Struthioniformes zeigen ein ausgeprägtes Brut- und Aufzuchtverhalten. Bei den Straußen ziehen beide Geschlechter die Jungen auf, wobei ein Großgelege aus zahlreichen Eiern der Haupt- und Nebenhennen bestehen kann. Es wird ritualisiert eine Bodenmulde ausgehoben, in der die Eier 42–46 Tage bebrütet werden. Die Brutzeit der Nandus beträgt 35–40, der Tinamus 15–19 (–22), der Emus etwa 52–61, der Kasuare 49–56 und der Kiwis 75–80 (–85) Tage (del Hoyo et al. 1992; Robiller 2003; Grummt 2014; Winkler et al. 2015). Auffällig sind die Eierfarben der Steißhühner, Emus und Kasuare. Führende Straußenpaare, die einander begegnen, können unterschiedlich alte Jungtiere adoptieren. Bei den Nandus, Tinamus, Kasuaren und Emus ist die Brut und die Aufzucht ausschließlich den Hähnen zuzuordnen. Kiwiweibchen brüten die ersten ein bis drei Tage. Danach übernimmt das Männchen.

Abb. 1 Grausteißtinamu (*Tinamus solitarius*) im Weltvogelpark Walsrode. (Foto: Dr. Christian Matschei)

Laut den Angaben der IUCN gelten die Gattungen *Struthio*, *Rhea*, *Dromaius*, *Casuarius* und *Apteryx* als nicht global gefährdet. Einzelne Unterarten oder Subpopulationen sind bestandsgefährdet oder gar stark bedroht. Nahezu alle Arten der Steißhühner gelten als ungefährdet (*least concern*), wobei allerdings meist nur unzureichende Bestandsaufnahmen aus dem Freiland vorliegen (del Hoyo et al. 1992, www.iucnredlist.org).

Haltungsanforderungen
Unter den Flachbrustvögeln werden nur einzelne Vertreter häufig in Zoologischen Gärten oder in Privathaltung gepflegt. Während der Strauß seit Jahrzehnten einen festen Platz in den Beständen der Tiergärten besitzt und vermehrt als Nutztier weit über Mitteleuropa anzutreffen ist, bewähren sich zunehmend die Großen Nandus und Emus als winterharte Vögel in der Liebhaberei. Alle 3 Gattungen zählen zu den am häufigsten gezeigten Vogelarten in den Tiergärten, wobei konkrete Unterarten des Straußes nur in wenigen Einrichtungen zu finden sind. Besondere Aufmerksamkeit verdienen die bedrohten Nordafrikanischen Rothalsstrauße (*Struthio c. camelus*), welche in den Jahren 2010, 2011 und 2014 als Eier aus dem Nationalpark Souss Massa/Marokko in den Erlebniszoo Hannover importiert wurden. Der gesamte Unterartbestand Europas basiert auf der erfolgreichen Aufzucht dieser Tiere. Wesentlich häufiger ist der Südafrikanische Blauhalsstrauß (*Struthio c. australis*) mit europaweit gut 70 tiergärtnerischen Haltungen. Unter den Rheidae sind lediglich die Großen oder Gewöhnlichen Nandus häufig. Nandus zählen zu den 25 häufigsten Zootieren Europas (www.zootierliste.de). Der kleinere Darwin-Nandu (Abb. 2) etabliert sich durch vermehrte Nachzuchten langsam aber stetig in Men-

schenobhut (Matschei 2011). Europaweit zeigen etwa 40 Tiergärten den einst äußerst selten gehaltenen Vertreter.

Selten sind Steißhühner oder Tinamus in Menschenobhut anzutreffen. In Europa werden aktuell nur 5 Arten gezeigt. Während das Perl- oder Schopfsteißhuhn (*Eudromia elegans*) noch in 22 Einrichtungen ausgestellt und gezüchtet wird, sind alle übrigen Formen – Chile-Steißhuhn (*Nothoprocta perdicaria*), Grausteißhuhn (*Tinamus solitarius*) (Abb. 1), Rotflügelsteißhuhn (*Rhynchotus rufescens*) und Rotschnabel- oder Tataupa-Steißhuhn (*Crypturellus tataupa*) – ganz selten anzutreffen. Mit gut 550 Tiergarten-Haltungen sind Emus die am meisten ausgestellten Laufvögel Europas und sind damit noch häufiger anzutreffen als die Nandus Südamerikas (www.zootierliste.de). Ihre Verwandten, die Kasuare, sind hingegen immer schon Kostbarkeiten in den Tierbeständen gewesen. Nur Helmkasuare können heute in etwa 70 europäischen Haltungen studiert werden. Alle übrigen derzeit gepflegten Arten und Unterarten sind ausgesprochene Raritäten: zwei männliche Rothalskasuare (*Casuarius unappendiculatus rufotinctus*) (Abb. 3) in Portugal und Walsrode und ein Paar der Südlichen Helmkasuare (*Casuarius casuarius johnsonii*) in Hamerton/ UK. Jeweils als Einzelexemplare zeigen sich der Goldhalskasuar (*Casuarius unappendiculatus aurantiacus*) in den Niederlanden und der Papua- oder Westermannkasuar (*Casuarius bennetti westermanni*) in Walsrode (www.zootierliste.de).

Abb. 2 Darwin-Nandu (*Rhea pennata*) im Zoo Berlin. (Foto: Dr. Christian. Matschei)

Abb. 3 Rothalskasuar
(*Casuarius unappendiculatus
rufotinctus*) im Weltvogelpark
Walsrode. (Foto: Dr. Christian
Matschei)

Äußerst selten, und für die Privathaltung ohne Bedeutung, sind Kiwis in Menschenhand anzutreffen. Lediglich der Zoo Berlin zeigt nach dem Zweiten Weltkrieg ab 1986 durchgängig die Nördlichen Streifenkiwis (*Apteryx mantelli*) (Abb. 4). Die Europäische Erstzucht erfolgte bereits 1987 im Frankfurter Zoo, der nach dem Kriege erstmals 1978 Kiwis bezog. Nur weitere 4 Tiergärten Europas sind als Halter zu erwähnen (www.zootierliste.de).

Die Ausstattung der Außen- und Innengehege richtet sich nach den Familien und ist differenziert zu betrachten. Strauße, Nandus und Emus erweisen sich in Mitteleuropa als winterhart, wobei Strauße bei feuchtkaltem Wetter empfindlich sind und schnell hinfällig werden. Die Vögel aller drei Gattungen nutzen im Winter leicht temperierte Innenunterkünfte, wobei Emus und Nandus in frostfreie und rutschfeste Kaltstallungen überführt werden. Wichtig ist die Stallhöhe von 50 cm über Scheitelhöhe. Bei Nandus sind es mindestens 2,20 m und bei Straußen sogar 3,50 m. Beide Gattungen werden zudem in Gemeinschaftsställen gepflegt. Sollten Einzelhaltungen nötig werden, so ist Sichtkontakt zu den Gruppenmitgliedern notwendig. Auch in den Außengehegen entsprechen sich die 3 Gattungen. Alle sollten flaches oder sanft hügeliges, schnell abtrocknendes und sonnenexponiertes Gelände mit weichem Bodensediment oder einer Grasnarbe aufweisen. Spitze Steine sind hinsichtlich der Fußverletzungen und der Abschluckgefahr strikt zu vermeiden. Aufgrund der Bewe-

Abb. 4 Nördlicher Streifenkiwi (*Apteryx mantelli*) im Zoo Berlin. (Foto: Dr. Christian Matschei)

gungsfreude und der möglichen Schreckhaftigkeit sind offene, gestreckte Anlagen mit einem 1,80 m hohen Zaun, oder alternativ Trocken- oder Wassergräben zu bevorzugen. Sandinseln mit guter Drainage sind für das Komfort- und Brutverhalten essenziell (Kistner und Reiner 2004). Für einen Straußenhahn mit zwei Hennen sind mindestens 1000 m² Gehegefläche anzudenken, während für ein Paar der Emus oder Nandus 200 m² nicht unterschritten werden dürfen. Ihre Zäune sollen mindestens 1,20 m Höhe aufweisen. Kasuare benötigen mindestens 8 m² große, 1,80 m hohe und 15 °C warme Innenstallungen für jedes Einzeltier, wobei kein Sichtkontakt zwischen Paaren bestehen darf. Der Boden muss weiche Einstreu aufweisen. Für jedes Tier muss eine Außenfläche von 200 m² zur Verfügung stehen (BMELF 1999). Es bietet sich an, einen Sichtschutz zwischen Hahn und Henne anzulegen, um Aggressionen zu verhindern. Der Zaun oder die Sichtschutzscheibe sollte 1,80 m nicht unterschreiten. Kasuare sollten eine dicht bepflanzte und vornehmlich beschattete Freianlage nutzen, die im Winter nur bei Plusgraden aufgesucht wird. Auch sind bei ihnen, wie auch den Emus, Badestellen zu bedenken. Kiwis sind in Großvolieren zu pflegen. Auch wenn die Vögel mit trockener Kälte zurechtkommen, so ist eine Zugänglichkeit von Freianlagen erst ab Plusgraden anzudenken. Essentiell sind strukturierte und wenig besonnte Freianlagen mit einem temperierten Stall anzudenken. Die Tiere nutzen Kisten mit langen Zugängen, entsprechend der Freilandbiologie in Erdhöhlungen. Je nach Gattung werden Tinamus in dicht strukturierten Warmhäusern oder Fasanerien mit gestalteten Sommeranlagen angetroffen. Pro Paar sind 8–10 m² anzudenken. Alle Vertreter sind stark temperaturbedürftig.

Je nach Familie können Flachbrustvögel gut oder kaum mit anderen Tierformen vergesellschaftet werden. Zahlreiche Afrika-Landschaften der Tiergärten pflegen Strauße in direkter Gemeinschaft zu Huftieren, Marabus oder Großschildkröten. Nicht immer sind Strauße hierbei tolerant zu ihren Mitbewohnern und es sind Fälle bekannt, bei denen die Vögel zu großer Unruhe in Gemeinschaftshaltungen führten. Die Zusammenführungen sind zu einem hohen Maße von dem Individualverhalten der Tiere abhängig. In der Brutzeit sind Strauße sehr dominant und teils aggressiv. Untereinander sind Strauße gut im Harem oder als Paar zu pflegen. Hähne leben nur als Jungvögel in Gemeinschaft und sind als Adulte räumlich untereinander zu separieren. Wesentlich verträglicher sind Nandus und Emus, die mit zahlreichen südamerikanischen bzw. australischen Grasfressern zusammen gepflegt werden. Auch zur Brut bleiben insbesondere Nandus umgänglich gegenüber anderen Mitbewohnern. Steißhühner gelten als verträglich und werden in Paaren oder in Polyandrie gehalten. Eine Gemeinschaft mit Tauben oder Kleinvögeln ist möglich. Bei Kasuaren sollte eine Zusammenführung der strikt einzeln lebenden Partner gut geprüft werden, da es zu schweren Zwischenfällen kommen kann. Auch eine Vergesellschaftung mit anderen Tieren sollte vermieden werden. Kiwis sind ebenso als Einzeltiere wie in Paarhaltung zu pflegen. Gelegentlich sind auch zwei Männchen verträglich. Mit anderen Arten gelingt die Pflege u. a. mit Eulenschwalmen im Nachttierhaus.

Die Ernährung der adulten großen Flachbrustvögel ist leicht zu gewährleisten. Für Strauße, Nandus und Emus gibt es im Fachhandel zunehmend spezielle Futterpresslinge, die sich bewährt haben. Küken erhalten in der ersten Woche Straußenkükenstarter, Wasser und klein geschnittenes Grün (< 2 cm). Ab der 3. Woche sind tägliche Weidegänge zu gewährleisten. Für die Jungenaufzucht der schnell wachsenden Tiere ist auf die angemessene Protein-, Vitamin- und Mineralienversorgung zu achten, so dass keine Fehlgewichte und Wachstumsstörungen erzielt werden (Kistner und Reiner 2004). Ergänzend sind geschnittenes Gemüse und kurzhalmiges Grünfutter in den Sommermonaten zu reichen. Jungtiere von 6 Monaten wiegen bereits 60 kg und fressen täglich etwa 1,5 kg Futter (Alttiere 2–2,5 kg). Aufgrund des Schluckreflexes versuchen Strauße auch zu lange Halme abzuschlucken, welches unterbunden werden sollte. Steine müssen als Mahlsteine bereitgestellt werden, ebenso wie Muschelgrit oder Sepiaschalen. Die Ernährung der Nandus entspricht der der Strauße. Emus zeigen Ähnlichkeiten, wobei sie auch gern tierische Kost fressen. Kasuare sind Früchtefresser, die weiches und gewürfeltes Obst und Südfrüchte schätzen. Zusätzlich werden Mahlfleisch und Kleinsäuger, wie auch Futterinsekten verzehrt. Tinamus bevorzugen, je nach Art, Sämereien, Keimgetreide (Wintermonate), Wildkräuter und geschnittenes Gemüse. Futterinsekten, aber auch Mahlfleisch, verbessern die tiergerechte Fütterung. Kiwis sollten mit faser- und fettfreiem Fleisch (Herz) und Tau- oder Rotwürmern ernährt werden.

Die Zucht der Strauße gelingt regelmäßig. Meist erstreckt sich die Paarungszeit mit dem markanten Balztanz über das Frühjahr, und die Eier werden vermehrt im Frühjahr und im Frühsommer abgelegt. Die Gelegegröße steht in Abhängigkeit von der Haremskonstellation und umfasst meist 12 bis 15 Eier. Hahn und Haupthenne brüten abwechselnd und sind in dieser Zeit durchaus aggressiv zu anderen Tieren. Das Eigewicht kann bis zu 1,5 kg betragen. Ein Schieren der Eier ist erst mit 2 Wochen möglich. Küken schlüpfen durch Muskelkraft ohne Eizahn und wiegen etwa 1 kg. Eine Fütterung erfolgt erst ab dem 3. oder 4. Tag. Sie sind empfindlich und schnell hinfällig bei Nässe und Kälte (Kistner und Reiner 2004). Das Körper- und Gewichtswachstum ist rasant, so dass Jungvögel mit etwa 12 Monaten die

Größe der Eltern besitzen. Mit diesem Alter zeigen Hähne erste dunkle Gefieder-partien. Die Nachzucht der Nandus und Emus ist unproblematisch, die Jungtiere werden allein durch den Hahn betreut. Die Brut der Emus liegt in der Zeit von Dezember bis Mai, und ihre Küken, welche aus schwarzdunkelgrünen Eiern schlüp-fen, sind kontrastreich schwarz gestreift. Die als Jungvögel gestreiften Nandus erreichen mit 4–5 Monaten die Elterngröße und sind mit 12 Monaten geschlechts-reif. Nicht harmonische Paare sind untereinander sehr aggressiv. Die größere Henne legt ihre 3 bis 5 hellgrünen Eier in eine einfache Nistmulde und verlässt danach das Territorium des Hahnes. Die Jungvögel werden vom Vatertier etwa 9 Monate betreut. Das braune Jugendkleid wechselt mit 2 bis 3 Jahren in ein schwarzes Alterskleid. Kiwis legen ein weißes und rundliches Ei, welches das größte Vogelei im Vergleich zur Körpergröße aller Vögel ist. Das Schlupfgewicht des braunen Kükens beträgt 280–335 g. Mit gut 3 Wochen beginnt die Selbstständigkeit des Jungvogels. Steißhühner legen 1 bis 16 große glänzende Eier mit glatter Oberfläche in grün, blau, violett bis schwarzbraun. Ihre Küken sind auffällig gestreift oder gefleckt. In Menschenobhut legten Darwin-Steißhühner (*Nothura darwini*) erstmals mit 47 Tagen Eier (Grummt 2014).

Für einzelne Arten werden in den Tiergärten europaweit koordinierte Zucht-programme geführt, so wie das EEP für die Nordafrikanischen Rothalsstrauße im Erlebniszoo Hannover und das ESB für den Nördlichen Streifenkiwi im Vogelpark Avifauna/NL.

Das Lebensalter der Flachbrustvögel ist verhältnismäßig hoch. So lebten Steiß-hühner etwa 15 Jahre, Kiwis und Emus über 20, Kasuare fast 40 Jahre und Strauße sogar über 50 Jahre in Menschenobhut (Grummt 2014).

Für die Haltung von Vertretern der Familien Struthionidae, Rheidae und Casua-riidae sind in Deutschland Mindestanforderungen des Bundesministeriums für Er-nährung, Landwirtschaft und Forsten einzuhalten. Dies betrifft Tiergärten wie Pri-vathaltungen. Kiwis gelangen nur als Staatsgeschenke des Heimatlandes und unter strengen Auflagen in Zoologische Gärten (www.zootier-lexikon.org).

Literatur

Bundesministerium für Ernährung, Landwirtschaft und Forsten. (1999). *Mindestanforderungen an die Haltung von Straußenvögeln, außer Kiwis.* Bonn: BMELF.

Hoyo, J. del, Elliott, A., & Sargatal, J. (Hrsg.). (1992). *Handbook of the birds of the world.* Barcelona: Lynx.

Grummt, W. (2014). Kapitel Steißhühner (Tinamiformes). In W. Grummt & H. Strehlow (Hrsg.), *Zootierhaltung – Vögel* (S. 57–60). Haan-Gruiten: Europa-Lehrmittel.

Kistner, C., & Reiner, G. (2004). *Strauße: Zucht, Haltung und Vermarktung.* Stuttgart: Ulmer.

Matschei, C. (2011). Beitrag zur Systematik, Biologie und Haltung von Gewöhnlichen Nandus (*Rhea americana*) und Darwin-Nandus (*Pterocnemia pennata*) in Menschenobhut. *Ursus, 17* (1), 49–55. Schwerin.

Robiller, F. (Hrsg.). (2003). *Das große Lexikon der Vogelpflege.* Stuttgart: Ulmer.

Winkler, D. W., Billermann, S. M., & Lovette, I. J. (2015). *Bird families of the world – Struthio-niformes* (S. 35–42). Barcelona: Lynx.

Ordnung: Galliformes – Hühnervögel

Jörg Asmus

Inhalt

1   Familien: Megapodiidae, Cracidae, Numididae, Odontophoridae, Phasianidae

Allgemeines

Die Ordnung Galliformes umfasst 5 Familien mit 83 Gattungen und insgesamt 306 Arten. Systematisch werden die Hühnervögel in naher Verwandtschaft zu den Gänsevögeln (Anseriformes) gesehen (del Hoyo und Collar 2014). Beide Ordnungen werden in der Unterklasse Neukiefernvögel (Neognathae) zusammengefasst und bilden dort die Großgruppe Galloanserae. Gemeinsame osteologische Merkmale liegen sowohl bei den Hühnervögeln als auch bei den Gänsevögeln im Schädel vor. So sind die Basipterygoid-Fortsätze, welche den Hirnschädel mit der Oberseite der Mundhöhle verbinden, eiförmig und festsitzend. Das Os quadratum hat nur zwei Mandibulargelenkknorren; der Unterkiefer weist lange klingenförmige Retroartikularfortsätze auf. Die nahe Verwandtschaft beider Ordnungen haben auch zahlreiche phylogenetische Analysen bestätigt (Sibley et al. 1988; Ericson et al. 2006).

Hühnervögel sind in den meisten Fällen auf dem Boden lebende Individuen, die nur zum Schlafen höhere Sitzpositionen, z. B. auf Bäumen, auswählen. Nur die

J. Asmus (✉)
Gesellschaft für Arterhaltende Vogelzucht (GAV) e.V., Mönsterås, Schweden
E-Mail: joergasmus@hotmail.com

© Springer-Verlag GmbH Deutschland, ein Teil von Springer Nature 2021
W. Lantermann, J. Asmus (Hrsg.), *Wildvogelhaltung*,
https://doi.org/10.1007/978-3-662-59604-3_29

Tragopane (*Tragopan*) und der Blutfasan (*Ithaginis cruentus*) gehen vor allem in Bäumen auf Nahrungssuche. Besondere Merkmale der Hühnervögel sind ein verhältnismäßig kurzer Schnabel und kräftige Beine. Die männlichen Exemplare vieler Arten weisen an ihren Beinen einen oder mehrere (Pfaufasan bis 7) nach hinten gerichtete Sporne auf, die jeweils durch einen Knochenzapfen (*Processus calcarius*) am Tarsometatarsus (Laufbein) gestützt sind. Die Sporne werden bei innerartlichen Auseinandersetzungen zum Einsatz gebracht, aber auch gegen Angriffe von Feinden eingesetzt. Dank der kräftigen Brustmuskulatur ist den Hühnervögeln mit ihren kurzen runden Flügeln ein plötzliches Auffliegen möglich. Männchen und Weibchen weisen bei vielen Arten einen ausgeprägten Sexualdimorphismus auf, wobei die männlichen Vögel sich nicht nur durch ihre oftmals auffälligeren Gefiederfarben von den Weibchen unterscheiden, sondern auch durch solche Merkmale, wie die deutlich verlängerten Oberschwanzdecken beim Pfau (*Pavo cristatus*) oder die größeren Kämme sowie Kehllappen, aber auch den Halsbehang bei den Kammhühnern (*Gallus*). Männliche Tragopane besitzen wiederum an beiden Scheitelseiten durch Schwellkörper aufrichtbare Fleischzapfen und an der Kehle eine latzartige, spärlich befiederte und auffällig gefärbte, schwellfähige Haut. Die Männchen der Kragenfasane (*Chrysolophus*) tragen an den Kopfseiten und im Nacken einen typischen Kragen aus verlängerten, sehr breiten Federn, die bei der Balz schildförmig abgespreizt werden. Eine langfedrige Haube fällt bei ihnen bis in den Nackenbereich. Die Gesichtslappen bei den Männchen der meisten Spezies innerhalb der Gattung *Lophura* sind erweitert und leuchtend gefärbt; zwar weisen auch die Weibchen eine leuchtende Gesichtshaut auf, bei ihnen ist diese allerdings nicht erweitert. So gibt es noch einige andere Merkmale, die nur den männlichen Individuen einiger Hühnervogelarten eigen sind und auf die nachfolgend ggfs. noch näher eingegangen wird (Abb. 1).

In den meisten Fällen handelt es sich bei den Galliformes um Körnerfresser. Die Nahrung wird zunächst im Kropf zwischengelagert. Harte Sämereien werden darin eingeweicht, um dann später leichter gemahlen und verdaut zu werden. Vom Kropf gelangt die Nahrung in den Drüsenmagen, wo Verdauungsfermente (Enzyme) zugesetzt werden und mit der Zersetzung der Nährstoffe begonnen wird. Das Futter, das vom Drüsenmagen in den kräftigen Musekelmagen gelangt, wird dort mit Hilfe zusätzlich aufgenommener Steinchen (Gastrolithen) zerkleinert. Ein Mangel an Gastrolithen kann für viele Arten tödlich sein.

Die Paarbindung reicht bei den Hühnervögeln von dauerhafter Monogamie über polygame Verbindungen bis zu Formen, wo verschiedene Hähne auf zentralen Plätzen ihre Kräfte messen und mit imposantem Balzverhalten um die Gunst der anwesenden Weibchen werben. Einige Spezies gehen gar keine Paarbindung ein. Meist werden die Nester gut versteckt auf dem Boden angelegt. Hokkos (Cracidae), Tragopane und der Perlenfasan (*Rheinardia ocellata*) brüten überwiegend auf Bäumen in alten Nestern von Krähen und Greifvögeln oder stärkeren Astgabeln, teilweise aber auch in Sträuchern. Hühnervögel zeitigen meist große Gelege, um dadurch spätere Verluste auszugleichen. Die Jungenaufzucht wird von den Weibchen übernommen. Die Küken sind Nestflüchter.

Hühnervögel leben weltweit (mit Ausnahme der Antarktis und den Galapagos-Inseln) in teils recht verschiedenen Habitaten. Gemäßigte Nadel- und Laubwaldge-

Abb. 1 Die verlängerten Oberschwanzdecken werden vom Pfau (*Pavo cristatus*) zur Balz einge-setzt. (Foto: Jörg Asmus)

biete gehören ebenso dazu wie auch Regenwälder, Kulturlandschaften, Steppen, Wüsten, Hochgebirgsformationen oder die weitläufige Tundra, bis in Höhen von 5800 m ü. NN. Es handelt sich bei den meisten Arten um Standvögel. Ein anderer Teil wandert ungerichtet abhängig vom Nahrungsangebot. Die Wachtel (*Coturnix coturnix*) zählt neben 3 anderen Arten unter den Galliformes zu den ausgesproche-nen Zugvögeln. Hühnervögel baden gern in Staub, Sand und Schnee. Nur die Schwarzwachtel (*Melanoperdix niger*) badet gelegentlich im Wasser (Raethel et al. 1976; Delacour 1977).

Als Nahrungsgrundlage dient den Hühnervögeln überwiegend pflanzliche Kost, die sich aus Sämereien, Gräsern, Blättern, Beeren, Früchten, Knollen und Wurzeln zusammensetzt. Insekten, Wirbellose und auch kleinere Wirbeltiere werden mitunter ebenfalls als Nahrung aufgenommen. Die Küken ernähren sich in den ersten Lebens-tagen fast ausschließlich von tierischer Nahrung (Grummt und Strehlow 2014).

Hühnervögel werden sowohl in zoologischen Einrichtungen als auch in Privat-hand gehalten. Die Haltung der meisten Spezies gelingt in den meisten Fällen relativ problemlos. Einige kleine Wachteln (z. B. Chinesische Zwergwachtel) können sogar in Vitrinen gehalten werden. Andere Arten benötigen große und gut bepflanzte Volieren, die ihnen artspezifisch auch die Möglichkeit zum Aufbaumen im Außen-, aber auch Innenbereich bieten muss. Volierengrößen zwischen 10 m^2 für die kleineren Hühnervögel und 25 m^2 für die größeren Arten sind empfehlenswert. Auer- und Birkhühner sollten in Freivolieren nicht unter 35 m^2 Größe gehalten werden, besser sind 50–60 m^2. Auch bei den Langschwanzfasanen (*Syrmaticus*) ist die Haltung in sehr geräumigen Volieren anzuraten, um Beschädigungen am Schwanzgefieder zu vermeiden. Gleiches gilt auch für die langschwänzigen Gattungen der Perlenfasanen, Argusfasanen (*Argusianus*) und Pfauen (*Pavo*), die in etwa 60 m² großen Volieren erfolgreich vermehrt werden konnten. Bei einigen Spezies ist auch der Höhe der Voliere Beachtung zu schenken, die bei Hokkos und Tragopane etwa 4 m betragen sollte. Viele Arten unter den Hühnervögeln sind kälteunempfindlich und können sogar im Freien überwintert werden (Rauhfußhühner, Rebhühner, Königshühner, Sandhühner, Steinhühner, Tragopane, Glanzfasanen, Ohrfasanen, Langschwanzfasanen, Kragenfasanen, Pfauen, Truthühner). Auch der Wallichfasan (*Catreus wallichii*) und der selten gehaltene Koklasfasan (*Pucrasia macrolopha*) zählen zu den kälteunempfindlichen Spezies. In milden Wintern darf auch das Australbuschhuhn, früher Buschhuhn (*Allectura lathami*) im Außenbereich bleiben. Bei der Haltung von Rauhfußhühner (*Tetraoninae*) empfiehlt es sich, die Voliere nach Süden auszurichten (Sonnenlicht); beim Blutfasan hingegen Ausrichtung nach Nordwest, um Sonnenschein zu vermeiden, so sollte auch bei Tragopanen eine Ausrichtung der Voliere nach Süden vermieden werden. Ein Wetterschutz ist bei all diesen Arten im Außenbereich vorzusehen, indem etwa ein Drittel der Außenvoliere überdacht wird. Einigen Hühnervögeln muss während der kalten Jahreszeit ein an die Freivolieren angrenzender Schutzraum zur Verfügung stehen, der im Bereich von 10 bis 15 °C beheizt werden sollte (Großfußhühner, Zahnwachteln, Frankoline, Wachteln, Kammhühner, Perlhühner). Bei anderen Gattungen, wie den Hokkos, Waldrebhühnern, Ährenträgerpfauen und Blaufasanen werden mitunter sogar Haltungen um 20 °C empfohlen oder die Unterbringung in Tropenhäusern favorisiert (Schmuckwachteln, Bambushühner, Perlenfasan, Pfaufasanen, einige Pfauen). Bei einer Innenhaltung im Winter ist den meisten Hühnervögeln ebenfalls eine geräumige Unterkunft zur Verfügung zu stellen. In den Freivolieren sollen der natürliche Mutterboden belassen und Sandflächen zum Baden geschaffen werden. Bei Rauhfußhühnern sollte der Boden aus einer Mischung von Sand und Walderde bestehen und der Staubplatz aus Torf und Sand. Schwarzwachteln wird die Möglichkeit zum Wasserbaden angeboten. Bei ihnen sollten einheimische Bäume (Birke, Weide, Kiefer, Fichte, Buche) bis zu einer gewissen Größe Bestandteil der Bepflanzung sein, aber auch Rasensoden, Heidelbeerbüsche, Farne und Heidekraut zur Nachgestaltung der natürlichen Habitate Verwendung finden. Bei den anderen Arten sollten Habitatvolieren mit Grasbülten und anderer Bodenvegetation geschaffen werden, in denen auch dichtes Buschwerk, hohes Gras, Kräuter, Zwergmispeln, Bambus, Rhododendron oder Wacholder gepflanzt werden kann. In Tropenhäusern auch immergrüne Gewächse zur Bepflanzung vorsehen! Große Steine oder trockene Wurzeln wirken dekorativ und dienen als Sitzgelegenheit. Glanzfasanen, Kammhühner, Ohrfasanen (*Crossoptilon*) und Wallichfasan neigen dazu, mit ihren Schnäbeln den Boden aufzuwühlen, darum ist bei ihnen kein Grasbewuchs möglich. Erhöhte Sitzgelegenheit bieten (Bäume), da viele Arten (Hokkos, Schmuckwachteln, einige Frankoline, Blutfasanen, Koklosfasan, Langschwanzfasanen, Pfaufasanen, Perlhühner, Argusfasanen und Perlenfasan) auch in Volieren aufbaumen. Das Bambushuhn begibt sich nicht nur zu den Ruhephasen auf Bäume, sondern auch zum Rufen. Tragopane halten sich gern in Ästen auf, um dort zu äsen, außerdem wählen sie im Geäst ihre Brutstätten. Pfauen und Truthühner werden in Parks nicht selten im Freilauf gehalten (Abb. 2).

Abb. 2 Männliche Straußwachtel (*Rollulus rouloul*). (Foto: Jörg Asmus)

In den meisten Fällen wird empfohlen Hühnervögel paarweise zu halten. Ausnahmen bilden dabei die Tragopane und Kragenfasanen, bei denen mit einem Männchen bis zu 2 Weibchen zusammen in einer Voliere untergebracht werden können, aber vor allem auch die Hokkos, Auer- und Birkhühner, einige Wachteln, Kammhühner, Langschwanzfasanen und Pfauen, wo es durchaus bis zu 3 Weibchen sein dürfen. Die Männchen der Langschwanzfasanen, Wallichfasanen und einiger Pfaufasanen (Bronzeschwanz-, Rothschild-Pfaufasan) sind mitunter recht stürmisch gegenüber ihren Weibchen und können diese u. U. verletzen oder sogar töten (Kupferfasan). Während der Fortpflanzungsperiode sind diese Arten besonders zu beobachten und ggfs. voneinander zu trennen. Aggressionen untereinander treten häufig auch bei Vergesellschaftungen verschiedener Hühnervogelarten in einer Voliere auf, wobei aber oft mittelgroße Vögel, wie Drosseln (*Turdidae*), Häherlinge (*Garrulax*) und andere Timalien (*Timaliidae*), Mainas (*Acridotheres*) und Tauben (*Columbidae*) nicht beachtet werden. Als friedlich erwiesen sich in der Vergangenheit jedoch die Schmuckwachteln, Tragopane und Waldrebhühner (Raethel et al. 1976).

Bei der Ernährung der Hühnervögel in menschlicher Obhut sind nur wenige Besonderheiten zu beachten. So nehmen einige Arten außer einem Körnergemisch oder Pellets beispielsweise auch Früchte oder zermahlenes Fleisch zu sich (z. B. Hokkos, Pfaufasanen, Pfaue). Neben einem Körnergemisch (auch angekeimt) nehmen zudem Grünfutter (Luzerne, Klee, Löwenzahn), Knospen oder Blätter von Bäumen und Beeren einen hohen Stellenwert bei den meisten Hühnervögeln ein. Mitunter werden auch Insekten aufgenommen oder es kommt ein Weichfressergemisch als Ergänzung des täglichen Angebots zum Einsatz. Wurzeln werden von

Ohrfasanen verzehrt, wenn der natürliche Boden in der Voliere diese natürliche
Quelle hergibt. Vitamine und ein Mineralstoffgemisch sollte regelmäßig gereicht
werden. Vogelgrit zur Unterstützung des Verdauungsprozesses ist als ständiges
Angebot bereitzustellen.

2   Familie: Megapodiidae – Großfußhühner

Allgemeine Biologie
Die **Großfußhühner** unterteilen sich systematisch in 7 Gattungen mit 21 Arten.
Einige besondere Merkmale sind diesen mittelgroßen Vögeln zu eigen. Beispielsweise
die namensgebenden vergrößerten Zehen sowie die voll entwickelte Hinterzehe, die
sich auf gleicher Höhe mit den Vorderzehen befindet, rücken die Großfußhühner in die
systematische Nähe zu den Hokkos. Anatomische Gemeinsamkeiten dieser beiden
Familien wurden durch biochemische Untersuchungen der Eier (Laskowski und Fitch
1989) sowie durch DNA-Hybridisierung (Sibley et al. 1988) bestätigt. Großfußhühner
zeichnen sich durch ein in der Vogelwelt einmaliges Fortpflanzungsverhalten aus. Die
Eier werden nicht durch die eigene Körpertemperatur gewärmt, sondern über verschiedene andere Systeme. Einige Arten häufen mindestens 2 m breite und 75 cm hohe
Bruthügel aus pflanzlichen Bestandteilen und Erde auf, in denen sich das Gelege
befindet. Die Wärme, die durch Mikroorganismen beim Abbau des organischen
Materials erzeugt wird, führt zur Inkubation. Auf eventuelle Temperaturschwankungen, die durch Regenfälle oder längere Dürren verursacht werden können, reagieren
die Embryos durch ein verlangsamtes Wachsen und somit verspätetes Schlüpfen. Die
Inkubationszeit kann aus diesem Grund sehr stark variieren. Das Thermometerhuhn
(*Leipoa ocellata*) der offenen australischen Gebiete regelt die Temperaturen im Bruthügel unentwegt durch Vermindern oder Vergrößern von Sandschichten über dem
Gelege, unter dem sich ebenfalls pflanzliches Material befindet. Einige Bruthügel
können gigantische Maße annehmen, da sie oftmals über Jahre immer wieder benutzt
und komplettiert werden (Abb. 3).

Einige Großfußhühner nutzen aber auch Geothermie zur Inkubation, dabei werden die Eier an besonderen Stellen, die eine entsprechende Wärmezufuhr gewährleisten, im Sand oder der Erde vergraben und anschließend sich selbst überlassen. So
werden von diesen Individuen für die Eiablage temperaturabhängig geeignete Stellen ausgewählt, wie zum Beispiel Vulkanerde. Die Nutzung der Wärme faulender
Baumwuzeln wird bei dem Vanuatu-Großfußhuhn, früher Layardhuhn (*Megapodius
layardii*) vermutet. Andere Großfußhühner vergraben während der Trockenzeit ihre
Eier im Sand und nutzen das Prinzip der Sonnenwärme. Bei Arten, die ihre Gelege
lediglich vergraben, endet die Brutpflege mit diesem Augenblick. Auch Brutparasitismus innerhalb der Familie Megapodiidae spielt bei einigen Spezies auf Neuguinea
eine Rolle. Die richtige Stelle für das Gelege im Innern eines Bruthügels oder auch
bei Eingrabungen wird bei Testgrabungen des Weibchens festgelegt. Dabei leistet
der gut ausgebildete Temperatursinn des Schnabels bei Großfußhühnern hervorragende Dienste. Die Küken der Großfußhühner sind nach dem Schlupf bereits
wesentlich weiter entwickelt als andere Vogelarten. Ihnen fehlt das Daunenkleid

Abb. 3 Vor einigen Jahren zählte das Misool-Kammbuschhuhn (*A. a. misoliensis*) noch zum Bestand des Weltvogelparks Walsrode und des Vogelparks Detmold-Heiligenkirchen. (Foto: Jörg Asmus)

und sie sind sofort flugfähig. Die Brutpflege der bruthügelnutzenden Eltern endet dann in diesem Augenblick und die Jungvögel sind fortan ganz auf sich allein gestellt. Häufig fallen diese dann Eidechsen und Schlangen zum Opfer (Jones et al. 1995).

Das Vorkommen der Großfußhühner erstreckt sich vornehmlich über Australien, Neuguinea und Teilen von Indonesien. Des Weiteren kommt jeweils eine Spezies auf den Philippinen bzw. auf den zu Indien gehörenden Nikobaren vor. Der tropische Regenwald ist der Lebensraum der meisten Arten dieser Familie. In einigen Bereichen ihres Lebensraums haben sich die Großfußhühner den veränderten Bedingungen ihres Lebensraums angepasst und bewohnen auch offenes Buschland, ansonsten bevorzugt allein das Thermometerhuhn derartig trockene Gebiete im Innern Australiens. Das Marianen-Großfußhuhn, früher Lapérousehuhn (*Megapodius laperouse*) ist mit einer Größe von 28 bis 30 cm und einem Gewicht ab 275 g das kleinste Großfußhuhn. Das Australbuschhuhn hingegen ist der größte Vertreter dieser Familie und bringt es auf eine Größe von 60 bis 70 cm und ein Gewicht von 1980 bis 2950 g. Die Männchen einiger Arten sind mitunter etwas schwerer als ihre Weibchen. Ein deutlich ausgeprägter Geschlechtsdimorphismus fehlt oder ist nur gering. – Als Nahrung dienen den Großfußhühnern eine Vielzahl unterschiedlicher Quellen. Dazu zählen allerlei Sämereien, Knospen, Blüten, Blätter, Früchte, Insekten, Gliederfüßer und Wirbellose (Jones et al. 1995).

Laut IUCN werden derzeit 6 Spezies als „vulnerable" (gefährdet) eingestuft, unter ihnen auch das Thermometerhuhn, und 4 Arten als „endangered" (stark gefährdet). Dies sind das Braunbrust-Buschuhn (*Aepypodius bruijnii*), das Hammerhuhn (*Macrocephalon maleo*), das Lapérousehuhn und das Tonga-Großfußhuhn,

Abb. 4 Das
Australbuschhuhn (*Alectura
lathami*) ist derzeit als
Vertreter der Großfußhühner
in Tiergärten zu sehen. (Foto:
Jörg Asmus)

früher Pritchard-Großfußhuhn (*Megapodius pritchardii*) (del Hoyo und Collar 2014).

Haltungsanforderungen

Zwei Großfußhuhn-Arten werden gegenwärtig noch in europäischen Zoos oder Vogelparks gehalten. Hierbei handelt es sich um das Australbuschhuhn, mit insgesamt 12 Haltungen, darunter 3 in Deutschland (Zoo Berlin, Vogelpark Marlow und Weltvogelpark Walsrode), und das Hammerhuhn, das in Europa mittlerweile ausschließlich in Walsrode gehalten wird (www.zootierliste.de). In Privathand dürften sich keine Großfußhühner befinden (Abb. 4).

Die Unterbringung erfolgt paarweise in großen und gut bepflanzten Volieren. Neben Buschwerk müssen auch einzelne Gehölze mit stärkeren Ästen zum Aufbaumen angeboten werden. Die Haltung gilt als nicht schwierig und ist auch in Gemeinschaft mit anderen Vögeln (Tauben, Papageien, Enten usw.) gut möglich. Während der Winterzeit sollte Großfußhühnern ein temperierter Schutzraum zur Verfügung stehen. Für eine beabsichtigte Zucht müssen ausreichende Mengen von mit Erde vermischtem Laub zur Verfügung stehen. Zuchterfolge sind bei einigen Arten durch künstliche Inkubation (Eier mit Laubmulm verpacken, auf dem spitzen Pol stellen und nicht wenden) oder künstlicher Beheizung von Bruthügeln gelungen. Die Nachzucht, insbesondere beim Australbuschhuhn, gilt als nicht schwierig. Hohe sommerliche Temperaturen und Regen (oder künstliche Beregnung) lösen den Nestbautrieb aus. Aufgrund der seltenen Haltung sollte bei allen in Menschenhand befindlichen Arten der Zuchtgedanke im Vordergrund stehen.

Als Futter Obst und Gemüse anbieten, zudem ein Samengemisch sowie Pellets für Junghennen oder Puten. Des Weiteren ein Weichfutter für Hühnervögel, das mit geriebener Möhre oder Magerquark, sowie hart gekochtem Ei und Haferflocken vermischt wird (Grummt und Strehlow 2014). Zur Jungtieraufzucht auch handelsübliches Insektenfutter, mit Quark vermischt, dazu geriebene Äpfel und Karotten, einige Mehlwürmer und alle 2 Tage ein Mineralstoffgemisch vorsehen (Pies-Schulz-Hofen 2004).

3 Familie: Cracidae – Hokkos

Allgemeine Biologie

Aus 11 Gattungen und 55 Arten setzt sich die Familie der **Hokkos** nach gegenwärtigem Kenntnisstand zusammen. Auf die Ähnlichkeiten mit den Großfußhühnern wurde an anderer Stelle bereits hingewiesen, auch wenn sich ihre Lebensweisen recht deutlich voneinander unterscheiden. Besonders markant sind bei einigen Vertretern der Hokkos die rot, gelb oder blau gefärbten nackten Hautpartien im Gesicht, an der Kehle, den manchmal erweiterten Kehllappen oder den wulstigen Helmen. Alle Arten der Gattung *Crax* weisen auf dem Kopf einen Kamm aus gewellten Federn auf. Einige Hokkos sind in der Lage aufgrund einer stark vergrößerten Luftröhre (Trachea) weithin hörbare Ruflaute zu erzeugen. Nur die echten Hokkos (*Crax*) und der Schluchtenguan (*Penelopina nigra*) weisen einen deutlich erkennbaren Geschlechtsdimorphismus auf, vor allem durch ihre unterschiedlichen Gefiederfärbungen. Beim Schluchtenguan ist zudem das Weibchen größer und schwerer. Bei einigen Spezies kommt es aufgrund von auftretendem Polymorphismus auch zu Abweichungen in der Gefiederfärbung bei den sonst auch vornehmlich schwarz gefärbten Weibchen. Die Geschlechter der Angehörigen anderer Gattungen sind nur schwer voneinander zu unterscheiden. Männliche Tiere sind bei ihnen etwa 5–10 Prozent größer und weisen hellere Hautpartien auf bzw. besitzen eine andere Augenfärbung (del Hoyo 1994).

Hokkos sind in den Wäldern Mittel- und Südamerikas beheimatet. Es sind zumeist Vögel des Tieflands, wenngleich der Andenguan (*Penelope montagnii*) auch Höhenlagen bis 3900 m ü. NN bewohnt. Tagaktive und gesellige Vögel, die sich an Futterbäumen oft in größeren Gruppen (10–50 Individuen) zur Nahrungsaufnahme versammeln. Die Nahrungsaufnahme erfolgt gattungsabhängig auf dem Boden (echte Hokkos) oder im Geäst von Bäumen und Büschen. Der Hauptbestandteil der Nahrung ist pflanzlich (Früchte, Blätter, Knospen, Blüten, Beeren, Samen, Zweige und Nüsse), wobei Insekten, deren Larven und Gliederfüßler ebenfalls aufgenommen werden. Als kleinste Hokko-Art dürfte der Gelbbrauenguan (*Ortalis superciliaris*) gelten, der mit einer Größe von 42–46 cm dem Hornhokko (*Pauxi unicornis*), mit 85–95 cm als dem größten Vertreter, gegenübersteht (del Hoyo 1994) (Abb. 5).

Das Fortpflanzungsverhalten der Hokkos resultiert aus monogamen Verbindungen. Am Nestbau beteiligen sich beide Paarpartner. Dabei werden Zweige und mitunter auch Blätter zu flachen oder auch schüsselförmigen Nestern verbaut. Für Hühnervögel eher ungewöhnlich ist der Neststandort in Bäumen oder Büschen. Auch die Gelegegröße von 2–4 Eiern ist verglichen mit anderen Hühnervögeln gering. Nur das Weibchen brütet, je nach Art werden in Einzelfällen Brutzeiten von 24–34 Tagen angegeben. Bei vielen Spezies fehlen jedoch genaue Daten und Beobachtungen zur Brutbiologie. Bei den „echten" Hokkos und dem Zapfenguan (*Oreophasis derbianus*) übernehmen allein die Weibchen die Betreuung der Küken; bei den anderen Arten sind beide Paarpartner daran beteiligt. Eine Besonderheit unter den Hühnervögeln in dieser Wachstumsphase liegt bei den Angehörigen der Gattungen *Penelope*, *Pipile*, *Aburria*, *Chamaepetes*, *Penelopina* und *Oreophasis* vor, die vorverdaute Nahrung an den Nachwuchs übergeben (del Hoyo 1994).

Abb. 5 Weißschopfguan (*Penelope pileata*). (Foto: Jörg Asmus)

Nach IUCN-Angaben werden unter den Hokkos 8 Spezies als „endangered" (stark gefährdet) eingestuft und 5 Arten als „critically endangered" (vom Aussterben bedroht). Bei Letzteren handelt es sich um den Trinidadguan (*Pipile pipile*, 50–249 Individuen), den Blaulappenhokko (*Crax alberti*, 150–700 Ind.), den Belemhokko (*Crax pinima*, 1–49 Ind.), den Hornhokko (1000–4999 Ind.) und den Koepckehokko (50–249 Ind.). Der Mituhokko (*Mitu mitu*) gilt seit den späten 1980er-Jahren als in der Natur ausgestorbene Spezies. Als Ursache dafür wird die Jagd und Lebensraumzerstörung benannt. In Brasilien existieren diverse Populationen vom Mituhokko in Menschenhand, von denen allerdings ein nicht unwesentlicher Teil Hybridzuchten sein sollen (del Hoyo und Collar 2014).

Haltungsanforderungen

Hokkos wurden derzeit in 10 Arten in europäischen Zoos und Vogelparks gehalten. Zu den am häufigsten gehaltenen Spezies gehören der Blaukehlguan (*Pipile cumanensis*) und der Helmhokko (*Pauxi pauxi*). Innerhalb Deutschlands hat man sich im Weltvogelpark Walsrode etwas mehr auf die Haltung von Hokkos spezialisiert. Die Haltung von Blaulappenhokkos, Gelblappenhokkos (*Crax daubentoni*), Lappenguan (*Aburria aburri*), Zapfenguan, Weißschopfguan (*Penelope pileata*), Schwarzmaskenguan (*Pipile jacutinga*), Samthokko (*Mitu tomentosum*) und Rotschnabelhokko (*Crax blumenbachii*) erfolgt innerhalb Deutschlands zur Zeit nur dort

Abb. 6 Weiblicher
Kronenhokko, früher
Tuberkelhokko (*Crax rubra*)
im Weltvogelpark Walsrode.
(Foto: Jörg Asmus)

(www.zootierliste.de). Diese und weitere Arten lassen sich auch bei einigen spezialisierten Privathaltern antreffen (Abb. 6).

Die Haltung der Hokkos sollte für die größeren Arten in Volieren von mindestens
20 m² Größe erfolgen. Um das Habitat auch in Menschenhand annähernd nachzugestalten, muss diesen Tieren die Möglichkeit zum Aufbaumen geboten werden, aber
auch die Nahrungsaufnahme in Bäumen und im Geäst. Mit Hilfe ihrer starken Krallen
können sich Hokkos in Bäumen sicher fortbewegen. Entsprechend hoch (4 m) müssen
die Voliere sein. Die Vegetation kann darin dicht bepflanzt werden (Ilex, Koniferen),
man sollte den Vögeln aber auch die Möglichkeit des Gleitfluges bieten und deshalb
bestimmte Volierenbereiche frei halten von zu hoher Vegetation. Die Haltung erfolgt
paarweise oder bei großen und dichtbepflanzten Volieren auch mit 2–3 Weibchen bei
einem Hahn. Ein Schutzhaus muss während der kalten Jahreszeit zur Verfügung stehen
und auf 15–20 °C temperiert werden können; bereits zur Übergangszeit muss den
Hokkos der Zugang zu den Schutzräumen ermöglicht werden.

Hokkos werden in menschlicher Obhut mit Früchten aller Art versorgt. Weiterhin
mit Pellets (28 % Proteingehalt), Grünpflanzen, verschiedenen Sämereien, Mahlfleisch, hart gekochtem Ei und besonders zur Brutzeit auch Mehlwürmer. Ein
Mineralstoffgemisch sollte in regelmäßigen Abständen gereicht werden.

Um Hokkos einen Anreiz zur Fortpflanzung zu schaffen, sind in den Ästen
höherer Bäume entsprechende Unterlagen (Flechtkörbe, flache Kisten) anzubieten,

auf denen die Tiere mit dem Nestbau beginnen können. Oftmals unzuverlässige Brut, da empfindlich bei Störungen. In solchen Fällen sollte eine Überführung der Eier in einen Inkubator und die anschließende Handaufzucht erfolgen. In einem solchen Fall muss das Futter in den ersten Lebenstagen mit einer Pinzette vorgehalten werden. Auch ist zu beachten, dass den Küken bereits frühzeitig Sitzstangen angeboten werden. Das frühe Aufbaumen ist eine vorbeugende Maßnahme gegen die Bildung verkrümmter Zehen. Als Aufzuchtfutter dienen klein geschnittene Früchte, Grünpflanzen, gekochtes Ei und ein Putenstarter. Des Weiteren ein Vitaminpräparat und Mineralstoffzusätze.

Eine gemeinsame Haltung mit kleineren Vögeln ist in großen Unterkünften ohne Probleme möglich.

4   Familie: Numididae – Perlhühner

Allgemeine Biologie
Die Familie der **Perlhühner** setzt sich aus 4 Gattungen mit 8 Spezies zusammen; es handelt sich bei ihnen somit um die kleinste Familie innerhalb der Ordnung Galliformes. Lange Zeit wurden die Perlhühner als Unterfamilie der Fasanenartigen eingestuft. Anhand von molekulargenetischen Untersuchungen wurde jedoch bestätigt, dass sich Numididae und Phasianidae in ihrer stammesgeschichtlichen Entwicklung vor etwa 38 Millionen Jahren vorneinaner getrennt haben (Cracraft 1981; Hastings 1985). Perlhühner unterscheiden sich nach ihrem äußeren Erscheinungsbild nicht erheblich von den meisten anderen Hühnervögeln. Auffällig sind oft nur die bei allen Arten vorhandenen federlosen Hautpartien im Nacken und an den Kopfseiten, oft erscheinen diese in leuchtenden Farben. Diese nackten Gefiederbereiche scheinen eine wichtige Rolle bei der Wärmeregulation der Perlhühner zu spielen (del Hoyo 1994). Ein Geschlechtsdimorphismus ist nicht vorhanden; die Männchen sind allerdings geringfügig größer als die Weibchen.

Alle Perlhühner sind Bewohner der afrikanischen Savannengebiete, Halbwüsten, Sekundärwälder oder auch tropischen Regenwälder. Helmperlhühner (*Numida meleagris*) sind in Höhen bis 3000 m ü. NN anzutreffen. Es sind tagaktive Vögel, die außerhalb der Fortpflanzungsperiode in Gruppen leben. Perlhühner fressen eine Vielzahl unterschiedlicher Sämereien, Teile von Grünpflanzen, Beeren und Früchte. Außerdem Insekten (z. B. Käfer, Ameisen, Termiten), Spinnen, Würmer, andere Wirbellose und kleine Weichtiere, manche Arten auch kleine Frösche. Ihre Nahrung nehmen diese Vögel auf dem Boden auf. Die Perlhuhn-Arten unterscheiden sich nicht so deutlich in Größe und Gewicht, wie die Vertreter anderer Familien innerhalb der Ordnung Galliformes. Das kleinste Perlhuhn ist das Schwarzperlhuhn((*Agelastes niger*) mit einer Größe von 40–43 cm und einem Gewicht von circa 700 g); das größte ist das Geierperlhuhn (*Acryllium vulturinum*), das 60–72 cm groß ist und 1062–1645 g wiegt (Hastings 1985; del Hoyo 1994).

Mit Beginn der Brutzeit lösen sich die sozialen Gruppenstrukturen auf und die saisonal monogamen Paare ziehen sich zurück. Mitunter gehen den Paarbildungen auch Kämpfe unter den Männchen voraus. Als Nest fungiert eine im hohen Gras oder unter Büschen verborgene Mulde im Boden, die mitunter etwas mit Gras und Blättern ausgekleidet wird. Die Gelegegröße variiert zwischen 6 und 15 Eiern. Allein das Weibchen brütet über einen Zeitraum von 23 bis 28 Tagen. Beide Paarpartner kümmern sich nach dem Schlupf um die Betreuung der bereits selbstständig fressenden Küken (Hastings 1985).

Die IUCN stuft derzeit lediglich das Weißbrust-Perlhuhn (*Agelastes meleagrides*) als „vulnerable" (gefährdet) ein (del Hoyo und Collar 2014).

Haltungsanforderungen
Die Haltung von Perlhühnern in Menschenhand erfolgt gegenwärtig bei 3 Arten. Die größte Verbreitung in europäischen Zoos und Vogelparks hat das Helmperlhuhn, das in 175 Institutionen gehalten wird. Hierbei ist anzumerken, dass die Unterart der im südlichen Afrika vorkommende Unterart *N. m. coronatus* (Natal-Helmperlhuhn) ausschließlich in den beiden Berliner Einrichtungen gehalten wird und das Reichenows Helmperlhuhn (*N. m. reichenowi*) nur im Zoo Magdeburg und in Dvur Kralove (Tschechien). Des Weiteren häufig gehalten werden das Geierperlhuhn (68 Haltungen) und das Haubenperlhuhn, früher Kenia-Haubenperlhuhn (*Guttera pucherani*, 48 Haltungen) (www.zootierliste.de) (Abb. 7).

Perlhühner bereiten keine Schwierigkeiten bei ihrer Haltung. Da es sich um Vögel aus tropischen Gebieten handelt, muss ihnen über die Winterzeit ein temperierter Schutzraum (10–15 °C) zur Verfügung stehen. Darin stets auf trockene Einstreu achten; auch in der Freivoliere sollten sich bei anhaltendem Regenwetter keine größeren Nassstellen bilden. Bäume oder gröbere Sträucher als Möglichkeit zum Aufbäumen anbieten. Als Bepflanzung in der Außenvoliere eignen sich höheres Gras und Büsche, ansonsten vereinzelte Sandflächen. Bei Haubenperlhühnern kann

Abb. 7 Helmperlhuhn (*Numida meleagris*). (Foto: Jörg Asmus)

die Bepflanzung mit Buschwerk etwas üppiger ausfallen, da sie in ihrer afrikanischen Heimat auch in Wäldern, Waldränder und Waldlichtungen anzutreffen sind, und sie ihre Nester bevorzugt unter dichten Büschen anlegen. Eine Vermehrung gelingt nicht immer auf Anhieb, mitunter aufgrund von Disharmonie zwangsweise verpaarter Vögel. Am ehesten findet sich ein Paar in einer größeren Gruppe, die bereits längere Zeit zusammenlebt. Hat sich ein Paar auf diese Weise gefunden, sollte es für die Zeit der Fortpflanzung separiert werden. Schlagen Naturbruten fehl, sollte eine künstliche Bebrütung in Erwägung gezogen werden. Während der Fortpflanzungsperiode ist aufgrund der gesteigerten Aggression keine Gruppenhaltung möglich, wohl aber eine Vergesellschaftung mit Tauben und anderen mittelgroßen Arten.

Ernährt werden Perlhühner in unseren Breiten mit einem Pelletfutter für Fasanen und einer Körnermischung. Weiterhin stellt Grünfutter einen weiteren wichtigen Bestandteil des täglichen Nahrungsangebots dar, aber auch Möhren, hart gekochtes Ei und Insekten (Mehlwürmer) werden gern genommen.

5   Familie: Odontophoridae – Zahnwachteln

Allgemeine Biologie

Aus 10 Gattungen mit 35 Arten besteht die Familie der **Zahnwachteln**, die früher aufgrund ihrer Ähnlichkeit zu den Rebhühnern und Wachteln zu den Fasanenartigen gezählt wurden. Molekulargenetische Untersuchungen führten jedoch zu einer Eingruppierung in eine eigene Familie Odontophoridae (Bowie et al. 2013). Der an den Rändern leicht gezähnte Schnabel sorgte für die deutsche Namensgebung dieser Familie. Einige Arten weisen einen Schopf bzw. eine Haube auf, die als Besonderheit zu erwähnen ist. Im Gegensatz zu den meisten anderen Hühnerartigen verfügen Zahnwachteln über keinen Sporn an ihren Beinen. Ein Geschlechtsdimorphismus ist bei allen Arten vorhanden und besteht darin, dass die Männchen etwas größer sind, kräftigere Farben aufweisen und – sofern vorhanden – größere Hauben bzw. Schopfe haben (Caroll 1994) (Abb. 8).

Zahnwachteln leben zum größten Teil in Nord- und Südamerika, nur 2 Arten, nämlich die Nahanwachtel, früher Nahanfrankolin (*Ptilopachus nahanii*) und die Felsenwachtel, früher Felsenrebhuhn (*P. petrosus*) sind in Zentralafrika beheimatet. Manche Arten sind auch in anderen Teilen der Erde eingebürgert worden (Schopfwachtel, Virginawachtel, Haubenwachtel). Zu ihren Lebensräumen zählen vor allem geschlossene Wälder, aber auch offene Gebiete und Wüsten (Schopfwachtel, *Callipepla californica*). Zahnwachteln sind als Pflanzenfresser zu bezeichnen, die nur in den ersten Lebenswochen vornehmlich animalische Kost (Insekten) zu sich nehmen. Später werden Insekten nur noch gelegentlich aufgenommen. Die kleinste Zahnwachtel ist die Graubrustwachtel, früher Langbeinwachtel (*Rhynchortyx cinctus*) mit einer Größe von 17–20 cm und einem Gewicht von etwa 150–160 g. Die größte Art ist die Langschwanzwachtel (*Dendrortyx macroura*) mit einer Größe von 29–39 cm und einem Gewicht von 374–446 g (Caroll 1994).

Abb. 8 Schuppenwachtel (*Callipepla squamata*) Freilandaufnahme, New Mexiko. (Foto: Bernhard Walker)

Die monogamen Zahnwachteln legen ihre mit pflanzlichem Material ausgelegte Nestmulde in geschützter Vegetation an. In der Regel besteht ein Gelege aus 3–6 Eiern; größere Gelege sind offensichtlich auf den vorhandenen Brutparasitismus bei einigen Arten zurückzuführen. Die Männchen einiger Arten beteiligen sich an der Brut und späteren Jungenaufzucht. Die Inkubationszeit wird bei den meisten Spezies mit 21–23 Tagen angegeben.

Laut IUCN werden derzeit 6 Arten als „near-threatened" (potenziell gefährdet) und 7 als „vulnerable" (gefährdet) eingestuft (del Hoyo und Collar 2014).

Haltungsanforderungen

Die Haltung der Zahnwachteln soll an dieser Stelle nur am Rande Erwähnung finden, da diese selbst in zoologischen Einrichtungen nicht zu den häufigen Erscheinungen gehören. So sind derzeit 7 Spezies in europäischen Zoos und Vogelparks anzutreffen, die meisten davon jedoch eher selten. Lediglich die Virginiawachtel (*Colinus virginianus*) wird häufiger (25 Haltungen) gehalten, vor allem aber die Schopfwachtel mit 67 Haltungen in Europa (www.zootierliste.de).

Die Haltung von Zahnwachteln erfolgt idealerweise in gras- und gebüschbestandenen Freivolieren mit Möglichkeiten zum Sandbad, an die sich ein temperierter Schutzraum für die kalte Jahreszeit anschließen muss. Eine paarweise Unterbringung ist zu empfehlen, wobei Zahnwachteln sich gegenüber weiteren Volierenbewohnern als friedlich erweisen. Jedoch werden andere Hühnervögel, auch Individuen der größeren Arten, von den Zahnwachteln attackiert. Die Hauptnahrung dieser

Vögel setzt sich aus einem Körnergemisch kleinerer Sämereien zusammen, zerkleinertes pelletiertes Kükenfutter und Grünfutter. Außerdem Obst und Grit als Ergänzung.

6   Familie: Phasianidae – Fasanenartige

Allgemeine Biologie

Mit 51 Gattungen und 187 Arten stellt die **Fasanenartigen** die mit Abstand größte Familie innerhalb der Ordnung Galliformes dar. Diese Artenvielfalt innerhalb dieser Familie sorgte in den zurückliegenden Jahren immer wieder dafür, dass verschiedene Gattungen als eigene Familien geführt worden sind, z. B. die Truthühner (Meleagrididae) und die Rauhfußhühner (Tetraonidae) (del Hoyo 1994). Nach vorausgegangenen phylogenetischen Untersuchungen betrachtet man die Phasianidae in der Gegenwart aber als monophyletische Gruppe (Dimcheffa et al. 2002).

So umfangreich diese Familie an Gattungen und Arten ist, so umfangreich sind bei ihnen auch die morphologischen und verhaltensbedingten Unterschiede. Neben den Ergebnissen aus den phylogenetischen Analysen weisen die Übereinstimmungen des Skelettsystems sie als zusammengehörende Gruppe aus. Als weitere Gemeinsamkeit sind die Sporne der Männchen zu nennen, die am Laufknochen (Tarsometatarsus) ansetzen. Bei der Gattung *Galloperdic* (Spornhühner) besitzen auch die Weibchen einen Sporn. Einige Spezies weisen einen mitunter deutlichen Geschlechtsdimophismus auf, bei anderen ist ein solcher wiederum nicht vorhanden oder nur gering ausgeprägt.

Die große Familie der Fasanenartigen ist nahezu auf der ganzen Erde verbreitet, wo ihnen alle Habitate als Lebensräume dienen. Das Tibetkönigshuhn (*Tetraogallus tibetanus*) bewohnt Höhenlagen bis 5800 m ü. NN. Fasanenartige fehlen in Südamerika, wo diese Nische von den Zahnwachteln (Odontophoridae) und Hokkos besetzt wird, sowie in der Antarktis und auf einigen ozeanischen Inseln. Bei den meisten Arten handelt es sich um Standvögel, die außerhalb der Brutzeit als Einzelgänger (waldbewohnende Arten) oder in Gruppen (offenes Gelände bewohnende Arten) leben. Während der Fortpflanzungsperiode leben viele Arten polygam. Ein Männchen paart sich in dieser Zeit mit mehreren Weibchen (Tragopane, Fasanen) und oftmals sind ausgeprägte Balzrituale (Birkhühner, Präriehühner, Pfauen) in entsprechenden „Arenen" Bestandteil der Balz paarungswilliger Männchen. Rebhühner (Perdicinae) und deren Verwandte weichen von diesem für die meisten Arten gewöhnlichen Fortpflanzungsverhalten ab und führen hingegen monogame Saisonehen.

Abhängig von den Lebensräumen und üblichen Fressgewohnheiten neigen einige Spezies dazu vornehmlich pflanzliche Nahrung zu sich zu nehmen (grüne Pflanzenteile, Samen, Blüten, Beeren, Früchte, Moose, Nüsse, Pilze), die mehr oder weniger durch animalische Kost (Insekten, Spinnen, kleine Mollusken und Wirbeltiere) ergänzt wird. In den ersten Lebenstagen sind in der Regel jedoch alle Küken Insektenfresser, so fressen junge Truthühner (*Meleagridinae*) zwischen 3000 und 4000 Insekten an einem einzigen Tag. Während der oft kargen Winter müssen

Abb. 9 Satyrtragopane (*Tragopan satyra*) baumen auf. (Foto: Jörg Asmus)

manche Arten nahezu ausschließlich auf Endtriebe und Knospen von Laubbäumen, auf die Nadeln von Nadelbäumen oder auf Wurzeln zurückgreifen (Abb. 9).

Die kleinste Art unter den Fasanenartgien ist die Zwergwachtel (*Synoicus chinensis*) mit einer Größe von 12 bis 15 cm und einem Gewicht 45 bis 70 g. Der größte Vertreter ist der Perlenfasan mit einer Länge bis zu 235 cm; bei den männlichen Exemplaren dieser Spezies fallen allein bis zu 173 cm Länge auf das Schwanzgefieder (McGowan 1994).

Die IUCN listet derzeit 31 Arten als „near threatened" (potenziell gefährdet), 24 als „vulnerable" (gefährdet), 11 als „endangered" (stark gefährdet) und 3 als „critically endangered" (vom Aussterben bedroht) auf. Bei letzten handelt es sich um die Himalajawachtel (*Ophrysia superciliosa*, 1–49 Individuen), den Wacholderfrankolin (*Pternistis ochropectus*, 200–500 Ind.) und den Edwardsfasan (*Lophura edwardsi*, 50–249 Ind.). Die Neuseelandwachtel (*Coturnix novaezelandiae*) gilt seit 1875 als ausgestorben.

Haltungsanforderungen

Fasanenartige genießen in menschlicher Obhut eine große Popularität. So werden vor allem die kleineren Wachteln gern als Nebenbesatz in Volierenanlagen gehalten, aber auch größere und etwas anspruchsvollere Spezies, wie der Rotschwanz-Glanzfasan, früher Himalaya-Glanzfasan (*Lophophorus impejanus*) in zoologischen Einrichtungen aber auch in Privathand gepflegt. Laut Zootierliste befinden sich derzeit rund 120 Spezies dieser Vogelfamilie in europäischen Zoos oder Vogelparks (www. zootierliste.de). Die Regenwachtel (*Coturnix coromandelica*) ist hingegen momentan nur in einem Privatbestand vorhanden. Eine der umfassendsten Fasanerien Europas ist die Fasanerie Möller in Erfurt, die an dieser Stelle Erwähnung finden muss. Auf einer Fläche von 7500 m^2 befinden sich über 150 Volieren, in denen unter anderem mehr als 60 Arten bzw. Unterarten fast aller Fasanengattungen gezüchtet werden. Alle dort befindlichen *Phasanius*-Unterarten stammen von Wildfängen aus ihrer Heimat in Zentralasien ab und werden von Christian Möller seit Jahrzehnten artenrein/unterarten rein vermehrt. Insbesondere bei den Unterarten der Edelfasanen (*Phasanius*) stellt die Mischlingszucht ansonsten ein großes Problem dar (Robiller 2019).

Mit einigen Ausnahmen sind Fasanenartige nicht schwierig zu halten. Das eigentliche Problem stellt in den meisten Fällen der benötigte Platzbedarf dar. Anspruchsloser sind in dieser Hinsicht die **Wachteln**, von denen vor allem die Chinesische Zwergwachtel sogar in Vitrinen gehalten werden könnte. Wie die meisten anderen Gattungen der Familie Phasianidae sind aber auch die Wachteln am Besten in Freivolieren aufgehoben, denen sich für die Winterzeit ein geschlossener und temperierter Innenraum anschließen muss. Grasbülten und andere niedrige Bodenvegetation (kleinere Büsche, Trockenbüsche), Steine, Wurzeln aber auch geeignete Sandflächen zum Baden stellen die wichtigsten Aspekte bei der Gestaltung einer Habitatvoliere für diese kleinen Hühnervögel dar. Es wird eine paarweise Haltung empfohlen oder bei größeren und gut bepflanzten Volieren eine Vergesellschaftung von einem Männchen mit bis zu 3 Weibchen. Gegenüber anderen Vögeln sind die Wachteln friedlich, nur gegenüber anderen Hühnervögeln, auch größeren, zeigen sie sich mitunter aggressiv. In ähnlichen Habitatvolieren fühlen sich zudem die **Felsenwachteln** der Gattung *Ptilopachus* wohl, aber auch die **Frankoline** (*Pternistis*, *Francolinus*). Bei den Frankolinen muss berücksichtigt werden, dass den meisten Arten eine Möglichkeit zum Aufbaumen angeboten werden muss und dass frisch in die Voliere gesetzte Individuen zur Panik neigen. Ein ruhiges und umsichtiges Hantieren in und an der Voliere ist besonders in den ersten Tagen der Unterbringung Voraussetzung, um Verletzungen bei den Tieren zu vermeiden. Empfehlenswert ist bei den Frankolinen zudem eine dichtere Bepflanzung, die ihnen als natürliche Deckung dienen soll. Felsenrebhühnern, Frankolinen und auch **Kammhühnern** sollte ebenfalls ein temperierter Schutzraum während der Winterzeit zur Verfügung gestellt werden. Den Kammhühnern Büsche und Bäume als Bepflanzung der Voliere zur Verfügung stellen; Gras und andere niedrige Pflanzen werden von ihnen jedoch auch oft aus dem Boden geschart. Die Kammhühner sind verträglich mit einigen anderen ebenfalls verträglichen Hühnervögeln (Tragopane, Ohrfasanen, Glanzfasanen), aber auch mit Tauben und anderen mittelgroßen Vögeln, wie z. B. Stare (*Sturnidae*) oder Häherlinge. Eine temperierte Unterbringung während der kalten Jahreszeit benötigen auch das Pfauentruthuhn (*Meleagris ocellate*) und die tropischen Arten unter den Silberfasanen, Schwarzfasanen und Blaufasanen. Dabei sind insbesondere der Edwardsfasan, der Haubenfasan, früher Feuerrückenfasan (*Lophura ignita*) mit seinen beiden Unterarten, aber auch der Prälatfasan (*Lophura diardi*)

Abb. 10 Haubenfasanen, früher Borneo-Feuerrückenfasan, (*L. i. ignita*) müssen warm gehalten werden. (Foto: Jörg Asmus)

zu nennen, denen eine gut beheizte Voliere angeboten werden muss oder deren Haltung in einer warmen Glasvoliere erfolgen sollte (Abb. 10).

Eine Haltung in verglasten Volieren oder sogar in Tropenhäusern während der kalten Jahreszeit ist auch für **Pfaufasanen** (*Polyplectron*), **Argus- und Perlenfasanen** anzuraten. Beim selten gehaltenen **Kongopfau** (*Afropavo congensis*) sollte sogar nur während der warmen Tage im Sommer eine Außenhaltung in Erwägung gezogen werden. Bei ihm hat sich die Haltung in einem Tropenhaus oder einer Glasvoliere nicht bewährt, da der feuchte bepflanzte Tropenboden Probleme mit Parasiten (Kokzidiose), Schimmelpilzbefall oder bakterielle Erkrankungen mit sich brachte. Kongopfauen gelten unter den Hühnervögeln als heikle Pfleglinge, die allein gehalten werden sollten. Außerdem ist ihnen als Baumbrüter eine geeignete Nestunterlage in geeigneter Höhe anzubieten. Mit Argus- und Perlenfasanen wurden gute Zuchterfolge in Voliere mit rund 60 m^2 Grundfläche und angeschlossenem Innenraum von etwa 16 m^2 Fläche erzielt. In derart großen Unterkünften ist auch gewährleistet, dass die langen Schwanzfedern dieser Vögel keinen Schaden nehmen. Zu den wärmeliebenden Hühnervögeln zählen die haltungsrelevanten Arten der **Schmuckwachteln**, nämlich die Dschungelwachtel, früher Frankolinwachtel (*Perdicula asiatica*) und die immer mehr auch in Privathand anzutreffende friedliche Straußwachtel (*Rollulus rouloul*), denen als Bepflanzung immergrünes Buschwerk und Bambus zur Verfügung zu stellen ist. **Waldrebhühner**, von denen derzeit lediglich die Chinabuschwachtel, früher Fukien-Waldrebhuhn (*Arborophila gingica*) und die Javabuschwachtel, früher Java-Waldrebhuhn (*A. javanica*) haltungsrelevant sind, sollten in ihrem Schutzhaus immer eine Temperatur von 10 15 °C vorfinden oder die Haltung sollte in entsprechend temperierten Tropenhäusern erfolgen. Eine Ausnahme stellt dabei das Hügelhuhn (*A. torqueola*) dar, das bei milden Wintern in geschützten Lagen auch in der Außenvoliere überwintert werden kann. Gut bepflanzt muss die Unterkunft für die Waldrebhühner sein. Tropenhäuser dienen auch den hin und wieder gehaltenen **Bambushühnern** als ganzjahreszeitliche Unterkunft. Mit dem Graubraunen-Bambushuhn (*Bambusicola thoracicus*) und dem wesentlich seltener gehaltenen Gelbbraunen-Bambushuhn (*B. fytchii*) wird derzeit eine Haltung in menschlicher Obhut praktiziert. Auch bei ihnen ist eine dichte Bepflanzung mit Buschwerk, Bambus und hohem Gras notwendig.

Wenig Aufwand bei ihrer Haltung erfordern **Rebhühner** (*Perdix*), **Sandhühner** (*Ammoperdix*), **Steinhühner** (*Alectoris*), **Silberfasanen**, **Tragopane**, **Glanzfasanen** (*Lophophorus*), **Ohrfasanen**, **Langschwanzfasanen**, **Wallichfasanen** (*Catreus*), **Kragenfasanen**, **Pfauen** und **Truthühner** (*Meleagrinae*). Ihnen genügt in der Regel eine gut bepflanzte Außenvoliere mit einem Windschutz und einer über ein Drittel der Unterkunft befindlichen Überdachung. Pfauen werden in größeren Parks gern im Freilauf gehalten. Einige Schwierigkeiten bereitet mitunter die Haltung und Zucht von **Rauhfußhühnern**. Stehende Feuchte und trockenes Klima kann ihnen schaden und führt nicht selten zu diversen Krankheiten (Kokzidiosen, Luftröhrenwürmern, Blinddarmentzündungen etc.). Bei Auerhühnern (*Tetrao urogallus*) hat sich eine dreigeteilte Voliere bewährt, wo sich an einer größeren Mittelvoliere 2 Nebenvolieren anschließen, zu denen jeweils ein etwa 19 cm großer Durchschlupf die einzige Verbindung darstellt. Durch diese eng bemessene Öffnung gelangen lediglich die Weibchen in die Nebenvolieren und können dort ungestört von den oft aufdringlichen Männchen ihrem Brutgeschäft nachgehen (Abb. 11).

Auf die Ernährung der Fasanenartigen im Freiland ist bereits eingangs eingegangen worden. Bei der Haltung in Menschenobhut besteht die Futterzusammensetzung je nach Gattung aus Körnermischungen, einem Weichfresserfutter, pflanzlicher Nahrung (Blätter, Knospen, Nadeln von Koniferen), Beeren, Früchte, Wurzeln, Wirbellose, kleine Wirbeltiere und besonders während der Aufzuchtphase auch Insekten. Getreide auch vorgekeimt. Mineralstoffe, Vitamine und Grit bereitstellen.

In Europa existieren Erhaltungszuchtprogramme (EEPs) für den Zapfenguan, den Rotschnabelhokko, den Edwardsfasan, den Napoleonpfaufasan, früher Palawan-Pfaufasan (*Polyplectron napoleonis*) und den Kongopfau. Europäische Zuchtbücher (ESBs) werden geführt für den Cabottragopan (*Tragopan caboti*), den Gelbschwanzfasan (*Lophura erythrophthalma*), Rothschild-Pfaufasan, (*Polyplectron inopinatum*), den Malaienpfaufasan (*Polyplectron malacense*) und den Argusfasan (*Argusianus argus*) (eaza.net/conservation/programs).

Abb. 11 Zu den Schwarzfasanen gehört der Kalifasan, früher Weißhaubenfasan, (*L. l. hamiltonii*). (Foto: Jörg Asmus)

Literatur

Bowie, R. C. K., Cohen, C., & Crowe, T. M. (2013). Ptilopachinae: A new subfamiliy of the Odonthophoridae (Aves: Galliformes). *Zootaxa, 3670,* 97–98. Auckland: Magnolia press.

Caroll, J. P. (1994). Family Odontophoridae (New World Quails). In J. del Hoyo, A. Elliot & J. Sargatal (Hrsg.), *Handbook of the birds of the world* (Bd. 2, S. 412–433). Barcelona: Lynx.

Cracraft, J. (1981). Toward a phylogenetic classification of the recent birds of the world (class Aves). *Auk, 98,* 681–714. Oxford: University Press.

Delacour, J. (1977). *The pheasants of the world.* Hindhead: Spur Publications.

Dimcheffa, D. E., Drovetskib, S. V., & Mindell, D. P. (2002). Phylogeny of Tetraoninae and other galliform birds using mitochondrial 12S and ND2 genes. *Molecular Phylogenetics and Evolution, 24*(2), 203–215. Amsterdam: Elsevier.

Ericson, P. G. P., Aderson, C. L., Britton, T., Elzanowski, A., Johansson, U. S., Kallersjo, M., Ohlsoin, J. I., Parsons, T. J., Zuccon, D., & Mayr, G. (2006). Diversification of Neoaves: Integration of molecular sequence data and fossils. *Biological Letters, 2*(4), 543–547. London: The Royal Society Publishing.

Grummt, W., & Strehlow, H. (Hrsg.). (2014). *Zootierhaltung – Vögel.* Haan-Gruiten: Europa-Lehrmittel.

Hastings, R. H. (1985). *Guineafowl of the world.* Hampshire: Nimrod.

Hoyo, J. del. (1994). Family Cracidae (Chachalacas, Guans and Curassows). In J. del Hoyo, A. Elliot & J. Sargatal (Hrsg.), *Handbook of the birds of the world* (Bd. 2, S. 310–362). Barcelona: Lynx.

Hoyo, J. del, & Collar, N. J. (2014). *HBW and bird life international illustrated checklist of the birds of the world: Non-passerines* (S. 66–123). Barcelona: Lynx.

Jones, D. N., Dekker, R., & Roselaar, C. S. (1995). *The megapodes.* Oxford: University Press.

Laskowski, M., & Fitch, W. M. (1989). Evolution of avian ovomucoids and of birds. In B. Fernholm, K. Bremer & H. Jörnvall (Hrsg.), *The hierarchy of life: Molecules and morphology in phylogenetic analysis.* Amsterdam: Excerpta Medica.

McGowan, P. J. K. (1994). Family Phasianidae (Pheasants and Partridges). In J. del Hoyo, A. Elliot & J. Sargatal (Hrsg.), *Handbook of the birds of the world* (Bd. 2, S. 434–553). Barcelona: Lynx.

Pies-Schulz-Hofen, R. (2004). *Die Tierpflegerausbildung.* Erlangen: Enke.

Raethel, H.-S., von Wissel, C., & Stefani, M. (1976). *Fasanen und andere Hühnervögel.* Melsungen: Neumann-Neudamm.

Robiller, F. (2019). Christian Möller – Hühnervögel, sein Leben. *Gefiederte Welt, 132*(8), 23–27.

Sibley, C. G., Ahlquist, J. E., & Monroe, B. L. (1988). A classification of the living birds of the world based on DNA-DNA hybridization studies. *Auk, 105,* 409–423. Oxford: University Press.

Ordnung: Anseriformes – Gänsevögel

Jörg Asmus, Alexander Fuchs und Manfred Kästner

Inhalt

1   Familien: Anhimidae, Anseranatidae, Anatidae

1.1   Systematik und allgemeine Biologie

Zur Ordnung Anseriformes zählt man gemäß der hier verwendeten Systematik drei Familien, wobei innerhalb der Familie Anseranatidae die Spaltfußgans (*Anseranas semipalmata*) die einzige Spezies darstellt, und auch den Wehrvögeln (Anhimidae) nur 3 Arten zugeordnet werden (del Hoyo et al. 1992; del Hoyo und Collar 2014). Die weitaus größte Gruppe sind somit die eigentlichen Entenvögel (Anatidae), zu denen man die Enten, Gänse und auch Schwäne zählt. Der zuletzt genannten Familie

J. Asmus (✉)
Gesellschaft für Arterhaltende Vogelzucht (GAV) e.V., Mönsterås, Schweden
E-Mail: joergasmus@hotmail.com

A. Fuchs
Vogelpark Marlow, Marlow, Deutschland

M. Kästner
Gesellschaft für Arterhaltende Vogelzucht (GAV) e.V., Grammetal-Nohra, Deutschland

© Springer-Verlag GmbH Deutschland, ein Teil von Springer Nature 2021
W. Lantermann, J. Asmus (Hrsg.), *Wildvogelhaltung*,
https://doi.org/10.1007/978-3-662-59604-3_24

gehören 52 Gattungen an, die sich in 165 Arten und 238 Unterarten aufteilen (del Hoyo und Collar 2014). Somit zählen die Gänsevögel mit zu den artenreichsten Ordnungen innerhalb der Klasse der Vögel, die gleichzeitig zu den bedeutendsten Vögeln in den Feuchtgebieten der Erde gehören.

Entsprechend ihrer langen Evolution haben sich Gänsevögel gut ihren spezifischen Lebensgewohnheiten angepasst, dies betrifft die anatomischen und verhaltensbiologischen Merkmale der einzelnen Arten. Bereits nach dem äußeren Erscheinungsbild dieser Vögel lässt sich leicht die Zuordnung einzelner Spezies zu den Gänsevögeln vornehmen. Mit Ausnahme der Wehrvögel sind die Gänsevögel anhand ihrer breiten und abgeflachten Schnäbel, die an der Spitze nicht selten einen hornverstärkten Nagel und an den Seiten Hornlamellen aufweisen, unverwechselbar. Bis auf wenige Ausnahme sind diese Wasservögel auch aufgrund ihrer Schwimmhäute zwischen den drei nach vorn weisenden Zehen erkennbar. Die Körperform der Gänsevögel wirkt gedrungen, zumal auch der Kopf im Verhältnis zum übrigen Körper recht klein wirkt.

Die systematische Stellung der Gänsevögel ist innerhalb des Tierreichs seit langer Zeit unumstritten, so dass selbst die etwas abweichenden Wehrvögel aufgrund morphologischer Gemeinsamkeiten bereits seit dem Jahr 1863 zu den Anseriformes gezählt wurden. Unter den Systematikern herrschten im Laufe der Zeit zwar verschiedene Auffassungen über diese Zuordnung der Wehrvögel, aber phylogenetische Analysen bestätigten in der Neuzeit die früheren Vermutungen (Livezey 1997; Donne-Goussé et al. 2002). Die Gänsevögel selbst werden in der Gegenwart zwischen Hühnervögeln (Galliformes) und Lappentauchern (Podicipediformes) gestellt. Insbesondere die Hühnervögel werden als die wahrscheinlich nächsten Verwandten der Gänsevögel angesehen, so dass das von beiden Ordnungen gebildete Taxon auch Galloanserae genannt wird. Diese These stützt sich auf verschiedene phylogenetische Untersuchungen (Hackett et al. 2008; Matthew 2007; Ericson et al. 2006).

Der größte Vertreter unter den Gänsevögeln ist der **Trompeterschwan** (*Cygnus buccinator*), der stehend eine Höhe bis zu 180 cm erreichen kann. Der schwerste Gänsevogel ist jedoch der **Höckerschwan** (*Cygnus olor*) mit einem Gewicht zwischen 6600 und 15.000 g (Abb. 1). Zu den kleinsten Arten zählt die **Koromandelzwergente** (*Nettapus coromandelianus*) mit einem Gewicht der Männchen von 255 bis 312 g und der Weibchen von 185 g bis 255 g (del Hoyo et al. 1992; Kolbe 1999). Alle Gänsevögel verfügen über Schwimmhäute zwischen den drei nach vorn gerichteten Zehen, mit Ausnahme der Wehrvögel, der Spaltfußgans sowie der **Hawaiigans** (*Branta sandvicensis*), bei denen diese stark zurückgebildet sind. Die Familien Anhimidae und Anseranatidae verbinden weitere Gemeinsamkeiten, wie die verhältnismäßig langen Beine und der lange Hals – Eigenschaften, die bei den Anatidae weniger markant ausgeprägt sind. Die langen Beine und die zurückgebildeten Schwimmhäute deuten weniger auf eine bevorzugt schwimmende Lebensweise als eher auf ein Leben in den flachen Gewässern von Marschland und Sümpfen hin. Dafür sind sie in ihren Bewegungen an Land den Anatidae deutlich überlegen. Wehrvögel erinnern aufgrund ihres Habitus eher an Hühnervögel (Galliformes), besonders aufgrund ihres stark abwärts gekrümmten Schnabels. Namengebend sind hier die jeweils zwei spitzen, an den Handgelenken befindlichen Sporne, die von den Wehrvögeln gezielt bei Auseinandersetzungen gegenüber ihren Feinden benutzt werden. Unter der Haut im Rumpfbereich befinden sich zahlreiche

Abb. 1 Mit einem Gewicht von bis zu 15 kg im männlichen Geschlecht ist der Höckerschwan (*Cygnus olor*) der schwerste Vertreter der Anseriformes. (Foto: Jörg Asmus)

kleine Luftsäcke, die das Gewicht der eher plump wirkenden Vögel stark reduzieren und sie so in die Lage versetzen, sich selbst auf schwimmenden Pflanzenmatten laufend fortzubewegen. Wehrvögel sind zwar auch in der Lage zu schwimmen, tun dies als Altvögel jedoch seltener. Durch die abwechselnde Mauser der Schwungfedern bleiben die Wehrvögel und auch die Spaltfußgänse das ganze Jahr über flugfähig, im Gegensatz zu den meisten anderen Gänsevögeln, die eine Vollmauser während oder gegen Ende der Fortpflanzungszeit durchlaufen und dann für ca. 30 Tage flugunfähig sind. Eine Besonderheit stellt auch die **Eisente** (*Clangula hyemalis*) dar, die Teile ihres Gefieders viermal in einem Jahr wechselt! Einige Arten der Dampfschiffenten (*Tachyeres*) und die **Aucklandente** (*Anas aucklandica*) sind flugunfähig.

Gänsevögel sind weltweit verbreitet, mit Ausnahme der antarktischen Gebiete. Sie leben sowohl in Regenwäldern als auch in der unwirtlichen hocharktischen Tundra. Das südlichste Verbreitungsgebiet bewohnt die **Südgeorgien-Spitzschwanzente** (*Anas g. georgica*), eine Inselform der gleichnamigen Inselgruppe nahe der Antarktis. Die enge Verbindung der meisten Gänsevögel zum Wasser lässt leicht vermuten, dass sich diese eher in den flacheren Regionen aufhalten. Einige Arten brüten jedoch selbst in den Hochgebirgsregionen Tibets, wie beispielsweise die **Rostgans** (*Tadorna ferruginea*) in Höhen bis zu 5000 m ü. NN oder die **Streifengans** (*Anser indicus*) bis 5600 m ü. NN (Abb. 2). Die Hawaiigans weicht ebenfalls etwas von den eher typischen Lebensräumen der Gänsevögel ab. Diese Spezies lebt und brütet gänzlich an Land in Höhenlagen zwischen 1500 und 2500 m ü. NN. Die auf Hawaii erkalteten, aber sehr fruchtbaren Lavafelder bieten ihnen zwar das ganze

Abb. 2 Die Streifengans *(Anser indicus)* brütet in den Hochgebirgen Tibets und erreicht dabei Höhenlagen bis 5600 m ü. NN. (Foto: Jörg Asmus)

Jahr über ausreichend Nahrung, aber keinerlei Wasserflächen, was im Laufe ihrer Evolutionsgeschichte auch zur Rückbildung der Schwimmhäute bei der Hawaiigans führte. Viele Entenvögel sind ausgesprochene Zugvögel, insbesondere die Arten aus den polaren und subpolaren Brutgebieten. Sie legen dabei mehrere tausend Kilometer zu ihren Überwinterungsgebieten zurück. Die meisten tropischen und subtropischen Spezies können aufgrund der gleichbleibenden Bedingungen vor Ort wiederum zu den Standvögeln gezählt werden. – Alle Angaben zu Verbreitung, Ernährung und Brutbiologie der im Folgenden besprochenen Arten und Gattungen im Freiland entstammen im Wesentlichen den Veröffentlichungen von del Hoyo et al. (1992) und Kolbe (1999), die taxonomischen Angaben und die deutschen Artbezeichnungen dem Werk von del Hoyo und Collar (2014). Sie werden nicht in jedem Abschnitt erneut zitiert.

In zoologischen Einrichtungen zählen Gänsevögel seit langer Zeit zu den häufig gehaltenen Vogelarten. Vorhandene Gewässer bieten sich für die Haltung dieser Vögel nahezu perfekt an. Oft vergesellschaftet man die Gänsevögel dort auch mit anderen Wat- oder Wasservögeln (Pelikane, Kormorane, Reiher, Störche, Pinguine), zumal die meisten Arten sich in der Vergangenheit als verträglich erwiesen haben. Ausnahmen stellen dabei die **Kubapfeifgans** *(Dendrocygna arborea)* und die meisten Schwäne dar – mit Ausnahme von **Schwarzhalsschwan** *(Cygnus melancoryphus)* (Abb. 3) und **Schwarzschwan** *(Cygnus atratus)*, die meist gut mit anderen Wasservögeln gemeinsam auf einer Teichanlage gehalten werden können. Vorsicht geboten ist bei *Tadorna*-Arten, der **Schopfente** *(Lophonetta specularioides)*, sowie der **Kupferspiegelente** *(Speculanas specularis)*. Auch bei

Abb. 3 Im Gegensatz zu den meisten anderen Schwanenarten kann der Schwarzhalsschwan (*Cygnus melancoryphus*) auch mit anderen Wasservögeln auf einer größeren Anlage vergesellschaftet werden. (Foto: Jörg Asmus)

anderen Arten zeigen sich mitunter durch zänkische Individuen bedingte Unverträglichkeiten. Dampfschiffenten können durchaus mit Pinguinen und Möwen gemeinsam gehalten werden, reagieren hingegen aber aggressiv auf andere Vogelarten. Auf die Aggressivität einzelner Gänsevogel-Arten während der Brutzeit sollte unbedingt geachtet werden. In Privathand sind Entenvögel bei denjenigen Züchtern anzutreffen, die über das nötige Platzangebot verfügen, die eine Wasservogelhaltung nun einmal zwangsläufig abverlangt, wobei die Volierenhaltung kleinerer Arten an Interesse gewonnen hat und auch die Nutzung von städtischen und anderen öffentlichen Anlagen episodisch von Bedeutung war. Die haltungsrelevanten Angaben zu den im Folgenden besprochenen Arten und Gattungen entstammen – neben eigenen Erfahrungen – den Werken von Kolbe (1999) und Jacob (2014). Sie werden nicht in jedem Abschnitt erneut zitiert.

2 Familie: Anhimidae – Wehrvögel

2.1 Allgemeine Biologie

Zu den Wehrvögeln werden zwei Gattungen mit insgesamt drei Arten gezählt. Zu ihnen gehört der **Hornwehrvogel** (*Anhima cornuta*), der wie sein Name schon sagt, ein langes, nach vorn gebogenes Horn auf seiner Stirn trägt. Der größte Vertreter und gleichzeitig auch der am häufigsten in zoologischer Haltung gezeigte Vertreter, ist der **Halsband-Wehrvogel** oder auch **Tschaja** (*Chauna torquata*) (Abb. 4). Diese Vögel besitzen einen schwarz-weiß gefärbten Halsring. Die dritte Art ist der **Weißwangen-Wehrvogel** (*Chauna chavaria*), welcher wirklich weiße Wangen besitzt und gleichzeitig auch die kleinste Art darstellt. Alle bewohnen sie die Sumpf-gebiete Südamerikas. An diesen Lebensraum sind sie mit ihren langen Beinen und ihren vier langen Zehen anatomisch sehr gut angepasst. Durch ihre Lufteinlagerun-gen unter der Haut sind sie für ihre Größe erstaunlich leicht. Der Name Wehrvogel kommt von den beiden Auswüchsen der Mittelhandknochen, die wie Sporne bei Kämpfen mit Artgenossen eingesetzt werden. Ihr englischer Name „Screamer" zeigt noch eine andere Eigenschaft. Ihre sehr lauten Rufe sind bis zu 3 km weit hörbar und werden zur Balz und als Paarbindungsrufe eingesetzt. Das Nest wird von beiden Partnern in der Nähe vom Wasser aus verschiedensten Pflanzenmaterial gebaut. Die 3–5 einfarbigen Eier werden dann abwechselnd von beiden Partnern für 42–45 Tage bebrütet.

Ihre Hauptnahrung besteht vorwiegend aus Pflanzen, dies können Wasserpflan-zen, aber auch Gräser, Knollen und Wurzeln sein. Tschajas fliegen oft zu Getreide-feldern und grasen diese gerne ab. Während der Jungtieraufzucht fangen sie oft Insekten, um sie an die Jungtiere zu verfüttern.

Abb. 4 Der Halsband-Wehrvogel (*Chauna torquata*) ist der größte Vertreter der Wehrvögel und wird am häufigsten in den Tiergärten gehalten. (Foto: Jörg Asmus)

2.2 Haltungsanforderungen

Wehrvögel brauchen großzügige Flugvolieren mit Gewässern und entsprechender Vegetation. Tagsüber verbringen sie die meiste Zeit damit, am Gewässerrand nach Nahrung zu suchen oder zu ruhen. In der Nacht baumen sie gerne auf, weshalb entsprechende Strukturen in der Anlage vorhanden sein sollten. Als natürliche Bepflanzung hat sich vor allem Schilf sehr gut bewährt. Daraus bauen die Vögel gerne ihre Nester.

Wehrvögel können problemlos mit anderem Wassergeflügel zusammen gehalten werden. Eine Vergesellschaftung mit Flamingos ist ebenso möglich, allerdings muss man vorsichtig sein, wenn subadulte Flamingos in der Gruppe sind. Tschajas haben in einem Fall sehr aggressiv auf diese noch grau gefärbten Flamingo-Jungvögel reagiert. Vielleicht haben sie diese jungen Tiere als Konkurrenten angesehen.

Die Fütterung ist ebenfalls recht einfach. Wehrvögel sollten bevorzugt mit pflanzlicher Kost in Form von Salat, geraspelter Möhre, Roter Beete, Apfel, verschiedenen Beeren und gekochtem Mais gefüttert werden. Ist die Anlage sehr gut bepflanzt, grasen sie im Sommer auch gern die verschiedenen Gräser und Wasserpflanzen ab. Entenpellets und gekochter Reis sind eine willkommene Abwechslung. Als Brutstimulanz können Insekten, wie z. B. Mehlkäferlarven, aber auch Herzfleischstückchen und gekochtes Ei hilfreich sein. Um die Elternvögel bei der Aufzucht zu unterstützen, sollten ebenfalls Mehlkäferlarven und neben viel gekeimtem Getreide auch Salat und Kükenstarterfutter gegeben werden.

Während der kalten Wintermonate müssen Wehrvögel in einem Innenraum gehalten werden, da es sonst zu Erfrierungen an den Zehen kommen kann. Viele Wehrvögel fangen, angeregt durch die Wärme im Innenraum, direkt mit dem Nestbau an. Hierbei sollte Heu, Stroh und auch Schilf gegeben werden. Wenn die Küken geschlüpft sind, sollte über dem Nest eine Rotlichtlampe angeboten werden. Obwohl Wehrvögel zu den Nestflüchtern zählen, schlafen sie doch alle zusammen im Nest und gehen auch an kühlen Tagen gern ins Nest zurück, um sich unter dem Rotlicht aufzuwärmen. Wenn es möglich ist, kann man den Tieren an sonnigen Wintertagen für ein paar Stunden den Zugang zur Außenanlage gewähren.

3 Familie: Anseranatidae – Spaltfußgänse

3.1 Allgemeine Biologie

Die **Spaltfußgans** (*Anseranas semipalmata*) (Abb. 5) ist der einzige Vertreter dieser Familie. Diese Gänse haben schon in der Kreidezeit die Erde bewohnt und tragen dementsprechend auch noch sehr ursprüngliche Merkmale. Sie besitzen fast keine Schwimmhäute zwischen ihren langen Zehen. Dies hilft ihnen auch, auf den dünnsten Ästen in Sträuchern zu sitzen. Damit sie ständig flugfähig bleiben, mausern sie ihre Schwungfedern nacheinander. Es sind große, schlanke Gänse mit langen Beinen und weißem Gefieder. Kopf, Hals, Flügel und Schwanz sind dagegen schwarz gefärbt.

Abb. 5 Die Spaltfußgans (*Anseranas seiplalmata*) ist die einzige Art der monotypischen Familie Anseranatidae. (Foto: Werner Lantermann)

Heute bewohnen Spaltfußgänse Billabongs (zeitweise austrocknende Flussarme) und Feuchtgebiete in Queensland und im Northern Territory in Australien. Dort treffen sie sich zum Teil in riesigen Kolonien, um während der Regenzeit ihre Nester zu bauen. Die Intensität der Regenzeit beeinflusst auch die Gelegegröße. Je früher sie eintritt und je länger sie anhält, umso mehr Eier werden am Ende der Regenzeit gelegt. Im Durchschnitt werden 6–10 Eier abwechselnd von beiden Partnern für 28 Tage bebrütet. Spaltfußgänse sind dafür bekannt, dass ein Männchen sich auch oft mit zwei Weibchen verpaart und beide Weibchen ihre Eier in ein gemeinsames Nest legen. Die Küken schlüpfen dann, wenn der Wasserspiegel abgesunken ist und die Gräser neu austreiben. Die Hauptnahrung der Gänse sind Wildreis und Simsen (Sumpfbinsen der Gattung *Eleocharis*).

3.2 Haltungsanforderungen

Spaltfußgänse können als Paar oder im Geschlechterverhältnis 1,2 in einer Voliere mit ausreichender Wasserfläche gehalten werden. Die Teiche müssen nicht allzu tief sein, denn die Gänse meiden Wassertiefen ab 1 m und schwimmen ausgesprochen selten. Bei der Bepflanzung sollte darauf geachtet werden, dass die Tiere ausreichend Material zum Nestbau zur Verfügung haben. Sie brauchen vor allem Laub und dünne Äste. Zudem werden sie sich auch gern von einigen Gräsern, Wildkräutern und Wasserpflanzen ernähren. Daneben sollten Entenpellets angeboten werden. Gibt es für die Gänse nicht viel zum Abgrasen, kann zusätzlich Salat bereitgelegt werden. Spaltfußgänse können bis zu 3 Nachgelege produzieren, sofern die Eier abgesammelt werden. Bei Naturbruten werden die Küken in der Regel zuverlässig von den Elterntieren gefüttert und gegen jede Art von Feind verteidigt. Aus diesem Grund kann es manchmal auch zu Aggressionen gegenüber anderen Volierenmitbewohnern kommen. Im Allgemeinen sind sie gut mit anderem Wassergeflügel und auch mit

Kängurus, z. B. auf einer Australienanlage, zu vergesellschaften. Im Winter empfiehlt sich eine Unterbringung in einem geheiztem Schutzhaus und eine zusätzliche Gabe von vorgekeimtem Getreide.

4 Familie: Anatidae – Entenvögel

4.1 Unterfamilie: Dendrocygninae – Pfeifgänse

4.1.1 Allgemeine Biologie

Zu den eigentlichen Gänsevögeln bilden die Pfeifgänse eine Unterfamilie. Die in den Tropen und Subtropen mehrerer Kontinente verbreiteten eher langbeinigen Pfeifgänse verdanken ihre deutsche Namensgebung ihren weithin hörbaren pfeifenden Laute. Der wissenschaftliche Name *Dendrocygna* bedeutet „Baumschwan" und soll sowohl auf ihren langen Hals hindeuten als auch auf die Tatsache, dass sie gern auf im Wasser schwimmenden Baumstümpfen ruhen. 9 Spezies umfasst diese Unterfamilie, von denen die **Weißrücken-Pfeifgans** (*Thalassornis leuconotus*) aufgrund ihrer systematischen Zuordnung zeitweise abgetrennt wurde. Durch das Tauchen nach Nahrung in flachen Gewässern wurde diese Spezies in der Vergangenheit häufig zu den Ruderenten (Oxyurinae) gezählt. Pfeifgänse bewohnen tropische und subtropische Gebiete und bilden außerhalb der Brutzeit große Schwärme. Die monogamen Paare bauen ihre Nester am Boden oder in Baumhöhlen, nutzen aber auch verlassene Krähennester oder Greifvogelhorste. Die bis zu 16 Eier werden für 28–30 Tage ausgebrütet und die Küken von beiden Elternteilen geführt. Die meisten Pfeifgänse ruhen während der Tageszeit und begeben sich nachts auf Nahrungssuche. Das Futter setzt sich aus pflanzlichen Bestandteilen zusammen, wie Gräsern und Samen. Die Weißrücken-Pfeifgans verzehrt bei ihren Tauchgängen auch die Wurzeln von Seerosen.

Laut IUCN wird die **Kubapfeifgans** als gefährdet („vulnerable") eingestuft (del Hoyo und Collar 2014).

4.1.2 Haltungsanforderungen

Alle 9 Pfeifgansarten werden gegenwärtig in zoologischen Gärten gehalten; die **Gelbbrust-Pfeifgans** (*Dendrocygna bicolor*) und **Witwenpfeifgans** (*D. viduata*) am häufigsten (www.zootierliste.de). Die meisten Arten, wie beispielsweise **Rotschnabel-Pfeifgans** (*D. autumnalis*), **Gelbfuß-Pfeifgans** (*D. eytoni*), **Tüpfelpfeifgans** (*D. guttata*) und die **Javapfeifgans** (*D. javanica*) (Abb. 6) sind auch in Privathaltungen vertreten.

Pfeifgänse sind sehr gesellig, daher kann man sie getrost in einer Gruppe halten. Sie benötigen eine grün bepflanzte Freiflugvoliere mit einem Teich und einem angrenzenden Landteil. Von Vorteil sind eingebrachte Strukturen zum Aufbaumen, z. B. hoch gelegene Äste. Um sie erfolgreich nachziehen zu können, sollten auch Nistkästen vorhanden sein. Es empfiehlt sich, mehrere Kästen in verschiedenen Höhen und auch einige am Boden anzubringen, da einige Arten auch in der Natur bevorzugt in Baumhöhlen (Tüpfelpfeifgans) brüten. Andere, wie Witwenpfeifgänse

Abb. 6 Java-Pfeifgänse (*Dendrocygna javanica*) sind auch gelegentlich in Privathaltungen anzutreffen. (Foto: Jörg Asmus)

und Gelbfuß-Pfeifgänse, brüten fast ausschließlich in der Vegetation. Pfeifgänse verzichten auf eine Dunenauspolsterung der Nester und nutzen dazu lediglich pflanzliches Material. Pfeifgänsen genügt eine Entenpellet-Mischung, angereichert mit reichlich Hirse, sowie verschiedenes Grünfutter, wie z. B. Salat, Spinat oder Wildkräuter.

Alle Pfeifgänse sind frostempfindlich. Die Überwinterung auf einer freien Wasserfläche ist einer warmen Innenraumhaltung (ungünstiges Kleinklima) dennoch vorzuziehen. Einfache Schutzhütten mit schnee- und frostfreien Bodenbelag sollten sie aber aufsuchen können. Pfeifgänse sind gut mit anderen Wasservogelarten zu vergesellschaften. Nur bei der Kubapfeifgans weiß man, dass sie auch zu größeren Arten aggressiv auftreten kann, wenn die Anlage oder das Winterquartier zu klein sind.

Rotschnabel-Pfeifgänse wurden über mehrere Jahre auf einem Dorfteich im thüringischen Nohra bei Weimar im Freiflug gehalten und es gab keine Abwanderungen zu verzeichnen. Im Maximum waren es 36 Individuen. Die Pfeifgänse stiegen meist in den Dämmerungsstunden am Abend, aber auch morgens auf, um laut „pfeifend" ihre Kreise zu ziehen (Abb. 7). Gebrütet wurde auch außerhalb der Zuchtanlage, wobei die Elterntiere nach dem Schlupf der Jungen in der Regel die gewohnte Zuchtanlage wieder aufsuchten. Im Winter suchte dieser Schwarm eine überdachte eisfreie Wasserfläche auf. Da in eurasischen Verbreitungsgebieten keine nahe verwandten Entenarten vorkommen und durch die Standorttreue dieser Pfeifgänse, waren auch aus ornithologischer Sicht über die Jahre keine Bedenken ver-

Abb. 7 Rotschnabel-Pfeifgänse (*Dendrocygna autumnalis*) im Freiflug bei Nohra (Thüringen). (Foto: Manfred Kästner)

nehmbar. Immerhin besuchten diese Pfeifgänse auch Wasserflächen (Stauseen) in einem Umkreis von bis zu 20 Kilometer. Deshalb tauchten diese Vögel auch immer wieder in ornithologischen Beobachtungsberichten auf. Nach mehreren Jahren wurde dieser Versuch eingestellt und die verbliebenen Vögel, Abgänge durch Prädatoren gab es erwartungsgemäß, wurden wieder eingefangen.

5 Unterfamilie: Oxyurinae – Ruderenten

5.1 Allgemeine Biologie

Aufgrund ihrer vielfach abweichenden Eigenschaften werden die Ruderenten systematisch in eine eigene Unterfamilie gestellt. Die Enten sind am weitesten an das Leben im Wasser angepasst. Zum einen sind es die weit hinten am Körper sitzenden Beine und die im Gegensatz zu anderen Entenvögeln vergrößerten Füße. Diese anatomischen Merkmale lassen sie an Land etwas unbeholfen wirken. Ihr Schnabel ist an der Basis breit sowie hoch angesetzt und an der Spitze schaufelförmig nach oben gebogen. Ruderenten tauchen auf den Grund von Gewässern und wühlen mit ihrem Schabel im Schlamm nach Nahrung. Pflanzenteile und wirbellose Tiere gehören zum Nahrungsspektrum der Ruderenten. Die Hauptnahrung besteht für die meisten Arten aus Mückenlarven.

Laut IUCN wird die **Weißkopf-Ruderente** (*Oxyura leucocephala*) als stark gefährdet („endangered") eingestuft.

5.2   Haltungsanforderungen

Ruderenten sind in zoologischen Einrichtungen und auch in Privathand vertreten. In europäischen Zoos und Vogelparks werden von den insgesamt 9 Spezies 5 gehalten. Die Weißkopf-Ruderente ist mit insgesamt 30 Haltungen die am häufigsten gehaltene Ruderente, gefolgt von der **Schwarzkopf-Ruderente** (*O. jamaicensis*) mit 29 Haltungen (Abb. 8) (www.zootierliste.de).

Seit 2016 wird die Schwarzkopf-Ruderente in Fortschreibung der EU-Verordnung Nr. 1143/2014 als Invasive Art mit einem Haltungsverbot belegt.

Durch ihre anatomischen Besonderheiten sollte man Ruderenten naturbelassene Teiche mit flach auslaufenden und gut bewachsenen Uferbereichen anbieten. Dort werden auch bevorzugt die Neststandorte ausgesucht. Die Eier der Ruderenten sind rundlich, von enormer Größe und meist mit rauer Schale. Brut und Aufzucht der Jungtiere überlässt man an vor Prädatoren geschützten Orten am besten den Altvögeln. Ruderenten verteidigen ihren Nachwuchs unaufgeregt, aber resolut. Boxenaufzucht ist möglich, ist aber häufig mit größeren Verlusten verbunden und bedarf

Abb. 8 Unter den Ruderenten ist die Schwarzkopf-Ruderente (*Oxyura jamaicensis*) regelmäßig in den Haltungen anzutreffen. Seit 2016 gilt sie allerdings als invasive Art, deren Haltung inzwischen verboten ist. (Foto: Jörg Asmus)

eines größeren Zeitaufwands. Die Futterstellen sind nach Möglichkeit so anzulegen, dass sie von den Tieren leicht vom Wasser aus zu erreichen sind.

Gegen 1950 gelangten die ersten Schwarzkopf-Ruderenten über europäische Zoos auch zu privaten Züchtern. Bereits nach 1960 bildeten entflogene Gehegevögel eine Freilandpopulation. Diese breitete sich über mehrere europäische Länder bis Spanien und den Mittelmeerraum aus und gelangte so in das natürliche Verbreitungsgebiet der Weißkopf-Ruderente. Dadurch musste auch mit Vermischungen beider Arten gerechnet werden.

Die Weißkopf-Ruderente wurde 1979 erstmals in einem deutschen Tierpark gezüchtet. Später verzeichnete vor allem der Zoo Wuppertal gute Zuchterfolge. Über die Zoos gelangen auch immer wieder Weißkopf-Ruderenten zu privaten Züchtern. Die **Bindenruderente** (*O. guttata*) wird gelegentlich von privaten Züchtern gehalten, da sie keinerlei behördlichen Vorschriften unterliegt. Ist der Teich von genügend natürlicher Vegetation umgeben, wird darin im zeitigen Frühjahr eine Nestplattform errichtet. Dann sind die Enten etwas erregt, und die Männchen greifen tauchend von unten andere Mitbewohner an. Dadurch entsteht vorübergehend etwas Hektik. Später wird das Nest mit Pflanzenmaterial zu einem kugelförmigen Nest geformt und während der Brut auch der Eingang etwas zugebaut. Eine Dunenauspolsterung erfolgt nicht. Die Jungenaufzucht überlässt man den Alttieren. Die frostunempfindlichen Enten werden auf einer eisfreien Wasserfläche überwintert.

6 Unterfamilie: Anserinae – Rosenohrenten, Affengänse, Hühnergänse, Schwäne, Gänse

6.1 Allgemeine Biologie

Aufgrund ihres Schnabels, des auffälligen Augenflecks und des weißen Augenrings ist die australische **Rosenohrente**, auch Spatelschnabelente (*Malacorhynchus membranaceus*), mit keiner anderen Entenart zu verwechseln. Die einzige Art der Unterfamilie *Stictonettini* ist die **Affengans** (*Stictonetta naevosa*), auch Affenente oder Pünktchenente genannt (Abb. 9). Mit ihrem stark gebogenen Schnabel ähnelt die Affengans eher einer Gans als einer Ente. Zur Brutzeit wird der sonst eher grau aussehende Schnabel an der Basis orange oder rot. Bei diesen beiden Spezies handelt es sich innerhalb der Unterfamilie Anserinae um eher kleine Arten. Die anderen Angehörigen sind zumeist von größerer Gestalt, so zum Beispiel die **Hühnergans** (*Cereopsis novaehollandiae*), die durch ihren kurzen Schnabel und die ausgedehnte gelbgrünliche Wachshaut auffällt und aufgrund ihrer morphologischen Merkmale innerhalb ihrer Verwandtschaftsgruppe eine recht isolierte Stellung einnimmt. Diese Spezies zählt zu den konsequentesten Weidevögeln unter den Gänsevögeln, die nur bei Gefahr Wasserflächen zum Schutz aufsucht.

Die Schwäne sind die größten Gänsevögel, mit dem charakteristisch langen Hals, massigen Körper und kurzen Beinen. Von den 7 Spezies der Gattung *Cygnus* besitzen 5 Arten ein komplett weiß gefärbtes Gefieder; lediglich der Schwarzhalsschwan, mit seinem namensgebenden schwarzen Hals und der Schwarzschwan mit

Abb. 9 Die Affengans (*Stictonetta naevosa*) wird gelegentlich auch als Affenente oder – abgeleitet von ihrer Färbung – als Pünktchenente bezeichnet. (Foto: Jörg Asmus)

Abb. 10 Wegen seines eher gänseähnlichen Aussehens wird der Coscorobaschwan (*Coscoroba coscoroba*) als einzige Art der Gattung *Coscoroba* angesehen. (Foto: Jörg Asmus)

seinem komplett schwarzen Gefieder bilden eine Ausnahme. Auch der **Coscoroba-schwan** (*Coscoroba coscoroba*) besitzt ein weißes Gefieder, bis auf die Spitzen der Handschwingen, die bei dieser Art schwarz gefärbt sind. Diese Art ähnelt mit ihrem kurzen Hals und ihrer Beinlänge eher den Gänsen und wird aus diesem Grund in eine eigene monotypische Gattung gestellt (Abb. 10).

Die 9 Arten der Feldgänse leben in Dauerehen und finden ihr Brutgebiet in der arktischen Tundra. Der Schnabel dieser Vögel ist an ihre Lebensweise als Weidetiere angepasst; er weist an der Spitze einen Nagel auf, mit dessen Hilfe die Gräser abgezupft werden können. Bei den Feldgänsen handelt es sich um gesellige Vögel, die oft in großen Gruppen angetroffen werden können. Zu der Unterfamilie Anserinae zählen auch die Meergänse der Gattung *Branta*, die sich deutlich von den Feldgänsen unterscheiden. Ihr Schnabel ist viel feiner und weist keine Hornlamellen auf, außerdem ist er, genau wie die Füße, bei allen Arten schwarz gefärbt. Mit ihren zwei Farbphasen ist die **Schneegans** (*Anser caerulescens*) einzigartig. Es gibt eine weiße und eine blaue Variante, die beide in Kolonien brüten. Durch ihre abweichende Ernährung grenzt sich die **Kaisergans** (*A. canagicus*) etwas von den anderen Feldgänsen ab. Neben pflanzlicher Kost gründelt diese Spezies auch gerne im Meer nach Mollusken und anderen Kleintieren. Die **Ringelgans** (*Branta bernicla*) (Abb. 11) ernährt sich während der Brut- und der Kükenaufzuchtzeit ausschließlich vom Seegras, das bei Ebbe zu erreichen ist.

Die meisten Arten der Unterfamilie Anserinae haben ihren Verbreitungsschwerpunkt in arktischen Gebieten, wo sie auch ihre Brutgebiete vorfinden. Der Coscorobaschwan und auch der Schwarzhalsschwan leben in Südamerika und der Schwarzschwan ist über das gesamte Festland Australiens und Tasmaniens verbreitet. Im südlichen Australien, in den Marschen an Salz- und Brackgewässern, findet die Hühnergans ihr Verbreitungsgebiet; im südlichen Teil Australiens trifft man auch auf die Affengans und in weiten Teilen die Rosenohrente. Vornehmlich in Ostasien kommt hingegen die **Schwanengans** (*A. cygnoid*) vor, aber auch die Streifengans, deren Vorkommen sich westwärts bis nach Pakistan erstreckt. Hin-

Abb. 11 Die Ringelgans (*Branta bernicla*) ist eine typische Meergans, die ihre Jungen fast ausschließlich mit Seegras ernährt, das sie bei Ebbe im Wasser abweidet. (Foto: Jörg Asmus)

sichtlich ihres Verbreitungsgebietes stellt auch noch die Hawaiigans eine Ausnahme dar.

Schwäne verbringen die Fortpflanzungsperiode auf Gewässern, wo sie ausgesprochen territorial sind. Ihr sehr umfangreiches Nest wird in oder direkt am Gewässer angrenzend aus Schilf- und Rohrhalmen errichtet. Gewöhnlich werden 5–7 Eier gelegt, die vom Weibchen 29–37 Tage bebrütet werden. Lediglich beim Trauerschwan teilen sich die Paarpartner das Brutgeschehen. Wie die anderen Schwäne auch, führen die in den Flachseen der Pamparegion in Argentinien und Chile lebenden Coscorobaschwäne ihre Jungen gemeinsam und grasen dann oft die Weideflächen in Gewässernähe ab. Hühnergänse leben in Dauerehen und brüten auf den vorgelagerten Inseln im Süden Australiens und auf Tasmanien. Sie treffen dort im Februar ein und besetzen meist die gleichen Nistplätze wie schon die Jahre davor. Im Mai werden dann 3–6 Eier für 35–37 Tage bebrütet. Mit 70 Tagen sind die Küken flügge und die Gänse ziehen in ihre Überwinterungsgebiete auf das Festland an die australische Südküste zurück. Feldgänse legen 3–8 Eier, die 22–30 Tage vom Weibchen allein bebrütet werden. Der Nachwuchs wird dann anschließend von beiden Paarpartner geführt. Nachdem die Junggänse flügge geworden sind, ziehen sie in ihre Überwinterungsgebiete und treffen sich in großen Gruppen auf Feldern. Die Affengans baut ihr Nest in Wassernähe zwischen Schilf- und Riedgewächsen. Darin legt das Weibchen 5–14 Eier, die es 26–28 Tage bebrütet. Die Küken sind hellgrau, fast weiß und haben einen blauen Schnabel.

Die Nahrungsaufnahme erfolgt üblicherweise tagsüber. Als Nahrung dient den Angehörigen der Unterfamilie Anserinae hauptsächlich pflanzliche Kost, die im Wasser oder auf den umgebenden Wiesen und Weideflächen zu finden ist. Schwäne fressen hin und wieder auch Muscheln, Schnecken und zum Teil auch kleine Fische. Coscorobaschwäne verzehren neben pflanzlicher Kost gelegentlich auch Wasserinsekten.

Unter den Arten der Unterfamilie Anserinae sind es die **Rothalsgans** (*B. ruficollis*), **Hawaiigans** (Abb. 12), **Schwanengans** und **Zwerggans** (*A. erythropus*), die laut Roter Liste der IUCN als gefährdet („vulnerable") eingestuft werden (del Hoyo und Collar 2014).

6.2   Haltungsanforderungen

Von den 26 Spezies der Anserinae werden gegenwärtig alle in europäischen Zoos und Vogelparks gepflegt. Zu den am häufigsten gehalten Arten gehören dabei der **Höckerschwan, Schwarzschwan, Coscorobaschwan,** die **Hühnergans, Schwanengans, Graugans, Streifengans, Kaisergans, Hawaiigans, Kanadagans** (*B. canadensis*), **Weißwangengans** (*B. leucopsis*) und die **Rothalsgans** (www.zootierliste. de). In privaten Anlagen werden vor allem Schwarzhals- und Schwarzschwäne, die *Branta*-Arten, von den *Anser*-Arten Kaiser-, Streifen- und Schneegänse, sowie die kleineren Zwerg- und Zwergschneegänse (*Anser rosii*) gehalten.

Schwäne benötigen eine übernetzte Anlage mit einem möglichst großen, aber dafür flachen Gewässer. Der Uferbereich sollte so gestaltet werden, dass auch die

Abb. 12 Durch systematische Zuchtmaßnahmen wurde die Hawaiigans (*Branta sanvicensis*) vor dem Untergang bewahrt (vgl. den Beitrag „Koordination und Kooperation von Zoo- und Freilandarbeit bis zur Wiederansiedlung: vier Fallbeispiele)" von Böhm, Fritz und Asmus im ersten Buchteil. (Foto: Jörg Asmus)

Küken problemlos aus dem Wasser kommen. Weiterhin ist bei der Bepflanzung der Anlage darauf zu achten, dass um den Teich herum viele Halm- und Schilfgewächse wachsen können. Schwäne brauchen eine dichte Ufervegetation, um ihre sehr großen Nester versteckt anlegen zu können. Für die restliche Gehegegestaltung reicht eine große Wiesenfläche. Viele Schwäne grasen diese im Frühjahr und Sommer großflächig ab. Die Vögel ruhen während der Mittagsstunden gerne am Ufer oder auf kleinen Inseln auf der Wasserfläche. Diese künstlich angelegten Inseln nutzen die Paare auch bevorzugt, um ihre Nester dort zu errichten. Schattenspendende Bäume, wie z. B. Trauerweiden sollten ebenfalls nicht fehlen. Im Winter können alle Schwanenarten problemlos im Freien gehalten werden, vorausgesetzt die Wasserfläche bleibt offen. Für eine erfolgreiche Zucht sollte man die Tiere nur paarweise zusammensetzen und diese möglichst allein auf einer Anlage halten. Schwarzschwäne können dagegen bedenkenlos zu mehreren Paaren zusammengehalten werden. Sie brüten auch in Kolonien. Man muss dann allerdings so viele Tiere halten, dass einzelne Paare keine Brutreviere bilden können und es somit nicht zu Streitereien unter den Tieren kommt. Eine Vergesellschaftung ist möglich, allerdings reagieren Schwäne zur Brutzeit äußerst aggressiv gegenüber kleineren Wasservogelarten. Eine Vergesellschaftung von z. B. Schwarzschwänen und Emus (*Dromaius novaehollandiae*) ist dagegen problemlos möglich. Wenn die Bepflanzung der Anlage nicht ausreicht, damit die Paare ein Nest bauen können, muss zusätzliches Nistmaterial eingebracht werden. Dafür bieten sich langhalmige Gräser, trockenes Schilf und zum Auskleiden der Nester auch Moos an.

Die Hühnergans benötigt eine Anlage mit einer großen Grünfläche, die sie als natürliche Nahrung abgrasen können. Da diese Gänse das ganze Jahr sehr aggressiv zu anderen Arten werden, sollten sie nur mit deutlich größeren Tieren vergesellschaftet werden, wie z. B. mit Trauerschwänen und Emus. Ein Zusammenleben mit Arten, die sich viel auf dem Wasser aufhalten, ist ebenfalls möglich, da Hühnergänse fast nie ins Wasser gehen und Teiche sogar eher meiden. Im Winter können sie auf

der Anlage bleiben, wenn sie einen Zugang zu einem Innenraum haben. Die Nachzucht gelingt am besten im Winterquartier, wenn die Tageslichtlänge künstlich auf
10 Stunden eingestellt wird.

Alle Echten Gänse sollten in übernetzten Anlagen mit einer großzügigen Wiesenfläche und einem Teich untergebracht werden. Feldgänse brauchen diese Wasserfläche auf jeden Fall, weil die Kopulation nur dort stattfindet. Die Wassertiefe sollte
dabei mindestens 60 cm betragen. Alle Gänse sind winterhart. Nur die Hawaiigans
muss im Winter rechtzeitig in ein Warmhaus gebracht werden, da die Eiablage meist
schon im Dezember stattfindet.

Die meisten Arten brüten von Mai bis Juni. Als Bodenbrüter kann man sie mit der
Zugabe von trockenem Schilf, Stroh und Moos beim Nestbau unterstützen. Sowohl
Feld- als auch Meergänse können problemlos mir anderen Arten vergesellschaftet
werden.

Affengänse sind außerhalb der Brutzeit sehr ruhig und können daher zu mehreren
Paaren zusammengehalten werden. In der Brutzeit werden sie äußerst aggressiv,
deshalb sollte die Anlage groß genug sein, damit sich die einzelnen Paare aus dem
Weg gehen können. Eine Vergesellschaftung mit anderen Arten ist problemlos
möglich. Auf der Anlage muss ein Teich vorhanden sein. Im Winter müssen die
Enten einen Zugang zu einer Innenanlage haben. Um erfolgreich brüten zu können,
müssen um den Teich herum viele Ried- und Schilfgewächse angepflanzt werden. Es
ist bekannt, dass der Nachzuchterfolg nicht sehr hoch ist, da die Befruchtungsrate bei
nur ca. 30 % liegt.

Rosenohrenten brauchen unbedingt einen Teich in einer übernetzten Anlage, die
zudem noch mit dichter Vegetation um diese Wasserfläche herum ausgestattet
werden sollte. Diese Enten baumen gern auf, am liebsten über dem Wasser. Um
dies zu ermöglichen, kann ein Baumstamm über der Wasserfläche angebracht
werden. Die Zucht gelingt nur selten. Die Anlage sollte dafür so gestaltet sein, dass
der Wasserspiegel im Frühjahr deutlich erhöht und es sogar zu künstlichen Über-
schwemmungen kommen kann. Dann fangen die Paare an zu balzen und beziehen
auch schnell halb offene Nistkästen. Zum Auspolstern der Nistkästen suchen sich die
Vögel trockene Gräser, aber auch Heu wird gern angenommen. Das Männchen wird
in dieser Zeit aggressiv und greift auch den Pfleger an. Die frischgeschlüpften Küken
suchen mit ihren Eltern zusammen das Gewässer auf. Der Teich sollte also auch über
eine Flachwasserzone verfügen. Um die Eltern bei der Aufzucht zu unterstützen,
sollten möglichst kleine eiweißreiche Pellets auf die Wasseroberfläche gestreut
werden.

Im Winter können die Enten auf der Außenanlage verbleiben, sofern die Wasserfläche eisfrei gehalten werden kann.

Schwäne werden in menschlicher Obhut mit Pelletfutter für Gänse und Enten,
Salat, Wildkräutern, Gräsern und zur Jungtieraufzucht auch mit Wasserlinsen (Teich-
linsen/Entenflott/Entengrütze) gefüttert. Hühnergänse werden vornehmlich mit einer
Entenpellet-Mischung ernährt, immer mit einem reichlichen Angebot von Salat.
Wenn die Küken geschlüpft sind, ist es wichtig, ihnen immer ausreichend Grünfutter
und vorgekeimtes Getreide zum Zupfen anzubieten, ansonsten rupfen sie unter
Umständen die Dunen der Geschwister und auch der Elterntiere aus. Gänse als

ausgesprochene „Weidetiere" brauchen viel Grünfutter in Form von Salat, Wild-kräutern, aber auch Weide kann gerne angeboten werden. Daneben sollten ihnen Entenpellets oder gekeimtes Getreide gereicht werden. Affengänse reicht man eine Entenpellet-Mischung, die mit gekochtem Reis angereichert werden kann. Um das natürliche Fressverhalten dieser Spezies zu unterstützen, sollten Wasserlinsen (Teichlinsen/Entengrieß/Entengrütze) auf die Wasseroberfläche gebracht werden. Rosenohrenten sollte als Nahrung eine eiweißreiche Entenpellet-Mischung angebo-ten werden, die gern auch mit Mehlwürmern angereichert werden kann. Im Sommer nehmen die Tiere auch gern Wasserlinsen (Teichlinsen/Entengrieß/Entengrütze) seihend von der Wasseroberfläche auf.

7 Unterfamilie: Anatinae

7.1 Tribus Mergini – Meerenten und Säger

7.1.1 Allgemeine Biologie

Diese Tribus besteht aus 23 Spezies, von denen 2 Arten (Aucklandsäger, Labrado-rente) als ausgestorben gelten. Die meisten Arten sind auf der Nordhalbkugel verbreitet und leben dort außerhalb der Brutzeit auf dem Meer. Zumeist gelangen diese Vögel tauchend an ihre Nahrung. Eiderenten (*Somateria*) und die dunkel gefärbten 6 Arten der Gattung *Melanitta* haben sich auf Muscheln und Schnecken spezialisiert, wobei aber auch Algen zu deren Nahrungsspektrum zählen. Die Säger hingegen leben hauptsächlich vom Fischfang, wofür ihnen ihr langer „gesägter" Schnabel beste Voraussetzungen bietet. Die großen Schwimmhäute sind bestens für das Tauchen geeignet. Während der kalten Jahreszeit sind viele Arten an den Küstengebieten ihres Verbreitungsgebietes anzutreffen, oft in größeren Schwärmen. Zu den Brutvögeln der teilweise hocharktischen Tundren und borealen Wälder zählen die Eiderenten und die Enten der Gattung *Melanitta*. Oft besteht das Nest nur aus einer Mulde, die mit Gras und Daunen ausgepolstert wird. Einige Arten der Schellenten-Gruppe (*Bucephala*) und Säger sind hingegen Höhlenbrüter und nisten in den Wäldern des Inlandes in Gewässernähe. Besondere Anforderungen an ih-ren Lebensraum stellen **Kragenenten** (*Histrionicus histrionicus*). Sie bevorzugen schnell fließende Gewässer mit einem reichhaltigen Angebot an Wasserinsekten. Häufig hält sich diese Ente in der Nähe von Wasserfällen auf. Die kleinste Meerente ist die in Nordamerika beheimatete **Büffelkopfente** (*Bucephala albeola*). Ihr Ge-wicht liegt bei männlichen Vögeln durchschnittlich bei 460 g, bei den Weibchen bei 320 g.

Gemäß der Roten Liste der IUCN wird der **Schuppensäger** (*Mergus squamatus*) als stark gefährdet („endangered") und der **Dunkelsäger** (*M. octosetaceus*) als vom Aussterben bedroht („critically endangered") eingestuft.

7.1.2 Haltungsanforderungen

14 Arten werden von den Meerenten und Sägern zurzeit in europäischen Zoos bzw. Vogelparks gehalten. Die **Schellente** (*Bucephala clangula*) ist mit 78 Haltungen eine

der häufigsten Spezies in zoologischen Einrichtungen, gefolgt von der **Eiderente** (*Somateria mollissima*) mit 76 Haltungen (Abb. 13). Der **Schuppensäger** ist in 10 Einrichtungen vertreten, die **Kragenente** in 7 und die **Plüschkopfente** (*S. fischeri*) (Abb. 14) in 6 (www.zootierliste.de). Arten wie **Zwergsäger** (*Mergellus albellus*), **Kappensäger** (*Lopodythes cucullatus*) und **Gänsesäger** (*Mergus merganser*) (Abb. 15), sowie etwas seltener die vorher genannten Arten, sind aber beispielsweise auch in Privathand anzutreffen.

Meerenten und Säger benötigen für eine dauerhafte und erfolgreiche Haltung größere, nicht zu warme Teiche mit einer Wassertiefe von mindestens 1 m. Teilweise kann es von Vorteil sein, das Wasser auf natürliche Weise oder durch Pumpen in Bewegung zu halten oder saubere Fließgewässer zu nutzen. Sauberkeit ist allgemein und besonders während der Aufzucht der Küken von größter Bedeutung. Auch gut eingewöhnte Altvögel sind mitunter besonders anfällig. Nicht selten sind Mauserprobleme festzustellen und die Tiere sind anfällig für Krankheiten (Aspergillose). Aber auch unter Parasitenbefall leiden diese Vögel nicht selten. Die Ernährung dieser Entenvögel stellt heute keine unlösbare Herausforderung dar. Spezielle Futtermittelhersteller produzieren heutzutage auf die jeweiligen Entengruppen ausgerichtete Futterpellets und Schwimmfutter. Außerdem kann es durch Garnelen, Flussfisch und in Streifen geschnittenes Rinderherz ergänzt werden. Mehlkäferlarven sind beliebte Leckerbissen für diese Tiere. Als Niststandorte wählen Meerenten und Säger sowohl Nisthöhlen, als auch die Vegetation. Die Schellenten-Gruppe und die Säger bevorzugen Nisthöhlen, manche sind ausnahmslos auf solche angewie-

Abb. 13 Die Eiderente (*Somateria mollissima*), hier ein Männchen, gehört zu den häufigsten Meeresenten in zoologischen Einrichtungen. (Foto: Jörg Asmus)

Abb. 14 Der Erpel der Plüschkopfente (*Somateria fischeri*) ist besonders auffällig gefärbt. (Foto: Jörg Asmus)

Abb. 15 Von den verschiedenen Säger-Arten sind Zwerg-, Mittel- und – hier im Bild Gänsesäger (*Mergus merganser*) – auch häufig in Privatanlagen vertreten. (Foto: Jörg Asmus)

sen. Die Eiderenten und die schwarzen Meerenten errichten ihre Nester in der Vegetation. Bei Eiderenten ist die Ausstattung der Nester mit reichlichen Nestdunen bekannt. Die Menschen in den Verbreitungsgebieten der Eiderenten sammeln diese Dunen ab, um ihre Bettwäsche damit zu befüllen. Außerdem brüten Eiderenten in Brutkolonien und die Küken finden sich später zu größere Gruppierungen (Kindergärten) zusammen und werden von Eltern unterschiedlicher Paare geführt.

Für zahlreiche Arten der Tribus Mergini ist die deutsche Bezeichnung Meerenten etwas irreführend. Sie brüten teils an Flüssen und Seen bis weit ins Landesinnere und sind oft auf alte Baumbestände angewiesen, da sie fast ausschließlich in Baumhöhlen brüten. Die Schellente gehört dazu. Sie ist eine der beliebtesten Meerenten für Zoos, Halter und Züchter. Bei erfolgreichen Züchtern wurden die Erpel im Freiflug gehalten und verbrachten das Jahr auf naheliegenden geeigneten Gewässern. Erst zur Brutzeit kehrten sie besonders vital in die Zuchtanlagen zurück, um sich mit den weiblichen Schellenten zu paaren. In großen übernetzten Anlagen brüten diese Enten in erhöht (mehrere Meter hoch) angebrachten Nisthöhlen und locken nach dem Schlupf die Küken aus der Nisthöhle. Diese springen dann und erreichen im freien Fall, gebremst durch ihr geringes Körpergewicht und das getrocknete Kükenkleid den Erdboden, um von der Mutter geführt den nahen Teich zu erreichen.

Zu den beliebtesten Sägerarten zählen die etwas kleineren Kappensäger und Zwergsäger. Beide Arten lassen sich auch auf kleineren Teichen mit geringerer Wassertiefe gut halten. Sie sind auch nicht so anfällig für Krankheiten und züchten in kleineren Anlagen erfolgreich. Besonders Zwergsäger eignen sich gut, will man Brut und Aufzucht der Küken den Alttieren überlassen. Kappensäger sind dafür nicht selten etwas zu stressig. Die Kükenaufzucht erfolgt dann in Aufzuchtboxen unter einer künstlichen Wärmequelle. Man muss den Küken aber die Aufnahme von unbeweglichem Aufzuchtfutter anlernen. Das betrifft im Übrigen auch die Aufzucht anderer Meerentenküken in Aufzuchtboxen.

7.2   Tribus Tadornini – Halbgänse

7.2.1   Allgemeine Biologie

Aus 16 Arten, darunter 2 ausgestorbene (Réunion-Gans, Mauritius-Gans), setzt sich die Tribus der Halbgänse innerhalb der Ordnung der Gänsevögel zusammen. Sie sind weltweit verbreitet, kommen jedoch vornehmlich in den subtropischen sowie gemäßigten Klimazonen vor und fehlen gänzlich in Nordamerika.

Die **Orinokogans** (*Neochen jubata*) lebt im tropischen und subtropischen Regenwald im Einzugsgebiet des Orinokos und Amazonas in Südamerika; wie die meisten Halbgänse lebt diese Art in den tieferen Lagen, währenddessen die Spiegelgänse (*Chloephaga*) in den Hochgebirgen der Tropen vorkommen. Spiegelgänse beanspruchen recht große Brutgebiete, die von den Männchen gegen Eindringlinge verteidigt werden, sogar gegenüber Menschen. Die **Andengans** (*Chloephaga melanoptera*) lebt in den Hochtälern der Anden in Höhen zwischen 3000 und 5000 m ü. NN. Dort werden die Nester in nur schwer zugänglichen Felsnischen angelegt, meist weit ab vom Wasser. Die **Radjahgans** (*Radjah radjah*) (Abb. 16) stellt bei den

Abb. 16 Bei der Radjahgans (*Radjah radjah*) sind beide Geschlechter gleich gefärbt. (Foto: Jörg Asmus)

Halbgänsen eine Besonderheit dar. Während die anderen Spezies einen mehr oder weniger ausgeprägten Geschlechtsdimorphismus aufweisen, sind bei dieser Gans beide Geschlechter gleich gefärbt. Auch andere Arten haben einen nur schwach ausgeprägten Geschlechtsdimorphismus. Als Neozoen in Deutschland auf dem Vormarsch sind die **Nilgänse** (*Alopochen aegyptiacus*), die üblicherweise Gräser und Kräuter fressen, aber auch nachts häufig auf Getreidefelder einfallen. Eine weitere dieser Tribus zugehörige Spezies ist die **Brandgans** (*Tadorna tadorna*), die in Deutschland zur Brut gerne Kaninchen- und Fuchsbauten nutzt. Neben der Rostgans zählen auch noch die vier Kasarka-Arten zu den Halbgänsen. Über die **Schopfkasarka** (*T. cristata*) ist nur wenig bekannt; die letzte überlieferte Sichtung war Ende März 1971 an einer Flussmündung an der Ostküste Nordkoreas. Auch Kasarkas nutzen Erdhöhlen oder Bauten von Tieren, um ihre Eier geschützt auszubrüten.

Die Nahrung der Halbgänse setzt sich im Wesentlichen aus pflanzlicher Kost zusammen, die z. B. bei der Orinokogans noch zu einem großen Teil mit Mollusken, Würmern und Wasserinsekten ergänzt wird. Die **Rotkopfgans** (*Chloephaga rubidiceps*) ernährt sich zu großen Teilen von Samenkapseln und ausgegrabenen Wurzeln bzw. Rhizomen. Die *Tadorna*-Arten ernähren sich bevorzugt von tierischen Kleinorganismen, wobei Krebstierchen und Wasserinsekten die Hauptmasse ausmachen. Pflanzliche Kost wird von ihnen nur zu geringen Teilen aufgenommen. Hinsichtlich ihrer Ernährung nimmt die **Kelpgans** (*C. hybrida*) eine Sonderstellung ein. Diese Art lebt an der Küste auf dem chilenischen Festland bzw. auf den

Falklandinseln. Ihren anderen Namen „Tanggans" verdankt diese Spezies ihrer speziellen Ernährungsweise. Die Gänse nutzen die zwei Stunden Ebbe, um zwischen den Steinen nach Algen und verschiedenen Tang-Arten zu suchen. Ihre kräftigen Beine und die Füße mit den besonders ausgeprägten Krallen helfen ihnen dabei, nicht auf den nassen Steinen auszurutschen. Sobald die Gössel geschlüpft sind, wandern sie bereits 48 Stunden später ebenfalls zusammen mit den Eltern an die Küste, um während der Ebbe nach Nahrung zu suchen. Weil dies nur für 2 Stunden am Tag möglich ist, wachsen sie nur sehr langsam und werden erst mit 12 Wochen flügge.

Die IUCN stuft die seit langer Zeit nicht gesichteten Schopfkasarka als vom Aussterben bedroht („critically endangered") ein. Ansonsten ist keine der Halbgänse in ihrem Bestand bedroht.

7.2.2 Haltungsanforderungen für alle Halbgänse

7 Arten Halbgänse werden derzeit in europäischen Zoos und Vogelparks gepflegt. Die **Brandgans** ist in 210 zoologischen Einrichtungen vertreten und somit eine der am häufigsten gehaltenen Halbgänse. Ebenfalls häufig gehalten werden die **Rostgans** (209) und die **Nilgans** (168) (Abb. 17) (www.zootierliste.de). In Privathand sind fast alle Arten der Halbgänse zu finden, auch die Kelpgans.

Alle Halbgänse müssen in übernetzten großzügigen Anlagen mit einem oder mehreren Teichen gehalten werden. Die Wassertiefe sollte mindestens 40 cm betragen. Bei der Haltung der Orinokogans und bei allen Spiegelgänsen, mit Ausnahme der Kelpgans, sind große Wiesen zum Weiden erforderlich. Die Vertreter dieser Gattungen sind ausgesprochene Bodenbrüter. Sie brauchen unbedingt Schilf und Gräser, um Nester bauen zu können. Die *Kasarka*-Arten und die Nilgans benötigen außerdem noch Sand und Kies. Um sie erfolgreich nachziehen zu können, sind Nistkästen, die der Größe der jeweiligen Art angepasst sind, erforderlich.

Abb. 17 Die ursprünglich aus Afrika stammende Nilgans (*Alopochen aegyptiacus*) – hier etwa zwei Wochen alte Jungtiere – gehört seit Jahren zu den invasiven Arten und breitet sich in Europa mittlerweile rasant aus. (Foto: Werner Lantermann)

Die Vergesellschaftung von Halbgänsen ist im Allgemeinen recht schwierig. Zur Brutzeit sind fast alle Arten ausgesprochen aggressiv gegenüber anderen Volierenmitbewohnern, aber auch gegenüber dem Pfleger. Die Andengans ist dafür bekannt, sehr angriffslustig zu sein. Kasarkas können mit größeren Tieren, wie z. B. Kängurus gehalten werden. Allerdings muss man auch hier in der Brutzeit aufpassen. In begehbaren Känguruanlagen kam es schon zu Auseinandersetzungen zwischen Australischen Kasarkas und Besuchern, so dass am Ende die Gänse in eine neue, nicht begehbare Anlage umsiedeln mussten. Die Radjahgans und die Brandgans können dagegen ohne Probleme in gemischten Anlagen gehalten werden. Sie sind ausgesprochen friedfertig, und die Brandgans hat in einem Fall sogar ihre Eier in die Nester von Eiderenten gelegt. Die Eiderenten haben diesen „Brutparasitismus" zugelassen.

Nicht alle Arten sind winterhart. Die Kasarkas und auch die Orinokogans müssen im Winter stets Zugang zu einer freien Wasserfläche mit Flachwasserbereich haben. Für die Nachtstunden ist die Unterbringung auf schnee- und eisfreiem Untergrund oder in temperierten Überwinterungsräumen empfehlenswert. Von der Radjahgans weiß man aus Erfahrung, dass sie, entgegen der Literatur, ausgesprochen winterhart ist. Auch bei ihr muss nur darauf geachtet werden, dass die Wasserfläche eisfrei bleibt.

Alle Arten werden mit einer Entenpellet-Mischung, Gräsern, Kräutern und auch Salat ernährt. Bei Kasarkas und der Orinokogans muss der Eiweißgehalt höher sein. Dies kann man mit Fischstücken, Garnelenschrot, aber auch mit Wasserlinsen erreichen.

7.3 Tribus Cairinini – Glanzenten

7.3.1 Allgemeine Biologie

Bei den Glanzenten handelt es sich um eine Gruppe waldbewohnender und meist in Baumhöhlen brütender Enten. 12 Spezies werden zu der Tribus Cairinini gezählt, worunter sich auch eine bereits ausgestorbene Art (Finschs Ente) befindet. Die Zusammensetzung dieser systematischen Gruppierung liefert schon länger Anlass für Diskussionen. Der größte Vertreter dieser Gruppe ist die **Sporngans** (*Plectropterus gambensis*) (Abb. 18), die stets eine auffällig gerade Körperhaltung zeigt. Ihre deutsche Namensgebung basiert auf einem an jedem Flügelbug ausgebildeten Sporn. Durch eine weitere Besonderheit ist dieser Entenvogel bekannt. Die Sporngans frisst in ihren afrikanischen Heimatgebieten Cantharidin enthaltende Ölkäfer (Meloidae); dieses Gift reichert sich in ihrem Gewebe an. Je nach Menge der aufgenommenen Käfer kann der Verzehr von Sporngänsen für Menschen und Prädatoren giftig sein. Bekannt ist unter den Cairinini auch die **Moschusente** (*Cairina moschata*), die bereits seit Längerem als Hausgeflügel gezüchtet wird. Charakteristisch für diese Ente ist der unbefiederte Gesichtsbereich, mit der bei den Erpeln besonders deutlich erkennbaren warzenähnlichen Bildung am Schnabelgrund, was der domestizierten Form dieser Spezies unter anderem auch zu der deutschen Bezeichnung „Warzenente" verhalf. Ungewöhnlich in ihrem Aussehen ist die **Höckerschnabelente** (*Sarki-*

Abb. 18 Die systematische Stellung der afrikanischen Sporn- oder Sporengans (*Plectropterus gambensis*) ist bis heute nicht abschließend geklärt. (Foto: Jörg Asmus)

Abb. 19 Zu den häufigsten Entenarten in den Privatanlagen zählt neben der Mandarinente vor allem die verträgliche Brautente (*Aix sponsa*). (Foto: Jörg Asmus)

diornis syvicola). Die Erpel besitzen einen auffälligen Schnabelhöcker, der sich bei fortpflanzungsinaktiven Tieren jedoch wieder zurückbildet. Arten wie die **Mandarinente** (*Aix galericulata*) und auch die **Brautente** (*A. sponsa*) (Abb. 19) sind wegen ihres zum Teil farbenprächtigen, metallisch glänzenden Gefieders auf europäischen Parkseen eingebürgert worden. Ansonsten zählt Europa nicht zum natürlichen Verbreitungsgebiet der Glanzenten.

7.3.2 Haltungsanforderungen

In den zoologischen Einrichtungen Europas sind vor allem **Mandarinenten** (467 Haltungen), **Brautenten** (336) und **Rotschulterenten** (*Callonetta leucophrys*), 195) vertreten. In nur 14 Haltungen sind Sporngänse und mit gegenwärtig nur einer Haltung im Zoo Prag ist die **Koromandelzwergente** zu finden (www.zootierliste.de). In Privatanlagen werden, wenn auch mehr oder weniger selten, alle 3 *Nettapus*-Arten gehalten, außerdem auch die Höckerschnabelente. **Mähnengänse** (*Chenonetta jubata*) sind häufiger zu finden. Mitunter wird auch die reine Wildform der Moschusente gehalten.

Die Sporngans sollte möglichst auf Stelzvogel- oder Huftieranlagen gehalten werden, da diese großen Gänse sehr viel Platz benötigen. Ein geeigneter Teich darf nicht fehlen. Nachts ruhen sie gerne auf einem Baumstamm über dem Wasser. Es sollte immer nur ein Paar in einer Anlage gehalten werden, denn in der Brutzeit werden sie äußerst aggressiv und greifen sogar Schwäne an. Dabei können sie mit Hilfe ihrer Flügelsporne schwere Verletzungen verursachen. Sporngänse neigen ferner dazu mit Rostgänsen, **Weißflügel-Moschusenten** (*Asarcornis scutulata*), auch Malaienente genannt, und Moschusenten zu bastardisieren. Die Nachzucht gelingt nur selten. Als Nisthilfe sollte man ihnen eine schwimmende Plattform anbieten und auch viel Material in Form von getrocknetem Schilf, Heu und Stroh, damit sie ihre großen Nester darauf errichten können. Diese Gänse sind nicht winterhart und müssen in einem Warmhaus untergebracht werden. Auch hier sollte ein kleiner Teich vorhanden sein. Als Nahrung genügen Entenpellets, Salat, verschiedenes Gemüse und auch vorgekeimtes Getreide. Mandarin- und Brautenten zählen zu den Pionierarten der Entenvögel in (privaten) Zuchtanlagen. Beide Arten sind leicht zu züchten. Mandarinenten haben jedoch über die sehr lange Zeit ihrer Gehegehaltung ihr nervöses Verhalten nicht abgelegen können. Hauptsächlich zur Eingewöhnung in andere Zuchtanlagen und während der Kükenaufzucht ist das zu beachten. Brautenten sind in ihrem Verhalten deutlich ruhiger und angenehmer. Eine im Freiflug gehaltene Mandarinente suchte sich zur Eiablage einen nicht mehr genutzten Schornstein. Dazu musste sie täglich und immer wieder 4,50 Meter tief in den Schornstein gelangen und regelmäßig auch wieder nach oben klettern – und das über mehrere Wochen. 7 geschlüpfte Küken hatten es insofern leichter, da sie nur 2,50 Meter nach oben mussten, um durch den ehemaligen Ofenrohranschluss in einen Abstellraum zu gelangen. Dort wurden sie schließlich eingefangen. Wenngleich Rotschulterenten erst deutlich später in die Zuchtanlagen gelangt sind, werden sie heute ebenso erfolgreich gehalten und gezüchtet wie die bereits erwähnten Mandarin- und Brautenten. Man überlässt Brut und Aufzucht der Jungen wenn möglich den Elterntieren. Besonders sind Erpel um ihren Nachwuchs bemüht. Die Höckerschnabelenten sollten als Zuchtgruppen gehalten werden, indem einem Männchen mehrere Weibchen zugeordnet werden. Die *Nattapus*-Arten werden in Zoos meist in Tropenhäusern gehalten. Private Züchter haben für diese Arten oft besondere Zuchtanlagen eingerichtet, in denen die Tiere auf wasserführenden Verbindungsgräben schwimmend Außen- und Innenbereich erreichen können.

7.4   Tribus Hymenolaimini – Saumschnabelenten

7.4.1   Allgemeine Biologie
Saumschnabelenten (*Hymenolaimus malacorhynchos*) haben einen lappenartig verbreiterten Schnabel und einen Hautsaum um die Schnabelspitze herum. Sie kommen an klaren und sauerstoffreichen Gewässern der Gebirge in Neuseeland vor. Ein Populationsrückgang hält an und der Gesamtbestand wird gegenwärtig auf etwa 1200 Individuen geschätzt. Ursächlich dafür sind unter anderem die Einfuhr von Forellen, die zu starken Nahrungskonkurrenten für diese Enten geworden sind. Auch der Einfluss von Hunden, Mardern und des Menschen wirken sich nachteilig auf den Bestand aus. Aufgrund von nur noch isolierten Populationen findet derzeit kein genetischer Austausch mehr statt. Saumschnabelenten ernähren sich ausschließlich von Wasserinsekten. 4–8 Eier werden für 31–32 Tage ausschließlich vom Weibchen bebrütet. Die Nester befinden sich unter Grasbüscheln oder Baumstümpfen, aber auch zwischen Felsen konnten schon Nester gefunden werden.

7.4.2   Haltungsanforderungen
Saumschnabelenten wurden bis 2014 in England gehalten, wo es auch vereinzelt zu Nachzuchten kam. Die Haltungsansprüche entsprechen in etwa der der Sturzbachente.

7.5   Tribus Merganettini – Sturzbachenten

7.5.1   Allgemeine Biologie
Die **Sturzbachente** (*Merganetta armata*) ist eine der am meisten ökologisch spezialisierten Arten unter den Gänsevögeln. Diese Spezies kommt in der Andenkette von Kolumbien bis Feuerland vor und lebt dort nur an schnell fließenden Gebirgsbächen in Höhen von 1200–4500 m ü. NN. Diese Enten besitzen einen sägerartigen Schnabel, mit dem sie die Larven von Köcher-, Stein- und Maifliegen zwischen den Steinen an den Ufern der Gebirgsbäche absammeln. Angepasst an ihren besonderen Lebensraum, können sie sehr gut schwimmen und tauchen und sind auch sehr geschickt darin, über die glatten Steine an den Ufern zu klettern. Diese einzigartigen Enten leben paarweise oder in kleinen Gruppen und kommunizieren ständig über ihre speziellen Pfiffe miteinander. Sturzbachenten legen ihre Nester stets in der Nähe zum Wasser in Uferhöhlen oder in Nischen der Felswände an. Es werden 3–5 Eier gelegt, die für 43–44 Tage bebrütet werden. 48 Stunden nach dem Schlupf werden die Küken vom Weibchen durch spezielle Rufe aus dem Nest gelockt. Der Nachwuchs kann sofort ohne Probleme in den Stromschnellen schwimmen und auch tauchen.

7.5.2   Haltungsanforderungen
Die Haltung von Sturzbachenten wurde bisher nur sehr selten versucht. Diese Art ist sehr anfällig für Lungenwürmer und Aspergillose. Dies ist wahrscheinlich dem Klima in unseren Breiten geschuldet. In der Vergangenheit zeigte sich, dass feuchtes Wetter bei den Sturzbachenten zu Lungenerkrankungen führen kann. Eine Anlage

für diese Enten muss mit Felswänden und einem ständig laufenden Wasserfall ausgestattet werden. Probleme bei der Haltung stellte wohl auch die besondere Ernährung dar. Man kann diesen Enten Insekten wie Mehlkäferlarven oder Soldatenfliegenlarven, aber auch Herzfleischstreifen, gekochtes Ei, Forellenpellets und Garnelen geben. Es handelt sich bei den Sturzbachenten um sehr anspruchsvolle Pfleglinge mit sehr speziellen Bedürfnissen.

7.6 Tribus Aythyini – Tauchenten

7.6.1 Allgemeine Biologie

Die 20 Arten der Tauchenten sind vornehmlich auf der nördlichen Halbkugel verbreitet und dort in Süßwasserhabitaten anzutreffen. Jedoch werden auch andere Kontinente, mit Ausnahme der Antarktis, von diesen Enten bewohnt. Für die **Blauflügelgans** (*Cyanochen cyanoptera*), die **Hartlaubente** (*Pteronetta hartlaubii*) sowie die **Marmelente** (*Mamaronetta angustirostris*) (Abb. 20) ist die deutsche Bezeichnung „Tauchenten" etwas irreführend. Die Weißflügel-Moschusente zählt auch dazu. Zu deutlich unterscheiden sie sich in vielen Bereichen von den *Netta*- und *Aythya*-Arten. Auch der Geschlechtsdimorphysmus ist bei diesen Arten nicht so deutlich ausgeprägt wie bei den typischen Tauchenten oder fehlt auch gänzlich. Das trifft auch auf viele Bereiche der Lebensweise zu. Tauchenten suchen ihre Nahrung beim Tauchen oder Schwimmen unter Wasser. Für diese Art der Nahrungssuche haben die großen Füße und weit hinten am Körper angesetzten Beine gewisse Vorteile. Auch die gedrungene Körperform und der relativ kurze Hals wirken sich vorteilhaft auf die Tauchgänge aus. Pflanzenteile sind die hauptsächlichen Nahrungsbestandteile dieser Enten, wobei aber auch Wasserinsekten, Krebs- und Weichtiere verzehrt werden. Die **Reiherente** (*Aythya fuligula*) und auch die **Bergente** (*A. marila*) ernähren sich hingegen vor allem von tierischer Nahrung, insbesondere von Muscheln, Schnecken, Insekten und Fröschen, in geringerem Maße von Sämereien, Sprossen und Blättern von Wasserpflanzen. Auch die **Maoriente** (*A. novaeseelandia*) (Abb. 21) ist eine von den Arten, die sich zu etwa 80 Prozent animalisch

Abb. 20 Die Marmelente (*Marmaronetta angustirostris*) nimmt eine Sonderstellung zwischen Tauch- und Schwimmenten ein und stellt eine eigenständige, monotypische Evolutionslinie der Enten dar. (Foto: Jörg Asmus)

Abb. 21 Die Maoriente
(*Aythya novaeseelandia*) ist
eine in Neuseeland
endemische Tauchentenart.
(Foto: Jörg Asmus)

ernährt (Kleinmollusken). Die Marmelente zählt ebenfalls zu diesen Spezies unter
den Tauchenten; sie ernährt sich vornehmlich von Insekten und Mollusken. Im
Flachwasser können diese Enten, genau wie ihre nahen Verwandten die Schwimmenten (Anatini), auch gründeln. In tieferen Gewässern dienen die auf dem Schnabel befindlichen Tastsinneszellen der Nahrungssuche. Tauchenten weisen einen
ausgeprägten Geschlechtsdimorphismus auf. Der für die Schwimmenten charakteristische Flügelspiegel fehlt den Tauchenten.

Laut IUCN ist die Weißflügel-Moschusente, auch Malaienente, als stark gefährdet
(„endangered") eingestuft. Die Baermoorente (*A. baeri*) und die Rosenkopfente (*Rho-
donessa caryophyllacea*) werden auf der Roten Liste gegenwärtig als vom Aussterben
bedroht („critically endangered") geführt. Die Madagaskar-Moorente (*A. innotata*)
galt bereits als ausgestorben, wurde aber 2006 an einer entlegener Stelle Madagaskars
wiederentdeckt. Seit 2009 gibt es für diese Art ein internationales Zuchtprogramm.

7.6.2   Haltungsanforderungen

Die Tauchenten sind derzeit in 180 zoologischen Einrichtungen Europas vertreten.
Der häufigste Vertreter darunter ist die **Reiherente** mit 148 Haltungen und die
seltenste Spezies die **Rotkopfente** (*Aythya americana*) mit 4 Haltungen (www.
zootierliste.de). Fast alle Arten werden oder wurden auch in privaten Zuchtanlagen
gehalten und gezüchtet.

Tauchenten bevorzugen geräumige, naturbelassene Teichanlagen mit ausgeprägter Ufervegetation. Dort finden sie dann auch geeignete Plätze für den Neststandort. Gelegentlich wird auch in Nistkästen gebrütet, vor allem, wenn die
Vegetation nicht ausreichend vorhanden ist. Entsprechend ihren Gewohnheiten
der Nahrungssuche sollten die Teiche nicht zu flach sein. Mehr als 1 m Wassertiefe
ist von Vorteil. Um ihren natürlichen Verhaltensweisen gerecht zu werden, sollte
auch immer etwas Körnerfutter ins Wasser gegeben werden, das von den Enten
dann tauchend aufgenommen wird. In Großanlagen können **Kolbenenten** (*Netta
rousse*) hilfreich zur Regulierung unerwünschter Wasserpflanzen eingesetzt werden. Die **Rosenschnabelente** (*N. peposaca*) hat den Vorteil, dass sie das ganze Jahr

über im Prachtkleid bleibt. Für große Teichanlagen eignet sich die **Riesentafelente** (*A. valisneria*) aus der Gruppe der rotköpfigen Tauchenten besonders. Sie brütet gern in Seggenbeständen gut versteckt ihr Gelege aus. Es sind meist nicht mehr als 5 Eier. Die Haltung und Zucht der Moorenten-Gruppe ist schon deshalb erstrebenswert, da fast alle Arten zumindest regional unter Bestandsverlusten leiden, manche Arten sind extrem gefährdet. Dazu zählen auch die **Baermoorenten**. In ihren ohnehin kleinen ostasiatischen Verbreitungsgebieten sind sie nur noch inselartig anzutreffen und darüber hinaus einem zu starken Jagddruck ausgesetzt. Für alle Moorenten-Arten gilt deshalb, bei der Zucht besonders auf die Reinhaltung der Arten zu achten und Vermischungen nicht zuzulassen. Von den schwarz-weiß gefärbten Tauchenten sind die **Kanadabergente** (*A. affinis*) und die **Ringschnabelente** (*A. collaris*) empfehlenswerte Gehegevögel, die im Wesentlichen ähnliche Verbreitungs- und Überwinterungsgebiete des nordamerikanischen Kontinents bewohnen. Dabei empfiehlt sich die früher als Veilchenente bezeichnete Kanadabergente durchaus auch für kleinere Teichanlagen. Bei allen *Aythya*-Arten ist auf ihre Neigung zur Bastardierung zu achten. Da manche Bastarde dazu noch artenreinen Tieren ähneln können, muss dieser Verantwortung besondere Bedeutung beigemessen werden.

7.7 Tribus Anatini – Schwimmenten

7.7.1 Allgemeine Biologie

Die Schwestergruppe der Tauchenten sind die Schwimmenten mit 55 Spezies, von denen 2 Arten (Mauritiusente, Amsterdamente) als ausgestorben gelten. Ihr Verbreitungsgebiet erstreckt sich über alle Kontinente, außer der Antarktis. Es handelt sich bei den Schwimmenten zumeist um Bewohner von Süßwasserlebensräumen, die aufgrund ihrer gründelnden Ernährungsweise auf Flachgewässer angewiesen sind. Während der Zugphasen sind manche Arten auch an Küsten anzutreffen; die Dampfschiffenten (*Tachyeres*) leben hingegen ganzjährig an den Meeresküsten ihres Verbreitungsgebietes. Diese schweren und sehr kräftigen Enten bewohnen alle das südliche Südamerika und die Falklandinseln. Sie alle haben kurze Flügel, bei 3 Arten hat sich im Laufe der Evolution ihr Flugvermögen bis zur Flugunfähigkeit zurückgebildet. Alle 4 Arten der Dampfschiffenten sind aber sehr gute Schwimmer und Taucher. Wenn die Vögel verfolgt werden und schnell fliehen müssen, schlagen sie mit ihren Flügeln auf die Wasseroberfläche, sie wirken dann wie ein Raddampfer, was wahrscheinlich zu der deutschen Namensgebung veranlasste. Während die meisten Schwimmenten unter Wasser nach Fressbaren suchen, ragt ihr Schwanz aus dem Wasser, sie gründeln und wurden deshalb auch Gründelenten genannt. Die Löffelenten durchseihen mit ihren außergewöhnlich geformten Schnäbeln das Wasser. Plankton, Wasserflöhe, Insektenlarven, Würmer, Kaulquappen und Laich dienen diesen Enten als Nahrung. Mit der in Europa heimischen **Löffelente** (*Spatula clypeata*) (Abb. 22) ist dabei eine charakteristische Körperbewegung verbunden. Diese Ente dreht ihren gesamten Körper und wirbelt dadurch den Schlamm auf. Die auf diese Weise an die Wasseroberfläche steigenden Nahrungsbestandteile werden

Abb. 22 Die Löffelente (*Spatula clypeata*) ist aufgrund ihres löffelartig verbreiterten Schnabels kaum mit anderen Arten zu verwechseln. (Foto: Jörg Asmus)

dann schließlich aufgenommen und durch die Lamellen am Schnabelrand im Inneren des Schnabels behalten, das Wasser wird durch die Lamellen nach außen gedrückt. Die **Pfeifente** (*Mareca penelope*) gilt nahrungsspezifisch als sehr anpassungsfähig, die im Gegensatz zu den meisten anderen Schwimmenten große Teile ihrer Nahrung auch an Land aufnimmt.

Gemäß der IUCN werden von Schwimmenten die **Madagaskarente** (*A. melleri*), die **Hawaiistockente** (*A. wyvilliana*), die **Campbellente** (*A. nesiotus*) und die **Bernierente** (*A. bernieri*) (Abb. 23) als stark gefährdet („endangered") eingestuft und die **Laysanstockente** (*A. laysanensis*) als vom Aussterben bedroht („critically endangered").

7.7.2 Haltungsanforderungen

41 Arten der Schwimmenten werden gegenwärtig in den Zoos und Vogelparks Europas gehalten (www.zootierliste.de). Kaum eine Art der Schwimmenten wurde noch nicht in Privatanlagen gehalten. Die **Kaplöffenente** (*S. smithii*) gehört zu den ganz selten gehaltenen Arten, außerdem die **Andamanen-Weißkehlente** (*A. albogularis*) und die **Austral-Weißkelente** (*A. gracilis*). Aus der Stockenten-Gruppe betrifft das beispielsweise die **Dunkelente** (*A. rubripes*) und die **Mexikoente** (*A. fulvigula*). **Aucklandenten** und **Neuseeland-Enten** (*A. chlorotis*) haben es wohl durch ihre Unverträglichkeit in der Partnerschaft nicht dauerhaft in die Zuchtanlagen geschafft.

Abb. 23 Zu den bedrohten und nach dem Washingtoner Artenschutzübereinkommen (Anhang II) geschützten Entenarten zählt die auch in Haltungen äußerst seltene Bernierente (*Anas bernieri*). (Foto: Manfred Kästner)

Bei einigen Arten, wie beispielsweise der **Salvadoriente** (*Salvadorina waigiuensis*), hat sich die Haltung als äußerst schwierig herausgestellt. Im Jahr 1959 wurden Salvadorienten im Wildfowl Trust in Slimbridge gehalten. Es ist aber nie zu einer erfolgreichen Zucht gekommen, im Gegenteil hat sich die Haltung als so schwierig erwiesen, dass alle damals eingeführten Tiere ein Jahr später verstorben sind. Aus Haltungen von Neuguinea weiß man nur, dass diese Enten äußerst aggressiv auf Artgenossen regieren und man sie deshalb nur als einzelne Paare halten sollte. Die meisten anderen Schwimmenten sind hingegen robust, wie beispielsweise die Dampfschiffenten. Sie gelten als winterhart und können daher das ganze Jahr über auf einer Außenanlage gehalten werden. Sie benötigen eine relative große Wasserfläche mit mindestens 60 cm Wassertiefe, da sie sehr gut tauchen können. Ein Flachwasserbereich muss zur Aufzuchtzeit der Küken aber auch vorhanden sein. Diese Tiere sind nur als einzelne Paare zu halten und können nur bedingt mit anderen Arten vergesellschaftet werden. Mit Pinguinen und Flamingos geht das ohne Probleme. Als Futter sollte ihnen neben eiweißreichen Entenpellets auch Fisch, durchgedrehtes Fleisch, Mäuse, gekochtes Ei und Garnelen dargereicht werden. Gekeimtes Getreide, Löwenzahn, Beeren und verschiedene Früchte runden den Speisezettel ab. Mit dieser Futtermischung gelang die Nachzucht im Zoo Zürich. Zur Brut sind sie sehr aggressiv und daher sollten sie in dieser Zeit abgetrennt werden, ansonsten kann es zu Verlusten unter den Mitbewohnern kommen. Sie brauchen große Nistkästen oder Brutnischen und viel hochgewachsenes Schilf, um diese damit auskleiden zu können.

Reizvoll kann auch die Haltung von den beiden südamerikanischen Arten **Schopfenten** (*Lophonetta specularioides*) und **Kupferspiegelenten** (*Speculanas specularis*) sowie der in Afrika beheimateten **Schwarzenten** (*A. sparsa*) sein. Sie haben aber etwas gemeinsam. Während Jung- und Einzeltiere durchaus zu vergesellschaften sind, ist bei brutwilligen und brutaktiven Paaren Vorsicht geboten. Eine Einzelunterbringung ist anzuraten. Während die südamerikanischen Arten völlig winterhart sind, sollte man bei den etwas frostempfindlichen Afrikanern einen Schutzraum zur Verfügung haben, zumal diese Art in der Regel frühzeitig im Jahr mit dem Legen beginnt. Allgemein findet man unter den Schwimmenten für fast jede Teichanlage auch geeignete Vertreter für günstige Haltungsbedingungen. Die Pfeifentenarten haben vergleichbare Schnäbel wie einige Vertreter der Feld- und Meergänse und können damit, wie diese, auch an Land auf Weideflächen nach Nahrung suchen. Entfernt vom Wasser suchen sie auch den Standort zur Nestanlage aus. Der Halter gewöhnt sich an diese Eigenschaften und findet oft in unmittelbarer Nähe eines Baumstammes auch das Pfeifentennest. Im Gegensatz dazu lieben Löffelenten seichte Gewässer mit einer flach auslaufenden Uferzone. Ihren speziellen Gewohnheiten der Nahrungsaufnahme, nämlich diese seihend von der Wasseroberfläche aufzunehmen, sollte auch in Zuchtanlagen Rechnung getragen werden. Am besten bietet man frisch gesammelte Wasserlinsen mit reichlich Kleinlebewesen darin. Löffelenten lieben als Neststandort flache Bodenvegetation, in der sie flach geduckt dem Brutgeschäft nachgehen können. Sie möchten aber mit ausgestrecktem Hals die Vegetation überschauen können. Eine besondere Verantwortung trägt der Züchter auch bei den Schwimmenten wenn es um die Frage der Haltung von Unterarten (Subspezies) geht. Entscheidet man sich für die Haltung mehrerer Unterarten, ist auf eine strikte Trennung in der Zuchtanlage zu achten. Das trifft zum Beispiel auf die Spitzschwanzenten (*A. georgica*) und deren Unterarten **Südgeorgische Spitzschwanzente** (*A. g. georgica*) und **Chile-Spitzschwanzente** (*A. g. spinicauda*) zu. Gleiches gilt auch für die Haltung der Südandenente (*A. flavirostris*) mit den Unterarten **Südandenente** (*A. f. flavirostris*) und der **Spitzschwingenente** (*A. f. oxyptera*). Ähnliche Beispiele könnten folgen.

Besondere Vorsicht ist geboten, möchte man Verwandte der **Stockenten** (*A. platyrhynchos*), wie die **Indien-Fleckschnabelente** (*A. poecilorhyncha*), die **Augenbrauenente** (*A. superciliosa*) oder die **Philippinenente** (*A. luzonica*) halten und kann die Anlage nicht vor einfliegenden frei lebenden Stockenten schützen. Bei der Haltung von **Hawaiistockente** (*A. wyvilliana*) und **Laysanstockente** ist aufgrund der Gefährdungssituation eine besondere Verantwortung zu tragen. Die einheimische Stockente ist für ihre hohe und ausgeprägte Bastardierungsneigung bekannt und das ist in allen nur möglichen Fällen zu unterbinden.

Die Haltung von Vögeln aus der Ordnung der Gänsevögel kann durch die Kombination von natürlichem Erleben in der Vogelhaltung in Verbindung mit grenzenlosen und weiträumigen gestalterischen Möglichkeiten bei der Errichtung und Einrichtung der Zuchtanlagen in besonderem Maße Erfüllung finden. Die Voraussetzungen einer artgemäßen Vogelhaltung sind gerade mit dieser Vogelordnung gegeben und sollten gedanklich und praktisch weiter den aus dem Freiland bekannten wichtigsten natürlichen Lebenserfordernissen angepasst werden.

7.7.3 Bedrohung, Handel und Haltung

Von den insgesamt 169 Arten der Anseriformes sind gegenwärtig 40 Arten (24 %) in irgendeiner Form gefährdet oder bedroht, und zwar sind nach der Kriterien der IUCN 9 Arten als „near-theatened", 14 als „vulnerable", 11 als „endangered" und 6 als „critically endangered" eingestuft. Die Hauptgründe für Bestandsrückgänge sind die Lebensraumzerstörung, die Jagd und bei den Insel-Endemiten auch die Konkurrenz mit eingeführten Prädatoren (Winkler et al. 2015). Die betreffenden Arten der letzten beiden Kategorien sind jeweils in den Artkapiteln benannt.

Abhängig vom Freilandstatus und der Handelssituation sind entsprechend auch einige Arten in den Anhängen des Washingtoner Artenschutzübereinkommens (CITES) aufgeführt. Im Anhang I befinden sich derzeit acht Arten, darunter **Aucklandente, Laysanstockente, Neuseeland-Ente** und **Hawaiigans.** Diese Arten dürfen nicht kommerziell gehandelt und nur unter bestimmten Voraussetzungen gehalten werden (siehe unten, Ausnahmen). Im Anhang II sind ebenfalls acht Arten verzeichnet, darunter **Bernierente, Rothalsgans** (Abb. 24), **Kubapfeifgans** und der **Coscorobaschwan.** Diese Arten dürfen gehalten werden, es muss jedoch ein Herkunftsnachweis geführt und die Jungvögel müssen geschlossen beringt und behördlich gemeldet werden (siehe unten, Ausnahmen). Im Anhang III sind schließlich zwei Arten aufgeführt, und zwar die Rotschnabel-Pfeifgans und die Gelbbrust-Pfeifgans der Populationen von Honduras. Sie stehen gewissermaßen auf der Vorwarnliste für dieses Land, sind aber nicht generell gefährdet (www.cites.org).

Abb. 24 Die Rothalsgans (*Branta ruficollis*) ist zwar im Anhang II des Washingtoner Artenschutzübereinkommens aufgeführt, unterliegt aber gemäß Bundesartenschutzverordnung Anlage 5 mittlerweile keinen Haltungsbeschränkungen (keine Meldepflicht) mehr. (Foto: Jörg Asmus)

Die Deutsche Bundesartenschutzverordnung folgt in der Regel den Vorgaben des CITES-Abkommens, geht aber manchmal durch weitere Einschränkungen und Auflagen sogar darüber hinaus. Bei den Gänsevögeln stellt sich allerdings die Situation so dar, dass manche im Freiland bedrohte Arten häufig und produktiv in Menschenobhut nachgezogen werden können. Um bei diesen Arten den bürokratischen Aufwand zu reduzieren, wurde eine Anlage 5 (zu § 7, Abs. 2) zur Bundesartenschutzverordnung (BArtSchV) erstellt, in der diese Spezies aufgeführt wurden. Von der Anzeigepflicht des § 7 Abs. 2 ausgenommene Arten sind demnach: *Anas formosa* (**Baikal-Ente**), *Anas laysanensis* (**Laysan-Stockente**), *Anas querquedula* (**Knäkente**), *Aythya nyroca* (**Moorente**), *Branta ruficollis* (**Rothalsgans**), *Branta sandvicensis* (**Hawaiigans**), *Dendrocygna arborea* (**Kuba-Pfeifgans, Kuba-Baumente**), *Marmaronetta angustirostris* (**Marmelente**), *Sarkidiornis melanotos* (**Höckerente, Glanzente, Höckerglanzente**) und *Tadorna ferruginea* (**Rostgans**). (Wissenschaftliche und deutsche Namen entsprechen den im Gesetzestext verwendeten Bezeichnungen). Für die überwiegende Mehrzahl der Gänse und Enten gelten keine behördlichen Haltungsbeschränkungen. Allerdings sind Schwäne, Gänse und Enten auch in den verschiedenen Anlagen der Bundeswildschutzverordnung aufgeführt und unterliegen allgemeingültigen Regularien.

Literatur

Donne-Goussé, C., Laudet, V., & Hänni, C. (2002). A molecular phylogeny of Anseriformes based on mitochondrial DNA analysis. *Molecular Phylogenetics and Evolution, 23*(3), 339–356.

Ericson, P. G. P., Anderson, C. L., Britton, T., Elzanowski, A., Johansson, U. S., Källersjö, M., Ohlson, J. I., Parsons, T. J., Zuccon, D., & Mayr, G. (2006). Diversification of neoaves: Integration of molecular sequence data and fossils. *Biology Letters, 2*, 543–547.

Hackett, et al. (2008). A phylogenomic study of birds reveals their evolutionary history. *Science, 5*(884), 1763–1768. Washington: American Association for the Advancement of Science.

Hoyo, J. del., & Collar, N. J. (2014). *HBW and birdlife international illustrated checklist of the birds of the world: Non-passerines* (S. 124–147). Barcelona: Lynx.

Hoyo, J. del., Elliot, A., & Sargatal, J. (1992). *Handbook of the birds of the world* (Bd. 1, S. 527–628). Barcelona: Lynx.

Jacob, K. (2014). Ordnung Gänsevögel – Anseriformes. In W. Grummt & H. Strehlow (Hrsg.), *Zootierhaltung – Vögel* (S. 119–163). Haan-Gruiten: Europa-Lehrmittel.

Kolbe, H. (1999). *Die Entenvögel der Welt*. Stuttgart: Ulmer.

Livezey, B. C. (1997). A phylogenetic analysis of basal Anseriformes, the fossil *Presbyornis*, and the interordinal relationships of waterfowl. *Zoological Journal of the Linnean Society, 121*, 361–428.

Matthew, G. H. (2007). Parallel radiations in the primary clades of birds. *Evolution, 58*(11), 2558–2573.

Winkler, D. W., Billermann, S. M., & Lovette, I. J. (2015). *Bird families of the world – Anseriformes* (S. 56–63). Barcelona: Lynx.

Ordnung: Phoenicopteriformes – Flamingos

Ruben Holland

Inhalt

1   Familie: Phoenicopteridae

Systematik und Allgemeine Biologie
Mit sechs Arten in drei Gattungen, die in der einzigen Familie Phoenicopteridae zusammengefasst sind, bilden die Flamingos eine der kleinsten Vogelordnungen. Mit einer Gesamtgröße von 120–145 cm sind Kubaflamingo (*Phoenicopterus ruber*) und Rosaflamingo (*Phoenicopterus roseus*) die größten Arten (Abb. 1). Der Zwergflamingo (*Phoeniconaias minor*) mit nur 80–90 cm Größe ist die kleinste Art. Laut neuester genetischer Studien sind die Flamingos am ehesten mit den Lappentauchern (Podicipediformes) verwandt (Torres und van Tuinen 2017).

Flamingos findet man auf allen Kontinenten außer Australien und der Antarktis. Sie bewohnen vor allem flache Gewässer, die normalerweise salzhaltig sind. Dabei findet man sie sowohl an Küsten, wie auch an Inlandseen. Kolonien der südamerikanischen Flamingos in den Anden liegen teilweise bei über 4000 m über dem Meeresspiegel. Die Vögel ernähren sich hauptsächlich von Algen, Plankton und Wasserinsekten, die mit dem Schnabel aus dem Wasser gefiltert werden. Dabei besetzen die verschiedenen Arten, die teilweise in den gleichen Seen vorkommen, unterschiedliche Nahrungsnischen, indem sie unterschiedlich große Nahrung aufnehmen.

Flamingos schließen sich meist zu großen Kolonien zusammen, in denen Paare monogam leben. Zur Brutzeit synchronisieren sich die Tiere durch eine Gruppen-

R. Holland (✉)
Zoo Leipzig GmbH, Leipzig, Deutschland
E-Mail: rholland@zoo-leipzig.de

© Springer-Verlag GmbH Deutschland, ein Teil von Springer Nature 2021   513
W. Lantermann, J. Asmus (Hrsg.), *Wildvogelhaltung*,
https://doi.org/10.1007/978-3-662-59604-3_46

Abb. 1 Rosaflamingos (*Phoenicopterus roseus*) in einem französischen Vogelpark in der Camargue. (Foto: Werner Lantermann)

balz. Das einzige Ei wird auf einen selbst gebauten Lehmkegel gelegt und 27–31 Tage von beiden Partnern bebrütet. 5 bis 12 Tage nach dem Schlupf verlassen die Küken den Kegel und schließen sich dann zu großen Gruppen zusammen. Nach 10–12 Wochen sind sie flügge (del Hoyo 1992).

Von den sechs Flamingoarten ist bislang nur der Andenflamingo (*Phoenicoparrus andinus*) gefährdet („vulnerable"), derweil Chile- (*Phoenicopterus chilensis*), Zwerg- (*Phoeniconaias minor*) und Jamesflamingo (*Phoenicoparrus jamesi*) auf der Vorwarnliste („near-threatened") stehen (www.iucnredlist.org).

Haltungskriterien

In den Tiergärten findet man häufig Rosa-, Kuba- und Chileflamingos. Seltener gehalten werden Zwergflamingos. James- und Andenflamingos findet man derzeit nur im Zoo Berlin und in WWT Slimbridge (Wildfowl and Wetlands Trust) (www. zootierliste.de). Bei privaten Vogelhaltern werden Flamingos seltener gehalten.

Flamingos sollten in größeren Gruppen in Volieren mit Wasserbecken und Winterquartier gehalten werden. Die Wassertiefe des Beckens sollte zwischen 30 und 75 cm tief sein. Zusätzlich benötigen die Tiere Schlammflächen, um ihre Brutkegel zu bauen (Grummt 2014). Die meisten Arten sind winterhart (Abb. 2). Allerdings müssen die Tiere in das Winterquartier genommen werden, wenn das Wasserbecken zufriert, da die Flamingos sich an den Eiskanten die Beine verletzen können. Um

Abb. 2 Kubaflamingo (*Phoenicopterus ruber*) im Schnee. Solange das Wasserbecken nicht zufriert, können Flamingos auch bei kalten Temperaturen außen gehalten werden. (Foto: Ruben Holland)

Fußverletzungen vorzubeugen, ist es sinnvoll auch im Innenstall einen feuchten, unebenen, möglichst weichen Boden zu verwenden. Die Temperatur innen sollte mindestens frostfrei, besser sogar bei 10–15 °C liegen. Vermeiden sollte man in einem Flamingogehege jedwede Hindernisse. Gegenstände, über die die Tiere fallen oder gegen die sie flattern, können schnell zu Bein- und Flügelfrakturen führen.

Der Fang von Flamingos sollte in Räumen mit gepolsterten Wänden stattfinden, da sich die Tiere sonst sehr schnell die Flügelbüge aufschlagen können. Außerdem muss beim Fang aus der Gruppe darauf geachtet werden, dass einzelne Vögel nicht stürzen und dann nicht mehr aufstehen können, weil der Rest der Gruppe darüber läuft.

Der Transport findet entweder einzeln in Transportkisten mit weichen Wänden statt (Leinen, Pappe) oder als Gruppe, offen auf einem Pferdehänger oder in einer gepolsterten Großkiste.

Laut einer Richtlinie zur Tierhaltung aus Thüringen sollten 10 Flamingos eine Mindestaußenfläche von 110 m^2 und 10 m^2 Wasserbecken erhalten. Jedes weitere Tier benötigt weitere 5 m^2 Land und 0,5 m^2 Wasser. Im Innenbereich sollte für jedes Tier 0,5 m^2 zur Verfügung gestellt werden.

Das Geschlechterverhältnis in der Gruppe sollte möglichst ausgeglichen sein. Denn überzählige Männchen können gerade bei der Brut für Störungen sorgen. In Volieren können die Vögel mit anderen ans Wasser gebundenen Vögeln wie Enten und Sichlern vergesellschaftet werden. Hält man die Arten der Gattung *Phoenicopterus* zusammen, kann es zu Hybridisierung kommen.

Auf dem Markt gibt es mittlerweile verschiedene Anbieter von Flamingopellets, die das Nahrungsspektrum der Tiere abdecken. Sowohl ein Erhaltungsfutter als auch ein Zuchtfutter werden angeboten. Im Zoo Leipzig wird die Gruppe der Zwergflamingos zur Brutzeit zusätzlich mit 500 g Artemien pro Tag stimuliert. In den handelsüblichen Flamingopellets sind auch Carotinoide als Farbstoffe beigemischt, die die Tiere für ihre Federfärbung benötigen.

Um Flamingos erfolgreich zu züchten, ist es notwendig eine größere Anzahl ab 20 Tiere zu halten. Um die Tiere zur Zucht zu animieren, sollten Zuchtpellets gegeben und künstliche Kegel auf der Brutfläche vorbereitet werden. Sollte die Eiablage dennoch nicht beginnen, kann auch ein Kunstei auf einem der Kegel platziert werden, um die Vögel weiter anzuregen. Im Zoo Leipzig brüten Zwergflamingos erfolgreich in der Winterzeit im Innenstall bei etwa 20 °C, wenn ihnen Lehm zum Bauen der Kegel angeboten wird (Abb. 3). Der Brutbereich sollte so liegen, dass große Störung durch Menschen verhindert werden kann. Längere Regenperioden, während die Jungen noch im Dunenkleid sind, können zum Tode der Küken führen. Die Nutzung von Spiegeln, die eine Vergrößerung der Gruppe simulieren sollen, verschmutzen meist so schnell, dass eigentlich keine Wirkung erzielt werden kann.

Die Aufzucht der Küken wird in den meisten Fällen von den Eltern übernommen (Abb. 4). Aber auch eine Handaufzucht ist möglich, ohne dass die Küken auf den Menschen fehlgeprägt werden. Dabei hat sich die eibasierende Futterformel von Dierenfeld et al. (2009) bewährt.

Abb. 3 Zwergflamingos (*Phoeniconaias minor*) brüten sehr gut im Winter im Stall, wenn man ihnen Lehm als Substrat zum Kegelbau anbietet. (Foto: Ruben Holland)

Abb. 4 Junger Chileflamingo (*Phoenicopterus chilensis*) auf dem Bruthügel. Schon direkt nach dem Schlupf können die Jungvögel sehen und verlassen nach wenigen Tagen den Kegel. (Foto: Ruben Holland)

Der Chileflamingo und der Zwergflamingo sind nach dem Washingtoner Artenschutzübereinkommen unter Anhang II/B gelistet. Der Kubaflamingo wird sogar im Anhang II/A der EG-Verordnung geführt. Zuchtbücher gibt es für Flamingos in der EAZA derzeit noch nicht. Allerdings werden die Arten von der „Flamingo- und Storchen TAG" überwacht, und eine „Lesser flamingo working group" wurde gegründet, in der in einem Expertenteam versucht wird, die zur Zeit noch unbefriedigende Zuchtrate des Zwergflamingos (*Phoeniconaias minor*) in Menschenobhut zu erhöhen.

Der Kubaflamingo braucht für die Haltung ein CITES Papier und ist geschlossen mit einem 18 mm Ring zu kennzeichnen. Alle anderen Arten benötigen nur einen Herkunftsnachweis. Alle Arten sind anzeigepflichtig. Die Ringe für Flamingos sollten nicht zu groß gewählt werden, damit die Tiere nicht mit ihrem Schnabel im Ring hängen bleiben. So bietet es sich an, den Zwergflamingo mit Ringen zwischen 13 und 14 mm zu beringen, Chileflamingos sollten Ringe zwischen 14 und 15 mm erhalten, und nur die großen *Phoenicopterus* Arten erhalten Ringe bis zu 18 mm. Zur Unterscheidung der Individuen haben sich Farbplastikringe bewährt, die mit drei großen Zeichen gut aus der Entfernung abzulesen sind.

Durch ihren Schnabel, der wie ein Filter funktioniert, haben sich Flamingos zu absoluten Nahrungsspezialisten entwickelt. Dabei ist der Schnabel so gebogen, dass er nicht zu weit öffnet, um nicht zu große Partikel aufzunehmen. Durch die unwirtlichen Lebensbedingungen, in denen Flamingos überleben können, haben sie außerdem eine Nische übernommen, in die kaum ein Nahrungskonkurrent stoßen konnte. Dadurch ist die Entwicklung der Morphologie der Vögel eigentlich stehen geblieben und die ersten flamingoähnlichen Vögel gab es schon vor etwa 50 Millionen Jahren (Torres und van Tuinen 2017).

Der älteste Flamingo in Menschenobhut wurde 83 Jahre alt, und auch Tiere aus dem natürlichen Lebensraum können ein Alter von über 50 Jahren erreichen (Grummt 2014).

Literatur

Dierenfeld, E. S., Macek, M., Snyder, T., Vince, C., & Sheppard, A. (2009). A simple and effective egg-based hand-rearing diet for flamingos. In M. Clauss et al. (Hrsg.), *Zoo animal nutrition IV.* Fürth: Filander.

Grummt, W. (2014). Flamingos (Phoenicopteriformes). In W. Grummt & H. Strehlow (Hrsg.), *Zootierhaltung – Vögel* (S. 113–117). Haan-Gruiten: Europa-Lehrmittel.

Hoyo, J. del (1992). Phoenicopteriformes. In J. del Hoyo, A. Elliott & J. Sargatal (Hrsg.), *Handbook of birds of the world: Volume 1 Ostrich to Ducks* (S. 508–528). Barcelona: Lynx

Torres, C. R., & van Tuinen, M. (2017). Evolution of flamingos. In M. J. Anderson (Hrsg.), *Flamingos: Behaviour, biology, and relationship with humans* (S. 29–34). New York: Nova Science Publishers.

Ordnung: Eurypygiformes – Kagus und Sonnenrallen

Christian Matschei

Inhalt

1 Familien: Rhynochetidae-Kagus, Eurypygidae-Sonnenrallen

Systematik und allgemeine Biologie
Die Ordnung umfasst nur 2 Arten, die unterschiedlichen Familien zugeordnet werden. Lange wurden beide Formen zu den Kranichvögeln (Gruiformes) gestellt, doch verdeutlichten genetische Studien keine unmittelbare Verwandtschaft zu diesen. Die Eurypygiformes werden heute als Schwesterntaxa zu den Kranichen betrachtet. Beide Familien, die Rhynochetidae und die Eurypygidae, stehen nach jüngeren Ansichten eventuell den Schwalmartigen (Caprimulgiformes) oder gar den Tropikvögeln (Phaetontiformes) näher (Winkler et al. 2015). Der Kagu wird gelegentlich an die ausgestorbene neuseeländische Vogelgruppe der Gattung *Aptornis* (Aptornithidae) angelehnt. Dies würde wiederum bedeuten, dass die Eurypygiformes ihren Ursprung auf Gondwana hatten und beide rezente Formen durch dessen Zerfall evolutiv getrennt wurden.

Die Familie Rhynchetidae umfasst nur eine Art, den **Kagu** (*Rynchetos jubatus*). Es handelt sich um Vögel, die nur 55 cm groß sind und etwa 700–1100 g Körpermasse besitzen (del Hoyo et al. 1996). Die aschgrau gefärbten Kagus kennzeichnen sich durch einen orangeroten Schnabel und ähnlich gefärbte Beine und Zehen, eine 13 cm lange, aufstellbaren Federhaube sowie schwarz-weiß gebänderte Handschwingen. Männchen und Weibchen sind äußerlich nicht zu differenzieren (del

C. Matschei (✉)
Heidesee, Deutschland

© Springer-Verlag GmbH Deutschland, ein Teil von Springer Nature 2021
W. Lantermann, J. Asmus (Hrsg.), *Wildvogelhaltung*,
https://doi.org/10.1007/978-3-662-59604-3_57

Hoyo et al. 1996). Jungvögel unter 2 bis 3 Jahren sind bräunlicher und auch Schnabel und Beine sind orangebraun. Kagus besitzen ausgeprägte Flügel, doch ist ihre Flugmuskulatur reduziert und sie sind nahezu flugunfähig. Nur ein kurzes hangabwärts orientiertes Gleiten kann erfolgen. Einzigartig sind ebenso die äußeren Klappen über den Nasenlöchern.

Sonnenrallen (*Eurypyga helias*) sind von reiherartiger Statur, jedoch mit langen Schwanzfedern und kurzen Füßen ausgestattet. Ein langer und dünner Schnabel ist ebenso typisch wie das auffällige Federkleid. Die Vögel wiegen zwischen 180 und 220 g.

Kagus bewohnen die Insel Neukaledonien. Sie sind im vegetationsreichen wie offenen Buschland und in dichten Wäldern anzutreffen. In den Gebirgswäldern dringen Kagus bis in 1600 m Höhe vor. Sonnenrallen sind in 3 Unterarten (*major*, *meridionalis* und *helias*) vom Süden Mexikos über Peru und Bolivien südwärts bis nach Zentral-Brasilien verbreitet. Hier nutzen sie Feigen- und Mangrovenwälder mit vegetationsreichen Uferabschnitten. Sie wurden in Habitaten bis in 1830 m Höhe nachgewiesen (del Hoyo et al. 1996).

Der Kagu gehört zu den besonders stark gefährdeten Vogelarten und wird im Internationalen Handel unter CITES I gelistet (del Hoyo et al. 1996). Mit dem Vordringen der europäischen Siedler auf Neukaledonien, dem Roden der Wälder und dem Einbringen fremder Tierarten, nahmen die Bestände zunehmend ab, so dass die Vögel in Grenzbereiche ihrer Verbreitung zurückwichen. 1991 gab es nur noch 654 Kagus, unter ihnen 271 Paare. Nur 63 dieser Paare lebten im Schutzgebieten, aus denen streunende oder verwilderte Hunde, Katzen, Ratten oder Schweine zurückgedrängt werden konnten (del Hoyo et al. 1996). Neben dem Schutz im Parc Provincial de la Rivière Bleue werden Kagus im Zoo der Hauptstadt Numéa erfolgreich vermehrt, deren Nachzuchten die Populationen auf Neukaledonien verstärken sollen. Heute leben im Freiland etwa 850 Kagus (Matschei 2014).

Haltungsanforderungen

Kagus waren schon immer begehrte Raritäten ornithologischer Lebendsammlungen. Auch in den Tiergärten unserer Zeit sind die Vögel ausgesprochen selten zu sehen. Der erste lebende Vogel Europas gelangte 1864 nach Frankreich. Um das Jahr 1960 lebten etwa 14 Tiere in 6 europäischen Haltungen (Robiller 2003). Nach dem 2. Weltkrieg waren die ersten Vögel im Frankfurter Zoo zu sehen. Die Haltung der Wildfänge währte von 1962 bis 1978 und führte fast zur Europäischen Erstzucht. Auch der Berliner Zoo, welcher bereits von 1913 an Kagus zeigte, erhielt 1962 erneut 2 Paare über den Import des Frankfurter Zoos. In Berlin konnten mehrfach befruchtete Eier vermerkt werden, doch verstarben die Küken innerhalb des Schlupfvorganges oder nach wenigen Stunden oder Tagen. Der letzte Vogel des Importes ging nach 23-jähriger Haltungsdauer an den Frankfurter Zoo. 1991 wurde die Haltung vorerst beendet (Lenzner und Reinhard 2008).

Durch den intensiven Schutz der Kagus von Neukaledonien kam es ab 1978 zu regelmäßigen Nachzuchten im Zoo von Nouméa. Dank der engen Zusammenarbeit erhielt der damalige Vogelpark Walsrode 1997/1998 2,1 Tiere aus dem Heimatland und ein weiteres Weibchen aus dem Zoo Yokohama/Japan (Matschei 2014). Mit diesen Tieren gelang mehrfach die erfolgreiche Nachzucht. Walsrode bildete in den Folgejahren ab 2000 den Grundstock für die Haltungen im Zoo Wuppertal und

Abb. 1 Balzende Kagus
(*Rynchetos jubatus*) im Zoo
Berlin. (Foto: Dr. Christian
Matchei)

erneut dem Zoo Berlin (Abb. 1). Letzterer erhielt 2006 ein junges Nachzuchtpärchen aus Walsrode (Lenzner und Reinhard 2008). Im Jahre 2019 konnte das einzelne Männchen aus Wuppertal übernommen werden, wodurch man sich eine Zuchtstimulanz erhofft. Ebenfalls aus dem Weltvogelpark Walsrode stammen die seit 2018 gezeigten männlichen Tiere in Prag und Plzeň/CZ (www.zootierliste.de).

Für die Privathaltung sollte auf den französischen Arzt und Ornithologen Dr. H. Quinque hingewiesen werden, der seit den 1960er-Jahren mehrfach Kagus nachzüchtete und auch einst Tiere zur Ausstellung im Jardin des Plantes in Paris zur Verfügung stellte (heute: CAVEX = Conservatoire des Animaux en Voie D`Extinction).

Sonnenrallen sind heute in 17 deutschen und weiteren 29 europäischen Haltungen zu studieren (www.zootierliste.de). Einige Tiergärten, wie die von Köln, Wuppertal, Walsrode, Frankfurt, Duisburg oder Berlin, blicken bereits auf die Pflege von Tieren zwischen den 1960er- und 1980er-Jahren zurück. Die Mehrzahl der aktuellen europäischen Halter konnte erst in den letzten 10 bis 20 Jahren Erfahrungen in der Haltung und Zucht ergänzen (u. a. Marlow, Magdeburg, Leipzig, Karlsruhe, Chemnitz oder Augsburg). Sonnenrallen gelten derzeit als nicht gefährdete Vogelart.

Kagus werden einzeln oder höchstens paarweise in geräumigen Innenanlagen mit angeschlossenen Volieren gepflegt. Beide Bereiche sind in den Sommermonaten nutzbar, während bei feuchtkalter Witterung oder einstelligen Plusgraden die Vögel in den Warmbereichen verbleiben sollen. Die Tieranlagen sind mit vielseitigen Böden, wie u. a. Sand, rundlichen Flusssteinen, Piniendekor, Rindenmulch oder

Laub anzureichern. Rückzugsbereiche mit dichter Vegetation sind ebenso notwendig, wie kleinere offene Abschnitte oder Sichtschneisen. Für die Bepflanzungen haben sich Farnpflanzen, Baumfarne, Palmfarne, Feigenbäume und kleinwüchsige Palmen gut und ausdauernd bewährt. Die Vögel gehen nicht an die Bepflanzungen. Ein kleiner flacher Wasserbereich ist wesentlich. Leicht erhöhte Strukturen, wie Äste, Wurzeln oder größere Steine, werden gern angenommen. Die Beleuchtung sollte nicht zu intensiv sein, da sich Kagus dann vermehrt in die Vegetation drücken. Vorteilhaft erweisen sich Außenvolieren mit beschatteter und warmer Südwest-Ausrichtung. Die Bespannung der bis 3 m hohen Volieren besitzt einen reinen Präsentationscharakter und ist für die Vögel, die sich nicht an die Gitter drücken, unerheblich. Auch Glasscheiben sind möglich.

Die Haltung der **Sonnenrallen** ist leicht und wird oft in Tropenhallen oder Großvolieren praktiziert (Abb. 2). Hier sind sie durchaus Freiflieger und zeigen sich wenig scheu auf Besucherwegen. Meist werden Paare gezeigt. Vorteilhaft sind flache Wasserbereiche und weiche Naturböden, ebenso vereinzelte waagerechte Aufbaum- und Brutmöglichkeiten.

Sonnenrallen können mit Reihern und Ibissen, Entenvögeln, Trompetervögeln, Guanen, Tauben, Sperlingspapageien oder Tangaren eine Vergesellschaftung bilden.

Kagus werden hingegen sehr selten mit anderen Arten zusammengeführt. Im Zoo Berlin gelang eine Volierengemeinschaft mit Schweifglanzstaren (*Lamprotornis purpuroptera*).

Abb. 2 Sonnenralle (*Eurypyga helias*) in der Stuttgarter Wilhelma. (Foto: Dr. Christian Matschei)

Kagus und Sonnenrallen erhalten in den Tiergärten ein Weichfuttergemisch aus Insektenfutter, Garnelenschrot, rohem und gekochtem Fleisch, gekochtem Ei, gekochtem Reis und geriebenen Möhren (Kaiser 2003). Ergänzt werden lebende Insekten, wie Mehlkäferlarven, Große Schwarzkäferlarven, Heimchen und Wanderheuschrecken. Kagus nehmen zudem in Streifen geschnittenes Rinderherz, nackte Jungmäuse, Rattenbabys und kleine Süßwasserfische, vornehmlich Stinte. Die Fütterung der Sonnenrallen-Küken erfolgt in den ersten 16 Tagen 10–12 mal täglich, wobei bereits ab dem 7. Tag Babymäuse selbstständig aufgenommen werden (Kaiser 2003).

Kagus schreiten monogam zur Zucht. Die Partner können durchaus eine mehrjährige Bindung zeigen. Das Weibchen legt ein einzelnes Ei (etwa 60–67 g und 59 × 46 mm) in ein einfaches Bodennest aus Blättern und Zweigen. Beide Elterntiere bemühen sich um das hellbraune Ei und den Jungvogel, welcher nach 33–37 Tagen mit etwa 48 g schlüpft und weitere 14 Tage gehudert wird (del Hoyo et al. 1996). Auffällig ist das schokoladenbraune Dunenkleid mit gelblich brauner Zeichnung. Der Nachwuchs ist mit gut 100 Tagen selbstständig (Schroepel und Grummt 2014). Bemerkenswert ist der Verbleib des Jungvogels im elterlichen Territorium von bis zu 6 Jahre. Sie verteidigen dieses Gebiet mit, doch beteiligen sie sich nicht an der kommenden Brut oder Aufzucht der Elterntiere.

Der Brutplatz der **Sonnenrallen** wird erhöht in mindestens 1,80 m Höhe auf waagerechten Unterlagen errichtet. Beide Partner tragen Brutmaterial aus Blättern, Fasern, Zweigen und feuchter Erde ein. Es werden 2 Eier im Legeabstand von 48 Stunden gelegt und etwa 27 Tage (Kaiser 2003) von beiden Elterntieren bebrütet (Schroepel und Grummt 2014). Die Jungvögel verbleiben nur 1–2 Tage im Nest und flattern dann zum Boden. Das Nest selbst wird nicht erneut aufgesucht. Das Wachstum der Sonnenrallen verläuft in den ersten Lebenstagen recht langsam, während die Gefiederentwicklung schnell vollzogen wird (Kaiser 2003). Mit 4 Wochen sind Sonnenrallen flügge und tragen ein Alterskleid. Ein Jugendkleid ist nicht vorhanden. Die Vögel werden mit etwa 2 Jahren geschlechtsreif (del Hoyo et al. 1996).

Die Welterstzucht des Kagus gelang 1920 im Parc Zoologique et Forestier von Nouméa/Neukaledonien. Zwischen den Jahren 1977 und 1998 konnten hier 76 Kagus aufgezogen werden (Matschei 2014). Das Internationale Zuchtbuch der Sonnenrallen wird im Zoo Wuppertal geführt. Hier bestand die Haltung ab dem Jahre 1979. Die Deutsche Erstzucht fand vermutlich 1962 im Frankfurter Zoo statt. Die Welterstzucht der Sonnenralle ereignete sich bereits 1865 im Londoner Zoo. Kagus und Sonnenrallen werden in Menschenobhut bis zu 31 Jahren alt (Schroepel und Grummt 2014).

Literatur

Hoyo, J. del, Elliott, A., & Sargatal, J. (Hrsg.). (1996). *Handbook of the Birds of the World* (Hoatzin to Auks, Bd. 3, S. 218–233). Barcelona: Lynx.

Kaiser, M. (2003). Erfolgreiche Handaufzucht einer Sonnenralle (*Eurypyga helias*) im Tierpark Berlin-Friedrichsfelde. *Milu, 11*, 143–155. Berlin.

Lenzner, T., & Reinhard, R. (2008). Endlich wieder Kagus im Zoo Berlin. *Bongo, 38*, 82–86. Berlin.

Matschei, Ch. (2014). Eine zoologische Rarität – der Kagu (*Rhynchetos jubatus*) Neukaledoniens. *VZE Vogelwelt, 59*, 70 71. Spremberg.

Robiller, F. (Hrsg.). (2003). *Das große Lexikon der Vogelpflege*. Stuttgart: Ulmer.

Schroepel, M., & Grummt, W. (2014). Ordnung Kranichvögel (Gruiformes). In W. Grummt & H. Strehlow (Hrsg.), *Zootierhaltung – Vögel* (S. 280–283). Haan-Gruiten: Europa-Lehrmittel.

Winkler, D. W., Billermann, S. M., & Lovette, I. J. (2015). *Bird families of the world – Order: Eurypygiformes* (S. 156–158). Barcelona: Lynx.

Ordnung: Columbiformes – Tauben

Werner Lantermann und Peter Pestel

Inhalt

1 Familie: Columbidae

Systematik und allgemeine Biologie

Mit 351 Arten in 49 Gattungen bilden die Tauben eine sehr artenreiche Vogelordnung, deren enge Verwandtschaft sich in der Anerkennung nur einer einzigen Familie (Columbidae) widerspiegelt (Abb. 1). Die neuere Systematik, die sich überwiegend auf DNA-Studien stützt, unterteilt diese einzige Familie in die drei Unterfamilien Columbinae (Tribus Columbini = 87 Arten, Tribus Zenaidini = 37 Arten), Peristerinae (17 Arten) und Raphinae (210 Arten) (Winkler et al. 2015). Für die Praxis problematisch ist an dieser Einteilung, dass die früher eigenen Unterfamilien der Zahn-, Fasan- und Krontauben zusammen mit einigen kleinen granivoren Arten und den Fruchttauben nun die große Unterfamilie Raphinae bilden. Als im Hinblick auf ihre Ernährung deutlich abgrenzbare Artengruppe können die eigentlichen Fruchttauben (der früheren Unterfamilie Treroninae) – inklusive der Grüntauben – mit insgesamt 146 Arten gelten (vgl. Goodwin 1983; Gibbs et al. 2001).

Tauben sind – mit Ausnahme der Polargebiete – weltweit verbreitet und erreichen in Südostasien bzw. Süd- und Mittelamerika die höchste Artenvielfalt. Die Felsen-

W. Lantermann (✉)
Oberhausen, Deutschland
E-Mail: w.lantermann@arcor.de

P. Pestel
Elstertrebnitz, Deutschland

© Springer-Verlag GmbH Deutschland, ein Teil von Springer Nature 2021
W. Lantermann, J. Asmus (Hrsg.), *Wildvogelhaltung*,
https://doi.org/10.1007/978-3-662-59604-3_30

taube (*Columba livia*), die eine beinahe weltweite Verbreitung aufweist, ist die Ursprungsform fast aller heutigen asiatischen und europäischen Haustaubenrassen. Ihre Domestikation begann vermutlich vor rund 6000 Jahren. Im Christentum wurde die Taube zum Symbol des Friedens und des Heiligen Geistes, im Islam steht sie für Treue und im Judentum für die Liebe.

Tauben erreichen Sperlings- bis Rabengröße, bei den Krontauben auch deutlich darüber hinaus. Die kleinste Art ist das in Süd- und Mittelamerika weit verbreitete Sperlingstäubchen (*Columbina passerina*) mit einer Länge von knapp 17 cm und einem Körpergewicht von rund 39 g. Die vier großen Krontaubenarten (*Goura* spec.) aus Neuguinea erreichen Körpergrößen von bis zu knapp 80 cm und Gewichte von über 2000 g. Charakteristische Merkmale aller Tauben sind der schmale, kurze Schnabel, der kurze Kopf, der gedrungene Körper, die kurzen Beine, die unbefiederte Wachshaut, die die Nasenlöcher umgibt, der unbefiederte Augenring und die Zehenstellung mit drei nach vorn und einer nach hinten gerichteten Zehe (Gibbs et al. 2001). Eine (entferntere) Verwandtschaft der Tauben wird gegenwärtig in den Flughühnern (Pteroclidae) und den Stelzenrallen (Mesitornithidae) gesehen (Winkler et al. 2015).

Viele Taubenarten sind reine Baumbewohner, die mit einem guten Flugvermögen ausgestattet sind. Bei den sogenannten Brieftauben wurden Fluggeschwindigkeiten von bis zu 160 Stundenkilometern gemessen. Das Orientierungsvermögen der Tauben ist bekanntermaßen besonders gut ausgeprägt, die wissenschaftliche Erforschung ist allerdings bis heute nicht abgeschlossen, wenngleich in den letzten fünf Jahrzehnten diverse stichhaltige Theorien über den Orientierungssinn aufgestellt wurden (z. B. Wiltschko et al. 2010).

Abb. 1 Zu der Unterfamilie Columbinae gehören auch die Bronzeflügeltauben (*Phabs chalcoptera*), die derzeit relativ häufig in Menschenobhut zu finden sind. (Foto: Werner Lantermann)

Alle Taubenarten bilden (zumindest während der Brutzeit) monogame Paare. Männchen und Weibchen unterscheiden sich bei den meisten Arten äußerlich kaum, die Männchen sind etwas schwerer und größer als die Weibchen und zeigen ein ausgeprägteres Balzverhalten. Die Vögel bauen meist ein recht liederliches Nest, in das das Weibchen ein bis zwei (selten auch drei) Eier legt. Das Gelege wird in der Regel tagsüber vom Männchen, nachts vom Weibchen betreut. Die Jungen schlüpfen nach einer verhältnismäßigen kurzen Brutzeit von 11–16 Tagen bei den kleineren, und 17–30 Tagen bei den größeren Arten. Sie werden dann wiederum von beiden Geschlechtern betreut und aus dem Kropf gefüttert. Dabei bildet sich eine Art Kropfmilch, die sich aus wassergefüllten Auskleidungszellen im Kropf zusammensetzt und von den Jungvögeln aktiv aus dem Kropf herausgesaugt wird. Die Jungen der kleinen Taubenarten sind bereits mit zwei, die der größeren Arten mit drei bis vier Wochen vollständig befiedert, eine Woche später sind sie schon flugfähig und verlassen das Nest (Gibbs et al. 2001; Lantermann 2009; Forshaw 2015).

Von den derzeit bekannten 351 Taubenarten gelten momentan 117 nach den Kriterien der IUCN als bedroht (davon 48 als „near-threatened", 40 als „vulnerable", 18 als „endangered" und 11 als „critically endangered"). 2 Arten sind verschollen, 8 Arten und 3 Unterarten seit 1600 ausgestorben, darunter auch der Dodo (*Raphus cucullatus*) und die Wandertaube (*Ectopistes migratorius*) (www.iucnredlist.org, Winkler et al. 2015). Eine weitere Art, die Socorrotaube (*Zenaida graysoni*), ist im Freiland ausgestorben, konnte aber durch gezielte Zuchtmaßnahmen in Volieren erhalten werden (Stadler 2006). Die Mehrzahl der bedrohten Arten sind Inselformen. Hauptgründe für deren Rückgang liegen somit zum einen im Lebensraummangel bzw. -verlust, zum anderen in der teilweise exzessiven Bejagung zu Nahrungszwecken. Manche Insel-Arten sind darüber hinaus zusätzlich durch eingeführte Prädatoren bedroht (www.iucnredlist.org, Winkler et al. 2015).

Haltungsanforderungen (für überwiegend granivore Arten)
In Menschenobhut sind Tauben entweder als sogenannte Schlagtauben, Brieftauben oder Haustauben vertreten, mit denen auch Flug-Wettbewerbe geflogen werden, oder aber sie werden paarweise in Volieren oder auch als Besatz von Flughallen oder Tropenvolieren, die überwiegend bodenbewohnenden Tauben gern auch als Bodenbesatz gehalten. Ihre Haltung kann in Holzvolieren entsprechender Größe erfolgen. Als Mindestmaße für Käfige und Volieren sollen Grundflächen von 1–2 m^2 für die kleineren Arten (z. B. Diamanttäubchen *Geopelia cuneata* (Abb. 2), Kaptäubchen *Oena capensis*), 3–5 m^2 für die mittelgroßen und 5–8 m^2 für die großen Arten bei einer Höhe von jeweils 2 m nicht unterschritten werden. Europäischen Arten genügen in der Regel trockene, frostfreie Unterkünfte, tropische und subtropische Arten müssen in der kalten Jahreszeit mäßig beheizte Innenräume (um 15 °C) von 1–2 m^2 Grundfläche aufsuchen können. Die Volieren können für die meisten Taubenarten bepflanzt sein und müssen mit Sitzästen unterschiedlicher Dicke, einer wind- und regengeschützten Ecke sowie Sand- und Badebecken ausgestattet sein (Rösler 1996; Münst und Wolters 1999).

Ganz grob können die Tauben in die samen- bzw. körnerfressenden Arten (überwiegend aus der Unterfamilie Columbinae) mit vorwiegend dunkler (grauer und

Abb. 2 Mit einer Körpergröße von 20 cm gehört das Diamanttäubchen (*Geopelia cuneata*) zu den weltweit kleinsten Taubenarten. (Foto: Jörg Asmus)

brauner) Gefiederfärbung und die oftmals bunten Fruchttauben (viele Arten mit grüner Grundfärbung) unterteilt werden. Zumindest die körnerfressenden Arten gehören damit zu den in Menschenobhut leicht zu haltenden Vogelarten. Ausnahmen bilden allerdings die Fruchttauben, deren Haltung einen erheblich höheren Pflegeaufwand erfordert (siehe unten). Die allermeisten Taubenarten, die in Vogelparks und Tierparks anzutreffen sind, gehören zu der Kategorie der Körnerfresser und werden somit mit handelsüblichen Taubenfuttermischungen, deren Bestandteile je nach Vogelgröße wechseln, ernährt. Auch Futterpellets in verschiedenen Größen sind im Handel zu bekommen. Hinzu kommen Vitamine und Mineralstoffe, unter denen Taubengrit eine besondere Rolle spielt, denn er versorgt die Tiere nicht nur mit den notwendigen Mineralien, sondern auch mit „Magensteinchen", die an der Zerkleinerung der Nahrung im Muskelmagen mitwirken. Die kleinen Diamant- und Kaptäubchen bekommen als Hauptnahrung Exoten- und Waldvogelfutter sowie Kolbenhirse gereicht (Rösler 1996; Münst und Wolters 1999).

Am Rande sei erwähnt, dass die verwilderten Haustauben in manchen Städten zur Plage geworden sind und durch ihren Nestbau und Kot Gebäude und öffentliche Anlagen mancherorts derart stark verunreinigen, dass manche Stadtverwaltungen zum Teil drastische Maßnahmen gegen sie ergriffen haben, und zudem das Anlocken und Füttern dieser Tauben mittlerweile bei Androhung einer Geldstrafe verboten ist.

Von den europäischen Arten der Gattung *Columba* und *Streptopelia* gelangen vermutlich am ehesten verletzte oder aus dem Nest gefallene Fund- oder Jungvögel von Ringeltauben (*Columba palumbus*), Hohltauben (*Columba oenas*), Turteltauben

(*Streptopelia turtur*), Türkentauben (*Streptopelia decaocto*) oder Lachtauben (*Streptopelia roseogrisea*) in die Tiergärten und Vogelparks und werden dort entweder aufgepäppelt und wieder ausgewildert oder aber weiter gehalten, z. B. bei flügelverletzten Exemplaren (Abb. 3). Geradezu als Standardbesetzung von sogenannten Kleinvogelvolieren kommt das Diamanttäubchen in Frage, das durchaus auch mit anderen Kleinvogelarten friedlich zusammenleben kann. Die bodenlebenden Arten wie Spitzschopftauben (*Ocyphabs lophotes*), Krontauben (*Goura* spec.) oder Dolchstichtauben (*Gallicolumba luzonica*) sind am ehesten als Bodenvögel in Parks anzutreffen, die größere bepflanzte Tropenhallen betreiben (Kaiser 2014). Die Fruchttauben waren lange Zeit vor allem bei spezialisierten Privathaltern anzutreffen, heute sieht man sie hier und dort auch in Tier- oder Vogelparks, bevorzugt in beheizten Tropenhäusern. Für die im Freiland ausgestorbene Socorrotaube und die potenziell bedrohte Rosataube (*Nesoenas mayeri*) werden inzwischen Europäische Erhaltungszuchtprogramme, für einige weitere Arten ESBs (Studbooks) betrieben, über die weiter unten kurz berichtet werden soll (Tab. 1).

Für die Haltung der meisten Taubenarten ist keinerlei Genehmigung erforderlich und es besteht keine Nachweis-, Buchführungs- oder Kennzeichnungspflicht. Die geschützten Arten benötigen jedoch bei der Haltung einen Herkunftsnachweis und müssen geschlossen beringt sein. Bei Anhang-I-Arten ist darüber hinaus eine (gelbe) CITES-Bescheinigung erforderlich.

Abb. 3 Die Hohltaube (*Columba oenas*) gelangt gelegentlich als flügelverletzte Taube in die Tiergärten. (Foto: Jörg Asmus)

Tab. 1 Erhaltungszuchtprogramme für Tauben innerhalb der EAZA-Zoos, Stand: Juli 2019 (www. caza.net/conservation/programs) (LC = least concern, NT = near-threatened, VU = vulnerable, EW = extinct in the wild)

Art	EEP/ ESB	Zuchtbuchführung	Status
Rosataube (*Nesoenas mayeri*)	EEP	DWC Jersey	VU
Socorrotaube (*Zenaida graysoni*)	EEP	Zoo Frankfurt	EW
Dolchstichtaube (*Gallicolumba luzonica*)	ESB	Zoo Bristol	NT
Mindanao-Dolchstichtaube, Brandtaube (*Gallicolumba criniger*)	ESB	Bristol Zool. Society	VU
Weißnacken-Fasantaube (*Otidiphabs aruensis*)	ESB	Zoo Barcelona	LC
Krontaube (*Goura christata*)	ESB	Zoo Budapest	VU
Victoria-Krontaube, Fächertaube (*Goura victoria*)	ESB	Wildlife Res. Singapur	VU
Sclaterkrontaube, Rotburg-Krontaube (*Goura sclaterii*)	ESB	Kristiansand Dyrepark	VU
Schwarznacken-Fruchttaube (*Ptilinopus melanospilus*)	ESB	Zoo Bristol	LC

Nach dem Washingtoner Artenschutzübereinkommen sind derzeit die vier Krontauben-Arten und die Dolchstichtaube im Anhang II/B gelistet, die Kragen- oder Mähnentaube (*Caloenas nicobarica*) und die Mindorofruchttaube (*Ducula mindorensis*) im Anhang I/A (Abb. 4).

Aus der Unterfamilie Columbinae soll hier als Beispiel die **Ringeltaube** aufgeführt werden. Sie wird im Durchschnitt 43 cm groß und wiegt je nach Unterart, Alter und Geschlecht zwischen 284 und knapp 700 g. Sie ist in sechs Unterarten fast über ganz Mitteleuropa bis zu den Azoren und Madeira im Westen und südlich bis Nordafrika verbreitet. Als Lebensraum bevorzugt sie halb offene (Koniferen-)Wälder in allen Höhenlagen bis zur Schneegrenze in den Alpen. Die Brutzeit variiert je nach Verbreitungsgebiet und reicht von Ende Februar bis Anfang September. Das Nest liegt in ca. 1,5 bis 2,5 m über dem Boden und besteht aus etwa 20 cm langen Zweigen, die zu einer kleinen Plattform mit rund 20 cm Durchmesser verbaut werden. Dort hinein legt das Weibchen zwei, seltener auch drei weiße Eier. Die Brutzeit beträgt 16–17, die Nestlingszeit knappe 30 Tage. Die Ringeltaube ist in ihrem gesamten Verbreitungsgebiet (mit Ausnahme der Populationen auf Madeira und den Azoren) nicht bedroht, vielerorts sogar überaus häufig und breitet sich seit dem frühen 19. Jahrhundert bis in die Städte und Parks aus, wo sie hier und dort mittlerweile zum „Pestvogel" geworden ist. Seit dem 20. Jahrhundert besteht auch ein Ausbreitungstrend nach Norden Richtung Fenno-Skandinavien (Gibbs et al. 2001).

Die Aufzucht unselbstständiger, aus dem Nest genommener oder gefallener Ringeltauben (und anderer Taubenarten) erfolgt mit einem zunächst dünnflüssigen, später festeren Futterbrei bestehend aus Aufzuchtfutter für Papageien (z. B. Harrison's) und einem Eifuttergemisch, dem Vitamine und Mineralstoffe (z. B. Korvimin) zugesetzt werden. Größere Jungvögel erhalten zusätzlich ein Mehrkorngetreidegemisch aus dem Reformhaus. Noch unbefiederte Jungvögel benötigen zunächst für ihre Entwick-

Abb. 4 Die eigentümliche Mähnentaube (*Caloenas nicobarica*) unterliegt den Regularien des WA-Anhanges I und ist damit vom kommerziellen Handel ausgeschlossen. (Foto: Jörg Asmus)

lung eine Wärmequelle, die mit zunehmender Befiederung wegfallen kann. Die Haltung erwachsener, selbstständiger Tiere bereitet kein Problem. Sie sind problemlos in einer (windgeschützten) Freivoliere zu halten, wobei allerdings das Flugvermögen dieser großen Tauben berücksichtigt werden muss. Die Ernährung besteht aus einem handelsüblichen Taubenalleinfutter (in der Regel ein Getreide-Leguminosengemisch), wie es zum Teil auch für Schlag- und Brieftauben Verwendung findet, dazu kleingezupftes Grünfutter und kleingewürfeltes Obst bzw. Beeren (Rösler 1996).

Eine weitere Art aus der Gruppe der auch in Europa vorkommenden Arten ist die **Turteltaube** – eine mittelgroße Taubenart mit weiter Verbreitung in Mitteleuropa, Osteuropa und Nordafrika. Die Vögel der vier Unterarten erreichen Größen zwischen 27 und 29 cm und ein Gewicht von 99–170 g. Sie bewohnen eine Vielzahl von Landschaftstypen, von den verschiedenen Formen von Waldgebieten bis hin zu Steppen und Halbwüsten. Die Hauptnahrung besteht aus Samen und Getreide, gelegentlich auch aus Beeren, Pilzen und Insekten. – Die Brutzeit beginnt in Europa im Mai. Das Nest wird aus einer flachen Unterlage aus Zweigen errichtet, das zusätzlich mit Gras, Wurzeln und Blättern ausgestattet wird. Die zwei weißen Eier werden – beginnend mit dem zweiten Ei – nur 13–14 Tage lang bebrütet. Die beiden Jungen schlüpfen etwa gleichzeitig und verbringen ihre etwa 20tägige Nestlingszeit unter der Obhut ihrer Eltern. Die Geschlechtsreife setzt mit etwa einem Jahr ein. Ernährt werden die Tauben dieser Größe (Turteltauben, Lachtauben, Türkentauben u. a. m.) mit einem extra kleinkörnigen Taubenfuttergemisch, das durch Glanzsaat, Hirse und klein gehacktes Grünfutter ergänzt werden kann.

Von den exotischen Arten dürften die am häufigsten gehaltenen Taubenarten überhaupt die in jeder Zoohandlung angebotenen und mehr oder weniger domestizierten Diamant- und Kaptäubchen sein, die preiswerte und pflegeleichte Einsteigervögel darstellen, deshalb aber auch ebenso oft unreflektiert gekauft und schnell wieder abgegeben werden. Sie gehören somit zu den häufigeren Vogelarten, die als Abgabevögel in Tierheimen, Tier- und Vogelparks landen (Rösler 1996; Münst und Wolters 1999).

Diamanttäubchen sind rund 20 cm groß und wiegen 28–43 g. Sie gehören damit zu den kleinsten Taubenarten der Welt. Ihr Verbreitungsgebiet sind die trockenen Inlandsgebiete Australiens, wo sie die spärlich bewaldeten trockenen oder halbtrockenen Graslandschaften bewohnen, meist allerdings in der Nähe von Wasserstellen. Die Nahrung besteht zum größten Teil aus Grassamen, den die Tiere in Gruppen von 20–30 Vögeln auf dem Boden suchen. Die Vögel leben nomadisch, richten also ihre Standorte nach den zur Verfügung stehenden Nahrungs- und vor allem Wasserressourcen aus. Dabei legen sie unter Umständen auch größere Entfernungen zurück. Die Brutzeit ist ebenfalls von der Nahrungsverfügbarkeit abhängig und beginnt in der Regel nach dem Einsetzen von Regenfällen. Die Nester werden auf einer Plattform im Baum, aber auch am Boden zwischen Grasbüscheln angelegt. Zwei Eier umfasst das Gelege, das nur 13 Tage bebrütet wird, bis die Jungen schlüpfen. Sie benötigen weitere 11 bis 14 Tag als Nestlingszeit und sind kurz darauf selbstständig. Bereits mit etwa drei Monaten sind die Jungtiere wiederum geschlechtsreif (Gibbs et al. 2001; Forshaw 2015).

Die Haltung dieser und anderer körnerfressender Kleintäubchen (Kaptäubchen, Sperbertäubchen u. a. m) bereitet keine besonderen Schwierigkeiten. Die Tiere können sowohl in geräumigen Käfigen, in Zimmervolieren als auch in Außenvolieren gehalten werden und schreiten dort bereitwillig zur Brut. Dazu nehmen sie z. B. Kanariennester oder halbe Kokosnussschalen als Nestunterlage bereitwillig an. Als Nistmaterial eignen sich Kiefernnadeln, Federn und Gräser. Die Aufzucht der Jungen verläuft in der Regel problemlos, Importe sind seit Jahren nicht mehr im Handel und durch die guten Reproduktionsraten der Täubchen auch nicht nachgefragt. Ernährt werden die Täubchen mit einem handelsüblichen Waldvogel- und Exotenfutter, das durch Wildsaaten, Kolbenhirse, klein gehacktes Grünfutter (z. B. Vogelmiere, Spinat, Klee) ergänzt wird. Zur Brutzeit nehmen die Tiere ein Ei- oder Aufzuchtfutter gern an. Oftmals werden Diamant- und Kaptäubchen ohne größere Zwischenfälle mit Prachtfinken, Webern und anderen Sperlingsvögeln in Gemeinschaftsvolieren vergesellschaftet. Das Zusammenleben mit größeren Sittichen oder Agaporniden verläuft dagegen nicht immer problemlos, da die Täubchen wenig aggressiv sind und sich gegen größere Vögel kaum zur Wehr setzen können (Rösler 1996).

Von den tropischen Wildtauben sollen hier stellvertretend für andere häufig gehaltene Arten die australische Spitzschopftaube, die asiatische Glanzkäfertaube und die überwiegend bodenbewohnende Dolchstichtaube aus Südostasien als Beispielarten aufgeführt werden.

Mit einer Größe von 31–36 cm und einem Gewicht von 150–250 g erreicht die australische **Spitzschopftaube** mittlere Taubengröße. Ein charakteristisches Merkmal der Art ist die aufrichtbare grau-schwarze Federhaube, die u. a. bei der Balz zum Einsatz kommt. Die Geschlechter sind äußerlich kaum zu unterscheiden. – In zwei Unterarten ist die Spitzschopftaube mittlerweile über weite Teile des australischen Kontinents verbreitet und mancherorts eine häufige Art. Früher war sie dagegen auf die nur spärlich bewaldeten trockenen und halbtrockenen Gebiete beschränkt, durch zunehmende anthropogene Eingriffe, die Fragmentierung der Küstenwälder und die Verbesserung der Wasserversorgung für landwirtschaftliche Zwecke im ganzen Land fehlt die Art heute nur noch in den trockensten und baumlosen Wüsten sowie den dichteren Wäldern Australiens. Die Nahrung der Spitzkopftaube besteht zum größeren Teil aus Samen und Blättern, zum geringeren Teil aus Insekten, die vorwiegend am Boden aufgenommen werden. Je nach Verbreitungsgebiet können Spitzkopftauben das ganze Jahr über nisten. Als Nest dient eine einfache flache Plattform aus Zweigen, versteckt in einem Busch oder dichten Baum, in die zwei reinweiße Eier gelegt werden. Nach einer Brutzeit von etwa 18–20 Tagen schlüpfen die Jungen, die bereits nach einer Nestlingszeit von nur zwei Wochen ein vollständiges Gefieder tragen und wenig später selbstständig sind. Sie gleichen zu diesem Zeitpunkt schon weitgehend ihren Eltern, lediglich die Schopffedern sind noch weniger ausgeprägt (Forshaw 2015). In der Haltung stellt die Taubenart keine besonderen Ansprüche, wenn die Grundmaßstäbe eingehalten werden, allerdings zeigt sie sich oftmals aggressiv gegen andere Volierenmitbewohner (Rösler 1996) (Abb. 5).

Stellvertretend für die asiatischen Taubenarten soll die **Graukappen-Glanztaube oder Glanztaube** (*Chalcophabs indica*), in Züchterkreisen auch Grünflügel- oder Glanzkäfertaube genannt, aufgeführt werden. Sie erreicht mit einem Gewicht von 106–180 g und einer Größe von 23–27 cm mittlere Taubengröße. Ihr Verbreitungs-

Abb. 5 Die australische Spitzschopftaube (*Ocyphabs lophotes*) – hier ein Foto von der eindrucksvollen Balz – gehört zu den unverträglicheren Taubenarten und ist für Gemeinschaftsvolieren nur bedingt geeignet. (Foto: Jörg Asmus)

gebiet reicht – in neun Unterarten – von Indien im Westen über fast die gesamte indonesische Inselwelt östlich bis zu den Sunda- und Tanimbar-Inseln und südlich bis Nordaustralien. Sie bewohnt eine Vielzahl von Waldtypen: von Regenwäldern über Mangrovengebiete bis hin zu trockeneren Arealen im Norden Australiens. Die Nahrung besteht hauptsächlich aus Samen und herabgefallenen Früchten, es werden jedoch auch Insekten und Schnecken zur Ergänzung der Nahrungspalette aufgenommen. Die Brutzeit ist in vielen Verbreitungsgebieten nicht an eine spezielle Jahreszeit gebunden. Das Nest wird in ein bis fünf Meter Höhe in Bäumen oder Buschwerk angelegt und besteht aus einer dünnen Plattform aus Zweigen. Zwei cremeweiße Eier werden gelegt und 14–16 Tage bebrütet, bis die Jungen schlüpfen. Die Entwicklung der Jungen dauert etwa 12–16 Tage, sie verlassen das Nest aber erst um den 20. Lebenstag (Forshaw 2015). Die Haltung ist in der Regel problemlos. Allerdings ist zu bedenken, dass die Tauben einen Großteil des Tages auf dem Boden verbringen und somit eine gewisse Volierengrundfläche zur Verfügung haben müssen (Rösler 1996) (Abb. 6).

Die **Dolchstichtaube** ist aufgrund ihrer auffälligen Brustfärbung, die wie ein großer roter Blutfleck wirkt, auch unter Nicht-Tauben-Kennern meist wohlbekannt. Sie wird etwa 30 cm groß und wiegt um 180 g. In drei Unterarten bewohnt sie einige Philippinen-Inseln in Südost-Asien. Ihr Lebensraum sind Primär- und Sekundärwälder bis in Höhen von 1400 m. Diese überwiegend bodenlebende Taube ernährt sich von Samen, herabgefallenen Beeren sowie Insekten und Würmern des Waldbodens. Aus dem Freileben ist nicht viel bekannt. In Menschenobhut besteht ihr Gelege aus zwei Eiern, die etwa 17 Tage bebrütet werden. Die Jungen verlassen das

Abb. 6 Zu den häufigsten Taubenarten in Haltungen gehört die Graukappen-Glanztaube (*Chalcophabs indica*). (Foto: Werner Lantermann)

Nest bereits mit etwa 12 Tagen (Kennedy et al. 2000). Die Art gilt mittlerweile im Sinne des Washingtoner Artenschutzabkommens als potenziell bedroht (Anhang II) und wird nach den IUCN-Kriterien als „near-threatened" eingestuft. Damit wird der legale Handel mit Wildfängen reglementiert. Allerdings wird die Taube inzwischen relativ häufig in Tier- und Vogelparks und auch in privaten Kollektionen gehalten und gezüchtet. In der Haltung ist sie nicht sonderlich anspruchsvoll, allerdings gilt auch hier das bei der vorigen Art Gesagte: Die Grundfläche der Voliere für diese Bodentaube sollte nicht zu klein sein. Wo vorhanden, eignen sich somit natürlich bepflanzte Tropenhäuser oder begehbare Großvolieren besonders gut für die Haltung dieser optisch recht ansprechenden Tauben, die zur Brutzeit hin und wieder allerdings recht unverträglich gegenüber anderen Volierenmitbewohnern werden können. Ihre Ernährung ist etwas aufwändiger als die der bisher genannten Arten. Neben einem relativ kleinkörnigen Samengemisch erhalten die Tiere ein Weichfuttergemisch (wie für Stare und Drosseln), versetzt mit klein gehacktem Grünfutter, hartgekochtem Ei, Quark und Kükenstarter. Dazu nehmen die Tiere gern kleingewürfelte Obststücke, Beeren und auch lebende Mehlwürmer (Rösler 1996) (Abb. 7).

Von den vier Krontauben-Arten ist vor allem die eigentliche **Krontaube, auch Blaubrust-Krontaube** (*Goura cristata*) relativ häufig in Zoos und Vogelparks anzutreffen. Sie erreicht eine Größe von etwa 70 cm bei einem Gewicht von durchschnittlich 2000 g. Das Verbreitungsgebiet der zwei Unterarten ist der Nordwesten von Neuguinea, wo sie bevorzugt Regenwälder im Inneren der Insel, aber auch sumpfige Areale und Mangrovengebiete bewohnen. Die Nahrung dieser überwiegend bodenlebenden Taube besteht aus Beeren, herabgefallenen Früchten und Insekten, die sie in Gruppen von zwei bis zehn Vögeln suchen. – Über das Brutver-

Abb. 7 Die Dolchstichtaube (*Gallicolumba luzonica*) veranlasst Zoobesucher immer wieder zu der besorgten Mitteilung an die Tierpfleger, dass diese Taube verletzt sei. (Foto: Werner Lantermann)

halten und die Brutzeit der Art im Freiland ist recht wenig bekannt. Die Krontaube baut ein großes Nest aus sehr grobem Nistmaterial in Bäumen in etwa 10 m Höhe. Dorthinein legt das Weibchen nur ein Ei, das von beiden Geschlechtern im Wechsel bebrütet wird. Die Brutzeit beträgt 28–29 Tage, die Nestlingszeit des Jungvogels 30–36 Tage. Er wird noch etwa bis zum Alter von zwei Monaten vorwiegend vom Männchen gefüttert, ehe er die Selbstständigkeit erlangt. Die Geschlechtsreife erreichen die Tauben bereits mit etwa 15 Monaten (Gibbs et al. 2001). – In der Haltung sind die Krontauben wenig anspruchsvoll, wenngleich sie in möglichst großen bepflanzten Volieren gehalten werden sollten. Als Grundnahrung erhalten sie ein grobes Taubenkörnerfuttergemisch, dazu ein Weichfutter (wie bei der Dolchstichtaube angegeben) und als Ergänzung kleingewürfeltes Obst, Beeren und viel Grünfutter (Rösler 1996; Gibbs et al. 2001). – Alle vier Krontauben-Arten unterliegen im Handel dem Washingtoner Artenschutzübereinkommen Anhang II (B) und sind nach den IUCN-Kriterien als „near-threatened" oder „vulnerable" eingestuft (www.cites.org/species, www.iucnredlist.org) (Abb. 8 und 9).

Sonderfälle in der Taubenhaltung stellen die **Socorrotaube** (IUCN-Status: „extinct in the wild") und die **Rosataube** („vulnerable") dar. Erstere kam endemisch auf der kleinen Insel Socorro vor der Westküste Mexikos vor und gilt seit 1972 im Freiland als ausgestorben. Die Gründe dafür liegen vor allem in der Bedrohung durch verwilderte Hauskatzen und der übermäßigen Jagd infolge der

Abb. 8 Alle vier Krontaubenarten – hier eine Sclater- oder Rotbug-Krontaube (*Goura sclaterii*) sind mittlerweile u. a. durch den Handel bedroht und deshalb im WA-Anhang II aufgeführt. (Foto: Jörg Asmus)

Abb. 9 Besonders imposant ist die „Krone" bei der Fächertaube (*Goura victoria*) ausgebildet. (Foto: Jörg Asmus)

menschlichen Besiedlung der Insel, auf der um 1960 eine Militärbasis angelegt wurde. Allerdings hat sich eine Population dieser Tauben in Menschenobhut aufgrund von Zuchtprogrammen etabliert, die Mitte der 1990er-Jahre weltweit etwa 200 Vögel umfasste. 1995 wurde ein Europäisches Erhaltungszuchtprogramm (EEP) mit 52 Socorrotauben in acht Haltungen begonnen (Tab. 1). Das Zuchtbuch wird seither im Frankfurter Zoo geführt. Während im Jahr 1997 lediglich vier Jungvögel zum Schlupf kamen, schlüpften erstmals 2003 mehr Jungvögel (51) innerhalb des Programmes als starben (31). 2004 schlüpften 46 Jungtiere, 41 starben (Stadler 2006). 2018 umfasste der Gesamtbestand an mehreren Standorten etwa 170 Tauben. In Zusammenarbeit mit der mexikanischen Regierung wurden zwischenzeitlich eine Zuchtstation zur geschützten Haltung auf Socorro gebaut und 2013 auch die ersten sechs Tauben dorthin überführt. Sie stellen den Grundstock für künftige Wiederauswilderungsmaßnahmen, wenn die Problematik verwilderter Katzen und anderer Prädatoren auf der Insel gelöst ist (HBW Alive Species 2019). – Die Zucht der Socorrotaube ist nicht problemlos. Zum einen verhalten sich die Männchen zeitweise recht aggressiv gegenüber den Weibchen. Die Geschlechter sollten getrennt voneinander überwintert werden, bei wieder zusammengeführten Paaren verfolgt das Männchen das Weibchen oftmals recht aggressiv, so dass der Züchter das Verhalten der Tiere sorgfältig beobachten muss. Zum anderen sind viele der von privaten Haltern gezüchteten Socorrotauben durch frühere Einkreuzungen von Carolinatauben (*Zenaida macroura*) Mischlinge. Dies ist auch darauf zurückzuführen, dass die Socorrotaube bis zu Beginn der 1980er-Jahre als eine Unterart der Carolinataube galt (Rösler 1996; Stadler 2006). Diese Vögel sind für die Erhaltungszucht wertlos. – In Deutschland leben Socorrotauben derzeit in 10 Zoos und Vogelparks – allesamt VdZ-Zoos (www.zootierliste.de) (Abb. 10).

Abb. 10 Im Gegensatz zu
der nahe verwandten
Socorrotaube, deren
Freilandbestände erloschen
sind, ist die Weißflügeltaube
(*Zenaida asiatica*) mit einem
geschätzten Bestand von mehr
als 530.000 Tieren in den
USA, Mittelamerika und auf
einigen karibischen Inseln
noch weit verbreitet. (Foto:
Werner Lantermann)

Die etwa 40 cm große Rosa- oder Mauritiustaube kommt endemisch auf der Insel
Mauritius, östlich von Madagaskar im indischen Ozean gelegen, vor. 1976 betrug
der Bestand an frei lebenden Rosatauben nur noch 23 Tiere. Der Wirbelsturm
Claudette, der Ende 1979 über die Insel hinwegfegte, halbierte den Taubenbestand
dann auf 10 (bis 15) Vögel. Gründe für den starken Bestandsrückgang liegen
hauptsächlich in der Vernichtung der ursprünglichen Lebensräume und im zeitweise
gehäuften Vorkommen von Ratten und verwilderten Katzen als Prädatoren auf
Mauritius. Auch hier ist mittlerweile ein Europäisches Erhaltungszuchtprogramm
(initiiert vom Zoo auf Jersey, wo seit 1995 auch das Zuchtbuch geführt wird)
wirksam geworden, aus dem bereits seit 1987 die ersten 42 Jungtiere wieder in ihren
ursprünglichen Lebensraum entlassen werden konnten, nachdem die Rattenbekämp-
fung Wirkung zeigte. Mitte der 1990er-Jahre umfasste die frei lebende Wildpopulation dann bereits wieder 77 Tiere. Auch auf Reunion, einer Nachbarinsel, wurden
bereits erfolgreich Ansiedlungsversuche von Rosatauben vorgenommen (Lantermann 2009). Heute umfasst der Freilandbestand der Rosataube etwa 400 Vögel in
fünf Populationen, in Zoologischen Gärten leben etwa 100 Tiere. Nach den Kriterien
der IUCN galt die Taube zunächst als „critically endangered", sie wurde 2000
zurückgestuft auf „endangered" und wird heute als „vulnerable" geführt (www.
durell.org/pink pigeon, www.iucnredlist.org). In Deutschland lebt die Rosataube
derzeit nur im Kölner Zoo (www.zootierliste.de), auch wenige Privatliebhaber halten
und züchten diese Taubenart.

2 Unterfamilie Raphinae, Fruchttauben

Peter Pestel

Allgemeines
Die Fruchttauben wurden lange Zeit als eigene Unterfamilie Trerioninae innerhalb der Familie Columbidae mit knapp 150 Arten geführt (Goodwin 1983; Gibbs et al. 2001). Nach neuesten molekularbiologischen Studien bilden die Fruchttauben nun den größeren Teil der Unterfamilie Raphinae (etwa 150 von 210 Arten), die aber auch granivore Arten und Gemischtköstler wie z. B. Fasantauben, Zahntauben, Grüntauben, Kron- und Mähnentauben umfasst (Winkler et al. 2015). So gesehen war die alte Systematik für die Beschreibung der Haltungs- und Ernährungsbedingungen der Fruchttauben eindeutiger. Im Rahmen dieses Buches werden insbesondere die Haltungsansprüche folgender Fruchttauben besprochen: Grüntauben (*Treron*, 31 Arten), Flaumfußtauben (*Ptilinopus*, 45 Arten, *Ramphiculus*, 10 Arten, *Megaloprepia,* heute *Ptilinopus* 2 Arten) und Große Fruchttauben (*Ducula*, 43 Arten). Die übrigen Artengruppen wie Madagaskar-Fruchttauben (*Alectroenas*, 3 Arten) oder Bergtauben (*Gymnophabs,* 4 Arten) bleiben in dieser Darstellung unberücksichtigt, weil sie kaum in Tiergärten oder Privatanlagen gehalten werden.

Haltungsanforderungen
Grüntauben der Gattungen *Treron* (31 Arten) haben ein großes Verbreitungsgebiet in der Alten Welt von Afrika bis Südostasien. Als Lebensraum besiedeln sie bevorzugt Mangroven und sumpfige Tieflandwälder, erschließen sich in einigen Arten aber auch Bergregionen bis 3000 m Höhe (Gibbs et al. 2001). Grüntauben sind zwischen 22 und 36 cm groß. Die größten Arten sind die Dickschnabel-Grüntaube (*Treron capellei*), die Spitzschwanz-Grüntaube (*Treron apicauda*) und die Sieboldgrüntaube (*Treron sieboldii*) mit jeweils 36 cm Gesamtlänge bei einem Gewicht von rund 200 g (*sieboldii*) bis knapp 500 g (*capellei*). Mit 25 bzw. 22 cm Länge sind Bindengrüntaube (*Treron bicinctus*) und Graukopf-Grüntaube (*Treron olax*) die kleinsten Vertreter der Grüntauben. Grüntauben tragen – wie der Name schon sagt – eine (hell)grüne Grundgefiederfärbung mit zusätzlichen pastellfarbigen Abzeichen in hellblau, blasslila, orange oder gelb.

Grüntauben werden sowohl in Zoos, Vogelparks und bei Privatzüchtern gehalten. Die häufigsten gehaltenen Arten sind Frühlingsgrüntauben (*Treron vernans*), Waaliagrüntauben (*Treron waalia*) und Rotnasen-Grüntauben (*Treron calvus*). Für eine erfolgreiche Haltung von Grüntauben sind große, gut bepflanzte Volieren empfehlenswert. Für die großen Arten sollte die Volierengröße etwa 6 × 4 m bei 2,5 m Höhe bertragen. Sie können in kombinierten Innen-/Außenvolieren gehalten werden, die winterliche Haltungstemperatur liegt im Minimum bei 15 °C. Eine Gemeinschaftshaltung mit anderen Vogelarten (z. B. Bülbül-Arten, Drosseln, China-Nachtigallen, kleinen Häherlings-Arten) ist möglich, da diese Tauben sehr verträglich sind.

Im Hinblick auf ihre Ernährungsansprüche kann man die *Treron*-Arten gewissermaßen als eine „Übergangsgattung" zwischen den überwiegend granivoren und den

Fruchttauben bezeichnen, denn sie haben einen Muskelmagen wie die körnerfressenden Tauben. Daher benötigen sie Früchte, Sämereien und Körner in einem ausgewogenen Verhältnis, da sie sonst verfetten. Es sollte immer eine Möglichkeit vorhanden sein, um Sand aufzunehmen, da dieser für die Verdauung sehr wichtig ist. Auch das Zuchtverhalten ähnelt eher dem der körnerfressenden Arten, denn es werden zwei Eier gelegt und die Brutdauer beträgt immer zwischen 12 und 14 Tagen.

Die Haltung von Grüntauben bedarf gegenwärtig keiner Genehmigung. Es sind keine gesetzlichen Vorschriften zu beachten. Im CITES-Übereinkommen sind momentan keine *Treron*-Arten aufgeführt.

EEP- oder ESB-Zuchtprogramme existieren derzeit für Grüntauben nicht. Allerdings kümmert sich das Europäische Fruchttaubenprojekt um Erhaltungszuchten für gegenwärtig vier Arten. Bei zwei Arten (Frühlingsgrüntaube und Waaliagrüntaube) gelten die Bestände mittlerweile als gesichert. Bei zwei anderen Arten (Rotnasen-Grüntaube und Sri-Lanka-Pompadourtaube oder Ceylongrüntaube *Treron pompadora*) sind die Bestände noch klein und im Aufbau begriffen (www.fruchttauben projekt.eu).

Die **Flaumfußtauben** (*Ptilinopus*) bilden mit 45 Arten die größte Gruppe innerhalb der eigentlichen Fruchttauben. Zu ihnen dürfen auch die Arten der Gattungen *Ramphiculus* und *Megaloprepia* gerechnet werden. Ihre Größe liegt zwischen 13 cm und knapp 50 cm. Die kleinsten Arten sind die Zwergfruchttaube (*Ptilinopus nainus*, ca. 13 cm), die Blaukappen-Fruchttaube (*Ptilinopus monacha*, ca. 16 cm) und die Veilchenkappen-Fruchttaube (*Ptilinopus coronulatus*, ca. 18 cm). Die größte Art ist die Purpurbrust-Fruchttaube (*Megaloprepia magnificus*), früher Wompoo-Fruchttaube mit ca. 48 cm Gesamtlänge, gefolgt von der Flammenfruchttaube (*Ramphiculus marchei*), früher Blutschwingen-Fruchttaube mit ca. 40 cm und der Rotohr-Fruchttaube (*Ramphiculus fischeri*) mit einer Größe von ca. 36 cm. Die Mehrzahl der Flaumfußtauben ist zwischen 20 und 36 cm groß (Goodwin 1983; Gibbs et al. 2001).

Diese Fruchttauben sind in Südostasien, der pazifischen Inselwelt und der Australregion weit verbreitet und kommen auf Sulawesi, Java, Neuguinea, den Salomon-Inseln, den Molukken, auf Sumatra, Kalimantan, den Philippinen, in Australien und Neukaledonien, auf den Fidschi-Inseln, Thailand und Borneo vor. Einige Arten bilden Populationen auf vielen verschiedenen Inseln, andere wiederum sind endemisch, wie z. B. die Blutschwingen-Fruchttaube, diese kommt nur auf der philippinischen Insel Luzon vor. Sie ist zugleich auch die zweitgrößte Art der *Ptilinopus*-Gruppe und gilt mittlerweile als gefährdet („vulnerable") (www.iucnred list.org).

Der Lebensraum sind primäre und sekundäre Wälder sowie Mangrovensümpfe, Regen- und Bergwälder bis zu einer Höhe von ca. 2300 m. Manche Arten leben endemisch und andere fliegen ca. 1000 km von Insel zu Insel. Endemisch lebende Arten sind schon bei geringsten Störungen in ihrem Lebensraum stark gefährdet oder sogar vor dem Aussterben bedroht (Gibbs et al. 2001; Masibalavu und Dutson 2006).

Gegenwärtig werden etwa 15 *Ptilinopus*-Arten fast zu gleichen Anteilen in Zoos, Vogelparks und bei Privatzüchtern gehalten. Die häufig oder gelegentlich gehaltenen Arten sind: Östliche Prachtfruchttaube (*Ptilinopus superbus*), Rotkappen-Fruchttaube (*P. pulchellus*), Schwarznacken-Fruchttaube (*P. melanospilus*), Rothals- oder Rosenhals-Fruchttaube (*P. porphyreus*), Flammen- oder Wompoo-Fruchttaube, Perlenfruchttaube (*P. perlatus*), Gelbbrust-Fruchttaube (*Ramphiculus occipitalis*) (Abb. 11), Königsfruchttaube (*P. regina*), Goldstirn-Fruchttaube (*P. aurantiifrons*) (Abb. 12), Schwarzkinn-Fruchttaube (*Ramphiculus leclancheri*) und Jambufrucht-taube (*Ramphiculus jambu*). Selten gehalten wird die Orangebauch-Fruchttaube (*P. iozonus*) (nur noch wenige Tiere in Europa), die Rotbauch- oder Greyfruchttaube (*P. greyi*) (etwa 5–6 Paare in Europa) und die Blutschwingen-Fruchttaube, die nur noch in wenigen Exemplaren bei einem Privatzüchter gehalten wird. Führend unter den Zoos in der Haltung von *Ptilinopus*-Arten sind gegenwärtig der Kölner Zoo und der Weltvogelpark Walsrode mit jeweils mehr als sechs gehaltenen Arten. Die am häufigsten in den Parks gehaltenen Arten sind die Östliche Prachtfruchttaube und die Rotkappen-Fruchttaube (www.zootierliste.de).

Bei Privatzüchtern, in Zoos und Vogelparks können *Ptilinopus*-Arten ca. 25 Jahre alt werden. Voraussetzung ist die artgerechte Haltung sowie eine abwechslungsrei-che Ernährung.

Es gibt keine gesetzlichen Vorgaben der Volierengröße für Fruchttauben, aber je größer desto besser. In einer Voliere von 3 × 2 × 2,30 m mit angebautem Schutzhaus

Abb. 11 Die Gelbbrust-Fruchttaube (*Ramphiculus occipitalis*) wurde erstmals 1967 nach Europa importiert, die Erstzucht erfolgte 1977 im Weltvogelpark Walsrode. (Foto: Werner Lantermann)

Abb. 12 Die Bestände der
gelegentlich gehaltenen
Goldstirn-Fruchttaube
(*P. aurantiifrons*) in
Menschenobhut sind noch
relativ klein. (Foto: Jörg
Asmus)

von ca. 2 × 2 × 2,20 m ist ausreichend Platz für ein Paar der kleinen und mittleren
Arten bis zu einer Körperlänge von 22 cm. Die größeren Arten benötigen dementsprechend mehr Platz, sie brauchen Volieren von mindestens ca. 5 × 3 × 2,30 m und
größer. Man muss aber bedenken, dass die *Ptilinopus*-Arten alle reine Waldbewohner sind und die Volieren dementsprechend bepflanzt werden sollten (z. B mit
Holunder, Mahonien-, Aronien- und Honigbeeren). Diese bilden kleine Büsche oder
Bäume, in dem sich die Fruchttauben auch gut verstecken können. Außerdem ernten
sie diese Früchte mit Vorliebe selber ab. Auch Efeu eignet sich sehr gut zur
Bepflanzung. Er bietet sehr gute Versteckmöglichkeiten, und deren Knospen und
Früchte werden sehr gern von allen *Ptilinopus*-Arten gefressen, da diese ja nicht
giftig sind. Die giftigen Blätter werden nicht gefressen. Der Efeu befindet sich bei
mir in allen Volieren. Es müssen aber auch Freiflächen vorhanden sein, denn die
Flaumfußtauben nehmen gerne Sonnen- und Regenbäder. Dies ist unbedingt notwendig, da die Fruchttauben nur im Regen baden, ansonsten muss eine Berieselungsanlage mit eingebaut werden.

Von April bis Ende Oktober halten sich meine Fruchttauben im Freien auf,
können aber zu jederzeit ein mindestens 15°C warmes Schutzhaus aufsuchen. Sie
können sich aber auch in den Wintermonaten bei Sonnenschein für ca. 1 Stunde (die
Aufenthaltsdauer entscheiden die Tauben selbst) in der Außenvoliere aufhalten,
natürlich unter der Voraussetzung, zu jeder Zeit ein warmes Schutzhaus auf-

suchen zu können. Nach meiner 25-jährigen Erfahrung in der Haltung und Zucht von Fruchttauben bin ich zu der Erkenntnis gekommen, dass höhere Temperaturangaben nicht unbedingt notwendig sind. Eine Überwinterung ohne Zucht kann bei 16 °C und ca. 70 % Luftfeuchtigkeit erfolgen. Sollte auch im Winter gezüchtet werden, müsste das Schutzhaus mindestens 20 °C und 85 % Luftfeuchtigkeit haben. Dann muss aber auch ein Luftaustausch im Schutzhaus gewährleistet sein, da sich sonst Keime und Schimmel schnell ausbreiten. Frische Luft und Sonnenschein ist immer besser als ein künstlich erzeugtes Tropenklima. Dies gilt für Privatzüchter. Zoos und Vogelparks halten ihre Fruchttauben dagegen oftmals in ganzjährig beheizten großen Tropenhallen in Gemeinschaft mit anderen Weichfressern. Denn eine Gemeinschaftshaltung von Fruchttauben mit anderen Vogelarten (mit ähnlichen Temperaturansprüchen), z. B. mit einigen Bülbülarten, Hähern, Drosseln und kleineren Starenarten, ist durchaus möglich.

In ihrem natürlichen Lebensraum stehen den Tauben viele verschiedene Wildfeigenarten, Palmensamen, Beeren, Knospen, kleine Insekten und vieles mehr zur ständigen Verfügung. Dieses natürliche Futter können wir den in Menschenobhut gehaltenen *Ptilinopus*-Arten leider nicht bieten. Aber uns stehen ausreichend andere Früchte zur Verfügung, das sind z. B. Mahonien, Holunder, Johannisbeeren, Heidelbeeren und Honigbeeren, Papaya, Mango, Kiwis, Weintrauben, Apfel und Banane. Die Obstsorten werden kleingewürfelt und sollten immer untereinander abwechslungsreich ausgetauscht werden. Dazu gibt man noch Fruchtpellets T 16 (Nutribird, Versele Laga). Da ich meine Fruchttauben zusammen mit Weichfressern halte, fressen die Tauben ab und zu auch deren Weichfutter. Dessen Zusammensetzung besteht aus: Orlux Patee Premium (Versele Laga), Fruchtpellets C 19 (Nutribird, Versele Laga), Mehlwürmer und Pinkymaden. So erreiche ist fast eine Ernährung wie in ihrem natürlichen Lebensraum. Das Fruchtfutter sollte in den Sommermonaten wegen Gärungsgefahr am Morgen und am Abend frisch verabreicht werden.

Wenn möglich, sollte man immer mehrere Tiere von einer Art kaufen und sich die Paare selber suchen lassen. Das ist die beste Voraussetzung für eine erfolgreiche Zucht. Die *Ptilinopus*-Arten legen immer nur ein Ei, und die Brutdauer beträgt bei den verschiedenen Arten von ca. 12 bis 22 Tage, die Nestlingszeit dauert ca. 10 bis ca. 16 Tage. Einige Arten nehmen Nistschalen an und polstern sie mit wenigen Zweigen aus. Andere wiederum bauen im Geäst, z. B. im Efeu, ein freistehendes Nest aus wenigen Zweigen, wie unsere Wildtauben auch. Die Partner wechseln sich tagsüber bei der Brut ab, nachts brütet nur die Täubin. Nach dem Schlupf des Jungtiers bleibt dieser Rhythmus beim Hudern gleich. Ist das Jungtier ausgeflogen, kümmern sich auch beide Partner um dessen Versorgung. Bei wenigen Arten kann man noch das Ablenkungsverhalten von dem Jungtier gut beobachten, wie z. B. bei der Veilchenkappen-Fruchttaube. Wenn ich in die Nähe des Jungtieres kam, stürzte sich die Täubin auf den Boden und gaukelte eine Verletzung vor, um so die Aufmerksamkeit vom Jungtier abzulenken. Beim näheren Herankommen ist sie dann weggeflogen.

Die Haltung von Flaumfußtauben bedarf gegenwärtig keiner Genehmigung. Es sind keine gesetzlichen Vorschriften zu beachten. Im CITES-Übereinkommen sind momentan keine *Ptinilopus*-Arten aufgeführt.

Ein internationales Erhaltungszuchtprogramm gibt es derzeit nur für die Schwarz-kappen-Fruchttaube. Es wird als ESB (Studbook) vom Zoo Bristol geführt (www. eaza.net). Darüber hinaus betreibt aber das Europäische Fruchttaubenprojekt Erhaltungszuchten für diverse Arten nach tiergartenbiologischen Maßstäben. An diesen Zuchtprojekten sind sowohl Tiergärten als auch engagierte Privatleute beteiligt. Gesicherte Bestände existieren demnach bereits für Rotkappen-Fruchttaube, Rothals-Fruchttaube, Veilchenkappen-Fruchttaube, Östliche Prachtfruchttaube und Schwarz-kappen-Fruchttaube. Bei weiteren fünf *Ptilinopus*-Arten und vier *Ramphiculus*-Arten, die innerhalb des Projektes gehalten werden, sind die Bestände sehr klein oder noch im Aufbau befindlich (www. fruchttaubenprojekt.eu, vgl. Pestel 2011).

Einige Besonderheiten häufig gehaltener Arten sollen im Folgenden kurz angerissen werden: Eine relativ bekannte und auch regelmäßig gezüchtete Art ist die farbenprächtige **Östliche Prachtfruchttaube**. Sie ist etwa lachtaubengroß und wiegt bei einer Größe von 21–24 cm zwischen 80 und 145 g. Bruten finden im natürlichen Lebensraum fast zu allen Jahreszeiten statt und hängen vor allem vom verfügbaren Nahrungsangebot ab. Im Freiland und in Menschenobhut wird nur ein Ei in ein lose angelegtes Nest gelegt, das 14 Tage von beiden Geschlechtern bebrütet wird. Bereits mit sechs oder sieben Tagen ist das Junge weitestgehend befiedert und verlässt wenig später das Nest. Diese überaus kurze Nestlingszeit ist vermutlich eine evolutive Antwort auf den enormen Feinddruck durch Prädatoren wie Greifvögel und Schlangen. Sie stellt keine besonderen Ansprüche an die Haltung. Die **Schwarznacken-Fruchttaube** sollte eine ruhige Umgebung (z. B. eine von außen dicht bepflanze Voliere in einer ruhigen Gartenecke) bekommen, da diese Art sehr schreckhaft ist. Die **Rothals-Fruchttaube** benötigt ein größeres Gehege mit vielen Versteckmöglichkeiten, ansonsten bedrängt der Täuber die Täubin unter Umständen bis zur Erschöpfung. Die **Königsfruchttaube** baut ihr Nest ungern in Nistschalen, als Nisthilfe sollte man ein Drahtgeflecht im Versteck anbieten, dieses wird dann mit den Zweigen ausgepolstert. Außerdem ist eine ruhige Umgebung notwendig. Die **Rotbauch-Frucht-taube** legt zwar ihr einziges Ei in eine Nistschale, brütet dort aber meistens nicht. Sie sucht sich lieber im Dickicht einen Platz, wo sie mit dünnen Zweigen ein Nest formt. Die Tauben brüten im Versteck sehr fest, man kann ca. einen halben Meter am Nest vorbei laufen, ohne dass die Tauben dieses verlassen. Die **Wompoo-Fruchttaube** baut ihr Nest gern freistehend am Astende. Meist handelt es sich dabei um eine sehr wacklige Konstruktion, daher sollten Nisthilfen angeboten werden, z. B. eine Nestunterlage aus Drahtgeflecht, Kokosmatte oder ein Bastkörbchen.

Die Gattung der **Großen Fruchttauben** (*Ducula*) umfasst nach aktuellem Stand 43 Arten und zahlreiche Unterarten. Das Größenspektrum innerhalb dieser Gattung reicht von 35 cm bis 55 cm Gesamtlänge. Die größten Arten sind die Marquesasfruchttaube (*Ducula galeata*, ca. 55 cm), die Riesenfruchttaube (*Ducula goliath*, ca. 52 cm) und die Große Mindoro-Fruchttaube (*Ducula mindorensis*, ca. 50 cm). Mit 35 bzw. 36 cm Länge sind die Rotschwanz- oder Rostbauch-Fruchttaube (*Ducula rufigaster*) und die Gefleckte- oder Hufeisenfruchttaube (*Ducula carola*) die kleinsten Arten (Gibbs et al. 2001).

Die *Ducula*-Arten sind weit verbreitet. Sie kommen auf Neuguinea, in Polynesien, Mikronesien, Australien, Indien (nur 2 Arten) und auf den Philippinen vor.

Einige Arten sind auf vielen verschiedenen Inseln verbreitet, andere wiederum leben endemisch, wie z. B. die Mindorofruchttaube. Diese kommt nur auf der philippinischen Insel Mindoro vor. Sie ist zugleich die drittgrößte *Ducula*-Art, stark gefährdet („endangered") und demzufolge – da sie zeitweise handelsrelevant war – im Washingtoner Artenschutzübereinkommen (Anhang I/A) aufgeführt.

Der Lebensraum der Großen Fruchttauben sind primäre und sekundäre Wälder sowie Mangrovensümpfe, aber auch Palmenhaine und Regenwälder. Manche Arten leben endemisch und andere fliegen sehr weite Strecken. Endemisch lebende Arten sind schon bei geringsten Störungen in ihrem Lebensraum gefährdet oder sogar vom Aussterben bedroht (Kennedy et al. 2000; Gibbs et al. 2001).

Die großen *Ducula*-Arten werden eher selten von Privatzüchtern gehalten, denn sie benötigen sehr große Volieren. Die meisten Vögel in Privathand befinden sich in Italien und Spanien, und nur wenige Arten auch in Deutschland. In Vogelparks und Zoos werden dagegen mehrere Arten gehalten und gezüchtet. Hauptgrund dürfte das dort meist vorhandene größere Platzangebot sein. So sind Haltungen bekannt aus den Tiergärten in Köln, Walsrode, Duisburg und anderen. Die meist gehaltene Art (in 11 Tiergärten) ist die Zweifarben-Fruchttaube (*Ducula bicolor*) (www.zootierliste.de) (Abb. 13). Laut Homepage des Europäischen Fruchttaubenprojektes werden gegenwärtig (im November 2019) 16 *Ducula*-Arten bei den Projektteilnehmern gehalten. Die Bestände von 14 Arten werden dort als klein bis extrem klein ange-

Abb. 13 Die Zweifarben-Fruchttaube (*Ducula bicolor*), auch Muskatnusstaube genannt, ist die am häufigsten gehaltene Art der Großen Fruchttauben. (Foto: Jörg Asmus)

geben. Lediglich die Bestände von Zweifarben-Fruchttauben und Elsterfruchttauben (*Ducula luctuosa*) gelten dieser Quelle zufolge als gesichert (www.fruchttauben projekt.eu).

Die Volierengröße bei diesen großen Arten sollte mindestens 6 × 4 m bei 2,5 m Höhe betragen. Die Haltungstemperatur liegt mit 15 °C ähnlich wie bei den zuvor beschriebenen Flaumfußtauben. Auch die Ernährung ist die gleiche wie bei den *Ptilinopus*-Arten, nur können die Fruchtstücke für diese Vögel etwas größer gewählt werden. Schließlich unterscheidet sich auch das Zuchtverhalten nicht wesentlich von dem der *Ptilinopus*-Arten, nur dass längere Brut- und Nestlingszeiten zu berücksichtigen sind (die Brutzeit beträgt ca. 18–28 Tage, die Nestlingszeit ca. 18–26 Tage).

Die Haltung von großen Fruchttauben bedarf gegenwärtig mit einer Ausnahme keiner Genehmigung. Lediglich die bereits genannte Mindorofruchttaube unterliegt den Regularien des WA-Anhanges I (A). Sie ist damit vom regulären kommerziellen Handel ausgeschlossen.

Literatur

Forshaw, J. M. (2015). *Pigeons and Doves in Australia*. Melbourne: CSIRO Press.
Gibbs, D., Barnes, E., & Cox, J. (2001). *Pigeons and Doves – A guide to the Pigeons and Doves of the world*. Sussex: Pica Press.
Goodwin, D. (1983). *Pigeons and Doves of the world* (3. Aufl.). Ithaca: Cornell University Press.
HBW Alive Species. (2019). *Handbook of birds of the world* – Columbiformes. www.hbw.com/ species. Zugegriffen am 14.09.2019.
Kaiser, M. (2014). Kapitel Tauben – Columbiformes. In W. Grummt & H. Strehlow (Hrsg.), *Zootierhaltung – Vögel* (S. 332–354). Haan-Gruiten: Europa-Lehrmittel.
Kennedy, R. S., Gonzales, P. C., Dickinson, E. C., Miranda, H. C., & Fisher, T. H. (2000). *A guide to the birds of the Philippines*. Oxford: University Press.
Lantermann, W. (2009). Kapitel: Tauben (Columbiformes). In M. Baur et al. (Hrsg.), *Wildtierhaltung in kleineren zoologischen Einrichtungen* (Bd. 2, S. 281–290). Fürth: Filander.
Masibalavu, V., & Dutson, G. (2006). *Important bird areas in Fiji: conserving Fiji's natural heritage*. Suva: BirdLife International.
Münst, A., & Wolters, J. (1999). *Tauben: Die Arten der Wildtauben* (2. Aufl.). Bottrop: Karin Wolters.
Pestel, P. (2011). Haltung, Pflege und Zucht der Schwarznackenfruchttaube *(Ptilinopus melanospila)*. *VZE Vogelwelt, 56*, 37–39.
Rösler, G. (1996). *Die Wildtauben der Erde – Freileben, Haltung und Zucht*. Alfeld-Hannover: Schaper.
Stadler, S. (2006). Erhaltungszucht und Wiederauswilderung der Socorrotaube (*Zenaida graysoni*). *Der Zoologische Garten N. F, 76*, 208–221.
Wiltschko, R., Schiffner, I., Fuhrmann, P., & Wiltschko, W. (2010). The role of the magnetite-based receptors in the beak in pigeon homing. *Current Biology, 20*, 1534–1538.
Winkler, D. W., Billermann, S. M., & Lovette, I. J. (2015). *Bird families of the world – Columbiformes* (S. 68–71). Barcelona: Lynx.

Ordnung: Caprimulgiformes – Schwalmvögel, Nachtschwalben, Segler, Kolibris

Werner Lantermann und Thomas Rempert

Inhalt

1   Familien: Steatornithidae, Nyctibiidae, Podargidae, Caprimulgidae, Aegothelidae, Hemiprocnidae, Apodidae, Trochilidae

Systematik

Die Ordnung der Caprimulgiformes umfasst nach der neuen Systematik des HBW aufgrund aktueller phylogenetischer Studien acht Familien (vgl. Winkler et al. 2015), die früher in drei eigene Ordnungen aufgeteilt waren, nämlich zum einen die Segler (Apodidae und Hemiprocnidae = Apodiformes), zum anderen die Kolibris (Trochilidae = Trochiliformes) und zum dritten die übrigen fünf Familien in der Ordnung der Schwalmvögel und Nachtschwalben (Caprimulgiformes). Diese neue taxonomische Einteilung stößt in der Fachwelt allerdings nicht durchweg auf

W. Lantermann (✉)
Oberhausen, Deutschland
E-Mail: w.lantermann@arcor.de

T. Rempert
Berlin, Deutschland

© Springer-Verlag GmbH Deutschland, ein Teil von Springer Nature 2021   547
W. Lantermann, J. Asmus (Hrsg.), *Wildvogelhaltung*,
https://doi.org/10.1007/978-3-662-59604-3_58

Zustimmung – denn manches spricht für die Beibehaltung der alten Systematik (vgl. Mayr 2002; Hackett et al. 2008). Für die Haltung in Menschenobhut kommen und kamen jeweils nur wenige Arten aus diesen Vogelgruppen in Frage, so dass an dieser Stelle nur ganz kurz auf die Segler (Apodidae) und Schwalme (Pogardidae) eingegangen werden soll, derweil den Kolibris – mit früher weit über 100 gehaltenen Arten – im folgenden etwas mehr Raum eingeräumt wird.

2   Familie: Apodidae – Segler

Die Familie der Segler umfasst derzeit 96 Arten in 19 Gattungen, die Körpergrößen von 9–33 cm erreichen. Sie sind beinahe weltweit (außer in Neuseeland und den arktischen Gebieten) verbreitet und bewohnen eine Vielzahl unterschiedlicher Lebensräume, wobei sie die meiste Zeit ihres Lebens in der Luft verbringen, wo sie Nahrung suchen, sich paaren und sogar schlafen (!). Sie ernähren sich fast ausschließlich von lebenden Insekten, die sie im Flug erbeuten (Strehlow 2014). Segler sind monogam und beide Geschlechter beteiligen sich an der Aufzucht der Jungen. Ihre Nester bauen sie selbst, z. B. in Felshöhlen, an Mauern, unter Dachvorsprüngen, unter Brücken, seltener auch in Baumhöhlungen. Bemerkenswert ist, dass sie diese Nester, u. a. aus feuchtem Schlamm oder Lehm, direkt an glatte Fels- oder Häuserwände „kleben" können. Das Gelege umfasst bis zu 5 Eier, die je nach Art zwei bis vier Wochen bebrütet werden, derweil die anschließende Nestlingszeit der Jungen sechs bis zehn Wochen in Anspruch nimmt (Winkler et al. 2015).

Für eine dauerhafte Haltung in menschlicher Obhut kommen Segler aufgrund ihrer besonderen Lebensweise nicht in Frage. Allerdings gelangen alljährlich aus dem Nest gefallene Jungvögel bzw. verletzte oder geschwächte Altvögel des Mauerseglers (*Apus apus*) in Privathand oder eine Wildtierauffangstation. Hier wird versucht, sie bis zur Selbstständigkeit und vollen Flugfähigkeit aufzuziehen bzw. gesund zu pflegen, so dass man sie in die Freiheit entlassen kann.

Bevor man selbst mit solchen Jungvögeln herumexperimentiert, empfiehlt sich zunächst das Studium der einschlägigen Internet-Portale, hier vor allem das der Wildvogelhilfe (www.wildvogelhilfe.org) und speziell die Seite der „Deutschen Gesellschaft für Mauersegler" (www.mauersegler.com). Bei letzterer ist auch die Übergabe aufgefundener Vögel möglich, man nimmt dort aber ausschließlich Mauer- und Alpensegler (*Tachymarptis melba*) auf, keine anderen Wildvogelarten. Wer sich selbst an die Aufzucht wagen möchte, benötigt zum einen viel Zeit (5–6 Fütterungen am Tag), zum anderen größere Mengen an lebenden oder gefrosteten (und vor dem Verfüttern aufgetauten) Heimchen. Dabei ist zu bedenken, dass Mauersegler nicht sperren. Beim Berühren der Kehle öffnet der Jungvogel aber oftmals den Schnabel, manchmal muss er aber auch mit dem Fingernagel geöffnet und dann zur Fütterung offen gehalten werden. Im Alter von etwa 42 Tagen und bei einem Gewicht von 45–50 g sollte die Flugfähigkeit erreicht sein. Den Vogel dann aber beim Freilassen nicht in die Luft werfen, sondern von erhöhter Warte aus der Hand abfliegen lassen. Er kehrt nicht zurück und ist sofort selbstständig (Strehlow 2014).

3　Familie: Podargidae – Schwalme

Die Familie der Podargidae, im deutschen Sprachgebrauch Schwalme genannt, wird in 3 Gattungen mit 14 Arten unterteilt. Es sind durchweg mittelgroße bis große (21–53 cm) kryptisch braun und grau gefärbte, nachtaktive Vögel, die nur entfernt an Eulen erinnern. Ein charakteristisches Merkmal sind die großen breiten Hakenschnäbel mit Borsten an der Basis, die den Vögeln den englischen Namen „Frogmouth" eingetragen haben. Ihr Verbreitungsgebiet erstreckt sich von Süd-Indien und Sri Lanka über Thailand, die Inselwelt des Malaiischen Archipels und Neuguinea bis Australien und Tasmanien. Sie bewohnen Wald- und Steppengebiete sowie vereinzelte Baumgruppen in australischen Wüstengebieten. Charakteristisch ist ihre Schreck- und Ruhehaltung auf einem Ast, der sie wie einen Aststumpf wirken lässt. Schwalme nehmen ihre Nahrung überwiegend am Boden oder in den Bäumen zu sich, sie ernähren sich von Käfern, Heuschrecken und Nachtfaltern, die größeren Arten auch von kleinen Wirbeltieren, wie Mäusen oder Eidechsen. Die Vögel bauen zur Brutzeit lockere Zweignester, die mit eigenen Dunenfedern, Flechten und Spinnweben ausgekleidet werden. Dort hinein legen die Weibchen ihre 1–2 Eier, die von beiden Geschlechtern, je nach Art, 28–33 Tage lang im Wechsel bebrütet werden. Die Nestlingszeit beträgt um 30 Tage (Schroepel 2014; Winkler et al. 2015). Durch Lebensraumverluste, vor allem in den Wäldern der Tiefebenen, sind mittlerweile 6 Arten potenziell bedroht („neart hreatened") (www.iucnredlist.org).

In der Haltung spielen Schwalme so gut wie keine Rolle. Lediglich der Eulenschwalm (*Podargus strigoides*) (Abb. 1) wird gegenwärtig in drei deutschen zoolo-

Abb. 1 Eulenschwalm (*Podargus strigoides*) im Vogelpark Avifauna Alphen a.d. Rijn in den Niederlanden. (Foto: Werner Lantermann)

gischen Einrichtungen gehalten, und zwar im Zoo Berlin (erste Handaufzucht 1986, erste Naturbrut 1987), im Zoo Frankfurt (Deutsche Erstzucht 1983, weitere Zuchterfolge 1997, 2001) und im Vogelpark Olching, der ebenfalls Zuchterfolge vermeldet (www.zootierliste.de).

Die Haltung erfolgt in (Innen-)Volieren, Vitrinen oder Nachttierhäusern, die mit starken Ästen ausgestattet sein müssen. Schroepel (2014) gibt an, dass Eulenschwalme in den Parks oftmals Handaufzuchten und daher nur schwierig an selbstständige Nahrungsaufnahme zu gewöhnen seien. Ernährt werden die Vögel überwiegend mit Mäusen (2–3 am Tag) und großen Heuschrecken von der Futterpinzette, dazu Heimchen und Mehlwürmer im Futternapf. Zur Zucht sollen Draht- oder Weidenkörbchen auf mittlerer Asthöhe angebracht werden, in die die Vögel mit kleinen Zweigen und Gras ein Nest bauen. Kunstbrut und Handaufzucht sind bei den Eulenschwalmen schon öfter gelungen, aber höchstens als Rettungsmaßnahme für verlassene Eier oder Jungvögel vertretbar. Einzelheiten zur Handaufzucht (mit Erfahrungen aus dem Zoo San Diego) finden sich bei Schroepel (2014).

4 Familie: Trochilidae – Kolibris

Thomas Rempert

Systematik und allgemeine Biologie
Mit 363 Arten in 104 Gattungen gehören die Kolibris zu den größten taxonomischen Gruppen innerhalb der Aves. Lange Zeit waren sie in einer eigenen Ordnung zusammengefasst (Trochiliformes), danach mit den Seglern (Apodidae) und den Baumseglern (Hemiprocnidae) in einer Ordnung (Apodiformes) vereint, und schließlich – aufgrund neuerer genetischer Verwandtschaftsanalysen – sind sie heute eine von acht Familien innerhalb der Caprimulgiformes (Winkler et al. 2015). Die „innere" Systematik der Familie unterteilt die Kolibris gegenwärtig in sechs Unterfamilien, von denen die der Trochilinae mit 161 Formen die artenreichste ist. Unter den Kolibris finden sich die kleinsten Vögel der Welt. So gilt die Bienenelfe (*Mellisuga helenae*) von der Insel Kuba als kleinster Kolibri und gleichzeitig kleinster Vogel der Welt. Mit einer Körperlänge von 5,5 cm (im männlichen Geschlecht) und einen Gewicht von knapp 2 g gleicht er eher einem größeren Hautflügler als einem Vogel. Der größte Kolibri mit einer Größe von 20–22 cm bei einem Gewicht von 18–29 g ist der Riesenkolibri (*Patagona gigas*) aus den Andenregionen von Ecuador bis Argentinien. Kolibris sind Vögel mit zylindrisch-ovalem Körperbau, langen, zugespitzten Flügeln und teils kurzen, teils langen und oftmals zu Schmuckfedern ausgebildeten Schwänzen, die z. T. die Körperlänge überschreiten können. Ihre Füße mit drei nach vorn und einer nach hinten gerichteten Zehe sind kurz und mit kurzen Krallen ausgestattet. Das Gefieder ist außerordentlich variabel gefärbt, oftmals mit grüner Grundgefiederfärbung, die mit schillernden Farbtupfen, besonders im Bereich der Kehle, kontrastiert (Winkler et al. 2015). Bekannt sind Kolibris u. a. für ihren Schwirrflug mit Schlag-

frequenzen von 50–60 Flügelschlägen pro Sekunde, bei Balzflügen werden sogar um 200 Schläge/Sekunde erreicht. Die Herzschlagfrequenz liegt bei voller Aktivität um 1260 Schläge pro Minute, in Ruhephasen bei 500 Schläge/Minute (Poley 2014).

Kolibris sind ausschließlich in der Neuen Welt beheimatet und von Alaska und Labrador im Norden bis Feuerland und Süd-Chile im Süden über weite Teile Nord- und Südamerikas, auf den karibischen Inseln und den südlich von Chile liegenden Juan-Fernandez-Inseln verbreitet. Sie bewohnen eine Vielzahl unterschiedlichster Lebensräume: von ariden Wüstengebieten über tropische Regenwälder bis hin zu den Gletschern und Schneefeldern der Hochanden (Poley 2014). Ihre Nahrung besteht überwiegend aus Nektar, kleinen Insekten und anderen Wirbellosen. Studien haben aber ergeben, dass Nektar mit rund 90 % den überwiegenden Teil der Nahrung darstellt. Nur mit dieser Nahrung sind der überaus schnelle Stoffwechsel und die notwendige Körpertemperatur bei diesen kleinen Vögeln aufrecht zu erhalten. Sie haben den höchsten Energieverbrauch unter allen Wirbeltieren, soweit man heute weiß. Bei Nahrungsmangel können die Vögel des Nachts in eine Art Kältestarre (Torpor) verfallen und ihre Körpertemperatur auf die Umgebungstemperatur herab regeln. Durch Muskelzittern erwärmen sich die Vögel wieder (Poley 2014).

Kolibris sind polygyn, d. h. die Männchen paaren sich im Freiland während der Brutsaison mit mehreren Weibchen. Diese bauen aus Tierhaaren, Pflanzenfasern und Spinnweben ein tiefes napfförmiges Nest, erst danach begibt sich das Weibchen zu einem Balzplatz der Männchen, wo der Hochzeitsflug eingeleitet wird und mit der Kopulation im Nestrevier des Weibchens endet. Das Weibchen legt in zweitägigem Intervall 2 weiße, walzenförmige Eier, die es 16–19 Tage lang bebrütet, ehe die winzig kleinen Jungvögel in zweitägigem Abstand schlüpfen. Die Jungen sind Nesthocker, die nun – je nach Art – 19–27 Tage lang allein vom Weibchen betreut werden, ehe sie ausfliegen und nach weiteren 18–25 Tagen die Selbstständigkeit erlangen (Poley 2014).

Die Rote Liste der IUCN weist gegenwärtig etwa 50 Kolibriarten aus, die gefährdet oder bedroht sind, davon 17 Arten als „endangered" und 9 Arten als „critically endangered" – allesamt Arten mit eng begrenztem Verbreitungsgebiet und ohnehin kleinen Populationen, die zudem durch Lebensraumveränderungen beeinträchtigt werden. Zu ihnen gehören der Juan-Fernandez-Kolibri (*Sephanoides fernandensis*), der nur auf der zu der Juan-Fernandez-Inselgruppe gehörenden Insel Robinson Crusoe (mit einem Restverbreitungsgebiet von ca. 11 km^2) vorkommt und der Schwarzbauch-Höschenkolibri (*Eriocnemis nigrivestis*) mit einer Restpopulation von maximal 180 adulten Individuen nördlich von Quito in Ecuador (www. iucnredlist.org).

Haltungsanforderungen

Kolibris gehören heute zu den Ausnahmeerscheinungen in Vogelparks und Zoologischen Gärten. Das war nicht immer so: 149 gehaltene Formen verzeichnet die im Internet veröffentliche „Zootierliste" allein in deutschen zoologischen Einrichtungen für die Zeit vom Ende des 19. Jahrhunderts bis in die jüngste Vergangenheit. Heute werden lediglich noch vier Arten gehalten, nämlich der Glanz-Veilchenohrkolibri, früher Große Veilchenohrkolibri (*Colibri coruscans*) und die Grünschwanzsylphe (*Lesbia nuna*) im Weltvogelpark Walsrode, sowie die Rostbauchamazilie (*Amazilia amazilia*) (Abb. 2) ebenfalls in Walsrode, wo 2012 die Zooerstzucht gelang und seither regelmäßige Zuchterfolge zu verzeichnen waren. Die vierte Art, der Moskitokolibri (*Chrysolampis mosquitus*) (Abb. 3), ist derzeit nur noch als Einzeltier im Zoo Augsburg vertreten (www.zootierliste.de). Damit gehören Kolibris zu den Arten, die in absehbarer Zeit vermutlich aus den Zoovolieren verschwunden sein werden. Von sich selbst erhaltenden Volierenpopulationen kann somit bei keiner Art die Rede sein, obwohl gerade im Weltvogelpark Walsrode die Kolibrihaltung und -forschung in den letzten Jahren maßgeblich vorangetrieben wurde.

In Privathand sah die Situation zeitweise ein wenig günstiger aus. Durch den sehr rührigen damaligen „Arbeitskreis der Kolibrifreunde e. V." (ab 1981), der sich 1990 zur „Gesellschaft für Tropenornithologie e. V." umformiert hat und bis heute besteht, sind seinerzeit viele Neuerkenntnisse über die erfolgreiche Haltung von Kolibris befördert worden. Diese konnten vor allem an den damals jeweils neu importierten Arten gewonnen werden, darunter Bronzeschwanz-Saphirkolibri (*Chrysuronia oenone*), Glitzerkehlamazilie (*Amazilia fimbriata*), Braun-Veilchenohrkolibri (*Colibri delphinae*), Riesenkolibri (*Patagona gigas*), Glanz-Veilchenohrkolibri (*Colibri coruscans*), Rostbauchamazilie (*Amazilia amazilia*) u. a. m. Inwieweit unter den Mitgliedern derzeit noch Kolibris gehalten und ggf. nachgezüchtet werden, konnte leider nicht ermittelt werden. Allerdings gab es seinerzeit sehr aktive und erfolgreiche Kolibrizüchter sowohl in besagtem Arbeitskreis als auch unter den Mitgliedern

Abb. 2 Rostbauch- oder Braunbauchamazilie (*Amazilia amazilia*) im Weltvogelpark Walsrode, wo die Art inzwischen erfolgreich gezüchtet wird. (Foto: Werner Lantermann)

Abb. 3 Der Moskitokolibri (*Chrysolampis mosquitus*) war früher auch im Tierpark Berlin vertreten. (Foto: Christian Matschei)

des „Stammtisches Bonner Vogelfreunde" (Kleefisch, schriftl. Mitt., Kleefisch 2019). (Abb. 4 und 5).

Kolibris sind die gewandtesten Flieger im Vogelreich und sollten daher in großen, mindestens 1,60 m langen Einzelboxen mit angeschlossener Voliere untergebracht werden. Die Haltung in separaten Volieren erleichtert die Tierkontrolle in der Mauser und gewährt einen besseren Gesundheitscheck. Gesunde Kolibris legen immer die Flügel unter dem Schwanz zusammen. Wenn etwas nicht mit ihrer Gesundheit stimmt, dann falten sie diese über den Schwanz. Kolibris sind sehr anfällig gegen Sporen der Hefepilze. Folglich müssen die Volieren immer penibel sauber gehalten werden. Die Mauser ist bei Kolibris eine schwierige Zeit, da durch diese die Flugfähigkeit beeinträchtigt wird. Das Einsetzen der Mauser hört man an der Sequenz des Flügelschwirrens. Es klingt dann nicht so gleichmäßig summend. In der Mauserzeit werden deutlich mehr Fruchtfliegen aufgenommen.

Kolibris schöpfen den gesamten Raum ihrer Einzelvolieren aus, da sie alle Ecken anfliegen können. Jeder Vogel hat seinen eigenen Bereich und sein Röhrchen. Die Vögel können abwechselnd oder paarweise in der Voliere fliegen, und jeder wird seine Box wieder zum Nektartrinken aufsuchen. Folglich kann man die Tiere problemlos absperren.

Der Boden ihrer Anlagen sollte mit saugfähigen Tüchern oder einem Belag ausgelegt sein, den man gut reinigen kann. Dieser darf nicht stauben oder zu leicht sein, da durch den Schwirrflug schnell Substrat aufgewirbelt wird. Staub kann die Kolibris schädigen, ebenso wie eine zu leichte Einlage, die die Tiere in Angst

Abb. 4 Blaustern-
Antillenkolibri (*Eulampis
holoserceus*) im Vogelpark
Villars des Dombes in
Frankreich. (Foto: Werner
Lantermann)

Abb. 5 Glanz-
Veilchenohrkolibri (*Colibri
coruscans*) im Weltvogelpark
Walsrode. (Foto: Werner
Lantermann)

versetzt. Wesentlich sind 2–3 dünne Sitzstangen (u. a. Korkenzieherweide) und ein Nektarröhrchen aus braunem Glas. Deren Trinkzapfen sollte mit rotem Isolierband umwickelt sein, damit die Kolibris leichter den Nektar finden. Unter dem Nektarröhrchen sollte ein kleiner Naschnapf eingehängt werden, falls das Röhrchen leckt oder ausläuft. Der Nektar wird dann aufgefangen und der Vogel hat noch die Möglichkeit davon zu trinken. Zudem setzen sich manche Kolibris gerne beim Nektartanken hin. Besonders bei Frischimporten ist dies zu beobachten. Auf dem Boden wird vorsorglich eine flache Schale mit Wasser gereicht, in der Regel erfährt sie aber keine Nutzung. Ganz wichtig ist ein Glas mit einem Fruchtfliegenansatz. Ein helles Nachtlicht ist in den ersten 6 bis 8 Wochen essenziell, da sich Kolibris wie Nachtfalter verhalten, sobald sie aufgeschreckt werden. Sonst besteht die Gefahr, dass sich die panisch verhaltenden Tiere verletzen und an den Verletzungen sterben. Die Raumtemperatur sollte zwischen 22 und 25 °C liegen.

Die Voliere kann mit großblättrigen Pflanzen bepflanzt sein. Das Pflanzen in Kübeln und in Hydrokultur mindert die Belastung von Schimmelpilzsporen. Ein Zimmerbrunnen, dessen Wasser wegen der Keimbildung regelmäßig gewechselt werden muss, erhöht die Raumfeuchte, und blühende Pflanzen fördern das natürliche Suchverhalten der Tiere. Kolibris baden nur auf nassen Blättern, weshalb überwiegend großblättrige Pflanzen verwendet werden sollten. Diese lassen sich auch am besten sauber halten. Schmutzige Blätter sind immer ein Keimherd.

Die meisten Kolibris sind strikte Einzelgänger. Jeder Tropfen Nektar wird umkämpft, so dass die meisten Kolibris wahre Raufbolde sind. Deshalb sollten sie nur unter Aufsicht zusammen gelassen werden. Eine Vergesellschaftung mit anderen Arten ist nicht ratsam. Jeder Vogel wird als potenzieller Nektardieb angesehen und bedeutet Stress und Streit.

Die Ernährung ist mittlerweile recht einfach. Morgens und abends brauchen Kolibris ihr jeweils eigenes Röhrchen mit Nektar. Wenn es sehr warm ist, sollten 3 bis 4-mal am Tag kleine Portionen Nektar gereicht werden, da dieser bei großer Hitze recht schnell verdirbt. Empfehlenswert ist der handelsübliche Nektar (z. B. Enderle Nekton), denn er enthält alle wichtige Inhaltsstoffe. Man reicht den Nektar in braunen Glasröhrchen, die immer penibel sauber gehalten werden müssen. Nektar verdirbt sehr schnell. Und besonders wichtig ist zudem eine gute Fruchtfliegenzucht. Ohne diese gelingt keine Kolibrihaltung. Jeden Tag fressen die Vögel Fruchtfliegen, und während der Mauser wird der Bedarf deutlich gesteigert. Jeder einzelne Kolibri sollte daher einen eigenen Drosophila-Ansatz bekommen.

Wenn Kolibris zur Nachzucht gebracht werden sollen, so muss genau beobachtet werden, wann die Partner durch die Mauser sind. Die Vögel benötigen eine gute Flugkondition, denn die Balz ist mit einer rasanten Flugshow verbunden, in der beide Partner viel Energie aufwenden. Doch zuerst muss das Weibchen in Brutstimmung gelangen und sein Nest errichten. Gut eignen sich kleine Körbchen (beim Autor hat der Andenkolibri *Amazilia fraciae* einen kleinen Naschnapf für Eifutter angenommen). Als Nistmaterial stehen Tierhaare (weiße werden bevorzugt), Würzelchen, Moos und frische Spinnweben (am besten von der Zitterspinne) zur Verfügung. Gewebe kann man mit einem feinen Zweig absammeln. Das Nest wird frei errichtet. Wenn dies dem Weibchen nicht direkt gelingen will, kann auch etwas

Verbandsspray zur Festigung nachhelfen. Sobald das Nest fertig ist, wird das Männchen dazu gelassen. Es erfolgt eine rasante Balz, die man genau im Auge behalten muss, weil sie schnell in Aggression ausarten kann. Sobald die Paarung stattgefunden hat, wird das Männchen wieder abgetrennt. Meist nach 3 bis 4 Tagen erfolgt die Eiablage. Die Brutdauer beträgt, je nach Art, zwischen 16 und 19, manchmal bis 22 Tage. Wenn die Jungen geschlüpft sind, müssen Fruchtfliegen passender Größe zur Verfügung stehen. Das Weibchen füttert einen Brei aus Nektar und Fliegen. Wenn die Fliegen zu groß sind, werden die Insektenbeine meist nicht mit verdaut und die Jungen können versterben. Die Nestlingszeit schwankt zwischen 22 und 26 Tagen. Die Jungen werden noch 5 bis 10 weitere Tage von der Mutter versorgt und müssen dann abgesetzt werden, damit das Weibchen langsam erneut in Brutstimmung gelangt und Spannungen verhindert werden. Die Trennung von der Mutter ist immer der kritischste Moment in der Aufzucht.

Zwei seinerzeit gelegentlich importierte Kolibriarten sollen nachfolgend exemplarisch kurz vorgestellt werden. Der **Braun-Veilchenohrkolibri** (*Colibri delphinae*) ist weit verbreitet und kommt in Guatemala, Peru, Brasilien, Bolivien und auf Trinidad vor. Er ist nicht im Bestand gefährdet, da die Kolibris im Allgemeinen von der dort um sich greifenden Entwaldung profitieren. Denn dort, wo Bäume fallen, können sich viele blütenreiche Pflanzen entwickeln! Geschlechtsunterschiede sind kaum auszumachen. Die Vögel sind ca. 12 bis 13 cm groß und wiegen zwischen 6 und 9 g. Das Männchen besetzt ein Revier, das durch Singen und Balzflüge abgegrenzt wird. Wenn ein Kolibri diese Grenze überfliegt, wird er hart attackiert. Wenn das Weibchen in Brutstimmung kommt, baut es ein Nest aus Moosen, Würzelchen und Spinnweben. Nach Beendigung des Nestbaus fliegt es in das Revier des Männchens, und dort findet eine rasante Balz statt. Wenn der Tretakt erfolgt ist, verlässt das Weibchen das Männchen-Revier und widmet sich alleine dem Brutgeschäft. Es legt zwei Eier die 16 bis 17 Tage bebrütet werden. Wenn die Jungen geschlüpft sind, werden sie mit einen Brei aus Nektar und Insekten gefüttert. Die Jungvögel werden mit 23 bis 25 Tage flügge und danach noch ca. 17 bis 20 Tage von der Mutter versorgt. Dann werden sie aus dem Revier des Weibchens vertrieben. Mit einen Jahr werden die Jungvögel geschlechtsreif. Der Braun-Veilchenohrkolibri wurde immer eher selten gehalten, doch wurde er bereits erfolgreich nachgezogen. Diese Art gehört zu den aggressiven Arten, die überwiegend einzeln gehalten und nur zur Zucht vergesellschaftet werden sollte.

Der **Riesenkolibri** (*Patagona gigas*) kommt überwiegend in den Andenstaaten Ecuador, Peru, Bolivien, Chile und Argentinien vor. Die Population ist nicht gefährdet. Diese Art ist eher schlicht gefärbt. Männchen und Weibchen lassen sich gut unterscheiden. Wie der Name schon sagt, ist der Riesenkolibri die größte Kolibriart und mit über 20 cm Länge und über 20 g Gewicht ein beeindruckender Kolibri. Wie bei fast allen Arten besetzt das Männchen ein Revier, welches meist dicht mit Blühpflanzen bestanden ist. Wenn das Weibchen den Nestbau getätigt hat, fliegt es in das Revier des Männchen. Nach kurzer Balz und nach der Paarung verlässt es das Revier des Männchens wieder und zeitigt die Brut. Die meist 2 Eier werden nur 12 bis 14 Tage bebrütet. Die Jungen werden mit Insekten und Nektar gefüttert, mit ca. 24 Tage werden sie flügge. Noch etwa 3 Wochen werden sie vom Weibchen versorgt und dann aus dem Revier vertrieben. Mit über einen Jahr werden die Jungvögel geschlechtsreif. Diese Art wurde seinerzeit gelegentlich eingeführt. Sie ist problemlos einzugewöhnen und weniger aggressiv als andere Kolibriarten. Allerdings benötigt sie aufgrund ihrer Größe auch einen relativ großen Flugraum.

Die Haltung aller Kolibriarten unterliegt den Regularien des Washingtoner Artenschutzübereinkommens. Es besteht bei Importen eine Nachweispflicht (Herkunftsnachweis) gegenüber den zuständigen Behörden durch eine CITES-Bescheinigung. Nachzuchten müssen geschlossen beringt und an- bzw. bei Tod und Weitergabe eines Vogels auch abgemeldet werden (www.cites.org).

Literatur

Hackett, S. J., Kimball, R. T., Reddy, S., Bowie, R. C. K., Braun, E. L., Braun, M. J., Chojnowski, J. L., Cox, W. A., Han, K.-L., Harshman, J., Huddleston, C. J., Marks, B. D., Miglia, K. J., Moore, W. A., Sheldon, F. H., Steadman, D. W., Witt, C. C., & Yuri, T. (2008). A phylogenomic study of birds reveals their evolutionary history. *Science, 320*(5884), 1763–1768.

Kleefisch, T. (2019). 70 Jahre Stammtisch Bonner Vogelfreunde. *Gefiederte Welt, 143*(9), 16–20, (10), 6–30.

Mayr, G. (2002). Osteological evidence for paraphyly of the avian order Caprimulgiformes (nightjars and allies). *Journal für Ornithologie, 143*, 82–97.

Poley, D. (2014). Kapitel Kolibris – Trochiliformes. In W. Grummt & H. Strehlow (Hrsg.), *Zootierhaltung – Vögel* (S. 499–510). Haan-Gruiten: Europa-Lehrmittel.

Schroepel, M. (2014). Kapitel Nachtschwalben – Caprimulgiformes. In W. Grummt & H. Strehlow (Hrsg.), *Zootierhaltung – Vögel* (S. 489–494). Haan-Gruiten: Europa-Lehrmittel.

Strehlow, H. (2014). Kapitel Segler – Apodiformes. In W. Grummt & H. Strehlow (Hrsg.), *Zootierhaltung – Vögel* (S. 495–498). Haan-Gruiten: Europa-Lehrmittel.

Winkler, D. W., Billermann, S. M., & Lovette, I. J. (2015). *Bird families of the world – Caprimulgiformes* (S. 76–96). Barcelona: Lynx.

Ordnung: Cuculiformes – Kuckucksvögel

Bernd Simon

Inhalt

1   Familie: Cuculidae

Systematik

Die Kuckucke (Cuculidae) sind die einzige Familie der Ordnung Cuculiformes. Es werden derzeit 36 Gattungen und 149 Arten in 4 Unterfamilien anerkannt, von denen etwa 60 Arten obligate Brutschmarotzer sind, die weder Nester bauen, noch selbst brüten oder ihre Jungvögel selber aufziehen. Sie sind dabei auf einzelne Wirtsvogelarten spezialisiert und zeigen mitunter sehr starke Anpassungen an diese Arten (HBW Alive 2019).

In früheren Publikationen wurden in dieser Ordnung die nunmehr als eigenständige Ordnung festgelegten Turakos (*Musophagidae*) und die Kuckucke als zwei sehr unterschiedliche Familien mit wenigen Gemeinsamkeiten geführt. Neueste genetische Untersuchungen führten zur Erhebung der Turakos zu einer eigenständigen Ordnung (Musophagiformes). Gemeinsamkeiten sind 14 Halswirbeln (bei einigen Kuckucken nur 13), 10 Schwanzfedern (*Guira* und *Crotophaga* nur 8 Schwanzfedern) und Nasenlöcher, die durch eine Scheidewand getrennt sind. Die wesentlichste Gemeinsamkeit ist in der Stellung der Zehen, zwei Zehen nach sind vorne und zwei Zehen nach hinten gerichtet (zygodactyl), zu sehen. Die Erkenntnis, dass beide Ordnungen näher verwandt sind, sich aber vor etwa 100 Millionen Jahren getrennt haben, basierte auf früheren Eiweißuntersuchungen (Strehlow 2014).

B. Simon (✉)
Arbeitsgruppe Weichfresser e.V., Pustow, Deutschland

© Springer-Verlag GmbH Deutschland, ein Teil von Springer Nature 2021
W. Lantermann, J. Asmus (Hrsg.), *Wildvogelhaltung*,
https://doi.org/10.1007/978-3-662-59604-3_36

Allgemeine Biologie

Kuckucke sind, mit Ausnahme der arktischen Regionen und einiger Wüstengebiete, auf allen Erdteilen beheimatet. Die meisten Arten leben in Afrika und Madagaskar (Abb. 1), Asien und Australien, u. a. in tropischen Regenwäldern und halten sich meist im Baumbereich auf. Andere sind in offenem Buschland, Halbwüsten und Wüsten vertreten und bewegen sich dort auch am Boden. Einige Arten sind recht anpassungsfähig an unterschiedliche Lebensräume. Es werden Regionen vom Flachland bis ins Hochgebirge bis 4500 m Höhe von Kuckucken besiedelt.

Mit dem Kuckuck (*Cuculus canorus*) und dem Häherkuckuck (*Clamator glandarius*) sind zwei Arten der Kuckucke in Europa heimisch, im europäischen Russland sowie vereinzelt in Finnland ist außerdem der Himalajakuckuck, früher Hopfkuckuck (*Cuculus saturatus*) als Brutvogel vertreten.

Kuckucksarten sind überwiegend schlicht gefärbt. Die Farben grau, braun oder olivfarben bilden meist ein grobes Muster von Streifen und Flecken. Bunte, leuchtende Farben sind nur selten ausgeprägt, finden sich aber beispielsweise bei den Goldkuckucken der Gattung *Chrysococcyx*. Viele Kuckucke weisen keinen Geschlechtsdimorphismus auf, bei anderen unterscheiden sich die Geschlechter oft stark in Größe und Gewicht. Der Ruf der Kuckucke besteht aus wiederholten Reihen wohlklingender Laute.

Zu den kleinsten Vertretern zählt der Grünscheitel-Bronzekuckuck (*Chalcites minutillus*) mit 15–17 Zentimeter Körperlänge und einem Gewicht von 14,5–21 Gramm. Der größte Kuckuck ist der Nashornkuckuck, früher Fratzenkuckuck (*Scythrops novaehollandiae*). Er wird zwischen 60 und 70 Zentimetern groß, wobei

Abb. 1 Der Blauseidenkuckuck (*Coua caerulea*), endemisch auf Madagaskar, gehört zu den größeren Kuckucksarten und wird gegenwärtig nur im Weltvogelpark Walsrode gehalten. (Foto: Werner Lantermann)

auf den Schwanz rund 26 Zentimeter entfallen. Das Körpergewicht liegt zwischen 535 und 777 Gramm (Erhitzøe et al. 2012; Johnsgard 1997).

Kuckucke ernähren sich überwiegend von Insekten und deren Larven, aber auch andere wirbellose Tiere gehören zum Nahrungsspektrum. Größere Kuckucke fressen kleine Wirbeltiere und sind gelegentlich auch Nesträuber. Nur wenige Arten nehmen bevorzugt Beeren und andere Früchte (Strehlow 2014).

Für **die brutschmarotzenden Arten** innerhalb der Unterfamilie der Altweltkuckucke (Cuculinae) gilt, dass sie als Wirtsvögel meist solche wählen, die kleiner sind als sie selbst. Überwiegend handelt es sich um insektenfressende Arten geringer Größe. Bei den meisten Arten legt das Weibchen nur ein Ei pro Wirtsnest, und der frisch geschlüpfte Jungvogel entfernt die Eier oder die anderen Jungvögel aus dem Nest und wird dann alleine von den Wirtsvögeln hochgezogen. Ausnahme sind der Asienkoel (*Eudynamys scolopaceus*) und der Fratzenkuckuck. Beide sind Brutschmarotzer von Krähen in gleicher Größe. Davies (2000) spekuliert deshalb, ob nicht möglicherweise die frischgeschlüpften Nestlinge dieser beiden Arten gleichfalls versuchen, die anderen Nestlinge sowie die noch nicht geschlüpften Eier zu entfernen, aber dann schließlich aufgeben, weil diese zu groß dafür sind. Allerdings zeigen die brutschmarotzenden Arten der Gattung *Clamator* dieses Verhalten nicht. Der zu den *Clamator*-Arten gehörende Häherkuckuck parasitiert mit Elster (*Pica pica*), Rabenkrähe (*Corvus corone*) und Schildrabe (*Corvus albus*) sogar Arten, die deutlich größer sind als er selbst. Obwohl es vorkommt, dass Nestlinge dieser Brutschmarotzer gemeinsam mit den Nestlingen ihrer Wirtsvögel heranwachsen, sind sie häufig durchsetzungsfähiger, was das Erbetteln von Futter betrifft. Nestlinge der Wirtsvögel verhungern häufig oder werden von den artfremden Nestlingen zerdrückt. So werden nach einigen Untersuchungen in einem von Häherkuckucken parasitierten Elsternnest durchschnittlich nur 0,6 Junge flügge, während in einem nicht parasitierten Nest durchschnittlich 3,5 Elstern ausfliegen (Davies 2000).

Einige der brutschmarotzenden Kuckucke legen Eier, die in der Färbung den Eiern der Wirtsvögel gleichen. Dies ist besonders ausgeprägt bei dem in Mitteleuropa vorkommenden Kuckuck. Er ist auf einzelne Wirtsvogelarten spezialisiert, und in Färbung und Musterung gleichen die Kuckuckseier dem Gelege des Wirtsvogels sehr gut. Wie es dem Kuckuckweibchen möglich ist, die gelegten Eier auf das Gelege abzustimmen, wurde im Fall der bläulichen Eier inzwischen geklärt: Die Weibchen besitzen auf ihren W-Geschlechtschromosomen (wie bei anderen Vögeln besitzen Weibchen ZW-Chromosomen, Männchen ZZ-Chromosomen) sowohl die Präferenz für eine bestimmte Wirtsvogelart (z. B. den Gartenrotschwanz (*Phoenicurus phoenicurus*) mit bläulichem Gelege) als auch für die Färbung (bläulich) und Musterung (uniform) des Eies (Fossøy et al. 2016). Diese starke Anpassung gilt jedoch nicht für alle brutschmarotzenden Kuckucke, bei zahlreichen Arten weicht das Kuckucksei in Größe und Färbung stark von dem der Wirtsvögel ab (Davies 2000).

Da alle Altweltkuckucke (Cuculinae) und nur drei der elf neuweltlichen Erdkuckucke (Neomorphini) obligate Brutschmarotzer sind, argumentiert Davies (2000), dass sich diese Fortpflanzungsart entwicklungsgeschichtlich zwei Mal in dieser Ordnung entwickelte. Da es noch andere ungewöhnliche Formen der Jungvogelaufzucht innerhalb der Kuckucke gibt, argumentiert er weiter, dass diese Familie in besonderer Weise für die Entwicklung von Brutparasitismus prädestiniert ist.

Eine Vorform des **Brutparasitismus** findet sich bei den vier Arten der Madenkuckucke (Crotophagini). Zu ihnen gehören neben den Anis (*Crotophaga,* 3 Arten) auch der südamerikanische Guirakuckuck (*Guira guira*). Alle Arten dieser Unterfamilie ziehen ihre Jungvögel in einem Gemeinschaftsnest auf. Dabei kommt es zu einer heftigen Konkurrenz der Elternvögel (Davies 2000). Während der Fortpflanzungszeit bilden Guirakuckucke kleine Trupps, die zwischen zwei und achtzehn Individuen umfassen können, die Regel sind jedoch sechs bis acht Individuen (Erhitzøe et al. 2012). Die Weibchen des Trupps legen ihre Eier in ein Gemeinschaftsnest, die Zahl der Eier ist umso höher, je mehr Weibchen zu einem Trupp gehören. Durchschnittlich geht etwa die Hälfte der Eier dieser Gemeinschaftsgelege verloren. Dieser Verlust von Eiern wird von den Guirakuckucken durchaus gezielt herbeigeführt: Adulte Guirakuckucke nehmen einzelne Eier in den Schnabel und werfen diese direkt aus dem Nest oder entfernen sich einige Meter vom Nest und lassen es dort fallen. Dieses Verhalten ist vor allem am Beginn der Eiablage zu beobachten, kann jedoch auch dann vorkommen, wenn die Eier bereits angebrütet sind. Es gibt Indizien, dass dieses Verhalten vor allem bei Weibchen auftritt, die noch nicht mit der Eiablage begonnen haben. Grundsätzlich variieren die Eier eines Weibchens so stark in Größe, Form, Farbe und Muster, dass es nicht in der Lage ist, seine eigenen Eier innerhalb eines Geleges zu identifizieren (Erhitzøe et al. 2012). Nestlinge werden von Mitgliedern des Trupps gelegentlich auch aus dem Nest entfernt oder dort sogar getötet. Dies geschieht meist in den ersten Tagen, nachdem die Nestlinge geschlüpft sind. Dieser Infantizid führt dazu, dass gelegentlich das Nest von dem Trupp aufgegeben wird. Nach einzelnen Untersuchungen beträgt der Prozentsatz der Nester, bei denen es zu einem vollständigen oder teilweisen Infantizid kommt, 69 Prozent (Erhitzøe et al. 2012) (Abb. 2).

Guirakuckucke legen als sogenannte **fakultative Brutschmarotzer** gelegentlich auch Eier in die Nester anderer Vögel wie z. B. dem Glattschnabelani (*Crotophaga ani*), dem Schopfkarakara (*Caracara plancus*) oder dem Bronzekiebitz (*Vanellus chilensis*) (Davies 2000).

Abb. 2 Guirakuckuck-Gruppe (*Guira guira*) im Zoo Berlin. (Foto: Bernd Simon)

Haltungsanforderungen

Kuckucksvögel werden immer seltener gehalten. Laut aktueller Zootierliste (www. zootierliste.de) sind von vormals 49 Arten momentan noch 11 Arten in europäischen zoologischen Einrichtungen zu sehen. Mehrheitlich sind dies der Guirakuckuck (12 deutsche, 23 europäische Parks), der Weißbrauenkuckuck (*Centropus superciliosus*) (8 deutsche, 5 europäische Parks) und der Wegekuckuck (*Geococcyx californianus*) (Abb. 3) (4 deutsche, 5 europäische Parks). Der Blauseidenkuckuck (*Cuoa caerulea*), der Schopfseidenkuckuck (*Coua cristata*) und der Kuckuck werden jeweils in drei Einrichtungen gezeigt. Die private Haltung von Guira-, Weißbrauen- und Schopfseidenkuckuck ist in sehr geringer Zahl bekannt (Pagel und Marcordes 2011).

Immer sollte man bei der Unterbringung und der Gestaltung des Geheges die Herkunft der zu haltenden Art berücksichtigen. In den Richtlinien zur artgerechten Vogelhaltung einzelner Bundesländer werden, ganz allgemein (mit Einschränkungen), Volierenhöhen ab 2,5 Meter vorgegeben. Es sind für die Kuckuckshaltung generell größere Volieren oder Flugräume erforderlich. Für die paarweise Haltung einer Kuckucksart muss den Tieren die Möglichkeit geboten werden, sich aus dem Weg gehen zu können. Bei Gruppenhaltungen ist der Aktivitätsspielraum zu bedenken. Mindestforderungen von 8–10 m² Grundfläche (Pagel und Marcordes 2011) können daher wirklich nur als Minimum gesehen werden. Für vier Guirakuckucke waren 14 m² Außenvoliere und 4 m² Innenraum ausreichend – vorausgesetzt, die Tiere konnten jederzeit beide Bereiche aufsuchen. Eine knapp 40 m² große Außenvoliere mit 7 m² Innenvoliere erwies sich für zeitweise 12 Tiere (2,2 Elterntiere und 8 Nachzuchten) ebenfalls als hinreichend (Simon 2018).

Bevorzugt ist eine Verbindung von Innen- und Außengehegen, um den Tieren die Möglichkeit zum Sonnenbad zu ermöglichen. Eine gute Bepflanzung und hinreichender Flugraum sind erforderlich. Für Wegekuckucke und Guirakuckucke ist eine Verkrautung des Bodens zu vermeiden, weil beide Arten dort zwischen Steinen und Pflanzen lebende Insekten suchen. Da alle haltungsrelevanten Arten wärmeliebend sind, benötigen sie eine auf mindestens 15 °C temperierte Unterkunft. Sie sollten auch im Winter die Außenvoliere aufsuchen können, allerdingst danach im Innenbereich warme Plätze vorfinden, die man mit Heizstrahlern oder -lampen schaffen

Abb. 3 Der Wegekuckuck (*Geococcyx californianus*) ist derzeit nur in den Zoos von Berlin und Stuttgart sowie in den Vogelparks Walsrode und Marlow vertreten. (Foto: Bernd Simon)

Abb. 4 Die beiden auf
Madagaskar endemischen
Arten Schopfseidenkuckuck
(*Coua cristata*) (Abb. 4) und
Riesen-Seidenkuckuck (*Coua
gigas*) (Abb. 5) sind derzeit
noch nicht bedroht – beide
Arten werden im
Weltvogelpark Walsrode
gehalten und erfolgreich
gezüchtet. (Foto: Jörg Asmus)

Abb. 5 Riesen-
Seidenkuckuck (*Coua gigas*).
(Foto: Thomas Ratjen)

kann. Sozial lebende Kuckucke sollte man in Gruppen halten, revierbildende und
brutparasitische Arten sind paarweise oder einzeln unterzubringen. Eine Vergesellschaftung ist, da viele Kuckucke Nesträuber sind, schwierig (Strehlow 2014).

In menschlicher Obhut werden als Lebendfutter Heuschrecken, Grillen, Zophobas, Mehlkäferlarven und Fliegenmaden gegeben. Sonstiges tierisches Futter können zerteilte Eintagsküken und Jungmäuse, Rinderherzstreifen (mit Kalkzusatz) oder Stinte sein. Größere Arten nehmen auch ausgewachsene Mäuse oder Jungratten. Ein Weichfutter kann man mit Quark, Honig oder Hundeflocken anreichern. Je nach Art sollte man einen Anteil an Obst, gekochtem Reis, Kartoffeln oder Möhren anbieten.

Die Vermehrung brutschmarotzender Arten ist schwierig, da der Wirt und der Kuckuck gleichzeitig brutbereit sein müssen. Lediglich beim Kuckuck ist dies gelungen, nachdem der Kuckuck erst zum Wirtsnest gelassen wurde, als die Eiablage begonnen hatte und der Wirt in einer anderen Voliere war.

Für Paar- oder Gruppenbrüter werden Nistunterlagen wie Weidenkörbchen oder Bretter in geschützten Ecken der Voliere angebracht, auf denen die Vögel ihre Nester aus ausreichend dargebotenen Zweigen bauen können. Die Nestmulden werden, zum Beispiel von Guirakuckucken, mit Blättern, begrünten kleinen Zweigen oder Federn ausgekleidet. Bei Störungen nach dem Schlupf kann es vorkommen, dass die Jungvögel sehr früh das Nest verlassen und unbeholfen durch die Voliere flattern, wenn sie nicht ausreichend Deckung in der Bepflanzung finden.

Bei einigen Kuckucksarten ist es erforderlich, die Jungvögel nach der Selbstständigkeit aus der Voliere zu entfernen (z. B. Korallenschnabelkuckuck, früher Renauldkuckuck *Carpococcyx renauldi*). Bei anderen Arten wiederum übernehmen ältere Jungvögel Helferfunktionen bei der Aufzucht einer Folgebrut (z. B. Guirakuckuck, Wegekuckuck).

Derzeit sind von den 149 Kuckucksarten die Bestandszahlen bei 63 Arten abnehmend, davon gelten 20 Arten nach der „Roten Liste" der IUCN als gefährdet, zwei davon als vom Aussterben bedroht („critically endangered"), und zwar der Sumatrakuckuck (*Carpococcyx viridis*) und der Mindorokuckuck (*Centropus steeri*). Wie bei fast allen Bestandsverlusten ist die Vernichtung von Lebensräumen ursächlich für den Rückgang der Vögel. Allerdings profitieren gelegentlich andere Arten auch von Lebensraumveränderungen. So erweitern sich zum Beispiel für den Guirakuckuck die Verbreitungsgebiete, was zur Zunahme der Bestandszahlen in freier Wildbahn führt (www.iucnredlist.org 19. Mai 2019).

Bei der Haltung besteht für vier Kuckucksarten Anzeigepflicht, bei der auch ein Herkunftsnachweis erforderlich ist. Hierbei handelt es sich um Häherkuckuck, Gelbschnabelkuckuck (*Coccyzus americanus*), Schwarzschnabelkuckuck (*Coccyzus erythrophtalmus*) und den Kuckuck. Für die beiden europäischen Arten Häherkuckuck und Kuckuck besteht darüber hinaus auch eine Kennzeichnungspflicht. Für Guirakuckucke und Schopfseidenkuckucke beispielsweise empfehlen Pagel und Marcordes (2011) Fußringe mit 6,5 mm Durchmesser.

Literatur

Davies, N. B. (2000). *Cuckoos, cowbirds and other cheats*. London: Poyser.
Erhitzøe, J., Mann, C. F., Brammer, F. P., & Fuller, R. A. (2012). *Cuckoos of the world*. London: Christopher Helm.

Fossøy, F., Sorenson, M. D., Wie, L., Ekrem, T., Moksnes, A., Møller, A. P., Rutila, J., Røskaft, E., Takasu, F., Yang, C., & Stokke, B. G. (2016). Ancient origin and maternal inheritance of blue cuckoo eggs. *Nature Communications, 7*, 10272, online 12. Januar 2016.

HBW Alive Species. (2019). *Handbook of birds of the world* – Cuculiformes. www.hbw.com/species. Zugegriffen am 19.05.2019.

Johnsgard, P. A. (1997). *The avian brood parasites – Deception at the nest*. Oxford: Oxford University Press.

Pagel, T., & Marcordes, B. (2011). *Exotische Weichfresser* (S. 74–80). Stuttgart: Ulmer.

Simon, B. (2018). Guirakuckucke – Gruppenhaltung erforderlich. *Gefiederte Welt, 142*(8), 20–23.

Strehlow, H. (2014). Kapitel Kuckucksvögel – Cuculiformes. In W. Grummt & H. Strehlow (Hrsg.), *Zootierhaltung – Vögel* (S. 449–468). Haan-Gruiten: Europa-Lehrmittel.

Ordnung: Gruiformes – Kranichvögel

Jörg Asmus

Inhalt

1 Familien: Heliornithidae, Rallidae, Psophiidae, Aramidae, Gruidae

Allgemeines

Die Ordnung der Kranichvögel (Gruiformes) umfasst 5 Familien mit 49 Gattungen und insgesamt 167 Arten. Einst wurden 20 Familien der Ordnung Gruiformes zugeordnet. Kürzlich erfolgte phylogenetische Analysen führten allerdings zu einer Neuaufteilung, wobei vereinzelt auch 9 Rallenarten in die monotypische Familie Sarothruridae gestellt worden sind, deren Verbreitungsgebiet sich im subsaharischen Afrika und auf Madagaskar befindet (Hackett 2008). Dieser Ansicht folgt man in der „HBW and Bird Life International Illustrated Checklist of the Birds of the World" nicht, und so werden diese 9 Spezies der Gattung *Sarothrura* der Familie Rallidae zugeordnet (del Hoyo und Collar 2014) (Abb. 1).

Der kleinste Vertreter der Kranichvögel ist mit 12 bis 15 cm Körpergröße und einem Gewicht von 29 bis 43 g die Schieferralle (*Laterallus jamaicensis*), während die größte Art der Saruskranich (*Grus antigone*) ist, mit einer Körpergröße bis 176 cm. Äußerlich unterscheiden sich die 5 Familien mitunter recht markant voneinander. Die Binsenrallen (Heliornithidae) beispielsweise erinnern ihrem äußeren

J. Asmus (✉)
Gesellschaft für Arterhaltende Vogelzucht (GAV) e.V., Mönsterås, Schweden
E-Mail: joergasmus@hotmail.com

© Springer-Verlag GmbH Deutschland, ein Teil von Springer Nature 2021
W. Lantermann, J. Asmus (Hrsg.), *Wildvogelhaltung*,
https://doi.org/10.1007/978-3-662-59604-3_26

Erscheinungsbild nach eher an Gänsevögel (Anseriformes). Zwischen den Zehen befinden sich, anders als bei vielen anderen Wasservögeln, keine Schwimmhäute, sondern Schwimmlappen. Dieses anatomische Merkmal ermöglicht den Binsenrallen nicht nur eine schnelle Fortbewegung im Wasser, sondern auch an Land. Des Weiteren sorgen die scharfen Krallen für eine gewisse Sicherheit beim Klettern. Eine weitere Besonderheit weist die Afrikanische Binsenralle (*Podica senegalensis*) auf, die eine 12–18 mm lange Kralle am ersten Finger des Flügels (*Digitus alulae*) besitzt – ein weiteres hervorragendes Hilfsmittel beim Klettern im Geäst.Nach vergleichenden Studien an Muskeln, dem Skelett und aufgrund phylogenetischer Untersuchungen werden die Binsenrallen seit einiger Zeit den Kranichvögeln zugeordnet (Ericson et al. 2006; Faina et al. 2007). Von den eigentlichen Kranichen (Gruidae) unterscheiden sich auch die wesentlich kleineren Rallen (Rallidae) und Trompetervögel (Psophiidae). Der Rallenkranich (*Aramus guarauna*) ist das einzige Mitglied der Familie Aramidae. Er ähnelt aufgrund der verlängerten und gefalteten Luftröhre, seiner osteologischen Merkmale, der Muskulatur und der Befiederung eher den eigentlichen Kranichen. Die kurze und sichelförmige mit keulenförmiger Spitze ausgebildete äußerste Handschwinge ist bei den Rallenkranichen bemerkenswert. Die Lauterzeugung, die bei kurzen Flügen durch diese Flügelform erzeugt wird, ist Bestandteil der territorialen Verteidigung. Der Rallenkranich ist ein Nahrungsspezialist und weist eine weitere anatomische Besonderheit auf. Der lange, etwas abwärts gebogene, scharfe Schnabel ist auf den letzten Zentimetern leicht nach rechts gebogen. Damit ist er in der Lage das rechtswindende Gehäuse der Apfelschnecke der Gattung

Abb. 1 Brolgakranich (*Antigone rubicunda*). (Foto. Jörg Asmus)

Pomacea zu öffnen und an das begehrte Innere zu kommen. Mit einigen gezielten Schlägen dringt der Rallenkranich zunächst in das Schneckengehäuse ein und durchtrennt den Schließmuskel des Schneckenschalendeckels (Operculum) schließlich mit seiner speziellen Schnabelspitze. Um die Schnecken leichter aus dem Gehäuse ziehen zu können, verfügen Rallenkraniche über eine lange Zunge, die fast bis zum Schnabelende reicht und deren Spitze in mehreren hornigen Streifen aufgefasert ist. Des Weiteren ernähren sich diese Vögel auch von Süßwassermuscheln und kleineren Schnecken. Als fünfte Familie innerhalb der Kranichvögel sollen an dieser Stelle noch die eigentlichen Kraniche Erwähnung finden, bei denen es sich um große bis sehr große Vögel handelt. Charakteristisch für Kraniche sind ihre lauten trompetenartigen Rufe. Weiterhin sind Kraniche aufgrund ihrer typischen Tänze bekannt, die zu Beginn der Brutzeit und nach der Paarfindung aufgeführt werden.

Die meisten Kranichvögel leben in Monogamie, mit Ausnahme weniger Rallenarten und der Trompetervögel. Bei den Trompetervögeln kommt es zu einer sogenannten kooperativen Polyandrie, so dass nur wenige Individuen einer Gruppe brüten, aber alle an der Aufzucht der Jungvögel beteiligt werden. Die drei ranghöchsten Männchen verpaaren sich bei ihnen mit dem dominanten Weibchen des Gruppenverbandes. Das Balzverhalten ist bei den meisten Spezies nicht sonderlich ausgeprägt und beschränkt sich auf die bereits erwähnten Tänze (einige Kraniche), eine gesteigerte Ruffreudigkeit (Rallen), der Übergabe von Nahrung (Trompetervögel) oder ein abwechselndes Nach-oben-Strecken der Flügel (Afrikanische Binsenralle). Etwas aufwändiger scheint jedoch das Balzritual der Wasserralle (*Rallus aquaticus*) zu sein, bei der das Männchen zur Balz den Kopf senkt, den Schwanz aufstellt und die Flügel ausbreitet. Nester werden auf dem Boden in sumpfigem Gelände (Kraniche) errichtet, im dichten Röhricht bzw. dichter Ufervegetation (Rallenkranich, Rallen), in Baumkronen (Rallenkranich) und auf Ästen (Rallenkranich, Binsenrallen, Kronenkranich) oder auch auf pflanzlichem Material, das zu einer Insel auf der Wasseroberfläche (Rallenkranich, Rallen) ausgebaut wird. Ausgewiesene Höhlenbrüter sind hingegen die Trompetervögel. Paradieskraniche (*Anthropoides paradiseus*) betreiben hin und wieder überhaupt keinen Nestbau, sondern bebrüten ihr Gelege direkt auf dem Boden. Die Küken aller Kranichvögel sind Nestflüchter (Abb. 2).

Bei den Kranichvögeln handelt es sich um Bodenvögel, die in den meisten Fällen die Nähe zum Wasser suchen. So werden oft größere Gewässer, manchmal auch Flussläufe, die im Uferbereich dicht bewachsen sind, aber auch große Feuchtgebiete oder Mangroven besiedelt. Einige anpassungsfähige Arten konnten im Laufe ihrer Entwicklungsgeschichte auch trockene, wasserferne Lebensräume besiedeln, teilweise in Höhenlagen über 3000 m ü. NN (Wachtelkönig, *Crex crex*; Riesenblässhuhn, *Fulica gigantea*). Trompetervögel leben wiederum im tropischen Amazonasbecken des nördlichen und zentralen Südamerikas. Einige auf küstennahen Inseln endemische Rallenarten verloren im Laufe ihrer Entwicklungsgeschichte das Flugvermögen. Die Arktis und Antarktis, aber auch die Wüstengebiete werden von Kranichvögeln nicht bewohnt.

Kranichvögel werden, mit Ausnahme der Binsenrallen und dem Rallenkranich, sowohl in zoologischen Einrichtungen als auch in Privathand gehalten. So werden selbst die größeren Kraniche von Spezialisten in großdimensionierten Anlagen zur Zucht gebracht. Die Haltung von Kranichvögeln ist relativ einfach zu realisieren, wenn man einmal vom Platzbedarf dieser großen Vögel absieht (Abb. 3).

Abb. 2 Alle Kraniche sind Nestflüchter. Schneekranich (*Leucogeranus leucogeranus*) übergibt einen Regenwurm an den Nachwuchs. (Foto. Jörg Asmus)

Abb. 3 Kraniche benötigen in der Haltung viel Platz. Jungfernkranich (*Anthropoides virgo*) mit Jungvögeln. (Foto: Werner Lantermann)

2 Familie: Rallidae – Rallen

Allgemeine Biologie

Die Arten der formenreichen Familie der **Rallen** besitzen auffällig lange Zehen, an denen bei einigen in Wassernähe lebenden Arten Schwimmlappen vorhanden sind. Die verlängerten Zehen ermöglichen es diesen Vögeln sich auf wenig tragfähigem Untergrund fortzubewegen. Auffällig ist oft die Färbung der Beine bei einigen Arten. Rallen verfügen des Weiteren über eine äußerst bewegliche Wirbelsäule, was ihnen, auch durch ihren lang gestreckten Körper, ein Leben in dichter Vegetation erleichtert. Sie verfügen über ein schmales Brustbein. Die Nasenlöcher besitzen keine Scheidewand, zudem lassen die gut ausgebildeten Schleimzellen der Riechhöhle und das große Riechhirn bei diesen Vögeln ein gut entwickeltes Geruchsvermögen vermuten. Die Schnäbel sind in ihrem Aussehen mitunter sehr variabel, bedingt durch die unterschiedlichen Ernährungsgewohnheiten. Das Federkleid der Rallen ist weich und wirkt locker, zudem ist es wasserabweisend. Alle Rallen besitzen eine Bürzeldrüse. Arten, die in Umgebungen mit erhöhter Salzkonzentration leben, verfügen über Salzdrüsen.

Die Familie der Rallen besteht derzeit aus 38 Gattungen mit 142 Arten, die weltweit verbreitet sind, mit Ausnahme der Polarregionen und der wasserlosen Trockengebiete dieser Erde. Zahlreiche Spezies sind auf ozeanischen Inseln endemisch und haben dort zum Teil ihr Flugvermögen verloren. Die kleinste Ralle bzw. der kleinste Kranichvogel überhaupt ist die Schieferralle, deren Größen- und Gewichtsdaten bereits weiter oben angegeben wurden. Die größte Rallenart ist die imposante Takahe (*Porphyrio hochstetteri*), mit einer Körpergröße von 63 cm und einem Gewicht von 2250 bis 3250 g. Ein deutlich erkennbarer Geschlechtsdimorphismus ist nur bei wenigen Rallenarten anhand einer unterschiedlichen Färbung vorhanden, bei den meisten Spezies unterscheiden sich die Geschlechter nur durch minimale Größenunterschiede, die feldornithologisch kaum Anwendung finden können.

Als Lebensraum dienen den Rallen vornehmlich Feuchtgebiete niederer Gegenden. Wenige anpassungsfähige Arten haben auch trockene, wasserferne Lebensräume besiedelt, jedoch werden extreme Trockengebiete von allen Arten gemieden. Zudem werden von einzelnen Spezies auch Höhen bis zu 4000 m ü. NN als Brutgebiete bevorzugt. In diesem Zusammenhang ist das Riesenblässhuhn zu nennen, das in den Anden Perus, Nordchiles und Brasiliens Bergseen in Höhenlagen von über 3500 m ü. NN als Habitat bevorzugt. Manche Rallen schließen sich außerhalb der Brutzeit zu großen Gruppenverbänden zusammen. Während der Brutzeit sind die meisten Rallen jedoch versteckt lebende Einzelgänger.

Die bevorzugte Fortpflanzungsstrategie bei Rallen ist die Monogamie. Polygamie ist hingegen nur von 5 Spezies bekannt. In der Regel besteht ein Gelege aus 5 bis 10 Eiern; bei kleineren Arten kann sich die Gelegegröße aber auch aus bis zu 19 Eiern zusammensetzen. Die Kastanienralle (*Rallicula rubra*) legt nur ein einziges relativ großes Ei. 13–20 Tage wird das Gelege von beiden Paarpartner bebrütet. Auch an der Aufzucht der nestflüchtenden Jungvögel beteiligen sich Männchen und Weibchen gleichermaßen. In den ersten 8 Tagen werden die Küken durch die Eltern gefüttert, anschließend nehmen sie ihre Nahrung selbstständig auf.

Die Nahrung der Rallen besteht aus animalischer und vegetarischer Kost; es handelt sich bei ihnen um Allesfresser. Ihr Nahrungsspektrum setzt sich aus Wurzeln, Sämereien, Pflanzenteilen und manchmal auch Früchten über Würmer, Insekten und deren Larven, Spinnentieren, kleinen Krebsen bis hin zu Mollusken zusammen. Größere Arten fressen mitunter auch Frösche und Fische. Die Rallen finden ihre Nahrung auf dem Wasser und in der Ufervegetation, sie stochern jedoch auch im Schlamm nach dort vorhandenem Futter. Zur Zerkleinerung der Nahrung im Muskelmagen nehmen alle Rallen, die über keinen Kropf verfügen, Gastrolithen auf (del Hoyo et al. 1996).

Die IUCN listet derzeit 9 Rallenarten als „endangered" auf, darunter die neuseeländische Takahe, und 5 Spezies als „critically endangered". Dazu zählt die Spiegelralle (*Sarothrura ayresi*, 50–249 Ind.), die Pelzralle (*Gallirallus lafresnayanus*, 1–49 Ind.), die Kubaralle (*Cyanolimnas cerverai*, 50–249 Ind.), das Blaustirn-Teichhuhn (*Pareudiastes silvestris*, 1–49 Ind.) und das Samoateichhuhn (*Pareudiastes pacificus*, 1–49 Ind.) (del Hoyo und Collar 2014).

Haltungsanforderungen

10 Rallenarten werden in deutschen Zoos mehr oder weniger häufig gehalten, auf europäischer Ebene kommen noch weitere 7 Spezies hinzu. Am häufigsten anzutreffen ist das Blässhuhn (*Fulica atra*), mit 86 und das Teichhuhn (*Gallinula chloropus*) mit 76 Haltungen in europäischen Zoos (www.zootierliste.de). In privaten Haltungen werden bzw. wurden vornehmlich Arten wie die Weißbrustralle (*Laterallus leucopyrrhus*), Schwarzkielralle (*Zapornia flavirostra*), Wachtelkönig, Purpurhuhn (*Porphyrio porphyrio*), Tüpfelsumpfhuhn (*Porzana porzana*), Wasserralle (*Rallus aquaticus*), Galeriewaldralle, früher Ypecaharalle (*Aramides ypecaha*), Bindenralle (*Hypotaenidia philippensis*) und Savannenralle (*Crex egregia*) gehalten (www.azvogelzucht.de). Die Haltung von Rallen in Privathand und auch in zoologischen Einrichtungen ist, abgesehen von einigen wenigen Arten, heutzutage eher selten (Abb. 4).

Die Rallen der gemäßigten Breiten sollten in Landschaftsvolieren untergebracht werden und können zudem kalt überwintert werden. Die tropischen Arten müssen in beheizbaren Unterkünften, wie beispielsweise Tropenhäusern, untergebracht werden, in denen die Temperatur nicht unter 10 °C fallen darf. Bei niedrigeren Temperaturen können die tropischen Arten leicht an den Zehen erfrieren. Eine dichte Bepflanzung sollte für gern versteckt lebenden Rallen vorgesehen werden. Hierfür können hohe Gräser, Schilf, Bambus, Papyrhus oder auch niedrig wachsende Büsche geeignet sein. Zum Aufbaumen sollten auch stärkere Äste in den Unterkünften vorhanden sein. Als Untergrund dient den Rallen ein möglichst weich beschaffener Boden (Muttererde, Waldboden, Torf, Sand). Ein flaches Badegefäß sollte stets mit sauberem Wasser gefüllt sein. In derart gestalteten Unterkünften schreiten Rallen dann auch zur Brut.

Kleinere Rallenarten lassen sich gut mit anderen gleichgroßen Vogelarten vergesellschaften. Größere Arten können anderen Voliereninsassen durchaus gefährlich werden. Sie fressen erreichbare Gelege anderer Vögel, deren Jungtiere und selbst kleinere Vogelarten werden unter Umständen von ihnen erbeutet. Rallen gelten

Abb. 4 Galeriewald- oder Ypecaharalle (*Aramides ypecaha*) im Vogelpark Marlow. (Foto. Jörg Asmus)

untereinander, zumindest während der Fortpflanzungsperiode, als aggressiv. Insbesondere während dieser Zeit ist eine paarweise Haltung anzuraten.

Rallen ist als Nahrung eine Mischung aus zerkleinerten pflanzlichen und tierischen Bestandteilen anzubieten, ein Limikolenfutter, eine Wassergeflügel- und Hühnermischung, Forellenpellets, Garnelenschrot, vermischt mit hart gekochtem Ei, geriebener Möhre, Schabefleisch und Weißkäse. Zusätzlich Sämereien, Getreide, Grünpflanzen, klein geschnittenes Obst und Lebendinsekten. Die Futternäpfe sind in Wassernähe aufzustellen (Grummt und Strehlow 2014), Grit und kleinere Steine zur besseren Verdauung bereitzustellen.

3   Familie: Psophiidae – Trompetervögel

Allgemeine Biologie

Trompetervögel verfügen über vielfältige Formen der Lautäußerungen, worauf sich auch die deutsche Namensgebung für diese lediglich aus 6 Arten bestehende Familie ergibt (del Hoyo und Collar 2014). Aufgrund fehlender Fossilienfunde herrscht über die Zuordnung der Familie Psophiidae zu den Kranichvögeln noch immer Unklarheit. Einige Autoren schlugen in der zurückliegenden Zeit vor, auch die Trompetervögel den Kranichvögel zuzuordnen (Sibley et al. 1988). Die nach Bekanntgabe dieser These folgenden phylogenetischen Untersuchungen zu den Verwandtschaftsverhältnissen der Kranichvögel scheinen diese These zu untermauern (Faina et al. 2007).

Mit ihren gewölbten und immer leicht vom Körper abgespreizten Flügeln bedecken die Trompetervögel die Körperflanken und den kurzen Schwanz. Obwohl es sich auch bei ihnen um langbeinige Bodenvögel handelt, wirken diese Vögel durch diese stetige Flügelhaltung gedrungen. Aufgrund ihrer kurzen abgerundeten Flügel sind Trompetervögel nicht in der Lage weite Flugstrecken zurückzulegen. Laufend können sie sich hingegen relativ schnell fortbewegen. Außergewöhnlich ist bei den Angehörigen der Psophiidae das Sozialverhalten. Trompetervögel finden sich zu sehr sozialen, hierarchisch aufgebauten Verbänden zusammen, mit einer Individuenzahl von 3 bis 13 Exemplare. Innerhalb derartiger Sozialstrukturen widmen sich die Trompetervögel der gegenseitigen Gefiederpflege, die immer unter gleichgeschlechtlichen Gruppenmitgliedern stattfindet. Ein weiteres interessantes Verhalten ist bei vorherrschendem Nahrungsüberfluss zu beobachten. Einzelne Individuen nehmen dann Nahrung in den Schnabel, strecken den Hals und heben die Flügel leicht an. Es folgen kurze Rufe und eine langsame Gangart. Artgenossen desselben Geschlechts oder Jungvögel werden darauf aufmerksam, begeben sich in abgeduckter Form zu dem rufenden Vogel und erhalten die angebotene Nahrung nach einigen Bettellauten. Trompetervögel vollführen zudem Territorialkämpfen ähnelnde Spiele, denen keinerlei Aggressionen zugrunde liegen. Die Gruppenverbände hingegen verteidigen ihr besetztes Territorium gegenüber benachbarten Gruppen. Ziehen sich die Eindringlinge nicht augenblicklich aus dem besetzten Gebiet zurück, kommt es zum Kampf. Nach den Kämpfen kann es zu Dominanz- und Unterwürfigkeitsritualen zwischen den Gruppen kommen, nach denen vor allem rangniedrigere Männchen manchmal die Gruppe wechseln, um in einer anderen Gruppe eventuell eine ranghöhere Position einnehmen zu können. Das Territorium eines Gruppenverbandes kann 58 bis 88 ha groß sein (vgl. Sherman und Eason 1995).

Trompetervögel bewohnen den dicht bewachsenen tropischen Regenwald Südamerikas bis zu Höhenlagen von 750 m ü. NN und auch Sumpfland am Rand der zahlreichen Gewässer. Insbesondere in der Nähe fruchttragender Bäume halten sich die Trompetervögel auf, da Früchte die Hauptnahrungsquelle dieser Vögel darstellen. Früchte werden dabei in den meisten Fällen direkt vom Boden aufgenommen oder in erreichbarer Höhe von Büschen genommen. Mit ihren starken Schnäbeln sind Trompetervögel in der Lage, selbst harte Schalen von unterschiedlichen Fruchtsorten zu öffnen; Fruchtsorten mit weichen Schalen scheinen diese Vögel jedoch zu bevorzugen. Etwa 10 Prozent ihrer Nahrung ist nicht frugivor, sondern setzt sich aus Invertebraten und kleineren Wirbeltieren zusammen, darunter manchmal auch kleine ungiftige Schlangen. Ätzende Schutzsekrete abgebende Insekten werden vor dem Verzehr mit dem Schnabel zerdrückt und erst einige Zeit über das Gefieder gestrichen.

Die Fortpflanzungsperiode der Trompetervögel richtet sich nach der Regenzeit, in der das Nahrungsangebot im Verbreitungsgebiet am größten ist. Aus 2 bis 4 Eiern besteht ein Gelege, das über einen Zeitraum von etwa 28 Tagen in einer Bruthöhle abwechselnd von beiden Paarpartner bebrütet wird. Nach dem Schlupf beteiligen sich alle Mitglieder einer Gruppe über eine Zeit von etwa 3 Wochen an der Fütterung des Nachwuchses (vgl. Sherman 1995).

Unter den 6 Spezies der Trompetervögel wird der Olivflügel-Trompetervogel (*Psophia dextralis*) laut IUCN als „endangered" (stark gefährdet) eingestuft und der Braunflügel-Trompetervogel (*P. obscura*) als „critically endangered" (vom Aussterben bedroht) (www.iucnredlist.org).

Haltungsanforderungen
Trompetervögel können als Gruppe in gut bepflanzten und warmen Innenanlagen untergebracht werden, im Sommer ist ihre Haltung auch im Außenbereich möglich. Trompetervögel können während der Brutzeit aggressiv gegenüber Mitbewohnern werden (Abb. 5).

In der Gegenwart haben lediglich Grauflügel-Trompetervögel (*Psophia crepitans*) und Weißflügel-Trompetervögel (*P. leucoptera*) Bedeutung für Haltungen in zoologischen Einrichtungen, wobei letztere in Europa derzeit nur im Weltvogelpark Walsrode gehalten werden (www.zootierliste.de). Grauflügel-Trompetervögel hingegen sind in Ausnahmefällen sogar in Privathand zu finden. Die Haltung dieser Vögel erfolgte seit den Ersteinfuhren im 19. Jahrhundert eher selten, vor allem die Nahrungsansprüche und die Krankheitsanfälligkeit wurden oft beklagt. Ausblei-

Abb. 5 Grauflügel-Trompetervogel (*Psophia crepitans*). (Foto. Jörg Asmus)

bende Zuchterfolge sorgten ebenfalls dafür, dass die Trompetervögel nie eine große Verbreitung in Menschenhand erreichten. Auch heute noch sind erfolgreiche Aufzuchten von Trompetervögeln selten, wenn, dann handelt es sich vornehmlich um Handaufzuchten. Im europäischen Raum gelang es dem Raritätenzoo Ebbs in den zurückliegenden Jahren wiederholt Grauflügel-Trompetervögel regelmäßig auf natürliche Weise nachzuziehen. Von dort wird berichtet, dass die Aufzucht selten gelingt, weil die Küken nach dem Schlupf nicht bei der Mutter bleiben, sondern jeder Jungvogel sich sein eigenes Bezugstier innerhalb einer arteigenen Gruppe sucht, was bei einer nur paarweisen Haltung nicht gewährleistet werden kann (Schmid 2014).

Auch dem GaiaZoo Kerkrade in den Niederlanden ist nach einer bereits siebenjährigen Haltung die natürliche Aufzucht von Grauflügel-Trompetervögeln gelungen. Die dort gehaltene Gruppe bestand 2012 aus 3 Männchen und 2 Weibchen; alle Tiere waren handaufgezogen. Den Vögeln wurde ein Nistkasten (43 cm breit, 36 cm tief, 58 cm hoch) angeboten, der im Innenbereich in etwa 2 Metern Höhe befestigt wurde. Über eine horizontal vor dem Nistkasteneingang angebrachte 30 cm lange und 30 cm im Querschnitt messende Röhre konnte das Innere der künstlichen Bruthöhle von den Trompetervögeln aufgesucht werden. Laub, Gras und Rinde dienten als Bodenbelag, der regelmäßig angefeuchtet wurde. Das Gelege bestand im Jahr 2012 aus 3 Eiern und wurde 28 Tage lang bebrütet. 2 Küken kamen zum Schlupf, wovon eines wenige Tage später verstarb. Der übrig gebliebene Jungvogel wurde von den weiblichen Gruppenmitgliedern attackiert, so dass dieser mit den Männchen gemeinsam separiert werden musste. Erst nach mehreren weiteren Versuchen, auch die beiden Weibchen wieder mit dem Küken und die Männchen zu vergesellschaften, zeigte sich eines der Weibchen sehr führsorglich dem Nachwuchs gegenüber. Das nunmehr einzeln gehaltene Weibchen wurde erst 2 Monate später wieder mit den anderen Trompetervögeln vereint (www.gaiazoo.nl 2012).

In anderen Einrichtungen erfolgte die Zucht in erhöht angebrachten bereitgestellten Nistkörben oder Plattformen, oder auch in einer flachen Mulde auf dem Boden.

Bereits beim ersten Zusammensetzen muss das Verhalten der Trompetervögel genau beobachtet werden, um Aggressionen der Artgenossen frühzeitig zu erkennen und darauf reagieren zu können. Die Unterbringung sollte in einer gut bepflanzten Voliere erfolgen, in der sich Möglichkeiten zum Aufbaumen anbieten und auch ein flaches Wasserbecken vorhanden sein sollte. Während der Sommermonate wurden verschiedentlich Trompetervögel freilaufend gehalten. Auch die Menschen in Südamerika halten handaufgezogene Trompetervögel gern als Haustiere. Diese werden äußerst zahm und sehen die ihnen bekannten Menschen als Mitglieder ihrer Gruppe an. Einige Einheimische vergesellschaften zahme Trompetervögel in Südamerika mit Haushühnern und schätzen deren Angewohnheit vor Prädatoren und fremden Personen zu warnen (vgl. Horning et al. 2005).

Vergesellschaftungen von Trompetervögeln mit größeren ebenfalls friedfertigen Vögeln sind außerhalb der Brutzeit gut möglich. Mit Eintritt der Fortpflanzungsperiode können sie aber selbst größere Vögel angreifen. Eine gemeinsame Haltung mit kleineren Vogelarten ist abzuraten, da Trompetervögel diese mitunter erbeuten und dann fressen.

Als Nahrung kann diesen Vögeln eine Mischung aus gekochtem Mais und Reis, geraspelter Möhre, Geflügelpellets, Gemüse, weichen Früchten, rohes Fleisch und Insekten gereicht werden. Vitamine, Mineralstoffe und Grit müssen ebenfalls regelmäßig angeboten werden (Grummt und Strehlow 2014).

4 Familie: Gruidae – Kraniche

Allgemeine Biologie
In der aus 15 Spezies bestehenden Familie der **Kraniche** befindet sich mit einer Körpergröße von bis zu 176 cm auch die größte Art innerhalb der Ordnung Gruiformes – der Saruskranich. Das äußere Erscheinungsbild der Kraniche lässt eine enge Verwandtschaft mit den Stelzvögeln (Circoniiformes) vermuten. Einige anatomische Merkmale schließen diese Annahme jedoch aus. Vor allem die stark vergrößerte und gewundene Luftröhre, deren knöcherne Ringe mit dem Brustbein verbunden sind, befähigt Kraniche dazu ihre lauten trompetenden Rufe zu erzeugen, die oftmals im Duett der Paarpartner vorgetragen werden. Dieses anatomische Merkmal fehlt innerhalb der Familie Gruidae nur den Kronenkranichen (*Balearica*). Die während der Brutzeit zurückgezogen in Paaren lebenden Kraniche schließen sich außerhalb der Fortpflanzungsperiode oftmals zu großen Gruppierungen zusammen, in denen dann auch die bekannten Tänze dieser Vögel zu beobachten sind. Außer, dass die Männchen etwas größer und schwerer als die Weibchen sind, ist bei den Kranichen kein Geschlechtsdimorphismus erkennbar (Archibald und Meine 1996) (Abb. 6).

Kraniche leben auf allen Kontinenten der Erde, mit Ausnahme der Antarktis und Südamerikas, in meist offenen Landschaften, wie der Tundra oder der Savanne. Ein Leben in Wassernähe ist für die meisten Arten lebensnotwendig, darum werden Sumpfhabitate zum Teil bevorzugt. Die in den kälteren Regionen brütenden Kranicharten ziehen während der kalten Jahreszeit in wärmere Gebiete. Bei den Bewohnern wärmerer Klimazonen handelt es sich hingegen um Standvögel.

Bei der Nahrungsaufnahme sind die Kraniche nicht wählerisch. Sie gelten als Allesfresser, die sowohl Sämereien, Wurzeln, Nüsse, Blätter, Gräser, Kräuter und auch Beeren zu sich nehmen als auch Insekten, Würmer, Mollusken, Krebstiere, Fische, Frösche, Echsen, Jungvögel und Nager. Bei der Form der Nahrungsaufnahme gibt es Unterschiede. So nehmen vor allem die kurzschnäbligen Jungfernkraniche (*Anthropoides virgo*), Kronenkraniche und Europäische Kraniche (*Grus grus*) ihre Nahrung von der Erdoberfläche auf, während beispielsweise Schneekraniche (*Leucogeranus leucogeranus*), Saruskraniche und Brolgakraniche (*Antigone rubicunda*) in feuchten Böden nach ihrer Nahrung wühlen. Dem jahreszeitlich schwankendem Nahrungsangebot passen sich die Kraniche an (Archibald und Meine 1996) (Abb. 7).

In den gemäßigten und polaren Zonen gehen Kraniche in der Zeit von April bis Juni ihrem Brutgeschäft nach, während die Brutzeiten der tropischen Arten variabel sind. In den meisten Fällen brüten Kraniche am Boden, in Ausnahmefällen errichten Kronenkraniche Nester auch in Bäumen. Am Nestbau beteiligen sich zuvor beide

Abb. 6 EEP-Art
Weißnackenkranich (*Antigone*
vipio). (Foto. Jörg Asmus)

Paarpartner; bei der Inkubation wechseln sich Männchen und Weibchen ab. Bei den meisten Kranichen besteht ein Gelege aus 2 Eiern, nur bei den Kronenkranichen können es 3–4 Eier sein. Mitunter besteht das Gelege des Klunkerkranichs (*Bugeranus carunculatus*) jedoch aus nur einem Ei (Archibald und Meine 1996).

Die IUCN stuft lediglich 4 Spezies aller Kranicharten als „least concern" (nicht gefährdet) ein und 7 als „vulnerable" (gefährdet). Als „endangered" (stark gefährdet) gelten derzeit der Grauhals-Kronenkranich (*Balearica regulorum*), der Mandschurenkranich (*Grus japonensis*) und der Schreikranich (*Grus americana*). Der Schneekranich wird zur Zeit als „critically endangered" (vom Aussterben bedroht) angesehen (www.iucnredlist.org). Einige internationale Zuchtprogramme wurden bereits sehr frühzeitig (ab 1973) durch die International Crane Foundation (ICF) in Baraboo, Wisconsin (USA) initiiert, wo gegenwärtig alle 15 Kranicharten gehalten und gezüchtet werden. Darüber hinaus kümmert sich die Organisation in vielen Teilen der Welt um Kranichschutzprojekte im Freiland (www.savingcranes.org).

Haltungsanforderungen

Obwohl es sich bei den Kranichen um große Vögel handelt, die demzufolge einen großen Platzbedarf für sich beanspruchen, werden sie gern in zoologischen Gärten und vor allem auch in Vogelparks gehalten. Alle 11 Spezies der Familie Gruidae befinden sich in Zoos oder Vogelparks, währenddessen bei privaten Züchtern vor-

Abb. 7 Ostafrikanischer
Grauhals-Kronenkranich
(*Balearica regulorum
gribbericeps*). (Foto. Jörg
Asmus)

nehmlich die Hellen Kronenkraniche und Jungfernkraniche anzutreffen sind. (www.
zootierliste.de) (Abb. 8).

Kraniche gelten als relativ leicht zu haltende Vögel, die lediglich große Unterkünfte benötigen. So sollten 150 m^2 bei einem Gehege pro Paar nicht unterschritten
werden, in dem sich auch eine 20–30 cm tiefe Wasserstelle zum Baden befinden
sollte. Der Land-/Wasseranteil sollte dabei im günstigsten Fall 1:3 betragen. Als
Boden sollte Sand und Rasen vorgesehen werden. Als günstig erweisen sich hierbei
feuchte Wiesen mit einem natürlichen Wasserdurchlauf. Deckungsgebende Strauch-
partien mit Brutinseln sollten im Gehege vorhanden sein. Bestenfalls ist der größte
Teil des Geländes von Sträuchern umgeben, so dass Besuchern nur von einer Seite
der Blick in das Gehege ermöglicht wird. Trockene, windgeschützte Unterkünfte,
die für Arten aus subtropischen Herkunftsgebieten (Kronenkraniche, Klunkerkranich) auch erwärmt werden können, sollten während der kalten Jahreszeit vorhanden
sein. Unter Umständen ist in den Wintermonaten eine Gruppenhaltung möglich.
Vornehmlich für Elterntiere mit Jungvögeln unterschiedlichen Alters ist diese durchführbar und zur Neuvergesellschaftung sinnvoll. Manchmal können sich jedoch
auch Paarpartner untereinander in den Winterquartieren als unverträglich herausstellen. In derartigen Fällen ist eine Unterbringung in benachbarten Abteilen mit
Sichtkontakt zu empfehlen. Eine genaue Beobachtung des Verhaltens der Tiere ist
darum unerlässlich. Beim sommerlichen Aufenthalt in Freigehen ist bei Kranichen

Abb. 8 Schwarzhalskraniche
(*Grus nigricollis*) zählen zu
den selten gehaltenen Arten
unter den Kranichen. (Foto.
Jörg Asmus)

aufgrund ihres Territorialverhaltens die paarweise Haltung einer Gruppenhaltung
stets vorzuziehen. Andere Mitbewohner werden nicht selten von den Kranichen
verfolgt und in der weiteren Folge verletzt oder gar getötet. Im Umgang mit Kranichen ist Vorsicht geboten, die Tiere können mit ihrem Schnabel gezielt zustoßen und
dadurch Verletzungen der Augen verursachen (Grummt und Strehlow 2014).

Für die Ernährung von Kranichen stehen im Fachhandel pelletierte Futtersorten
als Erhaltungsfutter zur Verfügung. Diese Pellets sind 4 Wochen vor und während
der Brutzeit durch Zuchtpellets mit einem höheren Proteinanteil zu ersetzen. Des
Weiteren werden Mischungen, bestehend aus Getreide, Getreideschrot, durchgedrehtem Fleisch, Fischmehl, Luzerne oder anderem Blattgrünmehl, Mineralstoffgemisch und Vitaminen, dazu verschiedenes Grünzeug, im Winter auch vorgekeimtes
Getreide gereicht (Grummt und Strehlow 2014) (Abb. 9).

Lange Zeit schon werden Kraniche gehalten und alle Arten sind in Menschenhand auch erfolgreich zur Zucht geschritten. So ist bekannt, dass Jungfern- und
Saruskraniche bereits im 17. Jahrhundert vermehrt worden sind. Fortpflanzungsreif
werden Kraniche im Alter von 3 bis 5 Jahren. Das beste Indiz dafür, dass Kraniche
verpaart sind, ist das gemeinsame Rufen und Tanzen im zeitigen Frühjahr. Etwa 4
Wochen vor dem eigentlichen Bruttermin sollte das Futter auf Zuchtpellets mit
einem höheren Eiweißanteil umgestellt werden. Zu diesem Zeitpunkt sollte auch
Nistmaterial (Schilf, Stroh) in der Nähe möglicher Neststandorte bereitgestellt

Abb. 9 Auch für den Mandschurenkranich (*Grus japonensis*) wird ein EEP geführt. (Foto. Jörg Asmus)

werden. Naturbruten sind in den meisten Fällen erfolgreich und auch die spätere Aufzucht des Nachwuchses geschieht in der Regel ohne Probleme. Mit Beginn der Aufzuchtphase soll der Eiweißanteil im Futter wieder etwas reduziert werden, da es ansonsten zu Deformierungen der Beine bei den Jungvögeln kommen kann. Empfehlenswert sind dann Starterpellets mit 24 Prozent Protein. Auch eine feuchtkrümelige Mischung aus einem Weichfutter für Fasanen, angereichert mit durchgedrehtem Fleisch, Weißkäse, einigen Mehlwürmern, Mineralien und Vitaminen hat sich verschiedentlich bewährt (Grummt und Strehlow 2014).

In Europa existieren Erhaltungszuchtprogramme (EEPs) für den Mandschurenkranich, Schneekranich sowie Weißnackenkranich (*Antigone vipio*); Zuchtbücher (ESBs) für den Schwarzhals-Kronenkranich (*Balearica pavonina*), Mönchskranich (*Grus monacha*), den Klunkerkranich und den Paradieskranich (*Anthropoides paradiseus*).

Literatur

Archibald, G., & Meine, C. (1996). Family Gruidae (Cranes). In J. del Hoyo, A. Elliott & J. Sargatal (Hrsg.), *Handbook of the birds of the world* (Bd. 3, S. 60–81). Barcelona: Lynx.

Ericson, P. G. P., Aderson, C. L., Britton, T., Elzanowski, A., Johansson, U. S., Kallersjo, M., Ohlsoin, J. I., Parsons, T. J., Zuccon, D., & Mayr, G. (2006). Diversification of Neoaves: Integration of molecular sequence data and fossils. *Biological Letters, 2*(4), 543–547. London: The Royal Society Publishing.

Faina, M. G., Krajewski, C., & Houde, P. (2007). Phylogeny of „core Gruiformes" (Aves: Grues) and resolution of the Linpkin-Sungrebe problem. *Molecular Phylogenetics and Evolution, 43*(2), 512–529.

Grummt, W., & Strehlow, H. (Hrsg.). (2014). *Zootierhaltung – Vögel*. Haan-Gruiten: Europa-Lehrmittel.

Hackett, S. J. (2008). A phylogenomic study of birds reveals their evolutionary history. *Sciences, 320*(5884), 1763–1768.

Horning, C. L., Hutchings, M., & English, W. (2005). Breeding and management of the common trumpeter (*Psophia crepitans*). *Zoo Biology, 7*, 193–210.

Hoyo, J. del, & Collar, N. J. (2014). *HBW and Bird life international illustrated checklist of the birds of the world: Non-passerines* (S. 334–359). Barcelona: Lynx

Hoyo, J. del, Elliot, A., & Sargatal, J. (1996). *Handbook of the birds of the world. Vol.3: Gruiformes* (S. 60–217). Barcelona: Lynx

Schmid, M. (2014). Im Raritätenzoo Ebbs gibt es viele Jungtiere zu beobachten. http://zoogast.de/jede-menge-nachwuchs-im-raritaetenzoo-ebbs/10932/. Zugegriffen am 10.07.2019.

Sherman, P. T. (1995). Breeding biology of White-Winged Trumpeters (*Psophia leucoptera*) in Peru. *The Auk, 112*, 285–295.

Sherman, P. T., & Eason, P. K. (1995). Dominance status, mating strategies and copulation success in cooperatively polyandrous white-winged trumpeters (*Psophia leucoptera*). *Animal Behaviour, 49*, 725–736.

Sibley, C. G., Ahlquist, J. E., & Monroe, B. L. (1988). A classification of the living birds of the world based on DNA-DNA hybridization studies. *The Auk, 105*, 409–423. Oxford: University Press.

www.gaiazoo.de. (2012). https://www.gaiazoo.nl/de/gaiazoo/nachrichten/naturaufzucht-von-grau fluegel-trompetervoegeln-im-gaiazoo-kerkrade.

Ordnung: Otidiformes – Trappen

Jörg Asmus

Inhalt

Familie: Otididae

1   Allgemeines

In der Ordnung Trappen (Otidiformes) werden gegenwärtig 12 Gattungen, mit 26 Arten und 44 Unterarten zusammengefasst. Hinsichtlich ihrer systematischen Einordnung war man sich lange uneinig. Zuletzt wurden die Trappen den Kranichen (Gruiformes) zugeordnet, was sich aufgrund phylogenetischer Untersuchungen jedoch als nicht haltbar herausstellte (Pitra et al. 2002). Heute stellt man diese Vögel in eine eigene Ordnung, die in der Nähe der Turakos (Musophagiformes) und Kuckucke (Cuculiformes) gesehen wird (Jarvis et al. 2014).

Das Hauptverbreitungsgebiet der Trappen liegt in Afrika. Dort sind sie auch Standvögel und bewohnen offene Landschaften. Bei 4 Arten (Zwergtrappe, Großtrappe, Steppenkragentrappe, Flaggentrappe) zählen zumindest Teilpopulationen zu den Zugvögeln.

J. Asmus (✉)
Gesellschaft für Arterhaltende Vogelzucht (GAV) e.V., Mönsterås, Schweden
E-Mail: joergasmus@hotmail.com

© Springer-Verlag GmbH Deutschland, ein Teil von Springer Nature 2021
W. Lantermann, J. Asmus (Hrsg.), *Wildvogelhaltung*,
https://doi.org/10.1007/978-3-662-59604-3_59

Die kleinste Spezies innerhalb dieser Ordnung ist die Flaggentrappe (*Sypheotides indicus*), mit einer Größe von 46 (Männchen) bis 51 cm (Weibchen) und einem Gewicht von etwa 450 g. Mitunter wird auch der Zwergtrappe (*Tetrax tetrax*) dieser Status zugeteilt, die 40–45 cm groß, aber 500–900 g schwer ist. Die Riesentrappe (*Ardeotis kori*), auch Kori-Trappe, ist der größte Vertreter, mit einer Größe von 90 (Weibchen) bis 120 cm (Männchen) und einem Gewicht zwischen 5900 (Weibchen) und bis zu 19000 g (Männchen). Die Riesentrappe ist einer der schwersten flugfähigen Vögel (Abb. 1).

In ihrer Körperform unterscheiden sich die Trappen kaum voneinander. Sie haben einen kräftigen Rumpf, einen langen Hals sowie lange Beine. Der Schnabel und Schwanz sind bei allen Arten relativ kurz. Die Flügel- und Rückenfärbung variiert artabhängig in verschiedenen Brauntönen, wobei dort hellere oder auch dunklere Färbungen (Federsäume) vorhanden sein können. Das Hals- und Bauchgefieder kann je nach Spezies vornehmlich weiß, grau, schwarz oder auch blau (Blautrappe, *Eupodotis caerulescens*) gefärbt sein. Bei den männlichen Individuen sind im Allgemeinen hellere Gefiederfarben vorhanden und des Öfteren auch Schmuckfedern an Scheitel, Nacken, Wangen, Kehle oder Hals. So sind beim Brutkleid der männlichen Flaggentrappe hinten den Ohren mehrere etwa 10 cm lange Federn erkennbar, die nach oben gebogen sind und am Ende eine spatelförmige Verbreiterung aufweisen. Merkmal einiger Trappenarten ist die zum Teil aufblasbare Speiseröhre beziehungsweise der Kehlsack der Männchen, vor allem während der Balz. Mit diesem produzieren sie dumpfe, dunkle Balzrufe. Alle Trappen zeigen einen mehr oder weniger deutlich erkennbaren Geschlechtsdimorphismus.

Abb. 1 Riesentrappe (*Ardeotis kori*). (Foto: Werner Lantermann)

Die hintere Zehe (Tridaktylie) fehlt den Trappen. Dieser Umstand macht sie zu ausgesprochenen Bodenvögeln. Trappen besitzen auch keine Bürzeldrüse. Zur Gefiederpflege dienen ihnen hingegen rosa gefärbte Puderdunen sowie die ebenfalls puderabsondernden Basen und Fahnen ihrer Konturfedern.

Die tagaktiven Vögel bewohnen mit ausreichend Bodenvegetation bewachsene Savannen, Trockensteppen, Steinsteppen, Halbwüsten, Kultursteppen und mitunter sogar Wüsten (Saharakragentrappe, *Chlamydotis undulata*) und sumpfige Regionen (Gackeltrappe, *Afrotis afra*). Überschwemmte Graslandschaften und zum Teil bewaldete Gebiete sind die Heimat der äußerst seltenen Barttrappe (*Houbaropsis bengalensis*). Neben hohem Grasland werden von der Flaggentrappe auch Getreide- und Baumwollfelder aufgesucht.

Vertreter der Gattung *Eupodotis* leben saisonal monogam. Bei ihnen beteiligt sich auch das Männchen an der Aufzucht der Küken, mitunter unterstützt von einem männlichen Nachkommen des Vorjahres. Die meisten Trappen pflanzen sich jedoch polygyn fort, wobei sich die Männchen nicht an der Inkubation oder auch Jungenaufzucht beteiligen. Das vorausgehende oft artspezifische Balzverhalten variiert. Bei den größeren Arten verläuft die Balz am Boden; oft verteidigen einzelne Männchen ihre Balzplätze (Lek) gegenüber ihren Rivalen. Insbesondere von den balzenden einheimischen Großtrappen (*Otis tarda*) gibt es vermehrt Berichte über deren Balzverhalten. Auch bei ihnen wird der Kehlsack zum Einsatz gebracht, die Bartfedern werden nach vorn gerichtet und die ansonsten verborgen bleibenden hell leuchtenden Gefiederteile werden bei ausgebreitetem Schwanz und hängenden Flügel präsentiert. Einige kleinere Spezies vollführen auch eine Art Flugbalz. Die Eiablage erfolgt auf dem Boden, oft in der Nähe von Büschen oder auch Felsen. 1–2 Eier sind bei den meisten Arten die normale Gelegegröße (Flaggentrappe 3–5). Die Inkubationszeit erstreckt sich über 20–25 Tage.

Trappen ernähren sich omnivor, von Früchten, Samen, Sprösslingen, Blättern und Blüten bis hin zu Erbsen, Rhizomen und Zwiebeln (Großtrappe). Aber auch Insekten und Reptilien ergänzen dieses Nahrungsspektrum. Bei der Riesentrappe zählen auch Schlangen, Jungvögel und kleinere Säugetiere zu den gelegentliche Beutetieren. Trappen halten längere Zeit ohne die direkte Aufnahme von Trinkwasser aus; sie sind der Lage ihren Wasserbedarf über die Nahrungsaufnahme zu decken (del Hoyo et al. 1996).

Unter den Trappen gelten gemäß IUCN 4 Arten als gefährdet („vulnerable"), dies betrifft neben der europäischen Großtrappe, die Saharakragentrappe, die Steppenkragentrappe (*Chlamydotis macqueenii*) und die Gackeltrappe. Zu den stark gefährdeten Arten („endangered") zählen die Ludwigtrappe (*Neotis ludwigii*) und die Flaggentrappe. Vom Aussterben bedroht („critically endangered") sind die Hindutrappe (*Ardeotis nigriceps*) und die Barttrappe (del Hoyo und Collar 2014).

2 Haltungsanforderungen

Trappen sind in der Gegenwart keine so häufig gehaltenen Vögel in zoologischen Einrichtungen mehr. Die Großtrappe wird derzeit in 7 und die Zwergtrappe in 6 europäischen Tierparks gezeigt. Die Ostafrikanische Senegaltrappe (*Eupodotis se-*

negalensis erlangeri) befindet sich in den Zoos Berlin und Frankfurt. Die Haltung der Riesentrappe (ohne Unterartbezeichnung) erfolgt im französischen Zoo Frejus und der italienischen Einrichtung Parco Faunistico Cappeller. Die Nördliche Riesentrappe (*A. k. struthiounculus*) wird lediglich im Weltvogelpark Walsrode, die Südliche Riesentrappe (*A. k. kori*) im Zoo Duisburg und die Steppenkragentrappe im Pariser Jardin des Plantes gehalten. In Privathand sind scheinbar keine Trappen vertreten (http://www.zootierliste.de).

Die Haltung von Trappen ist aufgrund ihres stets scheuen Verhaltens nicht einfach, und Vermehrungserfolge zählen darum auch zu den eher seltenen Ereignissen. Sie neigen mitunter zu Panikattacken. Die Nachgestaltung ihres natürlichen Habitats in möglichst großen Innen- und Außenvoliere ist die beste Unterbringungsform für diese Vögel. Für den Außenbereich sind Flächen in der Größe von 1000–2500 m^2 selbst für eine Gruppenhaltung optimal. Zumeist werden Trappen paarweise gehalten; Vergesellschaftungen mit anderen Vogelarten waren in der Vergangenheit nicht erfolgreich, da es immer wieder zu Auseinandersetzungen kam. Ein Sandboden und darauf befindliche unterschiedlich hohe Grassorten sowie vereinzelte Büsche aber auch schützende Hecken schaffen gute Voraussetzungen für die Haltung von Trappen. Die kälteunempfindliche Großtrappe kann ganzjährig die Freivoliere aufsuchen, sofern ihr dort Schutz vor Regen, Schnee und Wind geboten werden kann. Ein schützender Unterstand genügt. Die anderen Trappen müssen während der kalten Jahreszeit in einem auf 10–15 °C temperierten, trockenen Raum untergebracht werden. Auch zum Schutz vor Prädatoren empfiehlt sich die Unterbringung in geschlossenen Räumlichkeiten während der Nachtzeit. Hierbei ist die Einzelunterbringung notwendig, weil sich die Vögel leicht verletzen oder sogar töten können. (Abb. 2 und 3)

Als Futter dient den Trappen eine Mischung aus Geflügelpellets, Kükenaufzuchtfutter, hart gekochtem Ei, Weißkäse, rohem Fleisch (Herz), zerkleinerte Jungmäuse, Insekten (Heuschrecken, Heimchen, Mehlwürmer), Keimfutter und vor allem Grünzeug. Etwa viermal täglich Grünfutter reichen. Anstelle der Pellets oder auch zur Ergänzung können verschiedene Sämereien angeboten werden (Mais, Hirse, Leinsaat, Spitzsaat, diverse Grassorten). Mit Beginn der Zuchtperiode kann der Proteingehalt im Futter erhöht werden. Für die Kükenaufzucht hat sich eine Mischung aus Pellets, gemahlenen Hundekuchen, gekochtem Ei, Magerfleisch und Grünzeug bewährt (Grummt und Strehlow 2014).

Die Vermehrung von Trappen gelingt aufgrund ihrer Scheu nur selten. Das interessante Balzverhalten ist dabei auch in Menschenhand zu beobachten. Die Eiablage erfolgt in einer flachen Bodenmulde ohne Nistmaterial, im offenen Gelände oder mintunter auch in einem eher geschützten Bereich der Anlage. Allein das Weibchen übernimmt die Bebrütung des Geleges, allerdings verlässt es die Eier bereits bei kleinsten Störungen. Das Gelege besteht aus 2–3 Eiern (Zwergtrappe = 2–5). Oft gelingen Naturbruten aus den oben genannten Gründen nicht; aus diesem Grund ist die Inkubation in einem Brutapparat (37,5–37,7 °C) vorzuziehen. Bei Kunstbruten sollten die Eier wenigstens viermal täglich gewendet und nachmittags etwa 20 Minuten lang gelüftet werden. Haushuhnglucken haben sich in der Vergangenheit ebenfalls als zuverlässige Brüter bewährt, allerdings sollten die Trappeneier kurz vor dem Schlupf in den Inkubator überführt werden, da die Glucken den

Abb. 2 und 3 Zwergtrappen (*Tetrax tetrax*), links das Männchen, rechts das Weibchen, gehören zu den häufiger gehaltenen Trappenarten. (Fotos: Werner Lantermann)

fremden Nachwuchs nicht selten sofort töten. Zumindest die großen Trappenarten benötigen innerhalb der ersten 24 Stunden nach dem Schlupf keine Nahrung; sie zehren in dieser Zeit noch von dem Inhalt im Dottersack. Danach ist das Futter (Insekten, Grünfutter, auch Starterpellets) mit der Pinzette vorzuhalten. Dies geschieht etwa bis zum 8. Tag, danach nehmen die Jungvögel ihre Nahrung mitunter schon selbstständig aus dem Futternapf auf. Anfangs muss den jungen Trappen der volle Futternapf noch vorgehalten werden. Ab der 3. Woche fressen die Jungvögel oft schon selbstständig. Mit dem Zeitpunkt der Futteraufnahme (ab dem 2. Tag) auch Gastrolithen zur Verdauung anbieten. Während der ersten Lebenstage muss Trinkwasser mit der Pipette gereicht werden. Trappen wachsen aufgrund des proteinreichen Futters schnell heran, darum ist bei den Küken fortwährend auf Beinverformungen/-verdickungen zu achten. Sollten derartige Veränderungen auftreten ist der Proteinanteil 2–3 Tage sofort deutlich zu reduzieren. Die Unterbringung der jungen Trappen erfolgt in Aufzuchtkästen, in denen die Temperatur in der ersten Lebenswoche auf mindestens 30 °C gehalten werden sollte. Sofern die Außentemperaturen es zulassen, sollten die Küken durch einen Pfleger im Außenbereich geführt werden. Junge Trappen benötigen stets viel Bewegung, was auch bei kälteren Wetterlagen während der Aufzuchtphase zu beachten ist.

Bei den kleineren Arten ähnelt sich dieses Aufzuchtmuster, nur dass die Jungen wesentlich früher beginnen selbstständig Futter aus dem Napf aufzunehmen.

Zu den CITES-pflichtigen Arten unter den Trappen gehören die Kappentrappe (früher Hindutrappe), die Saharakragentrappe, die Barttrappe (*Houbaropsis bengalensis*), die Flaggentrappe, die Großtrappe und die Zwergtrappe.

Literatur

Hoyo, J. del, & Collar, N. J. (2014). HBW and BirdLife international illustrated checklist of the birds of the world: Non-passerines. (S. 360-363). Barcelona: Lynx.

Hoyo, J. del, Elliot, A., & Sargatal, J. (1996). *Handbook of the birds of the world*. Vol. 3: Gruiformes (S. 240–273). Barcelona: Lynx.

Grummt, W., & Strehlow, H. (Hrsg.). (2014). *Zootierhaltung – Vögel* (S. 285–289). Haan-Gruiten: Europa-Lehrmittel.

Jarvis, E. D., et al. (2014). Whole-genome analyses resolve early branches in the tree of life of modern birds. *Sciences, 346*(6215), 1320–1331.

Pitra, C., Lieckfeldt, D., Frahnert, S., & Fickel, J. (2002). Phylogenetic relationships and ancestral areas of the bustards (Gruiformes: Otididae), inferred from mitochondrial DNA and nuclear intron sequences. *Molecular Phylogenetics and Evolution, 23*(1), 155–170.

Ordnung: Musophagiformes – Turakos

Werner Lantermann

Inhalt

1   Familie: Musophagidae

Systematik und allgemeine Biologie

Turakos (und Lärmvögel, wie einige Arten aufgrund ihrer lauten Alarmrufe auch genannt werden) sind innerhalb der einzigen Familie Musophagidae in 24 Arten, aufgeteilt in sieben Gattungen, über weite Teile Afrikas südlich der Sahara verbreitet. Im System der Vögel wurden sie lange Zeit aus morphologischen Erwägungen in der Nähe der Kuckucke (Cuculiformes) gesehen. Neuere genetische Studien bestätigen diese Zuordnung nicht, sind aber bislang dennoch nicht zu eindeutigen Ergebnissen gekommen. Möglicherweise sind sie genetisch in der Nähe der „Wasservögel" (Procellariiformes, Ciconiiformes, Suliformes, Pelecaniformes), der Kraniche (Gruiformes) oder der Trappen (Otidiformes) zu sehen. Auch wird eine nähere Verwandtschaft zu den ähnlich aussehenden Hoatzins (*Opisthocomus hoazin*) diskutiert (Winkler et al. 2015). Turakos sind mittelgroße Vögel von 35 bis 75 cm Körperlänge. Ihre Grundfärbung variiert von grau-weiß (bei den Lärmvögeln) (Abb. 1) über grün (überwiegend bei den Arten der Gattung *Tauraco*) bis hin zu dunkelblau oder blau-violett bei den beiden Arten der Gattung *Musophaga* (Schild- und Lady-Ross-Turako). Weitere Federmerkmale sind oftmals rote Handschwingen oder Flügelunterseiten. Die Federn enthalten ein bestimmtes kupferhaltiges Pigment („Turacin" und „Turacoverdin"), das für die rote und grüne Farbgebung des Gefieders sorgt und sonst bei keiner anderen Vogelgruppe vorkommt. Alle Arten tragen

W. Lantermann (✉)
Oberhausen, Deutschland
E-Mail: w.lantermann@arcor.de

© Springer-Verlag GmbH Deutschland, ein Teil von Springer Nature 2021
W. Lantermann, J. Asmus (Hrsg.), *Wildvogelhaltung*,
https://doi.org/10.1007/978-3-662-59604-3_33

Abb. 1 Die eher unscheinbar gefärbten Lärmvögel (hier: Weißbauch-Lärmvogel – *Corythaixoides leucogaster*) sind in den Tiergärten weit seltener anzutreffen als die eigentlichen Turakos. (Foto: Werner Lantermann)

mehr oder minder stark ausgeprägte Rund- oder Spitzhauben. Ein weiteres morphologisches Kennzeichen ist die zygodaktyle Fußstellung mit zwei nach vorn und zwei nach hinten gerichteten Zehen. Die Geschlechter aller Turakoarten sind gleich gefärbt und nach äußerem Augenschein nicht zu unterscheiden (Forshaw und Cooper 2002).

Turakos bewohnen eine Vielzahl unterschiedlicher Lebensräume von dichten (Feucht-)Wäldern über lockere Steppen- und Savannenwälder bis hin zu trockenen Savannengebieten. Ihre Nahrung besteht überwiegend, bei manchen Arten ausschließlich aus Früchten. Andere nehmen als Nahrungsergänzung Blüten, Knospen und in einem gewissen Maße auch Insekten zu sich, vor allen in der Zeit der Jungenaufzucht (Forshaw und Cooper 2002).

Das Sozialsystem der Turakos ist die Familiengruppe, aus der sich während der Brutzeit monogame Paare absondern, wobei für einige Arten kooperatives Brüten beschrieben ist. Die Vögel bauen ein einfach strukturiertes offenes Nest aus Ästen und Zweigen in einem Baum oder Gebüsch. Zwei bis drei Eier legt das Weibchen, die – je nach Art – nach einer z. T. relativ kurzen Brutzeit (beide Geschlechter brüten!) von 16–31 Tagen schlüpfen. Schon nach zwei bis drei Wochen klettern die Jungvögel, noch flugunfähig, aus dem Nest und werden weiter von den Eltern gefüttert, bis sie mit vier bis fünf Wochen ihr volles Flugvermögen erreichen (Peat 2017).

Lebensraumzerstörungen, vor allem das Abholzen der Wälder zur Edelholzgewinnung und in der Folge die Umwandlung in landwirtschaftliche Nutzflächen, aber auch die Jagd zu Nahrungszwecken und zur Nutzung der besonders gefärbten Federn sowie der Fang für den Vogelhandel haben hier und dort bereits zum Rückgang mancher frei lebender Turako-Populationen geführt. Dennoch gelten noch 21 Arten nach den Kriterien der IUCN bisher als nicht gefährdet („least concern"), derweil je eine Art als „vulnerable" (Ruspoliturako *Tauraco ruspolii*), als „near-threatened" (Fischerturako *Tauraco fischeri*) und als „endangered" (Bannermanturako *Tauraco bannermani*) eingestuft wird (HBW Alive Species 2019).

Haltungsanforderungen

Turakos werden sowohl in den Zoos/Vogelparks als auch – zunehmend – in Privathand gehalten. Überwiegend Vögel aus der 14 Arten umfassenden Gattung *Tauraco* sind in den Volieren vertreten, daneben finden sich hin und wieder auch Glanzhaubenturakos (*Gallirex porphyreolophus*) und Schildturakos (*Musophaga violacea*) in den Haltungen. Seltener sieht man die Lärmvögel aus den Gattungen *Crinifer* und *Corythaixoides* in den Volieren. Die größte Seltenheit in Menschenobhut stellen derzeit die Riesenturakos (*Corythaeola cristata*) dar (Abb. 2). Sie leben oder lebten allerdings nur in spezialisierten Einrichtungen, z. B. in den 1990er-Jahren im Vogelpark Walsrode, weiterhin im Vogelpark Avifauna in den Niederlanden oder in der französischen Station CAVEX von Dr. Henry Quinque (www.association-cavex.com). Sie sind im Vogelhandel gewöhnlich nicht verfügbar, und wenn dann nur zu sehr hohen Preisen. Vertreter der Gattung *Tauraco*, allen voran der Weißohrturako (*Tauraco leucotis*) (Abb. 3), aber auch Guineaturako (*T. persa*), Weißhaubenturako (*T. leucolophus*) und Schalowturako (*T. schalowi*) werden dagegen mittlerweile recht regelmäßig nachgezogen und sind demnach oftmals zu moderaten Preisen von Zoos oder Züchtern zu bekommen (www.vogel netzwerk.de/Weichfresser).

Die Haltung von Turakos im Zoo hat eine längere Tradition als in Privathaltungen. Adäquate Haltungsstandards sind erst in den letzten 15–20 Jahren erarbeitet worden. Früher galten Turakos als wenig robust und schwierig in der Haltung. Erst mit der Einführung maximaler Hygienestandards, der Verwendung von pelletiertem Spezialfutter und der Berücksichtigung der zum Teil großen Aggressivität der Tiere untereinander hat sich eine Trendwende bei der Turakozucht abgezeichnet. Erleichternd kam vor einigen Jahren auch die kostengünstige Geschlechtsbestimmung der in beiden Geschlechtern gleichgefärbten Tiere durch DNA-Untersuchungen von Federn hinzu.

Turakos sollten ausschließlich paarweise in geräumigen Volieren gehalten werden. Das deutsche Mindestgutachten (Bundesamt 2009) sieht eine Volierengröße von mindestens 12 m² Grundfläche bei 2 m Volierenhöhe für die Haltung eines Paares vor. Ein Innenraum muss vorhanden sein und im Winter auf 15 °C erwärmt

Abb. 2 Riesenturakos (*Corythaeola cristata*) leben derzeit nur in wenigen Parks und Privatanlagen. (Foto: Jörg Asmus)

werden. Eine üppige Bepflanzung der Volieren ist anzuraten, damit die Tiere
Schutz- und Versteckmöglichkeiten haben. Allerdings ist darauf zu achten, dass
ein Teil der oberen Volierenregion frei bleibt, damit die Tiere ihr ausgezeichnetes
Flugvermögen auch praktizieren können. Lange Sitzäste sind ebenfalls empfehlenswert, auf denen die Vögel geschickt hin- und herlaufen oder -hüpfen. Die
weitere Ausstattung der Voliere besteht aus einer Badeschale bzw. Sprinkleranlage
und mehreren (leicht zu reinigenden) Futternäpfen, die möglichst hoch in der
Voliere – am besten aber im Innenraum – angebracht werden, damit das Futter
stets trocken bleibt.

Da Turakos überwiegend Fruchtfresser mit entsprechenden Ausscheidungen
sind, kommt der Hygiene in der Turakohaltung größte Bedeutung zu. Vor allem
die Futter- und Wasserschalen sind täglich, die Sitzstangen – je nach Verschmut-
zungsgrad – mindestens wöchentlich zu reinigen und regelmäßig auszutauschen.
Ebenso muss der Volierenboden regelmäßig ausgeharkt, der Belag (z. B. Rindenmulch) in Abständen (teil-)erneuert werden.

Adulte Turakos die zu Brutzwecken gehalten werden, sollten möglichst ihre
Voliere allein bewohnen. In ausreichend großen Gehegen ist jedoch auch die
Vergesellschaftung mit anderen Vögeln (z. B. Fasanen, Wachteln) meist problem-
und verlustlos möglich. Eine Vergesellschaftung mehrerer Turakopaare, gleicher

oder unterschiedlicher Arten, ist dagegen nicht ratsam und geht auch in Groß-volieren auf Dauer nicht gut (Pagel 1992). Auch gut harmonierende Paare müssen regelmäßig überwacht werden, denn es sind mehrfach Fälle beschrieben worden, bei denen die offenbar schönste Harmonie (mit regelmäßigem Partnerfüttern) plötzlich in offene Aggression umschlug und zu Verletzungen oder gar zum Tod eines Vogels führte (z. B. Berenz 2001). Die Verfügbarkeit einer entsprechenden Ausweichvoliere ist somit vorteilhaft, auch zum Absetzen der Jungvögel (siehe unten).

Für die Brut benötigen Turakos entweder vorgeformte Nestplattformen aus Draht oder geflochtene Körbchen, in denen die Tiere ihre taubenähnlichen, unvollkommen wirkenden Nester bauen. Dazu müssen ihnen Zweige und dünne, auch z. T. noch belaubte Äste angeboten werden. Die Jungen schlüpfen z. B. beim Seidenturako, früher Hartlaubturako (*T. hartlaubi*) bereits nach 16–18 Tagen, bei den meisten anderen erst nach 25, beim Riesenturako nach 31 Tagen. Sie tragen zunächst schwarze Dunen am gesamten Körper und verlassen bereits nach spätestens drei Wochen kletternd das Nest, werden aber von den Elterntiere mindestens noch bis zur fünften oder sechsten Woche gefüttert, ehe sie ihre Selbstständigkeit erreichen. An der Jungenaufzucht beteiligen sich beide Ge-schlechter. Die Jungvögel können dann noch eine gewisse Zeit bei den Eltern belassen werden, spätestens zu Beginn der nächsten Brutperiode ist jedoch eine Trennung empfehlenswert, wenn sich dann u. U. Aggressionen der Elternvögel abzeichnen.

Die Ernährung von Turakos besteht im Wesentlichen aus vier Komponenten, nämlich kleingewürfelten (süßen) Früchten der Saison, einem inhaltsreichen Weichfutter, Fruchtpellets (empfehlenswert: Nutribird T 16 von Versege Laga) und der gelegentlichen Zugabe von Lebendfutter (Heimchen, Grillen, Pinkies, Mehlwürmer). Die Präferenz der Vögel gegenüber den einzelnen Futtermitteln kann je nach Turako-Art, Jahreszeit oder in der Zeit der Jungenaufzucht variieren. Wöchentlich wird das Obst oder Weichfutter mit etwas Futterkalk und Korvimin bestreut, um die Mineralstoffversorgung sicher zu stellen. Wasser erhalten die Vögel sowohl im Trinkgefäß als auch in der Badeschale täglich frisch (vgl. Peat 2017).

Von den 24 Turako- und Lärmvogelarten sind derzeit 13 *Tauraco*-Arten im Anhang II (B) und eine Art (Bannermanturako) im Anhang I (A) des Washingtoner Artenschutzübereinkommens gelistet (Peat 2017). Die WA-II-Arten (entsprechend Anhang B der EU-Richtlinien) müssen demnach – sofern sie noch aus Importen stammen – mit einer CITES-Bescheinigung ausgestattet sein. Nachzuchten dieser Arten sind meldepflichtig, nachweispflichtig und müssen geschlossen beringt wer-den (etwa um den 10. Lebenstag mit 7–8 mm-Ringen für die kleineren und mittel-großen Arten) (Pagel und Marcordes 2011).

Zuchtbücher bestehen gegenwärtig für Fischerturakos (Waddeston Manor Avia-ry in Aylesbury), Schildturakos (Zoo Warschau) und Rotschopfturakos (*T. ery-throlophus*) (Cotswold Wildlife Park in Burford) (Abb. 4), und zwar jeweils in der Form eines ESB (European Studbook) (www.eaza.net, Peat 2017).

Abb. 4 Für den
Rotschopfturako (*Tauraco*
erythrolophus) besteht derzeit
ein ESB, das vom Cotswold
Wildlife Park in Burford/UK
geführt wird. (Foto: Jörg
Asmus)

Literatur

Berenz, R. (2001). Turakos und Lärmvögel – interessante Volierenbewohner aus Afrika. 22. Tagung über Tropische Vögel der Gesellschaft für Tropenornithologie. In *Tagungsband Schwetzingen* (S. 23–35). Bonn: Eigenverlag der Gesellschaft für Tropenornithologie.

Bundesamt für Naturschutz. (2009). *Mindestanforderungen an die Haltung von Turakos (Musophagidae)*. FG Zool. Artenschutz (unter Mitarbeit von Bernd Marcordes). Bonn: Eigenverlag des Bundesamtes für Naturschutz.

Forshaw, J. M., & Cooper, W. T. (2002). *Turacos: A natural history of the Musophagidae.* Melbourne: Nokomis.

HBW Alive Species. (2019). *Handbook of birds of the world – Musophagiformes.* www.hbw.com/species. Zugegriffen am 14.09.2019.

Pagel, T. (1992). Über die Haltung und Zucht von „Pisangfressern" – im Zoo Köln. *Gefiederte Welt, 116*, 330–334, 374–376.

Pagel, T., & Marcordes, B. (2011). *Exotische Weichfresser* (S. 62–65). Stuttgart: Ulmer.

Peat, L. (2017). *EAZA best practice guidelines – Turacos* (S. 1–84). Burford: Cotswold Wildlife Park.

Winkler, D. W., Billermann, S. M., & Lovette, I. J. (2015). *Bird families of the world – Musophagiformes* (S. 101–102). Barcelona: Lynx.

Ordnung: Sphe111sciformes – Pinguine

Christian Matschei

Inhalt

1   Familie: Spheniscidae

Systematik und allgemeine Biologie

Pinguine beschreiben eine unverwechselbare Ordnung an Seevögeln, die an ein Leben in und am kalten Meer angepasst sind. Die größte Form ist der Kaiserpinguin mit 112–125 cm Körperhöhe und 19–46 kg Gewicht. Der kleinste Vertreter ist der 35–45 cm große und 0,5–2,1 kg schwere Zwergpinguin (del Hoyo et al. 1992). Alle Pinguinarten zeigen keinen Geschlechtsdimorphismus und verdeutlichen ein homogenes Erscheinungsbild mit dem schwarzen Rücken- und weißen Bauchgefieder. Ihre stromlinienförmige Gestalt wird im Wasser deutlich, in dem auch der Einsatz der kräftigen Flügel, welche zu Flossen umgewandelt sind, zur Geltung kommen. Die Federn sind kurz und bilden eine dichte Ummantelung. Sie zeigen keine Anordnung in Federfuren und -rainen. Pinguine durchlaufen eine jährliche Kompaktmauser innerhalb weniger Wochen. Zu dieser Zeit sind sie nicht wasserfest und verbleiben ohne Nahrungsaufnahme am Land. Die Füße sitzen weit hinten am Körper an, so dass an Land ein aufrechter Gang entsteht. Die Länge der Schwanzfedern variiert nach Gattung und Art. Kopf, Schnabel und Hals können bei einigen Formen eine arttypische Farbgebung von gelblichen oder roten Tönen zeigen (Williams 1995). In den gemäßigten oder tropischen Bereichen ansässige Arten haben die Gefiederlagen am Kopf zur Temperaturregulation reduziert.

C. Matschei (✉)
Heidesee, Deutschland

© Springer-Verlag GmbH Deutschland, ein Teil von Springer Nature 2021
W. Lantermann, J. Asmus (Hrsg.), *Wildvogelhaltung*,
https://doi.org/10.1007/978-3-662-59604-3_38

Folgende Gattungen und Arten sind derzeit in der Ordnung der Pinguine (mit 1 Familie, 6 Gattungen und 18 Arten vereint) (nach Winkler 2015):

Gattung *Aptenodytes* mit 2 Arten: Königspinguin (*Aptenodytes patagonicus*) (Abb. 4), Kaiserpinguin (*Aptenodytes forsteri*)

Gattung *Pygoscelis* mit 3 Arten: Eselspinguin (*Pygoscelis papua*), Adeliepinguin (*Pygoscelis adeliae*), Kehlstreifen- oder Zügelpinguin (*Pygoscelis antarcticus*) (Abb. 4)

Gattung *Eudyptes* mit 7 Arten: Dickschnabelpinguin (*Eudyptes pachyrhynchus*), Felsenpinguin oder Südlicher Felsenpinguin (*Eudyptes chrysocome*) (Abb. 3), Tristanpinguin oder Nördlicher Felsenpinguin (*Eudyptes moseleyi*), Goldschopf-pinguin (*Eudyptes chrysolophus*), Haubenpinguin (*Eudyptes schlegeli*), Snares (insel)pinguin (*Eudyptes robustus*), Sclater- oder Kronenpinguin (*Eudyptes sclateri*)

Gattung *Megadyptes* mit 1 Art: Gelbaugenpinguin (*Megadyptes antipodes*)

Gattung *Spheniscus* mit 4 Arten: Brillenpinguin (*Spheniscus demersus*) (Abb. 1), Humboldtpinguin (*Spheniscus humboldti*), Magellanpinguin (*Spheniscus magellanicus*) (Abb. 2), Galápagospinguin (*Spheniscus mendiculus*)

Gattung *Eudyptula* mit 1 Art: Zwergpinguin (*Eudyptula minor*).

Pinguine bilden eine einheitliche Vogelordnung, die nur entfernte verwandt-schaftliche Beziehungen zu den Albatrossen (Diomedeidae), Sturmvögeln (Procellariidae und Oceanitidae) und Sturmschwalben (Hydrobatidae) aufweisen (Winkler 2015).

Pinguinvögel leben ausschließlich auf der Südhalbkugel und besitzen einen Verbreitungsschwerpunkt in den subantarktischen Gewässern. Zahlreiche Inseln und Inselgruppen, wie beispielhaft Tasmanien, Neuseeland, Auckland, Campbell, Kerguelen, Prinz-Edward und Südgeorgien, werden zur Brut besiedelt. Die Küstengebiete der Antarktis sind die Heimat der Langschwanz- und Großpinguine, während die Vertreter der Gattung *Spheniscus* an den kalt umströmten Küsten Südafrikas und Südamerikas anzutreffen sind. Der Galapagospinguin ist die nördlichste Pinguinart. Während alle Formen an fischreiche, kalte Gewässer gebunden sind, ist der aufgesuchte Landbereich recht unterschiedlich. So nutzen Zwerg- und Gelbaugenpinguine waldreiche Gebiete mit Unterholz fernab der Strände, Brillen- und Humboldtpinguine offene Steinküsten und Kaiserpinguine vereiste Gebiete innerhalb der Antarktis. Pinguine sind gesellige Vögel, die während der Jagd, insbesondere aber der Brut, große Kolonien bilden können. Innerhalb dieser verhalten sich die Paare territorial und benutzen zum Teil gern alljährlich gleiche Standorte.

Bis auf die Großpinguine nutzen alle Arten Brutnester oder Bruthöhlen. Während die Vertreter der Gattungen *Pygoscelis* und *Eudyptes* offene Brutplätze besetzen, die mit Steinen, Federn oder Pflanzenmaterialien ausgestattet sind, nutzen die Angehörigen der Gattungen *Megadyptes*, *Spheniscus* und *Eudyptula* Bodenvertiefungen oder selbstgegrabene Höhlen. Die Neststandorte können an steilen Küstenplateaus, in unterholzreichen Wäldern oder in Uferhöhlen liegen. Großpinguine brüten Kilometer weit entfernt vom Meer und bilden dort große Zusammenschlüsse. Beide

Abb. 1 Brillenpinguin
(*Spheniscus demersus*) im
Zoo Whipsnade. (Foto:
Dr. Christian Matschei)

Arten betreuen nur ein Ei, welches auf den Füßen getragen und von einer Bauchfalte ummantelt wird.

Die Brutzeit variiert je nach Art zwischen 32 und 56 Tagen (Königs- und Kaiser-pinguine 52–56 Tage, Eselspinguine 31–39 Tage, Zwergpinguine 33–37 (–43) Tage, Felsenpinguine 32–34 Tage, Magellanpinguine 38–42 Tage) (del Hoyo et al. 1992; Robiller 2003; Grummt 2014). Außer den Großpinguinen, die nicht alljährlich zur Brut schreiten, werden 2 (seltener 3) Eier gelegt, welche von beiden Partnern bebrütet werden. Das Männchen der Adeliepinguine verliert bei der Brut bis zu 40 % an Körpermasse (Robiller 2003). Die Paarbindung ist sehr eng und kann über Jahre stabil bleiben. Die Küken bilden ein dichtes, braunes Dunenkleid aus. Heran-wachsende Königspinguine bilden mit wenigen Wochen „Kindergärten", während Vertreter der Gattung *Sphensiscus* bis zum Flüggewerden in den Höhlen verweilen.

Pinguine ernähren sich in allen Arten von marinen Organismen, wie Fischen, Krebstieren (Krill) und Kopffüßern. Die meisten Formen jagen in Wassertiefen von 30 bis 40 m mit Geschwindigkeiten von über 30 km/h. Kaiser- und Königspinguine erreichen Tauchtiefen von 100 bis 500 m (del Hoyo et al. 1992).

Zahlreiche Pinguinarten sind heute stark bedroht. Zu den zunehmend gefährdeten Formen zählen die Humboldt-, Dickschnabel-, Goldschopf- und Felsenpinguine, während die Brillen-, Kronen-, Galapagos-, Gelbaugen- und Nördlichen Felsen-pinguine bereits stark bedroht sind. Der Populationstrend zahlreicher Arten verdeutlicht zudem eine starke Abnahme der Freilandbestände. Lediglich die Adelie-, Esels-, Zwerg-, Snares-, Kronen- und Königspinguine lassen derzeit stabile oder gar leicht steigende Bestände erkennen. Seit dem 17. Jahrhundert ist keine Pinguinform ausgestorben. Die heutigen Gefahren werden durch Guano-Abbau, verwilderte Hauskatzen, Überfischungen, wie den klimatischen Veränderungen, einhergehend mit dem Temperaturanstieg der Meeresströmungen und dem Ausbleiben von Nahrungsgrundlagen hervorgerufen (del Hoyo et al. 1992).

Haltungskriterien

Pinguinvögel gehören zu den beliebtesten Vogelformen, die recht häufig in Zoologischen Gärten gezeigt werden. Von den 18 bekannten Arten werden in Europa 11 Arten gezeigt, Unter diesen sind lediglich 6 Formen regelmäßiger anzutreffen. Mit etwa 140 Haltungen ist der Humboldtpinguin der häufigste Pinguin überhaupt. Allein in Deutschland gibt es 36 Haltungen. Europaweit sind Brillenpinguine in 70, Subantarktische Eselspinguine (*Pygoscelis p. papua*) in 26, Königspinguine in 14, Magellanpinguine in 10 und Westliche Felsenpinguine und Nördliche Felsenpinguine in 6 Tiergärten zu studieren. Weitere 5 Formen, nämlich Adeliepinguine, Antarktische Eselspinguine, Goldschopfpinguine, Zügelpinguine, Westliche Zwergpinguine (*Eudyptula minor novaehollandiae*), sind wesentlich seltener oder gar nur als Einzeltiere vorhanden (www.zootierliste.de). Innerhalb von Privathaltungen sind Pinguinvögel kaum anzutreffen (Abb. 2).

Pinguine werden in Gemeinschaften von mindestens 3 bis 4 Paaren gepflegt (Grummt 2014). Je größer die Gemeinschaft, desto mehr entspricht es den natürlichen Gegebenheiten. Die Gruppen sollten in den Geschlechtsverhältnissen ausgeglichen sein, um einer Brutunruhe vorzubeugen. Antarktische und subantarktische Formen (*Aptenodytes, Pygoscelis, Eudyptes*) werden in speziellen Tierhäusern gezeigt, die mittels einer UVC-Luftklärung eine Erkrankung der Atemwegsorgane verhindert (Aspergillose). Die Raumtemperatur liegt bei 2 bis 10 °C und die Beleuchtung spiegelt die Lichtverhältnisse in den Heimatregionen wieder. Eine Ausstattung mit Kunstschnee ist verhaltensbereichernd. Zwingend sind große und lang gestreckte Wasserbereiche mit Tiefen von über 1,50 m. Die Installation von Strömungspumpen fördert die Kondition der Tiere und verbessert die Gesunderhaltung. Eine entkeimende Filterung des Wassers ist zwingend notwendig. Nur bei tiefen Minusgraden und Schneefall gewähren einzelne Einrichtungen einen kurzzeitigen Aufenthalt im Freien.

Pinguine der gemäßigten und tropischen Breitengrade (*Spheniscus*) sind ganzjährig im Freien zu pflegen. Ihre reduzierten Federbereiche bieten die Gefahr von Mückenstichen, mit denen Vogelmalaria (Plasmodium) übertragen werden kann. Zur Prophylaxe wird von Mitte April bis Oktober ein Präparat (Wirkstoffe Pyrimethamin und Sulfadiazin) gereicht. Erkrankte Vögel sind meist innerhalb kurzer Zeit hinfällig. Nur wenige sind immun.

Brillen- und Humboldtpinguine nutzen Erdhöhlen oder Brutnischen. Bei Mangel können sie im sandigen Boden bis zu 2 m tief buddeln. Neue Anlagen sollten Gelegenheit zum Graben in vorgearbeiteten Bereichen bieten. Wesentlich ist die grundsätzliche Vermeidung von scharfkantigen Steinen oder rauen Böden zur Ver-

Abb. 2 Magellanpinguin
(*Spheniscus magellanicus*) im
Zoo Karlsruhe. (Foto:
Dr. Christian Matschei)

hinderung von Ballenproblemen. Ideal sind Bereiche aus runden Flusssteinen, Naturboden oder Sand sowie einer Grasnarbe.

Pinguine werden meist in Süßwasser gepflegt. Diese Haltung bedingt wiederum die Zugabe von Salztabletten, welches sich positiv auf die Gesamtkonstitution auswirkt. Einige wenige Einrichtungen füllen die Schwimmbereiche mit Sole an, so dass hier ein natürliches Milieu vorgegeben wird. Die Installation von entsprechender Filtertechnik ist dann zwingend.

Pinguine können gut mit vielen anderen Tieren vergesellschaftet werden. So gelingt die Gemeinschaftshaltung der *Spheniscus*-Arten mit Dampfschiffenten, Kasarkas, Koskorobaschwänen, Tölpeln, Meerespelikanen, Sägern, Seeschwalben, Möwen, Meeresenten, Gründelenten, Karpfen und Stören, während Felsen-, Esels- und Königspinguine eher nur miteinander vergesellschaftet werden sollten. Seltener werden bei antarktischen Pinguinen Entenvögel, wie Chile-Krickenten, ergänzt. Angehörige einer Gattung, wie Brillen-, Magellan- und Humboldtpinguin, sollten nicht vergesellschaftet werden, da diese sich miteinander verpaaren könnten (Grummt 2014) (Abb. 3).

Die Ernährung der Pinguine in Menschenobhut erfordert die Darbietung von Futter höchster Qualität. Für eine saisonal notwendige Nahrungsgrundlage müssen nicht nur Fischarten und deren Größen Aufmerksamkeit genießen, sondern auch deren Fettanteil. Humboldt-, Magellan- und Felsenpinguine fressen als Adulttiere

Abb. 3 Südlicher
Felsenpinguin (*Eudyptes
chrysocome*) im Zoo Berlin.
(Foto: Dr. Christian Matschei)

400–800 g Fisch am Tag. Innerhalb der 2–3 Wochen andauernden Mauser, sowie der Brut, wird die Nahrungsaufnahme deutlich minimiert bis verweigert. Magere Fische weisen einen Fettanteil von 9 bis 13 % auf, während zur Aufzucht energiereiche Futterfische bis zu 22 % Fett beinhalten. Die Nahrungsgrundlage bilden bevorzugt 3 Salzwasserfischarten – Sprotten, Baltische Heringe und Lodden – von 15 bis 20 cm Länge. Königspinguine fressen 500 bis 1000 g an Sprotten, Baltischen Heringen und Lodden, sowie zur Brutzeit den Blauen Wittling in Größen von maximal 25 cm Länge. Letzterer Futterfisch wird jedoch nicht von allen Paaren gleichermaßen gut genommen. Zur Mauser und zur folgenden, etwa 4- bis 6-wöchigen Regenerationszeit der Königspinguine spielt der fettreiche Atlantische Hering eine entscheidende Rolle in der Ernährung. Neben dem Futterfisch wird den Großpinguinen regelmäßig Tintenfisch angeboten. Durch die konsequente Gabe von fettarmen Lodden wird die Aktivität der Pinguine deutlich gefördert. Jeder Vogel, unabhängig der Art, erhält eine tägliche Fütterung mit kontrollierter Futtergabe. Folglich ist die Gabe einer „Fischfressertablette" (wichtige Versorgung mit Vitamin B_1) hinter dem Kiemendeckel des Futterfisches essenziell.

Die Zucht von vielen Pinguinen ist recht einfach und gelingt in Menschenobhut regelmäßig. Insbesondere die Arten der Gattung *Spheniscus* schreiten brutwillig jedes Jahr zur Zucht und zeigen hier eine recht enge Bindung an den Partner. Während Humboldt- und Brillenpinguine ganzjährig Gelege hervorbringen, liegt deren Zuchtschwerpunkt in der Sommerzeit. Auch Königspinguine schreiten vornehmlich im Juni und Juli zur Brut. Zur Brut (vermehrt von März bis Mai) wird Brillen-, Humboldt- und Magellanpinguinen geeignetes Nistmaterial in Form von einzelnen Zweigen oder kräftigen Stängeln gereicht. Heu oder Stroh ist gänzlich ungeeignet. Aufgrund der Nistplatzpräferenz sollten stets mehr Brutnischen als Paare bereitgestellt werden. Die Höhlungen (mindestens 60 × 60 cm) (Robiller 2003) sind vor Regen zu schützen und sollten eine Distanz zum Wasserbereich aufweisen. Alle Höhlungen zeigen zur Seite des Schwimmbereiches und haben untereinander einen Mindestabstand von mehr als einem Meter. Paare begehen gelegentlich auch Materialdiebstahl in Nachbarnischen. Zur Zucht, aber auch zur grundsätzlichen Pflege von im Freien gehaltenen Pinguinen, ist die Sicherung gegenüber Füchsen und Mardern notwendig. Auch Krähen machen immer öfter eine Übernetzung von Anlagen erforderlich. Esels- und Felsenpinguine tragen Steine und weniger Zweige zum Nestbau zusammen.

Jungtiere werden von beiden Eltern versorgt. Eine spezielle Ernährung durch Aufzuchtfutter ist nicht gegeben. In den meisten Fällen werden Pinguine vor dem Flüggewerden (Humboldtpinguine mit 70–86 Tagen) abgesetzt und an den Pfleger gewöhnt, so dass eine zukünftige sichere und kontrollierte Einzeltierfütterung gegeben wird (Grummt 2014).

Königspinguine werden mit etwa 13 Monaten unabhängig. Die Geschlechtsreife der frei lebenden Zügelpinguine tritt im Alter von 3 Jahren, die der Magellanpin-

Abb. 4 Kehlstreifen- oder Zügelpinguin (*Pygoscelis antarcticus*) (vorn) und Königspinguine (*Aptenodytes patagonicus*) im Loro Parque Teneriffa. (Foto: Dr. Christian Matschei)

guine mit 4 bis 5 Jahren ein. Männchen zeigen eine spätere Reife als Weibchen (del Hoyo et al. 1992).

In Europa wird der Schwerpunkt der Erhaltungszucht auf 6 Arten gelegt. Während die Zuchtprogramme zu den beiden Formen der Felsenpinguine im Tiergarten Wien Schönbrunn koordiniert werden, bemüht sich der Zoo in Edinburgh/UK um die Esels- und Königspinguine. Humboldt- und Brillenpinguine werden durch die Zoos Košice/CZ und Artis in Amsterdam/NL betreut. Die Deutsche Erstzucht der Eselspinguine gelang 1975 im Zoo Wuppertal, während die Europäische Erstzucht der Zwergpinguine 1994 im Zoo Antwerpen/NL erfolgte. Die Erstzucht der Königspinguine gelang 1919 im Zoo Edinburgh/UK (Abb. 4).

Pinguine gehören zu den recht langlebigen Vögeln. Unter diesen wurden Königs- und Brillenpinguine bereits über 27 Jahre alt. Vom Felsenpinguin ist ein Höchstalter in Menschenobhut von 23 Jahren bekannt, während der Humboldtpinguin sogar über 36 Jahre alt wird (Grummt 2014).

Literatur

Grummt, W. (2014). Ordnung Pinguine (Spheniciformes). In W. Grummt & H. Strehlow (Hrsg.), *Zootierhaltung – Tiere in menschlicher Obhut, Vögel* (S. 61–66). Haan-Gruiten: Europa-Lehrmittel.

Hoyo, J. del, Elliott, A., & Sargatal, J. (Hrsg.). (1992). *Handbook of the birds of the world.* Barcelona: Lynx.

Robiller, F. (Hrsg.). (2003). *Das große Lexikon der Vogelpflege.* Stuttgart: Ulmer.

Williams, T. D. (1995). *Bird families of the world – The penguins.* Oxford: Oxford University Press.

Winkler, D. W., Billermann, S. M., & Lovette, I. J. (2015). *Bird families of the world – Spheniciformes* (S. 161–162). Barcelona: Lynx.

Ordnung: Ciconiiformes – Störche

Werner Lantermann

Inhalt

Familie: Ciconiidae

1   Systematik und allgemeine Biologie

Störche sind in 20 Arten (6 Gattungen) über weite Teile der Alten und Neuen Welt sowie im indo-australischen Raum verbreitet. Nur drei Arten kommen auch in den gemäßigten Zonen vor, alle anderen sind reine Tropenvögel. Nachdem sie taxonomisch viele Jahre zusammen mit anderen Schreitvögeln, z. B. den Reihern (Ardeidae) und den Ibissen/Löfflern (Threskiornithidae) in der Ordnung Ciconiiformes zusammengefasst waren, haben neuere phylogenetische Studien ergeben, dass diese Arten in drei Ordnungen aufzuspalten sind, nämlich die Suliformes (Tölpel, Kormorane u. a.), die Pelecaniformes (Ruderfüßer und Schreitvögel) und – als eigenständige Ordnung mit nur einer Familie – die Ciconiiformes (Störche) (Ericson et al. 2006; Winkler et al. 2015).

Störche sind große, aufrecht laufende Schreitvögel mit Körperlängen zwischen 150 cm beim Sattelstorch (*Ephippiorhynchus senegalensis*) (Abb. 1) und 75–80 cm beim Abdimstorch (*Ciconia abdimii*). Allen Störchen gemeinsam sind der lange Hals und die langen Beine mit kräftigen Zehen. Bei den Störchen zeigt die erste Zehe

W. Lantermann (✉)
Oberhausen, Deutschland
E-Mail: w.lantermann@arcor.de

© Springer-Verlag GmbH Deutschland, ein Teil von Springer Nature 2021
W. Lantermann, J. Asmus (Hrsg.), *Wildvogelhaltung*,
https://doi.org/10.1007/978-3-662-59604-3_41

Abb. 1 Der Sattelstorch
(*Ephippiorhynchus
senegalensis*) ist der größte
Storch der Welt. Ein ESB-
Zuchtbuch wird im Zoo
Dresden geführt (vgl. Tab. 1).
(Foto: Jörg Asmus)

nach hinten und die übrigen drei nach vorn (anisodactyl). Charakteristisch ist auch
der kräftige und meist gerade, bei einigen Arten auch leicht aufwärts gebogene
Schnabel (bei Sattelstorch, Riesenstorch *Ephippiorhynchus asiaticus* und Jabiru
(*Jabiru mycteria*). Die beiden *Anastomus*-Arten (Klaffschnabelstörche) weisen beidseits eine wenige Millimeter breite Lücke zwischen Ober- und Unterschnabel auf
(Abb. 2). Diese Schnabelform erleichtert das Öffnen von Schneckengehäusen (siehe
unten). Die Gefiederfärbung der meisten Arten ist überwiegend schwarz oder weiß,
meist mit heller Unterseite. Kopf, Gesicht, manchmal auch der Hals sind unbefiedert
und weisen oft eine auffällige Färbung auf. Die Geschlechter sind gleich gefärbt, es
besteht lediglich ein geringer Geschlechtsdimorphismus in Größe und Gewicht (=
Weibchen sind etwas kleiner und leichter als Männchen) (Hancock et al. 2010).

Der Lebensraum der meisten Arten sind Feuchtgebiete (in Sümpfen, an Seen und
Flussufern), nur wenige Arten, wie die Marabus und der Abdimstorch, sind auch in
offenen Savannengebieten, abseits von Feuchtgebieten anzutreffen. Ihre Nahrung
besteht aus kleinen Fischen, Amphibien, Reptilien und Kleinsäugern, die sie durch
langsames Abschreiten von Sumpfgebieten oder Uferrändern aufstöbern. Manche
Arten nehmen auch einen hohen Anteil an Insekten, Weichtieren und Krebstieren zu
sich. Die Klaffschnabelstörche sind hinsichtlich ihrer Nahrung auf Wasserschnecken, vor allem Apfelschnecken, spezialisiert, während die Marabus (*Leptoptilos*
spec.) zu einem großen Teil auch Aas verzehren. Einige Arten sind Zugvögel und

Abb. 2 Klaffschnabelstörche – hier ein Glanzklaffschnabel (*Anastomus lamelligerus*) – haben eine besondere Schnabelmorphologie, die ihnen das Öffnen von Schneckengehäusen erleichtert. (Foto: Jörg Asmus)

legen zwischen Winter- und Brutquartier alljährlich mehrere tausend Flugkilometer zurück. Andere sind resident, aber ebenfalls gute Flieger, indem sie z. B. zwischen Brutstandort und Nahrungsgründen täglich weite Strecken überwinden (Hancock et al. 2010; Winkler et al. 2015).

Störche brüten in der Regel in selbst gebauten, massiven Nestern, die sie aus Ästen und Zweigen in hohen Bäumen errichten. Als Kulturfolger brüten europäische Weißstörche (*Ciconia ciconia*) auch oft auf Kirchtürmen und Hausdächern (Abb. 3). Einige Arten sind Koloniebrüter mit vielen hundert Nestern in unmittelbarer Nachbarschaft, andere bilden nur lose Kolonien, wiederum andere sind Solitärbrüter. Das Gelege umfasst zwischen zwei und maximal fünf Eier (Legeabstand 2–4 Tage), die von beiden Partnern im Wechsel bebrütet werden. Die Jungvögel schlüpfen – je nach Art – nach 27 bis 32 Tagen. Beide Elternteile kümmern sich sowohl um Nestbau und Brut als auch die Aufzucht der Jungen. Die Fütterung erfolgt durch auf den Nestrand erbrochene Nahrung der Altvögel, Wasser wird den Jungstörchen ebenfalls im Schlund gebracht (Grummt 2014).

Acht der 20 Storchenarten sind mittlerweile in irgendeiner Form, gefährdet, und zwar gelten laut IUCN-Status zwei als „near-threatened", zwei als „vulnerable" und vier als „endangered". Letztere sind der Höckerstorch (*Ciconia stormi*), der Schwarzschnabelstorch (*Ciconia boyciana*), der Argalamarabu (früher Großer Adjutant) (*Leptoptilos dubius*) und der Milchstorch (*Mycteria cinerea*). Gründe für deren

Abb. 3 Weißstörche
(*Ciconia ciconia*) brüten auf
massiven, selbstgebauten
Nestern – vielfach sogar als
Kulturfolger auch auf
Hausdächern und
Kirchtürmen. (Foto: Werner
Lantermann)

Rückgang liegen hauptsächlich in der Lebensraumzerstörung, vor allem der Trockenlegung von Feuchtgebieten, aber auch in der Nutzung von Umweltgiften und Pestiziden in der Landwirtschaft, die sich unmittelbar auf die Beutetiere der Störche auswirken (www.iucnredlist.org).

In fast allen Ländern, in denen Störche regelmäßig vorkommen, spielen die Vögel eine gewisse Rolle in der Mythologie der einheimischen Bevölkerung, in westlichen Kulturkreis z. B. gilt der „Klapperstorch" (Weißstorch) als Frühlingsverkünder und Kinderbringer.

2   Haltungsanforderungen

Störche gehören seit jeher zum Standardbesatz zoologischer Gärten und Vogelparks. So selbstverständlich sich dieser Satz liest, so ist doch ein differenzierterer Blick auf die Bestände erforderlich. In deutschen Parks werden zwar gegenwärtig zwölf Storchenarten gehalten, aber nur fünf in nennenswerten Individuenzahlen, die den Anspruch sich selbst erhaltender Bestände erheben könnten. Allen voran ist der Weißstorch zu nennen, der allein in Deutschland in 154 Einrichtungen gehalten und großenteils auch gezüchtet wird (übriger Europäischer Raum: 310 Parks). An zweiter Stelle folgt der Marabu (*Leptoptilos crumeniferus*) (32/106 Halter) (Abb. 4), der Schwarzstorch (*Ciconia nigra*) (31/85 Halter) und schließlich – in weit geringerer

Zahl – der Sattelstorch (11/20 Halter) und der Nimmersatt (*Mycteria ibis*) (8/36 Halter).

Die übrigen sieben Arten sind nur in fünf oder weniger Einrichtungen oder gar nur in einzelnen Paaren vertreten (www.zootierliste.de). Ebenso wie bei anderen Schreitvögeln (auch bei Enten und Gänsen u. a.) zeigt sich auch hier die Tendenz eines generellen Bestandsrückganges in den Parks, der sich mit dem Verbot des Kupierens bzw. des dauerhaften Flugunfähigmachens (als Verstoß gegen das Tierschutzgesetz § 6, Satz 1) voraussichtlich noch einmal deutlich verschärfen wird (Abb. 5). Kaum ein Tiergarten wird in der Lage sein, für seine Störche (sowie Kraniche, Flamingos, Reiher, Pelikane, Enten, Gänse u. a. m.), die sonst üblicherweise auf Teichen oder „Stelzvogelwiesen" gehalten wurden, kurzfristig großzügige Flugvolieren zu bauen. Die Folge ist dann wahrscheinlich eher die Abschaffung häufiger Arten bzw. die Konzentration auf wenige gefährdete Arten.

In Privathand findet Storchenhaltung nur ausnahmsweise statt und ist gegenwärtig nur in Nordrhein-Westfalen (nach Landschaftsgesetz NRW § 67, Satz 1) genehmigungspflichtig – unabhängig von IUCN-Status oder CITES-Listung. Die häufigste Art in privaten Haltungen ist auch hier der Weißstorch.

Seit dem Verbot des Flügelkupierens ist die Haltung von Störchen eigentlich nur noch in geräumigen Volieren, Flughallen oder begehbaren Flugvolieren möglich. Ausnahmen betreffen die Individuen, die bereits vor dem Verbot kupiert wurden, sie leben weiterhin auf den sogenannten Stelzvogel- oder Storchenwiesen. Dies betrifft derzeit überwiegend Weiß- und Schwarzstörche sowie die Marabus,

Abb. 5 Seit dem Verbot des
Flugunfähigmachens sind
viele Schreit- bzw.
Stelzvogelarten in den Zoos
rückläufig – darunter auch der
Nimmersatt (*Mycteria ibis*).
(Foto: Jörg Asmus)

Tab. 1 Erhaltungszuchtprogramme für Störche, Stand März 2019 (eaza.net/conservation/programs) (LC = least concern, NT = near-threatened, VU = vulnerable, EN = endangered, CR = critically endangered)

Art	EEP/ ESB	Zuchtbuchführung	Status
Schwarzschnabelstorch *Ciconia boyciana*	EEP	Weltvogelpark Walsrode	EN
Nimmersatt *Mycteria ibis*	EEP	Zoo Zlin, Tschechien	LC
Schwarzstorch *Ciconia nigra*	ESB	Zoo Warschau	LC
Abdimstorch *Ciconia abdimii*	ESB	Zoo London	LC
Sattelstorch *Ephippiorhynchus senegalensis*	ESB	Zoo Dresden	LC
Marabu *Leptoptilos crumeniferus*	ESB	Weltvogelpark Walsrode	LC
Sundamarabu (früher Kleiner Adjutant) *Leptoptilos javanicus*	ESB	Zoo Paignton	VU

derweil die kleineren und die seltenen Arten mittlerweile ohnehin überwiegend in geschlossenen Anlagen gehalten werden – allein schon wegen der Gefahr durch Beutegreifer (= überwiegend Füchse). Gerade auch mit Blick auf diese Problematik empfiehlt sich, alle Störche nachts in geschlossenen Unterkünften unterzubringen, die zudem für alle Arten eine winterliche Mindesthaltungstemperatur von 10 °C aufweisen sollten. Die Ausstattung der Gehege bzw. Volieren besteht aus teils rasenbegrünten, teils freien Sandflächen, einem flachen Wasserbecken sowie schattenspendenden Sträuchern/Bäumen und einem Regenschutz bzw. einem ganzjährig zugänglichen Innenraum (siehe oben).

Störche werden ausschließlich mit tierischer Nahrung versorgt. Dazu gehören vor allem kleine Süßwasserfische, streifenförmige Fleischstücke, abgetötete Mäuse, kleine Ratten und Futterküken, die in regelmäßigen Abständen mit Mineralstoff- und Vitaminpräparaten eingepudert bzw. beträufelt werden sollten. Störche, besonders die Fischfresser, nehmen ihre Nahrung gern aus flachen Wasserbecken, aus denen die Tiere mit ihren langen Schnäbeln auch ihr Trinkwasser schöpfen (Grummt 2014).

Zur Brutvorbereitung bietet man den Tieren als Nistmaterial Zweige, kleine Äste, Stroh und trockenes Schilf, zur Nestauspolsterung auch Heu und Gras an. Das Nest wird entweder am Boden oder auf vorbereiteten, etwas erhöhten Plattformen gebaut. Flugfähig gehaltene Störche, die heute in den größeren Parks zunehmend in Flugvolieren leben, bauen ihre Nester gern erhöht in Astgabeln oder auf vorbereiteten Brutunterlagen. Störche brüten in der Regel sehr zuverlässig und ziehen ihre Jungen ohne Zutun des Pflegers auf (Grummt 2014). Handaufzuchten sind (als Notfallmaßnahme) relativ unkompliziert, Elternaufzuchten sollten aber unbedingt der Vorzug gegeben werden.

Für Weißstörche bestehen in vielen europäischen Ländern sogenannte Storchenhöfe – Stationen, in denen erschöpfte oder verletzte Störche wieder gesund gepflegt, oder, falls das nicht möglich ist (z. B. wegen einer Flügelverletzung), dauerhaft gehalten werden. Auch Zuchten gelingen in solchen Einrichtungen regelmäßig. Die später freigelassenen Jungtiere schließen sich dann in der Regel frei lebenden Störchen an und ziehen mit ihnen in die afrikanischen Winterquartiere – Ausnahmen bestätigen die Regel. Einige Störche bleiben – auch als Reaktion auf die milder werdenden Winter aufgrund des Klimawandels – in der Umgebung ihrer Geburtsorte und lassen sich weiter an den Storchenhöfen durchfüttern.

Der Umgang mit und das Einfangen von Störchen bedürfen einiger Vorausschau durch den Pfleger. Beim Handling muss zunächst der Schnabel fixiert werden, denn gerade die Großstörche nutzen ihren kräftigen Schnabel als Verteidigungsinstrument und können damit heftig zuhacken. Erst danach wird der übrige Körper mit Ergreifen der Beine unter Kontrolle gebracht – bei den Großstörchen am besten mit Hilfe einer zweiten Person. Zum Transport sind alle Störche einzeln zu verpacken, damit gegenseitige Verletzungen der Tiere vermieden werden können (Grummt 2014).

Die Haltung von Störchen ist derzeit nicht generell genehmigungspflichtig (Ausnahme: Nordrhein-Westfalen s. o.). Beim Ankauf oder Tausch ist ein Herkunftsnachweis erforderlich, bei der Zucht besteht Beringungs- und Meldepflicht gegenüber der zuständigen Behörde. Bei Arten des Anhangs I des Washingtoner Artenschutzübereinkommens ist zudem die Vorlage einer (gelben) CITES-Bescheinigung vorgeschrieben. Dies betrifft derzeit den Schwarzschnabelstorch, den Jabiru und den Milchstorch (*Mycteria cinerea*), derweil der Schwarzstorch (Abb. 6) als Anhang-II-Art lediglich mit Herkunftsnachweis und geschlossenem Ring ausgestattet sein muss (www.cites.org).

Abb. 6 Der Schwarzstorch
(*Ciconia nigra*) ist im CITES-
Anhang II gelistet, ein
Zuchtbuch (ESB) wird im
Zoo Warschau geführt
(vgl. Tab. 1). (Foto: Werner
Lantermann)

Literatur

Ericson, P. G. P., Anderson, C. L., Britton, T., Elzanowski, A., Johansson, U. S., Källersjö, M., Ohlson, J. I., Parsons, T. J., Zuccon, D., & Mayr, G. (2006). Diversification of Neoaves: Integration of molecular sequence data and fossils. *Biology Letters, 2*, 543–547.

Grummt, W. (2014). Kapitel Störche – Ciconiiformes. In W. Grummt & H. Strehlow (Hrsg.), *Zootierhaltung – Vögel* (S. 89–111). Haan-Gruiten: Europa-Lehrmittel.

Hancock, J., Kushlan, J. A., & Kahl, M. P. (2010). *Storks, ibises and spoonbills of the world*. London: A & C Black.

Winkler, D. W., Billermann, S. M., & Lovette, I. J. (2015). *Bird families of the world – Ciconiiformes* (S. 172–173). Barcelona: Lynx.

Ordnung: Pelecaniformes – Pelikanverwandte

Christian Matschei

Inhalt

1   Familien: Threskiornithidae, Ardeidae, Scopidae, Balaenicipidae, Pelecanidae

1.1   Systematik und allgemeine Biologie

Die traditionelle Taxonomie mit der Gliederung in 2 nahe verwandte Ordnungen, nämlich die Pelecaniformes und die Ciconiiformes, wurde in den letzten Jahren vermehrt zum Thema von wissenschaftlichen Diskussionen und konnte jüngst durch eine umfassende Revision neu gegliedert werden (Winkler et al. 2015). Die einst aufgrund morphologischer Konvergenzen zu den Pelikanverwandten zählenden Kormorane (Phalacrocoracidae), Schlangenhalsvögel (Anhingidae), Tölpel (Sulidae), Fregattvögel (Fregatidae) und Tropikvögel (Phaethontidae) zeigen demnach größere taxonomische Distanzen zueinander, als ursprünglich angenommen. Molekulargenetische Befunde aus mitochondrialen und nuklearen Vergleichen des Erbguts stellen die Vertreter der Familien Threskiornithidae, Ardeidae, Scopidae und Balaenicipitidae in eine engere Beziehung zu den eigentlichen Pelecanidae. Hierbei bleibt die nahe Verwandtschaft zwischen den Hammerköpfen und Schuhschnäbeln bestehen. Es handelt sich um zwei eng verwandte Taxa, welche mit den Pelikanen in Beziehung stehen und eine Abstammungsgemeinschaft zu den übrigen Familien der Reiher, Ibisse und Löffler bilden. Die einst eng zu den Pelikanen gestellten Tölpel, Kormorane, Schlangenhalsvögel und Fregattvögel stehen heute in Distanz zu den

C. Matschei (✉)
Heidesee, Deutschland

© Springer-Verlag GmbH Deutschland, ein Teil von Springer Nature 2021
W. Lantermann, J. Asmus (Hrsg.), *Wildvogelhaltung*,
https://doi.org/10.1007/978-3-662-59604-3_39

Pelikanen und bilden eine eigene Ordnung (= Suliformes). Suliformes und Pelecaniformes werden als Schwestertaxa zu den neu formierten Ciconiiformes betrachtet
(Winkler et al. 2015). Die Tropikvögel erhielten eine eigene Ordnung (= Phaetontiformes).

Die Ordnung Pelecaniformes gliedert sich demnach in 5 Familien mit 35 Gattungen und 109 Arten:

Threskiornithidae (Ibisse und Löffler) mit 14 Gattungen und 35 Arten
Ardeidae (Reiher) mit 18 Gattungen und 64 Arten
Scopidae (Schattenvogel oder Hammerkopf) mit 1 Gattung und 1 Art
Balaenicipidae (Schuhschnabel) mit 1 Gattung und 1 Art
Pelecanidae (Pelikane) mit 1 Gattung und 8 Arten

Die größten und schwersten Vertreter der Pelecaniformes sind die Krauskopf- und
Rosapelikane mit einer Körperlänge von etwa 180 cm, einer Spannweite von über
3,10 m und einem Gewicht von 9 bis 15 kg. Sie gehören zu den schwersten
flugfähigen Vögeln überhaupt. Auch die Goliathreiher (*Ardea goliath*) können über
1,40 m Scheitelhöhe erreichen. Zu den kleinsten Verwandten gehören die Zwergdommeln (*Ixobrychus minutus*) mit nur 27–30 cm Körperlänge und 59–150 g
Gewicht (Abb. 1) (del Hoyo et al. 1992; Robiller 2003).

Pelikane sind, mit Ausnahme der Antarktis, auf allen Kontinenten anzutreffen.
Der Schwerpunkt ihrer Verbreitung liegt in den tropischen und subtropischen Küs-
ten- und Uferbereichen der Binnen- und Meeresbereiche. Tiere der gemäßigten

Abb. 1 Die Zwergdommel
(*Ixobrychus minutus*) gehört
zu den kleinsten Vertretern der
Pelecaniformes. (Foto:
Werner Lantermann)

Breiten zeigen eine ausgeprägte Migration (Robiller 2003). Ibisse und Löffler bewohnen sehr ähnliche Kontinentalabschnitte, doch sind sie, im Vergleich zu vielen Pelikanen, nicht nur auf Binnen- und Meeresküstengebiete beschränkt. Auch leben viele Arten innerhalb dichter Vegetation. Mit Ausnahmen der Wüsten- und Polargebiete nutzen Reiher das umfangreichste Verbreitungsgebiet aller Pelecaniformes (del Hoyo et al. 1992). Während Hammerköpfe ganz Afrika südlich der Sahara, einschließlich Madagaskar und der südlichen Arabischen Halbinsel, besiedeln, leben Schuhschnäbel ausschließlich im östlichen äquatorialen Afrika. Hier bewohnen letztere ganzjährig vegetationsreiche Feuchtgebiete (Robiller 2003).

Die Lebensräume der Arten sind so vielfältig wie die gesamte Ordnung. Allen Formen ist eine mehr oder minder starke Bindung an Gewässer eigen. Zudem bevorzugen sie zumeist offene Habitate und nutzen gemeinsame Ruhe- und Brutplätze. Ausnahmen bilden die Schuhschnäbel und Hammerköpfe. Viele Formen zeigen eine ausgeprägte Migration (u. a. Nashornpelikane), während andere ganzjährig resident sind (einschließlich Zug- und Strichvögel).

Die Geschlechtsunterschiede sind in den meisten Fällen recht unscheinbar und beziehen sich auf die Körpergröße und die Schnabellänge (insbesondere Pelikane, sowie begrenzt Ibisse und Löffler). Die Partner der Hammerköpfe und Schuhschnäbel sind nicht voneinander zu unterscheiden. Viele Arten der Pelecaniformes leben ganzjährig in Kolonien und schreiten innerhalb dieser zur Brut (Ibisse, Löffler, teils Reiher und Pelikane). Brut- und Jagdplätze liegen meist räumlich getrennt voneinander. Innerhalb der Familie gibt es Baum- und Bodenbrüter, welche durchaus umfangreiche Nester (Hammerkopf) anlegen. Die Brutzeit ist recht verschieden. Tropische Arten werden meist durch Niederschläge und Nahrungsverfügbarkeit beeinflusst, während außertropische Formen eine Saisonalität erkennen lassen. Mehrmalige Bruten sind bei vielen Arten möglich. Territorialität ist bei Reihern beim Nahrungserwerb vorhanden, während alle Arten zumindest eine unmittelbare Nistplatzbeanspruchung durch beide Elternteile zeigen. Oft tritt eine mehrjährige Beziehung der Paare auf. Männchen und Weibchen zeigen eine gemeinsame Aufzucht der Jungvögel. Bei Pelikanen ist die Bildung von Kindergärten, in denen sich die Jungvögel mehrerer Paare zusammenschließen, deutlich. Die Geschlechtsreife setzt mit meist 2–4 Jahren ein, wobei kleinere Arten frühzeitigeres Brutverhalten äußern. Die Geschlechtsreife der Schuhschnäbel ist nicht gesichert bekannt. Alljährlich sind Jungtiere zu erwarten und nach günstigen Faktoren sogar eine 2. oder 3. Brut. Das Lebensalter aller Arten ist recht hoch und Nachzuchten in Menschenobhut gelingen bei sehr vielen Arten regelmäßig.

Laut Angaben der IUCN sind die meisten Arten der Ordnung nicht gefährdet oder deren Freilandsituation ist unzureichend bekannt. Zu den bedrohten Arten gehört der Riesenibis (*Thaumatibis gigantea*), Kahlkopf- oder Glatzkopfibis (*Geronticus calvus*), Nipponibis (*Nipponia nippon*), Schwarzgesichtlöffler (*Platalea minor*), Weißbauchreiher, früher Kaiserreiher (*Ardea insignis*), Schneereiher (*Egretta eulophotes*), Hainanreiher (*Gorsachius magnificus*) und der regional gefährdete Krauskopfpelikan (*Pelecanus crispus*) (www.iucnredlist.org). Von den genannten Formen werden aktuell nur 3 in europäischen Tiergärten gepflegt (www.zootierliste.de).

1.2   Haltungsanforderungen

Ibisse und Löffler sind in den Zoologischen Gärten Europas verhältnismäßig häufig und kopfstark vertreten, wobei unter den 20 derzeit gepflegten Formen der Pharaonenibis, früher Heiliger Ibis (*Threskiornis aethiopicus*) und der Scharlachsichler, früher Roter Sichler (*Eudocimus ruber*) in je mehr als 190 Haltungen besonders häufig anzutreffen sind. Auch der Waldrapp (*Geronticus eremita*) wird in 129 Tiergärten gehalten. Der Europäische Löffler (*Platalea leucorodia*) und der Sichler, früher Brauner Sichler (*Plegadis falcinellus*) zählen zu den häufigeren Verwandten. Weiter können die Rotgesichtlöffler, früher Afrikanischen Löffler (*Platalea alba*), wie auch die Rosalöffler (*Platalea ajaja*), in insgesamt 43 Einrichtungen studiert werden. Nahezu alle übrigen Ibis- und Löffler-Arten sind deutlich seltener in Menschenobhut. Unter ihnen sind der Hagedaschibis (*Bostrychia hagedash*), der Kahlkopfibis, früher Glatzkopfibis (Abb. 2), der Punasichler (*Plegadis ridgwayi*), der Schneesichler (*Eudocimus albus*), der Schwarzkopfibis (*Threskiornis melanocephalus*), der Schwarzzügelibis (*Theristicus melanopis*) und der Stachelibis, früher Strohhalsibis (*Threskiornis spinicollis*) zu nennen. Seit Jahren gehören die kaum gezeigten Australibisse, früher Molukkenibisse (*Threskiornis molucca*), die Brillensichler (*Plegadis chihi*), die Hellaugenibisse, früher Bernieribisse (*Threskiornis bernieri*), die Schopfibisse, früher Mähnenibisse (*Lophotibis cristata*), die Schwarzstirnibisse und die Weißhalsibisse (*Theristicus caudatus*), mit jeweils weniger als 15 Haltungen in den Zoologischen Gärten Europas, zu den ornithologischen Raritäten (www.zootierliste.de).

Abb. 2 Der Kahlkopfibis (*Geronticus calvus*) gehört inzwischen zu den bedrohten Ibisarten. (Foto: Dr. Christian Matschei)

Im Vergleich zu den anderen Familien der Pelecaniformes werden **Reiher** weniger in Menschenobhut gezeigt. In den Tiergärten können vermehrt die weit verbreiteten Graureiher (*Ardea cinerea*), Kuhreiher (*Bubulcus ibis*), Nachtreiher (*Nycticorax nycticorax*), Seidenreiher (*Egretta garzetta*) und Zwergdommeln beobachtet werden. Deutlich seltener als diese sind, mit je nur 9 bis 20 europaweiten Haltungen, Silberreiher (*Ardea alba*), Goliathreiher, Mangrovereiher (*Butorides striata*), Prachtreiher (*Ardeola speciosa*), Rallenreiher (*Ardeola ralloides*), Große Rohrdommeln (*Botaurus stellaris*) und Südlicher Kahnschnabelreiher (*Cochlearius c. cochlearius*). Ausgesprochen selten sind alle übrigen Formen: Purpurreiher (*Ardea purpurea*), Pfeif- oder Blauzügelreiher (*Syrigmasi bilatrix*), Panama-Kahnschnabelreiher (*Cochlearius c. panamensis*), Honduras-Kahnschnabelreiher (*Cochlearius c. ridgwayi*), Marmorreiher (*Tigrisoma lineatum*), Dickschnabelreiher (*Ardeola idae*), Paddyreiher, früher Indischer Teichreiher (*Ardeola grayii*), Philippinen-Rotrückenreiher (*Nycticorax caledonicus manillensis*), Küstenreiher (*Egretta gularis*) und Weißwangenreiher (*Egretta novaehollandiae*) (www.zootierliste.de). Aufgrund der geringen Größe spielen in Privathaltungen lediglich die Reiher der Gattung *Ardeola* eine gewisse Rolle.

Der Schattenvogel oder **Hammerkopf** (*Scopus umbretta*) ist in den Tiergärten Europas recht verbreitet. Allein in Deutschland, Österreich und der Schweiz sind 24 Haltungen bekannt. Weitere 60 umfassen vornehmlich Großbritannien, Frankreich und die Niederlande (www.zootierliste.de).

Der Abu Markub oder **Schuhschnabel** (*Balaeniceps rex*) war in allen Zeiten der Tiergärtnerei eine begehrte Rarität. Für die Privathaltung besitzt er keine Bedeutung, da allein sein Bezug sowie der sehr hohe Anschaffungspreis kaum Möglichkeiten dazu eröffnen. Der Schuhschnabel wird aktuell europaweit nur in 3 Tiergärten ausgestellt (www.zootierliste.de). Im Zoo Pairi Daiza/Belgien gelang im Jahre 2008 die Welterstzucht. Bis auf 2 geschlüpfte Jungvögel handelt es sich bei allen europäischen Tieren bis heute um Wildfänge.

Pelikane wurden und werden als imposante Großvögel immer gerne in zoologischen Einrichtungen gepflegt. Alle Arten werden in mitteleuropäischen Tiergärten gezeigt. Umfangreich war von Beginn an die Sammlung des Tierparks Berlin, in dem mehrere Erstzuchten gelangen und in dem seit den 1960er-Jahren mehr als 200 Jungvögel nachgezogen wurden. Insbesondere die aus Eurasien und aus Afrika stammenden Formen haben in der mitteleuropäischen Haltung eine lange Tradition. Unverändert oft begegnet man dem Rosapelikan (*Pelecanus onocrotalus*), welcher europaweit in über 210 Tiergärten gezeigt wird. Allein in Deutschland pflegen ihn 43 Zoos. An zweiter Stelle folgt der Krauskopfpelikan mit gut 90 Haltungen vor dem Rötel- oder Rotrückenpelikan (*Pelecanus rufescens*) in gut 60 Zoos. Wesentlich seltener sind die Australischen oder Brillenpelikane in derzeit 11, die Grau- oder Fleckschnabelpelikane (*Pelecanus philippensis*) in 9, die Nashornpelikane (*Pelecanus erythrorhynchos*) in 5, die Östlichen oder Florida-Braunpelikane oder Florida-Meerespelikane (*Pelecanus occidentalis carolinensis*) in 4 und die Chilepelikane oder Chile-Meerespelikane (*Pelecanus thagus*) in nur 2 zoologischen Einrichtungen (www.zootierliste.de).

Nahezu alle Pelecaniformes können in Gemeinschaft mit anderen Vögeln gepflegt werden. Vorsicht ist allerdings bei besonders kleinen Volieren- oder Anlagen-Mitbewohnern, sowie Jungtieren und gar Nestlingen geboten, da diese von Pelikanen, Reihern oder Schuhschnäbeln ergriffen werden können. Ibisse und Löffler sind hierzu unbedenklicher. Waldrappe können beispielsweise mit Hammerköpfen, Gänsegeiern und Steinböcken gepflegt werden, während Strohhalsibisse friedlich mit Zwergscharben, Mähnengänsen und Weißwangenreihern zusammen leben und beieinander züchten (Grummt 2014). Kahnschnabelreiher und Nachtreiher sind häufiger gemeinsam mit Roten Sichlern anzutreffen. Interessant sind die Gemeinschaften mit Großtieren, wie Kaffernbüffeln und Kuhreihern im Zoo von Antwerpen/Belgien oder Hammerköpfen und Elefanten im Zoo Magdeburg. Auch die großen Reiher werden gern mit Hühnervögeln, Ibissen, Störchen und Entenvögeln in Volieren gepflegt und schreiten sogar zu Brut. Innerhalb der Brutzeit kann sich das Verhalten ändern und die Toleranz nimmt ab. So erwiesen sich Brillenpelikane in gemischten Brutgruppen als zu unruhig und Goliathreiher zur Brutzeit als aggressiv gegenüber Pflegern und anderen Tieren (Grummt 2014). Schuhschnäbel vertreiben zur Balz alle anderen aus dem Revier. Hammerköpfe bleiben hingegen unauffällig und gestatten sogar die Brut von Kleinvögeln an ihrem Nest (del Hoyo et al. 1992).

Reiher erweisen sich in den meisten Arten als leicht zu pflegen und zu züchten. Aufgrund der Brutgeselligkeit vieler Vertreter sollte auf den Mindestbesatz von 3 bis 4 Paaren geachtet werden (Grummt 2014). Goliathreiher oder Dommeln sind oft ungesellig und schreiten paarweise zur Zucht. Innerhalb von Großvolieren oder begehbaren Anlagen sind Vergesellschaftungen mit anderen Reihern dennoch möglich. Grundvoraussetzungen sind gut strukturierte Gehege, die vegetationsreiche Bereiche als Rückzug aufweisen, wie auch Bäume mit breiter und verzweigter Kronenbildung zum Ruhen und zur Brut. Die Vögel brüten auch in dicht belaubten Bäumen. Bei hohem Besatz können Bepflanzungen durch den Kot beeinträchtigt werden. Wasserbereiche sind zwingend erforderlich. Neben einem breitsaumigen und flachen Uferbereich sind Gewässer nicht tiefer als 30 bis 40 cm anzulegen. Flachere Gewässer sind für das Ausleben des Komfortverhaltens ungünstig. Wärmebedürftige Reiher nutzen für die kühle Jahreszeit ein angeschlossenes helles und auf etwa 10–15 °C erwärmtes Quartier mit Aufbaummöglichkeiten (Grummt 2014). Diese sollten versetzt angeordnet sein, um ein gegenseitiges Bekoten zu vermeiden. Die verwendeten Aststärken müssen der Griffgröße der Reiher entsprechen. Reiher sind gute Flieger, zeigen aber auch ein Kletterverhalten im Astwerk. Als Bodensubstrat der Anlage dient Naturboden mit Grasnarbe oder Sand. Innenanlagen sind teils mit kurzhalmigen Stroh ausgekleidet. Auch hier ist ein Wasserbecken zwingend erforderlich. Heimische und winterharte Vögel können ganzjährig in der Voliere verbleiben, benötigen jedoch Zugang zu offenen Wasserstellen. Reiher fliegen kaum in die Gitter, wodurch Schnabelverletzungen selten auftreten. Dennoch ist hier eine weiche Bespannung vorteilhaft. Die meisten Reiher gehören zu den vorsichtigen, wenig schreckhaften und eher zurückweichenden Tieren. Hier sind sichtgeschützte Brutbereiche zur Zuchtruhe notwendig. Je größer die Reiherart, desto gefährlicher kann der Umgang mit ihnen werden. Goliathreiher attackieren in der Brut auch vertraute Personen und stechen gezielt in Richtung Augen. Beim Ergreifen wird grundsätzlich zuerst der Schnabel fixiert. Auch für den Transport müssen Reiher einzeln aufgestellt werden (Grummt 2014).

Abb. 3 Ruhender
Europäischer Löffler
(*Platalea leucorodia*). (Foto:
Werner Lantermann)

Ibisse und Löffler (Abb. 3) gelten als leicht zu pflegende Pelecaniformes. Ihre Haltung erfolgt in Großvolieren mit ausreichendem Flugraum und einer Höhe von über 5 m. Entscheidend ist die Bespannung der Volieren, deren Benetzung eine gewisse Elastizität aufweisen und deren entsprechende Maschenweite ein Verkannten und Abbrechen des Schnabels verhindern sollte. Letztere Situationen sind aus früheren Haltungen durch aufgeschreckte Vögel bekannt gewesen. Lebende Bäume, bevorzugt breitkronige Laubbäume, dienen als Ruhe- und Brutplätze. Auch künstliche Hilfen mit passender Griffgröße werden gut angenommen. Löffler nutzen gern dichte Vegetation, wie Schilfbereiche oder dicht belaubte Bäume. Die Wasserbereiche mit möglichst langem und flachen Ufersaum sind kaum tiefer als 30–40(–60) cm anzulegen (Grummt 2014). Der Anlagenboden sollte aus Naturboden mit Grasnarbe oder Sand bestehen. Auch Mulch oder Stroh sind in Teilbereichen möglich. Reiher und Ibisse sind gesellige Vögel, die in größeren Gruppen gepflegt werden. Die Vergesellschaftung mit anderen Reihern oder auch Kormoranen, Limikolen, Gänsevögeln, Hühnervögeln und Tauben ist oft unproblematisch. Ibisse und Löffler verteidigen sich kaum mit ihren Schnäbeln, so dass hier keine hervorzuhebenden Vorsichtsmaßnahmen ergriffen werden müssen (Grummt 2014).

Hammerköpfe sind ebenfalls leicht zu pflegende Vögel. Auch hier erweisen sich größere, vor allem hohe Volieren als notwendig, da die voluminösen Nester gern erhöht angelegt werden. Folglich werden eine stabile Unterlage und ein kräftiger Brutbaum erforderlich. Auch an Felswänden sind Nester errichtet worden (del Hoyo et al. 1992). Paare schreiten gelegentlich auch bodennah zur Brut. Zweige sind in großer Menge bereitzustellen. Als Astwerk eignet sich Linde, Ahorn oder Eiche. Dornige und fein verzweigte Triebe sind ungünstig. Bei der sommerlichen Brut in den Volieren kein Stroh anbieten. Ein in 3–6 Wochen errichtetes Großnest kann aus bis zu 8000 Zweigen bestehen (del Hoyo et al. 1992).

Schuhschnäbel werden in dicht bepflanzten Landschaftsanlagen oder Großvolieren von mindestens 100 m² Fläche pro Tier gehalten. Schuhschnäbel sind einzeln oder als Paare ohne weitere Artvergesellschaftung unterzubringen. Ein gestreckter Ufersaum mit flachem Wasserbecken ist ebenso notwendig wie leicht erhöhte Strukturen, auf denen die Vögel ruhen. Nicht alle zusammengestellten Paare vertragen sich, so dass Nachzuchten unverändert die Ausnahme darstellen. Zudem benötigen die Tiere vornehmlich Großvolieren, so dass Kopulationen unbeschnittener Tiere ermöglicht werden. Volieren von 30 × 50 m Grundfläche bei einer Höhe von 12 m haben sich zur Zucht bewährt (Grummt 2014). Schuhschnäbel sind temperaturempfindlich, so dass auch großzügige, gut strukturierte und lichtdurchlässige Innenbereiche mit mindestens 15 °C Raumtemperatur angegliedert sein müssen. Im Umgang ist der Abu Markub individuell sehr verschieden. Neben vertrauten Tieren sind Aggressionen gegenüber Pflegern möglich.

Pelikane (Abb. 4) sind unbeschnitten nur in Volieren zu pflegen. Alle Arten sind untereinander recht verträglich und gemeinsam in geräumigen Winterquartieren zu halten. Wesentlich ist der Zugang zu freien Wasserflächen. Krauskopfpelikane können bei Wintertemperaturen bis −15 °C im Freien verbleiben, während alle übrigen Formen vor dem Frost ins 10–20 °C warme Winterquartier überführt werden. Im Frühjahr werden Pelikane bei Ausbleiben nächtlicher Frostgrade ausgewintert, meist um etwa 10 °C im April/Mai. Tiere, die mehrere Monate im Winterquartier lebten, zeigen noch eine schwache Imprägnierung des Gefieders. Die angebotenen Gewässer sollten mindestens 50–60 cm Tiefe aufweisen. Pelikane bevorzugen gestreckte und flache Uferbereiche mit angrenzenden sonnenexponierten Sitzgelegenheiten (Matschei 2016). Dazu eignen sich Baumstämme oder Holzstempel von maximal 50 cm Höhe. Als Boden sind grasbewachsener Naturboden oder Sand zu nutzen. Auf scharfkantiges Gestein reagieren Pelikane schnell mit

Abb. 4 Chilepelikane (*Pelecanus thagus*) werden gegenwärtig in Europa nur in zwei Tiergärten (Weltvogelpark Walsrode und Doue la Fontaine, Frankreich) gezeigt. (Foto: Dr. Christian Matschei)

Ballen- und Schwimmhautentzündungen. Pelikane können in begehbaren Anlagen gepflegt werden. Es sollte bedacht werden, dass die Tiere nach aufdringlichen Besuchern langen können und auch Brillen oder Ketten entwenden. Vor dem Nagelaufsatz des Schnabels ist sich vorzusehen. Beim Fang sind erstrangig der Schnabel zu fixieren und im zweiten Schritt die Flügel. Der Kot der Pelikane beeinträchtigt Pflanzungen und Wasserqualität, so dass die Gewässer eine ausreichende Sauerstoffzuführung und alljährliche Vollreinigung erfahren müssen. Mit Pelikanen vergesellschaftete Vogelformen sollten mit Bedacht ausgewählt werden, da kleinere Enten oder deren Küken geschluckt werden können (Matschei 2016).

Aus der Natur aufgenommene adulte **Reiher** erweisen sich oft als schwierig in der Futterumstellung. Gestopfte Tiere erbrechen leicht. Alle Reiher verzehren vorzugsweise wasserlebende Wirbeltiere. In den Haltungen wird Süß- und Brackwasserfisch gereicht, da fettige Salzwasserfische das Gefieder verkleben können (Grummt 2014). Dennoch werden diese genommen. Auch Küken, Mäuse, Heuschrecken, Heimchen oder Mehlkäferlarven bereichern die Fütterung. Je nach Reiherart werden unterschiedlich große Futtertiere genutzt. Beim Paddyreiher sind diese meist 5–15 cm, beim Graureiher hingegen 10–25 cm lang. Goliathreiher fressen Beutetiere von 90–980 g (meist 500–600 g). Ein Graureiher nimmt pro Tag 330–500 g an Futter auf (del Hoyo et al. 1992). In Menschenobhut nehmen Goliathreiher bevorzugt Mäuse und Küken, sowie täglich 750 g Fisch. Mischungen aus rohem oder gekochtem Mahlfleisch, gemahlenen oder ganzen Küken, gekochten Eiern, gekochtem Reis, gekochten Kartoffeln, Garnelenschrot oder ganzen, überbrühten Trockengarnelen werden mit Mineral-Vitaminmischungen und Semmelmehl angemischt, um die Griffigkeit des Futters zu verbessern (Kaiser 2012; Grummt 2014). Gemische erhalten auch Vitamin- und Mineralzusätze. Ins Astwerk gehängte Fleischstücke können zum Anlocken von Fliegen genutzt werden, die gern von Reihern verzehrt werden. Eine Fütterung mit Pellets ist kaum möglich. Die Distanz des Futters zum Wasser ist zu beachten. Hierbei sollten sich die Futterstellen nicht direkt am Volierenteich befinden, da Verunreinigungen des Wassers auftreten können. Viele Reiher, aber auch Ibisse und Löffler, nehmen Futterstücke auf und gehen zum Wasser, um diese dort zu verzehren.

Ibisse und Löffler erhalten meist feinkrümeliges Mischfutter aus durchgedrehtem oder gekochtem Fleisch (Rinderherz), Mäuse- und Küken-Teilen, Garnelenschrot, geriebenen Möhren, gekochtem Reis, kleinen Fischen, bevorzugt Stinte, und ggf. Canthaxantine (Carotinoid vieler Krebstiere), die eine intensivere Färbung des Gefieders begünstigen. Letztere ist vor allem bei Roten Sichlern und Rosalöfflern gegeben. Klein geschnittenes Grün kann dem Gemisch mit Mineralstoff untergemengt werden. Neuere Ansätze führen weg von der Fütterung mit Fleischkost, da die Futterhygiene in den Sommermonaten nicht ausreicht. Hier bewähren sich, nach kurzer Umstellung, Ibispellets, welche in unmittelbarer Nähe zum Wasser gereicht werden. Neben genanntem Futter präferieren Ibisse und Löffler Würmer und diverse Insekten, die als Streufutter ausgebracht werden. Zur Kalkzufuhr können Schneckengehäuse verstreut werden (Grummt 2014).

Hammerköpfe (Abb. 5) sind in der Ernährung unproblematisch. In Tiergärten wird ein Gemisch aus Rinder- oder Pferdeleber, Herzfleisch, Kochei, gekochtem

Abb. 5 Der Hammerkopf
(*Scopus umbretta*) wird in
zahlreichen europäischen
Tiergarten gehalten und
gezüchtet. (Foto: Dr. Christian
Matschei)

Reis, geschnittenen oder kleinem Fisch, sowie verschiedensten Futterinsekten
gereicht (Grummt 2014). Das Fleisch wird gemahlen oder in kleine Streifen
geschnitten. Aufgrund der sehr häufig praktizierten Gemeinschaftshaltung von
Hammerköpfen mit anderen Vögeln sind die gereichten Futtermengen im Übermaß
anzubieten. Kleine Süßwasserfische, wie Plötzen oder Stinte, werden bevorzugt.

Schuhschnäbel werden mit Süßwasserfischen gefüttert. In den Tiergärten erhal-
ten sie schuppenarme oder kleinschuppige Fische (Aal, Schleie, Aalquappe, Wels).
Hering, Filet vom Schellfisch oder Dorsch werden angenommen, stellen dennoch die
Ausnahme dar (Grummt 2014). Auch Küken und Mäuse werden anteilig verfüttert.
In der Natur verzehren sie Lungenfische, Flösselhechte, Tilapia-Barsche, Amphi-
bien, Reptilien, Kleinvögel und Kleinsäuger (del Hoyo et al. 1992; Robiller 2003).

Pelikane sind recht unproblematisch in der Ernährung. Grundvoraussetzung ist
15–20 cm langer Süßwasserfisch, der frei von Verletzungen ist. Auch geschnittener
Fisch wird nur nach längerer Gewöhnung genommen. In Extremfällen werden über
30 cm große Beutetiere geschluckt (Krauskopfpelikan). Pelikane nehmen täglich
900–1200 g (–1500 g) Weißfische zu sich. Die tägliche Futtermenge entspricht etwa
10 % des Tiergewichtes ohne das Auftreten besonderer Belastungen (Balz, Brut,
Winter). Ein vom Rotrückenpelikan gegriffener Einzelfisch wiegt zwischen 80–290
g (<400 g) (del Hoyo et al. 1992). Die Verfütterung von Salzwasserfischen ist
prinzipiell möglich, doch besteht aufgrund des erhöhten Fettanteils (u. a. Hering)
die Gefahr des Verklebens von Gefiederpartien. Neben Fisch werden auch gelegentlich Küken, Fleisch und Tintenfische verfüttert (Grummt 2014). Zur Brut und
Jungenaufzucht sind täglich „Fischfressertabletten" zu reichen. In vielen Einrichtungen werden Pelikane gezielt individuell gefüttert, welches die Tierkontrolle
verbessert und Mitfresser (Reiher, Kormorane) reduziert.

Die Zucht von **Reihern** (Abb. 6) ist nicht schwierig. Baum- und Gebüschbrüter
benötigen Unterlagen zum Nestbau. Hier sind flache Körbe oder zusammengebundene
Zweige vorteilhaft (Grummt 2014). Nicht alle Reiher sind gute Baumeister. Als Baumaterialien nutzen Reiher verschiedenste Zweige, Schilfhalme und Stroh. Bei Koloniebrütern stehen die Einzelnester teils dicht beieinander. Eine Ernährungsumstellung zur

Abb. 6 Ein Indischer
Teichreiher (*Ardeola grayii*)
im Tierpark Berlin. (Foto:
Dr. Christian Matschei)

Brutzeit oder Aufzucht ist nicht erforderlich. Vorteilhaft sind die Gabe von kleinen Fischen und Futtertieren. Reiher brüten, je Art, zwischen 16 und 30 Tagen (del Hoyo et al. 1992). In vielen Fällen kümmern sich die Weibchen um die Brut (u. a. Rohrdommel), während bei anderen auch das Männchen brütet (u. a. Goliathreiher) (Hancock und Kushlan 1984; del Hoyo et al. 1992; Robiller 2003). Das Gelege wird vom 1. oder 2. Ei an bebrütet, so dass ein asynchroner Schlupf resultiert. Beide Elterntiere zeigen zur Brut oft ein streng territoriales Verhalten, deren Ausdehnung sich auf den Nestraum (Kolo-niebrüter) oder gar mehrere Quadratmeter erstrecken kann (solitäre Nester). Die Jungen sind Nesthocker und tragen zumeist ein graues bis gelbbraunes Dunenkleid.

Goliathreiher brüten auf Nestern von gut 1 m². Es werden 2–4 Eier (73 × 53 mm) gelegt (Hancock und Kushlan 1984), aus denen nach 28–29 Tagen die Küken schlüpfen (Kaiser und Richter 1998). Nach Erkenntnissen aus der Handaufzucht nehmen Jungtiere mit 8 Tagen etwa 15–20 g Nahrung, was 12–18 % der Körper-masse entspricht. Das stärkste Wachstum erfolgt vom 21. bis 39. Tag. In dieser Zeit nehmen sie 500–700 g zu sich (45–55 % der Körpermasse) und entsprechen in der Futtermenge den Alttieren (500–700, teils 1400 g). Im Alter von gut 60 Tagen werden Goliathreiher flügge (Kaiser und Richter 1998).

Ibisse und Löffler sind ebenfalls leicht zur Zucht zu bewegen. Wesentlich sind für Baum- und Buschbrüter Nistunterlagen, die von den Tieren mit Astwerk ausgekleidet werden. Die teils recht dicht beieinander stehenden rundlichen Brutplätze haben etwa 60 cm Durchmesser (u. a. Roter Ibis). Das Nistmaterial ist üppig anzubieten und lose in unterschiedliche Volierenbereiche einzubringen, so dass es weniger Streit an den Nestern gibt (Grummt 2014). Felsenbrüter, wie Waldrappe, nutzen Nischen mit breiter Unterlage oder nach vorn offene Kästen. Vertreter der Threskiornithidae schreiten in Kolonien zu Brut. Es werden 3–5 helle, teils braun- oder graugefleckte Eier gelegt, die von beiden Elterntieren 21–25 Tage bebrütet werden (Robiller 2003). Beide Partner versorgen die Küken, auch nach dem Verlassen des Nestes mit etwa 4 Wochen. Zuvor können die Jungtiere bereits mit 1–2 Wochen im Geäst abseits des Nestes angetroffen werden. Die Flugfähigkeit ist mit 8 Wochen ausgeprägt (del Hoyo et al. 1992; Grummt 2014). In der Vergesellschaftung mehrerer Arten kann es zu Hybriden kommen, z. B.

Abb. 7 Den Schuhschnabel
(*Balaeniceps rex*) kann man
deutschlandweit nur
im Weltvogelpark
Walsrode studieren. (Foto:
Dr. Christian Matschei)

bei Verbindungen zwischen Roten Sichlern und Heiligen Ibissen oder Schwarzstirn-
löfflern und Schwarzhalslöfflern.

Bei **Hammerköpfen** ist ganzjährig mit Nachzuchten zu rechnen, wobei haltungs-
und witterungsbedingt die Sommermonate bevorzugt werden. Ähnlich den Schuh-
schnäbeln zeigen sie keine Koloniebrut. Die Brutkontrolle ist recht schwierig, da die
Tiere tiefe Kammern und unerreichbare Bruthöhlungen in hohen Bäumen anlegen.
Beide Partner brüten 28–32 Tage (Robiller 2003; Grummt 2014) auf 3 bis 5 weißen
Eiern und ziehen die Jungen gemeinsam auf (del Hoyo et al. 1992). Die Küken sind
Nesthocker und tragen ein graubraunes Dunenkleid. Mit dem Verlassen des Nestes
nach 6 bis 7 Wochen ähneln sie stark den Altvögeln. Nach 7–8 Wochen wird das
Nest bereits zeitweise verlassen. Nach der Nestlingszeit werden die Jungvögel noch
etwa weitere 30 Tage von den Eltern betreut (del Hoyo et al. 1992). Mehrere Bruten
pro Jahr sind möglich. Auch fanden sich Nester mit befruchteten Eiern und befiederte Jungvögel in einem Nest.

Schuhschnäbel (Abb. 7) werden äußerst selten gezogen. Die Welterstzuchten
ereigneten sich am 19. und 24. Juni 2008 im belgischen Pairi Daiza und später in den
Vereinigten Arabischen Emiraten. Ihre solitär angelegten Nester tragen 1–3 weiße
Eier, welche etwa 43–44 Tage bebrütet werden. Die bräunlichen Küken werden mit
95–105 Tagen flügge. In der Regel wächst nur ein Jungvogel auf (del Hoyo et al.
1992). Die Geschlechtsreife tritt nach 3 Jahren ein.

Pelikane brüten in mitteleuropäischen Breiten bevorzugt in den Wintermonaten, und nur vereinzelt, wie Krauskopf-, Rotrücken- und Rosapelikan, in der

Sommerzeit. Ursachen sind die Beschaffenheit der Quartiere mit Koloniedruck, das Angebot an Baumaterialien und die möglichen Gruppenkonstellationen (Matschei 2016). In den meisten Fällen stehen Koloniegröße und Bruttreiben in enger Relation. Mindestens 3 Paare sollten daher zusammen gehalten werden. Alle Arten bauen Großnester aus Reisig oder Stroh (Krauskopfpelikane etwa 1 m hoch und um die 60 cm breit). Teilweise sind dieses nur Wälle oder gar ineinander übergreifende Brutanlagen. Im Freien werden Inseln mit leicht erhöhten Strukturen bevorzugt. Fleckschnabel- und Rotrückenpelikane brüten gern im starken Astwerk, alle übrigen Formen am Boden. Brutkörbe sind nur bedingt empfehlenswert. In den Zuchtbereichen sind Pelikane unter sich und werden nicht mit anderen Arten vergesellschaftet. Störungen durch die Pflege sollten auf ein Minimum beschränkt und nur von einem definierten Personenkreis getätigt werden. Ungepaarte oder junge Tiere, wie überzählige Geschlechter, können die Brut stören und sollten entfernt werden. Den höchsten Erfolg zeigen Gruppen mit ausgeglichenem Geschlechtsverhältnis und gleicher Artzugehörigkeit (Matschei 2016). Einzelne Formen zeigen sich toleranter als andere. Insbesondere Brillenpelikane sind bevorzugt separat zur Zucht anzusetzen. Innerhalb des Brutbereiches, welcher sich meist in einer gewächshausartigen Stallung befindet, ist für eine ausreichende Kühlung zu sorgen. Ein Anstieg der Ammoniakverdampfung ist problematisch für die alltägliche Pflege.

Der Brutbeginn der Pelikane setzt mit dem 3. Lebensjahr ein. Paare zeigen Merkmale wie Höckerbildung (Rosapelikane) oder Verfärbung des Kehlsacks (Krauskopf-, Brillen-, Fleckschnabelpelikane). Paare bleiben oft viele Jahre zusammen. Bebrütung der 2–3 (–6) teils bläulich-weißen und kalküberzogenen Eier für 30–35 (–42 Tage) (Rotrückenpelikan 80 × 55 mm, Rosapelikan 95 × 60 mm, Krauskopfpelikan 93 × 58 mm). Die Brutdauer der Krauskopfpelikane beträgt durchschnittlich 30–34 Tage, seltener auch 39 Tage (bis 42 Tage) (del Hoyo et al. 1992). Bei einem Gelegeverlust werden nach 10–12 Tagen erneut Eier abgesetzt (Grummt 2014). Vom Anpicken bis zum Schlupf vergehen 24–36 Stunden. Die Schlupfgewichte betragen beim Rosapelikan 140–160 g, beim Krauskopfpelikan 140–160 g und beim Rotrückenpelikan 71,5–99 g (Grummt 2014). Nach dem Schlupf sind die Augen geöffnet und die Haut ist nackt und hellhäutig (Nashorn- und Rosapelikane anfangs rötlich) (Abb. 8) . Bei den Rosapelikanen verdunkelt sich die Haut am 3.–4. Tag ins Blauschwarze. Erste Dunen erscheinen mit dem 6. Lebenstag. Beide Elterntiere füttern und hudern den Nachwuchs. Die Jungtiere sind Nesthocker und wachsen sehr schnell. Mit 2–3 Monaten sind sie bereits nahezu ausgewachsen. Das Dunenkleid der Jungtiere tritt ab dem 16. Tag in Weiß (Nashornpelikan) oder Braun (Rosapelikane) in Erscheinung. Beim Nashornpelikan sind ab dem 28. Tag die Schwungfedern, am 37. Tag die Rückenfedern und am 41. Tag die Steuerfedern zu sehen (Grummt 2014). Die Unabhängigkeit von den Elterntieren setzt bei Rosapelikanen mit 100–105 Tagen ein. Mit 5 Monaten erscheint das Jugendkleid der Rosapelikane schmutzig braun. Alterskleider treten bei allen Arten mit 3–4 Jahren auf (del Hoyo et al. 1992).

In Gemeinschaftshaltungen kann es zur Verpaarung verschiedener Arten kommen, wie Nachtreiher x Seidenreiher oder Silberreiher x Nachtreiher. Auch bei

Abb. 8 Jungvogel des
Nashornpelikans (*Pelecanus
erythrorhynchos*) am 2.
Lebenstag. (Foto:
Dr. Christian Matschei)

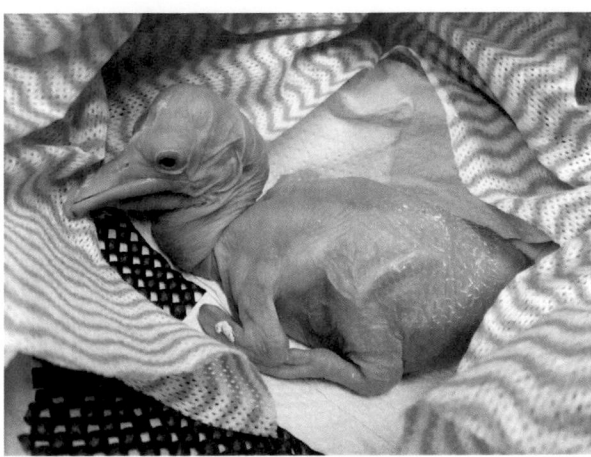

Pelikanen gab es Hybriden zwischen Rosapelikan x Krauskopfpelikan, Krauskopfpelikan x Rotrückenpelikan oder Nashornpelikan x Meerespelikan (Grummt 2014).

Für den Großteil der in europäischen Haltungen gepflegten Pelecaniformes gibt
es keine koordinierenden ESBs oder EEPs. Bis auf wenige Ausnahmen bestehen
zudem internationale Handelsbestimmungen. Das Europäische Zuchtbuch für Goliathreiher führt der niederländische Safaripark Beekse Bergen. Auf CITES Anhang
II ist der internationale Handel mit Europäischen Löfflern geregelt. Das seit 1995
bestehende EEP für Krauskopfpelikane koordiniert der Zoo Poznań in Polen. Der
internationale Handel erfolgt nach CITES-Anhang I. Rotrückenpelikane werden im
ESB vom britischen Longleat Safari Park geführt. Zwischen 2000 und 2007 konnten
11 Schuhschnäbel aus dem Kongo, 16 aus Togo (?) und 58 Tiere aus Tansania
exportiert werden. Deren Handel wird durch den CITES-Anhang II geregelt (www.
zootier-Lexikon.org).

Der Heilige Ibis (Abb. 9), ursprünglich in großen Teilen Afrikas südlich der
Sahara verbreitet, begann sich ab den 1970er-Jahren in der Bretagne aus freifliegen-
den Tieren zu etablieren. 2005 wurden bereits über 3000 Ibisse gezählt, deren
Verbreitung 17 französische Départements bis an die Mittelmeerküste umfasste.
Heute finden wird den Heiligen Ibis auch in Italien, Belgien und den Niederlanden,
wo er stellenweise bejagt wird. Die erste Brut in Bayern wurde 2013 beschrieben
(Knauer 2013). Nach dem § 40 Bundesnaturschutzgesetzt ist in Deutschland der
Umgang mit dem Neozoen geregelt.

Für viele Pelecaniformes sind in den letzten Jahrzehnten bedeutende Nachzuchten dokumentiert. Deutsche Erstzuchten ereigneten sich für den Rosapelikan 1961
im Tierpark Berlin. Selbiger Einrichtung gelang 1992 auch die Welterstzucht des
Brillenpelikans. Weitere Europäische Erstzuchten sind für den Nashornpelikan 1964
im Zoo Berlin (Robiller 2003), den Florida-Meerespelikan 2008 im Bergzoo Halle
und den Fleckschnabelpelikan 2008 in Dvůr Králové/Tschechien erzielt worden.
Bemerkenswert waren zudem die Welterstzuchten des Rosapelikans 1870 in Rotter-

Abb. 9 Der Heilige Ibis
(*Threskiornis aethiopicus*)
gehört zu den Neozoen, die
sich mittlerweile über weite
Teile Europas ausbreiten.
(Foto: Werner Lantermann)

dam/Niederlande, des Nashornpelikans 1914 in Washington/USA und des Chile-Meerespelikans 2006 im Vogelpark Walsrode. Die Deutsche Erstzucht des Waldrapp ereignete sich 1966 im Zoo Berlin und die Europäische Erstzucht des Glatzkopfibis 1997 im Vogelpark Walsrode. Letzterer blickt ebenso auf die Welterstzucht für den Afrikanischen Löffler 1978 zurück (del Hoyo et al. 1992; Grummt 2014; Matschei 2016).

Alle Pelecaniformes gehören zu den Vögeln mit hoher Lebenserwartung in Menschenobhut. Unter diesen wurden Brillenpelikane 60, Rosapelikane über 48, Schuhschnäbel fast 40, Strohhalsibisse 39, Heilige Ibisse 37, Rote Sichler 33, Graureiher 24 und Zwergdommeln 6 Jahre alt (Grummt 2014).

Literatur

Grummt, W. (2014). Ordnung Ruderfüßer (Pelecaniformes), Ordnung Schreitvögel (Ciconiiformes). In W. Grummt & H. Strehlow (Hrsg.), *Zootierhaltung – Tiere in menschlicher Obhut, Vögel* (S. 78–112). Haan-Gruiten: Europa-Lehrmittel.

Hancock, J., & Kushlan, J. (1984). *The Herons Handbook*. London: Croom Helm.

Hoyo, J. del, Elliott, A., & Sargatal, J. (Hrsg.). (1992). *Handbook of the Birds of the World* (Bd. 1). Barcelona: Lynx.

Kaiser, M. (2012). Der Rote Nachtreiher (*Nycticorax caledonicus*) – eine neue Vogelart mit Zuchterfolg im Tierpark Berlin. *Milu, 13*, 830–841. Berlin.

Kaiser, M., & Richter, R. (1998). Handaufzucht eines Riesenreihers (*Ardea goliath*) im Tierpark Berlin-Friedrichsfelde. *Milu, 9*, 384–393. Berlin.

Knauer, R. (2013). Nicht willkommen: der Heilige Ibis. *Stuttgarter-Zeitung*.de. Zugegriffen am 12.08.2019.

Matschei, C. (2016). Pelikane der Welt. *Tiergarten – Das Magazin für Zoointeressierte, 4*, 40–52. Münster.

Robiller, F. (Hrsg.). (2003). *Das große Lexikon der Vogelpflege*. Stuttgart: Ulmer.

Winkler, D. W., Billermann, S. M., & Lovette, I. J. (2015). *Bird Families of the World – Pelecaniformes* (S. 181–188). Barcelona: Lynx.

Ordnung Charadriiformes – Regenpfeiferartige

Jörg Asmus

Inhalt

1 Familien: Burhinidae, Chionidae, Pluvianellidae, Pluvianidae, Haematopotidae, Ibidorhynchidae, Recurvirostridae, Charadriidae, Pedionomidae, Thinocoridae, Rostratulidae, Jacanidae, Scolopacidae, Turnicidae, Dromadidae, Glareolidae, Laridae, Stercorariidae, Alcidae

Allgemeines

Die Ordnung Charadriiformes setzt sich aus 19 Familien zusammen, die sich noch einmal aufteilen in 89 Gattungen und 376 Arten, worunter sich 5 bereits ausgestorbene Arten und eine Unterart befinden. Die Regenpfeiferartigen werden in systema-

J. Asmus (✉)
Gesellschaft für Arterhaltende Vogelzucht (GAV) e.V., Mönsterås, Schweden
E-Mail: joergasmus@hotmail.com

© Springer-Verlag GmbH Deutschland, ein Teil von Springer Nature 2021
W. Lantermann, J. Asmus (Hrsg.), *Wildvogelhaltung*,
https://doi.org/10.1007/978-3-662-59604-3_28

tischer Nähe der Ordnung Suliformes eingestuft, zu der die Tölpel (Sulidae), die Fregattvögel (Fregatidae), Kormorane (Phalacrocoracidae) und die Schlangenhalsvögel (Anhingidae) gezählt werden, sowie der Ordnung Strigiformes (Eulen) (del Hoyo und Collar 2014). Im deutschen Sprachgebrauch finden für die Vogelgruppe der Regenpfeiferartigen häufig die Bezeichnungen Limikolen beziehungsweise Watvögel Anwendung. In der zurückliegenden Zeit wurden Angehörige der Ordnung Charadriiformes in die 3 Unterordnungen Watvögel, Möwenvögel und Alkenvögel aufgeteilt; gelegentlich wurde diese auch als eigene Ordnung angesehen. Neuere phylogenetische Untersuchungen ergaben jedoch, dass innerhalb der Charadriiformes lediglich 3 Hauptlinien vorhanden sind, die in enger verwandtschaftlicher Beziehung zueinander allesamt dieser Ordnung zugehörig sind (Harshman und Brown 2008).

Die Angehörigen der Charadriiformes sind eine im Aussehen formenreiche Gruppe, die mit dem Zwergstrandläufer (*Calidris minuta*), der eine Körperlänge von 12–14 cm und ein Gewicht von 17–44 g aufweist, die kleinste Spezies der Ordnung darstellt, und mit der 68–79 cm großen und 1435–2272 g schweren Mantelmöwe (*Larus marinus*) die größte Art. Alle Arten weisen ein nahezu gleiches Gaumendach (palatum) auf und auch der Stimmapparat ist annähernd ähnlich. Als weiteres Übereinstimmungsmerkmal muss der Bau des Brustbeins Erwähnung finden, welches keine nach Innen weisenden Knochenfortsätze aufweist, aber auch die Ähnlichkeiten der im Unterschenkel und Fuß befindlichen Sehnen sind seit langer Zeit bekannt (Jahn 1982; Grzimek 1968). Des Weiteren sind in Bezug auf den Körperbau die Rumpffedern mit Afterschaft zu nennen und die durch einen langen Federschopf versehene Bürzeldrüse. Ebenso weisen die Hinterzehe der Regenpfeiferartigen Unterschiede zu anderen Ordnungen auf. So fehlen diese mitunter, sind bei Vorhandensein jedoch kurz und setzen etwas höher am Fuß an. Bei einigen Arten der Ordnung Charadriiformes verbinden Schwimmhäute die 3 Vorderzehen oder sind zumindest ansatzweise vorhanden, bei wieder anderen Arten fehlen diese gänzlich. Die meisten Regenpfeiferartigen besitzen lange, dünne und spitz zulaufende Flügel. Eine Ausnahme davon bilden die wegen ihrer wendigen Flugmanöver bekannten Kiebitze (*Vanellus vanellus*) und die Alken, die sich im Verlauf der Evolution mit ihren stark verkürzten Flügeln dem Tauchen im Meer angepasst haben. Bei den Meeresbewohnern übernehmen die besonders ausgebildeten Nasendrüsen die Ausscheidung des überschüssigen Meersalzes. Besonders bei den beiden Arten der Scheidenschnäbel, die an den Küstengebieten der Antarktis und Südamerikas ihr Verbreitungsgebiet besitzen, ist dieses anatomische Merkmal vorhanden. Wesentliche Unterschiede sind innerhalb der Ordnung bei den Schnabellängen und -formen zu erkennen, aber auch in den Längen der Beine. Sexualdimorphismus anhand der Gefiederfärbung tritt bei einigen Spezies auf. Dies betrifft die Gattungen *Pluvialis* (Goldschnepfen), *Himantopus* (Stelzenläufer), *Philomachus* (Kampfläufer) und *Phalaropus* (Wassertreter); bei den Familien Jacanidae (Blatthühnchen) und Haematopodidae (Austernfischer) lassen sich die Geschlechter anhand der größeren Weibchen unterscheiden (Jahn 1982) (Abb. 1).

Die Regenpfeiferartigen sind nahezu in allen Regionen der Erde anzutreffen. Einige Arten besiedeln sogar die unwirtlichen Gebiete der Arktis beziehungs-

Abb. 1 Brütender
Sandregenpfeifer (*Charadrius
hiatticula*). (Foto: Jörg
Asmus)

weise Antarktis. Sie leben in Habitaten nah von Meeresküsten, Seen, Flüssen und
auch in Sumpfgebieten. Ebenso werden trockene Regionen wie Halbwüsten,
Steppen und Hochgebirgsregionen von ihnen bewohnt. Die einzelnen Arten
haben sich im Verlauf ihrer Entwicklungsgeschichte diejenigen Habitate gesucht
und sich daran angepasst, die ihnen das ganze Jahr über für ihre Bedürfnisse die
optimalsten Lebensbedingungen bieten. Viele Regenpfeiferartige sind Zugvögel.
Ihre mitunter sehr langen Wanderungen zu den unterschiedlichen Brutgebieten
nehmen diese Tiere auf sich, weil sie dort ausreichend große Lebensräume
vorfinden, die ihnen zudem mit unzähligen Mengen an Insekten eine hervorragende Nahrungsgrundlage bieten, welche sich in den Wasserstellen Europas, den
Mooren und Tümpeln der Taiga und der arktischen Tundra jeden Sommer
explosionsartig vermehren. Aus tierischen Bestandteilen setzt sich die Nahrung
der meisten Arten zusammen. Viele Regenpfeiferartige brüten in Kolonien,
wobei das Nest fast ausschließlich eine spärlich mit Nistmaterial ausgelegte
Bodenmulde darstellt. Eine Ausnahme bilden einige tropische Seeschwalben
der Gattungen *Anous* und *Gygis* sowie der Waldwasserläufer (*Tringa ochropus*),
die in Bäumen zur Brut schreiten.

Einige Arten der Ordnung Charadriiformes werden vornehmlich in zoologischen Einrichtungen gehalten, wo geeignete Biotopvolieren mit ausreichendem
Platzangebot vorhanden sind und verschiedene Spezies nicht selten in Vergesellschaftung mit Vogelarten anderer Ordnungen gehalten werden. Allgemein bereitet
die Haltung von Regenpfeiferartigen keinerlei Schwierigkeiten. Ein Flachwasser-
gebiet, mit breiten flach auslaufenden Uferzonen, und ein größerer Landteil sind
die wichtigsten Kriterien, die im Bereich der Freivoliere Beachtung finden
müssen. An die Uferzonen sollten sich nasse Zonen anschließen, die zur Nahrungssuche anregen und dem natürlichen Umfeld der Regenpfeiferartigen ähneln.
Dieser Bereich sollte sich aus natürlichem Erdboden, Torf, Mulch, See- oder
Flusssand zusammensetzen. Kies kann ebenfalls in Betracht gezogen werden,
nur darf dieser nicht zu scharfkantig sein, um Fußverletzungen bei den Vögeln
zu vermeiden. Durch das Stochern nach Nahrung im Bereich der Nasszone werden

die Schnäbel auf natürliche Weise abgenutzt. Sollte es dennoch zu einem übermäßigen Schnabelwachstum kommen, ist dieser vorsichtig zu kürzen. Des Weiteren sollten in der Freivoliere kahle sandige Flächen vorhanden sein, Teile von kurzem Rasen bedeckt sein und auch Bereiche mit überständigem Gras, Heidekrautgewächsen und kleineren Büschen eingerichtet werden. Einige Arten nehmen gern höhere Sitzwarten ein, die ihnen durch Felsen, größere Steine oder Baumteile bereitgestellt werden können. Da es sich bei den Regenpfeiferartigen um bodenbewohnende Arten handelt, muss jedoch ein besonderes Augenmerk auf den Prädatorenschutz gelegt werden, der insbesondere durch ausreichend tiefe Fundamenteinfassungen und möglichst kleine Maschenweiten des Drahtgeflechts gewährleistet werden kann. In den meisten Fällen kommen bei der Haltung der Regenpfeiferartigen nichttropische Spezies in Betracht, die wenig kälteempfindlich sind. Bei stärkerem und lang anhaltendem Frost können aber auch diese Arten Erfrierungen an ihren Füßen erleiden. Ein temperierbares Ausweichquartier, das über ein flaches Wasserbecken mit flach auslaufenden abgestumpften Rand verfügen muss, sollte darum für die kalte Jahreszeit zur Verfügung stehen. Die tropischen Blatthühnchen (Jacanidae) werden oftmals in Tropenhäusern gehalten, in denen kleine Wasserflächen vorhanden sind, deren Oberfläche mit größeren Schwimmblättern von Wasserpflanzen bedeckt ist. Regenpfeiferartige können sehr gut mit anderen Vogelarten vergesellschaftet werden und nehmen bei ausreichend groß dimensionierten Volieren kaum Notiz von weiteren Volierenbewohnern. Untereinander könnte es jedoch zu Streitigkeiten kommen, da die meisten Limikolen territorial leben. Häufig ist nur eine ausschließlich paarweise Haltung möglich, wobei der obere Teil der Voliere durchaus mit ordnungsfremden Arten belebt werden kann. Flache Futterschalen sind auf dem Boden bereitzustellen. In den ersten Lebenstagen der Küken ist ausreichend Lebendnahrung (Mehlwürmer, Buffalos, kleine Heimchen) auf dem Erdboden zu verteilen, da die Eltern ihren Nachwuchs nicht immer zu den Futterschalen führen. Hin und wieder sind einige Regenpfeiferartige auch in den Zuchtanlagen von spezialisierten Privatpersonen anzutreffen; in den meisten Fällen betreffen derartige Haltungen einige Vertreter der Familie Charadriidae, den eigentlichen Regenpfeifern, aber auch um Arten der Recurvirostridae, den Stelzenläufern. Nicht alle Familien der Ordnung Charadriiformes sind haltungsrelevant, so dass auf diese nachfolgend auch nicht näher eingegangen werden soll. Bei den wenigen vorhandenen Individuen sollte Hauptaugenmerk auf eine kontrollierte Vermehrung gelegt werden, um genetisch vielfältige Populationen zu erhalten.

2   Familie: Burhinidae – Triele

Allgemeine Biologie

Die Familie der **Triele** setzt sich aus 2 Gattungen und 10 derzeit anerkannten Arten zusammen. Es handelt sich bei ihnen um mittelgroße bodenbewohnende Arten, die gemäß früherer taxonomischer Einordnung zu den Trappen (Otididae) gezählt worden sind. Aufgrund vorhandener Übereinstimmungen des Skeletts, der Ähnlichkeiten der Jungvögel und der gemeinsamen Parasiten werden die Triele in der Gegenwart zweifelsfrei den Regenpfeiferartigen zugeordnet. Die gelegentliche Zuordnung aller Trielarten zur Gattung *Burhinus* stellte sich in der Vergangenheit als falsch heraus; genauso kann auch der dämmerungs- bzw. nachtaktive Rifftriel (*Esacus magnirostris*) in keine eigene Gattung gestellt werden. Heute sieht man die Triele verwandtschaftlich in der Nähe der Familie Anhingidae (Schlangenhalsvögel) innerhalb der Ordnung der Tölpel (Suliformes) (del Hoyo et al. 1996) (Abb. 2).

Die Triele finden ihr Verbreitungsgebiet hauptsächlich in den tropischen und subtropischen Gebieten. Nur der Triel (*Burhinus oedicnemus*) hat sich den gemäßigten Zonen angepasst. Offenes und somit übersichtliches Gelände dient allen Trielen als Lebensraum, wobei Wüsten, Halbwüsten und Savannengebiete das bevorzugte Habitat darstellen. Einige Arten bevorzugen auch die Nähe von Flussufern und Meeresküsten. Nur der auch in Europa heimische Triel gilt standortabhängig als Standvogel, Teilzieher oder Langstreckenzieher. Alle anderen Spezies der Familie Burhinidae sind Standvögel. Zu den kleinsten Trielen wird mit 32 cm Körpergröße und zwischen 306 und 362 g liegendem Körpergewicht der Senegaltriel (*Burhinus senegalensis*) gezählt; die größte Art stellt der bis zu 59 cm große und bis zu 710 g schwere Langschwanztriel (*Burhinus grallarius*) dar. Bei allen Arten findet sich kein Geschlechtsdimorphismus.

Triele ernähren sich von Insekten und anderen Wirbellosen, gelegentlich nehmen sie auch Kleinsäuger, Reptilien oder Eier zu sich. Der an tropischen Stränden, in Mangroven und an Korallenriffen lebende Rifftriel ernährt sich nahezu vollständig von Krabben und anderen Krebstieren.

Haltungsanforderungen

In der Gegenwart werden noch 4 Trielarten in deutschen Zoos gehalten. Am weitesten verbreitet ist der Kaptriel (*Burhinus capensis*), der in 16 zoologischen Einrichtungen zu finden ist. Gefolgt vom Triel, der derzeit noch in 7 Zoos gehalten wird. Neben diesen beiden Arten sind noch der Langschwanztriel und der Inkatriel, früher Perutriel (*Burhinus superciliaris*) zu nennen, die jeweils in 4 deutschen Einrichtungen gehalten werden (www.zootierliste.de). Auch außerhalb zoologi-

Abb. 2 Europäischer Triel (*Burhinus oedicnemus*). (Foto: Jörg Asmus)

scher Einrichtungen werden Triele, aber auch Kaptriele und Inkatriele gehalten, wobei die Haltung von Trielen in Privathand eher eine Ausnahme darstellt. Triele gehören zu den anspruchsvolleren Limikolenarten, die in Menschenhand gepflegt werden.

Für die Unterbringung hat sich eine geräumige Freivoliere mit einem daran angeschlossenen Schutzhaus bewährt. Idealerweise sollte in der Freivoliere ein natürliches Trielbiotop nachgestaltet werden. Ein solches Biotop besteht aus mehreren kahlen sandigen beziehungsweise steinigen Flächen, die von kurzrasigen Bereichen und Teilen mit überständigem Gras durchsetzt werden. Insgesamt sollte niedrige Vegetation in der Freivoliere vorherrschen, wobei aber auch niedrige Büsche oder auch Wurzelteile vereinzelt Berücksichtigung finden dürfen. Die Voliere für ein Paar sollte eine Grundfläche von etwa 15 m^2 aufweisen und eine Höhe von 2 m. Das daran angeschlossene Schutzhaus muss für die Zeit der Überwinterung auf 10–15 °C beheizbar sein.

Als Nahrungsgrundlage wird Trielen ein Weichfuttergemisch gereicht, das mit hart gekochtem Ei, verschiedenen Futterinsekten (auch geschrotete Garnelen) und Haferflocken angereichert wird und anschließend mit Honig, Magerquark, durchgedrehten Eintagsküken oder auch Rindfleisch zu einer feucht-krümeligen Masse vermischt wird. Zusätzlich werden den Trielen auch Mehlwürmer oder Stinte angeboten, auch kleine Fleischstückchen oder Mäuse. Das angebotene Futter sollte nicht zu fein verabreicht werden; Triele zeigen eine Vorliebe für größere Futterbrocken. Regelmäßige Gaben einer Futterergänzung, wie Korvimin ZVT vervollständigen das Nahrungsangebot.

Als Neststandort wird lediglich eine Vertiefung im Boden genutzt, die in den meisten Fällen mit Steinen ausgelegt wird. Bei Naturbruten wird die Brutdauer mit 24–27 Tagen angegeben. Triele können während der Fortpflanzungsperiode zahlreichen Störungen ausgesetzt sein, was nicht selten zum Abbruch begonnener Bruten oder zur Unterversorgung des Nachwuchses führt. Nicht selten werden die aus 1–2 Eiern bestehenden Gelege darum zur Bebrütung in einen Inkubator gegeben und später von Hand aufgezogen. Bei Letzterem gilt es einige Besonderheiten zu beachten. Bis zum Abtrocknen verbleiben die frischgeschlüpften Küken noch bei 37,5 °C im Inkubator. Im Vogelpark Bobenheim-Roxheim werden die Jungvögel anschließend in einen Pappkarton umgesetzt, dem Kunstrasen als Bodenbelag dient. Zu ¾ wird der Karton (Länge 40 cm, Breite 30 cm, Höhe 20 cm) mit einer Plexiglasplatte abgedeckt, unter der sich eine 40-W-Glühlampe befindet. Diese Konstruktion sorgt dafür, dass in dem Karton eine Temperatur von etwa 25 °C vorherrscht, direkt unter der Glühlampe 32 °C. Die jungen Triele können ihren Wärmebedarf nach dieser Gegebenheit selbst auswählen. Futter und Wasser wird in dem Karton angeboten. Die Kartongröße muss während der Aufzucht dem Wachstum der Triele angepasst werden. Nach etwa 8 Tagen wird der Nachwuchs in den größeren Pappkarton umgesetzt, der jetzt 80 cm lang, 40 cm breit und 30 cm hoch ist. Die Plexiglasplatte bedeckt ab diesem Zeitpunkt nur noch 50 % des Kartons. Bis zur selbstständigen Futteraufnahme muss das angebotene Futter den Küken vorgehalten werden, was mitunter sehr viel Geduld erfordert (Grün und Berenz 2011).

3   Familie: Pluvianidae – Krokodilwächter

Allgemeine Biologie
Die einzige Art innerhalb der Familie Pluvianidae ist der **Krokodilwächter** (*Pluvianus aegyptius*) mit seinen 2 Unterarten. Über lange Zeit hielt sich die Annahme, den Krokodilwächter in die Familie der Brachschwalbenartigen (Glareolidae) einzustufen. Nach den Ergebnissen phylogenetischer Untersuchungen gelangte man jedoch zu der Erkenntnis, dass die Unterschiede zu den Brachschwalben zu markant sind und sie eher in der Nähe der monophyletischen Gruppe der Austernfischer (Haematopotidae), Säbelschnäbler (Recurvirostridae) und Regenpfeifer (Charadriidae) anzusiedeln sind (Baker et al. 2007).

Der 19–21 cm große Krokodilwächter ist eine Vogelart mit charakteristischer Gefiederfärbung. Die Art lebt in Paaren oder kleineren Gruppen im mittleren und südlichen Afrika, meist an großen Tieflandflüssen mit Sand- und Kiesbänken. Häufig sind die zutraulichen Krokodilwächter auch in der Nähe menschlicher Siedlungen anzutreffen. Sofern sich die Bedingungen an einem Ort zum Nachteil für die Art verändern, ziehen Krokodilwächter in andere Gebiete mit besseren Voraussetzungen. Dies geschieht zum Beispiel, wenn bevorzugte Aufenthaltsorte durch Veränderungen des Wasserstandes überflutet werden (Delany et al. 2009).

Haltungsanforderungen
Gegenwärtig werden Krokodilwächter im deutschen Sprachraum lediglich im Zoo Karlsruhe gehalten; Jahre zuvor waren es noch 16 Haltungen in deutschen zoologischen Einrichtungen (www.zootierliste.de). In Karlsruhe befinden sich die Vögel in einer Anlage hinter den Kulissen. Selten gelangen Krokodilwächter in den Tierhandel und somit offensichtlich auch kaum in Privathände. Die Unterbringung erfolgt in einer Freivoliere mit angeschlossenem Schutzraum. Die Freivoliere sollte mit einer Sand- und einer Rasenfläche ausgestattet sein; entsprechende Bepflanzungen bieten den Krokodilwächtern Deckung. Ein Trockenfutter für Insektenfresser, angereichert mit Hüttenkäse, ist die Grundnahrung. Lebendinsekten dürfen nicht fehlen. Im Zoo Krefeld gelang 1998 die Welterstzucht von Krokodilwächtern. Unter die als Neststandort vorgesehene Sandfläche wurde dort eine Heizplatte installiert und darüber sorgten ein 500 W-Halogenstrahler sowie eine zusätzliche Heizlampe für ausreichend Licht und Wärme. Die Küken wurden von ihren Eltern mit kleinen Grillen, zerschnittenen Mehlkäferlarven und Pinkys gefüttert. Während der Brutzeit sind Krokodilwächter gegenüber ihren Artgenossen aggressiv.

4   Familie: Haematopotidae – Austernfischer

Allgemeine Biologie
Die **Austernfischer** setzen sich aus 1 Gattung, bestehend aus 9 Arten zusammen. Die schwarzweiß oder schwarz gefärbten, größeren und gedrungenen Limikolen sind weltweit an den Meeresküsten anzutreffen. Die systematische Stellung einer Art/Unterart innerhalb der Familie Haematopidae ist nicht unumstritten. So wird

dem Neuseeländischen Südinsel-Austernfischer (*Haematopus ostralegus finschi*) gelegentlich Artstatus anerkannt oder diese Form wird dem Australausternfischer (*H. longirostris*) oder gelegentlich dem Neuseeland-Austernfischer (*H. unicolor*) zugeordnet. Aufgrund mitochondrialer Untersuchungen wird derzeit ein Unterartstatus angenommen, der eine Zuordnung zum eurasischen Austernfischer (*H. ostralegus*) vorsieht (Banks und Paterson 2007). Tatsächlich ist der taxonomische Status der Form *finschi* nach wie vor unklar, da es auch immer wieder zu Hybridisierungen mit *H. unicolor* kommt (Crocker et al. 2010).

Lediglich die Polarregionen zählen nicht zum Verbreitungsgebiet der Austernfischer. Neben den bereits erwähnten Meeresküsten brüten einige Arten auch im Binnenland. Die in den nördlichen Habitaten lebenden eurasischen Austernfischer verbringen die kalte Jahreszeit in südlich gelegenen Regionen. Von Skandinavien ziehen diese Vögel dann an die Nordsee und von Island in Richtung britische Inseln. Alle anderen Arten der Familie Haematopidae sind Standvögel.

Zwischen 40 und 51 cm sind die Austernfischer groß, bei einem Gewicht von 540 bis 780 g. Der eurasische Austernfischer ist die kleinste Spezies und der Australische Austernfischer ist die größte Art innerhalb dieser Familie. Charakteristisch ist bei diesen gedrungenen Vögeln der starke lange sowie rote Schnabel. Die über den Augen befindlichen Salzdrüsen dienen den Vögeln dazu das über die Nahrung aufgenommene Meersalz wieder auszuscheiden und auf diese Weise die Osmoregulation zu unterstützen. Allen Austernfischern fehlt die erste Zehe (Hallux). Kein Geschlechtsdimorphismus, allerdings sind die Weibchen im Durchschnitt etwas größer (Abb. 3).

Austernfischer bewohnen sandige und felsige Küstengebiete, in denen sie ihre bevorzugte Nahrung Muscheln, Schnecken, Vielborster (Polychaeta), Flohkrebse, Krabben und Seesterne aufnehmen. Zum Nahrungsspektrum zählen auch Regenwürmer, Insekten und ihre Larven.

Der Chathamausternfischer (*H. chatamensis*) gilt derzeit als „endangered" (stark gefährdet). Nach einer Erhebung aus dem Jahr 2004 existierten zu dieser Zeit noch 310–325 Individuen. Der Kanarenausternfischer (*H. meadewaldoi*) ist im Juni 1913

Abb. 3 Sich paarende Austernfischer (*Haematopus ostralegus*) sind auch in Haltungen häufig zu beobachten. (Foto: Jörg Asmus)

ausgestorben, nachdem das letzte lebende Exemplar erlegt worden ist (del Hoyo und Collar 2014).

Haltungsanforderungen

In europäischen Haltungen spielen Austernfischer innerhalb der Ordnung Chradrii-formes eine große Rolle. Vornehmlich wird hier der eurasische Austernfischer in zoologischen Einrichtungen gepflegt, nur im Ozeaneum Lissabon wird der Chileaus-ternfischer (*H. ater*), als ein Vertreter der schwarzen Arten innerhalb der Familie, gehalten (www.zootierliste.de). Auch in privaten Haltungen sind Austernfischer gelegentlich anzutreffen.

Die Haltung bereitet keine größeren Schwierigkeiten. Austernfischer zählen zu den guten Schwimmern und nehmen die Gelegenheit dazu durchaus häufig wahr. Entsprechende Wasserflächen sollten darum bei der Haltung dieser Vögel Berück-sichtigung finden, wodurch dann auch Vergesellschaftungen mit Wasservögeln möglich werden. Zu beachten ist jedoch, dass Austernfischer am Brutplatz ein ausgesprochen aggressives Verhalten zeigen, fremde Gelege zerstören oder gar fressen können. Außerhalb der Brutzeit sind diese Vögel hingegen gesellig. Eine große Biotopvoliere stellt auch für Austernfischer die beste Wahl der Unterbringung dar. Bei der Auswahl des Neststandortes sind sie wenig anspruchsvoll, so dass dafür keine besonderen Vorkehrungen getroffen werden müssen. Ein an die Freivoliere angeschlossenes Schutzhaus sollte während der kalten Jahreszeit jederzeit zur Ver-fügung stehen, in der sich ebenfalls eine flache Wasserstelle befinden muss. Für Austernfischer muss das Winterquartier nicht unbedingt beheizt werden. Vor Erfrie-rungen an den Füßen kann aber bereits Stroh als Einstreu schützen.

Ein handelsübliches Fertigfutter für Weichfresser dient dem Austernfischer als Nahrungsgrundlage in menschlicher Obhut, von einigen Futtermittelherstellern wird auch ein spezielles Limikolenfutter im Fachhandel angeboten. Derartige Fertig-mischungen können beispielsweise mit Garnelen, Mehlwürmern, Schnecken, Muscheln oder auch Regenwürmern angereichert werden. Stinte können ebenfalls gereicht werden.

5 Familie: Recurvirostridae – Säbelschnäbler

Allgemeine Biologie

Die Familie der **Säbelschnäbler** ist unterteilt in 3 Gattungen und insgesamt 7 Arten. Die deutsche Namensgebung ist etwas irreführend, denn nicht nur die eigentlichen Säbelschnäbler werden zur Familie Recurvirostridae gezählt, sondern auch die Stelzenläufer der Gattung *Himantopus* und der nicht haltungsrelevante Schlamm-stelzer (*Cladorhynchus leucocephalus*). Alle zur Familie Recurvirostridae zählenden Arten haben als charakteristische Merkmale sehr lange Beine, dünne lange Schnäbel, die entweder gerade geformt sind oder eine Biegung nach oben aufweisen, und sie sind durch einen langen Hals gekennzeichnet. Untereinander unterscheiden sich die 3 Gattungen vornehmlich durch die Form ihrer Schnäbel und durch das Vorhanden-sein von Lamellen, die einigen Arten zum Filtern der Nahrung dienen. Einige

Autoren diskutieren insbesondere die Zugehörigkeit des Rußstelzenläufers (*Himantopus novaezelandiae*) und sehen ihn als eigenständige Spezies. Die anderen Angehörigen der Gattung werden dann in einer Art mit mehreren Unterarten zusammengefasst. Da aber der Schwarze Stelzenläufer mit dem Weißgesicht-Stelzenläufer (*H. leucocephalus*) hybridisiert, ist auch diese Einteilung fragwürdig. Auch bei der Verwandtschaft der 3 Gattungen untereinander besteht offensichtlich noch Klärungsbedarf, wie zurückliegende Untersuchungen zeigen (Les Christidis 2008). Die Abgrenzung zu anderen Familien innerhalb der Ordnung Charadriiformes ist hingegen durch DNA-Analysen belegt worden. So stehen die Säbelschnäbler in naher Verwandtschaft zu den Austernfischern (Haematopotidae), dem Ibisschnabel (*Ibidorhyncha struthersii*) und zu Teilen der eigentlichen Regenpfeifer (Charadriidae) (Baker et al. 2007).

Säbelschnäbler bewohnen gemäßigte, subtropische und tropische Klimazonen. Dort bilden ausgedehnte Feuchtgebiete mit reichhaltigem Nahrungsangebot ihren Lebensraum. Flaches Sumpfland, möglichst ohne Baumbestand, Salzseen und Lagunen, aber auch Fließgewässer sind die teilweise artabhängigen Habitate während der Brutzeit. Der Andensäbelschnäbler (*Recurvirostra andina*) ist in seiner südamerikanischen Heimat in Höhen bis 5000 m ü. NN als Brutvogel anzutreffen. Außerhalb der Brutzeit leben Säbelschnäbler auch in Küstenregionen. Bei fast allen Arten der Gattung handelt es sich zumindest bei Teilpopulationen um Zugvögel, mit Ausnahme des Schwarzen Stelzenläufers und des Andensäbelschnäblers.

Eine Körpergröße von 35 bis 51 cm weisen die Angehörigen der Familie Recurvirostridae auf, bei einem Gewicht von 166 bis 476 g. Der Stelzenläufer (*H. himantopus*) ist darunter die kleinste sowie leichteste Spezies und der Braunhals-Säbelschnäbler (*R. americana*) die größte und schwerste. Die eigentlichen Säbelschnäbler haben anisodaktyle Füße, wobei die 3 vorderen Zehen durch basale Schwimmhäute verbunden sind. Die Stelzenläufer besitzen keine erste Zehe (Hallux) und auch keine Schwimmhäute. Der Schlammstelzer hat einen tridaktylen Fuß und weist im Gegensatz zu den Stelzenläufern Schwimmhäute auf. Ähnliche Unterschiede sind bei den Schnäbeln der 3 Gattungen vorhanden. Bei den eigentlichen Säbelschnäblern ist er aufwärts gebogen und weist Lamellen auf, bei den Stelzenläufern ist der Schnabel gerade und besitzt keine Lamellen und beim Schlammstelzer schließlich ist der Schnabel ebenfalls gerade, aber wiederum mit Lamellen ausgestattet. Es besteht kein Geschlechtsdimorphismus.

Der anatomisch unterschiedliche Schnabelbau innerhalb der Familie Recurvirostridae deutet auf die ebenso unterschiedlichen Ernährungsweisen hin. Nahrung suchend begeben sich die eigentlichen Säbelschnäbler und Schlammstelzer seiend durch flaches Wasser und filtern Kleininsekten, wie Krebstiere und Würmer, durch ihre lamellenbesetzten Schnäbel. Gelegentlich wird die Nahrung auch direkt aufgenommen. Die Stelzenläufer nehmen Insekten, deren Larven und Würmer direkt auf.

Haltungsanforderungen

3 Arten aus der Familie Säbelschnäbler sind gegenwärtig in europäischen Zoos vertreten. Insbesondere der Säbelschnäbler (*R. avosetta*) wird in großer Zahl gehalten; so auch der Stelzenläufer. Beide Arten werden zudem in privaten Haltungen

gepflegt. Der Schwarznacken-Stelzenläufer (*H. h. mexicanus*), eine Unterart des Stelzenläufers, wurde in der Vergangenheit auch in Privatanlagen gepflegt und dort auch erfolgreich vermehrt.

Säbelschnäbler stellen keine großen Ansprüche an ihre Haltung. Bei ihnen ist jedoch zu beachten, dass sich alle Angehörigen der Familie Recurvirostridae die meiste Zeit im Wasser aufhalten. Eine größere Wasserfläche, etwa 5 bis 25 cm tief, mit einer flach auslaufenden Uferzone und eine daran anschließende Nasszone müssen vorhanden sein, um Erkrankungen an den Füßen vorzubeugen. Der Sandteil in der Voliere sollte regelmäßig vom Kot gesäubert werden, um einer Entzündung der Füße durch Kotverschmutzungen vorzubeugen. Während der kalten Jahreszeit muss den Säbelschnäblern ein frostfreier Schutzraum mit einem eisfreien Flachwasserbereich zur Verfügung stehen. Gern halten sich diese Vögel dann unter einer künstlichen Wärmequelle auf. Während der Aufzuchtphase sollte Futter auf dem Boden verteilt und auch ins Wasser gestreut werden.

Die einheimischen **Säbelschnäbler** lassen sich problemlos mit anderen Vogelarten vergesellschaften. Sie selbst sollten in Gruppen gehalten werden, um die Brutstimulanz zu fördern. Sehr schön ist bei dieser Haltungsform dann auch die kurzzeitige Gruppenbalz zu beobachten. Gelegentlich kommt es dabei auch zu Kämpfen, die in der Regel aber ohne Komplikation verlaufen. Brutwillige Vögel errichten ihr Nest in einer Mulde und kleiden diese zum Teil mit Steinen und Pflanzenteilen aus. Ein Säbelschnäbler-Gelege besteht in der Regel aus 4 Eiern. 23–25 Tage beträgt die Brutdauer. An der Brut und der späteren Aufzucht der Jungvögel sind beide Elternteile beteiligt. Säbelschnäbler können auch tiefere Wasserbereiche angeboten werden, da sie im Gegensatz zu den Stelzenläufern auch in tieferen Gewässern schwimmen (Abb. 4).

Obwohl auch **Stelzenläufer** zu den Koloniebrütern zählen, können sie in menschlicher Obhut durchaus paarweise gehalten werden, wobei auch bei ihnen eine Vergesellschaftung mit anderen Säbelschnäblern problemlos verläuft. Eine flache Mulde dient den Stelzenläufern als Nest, in dem sie zumeist 4 Eier in einer Brutzeit von 23 bis 24 Tagen bebrüten. Die Bebrütung und Jungenaufzucht übernehmen beide Paarpartner.

Abb. 4 Säbelschnäbler (*Recurvirostra avosetta*) sollten möglichst in der Gruppe gehalten werden. (Foto: Jörg Asmus)

Das bei anderen Regenpfeiferartigen bereits erwähnte Weichfutter (Limikolenfutter) findet ebenso bei den Säbelschnäblern Anwendung. Auch bei ihnen ist die
Beigabe von Lebendinsekten unumgänglich.

Laut IUCN wird der Schwarze Stelzenläufer als „critically endangered" (vom
Aussterben bedroht) eingestuft. 2005 wurden in Freiheit noch 17 Brutpaare gezählt;
in Menschenhand befinden sich 25 weitere Individuen, die zur Auswilderung auf
raubtierfreien Inseln vorbereitet werden (del Hoyo und Collar 2014).

6   Familie: Charadriidae – Regenpfeifer

Allgemeine Biologie

Bei den **Regenpfeifern** handelt es sich mit 71 Spezies um eine artenreiche Familie,
die sich auf 12 Gattungen aufteilen. Die kleinen bis mittelgroßen Vögel sind auf
allen Kontinenten und in allen Klimazonen verbreitet. Für Regenpfeifer charakteristisch sind große Augen, ein kurzer Schnabel und ein rundlich wirkender Körper.
Die systematische Einordnung der Familie Charadriidae war in der Vergangenheit
nicht ganz einfach. So wurden Möwen, Seeschwalben und die Schnepfen in ihrer
verwandtschaftlichen Nähe gesehen. Heute stellen Austernfischer, Säbelschnäbler
und Blatthühnchen ihre nächsten Verwandten innerhalb der Ordnung Charadriiformes dar. Erst kürzlich erfolgte DNA-Untersuchungen führten zu der jetzigen Einordnung (Baker et al. 2012) (Abb. 5).

Regenpfeifer sind Bewohner offener Landschaften in der Nähe von Gewässern;
besonders häufig sind sie im Marschland, Grasland und der offenen Tundra in
Küstennähe anzutreffen. Einige Spezies zieht es zudem ins Binnenland bis hinauf
in die Gebirgsregionen. Auch trockene Gebiete zählen bei einigen Arten zum
gewohnten Lebensraum. Unter den Regenpfeifern gibt es Langstreckenzieher, Kurz-
streckenzieher und Standvögel. Langstreckenzieher legen mitunter auf ihrer Weg-
strecke zwischen den Überwinterungsplätzen und den Brutgebieten mehrere tausend
Kilometer zurück. Bei den Kurzstreckenziehern wechseln manche Arten teilweise
mehrmals im Jahr ihr Habitat.

Abb. 5 Mornellregenpfeifer
(*Eudromias morinellus*)
bevorzugen offene
Landschaften als Brutareal.
(Foto: Jörg Asmus)

Der kleinste Regenpfeifer ist der Schlankschnabel-Regenpfeifer (*Charadrius collaris*), der eine Körpergröße von 14 bis 16 cm aufweist und ein Gewicht zwischen 25 und 42 g. Die größte Spezies innerhalb der Familie Charadriidae ist der Maskenkiebitz (*Vanellus miles*), der zwischen 30 und 37 cm groß werden kann, bei einem Gewicht von 191 bis 300 g. Neben den bereits weiter oben erwähnten charakteristischen Merkmalen besitzen die meisten Regenpfeifer im Verhältnis zu ihrem Körper dünne Beine, die kurz oder maximal mittellang wirken. Die erste Zehe (Hallux) ist sehr kurz und bei manchen Arten nur noch rudimentär vorhanden. Schwimmhäute zwischen den vorderen 3 Zehen fehlen. Salzdrüsen befinden sich zwischen den Augen und dienen zur Absonderung des mit der Nahrung aufgenommenen Meersalzes. Eine anatomische Besonderheit ist der Schiefschnabel (*Anarhynchus frontalis*), dessen Schnabel im Verhältnis zu den anderen Regenpfeifern länger und fast immer leicht nach rechts gebogen ist. Mit seinem anders geformten Schnabel sucht dieser Vogel seine Nahrung unter Steinen. Die Gattung *Vanellus* (Kiebitze) unterscheiden sich durch eine Federhaube, ihren Hautlappen am Kopf und durch hornige Dornen an den Handwurzelknochen. Im Gegensatz zu den anderen Regenpfeifern, die über lange schmale Flügel verfügen, haben die meisten Kiebitze breite abgerundete Flügel. Bei vielen Regenpfeiferarten sind die Männchen intensiver gefärbt als die weiblichen Tiere. Eine Ausnahme bildet hier der zutrauliche Mornellregenpfeifer (*Eudromias morinellus*), bei dem das Weibchen während der Brutzeit eine etwas intensivere Färbung besitzt (Abb. 6).

Zur ihrem Nahrungsspektrum zählen vor allem Wirbellose, so verschiedene Käfer, Krebstiere, Spinnen, Würmer, Muscheln und Schnecken, aber in geringen Mengen auch Pflanzenteile. Regenpfeifer warten in der Regel eine kurze Zeit regungslos, bis sich ein Beutetier zeigt und stoßen dann blitzschnell zu. Diese Augenblicke werden durch schnellen Wechsel des Standortes unterbrochen. Mitunter klopfen einige Regenpfeifer in schneller Folge hintereinander mit dem Fuß auf den Erdboden, wodurch sich ihre Nahrung hervorlocken lässt.

Die Jungenaufzucht erfolgt allgemein von beiden Paarpartner. Bei den Mornellregenpfeifern ist es hauptsächlich das Männchen, das sich um die Jungen kümmert.

Abb. 6 Einige Regenpfeifer bebrüten ihr Gelege direkt auf steinigem Untergrund, im Bild ein Sandregenpfeifer-Gelege (*Charadrius hiatticula*). (Foto: Jörg Asmus)

Haltungsanforderungen

10 Kiebitzarten werden in zoologischen Gärten und zum Teil auch in Privathand gehalten; hinzu kommen 5 Regenpfeiferarten. Europaweit werden in zoologischen Einrichtungen der Kiebitz (*Vanellus vanellus*, 53 Haltungen) und der Maskenkiebitz (46 Haltungen) am häufigsten gehalten. Seltener der Dreiband-Regenpfeifer (*Charadrius tricollaris*), der derzeit in nur 3 europäischen Zoo gepflegt wird, oder auch der Langzehenkiebitz (*Vanellus crassirostris*), der ausschließlich im Zoo Augsburg gehalten wird, der Rotlappenkiebitz (*Vanellus indicus*), dessen Haltung im Vogelpark Bobenheim-Roxheim erfolgt und dessen Unterart, der westliche Rotlappenkiebitz (*V. i. aigneri*), mit einer Haltung im Weltvogelpark Walsrode (www.zootierliste.de) vertreten ist. Interessant ist, dass so seltene Spezies wie der Spornkiebitz (*Vanellus spinosus*), neben einer bekannten Haltung im Westküstenpark St. Peter-Ording, auch in Privathand anzutreffen ist; der Seeregenpfeifer (*Charadrius alexandrinus*) und der Mornellregenpfeifer sind derzeit sogar ausschließlich in einer privaten Zuchtanlage zu finden. Vereinzelt sind Sandregenpfeifer und Flussregenpfeifer in Privathand, aber auch Dreiband-Regenpfeifer wurden in der Vergangenheit erfolgreich in Privatanlagen vermehrt (Abb. 7 und 8).

Regenpfeifer können gut in einer Freivoliere mit angeschlossenem Schutzraum gehalten werden. Es ist allerdings zu beachten, dass einige Arten (z. B. Maskenkiebitze) sehr laut werden können und aufgrund ihrer Revieransprüche gegenüber anderen bodenbewohnenden Arten Aggressionen auftreten können. Im Außenbereich sollten einige Sand- und Kiesflächen (keine scharfen Steine), niedriges Gras, vereinzelte niedrige Büsche und auch kleinere Schilfgürtel vorhanden sein, vor allem aber eine Wasserstelle. Während der Jungenaufzucht den Teich mit nur wenig Wasser füllen, um ein Ertrinken der Küken zu verhindern. Die Maße für die Freivoliere sollten möglichst 5 m Länge, 3 m Breite und 2 m Höhe nicht unterschreiten und bei Vergesellschaftungen mit anderen Vögeln entsprechend größer ausfallen. Im Schutzraum sollte ebenfalls eine Wasserstelle angeboten werden. Als Bodenbelag ist dort Sand zu empfehlen, der mit einigen ausgestochenen Rasenstücken aufgelockert werden kann. Die Maße für den Schutzraum sollten bei Gruppenhaltungen eine Fläche von 10 m^2 möglichst nicht unterschreien. Für kleinere Arten, wie den Hirten-

Abb. 7 Maskenkiebitze (*Vanellus miles*) zählen zu den aggressiveren sowie lauten Kiebitzen. (Foto: Jörg Asmus)

Abb. 8 Juveniler
Maskenkiebitz. (Foto: Jörg
Asmus)

regenpfeifer (*Charadrius pecuarius*), darf die Unterbringung auch etwas kleiner
ausfallen.

Die Grundlage für eine ausgewogene Fütterung stellt ein handelsübliches Weichfresserfutter (Limikolenfutter) dar, angereichert mit Trockeninsektenfutter (getrocknete Garnelen). Im täglichen Wechsel sollten auch Lebendinsekten (Zophobas,
Mehlwürmer, Heimchen, Buffalos, Pinkies, Wachmottenlarven, Fruchtfliegen, Wiesenplankton) und Regenwümer gereicht werden. Stinte, Innereien und Fleischstückchen werden von einigen Arten ebenfalls gern genommen. Einige Halter reichen mit
Erfolg auch Pellets für kleine Limikolen, Kükenaufzuchtfutter oder ein Beofutter.

Regenpfeifer legen ihre Nester, bestehend aus einer Mulde, auch in Menschenobhut zwischen oder unter niedriger Vegetation an, oft auch einfach nur zwischen
Steinen. Als Nistmaterial finden manchmal Pflanzenteile, kleine Zweige oder auch
Federn Verwendung, zumeist liegen die Eier jedoch direkt auf dem Boden. Besonders geeignet ist darum ein sandiger weicher Untergrund. Nach dem Schlupf der
Küken müssen diese vor plötzlichen Kälteeinbrüchen geschützt werden, ansonsten
könnten sie Schaden nehmen.

Acht Arten werden von der IUCN derzeit als bedroht angesehen. Hieraus
stechen der Berg-Maorieregenpfeifer (*Charadrius obscurus*) und der Chathamre-
genpfeifer (*Charadrius novaeseelandiae*) als „endangered" (stark gefährdet) hervor; mehr noch der Helenaregenpfeifer (*Charadrius sanctaehelenae*) sowie der

Javakiebitz (*Vanellus macropterus*) und Steppenkiebitz (*Vanellus gregarius*), die
als „critically endangered" (vom Aussterben bedroht) geführt werden (del Hoyo
und Collar 2014).

7   Familie: Jacanidae – Blatthühnchen

Allgemeine Biologie
Zu den **Blatthühnchen** werden 6 Gattungen gezählt, mit insgesamt 8 Arten. Es
handelt sich bei ihnen um kleine bis mittelgroße Vögel, die besonders durch ihre
großen Füße auffallen. Aufgrund ihrer Ähnlichkeit mit den Rallen (Rallidae) wurden
die Blatthühnchen früher zu den Kranichvögeln (Gruiformes) gezählt. Durch DNA-
Analysen wurde schließlich bestätigt, dass diese Familie den Regenpfeiferartigen
zuzuordnen ist und dort in enger verwandtschaftlicher Beziehung mit den Goldschnepfen (Rostratulidae) und den Schnepfen (Scolopacidae) zu stellen ist (Ericson
et al. 2003).

Ihr Verbreitungsgebiet haben diese Vögel in Afrika südlich der Sahara, auf
Madagaskar, in Süd- sowie Südostasien, Australien, Mittel- und auch Südamerika.
Von Wasserpflanzen überwachsene Oberflächen stehender Gewässer in tropischen
und subtropischen Gebieten sind der Lebensraum der Blatthühnchen. Nur das
Fasanenblatthühnchen (*Hydrophasanius chirurgus*) kann innerhalb der Familie als
Zugvogel bezeichnet werden, dessen Brutgebiete in China und im Himalaya liegen
und das außerhalb der Brutsaison in Südostasien anzutreffen ist. In niederschlags-
reichen Gebieten sind Blatthühnchen mitunter recht häufig, aride Zonen meiden sie
in der Regel. Von einigen Arten werden auch geschlossene Regenwaldgebiete
gemieden. Überflutetes Flachland, Teiche, Seen, Marschen oder auch künstlich
angestaute Gewässer (Reisfelder) sind bevorzugte Habitate, möglichst mit ausgiebi-
ger Schwimmpflanzenvegetation.

Die Körpergröße bei den Blatthühnchen variiert zwischen 15 cm und einem
Körpergewicht von etwa 41 g beim Zwergblatthühnchen (*Microparra capensis*)
und zwei Spezies, die circa 31 cm groß sind (Blaustirn-Blatthühnchen, *Actophilornis africanus*; Bronzeblatthühnchen, früher Hindublatthühnchen, *Metopidius
indicus*) und bis zu 354 g wiegen können. Die Weibchen sind bei allen Blatthühnchen-Arten wesentlich schwerer und auch größer als die Männchen. Beim
Fasanenblatthühnchen kann das Gewicht der Weibchen sogar das doppelte der
männlichen Artgenossen erreichen. Fasanenblatthühnchen weisen innerhalb der
Familie Jacanidae eine Besonderheit auf; im Prachtkleid haben beide Geschlechter
einen langen Schwanz. Ein Wechsel zwischen Prachtkleid und Ruhekleid kommt
bei den anderen Blatthühnchen-Arten nicht vor. Alle Blatthühnchen besitzen
jedoch lange Beine und als auffälligstes Merkmal enorm verlängerte Zehen, die
ihnen das Fortbewegen auf den Schwimmpflanzen bestens ermöglichen. Füße der
größeren Blatthühnchen-Arten können mitunter eine Fläche von 15 × 20 cm über-
spannen. Die beiden Geschlechter sind nur anhand ihrer Körpergröße zu unterscheiden.

Auf Wasserpflanzen oder im Wasser lebende Insekten, größere Wirbellose und Amphibien bilden die Hauptnahrung der Blatthühnchen. Auch andere ins Wasser gefallene Insekten werden nicht verschmäht. Schwimmpflanzen werden mit den Füßen umgedreht, um an die auf der Unterseite befindliche Nahrung zu gelangen (Krebstiere, Muscheln, Insekten). Blatthühnchen sind auch beobachtet worden, wie sie Parasiten von Wasserschweinen (*Hydrochoerus hydrochaeris*) oder auch von Flusspferden (*Hippopotamus amphibius*) pickten. Seltener werden kleine Fische gefressen.

Die Weibchen neigen oft zur Polyandrie. Das typische Nest ist eine aus Wasserpflanzen zusammengefügte schwimmende Plattform. Ein Gelege besteht aus 4 Eiern. Zwischen 22 und 28 Tagen bebrütet allein das Männchen das Gelege. Auch die spätere Jungenaufzucht ist Sache des männlichen Artgenossen. Mitunter ist zu beobachten, dass die Männchen die Küken auf dem Rücken zwischen den Flügeln tragen.

Haltungsanforderungen

In Europa sind derzeit nur 2 Arten haltungsrelevant. So werden vornehmlich das Rotstirn-Blatthühnchen (*Jacana jacana*) und das Blaustirn-Blatthühnchen in wenigen zoologischen Einrichtungen zur Schau gestellt. In Privathand werden sie sehr selten oder gar nicht gehalten (Abb. 9).

Als Haltungsform kommt lediglich eine Haltung in Großvolieren oder Tropenhäusern in Betracht, die Teiche aufweisen, auf denen vorzugsweise Schwimmpflanzenfür eine artgerechte Haltung vorhanden sind. Ersatzweise können die schwimmenden Pflanzen durch Kork- oder Kunststoffplatten ersetzt werden. Im Winter muss unbedingt eine warme Unterbringung erfolgen.

Insekten und Insektenschrot dient als Nahrung für die Blatthühnchen. Weitere tierische Nahrungsquellen stellen hart gekochtes Ei und gemahlenes Rindfleisch dar. Gekochter Reis und gequollenes Getreide sorgen für pflanzliche Nährstoffe.

Unter den Blatthühnchen wird nach IUCN-Angaben das Madagaskarblatthühnchen (*Actophilornis albinucha*) als „near threatened" (potenziell gefährdet) eingestuft (del Hoyo und Collar 2014).

Abb. 9 Rotstirn-Blatthühnchen (*Jacana jacana*) zählen zu den haltungsrelevanten Arten innerhalb ihrer Familie. (Foto: Jörg Asmus)

8 Familie: Scolopacidae – Schnepfenvögel

Allgemeine Biologie

Eine größere Gruppe innerhalb der Ordnung Regenpfeiferartige sind die **Schnepfenvögel**. Aus 16 Gattung mit 91 Arten setzt sich diese vielgestaltige Familie zusammen. Früher wurden sie verwandtschaftlich in der Nähe der Regenpfeifer (Charadriidae) eingeordnet. Durch phylogenetische Untersuchungen wurde diese Annahme weitestgehend wiederlegt und so stuft man die Schnepfenvögel gegenwärtig in die Nähe der Blatthühnchen (Jacanidae), Goldschnepfen (Rostratulidae), Höhenläufer (Thinocoridae) und Steppenläufer (Pedionomidae) ein (Thomas et al. 2004).

Die Gattungen der Schnepfenvögel unterscheiden sich teilweise deutlich voneinander. Unterschiedlich in ihrem jeweiligen Verhältnis zueinanderstehende Bein- und Schnabellängen sind die wohl auffälligsten Unterscheidungsmerkmale einzelner Gattungen. Die Brachvögel (*Numenius*) fallen durch ihre langen, schmalen und nach unten gebogenen Schnäbel auf. Unter den Wassertretern beobachtet man hingegen kaum watende Individuen, denn sie bewegen sich eher schwimmend fort. Bei ihnen ist auch die Rolle der Geschlechter vertauscht; die Weibchen sind farbenprächtiger, sie verteidigen das Revier und zeigen auch mitunter langandauernde Balzaktivitäten. Des Weiteren ziehen bei ihnen die Männchen den Nachwuchs auf.

Zwischen 12 und 66 cm beträgt der Unterschied zwischen der kleinsten Art (Zwergstrandläufer), (*Calidris minuta*) und dem größten Schnepfenvogel (Isabellbrachvogel, *Numenius madagascariensis*). Der Gewichtsunterschied zwischen beiden Arten variiert von 17–44 g beim Zwergstrandläufer und 390–1350 g beim Isabellbrachvogel. Unterschiede bestehen auch bei der Länge und Form der Schnäbel einiger Spezies. Der endemisch auf dem Tuamotu-Archipel lebende Tuamotu-Südseeläufer (*Prosobonia parvirostris*) verfügt über den kürzesten Schnabel innerhalb der Familie Scolopacidae und die Brachvögel über die längsten. In der Regel haben alle Schnepfenvögel einen geraden Schnabel, nur bei den Brachvögeln ist dieser mehr oder weniger stark nach unten gebogen und bei den Pfuhlschnepfen (*Limosa*) wiederum leicht nach oben. Der eine eigene Gattung bildende Löffelstrandläufer (*Calidris pygmaea*) besitzt einen Schnabel in der namensgebenden Form. Die Schnabelspitze der meisten Arten weist eine große Dichte von taktilen Rezeptoren auf, die dem Ertasten der Beute dienen, mit Ausnahme der Steinwälzer (*Arenaria interpres*) und Gischtläufer (*Calidris virgata*), die ihre Nahrung unter Steinen finden. Ebenfalls eine Besonderheit weist der Sanderling (*Calidris alba*) auf, dem im Gegensatz zu allen anderen Vertretern der Schnepfenvögel die hintere Zehe fehlt. Die drei vorderen Zehen sind bei Wassertretern (*Phalaropus*), Pfuhlschnepfen und einigen Strandläufern (*Calidris*) mit partiellen Schwimmhäuten versehen; bei den meisten anderen Spezies fehlen sie. Die eigentlichen Schnepfen (*Scolopax*) unterschieden sich durch die Form ihrer Flügel und die Anzahl der Schwanzfedern von den anderen Familienangehörigen. Bei den Schnepfen sind die Flügel abgerundet und nicht lang und spitz wie bei den anderen Gattungen. Schnepfen besitzen 12 Schwanzfedern und die anderen Spezies bis zu 26. Kampfläufer (*Calidris pugnax*) entwickelten im Laufe ihrer Entwicklungsgeschichte ein kompliziertes Paarungssystem, das sich in oder nahe von Balzarenen abspielt und mit der die sehr unterschiedlichen Färbungen der männlichen Exemplare, ihre Größe und ihr Verhalten im Zusammenhang zu bringen ist (Roughgarden 2004; Lank et al. 1995; Jukema und Piersma 2006). An Salzmeerküsten vorkommende Spezies weisen zwischen den Augen Salzdrüsen auf; bei den an Süßwassergewässern bzw. im Binnenland lebenden Arten sind diese stark zurückgebildet oder fehlen ganz.

Schnepfenvögel verfügen über ein breites Nahrungsspektrum. Würmer, Weich- und Krebstiere, kleine Fische, Insekten und deren Larven, kleine Säugetiere, mitunter Vogeleier und zum geringen Teil auch pflanzliche Bestandteile nehmen diese Vögel zu sich. Auch hartschalige Mollusken zählen bei einigen Arten zur Nahrung. Wassertreter nehmen auch Krill und auf Walrücken vorkommende Parasiten auf.

Die meisten Schnepfenvögel leben in Monogamie. Sie nutzen eine flache Bodenmulde als Nest, manchmal gut getarnt durch den natürlichen Bewuchs ihrer Umgebung, oder die umgebene Pflanzung wird mitunter auch zur Tarnung des Geleges über dem Neststandort zusammengezogen. Waldwasserläufer und Bruchwasserläufer (*Tringa glareola*) weichen von diesem Brutverhalten ab; sie nutzen verlassene Nester baumbrütender Arten als Nistplatz. Ein gewöhnliches Gelege besteht bei den Schnepfenvögeln aus 4 Eiern, bei manchen Arten sind es aber auch nur 2 oder 3. Nach einer Brutzeit von 22 bis 24 Tagen verlassen die Küken sofort das Nest und begeben sich selbstständig auf Nahrungssuche.

Haltungsanforderungen

In Privatanlagen dürfte die Haltung von Schnepfenvögeln eine wirkliche Ausnahme darstellen. So scheint dort lediglich der Kampfläufer eine beachtenswerte Rolle zu spielen. In zoologischen Einrichtungen sind innerhalb Europas derzeit 18 Spezies haltungsrelevant, darunter sonst selten gehaltene Arten wie der Beringstrandläufer (*Calidris ptilocnemis*), Knutt (*Calidris canutus*), Löffelstrandläufer, Sichelstrandläufer (*Calidris ferruginea*) und der Zwergstrandläufer (www.zootierliste.de) (Abb. 10).

Schnepfenvögel können in Volieren ab einer Größe von 10 m^2 Grundfläche untergebracht werden. Besser sind größere Quartiere, in denen das natürliche Habitat der Vögel nachgestaltet wird. Eine ausgezeichnete Haltungsform wird im Vogelpark Marlow praktiziert. In der für den Besucher begehbaren weitläufigen Großvoliere „Vorpommersche Boddenlandschaft" sind verschiedene Wasser- und Watvögel untergebracht. Mit dieser Anlage wurde der Lebensraum Küste mit Dünen und Sumpfzonen nachgestaltet, in der unter anderem Austernfischer, Kampfläufer, Kiebitze, Rotschenkel, Säbelschnäbler und Sandregenpfeifer in der Gemeinschaft gehalten werden. Mit breiten flach auslaufenden Uferbereichen und daran anschließende Nasszonen wird den Vögeln die natürliche Nahrungssuche ermöglicht. Eventuell weniger verträgliche Arten meiden einander in großdimensionierten Unterkünften. Wichtig ist auch bei derart großzügigen Haltungsformen der Prädatorenschutz, der durch geeignete bauliche Maßnahmen realisiert werden muss.

Bezüglich ihrer Ernährung unterscheiden sich die Schnepfenvögel nicht von den anderen Regenpfeiferartigen. Ein Limikolen-Fertigfutter stellt in den meisten Fällen die Grundversorgung dar, ergänzt durch Gaben von Lebendinsekten, hart gekochtem Ei, Quark, Stinten und durchgedrehtem Rindfleisch. Die miteinander vermischten

Abb. 10 Große Brachvögel
(*Numenius arquata*) sind
seltener in europäischen Zoos
vertreten. (Foto: Jörg Asmus)

Futtergaben sollten eine feuchtkrümelige Konsistenz besitzen, um die Aufnahme
für die Vögel etwas zu erleichtern. Lebendinsekten können auch auf dem Boden
verstreut werden. Aber auch geschnitten angebotene Eintagsküken, junge Mäuse
und andere Kleintiere, vermischt mit geriebenen Möhren, Garnelen und Weißbrot-
würfel werden von den Schnepfenvögeln aufgenommen.

Die Zucht ist bei einigen Schnepfenvögeln bereits vereinzelt gelungen. Für die
geplante Vermehrung sollte den Vögeln ein ihrem natürlichen Lebensraum entsprechender Lebensraum nachgestaltet werden. Natürlicher Bewuchs sorgt auch bei
einer Haltung in Menschenhand für ruhigere und dadurch komplikationslose Bruten.
Insbesondere bei den störungsanfälligen Küken des Kampfläufers sollten entsprechende Versteckmöglichkeiten vorgesehen werden, vorzugsweise durch pflanzlichen Bewuchs.

Sehr viele der derzeit noch existierenden Schnepfenvögel sind in ihrem Bestand
bedroht. Insgesamt betrifft diese Einstufung 12 Arten, wobei insbesondere der
Eskimobrachvogel (*Numenius borealis*) als wahrscheinlich bereits ausgestorben gilt.
Vom Dünnschnabel-Brachvogel (*Numenius tenuirostris*) wurde Mitte der 1990er-
Jahre noch ein Bestand von 50–270 Tieren geschätzt, die Art wird gegenwärtig als
„critically endangered" (vom Aussterben bedroht) eingestuft. So auch der Löffelstrandläufer, von dem nach Schätzungen aus dem Jahr 2012 kaum mehr 100 Brutpaare existieren sollen. Ausgestorben sind im Laufe der Zeit bereits 5 Arten der
Familie Scolopacidae (del Hoyo und Collar 2014).

9   Familie: Turnicidae – Laufhühnchen

Allgemeine Biologie
Die Familie der **Laufhühnchen** wird heutzutage unterteilt in 2 Gattungen und 18
Arten. Ihrem Aussehen nach erscheint eine Zuordnung dieser Familie zu den Hüh-
nervögeln (Galliformes), speziell zu den Wachteln (*Coturnix*), angebrachter zu sein.
So wurden die Laufhühnchen anfangs auch tatsächlich den Hühnervögeln zugeord-

net, bis sich herausstellte, dass die innere Anatomie eher den Regenpfeiferartigen ähnelt (Sibley und Ahlquist 1990; Paton et al. 2003; Fain und Houde 2007).

Es handelt sich bei den Laufhühnchen um kleine bodenbewohnende Vögel, von denen alle tridaktyle Füße besitzen. Dies ist auch gleichzeitig ein eindeutiges Unterscheidungsmerkmal zu den Hühnervögeln, bei denen die vierte Zehe immer vorhanden ist. Angehörige der Familie Turnicidae weisen einen umgekehrten Sexualdimorphismus auf, der sich zum einen darin äußert, dass die weiblichen Tiere kontrastreicher gefärbt und wesentlich größer sind. Des Weiteren sind Luft- und Speiseröhre bei den Weibchen deutlich vergrößert, was sie zum Erzeugen besonderer artabhängiger Laute befähigt; wobei die Speiseröhre als Resonanzkörper für diese weithin hörbaren Laute dient. Auch sind die Weibchen die aktiveren bei der Partnersuche und Balz, die männliche Tiere bebrüten zum größten Teil die Eier und ziehen anschließend die Jungvögel auf. Für die meisten Laufhühnchen-Arten ist die Polyandrie die vorherrschende Fortpflanzungsstrategie. Ein Weibchen paart sich in einem solchen Fall mit dem ersten Männchen, nach der Eiablage überlässt es dem männlichen Tier die Brut und paart sich kurz darauf mit dem nächsten Männchen. Bis zu sieben Gelege von einem Weibchen sind keine Seltenheit. Einige Laufhühnchen-Arten verfügen über ein besonderes Fortbewegungsverhalten. Während sie sich auf dem Boden langsam laufend fortbewegen halten sie immer wieder einen Moment inne und bewegen den Körper abwechselnd vor und zurück, bevor sie den Fuß schließlich einen weiteren Schritt vorsetzen.

Zwischen 10 und 23 cm sind die Laufhühnchen groß. Als kleinste Spezies wird dabei mit einem Gewicht ab 15,7 g das Lerchenlaufhühnchen (*Ortyxelos meiffrenii*) angesehen; der größte Vertreter innerhalb der Familie Turnicidae ist das Buntlaufhühnchen (*Turnix varius*), mit einem Gewicht von bis zu 94 g.

Die Nahrung der Laufhühnchen besteht aus pflanzlicher sowie tierischer Kost. Vornehmlich setzt sich ihr Nahrungsspektrum zusammen aus Sämereien, Knospen, Beeren und Trieben, aber auch Insekten und deren Larven. Ob der Anteil pflanzlicher Nahrung im Einzelfall höher ausfällt oder tierische Kost bevorzugt wird, ist immer artabhängig.

Die tagaktiven Vögel bewohnen den afrikanischen Kontinent, mit Ausnahme der Wüstengebiete, des Weiteren das südliche und östliche Asien und die australisch-ozeanische Region. Einzelne Populationen des Laufhühnchens (*Turnix sylvaticus*) existieren auch auf der Iberischen Halbinsel. Unter den Laufhühnchen gibt es Stand- und Zugvögel. Als Nest dient eine unter Strauchwerk mit Gras ausgelegte Mulde. Die Gelegegröße variiert zwischen 2 und 5, besteht in Ausnahmefällen auch aus 7 Eiern. Die Inkubationszeit beträgt 12–15 Tage.

Haltungsanforderungen

Ein großer Teil aller derzeit existierenden Laufhühnchen-Arten wurden bereits in Menschenhand gepflegt. Zoologische Einrichtungen und auch private Vogelliebhaber pflegten verschiedene Arten und erzielten mit ihnen teilweise auch gute Vermehrungserfolge. Von Privathaltern wurde mitunter allerdings berichtet, dass die Rufe der Laufhühnchen-Weibchen zuweilen auch nachts weithin hörbar sind. Dieser Umstand bewegte viele Halter zur Abschaffung dieser Vögel. Heutzutage bezieht sich die Haltung offensichtlich nur noch auf das Bindenlaufhühnchen (*Turnix suscitator*), das in wenigen europäischen Zoos und bei Privathaltern zu finden ist.

Laufhühnchen gelten als ausdauernde Pfleglinge, die sich bei geeigneter Unterbringung leicht fortpflanzen. Eine mit flachem Bewuchs und inselartigen Sandflächen ausgestattete Voliere stellt die beste Form der Haltung dar. Laufhühnchen nehmen sehr gern Sandbäder. Im Winter sind die Tiere warm unterzubringen.

Ernährt werden die Vögel mit einem Waldvogel- und Exotenfuttergemisch, das insbesondere auch als Keimfutter gereicht werden sollte. Sehr klein geschnittene Pflanzenteile werden aufgenommen, sofern diese mit dem sonstigen Futterangebot vermischt werden. Gekochte und anschließend gequetschte Kartoffeln finden immer wieder Beachtung, auch hart gekochtes Ei. Ein Futter für Weichfresser und kleine Lebendinsekten sind vor allem während der Aufzuchtphase in einem größeren Anteil zu reichen. Grit sollte den Laufhühnchen immer zur Verfügung stehen.

Die Vermehrung ist schon oft gelungen. Einige Halter separieren die vorhandenen Männchen in einzelne Unterkünfte. Danach setzten sie die Weibchen zu einem Männchen, bis ein vollständiges Gelege gezeitigt wurde und das Männchen angefangen hat zu brüten. Das Weibchen kann dann zu dem nächsten Männchen in die Voliere gesetzt werden, wo sich dieser Vorgang wiederholt. Auf diese Weise wurden bei ausreichend vielen Männchen schon bis zu 50 Eier von einem einzelnen Weibchen gelegt. Mitunter ist es ratsam die einzelnen Männchen mit den gerade geschlüpften Küken in kleinere Boxen umzuquartieren, da in dicht bewachsenen Volieren mitunter der Kontakt abbrechen kann und die Jungvögel dann nicht ausreichend gewärmt werden. Auch von Misserfolgen wurde berichtet, so haben Rotnacken-Laufhühnchen (*Turnix tanki*) bei Mayer anfänglich entweder das Gelege nicht bebrütet oder frischgeschlüpfte Küken sind sofort von dem Weibchen getötet worden (Mayer 2004). Lebendinsekten sind während der Aufzuchtphase der Laufhühnchen unverzichtbar.

Von den Laufhühnchen-Arten sind gegenwärtig 3 bedroht. Das Kaplaufhühnchen, früher Hottentottenlaufhühnchen (*Turnix hottentottus*) und das Ockerbrust-Laufhühnchen (*Turnix olivii*) zählen laut IUCN zu den stark gefährdeten Arten („endangered") und vom Neukaledonien-Laufhühnchen (*Turnix novaecaledoniae*) wird angenommen, dass es bereits ausgestorben ist. (del Hoyo und Collar 2014).

10   Familie: Laridae – Möwen

Allgemeine Biologie

Die große Familie der **Möwen** unterteilt sich in 20 Gattungen mit 100 Arten. Erst neuere Untersuchungen der mitochondrialen DNA führten zu dem Ergebnis, dass sich die Laridae aus wesentlich mehr Arten zusammensetzt, als früher angenommen (Pons und Hassanin 2005).

Die mittelgroßen und großen Vögel besitzen lange, schmale und spitze Flügel. Die Schnäbel sind kräftig und schlank; der Oberschnabel ist an der Spitze leicht nach unten gekrümmt. An den Füßen aller Möwen sind die drei vorderen Zehen durch Schwimmhäute miteinander verbunden. Die hintere Zehe ist kurz oder fehlt bei einigen Arten ganz. Das grau-weiß gefärbte Gefieder der meisten Möwenarten ist bei den größeren Spezies erst im 4. Jahr vorhanden. Eine dunkle Kopffärbung zeigen einige Möwenarten dann im Brutkleid. Bei dieser Familie herrscht kein Geschlechtsdimorphismus in der Gefiederfärbung vor; in den meisten Fällen sind die Männchen aber größer.

Die kleinste Möwenart ist die 20 cm große und 40–45 g wiegende Orientseeschwalbe (*Sternula saundersi*). Als größte Art wird die Mantelmöwe (*Larus marinus*) angesehen, die eine Größe von bis zu 79 cm und ein Gewicht von 2272 g erreichen kann.

Möwen sind zum größten Teil Allesfresser; ihr Nahrungsspektrum setzt sich zusammen aus Fischen, Insekten, Krebs- und Weichtieren, Stachelhäutern, Jungvögeln oder kleinen Nagern. Mantelmöwen und andere große Arten sind als Nesträuber bekannt und erbeuten mitunter Vögel bis zur Größe von Enten. Auch Aas nehmen viele Arten zu sich oder gelegentlich Sämereien und andere Pflanzenteile. Salzdrüsen sorgen bei den Möwen dafür, dass mit der Nahrung aufgenommenes Meersalz wieder ausgeschieden werden kann.

Möwen sind nahezu weltweit verbreitet. Die meisten Möwenarten leben an den Küsten oder an größeren Gewässern im Binnenland. In vielen tropischen Gebieten fehlen allerdings Brutvorkommen, so dass diese Regionen lediglich als Überwinterungsplätze genutzt werden.

Die Bodennester oder Nester in Felsnischen werden oft in Kolonien angelegt. Die Gelegegröße der meisten Arten variiert zwischen 2 und 4 Eiern. Jeweils artabhängig werden die Gelege 3–5 Wochen abwechselnd von beiden Paarpartner bebrütet. Nester werden dann aggressiv gegenüber jedem Eindringling verteidigt.

Nach IUCN-Angaben gelten weltweit derzeit 20 Spezies als bedroht. 8 Arten werden in die Gefährdungsstufe „near threatened" (potenziell gefährdet) eingestuft und 7 in „vulnerable" (gefährdet). Zu den noch stärker bedrohten Arten zählen die Maorimöwe (*Larus bulleri*), die Peruseeschwalbe (*Sternula lorata*), die Graubauch-Seeschwalbe (*Chlidonias albostriatus*) und die Schwarzbauch-Seeschwalbe (*Sterna acuticauda*), die jeweils in die Kategorie „endangered" (stark gefährdet) fallen. Als einzige Spezies in der Gefährdungsstufe „critically endangered" (vom Aussterben bedroht) wird die Bernsteinseeschwalbe (*Thalasseus bernsteini*) aufgeführt, deren Bestand auf nur noch 30–49 Individuen geschätzt wird.

Ein Europäisches Zuchtbuch (ESB) existiert derzeit für die Inkaseeschwalbe (*Lagosterna inca*) und wird im Living Coast Torquay geführt.

Haltungsanforderungen

Die folgenden Möwenarten werden zur Zeit in deutschen Zoos gehalten: Afrikanische Graukopfmöwe (*Larus cirrocephalus poiocephalus*), Aztekenmöwe (*Larus atricilla*), Graumöwe (*Larus modestus*), Heringsmöwe (*Larus fuscus*), Japanmöwe (*Larus crassirostris*), Lachmöwe (*Larus ridibundus*), Mantelmöwe (*Larus marinus*), Schwarzkopfmöwe (*Larus melanocephalus*), Silbermöwe (*Larus argentatus*), Sturmmöwe (*Larus glaucus*), Flussseeschwalbe (*Sterna hirundo*), Inkaseeschwalbe und Küstenseeschwalbe (*Sterna paradisaea*). 7 Spezies davon werden allein im Westküstenpark in St. Peter-Ording gehalten. Von all diesen Arten ist die Inkasee-

Abb. 11 Sturmmöwen
(*Larus glaucus*) werden
derzeit in 7 europäischen Zoos
gehalten. Nur sehr wenige
Züchter haben sich auf die
Haltung dieser Vögel
spezialisiert. (Foto: Jörg
Asmus)

schwalbe der häufigste Vertreter aus der Familie Laridae in deutschen Zoos und Vogelparks (www.zootierliste.de). In Privathand befinden sich bei wenigen Spezialisten Sturmmöwen, Lachmöwen und Inkaseeschwalben (Abb. 11).

In ihren Haltungsanforderungen unterscheiden sich Möwen nicht von denen der anderen Regenpfeiferartigen. Mittelgroße bis große Landschaftsvolieren ermöglichen kurze Flüge. Auf eine Unterbringung in kleineren Unterkünften ist grundsätzlich zu verzichten, da insbesondere Seeschwalben bei mangelnder Flugmöglichkeit zu Fußproblemen neigen. Da es sich auch bei den Möwen um Bodenbrüter handelt, ist beim Bau ihrer Unterkunft auf einen ausreichenden Schutz vor Prädatoren zu achten und auch darauf, dass sich eventuell einstellender Nachwuchs bei den Möwen nicht durch zu große Maschenweiten entfernen kann. Erhöhte Sitzmöglichkeiten sollten geschaffen werden, ebenso ein flacher Wasserbereich. Für alle Arten sind im Winter temperierte Quartiere bereitzustellen, in denen sich ein flaches Wasserbecken befindet, mit einem besonders flach auslaufenden Rand. Bei Vergesellschaftungen mit anderen Vogelarten ist darauf zu achten, dass Möwen während der Brutzeit zur Aggressivität neigen. Mittelgroße Möwenarten können mitunter auch kleineren Volierenbewohnern gefährlich werden, die sie als Beute ansehen. Vergesellschaftungen mit größeren Möwenarten und anderen wehrhaften Vögeln (z. B. Kormorane, Tölpel) sind hingegen problemlos möglich. Es ist jedoch stets darauf zu achten, dass es nicht zu Mischpartnerschaften kommt.

Als Nahrungsbestandteile erhalten Möwen in Menschenhand vor allem Fische (als Ganzes verfüttern), durchgedrehte Küken, Hackfleisch, spezielle Pellets für Fischfresser bzw. bei den Seeschwalben für Meeresvögel, etwas Brot, gekochte Kartoffeln aber auch Nudeln und hart gekochte Eier. Kleineren Arten kann auch zusätzlich ein Weichfresserfutter angeboten werden. Mineralstoff- und Vitaminzusätze, sowie Fischfressertabletten werden hin und wieder verabreicht; diese können hinter die Kiemen der zu verfütternden Fische geklemmt werden. Während der Aufzucht eignen sich Spezialpellets der Firma Lundi.

Die Zucht von Möwen bereitet im Allgemeinen keine Probleme, so dass auf Handaufzuchten grundsätzlich verzichtet werden kann. Bei einem ausgewogenen Geschlechterverhältnis finden sich die Paare bald von selbst und beziehen ihre

Abb. 12 Zu den häufig gehaltenen Möwen werden die Inkaseeschwalben (*Lagosterna inca*) gezählt. (Foto: Jörg Asmus)

Brutreviere. Eiablage und Brutphase verlaufen meist ohne Komplikationen. In der ersten Zeit der Aufzuchtphasen sind kleinere Futterstückchen zu reichen, die der Größe der Küken gerecht werden. Während der Aufzucht ist immer für ein ausreichendes Nahrungsangebot zu sorgen (Abb. 12).

An dieser Stelle soll etwas näher auf die häufiger gehaltene **Inkaseeschwalbe** eingegangen werden. Diese Art wird in zoologischen Einrichtungen häufig mit kleineren Möwen und mit anderen Seevögeln vergesellschaftet. Mitunter sind diese Vögel auch mit Pinguinen in gemeinsamen Anlagen zu sehen, dort bereichern die Inkaseeschwalben die höheren Bereiche einer Voliere. Für den Außenbereich sollten Details aus dem natürlichen Lebensraum der Inkaseeschwalben nachgebildet werden, dies wären Felswände, in denen Vorsprünge, Simse und Höhlungen vorhanden sind. Höhlen sollten so beschaffen sein, dass sich darin kein Regenwasser sammelt und so unter Umständen zum Verlust des Geleges oder der Küken führt. Inkaseeschwalben brüten vorzugsweise in derartigen Felshöhlen, die ihnen in künstlichen Felswänden auf einfache Weise angeboten werden können. Aus 1–2 Eiern besteht das Gelege der Inkaseeschwalben, das 24–27 Tage lang bebrütet wird. Inkaseeschwalben erlernen leicht das selbstständige Einfliegen in einen an die Voliere angrenzenden Schutzraum und halten sich bei kaltem Wetter vorzugsweise im temperierten Innenraum auf.

Literatur

Baker, A. J., Pereira, S. L., & Paton, T. A. (2007). Phylogenetic relationships and divergence times of Charadriiformes genera: Multigene evidence for the Cretaceous origin of at least 14 clades of shorebirds. *Biology Letters, 3*(2), 205–209. London: The Royal Society Publishing.

Baker, A. J., Yatsenko, Y., & Tavares, E. S. (2012). Eight independent nuclear genes support monophyly of the plovers: The role of mutational variance in genetrees. *Molecular Phylogenetics and Evolution, 63*, 631–641.

Banks, J. C., & Paterson, A. M. (2007). A preliminary study of the genetic differences in New Zealand oystercatcher species. *New Zealand Journal of Zoology, 34*, 141–144.

Crocker, T., Petch, S., & Sagar, P. (2010). Hybridisation by South Island Pied Oystercatcher (*Haematopus finschi*) and variable Oystercatcher (*H. unicolor*) in Canterbury. *Notornis, 57*(1), 27–32.

Delany, S., Scott, D., Dodman, T., & Stroud, D. (2009). *An atlas of wader populations in Africa and Western Eurasia*. Wageningen: Wetlands International.

Ericson, P., Envall, I., Irestedt, M., & Norman, J. A. (2003). Inter-familial relationships of the shorebirds (Aves: Charadriiformes) based on nuclear DNA sequencedata. *BMC Evolutionary Biology, 3*(16), 1–14. London.

Fain, M. G., & Houde, P. (2007). Multicolus perspectives on themonophyly and phylogeny of the order Charidriiformes (Aves). *BMC Evolutionary Biology, 7*, 35. London.

Grün, S., & Berenz, R. (2011). Haltung und Zucht von Trielen, Teil 2. *Europäische Vogelwelt, 11*, 4–13.

Grzimek, B. (1968). *Grzimeks Tierleben* (S. 138). München: Deutscher Taschenbuchverlag GmbH.

Harshman, J., & Brown, J. W. (2008). Charadriiformes. Shorebirds and relatives. *The Tree of Life Web Project*. http://tolweb.org/Charadriiformes/26342/2008.06.24. Zugegriffen am 09.01.2020.

Hoyo, J. del, & Collar, N. J. (2014). *HBW and bird life international illustrated checklist of the birds of the world: Non-passerines*. (S. 418–474). Barcelona: Lynx.

Hoyo, J. del, Elliot, A., & Sargatal, J. (1996). *Handbook of the birds of the world*. 3. (S. 348–363). Barcelona: Lynx.

Jahn, T. (1982). *Brehms neue Tierenzyklopädie* (S. 89–91). Gütersloh: Prisma.

Jukema, J., & Piersma, T. (2006). Permanent female mimics in a lekking shorebird. *Biology Letters, 2*, 161–164. London: The Royal Society Publishing.

Lank, D. B., Smith, C. M., Hanotte, O., Burke, T. A., & Cooke, F. (1995). Genetic polymorphism for alternative mating behaviour in lekking male ruff Philomachus pugnax. *Nature, 378*, 59–62. London: Nature Publishing Group.

LesChristidis, W. B. (2008). *Systematics and taxonomy of Australian birds* (S. 131–132). Clayton: Csiro Publishing.

Mayer, H. (2004). Pflege und Zucht von Rotnacken-Laufhühnchen. *Die Voliere, 27*, 170–174. Alfeld: Schaper.

Paton, T. A., Baker, A. J., Groth, J. G., & Barrowclough, G. F. (2003). RAG-1 sequences resolve phylogenetic relationships within Charadriiformbirds. *Molecular Phylogenetics and Evolution, 29*(2), 268–278. Amsterdam: Elsevier.

Pons, J.-M., & Hassanin, P.-A. (2005). Phylogenetic relationships within the Laridae (Charadriiformes: Aves) inferred from mitochondrial markers. *Molecular Phylogenetics and Evolution, 37*, 686–699. Amsterdam: Elsevier.

Roughgarden, J. (2004). *Evolution's rainbow: Diversity, gender, and sexuality in nature and people* (S. 117–118). Oakland: University of California Press.

Sibley, C. G., & Ahlquist, J. E. (1990). *Phylogeny and classification of birds: A study in molecular evolution*. New Haven/Connecticut/London: Yale University Press.

Thomas, G. H., Wills, M. A., & Szekely, T. (2004). A supertree approach to shorebird phylogeny. *BMC Evolutionary Biology, 4*, 28. London.

Ordnung: Strigiformes – Eulen

Wolfgang Scherzinger

Inhalt

1   Familien: Strigidae, Tytonidae

1.1   Systematik und allgemeine Biologie

Der Stammbaum der Eulenvögel reicht seit der Abspaltung der „Nachtgreifvögel" von den „Taggreifvögeln" wenigstens 60 Mio. Jahre zurück, wobei die Lebensform Eule nur einmal entwickelt wurde (monophyletisch). Nach Fossilfunden erfolgte die Aufspaltung in die beiden Familien **Tytonidae** (Schleiereulen-artige) und **Strigidae** (Eigentliche Eulen) im Miozän, vor etwa 25 Mio. Jahren. Entsprechend jüngster molekularbiologischer Analysen sind die Eulen im System der Vögel zwischen Greifvögeln und Rackenvögeln eingereiht (Nashornvögel, Turakos, Spechte, Eisvögel etc.), mit besonderer Nähe zu den Mausvögeln (Coliiformes). Die bisherige Einordnung in die Nachbarschaft der Nachtschwalben (Caprimulgiformes), mit denen die Eulen sowohl die vorwiegende Dunkelaktivität als auch das weiche und schalldämpfendes Gefieder gemein haben, widerspricht dem phylogenetischen Konzept, da sich die erwähnten Merkmale als Konvergenzen erwiesen (Wink et al. 2009; Prum et al. 2015; Winkler et al. 2015; Wink 2016; Bruce 2020).

W. Scherzinger (✉)
Bischofswiesen, Deutschland

© Springer-Verlag GmbH Deutschland, ein Teil von Springer Nature 2021   653
W. Lantermann, J. Asmus (Hrsg.), *Wildvogelhaltung*,
https://doi.org/10.1007/978-3-662-59604-3_27

Die heutige Vielfalt an Eulen umfasst rund 270 Arten in 28 Gattungen, mit sehr unterschiedlicher Artenzahl in den einzelnen Gattungen: z. B. *Otus* = 47 Arten, *Glaucidium* = 32 Arten, *Bubo* = 26 Arten, *Tyto* = 25 Arten; Gattung *Surnia* hingegen nur 1 Art. Die deutlich abgrenzbare Familie der Tytonidae kennt mit Tytoninae (Schleiereulen) und Phodilinae (Maskeneulen) nur 2 Unterfamilien. Die Eulen der Familie Strigidae lassen sich wenigstens drei Unterfamilien zuordnen, mit den Striginae als vielfältigste Gruppe (von Uhu bis Zwergohreule), den Surniinae mit den kleinen Käuzen (von Sperbereule bis Elfenkauz), und den Ninoxinae mit den Falkenkäuzen Süd- und Ostasiens.

Dank einer vielfältigen Auffächerung von Lebensraumansprüchen, Beutewahl, Aktivitätsschwerpunkten und Körpergrößen gelang den Eulen die Besiedlung extrem unterschiedlicher Habitate auf nahezu allen Kontinenten (mit Ausnahme der Antarktis): von der arktischen Tundra bis zum tropischen Regenwald und vom Flachland bis in Höhen von etwa 4700 m. Die Verbreitung der Schneeeule (*Bubo scandiacus*) reicht bis Nordsibirien und Nordkanada, wo sie selbst im Dauerdunkel des arktischen Winters auf Eisschollen im offenen Meer zu überleben vermag (Potapov und Sale 2012). Bewohner der Steppen und Baumsavanne konnten als „Kulturfolger" die anthropogenen Agrarsteppen, Obstwiesen und Siedlungsbereiche besiedeln (wie Schleiereule, Steinkauz, Zwergohreule), doch profitieren z. B. auch Waldohreule und Uhu vom höheren Beuteangebot in der Kulturlandschaft.

Innerhalb der Strigiformes führte die Radiation zu einer markanten Variabilität der Körpergrößen (Abb. 1), vom nur 14–15 cm großen Elfenkauz (*Micrathene whitneyi*; Gewicht nur 42 g) bis zum Eurasischen Uhu (*Bubo bubo*), dessen subarktische Vertreter ein Gewicht von 4800 bis 5300 g erreichen können (beides Weibchen, Finnland; Mikkola 2017). Bei einem überwiegenden Teil der Arten zeigt sich ein deutlicher Geschlechtsdimorphismus, mit kräftigen, robusten Weibchen und leichteren Männchen, was als Anpassung an die geschlechtsspezifische Rollenverteilung bei Brut und Jungenaufzucht interpretiert wird.

Bei dieser vorwiegend dunkelaktiven Vogelgruppe überwiegen tarnende Farben und Muster im Gefieder (Abb. 2). Braun- und Grautöne herrschen im Allgemeinen vor, doch zeigen einige tropische Arten auch kräftig rostrote und tiefschwarze Federpartien. Auffallend sind im Einzelfall Augenbrauen, Schleier-Einfassung und Kehlzeichnung mit Signalfunktion zur innerartlichen Kommunikation, deren Schwarz-Weiß-Kontrast sogar aktiv verändert werden kann (Scherzinger 1986a). Für Kleineulen, speziell Sperlingskäuze ist darüber hinaus ein Augenmuster am Hinterkopf typisch („Occipitalgesicht"), dem vermutlich eine Abwehrfunktion zukommt. Völlig abweichend innerhalb der Eulen ist das weiße Gefieder der Schneeeule, dessen Zeichnung einen meist ausgeprägten Geschlechtsdimorphismus zeigt, mit vorwiegend dunkel gebänderten Weibchen und helleren, wenig gezeichneten Männchen; mehrjährige Männchen können sogar reinweiß werden (Abb. 3; McMorris 2011). Das Eulengefieder weist mehrere Besonderheiten auf, die einen nahezu „lautlosen" Flug ermöglichen: Zum einen dämpft eine kammartige Federfahne an der vorderen Flügelkante das Fluggeräusch, zum anderen lässt die flauschigsamtartige Flügelfläche den Luftstrom abgleiten; darüber hinaus wirken die ausgefransten Enden der Hand- und Armschwingen geräuschhemmend (Wagner et al.

Abb. 1 Mit einer Körpergröße von 17–20 cm ist der afrikanische Perlkauz (*Glaucidium perlatum*) nur geringfügig größer als der eurasische Sperlingskauz (*Glaucidium passerinum*), mit dem er eng verwandt ist (Eulengarten Amelinghausen). (Foto: Werner Lantermann)

2017; Synopse in Scherzinger 2019). Bei relativ geringem Körpergewicht gelingt den Eulen dank großer Flügelflächen sowohl ein weicher, schwebender Pirschflug, als auch Rütteln sowie wendige Flugmanöver bei Balz und Beutefang (Scherzinger und Mebs 2020).

Für die Jagd bei Dämmerlicht und Dunkelheit entwickelten die Sinnesorgane der Eulen eine Reihe außerordentlicher Spezialisierungen: Zum einen sind die Augen besonders groß, um ausreichend Restlicht aufnehmen zu können. In der Netzhaut überwiegen Stäbchenzellen, die selbst bei geringer Beleuchtung ein kontrastreiches Schwarz-weiß-Bild leisten. Zapfenzellen in geringerem Umfang ermöglichen den Eulen ein beschränktes Farbsehen, doch sind sie unempfindlich für UV- oder Infrarot-Licht. Der walzenförmige Augapfel ist durch einen Sklerotikalring geschützt und nach vorne gerichtet. Damit wird ein binokulares Gesichtsfeld erreicht, das eine dreidimensionale, punktgenaue Ortung ermöglicht. Allerdings sind die Augen im Schädel starr verankert, was die Eulen durch eine ungewöhnliche Beweglichkeit der Halswirbelsäule kompensieren können, mit Kopfdrehungen bis 270° (De Kok-Mercado et al. 2013). Noch komplexer sind Spezialisierungen des Hörver – mögens: Zum Beispiel, bündelt der Federnkranz des Gesichtsschleiers – parabolspiegel-artig – den auftreffenden Schall, was die Eule zum dreidimensionalen Richtungshören befähigt. Darüber hinaus haben speziell die hoch-nordischen und rein dunkelaktiven Arten eine asymmetrische Anordnung der Ohröffnungen entwickelt, so dass der Zeitunterschied, mit dem der Schall jeweils am linken und rechten Ohr auftrifft, vergrößert wird. Damit

Abb. 2 Mit ihrem rindenartig gemusterten Gefieder sind Zwergohreulen (*Otus scops*) – hier in der grauen Phase – wahre Tarnkünstler (Monticello Owl Breeding Center). (Foto: Wolfgang Scherzinger)

gelingt ein rein akustisches Anpeilen der Beutetiere nicht nur bei völliger Dunkelheit (Konishi 1973; Bachmann und Winzen 2015), sondern auch durch eine 30–40 cm hohe Schneedecke (Duncan 1992).

Einige wenige Arten sind sekundär (teilweise) licht- und tagaktiv geworden – wie z. B. Schneeeule, Sumpfohreule, Sperlingskauz oder Sperbereule; sie haben die Eulen-spezifischen-Merkmale, wie weiches Gefieder, geräuscharmen Flug, übergroße Augen und Asymmetrie der Ohröffnungen wieder reduziert (Scherzinger und Mebs 2020).

Gesänge und Rufe sind für die Kommunikation der Eulen als dunkelaktive Vögel von besonderer Bedeutung. Die Lautäußerungen sind artspezifisch und angeboren, wobei individuelle Variabilität z. B. für Zwergohreule und Waldkauz belegt ist. Revierbesitzende Männchen können somit bekannte Nachbarn von gebietsfremden Rivalen unterscheiden. Das Stimminventar ist z. T. recht vielseitig und beinhaltet neben Reviergesang, Alarmlauten, Bettellauten und diversen Lockrufen zu Beuteübergabe oder Kopula bei den Arten mit Ganzjahres-Revieren auch abweichende „Herbstgesänge" (z. B. Sperlingskauz, Wald- und Habichtskauz). Männchen und Weibchen verfügen weitgehend über dasselbe Repertoire, doch sind die Stimmen der Weibchen – obwohl körperlich größer als die Männchen – in meist deutlich höherer Tonlage (Robb 2015).

Wenn die Eulenbalz auch durch arttypische Gesangsstrophen, Nestzeige-Laute und Lockrufe zur Beuteübergabe bestimmt wird, so haben einige Arten z. T. auf-

Abb. 3 Das z. T. reinweiße Gefieder der Schneeeulen-Männchen (*Bubo scandiacus*) mag im Winter der Tarnung dienen, im Sommer wird es zur demonstrativen Revierbesetzung präsentiert. (Foto: Jörg Asmus)

fallende Balzflüge entwickelt: Für Arten der Offenlandschaft sind Demonstrations-flüge mit hochgestellten Schwingen typisch, bei der die helle Flügelunterseite besonders zur Wirkung kommt (z. B. Schneeeule, Wald- und Sumpfohreule). Offen-land-Arten zeigen ihren Revierbesitz sowie den Neststandort auch durch himmel-hohe Flugmanöver an (z. B. Sumpfohreule) oder meterhohe Flattersprünge (z. B. Kanincheneule). Beeindruckend wirkt darüber hinaus ein knallendes bis prasselndes Flügelklatschen bei der Flugbalz, wie es in besonderem Maße Sumpf- und Wald-ohreulen vorführen, doch „klatschen" gelegentlich auch Raufußkauz, Bartkauz und sogar der gewichtige Uhu mit den Flügeln.

Alle Eulen ernähren sich von lebender Beute, wobei sich die meisten Arten opportunistisch nach dem örtlich und zeitlich jeweiligen Angebot richten. Wenn auch Wühlmäuse, Spitzmäuse, Lemminge und andere Kleinsäuger die Beutelisten i. R. dominieren, so können alles vom Regenwurm bis zum Mistkäfer, vom Nacht-schmetterling bis zur Fledermaus sowie diverse Amphibien, Reptilien und Vögel zur Beute werden. Es gibt aber auch ausgesprochene Spezialisten, wie die Eurasischen Fischeulen (bisherige Gattung *Ketupa*) und afrikanischen Fischuhus (bisherige Gat-tung *Scotopelia*), die in seichtem Wasser mit ihren langen, nackt-beschuppten Beinen Fische erbeuten (Mikkola 2013). In strengen Wintern fressen manche Eulen auch an Kadavern – selbst von großen Huftieren (Allen et al. 2019).

Größte Beuteobjekte der Schneeeule z. B. = Schneehühner, Enten, Möwen, des Uhus z. B. = Feldhasen, Birkhühner, des Sperlingskauz´ Drosseln, Buntspecht, doch bevorzugen alle Arten leicht erreichbare Beute in günstigen Gewichtsklassen. Da Eulen keinen Kropf haben, kleinere Arten auch kein Fett speichern können, puffern sie Nahrungsengpässe mit Beutedepots ab. Insbesondere gilt das für Sperlingskäuze, die zum Winterbeginn große Mengen an Mäusen und Kleinvögeln in Spechthöhlen verstecken. Das Deponieren von Beute ist aber auch ein Teil der Werbung und Balz, demonstriert es dem Weibchen ja die jagdlichen Fähigkeiten des männlichen Partners (Korpimäki 1987).

Als Jagdtechnik überwiegt bei waldbewohnenden Eulen die Ansitzjagd von niederen Sitzwarten, bei Arten im Offenland der niedrige Pirschflug, mitunter in systematischer Zickzack-Bahn. Auch Rüttelflug zur genauen Ortung versteckter Beute, ebenso Plündern von Vogelnestern, Aufscheuchen von Singvögeln am Schlafplatz oder Abfangen von Fledermäusen am Ausflugloch. Laufkäfer, Regenwürmer, Ameisen etc. werden am Boden gegriffen, oft auch zu Fuß verfolgt. Die Schneeeule vermag sogar Fische von der Wasseroberfläche zu greifen und anderen Vögeln die Beute abzujagen (Klepto-Parasitismus).

Eulen haben kräftige Greiffüße mit z. T. sehr scharfen und spitzen Krallen. Adulte Tiere zeigen meist die zygodactyle Zehenstellung (je 2 Zehen zangenartig nach vorne und hinten gerichtet; Abb. 4). Die vierte Zehe ist als „Wendezehe" ausgestaltet, d. h. sie kann sowohl nach hinten als auch zur Seite gedreht werden. Zusätzlich zum kräftigen Zukrallen wird die Beute durch einen kräftigen Nackenbiss getötet. Die Schnabelkanten sind scharf, doch fehlt ein „Falkenzahn". Über wehrhafter Beute „manteln" Eulen mit breit gefächerten Flügeln zur Stabilisierung.

Abb. 4 Mit ihren „nackten"
Beinen zeigen Fischeulen
(*Bubo ketupu*) die zygodactyle
Zehenstellung besonders
deutlich (Monticello Owl
Breeding Center). (Foto:
Wolfgang Scherzinger)

Die Fortpflanzungsbiologie der Eulen ist eng an die jeweilige Beuteverfügbarkeit gekoppelt: So schreiten z. B. Sumpf- und Waldohreulen nur bei ausreichender Mäusedichte zur Brut, bzw. wandern sie bei Beutemangel über große Strecken – auf der Suche nach nahrungsreichen Brutgebieten. Als sogenannte „r-Strategen" setzen Schleiereulen und Schneeeulen in Mangeljahren mit der Brut aus; dafür produzieren sie in Gradationsjahren der Wühlmäuse (Feld-, Erd- oder Rötelmaus), Echten Mäuse (Wald- oder Gelbhalsmaus) bzw. Lemminge sehr große Gelege (bis zu 14 Eier). In solchen Gunstjahren können die Weibchen von Schleiereule und Raufußkauz gleich mehrere Bruten hintereinander leisten („Schachtelbruten"). Dabei sind – in Abweichung von der allgemein verbreiteten Monogamie – auch polygame Paarungssysteme (Polygynie und Polyandrie) möglich (Korpimäki und Hakkarainen 2012; Kniprath 2012). Die konservativeren „K-Strategen", wie z. B. der Uhu, produzieren kleinere Gelege (meist 2–4 Eier), tendieren dafür zu einer jährlichen Brut. In Relation zur Körpergröße produzieren Kleineulen deutlich größere Gelege als große Arten (Ei-Gewicht für Sperlingskauz = 8–9 g, für Uhu = 80 g; Heinroth 1922).

Die Ansprüche an den Nistplatz sind artspezifisch sehr verschieden: während Sperlingskäuze abhängig sind von Spechthöhlen bestimmter Größe und Tiefe (i. d. R. von Bunt- und Dreizehenspecht), nutzen Raufußkäuze bevorzugt Schwarzspechthöhlen, aber auch Nistkästen entsprechender Größe. Im Grunde sind auch Steinkauz und Zwergohreule Höhlenbrüter, doch können diese Arten bei Höhlenmangel in ausgebrochenem Mauerwerk, mitunter sogar in Elsternestern brüten. In Steppenlandschaften nutzen Steinkäuze auch Erdgänge von Zieseln oder Murmeltieren, wie das sonst für die verwandte Kanincheneule in Amerika typisch ist (Scherzinger 1991). Wald- und Habichtskauz bevorzugen große Baumhöhlen, können aber auch auf Greifvogel-, Reiher- oder Storchenhorste ausweichen. Da Waldohreulen bevorzugt in Nestern von Elstern oder Krähen brüten, sind sie in steter Abhängigkeit von diesen Nestbauern, und leiden überall dort unter Brutplatzmangel, wo die Krähenvögel aus jaglichen Gründen kurz gehalten werden. Als besonders anpassungsfähig zeigt sich der Uhu, der zwar überdachte Felsnischen mit freiem Abflug bevorzugt, aber ebenso gut in großen Horsten, auf Gebäuden bzw. Fabrikanlagen brüten kann, im Extremfall auch einfach auf dem Boden.

Wenn Eulen auch keine Nester oder Horste bauen, so präparieren sie doch die gewählte Nistmulde durch Scharren mit den Beinen, sie lockern das Bodensubstrat mit dem Schnabel, und einige Arten säubern sogar die Nisthöhle von alten Vogelnestern, Beuteresten und verrotteten Gewöllen (z. B. Sperlingskauz). Schneeeulen heben mit Schnabel und Beinen eine Mulde aus dem oft noch hart gefrorenen Boden. Nur Sumpfohreulen sammeln im Einzelfall Halme, Schilf oder dürres Gras als Nistunterlage; Kanincheneulen tragen bevorzugt trockenen Dung ein (Scherzinger und Mebs 2020; Weick 2011).

Die Eier aller Eulenarten sind mehr/minder reinweiß und kugelig-bauchig. Im Laufe der Bebrütung können braune Flecken auftreten, doch fehlt den Eiern selbst typischer Bodenbrüter – wie Sumpf- und Schneeeule – eine Tarnfärbung. Wegen der Auffälligkeit solcher Eier werden sie sofort nach Ablage vom Weibchen abgedeckt;

entsprechend beginnen die meisten Eulenarten mit der Bebrütung ab dem erstgelegten Ei. Nur stenöke (d. h. wenig flexible) Höhlenbrüter, wie Sperlings- und Raufußkauz brüten erst mit Vollendung des Geleges oder knapp davor. Das Lege-Intervall beträgt meist 2 Tage, die Bebrütungsdauer für nahezu alle Arten rund 4 Wochen (Zwergohreule = minimal 20–21 Tage, Uhu = 34–37 Tage).

Frisch geschlüpfte Eulen sind nur spärlich mit einem weißlichen Dunenflaum bedeckt (Ei-Dunen oder Neoptil). Aus dessen Kielen schiebt sich dann ein wolliges, meist graubraunes Nestlingskleid (Mesoptil), das die Nestlinge ab der 3. Woche ausreichend wärmt (Abb. 5). Davon abweichend bilden Schleiereulen-Nestlinge ein zweites Dunenkleid aus, das bis zum Nestverlassen den Vogel wie eine dichte weiße Wolle schützt. Kleine Nestlinge liegen auf dem Bauch oder hocken auf den Fersen; ihre Augen öffnen sich um den 8.–9. Tag. Das Weibchen stimuliert die Jungen mit einem gackernd-trillernden Fütterungslaut und zerteilt die Beute in kleinste Bissen. Durch Berührung der tastempfindlichen Hautpartien im Schnabelwinkel löst der Altvogel bei noch blinden Jungen ein Zuschnappen aus.

Männchen und Weibchen sorgen gemeinschaftlich für den Nachwuchs, bei klarer Aufgabenverteilung. So sorgt das Männchen im Wesentlichen allein für die Nahrungsbeschaffung, von der Balz und Anpaarung im Frühjahr bis zur Auflösung der Familie im Spätsommer. Das Weibchen brütet alleine, füttert die Jungen vom Schlupf bis etwa zur 3. Lebenswoche, verteidigt Brutplatz und ausgeflogene Junge mit großer Vehemenz, zieht sich aber während der Führungszeit allmählich zur Mauser zurück.

Abb. 5 Ein wolliges Dunenkleid wärmt die jungen Eulen, wenn sie mit rund 4 Wochen – als noch flugunfähige Ästlinge – das Nest verlassen (Waldohreule *Asio otus*). (Foto: W. Lantermann)

Die Dauer der Nestlingszeit hängt vom Brutplatz-Typ ab; entsprechend verlassen die Jungen der Sumpfohreule und Schneeeule das gefährdete Bodennest bereits mit 2–3 Wochen, während z. B. Sperlings- und Raufußkäuze gut 4 Wochen in der sicheren Spechthöhle verbleiben. In exponierten Felsnischen, von wo ein Absprung des noch flugunfähigen Junguhus lebensgefährlich wäre, verbleiben die „Ästlinge" bis zum Alter von wenigstens 6 Wochen, um dann den Brutplatz im „Fallschirm-Flug" zu verlassen. Von leichter erreichbaren Brutplätzen wandern sie hingegen schon mit 4–5 Wochen ab. Zum Zeitpunkt des Nestverlassen sind Jungeulen typischerweise noch flugunfähig; Wald- und Habichtskäuze hocken dann z. B. ungeschützt auf dem Waldboden, vermögen aber mit Hilfe von Krallen und Schnabel an grob-borkigen Baumstämmen in sichere Höhen zu klettern (Scherzinger 2008).

Nach den Kriterien der IUCN bzw. von BirdLife International (2015–2019) sind von den Eulenarten weltweit 64 Arten als gefährdet eingestuft (davon 26 als „near-threatened", 23 als „vulnerable", 8 als „endangered" und 7 als „critically endangered"), das sind 25 % aller Eulenarten. Besonders betroffen sind endemische Arten auf Inseln oder in eng begrenzten Verbreitungsgebieten, z. B. der Pernambuco-Zwergkauz (*Glaucidium mooreorum*) (CR) oder einige Zwergohreulen-Arten der Gattung *Otus*, darunter die Siau-Zwergohreule (*Otus siaoensis*) von der indonesischen Siau-Insel (CR) (http://www.iucnredlist.org). Habitatzerstörungen, insbesondere Abholzungen von Waldgebieten zählen zu den Haupt-Gefährdungsursachen (Winkler et al. 2015; Marks et al. 2020).

Von der artenreichen Familie der Schleiereulen (Unterfamilie Tytoninae) leben die meisten Arten in der indo-malayisch-australischen Faunenregion (Roulin und Salamin 2010). Arten mit kleinräumiger und meist auch isolierter Verbreitung sind von Habitatverlust besonders betroffen (Winkler et al. 2015). In hohem Maße gilt dies etwa für die Taliabueule (*Tyto nigrobrunnea*). Entsprechend stuft die IUCN aktuell 5 von 16 Arten als gefährdet ein (3 „vulnerable", 2 „endangered"). Von der Unterfamilie der Phodilinae ist die Kongomaskeneule (*Phodilus prigoginei*), die nur im Itomwe-Bergmassiv im Ost-Kongo vorkommt, hochgradig gefährdet (Winkler et al. 2015; Bruce 2020). – In der Roten Liste Deutschlands werden alle heimischen Eulenarten als gefährdet eingestuft.

2   Eulen in menschlicher Obhut

Mit ihrem ungewöhnlichen Wesen, vor allem aber den großen, vorgerichteten Augen und einem mitunter Puppen-haften Gesichtsausdruck durch den markanten Schleier haben Eulen einen hohen „Schauwert" und werden daher regelmäßig in Zoologischen Gärten, Tier- und Vogelparks gezeigt – mit einer gewissen Schwerpunktsetzung bei spektakulären und großen Arten (Abb. 6). Schneeeulen finden sich z. B. allein in Deutschland in 185 Tiergärten. In Zoos und Tierparks häufige Arten sind: Waldkauz (*Strix aluco;* in 89 Anlagen), Steinkauz (*Athene noctua;* 83), Bartkauz (*Strix nebulosa;* 82), Schleiereule (79) und Waldohreule (*Asio otus;* 52). Auch Uhu (38), Habichtskauz (*Strix uralensis;* 33) und Fleckenuhu (*Bubo africanus;* 20) sind recht häufig zu sehen. Unter den tropischen Eulen sind Brillenkauz (*Pulsatrix*

Abb. 6 Große Eulenarten
sind ein echter Blickfang im
Schaubetrieb, speziell wenn
sie so farbenfroh und attraktiv
gezeichnet sind wie der
Pagodenkauz (*Strix seloputo*)
(Eulengarten Niendorf).
(Foto: Wolfgang Scherzinger)

perspicillata; 11), Chacokauz (*Strix chacoensis;* 11) (Abb. 7), Malaienkauz (*Strix leptogrammica;* 11), Weißgesichtseule (*Ptilopsis leucotis;* 9), Cholibakreischeule (*Megascops choliba;* 5) und Indien-Zwergohreule (*Otus bakkamoena;* 5) am häufigsten. (Artenlisten unter zootierliste im Internet). Ungewöhnlich sind Schaubetriebe, die einen Schwerpunkt in der Eulenhaltung setzen, wie z. B. der „Eulengarten" am Vogelpark Niendorf/Schleswig-Holstein) oder der „Eulenhof" bei Deinig/Großfalterbach (Bayern).

Traditionell wurden in Privathaltung hauptsächlich Uhus für die „Hüttenjagd" und Steinkäuze („Wichtl") für den Vogelfang gehalten, darüber hinaus vorwiegend „Findelkinder", wie z. B. Waldkauz-Ästlinge, die als – vermeintlich – verwaist aufgelesen worden waren. Seit die charismatische Schneeeule „Hedwig" aus dem „Harry-Potter"-Film die Fantasie beflügelt, wuchs die Nachfrage nach zahmen Eulen sprunghaft. Wiewohl sich Eulen als Heimtiere grundsätzlich nicht eignen, haben geschäftstüchtige Züchter sofort mit einer Farm-mäßigen Eulenproduktion eingesetzt, inklusive Versandhandel (z. B. Wings/NL).

Eulenhaltung außerhalb von Schaubetrieben betrifft in Mitteleuropa Pflege- und Rehabilitationsstationen, die verletzte, verwaiste oder sonst wie abgegebene Vögel betreuen, um sie nach Möglichkeit wieder in Freiheit zu entlassen. In der Regel engagieren sich nicht-staatliche Organisationen, aber auch lokale Vereine (z. B. LBV-Auffangstation Regenstauf, Greifvogel- und Eulenstation Haringsee/Niederösterreich), zum Teil übernehmen auch Vogelparks und Falkenhöfe diese Aufgabe;

Abb. 7 Der etwa 35–38 cm
große südamerikanische
Chacokauz (*Strix chacoensis*)
gehört zu den relativ häufig in
den Tiergärten gehaltenen
Eulenarten. (Foto: Werner
Lantermann)

seltener unterstehen solche Anlagen einer Naturschutzbehörde. Gut ausgestattete
Stationen bemühen sich auch um Nachzuchten, was bei verletzten Wildvögeln besonders schwierig ist (z. B. „The Owl Foundation" bei Toronto/Kanada).

Daneben gibt es eine erstaunliche Anzahl von Liebhaberhaltungen, die sich
speziell mit der Nachzucht seltener Arten befassen, sowohl als Zuarbeit für Auswil-
derungs- und Wiederansiedlungsprojekte, aber auch rein zur Arterhaltung. Als besonders erfolgreich erwiesen sich kooperative Netzwerke aus Tiergärten, Auffangstationen und privaten Züchtern bei der Nachzucht Freiland-tauglicher Eulen für
Bestandsstützung bzw. Wiederansiedlung, wie im Beispiel von Steinkauz, Uhu und
Habichtskauz (Abb. 8; Kehl und Koch 2019; Reiser 2019; Zink et al. 2019). Bei
solchen kostspieligen und mehrjährigen Projekten empfiehlt sich eine strikte Organisation, die auf passende Herkünfte und Inzuchtmeidung achtet, auch die individuelle Markierung und eine angemessene Erfolgskontrolle sicherstellt (vgl. IUCN-
Richtlinien zur Umsiedlung und Auswilderung von Tieren 2013).

Der Deutsch-Kanadier Rolf Krahe gründete einen Zusammenschluss privater
Züchter im Verband S.C.R.O. („Society of Conservation and Research on Owls"),
mit einer Filiale auch in Deutschland. Rolf Krahe setzte ursprünglich Schwerpunkte
zur Vermehrungszucht besonders bedrohter Eulenarten/Unterarten, wie der Hispa-
niola-Schleiereule (*Tyto glaucops*), der Queen-Charlotte Eule (*Aegolius acadicus
brooksii*) oder dem Brillenkauz (*Pulsatrix perspicillata*). Die Artenliste deutscher
Züchter umfasst etwa 7 Arten/Unterarten der Gattung *Tyto*, 23 Arten/Unterarten der

Abb. 8 Die art- und verhaltensgerechte Vermehrung von Eulen kann ein wichtiger Beitrag zum Artenschutz sein, wie z. B. für das Wiederansiedlungsprojekt von Habichtskäuzen (*Strix uralensis*) (Zuchtstation im Nationalpark Bayerischer Wald). (Foto: Wolfgang Scherzinger)

Gattung *Bubo* (Abb. 9), 12 Arten/Unterarten der Gattung *Strix*, 6 Arten der Gattungen *Otus* und *Megascops*, 11 Arten/Unterarten aus dem Tribus Surniini (Gattungen *Surnia, Glaucidium, Athene, Aegolius*), mehrere Arten Ohreulen (Gattung *Asio*) und Falkenkäuze (Gattung *Ninox*). Nicht minder artenreiche Listen können von der „International Owl Society" und der „Raptor Foundation" in England abgerufen werden. Ungewöhnliche Nachzuchterfolge meldet auch das „Monticello Owl Breeding Center" in Norditalien.

3 Artenschutzgesetze und Sachkundenachweis

Die Eulen (Strigiformes) zählen national und international zu den gefährdeten Vogelarten; entsprechend gelten für sie strenge Natur- und Artenschutzgesetze. Das **Washingtoner Artenschutz-Übereinkommen** regelt den internationalen Handel, insbesondere die Ein- und Ausfuhr. Die WA-Bestimmungen gelten in Deutschland seit 1976, in den Staaten der EU seit 1984; sie wurden 1997 in die EU-Verordnung aufgenommen.

Die Eulenarten sind sowohl im **Anhang A** als auch im **Anhang B** dieser Verordnung gelistet. Damit gilt für Eulen ein generelles „Vermarktungsverbot" (betrifft Kauf, Verkauf, Tausch, Angebot – aber auch kommerzielle Zucht);

Abb. 9 Der Viginiauhu (*Bubo virginianus*) ist eine der größten Eulenarten des amerikanischen Kontinents und wird derzeit in 14 deutschen Tiergärten oder Eulenhöfen gehalten. (Foto: Werner Lantermann)

Bei Eulenarten aus dem **Anhang A** (z. B. Schleiereule, Sibirischer Uhu, Schnee-eule, Waldkauz, Sumpfohreule, Steinkauz) sind für die Ein- und Ausfuhr sowie Transporte innerhalb der EU behördliche Genehmigungen erforderlich (CITES-Bescheinigung). Dabei wird zwischen Individuen, die aus der Natur entnommen wurden, und Nachzuchten (ab F1-Generation) unterschieden. Liegt für Eulenarten aus dem **Anhang B** ein Zuchtnachweis vor und kann die Rechtmäßigkeit des Erwerbs bzw. der Einfuhr in die EU nachgewiesen werden, sind Ausnahmen vom Vermarktungsverbot möglich. In jedem Fall müssen die Eulen individuell gekennzeichnet sein (geschlossener Züchter-Ring, digitaler Chip) und alle Bestands-Veränderungen in einem Bestandsbuch festgehalten werden.

Noch detaillierter können nationale Bestimmungen sein, wie das **Bundes-Naturschutzgesetz** in Deutschland. Es taxiert die heimischen Eulen als „streng geschützte" bzw. „besonders geschützte Arten", für die ein Besitz- und Vermarktungsverbot gilt. Das BNSchG definiert „Zoos" im § 42, „Tiergehege" im § 43 und nennt Ausnahmeregelungen vom Besitz- und Vermarktungsverbot in den § 44 und § 45. Diese können erteilt werden, wenn die Vögel für Forschung, Lehre, Umweltbildung oder zur Nachzucht im Rahmen von Artenschutzmaßnahmen und Wiederansiedlung eingesetzt werden – und legal erworben worden waren. Genehmigungsbehörde ist das Bundesamt für Naturschutz/Bonn; jede Eulenhaltung ist bei der Unteren Naturschutzbehörde der Landkreise zu melden (Meldepflicht und Bestandsanzeige). – Länderweise unterschiedlich können Eulen dem Naturschutz- oder dem Jagdrecht unterliegen.

Darüber hinaus müssen Halter von Eulen sowohl einen **Sachkundenachweis** erbringen als auch für eine art- und verhaltensgerechte und tierschutzgerechte Unterbringung der Vögel sorgen – gemäß dem „Gutachten über Mindestanforderungen an die Haltung von Greifvögeln (Accipitriformes, Falconiformes) und Eulen (Strigiformes)" des BMEL/Bonn (Stand Nov. 2019). – Dieses Gutachten bezieht sich auf die Eulenhaltung in Zoos, Tiergehegen, Privathaltungen, Zuchtbetrieben, Auffang- und Pflegeeinrichtungen sowie im Handel.

Als Sachkundenachweis gilt eine erfolgreich abgeschlossene Ausbildung zum Tierpfleger oder eine erfolgreich abgelegte Falknerprüfung. Letztere ist jedenfalls bei einer falknerischen Eulenhaltung erforderlich (i. d. R. Anbindehaltung und Freiflug). Tierhalter haben sich regelmäßig fortzubilden; ein Kontakt zu fachkundigen Tierärzten oder Fachverbänden ist zu empfehlen.

Die Sachkunde umfasst umfangreiche **Kenntnisse** (z. B. rechtliche Vorschriften, Anatomie und Biologie der Eulen, arttypisches Verhalten und Fortpflanzung, bedarfsgerechte Futterversorgung, Hygienemaßnahmen, artspezifische Haltungsansprüche, Tiertransport, Kennzeichnung und Buchführung) sowie spezifische **Fähigkeiten** (z. B. tierschutzgerechter Umgang mit den Vögeln, speziell Einfangen, Kennzeichnung, Verabreichung von Tiermedizin, tierschutzgerechtes Töten von Futtertieren).

4   Anforderungen an die Haltung von Eulen

Egal ob im Schaubetrieb, in professioneller Zuchtstation, Liebhaberhaltung oder für didaktische Vorführungen, die Haltung der sensiblen Eulen muss zum einen den Kriterien „artgerecht, verhaltensgerecht, tierschutzgerecht" entsprechen, zum anderen mit vertretbarem Aufwand für den Pfleger sowie mit guten Beobachtungsmöglichkeiten für das Publikum organisiert werden. In der Präambel des „Gutachtens zu Mindestanforderungen zur Haltung von Greifvögeln und Eulen" (BMEL 2019), hebt das Bundesministerium für Ernährung & Landwirtschaft/Bonn hervor, dass die Haltungseinrichtungen den aktuellen wissenschaftlichen Erkenntnissen laufend anzupassen seien. Dabei legt das zitierte Gutachten fest, dass ein Einsatz von Eulen in Wanderschauen und umherreisenden Flug-Shows aus Tierschutzgründen unzulässig ist; eine falknerische Anbindehaltung sei zwar zulässig, aber nur bei ausreichenden Freiflugmöglichkeiten (Abb. 10). Da diese auf die arttypischen Aktivitätszeiten zu beschränken sind, erscheint ein Freiflug von Eulen bei Dämmerung und Dunkelheit doch eher praxisfern. Dementsprechend konzentriert sich das Gutachten auf die Haltung von Eulen in Gehegen, d. h. in der Regel in Freivolieren.

Bei der Auflistung empfohlener Haltungskriterien gilt es als erstes, folgende weit verbreiteten Fehleinschätzungen zu korrigieren:

- Eulen brauchen weniger Platz als z. B. Greifvögel, weil sie meist ohnehin in ihrem Einstand ruhen;
- Eulen sind nachtaktiv, deshalb sollten Gehege abgedunkelt und abgeschirmt werden;
- Eulen lieben engen Kontakt zu Artgenossen, weshalb ein Minimum an Sitz- und Schlafplätzen ausreicht.

Abb. 10 Die Haltung von Eulen in artgerechten Volieren mit ausreichend Flugraum ist einer falknerischen Anbindehaltung jedenfalls vorzuziehen, zumal der geforderte Freiflug bei Dämmerung und Dunkelheit eher praxisfern erscheint und damit wohl die Ausnahme bleibt (Waldohreule *Asio otus*). (Foto: Werner Lantermann)

Real muss die Gehegegröße nicht nach dem Tagesaufenthalt der Eulen, sondern nach dem Raumbedarf während der nächtlichen Aktivitätsphasen bemessen werden. Dabei gibt es keine einfach-lineare Beziehung zwischen der Größe einer Eulenart und dem Raumbedarf, zumal Startgeschwindigkeit und Wendigkeit der Arten sehr unterschiedlich sind. Selbstverständlich benötigen große Arten mehr Platz als kleine, doch in Relation zur Körpergröße ist der Raumanspruch z. B. bei Sperlingskauz und Sperbereule auf Grund ihrer energischen Flugrasanz am höchsten. Umgekehrt kommen Arten mit weichen, ruhigen Flugbewegungen mit relativ geringen Volierengrößen gut zurecht, wie z. B. Zwergohreule oder Raufußkauz (Abb. 11).

Zum zweiten muss die Volierengröße die innerartlichen Konflikte und Aggressionen berücksichtigen, wie sie speziell während der Anpaarungsphase zum Balzbeginn auftreten. Bei fehlenden Ausweichmöglichkeiten erleiden die i. d. R. schmächtigeren Männchen massiven Stress durch die Attacken der dominanten Weibchen; in Extremfällen werden sie sogar verletzt, wenn nicht getötet (z. B. Sperlingskauz). Zum dritten wird häufig übersehen, dass Flugmanöver, auch Flügelklatschen Teil der artspezifischen Werbung sind (z. B. Waldohreule, Bartkauz, Kanincheneule), wie sie in beengten Gehegen kaum ausgeführt werden können.

Zur Festlegung von Mindestgrößen für Eulenvolieren gibt es eine Reihe von Gutachten und Leitlinien, von denen der mehrfach überarbeitete Entwurf für „Mindestanforderungen an die Haltung von Greifvögeln und Eulen" vom BMEL/Bonn (2019) die aktuellste ist. Die Angaben benennen Grundflächen für Einzeltiere bzw.

Abb. 11 Dank des weichen
und ruhigen Flugverhaltens ist
das Verletzungs- oder
Beschädigungsrisiko bei
Raufußkäuzen (*Aegolius
funereus*) in der Voliere
geringer als bei den
vergleichsweise
„ungestümen"
Sperlingskäuzen
(Tierfreigelände im
Nationalpark Bayerischer
Wald). (Foto: Wolfgang
Scherzinger)

Paare, gestaffelt nach Größenklassen, wobei sowohl heimische wie auch exotische Eulenarten aufgelistet sind:

Als kleinste, zulässige Volierengröße wurden 7,5 m² für Einzeltiere angesetzt, mit einer Erweiterung um jeweils 50 % der Fläche für weitere Vögel. Entsprechend beträgt das Mindestmaß für Paare dieser Kategorie 10,75 m² (gilt z. B. für Sperlings- und Steinkauz, Raufußkauz und Zwergohreule). Unter Berücksichtigung der Flugweise bzw. der innerartlichen Aggression wurden der Sperbereule und dem Habichtskauz 12 m² (Einzeltier) bzw. 18 m² (Paar) zugeordnet. Für große Arten wurden 18 bzw. 27 m² kalkuliert (betrifft Bartkauz, Schneeeule, Uhu). Für mittelgroße Arten (wie Waldkauz, Wald- und Sumpfohreule, Schleiereule) wurde keine eigene Größenkategorie bestimmt, für sie gilt das Mindestmaß von 7,5 bzw. 10,75 m² (Abb. 12). Um eine bestmögliche Raumnutzung der Vögel zu gewährleisten, empfiehlt das zitierte Gutachten einen Grundriss im Verhältnis von Länge zu Breite wie 2 zu 3. Auch fordert es eine Berücksichtigung von Flucht- und Ausweichräumen im Gehege ein, wenn die Vögel bei Wartungs- und Reinigungsarbeiten aufgescheucht werden sollten. Ferner ist bei der Volierenkonstruktion eine Eingangsschleuse zu integrieren, um ein Entweichen der Vögel zu unterbinden (Abtrennung durch Türen, Ketten-Vorhänge und ähnliches).

Die hier genannten Maße dürfen nicht als Empfehlung für eine verantwortliche, art- und verhaltensgerechte Vogelhaltung missverstanden werden; sie benennen tatsächlich nur Mindestanforderungen, unter denen eine Eulenhaltung nicht zu genehmigen ist. Tatsächlich liegen die Werte von 2019 deutlich unter den „Leitlinien für eine

Abb. 12 Für den Waldkauz (*Strix aluco*, hier in brauner und grauer Phase) verlangt das Tierschutzgutachten eine Volierengröße von mindestens 10,75 m^2 Grundfläche bei einer paarweisen Haltung. (Foto: Werner Lantermann)

tierschutzgerechte Haltung von Wild in Gehegen", wie sie im selben Ministerium bereits 1996 ausgearbeitet worden waren (z. B. 50 m^2 für ein Uhupaar, 32 m^2 für ein Waldkauzpaar oder 20 m^2 für ein Paar Sperlingskäuze). Es bleibt jedoch den Bundesländern überlassen, höhere Anforderungen zu formulieren (z. B. Landes-Naturschutzgesetz Schleswig-Holstein 2001). – Nach den Erfahrungen der renommierten „Owl Research Foundation" in Ontario/Kanada sollten Zuchtgehege für große Arten (wie Uhus) rund 33 m^2 betragen, für mittelgroße (wie Habichtskauz) 22 m^2, für kleine Arten (wie Raufußkauz) 13 m^2 (McKeever, in: Platt et al. 2007).

Für Schaubetriebe wird empfohlen, den Besucherzugang auf bestimmte Abschnitte der Gehegeumzäunung zu beschränken, damit sich die Vögel einerseits an die Frequentierung leichter gewöhnen, aber auch, um Stress durch Personenannäherung von gleich mehreren Seiten zu verhindern. Ohnehin sind bei Schauvolieren deutlich großzügigere Grundmaße anzusetzen, damit den Eulen ausreichend Rückzugsraum gegenüber dem Besucher bleibt. (Laut Gutachten des BMEL sind physische Kontaktaufnahme zwischen Besucher und Vogel zu vermeiden, wobei auch Belästigungen mit Spazierstöcken oder Regenschirmen gemeint sind). Soweit begehbare Volieren angeboten werden, muss der Flächenanteil für Besucher zu den Mindestmaßen für die Eulen addiert werden. In der Praxis reicht dies freilich nicht aus, wenn z. B. Eulenarten gezeigt werden, die Personen zur Verteidigung ihrer Jungen angreifen könnten. Hier muss der Abstand zwischen Brutplatz bzw. Tageseinstand der Eule und dem Besucher wenigstens das 1½-fache der „kritischen Distanz" ausmachen (vgl. begehbare Großvoliere für Uhus im „Tierfreigelände" des Nationalparks Bayerische Wald (Abb. 13)).

Ein Problem ergibt sich bei Eulenarten aus mediterranen, subtropischen oder tropischen Verbreitungsgebieten, die in unserem Klima zumindest frostfrei oder in geheizten Unterkünften zu überwintern sind (Abb. 14). Das Gutachten des BMEL von 2019 definiert für die Unterbringung nicht „winterharter" Eulenarten drei abgestufte Temperaturbereiche, von „frostfrei" bis artgemäße „Mindesttemperatur" (nicht

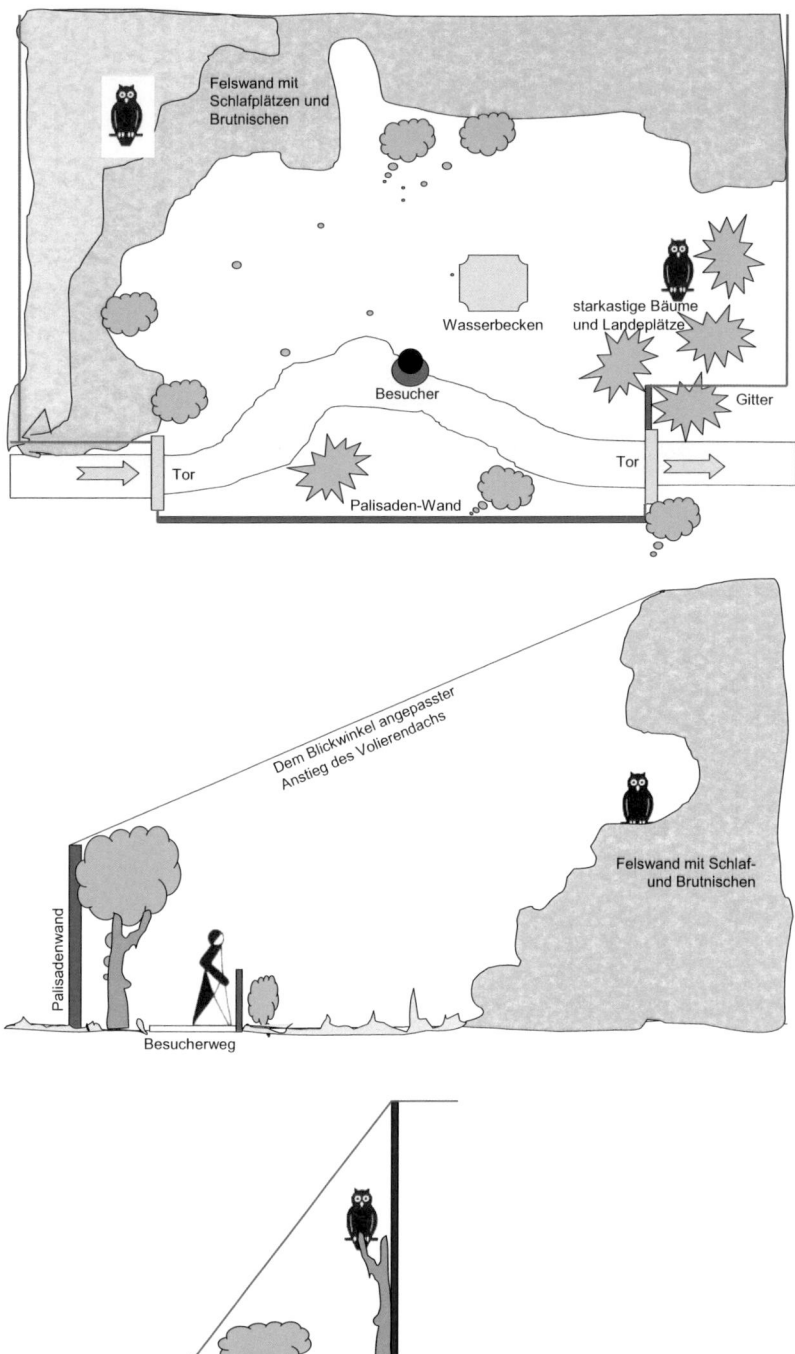

Abb. 13 a–c, Begehbare Schaugehege erlauben die Beobachtung der Eulen ohne störendes Gitter. Im Beispiel der Anlage im Tierfreigelände des Nationalparks Bayerischer Wald liegt der Besucherbereich außerhalb der „kritischen Distanz", um etwaige Angriffe der Uhus zu vermeiden, selbst während der Jungenaufzucht. (Grafik: Wolfgang Scherzinger)

Abb. 14 Eulenarten aus
tropischen oder subtropischen
Herkunftsgebieten benötigen
einen temperierten
Winterraum, mit wenigstens
10 °C Haltungstemperatur
(am Beispiel des
Brillenkauzes *Pulsatrix
perspicillata* im Monticello
Owl Breeding Center). (Foto:
Wolfgang Scherzinger)

explizit festgelegt). Hinsichtlich der Mindestmaße gelten im Grundsatz für Innenvolieren dieselben Anforderungen wie für Außenvolieren, soweit die Eulen dort
länger als 4 Wochen bzw. dauerhaft untergebracht werden. Eine Reduktion der Maße
erscheint nur vertretbar, wenn Außen- und Innenvoliere soweit verbunden sind, dass
die Vögel bei Schönwetterperioden regelmäßig ins Freie können (Innenvoliere dann
mindestens 50 % der jeweiligen Mindestvorgaben für Volierenhaltung).

In der Diskussion zu Mindestmaßen wird die Bedeutung ausreichender Volierenhöhen meist unterschätzt. Der Entwurf des BMEL von 2019 setzt eine Mindesthöhe
von 2,5 m fest. McKeever empfiehlt Mindesthöhen von 3 m, die „Raptor Research
Foundation"/USA sogar 4,2 m (Platt et al. 2007). Tatsächlich kann ein hoher Sitzplatz
den Eulen Sicherheit vermitteln, während Vögel, die gezwungen sind, z. B. in Augenhöhe des Betrachters zu sitzen, einem Dauerstress ausgesetzt sein können. (Extreme
Belastung z. B. bei falknerischer Anbindehaltung auf der Jule, wo die Eule deutlich
tiefer sitzt als der Kopf des menschlichen Betrachters; Scherzinger 2017b).

Selbst die robustesten Eulenarten bedürfen eines ausreichenden Witterungsschut-
zes, weshalb zumindest die Rückwand geschlossen sein soll (unabhängig ob durch
Schilfmatten, Bretter oder Felsaufbau); am besten in Kombination mit einer entsprechenden Überdachung des Tageseinstands bzw. Brutplatzes. Einer falschen Ro-
mantik folgt die Unterbringung von Eulen in künstlichen Grotten, Ruinen und
düsterem Gemäuer, wo ganztags Dämmerlicht herrscht. Abgesehen vom Risiko
eines Pilzbefalls von Luftsäcken oder Lunge, widerspricht eine solche „Dunkelhaft"
den Kriterien einer artgerechten Haltung. Eulen sind nämlich durchaus „sonnen-

hungrig" und baden auch ausgiebig in Sprühregen oder Lockerschnee. Das Gehege sollte daher nicht zur Gänze überdacht werden. – Bei sonnenexponierten Standorten kann im Sommer eine Abschattung erforderlich sein, speziell bei den hoch-nordischen, wärme-empfindlichen Arten (wie Schneeeule, Bartkauz, Raufußkauz), wozu sich z. B. sommergrüne Kletterpflanzen empfehlen.

Werden Eulenvolieren in größere Gehegeanlagen integriert, so ist die Stresswirkung durch benachbarte Tierarten zu beachten: insbesondere gilt das für Kleineulen, die ins Beuteschema von großen Eulen, Greifvögeln oder Wildkatzen, Mardern etc. fallen. Wenn tagsüber auch oft unbemerkt, kann Dauerstress in der nächtlichen Aktivitätsphase zu Brutausfall, wenn nicht zum Tod der Vögel führen.

Unabhängig davon, ob eine oder drei Gehegeseiten offen bleiben, muss die Einzäunung mit großem Bedacht gewählt werden: Elastisch-nachgiebige Netze mindern das Risiko von Gefiederschäden oder Verletzungen, wenn Vögel dagegen fliegen. Da sie aber von Ratten oder kleinen Raubtieren durchtrennt werden können, sind solche Netze eher für Trennwände zwischen benachbarten Volieren geeignet. Bei Drahtgittern ist die Maschenweite so zu wählen, dass sich die Vögel nicht mit Kopf und Fängen verhängen, vor allem aber, dass – bei mittelgroßen und kleinen Eulenarten – Steinmarder, Iltis oder Hermelin nicht eindringen können. Marder setzen die Eulen mitunter in Panik, so dass diese gegen die Gitterwand fliegen, um dann deren Zehen und Füße durch die Gittermaschen zu zerren! Bei sehr zarten Eulenarten empfiehlt sich daher eine doppelte Gitterbespannung. In Gebieten, in denen der West-Nile-Virus die Eulen bedroht (besonders gefährdet Bartkauz, Raufußkauz, Sperbereule), sind Mücken-dichte Schutznetze erforderlich, eine sehr große Herausforderung an den Gehegebau (Karla Bloem, „Houston International Owl Center", pers. Mitt.).

Zur Ausstattung der Gehege gibt das erwähnte Gutachten vor, dass einerseits Sitz- und Landeplätze geschickt zu arrangieren sind, damit den Vögeln ein maximaler Flugraum bleibt, andererseits Beschädigungen des Gefieders durch Anstreifen an das Gitter vermieden werden. Auch soll eine Verschmutzung der Sitzäste wie der Gitterwände durch Kot, Beutereste und Gewölle vermieden werden. In der Praxis bewährt sich eine Abschrägung der Gitterwände nach außen, zumal die Eulen ihren Kot nicht so abspritzen wie manche Greifvögel. Zur Gesunderhaltung der Füße wird das Angebot kräftiger und gut verankerter Naturäste in variablen Durchmessern empfohlen. Dabei sind bei der Positionierung der Äste nicht nur die Flügelspannweiten der Eulen zu berücksichtigen, es muss auch ausreichend Freiraum für etwaige Verfolgungsflüge und Kopulationen geboten sein. Bei Naturästen sind spitzwinkelige Astgabeln zu meiden, bei denen sich ein Eulenfuß einklemmen kann, speziell wenn er beringt ist.

Günstig sind gegliederte Felswände, die den Eulen eine Auswahl an Bändern und Nischen in unterschiedlicher Höhe bieten, und sich sowohl als Tageseinstand als auch Brutplatz eignen. Während Wald-bewohnende Arten meist hohe Äste bevorzugen (z. B. Waldkauz, Waldohreule), sind für Arten, die sich vorwiegend am Boden aufhalten, niedrige Baumstümpfe, Felsblöcke oder Erdhügel anzubieten (z. B. Schneeeule, Kanincheneule).

Da die tarnfarbigen Eulen im Tagesversteck für Besucher oft kaum auszumachen sind, vermeiden manche Schaubetriebe Strukturierung oder Bewuchs im Gehege, um den Eulen Versteckmöglichkeiten zu nehmen. Es liegt auf der Hand, dass dies einer art- und verhaltensgerechten Eulenhaltung widerspricht. Abgesehen von Schleiereule, Waldohr- und Zwergohreule wählen die meisten Eulenarten einen freien Tageseinstand, auf dem sie gut sichtbar sind, wenn sie sich im Gehege sicher fühlen (z. B. Uhu, Schneeeule, Bart- und Habichtskauz, Sumpfohreule).

Ein häufig unterschätzter Aspekt ist die Bedeutung von Versteckmöglichkeiten als Ausweichraum bei Anpaarungs-Konflikten. Speziell bei der Neuverpaarung einander nicht bekannter Altvögel kann eine Sichtblende zwischen den Tageseinständen das Konfliktpotenzial zwischen den Paarpartnern mildern. Bei Schleiereulen und Zwergohreulen haben sich beidseitig abgeschirmte Sitzabteile bewährt (z. B. Koenig 1973). Zur Unterbindung bedrohlicher Verfolgungsjagden entwickelte Kai McKeever (Owl Research Foundation/Kanada) labyrinthartig gekammerte Volieren (Scherzinger 1997).

Die meisten Eulenarten legen Beutedepots an, sei es in Höhlen und Spalten (wie Sperlingskauz, Sperbereule, Raufußkauz), sei es auf Bruchstämmen, Simsen, Felsbändern (wie Schleiereule, Habichtskauz, Uhu) oder auch im Schnee (wie Schneeeule). Da solche Vorräte durchaus gegen Artgenossen verteidigt werden, sollten ausreichend Depotplätze geboten werden, um gefährliche Konflikte zu unterbinden (z. B. Sperlingskauz). Das Deponieren von überschüssiger Beute dient bei den Eulen nicht nur einer Vorratswirtschaft, sondern ist auch ein wichtiger Aspekt im Fortpflanzungszyklus. An der Überschussbeute misst das Weibchen die jagdliche Potenz seines Männchens und richtet danach die Gelegegröße aus. Aus Unkenntnis entfernen Pfleger oft die unschönen Kadaver oder schalten gar Fasttage ein, bis die Vorräte aufgebraucht sind. Beides kann die Synchronisation der Paarpartner stören, bei sensiblen Arten sogar die Brutstimmung blockieren.

Für Brutgeschehen und Aufzuchterfolg kann das Angebot adäquater Nistplätze ausschlaggebend sein. Bei Höhlenbrütern sollten stets mehrere Nistkästen zur Auswahl stehen, auch unterschiedliche Größen und Typen, wobei sensible Arten Naturhöhlen in ganzen Baumstämmen gegenüber Bretterkästen bevorzugen (z. B. Sperlingskauz). Wichtig ist die Möglichkeit zur Ausformung einer Brutmulde, damit die Eier nicht „verrollen"; dazu bewährt sich eine mehrere Zentimeter dicke Einstreu aus groben Sägespänen, kleinen Hackschnitzeln, feinerem Rindenmulch oder auch grobem Sand-Erde-Gemisch. Ungünstig sind lockere Hobelspäne (da die Eier einsinken können), feiner Torf (da frisch geschlüpfte Junge verkleben), Stroh oder Heu (das Nestlinge verschlucken können) oder gar Katzenstreu (da sie den Eiern Feuchtigkeit entzieht; vgl. Scherzinger 1990).

Auch wenn Schneeeulen auf offenem Boden brüten, so bevorzugen sie erhöhte Stellen mit gutem Ausblick, was im Gehege durch entsprechende Sand- oder Erdhügel geboten werden kann. Zur Konstruktion künstlicher Erdbauten für Kanincheneulen gibt es gute Erfahrungen mit flexiblen Dränagerohren aus Kunststoff, die in einen eingegrabenen Nistkasten führen (Scherzinger 1982).

Das Gutachten des BMEL betont die Anforderungen an eine art- und verhaltensgerechte Futterversorgung. Für alle Eulenarten gilt, dass ein Ganzkörper-

Angebot (von Mehlwürmern und Heuschrecken bis Mäuse und Kaninchen) der Fütterung von schierem Fleisch vorzuziehen, bzw. für ausreichend gewöllbildendes Material zu sorgen ist. Wenn auch praktisch und vielfach gehandhabt, gelten tiefgefrostete Eintagsküken nicht als vollwertiges Futter; auch kann der Dotter die Vibrissen bei kleinen Eulenarten verkleben; darüber hinaus begünstigen derart weiche Nahrungsobjekte die Missbildung der Schnäbel (Platt et al. 2007). Wenn z. B. Schleiereulen und Uhus trotz ausschließlicher Kükennahrung brüten, so sind deren Junge für Auswilderungsprojekte doch meist ungeeignet, da zu wenig stabil bzw. gegen Hungerphasen nicht gefestigt. Die Vermehrung vitaler und freilandtauglicher Nachzuchten gelingt nur mit qualitativ hochwertigem Futter, was für die gesamte Nahrungskette gilt (d. h. auch die Versorgung der Futtertiere; McKeever, in: Platt et al. 2007). Wenn neben diversen Nagetieren auch Vögel geboten werden können, so ist zu beachten, dass Tauben z. B. das leber- und nervenschädigende Eulenvirus übertragen können (Burtscher 1965).

Nach Erfahrungen aus der Praxis sollte die Futterration möglichst kurz vor dem Aktivitätsbeginn der Eulen gereicht werden, was besonders für kalte Frosttage gilt, an denen die Futtertiere hart gefrieren können (Kleineulen verhungern dann trotz ausreichender Futtergaben), ebenso für heiße Sommertage, an denen ausgelegte Futtertiere rasch verderben oder auch von Aaskäfern, Ameisen oder Wespen befallen werden (Eulen meiden aufgedunsene Futtertiere und können durch Wespenstiche im Rachenraum verletzt werden).

Zur Vermeidung von Panik oder Stress durch regelmäßiges Betreten des Geheges, sollen Futterversorgung und Wasserwechsel von außen möglich sein, speziell zur Störungsminderung während der Brutperiode.

Die Nachzucht gesunder Jungtiere kann die Krönung einer erfolgreichen Eulenhaltung sein. Doch sind die Ansprüche in den letzten Jahren erheblich gewachsen: So wird von einer verantwortungsvollen Zucht erwartet, dass die Herkunft der Zuchtvögel geprüft ist und es zu keiner beliebigen Vermischung von Unterarten kommt (Negativbeispiel: Verpaarungen diverser heller bis sandfarbiger Unterarten des Uhus mit sibirischem Uhu). Nicht minder kritisch ist die Fortführung von Inzuchtlinien, wenn Liebhaber z. B. immer wieder Geschwisterpaare zusammen stellen (kommt am ehesten bei selten verfügbaren Arten vor). In Konsequenz bedarf es bei Nachzuchten für die Artensicherung und Wiederansiedlung einer strengen Zuchtbuchführung. (Dank moderner Gen-Technik können die Verwandtschaftsbeziehungen einzelner Zuchttiere heute günstig überprüft werden.)

Wenn einige Arten bei guter Futterversorgung und ausreichendem Gegeraum auch regelmäßig zur Brut schreiten, wie z. B. der Uhu, so sind die Ansprüche bei Kleineulen, Wald- und Sumpfohreule, bei Fischeulen sowie tropischen Arten an das Gehege und seine Ausstattung sehr viel komplexer. Neben Futterqualität und einem passenden Nistplatz ist der höhere Raumbedarf bei Anpaarung und Balz zu beachten – beides Phasen, die z. T. durch hohe innerartliche Konflikte, Verfolgungsflüge und auch Verteidigung von Beutedepot oder Brutplatz durch das Weibchen gegen das Männchen charakterisiert sind. Wenn raumgreifende Schauflüge in der Voliere auch nicht möglich sind, so führen Waldohreulen oder Bartkäuze bei ausreichendem Platz doch Girlandenflüge mit Flügelklatschen aus (vgl. Scherzinger 1984). Wenn auch die Männchen bestimmte Nistplätze mit „Nestlocken" bzw. „Höhlenzeigen" anbieten, so trifft bei der Brutplatzwahl i. d. R. das Weibchen die Entscheidung. Erst wenn das Weibchen von aggressiven Erregungslauten auf Bettelrufe umschwenkt und Beuteübergaben, später auch Kopulationen erfolgen, sind die Paarpartner in Brutstimmung. In dieser heiklen Phase sind Zuchtgehege möglichst störungsfrei zu halten. Sicherheitshalber sollte auch während der Eiablage, dem Schlupf der Jungen bis zu ersten sicheren Fütterung durch das Brutpaar auf Reinigungsarbeiten, jedenfalls auf regelmäßige Nestkontrollen verzichtet werden! Gestörte Weibchen können sowohl Eier als auch kleine Nestlinge beschädigen (z. B. Einkrallen, auch Verzehr – wie deponierte Beute).

Die meisten Eulenweibchen benötigen während der Zeit der Ei-Reife frisches Trinkwasser; zur Jungenaufzucht baden sie vermehrt, speziell an heißen Tagen. Zum Zeitpunkt des Schlüpfens ist hochwertiges Futter in ausreichender Menge zu bieten (keine Fasttage!). Der Futterverbrauch steigt bis zur 3. Lebenswoche der Nestlinge sprunghaft an; ab diesem Zeitpunkt kann qualitativ geringerwertiges Futter bis zu 1/3 beigemischt werden (z. B. Eintagsküken).

Eulen verteidigen Brutplatz und Junge z. T. vehement – auch gegen den gewohnten Pfleger. Zur Minimierung von Beunruhigung, Stress und auch Verletzungsgefahr (auf beiden Seiten) ist die Betreuung in dieser hektischen Zeit auf ein Mindestmaß zu beschränken.

Wenn immer möglich, sollte der Naturbrut, bei der die Jungeulen von den eigenen Eltern aufgezogen werden, der Vorzug gegeben werden. Bei störungs-sensiblen Paaren kann die Aufzucht der Nestlinge durch Ammenvögel erfolgreich sein, sofern sie derselben Art angehören. Problematisch sind Aufzuchten mit artfremden Ammen wegen des Risikos von Fehlprägung. Diese kann die Wahrscheinlichkeit einer unerwünschten Hybridisierung erhöhen (Abb. 15; Scherzinger 2017a).

Dem Verlust von Bruten kann im Einzelfall durch Kunstbrut und Handaufzucht begegnet werden. Platt et al. (2007) empfehlen eine Temperatur von 37,3–37,4 °C im Brutschrank (also etwas weniger als für Hühnereier), bei relativ hoher Luftfeuchtigkeit. Nach dieser Quelle wären Eulen-Eier alle 2 Stunden zu wenden. (Von den Eltern bereits angebrütete Uhu-Eier schlüpften im Inkubator auch bei nur 3×-täglichem Wenden; Scherzinger, unveröff.). Es empfiehlt sich, frisch geschlüpften Eulen einen Federbausch oder Wollsachen zum Anschmiegen anzubieten und die Inkubator-Temperatur auf 35–37 °C abzusenken. Gefüttert werden die Jungen erst am 2.–3. Lebenstag, wenn der Dotter aufgebraucht ist. Zunächst erhalten sie kleine, knochenfreie Bissen; zur Abnahme stimulieren ein gackernder „Fütterungslaut" sowie das Berühren des empfindlichen Schnabelwinkels. Kleine Nestlinge dürfen nicht überfüttert werden.

Da bei der Handaufzucht einzelner Jungeulen das Risiko einer Fehlprägung auf den Pfleger sehr hoch ist, und auf den Menschen geprägte Eulen später Personen anbalzen oder auch als Rivalen attackieren, sich letztlich auch für die Zucht nicht eignen, untersagt das Gutachten des BMEL tierschutzwidrige Handaufzuchten zur gezielten Prägung auf den Menschen grundsätzlich. Ungewollte Fehlentwicklungen lassen sich am besten durch Aufzucht von artgleichen Geschwistern verhindern.

Abb. 15 Durch
Handaufzucht kann es nicht
nur zu Fehlprägung, sondern
auch zu falscher Partnerwahl
kommen, was im Extrem zu
unerwünschter
Hybridisierung führt (z. B.
„Schnee-Uhu", *Bubo
scandiacus x Bubo bubo* in
einer Liebhaber-Haltung).
(Foto: Wolfgang Scherzinger)

(Die gleichzeitige Aufzucht artfremder Jungeulen begünstigt hingegen spätere Bastardierungen; Scherzinger 2017b). Für Auswilderungs- und Wiederansiedlungsprojekte sollten jedenfalls auf Handaufzuchten verzichtet und nur vitale Jungvögel aus Naturbruten eingesetzt werden (Scherzinger 1994; Zink et al. 2019).

Eulen können bei guter Haltung in menschlicher Obhut mitunter ein hohes Alter erreichen. Nach der Übersicht von Kaiser (2014) lag das Höchstalter einer Schneeeule bei 43 Jahren + 8 Monaten, eines Milchuhus bei 40 Jahren, eines Bartkauz' bei 29 Jahren, bei einer Zwergohreule bei 24 Jahren und bei diversen Sperlingskäuzen bei 11–18 Jahren.

5   Eulenhaltung nach Einzelbeispielen

Eurasischer Uhu (*Bubo bubo*)

Körpergewicht 1500–3000 g; sehr variable Gefiederfärbung, von sandbeige bis fuchsrot, aber auch kräftig schwarz gezeichnet (Abb. 16). Geschlechtsreife mit 10–12 Monaten, Brutreife meist erst 2.–3. Jahr; Legebeginn März, seltener auch Januar bis Februar. Gelegegröße 2–4 (5) Eier; Legeabstand 2–3 Tage, Bebrütungsdauer 32–37 Tage; 1 Jahresbrut. Lebenserwartung in Gefangenschaft bis 40 Jahre (Scherzinger und Mebs 2020).

Abb. 16 Der Eurasische Uhu (*Bubo bubo*) verkörpert die weltweit größte Eulenart (Nationalpark Bayerischer Wald). (Foto: Wolfgang Scherzinger)

Die Haltung von Uhus hat ihre Tradition vor allem im Zusammenhang mit der Hüttenjagd. Auf Grund häufig unzureichender oder auch falscher Ernährung (z. B. Speisereste, mit Bleischrot belastete Krähen und Häher oder bleihaltiger Aufbruch) überlebten die Vögel meist nur wenige Jahre. Auch im Zoo blieben Bruterfolge die Ausnahme. Erst mit der Entwicklung systematischer Zuchtmethoden für großräumige Ansiedlungsprojekte gelang der Durchbruch, wobei sich hochwertiges Futter in ausreichender Menge und geräumige Gehege mit abgeschirmten Brutplätzen als erfolgsbestimmend zeigten.

Gehege-Mindestgrößen für ein Uhupaar nach BMEL $= 27$ m^2. Damit die Eulen ihr Temperament und Verhalten zur Geltung bringen, sind – speziell im Schaubetrieb – eher 40–50 m^2 zu empfehlen. Um Tier-Mensch-Konflikte zu vermeiden, sind begehbare Schaugehege erheblich größer zu planen (rund 200 m^2 im Beispiel „Tierfreigelände" des Nationalparks Bayer. Wald).

Wenn Uhus auch auf blankem Boden brüten können, so bieten ihnen erhöhte Plattformen, am besten geschützte Nischen doch mehr Sicherheit. Zur Ausformung der Nistmulde empfiehlt sich Rindenmulch oder ein Sand-Erde-Gemisch. Als Tageseinstand bevorzugen die großen Eulen hohe Sitzplätze mit Rückendeckung und gutem Überblick. Fühlen sie sich sicher, dann tolerieren sie auch Besucher in begehbaren Volieren, ohne sich zu verstecken oder zu tarnen. Für Balz und Paarungen sollten starke, stabile Äste oder große Felsblöcke geboten werden. Frischwasser wird zum Trinken und Baden regelmäßig angenommen.

Junguhus wandern im Alter von 4½–5 Wochen vom Nistplatz, noch flugunfähig. Sie verteilen sich im Gelände, versteckt in Gebüsch oder Felsnischen. Bei begehbaren Gehegen ist darauf zu achten, dass Besucher solchen „Ästlingen" nicht zu nahe kommen, um gefährliche Verteidigungs-Angriffe durch die Altvögel zu vermeiden.

Bei guter Fütterung (z. B. mit Labor-Ratten, Kaninchen, auch Wachteln) produzieren Uhus jährlich Gelege von 3–5 Eiern und ziehen ihre Jungen – bei störungsarmen Anlagen – auch problemlos auf. Heute kann geradezu von einer „Uhu-Schwemme" gesprochen werden, weshalb Tierhalter bereits gezwungen sind, die Eizahl zu reduzieren.

Uhus sind empfänglich für das Eulen-Herpesvirus, das z. B. durch Verfütterung von frei lebenden Tauben übertragen werden kann, und Leber und Nervensystem letal schädigt (Bürki et al. 1973; Hänel 2012).

Für Auswilderungsprojekte eignen sich nur kräftige, gut genährte Jungeulen, die von arteigenen Eltern oder Ammen aufgezogen wurden – und dem mitteleuropäischen Typus entsprechen. Zur Vorbereitung der Freilassung haben sich „Ausgewöhnungs-Volieren" im künftigen Lebensraum bewährt, von wo die Junguhus noch vor Familienauflösung freigesetzt werden (Alter etwa 3 Monate; Scherzinger 1987).

Habichtskauz (*Strix uralensis*)
Körpergewicht 800–1200 g; in Mitteleuropa treffen die nördliche, meist blass-graue Unterart (*Strix uralensis liturata*) und die deutlich kräftigere Unterart von Westbalkan und Karpatenraum (*Strix uralensis macroura*) aufeinander. Letztere tritt in sehr variabler Gefiederfärbung auf, von hellgrau bis beige-braun, oder braungrau bis schoko-braun; vereinzelt sogar melanistische Individuen (Abb. 17). Geschlechtsreife im ersten Winter, doch brüten Jährlinge nur bei sehr guter Nahrungsversorgung. Legebeginn in Mitteleuropa Ende März – Anfang April; Gelegegröße 2–4 (in Abhängigkeit vom Mäusezyklus). Bebrütung ab 1. gelegtem Ei; Bebrütungsdauer 28 Tage. 1 Jahresbrut; Lebenserwartung in Gefangenschaft maximal 30 Jahre (Scherzinger und Mebs 2020).

Noch Mitte des 20. Jahrhunderts galt die Zucht von Habichtskäuzen als wenig erfolgversprechend. Doch konnten Versuche im Nationalpark Bayerischer Wald die wesentlichen Kriterien aufdecken: großräumige Volieren, in denen das Männchen bei den oft heftigen Konflikten zur Anpaarungszeit ausweichen und sich ohne strukturelle Hindernisse paaren kann; geräumige Nistkästen mit geeigneter Einstreu und bestmögliche Abschirmung von Störungen. Doch letztlich entscheidet die Qualität der Nahrung über Eizahl, Schlupfrate und Aufzuchtserfolg, zumal auch frei lebende Habichtskäuze nur in Gradationsjahren der Wühl- und Waldmäuse erfolgreich brüten. – Mit bloßem „Erhaltungs-Futter", wie in manchen Tierhaltungen üblicherweise geboten, können die Eulen weder in Brutstimmung gebracht noch entwicklungsfähige Eier erzielt werden. Zu empfehlen sind gut genährte Labormäuse und -ratten, Hamster oder kleine Meerschweinchen, die möglichst frisch-tot geboten werden; gefrostetes Futter nur beigemischt, am ehesten in den weniger sensiblen Jahreszeiten. Bewährt hat sich ein *ad-libidum* Angebot im Herbst (da die

Abb. 17 Als großer
Waldbewohner benötigt der
Habichtskauz (*Strix uralensis*)
auch entsprechend große
Baumhöhlen, wie sie auch im
Naturwald eher selten sind
(Freilandaufnahme
Schweden). (Foto: Lonnie
Dueholm Ott)

herbstliche Kondition der Weibchen die Brutstimmung im Frühjahr mitbestimmt)
sowie ab Balzbeginn Mitte bis Ende Januar. Keine Fasttage zum Schlupf und
während der Nestlingsaufzucht.

In Zoo- und Privathaltung wurden bis dahin ausschließlich Käuze aus dem Freiland gehalten (z. B. aufgezogene Findelkinder, gesund gepflegte Unfallopfer), die
gegenüber Störungen im Brutverlauf besonders empfindlich reagierten. Nachzucht-
Generationen sind deutlich toleranter, so dass die Vermehrung von Habichtskäuzen
in menschlicher Obhut heute regelmäßig gelingt (Abb. 18) (Scherzinger 2006; Zink
et al. 2019).

Als Tierschutz-konforme Mindestmaße für 1 Paar Habichtskäuze nennt das
BMEL-Gutachten (2019) Volieren mit 18 m^2 Grundfläche. Nach Erfahrungen aus
der Praxis sind Grundmaße von 4×8 m bis 5×10 m zu empfehlen, damit bei
Anpaarungskonflikten ausreichend Ausweichmöglichkeit bleibt. Habichstkauz-Jun-
ge verlassen die Bruthöhle mit rund 4 Wochen, springen – noch flugunfähig – zu
Boden, und versuchen dann im flatternden Klettern auf Büsche und niedere Bäume
zu gelangen (Abb. 19). In dieser Zeit attackieren die Altvögel mit besonderer
Vehemenz jedweden Gefährder ihrer Brut. Zu Beginn dieser hektischen „Ästlingsphase" sind frei-begehbare Habichtskauz-Volieren für den Besucherverkehr zu
schließen.

Probleme können mit Laichdorn an den Fußballen auftreten. Im Vergleich zum
Bartkauz sind Habichtskäuze weniger empfänglich für das West-Nile-Virus.

Abb. 18 Heute gelingt die
Vermehrung des
Habichtskauzes (*Strix
uralensis*) in Menschenobhut
regelmäßig (Gruga, Essen).
(Foto: Werner Lantermann)

In Bayern, Böhmen und Österreich wurden Auswilderungs- und Wiederansiedlungsprojekte mit dem Habichtskauz mit großem Erfolg durchgeführt, ausschließlich auf Basis von Gefangenschafts-Nachzuchten. Die Projekt-Koordinatoren müssen dabei sicherstellen, dass nur Vögel geeigneter Herkünfte freigelassen werden (keine Käuze der Nominatform *Strix uralensis uralensis* aus dem östlichen Eurasien), nur Jungeulen in bester Kondition, keinesfalls Handaufzuchten oder Inzuchttiere (vgl. Zink et al. 2019). Zur Vorbereitung der Freilassung haben sich Auswilderungs-Volieren im geeigneten Habitat bewährt.

Bartkauz (*Strix nebulosa*)

Körpergewicht 900–1400 g; Geschlechtsreife bereits mit 1 Jahr, Brutreife meist aber erst mit 3 Jahren (Abb. 20). Keine Unterartengliederung in Eurasien. Legebeginn im Borealwald Anfang April bis Anfang Mai; Gelegegröße 3–5 Eier; Bebrütung ab 1. gelegtem Ei, Bebrütungsdauer 28–30 Tage. Nur 1 Jahresbrut bzw. Brutausfall in Mangeljahren. In menschlicher Obhut bisher Höchstalter von 29 Jahren bestätigt.

Die Nachzucht von Bartkäuzen blieb lange auf Einzelfälle beschränkt, was auch mit der schwierigen Beschaffung dieser großen Waldeulen zusammenhing. Die besten Ergebnisse erzielten zunächst Liebhaber, die den Eulen große, von Störungen abgeschirmte Gehege bieten konnten. Da Bartkäuze auf offenen Horsten oder auf Bruchstellen großer Baumstümpfe brüten, sind sie besonders exponiert gegenüber Störungseinflüssen.

Abb. 19 Zur Verteidigung ihrer Jungen greifen Habichtskäuze (*Strix uralensis*) vermeintliche Feinde mit großer Vehemenz an, speziell bei noch flugunfähigen „Ästlingen". Zur Vermeidung von Gefiederschäden oder gar Verletzungen sollten Störungen an den Gehegen minimiert werden. (Foto: Wolfgang Scherzinger)

Als Mindestmaße für 1 Paar Bartkäuze setzt das BMEL-Gutachten (2019) 27 m^2 an (wie auch für Uhu und Schneeeule). In Anbetracht der ausholenden Flugbewegungen dieser Eule, die zur Balz auch Demonstrationsflüge um den Nistplatz samt Flügelklatschen ausführt, empfiehlt sich eine Volierengröße von 4 × 9 m bis 6 × 12 m. Im Schaubetrieb sind Bartkäuze mit dem „übergroßen" Gesichtsschleier, den kleinen gelben Augen und dem extrem lockeren, weichen Gefieder hochattraktiv. Bei Volierengröße und -gestaltung ist aber auch die hohe Energie zu berücksichtigen, mit der die Altvögel ihre Brut verteidigen. Durch entsprechende Volierentiefe können Angriffsflüge gegen das Gitter – samt Verletzungsgefahren – abgefangen werden.

Als Einstand eignen sich starke Äste in erhöhter, möglichst überdachter Position, wobei schütterer Baumbewuchs das Sicherheitsgefühl der Eulen erhöht. Zur Kopulation benötigen die großen Käuze einen sehr stabilen Platz in geringer Höhe (liegender Baumstamm, starker Ast oder Baumstumpf), wo die ausholenden Flügelschläge des Männchens nicht behindert werden. Als Nistplatz lassen sich Kunsthorste in störungsfreien Ecken oder auf hohen Baumstümpfen anbringen, wobei die Eulen einen möglichst ungehinderten Anflug bevorzugen. Bei wiederholten Nestinspektionen scharren und mulden Männchen wie Weibchen, weshalb eine ausreichende Schicht aus Rindenmulch, feinen Hackschnitzeln oder ein Sand-Erde-Gemisch eingebracht werden sollte.

Trotz ihrer Körpergröße und Schlagkraft jagen Bartkäuze bevorzugt Mäuseartige. Sie nomadisieren im Borealwald über weite Strecken, auf der Suche nach best-

Abb. 20 Mit seinem
ausdrucksvollen
Gesichtsschleier und dem
lockeren, duftig-grauen
Gefieder zählt der Bartkauz
(*Strix nebulosa*) zu den
attraktivsten Eulenarten der
nördlichen Taiga. (Foto: Jörg
Asmus)

möglichen Wühlmausdichten, da sie nur in Anstiegs- und Spitzenjahren von Grada-
tionen brüten. Entsprechend hängt der Bruterfolg auch bei Volierenvögeln vom
reichlichen Angebot an Mäusen, jungen Ratten, Goldhamstern etc. ab, das zumindest im Zeitraum von Balz, Eireife, Brut und Schlupf *ad-libidum* und möglichst
frisch-tot vorliegen soll. Zur Jungenaufzucht werden gefrostete Eintagskücken zwar
angenommen, doch besteht das Risiko einer unzureichenden körperlichen Entwicklung der Jungeulen, wenn solch energiearmes Futter überwiegt.

Sobald die Nestlinge etwa 3 Wochen alt sind, hudert das Weibchen nur noch
unregelmäßig; es sitzt dann frei auf dem Horstrand oder „wacht" in dessen Nähe.
Beide Altvögel greifen jetzt jeden vermeintlichen Brutstörer mit großer Heftigkeit
an. Da Stress und Hektik mit dem Nestverlassen der Jungen noch zunehmen,
empfiehlt es sich, die Volieren nicht zu betreten, Futter und Trinkwasser von außen
zu reichen, jedenfalls auf Säuberungen zu verzichten. Die „Ästlinge" springen noch
flugunfähig zu Boden. Durch ein Angebot schräg gestellter Baumstämmchen kann
ihnen das Hochklettern ins Geäst erleichtert werden.

Mit ihrem besonders langen und flauschigen Federkleid bieten Bartkäuze einen
idealen Unterschlupf für Hirschlausfliegen, die von Wildvögeln übertragen werden
können. Erscheinen sie bei Altvögeln nur „lästig", können die Larven dieser Blut-
sauger Bartkauz-Nestlinge letal schwächen, was eine Behandlung unumgänglich
macht. Wie die meisten Eulenarten aus dem hohen Norden sind Bartkäuze besonders
empfänglich für Infektionen mit dem West-Nile-Virus. In einer der größten Reha-

bilitations-Stationen Kanadas sind Bartkäuze aller Alterststufen infolge von Mückenstichen an dieser Krankheit gestorben (McKeever, pers. Mitt.).

Sperbereule (*Surnia ulula*)

Körpergewicht 270–380 g; Geschlechtsreife noch vor Erreichen des 1. Lebensjahres, als Jährling bereits brutreif. Legebeginn im borealen Verbreitungsgebiet Anfang April bis Mitte Mai; Gelegegröße je nach Beuteverfügbarkeit 3–5 bzw. 8–13 Eier. Bebrütung ab 1. gelegtem Ei; Bebrütungsdauer 25–30 Tage. Bei sehr großen Bruten kann der Altersunterschied der Nestlinge bis zu 3 Wochen betragen. 1 Jahresbrut, in Mangeljahren Brutausfall. Keine Angaben zum Höchstalter; vermutlich 25 Jahre (Scherzinger und Mebs 2020).

Diese hochnordische Eulenart (Abb. 21 und 22) war in deutschen Tiergärten und Vogelparks nur selten zu sehen, meist auch nur Einzelvögel. Entsprechend blieben Zuchterfolge bis in die 1980er-Jahre eine seltene Ausnahme. Durch Zusammenführung verstreuter Individuen aus Privathaltung mit Nachzuchten aus dem Zoo Helsinki gelang in kurzer Zeit die Etablierung brutwilliger Paare mit regelmäßigem Nachzuchterfolg.

Wie der Name andeutet, wirken Sperbereulen durch ihre schlanke Gestalt, den relativ kleinen Kopf mit stechend-gelben Augen, schmalen Schwingen und langem Schwanz eher wie Greifvögel als Eulen. Auch ihr Wesen unterscheidet sich markant durch zeitweise ausgesprochene Tagesaktivität, hektische Flugrasanz, hörbare Fluggeräusche und häufige Stimmäußerungen, vor allem bei Ortswechsel. Die Mindestmaße für Sperbereulen-Gehege im BMEL-Gutachten (2019) berücksichtigen diese spezifische Flugaktivität insofern, als sie mit 18 m^2 (für ein Paar) rund 60 % über dem Mindestmaß für die etwa gleichgroße Schleiereule liegen. Um Beschädigungen von Wachshaut, Kopf- und Großgefieder zu vermeiden, und den ungestümen Flugbahnen ausreichend Raum zu geben, sind Volieren mit wenigstens 4 × 8 m Grundfläche zu empfehlen, im Schaubetrieb 5 × 10 m bis 6 × 12 m.

Zur Volierengestaltung eignen sich kurzastige Baumstämme und abgebrochene Stammstücke diverser Höhe, die die Eulen als Ansitzwarte nutzen können. Bei grobborkigen und rissigen Baumstämmen stopft die Eule Überschuss-Beute in Klüfte

Abb. 21 Die Sperbereule (*Surnia ulula*) ist eine hochnordische Eulenart, die erst seit den 1980er-Jahren erfolgreich in Menschenobhut nachgezüchtet wird (Freilandaufnahme Schweden). (Foto: Jörg Asmus)

Abb. 22 Im Ästlingsstadium
zeigen Sperbereulen (*Surnia
ulula*) ein auffälliges
„Kindergesicht", mit weißen
Backenstreifen auf
schokobraunem Grund
(Freilandaufnahme
Schweden). (Foto: Jörg
Asmus)

und Winkel, ein wichtiges Indiz für das Weibchen, dass ausreichend Nahrung für eine Brut gegeben ist. Gemäß ihrer nordischen Herkunft leiden Sperbereulen unter großer Sommerhitze; neben einer Schattierung des Volierendachs (z. B. mit sommergrünen Schlingpflanzen) empfiehlt sich eine Befeuchtung des Volierenbodens zur Abkühlung.

Sperbereulen sind sogenannte „r-Strategen", die bei besonders günstigem Beuteangebot sehr viele Junge aufziehen, bei mäßigem Angebot dagegen meist auf die Brut verzichten. Zuchtvögel sind daher mit hochwertiger Nahrung zu versorgen (am besten frisch-tote Labormäuse), speziell ab Paarbildung im Frühjahr, während Eireife, Brut und Nestlingszeit. Gefrostete Futtertiere kann man in der Phase höchsten Futterbedarfs (ab der 3. Nestlingswoche) und im Winter beimischen. Jedenfalls ist Frischwasser zu bieten.

Wenn Sperbereulen im Freiland nicht nur in ausgebrochenen Baumhöhlen, sondern auch auf ausgemorschten Bruchstellen hoher Baumstümpfe oder in Elsternestern brüten, so empfiehlt sich für die Brut in der Voliere doch ein geräumiger Nistkasten, in dem das Weibchen von Störungen bestmöglich abgeschirmt ist. In der Praxis erwies sich eine relativ grobe, mehrere cm hohe Einstreu als besonders wichtig, die weder staubfein noch völlig trocken sein soll, damit frisch geschlüpfte Junge nicht verkleben (Scherzinger 1990, 2001). Bei großen Nestlingszahlen überbrückt das Weibchen Nahrungsengpässe, in dem es die kleinsten Jungen an größere Geschwister verfüttert. Zur Vermeidung einer solchen „Brutregulation" sollte während der gesamten Nestlingszeit auf ausreichende Beuteversorgung geachtet und auf „Fastentage" jedenfalls verzichtet werden. – Stechmücken können auf Sperbereulen das West-Nile-Virus übertragen.

Schleiereule (*Tyto alba*)

Körpergewicht 340–515 g; Geschlechtsreife bereits mit 5–7 Monaten; Brutreife ab 7. Lebensmonat (Abb. 23). Gelegegröße meist 4–7, in „Mäusejahren" aber bis zu 15 Eier. Maximale Reproduktionsleistung bei Feldmausgradationen mit 2, im Extrem sogar 3 Bruten pro Saison. Legebeginn meist im April, in Abhängigkeit zur Beute-

Abb. 23 Der ausgeprägte Gesichtsschleier ist namengebend für die Schleiereule (*Tyto alba*), die in Mitteleuropa in unterschiedlichen Farbphasen auftritt. (Foto: Werner Sterwerf)

verfügbarkeit aber auch noch in Spätsommer und Herbst. In menschlicher Obhut wurden Höchstalter von 23 bis 34 Jahren erreicht (Kaiser 2014; Scherzinger und Mebs 2020).

Auch wenn Schleiereulen in Menschenobhut durchaus willig brüten, so sind Zuchtprojekte doch eher die Ausnahme. Am ehesten in Verbindung mit Versuchen zur Aufstockung frei lebender Bestände – aber auch zur Gewinnung handzahmer Versuchtiere (z. B. sinnesphysiologische Experimente an der Universität Aachen, wofür Schleiereulen eigens gezüchtet werden, allerdings Tiere amerikanischer Herkünfte [*Tyto furcata*; Wagner et al. 2017]). In Mitteleuropa überlappen die hellen, z. T. weißen Schleiereulen südlicher und westlicher Verbreitung (*Tyto alba alba*) mit den meist ocker-braunen und z. T. stark getupften Herkünften aus dem Osten (*Tyto alba guttata*), sodass Brutpaare oft sehr variablen Farbtypen angehören.

Das erwähnte BMEL-Gutachten (2019) setzt als Mindestgröße für Schleiereulen-Gehege 7,5 m^2 für einen Einzelvogel und 10,75 m^2 für ein Paar an (entspricht in etwa einem Grundriss von 2,5 × 4 m). – So attraktiv der „herzförmige" Schleier, das seidige Gefieder und die zarte Tüpfelmusterung auch sind, so bleibt der „Schauwert" von Schleiereulen wegen ihrer strikten Nachtaktivität sowie ihrem Drang, tagsüber Deckung aufzusuchen und sich in Ecken zu zwängen, meist gering. Für den Schaubetrieb lohnte sich deshalb ein „Nachthaus" mit künstlicher Umkehr des Tag-Nacht-Zyklus und deutlich größerer Volierenlänge, um den „lautlosen", weich-schwebenden Eulenflug bestmöglich zur Geltung zu bringen.

Die Volierenrückwand kann z. B. als Felswand (Primärbiotop) oder brüchiges Mauerwerk (Sekundärbiotop) gestaltet sein. Als Tageseinstand, der vor Wind und

Wetter gut geschützt sein soll, empfehlen sich ein durch Zwischenwände gekammerter Bord oder entsprechende Mauernischen. Um einen großen, hindernisfreien Flugraum zu gewährleisten, reichen Sitz- bzw. Landeäste an Front- und Seitenwänden. Schleiereulen scharren im dunkelsten Eck des Nistkastens eine flache Nistmulde, weshalb entsprechende Einstreu (z. B. grobes Sand-Rindenmulch-Gemisch) einzubringen ist. Im Lauf der Brut sammeln sich dort auch zertretene Gewölle, Dunenkiele etc. an. Da die Jungen fast bis zur Flugfähigkeit in der Bruthöhle bleiben, müssen Nistkästen sehr groß und geräumig sein. Es empfiehlt sich, diese so an die Rückwand oder auch ein Nebengebäude zu integrieren, dass Nest-Kontrollen von außen – störungsfrei – erfolgen können. Auf einen freien Anflug ist zu achten, da das Männchen – über Wochen – Beute am Flugloch übergibt. Zu empfehlen sind auch Balken und Borde im Fluglochbereich, damit die noch flugunfähigen Jungeulen dort Platz finden, ohne Risiko, beim Nestverlassen abzustürzen.

Schleiereulen brüten bei reichlicher Fütterung willig, und ziehen selbst bei mäßiger Futterqualität (z. B. gefrostete Eintagsküken) ihre Jungen auf. Für Auswilderungsprojekte im Sinne des Artenschutzes sollten aber nur kräftige, vollwertig ernährte Individuen eingesetzt werden. Als Aufzuchtfutter sind frisch-tote Mäuse, kleine Ratten, eventuell kleine Wachteln optimal. Bei großer Jungenzahl besteht ein sehr hoher Futterverbrauch, speziell ab der 3.–4. Lebenswoche. Junge Schleiereulen bleiben vergleichsweise lange am Nistplatz. Ihr Jugendkleid entwickelt sich unter dem flauschig-weißen „Dunenpelz", der erst im Alter von 2 Monaten stückweise abfällt. Die Jungeulen verbringen die Zeit bis zur Flugfähigkeit mit rund 3 Monaten vorwiegend im Umkreis des Brutplatzes, klettern über Balken bzw. Felsbänder, und üben sich in Beutefangspielen (Abb. 24).

Schleiereulen sind relativ robust, tolerieren selbst hohe Sommertemperaturen, sind – entsprechend ihres mediterranen Ursprungs – jedoch sehr kälteempfindlich, zumal sie keine Fettreserven anzulegen vermögen. Günstig wäre daher ein Zugang zu einem frostfreien Innenraum. Jedenfalls ist bei strengem Frost auf regelmäßige Futterversorgung und soliden Wetterschutz zu achten.

Sperlingskauz (*Glaucidium passerinum*)

Körpergewicht 70–85 g; Geschlechtsreife im ersten Herbst, Brutreife als Jährling. Legebeginn – je nach Breitengrad und Seehöhe – Anfang April bis Anfang Mai; Gelegegröße 4–6 Eier (selten 8–9). Intervall der Eiablage 2 Tage; Beginn der Bebrütung ab vorletztem oder letz-gelegtem Ei. Bebrütungsdauer 28–29 Tage; Nestlingsdauer 4 Wochen. Höchstalter in der Voliere 11 Jahre (bei Perlkauz *Glaucidium perlatum* = 18 Jahre; Scherzinger 1986b).

Sperlingskäuze kamen lange Zeit eher zufällig in menschliche Obhut, sei es durch Fang am Futterhäuschen oder durch Fällung eines Baumes mit Spechthöhle, in der sich Sperlingskauz-Nestlinge befanden. Erst seit den 1970er-Jahren kam es zu regelmäßigen Nachzuchten, wobei ausreichende Volierengröße, hohe Futterqualität und natürliche Spechthöhlen Erfolgs-bestimmend waren (Abb. 25). Besonders bewährt haben sich ganze Baumstämme mit Spechthöhlen oder entsprechend verkleidete Nistkästen. Über die Jahre akzeptierten die Käuze aber zunehmend auch „normale" Nistkästen, unter Bevorzugung – stammähnlich – lang gestreckter Fronten.

Abb. 24 Nur langsam
entwickelt sich das
Jugendkleid der Schleiereulen
(*Tyto alba*) unter dem
flauschig-weißen
„Dunenpelz", der erst im Alter
von 2 Monaten stückweise
abfällt. (Foto: Wolfgang
Scherzinger)

(Mit dem Angebot natürlicher „Spechtbäume" aus dem Wald können auch Roßameisen ins Gehege gebracht werden, die durchaus in der Lage sind, frisch geschlüpfte Sperlingskäuze in Stücke zu beißen, so dass es – von außen völlig unbemerkt – zum Totalverlust der Brut kommt; Scherzinger 1979).

Frisch-tote Mäuse sind zweifellos das geeignetste Futter (Sperlinge und andere
Kleinvögel, wie sie zur natürlichen Beute zählen würden, entfallen aus Artenschutz-
gründen). Außerhalb der Brut- und Aufzuchtszeit kann man auch mit Eintagsküken
teilweise „strecken", doch ist zu beachten, dass die Kleineulen sich Wachshaut,
Schnabelansatz und Zehen mit dem Dotter verschmieren können – bis zur Verklum-
pung. Außerdem weisen bereits Platt et al. (2007) auf die unzureichende Abnutzung
des Schnabels bei so weichen Futtertieren hin, so dass es zu Schnabel-Überlängen
und sogar -deformationen kommen kann. Wenn Sperlingskäuze gefrorene Futtertiere
auch durch ein „Bebrüten" auftauen können, so besteht in strengen Frostnächten das
Risiko, dass die Käuze vor vollem Futtertisch verhungern. Es empfiehlt sich daher
bei solchen Wetterlagen, erst kurz von dem Aktivitätsbeginn am späten Nachmittag
zu füttern.

Als kleinste Eulenart Eurasiens ist der dämmerungs- und tagaktive Sperlingskauz
durch sein lebhaftes Wesen gekennzeichnet, mit ruckartigen Bewegungen, kraft-
voller Landung und draufgängerischen Jagdflügen. Zu Recht ordnet das BMEL-
Gutachten (2019) einem Paar der „Zwergkäuze" dieselben Gehege-Mindestmaße
von 10,75 m^2 zu, wie z. B. für Waldohreule oder Waldkauz, als wesentlich größere

Abb. 25 Klein aber agil: der
Raumbedarf von
Sperlingskäuzen (*Glaucidium
passerinum*) wird wegen ihrer
geringen Körpergröße häufig
unterschätzt. Für eine
erfolgreiche Brut und
Jungenaufzucht sind aber
Ausweichmöglichkeiten,
Deckungsangebot und
hochwertiges Futter
ausschlaggebend
(Freilandaufnahme
Schweden). (Foto: Jörg
Stemmler)

Arten. Für Schaugehege empfiehlt sich eine Volieren-Grundfläche von wenigstens
3 × 6 m, um ausreichend Rückzugsraum zu sichern.

Zur Gehegegestaltung eignen sich astreiche Nadelbäumchen, in deren Schutz sich
der Kauz sehr sicher fühlt. Hilfreich sind ferner geschickt verteilte Zweige, die einen
möglichst hindernisfreien Flugraum freihalten. Sperlingskäuze baden in Sonne, Regen und Wasser; speziell zur Zeit der Eireife und Brut ist Frischwasser von Bedeutung. Unterschätzt wird meist die innerartliche Aggressivität dieser Kleineule, die
durchaus zum Tod des zierlicheren Männchens durch Angriffe des robusteren
Weibchens führen kann. Solche kritischen Situationen ergeben sich z. B. zum
Winterbeginn, wenn die Käuze möglichst viele Beutestücke in Höhlen, auf Borden,
Balken etc. deponieren – und diese Depots dann gegen Artgenossen verteidigen.
Neben ausreichend Ausweichraum in der Voliere kann hier vor allem ein Über-
angebot an Nistkästen, Baumhöhlen etc. Abhilfe schaffen. Ähnlich konfliktträchtig
verläuft die Anpaarungsphase im Frühjahr, weshalb dem Männchen ausreichend
Deckung durch dichte Zweige geboten werden sollte.

Wenn Sperlingskäuze sich jüngst auch von den kühleren Bergwäldern in tiefere
Lagen mit z. B. trocken-warmen Kiefernwäldern ausbreiten, so leiden sie doch unter
starker Sonneneinstrahlung und Hitze. Eine Kühlung durch Besprengen des Volierenbodens mit Wasser kann den Hitzestress mildern.

Sperlingskäuze aus der Volierennachzucht wurden zur Bestandsaufstockung z. B.
im Schwarzwald freigelassen. Aktuell gibt es auf Grund der markanten Arealaus-

weitung dieser Kleineule in Mitteleuropa aber keinen Anlass für solche Artenschutz-aktionen. Viel wichtiger ist das Zulassen von alten, auch kränklichen Bäumen im Wirtschaftswald, um die Spechte – als Höhlenbauer – zu fördern.

Kanincheneule (*Athene cunicularia*)

Innerhalb des riesigen Verbreitungsgebiets zwischen dem südlichen Kanada, über Mittelamerika bis Feuerland werden aktuell 22 Unterarten anerkannt (von denen wenigstens zweien ein Artstatus zukommen könnte; D. Johnson, briefl. Mitt.), mit jeweils unterschiedlicher Körpergröße (z. B. Nominatform *Athene cunicularia cunicularia* aus dem südlichsten Südamerika bis 250 g, *Athene cunicularia hypugaea* aus Kanada nur 150 g) und abgestufter Gefiederfärbung: von sandfarben grau bis beige, mit feiner Bänderung an Brust und Bauch bis kräftig dunkelbraun mit derber Gefiederzeichnung. Geschlechts- und Brutreife mit einem Jahr; Eiablage – je nach Breitengrad – März bis Mai; Gelegegröße meist 5–6 Eier (maximal 12). Bebrütungsdauer 28–30 Tage. (Höchstalter in menschlicher Obhut nicht bekannt; beim verwandten Steinkauz 15 Jahre; Weick 2011).

Diese langbeinige „Prärie-Eule" ist ein typischer Bodenvogel (Abb. 26), der vorwiegend in Erdgängen von Präriehunden brütet, mit den kräftigen Beinen aber durchaus auch selbst effektiv graben kann. Diese Eulenart lebt in lockeren Kolonien und kann als relativ sozial gelten. – Auf Grund einer ausgeprägten Tagaktivität und dem lebhaften Verhalten sind Kanincheneulen (auch als Kaninchen-Käuze bezeichnet) im Schaubetrieb sehr beliebt, zumal auch Nachzuchten wiederholt gelingen. Ein Problem bei Privat- und Zoohaltung ist die Schwierigkeit einer klaren Unterarten-Zuordnung, weshalb Mischformen eher die Regel scheinen. Da Vögel nördlicher Herkünfte echte Zugvögel sind, die in wärmeren Landschaften des südlichen Nordamerika überwintern, benötigen Kanincheneulen in unseren Breiten ein frostfreies Winterquartier (Wärme-Kategorie II = frostfrei und trocken).

Das erwähnte Gutachten des BMEL (2019) nennt als Mindestmaß für Kanincheneulen-Volieren 7,5 m² (Einzeltier) bzw. 10, 75 m² (Paar). Die ebenfalls festgesetzte Mindesthöhe von nur 2 m entspringt der Fehleinschätzung, dass bodenlebende Vögel sich vorwiegend laufend, hoppelnd oder knapp über dem Boden fliegend fortbewegen. Tatsächlich markieren Kanincheneulen ihren Brutplatz – weithin sichtbar – durch hohe Flattersprünge, z. Teil sogar kreisende Balzflüge. Verhaltensgerechte Volieren sollten deshalb Flugbewegungen bis wenigstens 2,5–3 m Höhe zulassen – speziell im Schaubetrieb. Entsprechend dem Bedürfnis zu Graben, fordert das BMEL-Gutachten ein entsprechendes Angebot an Sand oder Lockererde. (Gleichzeitig muss der Gehegesockel gegen ein Unterwühlen gesichert sein). Feiner Sand wird von den Eulen auch für Sand- und Staubbäder genutzt. Auch legen sich die Eulen zum Sonnenbaden mit ausgebreiteten Flügeln flach auf den Boden.

Zur Inneneinrichtung der Volieren empfehlen sich grobe Steine und Baumstümpfe unterschiedlicher Höhe, die von den Eulen als Sitzwarte genutzt werden können. Günstig sind niedriger Graswuchs sowie Flächen mit offenem Boden. Das unterirdische Gangsystem lässt sich mit flexiblen, wasserdurchlässigen Dränagerohren entsprechenden Durchmessers imitieren, die in einen unterirdischen Nistkasten einmünden. (Wenn dieser bis zur Bodenoberfläche reicht, kann das Brutgeschehen

Abb. 26 Als spezialisierte
Bewohner weiter
Graslandschaften sind
Kanincheneulen (*Athene
cunicularia*) besonders
langbeinig. Auch wenn sie
vorwiegend auf dem
Erdboden laufen und graben,
sollten die Volieren nicht zu
niedrig gehalten werden, da
die ruffreudigen Eulen ihr
Brutgebiet mit hohen
Flattersprüngen, auch
segelndem Kreisen markieren.
(Foto: Wolfgang Scherzinger)

störungsarm kontrolliert werden). Als arttypische Besonderheit tragen Kanincheneulen Nistmaterial ein, wie Halme, trockene Blätter, typischerweise aber Kuhmist. Mitunter „dekorieren" die Eulen sogar den Eingang zum Erdbau mit getrocknetem Dung.

Kanincheneulen ernähren sich vorwiegend von großen Insekten, speziell Mistkäfern, doch erbeuten sie auch kleine Reptilien, Mäuse oder Vögel. Mit großem Geschick fangen die Eulen auch Wespen oder andere Großinsekten aus der Luft. Entsprechend eignen sich bei Volierenhaltung Mehlwürmer, Grillen, Heuschrecken, Mäuse, in geringerem Maße auch Eintagsküken als Futter. Gelegentlich wird auch pflanzliche Kost aufgenommen.

Da die Jungeulen bereits lange vor ihrer Flugfähigkeit im Höhleneingang erscheinen, setzt auch die Verteidigungsbereitschaft der Altvögel schon sehr früh ein. Zur Vermeidung stressreicher Aufregungen sollte der Aufwand für Reinigungsarbeiten in dieser Zeit minimiert werden.

Literatur

Allen, M., Ward, M., Juznic, D., & Krofel, M. (2019). Scavenging by owls: A global review and new observations from Europe and North America. *Journal Raptor Research, 53*, 410–418.
Bachmann, T., & Winzen, A. (2015). Owl inspired silent flight. In E. Jabbari, D.-H. Kim, L.-P. Pee, A. Ghaemmaghami & A. Khademhosseini (Hrsg.), *Handbook of biomimetics and bioinspired materials* (S. 695–720). Singapore: World Scientific Publishing.

BMEL. (2019). Gutachten über Mindestanforderungen an die Haltung von Greifvögeln (*Accipitriformes, Falconiformes*) und Eulen (*Strigiformes*). (Letztfassung des Entwurfs Nov. 2019). Bundesministerium für Ernährung und Landwirtschaft. Referat 321 – Tierschutz/Bonn.

Bruce, M. D. (2020). Barn owls (*Tytonidae*). In J. Del Hoyo, A. Elliott, J. Sargatal, D. A. Christie & E. de Juana (Hrsg.), *Handbook of the birds of the world alive*. Barcelona: Lynx Edition.

Bürki, F., Burtscher, H., & Sibalin, M. (1973). Herpesvirus strigis: A new avian herpesvirus. *Archiv für die gesamte Virusforschung, 43*, 14–24.

Burtscher, H. (1965). Die virusbedingte *Hepatosplenitis infectiosa strigorum*. 1. Mitteilung: Morphologische Untersuchungen. *Pathologia Veterinaria, 2*, 227–255.

De Kok-Mercado, F., Habib, M., Phelps, T., et al. (2013). Adaptations of the owl's cervical and cephalic arteries in relation to extreme neck rotation. *Science, 339*, 514–515.

Duncan, J. R. (1992). *Influence of prey abundance and snow cover on Great Gray Owl breeding dispersal*. Dr. Thesis, Univeristy of Manitoba, Winnipeg, S. 1–127.

Hänel, A. (2012). Die Herpesvirus-Infektion der Eulen. CVVA/Stuttgart. https://www.ua-bw.de/pub/beitrag.asp?subid=1&Thema_ID=8&ID=1594. Zugegriffen im April 2020.

Heinroth, O. (1922). Die Beziehungen zwischen Vogelgewicht, Eigewicht, Gelegegewicht und Brutdauer. *Journal für Ornithologie, 70*, 172–275.

Hoyo, J. del Elliott, A., Sargatal, J., Christie, D. A., & de Juana, E. (Hrsg.). (2020). *Handbook of the birds of the world alive*. Barcelona: Lynx Edition.

IUCN. (2013). *Guidelines for reintroduction and other conservation translocations*. Version 1.0; IUCN Species Survival Commission, Gland, Switzerland.

Kaiser, M. (2014). Strigiformes – Eulen. Kapitel 23. In W. Grummt & H. Strehlow (Hrsg.), *Zootierhaltung – Tiere in menschlicher Obhut. Band 3 Vögel* (S. 467–486). Haan-Gruiten: Europa Lehrmittel.

Kehl, G., & Koch, P. (2019). Wiederansiedlung von Steinkäuzen *Athne noctua* in der Nuthe-Nieplitz-Niederung – ein Projektüberblick. *Otis, 26*, 83–99.

Kniprath, E. (2012). „Polygamie" bei Eulen – ein Versuch, nach der Literatur die Begriffe im Umfeld der Partnerschaften zu ordnen. *Eulen-Rundblick, 62*, 123–127.

Koenig, L. (1973). *Das Aktionssystem der Zwergohreule Otus scops scops (Linne 1758). Fortschritte der Verhaltensforschung 13* (S. 1–124). Berlin/Hamburg: Paul Parey.

Konishi, M. (1973). How the owl tracks its prey. *American Scientist, 61*, 414–424.

Korpimäki, E. (1987). Prey caching of breeding Tengmalm's Owls *Aegolius funereus* as a buffer against temporary food shortage. *Ibis, 129*, 499–510.

Korpimäki, E., & Hakkarainen, H. (2012). *The Boreal Owl – Ecology, behaviour and conservation of a forest-dwelling predator*. Cambridge: Cambridge University Press.

Marks, J. S., Cannings, R. J., & Mikkola, H. (2020). Typical owls (Strigidae). In J. Del Hoyo, A. Elliott, J. Sargatal, D. A. Christie & E. de Juana (Hrsg.), *Handbook of the birds of the world alive*. Barcelona: Lynx Edition.

McMorris, A. (2011). Snowy Owls: Age, sex and plumage. Powerpoint Präsentation; dvoc.org/OrnithStudy/presentations2012/Snowy%20Owl%plumage.pdf. Zugegriffen im Dez. 2019.

Mikkola, H. (2013). *Handbuch Eulen der Welt*. Stuttgart: Kosmos.

Mikkola, H. (2017). The Eurasian Eagle Owl is the largest living owl species! *Tyto, 12*, 15–18.

Platt, J. B., Bird, D. M., & Bardo, L. (2007). Owls. Chapter 21. In D. Bird & K. Bildstein (Hrsg.), *Raptor research and management techniques*. Surrey/Blaine: Hancock-House.

Potapov, E., & Sale, R. (2012). *The Snowy owl*. London: Poyser.

Prum, R. O., Berv, J. S., Field, D., Townsend, J., Lemmon, E.-M., & Lemmon, A. R. (2015). A comprehensive phylogeny of birds (Aves) using targeted next-generation DNA sequencing. *Letter*. https://doi.org/10.1038/nature15697. Zugegriffen im Jan. 2016.

Reiser, K.-H. (2019). Jahresbericht 2018 Uhu. *Eulen Welt 2019*, S. 3–6; Landesverband Eulen-Schutz in Schleswig-Holstein e.V.

Robb, M. (2015). *Undiscovered owls. A sound-approach guide*. Poole/Dorset: Enefco House.

Roulin, A., & Salamin, N. (2010). Insularity and the evolution of melanism, sexual dichromatism and body size in the worldwide-distributed barn owl. *Journal of Evolutionary Biology, 23*, 925–934.

Scherzinger, W. (1979). Brutverlust beim Sperlingskauz *Glaucidium passerinum* durch Roßameisen *Camponotus herculeanus*. *Ökologie der Vögel, 1*, 95–97.

Scherzinger, W. (1982). Kinderstube unter Tag. Biologie und Haltung der Kanincheneule (*Speotyto cunicularia*). *Die Voliere, 5*, 135–138.

Scherzinger, W. (1984). Die Eulenbrut im Brotkorb – Zur Zucht der Waldohreule (*Asio otus*). *Die Voliere, 7*, 26–28.

Scherzinger, W. (1986a). Kontrastzeichnungen im Kopfgefieder der Eulen (Strigidae) – als visuelle Kommunikationsmittel. *Annalen des Naturhistorischen Museums Wien, 88*(89), 37–56.

Scherzinger, W. (1986b). Lebensgeschichte eines Perlkauzes (*Glaucidium perlatum*). *Gefiederte Welt, 110*, 305–306.

Scherzinger, W. (1987). Der Uhu *Bubo bubo* im Inneren Bayerischen Wald. *Anzeiger der ornithologischen Gesellschaft in Bayern, 26*, 1–51.

Scherzinger, W. (1990). Lehrgeld mit Nistkästen für Eulen. *Gefiederte Welt, 114*, 22–24.

Scherzinger, W. (1991). Schau-Volieren. Das neue Gestaltungskonzept im „Tierfreigelände" des Nationalparks Bayerischer Wald. *Gefiederte Welt, 115*, 347–350.

Scherzinger, W. (1994). Programmentwurf zur Wiederansiedlung von Eulen: wann – wo – wie? *Eulen Rundblick, 40/41*, 14–23.

Scherzinger, W. (1997). Ein Wald voller Eulen – die „Owl Foundation" in Ontario/Kanada. *Gefiederte Welt, 121*, 351–353.

Scherzinger, W. (2001). Sperber-Eulen – Außenseiter aus der Taiga. *Gefiederte Welt, 125*, 173–176.

Scherzinger, W. (2006). Die Wiederbegründung des Habichtskauz-Vorkommens *Strix uralensis* im Böhmerwald. *Ornithologischer Anzeiger, 45*, 97–156.

Scherzinger, W. (2008). Das Kletterverhalten heimischer Jungeulen – besondere Spezialisierung oder archaisches Erbe? *Vogelkundliche Berichte Niedersachsen, 40*, 117–126.

Scherzinger, W. (2017a). Eulen-Hybride (Strigiformes) – unerwünscht im Artenschutz, doch aufschlussreich für taxonomische Vergleiche. *Ornithologischer Anzeiger, 55*, 108–121.

Scherzinger, W. (2017b). Tierschutzrelevante Aspekte der Eulenhaltung. *Eulen-Rundblick, 67*, 31–36.

Scherzinger, W. (2019). Wachsendes Forschungsinteresse am „lautlosen" Flug der Eulen (Strigiformes). *Eulen-Rundblick, 69*, 83–88.

Scherzinger, W., & Mebs, T. (2020). *Die Eulen Europas* (3. Aufl.). Stuttgart: Kosmos.

Wagner, H., Weger, M., Klaas, M., & Schröder, W. (2017). Features of owl wings that promote silent flight. *Interface Focus 7*. https://doi.org/10.1098/rsfs.2016.0078. Zugegriffen im Sept. 2018.

Weick, F. (2011). Der Kaninchenkauz *Athene cunicularia* (Molina) 1782 – Bemerkungen zu Biologie, Verbreitung, den Rassen und zur Systematik. *Ökologie der Vögel, 33*, 91–123.

Wink, M. (2016). Evolution und Systematik der Eulen (Strigiformes). *Eulen-Rundblick, 66*, 4–12.

Wink, M., El-Sayed, A. A., Sauer-Gürth, H., & Gonzalez, J. (2009). Molecular phylogeny of owls (Strigiformes) inferred from DNA sequences of the mitochondrial cytochrome b and the nuclearRAG-1 gene. *Ardea, 97*, 581–591.

Winkler, D. W., Billermann, S. M., & Lovette, I. J. (2015). *Bird families of the world – Strigiformes* (S. 202–207). Barcelona: Lynx Edition.

Zink, R., Winter, J., Kaula, C., Sonvilla, C., Aberle, S., & Walter, T. (2019). *Habichtskauz Wiederansiedung in Österreich. Ein Urwaldbewohner kehrt zurück* (S. 1–286). Wien: Austrian Power Grid AG.

Ordnung: Cathartiformes – Neuweltgeier

Alexander Fuchs

Inhalt

Familie: Cathartidae

1 Systematik und allgemeine Biologie

Neuweltgeier sind mit 7 Arten in 5 Gattungen in der einzigen Familie Cathartidae über weite Teile Süd- und Mittelamerikas, teilweise bis hinauf nach Kanada verbreitet. Obwohl sie auch „Geier" heißen, haben sie mit den Altweltgeiern nicht viele Gemeinsamkeiten und sind nur entfernt mit diesen verwandt. Die äußerlichen Übereinstimmungen sind auf eine konvergente Entwicklung zurückzuführen. Weitere anatomische Merkmale sind die schwach ausgeprägten Überaugenknochen, eine nackte Bürzeldrüse und das typische Fehlen der Nasenscheidewand. Dadurch verfügen Neuweltgeier über einen sehr ausgeprägten Geruchssinn, was ihnen dabei hilft, ihre Beute oder Kadaver schon aus mehreren Kilometern Entfernung wahrzunehmen. Die Störche (Ciconiiformes) bilden nach neueren molekularbiologischen Untersuchungen die Schwesterngruppe der Neuweltgeier. Als weitere Gemeinsamkeit ist bekannt, dass sich Neuweltgeier, ähnlich wie Störche, zur Thermoregulation ihre Beine bekoten (vgl. Henckel 1976). Andere Taxonomen sehen sie eher in der

A. Fuchs (✉)
Vogelpark Marlow, Marlow, Deutschland

© Springer-Verlag GmbH Deutschland, ein Teil von Springer Nature 2021
W. Lantermann, J. Asmus (Hrsg.), *Wildvogelhaltung*,
https://doi.org/10.1007/978-3-662-59604-3_60

verwandtschaftlichen Nähe der Greifvögel (Accipitriformes). Das letzte Wort ist in dieser Hinsicht aber offenbar noch nicht gesprochen (vgl. Winkler et al. 2015).

Zu den Neuweltgeiern gehören als größte Vertreter die beiden Kondorarten, nämlich der Kalifornienkondor (*Gymnogyps californianus*) und der Andenkondor (*Vultur gryphus*), der mit einer Flügelspannweite von 320 cm zu den größten flugfähigen Vögeln der Welt gehört (Abb. 1).

Neuweltgeier bewohnen alle Lebensräume in der neuen Welt, vom tropischen Regenwald, über Wüsten, bis hin ins Hochgebirge der Anden. Einige Arten sind auch Kulturfolger, und so sind sie oft in menschlicher Umgebung anzutreffen. Männchen und Weibchen unterscheiden sich äußerlich nicht voneinander, beide Geschlechter haben ein einheitliches, meist dunkles oder schwarzes Gefieder. Die einzige Art mit einem ausgeprägten Geschlechtsdimorphismus ist der Andenkondor (siehe unten).

Ihre Nahrung besteht hauptsächlich aus Aas. Die kleinen Neuweltgeier haben ein größeres Nahrungsspektrum. So erbeuten sie Kleinsäuger, Insekten, Reptilien und Jungvögel. Auf dem Futterplan stehen ebenso Eier, selten pflanzliche Kost, aber auch menschliche Abfälle. Neuweltgeier sind Segelflieger, die z. T. mehrere Stunden in der Luft verbringen, um nach Beute Ausschau zu halten. Damit sie ihre Flugfähigkeit niemals verlieren, verläuft die Handschwingenmauser über mehrere Jahre. Um möglichst viel Beute mit einem Mal aufnehmen zu können, besitzen sie einen sehr dehnbaren Kropf. Der Nachtteil ist allerdings, dass sie sich mit einem vollen Kropf nur schwer in die Lüfte erheben können. Notfalls können sie sich dann durch Erbrechen der Beute erleichtern.

Leider ist wenig bis gar nichts über die Brutbiologie der Neuweltgeier in freier Wildbahn bekannt. So konnte noch nie das Brutverhalten des Wald- oder Großen Gelbkopfgeiers (*Cathartes melambrotus*) beobachtet werden, und beim Savannen- oder Kleinen Gelbkopfgeier (*C. burrovianus*) ist es nur ein einziges Mal gelungen. Viele Erkenntnisse zum Brutverhalten stammen aus zoologischen Einrichtungen. So geht man davon aus, dass die Vögel monogam leben und keine Nester bauen. Große Arten legen nur ein Ei, kleinere Arten legen zwei Eier. Man trifft sie außerdem nur während der Brutzeit als Paar an und beide Partner bebrüten abwechselnd die Eier (del Hoyo et al. 1994).

Abb. 1 Der Andenkondor (*Vultur gryphus*) gehört mit einer Spannweite von über 300 cm zu den größten flugfähigen Vögeln der Welt. (Foto: Jörg Asmus)

Die **Gattung *Cathartes*** ist die einzige Gattung der Neuweltgeier, die mit insgesamt 3 Arten nicht monotypisch ist. Der Name *Cathartes* kommt aus dem Griechischen und bedeutet wörtlich übersetzt „Reinigung". Sie bewohnen weite Teile Amerikas, angefangen vom Süden Kanadas, über Nordamerika, Mittelamerika sowie Südamerika bis nach Feuerland. Somit besitzen sie das größte Verbreitungsgebiet von allen Gattungen. Alle drei Arten haben ein schwarzes Gefieder, sie unterscheiden sich hauptsächlich durch die Farbe ihrer nackten Kopfhaut und anhand ihrer Größe.

Der Truthahngeier (*C. aura*) ist 64–81 cm groß, besitzt dabei eine Flügelspannweite von 180 bis 200 cm und ein Gewicht von 850–2000 g. Vom Truthahngeier sind heute 4 Unterarten bekannt, die sich allesamt leicht in Größe, Gewicht, Gefiederfärbung und auch in der Färbung der nackten Kopfhaut unterscheiden. Allgemein ist das Gefieder überwiegend bräunlich-schwarz, die nackten Kopfpartien dagegen sind rötlich gefärbt. Er ist der einzige Vertreter der Neuweltgeier, der während der Wintermonate in wärmere Gebiete zieht. Seine Lebensräume sind extrem vielfältig und reichen von Wüsten über Savannen und Grasland bis hin zum tropischen Regenwald. Seine Nahrung besteht fast ausschließlich aus Aas, vornehmlich von kleinen Säugetieren und weniger von Vögeln. Er wurde bisher nur sehr selten dabei beobachtet, wie er selbst jagt. Um seine Beute aufzuspüren, besitzt er einen der besten Geruchssinne im Tierreich. Diese Fähigkeit nutzt man heute z. B. in Niedersachsen, wo das Landeskriminalamt den Versuch unternommen hat, in Kärnten gezüchtete Vögel als „Leichenspür-Vögel" einzusetzen (Standard 2010).

Das Brutverhalten in freier Wildbahn wurde am besten in Nord-Amerika untersucht. Es werden 2 Eier für 38–41 Tage bebrütet. Wann die Eier gelegt werden, hängt davon ab, wie weit nördlich oder südlich sie in Amerika leben. Paare in Florida legen ihre Eier im März, Paare auf Kuba bereits im Dezember-März. Der Bestand des Truthahngeiers gilt laut IUCN als stabil und ist in den letzten 40 Jahren deutlich angestiegen. Damit gilt diese Art als nicht gefährdet („least concern") (http://www.iucnredlist.org).

Der Savannen-Gelbkopfgeier, auch Kleiner Gelbkopfgeier, (*C. burrovianus*) ist mit bis zu 66 cm Gesamtlänge etwas kleiner als der Truthahngeier, allerdings ist seine nackte Kopfhaut anders gefärbt. Bei einigen Tieren ist sie eher gelblich, bei anderen geht sie mehr ins Orange und wiederum bei anderen Tieren kommen noch Blautöne dazu. Wie der Truthahngeier ernährt auch er sich von kleineren, bereits toten Säugetieren, die er ebenso mit seinem hervorragenden Geruchssinn aufspürt. Über seine Fortpflanzung ist bis heute nur sehr wenig bekannt. Es werden 2 Unterarten unterschieden. Laut IUCN ist der Bestand stabil und auch diese Art gilt als nicht gefährdet („least concern") (http://www.iucnredlist.org).

Der Wald-Gelbkopfgeier, auch Großer Gelbkopfgeier, (*C. melambrotus*) unterscheidet sich vom Kleinen Gelbkopfgeier durch seine Größe, und auch seine Schwanzfedern sind länger. Er wird bis zu 81 cm groß. Die Haut auf dem Kopf ist leuchtend gelb und wird zum Nacken hin orange. Auf der Kopfoberseite ist sie blau. Sie unterscheidet sich also kaum von der des Kleinen Gelbkopfgeiers. Er kommt fast ausschließlich im noch unberührten tropischen Regenwald im Flachland Südamerikas vor. In Bezug auf sein Fortpflanzungsverhalten ist absolut nichts bekannt. Der

Bestand gilt laut IUCN als nicht gefährdet („least concern"), obwohl die Individuenzahl langsam aber sicher sinkt. Grund dafür ist die Zerstörung der Regenwälder
und auch die Überjagung seiner bevorzugten Beute (http://www.iucnredlist.org).

Zur **Gattung** *Coragyps* gehört nur eine Art, der Rabengeier (*C. atratus*). Von ihm
unterscheidet man 3 Unterarten. Der Rabengeier ist 56–68 cm groß bei einer
Flügelspannweite von 137–150 cm und einem Gewicht von 1100–1900 g. Sein
Federkleid ist überwiegend matt schwarz, nur seine Flügel und auch sein Schwanzgefieder schillern etwas (Abb. 2). Auch sein Kopf ist nackt und dunkel, aber mit
vielen Falten und warzigen Strukturen versehen. Dieser Geier kommt auch in dicht
vom Menschen besiedelten Gebieten vor. Sein Verbreitungsgebiet erstreckt sich vom
Süden der USA über Mittelamerika bis nach Südamerika. Einige Städte in Südamerika beherbergen sehr viele dieser Tiere. Sie ernähren sich dort hauptsächlich von
Abfällen und von Tieren, die überfahren wurden. Ansonsten hat der Rabengeier ein
sehr weites Nahrungsspektrum: von Insekten über Eier und Fisch bis hin zu kleinen
und auch großen verendeten Tieren. Anders als die *Cathartes*-Arten kann er weniger
gut riechen und findet im Regenwald Beutetiere nur durch die Hilfe der *Cathartes*-
Geier. Er wurde auch häufiger dabei beobachtet, wie er selbst jagt auf Reptilien,
Meeresschildkröten, Fische und Insekten machte. Die Brutzeit richtet sich danach, in
welchem Teil Amerikas die Tiere leben. In den USA findet sie im März-Mai, in
Südamerika von Oktober-Dezember statt. Beide Partner bebrüten die zwei Eier
abwechselnd für 38–45 Tage. Eine Besonderheit beim Rabengeier ist, dass die
Jungtiere noch mehrere Jahre im Familienverband bleiben und alle zusammen auf
Nahrungssuche gehen. Über den Bestand der Rabengeier in freier Wildbahn besteht
derzeit keine Sorge für die Zukunft, denn laut IUCN steigt der stetig an („least
concern") (http://www.iucnredlist.org).

Der Königsgeier (*S. papa*) ist der einzige Vertreter der **Gattung** *Sarcoramphus*.
Er lebt in tropischen Regenwäldern und Savannen von Mexiko bis Argentinien. Dieser Geier wird 71–81 cm groß, erreicht eine Flügelspannweite von 180–200 cm und
kann dabei ein Gewicht von 3000–3750 g erreichen. Anders als alle anderen
Vertreter der Neuweltgeier ist sein Gefieder weiß. Nur seine Flug- und Schwungfedern sind grau-schwarz und die Federn um den Nacken herum sind matt grau

Abb. 2 Nur als Altvögel
zeigen Rabengeier (*Coragyps
atratus*) faltige, warzenartige
Strukturen im Halsbereich.
Jungvögel, wie hier im Bild,
sind dort noch schwarz
befiedert. (Foto: Jörg Asmus)

gefärbt. Auch sein Kopf unterscheidet sich in der Färbung deutlich von dem anderer Neuweltgeier-Arten. Die Nackenhaut ist leuchtend orange, der Hals ist eher gelb und der Kopf ist mit verschiedenen Lilatönen versehen, wobei die Kopfoberseite rot ist. Man kann eindeutig sagen, dass er der farbenprächtigste Vertreter unter allen Neuweltgeiern ist (Abb. 3). Sein Kopf ist mit vielen Falten versehen, und seine Nasenwachshaut hängt mehrlappig herab.

Königsgeier besitzen so gut wie keinen Geruchssinn und sind bei der Suche nach Aas auf die Hilfe der *Cathartes*-Arten angewiesen. Durch ihren kräftigen Schnabel können sie leicht die Haut von größeren Säugetieren öffnen, was die kleineren Neuweltgeier nicht können. Interessanterweise wurden bei einem großen Beutetier selten mehr als zwei adulte Königsgeier gesehen. Über die Brutbiologie ist nur sehr wenig bekannt. Man hat einige Nester am Boden oder in Baumstümpfen gefunden. Königsgeier legen 1 Ei und bebrüten dieses 53–58 Tage lang. Sein Bestand wird laut IUCN auf weniger als 10.000 geschlechtsreife Individuen geschätzt. Er gilt noch als nicht bedroht („least concern"), obwohl die Anzahl der Tiere durch den Habitatsverlust stetig sinkt (http://www.iucnredlist.org).

Auch die **Gattung** *Gymnogyps* wird nur von einer Art vertreten: dem Kalifornienkondor (*G. californianus*). Diese Geier lebten ursprünglich in Nordamerika von Baja California im Süden bis nach British Columbia im Norden und im Osten bis nach New York und Florida. Dann galten sie von 1987 bis 1992 in der Natur als ausgestorben. Als 1982 nur noch 22 frei lebende Tiere übrig waren, beschloss die zuständige Behörde, der FWS (Fish and Wildlife Service), alle Tiere einzufangen, um sie in Menschenobhut nachzuziehen. Aber es sollten noch zwei Jahre vergehen und noch weiteren 6 Vögeln das Leben kosten, bis dies wirklich passierte. Zu diesem Zeitpunkt gab es nur noch ein einziges Tier im Zoo. Dank der erfolgreichen Nachzucht und der Wiederansiedlung ziehen heute wieder mehr als 100 Tiere ihre Bahnen über die Baja California. Sie werden immer noch rund um die Uhr überwacht und

Abb. 3 Der imposante Königsgeier (*Sarcoramphus papa*) ist der Farbenprächtigste unter den Neuweltgeiern. (Foto: Jörg Asmus)

auch weiterhin mit Nahrung versorgt. Bleiverseuchte Beutetiere waren der Hauptgrund für das Massensterben dieser majestätischen Tiere. Nach einer Zählung im Jahre 2017 gab es zu diesem Zeitpunkt wieder 446 Individuen. 2015 ist laut IUCN das erste Jahr seit der Wiederansiedlung, in dem mehr Jungtiere in der Natur aufgezogen wurden, als Tiere gestorben sind. Dennoch gilt diese Art nach wie vor als vom Aussterben bedroht („critically endangered"). Sie segeln mit einer Flügelspannweite von 270 cm und einer Größe von 117–134 cm durch die Lüfte, dabei erreichen sie ein Gewicht von 8–14 kg. Sie haben ein schwarzes Gefieder, die Deckfedern der Flügelunterseite sind dagegen weiß. Der Kopf und Nacken sind nackt mit verschiedenen Rosa-, Orange- und Rottönen. Ein einzelnes Ei wird zwischen Februar und Mai in Höhlen oder Baumstümpfen gelegt und für 55–60 Tage bebrütet. Wenn das Jungtier erfolgreich aufgezogen wird, erfolgt im Folgejahr keine Eiablage. Der Grund dafür ist die sehr lange Jungtieraufzuchtzeit von fast 6 Monaten. Auch danach bleibt das Jungtier noch für weitere Monate bei den Eltern, um genügend Nahrung zu finden. Die Geschlechtsreife tritt erst mit ca. 8 Jahren ein, und diese Vögel können ein Alter von 45 Jahren erreichen (vgl. Walters et al. 2010, http://www.iucnredlist.org).

Der größte Vertreter der Neuweltgeier und vielleicht auch der größte flugfähige Vogel der Welt ist die einzige Art der **Gattung *Vultur***: Der Andenkondor (*V. gryphus*). Andenkondore segeln mit einer beachtlichen Flügelspannweite von bis zu 320 cm über die die höchsten Gipfel der Anden, von Venezuela bis nach Tierra del Fuego in Chile und Peru. Sie sind die einzigen Neuweltgeier mit einem deutlich sichtbaren Geschlechtsdimorphismus. Die Männchen werden 11–15 kg schwer und haben einen großen Kamm und deutliche Kehllappen. Beides fehlt bei den mit 8–11 kg etwas leichteren Weibchen. Die nackte Haut am Kopf und Nacken ist unterschiedlich gefärbt. Sie kann rosa, grau-rosa oder gelb sein. Das Gefieder ist schwarz, nur die Flügelunterfedern sind weiß. Sie ernähren sich hauptsächlich von verendeten Guanakos oder von angeschwemmten toten Walen oder Robben entlang der Küste. Ab und zu fressen sie auch gern mal die Eier aus den Seevogelkolonien. Über das Brutverhalten ist nur wenig bekannt. Die Eiablage erfolgt in Chile zwischen September und Oktober, in Peru zwischen Februar und Juni. Nach 59 Tagen schlüpft aus dem Ei ein Jungtier, welches 6 Monate von den Eltern aufgezogen wird. Es bleibt aber auch noch weitere Monate bei den Eltern, um optimal mit Nahrung versorgt zu werden. Aus diesem Grund brütet der Andenkondor nicht jedes Jahr und auch nur dann, wenn genügend Nahrung vorhanden ist (Smith und Paselk 1986; Dodge et al. 2014). Laut IUCN gibt es zurzeit weniger als 10.000 Vögel in freier Wildbahn. Der Bestand sinkt aufgrund von starker Verfolgung stetig weiter. Der Andenkondor gilt heute als gefährdet („near-threatened") (http://www.iucnredlist.org).

2   Haltungsanforderungen

In zoologischer Haltung werden regelmäßig Neuweltgeier gezeigt und vermehrt. Es sind leicht zu pflegende und langlebige Tiere. Die Voliere sollte dem Geier so angepasst sein, dass er mindestens eine gewisse Strecke fliegen kann. Die Anlage sollte ein Badebecken besitzen und genügend Sonneneinstrahlung hindurch lassen, denn diese ist wichtig für ein oft gezeigtes Verhalten, das Sonnenbaden. Es dient den Vögeln als Wärmequelle, vor allem in den kühlen Morgenstunden und bei der Gefiederpflege. Eine kleine Sandfläche brauchen sie ebenfalls zur Gefiederpflege. Die Volierenrückwand sollte eine feste Wand sein, um vor Zugluft oder anderen Witterungseinflüssen zu schützen. Damit die Vögel erfolgreich brüten können, sollten in diese Rückwand gleich Brutnischen mit eingebaut werden.

Bis auf den Andenkondor sind alle Neuweltgeierarten ziemlich frostempfindlich und sollten daher im Winter in einer Innenanlage bei ca. 15 °C untergebracht werden. Wird das bei der Haltung nicht berücksichtigt, ziehen die Tiere sich Erfrierungen der nackten Kopfpartien und der Zehen zu.

Der Umgang mit Neuweltgeiern ist recht einfach, und besondere Vorsichtsmaßnahmen sind bei der täglichen Arbeit nicht weiter erforderlich, da sie in der Regel einen natürlichen Individualabstand zum Pfleger einhalten. Bei Handaufzuchten ist allerdings Vorsicht geboten, denn sie haben ihre natürliche Scheu vor dem Menschen verloren und können diesem u. U. auch schwere Verletzungen zufügen.

Ist die Voliere groß genug, lassen sich Neuweltgeier problemlos mit anderen Arten vergesellschaften, so auch mit Altweltgeiern, anderen Neuweltgeiern und anderen Greifvögeln. Es gibt auch Berichte über erfolgreiche Vergesellschaftungen mit Hühnervögeln und anderen Arten, wie z. B. Hokkos und Enten. Nur zur Brut- bzw. Jungtieraufzuchtzeit sind Neuweltgeier äußerst stress- und störanfällig. In dieser Zeit ist es besonders wichtig, dass sich das Brutpaar zurückziehen kann oder, wenn dies aufgrund der Größe der Voliere nicht möglich ist, getrennt von den anderen Bewohnern untergebracht werden muss. Ansonsten kann es sein, dass sie ihre Eier zerstören oder gar ihre Jungtiere fressen. Im Zoo London gelang die Erstzucht vom Andenkondor im Jahr 1982, die europäische Erstzucht des Königsgeiers gelang 1966 im Zoo Neapel. Der Kleine Gelbkopfgeier wurde 2006 im Tierpark Berlin das erste Mal europaweit nachgezogen. Andere Arten wie Rabengeier und Truthahngeier züchten regelmäßig, aber nicht häufig. Zur Brut benötigen sie Brutnischen, beim Andenkondor beispielsweise etwa 4 m^2 groß, und für die kleineren Arten haben sich auch Brutkästen bewährt. Sie selbst tragen kein Nistmaterial ein, deshalb sollten Hobelspäne, kleine Zweige und Moos bereits in den Brutnischen vorhanden sein. Für eine erfolgreiche Brut sollte das Futter möglichst vielseitig sein. Am besten ist eine Ganzkörperfütterung von Schlachttieren mit Innereien, wie z. B. Schafe oder Ziegen. Bei kleineren Arten empfiehlt es sich, Kaninchen, Meerschweinchen und Ratten zu verfüttern. Außerhalb der Brutzeit genügen als Erhaltungsfutter Eintagsküken, aber auch schieres Fleisch vom Pferd, Rind, Schaf und Ziege ist geeignet. Teilweise wird auch Süßwasserfisch gerne gefressen. Wenn keine Jungvögel von den Eltern aufgezogen werden, empfiehlt es sich 1 bis 2 Fastentage in der Woche einzuhalten, aber auch längere Fastentage sind günstig und sollten gelegentlich durchgeführt werden (vgl. Grummt und Strehlow 2014).

Für die Gattungen *Cathartes*, *Coragyps* und *Sarcoramphus* gelten in Deutschland seit 1995 Mindestanforderungen für die Haltung in menschlicher Obhut. Danach sollte die Außenanlage für ein einzelnes Tier eine Grundfläche von mindestens 12 m^2 aufweisen. Dabei sollte eine Breite von 2 m und eine Höhe von 2,50 m nicht unterschritten werden. Für jedes weitere Individuum sollten noch einmal weitere 6 m² hinzukommen. Im Winter müssen diese Geierarten die Möglichkeit haben, ein Innenhaus aufsuchen zu können. Alle Arten dieser 3 Gattungen sind frostempfindlich. Der Innenraum sollte für ein Tier eine Fläche von mindestens 4 m² und auch hier eine Breite und Höhe von je 2 m aufweisen. Bei der Haltung von Königsgeiern ist darauf zu achten, dass sie im Winter bei mindestens 15 °C gehalten werden (Sachverständigengruppe 1995; Pies-Schulz-Hofen 2004).

In der Schweiz müssen 1–2 Tiere eine Außenanlage von mindestens 30 m² und ein Volumen von 90 m³ zur Verfügung haben. Für jeden weiteren adulten Vogel ist diese Fläche um 10 m² zu erweitern. Auch in Österreich muss für 1–2 adulte Königsgeier eine Grundfläche von 30 m² vorhanden sein. Die Voliere sollte dabei 2,50 m hoch sein. Wie auch in der Schweiz, muss auch in Österreich die Grundfläche für jedes weitere adulte Tier um 10 m² erweitert werden. Der Innenraum muss auf 10 °C beheizt werden können und insgesamt 4 m² groß sein, wobei auch hier die Deckenhöhe von 2 m nicht unterschritten werden sollte.

Andenkondore sind deutlich größere Vögel und müssen daher auch in größeren Volieren untergebracht werden. Für sie muss die Außenanlage mindestens 3 m hoch, 3 m breit und 24 m² groß sein. Da sie frostunempfindlich sind, brauchen sie keinen Innenraum. Falls dieser doch vorhanden ist, muss dieser genauso groß sein, wie bei den anderen Gattungen beschrieben. In der Schweiz und in Österreich haben Andenkondore eine Fläche von mindestens 60 m² und ein Volumen von mindestens 240 m³ zur Verfügung. Hier muss der Platz für jedes weitere adulte Tier um 15 m² vergrößert werden.

Für den Kalifornienkondor gibt es keine Empfehlungen, da dieser Vogel außerhalb Nordamerikas nicht in menschlicher Obhut gehalten wird. Das gleiche gilt für den Wald- oder Großen Gelbkopfgeier (Sachverständigengutachten 1995; Bundesgesetzblatt 2004).

Literatur

Bundesgesetzblatt. (2004). *Mindestanforderungen an die Haltung von Vögeln*. Anlage 2 (S. 9–17). Bundesgesetzblatt Österreich vom 17. Dezember 2004.

Dodge, S., Bohrer, G., Bildstein, K., Davidson, S. C., Weinzierl, R., Bechard, M. J., Barber, D., Kays, R., Brandes, D., Han, J., & Wikelski, M. (2014). Environmental drivers of variability in the movement ecology of Turkey Vultures (*Cathartes aura*) in North and South America. *Philosophical Transactions of the Royal Society B Biological Sciences, 369*(1643), 20130195. London.

Grummt, W., & Strehlow, H. (Hrsg.). (2014). *Zootierhaltung – Vögel*. Haan-Gruiten: Europa-Lehrmittel.

Henckel, E. (1976). Turkey Vulture banding problem. *North American Bird Bander, 1*, 126.

Hoyo, J. del, Elliott, A., & Sargatal, J. (Hrsg.). (1994). *Handbook of the birds of the world* (Bd. 2: New world vultures to guineafowl). Barcelona: Lynx.

Pies-Schulz-Hofen, R. (2004). *Die Tierpflegerausbildung*. Stuttgart: Enke.

Sachverständigengutachten. (1995). *Mindestanforderungen an die Haltung von Greifvögeln und Eulen. Gutachten über die tierschutzgerechte Haltung von Vögeln*. Bonn: Erstellt im Auftrag des Bundesministeriums für Ernährung und Landwirtschaft.

Smith, S. A., & Paselk, R. A. (1986). Olfactory sensitivity of the Turkey Vulture (Cathartes aura) to three carrion-associated odorants. *The Auk, 103*(3), 586–592.

Standard. (2010). Deutsche Polizei setzt Truthahngeier aus Kärnten ein. Standard. Ausgabe vom 14. Juli 2010.

Walters, J. R., Derrickson, S. R., Fry, D. M., Haig, S. M., Marzluff, J. M., & Wunderle, J. M. (2010). Status of the California Condor (Gymnogyps californianus) and efforts to achieve its recovery. *The Auk, 127*(4), 969–1001.

Winkler, D. W., Billermann, S. M., & Lovette, I. J. (2015). *Bird families of the world – Cathartiformes* (S. 190–191). Barcelona: Lynx.

Ordnung: Accipitriformes – Greifvögel

Martin Kaiser und Jörg Asmus

Inhalt

1   Familien: Sagittariidae, Pandionidae, Accipitridae

Allgemeines

Die Ordnung Accipitriformes setzt sich nach der systematischen Auffassung bei del Hoyo und Collar (2014) aus 3 Familien, 71 Gattungen und 250 Arten zusammen. Die Familien Sagittariidae (Sekretäre) und Pandionidae (Fischadler) bestehen aus nur jeweils einer Spezies. Andere, vor allem frühere Systematiken, zählen auch die Neuweltgeier (Cathartiformes) und Falkenartigen (Falconiformes) zur Ordnung Greifvögel. Bei den Neuweltgeiern stellte der britische Biologe Thomas Henry Huxley bereits 1876 Unterscheidungsmerkmale zu den Greifvögeln fest. Darüber hinaus sind seit langem einige Gemeinsamkeiten der Neuweltgeier mit den Schreit- vögeln (Ciconiiformes) bekannt. Molekularbiologische Untersuchungen bestätigten zunächst scheinbar die enge Verwandtschaft dieser beiden Ordnungen (Sibley und Ahlquist 1990). Spätere Untersuchungen ergaben dann aber, dass die Neuweltgeier doch in die Nähe der Greifvögel einzuordnen sind (Hackett et al. 2008), jedoch

M. Kaiser (✉)
Gesellschaft für Tropenornithologie e.V., Berlin, Deutschland

J. Asmus
Gesellschaft für Arterhaltende Vogelzucht (GAV) e.V., Mönsterås, Schweden
E-Mail: joergasmus@hotmail.com

© Springer-Verlag GmbH Deutschland, ein Teil von Springer Nature 2021   703
W. Lantermann, J. Asmus (Hrsg.), *Wildvogelhaltung*,
https://doi.org/10.1007/978-3-662-59604-3_25

aufgrund des unsicheren Schwesterngruppenverhältnisses als eigene Ordnung Cathartiformes. Bei den Falkenartigen ist nach neueren phylogenetischen Untersuchungen festgestellt worden, dass diese in eine eigene Ordnung (Falconiformes) und verwandtschaftlich in die Nähe der Sperlingsvögel (Passeriformes) und Papageien (Psittaciformes) einzuordnen sind (Ericson et al. 2006; Hackett et al. 2008). Sie werden daher in einem eigenen Kapitel bearbeitet.

Das auffälligste gemeinsame Merkmal der Greifvögel ist der charakteristische, meist kräftige, seitlich zusammengedrückte Schnabel mit scharfen, teilweise geschwungenen Schneidekanten und einer stark nach unten gebogenen Oberschnabelspitze (Hakenschnabel). Er eignet sich hervorragend zum Öffnen und Zerteilen der Beute. Eine nackte, nur beim Bartgeier (*Gypaetus barbatus*) mit borstenartigen Federn besetzte, oft auffallend farbige Wachshaut erstreckt sich von der Oberschnabelbasis bis über die Nasenlöcher. Eine weitere anatomische Besonderheit ist der anderen Vogelgruppen fehlende Oberaugenknochen (Supraorbitale). Er stützt die bei vielen Greifvögeln über das Auge vorragende Brauenkante, die das Auge vor Verletzungen schützt und den Vögeln den stechend wirkenden „Adlerblick" verleiht. Die relativ großen, wenig beweglichen Augen sind weit nach vorn gerichtet und sehr leistungsstark.

In der Größe variieren Greifvögel sehr stark vom 20–28 cm kleinen nur gut 90 g wiegenden Perlaar (*Gampsonyx swainsonii*) oder unter 30 cm kleinen und beim männlichen Geschlecht unter 100 g leichten Vertretern der Gattung *Accipiter*, z. B. Däumlingssperber (*A. superciliosus*) und Zwergsperber (*A. minullus*) bis zu den Weibchen großer Adler, z. B. Harpyie (*Harpia harpyja*) mit über 1 m Körpergröße und bis 9 kg Gewicht und großen Geiern wie dem Mönchsgeier (*Aegypius monachus*) mit über 1 m Körpergröße und bis über 12 kg Körpermasse (Thiollay 1994) sowie dem bis über 1,3 m Körpergröße erreichenden Sekretär (*Sagittarius serpentarius*).

Aufgrund deutlich abweichender anatomischer Merkmale, die sich in Anpassung an spezialisierte Lebensweisen entwickelt haben, wurden dem Sekretär sowie dem Fischadler (*Pandion haliaetus*) der Rang einer jeweils eigenen, monotypischen Familie zugeordnet (Wink et al. 2004).

Viele Greifvogelarten werden vor allem in zoologischen Gärten und Vogelparks sowie in privat oder kommunal geführten Falkenhöfen und Adlerwarten gehalten. Es gibt daneben auch einige Privathalter, die sich auf die Haltung und Zucht selbst großer und auch seltener Greifvögel spezialisiert haben. Fischadler (Abb. 1) werden nur in wenigen europäischen Zoos gepflegt, so dass diese Art hier keine weitere Beachtung finden soll.

2 Familie: Sagittariidae – Sekretäre

Allgemeines

Der Sekretär wirkt durch seine auffallend langen Beine, mit denen er eine Körperhöhe bis über 1,3 m erreicht, eher wie ein Schreitvogel. Charakteristisch sind außerdem die verlängerten mittleren Schwanzfedern sowie der aus spatelförmigen,

Abb. 1 Der Fischadler (*Pandion haliaetus*) wird gegenwärtig in keinem deutschen und in nur wenigen europäischen Tiergärten gehalten. Aufgrund anatomischer Besonderheiten wird er taxonomisch einer eigenen monotypischen Familie zugeordnet. (Foto: Jörg Asmus)

langen Federn bestehende Schopf am Hinterkopf. Er bewohnt paarweise offene Savannen in Afrika südlich der Sahara. Die Vögel erbeuten am Boden laufend Insekten und andere Wirbellose, Amphibien, Reptilien, Vögel und deren Eier sowie Kleinsäuger, wobei die Beute meist mit den Fängen gegriffen und getötet wird. Wie andere Vertreter der Ordnung Greifvögel zeigen Sekretäre eine ausgeprägte Flugbalz und bauen umfangreiche Horste auf Bäumen, Büschen oder seltener am Boden (Kemp 1994). Beide Partner bebrüten das aus 1–3 weißen bis blaugrünen Eiern bestehende Gelege 42–46 Tage. Die Jungvögel sind nach einer Nestlingszeit von 70 bis über 100 Tagen flügge. Sie werden danach noch mindestens 2 Monate von den Eltern geführt und versorgt.

Haltungsanforderungen

Sekretäre (Abb. 2) werden nur in wenigen deutschen Tiergärten und einigen europäischen Zoos gehalten. Für Privathalter spielen sie wegen der erforderlichen Volierengröße kaum eine Rolle. Das Gutachten über Mindestanforderungen an die Haltung von Greifvögeln fordert für ein Paar Sekretäre ein Gehege von mindestens 100 m^2 Fläche, wobei keine Angaben zur Höhe einer Voliere gemacht werden (BMELV 1995). In manchen Einrichtungen werden die Vögel mit einseitig beschnittenen Schwungfedern auf ausreichend großen Freianlagen gehalten, meist mit afrikanischen Huftieren vergesellschaftet. Diese Haltung ist jedoch nicht empfehlenswert, da meist keine erfolgreichen Kopulationen möglich sind. In großen Volieren können sie auch mit anderen robusten Vogelarten wie Geiern, Sichlern oder Reihern vergesellschaftet werden. Die Haltung sollte paarweise in sparsam eingerichteten Volieren erfolgen, so dass den Vögeln genug Lauffläche zur Verfügung steht. Sekretäre sind empfindlich gegen Nässe und Kälte. In der kalten Jahreszeit muss ihnen deshalb eine helle, zugluftfreie Innenanlage zur Verfügung stehen, die auf Temperaturen von mindestens 10–15 °C beheizt werden kann. Sie sollte sich am besten direkt an die Außenvoliere anschließen, so dass die Vögel frei zwischen Innen- und Außenanlage pendeln können, so lange es die Witterungsverhältnisse zulassen. In den geltenden Mindestanforderungen gibt es

Abb. 2 Der Sekretär
(*Sagittarius serpentarius*) lebt
gegenwärtig nur in sechs
deutschen Zoos. Die Zucht
gilt als schwierig – die
Welterstzucht erfolgte 1981
bei Ernst Anders
(Handaufzucht) mit im
Weltvogelpark Walsrode
erbrüteten Jungtieren, die
erste natürliche Aufzucht
gelang dort 1983. (Foto: Jörg
Asmus)

keine Angaben zur Größe der Innenanlage, sie sollte pro Paar jedoch mindestens
10 m² betragen.

Die Fütterung von Sekretären sollte grundsätzlich mit Ganzkörpern erfolgen,
z. B. Eintagsküken, Mäusen, kleinen Ratten, kleinen Kaninchen sowie großen
Insekten wie Wanderheuschrecken.

Die Zucht von Sekretären gelang erst 1981 erstmalig, wobei im Vogelpark
Walsrode natürlich erbrütete Jungvögel von dem erfahrenen Privathalter Ernst
Anders handaufgezogen wurden (Anders 1982; Wennrich 1982). Die erste Eltern-
aufzucht gelang 1983 im Vogelpark Walsrode. Inzwischen wird die Art auch in
einigen anderen Zoologischen Gärten mehr oder weniger regelmäßig gezüchtet.
Sekretäre bauen ihren Horst zwar durchaus selbst auf geeigneten Büschen oder
Bäumen sowie seltener am Boden, jedoch sollte ihnen besser eine ca. 2 m² große,
überdachte und witterungsgeschützte Horstunterlage in 1–2 m Höhe über dem
Boden angeboten werden. Wichtig ist außerdem, dass den Vögeln verschiedenste
Nistmaterialien wie Zweige, Stroh, Heu u. ä. zur Verfügung stehen. Frisch geschlüpfte Jungvögel sind nur spärlich weiß bedunt und die Augen noch geschlossen.
Sie werden wohl überwiegend vom Weibchen bis zu 2 Wochen vor dem Ausfliegen
gehudert, während das Männchen das Futter heranträgt. Die Handaufzucht erfolgt
wie bei den Vertretern der Habichtartigen. Spätestens mit 3 Wochen sind die Jungen
in der Lage, Nahrung selbstständig aufzunehmen, können aber erst im Alter von ca.
anderthalb Monaten stehen und laufen.

Der Sekretär gilt nach den Kriterien der IUCN als gefährdet („vulnerable"). Die Bestände gehen insbesondere aufgrund der Intensivierung und Ausdehnung der Landwirtschaft und Viehhaltung und damit verbundener Lebensraumzerstörung zurück. Die Art ist im Anhang II des Washingtoner Artenschutzübereinkommens und Anhang B der EU-Richtlinie gelistet.

Für den Sekretär wird ein Europäisches Zuchtbuch (ESB) im Longleat Safari & Adventure Park in Warminster, UK, geführt.

3   Familie: Accipitridae – Habichtartige

Mit 248 Arten in 69 Gattungen zählt der überwiegende Teil der Ordnung Greifvögel zur vielgestaltigen Familie der Habichtartigen. Die meisten Vertreter dieser Familie haben als Beutegreifer kräftige Greiffüße (Fänge) mit spitzen, gebogenen Krallen. Die Weibchen sind in der Regel deutlich größer und schwerer als die Männchen, so dass sie im Extremfall sogar unterschiedliche Beutespektren haben. Eine Ausnahme bilden die Altweltgeier, deren Lauffüße längere Zehen mit deutlich kürzeren, wenig gekrümmten und stumpferen Krallen aufweisen. Bei ihnen sind die Geschlechter meist gleich groß oder die Männchen sind geringfügig größer.

Die Habichtartigen sind mit Ausnahme der Antarktis und einiger ozeanischer Inselgruppen weltweit verbreitet. Bis auf die Hochsee und die extremen Polargebiete bewohnen sie einzelgängerisch oder paarweise, seltener gesellig, alle verfügbaren Lebensräume und sind in allen Klimazonen sowie Breiten- und Höhenlagen vertreten. Sie jagen lebende Beute aller Wirbeltiergruppen und viele Wirbellose oder ernähren sich von Aas, nur ganz wenige Arten auch von pflanzlicher Kost. Die Nahrung wird nur selten im Ganzen verschlungen, sondern in den meisten Fällen in klein gerissenen Stücken verzehrt. Unverdauliche Körperteile (Haare, Federn, Schuppen, Chitinteile) werden als Gewölle wieder ausgewürgt. Diese enthalten im Unterschied zu Eulengewöllen jedoch kaum Knochen. Abweichend von den überwiegenden Beutegreifern haben sich die Altweltgeier auf die Ernährung von Aas spezialisiert, sind jedoch meist in der Lage, auch kleine Tiere zu erbeuten. In Anpassung an diese Ernährung ist die Kopf- und Halsbefiederung reduziert (Abb. 3) und bei einigen Arten (Gattung *Gyps*) ist der Hals stark verlängert und eine typische Halskrause ausgebildet. Die Nahrung des Bartgeiers (*Gypaetus barbatus*) besteht zum größten Teil aus Knochen, die von der starken Magensäure aufgelöst werden. Durch seine große Mundspalte und die dehnbare Speiseröhre kann er fast 20 cm große Knochen im Stück verschlingen. Größere Knochen und auch Schildkröten werden durch Fallenlassen aus großer Höhe auf Felsen zertrümmert (Thiollay 1994; Gejl 2018).

Viele der aktiven Beutegreifer haben ein breites Nahrungsspektrum, das vor allem kleine und mittelgroße Säugetiere, aber auch Vögel, Eier, Reptilien, Amphibien, Fische und wirbellose Tiere umfasst. Einige Arten sind jedoch mehr oder weniger deutlich auf bestimmte Tiere bzw. Tiergruppen spezialisiert. Etliche Vertreter der artenreichen Gattung *Accipiter* erbeuten vorwiegend Vögel, z. B. der heimische Sperber (*A. nisus*) und der nordamerikanische Eckschwanzsperber (*A. striatus*),

Abb. 3 Als Anpassung an
die Ernährungsweise ist auch
beim Ohrengeier (*Torgos
tracheliotus*) das stark
reduzierte Kopf- und
Halsgefieder zu bewerten.
(Foto: Werner Lantermann)

einige aber auch hauptsächlich Reptilien und Insekten. Der Froschsperber (*A.
solensis*) jagt zum großen Teil Frösche sowie große Insekten. Der Schlangenadler
(*Circaetus gallicus*) ernährt sich fast ausschließlich von Schlangen und ande-
ren Reptilien, nur gelegentlich werden Säugetiere, Vögel und Wirbellose gejagt.
Namensgebend für den Wespenbussard (*Pernis apivorus*) ist seine Vorliebe für die
Brut der Faltenwespen (*Vespula*), jedoch werden auch andere Wirbellose und kleine
Wirbeltiere und sogar Früchte gefressen. Der dämmerungsaktive Fledermausaar
(*Macheiramphus alcinus*) bevorzugt als Nahrung Fledermäuse, jagt aber auch kleine
Vögel und Insekten. Der Schneckenweih oder auch Schneckenbussard (*Rostrhamus
sociabilis*) verfügt über eine spezielle Schnabelform, die es ihm ermöglicht, den
Spindelmuskelnerv an Schneckengehäusen zu durchtrennen und so an den begehrten
Inhalt zu gelangen. Neben Süßwasserschnecken gehören auch Süßwasserkrabben,
Schildkröten und Nagetiere zum Nahrungsspektrum. Ein besonderer Nahrungsspe-
zialist ist der Palmgeier (*Gypohierax angolensis*). Er ernährt sich zu einem großen
Teil von Früchten, wobei die Palmfrüchte der Gattung *Raphia* und die der Ölpalme
(*Elaeis guineensis*), aber auch Datteln (*Phoenix dactylifera*) oder die Früchte vom
ansonsten äußerst giftigen Upasbaum (*Antiaris toxicara*) besondere Beachtung
finden. Zusätzlich nimmt er aber auch Fische, kleinere Wirbeltiere, Schnecken,
Krabben, Wirbellose und Aas zu sich. Pflanzliche Kost in geringem Umfang nehmen
ansonsten nur ganz wenige Arten wie der Schwarzmilan (*Milvus migrans*) und der
Wespenbussard (Thiollay 1994; Gejl 2018).

Die meisten Habichtartigen zeigen ein ausgeprägtes Balzverhalten, insbesondere Flugbalz, und leben monogam in Saison- oder Dauerehe. Sie errichten in der Regel eigene Nester (Horste) auf Bäumen, in Felswänden, Höhlen und am Boden oder auch auf Bauteilen wie Strommasten. Am Bau des Horstes beteiligen sich beide Paarpartner, wobei meist das Männchen beginnt. Der Horst wird oft über viele Jahre genutzt und kann dann bei großen Arten gewaltige Ausmaße erreichen. Einige Habichtartige sind Koloniebrüter, wie beispielsweise manche Altweltgeier, die Mehrzahl ist jedoch vor allem in der Horstumgebung ausgesprochen territorial. Die Gelegegröße variiert von 1–2 Eiern bei großen Arten bis 6, selten 8 Eiern bei kleineren Arten. Die Altvögel beginnen in der Regel nach Ablage des ersten Eies mit der Brut, so dass die Jungvögel asynchron schlüpfen. Bei ungünstigem Nahrungsangebot verhungern die zuletzt geschlüpften, schwächsten Jungen oder werden aktiv von den Eltern oder Nestgeschwistern getötet. Bei manchen Adlerarten die nur zwei Eier legen, wird der zweitgeschlüpfte Jungvogel obligatorisch vom älteren Nestgeschwister getötet (Kainismus), so dass immer nur ein Junges aufwächst. Die Brutdauer beträgt bei kleineren Arten 26–36 Tage, bei großen Geiern bis zwei Monate. Die Jungvögel sind Nesthocker und schlüpfen mit einem überwiegend weißen bis hellgrauen ersten Dunenkleid, das von einem dunkleren, aus Pelzdunen gebildeten abgelöst wird. Die Nestlingszeit variiert sehr stark von 3–4 Wochen bei kleinen Arten bis zu mehr als 5 Monaten bei großen tropischen Adlern und großen Geiern. Nach dem Ausfliegen sind die Jungvögel noch recht lange, teilweise mehrere Monate, von den Eltern abhängig. Bei vielen Arten unterscheiden sich die Jugendkleider deutlich von den Alterskleidern, und es kann bei großen Formen mehrere Jahre dauern, bis die Umfärbung abgeschlossen ist, wobei mehrere abweichende Zwischenkleider auftreten können (Thiollay 1994; Gejl 2018).

Haltungsanforderungen

Greifvögel werden vorwiegend in deutschen und europäischen Tiergärten und Vogelparks gehalten. Außerdem gibt es etliche Falkenhöfe und Adlerwarten, die teilweise kommunal, oft aber auch privat betrieben werden. In diesen Einrichtungen werden die Vögel unter anderem falknerisch gehalten und dem Publikum auch in Flugvorführungen im Freiflug präsentiert. Daneben gibt es auch einige private Liebhaber, die sich auf die Haltung und Zucht von Greifvögeln spezialisiert haben, darunter selbst große und seltene Arten wie Kronenadler (*Stephanoaetus coronatus*, ein Züchter in Deutschland) und Kampfadler (*Polemaetus bellicosus*). Sie nutzen die Vögel teilweise auch zur Beizjagd. Von den Seeadlerarten werden in deutschen Zoos und Parks am häufigsten der Weißkopf-Seeadler (*Haliaeetus leucocephalus*) (Abb. 4) und der Europäische Seeadler (*H. albicilla*) (Abb. 5) sowie in einigen auch der Schreiseeadler (*H. vocifer*) gehalten. Der eindrucksvolle, früher seltene Riesenseeadler (*H. pelagicus*) (Abb. 6) ist durch gute Nachzuchterfolge in den letzten Jahren inzwischen in etlichen Einrichtungen vertreten. Eine ausgesprochene Rarität ist die schwarze Form dieser Art, bei der das Gefieder bis auf den weißen Schwanz schwarzbraun gefärbt ist (Kaiser 2010). Ausgesprochen selten werden heute auch Bindenseeadler oder Bandseeadler (*H. leucoryphus*) und Weißbauchseeadler (*Haliaeetus leucogaster*) gepflegt.

Abb. 4 Der attraktive
Weißkopf-Seeadler
(*Haliaeetus leucocephalus*)
wird mittlerweile allein in 55
deutschen Tiergärten gehalten
und vielfach auch gezüchtet.
In den 1950er- und 1960er-
Jahren war sein
Freilandbestand aufgrund des
Einsatzes des Pestizids DDT
stark rückläufig. (Foto: Jörg
Asmus)

Abb. 5 Europäische
Seeadler (*Haliaeetus
albicilla*) sind in ihrem
natürlichen Lebensraum
selten geworden. Ein
Zuchtbuch wird im Zoo
Poznan in Polen geführt.
(Foto: Jörg Asmus)

Von den Adlerarten leben Steinadler(*Aquila chrysaetos*) und Steppenadler (*A. nipalensis*) (Abb. 7) in den meisten Einrichtungen, seltener sind Kaiseradler (*A. heliaca*) und Schreiadler (*Clanga pomarina*). Einige weitere Adlerarten, wie Klippen- oder Kaffernadler (*A. verreauxii*), Kampfadler und Prachthaubenadler (*Spizaetus ornatus*) sind ebenso wie die Harpyie (*Harpia harpyja*) nur in jeweils ein oder zwei Haltungen vertreten. Auch der Schlangenadler ist eine Rarität, während der

Abb. 6 Der Freilandbestand des Riesenseeadlers (*Haliaeetus pelagicus*) wird auf etwa 5000 Exemplare geschätzt. Die IUCN stuft ihn deshalb als gefährdet („vulnerable") ein. Seine Zucht in Menschenobhut gelingt inzwischen regelmäßig, ein Zuchtbuch (ESB) wird in Moskau geführt. (Foto: Werner Lantermann)

Abb. 7 Der Steppenadler (*Aquila nipalensis*) ist in weiten Teilen Asiens beheimatet und überwintert in Ostafrika. Sein Freilandbestand gilt derzeit noch als nicht gefährdet („least concern"). (Foto: Jörg Asmus)

Gaukler (*Terathopius ecaudatus*) in einigen Tiergärten zu sehen ist. Von den Bussardartigen werden am häufigsten Mäusebussard (*Buteo buteo*), Adlerbussard (*B. rufinus*), Königsbussard (*B. regalis*), Aguja (*Geranoaetus melanoleucus*) und Wüstenbussard (*Parabuteo unicinctus*) gepflegt, während Mongolenbussard (*Buteo hemilasius*), Rotschwanzbussard (*B. jamaicensis*) und Rotrückenbussard (*Geranoaetus polysoma*) wenig vertreten sind. Auch der Wespenbussard ist in einigen Anlagen zu sehen. Aus der Gruppe der Milane werden Roter Milan (*Milvus milvus*) (Abb. 8) und Schwarzer Milan häufig gehalten, sehr selten der Brahmanenmilan (*Haliastur indus*). Von den eigentlichen Weihenartigen wird die Rohrweihe (*Circus aeruginosus*) in wenigen deutschen Einrichtungen gepflegt, extrem selten auch die Kornweihe (*C. cyaneus*). Die artenreiche Gattung *Accipiter* ist lediglich durch den auch in Privathaltungen als beliebter Beizvogel gehaltenen heimischen Habicht (*A. gentilis*) und seltener den Sperber (*A. nisus*) vertreten (www.zootierliste.de).

Abb. 8 Eine deutliche Abnahme in den Hauptbrutgebieten führte dazu, dass die IUCN den Bestand des Rotmilans (*Milvus milvus*) mittlerweile auf „near threatened" hochgestuft hat. In Deutschland sind momentan Haltungen in 44 Tiergärten bzw. Falknerhöfen registriert. (Foto: Jörg Asmus)

Abb. 9 Für den Weißrückengeier (*Gyps africanus*) (IUCN-Status: „critically endangered") besteht ein Erhaltungszuchtprogramm, das Zuchtbuch wird derzeit im Hawk Conservancy Trust in Weyhill, England, geführt. (Foto: Jörg Asmus)

Altweltgeier sind heute in vielen tiergärtnerischen Einrichtungen wichtige Botschafter für den Artenschutz, denn ihre Bestände sind in vielen Regionen dramatisch zurückgegangen. Für viele Arten gibt es Zuchtprogramme und für einige auch Wiederansiedlungsprojekte, z. B. für Bart-, Mönchs- und Schmutzgeier (*Neophron percnopterus*). Am häufigsten werden Gänsegeier (*Gyps fulvus*), Mönchsgeier und Sperbergeier (*Gyps rueppelli*) in deutschen Tiergärten gepflegt, in einigen auch Schmutzgeier, Weißrückengeier (*Gyps africanus*) (Abb. 9), Kappengeier (*Necrosyr-*

tes monachus) (Abb. 10) und Bartgeier sowie seltener Schneegeier (*Gyps himalayensis*) und Wollkopfgeier (*Trigonoceps occipitalis*) (Abb. 11) (www.zootierliste.de).

Die meisten Habichtartigen werden in ausreichend großen draht- bzw. netzbespannten Volieren untergebracht, die den Vögeln die Gelegenheit bieten sollen, wenigstens kurze Strecken im Flug zurückzulegen (Abb. 12). Die Volieren müssen so gestaltet sein, dass sie z. B. durch ausreichende Tiefe und Höhe sichere Rückzugsmöglichkeiten bieten. Bei einem engmaschigen Drahtgeflecht besteht Verletzungsgefahr, da sich die Greifvögel mit ihren Fängen an der Drahtbespannung verfangen oder sich durch hektisches Anfliegen an die Volierenbespannung an Kopf, Flügeln oder Fängen verletzen können. Ein weitmaschiges und nachgebendes Drahtgeflecht ist darum grundsätzlich besser für die Haltung dieser Vögel geeignet. Mindestens eine Seite der Voliere, in der Regel die Rückwand, muss mit festem Material, z. B. Holz, Stein, Felsen usw. geschlossen sein. Hier können am besten Brutnischen oder Nistboxen angebracht werden, die im Idealfall von außen kontrollierbar sind. Ein Drittel der Voliere sollte als Witterungsschutz fest überdacht sein, mindestens jedoch der Horststandort. Einige Arten mit kurzen runden Flügeln, die schnell fliegen und beschleunigen können (Habichte, Sperber), sind aufgrund ihres schreckhaften und unkontrollierten Verhaltens in der Regel nicht für die Unterbringung in offenen Draht- oder Netzvolieren geeignet. Sie können unter Umständen in tiefen, nur von vorn einsehbaren Anlagen untergebracht werden, sind aber oft für die Schauhaltung mit Publikumsverkehr generell nicht geeignet.

Abb. 10 Der Freilandbestand des Kappengeiers (*Necrosyrtes monachus*) wird heute auf weniger als 200.000 Exemplare geschätzt. Aufgrund des anhaltenden Rückgangs stuft die IUCN ihn mittlerweile als „critically endangered" ein. 11 deutsche Tiergärten halten die Art momentan. (Foto Jörg Asmus)

Abb. 11 Der Wollkopfgeier
(*Trigonoceps occipitalis*) gilt
mittlerweile als gefährdet
(„vulnerable"). In
Deutschland ist er
gegenwärtig nur in sechs
Tiergärten vertreten. Die
Welterstzucht gelang 1972 im
Zoo Berlin (www.zootierliste.
de). (Foto: Werner
Lantermann)

Abb. 12 Großdimensionierte Voliere für Riesenseeadler
(*Haliaeetus pelagicus*) im
holländischen Zoo Veldho-
ven, wo gegenwärtig allein 17
Vögel dieser Art leben (www.
zootierliste.de). (Foto: Werner
Lantermann)

Das derzeitig gültige Gutachten über Mindestanforderungen an die Haltung von Greifvögeln und Eulen (BMELV 1995) fordert für Habichtartige folgende Volierengrößen (pro Tier, jedes weitere Tier etwa 50 % Fläche zusätzlich, ausgenommen sind unselbstständige Jungvögel während der Aufzucht vor dem Absetzen):

- Sperber 7,5 m², Höhe 2,5 m, jedes weitere Tier 3 m² mehr;
- Mäusebussard, Rotschwanzbussard und Wespenbussard 10,5 m² für Einzelvögel und Paare;
- Mittelgroße Arten wie Milane, Habicht, Schreiseeadler, Weißbauchseeadler, Bandseeadler, Weihen, Gaukler, Schlangenadler, Bussarde, Habichtsadler, Schreiadler, Schelladler, Prachthaubenadler und kleine Geier wie Schmutz-, Kappen-, Weißrücken- und Palmgeier 12 m², Höhe 2,5 m, jedes weitere Tier 6 m² mehr;
- Steppenadler 18 m², Höhe 2,5 m, jedes weitere Tier 6 m² mehr;
- Europäischer Seeadler, Weißkopfseeadler, Riesenseeadler, Bart-, Mönchs-, Lappen-, Ohren-, Wollkopf-, Gänse-, Schnee-, Sperbergeier, Harpyie, Würg-, Affen-, Kampf-, Kronen-, Keilschwanz-, Stein-, Kaiser-, Kaffernadler 24 m², Höhe 3 m, jedes weitere Tier 10 m² mehr;

Für Arten aus wärmeren Ursprungsgebieten müssen im Winter beheizbare Innenvolieren zur Verfügung stehen, die nach dem Gutachten mindestens 4 m² groß und 2 m hoch sein sollen. Für frostempfindliche Arten wie Brahmanenmilan, Weißbauch- und Schreiseeadler, Palm-, Kappen-, Ohren- und Lappengeier, Schlangenadler, Gaukler, Kronen- und Prachthaubenadler fordert das Gutachten Temperaturen von über 15 °C, für weniger empfindliche Arten wie Wespenbussard, Harpyie, Kampf- und Kaffernadler, Wollkopf-, Sperber- und Weißrückengeier Frost- und Zugluftfreiheit. Arten, die gegen starken Frost empfindlich sind, z. B. Rohrweihe, Aguja, Rotrückenbussard, Schell- und Schreiadler sowie Schmutzgeier benötigen einen ungeheizten Schutzraum oder eine entsprechende Schlafhöhle.

Das Gutachten befindet sich derzeit in der Überarbeitung und wird in der neuen Fassung voraussichtlich für einige Arten etwas größere und teilweise höhere Außenvolieren sowie deutlich größere Innenvolieren vorgeben.

Bei der Einrichtung der Volieren muss darauf geachtet werden, dass den Vögeln ausreichend freier Flugraum zur Verfügung steht, aber auch Rückzugsmöglichkeiten vorhanden sind. Natürlicher, möglichst kurz gehaltener Bewuchs mit Gras, kleinen Büschen und Bäumen sowie freien Sandflächen haben sich besonders bewährt. Als Sitzgelegenheiten oder auch als Kröpf- und Nistplätze sind den Greifvögeln unterschiedlich starke Naturäste anzubieten, aber auch Bäume, Stubben, Felsstücke oder künstlich geschaffene Holzplattformen erfüllen diesen Zweck. Zur Vorbeugung von Fußerkrankungen sind vielgestaltige Oberflächenstrukturen der Sitzmöglichkeiten empfehlenswert, vor allem Naturäste unterschiedlicher Stärke sowie beispielsweise Kokosmatten, Kork oder Kunstrasen (Heidenreich 1996). Bademöglichkeiten dienen dem Wohlbefinden der Vögel und sind unerlässlich. Sie müssen ausreichend groß, flach und leicht zu reinigen sein.

Eine Besonderheit ist die falknerische Haltung von Greifvögeln, die zur Jagd auf frei lebendes Wild (Beizvögel) oder für Flugvorführungen in Greifvogelschauen eingesetzt werden. Dabei werden die Vögel mit einem Geschüh an beiden Läufen und einer Langfessel an Flugdrahtanlagen oder auf speziellen Sitzgelegenheiten (Block, Sprenkel, Hohes Reck) gehalten. Auf diese spezielle Form der Haltung, die nur sachkundigen Personen mit einem gültigen Falknerjagdschein erlaubt ist, soll hier nicht näher eingegangen werden.

Die meisten Habichtartigen leben territorial und verfügen als Beutegreifer über eine angeborene Aggressivität. Sie sind demzufolge paarweise oder einzeln unterzubringen. Auch bei der paarweisen Unterbringung kann es zu Aggressionen unter den Partnern kommen, selbst wenn sie schon über lange Zeit ohne erkennbare Streitigkeiten zusammen in einer Voliere leben. Da sich die Vögel unter Haltungsbedingungen meist nicht ausweichen können und zusätzlich ein oft deutlicher Größenunterschied der Geschlechter besteht, fügen sich die Tiere teilweise schwere Verletzungen zu, die mitunter sogar zum Tod des unterlegenen Vogels führen können. Bei manchen Arten, z. B. dem Habicht, ist eine dauerhafte Paarhaltung nur in wenigen Ausnahmefällen möglich (Heidenreich 1996). Um Streitigkeiten frühzeitig zu erkennen und nicht harmonierende Vögel rechtzeitig trennen zu können, ist eine regelmäßige, intensive Beobachtung wichtig.

Altweltgeier leben dagegen meist gesellig und brüten teilweise in Kolonien. Für die meisten Arten ist deshalb eine Gruppenhaltung möglich und empfehlenswert. In ausreichend großen Volieren können auch eine oder mehrere Geierarten zusammen mit friedfertigen Habichtartigen (z. B. Bussarde) vergesellschaftet werden, wenn ihnen genügend Rückzugsmöglichkeiten zur Verfügung stehen. Ein ungewöhnliches, bemerkenswertes Sozialsystem hat der Wüstenbussard. Er jagt in Gruppen und es bestehen keine monogamen Bindungen. Mehrere Alt- und Jungvögel helfen bei der Verteidigung des Brutplatzes und der Aufzucht der Jungen. Die Art kann deshalb ebenfalls in kleinen Gruppen gehalten werden.

Die tägliche Arbeit mit Habichtartigen erfordert äußerste Ruhe und Vorsicht sowie eine gute Sachkenntnis. Manche Arten wie Sperber, Habichte oder Weihen sind besonders hektisch und erschrecken leicht. Vor dem Betreten einer Voliere ist es deshalb wichtig, dass sich der Pfleger bemerkbar macht, damit die Vögel nicht panikartig auffliegen und sich verletzen. Andererseits verteidigen viele Arten während der Fortpflanzungsperiode ihr Brutrevier und können Menschen in der Voliere aktiv angreifen und erheblich verletzen. Das Betreten der Anlage sollte in diesen Fällen vermieden bzw. auf Mindestmaß reduziert werden. Sind Aktivitäten, wie z. B. das Beringen von Jungvögeln, unumgänglich, muss entsprechende Arbeitsschutzkleidung getragen werden. Außerdem sollte die Voliere nur in Begleitung mindestens einer zweiten Person betreten werden, die die Vögel im Auge behält und eventuelle Angriffe mit geeigneten Geräten, beispielsweise einem stabilen Besen, abwehrt.

Die Ernährung der meisten Habichtartigen erfolgt mit Ganzkörperfutter in Form von Eintagsküken, Mäusen, Ratten, Meerschweinchen und Kaninchen, seltener Geflügel wie Enten, Gänse, Hühner, Wachteln oder Tauben, sowie Süßwasserfischen. Die Ganzkörperfütterung ist für die Gewöllbildung und damit die Gesundheit der Vögel sehr wichtig. Eine Ausnahme sind die Altweltgeier, die mit schierem Fleisch oder ganzen Schlachttieren einschließlich der Innereien (Rind, Pferd, Schaf, Ziege usw.) gefüttert werden können. Palmgeier lassen sich problemlos auf Fisch und Kleinsäuger umgewöhnen. Wespenbussarden bietet man zusätzlich zu Ganzkörpern eine Mischung aus durchgedrehtem Fleisch, rohen Eiern, Quark, in Milch aufgeweichtem Weißbrot, gekochtem Reis, Honig und süßem Obst sowie möglichst Waben mit Wespenbrut an (Kaiser 2019). Der tägliche Nahrungsbedarf schwankt zwischen 4 % des Körpergewichtes bei großen Greifvogelarten, z. B. Geiern bis zu 25 % bei kleinen Sperberarten und ist außerdem von der Aktivität der Vögel und der Umgebungstemperatur abhängig. Nach Brown und Amadon (1989) benötigt also ein Sperber mit ungefähr 200 g Gewicht täglich etwa 53 g Futter, 1100 bis 1200 g wiegende Rotschwanzbussarde pro Tag 127 g und Steinadler mit durchschnittlich gut 4 kg Gewicht 251 g, während ein gut 7 kg schwerer Riesenseeadler im Zoo London mit durchschnittlich 240 g Futter täglich nur 3,5 % seines Körpergewichtes aufnahm. Da Greifvögel auch unter natürlichen Bedingungen in der Regel nicht jeden Tag Nahrung finden (Abb. 13) und sich unter Haltungsbedingungen noch dazu viel weniger bewegen, sind 1–2, bei großen Geiern auch 3 Fastentage pro Woche sinnvoll, um einer Verfettung der Vögel vorzubeugen.

Insbesondere Brutpaare, die erfolgreich züchten sollen, benötigen besonders hochwertige Nahrung. Leider werden in Tiergärten heute vielfach überwiegend preiswerte, eingefrorene Eintagsküken sowie Labormäuse und -ratten, die einseitig mit Pellets ernährt wurden, verwendet. Abwechslungsreich und natürlich ernährte, frisch getötete Futtertiere haben eine weitaus bessere Qualität und können das Brutverhalten maßgeblich stimulieren.

Viele Vertreter der Habichtartigen werden inzwischen in tiergärtnerischen Einrichtungen und Privathaltungen regelmäßig erfolgreich gezüchtet. Gerade zur Fortpflanzungszeit sind viele Arten nervös und störungsempfindlich. Die Unterbringung in separaten, ruhigen Volieren ist deshalb zu bevorzugen. Den Vögeln sollten mehrere, unterschiedliche Horstunterlagen angeboten werde. Einige Arten, z. B. Mönchsgeier und Riesenseeadler brüten zwar auch am Boden, jedoch sind erhöhte Brutplätze günstiger und werden meist bevorzugt. Für große Arten müssen die

Abb. 13 Nicht alle Fangversuche von Fischen im Freiland sind erfolgreich (hier im Foto: Europäische Seeadler *Haliaeetus albicilla*), und manchmal müssen die Tiere sogar für einige Zeit hungern. In Menschenobhut leiden sie dagegen eher an Verfettung aufgrund von Bewegungsmangel – und bekommen oftmals 1–2 Fastentage pro Woche verordnet. (Foto: Jörg Asmus)

Horstunterlagen groß (1,5–2 m^2) und stabil genug sein. Insbesondere viele Geier nutzen gern geschlossene Brutnischen, die aus Holz oder Stein gefertigt sein können oder aus Naturfels sind. Für Arten aus tropischen Regionen ist zu bedenken, dass sich der Horstplatz im Winterquartier befindet, da sie sich oftmals nicht auf die europäischen Verhältnisse umstellen, sondern im Herbst oder Winter zur Eiablage schreiten. Naturbruten in der Außenvoliere sind dann in der Regel nicht erfolgreich. Die Horstunterlagen können zur Brutstimulierung bereits mit etwas Nistmaterial, z. B. Ästen, Zweigen, Stroh u. ä. ausgestattet werden. Wichtig ist es auf alle Fälle, den Vögeln in der Voliere zusätzlich verschiedenste Nistmaterialien anzubieten, wobei vor allem Geier (Bartgeier) gern Tierwolle zur Auspolsterung des Nestes verwenden, andere Arten auch weiches Gras oder Heu.

Für Naturbruten und Elternaufzuchten ist ein nicht fehlgeprägtes, harmonierendes Brutpaar ausschlaggebend. Die Zusammenführung potenzieller Brutpartner in einer geeigneten Voliere ist insbesondere bei adulten Vögeln mitunter schwierig und erfordert meist viel Geduld, Feingefühl, Umsicht und Zeit. Noch nicht geschlechtsreife Jungvögel lassen sich meist wesentlich einfacher zusammen gewöhnen. In der Regel werden die Vögel zunächst getrennt mit Sichtkontakt nebeneinander gesetzt. Die bei vielen Habichtartigen größeren, robusteren Weibchen sind dominant gegenüber den kleineren, körperlich unterlegenen Männchen. Deshalb sollte zuerst das Männchen die zukünftige Zuchtvoliere beziehen, die es nach einer Eingewöhnungszeit von einigen Wochen als sein Revier betrachtet. Wird später das Weibchen hinzu gelassen, kann sich das Männchen als Revierinhaber eher behaupten. Wenige Arten, insbesondere der Habicht, sind für die paarweise Haltung in der Regel überhaupt nicht geeignet. Hier ist die Unterbringung in getrennten Kammern, die durch einen Sichtschieber miteinander verbunden sind, notwendig. Erst wenn die Vögel durch ihr Verhalten Paarungsbereitschaft signalisieren, können Sie kurzzeitig zusammengelassen werden (Heidenreich 1996). Manche Paare leben jahrelang zusammen in einer Voliere, ohne dass es zu Fortpflanzungsaktivitäten kommt. Vermutlich ist bei den Vögeln keine Paarharmonie und -synchronisation erfolgt. In solchen Fällen kann die zeitweise Trennung des Paares, die Umsetzung in eine andere Voliere oder der Austausch eines Partners Erfolg bringen.

Mit Ausnahme der Altweltgeier schafft bei den meisten Habichtartigen das Männchen während der Fortpflanzungszeit den größten Teil der Beute heran. In der Phase der Anpaarung übergibt er sie als Werbungsgeschenk an das Weibchen und versorgt später die überwiegend brütende Partnerin mit Nahrung. Durch täglich mehrmalige Fütterungen kleiner Portionen an das Männchen wird diese wichtige Verhaltensweise simuliert, was die Brutstimmung und die Paarharmonie positiv beeinflusst (Heidenreich 1996). Sind die Jungvögel geschlüpft, übergibt das Männchen mindestens in der ersten Hälfte der Nestlingszeit die Beute an das Weibchen, das die Jungen füttert. Davon abweichendes Verhalten kann jedoch vorkommen. So beteiligte sich ein Kampfadlermännchen im Tierpark Berlin nicht nur auffällig häufig an der Bebrütung, es hudert auch den Jungvogel und fütterte ihn schon in der ersten Lebenswoche mehrfach selbst bei Anwesenheit des Weibchens auf dem Horst (Kaiser 2004). Ansonsten teilen sich nur bei den Altweltgeiern die Partner sowohl die Bebrütung als auch die Futterbeschaffung und füttern die Jungen beide mit vorverdauter, erbrochener Nahrung. Alle Habichtartigen füttern ungezielt nur mit erhobenem Kopf und charakteristischen Lauten aktiv bettelnde Jungvögel, so dass bei mehreren Nestgeschwistern nur die kräftigsten genug Nahrung bekommen. Auch unter Haltungsbedingungen können deshalb zuletzt geschlüpfte, kleine Junge an Nahrungsmangel sterben, oder sie werden von den Eltern oder Nestgeschwistern getötet und gekröpft. Bei manchen Arten, die regelmäßig zwei Eier legen, wird das jüngere Geschwister sogar immer vom älteren getötet (Kainismus, z. B. Schreiadler, Kaffernadler, Kronenadler) oder auch von den Eltern (Bartgeier). Um in diesen Fällen zwei Junge erfolgreich aufziehen zu können, muss ein Ei in der Brutmaschine zum Schlupf gebracht werden. Zur Vermeidung von Handaufzucht mit Fehlprägung können die Jungvögel regelmäßig alle 4–6 Tage bei den Eltern im Horst gegeneinander ausgetauscht werden. Hilfreich kann auch die Errichtung einer Barriere im Horst sein, so dass die Jungvögel nicht zueinanderkommen und sich töten können.

Beim Seeadler werden die Weibchen manchmal im Verlauf der Fortpflanzungsperiode sehr aggressiv gegenüber dem Männchen, oftmals vor allem, wenn die Jungen geschlüpft sind. Selbst nach mehrjährigen problemlosen Bruten kann das größere, kräftigere Weibchen unter Umständen den Partner sogar töten. Bei ersten Anzeichen von aggressivem Verhalten muss das Männchen am besten auf Sicht abgetrennt werden.

Manche Greifvögel lassen sich trotz aufwändiger Bemühungen nicht verpaaren und können nur einzeln gehalten werden. Es handelt sich meist um handaufgezogene, fehlgeprägte Tiere, bei denen die für eine natürliche Fortpflanzung wesentlichen Verhaltensabläufe gestört sind. Sie sehen den Menschen als Geschlechtspartner an, so dass für Zuchterfolge hier nur die künstliche Besamung in Frage kommt. Diese Methode, auf die in diesem Rahmen nicht weiter eingegangen werden kann, gilt inzwischen als weitestgehend problemlos und ist auch bei privaten Züchtern etabliert (Heidenreich 1996).

Manchmal ist unter Haltungsbedingungen trotz großer Bemühungen die Naturbrut und Elternaufzucht nicht realisierbar, weil z. B. die Vögel nicht brüten oder regelmäßig ihre Eier zerstören bzw. fressen. Prinzipiell kommt in solchen Fällen die Ammenbrut durch andere Greifvogelarten, seltener auch Hühnerglucken, Enten oder Tauben in Frage. Meist stehen jedoch keine wirklich passenden, gerade brütenden Vögel zur Verfügung, so dass nur die künstliche Bebrütung im Inkubator und die anschließende Handaufzucht bleiben. Die Eier aller Habichtartigen können bei Temperaturen zwischen 36,8 und 37,2 °C inkubiert werden. Niedrige Werte leicht unter 37 °C können den Schlupf zwar etwas verzögern, sind bei vielen Wildvögeln jedoch meist günstiger als höhere Temperaturen. Zusätzlich zur Wendeautomatik des Inkubators, die alle 3 Stunden erfolgen sollte, ist es empfehlenswert, die Eier einmal täglich über die Längsachse zu drehen. Entscheidend für eine erfolgreiche Entwicklung des Embryos ist ein kontinuierlicher Gewichtsverlust des Eies um 15–18 % des Frischgewichtes während der Inkubation bis zum Schlupf (Heidenreich 1996). Die Eier müssen also am besten täglich, auf alle Fälle aber alle 3–4 Tage gewogen werden, um die Gewichtsabnahme ermitteln zu können. Eine Korrektur zu hoher oder zu niedriger Gewichtsverluste ist vor allem über die Einstellung der Luftfeuchtigkeit in der Brutmaschine möglich, wobei mitunter erstaunlich hohe Werte nötig sind. Bei der erfolgreichen Inkubation eines Kampfadlereies im Tierpark Berlin musste beispielsweise mit Wasserschalen und feuchten Tüchern die Luftfeuchte so stark erhöht werden, dass das Wasser an der Sichtscheibe des Inkubators kondensierte (Kaiser 2004).

In den ersten 1–2 Wochen nach dem Schlupf werden die Jungvögel im Aufzuchtapparat (Kükenheim) bei anfangs 36 °C untergebracht. Die Temperatur wird allmählich abgesenkt und die Jungvögel werden dann in Körbchen oder Schalen mit Stroh oder Heu und Antirutschmatten in Aufzuchtkisten unter Wärmestrahlern aufgezogen. Im Tierpark Berlin hat es sich bei allen Habichtartigen bewährt, als Aufzuchtfutter in den ersten Lebenswochen ausschließlich anfangs klein geschnittene, später ganze nackte Babymäuse oder -ratten, die 15–20 Minuten in eine Verdauungsenzym-Lösung eingelegt wurden, zu verwenden. Zur Herstellung der Lösung sind Humanpräparate geeignet, z. B. Enzynorm forte (ein Dragee aufgelöst in 200 ml lauwarmem Wasser). Der Flüssigkeitsbedarf kann durch regelmäßige Gaben von Ringerlösung gedeckt werden. Ab der zweiten Lebenswoche sollte das Futter mit Vitaminpräparaten (A, D3, E, C, B-Komplex) und Mineralstoffmischungen, z. B. Rachitin, ergänzt werden. Die Zahl der täglichen Fütterungen wird von anfangs 5–7 allmählich auf 1–2 am Ende der Aufzuchtperiode reduziert. Die Umstellung des Aufzuchtfutters von nackten auf bereits behaarte Mäuse erfordert große Aufmerksamkeit und Vorsicht. Manche Jungvögel reagieren sehr empfindlich, fressen dann schlecht und nehmen ab oder erbrechen das Futter. Bei einem Kampfadler im Tierpark Berlin war z. B. die Futterumstellung erst im Alter von 40 Tagen erfolgreich (Kaiser 2004). Unterschiedliche Ansichten gibt es zur Fütterung von Geiern bei der Handaufzucht. Teilweise wird empfohlen, Futtertiere und mageres Fleisch zu pürieren und den Futterbrei mit aufgelöstem Verdauungsenzym mindestens 2 Stunden bei 37 °C zu inkubieren (Heidenreich 1996). Diese Methode kann jedoch zu Darmentzündungen und anderen Organerkrankungen, oft mit Todesfolge, führen. Auch bei der Handaufzucht von Geierküken ist die Fütterung mit enzymbehandelten Babymäusen in den ersten Lebenstagen nach Erfahrungen im Tierpark Berlin sehr erfolgreich. Die Futterumstellung auf beispielsweise behaarte Mäuse gelingt bei Geiern allerdings manchmal erst sehr spät, z. B. bei einem Sperbergeier im Tierpark Berlin erst im Alter von 70 Tagen.

Nach den Kriterien der IUCN sind in der Familie Habichtartige 13 Arten vom Aussterben bedroht („critically endangered"), 17 Arten stark gefährdet („endangered"), 24 Arten gefährdet („vulnerable") und 34 Arten potenziell gefährdet („near threatened"), was immerhin 35 % aller Arten entspricht. Hauptursachen der Gefährdung sind Lebensraumzerstörungen und direkte Verfolgung durch den Menschen sowie Vergiftungen. In Asien, insbesondere Indien, Pakistan und Nepal gingen die Bestände der Geier in den 1990er-Jahren um über 90 % zurück. Grund war die Anwendung des entzündungshemmenden und schmerzstillenden Medikaments Diclofenac, das ursprünglich aus der Humanmedizin stammend in der Tiermedizin eingesetzt wurde. Der über die Tierkadaver von den Geiern aufgenommene Wirkstoff führt zu Nierenversagen. Das Medikament ist in diesen Ländern inzwischen in der Veterinärmedizin verboten, die Geierbestände erholen sich jedoch nur sehr langsam. Dramatische Rückgänge bei den Geiern sind inzwischen auch in Afrika zu verzeichnen. Hier spielen vor allem vergiftete Wildtiere eine wichtige Rolle, aber auch Lebensraumzerstörung und schwindende Nahrungsquellen.

Von den 248 Arten der Familie Accipitridae sind 6 Arten im Anhang I des Washingtoner Artenschutzübereinkommens (WA) gelistet sowie 33 der im Anhang II geführten Arten im Anhang A der EU-Richtlinie. Für diese 39 Arten der höchsten Schutzkategorie, darunter alle europäischen Brutvogelarten, müssen bei der Haltung EG-Bescheinigungen (CITES) vorliegen. Nachzuchten dieser Arten sind meldepflichtig und müssen mit Artenschutzringen geschlossen beringt werden. Die restlichen 209 Arten sind nach Anhang II WA und Anhang B der EU-Richtlinie geschützt und damit ebenfalls meldepflichtig.

Europäische Erhaltungszuchtprogramme (EEPs) bestehen für den Europäischen Seeadler (Zoo Poznan), den Bartgeier (Vulture Conservation Foundation), den Schmutzgeier (Zoo Prag), den Weißrückengeier (Hawk Conservancy Trust, Weyhill, UK), den Sperbergeier (Zoo Rotterdam), den Mönchsgeier (Zoo Planckendael, Belgien), den Wollkopfgeier (Vogelpark Avifauna Alphen, NL) und den Ohrengeier (*Torgos tracheliotos*) (Breeding Centre for Endangered Arabian Wildlife, Sharjah, VAR). Europäische Zuchtbücher (ESBs) werden für den Kaiseradler im Zoo Liberec und für den Riesenseeadler im Zoo Moskau geführt.

Literatur

Anders, E. (1982). Aufzucht von Sekretären (*Sagittarius serpentarius*). *Die Voliere, 5*, 45–48.

BMELV (1995). Bundesministerium für Ernährung, Landwirtschaft und Verbraucherschutz. *Gutachten über die Mindestanforderungen an die Haltung von Greifvögeln und Eulen.* Bonn.

Brown, L., & Amadon, D. (1989). *Eagles, hawks and falcons of the world.* Secaucus: Wellfleet Press.

Ericson, P., Anderson, C. L., Britton, T., Elzanowski, A., Johannsson, U. S., Källersjö, M., Ohlson, J. I., Parsons, T. J., Zuccon, D., & Mayr, G. (2006). Diversification of Neoaves: integration of molecular sequence data and fossils. *Biology Letters, 2*(4), 543–547.

Gejl, L. (2018). *Europas Greifvögel.* Bern: Haupt.

Hackett, S. J., Kimball, R. T., Reddy, S., Bowie, R. C. K., Braun, E. L., Braun, M. J., Chojnowski, J. L., Cox, W. A., Han, K.-L., Harshman, J., Huddleston, C. J., Marks, B. D., Miglia, K. J., Moore, W. A., Sheldon, F. H., Steadman, D. W., Witt, C. C., & Yuri, T. (2008). A phylogenomic study of birds reveals their evolutionary history. *Science, 320*(5884), 1763–1768.

Heidenreich, M. (1996). *Greifvögel: Krankheiten, Haltung, Zucht.* Berlin/Wien: Blackwell.

Hoyo, J. del, & Collar, N. J. (2014). *HBW and birdlife international illustrated checklist of the birds of the world.* Non-passerines (Bd. 1, S. 518–557). Barcelona: Lynx.

Kaiser, M. (2004). Die erfolgreiche Zucht des Kampfadlers, *Polemaetus bellicosus* (Daudin, 1800), im Tierpark Berlin-Friedrichsfelde. *Der Zoologische Garten N.F., 74*, 307–327.

Kaiser, M. (2010). Zuchterfolg des Riesenseeadlers, *Haliaeetus pelagicus*, im Tierpark Berlin mit einem Weibchen der dunklen Morphe. *Der Zoologische Garten N.F, 79*, 74–88.

Kaiser, M. (2019). Ordnung Greifvögel (Falconiformes). In H. Strehlow (Hrsg.), *Vögel – Zootierhaltung* (3. Aufl., S. 165–205). Haan-Gruiten: Europa-Lehrmittel.

Kemp, A. C. (1994). Family Sagittariidae (Secretarybird). In J. del Hoyo, A. Elliot & J. Sargatal (Hrsg.), *Handbook of the birds of the world* (New world vultures to Guineafowl, Bd. 2, S. 206–215). Barcelona: Lynx.

Sibley, C. G., & Ahlquist, J. E. (1990). *Phylogeny and classification of birds: a study in molecular evolution.* New Haven, CT/London: Yale University Press.

Thiollay, J. M. (1994). Family Accipitridae (Hawks and Eagles). In J. del Hoyo, A. Elliot & J. Sargatal (Hrsg.), *Handbook of the birds of the world* (New world vultures to guineafowl, Bd. 2, S. 52–205). Barcelona: Lynx.

Wennrich, G. (1982). Erstzucht von Sekretären (*Sagittarius serpentarius*). *Gefiederte Welt, 106*, 6–10.

Wink, M., Sauer-Gürth, H., & Witt, H.-H. (2004). Phylogenetic differentiation of the Osprey (*Pandion haliaetus*) inferred from nucleotide sequences of the mitochondrial cytochrome b gene. In R. D. Chancellor & B.-U. Meyburg (Hrsg.), *Raptors worldwide* (S. 511–516).

Ordnung: Coliiformes – Mausvögel

Werner Lantermann

Inhalt

Familie: Coliidae

1 Systematik und allgemeine Biologie

Die Ordnung der Mausvögel umfasst nur eine Familie mit 6 Arten in zwei Gattungen (*Colius* und *Urocolius*). Ihre nähere Verwandtschaft innerhalb der Aves ist derzeit noch nicht abschließend geklärt. Die neueren molekular-biologischen Studien legen eine mögliche Verwandtschaft zu den Racken (Coraciiformes) und den Trogonen (Trogoniformes) nahe (Ericson et al. 2006) oder sehen sie als Schwesterngruppe der Eulen (Strigiformes) (Hackett et al. 2008). Mausvögel sind in Afrika südlich der Sahara bis zur südlichen Spitze Südafrikas verbreitet. Es sind 29–38 cm große, überwiegend grau-braun gefärbte Vögel mit kurzen, gerundeten Flügeln und langen Schwänzen, die oftmals Zweidrittel der gesamten Körperlänge ausmachen. Der Schnabel ist kurz, leicht abwärts gebogen und an der Schnabelspitze hakenförmig gekrümmt. Augenumgebung und Zügel sind unbefiedert und bei einigen Arten auffällig (rot) gefärbt. Ein Geschlechtsunterschied besteht nicht. Die Lebensräume der Mausvögel sind überwiegend Savannen, Akazien-Buschland, offene Waldgebiete und Vorort-Gärten oder Parks. Dichte Waldgebiete werden gemieden (Winkler

W. Lantermann (✉)
Oberhausen, Deutschland
E-Mail: w.lantermann@arcor.de

© Springer-Verlag GmbH Deutschland, ein Teil von Springer Nature 2021
W. Lantermann, J. Asmus (Hrsg.), *Wildvogelhaltung*,
https://doi.org/10.1007/978-3-662-59604-3_61

et al. 2015). Ihre Nahrung besteht überwiegend aus Früchten, aber auch Blüten, Knospen und Blätter zählen zum Nahrungsspektrum (Spretke 2014; Winkler et al. 2015).

Mausvögel sind monogam, werden bei der Brut und Jungenaufzucht jedoch von Jungen des Vorjahres unterstützt. Sie leben das ganze Jahr über in sozialen Gruppen und brüten in losen Kolonien. Das Nest wird aus Zweigen und Halmen als offenes Napfnest angelegt. Die 2–4 Eier werden von beiden Geschlechtern und teilweise auch den genannten Helfern etwa 12 Tage bebrütet. Die Jungen schlüpfen nackt und mit noch geschlossenen Augen. Bei einigen Arten sind die Jungen beim Schlupf bereits bedunt. Ihre Nestlingszeit bis zum Ausfliegen beträgt knapp 20 Tage, aber danach werden sie weitere drei bis sechs Wochen von Eltern und vorjährigen Jungen bis zur endgültigen Selbstständigkeit weiter gefüttert (Spretke 2014; Winkler et al. 2015).

Eine Besonderheit ihres Verhaltens besteht in ihrem Ruheverhalten. Dabei hängen sich mehrere Vögel mit engem Körperkontakt an einen Ast, wobei die Körperlängsachse zum Boden weist. In dieser Position können die Vögel in einen energiesparenden nächtlichen Starrschlaf (Torpor) verfallen, bei dem der Stoffwechsel stark reduziert wird (Prinzinger et al. 1981; Pagel und Marcordes 2011; Spretke 2014).

Mausvögel sind – als eine der wenigen Vogelgruppen – derzeit mit keiner Art in der Roten Liste der IUCN aufgeführt (www.iucnredlist.org).

2   Haltungsanforderungen

Mausvögel leben derzeit nur in zwei Arten in Zoologischen Gärten und Vogelparks, und zwar überwiegend in den Freiflug- bzw. Tropenhallen der Parks, die meisten sind VdZ-Zoos. Die am häufigsten gehaltene Art ist der Blaunacken-Mausvogel (*Urocolius macrourus*), der gegenwärtig in 9 zoologischen Einrichtungen gehalten wird (Abb. 1). Am erfolgreichsten in der Zucht dieser Art scheint der Kölner Zoo zu sein, der momentan über 30 Vögel freifliegend im Hippodrom hält und die interes-

Abb. 1 Der Blaunacken-Mausvogel (*Urocolius macrourus*) ist die häufigste Mausvogel-Art in deutschen Tiergärten. (Foto: Jörg Asmus)

sierten deutschen Zoos und Vogelparks bei Interesse mit Jungvögeln aus der Nachzucht versorgen kann. Der Braunflügel-Mausvogel (*Colius striatus*) (Abb. 2) wird zur Zeit in drei Unterarten in 7 zoologischen Einrichtungen gehalten (www.zootier liste.de, Zugegriffen am 01.08.2019). In Privathaltungen sind Mausvögel nur ausnahmsweise vertreten. Pagel und Marcordes (2011) schätzen den Privatbestand der Blaunacken-Mausvögel auf weniger als 20 Vögel.

Die Haltung der Vögel erfolgt in erwärmten Innenvolieren (nicht unter 15 °C) oder bei entsprechendem Wetter mit zeitweisem Aufenthalt in der gut geschützten Freivoliere. Die Größe der (Dauer-)Unterkunft sollte 6 m² Grundfläche für eine kleine Gruppe von 4–6 Vögeln nicht unterschreiten. Bessere Bedingungen bieten natürlich Freiflug- und Tropenhallen in den Zoologischen Gärten. Mausvögel benötigen zu ihrem Wohlbefinden Möglichkeiten zum Wasser- und Staubbaden, aber auch zusätzliche Wärmequellen zum Trocknen und zum Sonnenbaden. Weiterhin sollten viele Klettermöglichkeiten (Zweige, Äste, Grünpflanzen) und auch Rückzugsmöglichkeiten – vor allem im Zoobetrieb – gegeben sein. Ernährt werden die Vögel mit einem Fruchtcocktail, bestehend aus klein gewürfelten Bananen, Feigen, Mango, Papaya, süßen Birnen und Beeren. Auch ein halber aufgespießter Apfel wird gern ausgepickt. Gekochter Reis und hart gekochte Eier können untergemischt und in regelmäßigen Abständen mit einem Vitamin- und Mineralstoffpräparat angereichert werden. Manche Vögel nehmen auch ein handelsübliches Weichfutter an, wenn sie (durch Untermischung unter die Obstmischung) langsam daran gewöhnt werden.

Zur Anregung der Zucht werden Draht- oder Weidenkörbchen als Nestunterlage sowie das Darbieten von Nistmaterial (kleine Ästchen, Heu, Blätter, Gräser, Federn, Moos) empfohlen. Auch die Erhöhung der Luftfeuchtigkeit (Sprinkleranlage, Wasserzerstäuber) zur Simulierung der Regenzeit kann den Brutbeginn auslösen. Durch heftiges Hüpfen des Männchens auf einem Ast wird das Weibchen angelockt, bevor es zur Kopulation kommt. Das Weibchen legt dann in der Regel 2–3 Eier, die von den Altvögeln abwechselnd oder gemeinsam bebrütet werden. Bei der Aufzucht der

Abb. 2 Der Braunflügel-Mausvogel (*Colius striatus*) wird zur Zeit in sieben deutschen Tiergärten gehalten. (Foto: Werner Lantermann)

Jungvögel beteiligen sich unter Umständen die Jungen des Vorjahres. Im Alter von 16–20 Tagen fliegen die Jungvögel aus und können dann (z. B. bei Blaunacken-Mausvögeln) mit einem 4,5 mm Ring gekennzeichnet werden (Pagel und Marcordes 2011; Spretke 2014).

Mausvögel unterliegen derzeit keinen behördlichen Haltungsbeschränkungen.

Literatur

Ericson, P. G. P., Anderson, C. L., Britton, T., Elzanowski, A., Johansson, U. S., Källersjö, M., Ohlson, J. I., Parsons, T. J., Zuccon, D., & Mayr, G. (2006). Diversification of Neoaves: Integration of molecular sequence data and fossils. *Biology Letters, 2*, 543–547.

Hackett, S. J., Kimball, R. T., Reddy, S., Bowie, R. C. K., Braun, E. L., Braun, M. J., Chojnowski, J. L., Cox, W. A., Han, K.-L., Harshman, J., Huddleston, C. J., Marks, B. D., Miglia, K. J., Moore, W. A., Sheldon, F. H., Steadman, D. W., Witt, C. C., & Yuri, T. (2008). A phylogenomic study of birds reveals their evolutionary history. *Science, 320*(5884), 1763–1768.

Pagel, T., & Marcordes, B. (2011). *Exotische Weichfresser* (S. 71–73). Stuttgart: Ulmer.

Prinzinger, R., Göppel, R., & Lorenz, A. (1981). Der Torpor beim Rotrückenmausvogel (*Colius castanotus*). *Journal für Ornithologie, 122*, 379–392.

Spretke, T. (2014). Kapitel Mausvögel – Coliiformes. In W. Grummt & H. Strehlow (Hrsg.), *Zootierhaltung – Vögel* (S. 511–513). Haan-Gruiten: Europa-Lehrmittel.

Winkler, D. W., Billermann, S. M., & Lovette, I. J. (2015). Bird Families of the World – Coliiformes (S. 208–209). Barcelona: Lynx.

Ordnung: Trogoniformes – Trogone

Werner Lantermann

Inhalt

Familie: Trogonidae

1   Systematik und Allgemeine Biologie

Die Ordnung der Trogoniformes ist eine monotypische Ordnung, sie umfasst nur die einzige Familie Trogonidae. Diese unterteilt sich nach der neueren Systematik in 8 Gattungen mit insgesamt 44 Arten. Eine direkte taxonomische Verwandtschaft zu anderen Vogelgruppen besteht offenbar nicht. Trogone sind mittelgroße, überwiegend farbenprächtige Vögel mit kurzem breitem Schnabel, der seitlich an der Schnabelwurzel Borsten trägt, kurzen, gerundeten Flügeln und mittellangem Schwanz. Eine der kleinsten Arten ist der Veilchentrogon (*Trogon violaceus*) mit 23–25 cm Länge bei einem Gewicht von etwa 40 g, die größte Art ist der Quetzal (*Pharomachrus mocinno*) mit einem Gewicht von etwa 210 g und einer Länge von bis zu 40 cm, wobei die Männchen zusätzlich noch bis zu 65 cm lange Schmuck-Schwanzfedern tragen (Collar 2001). Ein besonderes Merkmal der Vögel ist die heterodaktyle Zehenstellung, bei der im Gegensatz zu den zygodaktylen Arten statt der ersten und vierten die erste und zweite Zehe nach hinten (die dritte und vierte nach vorn) weist. Diese Zehenstellung gilt als eine besondere Anpassung an das

W. Lantermann (✉)
Oberhausen, Deutschland
E-Mail: w.lantermann@arcor.de

Leben in den Bäumen und brachte den Trogonen auch den Beinamen „Verkehrtfüß-
ler" ein. Das Gefieder schimmert bei den meisten Arten oberseits metallisch smaragdgrün, grün oder blau, seltener auch braun. Die Unterseite ist oft rot, blau, gelb
oder weiß gefärbt (Collar 2001; Winkler et al. 2015).

Verbreitet sind die Vögel in den tropischen Regionen der Alten und der Neuen
Welt sowie in Indien und im südostasiatischen Raum. Phylogenetische Studien legen
die Vermutung nahe, dass das Entstehungszentrum der Trogone in der neotropischen
Region liegt, wo allein 24 der 39 Arten beheimatet sind (Moyle 2005). Die Vögel
bewohnen überwiegend Waldgebiete – von relativ trockenen Pinien-Eichen-Misch-
wäldern bis hin zu tropischen Regenwäldern (Winkler et al. 2015).

Trogone ernähren sich von Insekten, anderen Wirbellosen, Beeren und Früchten.
Sie sind monogam und kümmern sich gemeinsam um die Jungenaufzucht. Es
besteht ein Geschlechtsdimorphismus in der Gefiederfärbung – die Männchen sind
in der Regel prächtiger gefärbt als die Weibchen. Die Brut findet in Baumhöhlungen
statt, das Gelege besteht aus 2–4 Eiern, die je nach Art 15–19 Tage im Wechsel von
beiden Geschlechtern bebrütet werden (Collar 2001).

Derzeit ist keine Trogon-Art unmittelbar gefährdet oder vom Aussterben bedroht,
aber wie bei allen Arten, die in (tropischen) Wäldern leben, sind die Vögel den
Auswirkungen der fortschreitenden Abholzung mit anschließender Umwandlung in
Anbauflächen ausgesetzt. 10 Arten gelten derzeit als „near-threatened", darunter der
Quetzal, der Nationalvogel Guatemalas, und eine Art als „vulnerable", nämlich der
Javatrogon (früher Reinwardttrogon) (*Apalharpactes reinwardtii*) (www.iucnredlist.
org).

2   Haltungsanforderungen

Bis zu 18 Trogon-Arten lebten in der Vergangenheit in deutschen Zoos und Vogelparks. Übrig geblieben sind aktuell drei, wovon zwei, der Goldkopftrogon (*Pharomachrus auriceps*) (Abb. 1) und der Schwarzschwanztrogon (*Trogon melanurus*)
derzeit nur im Weltvogelpark Walsrode gehalten werden, derweil der Grünmanteltrogon (früher Weißschwanztrogon) (*Trogon viridis*) (wahrscheinlich in der früheren
Unterart – heutigen Art – *chionurus*) im Wuppertaler Zoo und ebenfalls in Walsrode,
in jüngster Vergangenheit auch in Köln leb(t)en (Pagel und Marcordes 2011). Mit
letzterem gelang 1995 in Walsrode die erste Handaufzucht und 1996 die erste
Naturbrut (beides Welterstzuchten). Wuppertal folgte 2006 mit einer Zooerstzucht.
Die Zucht des Goldkopftrogons gelang (als europäische Erstzucht) 2012 ebenfalls in
Walsrode, wo seither mehrfache Zuchterfolge zu verzeichnen waren (www.zootier
liste.de). In Privathaltungen sind Trogone so gut wie nicht vertreten (Abb. 2).

Trogone gelten als relativ schwierig in der Haltung. Das mag zum einen daran
liegen, dass sie überwiegend in großen, gut bepflanzen Tropenhallen bzw. gut
strukturierten Innenvolieren (mit Dauertemperaturen von mindestens 20 °C) gehalten werden sollten, dass sie sich auch in großen Volieren schnell ihr Gefieder
abstoßen und dass sie anfällig für Pilzerkrankungen der Atmungsorgane sind
(Grummt und Strehlow 2014). In den warmen Sommermonaten kommt für die

Abb. 1 Goldkopftrogon
(*Pharomachrus auriceps*) im
Weltvogelpark Walsrode.
(Foto: Werner Lantermann)

Vögel tagsüber auch eine Haltung in geschützten Freivolieren in Frage. Lediglich die Hochgebirgsarten, wie der Quetzal, sind wenig temperaturempfindlich und können noch bei 10–15° Außentemperatur in die Außenvolieren, müssen aber ebenfalls bei etwa 15 °C überwintert werden. Die Volierengröße sollte 10 m^2 für ein Paar nicht unterschreiten. Gegen andere Volierenmitbewohner verhalten sich Trogone meist friedfertig (Pagel und Marcordes 2011; Schroepel 2014).

Die Ernährung der Vögel ist relativ aufwändig. Sie erhalten außerhalb der Brutzeit als Grundnahrung (eingeweichte) Fruchtpellets (z. B. NutriBird F 16 von Versele Laga) und dazu klein geschnittenes Obst (Banane, Mango, weiche Birnen, Weintrauben, Kirschen, Johannisbeeren, Blaubeeren) sowie lebende Insekten (Mehlwürmer, Zophobas, mittelgroße Heimchen oder Grillen), ab und zu auch Quark, gekochten Reis und eingeweichtes Hundetrockenfutter (Schroepel 2014). Allein diese Futterzusammensetzung macht auch die Reinigung der Futterplätze aufwändig und sollte – besonders bei heißen Sommertemperaturen und einer dauerfeuchten Voliere (in Verbindung mit Beregnungsanlagen in Tropenhäusern) – zweimal täglich erfolgen. Auch eine zweimalige Fütterung über den Tag verteilt ist zu empfehlen.

Die Zucht von Trogonen ist – wie zuvor angedeutet – bereits bei mehreren Arten hin und wieder gelungen, aber keineswegs so produktiv, dass man absehbar von sich selbst erhaltenden Volierenpopulationen sprechen könnte. Trogone gehören damit zu den Vogelarten, die in den nächsten Jahren vermutlich aus den Zoovolieren verschwunden sein dürften. Sie benötigen zur Brut ausgehöhlte oder mit Mulm bzw.

Abb. 2 Sumatratrogone
(*Apalharpactes mackloti*)
werden derzeit in keinem
deutschen Tiergarten mehr
gehalten. Frühere Haltungen
gab es im Weltvogelpark
Walsrode und im Tierpark
Berlin. (Foto: Jörg Asmus)

unbehandelten Hobelspänen angefüllte Baumstämme oder Nistkästen, die sie dann wieder aus „höhlen" bzw. herrichten. Dort hinein legt das Weibchen seine Eier, die z. B. beim Weißschwanztrogon (*Trogon chionurus*) 18 Tage lang von beiden Geschlechtern bebrütet werden: tagsüber brütet das Männchen, nachts das Weibchen. Die Jungen schlüpfen vollkommen nackt mit noch geschlossenen Augen. Die Futterpalette der Altvögel muss nun für einige Tage um kleine Insekten (Zophobas, Buffalos, kleine, frisch gehäutete Mehlwürmer) ergänzt werden, mit denen die Jungvögel die ersten Tage überwiegend gefüttert werden. Die Nestlingszeit dauert beim Weißschwanztrogon rund drei Wochen, nach 10 Tagen können die Jungtiere mit einem 5,0-mm-Ring beringt werden (Pagel und Marcordes 2011).

Die Haltung von Trogonen ist – bis auf eine Ausnahme – genehmigungsfrei. Lediglich der Quetzal ist im Anhang I/A des Washingtoner-Artenschutzübereinkommens aufgeführt (www.cites.org). Für seine Haltung ist ein Herkunftsnachweis (CITES-Bescheinigung) erforderlich. Eine eventuelle Nachtzucht muss geschlossen beringt (Artenschutzring) und bei der zuständigen Behörde gemeldet werden.

Literatur

Collar, N. J. (2001). Family Trogonidae (Trogons). In J. Del Hoyo, A. Elliot & J. Sargatal (Hrsg.), *Handbook of the birds of the world* (Bd. 6, S. 80–129). Barcelona: Lynx.
Grummt, W., & Strehlow, H. (Hrsg.). (2014). *Zootierhaltung – Vögel*. Haan-Gruiten: Europa-Lehrmittel.

Moyle, R. G. (2005). Phylogeny and biogeographical history of Trogoniformes, a pantropical bird order. *Biological Journal of the Linnean Society, 84*(4), 725–738.

Pagel, T., & Marcordes, B. (2011). *Exotische Weichfresser* (S. 73–74). Stuttgart: Ulmer.

Schroepel, M. (2014). Kapitel Trogone – Trogoniformes. In W. Grummt & H. Strehlow (Hrsg.), *Zootierhaltung – Vögel* (S. 515–518). Haan-Gruiten: Europa-Lehrmittel.

Winkler, D. W., Billermann, S. M., & Lovette, I. J. (2015). *Bird families of the world – Trogoniformes* (S. 211–212). Barcelona: Lynx.

Ordnung: Bucerotiformes – Hornvögel und Hopfe

Werner Lantermann

Inhalt

1   Familien: Bucerotidae, Upupidae, Phoeniculidae

Allgemeines

Die Ordnung Bucerotiformes umfasst nach derzeitigem Stand drei recht unterschiedliche Familien, nämlich die der Hornvögel (Bucerotidae), die der Hopfe (Upupidae) und die der Baumhopfe (Phoeniculidae), die lange Zeit zusammen mit anderen Familien in der Ordnung Coraciiformes (Racken) zusammengefasst waren. Neuere genetische Untersuchungen haben ergeben, dass die drei oben genannten Familien weniger eng mit den Racken verwandt sind, so dass verschiedene Autoren entweder zwei Ordnungen (Upupiformes und Bucerotiformes) postulieren oder den Zusammenschluss beider zu der Ordnung Bucerotiformes präferieren. Letzterer Auffassung folgt auch diese Darstellung in Anlehnung an Winkler et al. (2015). Die Familien Upupidae und Phoeniculidae sind Schwesternarten und beide zusammen bilden eine Schwesterartengruppe zur Familie Bucerotidae (Hackett et al. 2008).

Der Schwerpunkt der folgenden Darstellung liegt auf den Hornvögeln, derweil die Hopfe nur kurz gestreift und die Baumhopfe ausgespart bleiben, weil sie in Haltungen bis auf den sehr selten gehaltenen Grünbaumhopf (*Phoeniculus purpureus*) nicht vertreten sind (Pagel und Marcordes 2011, www.zootierliste.de).

W. Lantermann (✉)
Oberhausen, Deutschland
E-Mail: w.lantermann@arcor.de

© Springer-Verlag GmbH Deutschland, ein Teil von Springer Nature 2021
W. Lantermann, J. Asmus (Hrsg.), *Wildvogelhaltung*,
https://doi.org/10.1007/978-3-662-59604-3_37

2 Familie: Bucerotidae – Hornvögel

Allgemeine Biologie

Die **Hornvögel** bilden 16 Gattungen mit derzeit 62 anerkannten Arten. Neben den 60 vorwiegend baumbewohnenden Hornvogelarten gehören noch zwei Arten überwiegend bodenlebender afrikanischer Hornraben zu dieser Vogelgruppe, die früher als eigene Unterfamilie (Bucorvinae) oder gar Familie (Bucorvidae) betrachtet wurde, heute aber lediglich als Schwesterngattung zu Bucerotidae gilt (Hackett et al. 2008). Die Tukane der Neuen Welt sind nicht, wie früher fälschlicherweise angenommen wurde, näher mit den Hornvögeln verwandt.

Hornvögel sind nur in Afrika, Asien und Indonesien verbreitet und bewohnen eine Vielzahl unterschiedlicher Lebensräume – von Trockensavannen bis hin zu tropischen Regenwäldern (Kemp 1993). Die größten Formen sind zum einen die knapp 100 cm großen und bis zu 6000 g schweren Hornraben (*Bucorvus* spec.) aus dem zentralen und südöstlichen Afrika, zum anderen der Doppelhornvogel (*Buceros bicornis*) (etwa 100 cm groß und bis zu 3500 g schwer) und der Rhinozeroshornvogel (*Buceros rhinoceros*) aus Asien mit einer Größe von maximal 90 cm und einem Gewicht von knapp 3000 g im männlichen Geschlecht. Zu den kleinsten Hornvögeln zählt der Zwergtoko (*Lophoceros camurus*) mit einer Größe von 30 cm und einem Gewicht von kaum mehr als 100 g. Hornvögel gehören zu den omnivoren Vogelarten, sie nehmen Wirbellose, kleinere Wirbeltiere, Samen und Früchte als Nahrung zu sich. Die Geschlechter unterscheiden sich in der Größe, in der Ausprägung des Schnabelhorn-Aufsatzes und bei vielen Arten auch in der Färbung. Ein charakteristisches Merkmal der Hornvögel ist die Art der Brut und Jungenaufzucht. Sie erfolgt in geschlossenen Bruthöhlen in hohen Bäumen, deren Eingang zunächst hauptsächlich vom Weibchen durch Lehm von außen bzw. später durch Futterreste und eigenen Kot von innen soweit verschlossen wird, dass lediglich noch der Schnabel des Männchens zum Füttern des darin „eingemauerten" Weibchens hindurch passt. Schon vor dem Flüggewerden der Jungen brechen die Weibchen diese Höhlensicherung von Innen auf und verlassen dann die Bruthöhle. Der überwiegende Teil der Hornvögel lebt wahrscheinlich territorial und in monogamer Dauerehe, es häufen sich jedoch die Berichte, wonach mindestens ein Drittel aller bekannten Arten ein kooperatives Brutsystem aufweist (Kemp 2001).

Mindestens 26 Arten gelten nach den Kriterien der IUCN derzeit als gefährdet, darunter fünf als „endangered" und zwei als „critically endangered", letztere sind der Suluhornvogel (*Anthracoceros montani*) vom Sulu-Archipel und der Schildhornvogel (*Rhinoplax vigil*) (Myanmar bis Borneo und Sumatra). Lebensraumverluste und die Jagd für Nahrungszwecke und zur kulturellen Nutzung sind dabei wichtige Einflussfaktoren. Besonders betroffen sind die asiatischen Arten. Zuchtprogramme für manche Hornvogelarten tragen dieser Entwicklung in gewissem Maße Rechnung, aber Unterbringungsplätze, Know-how und internationales Management der Gehegepopulationen in den Zoos und Parks sind derzeit (allzu) begrenzt (HBW AliveSpecies 2019).

Haltungsanforderungen

30 Hornvogelarten werden derzeit (noch) in deutschen Zoos gehalten, davon jedoch nur 10 Arten in mehr als drei Einrichtungen (was die Initiierung und Koordination von Zuchtprojekten für die meisten Arten erschwert). Am häufigsten vertreten sind der Südliche oder Rotgesicht-Hornrabe (*Bucorvus leadbeateri*) in 13, der Von-der-Decken-Toko (*Tockus deckeni*) in 12 und der Savannentoko, früher Rotschnabeltoko (*Tockus erythrorhynchus*) in 11 Parks (www.zootierliste.de). Die großen Hornvogelarten und die Hornraben werden derzeit noch überwiegend in Zoos und Vogelparks gehalten, kleinere Arten wie die Tokos halten zunehmend auch Einzug in private Volieren, wo teilweise bemerkenswerte Zuchterfolge gelingen (z. B. Kaufmann 2017) (Abb. 1).

Die Unterbringung von Hornvögeln und Hornraben erfolgt in der Regel in geräumigen Freivolieren mit angeschlossenem beheizbarem Schutzhaus. Die Voliere sollte etwa 20 m^2 Grundfläche bei 2,5–3 m Höhe für ein Paar der großen Arten, 8–10 m^2 Grundfläche bei 2–2,5 m Höhe für ein Paar der kleineren Arten betragen. Bei ausschließlicher Innenvolierenhaltung, z. B. in Tropenhäusern, ist eine Volierengröße von 20 bzw. 10 m^2 Grundfläche pro Paar vorzusehen. Die Überwinterungstemperatur für die tropischen Arten sollte 15 °C nicht unterschreiten, für Arten der afrikanischen Savanne genügt eine Haltungstemperatur von 5 °C. Die Ernährung der Vögel erfolgt mit verschiedenen Obstsorten (gewürfelt), Futterküken, Kleinsäugern und Fleischstreifen (je nach Vogelgröße mehrfach zerteilt), die mit Vitaminen und Mineralstoffpräparaten angereichert werden. Zur Brutzeit sind – je nach Hornvogel-

Abb. 1 Relativ häufig wird der Savannen- oder Rotschnabeltoko (*Tockus erythrorhynchus*) in deutschen Tiergärten gehalten – hier ein Jungvogel im Zoo Stralsund. (Foto: Werner Lantermann)

art – großdimensionierte Nistkästen bereitzustellen, deren Einschlupfloch gerade so groß ist, dass das Weibchen hindurchpasst. Zum „Vermauern" des Schlupfloches ist ein Sand-Lehm-Gemisch anzubieten.

Früher gelegentlich im Handel angeboten, aber mittlerweile zunehmend auch gezüchtet wird der Savannentoko, früher **Rotschnabeltoko**, der mit einer Körpergröße von etwa 35 cm zu den kleineren Hornvogelarten zählt. Der Lebensraum der vier anerkannten Unterarten sind die Baum- und Dornbuschsavannen in Zentral-, Ost- und Südafrika. Wie alle Tokos trägt er einen langen Schwanz und einen langen, gebogenen, roten Schnabel, allerdings ohne Hornaufsatz. Beim Männchen hat die Unterseite des Schnabels einen schwarzen Fleck. Ansonsten gleichen sich die Geschlechter bis auf den kleineren Schnabel des Weibchens.

Die Nahrung der Vögel besteht aus Insekten, kleinen Wirbeltieren, Früchten und gelegentlich auch Samen, die sie meist am Boden aufnehmen. Gern suchen sie auch im Dung von Weidevieh und den Großsäugern der Savannen nach kleinen Insekten. Zur Brutzeit, die üblicherweise vier bis sieben Wochen nach Beginn einer Regenzeit einsetzt, sondern sich die Tiere von ihrem Familienverband oder ihrer Gruppe ab, suchen sich eine Baumhöhle für die Eiablage und verhalten sich fortan streng territorial. Das Weibchen legt drei bis sechs Eier in die Bruthöhle, deren Eingang danach mit Lehm, Mist und Fruchtbrei verschlossen wird. Nur eine etwa ein Zentimeter breite Öffnung, gerade groß genug, damit das Männchen Futter für das Weibchen und die Küken hinein reichen kann, bleibt bestehen. Das Weibchen mausert während der Brutzeit von etwa 23–25 Tagen sein komplettes Großgefieder. Damit die Höhle sauber bleibt, wird der Kot durch die Öffnung nach draußen befördert. Wenn die Jungvögel etwa 16–24 Tage alt sind, bricht das Weibchen den Bruthöhlenverschluss auf und verlässt die Höhle. Der Eingang wird dann erneut vermauert und beide Eltern füttern die Jungen, die nach einer Nestlingszeit von insgesamt 40–50 Tagen die Höhle verlassen (Lantermann 2009).

Als Vertreter einer Toko-Art der mittleren Größe soll hier noch der gelegentlich gehaltene **Grautoko** (*Lophoceros nasutus*) erwähnt werden. Er wird 45 bis 50 cm groß und bewohnt in zwei Unterarten weite Teile Afrikas südlich der Sahara sowie kleinere Gebiete in Saudi Arabien und im Jemen. Als Lebensraum bevorzugt er offene Savannengebiete, Grassteppen und kommt sogar an den Rändern von Halbwüsten, andererseits aber auch an Waldrändern vor. Wie alle Tokos trägt er einen langen Schwanz und einen relativ langen Schnabel mit flachem Hornaufsatz. Der Schnabel ist beim Männchen schwarz, mit einem hellen Streifen an der Basis des Oberschnabels, beim Weibchen ist er an der Basis gelb und wird nach vorne rotbraun.

Die Nahrung besteht aus Insekten, kleinen Reptilien und anderen kleinen Wirbeltieren (z. B. Vogelnestlingen) sowie Früchten und Samen, die der Grautoko meist hoch in den Bäumen erbeutet bzw. zu sich nimmt. Denn im Gegensatz zu vielen anderen Toko-Arten fliegen Grautokos nur selten auf den Boden. Das Weibchen legt zwei bis vier Eier in eine Baumhöhle, in die es sich mit Lehm, eigenem Kot und Fruchtbrei selber einmauert. Die Brutzeit beträgt etwa 24–26 Tage. Das Weibchen verlässt die Nisthöhle, wenn die Jungen zwischen 19–34 Tage alt sind, um sich an der Jungenaufzucht zu beteiligen. Die Nestlingszeit ist mit etwa 50 Tagen abgeschlossen (Kemp 1993, 2001; Gürtler 2000).

Der **Trompeterhornvogel** (*Bycanistes bucinator*) gehört mit einer Größe von 50–55 cm zu den größeren Hornvogelarten, der immer wieder einmal in kleineren Stückzahlen importiert wurde und hier und da auch in kleineren Parks und mittlerweile sogar in Privathaltungen zu finden ist (Abb. 2). Er ist im Südosten Afrikas von Nord-Angola bis Kenia im Westen und südlich bis Nordost-Namibia und Südafrika verbreitet. Die Männchen dieser imposanten Hornvogelart können bis knapp 950 g schwer werden und tragen einen Schnabelaufsatz, der bis zur eigentlichen Schnabelspitze reichen kann. Die Weibchen bleiben deutlich kleiner, weisen einen hellen Schnabelansatz und einen kürzeren Schnabelaufsatz auf. Im Freiland wird er dort, wo beide Arten sympatrisch vorkommen, gelegentlich mit dem deutlich größeren Silberwangen-Hornvogel verwechselt, zumal beide Arten gemeinsam auf Nahrungssuche gehen und abends mancherorts gemeinsame Übernachtungsplätze aufsuchen, an denen sich bis zu 200 Vögeln versammeln. Die Nahrung besteht aus einer Vielzahl von Früchten, besonders Feigen, aber auch Insekten, kleine Wirbeltiere, wie Vögel oder deren Nestlinge, und Krabben gehören zum Nahrungsspektrum. Trompeterhornvögel leben in monogamer Dauerehe, werden aber während der Jungenaufzucht gelegentlich von einem zweiten Männchen oder von Jungen des Vorjahres als Helfer unterstützt. Ihr Gelege umfasst zwei bis vier Eier, die das Weibchen etwa 28 Tage lang bebrütet. Während dieser Zeit vermausert es sein

Abb. 2 Trompeterhornvogel (*Bycanistes bucinator*) im Zoo Veldhoven/NL. (Foto: Werner Lantermann)

Großgefieder. Die Nestlingszeit der Jungvögel beträgt rund 50 Tage (Lantermann 2009).

Die großen Hornvögel wie **Doppel- oder Trompeterhornvögel** werden überwiegend in VdZ-Zoos gehalten, die große Tropenhäuser oder -hallen betreiben. Darin sind dann oft Hornvogelvolieren integriert, in der die Vögel üblicherweise paarweise gehalten werden. Große Erfahrungen mit Hornvögeln haben in Europa beispielsweise der Weltvogelpark Walsrode, der ZooPark de Beauval in Frankreich und auch der Vogelpark Avifauna in den Niederlanden, der eine große Hornvogelkollektion unterhält.

Die Haltung von Hornvögeln stellt für spezialisierte Einrichtungen keine besondere Herausforderung dar, wenn adäquate Haltungsbedingungen bestehen und die hygienischen Grundregeln eingehalten werden. Wie bei allen „Weichfressern" bzw. „Allesfressern" ist besonderes Augenmerk darauf zu richten, dass die angebotene Nahrung nicht zu lange in der Voliere liegt und verdirbt, ehe sie von den Vögeln aufgenommen wird. Eine jeweils gründliche Säuberung der Unterkunft und mehrmalige Fütterungen am Tag sind somit notwendig. Ernährt werden die Vögel mit einem handelsüblichen Weichfuttergemisch, das durch geschnittene Obststücke, größere Insekten, Heuschrecken, zerteilte Eintagsküken, nestjunge Mäuse und kleine Fleischstreifen ergänzt wird. Manche Zoos und Vogelparks sind inzwischen dazu übergegangen, aus allen genannten Bestandteilen schnabelgerechte Futterbällchen herzustellen, die zudem mit Vitaminen und Mineralstoffen angereichert werden. Zur Brutzeit werden den Tieren entsprechend große Holznistkästen oder ausgehöhlte Baumstämme mit schmalem Einschlupfloch bereitgestellt – für die Hornraben in Bodennähe (Kemp 2001; Lantermann 2009).

Gemäß dem Washingtoner Artenschutzübereinkommen sind vier Arten, nämlich der Nepalhornvogel (*Aceros nipalensis*), der Tenasserimhornvogel, früher Blythhornvogel (*Rhyticeros subruficollis*), der Doppelhornvogel und der Schildhornvogel, derzeit im Anhang I/A aufgeführt und damit von legalen Handel ausgenommen, alle (anderen) Hornvogelarten unterliegen den Handelsbeschränkungen nach Anhang II/B des CITES-Abkommens.

In Europa existieren gegenwärtig 11 Zuchtprogramme für Hornvögel, darunter sieben als „Studbook" (ESB) und vier als Erhaltungszuchtprogramm (EEP) (Abb. 3). Diese EEPs bestehen für den Doppelhornvogel (Zuchtbuchführung Vogelpark Avifauna, Niederlande), den Rhinozeroshornvogel (ZooPark de Beauval in Frankreich), den Runzelhornvogel (*Rhabdotorrhinus corrugatus*) (Paignton Zoo, Großbritannien) und den Visayahornvogel (*Penelopides panini*) (Bristol Zoo, Großbritannien) (HBW Alive Species 2019). – Bei der Haltung von Hornvögeln besteht Melde-, Nachweis- und Beringungspflicht gegenüber den zuständigen Behörden.

3   Familie: Upupidae – Hopfe

Allgemeine Biologie
Die Familie der Upupidae umfasst nur zwei Arten, nämlich den etwa 28 cm großen Eurasischen Wiedehopf

Abb. 3 Das europäische Zuchtbuch (EEP) für den Runzelhornvogel (*Rhabdotorrhinus corrugatus*) wird im Paignton Zoo in Großbritannien geführt. (Foto: Werner Lantermann)

(*Upupa epops*) und den sehr ähnlichen Madagaskarwiedehopf (*Upupa marginata*). Während ersterer eine große Verbreitung über weite Teile Europas, Asiens, Zentral- und Südafrikas hat, kommt *U. marginata* ausschließlich auf Madagaskar vor. Wiedehopfe bevorzugen als Lebensraum offene Graslandschaften und baumarme Savannengebiete, benötigen zur Brut aber entsprechend große Bruthöhlen in Bäumen, Felsen oder sogar Gebäuden. Wiedehopfe leben in Monogamie, beide Elternvögel kümmern sich um die Jungvögel. Das Durchschnittsgelege umfasst sieben Eier, die allein vom Weibchen etwa 15–18 Tage bebrütet werden, derweil das Männchen sein Weibchen mit Futter versorgt. Die Nestlingszeit beträgt 25–30 Tage. Eine Besonderheit ist, dass die Wiederhopfe, auch bereits die Jungvögel, ein bestimmtes übelriechendes Sekret aus ihrer Bürzeldrüse absondern können und zur Nestverteidigung bzw. Feinabwehr einsetzen. Beide Arten sind derzeit nicht unmittelbar bedroht („least concern"), allerdings sind dort Bestandsrückgänge zu verzeichnen, wo ihre Lebensräume in großem Maßstab in landwirtschaftliche Nutzflächen umgewandelt wurden (Winkler et al. 2015)

Haltungsanforderungen

Wiedehopfe, fast ausschließlich die eurasische Form, werden gelegentlich in den Zoos gehalten (z. B. im April 2019 in 12 deutschen Parks, www.zootierliste.de), in Privathand dagegen sind sie nur gelegentlich anzutreffen (Abb. 4).

Die Haltung erfolgt in geräumigen Volieren mit angeschlossenem Schutzraum, der im Winter auf etwa 10 °C erwärmt werden sollte. Die Ausstattung sollte – außer

Abb. 4 Wiedehopfe (*Upupa epops*) werden gegenwärtig in 12 deutschen Tiergärten gehalten und zum Teil auch gezüchtet. (Foto: Werner Lantermann)

einigen Baumhöhlen zur Übernachtung und zur Brut – eine kleine Sandfläche oder -schale zum Sandbaden und zumindest teilweise Naturboden enthalten, denn die Vögel stochern gern am Boden in der Erde nach Insekten und Würmern. Der übrige Bodenbelag in der Voliere wird wegen der recht dünnflüssigen Ausscheidungen der Tiere allerdings am besten mit saugfähiger Einstreu versehen (Rindenmulch für die Außen-, Holzspäne für die Innenvoliere). Der Hygienestandard muss, gerade auch weil sich die Tiere viel am Boden aufhalten, besonders hoch sein. Die Ernährung der Tiere basiert auf drei Komponenten: Lebendfutter (Heimchen, Grillen, Mehlwürmer), einem handelsüblichen Weichfuttergemisch und gelegentlichen Zugaben von geschabtem Möhren, Rindfleisch, Eigelb und Quark (Schroepel und Nehls 2014). Zuchten gelingen gelegentlich, ihnen wird gegenwärtig in den Parks aber offenbar keine hohe Priorität eingeräumt. Eurasische Wiedehopfe sind nachweis-, melde- und beringungspflichtig (Ringgröße: 4,5–5 mm).

Literatur

Gürtler, W.-D. (2000). Grautokos – ihr Nist- und Brutverhalten. *Gefiederte Welt, 124*, 20–23.

Hackett, S. J., Kimball, R. T., Reddy, S., Bowie, R. C. K., Braun, E. L., Braun, M. J., Chojnowski, J. L., Cox, W. A., Han, K.-L., Harshman, J., Huddleston, C. J., Marks, B. D., Miglia, K. J., Moore, W. A., Sheldon, F. H., Steadman, D. W., Witt, C. C., & Yuri, T. (2008). A phylogenomic study of birds reveals their evolutionary history. *Science, 320*(5884), 1763–1768.

HBW Alive Species. (2019). *Handbook of birds of the world* – Bucerotiformes. www.hbw.com/species. Zugegriffen am 18.11.2019.

Kaufmann, P. (2017). Der Nördliche Rotschnabeltoko (*Tockus erythrorhynchus*). *GAV-Journal, 10*, 46–49.

Kemp, A. C. (1993). *The Hornbills (Bucerotiformes)*. Oxford: University Press.

Kemp, A. C. (2001). Family Bucerotidae (Hornbills). In J. Del Hoyo, A. Elliott & J. Sargatal (Hrsg.), *Handbook of the birds of the world* (Bd. 6, S. 436–525). Barcelona: Lynx.

Lantermann, W. (2009). Kapitel: Racken (Coraciiformes). In M. Baur et al. (Hrsg.), *Wildtierhaltung in kleineren zoologischen Einrichtungen* (Bd. 2, S. 247–254). Fürth: Filander.

Pagel, T., & Marcordes, B. (2011). *Exotische Weichfresser* (S. 81–85). Stuttgart: Ulmer.

Schroepel, M., & Nehls, H. W. (2014). Kapitel Racken – Coraciiformes. In W. Grummt & H. Strehlow (Hrsg.), *Zootierhaltung – Vögel* (S. 519–550). Haan-Gruiten: Europa-Lehrmittel.

Winkler, D. W., Billermann, S. M., & Lovette, I. J. (2015). *Bird families of the world – Bucerotiformes* (S. 213–219). Barcelona: Lynx.

Ordnung: Coraciiformes – Racken

Werner Lantermann

Inhalt

1   Familien: Meropidae, Coraciidae, Brachypteraciidae, Todidae, Momotidae, Alcedinidae

Allgemeines

Die Ordnung der Rackenvögel ist eine Art „Verlegenheitsordnung" und setzt sich nach derzeitiger systematischer Auffassung aus sechs Familien mit 35 Gattungen und 188 Arten zusammen (Winkler et al. 2015), über deren systematische Stellung und Verwandtschaft allerdings noch weitgehende Unklarheit besteht. Unter ihnen sind so bekannte Gruppen wie Bienenfresser (Meropidae), die Eigentlichen Racken (Coraciidae) und die Eisvögel (Alcedinidae), derweil Todies (Todidae) und Motmots (Motmotidae) wenig bekannte kleine Artengruppen bilden und die madegassischen Erdracken (Brachypteraciidae) sowohl im Hinblick auf ihr Freileben als auch in der Haltung weitgehend unbekannt sind (Abb. 1). In früheren systematischen Darstellungen wurden auch die Hornvögel, Wiedehopfe und Baumhopfe zur Ordnung der Racken gezählt, heute sind sie in einer eigenen Ordnung (Bucerotiformes) vereint. Die Ordnung der Coraciiformes ist hauptsächlich eine altweltliche Vogelordnung,

W. Lantermann (✉)
Oberhausen, Deutschland
E-Mail: w.lantermann@arcor.de

Abb. 1 Langschwanz-
Erdracken (*Uratelornis
chimaera*) sind heute in
keinem europäischen
Tiergarten mehr vertreten.
Lange Zeit hielt der
Weltvogelpark Walsrode ein
einzelnes Männchen. (Foto:
Jörg Asmus)

denn lediglich die 19 Arten der Motmots und Todies sowie sechs der 120 Eisvogelarten haben ihr Verbreitungsgebiet in der Neotropis (Winkler et al. 2015).

Gemeinschaftliche Merkmale dieser Vogelgruppen bestehen kaum, allen Arten
gemeinsam ist allerdings die Zehenstellung mit drei nach vor und einer nach hinten
gerichteten Zehe. Von den Vorderzehen sind bei einigen Arten zwei Zehen zusam-
mengewachsenen (Syndactylie).

Die nächsten Verwandten der Rackenvögel werden nach neueren molekularbiologischen Untersuchungen in den Spechten (Piciformes) als taxonomische Schwesterngruppe gesehen (Winkler et al. 2015).

In der Haltung spielen die meisten Arten aus der Ordnung der Coraciiformes eher
eine untergeordnete Rolle, einige wenige Arten sind nur in zoologischen Gärten und
Vogelparks anzutreffen, und noch seltener werden Vertreter dieser Vogelgruppen in
Privathand gehalten. Hier und dort sind mittlerweile in den Parks Brutwände für
Bienenfresser entstanden, in begehbaren Großvolieren und bepflanzten Tropenhäu-
sern finden sich gelegentlich Eisvögel, in Freivolieren vor allem die relativ robusten
Blauflügel- und Jägerlieste, die mittlerweile auch in Privathaltungen eine gewisse
Popularität erlangt haben. Ebenfalls relativ selten werden Racken gehalten, und die
Haltung der karibischen Todies oder der neotropischen Motmots ist sowohl in Zoos
wie in Privathand die Ausnahme, so dass wir auf deren Besprechung an dieser Stelle
verzichten.

2   Familie: Meropidae – Bienenfresser

Allgemeine Biologie

Zur Familie der **Bienenfresser** oder Spinte werden 31 Arten in drei Gattungen gezählt, deren Verbreitungsgebiet sich über die gesamte Alte Welt und die Australregion erstreckt. Bienenfresser sind überwiegend farbenprächtige Vögel, deren Größe von 15 cm (Zwergspint *Merops pusillus*) bis etwa 35 cm (Blaubartspint *Nyctyornis athertoni*) reicht. Die Geschlechter sind gleich gefärbt. Kennzeichnend für alle Arten sind ein schlanker Körper mit spitzen Flügeln und schmalem, oftmals spießartig verlängertem Schwanzgefieder sowie ein langer, schwach gekrümmter Schnabel. Sie leben überwiegend in offenen Savannengebieten, Waldrändern, auf Lichtungen und auch auf Abholzungs- bzw. Weideflächen, die Arten der Gattung *Nyctyornis* bewohnen dichtere Waldgebiete. Bienenfresser ernähren sich hauptsächlich von größeren Fluginsekten, denen sie von einer Ansitzwarte aus nachjagen. Viele Arten erbeuten tatsächlich – wie der Name sagt – bevorzugt Bienen und Wespen, derweil andere auch eine große Vielfalt anderer Fluginsekten zu sich nehmen (Fry et al. 1999).

Bienenfresser haben unterschiedliche Sozialsysteme. Es gibt Arten, die streng paarweise leben, andere, die sich mit mehreren hundert Paaren zu großen Brutkolonien zusammenfinden und solche, die „Helfer am Nest" haben und kooperatives Brüten betreiben, wie z. B. der kenianische Weißstirnspint *(Merops bullockoides)*, bei dem sich in nahrungsarmen Jahren nichtbrütende Einzelvögel oder Jungvögel des Vorjahres an der Aufzucht der Jungen beteiligen (vgl. Pagel 2003). Die Vögel brüten durchweg in Steilwänden oder Bodenhöhlen (in Sandgruben, an Lehmwänden), in die beide Partner mit Schnabel und Füßen eine bis zu zwei Meter lange Röhre graben, die am Ende zu einer Brutkammer erweitert ist und 4–7 Eier enthält (Winkler et al. 2015). Als einzige „deutsche" Art gilt der farbenprächtige europäische Bienenfresser (*Merops apiaster*), der als Zugvogel in Afrika südlich der Sahara überwintert und seinen Verbreitungsschwerpunkt ansonsten in Südeuropa, Nordwestafrika und Vorderasien hat (Abb. 2). Mittlerweile brütet er aber auch (wieder) in Deutschland (z. B. am Kaiserstuhl am Oberrhein) (Bastian et al. 2013).

Nur eine der 31 Bienenfresser-Arten gilt derzeit nach den Kriterien der IUCN als gefährdet, und zwar der Türkisbartspint *Merops mentalis* („near-threatened") aufgrund von zunehmender Abholzung seiner Waldlebensräume (HBW Alive Species 2019).

Haltungsanforderungen

Von ursprünglich 17 Bienenfresser-Arten, die zeitweise in deutschen Zoos lebten, werden heute gerade noch vier gehalten, und zwar hauptsächlich der Scharlachspint (*Merops nubicus*) in fünf Zoos, der europäische Bienenfresser in sechs Parks sowie Weißstirnspint (Abb. 3) und Blauwangenspint (*Merops persicus*) in je einem Park. Auffällig dabei ist, dass unter allen Einrichtungen, die gegenwärtig Bienenfresser halten, nur ein einziger kleinerer Vogelpark ist, alle anderen leben in wissenschaftlich geleiteten VdZ-Zoos, die den Aufwand der Haltung langfristig gewährleisten können (www.zootierliste.de). Entsprechend wenige Privatleute halten gegenwärtig

Abb. 2 Der Bienenfresser
(*Merops apiaster*) überwintert
als Zugvogel südlich der
Sahara. (Foto: Jörg Stemmler)

Bienenfresser. Allerdings betrug der Bestand an Bienenfressern allein in der
„Arbeitsgruppe Weichfresser" zum Jahresende 2018 fünf Arten mit insgesamt 38
Individuen, darunter allein 6 Paare europäische Bienenfresser (Simon 2018).

Die Haltung selbst erfolgt in kombinierten Innen-Außenvolieren, deren Größe
aufgrund der Fluggewandtheit der Vögel etwa $4 \times 2 \times 2$ m betragen sollte. Für stetig
anwachsende (Zoo-) Kolonien sind größere Maße empfehlenswert. Alle Arten
benötigen im Winter und in Schlechtwetterphasen einen beheizten Innenraum mit
Temperaturen um 15 °C. Die Volieren können bepflanzt werden, es soll jedoch
darauf geachtet werden, dass bestimmte Bereiche vegetationsfrei bleiben, dass
Ansitzwarten geschaffen werden und Möglichkeiten zum Wasser-, Sand- und Sonnenbaden bestehen. Ernährt werden die Vögel mit lebenden Heimchen, Grillen und
Mehlwürmern, die allesamt vorab gut gefüttert und kurz vor dem Verfüttern noch mit
einem Vitamin- und Mineralstoffpräparat bestäubt werden sollten. Man reicht die
Heimchen und Grillen in randhohen Plastikwannen, aus denen die Futtertiere nicht
entkommen können, derweil die Bienenfresser lernen, sich dort zu bedienen. Im
Kölner Zoo ist in der Voliere für Scharlachspinte stets auch ein Bienenvolk untergebracht, von denen die Vögel einen Teil ihrer Nahrung selbst erbeuten (Pagel 2003;
Pagel und Marcordes 2011).

Aufwändig ist die Schaffung von Brutgelegenheiten (vgl. Lietzow 2003). Manche Zoos arbeiten mit echten Lehmwänden, andere nur mit nachgebildeten Lehm-
oder Uferwänden (gemauerte Steinwände mit „Lehmputz"), hinter denen sich Röh-

Abb. 3 Der Weißstirnspint (*Merops bullockoides*) wird in Deutschland derzeit nur in den Zoos von Berlin und Hamburg gehalten. (Foto: Reinhard Sieck)

ren verbergen, die in einen Nistkasten münden. Diese Röhren und Nistkästen können zunächst mit Lehm und Sand gefüllt sein, um die Vögel zum Graben zu stimulieren. Die – je nach Art – 5–7 Eier werden etwa 20 Tage bebrütet und von beiden Geschlechtern während einer rund 30-tägigen Nestlingszeit betreut (Fry 2001a). Eine derartige Anlage (mit künstlichen Bruträhren bzw. Nistkästen) erlaubt hinter den Kulissen eine Kontrolle der Gelege und spätere Beringung der Jungvögel zur rechten Zeit, z. B. 4-mm-Ringe für Scharlachspinte und etwa gleichgroße Arten im Alter von etwa 14 Tagen (Pagel und Marcordes 2011).

3 Familie Coraciidae – Eigentliche Racken

Allgemeine Biologie

Die eigentlichen **Racken** sind in zwei Gattungen mit insgesamt 13 Arten über weite Teile Afrikas, Asiens und Australiens verbreitet. Ihre nächsten Verwandten sind der Kurol (*Leptosomus discolor*) von der Insel Madagaskar und die Erdracken der Familie Brachypteraciidae. Das übliche Sozialsystem der Racken ist das monogame Paar bzw. der Familienverband, zur Brutzeit sind die Vögel in der Regel streng territorial und verteidigen ihr Gebiet durch auffällige Stimmäußerungen und Balz-

Abb. 4 Blauracken
(*Coracias garullus*) – hier ein
unausgefärbter Jungvögel –
gehören in Europa zu den
gefährdeten Vogelarten. (Foto:
Werner Lantermann)

verhaltensweisen (Abweichungen: siehe Opalracke). Männchen und Weibchen sind gleich gefärbt. Racken sind Höhlenbrüter, ihre Nester liegen üblicherweise in Baumhöhlungen in hohen Bäumen. Das Gelege umfasst im Durchschnitt drei bis vier Eier, die bei einigen Arten von beiden Geschlechtern – je nach Art – zwischen 17 und 24 Tagen bebrütet werden. Die Nestlingszeit liegt zwischen 25 und 35 Tagen (Fry et al. 1999).

Racken ernähren sich zu einem großen Teil von mittelgroßen Insekten, vor allem Käfern und Heuschrecken, anderen Wirbellosen und zu einem kleineren Teil auch von kleinen Wirbeltieren, vor allem Amphibien, kleineren Nagern und Kleinvögeln. Die unverdaulichen Überreste werden als kleine kugelförmige Gewölle wieder ausgewürgt (Fry et al. 1999).

Zwei Rackenarten gelten nach den Kriterien der IUCN mittlerweile als gefährdet, und zwar die europäische Blauracke (*Coracias garrulus*), aufgrund von Intensivierung der Landwirtschaft und Lebensraumverlust (Abb. 4), und der Azurroller (*Eurystomus azureus*), eine endemische Art der Insel Sulawesi, aufgrund von Lebensraumverlusten durch Waldrodungsmaßnahmen. Beide Arten werden gegenwärtig als „near-threatened" geführt (HBW Alive Species 2019).

Haltungsanforderungen

Racken werden insgesamt recht selten gehalten. In den deutschen Zoos und Parks leben derzeit vier Arten, nämlich Opalracke (*Coracias cyanogaster*) in 13 Parks, Blauracke und Gabelracke (*Coracias caudatus*) jeweils in 9 Parks und Strichelracke

(*Coracias naevius*) in einem Park (www.zootierliste.de). Auch in Privathaltungen sind die erstgenannten drei Arten in moderater Anzahl vorhanden, andere meist selten und in Einzelpaaren. Allein in der „Arbeitsgruppe Weichfresser" waren Ende 2018 fünf Rackenarten mit insgesamt 16 Tieren verteten (Simon 2018) (Abb. 5).

Die Haltung von Racken bereitet bei adäquater Unterbringung und artgemäßer Ernährung keine größeren Probleme, allerdings sind sie insgesamt „schwieriger" als z. B. die vorwiegend körnerfressenden Papageien und Tauben. Bei diesen recht fluggewandten Arten ist als Volierengröße eine Grundfläche von mindestens 6 (besser 10–12) m² bei einer Höhe von 2 m pro Paar vorzusehen. Das Winterquartier sollte mindestens 4 m² Grundfläche umfassen und in der kalten Jahreszeit auf etwa 15° erwärmt werden. Die Volieren können teils dicht bepflanzt werden, sollten aber genügend freien Flugraum und einzelne trockene Sitzäste als Ansitzwarte bieten.

Am besten sind die Haltungsbedingungen für die **Gabelracke** (Abb. 6) aus den Steppengebieten Ost- und Südafrikas bekannt (siehe unten). Sie erreicht eine Größe von etwa 28–30 cm und ein Gewicht von bis zu 135 g. Ihr Lebensraum sind die Akazien-bestandenen Steppengebiete, Graslandschaften und auch die Anbaugebiete, wo sie jeden herausragenden Pfahl oder trockenen Baum als Ansitzwarte für die Beutejagd nutzen (HBW Alive Species 2019).

Gabelracken leben in monogamer Einehe. Zur Balzzeit zeigen beide Geschlechter ein ausgeprägtes Imponierverhalten wobei sie sich im Flug um die eigene Achse drehen. Weibchen, die gerade erst geschlechtsreif geworden sind, vollführen diesen Balzflug mit mehreren Männchen und entscheiden sich am Ende für einen Partner.

Abb. 5 Die Strichelracke (*Coracias naevius*) ist eine seltene Ausnahmerscheinung in der deutschen Zoolandschaft. (Foto: Jörg Asmus)

Abb. 6 Die Gabel- oder
Gabelschwanzracke
(*Coracias caudatus*) ist von
allen Rackenarten am
farbenprächtigsten gefärbt.
(Foto: Jörg Asmus)

Als Bruthöhle dient entweder eine Spechthöhle, oder es wird eine Brutkammer in einem Termitenhügel oder in einer lehmigen Steilwand angelegt. Das Weibchen legt zwei bis drei Eier, die von beiden Partnern 17–18 Tagen ausgebrütet werden. Im Alter von 35 Tagen werden die Jungen flügge und verlassen das Nest. In den folgenden 10 Tagen werden sie allerdings noch von ihren Eltern gefüttert. Während dieser Zeit erlernen sie von ihnen die Jagd auf Insekten, Spinnen, Skorpione, Frösche und andere kleine Wirbeltiere (Fry et al. 1999; Fry 2001b).

Die Haltung erfolgt in etwa 12 m^2 großen Volieren mit anschließendem beheizbarem Innenraum. Die Tiere werden mit Mehlwürmern, Zophobas, Heuschrecken, Heimchen, Babymäusen und zerkleinerten Eintagsküken ernährt. Die Zucht ist dann nicht besonders schwierig, wenn man ein harmonierendes Paar zusammengestellt hat. Denn manche Paare verhalten sich sehr aggressiv zueinander und müssen dann möglicherweise wieder (oder zeitweise) getrennt werden. Die Brut erfolgt in einer Nisthöhle mit etwa 30–40 cm Innendurchmesser, die mit Hobelspänen oder Holzmulm zu einem Drittel gefüllt ist. In Menschenobhut werden 3–5 Eier gelegt und 17–18 Tage bebrütet. Beide Eltern kümmern sich um den Nachwuchs. Die Jungtiere können etwa mit 14 Tagen mit einem 6,5 mm-Ring beringt werden (Lantermann 2009; Pagel und Marcordes 2011).

Ähnliche Haltungsbedingungen gelten für die **Opalracke**, die seit kurzer Zeit ebenfalls hier und dort nachgezogen wird, so dass sich langsam eine Volierenpopulation etabliert (Abb. 7). Die Opalracke ist 28–30 cm groß und im männlichen

Abb. 7 Die Opalracke
(*Coracias cyanogaster*) wird
gegenwärtig am häufigsten in
deutschen Zoos gehalten.
(Foto: Werner Lantermann)

Geschlecht bis 178 g schwer. Sie bewohnt die Savannengebiete (hauptsächlich mit
Isoberlinia-Vegetation) in West- und Zentralafrika von Senegambia bis zur Zentralafrikanischen Republik. Ihre Nahrung besteht aus größeren Wirbellosen und kleine-
ren Wirbeltieren, gelegentlich nimmt sie auch Früchte der Ölpalme zu sich (HBW
Alive Species 2019). Verschiedene (Freiland-)Studien haben inzwischen ergeben,
dass Opalracken – im Unterschied zu allen anderen Rackenarten – unterschiedliche
Fortpflanzungssysteme praktizieren können: sowohl Monogamie als auch Polygynie
(Paarungssystem mit einem Männchen und mehreren Weibchen) sind möglich. Darüber hinaus unterscheiden sie sich durch ein ganzjähriges Gruppenleben, das sowohl im
Freiland beobachtet als auch in Menschenobhut durch eine Gruppenhaltung bei
entsprechend großer Voliere praktiziert werden kann. Schließlich beteiligen sich bei
dieser Rackenart auch Bruthelfer am Nest, was bisher allerdings nur im Freiland, nicht
jedoch in der Voliere beobachtet werden konnte (Fry 2001b; Urbasch 2019).

Die etwa 30 cm große **Blauracke** (*Coracias garrulus*) ist der einzige europäische
Vertreter der eigentlichen Racken und kommt in zwei Unterarten in Mittel-, Süd- und
Osteuropa sowie in Nordafrika vor. Während die Bestände auf der Iberischen
Halbinsel noch relativ groß sind, nehmen die Populationen in Mittel- und Osteuropa
immer mehr ab. In Deutschland gibt es nur noch Reliktvorkommen in Ostdeutsch-
land mit abnehmender Tendenz (Bauer et al. 2012).

Blauracken überwintern im südlichen und südöstlichen Afrika und kommen als
Langstreckenzieher zur Brutzeit nach Mitteleuropa. Hier bevorzugen sie insektenreiche Wiesen und Weiden, Streuobstwiesen und größere Parkanlagen. Ihre Brut-

standorte liegen vielfach in Gewässernähe. Sie sind auf geeignete Baumhöhlen (z. B. Spechthöhlen) angewiesen, oder aber graben ihre Bruthöhlen selbst in Lös- oder Lehmwände. Nistmaterial wird nicht eingetragen. Die vier bis sechs Eier werden ab Mitte Mai gelegt und vor allem vom Weibchen bebrütet. Die Jungen schlüpfen nach etwa 18 Tagen. Sie werden von beiden Eltern gefüttert und brauchen etwa 30 Tage bis zum vollständigen Flüggewerden (Fry 2001b).

Die Haltung von Blauracken ist in Deutschland streng reglementiert und unterliegt der Bundesartenschutzverordnung. Die Haltung erfolgt üblicherweise paarweise in einer Freivoliere mit Schutzhaus. Die Überwinterungstemperatur soll etwa 10–15 °C betragen. Die Voliere sollte etwa 2 × 5 m Grundfläche bei 2,50 m Höhe haben, damit die interessanten Flugmanöver und das Balzverhalten der Vögel richtig zur Geltung kommen. Die Schutzraumgröße soll etwa drei bis vier Quadratmeter Grundfläche umfassen. Die Ernährung erfolgt mit einem handelsüblichen Insektenfutter, das mit zerteilten Eintagsküken, nestjungen Mäusen, Heuschrecken und gelegentlich auch pflanzlicher Kost (Weintrauben, Feigen) sowie einem Vitamin- und Mineralstoffgemisch angereichert wird. In Menschenobhut nehmen Blauracken zur Brutzeit meist problemlos einen ausgehöhlten Naturstamm oder auch einen gewöhnlichen Holznistkasten mit den Maßen 25 × 25 × 40 cm (L × B × H) an. Die Aufzucht der Jungvögel gelingt nicht immer problemlos, aber die Zahl der gelungenen Zuchten steigt stetig an (vgl. Geitner 1979; Lantermann 2009).

4   Familie: Alcedinidae – Eisvögel

Allgemeines

Die Familie der **Eisvögel** bzw. Königsfischer umfasst 19 Gattungen mit etwa 120 Arten, die über weite Teile Nord- und Südamerikas, Afrikas, Europas, Asiens und Australiens verbreitet sind. Sie sind in Größe und Gewicht sehr unterschiedlich und erreichen Körperlängen von etwa 10 cm und Gewichte von rund 19 g beim afrikanischen Braunkopf-Zwergfischer (*Ispidina lecontei*) bis hin zum etwa 40 cm großen und etwa 400 g schweren Riesenfischer (*Megaceryle maxima*) bzw. dem knapp 500 g schweren Jägerliest (*Dacelo novaeguineae*). Im Freiland leben die meisten Arten paarweise oder in Familienverbänden, überwiegend in lockeren oder geschlossenen Waldgebieten und meist in der unmittelbaren Nähe von Gewässern, aus denen ein Großteil der Arten seine (Fisch-)Nahrung durch kurze Tauchgänge bezieht. Andere Arten leben eher terrestrisch und bevorzugen als Nahrung große Insekten, die größeren Arten auch kleine Echsen, Amphibien, kleine Säuger und Vögel. Die übliche Sozialstruktur bei Eisvögeln ist die monogame Dauerehe, allerdings ist mittlerweile auch eine Reihe von Arten bekannt, bei denen die Paare von einer unterschiedlichen Anzahl von Helfern bei der Jungenaufzucht unterstützt werden (Woodall 2001; HBW Alive Species 2019).

42 Arten gelten derzeit nach den Kriterien der IUCN als gefährdet, vor allem die Arten mit kleinflächiger Inselverbreitung in Indonesien, darunter 25 als „near-threatened", 10 als „vulnerable", 2 als „endangered", 4 als „critically endangered" und eine Art als „extinct in the wild". Bei letzterer handelt es sich um den Guam-Zimtkopfliest (*Todiramphus cinnamominus*), für den allerdings ein erfolgreiches

Erhaltungszuchtprojekt aufgelegt wurde, so dass in absehbarer Zeit über ein Wiedereinbürgerungsprogramm nachgedacht werden kann (HBW Alive Species 2019).

Haltungsanforderungen

Die Haltung von Eisvögeln, vor allem von tropischen Arten, ist etwas für Spezialisten. Sie werden üblicherweise paarweise oder in kleinen Gruppen in bepflanzten Tropenvolieren gehalten, die im Falle von Streitigkeiten unter den Vögeln auch Ausweichmöglichkeiten oder abtrennbare Unterkünfte bieten sollten. Die vorwiegend fischfressenden Arten benötigen ein flaches Wasserbecken mit mindestens 10 cm Wassertiefe, in dem sie ihre Futtertiere selbst erbeuten können. Hier sind dann jeweils auch einige kahle Äste an oder über dem Wasserbecken vorzusehen, die den Tieren als Ansitzwarte für den Beutefang dienen. Die robusteren und häufiger gehaltenen großen Arten aus der Gattung *Dacelo*, wie Haubenliest (*Dacelo leachii*) oder Jägerliest (= Lachender Hans) sind dagegen während des Sommerhalbjahres auch gut in Freivolieren untergebracht, wo sie allerdings durch unüberhörbare Lautäußerungen auf sich aufmerksam machen. In Tiergärten sind sie sehr beliebt in der Haltung: Jägerlieste leben derzeit in 71, Haubenlieste in 12 deutschen Parks (www.zootierliste.de), wo sie unter Umständen auch recht zahm oder zumindest vertraut gegenüber den Besuchern werden. Der Jägerliest ist mittlerweile auch relativ häufig in Privathaltungen zu finden. Allein innerhalb der „Arbeitsgruppe Weichfresser" wurden Ende 2018 sieben Paare (und noch vier weitere Eisvogelarten) gehalten (Simon 2018). Nur selten ist der europäische Eisvogel (*Alcedo atthis*) in Haltungen zu finden – derzeit nur in einem deutschen Tiergarten (Vogelpark Marlow) und gelegentlich in Privathand (Abb. 8). Seine Haltung ist nachweis- und meldepflichtig, die Jungen müssen geschlossen beringt und ebenfalls behördlich gemeldet werden.

Als Volierengröße sind Mindestmaße von 6 m² Grundfläche und 2,5 m Höhe für große Arten, 3–4 m² Grundfläche bei 2 m Höhe für kleinere Arten pro Paar vorzusehen. Innenräume sollten je nach Art und Vogelgröße 2–3 m² Grundfläche pro Paar umfassen und im Winter auf etwa 15° für die tropischen und 5° für alle anderen Arten erwärmt werden.

Abb. 8 Der Europäische Eisvogel (*Alcedo atthis*) wird gegenwärtig nur im Vogelpark Marlow und bei einigen Privatliebhabern gehalten. (Foto: Jörg Asmus)

Ernährt werden die Eisvögel mit Insekten, Mehlkäferlarven, Fischen, zerteilten Eintagsküken und Mäusen sowie Fleischstreifen, die mit Vitaminen und Kalkpräparaten angereichert werden. Für die Brut sind waagerechte Nistkästen mit Einflugröhren vorzusehen, da andernfalls die Gefahr besteht, dass die Vögel beim Einschlüpfen auf die Eier springen und sie beschädigen könnten. Als Einstreu dient Holzmulm oder Rindenmulch, der von den Tieren dann oftmals zerkleinert oder pulverisiert wird, bevor es zur Eiablage kommt. Die Geschlechter wechseln sich üblicherweise beim Brüten und später bei der Versorgung der Jungen ab (Pagel und Marcordes 2011).

Der bekannteste Großeisvogel mit rund 40 cm Gesamtlänge ist der **Jägerliest**, besser bekannt unter dem Namen **Lachender Hans**. Von den australischen Ureinwohnern wird er „Kookaburra" genannt (Abb. 9). Sein Hauptverbreitungsgebiet liegt im Osten und Südosten Australiens. Jägerlieste sind nicht an einen spezifischen Lebensraum gebunden, sie werden jedoch häufig in der Nähe von Gewässern gesichtet. Sie leben in der Regel einzeln oder paarweise, gelegentlich auch in kleinen Familienverbänden in Wäldern und baumreichen Graslandschaften, meiden aber auch die Gärten und Parks in der Nähe menschlicher Ansiedlungen nicht. Nach den Kriterien der IUCN gilt die Art als nicht gefährdet (www.iucnredlist.org).

Jägerlieste sind Ansitzjäger, die im Sturzflug Insekten, kleine Säugetiere, Vögel und Reptilien erbeuten. Durch das Vertilgen von Mäusen, Ratten und Schlangen

Abb. 9 Jägerliest oder Kookaburra (*Dacelo novaeguineae*) im Porträt. (Foto: Jörg Asmus)

genießen die Vögel in ihrer Heimat einen hohen Beliebtheitsgrad. Mancherorts
wurden sie sogar gezielt als „Schädlingsbekämpfer" angesiedelt. Kleine Beutetiere
werden mit dem Schnabel zerquetscht, größere werden quer in den Schnabel
genommen, dann durch kräftiges Schlagen auf Steine und Äste getötet und schließlich mit einem Ruck und am Stück verschlungen. Für die Jungvögel wird die Beute
in kleine Happen zerteilt (Schroepel und Nehls 2014).

Jägerlieste führen eine monogame Dauerehe, sie werden aber von ihren Jungen
aus den Vorjahren beim Brutgeschäft unterstützt. Das Männchen füttert das aus-
erwählte Weibchen während der Werbung. Als Brutplatz bevorzugen die Vögel
Höhlungen in abgestorbenen Bäumen oder verlassenen Termitenhügeln. Die zwei
bis vier weißen Eier werden von beiden Elternvögeln abwechselnd ausgebrütet. Die
nackten und blinden Küken schlüpfen nach etwa vier Wochen, nach weiteren vier bis
fünf Wochen verlassen sie vollständig befiedert das Nest. Die Jungen bleiben
teilweise bis zu vier Jahren bei den Eltern und helfen ihnen als Bruthelfer bei der
nächsten Brut. Sie erlernen dadurch das Brutgeschäft und verbessern die Überlebenschancen der Geschwister (Woodall 2001).

In der Haltung sind die Tiere mittlerweile recht problemlos, nachdem inzwischen
fast nur noch Nachzuchten in den Zoos und Vogelparks leben. Das Markenzeichen
der Vögel ist ihre markante Stimme, die an ein lautes Gelächter erinnert. Dies macht
sie für die Haltung in Privathand nicht unbedingt attraktiv. Die Tiere sind recht
langlebig und können ein Alter von bis zu 25 Jahren erreichen.

Immer häufiger wird inzwischen auch eine zweite Großeisvogelart gehalten,
nämlich der **Hauben- oder Blauflügelliest** (Abb. 10). Er ist nur unwesentlich

Abb. 10 Blauflügel- oder
Haubenlieste (*Dacelo leachii*)
werden weitaus seltener
gehalten und gezüchtet als
Kookaburras. (Foto: Werner
Lantermann)

kleiner als der Jägerliest und unterscheidet sich von diesem vor allem durch die hellen Augen, den fehlenden dunklen Augenstreif und den größeren Anteil von blauen Federn. Männchen und Weibchen sind überwiegend gleich gefärbt, allerdings ist der Schwanz des Männchens dunkelblau, während der des Weibchens rot-braun gestreift oder schwärzlich ist. Das Verbreitungsgebiet des Haubenliests erstreckt sich über das südliche Neuguinea und die feuchten Gebiete Nordaustraliens bis nach Westaustralien. Er lebt in offenem Waldland, an baumbestandenen Flüssen, in Mangroven und Parks (Woodall 2001).

In der Sozialstruktur, der Ernährung, dem Verhalten und der Fortpflanzung sind die Haubenlieste den Jägerliesten sehr ähnlich. Sie brüten vor allem in natürlichen Baumhöhlen in bis zu 25 m Höhe, manchmal auch in Termitenbauten oder in selbst gezimmerten Bruthöhlen in Weichholzbäumen. Das Gelege umfasst meist drei Eier, die etwa 25 Tage lang bebrütet werden. Die Nestlingszeit dauert rund fünf bis sechs Wochen. Jungvögel aus den vorangegangenen Jahren helfen bei der Aufzucht der Jungen (Brose 2007).

Literatur

Bastian, A., Bastian, H.-V., Fiedler, W., Rupp, J., Todte, I., & Weiss, J. (2013). Der Bienenfresser (*Merops apiaster*) in Deutschland – eine Erfolgsgeschichte. *Fauna Flora Rheinland-Pfalz, 12*(3), 861–894.

Bauer, H. G., Fiedler, W., & Bezzel, E. (2012). *Kompendium der Vögel Mitteleuropas*. Stuttgart: Ulmer.

Brose, H. (2007). Ein farbenprächtiger, interessanter Haubenliest – der Blauflügelkookaburra. *Gefiederte Welt, 131*, 102–104.

Fry, C. H. (2001a). Family Meropidae (Bee-eaters). In J. del Hoyo, A. Elliot & J. Sargatal (Hrsg.), *Handbook of the birds of the world* (Mousebirds to Hornbills, Bd. 6, S. 286–341). Barcelona: Lynx.

Fry, C. H. (2001b). Family Coraciidae (Rollers). In J. del Hoyo, A. Elliot & J. Sargatal (Hrsg.), *Handbook of the birds of the world* (Mousebirds to Hornbills, Bd. 6, S. 342–377). Barcelona: Lynx.

Fry, C. H., Fry, K., & Harris, A. (1999). *Kingfishers, Bee-eaters and Rollers*. London: Christopher Helm.

Geitner, H. (1979). Neue Erkenntnisse bei der Volierenzucht mit Blauracken. *Gefiederte Welt, 103*, 2–5.

HBW Alive Species. (2019). *Handbook of the birds of the world* – Coraciiformes. www.hbw.com/species. Zugegriffen am 12.09.2019.

Lantermann, W. (2009). Kapitel: Racken (Coraciiformes). In M. Baur et al. (Hrsg.), *Wildtierhaltung in kleineren zoologischen Einrichtungen* (Bd. 2, S. 247–254). Fürth: Filander.

Lietzow, E. (2003). Afrikas Spinte im Freiland und in der Voliere: ihre Haltung und Zucht. *Die Voliere, 26*, 196–202, 228–243.

Pagel, T. (2003). Biologie, Haltung und Zucht von Spinten am Beispiel des Weißstirnspintes (*Merops bullockoides*) im Zoo Köln. *Der Zoologische Garten, 73*(6), 1–22.

Pagel, T., & Marcordes, B. (2011). *Exotische Weichfresser* (S. 74–80). Stuttgart: Ulmer.

Schroepel, M., & Nehls, H. W. (2014). Kapitel Racken – Coraciiformes. In W. Grummt & H. Strehlow (Hrsg.), *Zootierhaltung – Vögel* (S. 519–550). Haan-Gruiten: Europa-Lehrmittel.

Simon, B. (2018). *Nachzucht- und Bestandsliste der Arbeitsgruppe Weichfresser e.V.* Pustow: Eigenverlag des Vereins.

Urbasch, I. (2019). Opalracken – Monogamie, Polygynie und Gruppenleben im Sozialverband. *Gefiederte Welt, 143*(5), 8–11.

Winkler, D. W., Billermann, S. M., & Lovette, I. J. (2015). *Bird families of the world – Coraciiformes* (S. 220–232). Barcelona: Lynx.

Woodall, P. F. (2001). Family Alcedinidae (Kingfishers). In J. del Hoyo, A. Elliot & J. Sargatal (Hrsg.), *Handbook of the birds of the world* (Mousebirds to Hornbills, Bd. 6, S. 130–249). Barcelona: Lynx.

Ordnung: Piciformes – Spechte

Werner Lantermann

Inhalt

1 Familien: Galbulidae, Bucconidae, Capitonidae, Ramphastidae, Semnornithidae, Lybiidae, Megalaimidae, Indicatoridae, Picidae

Die Ordnung der Spechtvögel wird heute – nachdem die Glanz- und Faulvögel aufgrund morphologischer Unterschiede zeitweise als eigene Ordnung (Galbuliformes) anerkannt wurden (Sibley und Ahlquist 1990) – in neun Familien eingeteilt, unter denen die eigentlichen Spechte mit 254 Arten die größte Gruppe darstellen. Die gesamte Ordnung umfasst nach derzeitigem Kenntnisstand 484 Arten und bildet damit eine der größten Vogelordnungen. Die verwandtschaftlichen Verhältnisse der neun Familien untereinander sind bisher nicht zweifelsfrei geklärt, aber nach den bislang durchgeführten molekularbiologischen Untersuchungen stehen die eigentlichen Spechte offenbar den Honiganzeigern am nächsten, und beide als Gruppe wiederum den Bartvögeln. Deren „innere Systematik" wird wiederum durch die beinahe weltweite Verbreitung und die Formenvielfalt erschwert. Nach der hier zugrunde liegenden Systematik werden die Bartvögel in vier Familien unterteilt, nämlich die afrikanischen (Lybiidae), die asiatischen (Megalaimidae) und die neotropischen Bartvögel (Capitonidae und Semnornithidae), letztere stehen den Tukanen

W. Lantermann (✉)
Oberhausen, Deutschland
E-Mail: w.lantermann@arcor.de

(Ramphastidae) verwandtschaftlich am nächsten (Short und Horne 2002b; Winkler et al. 2015).

Die Arten der Ordnung Piciformes weisen zahlreiche übereinstimmende Körpermerkmale auf. So tragen die Vögel zwei nach vorn und zwei nach hinten gerichtete Zehen, zeigen Übereinstimmungen im Knochenbau, in der Ausbildung der Muskulatur und des Verdauungsapparates. Die Syrinx der Vögel ist nicht trommelartig erweitert, sie weisen keine Blinddärme auf, ihre Bürzeldrüse ist meist befiedert und nur die linke Halsschlagader ist vorhanden. Alle Arten sind Höhlenbrüter, ausnahmsweise brüten einige Formen auch in selbst gegrabenen Erdlöchern oder Termitenhügeln. Ihre Eier können somit auf jedwede Tarnfärbung verzichten und sind deshalb reinweiß. Die Jungen schlüpfen blind, sind bei den meisten Arten völlig nackt und werden von beiden Geschlechtern betreut. Manche Arten leben in Gruppen und brüten in enger Nachbarschaft. Bei einigen unterstützen Jungvögel aus der letzten Brutsaison ihre Eltern als Helfer am Nest. Die Nahrung besteht bei den Spechten bevorzugt aus Insekten und deren Larven, zu einem geringeren Teil auch aus pflanzlicher Zusatznahrung. Bartvögel und Tukane sind dagegen in erster Linie Fruchtfresser, deren Nahrungspalette durch Insekten, Eier, Vogelnestlinge und andere kleine Wirbeltiere ergänzt wird (Short und Horne 2001, 2002a; Lantermann 2009).

Während die Glanzvögel (Galbulidae), Faulvögel (Bucconidae) und Honiganzeiger (Indicatoridae) sowohl im Zoo wie in Privathand so gut wie gar nicht vertreten sind (www.zootierliste.de), finden sich von den Bartvögeln regelmäßig mindestens zwei afrikanische Arten in den Volieren, derweil die asiatischen oder neuweltlichen Formen seltene Ausnahmeerscheinungen darstellen (Lantermann 2016). Tukane werden dagegen inzwischen immer häufiger gehalten, und zwar vor allem in spezialisierten Vogelparks, wo mittlerweile auch gelegentliche Zuchten gelingen, aber auch in Privathaltungen, wo überwiegend die kleineren Arassariarten zu finden sind (Lantermann 2002). Die Haltung von Spechten hingegen ist sowohl in Zoos als auch in Privathand eine Ausnahme. So werden derzeit (Juni 2019) keine Spechte in einem deutschen Zoo gehalten (www.zootierliste.de) (Abb. 1). Lediglich verletzte oder unselbstständige Jungvögel von heimischen Spechten (Grünspecht, Buntspecht) gelangen hin und wieder in menschliche Obhut und bedürfen dann einer sorgfältigen Pflege (nähere Informationen dazu finden sich unter www.wildvogelhilfe.org).

2   Familien: Capitonidae, Semnornithidae, Lybiidae, Megalaimidae – Bartvögel

Allgemeine Biologie

Die **Bartvögel** sind in 4 Familien, 15 Gattungen und 107 Arten weltweit in den Tropen und Subtropen verbreitet. Der Verbreitungsschwerpunkt ist Afrika, wo zehn der 15 Gattungen und knapp die Hälfte aller bekannten Arten (52) vorkommen. In Asien sind 35 Arten in zwei Gattungen und in der Neuen Welt 20 Arten in drei

Abb. 1 Wie alle Spechtarten, wird auch der Wendehals (*Jynx torquila*) nur selten in den Tiergärten gehalten, in Europa derzeit nur im Alpenzoo Innsbruck. (Foto: Jörg Stemmler)

Gattungen verbreitet. Während die afrikanischen und asiatischen Arten neben den tropischen und subtropischen Gebieten auch Bergregionen bis zur Baumgrenze oder gar zur Schneegrenze bewohnen, sind die neuweltlichen Arten strikte Bewohner der tropischen Zonen. Charakteristische Merkmale der Bartvögel sind ihr gedrungener Körperbau mit kurzem Hals und großem Kopf, der kräftige Schnabel, der auch zum Aushöhlen von Nistkammern tauglich ist, und vor allem die Namen gebenden kurzen bis recht kräftigen Borsten bzw. „Barthaare" rund um den Schnabel. Bartvögel sind sehr verschieden in Färbung und Größe. So gibt es auffallend bunte Formen, vor allem aus der asiatischen Gattung *Psilopogon*, bis hin zu unauffällig graubraunen Formen, z. B. aus der afrikanischen Gattung *Gymnobucco*. Der größte Bartvogel ist der 32–35 cm große asiatische Heulbartvogel (*Psilopogon virens*), der im männlichen Geschlecht ein Gewicht von fast 300 g erreichen kann. Ihm gegenüber steht der „Zwerg" unter den Bartvögel, der nur 9 cm große und 8–14 g schwere Bergbartvogel (*Pogoniulus leucomystax*) aus Ostafrika (Short und Horne 2001, 2002a; HBW Alive Species 2019).

Bartvögel leben seltener einzeln, viele Arten paarweise in monogamer Dauerehe, manche Arten auch in Gruppen. Sie übernachten in Baumhöhlen (die soziallebenden Arten wiederum in Gruppen), aber auch im Dickicht von Bäumen und Sträuchern.

Ihre Nahrung nehmen sie vor allem in den Bäumen zu sich, nur wenige Arten begeben sich regelmäßig auf den Boden herab. Selbst zum Trinken und Baden nutzen sie in aller Regel wassergefüllte Baumtrichter. Bartvögel sind in erster Linie Fruchtfresser und bevorzugen verschiedene Beeren und Früchte, unter denen verschiedene Feigenarten eine wichtige Rolle spielen. Auch die Nahrungssuche in den Anbaugebieten ist für viele Bartvogelarten dokumentiert. Daneben ergänzen die Vögel ihr Nahrungsspektrum durch Insekten, vor allem während der Zeit der Jungenaufzucht, wenn mehr eiweißreiches Futter notwendig ist (Short und Horne 2001, 2002a; Lantermann 2009).

Ein Geschlechtsdimorphismus besteht bei den meisten Bartvogelarten nicht (Abb. 2). Zur Brutzeit verteidigen die monogam lebenden Arten aggressiv ihre Bruthöhlen und deren Umgebung Dabei kommt ihr eindrucksvolles Balz- bzw. Imponierverhalten und oftmals auch ein Duettgesang, der auch der Revierverteidigung dient, zur Geltung. Die soziallebenden und -brütenden Arten nisten dagegen oft dicht nebeneinander und zeigen allenfalls in nächster Nähe der Nisthöhle ein Territorialverhalten. Bei diesen Arten verbleiben oftmals ein oder mehrere Jungtiere aus dem Vorjahr bis zur nächsten Brutsaison als Helfer bei ihren Eltern. Bartvögel brüten in der Regel in der Regenzeit. Die Gelege umfassen – je nach Art – ein bis sieben ovale weiße Eier, die 12–19 Tage von beiden Geschlechtern im Wechsel bebrütet werden. Die Nestlingszeit ist je nach Art sehr unterschiedlich. Sie beträgt zwischen 17 und 23 Tagen bei den kleinen und 43–46 Tage bei den größeren Arten (z. B. beim Tukanbartvogel *Semnornis rhamphastinus*) (Short und Horne 2001, 2002a).

Nach den Kriterien der IUCN gelten derzeit 12 Bartvogelarten in irgendeiner Form als gefährdet, darunter sechs Arten als „near threatened", fünf als „vulnerable" und eine als „endangered", nämlich der Weißbauchbartvogel (*Lybius leucogaster*) (wahrscheinlich konspezifisch mit dem Weißkopf-Bartvogel *Lybius leucocephalus*). Darüber hinaus ist der Status des Weißbrustbartvogels (*Pogoniulus makawei*) derzeit unbekannt („data deficient"). Man kennt ihn nur von einem Exemplar, das 1964 gesammelt wurde. Möglicherweise ist er konspezifisch mit dem Goldbürzel-Bartvogel (*P. bilineatus*). Gründe für den Rückgang der Vögel liegen in zunehmender

Abb. 2 Beim Braunbrust-Bartvogel (*Pogonornis melanopterus*) sind die Geschlechter gleich gefärbt. (Foto: Jörg Asmus)

Lebensraumveränderung bei meist recht kleinen Verbreitungsgebieten (www.iucn redlist.org).

Haltungsanforderungen

Bei der Haltung von Bartvögeln ist zu bedenken, dass die meisten Arten zum einen wärmebedürfte Tropenvögel sind, die bislang – bis auf zwei Arten – nur ausnahmsweise gezüchtet werden und somit in aller Regel aus Importen stammen. Die meisten Tiere sind damit an Volierenverhältnisse wenig angepasste Wildfänge. Zum anderen ist ihre Ernährungsweise als (hauptsächliche) Frucht- bzw. Weichfresser zu charakterisieren, was besonders sorgfältige Vogelpflege, Futterzubereitung und Volierenreinigung erforderlich macht. Bartvögel werden gewöhnlich paarweise in bepflanzten Volieren oder Tropenhäusern gehalten, während der Sommermonate kommt aber auch eine Haltung in kombinierten Innen-/Außenvolieren in Betracht. Die Volierengröße sollte für die größeren fluggewandten Arten eine Grundfläche von mindestens 2 × 3 m bei 2–2,5 m Höhe pro Paar umfassen. Der Innenraum kann, wenn er nur zeitweise genutzt wird, etwas kleiner sein. Für kleinere Arten genügt eine Außenvoliere von etwa 2 × 2 m Grundfläche und ein Innenraum von 2 × 1 m bei 2 m Höhe pro Paar. Die winterliche Haltungstemperatur sollte etwa 15 °C betragen. Ernährt werden Bartvögel mit einem Gemisch aus Früchten, Beeren und kleineren Anteilen tierischem Eiweiß, das in Form von Insekten oder einem insektenhaltigen Weichfutter zugeführt wird. Manche Arten schätzen auch frische bzw. eingeweichte Feigen. Ob die neotropischen Bartvögel ebenso wie ihre nahen Verwandten, die Tukane, unter der Eisenspeicherkrankheit leiden (siehe unten, Tukane), ist bisher nicht bekannt. Zur Zucht erhalten die Bartvögel Naturstämme oder Holznistkästen entsprechender Größe, die von vielen Arten aber auch als Schlafkästen außerhalb der Brutzeit genutzt werden. In jedem Fall ist eine regelmäßige Reinigung der Brut-/Schlafhöhlen notwendig, wenngleich die Vögel ihre Ausscheidungen in der Regel selbst aus den Nisthöhlen entfernen. Die regelmäßige Zucht ist bislang nur bei wenigen Arten gelungen (Lantermann 2016). Eine Harmonie der Paarpartner spielt dabei eine wesentliche Rolle, denn männliche Bartvögel können sich unter Umständen sehr aggressiv gegenüber ihren Weibchen verhalten und sie sogar zu Tode jagen. Allein schon deshalb sind bepflanzte, großräumige Volieren mit diversen Versteck- und Ausweichmöglichkeiten zu empfehlen. Brut- und Nestlingszeit sind bei den kleineren und mittelgroßen Arten recht kurz, die Jungen der größeren Arten bleiben bis etwa zur 6 oder 7 Woche in der Nisthöhle. Für Spezialisten mit ethologischen Ambitionen ist die Gruppenhaltung von sozial lebenden Bartvögeln sicherlich sehr gewinnbringend, zumal der Kenntnisstand über die meisten Bartvogelarten bislang insgesamt recht dürftig ist (vgl. Lantermann 2016).

Unter den afrikanischen Bartvögeln ist der **Flammenkopf-Bartvogel** (*Trachyphonus erythrocephalus*) eine relativ bekannte Erscheinung, der früher sowohl im Tierhandel gelegentlich auftauchte als auch dem Ostafrika-Touristen immer wieder in den tanzanischen und kenianischen Nationalparks begegnet (Abb. 3). Er ist 20–23 cm groß und wiegt zwischen 40 und 75 g. In drei Unterarten ist er in Ostafrika verbreitet und dort ein typischer Bewohner von offenem Waldland, Savannen und Steppen. Seine Nahrung besteht bevorzugt aus Feigen und anderen Früchten, daneben werden

Abb. 3 Der Flammenkopf-
Bartvogel (*Trachyphonus
erythrocephalus*) ist in
Privathand die häufigste
Bartvogelart. (Foto: Werner
Lantermann)

aber auch Insekten und deren Larven sowie Tausendfüsser, kleine Echsen, kleine
Vögel und deren Eier aufgenommen. Der Flammenkopf-Bartvogel lebt in Gruppen
bis zu acht Tieren zusammen, aber vermutlich gelangt jeweils nur ein dominantes Paar
zur Brut, derweil die anderen Gruppenmitglieder als Helfer bei der Jungenaufzucht
fungieren. Die Bruthöhle wird meist in Termitenhügeln angelegt. Dorthinein graben
die Altvögel einen etwa 40 cm langen Tunnel, der in einer Brutkammer von etwa 11–
12 cm Durchmesser mündet. Das Gelege umfasst zwei bis sechs Eier. Brut- und
Nestlingszeit sind aus dem Freiland bislang nicht bekannt, bei Bruten in Menschenobhut betrug die Brutzeit 15 Tage und die Nestlingszeit 23 Tage (Short und Horne
2001, 2002a).

Die Haltung dieser Bartvogelart geht inzwischen meist verlustarm vonstatten,
und auch die Nachzucht glückt immer häufiger. Als Ersatz für die Bruthöhle in
Termitenbauten wurde in Menschenobhut auch eine vorgefertigte Höhle in einer
Lehmwand, wie sie in Vogelhäusern oftmals für Spinte angelegt wird, angenommen.
Auch gewöhnliche Nistkästen mit einer Lehmfüllung, in die die Vögel eine Brutkammer graben, werden angenommen. Männchen und Weibchen sind äußerlich gut
zu unterscheiden. Das Männchen besitzt einen schwarzen Kehlfleck, Kopfplatte und
Brustband, beim Weibchen ist der Oberkopf rot und ihm fehlt der schwarze Kehlfleck. Das Balzverhalten ist unter anderem von einem auffälligen Duettgesang
geprägt (Gerstner und Berse 1994; Scott 2005).

Ein zweiter afrikanischer Bartvogel wird derzeit ebenfalls gelegentlich gehalten und gezüchtet, nämlich der **Furchenschnabel-Bartvogel** (*Pogonornis dubius*). Er erreicht eine Größe von etwa 25 cm bei einem Gewicht von 80–110 g und ist in Zentralafrika von Senegambia östlich bis zur Zentralafrikanischen Republik verbreitet. Sein Lebensraum sind die Dornbuschsavannen (Pagel und Marcordes 2011). Seine Haltungsansprüche sind ähnlich wie bei der vorgenannten Art. Er benötigt eine Außenvoliere von mindestens 2 × 3 m Grundfläche, die dicht bepflanzt werden kann. Ein beheizbares Innenquartier, das im Winter auf etwa 15 °C erwärmt wird, gehört zum Haltungsstandard. Ernährt werden die Vögel mit einem Insekten-Weichfuttergemisch, das mit lebenden und aufgetauten Frostinsekten angereichert wird, sowie mit klein gewürfelten Obststückchen. Eine Vergesellschaftung mit anderen Vögeln in Gemeinschaftsvolieren ist möglich und wird meist von den Zoos und Vogelparks praktiziert (Abb. 4). Größere Volierenmitbewohner lassen die Bartvögel in der Regel unbehelligt, kleinere Vogelarten kommen als Mitbewohner dagegen eher nicht in Frage (Moschkowski 2007; Pagel und Marcordes 2011; Simon 2019).

Stellvertretend für die neotropischen Bartvögel soll hier der im Freiland relativ gut erforschte Tukanbartvogel und für die asiatischen Arten der zeitweise gelegentlich im Handel erhältliche Harlekinbartvogel genannt werden. Für Volierengröße, Haltungstemperatur, Pflege und Zuchtversuche gelten bei diesen beiden (und vielen

Abb. 4 Furchenschnabel-Bartvogel (*Pogonornis dubius*) in einer Gemeinschaftsvoliere im Heidelberger Zoo. (Foto: Werner Lantermann)

anderen Bartvogel-Arten) die im vorangegangenen allgemeinen Abschnitt genannten Hinweise.

Der **Tukanbartvogel** ist etwa 20 cm groß und wiegt zwischen 90 und 110 g. In zwei Unterarten bewohnt er die Anden in West- und Nordwest-Kolumbien sowie in West- und Zentral-Ekuador. Er bewohnt die mittleren Lagen der Bergregenwälder, Waldränder und Sekundärwaldflächen zwischen 1000 und 2000 m über NN, gelegentlich auch bis 2400 m Höhe. Männchen und Weibchen unterscheiden sich geringfügig in der Ausprägung der schwarzen Anteile des Kopfgefieders. Die Nahrung des Tukanbartvogels besteht in erster Linie aus Früchten (62 Arten sind bislang nachgewiesen worden), darüber hinaus auch aus Termiten und anderen Insekten. Die Nahrung der Jungvögel umfasst etwa 54 % Früchte, 40 % Insekten und 6 % Blüten, Pilze und kleine Wirbeltiere. Die Vögel leben entweder paarweise oder in Dreier- oder Vierergruppen, wobei in der Regel nur das dominante adulte Paar Bruterfolge aufweist, derweil die überzähligen Vögel als Helfer bei der Brut und Jungenaufzucht fungieren. Das durchschnittliche Gelege umfasst zwei bis drei Eier, die Brutzeit beträgt etwa 15 Tage, die Nestlingszeit 43–46 Tage. Die jungen Weibchen verlassen das Elternpaar mit etwa 273 Tagen, die Männchen mit 308 Tagen. Manche Jungvögel bleiben bis zur nächsten Brutsaison als Helfer bei ihren Eltern, ältere Jungtiere werden bei neu einsetzender Brutzeit in der Regel von den Eltern vertrieben. Das früheste Brutalter der Jungen liegt bei 570 Tagen (Short und Horne 2001, 2002a). – Nach den IUCN-Kriterien gilt die Art mittlerweile als „near-threatened" (www.iucnredlist. org). Gemäß dem Washingtoner Artenschutzübereinkommen bestehen für diese nach Anhang III/B eingestufte Art als einziger Bartvogelart gewisse Handelsbeschränkungen.

Mit 23 cm Gesamtlänge und einem Gewicht von 60–95 g ist der **Harlekinbartvogel** (*Psilopogon mystacophanos*) ein recht stattlicher und zudem sehr farbenprächtiger Bartvogel aus dem asiatisch-indonesischen Verbreitungsgebiet. Er ist in zwei Unterarten in Thailand, Malaysia, Sumatra und Borneo verbreitet und in den Sekundärwäldern, Anbaugebieten, Kakao-Plantagen und Gärten mit fruchttragenden Bäumen vom Flachland bis zu etwa 1060 m Höhe beheimatet. Männchen und Weibchen unterscheiden sich hauptsächlich in der Kopffärbung. Dem Weibchen fehlt die rote Kehl- und blaue Oberbrustzeichnung des Männchens. Die Nahrung der Vögel besteht zu einem größeren Teil aus Früchten, vor allem Feigen, aber auch Insektenlarven und zur Balz- und Brutzeit auch Schnecken ergänzen das Nahrungsspektrum. Harlekinbartvögel nisten paarweise in einer Baumhöhle, dem Bau baumbewohnender Ameisen oder in einem Termitarium. Die Nisthöhle wird von den Tieren selbst angelegt bzw. gegraben. Das Gelege umfasst zwei bis vier Eier, die von beiden Geschlechtern im Wechsel etwa 17–18 Tage bebrütet werden. Die Nestlingszeit beträgt 24–29 Tage, eine Woche später sind die Jungen bereits selbstständig, und das Elternpaar beginnt mit einer Anschlussbrut (Short und Horne 2001, 2002a). – Nach den IUCN-Kriterien steht die Art mittlerweile als „near-threatened" auf der Vorwarnstufe (www.iucnred list.org).

3 Familie: Ramphastidae – Tukane und Arassaris

Allgemeine Biologie

Aus der Familie der Ramphastiden wurden in den vergangenen Jahrzehnten immer wieder einmal kleinere Stückzahlen, vor allem aus der Gruppe der Grünarassaris importiert, so dass sie hier und dort in den kleineren Parks, manche auch in Privathand, zu finden sind. Die imposanten großen Tukanarten sind dagegen fast nur in spezialisierten Einrichtungen oder bei privaten Fachleuten anzutreffen, die sich besonders gut in die Haltung von Tukanen eingearbeitet haben.

Die Tukane und Arassaris sind die spezialisierten Verwandten der (neuweltlichen) Bartvögel, sie sind in fünf Gattungen mit insgesamt 50 Arten über große Teile Süd- und Mittelamerikas verbreitet. Es sind mittelgroße bis große, überwiegend mehrfarbig bis bunt oder aber hauptsächlich schwarz gefärbte Vögel, die Größen von etwa 30–37 cm beim Laucharassari (*Aulacorhynchus prasinus*) und den *Selenidera*-Arten bis hin zu 62 cm beim Riesentukan (*Ramphastos toco*) erreichen. Weiterhin sind sie gekennzeichnet durch ihre meist großen, farbenprächtigen und äußerst leichten Schnäbel, ihre lange Federzunge, die kurzen, runden Flügel, die bei Arassaris keilförmig langen, bei den eigentlichen Tukanen kürzeren Schwänze mit 10 Federn sowie die kräftigen, paarzehigen Beine. Die Geschlechter sind bei den meisten Arten gleichgefärbt, allerdings bestehen in der Regel (z. T. nur geringe) Größenunterschiede in der Körperlänge und den Schnabelmaßen.

Eine nähere Verwandtschaft der Ramphastiden zu den Nashornvögeln, wie immer wieder diskutiert, besteht nicht. Die ähnlich ausgeprägte Schnabelbildung der Hornvögel wird als konvergente Anpassung an gleiche Lebensverhältnisse angesehen. Hornvögel besetzen demnach in den altweltlichen Tropen etwa gleiche oder ähnliche ökologische Nischen wie die neuweltlichen Tukane.

Tukane und Arassaris sind reine Baumbewohner und besiedeln verschiedene Typen von tropischen und subtropischen Wäldern, von den Regenwäldern des Tieflands bis zu den Bergregenwäldern der Anden. In letzteren kommen besonders die verschiedenen Arten der Blautukane (*Andigena*) und Grünarassaris (*Aulacorhynchus*) vor. Die Tukane ernähren sich vorwiegend von Beeren und Früchten, nehmen aber auch Insekten, Spinnen und sogar kleine Reptilien zu sich. Manchmal rauben sie auch Vogelnester aus. Tukane leben monogam und nisten in Baumhöhlen. Die Geschlechter unterscheiden sich bei den meisten Arten nicht. Das Weibchen legt in der Regel zwei bis vier rundliche weiße Eier, die in der Regel wechselweise von beiden Geschlechtern etwa 15–18 Tage bebrütet werden. Die Jungvögel sind – je nach Art – nach sechs bis neun Wochen flügge. Beide Eltern kümmern sich um den Nachwuchs (Short und Horne 2002b).

Nach den Kriterien der IUCN gelten derzeit 11 Ramphastiden in irgendeiner Form als gefährdet, und zwar fünf als „near-threatened", drei als „vulnerable" und drei als „endangered". Letztere sind der Gelbbrauenarassari (*Aulacorhynchus huallagae*), der Ost-Rotnackenarassari (*Pteroglossus bitorquatus*) und der Orangekehl- oder Arieltukan (*Ramphastos ariel*). Hauptursachen sind vor allem die fortschreitende Lebensraumveränderung, besonders bei Arten mit kleinräumiger Verbreitung,

Abb. 5
Schwarzkehlarassaris
(*Pteroglossus aracari*) sind
im CITES-Anhang II gelistet
und unterliegen damit
gewissen
Handelsbeschränkungen.
(Foto: Jörg Asmus)

aber auch die unwirtschaftlichen, Flächen verbrauchenden Praktiken des Landbaus
in vielen Teilen Südamerikas (www.iucnredlist.org). Tierfang und Handel spielen
bei diesen Arten dagegen eine eher untergeordnete Rolle, dennoch unterliegen
derzeit sechs Tukanarten nach dem Anhang II/B und vier nach dem Anhang III/B
gewissen Handelsbeschränkungen nach dem Washingtoner Artenschutzübereinkommen (Abb. 5). Die Anhang-II-Arten sind Schwarzkehl-Arassari (*Pteroglossus
aracari*), Grünarassari (*Pteroglossus viridis*) und die vier *Ramphastos*-Arten Fischertukan (*Ramphastos sulfuratus*), Riesentukan, Weißbrusttukan (*R. tucanus*)
und Dotterkehltukan (*R. vitellinus*) (www.cites.org). Für diese Arten wird bei
der Haltung behördlicherseits ein Herkunftsnachweis gefordert, außerdem besteht
Melde- und Beringungspflicht (für die Nachzucht ist eine geschlossene Beringung
mit Artenschutzringen vorgeschrieben).

Haltungsanforderungen
Die Haltung von Tukanen und Arassaris erfolgt in der Regel paarweise in einer
kombinierten Innen-/Außenvoliere. Bei manchen Arten – vor allem aus der Gruppe
der Grünarassaris und der Schwarzarassaris – ist zumindest außerhalb der Brutzeit
eine Gruppenhaltung gut möglich. Allerdings kann in letzterem Fall die Volierenanlage gar nicht groß genug sein, da die Vögel sehr beweglich und zum Teil äußerst
gewandte Flieger sind. Oft werden in Zoos und Vogelparks bereits vorhandene
Volieren-Anlagen mit Tukanen besetzt. Wo sich jedoch die Möglichkeit einer völligen Neuorientierung bietet, sollten einige wichtige Grundsätze beachtet werden.
Der Hauptaspekt beim Neubau gilt der Hygiene. Als vorwiegend frugivore Arten
sind Tukane und Arassaris in Menschenobhut stark schmutzende Arten, deren oft
klebriger Kot nach kurzer Zeit allen Sitzästen, Futternäpfen, Drahtgittern und Wänden anhaftet, wenn nicht von vornherein regelmäßige Grundreinigungen durchgeführt werden. Aus heutiger Sicht bieten sich zwei Grundformen der Tukanhaltung
an: zum einen die meist paarweise Haltung in Einzelvolieren (Abb. 6), vor allem für
die großen Arten. Hier sollten zumindest die Innenräume gekachelt und mit Wasser-
abflüssen versehen sein, so dass solche Volierenräume regelmäßig und problemlos

Abb. 6 Krauskopfarassaris (*Pteroglossus beauharnaisii*) finden sich nur ausnahmsweise in Zoo- oder Liebhabervolieren und werden dann in der Regel paarweise gehalten. (Foto: Werner Lantermann)

mit dem Hochdruckreiniger ausgespritzt werden können. Die zweite Form ist die freifliegende Unterbringung der Tiere in bepflanzten Tropenhäusern, die in immer mehr Zoos in den vergangenen Jahren entstanden sind. Je nach Größe der Fläche dürften sich die Hinterlassenschaften der Tukane in solchen Anlagen weitestgehend verteilen und zur natürlichen Humusbildung im künstlichen Urwald beitragen (Short und Horne 2001, 2002b; Lantermann 2009).

Als Volierengröße ist für die kleineren Arassarisarten eine Grundfläche von mindestens 2 × 3 m, bei den größeren von 2 × 4 m und bei den großen Arten der eigentlichen Tukane von 2 × 5 m pro Paar bei 2,5 m Höhe zu empfehlen – bei Freivolierenhaltung auf jeden Fall mit großen Innenräumen, die im Winter auf 15 °C erwärmt werden müssen. Die Volierenausstattung besteht aus Natur-Sitzästen unterschiedlicher Dicke (die Vögel sollten sie etwa zu zwei Dritteln umfassen können, damit sich die Krallen genügend abnutzen), einem Badebecken geeigneter Größe (allerdings mit nur flachem Wasserstand) und einer Futterstelle. Der Futterplatz muss leicht zu bestücken und leicht zu reinigen sein. Günstig ist, wenn die Futternäpfe von außen – also ohne die Voliere betreten zu müssen – bedient werden können. Dazu bietet sich z. B. ein in der Tür eingebauter Futterplatz mit Außenklappe an. Die Frage des Bodenbelags in Tukan-Volieren wird heute noch kontrovers diskutiert. Die Alternativen reichen von der „sterilen" Haltung ohne Bodenbelag (gekachelte Volierenböden, die täglich ausgespitzt werden), über eine regelmäßig auszuharkende Sandeinstreu bis hin zu einem Bodenbelag aus Rindenmulch, wo nur die hauptverschmutzten Stellen regelmäßig gesäubert werden und ansonsten der Belag hin und wieder vollständig ausgetauscht wird. Die Haltungstemperatur darf bei Wildfängen 15 °C nicht unterschreiten, Nachzuchten sind etwas robuster und gegenüber leichten Temperaturschwankungen weniger empfindlich (Lantermann 2002).

Die Ernährung der Tukane ist immer noch ein heikles Kapitel. Dies hängt zum einen damit zusammen, dass die genaue Nahrungszusammensetzung aus dem Freiland für keine Art bekannt ist, so dass Futtermischungen bei der Haltung in Menschenobhut nur Annäherungen an den wirklichen Bedarf der Vögel darstellen. Zum anderen spielen gerade im Bereich der Fütterung hygienische Aspekte eine wichtige Rolle, wenn langfristig bestimmte Erkrankungen (z. B. Mykosen) vermieden werden sollen. Im Grundsatz bestehen heute zwei Möglichkeiten bei der Tukanernährung: die Verwendung käuflicher Futtermischungen und die eigene Zusammenstellung der Nahrung bzw. die Herstellung so genannter Tukan-Kugeln. Es gibt mittlerweile im Handel spezielle Futtermischungen für insekten- und früchtefressende Vögel (z. B. von Witte Molen), die über einen einzigartig niedrigen Eisengehalt verfügen, mit Vitaminen und essenziellen Fett- und Aminosäuren angereichert sind und Beeren, Papaya-, Ananas-, Feigen- und Aprikosenstücke, außerdem Honig, Bierhefe und Vitamin C enthalten. Es ist darauf zu achten, dass nur so viel Futter angeboten wird, wie die Vögel in kurzer Zeit aufnehmen und dass sie nicht mit verschimmelten, angesäuerten oder sonstwie verdorbenen Futterresten in Berührung kommen können (Aeckerlein und Steinmetz 2003).

Auch heute noch muss sich die Tiermedizin bei der Tukanhaltung immer wieder mit Erkrankungen auseinandersetzen, die aufgrund einer fehlerhaften Ernährung zustande kommen. Dazu gehören neben Vitamin und Mineralstoff-Imbalancen vor allem die Hämochromatose (Eisenspeicherkrankheit), die in der Vergangenheit zu zahlreichen Todesfällen in der Tukanhaltung geführt hat. Bei der Auswahl bzw. Zubereitung von Tukanfutter muss deshalb zwingend ein Eisengehalt der Nahrung von weniger als 7 mg/100 g Futter eingehalten werden. Auch Metallnäpfe, Obstmesser usw. sollen durch ihre minimalen Metallabsonderungen u. U. die Hämochromatose begünstigen und sind deshalb möglichst durch Keramiknäpfe bzw. Plastikmesser zu ersetzen. Hauptverursacher der Krankheit ist jedoch zweifellos ein eisenhaltiges Futtergemisch (Gölthenboth und Klös 1995).

Unter den Arassaris wird der **Grünarassari** (*Pteroglossus viridis*) derzeit wahrscheinlich am häufigsten gehalten und gezüchtet. Allein in neun deutschen Zoos und Vogelparks ist er gegenwärtig vertreten (www.zootierliste.de) (Abb. 7). Er erreicht eine Gesamtlänge von etwa 33 cm bei einem Gewicht von 120–146 g. Grünarassaris zeigen einen ausgeprägten Geschlechtsdimorphismus in der Gefiederfärbung. Die Männchen sind an Kopf, Nacken und Kehle schwarz, die Weibchen kastanienbraun.

Grünarassaris sind Bewohner verschiedener tropischer Waldtypen bis etwa 800 m Höhe, sie bevorzugen aber Sekundärwaldgebiete, Waldränder an Flüssen, Lichtungen und kommen sogar in Savannengebieten vor. In Venezuela sind Regenwälder bis etwa 600 m Höhe ihr Lebensraum. Sie treten meist in kleinen Gruppen auf. Über die Fortpflanzung der Art im Freiland ist so gut wie nichts bekannt.

Die Art scheint bislang nicht bedroht zu sein und kommt im Inneren ihres Verbreitungsgebietes offenbar noch relativ häufig vor ("least concern"). Da die Art aber Handelsrelevanz hat, ist sie mittlerweile im Anhang II/B des Washingtoner

Abb. 7 Bei den Grünarassaris (*Pteroglossus viridis*) ist außerhalb der Brutzeit eine Gruppenhaltung möglich. (Foto: Werner Lantermann)

Artenschutzübereinkommens aufgeführt. Bei der Haltung besteht somit Herkunfts-nachweis-, Melde- und Beringungspflicht.

Von den großen Tukanarten kommen eigentlich fast nur Vertreter aus der Gattung *Ramphastos* gelegentlich in den Handel (Abb. 8). In Tier- und Vogelparks gelten sie wegen ihres skurrrilen farbenprächtigen Schnabels und ihres oftmals „clownhaften" Verhaltens als Vögel mit hohem Schauwert. Stellvertretend für alle anderen gele-gentlich importierten oder gezüchteten Arten soll hier nur der imposante **Riesen-tukan** genannt werden.

Er ist mit einer Gesamtlänge von bis zu 62 cm und einem Gewicht von bis zu 750 g die größte Tukanart (Abb. 9). Die Geschlechter sind gleich gefärbt, adulte Tiere unterscheiden sich in der Schnabellänge. Der Riesentukan ist der einzige Tukan, der geschlossene Waldgebiete weitgehend meidet und stattdessen offene Savannengebiete, Galeriewälder, Waldränder und im Inneren Brasiliens auch die *Cerrado*-Gebiete besiedelt. Darüber hinaus hat er die küstennahen Savannengebiete in den Guayanastaaten (einschließlich Surinam) erreicht. Die Art ist weniger sozial als andere *Ramphastos*-Arten. Oft werden Einzelvögel oder Paare angetroffen, die auf großen kahlen Bäumen aufbaumen und von dort ihre Rufe erschallen lassen. Außerhalb der Brutzeit halten sich die Vögel trupp- oder familienweise zusammen und streifen auf der Suche nach Nahrung weit umher. Er brütet in Baumhöhlungen und legt im Durchschnitt 3–4 Eier (Short und Horne 2002b; Lantermann 2002).

Aufgrund seiner Größe und farblichen Attraktivität gehört der Riesentukan in Tier- und Vogelparks zu den gelegentlich gehaltenen Arten (derzeit vier Haltungen in Deutschland und 47 im übrigen Europa, www.zootierliste.de), dessen Zucht hin und wieder gelungen ist, u. a. im Wuppertaler Zoo und im Weltvogelpark Walsrode. Die Brutzeit lag bei einer gut dokumentierten Zucht im Wuppertaler Zoo bei etwa 18 Tagen, mit 44 Tagen flog der Jungvogel aus (Schürer 1987). Bei der Haltung ist wiederum zu bedenken, dass diese großen beweglichen Vögel zum einen eine großräumige, gut bepflanzte und möglichst gut strukturierte Voliere zu ihrem Wohl-befinden benötigen, zum anderen, dass die hygienischen Grundregeln bei der Pfle-ge gewissenhaft einzuhalten sind, wenn man nicht Gefahr laufen will, dass diese

Abb. 8 Von den großen
Tukanarten kommen fast nur
Vertreter der Gattung
Ramphastos gelegentlich in
den Handel – wie der
Dotterkehltukan (*Ramphastos
vitellinus*), hier ein Vogel der
Nominatform. (Foto: Jörg
Asmus)

Abb. 9 Der Riesentukan
(*Ramphastos toco*) ist mit bis
zu 62 cm Gesamtlänge die
größte Tukanart. (Foto:
Werner Lantermann)

imposanten Vögel erkranken oder sterben. Ihre Haltung setzt viel Erfahrung in der
Vogelpflege voraus. Selbst in spezialisierten Einrichtungen sind gelegentliche Todesfälle in Tukanhaltungen keine allzu große Seltenheit. Ansonsten gelten die in der
Einleitung gegebenen Volierengrößen und Haltungstemperaturen sowie die Hinweise zur Ernährung. Seit 1992 ist der Riesentukan im Anhang II/B des Washing-

toner Artenschutzabkommens gelistet und unterliegt damit gewissen Handelsbeschränkungen.

4 Familie: Picidae – Spechte

Haltungsanforderungen
Spechte benötigen eine möglichst geräumige Behausung, welche mit vielen, z. T. schräg stehenden Kletterästen, aber auch mit Rindenstücken und kleinen morschen Baumstämmen ausgestattet wird, an denen sie entlang klettern und hämmern können. Sie hämmern und klopfen den ganzen Tag an allem herum, was ihnen vor den Schnabel gerät. Das Futter, bestehend aus einem Insektenfutter, lebenden Insekten und klein geschnittenen Früchten, sollte ihnen in möglichst stabilen Hängenäpfen angeboten werden. Um Spechten beizubringen, wo und wie sie später ihre Nahrung finden, kann man Löcher in die Baumstämme bohren und dort Futter „verstecken". Mit einiger Übung werden die Tiere es lernen, dass an solchen Stellen künftig ihre Futterquellen liegen. Jungvögel, die zu vitalen, fluggewandten und selbstständig fressenden Tieren heranwachsen, sollten möglichst schnell wieder ausgewildert werden. (Flügel-)Verletzte oder sonstwie beeinträchtigte Spechte müssen dagegen bei bestmöglicher Pflege in der Obhut des Menschen bleiben. Dazu ist dann eine behördliche Haltegenehmigung erforderlich (Schroepel 2014).

Literatur

Aeckerlein, W., & Steinmetz, D. (2003). *Vögel richtig füttern*. Stuttgart: Ulmer.
Gerstner, R., & Berse, P. (1994). Beobachtungen an Bruten des Flammenkopf-Bartvogels. *Gefiederte Welt, 118*, 381–382.
Gölthenboth, R., & Klös, H.-G. (1995). *Krankheiten der Zoo- und Wildtiere*. Berlin: Parey.
HBW Alive Species. (2019). *Handbook of birds of the world* – Piciformes. www.hbw.com/species. Zugegriffen am 25.09.2019.
Lantermann, W. (2002). *Tukane und Arassaris, Biologie und Ökologie*. Hürth: Filander.
Lantermann, W. (2009). Kapitel: Spechte (Piciformes). In M. Baur et al. (Hrsg.), *Wildtierhaltung in kleineren zoologischen Einrichtungen* (Bd. 2, S. 263–272). Fürth: Filander.
Lantermann, W. (2016). Die Haltung von Bartvögeln (Capitonidae, Piciformes) in deutschen Zoos und in Privathand – ein unbewältigtes Problem. *Der Zoologische Garten N.F, 85*, 197–209.
Moschkowski, M. (2007). Nachzucht bei den Furchenschnabel-Bartvögeln. *Gefiederte Welt, 131*, 134–135.
Pagel, T., & Marcordes, B. (2011). *Exotische Weichfresser* (S. 74–80). Stuttgart: Ulmer.
Schroepel, M. (2014). Kapitel Spechte – Piciformes. In W. Grummt & H. Strehlow (Hrsg.), *Zootierhaltung – Vögel* (S. 551–565). Europa-Lehrmittel: Haan-Gruiten.
Schürer, U. (1987). Die Zucht des Riesentukans (*Ramphastos toco*) im Zoologischen Garten Wuppertal. *Zeitschrift Kölner Zoo, 30*, 97–99.
Scott, C. (2005). Breeding the Red-and-Yellow Barbet *Trachyphonus erythrocephalus*. *Avicultural Magazine, 111*, 21–22.
Short, L. L., & Horne, J. F. M. (2001). *Toucans, barbets and honeyguides*. Oxford: University Press.
Short, L. L., & Horne, J. F. M. (2002a). Family Capitonidae (Barbets). In J. Del Hoyo, A. Elliott & J. Sargatal (Hrsg.), *Handbook of the birds of the world* (Bd. 7, S. 140–218). Barcelona: Lynx.

Short, L. L., & Horne, J. F. M. (2002b). Family Ramphastidae (Toucans). In J. Del Hoyo, A. Elliott & J. Sargatal (Hrsg.), *Handbook of the birds of the world* (Bd. 7, S. 220–273). Barcelona: Lynx.

Sibley, C. G., & Ahlquist, J. E. (1990). *Phylogeny and classification of birds*. New Haven: Yale University Press.

Simon, B. (2019). Furchenschnabel-Bartvögel – meine Erfahrungen bei der Haltung und Vermehrung. *Gefiederte Welt, 143*(1), 8–11.

Winkler, D. W., Billermann, S. M., & Lovette, I. J. (2015). *Bird families of the world – Piciformes* (S. 233–251). Barcelona: Lynx.

Ordnung: Cariamiformes – Seriemas

Jörg Asmus

Inhalt

Familie: Cariamidae

1 Allgemeines

Unter den Vögeln beinhaltet die Ordnung Cariamiformes die (einzige) Familie Caria-midae, der lediglich die beiden Arten Rotfußseriema (*Cariama cristata*) und Schwarz-fußseriema (*Chunga burmeisteri*) angehören. Lange Zeit war man sich über die systematische Stellung der Seriemas uneinig. Nach einer phylogenetischen Studie von Shannon J. Hackett und ihren Kollegen sind die Seriemas nicht den Kranichvö-geln (Gruiformes) zuzuordnen, wie lange angenommen wurde, sondern sind Schwes-tertaxon einer größeren Gruppe, welche die Falkenartigen (Falconiformes), die Papa-geien (Psittaciformes) und die Singvögel (Passeriformes) umfasst (Hackett et al. 2008).

Die vorwiegend bodenlebenden und nur selten kurze Strecken fliegenden Vögel ähneln aufgrund ihrer äußeren Merkmale tatsächlich sehr den Kranichen. Sie verfü-gen über einen langen Hals und einen großen Kopf, von dem der leicht gebogene, kräftige Schnabel ein Drittel seiner Größe einnimmt. Die Beine sind lang und entsprechend der Spezies rot oder schwarz gefärbt. Mit einer Körperlänge von bis

J. Asmus (✉)
Gesellschaft für Arterhaltende Vogelzucht (GAV) e.V., Mönsterås, Schweden
E-Mail: joergasmus@hotmail.com

© Springer-Verlag GmbH Deutschland, ein Teil von Springer Nature 2021
W. Lantermann, J. Asmus (Hrsg.), *Wildvogelhaltung*,
https://doi.org/10.1007/978-3-662-59604-3_62

zu 90 cm und einem Gewicht von etwa 1500 g ist die Rotfußseriema etwas größer als
ihre Verwandte. Beide Arten sind in der Lage, die schmalen Federn im Nacken zu
einer Haube aufzustellen. Die Rotfußseriema verfügt zudem über einige permanent
aufgerichtete Federn am Schnabelansatz. Diese können bis zu 10 cm lang sein und
sind zumeist leicht nach vorn gerichtet. Im Bereich des Kopfes, des Nackens, der
Brust und des Bauches besitzen beide Spezies schmale, locker am Körper anliegende
Federn. Die Geschlechter der Seriemas lassen sich anhand äußerer Merkmale nicht
voneinander unterscheiden (Abb. 1).

Seriemas sind in den offenen und trockenen, auch baumbestandenen Regionen
Südamerikas östlich der Anden und südlich des Amazonas anzutreffen; vor allem die
Rotfußseriemas treten dort vereinzelt als Kulturfolger auf. Teilpopulationen beider
Arten zählen zu den Zugvögeln, die dabei allerdings nur kurze Strecken laufend
zurücklegen. Von ihren Flügeln machen diese Tiere kaum Gebrauch. Der größte Teil
der Gesamtpopulation zählt zu den Standvögeln. Vor allem während der Fortpflanzungszeit verteidigen die Seriemas ihr angestammtes Revier gegenüber anderen
Paaren. Die Fortpflanzungsperiode ist offensichtlich abhängig der klimatischen
Bedingungen und wird mit einer Balz eingeleitet. Die Nester werden in Bäumen in
Höhen zwischen 1 und 9 Metern von beiden Paarpartnern angelegt und bestehen
zum größten Teil aus Ästen. Die eigentliche Nistmulde besteht aus kleineren Zweigen sowie Gras und wird mitunter mit Rinderdung, Schlamm und Lehm ausgepolstert. Ein Seriema-Gelege besteht aus 2–3 Eiern, die zumeist vom Weibchen über
einen Zeitraum von 24–30 Tagen bebrütet werden. Die Augen frischgeschlüpfter

Abb. 1 Rotfußseriema
(*Cariama cristata*).
(Foto: Jörg Asmus)

Seriemas sind bereits geöffnet. Noch nicht flügge verlassen die Jungvögel nach etwa 14 Tagen das Nest und werden im Anschluss von den Eltern geführt. Interessant ist, dass sich die sonst am Boden lebenden Vögel zur Brut aber auch zum Übernachten in Bäume begeben; den Neststandort oder auch den Übernachtungsplatz erreichen die Vögel dabei in den meisten Fällen kletternd.

Als Nahrung dient den Seriemas zumeist tierische Kost. Oft sind es Insekten, manchmal aber auch Frösche, Eidechsen, Schlangen, Vogelküken oder kleinere Nagetiere, die ihnen als Nahrungsgrundlage dienen. Sämereien und Früchte werden nur gelegentlich aufgenommen, aber auch Baumsäfte (del Hoyo et al. 1996). In ihrem Bestand sind beide Seriema-Arten derzeit nicht gefährdet („least concern") (http://www.iucnredlist.org).

2 Haltungsanforderungen

In zahlreichen europäischen Tiergärten und auch bei einigen privaten Haltern ist die Rotfußseriema anzutreffen. Die Schwarzfußseriema hingegen wird derzeit nur im tschechischen Zoo Zlin-Lesna gehalten. Dort befindet sich ein einzelnes Weibchen, nachdem ein ebenfalls 2013 aus Argentinien importiertes Männchen ein Jahr später an Gicht verstorben ist (http://www.zootierliste.de).

Die Haltung von Seriemas sollte in großen Volieren erfolgen, deren Bodenbelag ein Sandboden darstellt bzw. Grasbewuchs oder in Teilen auch Holzschnitzel. Einzelne Büsche können dort ebenfalls vorhanden sein, allerdings sollten sie die Bewegungsaktivitäten der Vögel nicht zu sehr einschränken. Hohe Volieren ermöglichen den Bewuchs mit stabilen Bäumen, die den Seriemas zum Aufbaumen dienen. Als Ersatz dafür können dicke am Boden liegende Baumstämme, starke Äste oder Plattformen dienen. Der Außenvoliere angeschlossen muss ein Schutzraum sein, der den Tieren während der kalten Jahreszeit als Unterkunft dient. Auch darin sind erhöhte Sitzpositionen zum Aufbaumen anzubieten. In der Innenanlage dient den Rotfußseriemas im Zoo Dortmund *Carex*-Gras als Bodenbewuchs. Dort hält man die Seriemas bis zu einer Temperatur von 5 °C in der Außenanlage, wobei ihnen aber grundsätzlich der Zugang zum Schutzraum gewährt wird. Um die Seriemas an den Innenraum zu gewöhnen werden die Futtergaben nur darin vorgenommen. Im Innenraum wird die Temperatur immer oberhalb von 18 °C gehalten. Auf Vergesellschaftungen mit anderen Vogelarten sollte aufgrund der Aggressivität der Seriemas verzichtet werden, gegenüber Säugetieren zeigen sie sich hingegen verträglich (Grummt und Strehlow 2014; Patschke 2019).

Im Zoo Dortmund werden die Seriemas zu einem Teil mit einem Weichfutter gefüttert, das sich aus magerem Hackfleisch, Aleckwa-Aufzuchtfutter Fasan I, Hühnerpellets, Kükenpellets, Forellenfutter, gemahlenen Hundekuchen und Muschelschrot zusammensetzt. Der andere Teil besteht aus Fleischstücken (z. B. klein geschnittenes Rinderherz, Stinte, Mehlwürmer und Hühnerküken); bei vorhandenem Nachwuchs werden die Hühnerküken von den Tierpflegern zerteilt. Pflanzliche Kost wird ebenfalls gereicht (Reis, Mais, Haferflocken und Banane). Mineralien sollten stets angeboten werden, um gesundheitlichen Problemen vorzubeugen. In Dortmund

Abb. 2 Rotfußseriema
(*Cariama cristata*) mit fast
selbstständigem Jungtier.
(Foto: Werner Lantermann)

kommt zu diesem Zweck Korvimin ZVT & Reptil (pro 100 g Frischfutter 1,5 g Korvimin in Pulverform) zum Einsatz (Patschke 2019) (Abb. 2).

Einmal harmonierende Paare scheinen sich problemlos ganzjährig zu vermehren. Mehr als zwei Jahresbruten sollte man jedoch nicht zulassen, um die Tiere nicht unnötig zu schwächen. Erhöhte Plattformen oder Körbe dienen den Vögeln als Nestunterlage. Zum Nestbau Zweige, Stroh und feuchten Lehm zur Verfügung stellen. Im Zoo Dortmund erfolgt die Brut im Innenraum, wo Rollläden als Sichtschutz dienen, um eine zu große Ablenkung vom Brutgeschehen zu verhindern. Während der Brutzeit zeigen sich die Alttiere aggressiv gegenüber allen Personen, die sich dem Nest nähern (Patschke 2019). Den Jungvögeln wird das Futter in den ersten Lebenstagen von den Eltern vorgehalten. Auch Handaufzuchten sind schon mehrfach gelungen. Das Futter wird dann in den ersten Tagen mit der Pinzette angeboten und die Jungvögel werden bei etwa 37 °C und 40 % relativer Luftfeuchtigkeit gehalten (Grummt und Strehlow 2014). In der Unterkunft sind den Jungvögeln bodennahe Versteckmöglichkeiten anzubieten (Büsche, hoher Grasbewuchs) und nicht zu hohe Aufbaummöglichkeiten, da die Jungtiere den Eltern noch nicht auf höhere Sitzstangen folgen können.

Literatur

Grummt, W., & Strehlow, H. (Hrsg.). (2014). *Zootierhaltung – Vögel*. Haan-Gruiten: Europa-Lehrmittel.

Hackett, et al. (2008). A phylogenomic study of birds reveals their evolutionary history. *Science, 5884*, 1763–1768. Washington: American Association for the Advancement of Science.

Hoyo, J. del, Elliot, A., & Sargatal, J. (1996). *Handbook of the birds of the world 3* (S. 234–239). Barcelona: Lynx.

Patschke, M. (2019). Haltung und Vermehrung der Rotfußseriema – eine Erfolgsgeschichte des Zoos Dortmund. *Gefiederte Welt, 6*, 16–19. Stuttgart: Ulmer.

Ordnung: Falconiformes – Falken

Werner Lantermann und Jörg Asmus

Inhalt

Familie: Falconidae

1 Systematik und allgemeine Biologie

Innerhalb der Ordnung der Falconiformes mit der einzigen Familie Falconidae sind die Falken mit 66 Arten in 11 Gattungen fast weltweit verbreitet. Die Familie wird gegenwärtig in zwei Unterfamilien unterteilt, nämlich die Herpetotherinae (Wald-falken) mit zwei Gattungen (*Herpetotheres* und *Micrastur*) und die Falconinae mit insgesamt neun Gattungen, unter denen die Eigentlichen Falken (Gattung *Falco*) mit 39 Arten und die Karakaras (Tribus Polyborini, sechs Gattungen) mit 11 Arten die größten systematischen Gruppen darstellen. Die nächsten Verwandten der Falken sind nicht, wie lange vermutet, die Taggreifvögel (Accipitriformes), sondern nach neueren DNA-Studien die Papageien (Psittaciformes) und die Passeriformes (Wink-ler et al. 2015). Falken kommen lediglich in der Antarktis, im Inneren Grönlands, im

W. Lantermann (✉)
Oberhausen, Deutschland
E-Mail: w.lantermann@arcor.de

J. Asmus
Gesellschaft für Arterhaltende Vogelzucht (GAV) e.V., Mönsterås, Schweden
E-Mail: joergasmus@hotmail.com

© Springer-Verlag GmbH Deutschland, ein Teil von Springer Nature 2021
W. Lantermann, J. Asmus (Hrsg.), *Wildvogelhaltung*,
https://doi.org/10.1007/978-3-662-59604-3_42

zentralafrikanischen Kongobecken und auf einigen ozeanischen Inseln nicht vor. Ansonsten bewohnen sie weltweit eine Vielzahl von Landlebensräumen, bevorzugen offene Gebiete, alpine Graslandschaften und Tundren, wenige Arten kommen aber auch in Waldgebieten vor (insbesondere die Waldfalken der Unterfamilie Herpetotherinae). Die größte Artenvielfalt findet sich in Süd- und Mittelamerika sowie in Zentral-, Ost- und Südafrika. Die kleinsten Falken sind die Zwergfalken aus der Gattung *Microhierax* mit Größen von 14–18 cm und – je nach Art – einem Gewicht von etwa 28–65 g. Der größte Falke ist der Gerfalke (*Falco rusticolus*) mit einer Größe von 48–60 cm bei einem maximalen Gewicht von 2,1 kg im weiblichen Geschlecht (Abb. 1). Die Geschlechter sind überwiegend gleich gefärbt, bei einigen Arten (z. B. Eleonorenfalke *Falco eleonorae*, Rotfußfalke *F. vespertinus*, Turmfalke *F. tinnunculus*, Rötelfalke *F. naumanni*, Merlin *F. columbarius*) besteht jedoch ein deutlicher Unterschied in der Gefiederfärbung. Die Weibchen sind aber – wie auch bei den übrigen Greifvögeln und den Eulen – größer und schwerer als die Männchen (White et al. 1994). Im deutschen Sprachgebrauch werden die Eigentlichen Falken von den 11 Arten der Karakaras (Gattungen *Caracara*, *Milvago*, *Daptrius*, *Ibycter* und *Phalcoboenus*) unterschieden.

Falken sind in der Mehrzahl relativ kleine, leichtgewichtige Greifvögel, deren Gefieder oberseits überwiegend grau, braun oder schwarz, unterseits manchmal heller und gebändert ist. Karakaras sind typischerweise schwarz und weiß gezeichnet. Der Schnabel der Falkenartigen ist recht klein und nach Greifvogelart nach unten gebogen. Sie erlegen ihre Beute, die fast ausschließlich aus Kleinsäugern, kleinen Vögeln, Reptilien und großen Insekten besteht, nicht mit ihren Fängen, wie

Abb. 1 Mit bis zu 60 cm Gesamtlänge ist der Gerfalke (*Falco rusticolus*) die größte Falkenart der Welt. (Foto: Jörg Asmus)

z. B. die Habichte, sondern durch einen kraftvollen Tötungsbiss. Die Karakaras, die sich omnivor ernähren, also neben tierischer Beute und Aas auch Getreide und Früchte zu sich nehmen, haben einen weniger gekrümmten, eher hühnerartigen Schnabel (White et al. 1994) (Abb. 2).

Falken gehen in der Regel monogame Paarbindungen ein und nisten solitär. Manche Arten sind aber auch Koloniebrüter, wie beispielsweise der Rotfußfalke (*Falco vespertinus*) oder der Rötelfalke (*F. naumanni*) (Abb. 3). Bei mindestens einer Art, nämlich dem Rotkehlkarakara (*Ibycter americanus*), ist auch kooperatives Brüten beschrieben worden. Die Nester der Falken finden sich z. B. bei den kleineren *Falco*-Arten in Baumhöhlungen, größere Arten bauen in der Regel kein eigenes Nest, sondern nutzen unbesetzte Nestunterlagen von Rabenvögeln bzw. anderen Greifvögeln sowie Felsnischen und auch künstliche Niststätten. Lediglich Karakaras bauen eigene Nester aus Zweigen und polstern sie im Inneren aus. Das gewöhnliche Gelege umfasst 2 oder 3 (in Ausnahmefällen bis zu 6) Eier. Die Aufzucht der Jungvögel, die nach etwa vier oder fünf Wochen schlüpfen, teilen sich beide Altvögel. In den ersten zehn Tagen beschafft fast ausschließlich das Männchen die Nahrung für Weibchen und Jungvögel, danach beteiligen sich beide Geschlechter an der Nahrungssuche. Die Nestlingszeit dauert bei kleineren Arten etwa vier, bei größeren Arten bis zu sieben Wochen (Ferguson-Lees und Christie 2009; Winkler et al. 2015; HBW Alive Species 2019).

Gemessen an anderen Landvögeln sind die Falken im prozentualen Durchschnitt etwas weniger bedroht. Dennoch sind etwa 15 Arten derzeit in irgendeiner Form gefährdet, darunter werden von der IUCN 9 als „near-threatened", 4 als „vulnerable" und 2 als „endangered" eingestuft. Die beiden Letztgenannten sind der Mauritiusfalke (*Falco punctatus*) und der Saker- oder Würgfalke (*Falco cherrug*). Der

Abb. 2 Der hühnerartige Schnabel der Karakaras deutet auf ihre omnivore Ernährung hin. (Foto: Werner Lantermann)

Abb. 3 Die Rötelfalken
(*Falco naumanni*) gehören zu
den Koloniebrütern unter den
Falken. (Foto: Jörg Asmus)

Wanderfalke (*Falco peregrinus*) hat verschiedene Bedrohungsstufen durchlaufen. Nachdem ab den 1950er-Jahren das Pestizid DDT zu einer Verringerung der Eischalendicke und damit zu nur noch minimalen Bruterfolgen bei den Wanderfalken geführt hat, stieg der Bestand nach dem Verbot von DDT in allen westlichen Industrienationen (ab 1970) wieder an – flankiert von erfolgreichen Erhaltungszuchtprogrammen (siehe unten). So konnte sich sein Bestand soweit erholen, dass er von der IUCN heute erfreulicherweise als „least concern" eingestuft werden kann. Insgesamt sind mehrere Ursachen für den Rückgang der genannten Falkenarten ausgemacht: zum einen die anthropogene Einflussnahme auf die Lebensräume vieler Arten, dann die (zeitweise) direkte Verfolgung (z. B. des Wanderfalken durch Taubenzüchter), das Sammeln von Eiern und die Entnahme von Jungvögeln für die Falknerei (Winkler et al. 2015; HBW Alive Species 2019).

2   Haltungsanforderungen

Die Haltung von Falken ist heute auf Tiergärten, Falkenhöfe und die genehmigten Privathaltungen der Falkner und einiger Züchter beschränkt. In den Zoos und Vogelparks werden die Vögel überwiegend zu Zuchtzwecken (gelegentlich auch für die Flugshows) gehalten, in Privathand steht oftmals weniger die Zucht, sondern eher die Falknerei im Vordergrund. Voraussetzung dazu ist der Besitz eines Falknerjagdscheines, der nach bestandener Jäger- und Falknerprüfung erworben werden kann.

Die häufigsten Falken in den deutschen Tiergärten sind derzeit Europäische Turmfalken (*Falco tinnunculus*, 65 Haltungen) (Abb. 4), Sakerfalken (*F. cherrug*, 52), Wanderfalken (*F. peregrinus* 29), Lannerfalken (*F. biarmicus*, 27), Buntfalken (*F. sparverius*, 23), Gerfalken (*F. rusticolus*, 18) und Laggarfalken (*F. jugger*, 14). Die drei am häufigsten gehaltenen Karakaras sind Falklandkarakara (*Phalcoboenus australis*, 19 Haltungen), Schopfkarakara (*Caracara planctus*, 18) und Bergkarakara (*Phalcoboenus megalopterus*, 6) (www.zootierliste.de).

Traditionell wurden die Falken über Jahrzehnte systematisch den Eigentlichen Greifvögeln (Accipitriformes) zugeordnet (siehe oben), und entsprechend wurden auch deren Haltungsansprüche in allen Vorgängerwerken (z. B. Kaiser 2014) gemeinsam mit den Accipitriformes beschrieben. Diese Praxis findet sich entsprechend auch im „Gutachten über Mindestanforderungen an die Haltung von Greifvögeln und Eulen" (BMELF 1995) wieder. Dass die Falken hier nun doch separat behandelt werden, ist darin begründet, dass die Systematik, die diesem Buch zugrunde liegt, konsequent dem phylogenetischen Ansatz folgt, demzufolge die Falken mittlerweile als eigene Ordnung nicht mehr in der verwandtschaftlichen Nähe der Accipitriformes zu sehen sind, sondern laut molekularbiologischen Befunden den Sperlingsvögeln (Passeriformes) und den Papageien (Psittaciformes) am nächsten stehen (vgl. Jarvis et al. 2014). Das greifvogelähnliche Äußere der Falken muss demnach als konvergente Entwicklung, als gleichsinnige Anpassung an glei-

Abb. 4 Turmfalken (*Falco tinnunculus*) landen häufig als verletzt aufgefundene Jungvögel in Falkenhöfen oder Tiergärten. (Foto: Jörg Asmus)

che Lebensräume, Lebensweise oder Jagdmethoden gewertet werden, die innerhalb der Aves mehrfach und unabhängig voneinander entstanden sind – ähnlich den großen Hornschnäbeln der Tukane und Hornvögel bzw. ähnlich dem „Nektarschnabel" der Kolibris und der Nektarvögel, die jeweils morphologische Anpassungen an die Art der Nahrungsaufnahme darstellen, derweil die betreffenden Vogelarten aber nicht näher miteinander verwandt sind.

Nichtsdestoweniger entsprechen die **Haltungsanforderungen** der Falken weitgehend denen der „kleinen Greifvögel" bzw. der Habichtartigen (Familie Accipitridae), so dass an dieser Stelle auf das entsprechende Kapitel in diesem Band (vgl. Martin Kaiser, Ordnung Accipitriformes) sowie auf Kaiser (2014) verwiesen werden kann. Die Volierengrößen und -ausstattung, die Haltungstemperaturen, Ernährung und das Zuchtmanagement sind weitgehend identisch mit diesen – jeweils natürlich in Abhängigkeit von Vogelgröße, Sozialsystem und geografischer Herkunft der Vögel. Einzelheiten zu den Mindest-Haltungsanforderungen können dem bereits zitierten „Greifvogelgutachten" entnommen werden (BMELF 1995, Neufassung ist in Arbeit).

Folgende grundsätzliche Haltungsanforderungen sind (nach Kaiser 2014, vgl. auch Lierz et al. 2010) zu nennen: Da viele Falken, die nicht handaufgezogen oder für die Beizjagd abgerichtet wurden, recht nervöse und störungsanfällige Vögel sind, ist deren Unterbringung in offenen Maschendrahtvolieren in der Regel nicht zu empfehlen, sondern erfolgt am besten in dreiseitig geschlossenen, lang gestreckten und nur an der schmalen Vorderseite einsehbaren Volieren, deren Größe – je nach Falkenart – zwischen mindestens 2 × 2 m bis mindestens 3 × 6 m bei einer Höhe von 2–2,5 m variiert. Zuchtvolieren sind oftmals sogar rundum geschlossen und nur nach oben mit Draht bespannt und etwa 15 cm darunter vernetzt, damit sich die Vögel beim Auffliegen nicht so schnell verletzten können und die Gefahr von Beutegreifern außerhalb der Voliere vermindert wird. Arten aus subtropischen und tropischen Gebieten sowie Zugvögel benötigen zudem beheizbare, helle Winterquartiere entsprechender Größe (vgl. BMELF 1995, Neufassung ist in Arbeit).

Das Nahrungsspektrum umfasst vor allem sogenanntes Ganzkörperfutter, und zwar je nach Falkengröße vorwiegend Mäuse, Ratten, Eintagsküken, Tauben, Wachteln und anderes Geflügel. Die kleinsten Arten der Falkenfamilie, die Zwergfalken der Gattungen *Microhierax* und *Polihierax*, bekommen Insekten, z. B. Heimchen, Grillen, Heuschrecken, Mehlkäferlarven, die im Zoofachhandel regelmäßig verfügbar sind. Eine Vitamin- und Mineralstoff-Ergänzung ist besonders während der Jungenaufzucht sinnvoll.

Die Haltung erfolgt in der Regel paarweise. Bei der Zusammenstellung der Paare ist zunächst eine genaue Beobachtung der Tiere notwendig, denn bei nicht harmonierenden Paaren kann es sogar zur Tötung des Männchens durch das größere und schwerere Weibchen kommen. Da alle Falkenarten bis auf die Karakaras keine Nester bauen, müssen ausreichend große Holzkästen oder vorgefertigte Nestplattformen (ausgestattet mit kleinen Zweigen, Holzspänen und frischen Koniferenzweigen) vorbereitet werden. Die Futtergaben werden bereits vor der Eiablage erhöht. Empfehlenswert sind Futter- und Wasserstellen, die von außen bedient werden können, ohne die Voliere betreten zu müssen. Auch für Karakaras kann man Nestplattformen bereitstellen, sie benötigen dazu aber auch reichlich Nistmaterial, mit dem sie ihre Nester dann selber bauen und das Innere auch entsprechend auspolstern können.

Insgesamt gesehen, gelingt die Zucht vieler Falkenarten regelmäßig erst seit den 1970er-Jahren, nachdem deutlich wurde, dass viele frei lebende Bestände zurückgingen und die dadurch einsetzenden Schutzmaßnahmen auch vermehrte Zuchtbemühungen beinhalteten (siehe unten: Wanderfalke). Der Mauritiusfalke (siehe unten) wurde sogar erst ab 1983 im Zoo von Jersey (als europäische Erstzucht) nachgezüchtet (Jones et al. 1991).

In dieser Darstellung soll der Schwerpunkt auf zwei Aspekte der Erhaltungszucht gelegt werden, nämlich zum einen auf das Zucht- und Auswilderungsprojekt für den Wanderfalken in Deutschland, zum anderen auf die Zuchtbemühungen um den fast ausgestorbenen Mauritiusfalken, der in letzter Minute vor dem endgültigen Aus bewahrt werden konnte.

Der **Wanderfalke** wird zwischen 40 und 50 cm groß und erreicht bei den gegenüber den Männchen deutlich größeren und schwereren Weibchen ein Gewicht von 1000 bis 1200 g (Abb. 5). Er ist oberseits dunkelgrau gefärbt, die Unterseite ist auf weißem Grund dunkel gebändert. Augenring und Beine sind gelb. Bei der Jagd kreisen die Vögel meist in großer Höhe und warten auf Beutevögel, die unter ihnen fliegen. Mit angelegten Flügeln gehen sie dann zum Sturzflug über und ergreifen die Beute mit den Füßen. Der Wanderfalke ernährt sich fast ausschließlich von Vögeln,

Abb. 5 Das Schicksal des Wanderfalken (*Falco peregrinus*) schien Ende der 1970er-Jahre besiegelt. Der Verzicht auf Pestizide sowie Zucht- und Wiederauswilderungsmaßnahmen haben inzwischen aber wieder zu einer deutlichen Bestandszunahme geführt. (Foto: Christian Matschei)

in Mitteleuropa z. B. hauptsächlich von Straßentauben, Staren, Drosseln, Möwen und Sperlingsvögeln bis Rabengröße. Er war ursprünglich fast auf der ganzen Welt (außer in Neuseeland, auf vielen pazifischen Inseln sowie in der Antarktis) und in vielen unterschiedlichen Lebensräumen (außer in Wüsten und Urwaldgebieten) verbreitet, durchlief dann aber ab den 1950er-Jahren einen massiven Bestandseinbruch (Mebs und Schmidt 2006).

Ein Wanderfalken-Monitoring Anfang der 1960er-Jahre in Großbritannien führte in Europa zu ersten Hinweisen über einen massenhaften Rückgang der Art – in Verbindung mit ersten Befunden zu einer Verminderung der Eischalendicke und Vermutungen über Zusammenhänge mit dem Einsatz von bestimmten Insektiziden (vgl. Ratcliffe 1970, 1972). Katastrophale Bestandseinbrüche und eine erhebliche Verminderung der Eischalendicke wurden gleichzeitig oder nur wenig später auch in anderen Teilen der nördlichen Hemisphäre verzeichnet. In Europa starb der Wanderfalke in Dänemark, den Niederlanden, Belgien, Luxemburg und der damaligen DDR bis Ende der 1970er-Jahre aus, die Bestände in Skandinavien, der Schweiz, Österreich und Polen gingen bis auf wenige Paare zurück. Auch in den USA verschwand der Wanderfalke aus allen Bundesstaaten östlich der Rocky Mountains (Peakall und Kiff 1988; Mebs und Schmidt 2006).

Auch in Deutschland wurde Anfang der 1960er-Jahre überdeutlich, dass die Wanderfalkenbestände kontinuierlich zurückgingen und schließlich soweit zusammengebrochen waren, dass deren Aussterben zu befürchten war. Da zunächst davon ausgegangen wurde, dass die Hauptverursacher dieser Rückgänge die Falkner waren, die vielerorts die Jungtiere illegal aushorsteten, um sie für die Beizjagd zu nutzen, gründete der damalige Deutsche Bund für Vogelschutz (DBV) (heute Naturschutzbund Deutschland NABU e. V.) die „Arbeitsgemeinschaft Wanderfalkenschutz". Sie hatte das Ziel, die letzten Brutpaare im Freiland zu schützen, z. B. durch Bewachung der Wanderfalkenhorste und andere Management-Maßnahmen, um dadurch das endgültige Verschwinden der Art aufzuhalten. Erst einige Zeit später zeigte sich die Hauptursache der Rückgänge, nämlich die massenhafte Anwendung von Insektiziden (allen voran das DDT) in Land- und Forstwirtschaft. DDT reichert sich über die Nahrungskette stark an, die höchsten Kontaminationen wurden bei vogel- und fischfressenden Greifvögeln (und deren Eiern) festgestellt (z. B. Conrad 1981). Erst als es nach jahrelangem Tauziehen zwischen Herstellern, Anwendern und Naturschützern ab 1970 zunächst in Schweden und der Schweiz, 1977 auch in Deutschland endlich zum Verbot dieser Umweltgifte kam, begannen die Schutzmaßnahmen der Wanderfalkenschützer zu greifen und die Freilandpopulation begann langsam wieder zu wachsen (vgl. Mebs und Schmidt 2006).

Da auch die Falkner natürlich ein großes Interesse an der Erhaltung des Wanderfalken hatten, war und ist er doch neben dem Habicht der wichtigste Beizvogel für die Falknerei, beschritten sie unter Federführung des „Deutschen Falkenordens" den Weg der Erhaltungszucht. Grundgedanke war dabei nicht nur die Zucht von Beizfalken, sondern auch die Auswilderung von Jungvögeln in der Natur. Ein Problem bestand bei Projektbeginn in den 1970er-Jahren allerdings darin, dass das Know-how der Wanderfalkenzucht zu diesem Zeitpunkt noch nicht vorlag, zumal erst 1942 die erste Wanderfalkenaufzucht in Menschenobhut gelungen war und er seither nur sporadisch nachgezüchtet wurde. 1974 stellten sich dann die ersten Erfolge innerhalb des neu gegründeten Zuchtprojektes mit sechs erfolgreich aufgezogenen Jungvögeln ein. Bereits 1977 wurden 22 Jungfalken gezüchtet, und seither ging das Projekt auf weiteren Erfolgskurs. Dazu schreibt der Deutsche Falkenorden: „Diese Anzahl reichte aus, um die ersten experimentellen Auswilderungen durchzuführen. Diese verliefen erfolgreich. Das Wanderfalkenzuchtprojekt wurde zum Forschungsprojekt an der Freien Universität Berlin (FU). Im folgenden Jahr wurde auf Initiative der Staatlichen Vogelschutzwarte Frankfurt und der Hessischen Gesellschaft für Ornithologie und Naturschutz (HGON) in Zusammenarbeit mit dem Deutschen Falkenorden (DFO) und der Freien Universität Berlin (FU) das erste Wanderfalken-Auswilderungs-Projekt in Nordhessen ins Leben gerufen" (www.d-f-o.de/greifvogel- und naturschutz/wanderfalken-auswilderungsprojekt).

Das Projekt war auf 15 Jahre angelegt und letztlich so erfolgreich, dass bis 2010 insgesamt 1289 Wanderfalken in ganz unterschiedlichen Gebieten Deutschland ausgewildert und somit wiederangesiedelt werden konnten. Davon stammten 1099 Falken aus den Zuchtanlagen der beteiligten Privathalter und Tiergärten, die übrigen Tiere aus Umsetzung von gefährdeten Standorten (www.d-f-o.de). Heute ist der Wanderfalke dank der oben genannten Schutzmaßnahmen in Deutschland fast überall dort wieder zu finden, wo er vor dem DDT-Crash vertreten war. International wurde sein Schutzstatus mittlerweile herabgestuft und er gilt heute als „least concern" mit weltweit mehr als 100.000 Brutpaaren, davon mehr als 6600 in Deutschland (www.iucnredlist.org, Cade et al. 1988; Mebs und Schmidt 2006).

Im Gegensatz zum Wanderfalken wurde und wird der **Mauritiusfalke** nicht zur Beizjagd eingesetzt, denn er gehört mit einer Größe von 20–26 cm und einem Gewicht von bis zu 250 g zu den kleineren Falkenarten. Die Männchen sind etwas kleiner und stärker gefleckt als die Weibchen. Der Mauritiusfalke ist auf Mauritius endemisch. Zurzeit ist seine Verbreitung auf zwei Populationen beschränkt: eine südwestliche in und um den Black River George Nationalpark und eine östliche in den Bambou Mountains. Der Lebensraum der Vögel war ursprünglich der immergrüne subtropische Primärwald. Seine Nahrung besteht überwiegend aus Reptilien, vor allem Taggeckos und Agamen, darüber hinaus auch aus Insekten und Kleinnagern. Ihre Nester legen die Falken in vulkanischen Steinhöhlen und wahrscheinlich auch in Baumhöhlen an (Safford und Hawkins 2013).

In vorgeschichtlicher Zeit galt der Falke als häufig auf der Insel, aber mit der Besiedlung durch den Menschen, der darauf folgenden Entwaldung von großen Teilen der Insel und ab den 1950er-Jahren auch dem Einsatz von Pestiziden in der Landwirtschaft, gingen die Bestände schließlich so weit zurück, dass 1974 nur noch vier frei lebende Tiere existierten, darunter ein Brutpaar. Ein weiteres Paar lebte in Menschenobhut (im Jersey Wildlife Preservation Trust, heute: Durell Wildlife Conservation Trust), sodass mit nur noch sechs überlebenden Vögeln der absolute Tiefststand für die Art erreicht war und sie kurz vor der Ausrottung stand (Jones et al. 1991).

Durch ein intensives Erhaltungszucht- und Auswilderungsprogramm mit internationaler Beteiligung (Regierung von Mauritius, Durrell Wildlife Conservation Trust, Mauritian Wildlife Foundation und Peregrine Fund) konnte sich der kleine wild lebende Bestand wieder erholen. Insgesamt wurden zwischen 1983 und 1993 331 nachgezüchtete Vögel ausgewildert. 2000 wurde der Freilandbestand auf 500–800 Tiere geschätzt, davon 145–200 Brutpaare. Danach zeigte sich – wahrscheinlich aufgrund von Bruthöhlenengpässen – ein leichter Rückgang. 2013 ging man von einer zweigeteilten Population mit jeweils 120–150 Vögeln (40–50 Brutpaare) aus. Heute hält man eine Gesamtpopulation von insgesamt 170–200 adulten Vögeln für realistisch. Die Art gilt nach wie vor als stark gefährdet („endangered"), aber die unmittelbare Gefahr des Aussterbens ist vorerst gebannt (www.iucnredlist. org). Populationsgenetiker befürchten aber früher oder später Inzuchtdepressionen aufgrund der kleinen genetischen Basis der Gründerpopulation (vgl. Ewing et al. 2008).

Die **Haltung von Falken** – sei es für die Erhaltungszucht oder für die Beizjagd – ist streng reglementiert und unterliegt verschiedenen Genehmigungen. Zum einen sind die Belange des Artenschutzes nach dem Washingtoner Artenschutzübereinkommen zu berücksichtigen. Alle Falkenarten (mit Ausnahme der Arten des Anhangs I (A) und mit Ausnahme des Guadelupekarakaras *Caracara lutosa*) unterliegen derzeit den Regularien des CITES-Anhanges II (B) und damit gewissen Handelsbeschränkungen (Meldepflicht, Herkunftsnachweis, geschlossene Beringung). Im Anhang I (A) sind derzeit folgende Arten aufgeführt und damit vom legalen kommerziellen Handel ausgenommen: *Falco araeus*, *F. jugger*, *F. pelegrinoides*, *F. peregrinus*, *F. punctatus*, *F. rusticolus* und die Seychellen-Population von *F. newtoni* (www.cites.org).

Zum anderen sind in Deutschland bei der Falkenhaltung die Bestimmungen der Bundesartenschutzverordnung, des Bundesnaturschutzgesetzes, des Bundestierschutzgesetzes sowie der Bundesjagd- und der Bundeswildschutzverordnung zu beachten. Im Zweifelsfall wendet sich der betreffende Halter an die nach Landesrecht für ihn zuständige Behörde, da für alle diesbezüglichen Auskünfte und Genehmigungen die örtlichen Landratsämter, Veterinärbehörden oder Untere Landschaftsbehörden zuständig sind.

Erhaltungszuchtprojekte der Tiergärten für Falken gibt es überraschenderweise kaum. In der aktuellen Übersicht der EAZA von Juli 2019 ist lediglich das Zuchtprogramm (EEP) für den Rötelfalken aufgeführt, das im spanischen Zoo Jerez-Frontera koordiniert wird (www.eaza.net).

Die **Falknerei**, bei der übrigens keineswegs nur Falken (Abb. 6), sondern auch andere Greifvögel (z. B. Habichtartige, Adler u. a.) und sogar Eulen zum Einsatz kommen, hat mit der Wildvogelhaltung und -zucht, wie sie in diesem Band vertreten wird, wenig gemeinsam und bleibt daher in dieser Darstellung unberücksichtigt. Interessenten können sich zu diesem Themenkomplex z. B. auf der Homepage des Deutschen Falkenordens (www.d-f-o.de) sowie in der aktuellen Übersichtsdarstellung von Leix (2018) informieren.

Abb. 6 Seit jeher werden
Falken, aber auch andere
Greifvögel und sogar Eulen in
der Beizjagd eingesetzt. (Foto:
Werner Lantermann)

Literatur

BMELF (Hrsg.). (1995). *Gutachten über Mindestanforderungen an die Haltung von Greif-vögeln und Eulen, Bundesministerium für Ernährung.* Bonn: Landwirtschaft und Forsten.

Cade, T. J., Enderson, J. H., Thelander, C. J., & White, C. M. (1988). *Peregrine falcon populations: Their management and recovery.* The Peregrine Fund: Boise.

Conrad, B. (1981). Zur Situation der Pestizidbelastung bei Greifvögeln und Eulen in der Bundesre-publik Deutschland. In: Greifvögel und Pestizide. *Ökologie der Vögel, 3* (Sonderheft), 161–167.

Ewing, S. R., Nager, R. G., Nicoll, M. A. C., Aumjaud, A., Jones, C. G., & Keller, L. F. (2008). Inbreeding and loss of genetic variation in a reintroduced population of Mauritius Kestrel. *Conservation Biology, 22*(2), 395–404.

Ferguson-Lees, J., & Christie, D. A. (2009). *Die Greifvögel der Welt.* Stuttgart: Kosmos.

HBW Alive Species (2019). *Handbook of birds of the world* – Falconiformes. www.hbw.com/species. Zugegriffen am 27.02.2020.

Jarvis, E. D., et al. (2014). Whole-genome analyses resolve early branches in the tree of life of modern birds. *Science, 346*(6215), 1320–1331. www.science.org. Zugegriffen am 27.02.2020.

Jones, C. G., Heck, W., & Lewis, R. E. (1991). A summary of the conservation management of the Mauritius kestrel *Falco punctatus* 1973–1991. *Dodo, Journal of the Jersey Wildlife Preserva-tion Trust, 27*, 81–99.

Kaiser, M. (2014). Ordnung Greifvögel. In W. Grummt & H. Strehlow (Hrsg.), *Zootierhaltung – Vögel* (S. 165–205). Haan-Gruiten: Europa-Lehrmittel.

Leix, E. (2018). *Die Beizjagd – Erfolg in Prüfung und Praxis*. Stuttgart: Kosmos.

Lierz, M., Hafez, H. M., Korbel, R., Krautwald-Junghanns, M., Kummerfeld, N., Hartmann, S., & Richter, T. (2010). Empfehlungen für die tierärztliche Bestandsbetreuung und die Beurteilung von Greifvogelhaltungen. *Tierärztliche Praxis, 38*, 313–324.

Mebs, T., & Schmidt, D. (2006). *Die Greifvögel Europas, Nordafrikas und Vorderasiens*. Stuttgart: Kosmos.

Peakall, D. B., & Kiff, L. F. (1988). DDE contamination in Peregrines and American Kestrels and its effect on reproduction. In Cade et al. (Hrsg.), *Peregrine falcon populations: Their management and recovery* (S. 337–351). Boise: The Peregrine Fund.

Ratcliffe, D. A. (1970). Changes attributable to pesticides in egg breakage frequency and shell thickness in some British birds. *Journal of Applied Ecology, 7*, 67–115.

Ratcliffe, D. A. (1972). The peregrine population in Great Britain in 1971. *Bird Study, 19*, 117–156.

Safford, R., & Hawkins, F. (2013). *The birds of Africa: volume VIII: The Malagasy region: Madagascar, Seychelles, Comoros, Mascarenes*. London: Christopher Helm.

White, C. M., Olsen, P. D., & Kiff, L. F. (1994). Family Falconidae (Falcons and Caracaras). In J. del Hoyo et al. (Hrsg.), *Handbook of the birds of the world* (New world vultures to guinea fowl, Bd. 2, S. 216–247). Barcelona: Lynx.

Winkler, D. W., Billermann, S. M., & Lovette, I. J. (2015). *Bird Families of the World – Falconiformes* (S. 254–256). Barcelona: Lynx.

Ordnung: Psittaciformes – Papageien

Werner Lantermann, Jörg Asmus und Nils Becker

Inhalt

1   Familien: Strigopidae, Cacatuidae, Psittacidae

Systematik und allgemeine Biologie
Papageien sind in knapp 400 Arten weltweit in allen tropischen und gemäßigten Zonen weitverbreitet (außer in Europa – wenn man von der mittlerweile fast europaweiten Ausbreitung des Halsbandsittichs (*Psittacula krameri*) absieht) (Abb. 1). In den verschiedenen systematischen Ansätzen wurden die Papageien bislang in drei bis maximal 13 Familien (Wolters 1975–1982) eingeteilt. Die neueren molekularbiologischen Untersuchungen haben nun eine recht eindeutige Differenzierung der Papageien in drei Familien ergeben, nämlich einerseits die Strigopidae (Eulen- und Nestorpapageien) mit drei Arten, die Cacatuidae (Kakadus) mit 21 Arten und die Eigentlichen Papageien (Psittacidae) mit 374 Arten (Winkler et al. 2015). In früheren

W. Lantermann (✉)
Oberhausen, Deutschland
E-Mail: w.lantermann@arcor.de

J. Asmus
Gesellschaft für Arterhaltende Vogelzucht (GAV) e.V., Mönsterås, Schweden
E-Mail: joergasmus@hotmail.com

N. Becker
Berne, Deutschland

© Springer-Verlag GmbH Deutschland, ein Teil von Springer Nature 2021
W. Lantermann, J. Asmus (Hrsg.), *Wildvogelhaltung*,
https://doi.org/10.1007/978-3-662-59604-3_31

Abb. 1 Der Halsbandsittich (*Psittacula krameri*) hat sich inzwischen in vielen Gegenden Europas angesiedelt und wird sich in Folge des Klimawandels voraussichtlich weiter ausbreiten. (Foto: Werner Lantermann)

systematischen Ansätzen wurden oftmals auch die nektarfressenden Loris als eigene Familie (Loriidae) geführt, hier bilden sie die Unterfamilie Loriinae (vgl. Collar 1997). Sie werden aufgrund ihrer Nahrungsbesonderheiten – zusammen mit den Fledermaus- und Feigenpapageien – weiter unten aber separat behandelt. Die größte Papageienart ist der brasilianische Hyazinthara (*Anodorhynchus hyacinthinus*) mit einer Gesamtlänge von etwa 100 cm bei einem Gewicht von maximal 1700 g. Der schwerste Papagei ist dagegen der (fast) flugunfähige neuseeländische Eulenpapagei (*Strigops habroptila*) mit einem Gewicht von bis zu 3000 g bei einer Größe von 64 cm. Demgegenüber stehen der Braunstirn-Spechtpapagei (*Micropsitta pusio*) von den Salomoneninseln (8 cm, 10–15 g) und das Goldstirnpapageichen (*Loriculus aurantiifrons*) aus Papua-Neuguinea (10 cm, 13–16 g) als kleinste Papageien der Welt (HBW Alive Species 2019).

Die nächsten Verwandten der Papageien wurden lange Zeit üblicherweise in den Spechten (Piciformes), den Kuckucken (Cuculiformes) und den Tauben (Columbiformes) gesehen, heute sieht man sie eher in der verwandtschaftlichen Nähe der Falken (Falconiformes) und der Sperlingsvögel (Passeriformes), allerdings scheinen hier die Forschungsergebnisse noch nicht eindeutig zu sein. Verbreitungsschwerpunkte sind zum einen der neotropische Bereich mit etwa 165 Arten und die Australregion mit etwa 180 Arten. Der afro-asiatische Bereich ist mit etwa 50 Arten relativ artenarm. Das Ursprungszentrum der Papageien wird in der Australregion, vielleicht in Neuguinea oder Neuseeland vermutet, wo heute noch mit Eulenpapagei, Kea (*Nestor notabilis*), Kaka (*Nestor meridionalis*) (Abb. 2) und Borstenkopfpapa-

Abb. 2 Der Kaka (*Nestor meridionalis*), hier ein Foto aus der einzigen europäischen Haltung in der Stuttgarter Wilhelma, gehört zu den stammesgeschichtlich ältesten Papageien. (Foto: Werner Lantermann)

gei (*Psittrichas fulgidus*) die urtümlichsten aller Papageienarten vorkommen (Forshaw 1989; Collar 1997; Winkler et al. 2015).

Die charakteristischen Merkmale aller Papageien sind neben ihrer z. T. sprichwörtlichen „Intelligenz" und der Farbenpracht vieler Arten zum einen der typische Papageienschnabel mit dem kräftigen, gebogenen Oberschnabel, der mit der Schädelkapsel beweglich verbunden ist und dadurch vielfältige Möglichkeiten zum Knabbern, Klettern, zum Samen- und Früchteschälen und zur sozialen Gefiederpflege bietet. Zum anderen sind die Greiffüße mit zwei nach vorn und zwei nach hinten gerichteten Zehen charakteristisch, die als Anpassung an ein Leben in den Bäumen hindeuten. Ein anderes wichtiges Merkmal der Papageien ist ihre soziale Lebensweise. Beinahe alle Arten leben den größten Teil des Jahres in Paaren, Familiengruppen, kleinen oder großen Schwärmen zusammen. Zur Brutzeit sondern sich – außer bei den koloniebrütenden Arten – die Paare von der Gruppe ab, gehen ihrem Brutgeschäft nach, ziehen ihre Jungen auf und kehren dann oftmals mit diesen in die Gruppe oder den Schwarm zurück, wo die Jungvögel wiederum Sozialpartner finden und sich verpaaren können (Forshaw 1989; Collar 1997; Rowley 1997).

Allgemeine Haltungsanforderungen

In der Haltungspraxis empfiehlt sich die Grobeinteilung der Papageien in die Kakadus (Cacatuidae), die Eigentlichen Papageien (Psittacidae) und – wegen ihrer besonderen Ernährungsansprüche – die Unterfamilie der Loris (Loriinae), derweil die Eulen- bzw. Nestorpapageien (Strigopidae) in der Haltung (abgesehen vom Kea)

keine Rolle spielen. Für die Haltungspraxis relevant ist zudem die Einteilung der
Eigentlichen Papageien in die Großpapageien der Alten und Neuen Welt, die Neuweltsittiche, die asiatischen Edelsittiche, die Sittiche der Australregion und die
Kleinpapageien Afrikas und Südamerikas. Aus diesen, zum Teil recht unterschiedlichen Artengruppen, setzt sich in der Regel der Vogelbestand in kleineren Parks und
Privathaltungen zusammen, derweil die selteneren und auch die pflegeintensiven
Arten oftmals den spezialisierten Privathaltern, Zoos und Vogelparks vorbehalten
bleiben. Ausnahmen, wonach auch kleinere Parks und Privathalter über artenreiche
und pflegeintensive Papageienkollektionen verfügen, bestätigen die Regel (www.
zootierliste.de, www.vogelnetzwerk.de).

Für die Papageienhaltung kommen in erster Linie Freivolieren mit angebautem
Schutzhaus in Frage. Zumindest die Arten der Neotropis, des afrikanischen und des
indonesischen Verbreitungsraumes benötigen im Winter beheizte Unterkünfte, die
Kakadus und Großsittiche der Australregion sowie die afrikanischen Unzertrennlichen können dagegen auch in lediglich frostfreien bzw. leicht erwärmten Innenräumen überwintert werden. Volieren sollten am besten aus Vierkant-Metallrohren
bestehen und mit punktgeschweißtem verzinktem Viereckgeflecht bespannt sein
(Abb. 3). Diese Kombination hat eine weitaus höhere Lebensdauer als die immer
noch vielerorts anzutreffenden Holzvolieren, die relativ schnell unansehnlich werden und vor allem von Großpapageien z. T. auch stark benagt werden. Die Volierenausstattung besteht aus mehreren Sitzästen unterschiedlicher Stärke (Naturholzäste:
Weide, Obstbaum), einem flachen Badebecken und diversen Beschäftigungsgegen-
ständen, z. B. Ketten, Tauen, Kiefernzapfen, Papprollen usw. „Behavioral enrichment" mit viel Spiel- und Beschäftigungsmaterial, aktiver Futtersuche und der
Möglichkeit zur Verpaarung, Brut und Jungenaufzucht usw. sollte heute auch in
der Papageienhaltung zum Standard gehören (Robiller 1990, 1992, 1997). Denn
besonders bei den (früher oft) einzeln gehaltenen Großpapageien in engen reizarmen
Käfigen sind Verhaltensauffälligkeiten (z. B. Bewegungsstereotypien, Federrupfen,
Dauerschreien) keine Seltenheit. Somit ist auch jede Einzelhaltung von Papageien,
vielleicht sogar noch in einem runden Käfig oder auf einem Papageienbügel, strikt
abzulehnen und gilt im deutschen Tierschutzgesetz mittlerweile auch als Tierquälerei (Lantermann 1998).

Die Ernährung der meisten Papageien ist relativ problemlos, denn die Mehrzahl
der Arten gehört zu den unspezialisierten Körner- und Fruchtfressern. Die gängigen
Arten werden mit einem handelsüblichen hochwertigen Körnerfuttergemisch, das
auf die Bedürfnisse der jeweiligen Arten abgestimmt sein muss, gefüttert. Mehrere
Futtermittelhersteller halten gut geeignete Saatenmischungen für die unterschiedlichen Papageiengruppen vor. Hinzu kommen Obst-, Gemüse- und Grünfutteranteile,
zur Brutzeit auch gekeimte Saat oder ein handelsübliches Aufzuchtfutter. Vitamine,
Mineralstoffe und täglich frisches Trinkwasser runden die Palette ab. Auch bei der
Fütterung ist der Beschäftigungsaspekt zu bedenken. Somit sind mehrfache Fütterungen mit jeweils kleinen Futtermengen sinnvoller als die Hauptfütterung einmal
am Tag, die die Tiere nur kurze Zeit beschäftigt. Großpapageien nehmen z. B. auch
gern die kleinen Körnchen der Kolbenhirse und sind damit länger beschäftigt, als
etwa mit dem Enthülsen von Sonnenblumenkernen. Auch Gegenstände ohne größe-

Abb. 3 Metallvolieren sind für die Großpapageienhaltung das Mittel der Wahl. Hier eine Aravoliere im Weltvogelpark Walsrode (2006). (Foto: Werner Lantermann)

ren Futterwert, z. B. frische Obstbaum- oder Weidenzweige, tragen zur Beschäftigung und zum Wohlbefinden der Tiere bei (Abb. 4). Mittlerweile werden auch immer öfter Pellets zur Papageienernährung eingesetzt und können eine durchaus sinnvolle Nahrungsergänzung darstellen. Zumindest enthalten sie alle wichtigen Ernährungsbestandteile inklusive Vitamine und Mineralstoffe, allerdings entfällt der Beschäftigungsaspekt beim Enthülsen von Samenkörnern. Eine Kombination aus Pellets, einer Körnermischung und dazu Obst und Grünfutter stellt eine gute Grundlage für eine ausgewogene Papageienernährung dar (Lantermann 1999, 2007a). Für Loris, Feigenpapageien und Fledermauspapageien ist eine spezielle Futterzusammensetzung vorzusehen (siehe unten).

Die übliche Papageienhaltung erfolgt wegen der zur Brutzeit auftretenden Territorialität der meisten Arten meist paarweise in Einzelvolieren. Manche Vogelparks gehen inzwischen allerdings dazu über, ein kombiniertes System im Wechsel der Jahreszeiten anzubieten. Demnach werden territoriale Arten zur Brutzeit in Einzelabteilen gehalten, außerhalb der Brutzeit öffnen sich die Türen, und die Paare mit ihren Jungvögeln vereinen sich in einer Großvoliere zu einem kleinen Schwarm. Einige gruppen- oder schwarmlebende Arten, wie Wellensittiche, Nymphensittiche, Mönchsittiche (*Myiopsitta monachus*), Felsensittiche (*Cyanoliseus patagonus*), Rosenköpfchen (*Agapornis roseicollis*), Schwarzköpfchen (*A. personatus*), Pfirsichköpfchen (*A. fischeri*), Erdbeerköpfchen (*A. lilianae*) und Rußköpfchen (*A. nigrigenis*)

Abb. 4 Zur
Verhaltensbereicherung von
Sittichen und Papageien
tragen auch Gaben von
frischen Obstbaumzweigen
bei. (Foto: Werner
Lantermann)

werden jedoch oftmals auch ganzjährig in Gemeinschaftsvolieren gehalten und schreiten dort erfolgreich zur Brut (Robiller 1992).

Nistkästen bestehen in Menschenobhut aus rechteckigen Holzkästen oder ausgehöhlten Naturstämmen. Wellensittiche, Grassittiche, Agaporniden und Sperlingspapageien kommen mit kleinen Kästen von etwa 20 × 15 × 15 cm Größe aus. Das andere Extrem sind die Nistkästen für die großen Araarten, die bei einer Breite und Höhe von etwa 40–50 cm durchaus 100 cm lang sein dürfen und aus recht hartem Holz bestehen sollten, sonst überstehen sie die Brutzeit nicht. Die Schlupflöcher haben – je nach Papageienart – einen Durchmesser von 4 bis 15 cm. Als Nistkasteneinstreu kommen natürlicher Holzmulm, Rindenmulch von ungiftigen Bäumen oder Hobelspäne in Betracht (Lantermann 2007a). Unzertrennliche und Mönchsittiche bauen selber ihre Nester und benötigen dazu stets frische Obstbaum- oder Weidenzweige, die sie abschälen und zu Brutkobeln oder Nestunterlagen verbauen (Asmus 2013).

Ein Trend in der Zucht von Papageien, der sich seit einigen Jahren abzeichnet, ist die Handaufzucht der Jungvögel. Vom Nymphensittich über den Senegalpapageien (früher Mohrenkopfpapagei) bis hin zu den diversen Großpapageienarten werden heute bei Züchtern, in Zoogeschäften und als Importe aus großen Zuchtstationen in Übersee immer mehr handaufgezogene Jungvögel zu teilweise relativ hohen Preisen angeboten. Oftmals erfolgen diese Handaufzuchten nicht mit dem notwendigen Sachverstand, so dass ein Teil der Jungvögel fehlgeprägt ist und früher oder später ausgeprägte Verhaltensauffälligkeiten zeigt, deshalb wieder abgegeben wird und die Nachfrage nach jungen „unverdorbenen" Jungvögeln weiter in Gang hält. In diesen Kreislauf sind auch Tier- und Vogelparks, aber auch die sogenannten Papageienhäuser, als letzte Auffangstellen involviert und teilweise mit der Zahl der Abgabetiere (vor allem Amazonen, Graupapageien und Kakadus) aus Privathand schnell überfordert.

Von den etwa 400 derzeit bekannten Papageienarten sind nach den Kriterien der IUCN gegenwärtig rund 170 Arten in irgendeiner Form gefährdet – darunter alle drei Arten aus der Familie Strigopidae, sieben aus der Familie der Kakadus und 160 Arten (= 43 % !) aus der Familie der Eigentlichen Papageien. In den höchsten Gefährdungskategorien werden derzeit 40 Arten als „endangered" (stark gefärdet) und 17 Arten als „critically endangered" (vom Aussterben bedroht) eingestuft (Winkler et al. 2015).

In den Anhängen des Washingtoner Artenschutzübereinkommens, das den internationalen Handel mit Papageien reglementiert, sind derzeit nur Wellensittich, Nymphensittich, Halsbandsittich und Rosenköpfchen *nicht* aufgeführt. Etwa 340 Arten stehen im Anhang II (Anhang B des EU-Rechts) und dürfen nur unter bestimmten Umständen gehandelt werden. Etwa 50 Arten schließlich sind im Anhang I (EU-Anhang A) verzeichnet, gehören zu den stark gefährdeten Arten und unterliegen damit strikten Handelsbeschränkungen. In der BRD besteht für die Haltung und Zucht der Arten des Anhangs II (B) eine Melde-, Buchführungs- und großenteils eine Beringungspflicht (vgl. Anlage 6 der Bundesartenschutzverordnung), bei Arten des Anhangs I (A) wird darüber hinaus eine CITES-Bescheinigung als Nachweis gegenüber der Behörde benötigt (www.cites.org). Ringgrößen und Kennzeichnungsmethoden für alle kennzeichnungspflichtigen Sittich- und Papageienarten finden sich in der Bundesartenschutzverordnung (BArtSchV, Anlage 6). Im Deutschen Artenschutzrecht (Bundesartenschutzverordnung) wurde jedoch auch eine Anlage 5 eingerichtet, die eine Reihe von viel gehaltenen und leicht züchtbaren Arten aus der Familie Psittacidae enthält, die weder melde- noch nachweispflichtig sind, und seit dem Wegfall der Psittakose-Verordnung im Herbst 2012 besteht für diese Arten auch keine Beringungspflicht mehr (Tab. 1).

Haltungsanforderungen – Eulen- und Nestorpapageien (Strigopidae)
Zu den Strigopidae werden nach den neueren genetischen Untersuchungen die drei neuseeländischen Arten Eulenpapagei, Kaka und Kea gerechnet. Ersterer gehört im Freiland zu den höchstbedrohten Papageienarten der Welt und ist in Menschenobhut nicht vertreten (abgesehen von fünf Importvögeln um 1870 in den Londoner Zoo wurde er auch nie in Europa gehalten). Der Kaka wird ebenfalls außerhalb seiner Heimat so gut wie nicht gehalten. In Deutschland ist er derzeit lediglich in der Stuttgarter Wilhelma mit zwei weiblichen Tieren vertreten, im übrigen Europa gibt es momentan keine Kaka-Haltung (www.zootierliste.de).

Lediglich der etwa 45 cm große und überwiegend olivgrün gefärbte **Kea** wird in diversen zoologischen Einrichtungen gehalten und auch in kleiner Anzahl nachgezüchtet, so dass nun hier und dort auch Jungvögel bei (finanzkräftigen) Privatliebhabern Einzug halten (Abb. 5). Nach aktuellem Stand waren Mitte 2019 in 21 deutschen Parks und 48 Parks im übrigen Europa Keas vertreten. Sie sind durch ihr verspieltes Wesen und Neugierverhalten, wobei sie sich auch viel am Boden

Tab. 1 Liste der nach Bundesartenschutzverordnung, Anlage 5 nicht mehr meldepflichtigen Sittich- und Papageienarten (alphabetisch nach wissenschaftlichem Namen, deutsche Namen sind gebräuchlich, können aber in einigen Fällen von der Nomenklatur im HBW abweichen)

Agapornis fischeri – Pfirsichköpfchen
Agapornis nigrigenis – Rußköpfchen
Agapornis personatus – Schwarzköpfchen
Agapornis roseicollis – Rosenköpfchen
Agapornis taranta – Tarantapapagei
Alisterus scapularis – Australischer Königssittich
Aprosmictus erythropterus – Rotflügelsittich
Barnardius barnardi – Barnardsittich
Barnardius zonarius semitorquatus – Kragensittich
Barnardius zonarius zonarius – Bauers-Ringsittich
Bolborhynchus lineola – Katharina-Sittich
Cyanoramphus forbesi – Forbes Springsittich
Cyanoramphus novaezelandiae – Ziegensittich
Forpus coelestis – Blaugenick-Sperlingspapagei
Forpus crassirostris – Blauflügel-Sperlingspapagei
Forpus conspicillatus – Augenring-Sperlingspapagei
Forpus passerinus – Grünbürzel-Sperlingspapagei
Forpus xanthops – Gelbgesicht-Sperlingspapagei
Lathamus discolor – Schwalbensittich
Myiopsitta monachus – Mönchssittich
Neophema chrysostoma – Feinsittich
Neophema elegans – Schmucksittich
Neophema pulchella – Schönsittich
Neophema splendida – Glanzsittich
Neopsephotus bourkii – Bourkesittich
Northiella haematogaster – Blutbauchsittich
Platycercus adscitus – Blasskopfrosella
Platycercus caledonicus – Gelbbauchsittich
Platycercus elegans – Pennantsittich
Platycercus eximius – Rosellasittich, Prachtrosella
Platycercus flaveolus – Strohsittich
Platycercus icterotis – Stanleysittich
Platycercus venustus – Brownssittich
Polytelis alexandrae – Princess-of-Wales-Sittich
Polytelis anthopeplus – Bergsittich
Polytelis swainsonii – Schild- oder Barrabandsittich
Psephotus dissimilis – Hooded-Sittich
Psephotus haematonotus – Singsittich
Psephotus varius – Vielfarbensittich
Psittacula eupatria – Großer Alexandersittich
Purpureicephalus spurius – Rotkappensittich

Abb. 5 Keas (*Nestor notabilis*) verfügen über bemerkenswerte kognitive Fähigkeiten und wurden deshalb bereits mehrfach Gegenstand von Forschungsarbeiten. (Foto: Werner Lantermann)

aufhalten, in den meisten Parks ein Publikumsmagnet. Die Haltung ist nicht sonderlich schwierig, allerdings benötigen die Tiere eine sehr geräumige Voliere mit viel Spiel- und Beschäftigungsmaterial, das möglichst auch ständig variiert werden sollte. Ernährt werden die Keas, die zu den Allesfressern gerechnet werden, mit einer üblichen Papageien-Körnermischung, gekeimter Saat, viel Obst und Grünfutter, dazu in Maßen tierisches Eiweiß in Form von Hundekuchen und gelegentlich Eintagsküken und nestjungen Mäusen, die manche Vögel aber nur zur Brutzeit annehmen. Keas sind tag- und dämmerungsaktiv, die Weibchen sind gegenüber den Männchen das dominante Geschlecht. Zur Brut benötigen die Vögel große Nistkästen, die auch in Bodennähe angenommen werden. Das Gelege umfasst üblicherweise 2–4 Eier, die etwa 27–29 Tage lang bebrütet werden, die Nestlingszeit beträgt etwa 60–75 Tage (vgl. Brinkmann 2019). Der Kea gilt im Freiland mittlerweile als „endangered", bei der Haltung in Menschenobhut unterliegt er den Regularien des WA-Anhanges II (B). Keas sind demnach nachweis-, melde- und beringungspflichtig (geschlossener Artenschutzring 12 mm). Ein „Studbook" (ESB) für den Kea wird im Park Bristol Place geführt (www.eaza.net/conservation/programs).

Haltungsanforderungen – Kakadus (Cacatuidae)

Die Gruppe der Kakadus besteht aus insgesamt 21 Arten in sieben Gattungen, von denen mittlerweile sieben als gefährdet gelten müssen. Dies gilt vor allem für die indonesischen Arten (aufgrund von Lebensraumveränderungen, Umwandlung von

ursprünglichen Habitaten in Landwirtschaftsflächen und den internationalen Tierhandel), derweil die australischen Rosakakadus (*Eolophus roseicapilla*), Gelbhau-
benkakadus (*Cacatua galerita*) und Nacktaugenkakadus (*Cacatua sanguinea*) mancherorts von den Farmern sogar noch als Pestvögel verfolgt werden (Forshaw 1989;
Winkler et al. 2015). Als besonders gefährdet gelten derzeit der Rotsteißkakadu
(*Cacatua haematuropygia*) („critically endangered"), der Gelbwangenkakadu (*Cacatua sulphurea*), insbesondere auch die Unterart *C. s. citrinocristata* – Orangehaubenkakadu („critically endangered") und der Weißhaubenkakadu (*Cacatua alba*)
(„endangered") (HBW Alive Species 2019).

Abgesehen von den zuvor getroffenen allgemeinen Hinweisen zu einer artgerechten Papageienhaltung, stellen sich bei der Kakaduhaltung noch besondere Hal-
tungsaspekte. Ganz allgemein gilt: die Haltung von Kakadus ist recht anspruchsvoll.
Abgesehen davon, dass sie teils enorme Lautäußerungen von sich geben und damit
in Privathaltungen für sensible Nachbarschaften kaum tragbar sind, benötigen sie zu
ihrem Wohlbefinden geräumige und sehr stabile Volieren, einen schwach bis mäßig
beheizten Schutzraum im Winter, viel Beschäftigungsmaterial, eine ausgewogene
Ernährung und zur Brutzeit massive Nistkästen. Zwar lassen sich die Geschlechter
der meisten Arten an der Irisfärbung (Männchen schwarz, Weibchen braun) leicht
erkennen, dafür ist die Zusammenstellung harmonierender Paare schwierig. Männchen, die außerhalb der Brutzeit harmonisch mit ihrem Weibchen zusammenleben,
können während der Balz- und Brutphase plötzlich so stark zu Aggressionen neigen,
dass sie ihr Weibchen dann bis zur Erschöpfung jagen, verletzten und schlimmsten-
falls sogar töten. Dies gilt insbesondere für die indonesischen Arten. Hier ist viel
Erfahrung notwendig und es besteht noch viel Forschungsbedarf (Lantermann
2019).

Relativ häufig in Menschenobhut ist derzeit vor allem der **Rosakakadu** anzutreffen, der mittlerweile auch in beträchtlichen Zahlen nachgezüchtet wird (Abb. 6).
Er ist etwa 35 cm groß und in zwei Unterarten über weite Teile Australiens
verbreitet. Sein Lebensraum sind vor allem die Trockengebiete im Inneren Australiens, meist in der Nähe von Wasserstellen. – Rosakakadus waren noch vor zwei
Jahrzehnten fast unerschwingbare Raritäten in Privathand, in den Parks waren sie
dagegen immer relativ regelmäßig vertreten. Mittlerweile haben sich jedoch diverse
Zuchtpaare etabliert, und heute sind – zumindest auf Vorbestellung – immer Jungvögel zu recht moderaten Preisen zu bekommen. Die Nachzuchten sind wenig
empfindlich und scheinbar recht anspruchslos in ihren Bedürfnissen. Allerdings
neigen auch sie – wie beinahe alle Kakadus – in Menschenobhut zum Federrupfen.
Damit wird deutlich, dass ihre Pflegeansprüche noch nicht restlos erkannt und
umgesetzt sind. Die Geschlechter sind bei erwachsenen Vögeln leicht zu unterscheiden: Männchen tragen eine dunkle, Weibchen eine rotbraune Iris. Die Brut findet im
Frühjahr in einem ausgehöhlten Baumstamm statt. Das Gelege umfasst drei bis vier
Eier, die von beiden Geschlechtern im Wechsel bebrütet werden. Nach einer Nestlingszeit von etwa sieben Wochen verlassen die Jungvögel die Nisthöhle und sind
zwei bis drei Wochen später selbstständig.

Von den indonesischen Arten seien an dieser Stelle nur kurz der **Gelbwangenkakadu** und der **Rotsteißkakadu** gestreift. Beide Arten gehören – u. a. aufgrund

Abb. 6 Der Rosakakadu
(*Eolophus roseicapilla*) wird
heute weniger in den
Tiergärten, sondern
überwiegend in Privathand
gehalten und dort auch sehr
erfolgreich nachgezogen.
(Foto: Jörg Asmus)

ihrer kleinräumigen Verbreitungsgebiete auf Sulawesi und den Kleinen Sundainseln
bzw. auf Palawan und den Sulu-Inseln – zu den besonders gefährdeten Kakaduarten,
deren Populationen in der Vergangenheit durch massiven Tierhandel stark geschwächt wurden. Heute ist man bemüht, beide Arten in Menschenobhut durch
bestehende Erhaltungszuchtprogramme (EEPs) vor dem endgültigen Aus zu bewahren (siehe unten).

Bei der Haltung (dieser und anderer) indonesischer Kakadus ist besondere Vorsicht geboten, was die innerartliche Aggression betrifft. Vögel, die über Jahre
hinweg offenbar gut harmonieren, können plötzlich offene Auseinandersetzungen
haben, bei denen das Männchen das Weibchen bis zur Erschöpfung durch die Voliere
treibt, manchmal sogar schwer verletzt oder gar tötet. Hier sind zum einen bei
Volierenbau und -ausstattung bestimmte Vorkehrungen zu treffen. So sollte das
Weibchen stets die Möglichkeit haben, sich den Blicken des Männchens hinter
Sichtschutzblenden zu entziehen oder in eine separate Voliere zu entschlüpfen.
Nistkästen sollten auf jeden Fall zwei Ein-/Ausgänge haben, damit das Weibchen
ggf. daraus entkommen kann. Hilfreich ist auch, wenn in der Nachbarvoliere (bei
doppelter Drahtbespannung) ebenfalls Kakadus oder andere Papageien gehalten
werden, an denen das Männchen seine Aggressionen „symbolisch" abarbeiten kann.
Solche Paare müssen auf jeden Fall vom Pfleger sorgfältig beobachtet und ggf.
vorübergehend getrennt oder dauerhaft umverpaart werden (Lantermann 2019).

Abb. 7 Der Palmkakadu
(*Probosciger aterrimus*) ist im
Freiland noch nicht bedroht.
Dennoch wurde vorsorglich
ein EEP für die wenigen
Vögel der Art in
Menschenobhut eingerichtet.
(Foto: Werner Lantermann)

Erhaltungszuchtprogramme für Kakadus existieren in Europa derzeit auf Basis von
EEPs, und zwar für den Rotsteißkakadu und den Palmkakadu (*Probosciger aterrimus*)
(Abb. 7) (Zuchtbuchführung im ZooParc Beauval, Frankreich) sowie für den Molukken-
(*Cacatua moluccensis*) und den Orangehaubenkakadu (*Cacatua sulphurea citrinocristata*) (Zoo Dublin) (www.eaza.net/conservation/programs). Neu eingerichtet wurde
kürzlich (2018) ein EEP für den Gelbwangenkakadu (alle Unterarten außer *C. s.
citrinocristata*), das von Max Birkendorf im Zoo Neuwied geführt wird (mdl. Mitt.).

Haltungsanforderungen – Eigentliche Papageien (Psittacidae)
Von den etwa 374 Papageienarten, die zu den Psittacidae gerechnet werden, sind viele
Arten in Zoos, Vogelparks und Privathand vertreten – allein bei den Mitgliedern der
GAV und den ihr angeschlossenen 45 Zoos über 200 Arten. Einerseits werden fast
durchweg viele Sittich-und Kleinpapageienarten in den Parks gezeigt (darunter auch
zahlreiche Abgabetiere, zu denen auch Blaustirnamazonen und Graupapageien in
nicht unbeträchtlicher Anzahl hinzu gerechnet werden müssen). Andererseits sind
viele Zoos, gerade auch die VdZ-Zoos, aus Platzgründen auf bedrohte Arten spezialisiert und nehmen (z. B. mit einigen Amazonen-, Ara- und Kakaduarten) an Europäischen Erhaltungszuchtprogrammen teil (Tab. 2). Auch private Halter verfügen oft
über bemerkenswerte Papageienkollektionen, wobei hier aber die Massen an farb-
mutierten Vögeln und nach Standard gezüchteten Ausstellungsvögeln nicht unerwähnt
bleiben dürfen. Sie haben für die Erhaltungszucht (auch der weniger seltenen Arten)
nur insofern eine (negative) Bedeutung, als sie Volierenplätze für die eigentliche
Erhaltungszucht blockieren und Finanzmittel und Pflegeaufwand binden, die dringend
für seriöse Zuchtprojekte benötigt würden. Für die Arterhaltung sind sie eher kontraproduktiv. Demgegenüber stehen die relativ wenigen (meist sehr finanzkräftigen)
Privathalter, die auch bedrohte Arten ihr Eigen nennen, diese aber nur allzu selten in
Erhaltungszuchtprojekte einbinden, und stattdessen eher den kommerziellen Faktor
bei Zucht und Verkauf ihrer Vögel im Blick haben (Lantermann 1999, 2009).

Tab. 2 Erhaltungszuchtprogramme für Papageien der Familie Psittacidae, Stand 2019 (eaza.net/conservation/programs) (LC = least concern, NT = near-threatened, VU = vulnerable, EN = endangered, CR = critically endangered). Weitere Programme existieren für vier Kakadu- und zwei Loriarten

Art	EEP/ESB	Zuchtbuchführung	Status
Rotschwanzamazone *Amazona brasiliensis*	EEP	Paignton Zoo	NT
Ecuadoramazone *Amazona lilacina*	EEP	Chester Zoo	EN
Grünwangenamazone *Amazona viridigenalis*	EEP	DierenPark Amersfoort	EN
Hyazinthara *Anodorhynchus hyacinthinus*	EEP	Pairi Daiza Parc	VU
Bechsteinara *Ara ambiguus*	EEP	Zoo des Sables	EN
Blaukehlara *Ara glaucogularis*	EEP	Chester Zoo	CR
Kleiner Soldatenara *Ara militaris mexicanus*	ESB	Antwerpen Zoo	VU
Rotohrara *Ara rubrogenys*	EEP	Edinburgh Zoo	EN
Goldsittich *Guaruba guarouba*	ESB	Lissabon Zoo	EN
Blaulatzsittich *Pyrrhura cruentata*	ESB	Parc de Branfere	VU

Die Familie der Psittacidae vereint sehr unterschiedliche Artengruppen, die in der Haltung relevant sind: von den kleinen neotropischen Sperlingspapageien und afrikanischen Agaporniden, über mittelgroße Sittiche der alten und neuen Welt sowie der Australregion bis hin zu kurzschwänzigen Großpapageien der Afro- und Neotropis und den Aras Süd- und Mittelamerikas. Viele Arten zeigen keinen Geschlechtsdimorphismus (fast alle Amazonen, Rotsteiß- und Weißbauchpapageien, Aras, Neuweltsittiche, die meisten afrikanischen Langflügelpapageien, Graupapageien u. a. m.) und sollten daher bei Zuchtambitionen vorher per DNA-Untersuchung geschlechtsbestimmt werden. Andere Artengruppen, (besonders die australischen Sittiche, die asiatischen Edelsittiche, einige Agapornidenarten u. a. m.) tragen dagegen (zumindest nach der Jungendmauser) unterschiedliche Gefiederfärbungen im männlichen und weiblichen Geschlecht (Collar 1997; Lantermann 1999).

Von den **Großpapageien der Neuen Welt** befinden sich hier und dort einige Aras, vor allem aber Blaustirnamazonen (*Amazona aestiva*), Venezuelaamazonen (*A. amazonica*) und wenige andere Arten in kleineren Haltungen, letztere oftmals als Abgabetiere aus Privathand, die dort nicht länger gehalten werden können (Lantermann 2009). Die selteneren und bedrohten Arten, wie Blaukehlara (*Ara glaucogularis*) (Abb. 8), Rotohrara (*Ara rubrogenys*), Hyazinthara und die beiden Soldatenara-Arten (*Ara ambiguus, Ara militaris*) bleiben dagegen eher den großen Zoos und Vogelparks vorbehalten, die in der Regel mit ihren Tieren auch an Erhaltungszuchtprogrammen (Tab. 2) teilnehmen.

Mit zu den imposantesten Vögeln der Neotropis zählen zweifellos die Aras, von denen hier nur der Grünflügelara, der Gelbbrustara und der Hyazinthara exemplarisch aufgeführt werden sollen. **Grünflügelara** (*Ara chloropterus*) gehören mit einer Gesamtlänge von 85–90 cm zu den vier größten Araarten der Welt. Sie bewohnen den gesamten zentralen Teil Südamerikas mit Ausnahme der Andenregionen im Westen. Ihr bevorzugter Lebensraum sind die tropischen Regenwälder des Tieflandes, im südlichen und östlichen Teil des Verbreitungsgebietes leben sie auch in Laub abwerfenden Wäldern, Galeriewäldern und im offenen Gelände. Grün-

Abb. 8 Bis vor drei Jahrzehnten waren Blaukehlaras (*Ara glaucogularis*) noch fast unbekannt in Europa, heute sind die Bestände in einem EEP erfasst und die Art wird erfolgreich nachgezüchtet. (Foto: Werner Lantermann)

flügelaras leben in Paaren oder kleinen Gruppen zusammen. Zur Brutzeit sondern sich die Paare ab und suchen eine Bruthöhle, die meist in einem großen morschen Baum liegt (Collar 1997).

Grünflügelaras stellen keine besonderen Ansprüche an die Haltung, wenn die Grundvoraussetzungen der Großpapageienhaltung eingehalten werden. Eine Käfighaltung kommt nicht in Frage, ein Paar benötigt eine massive Metall-Voliere von etwa 6 m Länge mit daran anschließendem heizbarem Schutzraum und wechselndem Beschäftigungsmaterial. Die Tiere zeigen keine Färbungsunterschiede zwischen den Geschlechtern, aber die Männchen zeichnen sich oft durch besonders große, klobige Schnäbel aus. Im Zweifelsfall ist ein DNA-Test angebracht. In den letzten Jahren gelingt die Zucht bei vielen Haltern regelmäßig, oftmals werden die Jungtiere aber aus kommerziellen Gründen von Hand aufgezogen. Das Gelege umfasst im Durchschnitt drei Eier, die nach 26–28 Tagen Brutzeit zum Schlupf gelangen. Die Nestlingszeit liegt bei rund 100 Tagen (Lantermann 2009).

Auch der **Gelbbrustara** (*Ara ararauna*) ist mit 85 cm Körperlänge eine imposante Erscheinung und zudem durch seinen auffälligen Farbkontrast immer eine Augenweide in jedem Park (Abb. 9). Sein Verbreitungsgebiet ist fast der gesamte nördliche Teil Südamerikas, von Panama im Nordosten bis Nord-Argentinien im Süden und außerdem auf der Insel Trinidad. Sein Lebensraum sind die Tropenwälder in der Nähe von Flussläufen sowie mit Palmen bewachsene Sumpfgebiete. Gelbbrustaras leben außerhalb der Brutzeit in größeren Schwärmen zusammen, in denen aber die Paare eng zusammenhalten. Sie haben gemeinschaftliche Übernachtungsplätze, von denen sie morgens aufbrechen und zu denen sie abends unter großem Gelärme zurückkehren. – Zur Brutzeit separieren sich die Paare von der Gruppe (Collar 1997).

Gelbbrustaras sind lange Jahre regelmäßig in kleineren Stückzahlen importiert worden. Sie sind aufgrund ihrer Größe absolut nicht für die Käfighaltung geeignet. Ein Arapaar benötigt stattdessen eine großräumige, etwa 6 m lange Voliere mit

Abb. 9 Gelbbrustaras (*Ara ararauna*) sind in fast jedem Vogelpark zu finden und wenn sie – wie hier in einer naturnah eingerichteten Voliere gehalten werden – immer eine Augenweide. (Foto: Werner Lantermann)

abwechslungsreicher Ausstattung und zusätzlichem heizbaren Schutzhaus zu seinem Wohlbefinden. Die Geschlechtsreife tritt erst mit dem 5. oder 6. Lebensjahr ein. Aufgrund geringer Färbungs- und Größenunterschiede empfiehlt sich zur Geschlechtsbestimmung ein DNA-Test. Heute sind in der Regel Nachzuchtvögel im Handel, oft aber aus Handaufzuchten. Das Gelege umfasst drei bis vier Eier, die durchschnittlich 27 Tage bebrütet werden. Die Nestlingszeit dauert etwa drei Monate, mit knapp vier Monaten sind die Jungen selbstständig (Lantermann 2009).

Hyazintharas (*Anodorhynchus hyacinthinus*) sind mit knapp 100 cm Gesamtlänge die größten Papageien der Welt (Abb. 10). Mit einem Gewicht von 1500 bis 1700 g sind sie allerdings nach dem Eulenpapagei nur die zweitschwersten Papageien. Sie sind mit ihrer blauen Gefiederfärbung, den gelben Augenringen und dem imposanten Schnabel charismatische Erscheinungen und gelten in vielen Zoos als Botschafter für den Artenschutz. Denn Hyazintharas gehören mit weniger als 5000 Tieren im Freiland zu den gefährdeten Vögeln („vulnerable"), die hauptsächlich noch im Pantanal im brasilianischen Bundesstaat Mato Grosso vorkommen. Dagegen werden aber derzeit allein in Deutschland in 19 Zoos und Tierparks (europaweit in 75 Parks) Hyazintharas gehalten und teilweise auch gezüchtet (www.zootierliste.de), so dass eine unmittelbare Gefahr des Aussterbens nicht besteht. Zukünftig wird sich insbesondere der Wuppertaler Zoo in seiner neuen Anlage „Aralandia" auf die Haltung von Hyazintharas spezialisieren (Dr. Dressen, mdl. Mitt). Hier sollen künftig Nachzuchten aus ganz Europa zusammengeführt, verpaart und dann als harmonierende potenzielle Zuchtpaare wieder an qualifizierte Parks mit geeigneten Hal-

Abb. 10 Der charismatische
Hyazinthara (*Anodorhynchus
hyacinthinus*) ist im Freiland
mittlerweile gefährdet. (Foto:
Werner Lantermann)

tungsbedingungen weitergegeben werden. Auch in Privathand werden hier und dort
Hyazintharas gehalten, allerdings selten unter den Bedingungen, die für solche
großen und fluggewandten Tiere notwendig wären. Volierenmaße von 6 m Länge
(bei 4 m Breite und 3 m Höhe) sind für eine adäquate paarweise Hyazintharahaltung
mindestens erforderlich. Hinzu kommt ein 4 × 4 m großer Innenraum mit einer
winterlichen Haltungstemperatur von mindestens 10 °C, eine gut strukturierte,
stabile Volierenausstattung mit dicken Ästen und Baumstämmen, ein großer massiver Nistkasten und eine ausgewogene Ernährung, die u. a. auch ölhaltige Palmfrüchte enthalten sollte (Collar 1997; Lepperhoff 2004).

Von den rund 35 rezenten Amazonenarten sind Blaustirn-, Venezuela-, Gelb-
scheitel- (*Amazona ochocephala*), Gelbkopfamazonen (*A. oratrix*) und einige andere
Arten zum Teil recht zahlreich in Menschenobhut vertreten – die meisten Arten mit
recht ähnlichen Pflegeansprüchen. Die **Blaustirnamazone** ist mit einer Körpergröße
um 37 cm eine der größeren Arten, die in zwei Unterarten in weiten Teilen Südamerikas verbreitet ist (Abb. 11). In kleinen Gruppen gehen Tiere morgens und am
Nachmittag der Nahrungssuche nach, verbringen aber die meiste Tageszeit ruhend in
den Baumkronen. Sie unternehmen zum Teil ausgedehnte Flüge zu den Nahrungs-
plätzen, sammeln sich aber allabendlich an gemeinsamen Übernachtungsplätzen, wo
nicht selten viele hundert Tiere zusammenkommen.

Blaustirnamazonen beider Unterarten gehören zu den häufigsten Amazonenpapageien in menschlicher Obhut. Sie wurden lange Jahre bevorzugt als zahme und
nachahmende Stubenvögel gehalten. Durch ihre teils enormen Lautäußerungen und

Abb. 11 Die Gelbflügelamazone (früher Gelbschulteramazone) (*Amazona barbadensis*) kann leicht mit der seinerzeit viel häufiger importierten Blaustirnamazone (*Amazona aestiva*) verwechselt werden. (Foto: Werner Lantermann)

das oftmals aggressive Verhalten der Männchen sind sie in der Beliebtheitsskala der Amazonenhalter inzwischen deutlich gesunken. Sie sollten stets paarweise in geräumigen Metallvolieren (mindestens etwa 2 × 2 × 2 m pro Paar) mit heizbarem Schutzraum und genügend Kletterästen und Knabbermaterial gehalten werden. In der Ernährung und Pflege stellen sie ansonsten keine besonderen Pflegeansprüche, sind ausdauernd und wenig krankheitsanfällig. Zuchtversuche sind wegen der lange Zeit ständigen Verfügbarkeit im Handel erst in den letzten Jahren angestrengt worden. Das Gelege der Blaustirnamazone enthält bis zu fünf Eiern. Die Brutzeit liegt zwischen 26 und 28 Tagen. Die Nestlingszeit dauert 52 bis 61 Tage. Handaufzuchten mit menschengeprägten Jungvögeln überschwemmen derzeit den Markt (Lantermann 2007b) (Abb. 12).

Die **Venezuelaamazone** gehört mit einer Gesamtlänge von 33 cm zu den mittelgroßen Amazonenarten. Sie ist in zwei Unterarten in Kolumbien, Venezuela und den Guayana-Staaten südlich bis Ost-Peru und Süd-Brasilien und auf den Inseln Trinidad und Tobago weit verbreitet. Venezuelaamazonen leben bevorzugt im Varzea-Wald und im Sekundärwuchs entlang größerer Flüsse, darüber hinaus auch in halb offenem Gelände, z. B. Galeriewäldern, lichten Wäldern und Rodungsflächen. Tagsüber gehen Venezuelaamazonen in kleinen Gruppen der Nahrungssuche nach, während sie sich am Abend zu Hunderten auf ihren Schlafbäumen zusammenfinden und dort gemeinsam nächtigen. Die Brutzeit liegt zwischen Februar und August.

Die Venezuelaamazone ist eine der häufigsten Amazonen-Arten in Menschenobhut. Die Haltung bereitet keine größeren Schwierigkeiten, sie ist robust, wenig

Abb. 12 Seit einigen Jahren
wird der Markt mit
handaufgezogenen Papageien
– hier eine
Gelbscheitelamazone
(*Amazona ochrocephala*) –
überschwemmt. (Foto: Werner
Lantermann)

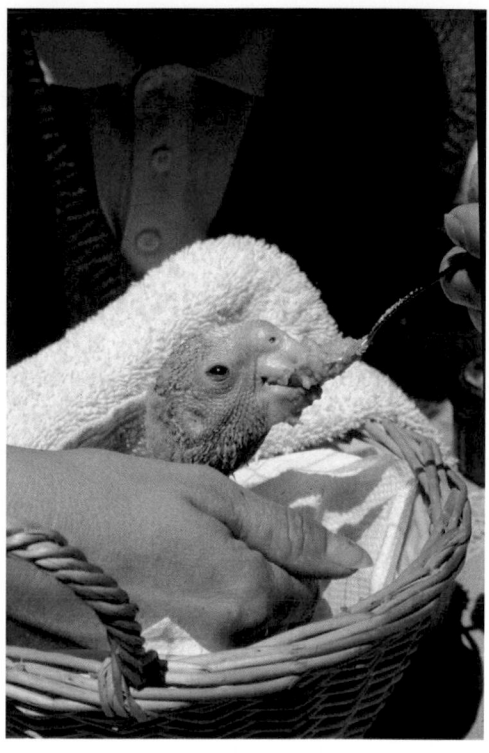

krankheitsanfällig und sehr anpassungsfähig. Wegen regelmäßig eintreffender Importe wurde die Zucht bislang sehr vernachlässigt. Die Geschlechtsbestimmung erfolgt am sichersten per DNA-Nachweis. Die Brutzeit beträgt etwa 26 Tage, die Nestlingszeit rund 60 Tage (Lantermann 2007b).

Mehrere andere Amazonenarten, namentlich Rotschwanz-, Grünwangen- und Ecuadoramazone sind zum Teil im Freiland stark gefährdet und in Europäische Erhaltungszuchtprogramme (siehe Tab. 2) eingebunden. Für andere Arten (z. B. die meisten höchstbedrohten Karibikamazonen) bestehen z. T. internationale Zuchtprogramme (vgl. Collar 1997; Lantermann 1999; Lantermann 2007b).

Als weitere neotropische Arten, die des Öfteren in Privathand anzutreffen sind, sollen **Weißbauch-** (*Pionites*, 4 Arten) und **Rotsteißpapageien** (*Pionus*, 8 Arten) genannt werden. Ihre Haltungsansprüche gleichen weitestgehend denen von Amazonenpapageien. Weißbauchpapageien sind sehr agile, verspielte Vögel, die viel beschäftigt werden müssen. Bei den Rotsteißpapageien ist auf eine sorgfältige Eingewöhnung mit anfänglichen Haltungstemperaturen um 12–15 °C zu achten. Insbesondere Wildfänge bzw. Neuimporte sind sehr anfällig für Erkrankungen der Atmungsorgane, die nicht selten sogar zum Tod führen (Lantermann 2018).

Die **Großpapageien der Alten Welt** sind in vielen zoologischen Einrichtungen und auch in Privathand vertreten und oftmals durch Senegalpapageien (früher Mohrenkopfpapageien) und vor allem Graupapageien repräsentiert, letztere wiederum nicht selten als psychisch beeinträchtigte oder federrupfende Abgabetiere aus privater Einzelhaltung. Solche Vögel sind in einer Gruppe allerdings durchaus resozialisierbar und kommen früher oder später sogar wieder in Fortpflanzungsstimmung (Lantermann 2009; Asmus und Lantermann 2015).

Senegalpapageien (*Poicephalus senegalus*) mit einer Körpergröße von etwa 23 cm kommen in drei Unterarten in Zentralafrika von Senegal im Westen bis Nigeria im Osten vor (Abb. 13). Ihr bevorzugter Lebensraum sind lichte Wälder, Baumsavannen und offenes Farmland in Höhenlagen um 1000 m über NN. Die Gruppen der Senegalpapageien umfassen im Freiland etwa 15 Tiere, zur Brutzeit sondern sie sich paarweise ab und besetzen eine Baumhöhle, in der sie ihre Eier ablegen und ihre Jungen aufziehen.

Jahrelang war der Senegalpapagei unter den drei am häufigsten importierten Großpapageien. Es dürften somit Tausende Senegalpapageien in Privathand und auch in den Zoos und Parks vorhanden sein. Aufgrund ihrer regelmäßigen und preiswerten Verfügbarkeit im Handel wurde mit ernsthaften Zuchtversuchen allerdings erst spät begonnen. Heute stehen Jungvögel aus Nachzuchten in gewissem Umfang zur Verfügung. Die Haltung bereitet keine größeren Probleme. Paare sind recht leicht zusammenzustellen, allerdings empfiehlt sich ein DNA-Test zur Geschlechtsbestimmung. Altvögel, vor allem Wildfänge, bleiben meist zeitlebens recht scheu. Besser angepasst an Volierenverhältnisse sind die nachgezüchteten Jungtiere. Die Brutzeit in Mitteleuropa liegt oftmals im Winter, so dass sich durch eine Steuerung der Ernährung (= „Erhaltungsdiät" ohne Keim- und Eifutter bis Mitte März) und ein späteres Anbieten der Bruthöhlen eine schrittweise Umstellung und Verschiebung auf das Frühjahr empfiehlt. Senegalpapageien legen in der Regel drei bis vier Eier, die etwa 26 Tage bebrütet werden. Die Nestlingszeit liegt bei 63–77 Tagen, zwei Wochen später sind die Jungen bereits selbstständig (Asmus und Lantermann 2015).

Die weiteren Arten aus der Gruppe der **Langflügelpapageien** (vor allem Goldbug- *Poicephalus meyeri*, Rotbauch- *P. rufiventris* und Kongopapageien *P. gulielmi*) finden sich überwiegend in Privathaltung und werden dort zum Teil so ergiebig

Abb. 13 Der Senegalpapagei (*Poicephalus senegalus*) war in den 1980er-Jahren neben Graupapagei (*Psittacus erithacus*) und Pfirsichköpfchen (*Agapornis fischeri*) der häufigste Papagei in der bundesdeutschen Importstatistik. (Foto: Werner Lantermann)

gezüchtet, dass sich mittlerweile stabile Bestände in Menschenobhut etabliert haben (Asmus und Lantermann 2015).

Die beiden **Graupapageien**-Arten (*Psittacus erithacus, P. timneh*) sind mit einer Größe von etwa 32–37 cm die größten Papageien des afrikanischen Kontinents. Sie sind in Zentralafrika von Sierra Leone im Westen bis Uganda und Nord-Tansania im Osten weitverbreitet (Abb. 14). Ihr typischer Lebensraum sind Bergwälder, Küstenmangroven und offenes Waldland. Beide Arten leben meistens in großen Gruppen von mehreren hundert Tieren, in der Brutzeit aber paarweise. Das Gelege besteht aus drei bis fünf Eiern, die Brutzeit liegt bei etwa 28 Tagen, die Nestlingszeit beträgt etwa 12 Wochen.

Graupapageien, und zwar sowohl der Eigentliche Graupapagei (auch Kongograupapagei genannt) als auch der etwas kleinere Timneh-Graupapagei sind in der Haltung recht sensibel. Einzeln gehaltene Vögel zeigen fast regelmäßig Verhaltensauffälligkeiten. Die Zusammenstellung von Paaren muss recht sensibel gehandhabt werden. Harmonierende Paare in adäquaten Haltungssystemen (Metallvoliere in einer Größe von mindestens 2 × 2 × 2 m pro Paar mit heizbarem Innenraum und viel Beschäftigung) sind dagegen recht problemlos in der Pflege, wenig krankheitsanfällig und langlebig. Auch eine Gruppenhaltung ist möglich, allerdings erfordert die anfängliche Gruppenzusammenstellung viel Fingerspitzengefühl des Pflegers. Die Zucht gelingt regelmäßig, wird aber oft von Handaufzuchten begleitet. Unausrottbar scheint der Wunsch privater Liebhaber nach einem zahmen und „sprechenden" Graupapageien zu sein. Der kommerzielle Handel reagiert darauf mit zahlreichen Angeboten handaufgezogener Jungvögel, deren weiteres Schicksal, zumal bei der Einzelhaltung, oftmals

Abb. 14 Graupapageien (*Psittacus erithacus*) werden von Privatliebhabern immer noch wegen ihrer „Sprachbegabung" gekauft und landen dann später oftmals als Abgabetiere in Auffangstationen. (Foto: Werner Lantermann)

durch Verhaltensauffälligkeiten und mehrfache Weitergabe geprägt ist. Die Zoos, Vogelparks und die sogenannten „Papageienhäuser" sind voll von psychisch kranken Abgabetieren (Lantermann 1998; Asmus und Lantermann 2015).

Einfarbig braun-schwarz sind die **Vasapapageien** (*Coracopsis*) gefärbt, die in vier Arten auf der Insel Madagaskar und umliegenden Inseln endemisch sind. Die früher als Rabenpapagei (*Coracopsis nigra*) geführte Art ist mittlerweile in drei Arten aufgespalten worden (*C. barklyi, C. sibilans, C. nigra*). Sie sind mit Körpergrößen von 35–40 cm deutlich kleiner als der Vasapapagei (früher Großer Vasapapagei) (*C. vasa*) (Abb. 15). Der Seychellenpapagei (früher Kleiner Vasapapagei) (*C. barklyi*) gilt nach den Kriterien der IUCN mittlerweile als gefährdet, der Komorenpapagei (*C. sibilans*) steht auf der Vorwarnstufe („near-threatened"). In Menschenobhut werden alle Arten nur selten gehalten und gezüchtet (HBW Alive 2019, www. iucnredlist.org).

Die große, systematisch uneinheitliche Gruppe der **Sittiche** hat kaum mehr Gemeinsamkeiten als das Vorhandensein eines längeren spitz, stufig oder stumpf zulaufenden Schwanzgefieders. Sittiche kommen sowohl in Südamerika und Mittelamerika mit den Hauptgattungen *Eupsittula, Aratinga* und *Psittacara* (Keilschwanzsittiche) und *Pyrrhura* (Rotschwanzsittiche), in Australien mit den beiden bekanntesten Arten Wellensittich und Nymphensittich sowie den Hauptgattungen *Platycercus* (Plattschweifsittiche) und *Neophema* (Grassittiche), in Asien mit der charakteristischen Sittichgattung *Psittacula* (Edelsittiche) vor. Sie unterscheiden sich hinsichtlich ihrer Pflege vor allem in ihrer Wärmebedürftigkeit. Während die Arten der Neotropis durchweg zwar wenig empfindlich sind, aber dennoch im Winter heizbare Schutzräume benötigen, kommen die asiatischen und australischen Arten in der Regel mit frostfreien Schutzräumen zurecht (Brücher et al. 1995; Schroepel 2014).

Die süd- und mittelamerikanischen Sittiche benötigen – wie zuvor angedeutet – schwach heizbare Schutzräume für Schlechtwetter-Perioden (Abb. 16). Zwei weitere Merkmale sind zusätzlich noch zu bedenken: zum einen sind gerade unter den großen Vertretern der *Psittacara*- und *Aratinga*-Gruppe sehr laute und nagefreudige Arten, vor allem der Guayaquilsittich (*Psittacara erythrogenys*) und seine Verwand-

Abb. 15 Die Vasapapageien (*Coracopsis*) sind von allen Papageien am unscheinbarsten gefärbt, nämlich überwiegend braunschwarz. (Foto: Werner Lantermann)

Abb. 16 Von den
neotropischen Sittichen
werden heute Zitronensittiche
(*Psilopsiagon aurifrons*) nur
noch sehr selten gehalten.
(Foto: Werner Lantermann)

ten, der Goldsittich, aber auch Sonnen- (*Aratinga solstilialis*) und Jandayasittich
(*Aratinga jandaya*). Sie können durch zeitweise ohrenbetäubende Lautäußerungen
zur unüberhörbaren Lärmquelle werden, zum anderen können sie Holzvolieren in
kurzer Zeit derart benagen, dass nur noch ein Umzug der Tiere in eine Metallvoliere
bleibt. Dies sollte bereits vor der Planung einer Anlage für Keilschwanzsittiche
bedacht werden. Die zierlichen **Rotschwanzsittiche**, allen voran der Molinasittich
(Grünwangenrotschwanzsittich) (*Pyrrhura molinae*) und der Braunohrsittich (*P. frontalis*), haben diese beiden Eigenschaften weniger. Sie liegen momentan bei vielen privaten Haltern, aber auch in manchen Vogelparks, im Trend und sind immer
häufiger auch in Privathaltungen anzutreffen.

Von den Sittichen der Australregion werden viele Arten seit Jahrzehnten erfolgreich in Menschenobhut gehalten und gezüchtet. Dazu gehören zum Beispiel die
Rosellasittiche, Pennantsittiche, Rotflügelsittiche, Schildsittiche, Grassittiche, die
Spring- und Ziegensittiche Neuseelands und andere mehr. Sie benötigen zu ihrem
Wohlbefinden vor allem lang gestreckte Volieren (je nach Art 2–6 m Länge), in
denen sie ihr Flugvermögen zur Geltung bringen können. Insgesamt sind sie relativ
unempfindlich gegenüber niedrigen Temperaturen und auch sonst recht anspruchslos
in Ernährung und Pflege. Ihre Zucht gelingt regelmäßig (Schroepel 2014; Asmus
und Lantermann 2012).

Die ebenfalls ursprünglich aus Australien stammenden **Wellensittiche** (*Melopsittacus undulatus*) und die systematisch zur Familie der Kakadus gehörenden

Nymphensittiche (*Nymphicus hollandicus*) gelten mittlerweile sogar als vollkommen domestiziert und als winterhart. Sie können bei jedem Wetter in die Außenvolieren gelassen werden, aber frostfreie Innenräume wissen auch sie zu schätzen. Es gibt wohl kaum eine zoologische Einrichtung, die nicht aus den immer wieder eintreffenden Abgabevögeln aus Privathand irgendwann eine Gesellschaftsvoliere errichtet hätte, um nun dem Publikum eine bunte Mischung aus verschiedenen Wellensittich- bzw. Nymphensittichmutanten zu präsentieren. In ausreichend großen Unterkünften können beide Arten auch zusammengehalten werden und sogar zusammen brüten, wenn genügend Nistkästen in einigem Abstand voneinander aufgehängt werden. In ihren Pflegebedürfnissen sind beide Arten recht anspruchslos, kommen mit einer handelsüblichen Körnermischung, Obst- und Grünfutterbeigaben und einem Aufzuchtfutter zur Brutzeit gut zurecht. Sie vermehren sich zum Teil so produktiv, dass die Fortpflanzung der Vögel gesteuert werden muss oder frühzeitig nach Abnehmern für die Jungvögel Ausschau gehalten werden sollte. – Alle heutigen Wellensittichbestände in Europa gehen auf Importe aus den frühen 1840er-Jahren durch John Gould zurück, sie sind heute in vollem Maße domestiziert und haben mittlerweile zahllose Farbmutanten und Farbkombinationen hervorgebracht. Artenreine grüne Wellensittiche, die auf einen Direktimport aus Australien zurückgehen, besitzt in Deutschland derzeit nur der Kölner Zoo, der mittlerweile aber auch schon einige Jungvögel an andere zoologische Einrichtungen weitergegeben hat (Pagel 2008).

Asien im engeren Sinne ist ein artenarmer Kontinent was Papageien angeht. Die dominierende Papageiengruppe sind die **Edelsittiche** der Gattung *Psittacula* mit insgesamt 13 Arten. Die kleinste Form ist der Rosenkopfsittich (*Psittacula roseata*) mit etwa 30 cm Körperlänge, die größte Art der Chinasittich (*P. derbiana*) mit rund 50 cm Körperlänge (Abb. 17).

Die häufigste Art in Menschenobhut ist zweifellos der **Halsbandsittich**, der zudem als einziger unter den Papageienvögeln mit insgesamt 5 Unterarten über drei Kontinente verbreitet ist: in Asien und Afrika als Kernverbreitungszone, seit jüngster Vergangenheit mittlerweile aber auch in Europa, wo sich entflogene oder freigelassene Vögel inzwischen an vielen Orten zu Gruppen formiert haben und sogar erfolgreich brüten. Mit

Abb. 17 Für den zu den Edelsittichen gehörende Chinasittich (*Psittacula derbiana*) existiert mittlerweile ein Erhaltungszucht- und Monitoring-Programm, das in Kooperation zwischen der Gesellschaft für Arterhaltende Vogelzucht (GAV) und dem Tierpark Görlitz betrieben wird. (Foto: Werner Lantermann)

zunehmender Klimaveränderung und milder werdenden Wintern in Mitteleuropa darf davon ausgegangen werden, dass sich der Halsbandsittich in unseren Gärten und Parkanlagen immer weiter ausbreiten wird (Rothfels 2019). Seine Haltung ist mittlerweile absolut problemlos. Durch seine gute Züchtbarkeit und die vielen entstandenen Farbmutanten gilt er inzwischen sogar als (teil-)domestiziert. Seine Haltungsansprüche sind relativ leicht zu befriedigen. Er sollte allerdings eine lang gestreckte Voliere und im Winter zumindest eine frostfreie Unterkunft bekommen (Lantermann 2007a).

Von den häufig gehaltenen **Kleinpapageien** der afrikanischen Gattung *Agapornis* (Unzertrennliche) und der neotropischen Gattung *Forpus* (Sperlingspapageien) soll hier exemplarisch nur das in Menschenobhut überaus häufige Rosenköpfchen näher beschrieben werden.

Das **Rosenköpfchen** gehört zusammen mit acht weiteren Arten in die Gruppe der Unzertrennlichen, von denen fünf Arten (neben den Rosenköpfchen noch Schwarz-, Pfirsich-, Erdbeer- und Rußköpfchen) im engeren Sinne Koloniebrüter sind. Sie können somit auch in Menschenobhut in einer Gruppe gehalten werden und bei ausreichendem Platzangebot mit einer entsprechenden Zahl von Nistkästen dort auch brüten. Rosenköpfchen gehören mit einer Gesamtlänge von 15 cm zu den kleinsten Papageienarten. Ihr natürliches Verbreitungsgebiet ist Namibia und Angola in Westafrika. Dort leben die Tiere paarweise oder in Gruppen in offenen, trockenen Landschaftsformen. Sie brüten in Felshöhlungen oder belegen Kammern in den Gemeinschaftsnestern von Webervögeln. Die Weibchen tragen Nistmaterial im Gefieder in ihre Nistkammer ein und bauen damit ein becherförmiges Nest. Dort hinein werden drei bis sechs Eier gelegt, die etwa 23 Tage lang bebrütet werden. Die Jungvögel fliegen mit etwa fünf Wochen aus (Asmus 2013).

Die Haltung bereitet keine Probleme. Die Tiere nehmen jedes handelsübliche Großsittich- oder Kleinpapageienfutter, brüten leicht und produktiv. Bei der Volierenhaltung (Mindestgröße ca. 1 × 1 × 2 m für ein bis zwei Paare) benötigen sie im Winter lediglich einen frostfreien Schutzraum. In der Zucht sind mittlerweile weit über 50 Farbmutationen und -kombinationen sowie Mischlinge mit anderen Agaporniden-Arten aufgetreten, so dass heute kaum noch artenreine oder nicht-mutierte Vögel zu bekommen sind. In den Zoos und Parks sollte deshalb möglichst Wert auf die Etablierung artenreiner Zuchtgruppen gelegt werden. Das gilt im Übrigen auch für die Zuchten von Schwarzköpfchen, Pfirsichköpfchen, Erdbeerköpfchen und Rußköpfchen (Lantermann 2007b; Asmus 2013) (siehe Abschn. 2).

2 Exkurs: Aufbau artenreiner und virenfreier Agapornidenbestände

Jörg Asmus

Die Haltung von Papageien der Gattung *Agapornis* ist nach wie vor sehr beliebt. Die meisten Arten sind erschwinglich in der Anschaffung und zudem leicht zu halten. Bis vor einigen Jahren gelangten die meisten Arten noch als „Wildfänge" aus ihren

Heimatgebieten direkt nach Europa. Für Nachschub in gewissem Umfang war über viele Jahre gesorgt. In den Jahren 1984–2010 sind nach den Jahresstatistiken des Bundesministeriums für Umwelt, Naturschutz und Reaktorsicherheit insgesamt 1225 Orangeköpfchen (*Agapornis pullarius*), 3795 Grauköpfchen (*A. canus*) und 23232 Pfirsichköpfchen (*A. fischeri*) nach Deutschland gelangt, es handelte sich dabei um Vögel, die der Wildnis direkt entnommen worden sind. Hinzu kamen über diesen Zeitraum eine Vielzahl genehmigter Importe von angeblichen Nachzuchttieren, wie 3861 Rosenköpfchen (*A. roseicollis*), 2000 Schwarzköpfchen (*A. personatus*), 1526 Pfirsichköpfchen, 306 Erdbeerköpfchen (*A. lilianae*) und 78 Rußköpfchen (*A. nigrigenis*). Aber auch in den Jahrzehnten vor 1984 sind tausende Agaporniden aus ihren Heimatländern allein nach Deutschland gelangt, von denen einige Arten (Rosenköpfchen, Schwarzköpfchen, Pfirsichköpfchen, Erdbeerköpfchen, Rußköpfchen) schon immer leicht zu vermehren waren. Eigentlich die beste Voraussetzung, um artenreine Populationen von einigen Spezies der Gattung *Agapornis* aufzubauen (Abb. 18 und 19).

Dass diese Vögel auch tatsächlich im großen Stil nachgezogen wurden und immer noch werden, belegen Nachzuchtstatistiken diverser Vogelzüchtervereinigungen. So sind für die Jahre 2000–2018 allein in der Jahresstatistik der größten deutschen Vogelhaltervereinigung AZ folgende Nachzuchtzahlen veröffentlicht worden (www.azvogelzucht.de):

- Pfirsichköpfchen   31003 nachgezogene Exemplare
- Schwarzköpfchen   19082 nachgezogene Exemplare
- Erdbeerköpfchen   5069 nachgezogene Exemplare
- Rußköpfchen   5525 nachgezogene Exemplare
- Rosenköpfchen   26899 nachgezogene Exemplare
- Tarantapapageien   4877 nachgezogene Exemplare
- Grauköpfchen   2466 nachgezogene Exemplare
- Orangeköpfchen   148 nachgezogene Exemplare

Abb. 18 Unzertrennliche, wie z. B. Schwarzköpfchen (*Agapornis personatus*), sind heute kaum noch in der Naturform zu finden. Zuchtstandards und Mutationszuchten sind dafür hauptverantwortlich. (Foto: Werner Lantermann)

Abb. 19 Blaue Farbmutation
des Schwarzköpfchens. (Foto:
Werner Lantermann)

Diese Zahlen verdeutlichen, dass die genannten *Agapornis*-Arten (abgesehen
vom Orangeköpfchen) in sehr großer Zahl gehalten und auch gezüchtet werden,
vor allem wenn man bedenkt, dass sich an den Erhebungen dieser Nachzuchtstatistiken auf der einen Seite durchschnittlich nur etwa 10 % der Mitglieder beteiligen
(www.azvogelzucht.de) und es auf der anderen Seite auch noch weitere, wenn auch
kleinere, Züchtervereinigungen in Deutschland mit entsprechenden Nachzuchtzahlen gibt, die die statistischen Angaben über Haltungshäufigkeiten einzelner Arten
ebenfalls nach oben korrigieren würden.

Nun sagen derartige Statistiken allerdings nichts darüber aus, welchen Anteil
z. B. farblich mutierte Individuen beziehungsweise spalterbige Vögel darin einnehmen. Auch Mischlingsvögel finden sich in diesen Statistiken wieder, sind aber nicht
zahlenmäßig erfasst. Diese sogenannten Transmutanten zeigen mehr oder weniger
stark ausgeprägte Mischlingsmerkmale, und die spalterbigen Vögel gleichen dem
Wildvogel. Bei letzteren wird das Erbgut vorhandener mutierter Allele lediglich
verdeckt, es kann folglich von Generation zu Generation weitervererbt und bei
späteren Nachkommen schließlich wieder sichtbar werden.

Zur weiten Verbreitung farbveränderter Vögel haben insbesondere die großen
deutschen Vogelzüchtervereinigungen beigetragen, die mit ihrem Ausstellungswe-
sen immer weitere „Schauklassen" entwickelten und somit einen immer größeren
Nährboden für die Experimentierfreude vieler Züchter schufen. Eine solche Schau-
klasse ist zum Beispiel „*Agapornis roseicollis* Orangemaske pallid grün inkl. DF
(Orangemaske austr. zimt Grünreihe inkl. DF)", eine von insgesamt 53 (!) Schauklassen, die allein für die Spezies Rosenköpfchen bei der Vereinigung für Artenschutz, Vogelhaltung und Vogelzucht (AZ) e. V. zur Auswahl stehen (https://www.

azvogelzucht.de/content/schauklassen_agz.html). Und in jeder dieser 53 Rosenköpf-chen-Schauklassen könnte das AZ-Mitglied, das an Ausstellungen teilnimmt, „Bundessieger" werden, wenn er über eine entsprechende Farbpalette und über hinreichend „gute" Vögel verfügt, die die Merkmale eines entsprechenden „Standards" erfüllen müssen (Abb. 20).

Der „Standard" ist dann auch schon das nächste Problem, denn darin ist u. a. auch die Körpergröße vorgegeben, von der ein Schauvogel bestenfalls nicht abweichen darf. Selbst wenn sich die standardisierte Körpergröße im Bereich der Variationsbreite einer Spezies bewegt (oftmals wird sie sogar überschritten), würde die hohe Anzahl der gezielt auf Größe und Masse gezüchteten Vögel diesen Toleranzwert innerhalb einer Population, aufgrund der hohen Präsenz dieses Einheitswertes, verfälschen (vgl. Feuchter 1996).

Mit all diesem züchterischen Handeln muss sich der ambitionierte Vogelhalter auseinandersetzen, der die Schaffung einer artenreinen Volierenpopulation von Individuen einer Spezies plant. In der Vergangenheit ist darum auch die Motivation zum Aufbau derartiger Populationen in einigen Fällen bereits daran gescheitert, dass allein die Suche nach wildfarbenen Individuen einer Art ein fast auswegloses Unterfangen darstellte. Insbesondere die spätere Identifizierung von spalterbigen Individuen sorgte dabei immer wieder für herbe Enttäuschungen. Dennoch sollte man vor dem Versuch, eine Art in Menschenobhut „artenrein" zu erhalten, nicht zurückschrecken.

Der Aufbau artenreiner Bestände sollte jedoch einigen Grundsätzen folgen, die insbesondere bei Arten mit geringer (Farb-)Mutationsrate durchaus zum Erfolg führen können. Dabei erweist sich die Suche nach geeigneten Vögeln immer als

Abb. 20 Die Bewertungsschauen der großen deutschen Vogelzüchterverbände tragen mit ihren Zuchtstandards eine hohe Mitverantwortung dafür, dass manche Sittich- und Kleinpapageienarten heute kaum noch in der Naturform existieren. (Foto: Werner Lantermann)

größtes Problem. Der entsprechende Vogel muss in jedem Fall ein typisches Abbild seines Artgenossen in der Natur darstellen – die phänotypischen Merkmale müssen übereinstimmen! Arttypisch variierende Färbungsmerkmale, die bei einigen Spezies auf natürliche Weise mehr oder weniger deutlich in Erscheinung treten (z. B. natürlicherweise auftretende Farbmorphe) müssen dabei genauso toleriert werden wie beispielsweise die innerhalb einer Art definierbare Normalverteilung bezüglich der Körpergröße. Mitunter ist der Besuch naturhistorischer Museen zu empfehlen, in denen man nicht selten die Möglichkeit erhält, Studien an einzelnen Sammlungsstücken vorzunehmen. Die auf diese Weise gewonnenen Daten (Variationsbreite, Körpermaße, Gewichte, Farbverteilung) können schließlich bei der Suche nach phänotypisch „artenreinen" Vögeln behilflich sein (Abb. 21).

Weiterhin sollte auch der genetischen Variabilität innerhalb einer Population große Beachtung geschenkt werden. Die infrage kommenden Individuen zum Aufbau eines artenreinen Stammes sollten möglichst nicht zu eng miteinander verwandt sein, und eine Gründerpopulation muss sich darum aus möglichst vielen solcher „verwandtschaftsfernen" Individuen zusammensetzen. Genetische Untersuchungen

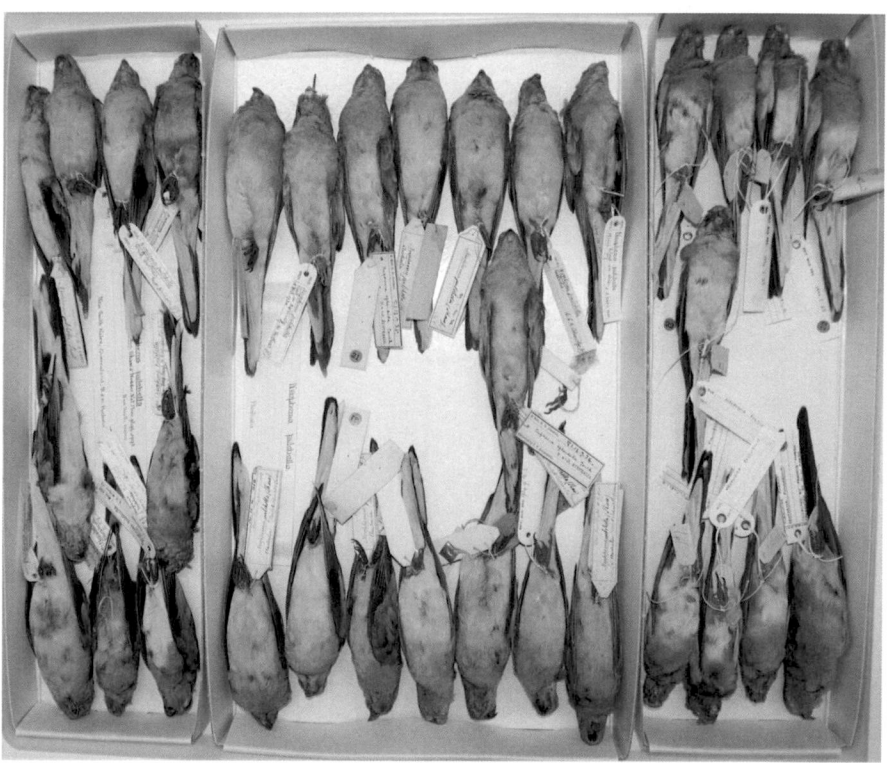

Abb. 21 Der sorgfältige Vergleich von Museumsexemplaren mit lebenden Volierenvögeln bringt oftmals aussagekräftige Erkenntnisse über Artenreinheit oder Unterartenzugehörigkeit. (Foto: Dr. Till Töpfer, Natural History Museum at Tring)

kommen darum bei einigen Artenschutzprogrammen für besonders bedrohte Spezies zur Anwendung, um die Verwandtschaftsverhältnisse festzustellen und mit den gewonnenen Erkenntnissen die späteren Verpaarungen zu vereinfachen.

Beim Aufbau artenreiner Agapornidenbestände werden solche kostspieligen Untersuchungen aber wahrscheinlich vorerst keine Anwendung finden. Hier wird man sich wohl eher danach orientieren müssen, woher jeder einzelne Vogel stammt, d. h. man wird versuchen müssen, aus möglichst unterschiedlichen Quellen geeignete Vögel zu beschaffen.

Ob die Verwandtschaftsverhältnisse der Vögel einer Gründerpopulation nun über genetische Untersuchungen nachweisbar sind oder die Verwandtschaftslinien aufgrund der züchterischen Herkunft einzelner Tiere lediglich vermutet werden – für die weiteren Verpaarungen ist in jedem Fall ein Zuchtbuch zu führen, das bei geplanten Neuverpaarungen die Berechnung von Inzuchtkoeffizienten zulässt. Auf diese Weise kann die genetische Variabilität über einen längeren Zeitraum auf einem möglichst hohen Stand gehalten werden.

Nicht nur die Artmerkmale und Verwandtschaftsverhältnisse sind Aspekte, die beim Aufbau artenreiner Bestände Beachtung finden sollten. Von maßgeblicher Bedeutung ist auch der Gesundheitszustand der Vögel, der gerade auch bei den Angehörigen der Gattung *Agapornis* nicht vernachlässigt werden sollte. Bei einigen Spezies dieser Gattung war in zahlreichen Beständen in menschlicher Obhut das PBFD-Virus (Psittacine Beak and Feather Disease) nachweisbar. Ähnliches gilt auch für eine Polyomavirus-Erkrankung (APV) (Pees 2011; Schindler 2019). PBFD und APV können inzwischen leicht über Federproben in darauf spezialisierten Laboren nachgewiesen werden. Beim Aufbau artenreiner und virenfreier Agapornidenbestände gehören zumindest diese beiden Tests zum absoluten Muss (Abb. 22).

Um die Auswirkungen von Tierseuchen zu verringern, sollten sich möglichst viele Zoos/Züchter am Aufbau von artenreinen/virusfreien Vogelbeständen beteiligen. Ist der Gesamtbestand auf mehrere Haltungen verteilt, verringert sich die Gefahr einer seuchenhaften Verbreitung diverser Krankheiten deutlich.

Abb. 22 Agaporniden (*Agapornis* spec.) gelten – neben Wellensittichen (*Melopsittacus undulatus*) – als besonders anfällig für die Psittacine Beak and Feather Disease bzw. das Polyoma-Virus. (Foto: Werner Lantermann)

Als Fazit lässt sich feststellen, dass innerhalb der *Agapornis*-Gattung wohl das Grauköpfchen, das Orangeköpfchen und der Tarantapapagei (*A. taranta*) die besten Voraussetzungen für die Schaffung artenreiner Bestände bieten, obwohl insbesondere beim Orangeköpfchen die Verwandtschaftsnähe der wenigen vorhandenen Tiere eine nicht unerhebliche Rolle spielen dürfte. Von entsprechenden Bemühungen beim Rosenköpfchen ist hingegen abzuraten, da selbst die allermeisten als „wildfarben" bezeichneten Vögel hier in Europa sich in ihrer Größe, Körpermasse und Färbung mehr oder weniger deutlich von dem eigentlichen „wilden" Rosenköpfchen aus Afrika unterscheiden. So traurig es klingen mag, aber bei einigen *Agapornis*-Arten wird der Versuch, einen artenreinen und virusfreien Bestand aufzubauen, bereits daran scheitern, dass aufgrund fortgeschrittener farblicher Veränderungen, insbesondere durch die Spalterbigkeit, die Auswahl geeigneter Vögel bedeutend erschwert wird und die Identifikation geeigneter Individuen fast schon unmöglich erscheint. Hinzu kommen dann auch noch die vorhandenen Transmutanten, die eine Vielzahl dieser Vögel zusätzlich als Hybriden ausweisen (Lantermann 2008; Asmus 2013).

3   Unterfamilie (Loriinae) – Loris (und andere nektarfressende Papageien: Feigenpapageien, Fledermauspapageien)

Nils Becker

Allgemeine Biologie

Die überwiegend nektar- und fruchtfressenden Loris bilden innerhalb der Papageien eine eigene Unterfamilie (Loriinae), zu der mit 61 Arten mehr als ein Sechstel aller Papageienarten zählt. Loris unterscheiden sich wesentlich durch ihre Ernährung und ihre – an ihre Ernährung angepasste – Zunge von anderen Papageien. Doch längst nicht alle Arten sind reine Nektarfresser. Je nach Lebensraum und Art wird die Kost durch Sämereien, Früchte oder Insekten ergänzt. Das Verbreitungsgebiet der Loris liegt hauptsächlich in Indonesien, Papua-Neuguinea, Australien und einigen kleineren pazifischen Inselgruppen. Beinahe allen Verbreitungsgebieten gemeinsam ist die Nähe zum Äquator und damit ungefähr gleiche Tages- und Nachtlängen, geringe jahreszeitliche Unterschiede und in unserem Fall auch tropische bis subtropische Temperaturen und Niederschläge. All dies gewährleistet eine ganzjährige Blütezeit, sodass Nektar und Früchte ganzjährig gleichmäßig verfügbar sind und keinerlei Zugverhalten für die Loris notwendig ist (vgl. Forshaw 2002). Als die nächsten Verwandten der Loris gelten nach neuesten, molekulargenetischen Studien die Wellensittiche (*Melopsittacus undulatus*), mit denen sie zusammen das Schwestertaxon zu den Feigenpapageien (Tribus Cyclopsittini) bilden (Schweizer et al. 2015). Doch nicht nur die äußere Systematik ist erst kürzlich molekulargenetisch untersucht und aufgrund der Ergebnisse neu strukturiert worden. Vor allem für die „innere" Systematik haben sich aufgrund der genetischen Erkenntnisse einige Neuerungen ergeben. Grundsätzlich lässt sich sagen, dass die Gruppe der Loris evolutionär gesehen eine eher junge Papageiengruppe ist und daher die Arten auch noch sehr eng miteinander verwandt sind (Becker 2017).

Haltungsanforderungen
Wer sich mit der Haltung von Loris beschäftigen möchte, sollte sich im Vorfeld sehr genau überlegen, ob er die erforderlichen Haltungsbedingungen erfüllen kann. Loris sind nicht grundsätzlich schwieriger zu halten als andere Papageien, aber sie sind arbeitsintensiver und in Anschaffung, Unterbringung und Ernährung kostenintensiver als körnerfressende Papageien vergleichbarer Größe. Dies gilt es im Vorfeld zu bedenken.

Die Mindestgröße für die Haltung von Loris ist in den Bundesländern unterschiedlich geregelt (z. B. Niedersachsen und Thüringen $3{,}0 \times 1{,}5 \times 2{,}0$ m zzgl. 1 m^2 Schutzhaus pro Paar) (vgl. die „Mindestanforderungen" von Brücher et al. 1995). Ideal ist die Haltung von Loris in einer kombinierten Innen- und Außenvoliere. Aber auch eine reine Innenhaltung ist möglich und gerade für kleine, empfindliche Arten durchaus empfehlenswert. Die Temperatur sollte laut Gutachten für die meisten Loris 10 °C nicht unterschreiten. Aus der persönlichen Erfahrung des Verfassers ist die Vorzugstemperatur aber für die einzelnen Arten extrem unterschiedlich und sollte als generelle Empfehlung 15 °C nicht unterschreiten. Wichtig bei der Planung der Volieren für Loris ist die einfache Reinigung, vor allem im Innenbereich. Es gilt zu berücksichtigen, dass Loris einen recht dünnflüssigen Kot haben, der mit viel Druck vor allem an Wänden in der Nähe von Sitzstangen verteilt wird. Auch die Futterstellen sollten leicht zu reinigen sein (vgl. Pagel 1998). Loris neigen dazu, den ihnen angebotenen Futterbrei mit der Pinselzunge aufzunehmen und durch Kopfschütteln großzügig um die Futterstelle zu verteilen. Außerdem verteilen einige Vögel Futterbrei im Gefieder. Wozu dieses Verhalten dient, ist unklar, doch wurde es bereits von Rosemary Low (1998, 2016) beschrieben, und der Verfasser konnte es ebenfalls bei einigen Individuen seiner eigenen Vögel beobachten. Beschichtete Oberflächen, Fliesen, Kunststoffe und Metalle sind hier ideale Baumaterialen. Gerade die Futterplätze sollten leicht zugänglich sein, da sie mehrmals täglich gereinigt werden müssen. Empfehlenswert sind hier Futterdrehteller aus Edelstahl, Futterkörbe oder geschlossene Futterplätze aus Plexiglas. Für kleine Arten haben sich beim Verfasser einteilige Badehäuschen bewährt, die von außen an das Volierengitter angehängt werden. Diese können täglich gewechselt werden und sind leicht zu reinigen.

Der Innenraum sollte beheizbar sein, da die meisten Loris recht hohe Temperaturen benötigen, um sich wohl zu fühlen. Für empfindliche Arten sollte die Temperatur daher 15 °C nicht unterschreiten. Dies sind häufig kleinere Arten, die auf Inseln oder in Küstenregionen vorkommen. Arten vom Festland oder gar Gebirgsarten tolerieren niedrigere Temperaturen oder stärkere Temperaturgefälle eher, doch auch für sie sollte der Innenraum stets ein warmer Rückzugsort sein. Auch die Luftfeuchtigkeit sollte man nicht außer Acht lassen. Wie viele andere Papageien haben Loris bei zu trockener Luft Probleme mit Aspergillose. In kleineren, geschlossenen Räumen hat man allerdings häufig das Problem der Schimmelbildung aufgrund der flüssigen Ausscheidungen und der damit verbundenen hohen Luftfeuchtigkeit. Dies muss durch Hygiene und gute Belüftung ebenso vermieden werden wie dauerhafte Zugluft.

Die meisten Halter und Züchter von Loris halten ihre Tiere paarweise, was wohl die sicherste und eine sehr zu empfehlende Haltung für den Einstieg ist. Bestimmte Arten, wie der häufig gehaltene Regenbogenlori (früher Gebirgslori) (*Trichoglossus moluccanus*), sind in der Natur in größeren Gruppen unterwegs (Abb. 23). Daher werden vor allem in vielen Zoos diese Vögel in großen Gruppen in begehbaren Volieren präsentiert. Dabei erweisen sich die Tiere als relativ zahm und besucherfreundlich. Sie nehmen Nektar aus für die Besucher vorbereiteten kleinen Schälchen und turnen dabei auf Kopf und Armen der Besucher herum. Dabei sind sie offenbar ausschließlich an ihrem Futter interessiert und zeigen sich nur wenig aggressiv gegenüber den Menschen. In zoopädagogischen Konzepten spielen solche Präsentationsformen oftmals eine große Rolle (Abb. 24).

Allerdings sind bei einer solchen Haltung meist die Nachzuchterfolge geringer, da die Tiere sich gegenseitig zu sehr stören. Weiterhin muss an dieser Stelle ausdrücklich darauf hingewiesen werden, dass bei der **Gruppenhaltung** immer eine erhöhte Aufmerksamkeit des Pflegers nötig ist. Schlafkästen und Futterstellen müssen die Anzahl der Paare überschreiten, um dauerhafte Benachteiligung einzelner Vögel so gut wie möglich zu verhindern. Kommt es zu Konflikten, sollte man schnell einschreiten können. Erfolgreiche innerartliche Gruppenhaltungen sind von Regenbogenloris, Massenaloris (*Trichoglossus haematodus massena*), Veilchenloris (*Psitteuteles goldiei*), Gelbkopfloris (*Trichoglossus euteles*) und verschiedenen *Lorius*-Arten bekannt (Spee 2019) (Abb. 25). Eine **Vergesellschaftung verschiedener**

Abb. 23 Mit zu den farbenprächtigsten Loris überhaupt zählt der Regenbogenlori, früher Gebirgslori (*Trichoglossus moluccanus*). (Foto: Werner Lantermann)

Abb. 24 Einige Vogelparks unterhalten mittlerweile begehbare Lorivolieren, in denen die Besucher die Vögel mit kleinen Nektarnäpfchen anlocken können. (Foto: Werner Lantermann)

Abb. 25 Neben einigen anderen Arten sind auch Veilchenloris (*Psitteuteles goldiei*) für die Gruppenhaltung geeignet. (Foto: Nils Becker)

Loriarten ist oft schwierig aufgrund des hohen Aggressionspotenzials. Kleinere Arten sind dann schnell unterlegen, und es kann zu Verletzungen kommen. Auch birgt die Gemeinschaftshaltung immer das Risiko von Hybridisierung oder zumindest Paarbindung zweier Arten.

Bei der **Vergesellschaftung mit anderen Vögeln** ist das Problem ebenfalls das recht hohe Aggressionspotenzial einiger Loriarten. Vor allem andere höhlenbrütende Vögel geraten schnell in einen Konflikt mit den Loris. In sehr großen Volieren ist die Vergesellschaftung mit Arten, die vor allem andere Bereiche der Voliere bewohnen, jedoch möglich. Wobei hier jede Kombination als Einzelfall zu betrachten ist. Daher ist solch eine Haltungsform nur für den erfahrenen Pfleger von Loris und in sehr großen Volieren zu empfehlen. Dennoch möchte ich die positiven Aspekte der Gruppenhaltung nicht verschweigen: die Interaktion untereinander trägt sehr zur Beschäftigung der Tiere bei, und manche Verhaltensweisen sind erst durch eine gewisse Gruppendynamik möglich.

Der Hauptteil der **Ernährung** muss in jedem Fall ein hochwertiges Nektarfutter sein. Hier gibt es eine breite Palette an gebrauchsfertigen Produkten, die nur noch mit Wasser angerührt werden müssen. Aber auch die eigene Herstellung eines Futterbreis hat durchaus noch seine Daseinsberechtigung. Gerade für erfahrene Züchter besteht so die Möglichkeit, die Menge der einzelnen Zutaten zu variieren und so eine genau abgestimmte Ernährung zu erreichen. Eine gute Qualität des Futters sollte dabei das Wichtigste sein, auch wenn solches Futter oft recht teuer ist.

Als Beispiel für eine selbst gemischte Nektarmischung möchte ich die Rezeptur nach Neff (1989, 1992, vgl. Low 1998; Pagel 1998) vorstellen, die von vielen Züchtern mit Erfolg eingesetzt wird:

65 g Schmelzflocken
30 g Pollen
5 g vitaminisierte Bierhefe
0,5 g Kalzium/Mineralien
3 Tropfen Multivitamin Präparat
1 l lauwarmes Wasser

Des Weiteren gibt es die Möglichkeit, Lori-Trockenfutter anzubieten. Oft ähnelt das Trockenfutter in der Zusammensetzung dem Nektar, aber es enthält kein Wasser. Die längere Haltbarkeit ist hierbei vor allem an sehr warmen Tagen deutlich von Vorteil. Allerdings müssen die Vögel, um die fehlende Flüssigkeit auszugleichen, viel trinken. Frisches Trinkwasser muss daher immer zur Verfügung stehen. Lori-Trockenfutter sollte aber nicht dauerhaft als alleiniges Futter zur Verfügung stehen.

Als Beispiel für ein selbst gemischtes Trockenfutter möchte ich ebenfalls die vielfach verwendete Rezeptur nach Neff (1989, 1992, vgl. Low 1998; Pagel 1998) vorstellen:

430 g Schmelzflocken
360 g Pollen (gemahlen)
140 g Glucose
50 g Bierhefe
20 g Kalzium/Mineralien

Ein weiterer wichtiger Bestandteil der Ernährung ist Obst und Gemüse. Eine große Variation an Obst wird von vielen Loris gut angenommen. Bisher ist dem

Verfasser nur eine Frucht bekannt, die offensichtlich konsequent von nahezu allen Loris aussortiert wird: Kiwi. Andere Früchte, wie Papaya, werden dagegen ausgesprochen gerne gefressen und sind sehr gesund. Vor allem süße Obstsorten, wie Birnen, Wassermelonen, Weintrauben, Bananen sind außerdem noch sehr begehrt. Die meisten Gemüsesorten werden dagegen eher schlecht angenommen, ausprobieren ist daher immer nötig, denn jedes Tier ist unterschiedlich. Beim Verfasser wird interessanterweise Knollensellerie und, hauptsächlich von den größeren Arten, auch Karotte gern angenommen.

Als eine weitere Ergänzung der Ernährung eignen sich Insekten. Diese werden von einigen Arten vor allem vor der Brutzeit gerne angenommen. Besonders beliebt sind Mehlwürmer, aber auch Wachsmotten, Buffalos, Hermetias (Soldatenfliegenlarven) oder Insektenpatee.

Einige Arten nehmen zusätzlich Körner auf, aber nur wenige benötigen Körner in größerem Umfang. Ausnahmen sind hier vor allem Irisloris (*Psitteuteles iris*) und Bergloris (*Neopsittacus musschenbroekii* und *Neopsittacus pullicauda*), bei denen sich ein größerer Anteil ihrer Ernährung aus Körnern zusammensetzen sollte. Viele andere Arten nehmen Körner zwar auf, sie sollten ihnen aber nur als Ergänzung des Speiseplans zur Verfügung gestellt werden. Eine dauerhaft körnerbasierte Ernährung ist zu fettig und daher nicht gut für die inneren Organe des Vogels. Sie führt häufig zu einem früheren Tod aufgrund von massiven Leberschäden. Gute Erfahrungen hat der Verfasser bei seinen Loris mit der Annahme von Keimfutter gemacht, andere Züchter berichteten allerdings auch von Kropfverstopfungen bei Nestlingen während der Aufzucht, weswegen in dieser Zeit auf Körner- bzw. Keimfutter verzichtet werden sollte.

Aufgrund der insgesamt geringen Anzahl an gehaltenen Loris, ist die Anzahl der angebotenen Jungvögel oft sehr gering. Daher werden die meisten Paare „zwangsverpaart", statt sich in größeren Jungvogelgruppen ihren Partner selbst wählen zu können. Grundsätzlich ist die Zucht von Loris bei guter Haltung und gesunden Zuchttieren kein Problem. Dies sagen viele „alte Hasen", die Loris zu Zeiten der vielen Importe auch unkompliziert und zuverlässig nachgezogen haben. Doch aufgrund des kleinen Interessentenkreises und der deutlich gefallenen Preise wurde die Lorizucht offenbar immer unattraktiver. Heute sind viele Arten aus unseren Volieren nahezu verschwunden oder nur noch in so geringer Anzahl vertreten, dass eine genetisch stabile Population in unseren Volieren kaum mehr zu erhalten ist. Ob es sich bei den verbleibenden Vögeln um Inzuchtfolgen handelt oder andere Faktoren ausschlaggebend sind, dass Gelege ausbleiben oder Jungvögel massiv gerupft werden, ist bisher wenig erforscht.

Arten, die noch in großer Anzahl gehalten werden, z. B. Regenbogenloris, sind auch unkompliziert zur Zucht zu bringen. Viele Arten benötigen keine saisonale Fütterung oder spezielle Futtermittel, um zur Brut zu schreiten oder ihre Jungen aufzuziehen. Eine breite Nahrungspalette erfüllt alle Bedürfnisse der Jungtiere, allerdings kann es vorteilhaft sein, den Proteingehalt der Nahrung zur Brutzeit etwas zu erhöhen, z. B. über die Zugabe von Pollen oder Insekten, einige Arten nehmen auch Eifutter an.

Für die Zucht sollte mindestens ein passender Nistkasten zur Verfügung stehen. Es können unterschiedlichste Formen genutzt werden. Naturstämme sind grundsätzlich ebenso möglich wie hochformatige, querformatige oder L-förmige Kästen, meist gibt es hier eher individuelle Vorlieben, die nicht artspezifisch sind. Wichtig ist bei allen jedoch, dass sie sich gut reinigen lassen. Während der Jungenaufzucht produzieren die Jungtiere eine große Menge flüssiger Ausscheidungen, diese müssen daher leicht zu entfernen sein. Wenn die Jungvögel in nasser Streu sitzen, können Pilzinfektionen oder Unterkühlen schnell eine Folge sein. Bewährt haben sich hier Nistkästen mit Schublade, von denen man 2 besitzt. So kann man die mit Streu gefüllte Schublade einfach austauschen und die eventuell feucht gewordene reinigen und trocknen lassen. Außerdem ist so ein stressfreier Wechsel schnell und einfach möglich.

Die meisten Loriarten legen nur zwei Eier, die über gut drei Wochen bebrütet werden. Die meisten Jungtiere wachsen innerhalb von etwa 2 Monaten heran bis sie flügge werden. Leider kommt es immer wieder vor, dass Jungtiere von den Eltern gerupft werden. Die Gründe hierfür sind wahrscheinlich vielfältig und damit auch schwierig zu vermeiden. Mehr Licht im Nistkasten, Beschäftigung der Elterntiere oder sogar das Separieren von einem rupfenden Elternteil können zu einer Besserung führen.

Sollte man in die Situation kommen, Loris mit der Hand aufziehen zu müssen, ist es aus Sicht des Verfassers empfehlenswert, ein fertiges Handaufzuchtfutter zu verwenden. Hierzu bietet beispielsweise die Firma Versele Laga speziell für Loris das A18 an.

Wie fast alle anderen Papageien auch, unterliegen Loris den Schutzbestimmungen des Washingtoner Artenschutzübereinkommens. Sie sind mit wenigen Ausnahmen in dessen Anhang II aufgeführt. Lediglich *Vini ultramarina*, *Vini peruviana* und *Eos histrio* sind in dessen Anhang I aufgeführt. Außerdem besteht Meldepflicht für alle Arten. Nach dem Wegfall der Psittakose-Verordnung besteht für die meisten Arten keine Beringungspflicht mehr. Lediglich die Arten, die laut Anlage 6 der BArtSchV mit Artenschutzringen kennzeichnungspflichtig sind, müssen auch beringt werden. Dabei ist zu beachten, dass die Anlage 6 der BArtSchV auf der Systematik von 2005 basiert, die von der neueren Systematik, wie sie sich z. B. im *Handbook of the Birds of the World* (HBW) widerspiegelt, abweichen kann. Darum ist mit der zuständigen Behörde zu klären, ob diese Beringungspflicht für die Arten, die inzwischen sowohl bei www.wisia.de als auch im HBW nicht mehr als *Trichoglossus haematodus* gelistet sind, gilt. Dies betrifft u. a. den Regenbogenlori (früher Gebirgslori) (*T. moluccanus*), den Biak-Allfarblori (früher Rosenbergslori) (*T. rosenbergi*) und den Bali-Allfarblori (früher Forstenlori) mit seinen Unterarten (*T. forsteni*).

Europäische Erhaltungszuchtprojekte gibt es bislang nur für zwei Arten auf der Basis von Studbooks, und zwar für den Prachtlori (früher Gelbmantellori) (*Lorius garrulus*) (ESB-Zuchtbuchführung im Attica Zoopark in Athen) und den Erzlori (*Lorius domicella*) (ESB-Zuchtbuchführung im Kölner Zoo) (www.eaza.net).

Feigenpapageien

Nahrungsspezialisten sind auch die Feigenpapageien, die in den zwei Gattungen *Psittaculirostris* und *Cyclopsitta* mit insgesamt 5 Arten ebenfalls im asiatisch-australischen Raum vorkommen und innerhalb der Papageien eine eigene Gruppe

(Tribus Cyclopsittini) bilden. Sie zeichnen sich durch eine gedrungene Körperform und kurze Schwanzfedern aus. Alle Arten sind relativ klein und haben eine morphologische Besonderheit mit Loris gemeinsam. Ihre Pinselzunge wird wie bei Loris ebenso zur Aufnahme von Nektar, aber auch von Fruchtsäften eingesetzt. Zu den größten Arten zählt der Buntbrust-Zwergpapagei (früher Desmarest-Feigenpapagei) (*Psittaculirostris desmarestii*) mit einer Größe von 18–19 cm bei einem maximalen Gewicht von 126 g. Die kleinste Art ist der Orangebrust-Zwergpapagei (*Cyclopsitta gulielmitertii*) (Abb. 26) mit 11–13 cm Gesamtlänge und einem Gewicht von bis zu 34 g (HBW Alive 2019).

Aus der Gruppe der Feigenpapageien sind alle fünf Arten in geringer Stückzahl in Tiergärten und Privatanlagen vertreten, nämlich Buntbrust-Zwergpapagei (s. o.), Rotkehl-Zwergpapagei (früher Edwards-Feigenpapagei) (*Psittaculirostris edwardsii*) und Rotbrust-Zwergpapagei (früher Salvadori-Feigenpapagei) (*P. salvadorii*) sowie aus der Gattung (*Cyclopsitta* der Orangebrust-Zwergpapagei und der Maskenzwergpapagei) (*Cyclopsitta diophthalma*), letzterer deutlich häufiger und mit gelegentlichen Nachzuchterfolgen.

Haltungsanforderungen
Die Mindestgröße für die Haltung von Feigenpapageien ist in den Bundesländern unterschiedlich geregelt (z. B. Niedersachsen und Thüringen 3,0 × 1,5 × 2,0 m zzgl.

Abb. 26 Zu den kleinsten Feigenpapageien zählt der Orangebrust-Zwergpapagei (*Cyclopsitta gulielmitertii*). (Foto: Jörg Asmus)

1 m^2 Schutzhaus für 1 Paar sowie 50 % mehr Grundfläche für jedes weitere Paar) (vgl. die „Mindestanforderungen" von Brücher et al. 1995). Als Mindesttemperatur für die Haltung sollten 15 °C nicht unterschritten werden. Für die Einrichtung bzw. die Ausstattung der Voliere sollte man sich an der Haltung von Loris orientieren, eine hohe Hygiene ist bei den Feigenpapageien besonders wichtig. Zusätzlich sollten Feigenpapageien aber viel frische Äste von Weiden und Obstbäumen zum Benagen angeboten werden, denn im Gegensatz zu Loris haben Feigenpapageien ein ausgeprägtes Nagebedürfnis. Die Haltung sollte grundsätzlich paarweise erfolgen. Es wird häufig berichtet, dass Aggressionen vom Weibchen ausgehen. Hier ist schon von Todesfällen berichtet worden, bei denen Weibchen ihren Partner getötet haben.

Entsprechend ihrem Namen ernähren sich viele Arten in der Natur vor allem von Feigen und deren Samen, weshalb sie auch in unseren Futterplänen nicht fehlen sollten. Sind frische Feigen nicht verfügbar, können Trockenfeigen in Wasser eingelegt und verfüttert werden. Dabei ist dringend drauf zu achten, dass die Trockenfrüchte schwefelfrei getrocknet wurden. Als Grundfutter kann eine Obst-Gemüse-Mischung verwendet werden, die mit Sämereien, Nektar und Insekten ergänzt wird. Mehlwürmer sowie Pinkymaden als Lebend- oder Frostwaren werden in der Regel gut akzeptiert. Einige Züchter favorisieren auch einen Brei aus gedünstetem Gemüse, Obst und gekochtem Reis. Wie schon bei den Loris sollte während der Jungenaufzucht auf Keim- und Körnerfutter, aber auch auf Trockenfeigen verzichtet werden, da dies zu Kropfverstopfungen führen kann (vgl. Ehinger 2017; Odor 2019).

Fledermauspapageien

Die ebenfalls frucht- und nektarfressenden Fledermauspapageien (*Loriculus*) Asiens werden hier in diesem Sonderkapitel wegen ihrer Nahrungsspezialisierung kurz gesondert behandelt. Die Fledermauspapageien sind eine Gruppe, deren Vertreter zu den kleinsten Papageien überhaupt gehören. Ihre 13 Arten sind nur zwischen 13 und 15 cm lang. Sie sind allesamt von gedrungener Körperform, kurzschwänzig und überwiegend grün gefärbt. Ihr Verbreitungsgebiet liegt zwischen Indien und Papua. Ihren Namen bekamen sie, weil sie wie Fledermäuse kopfüber hängend schlafen. Auch sonst sind sie häufig kletternd in dichter Vegetation unterwegs, um dort zu ihrer Hauptnahrung, dem Nektar, von Blüte zu Blüte zu gelangen. Des Weiteren werden in der Natur auch Früchte und kleine Insekten aufgenommen.

Haltungsanforderungen

In der Haltung in europäischen Volieren sind nur wenige Arten vorhanden, die bekanntesten sind die Blaukronenpapageichen (früher Blaukrönchen) (*Loriculus galgulus*), die man als gut etabliert bezeichnen kann (Abb. 27). Andere Arten sind leider sehr selten geworden. Manchmal werden noch Frühlingspapageichen (*Loriculus vernalis*) gehalten, Philippinenpapageichen (*Loriculus philippensis*) und Elfenpapageichen (*Loriculus pusillus*) sind inzwischen absolute Raritäten.

Bei der Haltung kann man sich auch hier bezüglich Reinigung und Volierengestaltung an den Loris orientieren. Dabei sollten viele verzweigte, kleine Äste zur Verfügung gestellt und den Vögeln die Möglichkeit geschaffen werden, sich von der

Abb. 27 Die Fledermauspapageien machen ihrem Namen oft alle Ehre, indem sie sich – wie diese Blaukronenpapageichen (*Loriculus galgulus*) – kopfüber an das Volierendach hängen. (Foto: Werner Lantermann)

Volierendecke zu hängen. Der ebenfalls flüssige Kot wird von den Fledermauspapageien nicht nur an Wänden, sondern auch an der Decke verteilt. Dies führt zu einem erhöhten Reinigungsaufwand. Bezüglich der Volierengröße gelten die jeweiligen Bestimmungen der Bundesländer (in Niedersachsen und Thüringen 3,0 × 1,5 × 2,0 m und 1 m² Schutzhaus, allerdings für bis zu 5 Paare) (vgl. die „Mindestanforderungen" von Brücher et al. 1995). Als Mindesttemperatur für die Haltung sollten 15 °C nicht unterschritten werden.

Blaukronenpapageichen lassen sich sehr gut in Gruppen halten, und auch die Vergesellschaftung mit anderen friedlichen Arten stellt keine Probleme dar. Eine Vergesellschaftung mit kleineren Weichfressern, Fruchttauben, kleinen Loriarten oder Prachtfinken wurde schon erfolgreich durchgeführt.

Als Basisfutter gibt man ein gutes Nektarfutter. Wichtig ist auch hier, das Futter regelmäßig zu wechseln, da es schnell verdirbt und die Tiere sehr empfindlich auf Schimmelpilze und andere Verunreinigungen reagieren. Neben dem Nektarfutter wird vor allem süßes Obst wie Papaya oder Birne gern gefressen. Als Ergänzung vor allem während der Brut und Aufzucht können Insekten gereicht werden. Mehlwürmer, Buffalos und Pinkymaden sowie Hermetia (Soldatenfliegenlarven) werden im Regelfall akzeptiert.

Literatur

Asmus, J. (2013). *Agaporniden – Haltung, Zucht und Artenschutz*. Reutlingen: Oertel & Spörer.

Asmus, J., & Lantermann, W. (2012). *Australische Sittiche. Haltung, Zucht und Artenschutz*. Reutlingen: Oertel & Spörer.

Asmus, J., & Lantermann, W. (2015). *Langflügelpapageien und andere afrikanische Papageien*. Bretten: Arndt.

Becker, N. (2017). *Phylogenetische Verhältnisse innerhalb der Loris (Loriinae) anhand einer Multi-Gen-Analyse*. Uni Oldenburg: Bachelorarbeit.

Brinkmann, O. (2019). Haltung und Zucht des Keas. *Papageien, 32*, 122–126.

Brücher, H., van den Elzen, R., Fergenbauer-Kimmel, A., Pagel, T., Schuchmann, K. L., Schürer, U., & Styrie, J. (1995). *Mindestanforderungen an die Haltung von Papageien*. Bonn: Sachver-ständigen-Gutachten im Auftrag des Bundesministeriums für Ernährung, Landwirtschaft und Forsten.

Collar, N. J. (1997). Family Psittacidae (Parrots). In J. Del Hoyo, A. Elliott & J. Sargatal (Hrsg.), *Handbook of the birds of the world* (Bd. 4, S. 280–477). Barcelona: Lynx.

Ehinger, T. (2017). Haltung und Zucht von Feigenpapageien. *Papageien, 30*, 332–337.

Feuchter, G. (Redaktion 1996). *Standard für Großsittich-und Papageienarten* (4. Aufl.), hrsg. im Auftrag der Vereinigung für Artenschutz, Vogelhaltung und Vogelzucht (AZ) e.V. Backnang.

Forshaw, J. M. (1989). *Parrots of the world* (3. Aufl.). Melbourne: Blandford.

Forshaw, J. M. (2002). *Australische Papageien* (Bd. 1). Bretten: Arndt.

HBW Alive Species. (2019). *Handbook of the birds of the world* – Psittaciformes. www.hbw.com/species. Zugegriffen am 17.06.2019.

Lantermann, W. (1998). *Verhaltensstörungen bei Papageien – Entstehung, Diagnose, Therapie*. Stuttgart: Encke.

Lantermann, W. (1999). *Papageienkunde*. Berlin: Parey.

Lantermann, W. (2007a). *Handbuch Papageienhaltung*. Brunsbek: Cadmos.

Lantermann, W. (2007b). *Amazonenpapageien. Biologie, Gefährdung, Haltung, Arten*. Fürth: Filander.

Lantermann, W. (2008). Zurück zur Natur – Über die Schwierigkeiten beim Aufbau artenreiner und virusfreier Agaporniden-Stämme. *Gefiederte Welt, 132*(6), 8–12, und 7, 14–17.

Lantermann, W. (2009). Kapitel: Papageien (Psittaciformes). In M. Baur et al. (2009). *Wildtier-haltung in kleineren zoologischen Einrichtungen*. (Bd. 2, S. 231–242). Fürth: Filander

Lantermann, W. (2018). Rotsteißpapageien – Stand der Dinge. *GAV Journal, 1*, 38–43.

Lantermann, W. (2019). Kakaduhaltung im Wandel der Zeit – Ansichten und Einsichten aus fünf Jahrzehnten Vogelhaltung. *Papageien, 32*, 118–121, 172–177.

Lepperhoff, L. (2004). *Aras*. Stuttgart: Ulmer.

Low, R. (1998). *Encyclopedia of the lories*. Blaine/Surrey: Hancock House.

Low, R. (2016). *Lories and Lorikeets – 45 years' experience*. Mansfield: Insignis Publications.

Neff, R. (1989). Ein neuer Weg in der Fütterung der Loris. *Gefiederte Welt, 113*, 215–217.

Neff, R. (1992). Der große Bergzierlori (*Oreopsittacus arfaki major*). *Gefiederte Welt, 116*(2), 42–45.

Odor, D. (2019). Haltung und Zucht des Maskenzwergpapageis. *Papageien, 32*, 46–49.

Pagel, T. (1998). *Loris: Freileben, Haltung und Zucht der Pinselzungenpapageien*. Stuttgart: Ulmer.

Pagel, T. (2008). Der Wellensittich – seine Geschichte sowie Haltungserfahrungen im Zoo Köln. *Gefiederte Welt, 132*(1), 4–17, (2), 9–13.

Pees, M. (Hrsg.). (2011). *Leitsymptome bei Papageien und Sittichen*. Stuttgart: Enke.

Robiller, F. (1990). *Papageien* (Band 3: Mittel- und Südamerika). Stuttgart: Ulmer.

Robiller, F. (1992). *Papageien* (Band 1: Australien, Ozeanien, Südostasien). Stuttgart: Ulmer.

Robiller, F. (1997). *Papageien* (Band 2: Neuseeland, Australien, Ozeanien, Südostasien, Afrika). Stuttgart: Ulmer.

Rothfels, J. (2019). Halsbandsittiche in Deutschland: „Weltmeister des Überlebens" feiern Jubi-läum. *Papageien, 32*, 126–133.

Rowley, I. (1997). Family Cacatuidae (Cockatoos). In J. Del Hoyo, A. Elliott & J. Sargatal (Hrsg.), *Handbook of the birds of the world* (Bd. 4, S. 246–279). Barcelona: Lynx.

Schindler, S. (2019). *Psittacine beak and feather disease*. www.vogeltierarzt.de. Zugegriffen am 18.06.2019.

Schroepel, M. (2014). Kapitel Papageien – Psittaciformes. In W. Grummt & H. Strehlow (Hrsg.), *Zootierhaltung – Vögel* (S. 355–448). Haan-Gruiten: Europa-Lehrmittel.

Schweizer, M., Wright, T. F., Peñalba, J. V., Schirtzinger, E. E., & Joseph, L. (2015). Molecular phylogenetics suggests a New Guinean origin and frequent episodes of founder-event speciation in the nectarivorous lories and lorikeets (Aves: Psittaciformes). *Molecular Phylogenetics and Evolution, 90*, 34–48.

Spee, J. (2019). Gemeinschaftshaltung von Breitschwanzloris. *Papageien, 32*, 303–306.

Winkler, D. W., Billermann, S. M., & Lovette, I. J. (2015). *Bird families of the world* (Psittaciformes, S. 257–267). Barcelona: Lynx.

Wolters, H. E. (1975–1982). *Die Vogelarten der Erde*. Hamburg/Berlin: Parey.

Teil III

Artenteil: Passeriformes – Sperlingsvögel

Ordnung: Passeriformes – Sperlingsvögel (Einleitung)

Werner Lantermann

Inhalt

1 Einleitung zur Ordnung der Sperlingsvögel

Die Ordnung der Sperlingsvögel bildet die **größte Gruppe innerhalb der Klasse der Aves**. Mit – je nach Quelle – 5300 bis 5700 Vogelarten wurden bislang mehr als die Hälfte aller Vogelarten der Erde zu den Passeriformes gezählt (Raikow 1986; Sibley und Ahlquist 1990 u. a. m.) (neuere Studien: siehe unten). Sperlingsvögel sind (bis auf Antarktika) weltweit verbreitet und haben ihre größte Artendiversität in den Tropenregionen erreicht. Sie haben bei dieser weltweiten Verbreitung eine ungeheure Vielfalt an Formen, Farben, Größen und Verhaltensweisen hervorgebracht, die es den Taxonomen und Evolutionsbiologen bis heute erschweren, die „innere" Systematik der Gruppe detailliert aufzuschlüsseln. Zu den Sperlingsvögeln gehören einerseits so farbenprächtige und/oder vom Verhalten her so ungewöhnliche Vögel wie die Paradiesvögel (Paradisaeidae) und die Laubenvögel (Ptilonorhynchidae) Neuguineas und Australiens (Abb. 1) sowie die Felsenhähne (*Rupicola*) aus dem tropischen Südamerika (Abb. 2) und andererseits die z. T. einfarbig schwarzen Rabenvögel (Corvidae), unter denen der Kolkrabe (*Corvus corax*) mit etwa 1400 g Gewicht der größte ist (Edwards und Harsman 2013). Mit zu den kleinsten Sperlingsvögeln gehören die nur wenige Gramm schweren Brillenvögel (Zosteropidae) und das europäische Wintergoldhähnchen (*Regulus regulus*). Zu den farblich „unauffälligsten" zählen die vielen kleinen und oft schwer zu bestimmenden „LBBs" („Little Brown Birds") aus ganz unterschiedlichen Familien und Verbreitungsräumen,

W. Lantermann (✉)
Oberhausen, Deutschland
E-Mail: w.lantermann@arcor.de

© Springer-Verlag GmbH Deutschland, ein Teil von Springer Nature 2021
W. Lantermann, J. Asmus (Hrsg.), *Wildvogelhaltung*,
https://doi.org/10.1007/978-3-662-59604-3_49

Abb. 1 Zu den Laubenvögeln gehört auch der Weißohr-Laubenvogel, auch Katzenvogel genannt (*Ailuroedus buccoides*), der derzeit nur in zwei deutschen Tiergärten gehalten wird. (Foto: Werner Lantermann)

wobei die meist überwiegend graubraun gefärbten Weibchen die Situation noch prekärer machen (Wood 2010). Typische Beispiele sind die Zistensänger (*Cisticola*), die Rohrsänger (*Acrocephalus*) oder die afrikanischen Buschsänger (*Bradypterus*) (Urban et al. 1997).

Je nach Forschungs- und Diskussionsstand wurden lange Zeit 60–78 Familien zu den Passeriformes gerechnet, die wiederum in die **zwei Unterordnungen** Tyranni (etwa 1200–1300 Arten) und Passeri (etwa 4100–4400 Arten) unterteilt wurden (z. B. Raikow 1982, 1986; Sibley und Ahlquist 1990). Letztere bilden die **eigentlichen Singvögel** im herkömmlichen Sinne und vereinen eine bemerkenswerte Vielzahl ganz unterschiedlicher Vogelgruppen, angefangen von den winzigen Brillenvögeln (Zosteropidae), über Finken (Fringillidae), Kardinäle (Cardinalidae), Prachtfinken (Estrildidae), Webervögel (Ploceidae), Sperlinge (Passeridae), Drosseln (Turdidae), Timalien (Timaliidae) und Stare (Sturnidae) bis hin zu den Rabenvögeln (Corvidae), um nur die bekanntesten zu nennen, von denen auch jeweils einige Arten in Menschenobhut gehalten werden (Lantermann 2009). Daneben wurde vor einigen Jahren eine dritte Gruppe kleiner Singvögel als verwandtschaftlich gewissermaßen an der Basis der Passeriformes-Radiation stehend identifiziert, nämlich die neuseeländischen Maorischlüpfer (Acanthisittidae). Sie gelten als basale Schwestergruppe aller übrigen Sperlingsvögel (Sibley et al. 1982; Raikow 1987; Ericson et al. 2002; Manegold et al. 2004).

Abb. 2 Felsenhähne, hier ein Andenfelsenhahn (*Rupicola peruviana*), sind seltene Gäste in deutschen Tiergärten und werden in Privathand gar nicht gehalten. (Foto: Jörg Asmus)

Allen Singvögeln gemeinsam ist eine hoch entwickelte Syrinx, die jedoch nicht alle zu einem auffälligen Gesang befähigt – die Rabenvögel beispielsweise nur zu einem recht leisen, schwätzenden bzw. krächzenden Subsong (Abb. 3). Manche Arten nehmen in ihre Gesänge mitunter Lautäußerungen anderer Arten als Imitationen auf. Weitere Merkmale der Singvögel sind die frühe Geschlechtsreife (in der Regel im zweiten Kalenderjahr), das „Prachtkleid" mancher Arten nach der ersten großen Mauser, ein meist monogames Fortpflanzungssystem, die Zehenstellung (mit drei nach vorn und einer nach hinten gerichteten Zehe), die mit 9 oder 10 Handschwingen ausgestatteten Flügel, die meist 12 Steuerfedern des Schwanzes und weitere Merkmale, die aber – abgesehen von Bau und Funktion der Syrinx – keineswegs nur für die Passeriformes spezifisch sind (Winkler et al. 2015).

Insgesamt gesehen ist die gesamte Ordnung der Passeriformes in Hinblick auf die darin vereinten Vogelfamilien recht heterogen. Allerdings ist die Bearbeitung der Verwandtschaftsbeziehungen innerhalb dieser Gruppe keineswegs abgeschlossen, sondern wird durch molekularbiologische Methoden ständig verfeinert. Eine Folge dieser Studien ist, dass inzwischen eine genauere Aufschlüsselung der Verwandtschaftsverhältnisse der Vogelfamilien möglich wurde, was gegenüber früheren taxonomischen Auffassungen fast zu einer Verdopplung der Familien innerhalb der Passeriformes geführt hat. So führen Gill et al. (2020) derzeit 142 Sperlingsvo-

Abb. 3 Auch der knapp 30 cm große Unglückshäher (*Perisoreus infaustus*) aus Nordskandinavien gehört zu den Rabenvögeln und zählt damit zu den Singvögeln. (Foto: Jörg Asmus)

gelfamilien auf. Ebenso hat sich die Artenzahl der Aves insgesamt und damit auch die der Passeriformes aufgrund molekularbiologischer Studien deutlich erhöht, sodass man heute von insgesamt mehr als 10.500 Vogelarten weltweit ausgeht, davon sind mit etwa 6500 Arten (in mehr als 1300 Gattungen) knapp Zweidrittel Sperlingsvögel (Gill et al. 2020; Barthel et al. 2020).

Lange Zeit hat man die Passeriformes in der näheren Verwandtschaft der Kuckucksvögel (Cuculiformes), der Hornvögel und Racken (Coraciiformes) und der Spechtvögel (Piciformes) gesehen (Cracraft 1988). Mittlerweile erweisen die DNA-Studien aber, dass die Sperlingsvögel und die Papageien (Psittaciformes) (Abb. 4) auf eine gemeinsame Stammform zurückgehen und dieser Einheit als Schwestergruppe die Falken gegenüber stehen (Hackett et al. 2008). Damit ist aber zweifellos noch nicht das letzte Wort über die verwandtschaftlichen Verhältnisse dieser Vogelgruppen untereinander gesprochen (vgl. Edwards und Harsman 2013).

Der **Ursprung der Passeriformes** – sowohl zeitlich als auch geografisch – liegt noch im Dunkeln (Edwards und Harsman 2013). Lange Zeit ist man davon ausgegangen, dass die Vorfahren der heutigen Singvögel im Tertiär entstanden sind, andere Studien favorisieren ihren Ursprung später, im Eozän (Wilson 1989; Sibley und Ahlquist 1990; Feduccia 1995). Zwei Mitte der 1990er-Jahre im australischen Queensland ausgegrabene Singvogelknochen aus dem frühen Eozän gehören zu den ältesten überhaupt (Boles 1995) und legen – zusammen mit anderen paläobiogeografischen Daten – die Vermutung nahe, dass die Singvögel in der südlichen Hemispäre entstanden sein könnten (Olson 1989).

Abb. 4 Nach aktuellen molekularbiologischen Untersuchungen gehören heute neben den Falken (Falconiformes) auch die Papageien (Psittaciformes) in die verwandtschaftliche Nähe der Sperlingsvögel – hier eine Prachtamazone (*Amazona pretrei*). (Foto: Werner Lantermann)

In der **Vogelhaltung** spielen viele Singvogelarten seit Jahrzehnten eine große Rolle, angefangen von den Finken (Fringillidae) über die Prachtfinken (Estrildidae) und Webervögel (Ploceidae) bis hin zu den farbenprächtigen Tangaren (Thraupidae), den Kardinälen (Cardinalidae) (Abb. 5) oder den sogenannten „Weichfressern" (Bülbüls, Stare, Blattvögel, Timalien u. a. m.), die erst in den letzten Jahren verstärkt das Interesse der Vogelliebhaber (und seltener auch der Zoos und Vogelparks) finden. Das darf aber nicht darüber hinwegtäuschen, dass nur aus knapp 20 (der 142) Sperlingsvogelfamilien gelegentlich oder regelmäßig Vögel in menschlicher Obhut gehalten werden – insgesamt sicherlich kaum mehr als 300–400 der rund 6500 mittlerweile anerkannten Sperlingsvogelarten. Das entspricht nur rund 5–7 % der Arten, derweil der überwiegende große Teil von 93–95 % nur selten, und wenn dann nur in wenigen Exemplaren, in Menschenobhut gelangt ist. Viele dieser Arten sind der Wissenschaft kaum näher bekannt, und auch brutbiologische Daten, die manchmal (fast nur) bei der Haltung in Menschenobhut detailliert erhoben werden können, fehlen für viele dieser Arten völlig.

Gemeinsame **Haltungsbedingungen** für alle diese Arten beschreiben zu wollen, ist nahezu unmöglich. Für die häufiger gehaltenen Artengruppen folgen weiter unten im Artenteil die notwendigen Informationen. Im Einzelfall muss jedoch auf die jeweilige Spezialliteratur in Büchern und Zeitschriften verwiesen werden. Wenn man das „Gutachten über Mindestanforderungen an die Haltung von Kleinvögeln (Teil 1, Körnerfresser)" zugrunde legt, das 1996 im Auftrag des

Abb. 5 Der Rotkardinal (*Cardinalis cardinalis*) gehört augenblicklich zu den von Privathaltern stark nachgefragten Singvögeln. (Foto: Markus Zehnder)

deutschen Bundesministeriums für Ernährung, Landwirtschaft und Forsten entstanden ist, lassen sich gewisse Leitlinien ableiten. Demnach beträgt das Käfig-Mindestmaß für Vögel bis etwa 15 cm Körperlänge 100 × 50 × 50 cm pro Paar, für Vögel bis etwa 20 cm Körperlänge 120 × 80 × 50 cm und für Vögel über 20 cm Gesamtlänge 160 × 80 × 80 cm. Bei der Gemeinschaftshaltung sind diese Maße entsprechend zu vergrößern (Brücher et al. 1996). Dies sind – wie gesagt – Mindestmaße eines Sachverständigengutachtens, die nach Ansicht des Verfassers für viele fluggewandte Vogelarten jedoch deutlich zu klein ausgefallen sind. Alle Arten sollten möglichst in Zimmer- oder Freivolieren mit entsprechenden Schutzräumen, Überdachungen, Windfängen usw. gehalten werden. Für Stare und Rabenvögel kommt ohnehin nur die Haltung in größeren Volieren in Frage. Der jeweilige Schutzraum sollte mindestens 1 m^2 Grundfläche aufweisen und in der kälteren Jahreszeit erwärmt werden – für Brillenvögel, Prachtfinken, Tangaren u. a. auf etwa 15 °C, für alle anderen tropischen Körnerfresser auf etwa 10 °C, für alle einheimischen Arten sollte der Schutzraum mindestens frostfrei gehalten werden. Die Volierenausstattung besteht aus Ästen und Zweigen unterschiedlicher Dicke, einem flachen Badebecken, ggf. auch einer Berieselungsanlage und Möglichkeiten zum Sandbaden. Eine Bepflanzung ist für viele Arten möglich, allerdings sollte noch genügend Flugraum in der Voliere vorhanden bleiben. Viele Arten benötigen ganzjährig Nistkörbchen bzw. halb offene oder geschlossene Schlafkästen zum Verstecken und Nächtigen, während der Brutzeit werden darin Nester gebaut und die Jungen aufgezogen. Allen Arten ist genügend Nistmaterial für den Bau ihrer Nester oder Nistkobel anzubieten. Besonders Webervögel benötigen ein Vielfaches dessen, was letztlich zum eigentlichen Brutkobel verbaut wird. Bodenbrütende Arten, wie der Wachtelastrild (*Ortygospiza atricollis*), benötigen Grasbüschel als Verstecke und Eiablageplätze. Viele Arten können (sollten) in Gruppen gehalten werden, manche sind jedoch streng territorial und werden – zumindest zur Brutzeit – paarweise gehalten. Dazu gehört zum Beispiel der amerikanische Rotkardinal (*Cardinalis cardinalis*), der Gangesbrillenvogel (*Zosterops palpebrosus*) oder die Rotschnabelkitta (*Urocissa erythroryncha*) aus der Familie der Rabenvögel, um nur drei Beispiele zu nennen.

Die Mehrzahl der genannten Vogelarten innerhalb der Passeri sind Körnerfresser oder „Allesfresser". Zu den überwiegend körnerfressenden Arten gehören die Finken, die Kardinäle, die Prachtfinken, Webervögel, Witwen und Sperlinge. Als „Allesfresser" gelten die Stare und Rabenvögel. Die Brillenvögel, Bülbüls, Drosseln, Timalien und Tangaren (Abb. 6) sind dagegen überwiegend „Weichfresser" und bevorzugen Früchte, Beeren, Nektar und Insekten als **Nahrung**. Auf Nektar und kleine Insekten spezialisiert haben sich schließlich die Nektarvögel, die damit gleichzeitig auch mit die empfindlichsten Arten unter den Passeriformes sind.

Die überwiegende Mehrzahl der Sperlingsvögel gehört zu den weltweit noch zahlreich vorkommenden oder nicht bedrohten Vogelarten. Nach den **Kriterien der IUCN** gelten nur wenige Arten als potenziell gefährdet („near-threatened"), ge-

Abb. 6 Mit zu den farbenprächtigsten Singvögeln gehört die Siebenfarbentangare (*Tangara chilensis*). (Foto: Jörg Asmus)

fährdet („vulnerable"), stark gefährdet („endangered") oder gar vom Aussterben bedroht („critically endangered"). Zu letzteren gehören in der Regel Arten, die nur eng begrenzte Lebensräume besiedeln oder auf kleinen Inseln beheimatet sind, die jeweils besonders anfällig für menschliche Ein- und Übergriffe sind. – Interessenten entnehmen eine grobe Übersicht zu den einzelnen Familien den nachfolgenden Beiträgen, die genauen Statusangaben zu den einzelnen Arten der IUCN-Homepage (http://www.iucnredlist.org).

Im folgenden Artenteil haben wir uns auf die 18 Singvogelfamilien konzentriert, von denen einige Arten regelmäßig importiert wurden/werden, und die derzeit oder in jüngster Vergangenheit in Privat- oder Zoohaltungen anzutreffen waren oder sind.

Literatur

Barthel, P. H., Barthel, C., Bezzel, E., Eckhoff, P., van den Elzen, R., Hinkelmann, C., & Steinheimer, F. P. (2020). Deutsche Namen der Vögel der Erde. *Vogelwarte, 58*, 1–214).

Boles, W. E. (1995). The world's oldest songbird. *Nature, 374*, 21–22.

Brücher, H., van den Elzen, R., Pagel, T., Schuchmann, K. L., Schürer, U., Riebe, M., & Tschirch, W. (1996). *Mindestanforderungen an die Haltung von Kleinvögeln. Teil 1: Körnerfresser.* Bonn: Sachverständigen-Gutachten im Auftrag des Bundesministeriums für Ernährung, Landwirtschaft und Forsten.

Cracraft, J. (1988). The major clades of birds. In M. J. Benton (Hrsg.), *The phylogeny and classification of the tetrapods* (Amphibians, reptiles, birds, Bd. 1, S. 339–351). Oxford: Clarendon Press.

Edwards, S. V., & Harsman, J. (2013). *Tree of life web project.* tolweb.org/Passeriformes.

Ericson, P. G. P., Christidis, L., Cooper, A., Irestedt, M., Jackson, J., Johansson, U. S., & Norman, J. A. (2002). A Gondwanan origin of passerine birds supported by DNA sequences of the endemic New Zealand wrens. *Proceedings of the Royal Society of London Series B, 269*, 235–241.

Feduccia, A. (1995). Explosive radiation in tertiary birds and mammals. *Science, 267*, 637–638.

Gill, F., Donsker, D., & Rasmussen, P. (eds. 2020). *IOC World Bird List (v10.1).* https://doi.org/10.14344/IOC.ML.10.1.

Hackett, S. J., Kimball, R. T., Reddy, S., Bowie, R. C. K., Braun, E. L., Braun, M. J., Chojnowski, J. L., Cox, W. A., Han, K.-L., Harshman, J., Huddleston, C. J., Marks, B. D., Miglia, K. J., Moore, W. A., Sheldon, F. H., Steadman, D. W., Witt, C. C., & Yuri, T. (2008). A phylogenomic study of birds reveals their evolutionary history. *Science, 320*(5884), 1763–1768.

Lantermann, W. (2009). Kapitel: Singvögel (Passeriformes). In M. Baur et al. (Hrsg.), *Wildtierhaltung in kleineren zoologischen Einrichtungen* (Bd. 2, S. 291–308). Fürth: Filander.

Manegold, A., Mayr, G., & Mourer-Chauviré, C. (2004). Miocene songbirds and the composition of the European passeriform avifauna. *Auk, 121*, 1155–1160.

Olson, S. L. (1989). Aspects of global avifaunal dynamics during the Cenozoic. In *Proceedings of the XIX international ornithological congress* (Bd. 29, S. 2023–2029). Ottawa: University of Ottawa Press.

Raikow, R. J. (1982). Monophyly of the passeriformes: Test of a phylogenetic hypothesis. *Auk, 99*, 431–455.

Raikow, R. J. (1986). Why are there so many kinds of passerine birds? *Systematic Zoology, 35*, 255–259.

Raikow, R. J. (1987). Hindlimb myology and evolution of the Old World suboscine passerine birds (Acanthisittidae, Pittidae, Philepittidae, Eurylaimidae). *Ornithological Monographs, 41*, 1–81.

Sibley, C. G., & Ahlquist, J. E. (1990). *Phylogeny and classification of birds.* New Haven: Yale University Press.

Sibley, C. G., Williams, G. R., & Ahlquist, J. E. (1982). The relationships of the New Zealand wrens (Acanthisittidae) as indicated by DNA-DNA hybridisation. *Notornis, 29*, 113–130.

Urban, E. K., Fry, C. H., & Keith, S. (1997). *The birds of Africa* (Bd. V). San Diego/London: Academic.

Wilson, A. C. (1989). Time scale for bird evolution. *Proceedings of the XIX International Ornithological Congress, 19*, 1912–1917.

Winkler, D. W., Billermann, S. M., & Lovette, I. J. (2015). *Bird families of the world – Coraciiformes* (S. 220–232). Barcelona: Lynx.

Wood, F. (2010). Little brown birds. *Birdnote.* http://www.birdnote.org. Zugegriffen am 18.01.2020.

Familie: Corvidae – Rabenvögel

Bernd Simon

Inhalt

1   Systematik und allgemeine Biologie

Die Rabenvögel (Corvidae) sind eine Familie in der Ordnung der Sperlingsvögel (Passeriformes), aus der Überfamilie Corvidea, in die u. a. auch die Pirole (*Oriolidae*), die Paradiesvögel (*Paradisaeidae*) oder die Würger (*Laniidae*) gehören. Es gibt 21 Gattungen und 131 Arten (HBW Alive Species 2019), wenn man die in freier Wildbahn ausgestorbene Hawaiikrähe (*Corvus hawaiiensis*) noch mit nennt.

Rabenvögel sind mittelgroße bis große Vögel. Der Zwerghäher (*Cyanolyca nanus*) misst 20–23 cm und wiegt ca. 40 g, womit er der kleinste Vertreter dieser Familie ist (Madge und Burn 1994). Der Kolkrabe (*Corvus corax*) hingegen, der in den letzten Jahren weltweit einen deutlichen Bestandszuwachs hat, ist mit maximal 64 cm Größe, einer Flügelspannweite von 120–150 cm und einem Gewicht bis nahezu 1590 g (Glandt 2009) nicht nur der größte Rabenvogel, sondern damit auch der größte Sing- und Sperlingsvogel.

Diese Vogelfamilie ist fast weltweit verbreitet und bewohnt unterschiedlichste Lebensräume, von Wäldern bis zu fast offenen Landschaften. Einige Arten haben sehr kleine Verbreitungsgebiete und sind auf spezielle, oftmals bedrohte, Lebensräume angewiesen. Andere sind sehr anpassungsfähig. Als Kulturfolger in der Nähe menschlicher Ansiedlungen oder in Städten haben ihre Bestände teilweise explosi-

B. Simon (✉)
Arbeitsgruppe Weichfresser e.V., Pustow, Deutschland

© Springer-Verlag GmbH Deutschland, ein Teil von Springer Nature 2021   845
W. Lantermann, J. Asmus (Hrsg.), *Wildvogelhaltung*,
https://doi.org/10.1007/978-3-662-59604-3_45

onsartig zugenommen. Sie sind häufig auch die ersten Vögel, die neue Nahrungsquellen nutzen.

Die meisten eurasischen und nordamerikanischen Arten sind völlig schwarz oder grau/schwarz gefärbt. Etliche südamerikanische und asiatische Arten hingegen haben ein buntes Gefieder mit teilweise kräftigen Farben in blau, grün, gelb, violett oder braun, oft mit metallischem Glanz. Dies sind vornehmlich die Häher- oder auch Elsterartigen. In der Regel sind Männchen und Weibchen gleich gefärbt. Rabenvögel haben kräftige Schnäbel, die nicht gefurcht sind, und Federborsten um die Nasenlöcher. Die Beine und Füße sind kräftig entwickelt.

Rabenvögel werden relativ alt. So können z. B. Azurelstern (*Cyanopica cyanus*) 14, Kappenblauraben (*Cyanocorax* chrysops) nahezu 23 Jahre alt werden. Jagdelstern (*Cissa chinensis*) wurden 25 oder Alpenkrähen (*Pyrrhocorax pyrrhocorax*) 31 Jahre alt (Strehlow und Haensel 2014).

Das Sozialverhalten von Rabenvögeln ist sehr komplex. Dohlen (*Corvus monedula*) z. B. kennen sich innerhalb einer Kolonie individuell. Es gibt eine klare soziale Rangordnung. Kämpfe werden durch etliche Droh-, Imponier- und Demutsgebärden weitestgehend vermieden. Um Nistplätze wird ernsthaft gestritten, denn die Halter der Plätze genießen Ansehen. Weibchen steigen durch „Heirat" in den Rang des vorher meist ranghöheren Gatten auf. Benachteiligte oder behinderte Vögel werden, wenn sie betteln, von Partnern oder Dritten manchmal mitversorgt. Das Schwarmverhalten von Rabenvögeln bringt Vorteile bei der Nahrungssuche und der effizienten Nutzung von ergiebigen Nahrungsquellen (Epple 1997). Saatkrähen nehmen gemeinsam mit Rabenkrähen (*Corvus corone*) in riesigen Schwärmen Schlafplätze ein, zu denen sie aus bis zu 30 km Entfernung heranfliegen. Auch Dohlen oder Kolkraben schließen sich solchen Schwärmen an (Abb. 1).

Mehrere Häher betreiben Vorratswirtschaft. Von Tannenhähern (*Nucifraga caryocatactes*), dessen Vorkommen abhängig vom Vorhandensein von Zirbelkiefern ist, werden im Sommer und Herbst Wintervorräte von Zirbel- und Haselnüssen angelegt. Dazu werden Löcher in den Boden gehackt und nach dem Füllen mit den Nüssen wieder zugedeckt. Jeder Tannenhäher legt tausende von Samenverstecken an. Ohne lange zu suchen, findet er 80 Prozent dieser Verstecke auch bei hohen Schneedecken sehr gut wieder. Man weiß bis heute nicht, wie genau der Tannenhäher die Depots, die er im Herbst eingerichtet hat, durch den Schnee hindurch wiedererkennt (Madge und Burn 1994). Im Sommer ernähren sie sich übrigens, wie andere Rabenvögel auch, von Insekten, Vogeleiern, Fröschen, Eidechsen und Beeren. Auch der Eichelhäher (*Garrulus glandarius*) legt vor dem Winter umfangreiche Vorräte aus Eicheln und anderen Nussfrüchten an (Madge und Burn 1994).

Rabenvögel weisen neben einem ausgeprägten vielschichtigen Sozialverhalten u. a. ein Spielverhalten auf. Eine aufgezogene, im Freiflug gehaltene Nebelkrähe (*Corvus cornix*) animierte ihren Pfleger zum Spiel. Unter anderem legte sie sich auf den Rücken, griff nach dem hingehaltenen Finger, ließ sich so hochheben und schaukeln. Einen kleinen Stock hob sie auf und bot ihn zum gegenseitigen Daran-Ziehen an, wobei sie nicht immer gewinnen musste. Diese und andere Aufforderungen erfolgten immer wieder. (Eigene Erfahrung, B. Simon)

Abb. 1 Dohlen (*Corvus monedula*) verfügen über ein komplexes Sozialverhalten. (Foto: Jörg Asmus)

Dass Geradschnabelkrähen (*Corvus moneduloides*) ein Werkzeug benutzen können, um an Futter zu gelangen, ist bekannt (Bluff et al. 2010), weniger jedoch, dass dies auch die Saatkrähen (*Corvus frugilegus*) beherrschen (Abb. 2).

Zur Brut werden die Nester auf Bäumen, in Gebüschen, oder an Felsen angelegt. Wenige Arten sind Höhlenbrüter, wie z. B. die Dohle. Meistens werden große, recht unordentliche Nester aus Zweigen gebaut. Die Elster (*Pica pica*) überdacht ihr Nest und baut einen seitlichen Einschlupf ein. Der Nestbau erfolgt in der Regel durch das Weibchen, das Männchen schafft das Material heran. Gebrütet wird durch das Weibchen, bei den Hähern wechseln sich Weibchen und Männchen ab. Jungtiere werden von beiden Elternteilen versorgt. Die Eier sind sehr unterschiedlich gefärbt und mehr oder weniger stark gefleckt. Die Gelege haben zwischen 3 bis 7 Eier. Die Brutzeit dauert 15 bis 21 Tage, die Nestlingsdauer liegt bei 21 bis 28 Tagen (Strehlow und Haensel 2014). Europäische Arten bebrüten meistens eine Jahresbrut. Rotschnabelkittas (*Urocissa erythrorhyncha*) brüten, zumindest in der Haltung hierzulande, bis zu drei Mal im Jahr (Simon 2013).

Die meisten Rabenvögel sind Nahrungsgeneralisten. Insekten, Früchte, Knospen, Eier, Nestlinge, Aas und Abfälle – also alles Fressbare – wird aufgenommen. Die frühere Bezeichnung „Unglücksvögel" für Krähenartige basiert wahrscheinlich auf deren Vertilgung von Aas.

Laut der aktuellen „Roten Liste" der IUCN (Juli 2019), werden von den 131 Arten derzeit 102 Arten als nicht gefährdet (LC) betrachtet, 10 Arten als potenziell bedroht (NT) und 11 Arten sind als gefährdet (VU) eingestuft. 4 Arten gelten als

Abb. 2 Auch Saatkrähen
(*Corvus frugilegus*) benutzen
für gewisse Handlungen
Werkzeuge. (Foto: Jörg
Asmus)

stark gefährdet (EN). Dies sind die Hainankitta oder Graubauchkitta (*Urocissa whiteheadi*), der Akazienhäher (*Zavattariornis stresemanni*), Asirelster (*Pica asirensis*) und die Floreskrähe (*Corvus florensis*). Als kritisch gefährdet, also vom Aussterben bedroht (CR), sind die 3 Arten Javabuschelster (*Cissa thalassina*), Banggaikrähe (*Corvus unicolor*) und Guamkrähe (*Corvus kubaryi*). Wie oben schon erwähnt, gilt die Hawaiikrähe als in freier Wildbahn ausgestorben (EW). Alle namentlich genannten Arten sind endemisch lebende Arten auf kleinen Territorien, die daher den maßgeblich menschengemachten Umweltveränderungen besonders unterliegen.

2   Haltungsanforderungen

Die zoologische Haltung von Arten dieser Vogelfamilie hat sich laut aktueller Zootierliste sehr verringert. Der Kolkrabe wird derzeit in 56 deutschen (d.) und 146 anderen europäischen Einrichtungen (e.) gepflegt und ist somit der am häufigsten in Tiergärten gehaltene Rabenvogel. Weiterhin häufig sind zur Zeit Rotschnabelkitta (22 d., 57 e.), Europäische Elster (20 d., 21 e.), Eichelhäher (15 d., 20 e.),

Dohlen (13 d., 18 e.) und Schildrabe (*Corvus albus*) (Abb. 3) (9 d., 231 e.) zu sehen (http://www.zootierliste.de).

In der privaten Vogelhaltung in Deutschland spielen europäische Rabenvögel keine große Rolle. Das hat wahrscheinlich mit den behördlichen Regularien zur Haltung meldepflichtiger Tiere zu tun (siehe unten), mit denen sich zunehmend weniger Vogelfreunde auseinandersetzen wollen. Die Rotschnabelkitta wird neben der Azurelster (Asiatischen Blauelster) (*Cyanopica cyanus*) am meisten gehalten. Die Bestände von Acapulcoblauraben (*Cyanocorax sanblasanus*), Weißschwanz-Blauraben, früher Nacktwangen-Blauraben (*Cyanocorax mystacalis*) und Kappenblauraben (*Cyanocorax chrysops*) sind bei privaten Haltern auch leicht rückläufig. Schwarzkehl-Elsterhäher (*Cyanocorax collei*) und Weißkehl-Elsterhäher (*Cyanocorax formosus*), Inkablauraben (*Cyanocorax yncas*) und auch Jagdelstern (*Cissa chinensis*) wurden schon immer selten gepflegt, finden aber derzeit größeres Interesse als noch vor einigen Jahren. Viele Rabenvögel, so auch aus den letztgenannten Arten, sind derzeit womöglich häufiger in der privaten Haltung zu finden, als in zoologischen Einrichtungen.

Eine bessere Zusammenarbeit zwischen zoologischen und privaten Haltern zur Bestandssicherung der in Deutschland gehaltenen Vogelarten, dabei auch von Rabenvögeln, ist nicht nur ratsam, sondern notwendig. Dies gestaltet sich aber schwierig, da in der privaten Vogelhaltung eine längerfristige Kontinuität der Pflege bestimmter Arten noch weniger gegeben ist als in zoologischen Einrichtungen. Nicht nur die Artenvielfalt, auch die Bestandszahlen, sind sehr instabil. Die Rotschnabelkitta z. B. scheint ein klassischer „Modevogel" zu sein, dessen Haltung intervallmäßig auftretenden Bestandsschwankungen unterliegt.

Abb. 3 Der Schildrabe (*Corvus albus*) gehört zu den häufiger gehaltenen Rabenvögeln in zoologischen Einrichtungen. (Foto: Thomas Ratjen)

Einheitliche in Deutschland geltende Richtlinien zu Gehegegrößen für Rabenvögel gibt es nicht. Jedes Bundesland hat seine Richtwerte, auch unter Einflussnahme aus anderen Bundesländern, erstellt. Sechs Rabenvogelarten wurden z. B. von der Oberen Naturschutzbehörde des Thüringer Landesverwaltungsamtes diesbezüglich katalogisiert. Rotschnabelkittas, Eichelhähern und Dohlen werden für die paarweise Unterbringung 13 m^2 bei 2,5 m Höhe plus 2 m^2 für jedes weitere Tier zugebilligt. Rabenkrähe und Elster sollen in mindestens 21 m^2 bei 3 m Höhe und weiteren 6 m^2 je weiterem Tier gehalten werden. Für Kolkraben soll pro Paar 34 m^2 bei 3 m Höhe und 15 m^2 für jedes weitere Tier vorhanden sein. „Das Seitenverhältnis einer Voliere hat 2:1 zu betragen, damit die Tiere möglichst lange Flugstrecken zurücklegen können" (ThürNatG 2008).

Es ist immer ratsam, sich vor der Anschaffung von Tieren auch über deren ursprüngliche Herkunft Informationen einzuholen und daraufhin die Haltungsform zu gestalten. Nicht die Tiere müssen sich unseren Vorstellungen anpassen, sondern wir müssen die Bedürfnisse der Tiere kennen und darauf reagieren.

Rabenvögel aus tropischen und subtropischen Gebieten müssen warm untergebracht werden, oder ständigen Zugang zu Innenräumen haben, in denen die Temperaturen nicht unter 10 °C fallen dürfen. Mehrmals gehörte Aussagen, wonach Rotschnabelkittas oder auch Acapulcoblauraben problemlos in Außenvolieren ohne Schutzraum überwintern können, sind falsch und zeugen von Verantwortungslosigkeit. Rabenvogelarten aus nördlichen Breiten sind winterhart, benötigen aber trotzdem einen Wetterschutz.

Die Gehege oder Flugräume sollten in jedem Fall geräumig sein, da es sich weitestgehend um sehr aktive Tiere mit einem großen Beschäftigungsdrang handelt. Daraus ergibt sich, die Voliere gut zu bepflanzen, aber auch freie Flächen für Aktivitäten am Boden zu belassen. Rabenvögel baden gerne. Morsche Hölzer, kleine Laub- bzw. Baumschnitthaufen oder ausgestreutes Laub sorgen für Beschäftigung. Durch den Kot und das Umherschleppen von Futter entstehen teils starke Verschmutzungen.

Einige Arten sind zur Freilandhaltung geeignet. Diese Form kommt ganz gewiss den Tieren zugute, bedarf aber einiger Bedenken. Handaufzuchten zeigen selten Scheu vor Menschen, manche werden sehr zutraulich. Einige lernen Geräusche oder menschliche Äußerungen zu imitieren. Die mangelnde Scheu vor Menschen führt oftmals zu Belästigungen derselben. Eine Dohle versuchte die Brille vom Kopf einer Besucherin des Autors zu stehlen, zerrte an Ohrringen oder pickte nach den Augen. Dohlen, als auch Nebelkrähe, nahmen sich immer, was sie für den Moment besonders interessant fanden. Mahlzeiten im Freien können durch zahme Rabenvögel zu abenteuerlichen Erlebnissen werden. Dohlen und Nebelkrähe wurden nicht gleichzeitig aufgezogen, das Verhalten ähnelte sich aber stark. Alle Tiere schlossen sich im Spätherbst ihres Geburtsjahres wilden Saatkrähengruppen an. Die Dohlen besuchten noch eine Zeit lang den Autor, bevor sie ganz verschwanden (eigene Erfahrung, B. Simon).

Eine Vergesellschaftung von Rabenvögeln ist bedingt möglich. „Die größten Arten (Gattung *Corvus*) paarweise halten, die anderen eignen sich als Nebenbesatz zu Hühnervögeln, dagegen nicht mit kleinen Arten zusammenhalten" (Strehlow und

Haensel 2014). Gruppenhaltungen kommen nur selten in Betracht, weil kaum genügend Platz für diese Haltungsform geboten werden kann. In einer üppig bepflanzten Voliere von 144 m^2 kam eine Gruppe von zeitweise 5 Paaren Azurelstern – und einigen Entenvögeln als Nebenbesatz – nicht zum Brüten, da sich die Tiere gegenseitig dabei störten. Bruterfolge gab es dann nach der paarweisen Unterbringung der Tiere in jeweils 36 m^2 Gehegen, die auch mit 1,1 Weißen Ohrfasanen (*Crossoptilon crossoptilon*) besetzt waren. Acapulco-Blauraben kann man mit Napoleonpfaufasanen (Palawan-Pfaufasanen) (*Polyplectron napoleonis*) gut zusammen unterbringen. Inka-Grünhäher, Kappenblauraben (*Cyanocorax chrysops*) und auch Nacktwangen-Blauraben lassen sich gut mit z. B. Gelbkehlfrankolinen (*Pternistris leucoscepus*), also nicht aufbaumenden Vögeln, vergesellschaften. In allen Fällen sind die Überlebenschancen der Hühnervögel-Nachkommen jedoch recht gering, da Eier sowie Nestlinge zum Nahrungsspektrum der Rabenvögel gehören. Andererseits ist eine gemeinsame Haltung mit Tieren der Gattung Tragopan (*Tragopan*), u. a. Satyrtragopan (*Tragopan satyra*), für die Rabenvogelgelege gefährlich, da diese Tiere aufbaumen und die Nester der Raben erreichen können. Die Vergesellschaftung von Rotschnabelkittas mit Hühnervogelarten ist scheinbar von den Individuen abhängig. Einige Paare attackieren sogar Blaue Pfauen (*Pavo cristatus*) (mdl. J. Engelmann).

Die tropischen kleineren Rabenvögel erhalten ein grobes Fertigweichfutter mit einem höheren Insektenanteil. Fertigfutter kann man mit körnigem Frischkäse bzw. Magerquark, Honig, zusätzlichen Rosinen oder geriebenen Äpfeln oder Möhren und Mineralstoffgemischen anreichern. An lebenden Insekten gibt man u. a. Drohnenbrut, Mehlkäfer- und Zophobalarven. Argentinische Waldschaben, Schokoschaben, Heimchen und ähnliches werden gerne auch gefrostet, kurz aufgetaut, genommen. In den ersten Tagen der Jungenaufzucht kann man gefrostete Pinkies geben. Klein geschnittene Eintagsküken, junge Mäuse, Stinte, rohes, mageres, durchgedrehtes Fleisch oder hart gekochte Eier gehören zum Hauptfutter. Beeren und Obst, sowie einige Sämereien, z. B. aus einer Fasanenfuttermischung, nehmen einige Tiere gerne. Auch Katzen- oder Hundefertigfutter geben einige Halter (Röhler 2012; Simon 2013; Ratjen 2019).

Größere Rabenvögel lassen sich mit Fleisch, Innereien, Eiern, Früchten, Insekten, Mäusen, Ratten und Eintagsküken gut versorgen.

Rabenvögel fressen ihr Futter oftmals erst, wenn sie es vom Futterplatz verschleppt haben. Es wird u. a. zwischen Astgabeln festgesteckt, oder einfach mit einem Fuß festgehalten. Einige Tiere verstecken Futter an unterschiedlichen Stellen.

Verschiedene Arten haben sich in menschlicher Obhut erfolgreich vermehrt. In der Regel werden die Nester im oberen Bereich der Volieren, an geschützten Stellen gebaut. Das Zurückschneiden der Vegetation oder die Umgestaltung der Voliere oder deren Umgebung während der reproduktiven Phase im Sommer sollte man unterlassen, da eine „Biotop"-Veränderung das Sicherheitsempfinden der Tiere stört. Ein einmal bewährter Platz wird häufig wieder genutzt. Der Größe der Vögel entsprechend, kann eine Nisthilfe, z. B. ein Weidenkorb oder nur ein Brett gut versteckt angebracht werden. Die Nester werden, z. B. von Rotschnabelkittas und Azurelstern, meistens aus dünnen biegsamen Zweigen von Birken, vom Spierstrauch oder ähnlichen Gewächsen gebaut. Einige Arten polstern die Nester mit feinerem Material aus. Krähenvögel verwenden viel Nistmaterial. Neben Zweigen und Wurzeln werden Halme, Stroh, feuchtlehmiger Boden, Moos, Tierhaare, Federn oder Stofffetzen verwendet (Strehlow und Haensel 2014). Das Futter zur Jungtierversorgung muss in der Zusammenstellung nicht geändert werden. Lediglich die Mengen an Insekten und tierischer Kost müssen stetig dem Verbrauch angepasst werden.

Bei nichtberingungspflichtigen Tieren sollte man eine Nestkontrolle unterlassen. Bei Jungvögeln, die Ringe erhalten, müssen diese dunkel abgeklebt oder bemalt werden, da die Alttiere ansonsten versuchen, die „Fremdkörper" aus dem Nest zu bekommen und dabei immer die Jungen verletzen.

Rabenvögel verteidigen oft vehement ihr Territorium während der Brut. Attacken von Rotschnabelkittas sind nicht unbedingt schmerzhaft, aber unangenehm. Schwarzkehl- und Weißkehl-Elsterhäher können den Pflegern dagegen durchaus Verletzungen zufügen.

Bei einigen mehrmals im Jahr brütenden Arten werden die Jungvögel, meist die männlichen, häufig schon nach kurzer Zeit des Flüggewerdens vom Männchen vertrieben und dabei durchaus auch getötet. In der Regel sind die Tiere dann schon selbstständig und können von den Eltern getrennt werden.

Zu beachten ist, dass viele Rabenvögel ein Leben lang in Einehe leben. Nicht immer gelingt, nach dem Verlust eines Partners, eine Neuverpaarung. Während das bei Azurelstern relativ einfach funktioniert, sieht es bei Rotschnabelkittas (Abb. 4) schon problematischer aus. Das Kennenlernen des neuen Partners in einer Nachbarvoliere und das gemeinsame Umsetzen in eine unbekannte Voliere sind meistens

Abb. 4 Rotschnabelkittas (*Urocissa erythrorhyncha*) brüten bis zu drei Mal im Jahr. (Foto: Frithjof Spangenberg)

notwendig, um zumindest ein akzeptables Miteinander zu fördern. Es garantiert aber keine sofortige Paarbildung.

Für die Rabenvogelhaltung in Deutschland gilt es Folgendes zu berücksichtigen: Der Kolkrabe ist in der Anlage 5 (zu § 4 Abs. 1 und § 5/Liste der kennzeichnungspflichtigen Wildarten der BWildSchV) und zudem in der Europäischen Vogelschutzrichtlinie 2009/147 im Anhang A als „besonders geschützte Art" aufgeführt (http://www.wisia.de). Man benötigt daher für dessen Haltung eine Ausnahmegenehmigung vom Besitz- und Vermarktungsverbot (CITES) und einen Herkunftsnachweis. Weitere Arten der Gattungen *Corvus*, wie Nebelkrähe, Aaskrähe, Saatkrähe, Dohle, Elsterdohle (*C. dauuricus*) und Glanzkrähe (*C. splendens*) sind ebenfalls in der Vogelschutzrichtlinie 2009/147 (VSR) aufgeführt und folglich anzeigepflichtig mit Herkunftsnachweis und es besteht Kennzeichnungspflicht (mit Ausnahme der beiden letztgenannten Arten). Für Blauelster, Eichelhäher, Tannenhäher, Unglückshäher (*Perisoreus infaustus*), Elster, Alpendohle (*Pyrrhocorax graculus*) und Alpenkrähe gilt das gleiche, auch sie sind in der VSR aufgeführt. Zum Erwerb und zur Haltung der genannten Arten benötigt man ebenfalls eine Ausnahmegenehmigung vom Besitz- und Vermarktungsverbot.

Literatur

Bluff, L. A., Troscianko, J., Weir, A. S., Kacelnik, A., & Rutz, C. (2010). Tool use by wild New Caledonian crows *Corvus moneduloides* at natural foraging sites. *Proceedings of the Royal Society of Biological Sciences, 1686*, 1377–1385.

Epple, W. (1997). *Rabenvögel: Göttervögel – Galgenvögel: ein Plädoyer im „Rabenstreit".* Karlsruhe: Braun.

Glandt, D. (2009). *Der Kolkrabe. Der „schwarze Geselle" kehrt zurück.* Wiebelsheim: Aula.

HBW Alive Species. (2019). *Handbook of birds of the world – Corvidae.* http://www.hbw.com/species. Zugegriffen am 21.08.2019.

Madge, S., & Burn, H. (1994). *Crows and jays.* London: Helm.

Ratjen, T. (2019). Die Blauelster – Haltung, Pflege, Zucht. *Der Vogelfreund, 72,* 222–225.

Röhler, S. (2012). Erstzucht Acapulco-Blaurabe oder San-Blas-Trauerblauhäher. *VZE-Vogelwelt, 57,* 260–262.

Simon, B. (2013). Rotschnabelkitta. *VZE Vogelwelt, 58,* 136–140.

Strehlow, H., & Haensel, J. (2014). Kapitel Sperlingsvögel Passeriformes, Rabenvögel. In W. Grummt & H. Strehlow (Hrsg.), *Zootierhaltung – Vögel* (S. 757–763). Haan-Gruiten: Europa-Lehrmittel.

ThürNatG. (2008). Richtwerte zur erforderlichen Größe von Tiergehegen in Thüringen zur Erfüllung stets hoher Anforderungen an die Tierhaltung gemäß § 33 Abs. 3 Nr. 2 ThürNatG (Stand: 11.02.08).

Familie: Paridae – Eigentliche Meisen (und andere „Meisen" arten)

Walter Wittig

Die **Eigentlichen Meisen** (Paridae) sind mit 57 Arten in 14 Gattungen über weite Teile Europas, Asiens, Nordamerikas und Afrikas verbreitet. Auf weitere Gruppen von Vögeln aus anderen Familien der Sperlingsvögel (Passeriformes) mit ähnlicher Gestalt und Lebensweise, die im Deutschen ebenfalls als Meisen bezeichnet werden, soll am Ende dieses Kapitels kurz eingegangen werden.

Die Eigentlichen Meisen sind kleine bis sehr kleine Vögel von 11–15,5 cm Körperlänge mit einem Gewicht von 10–21,5 g; nur die Sultansmeise (*Melanochlora sultanea*) erreicht 20,5 cm und wiegt 34–49 g. Färbung und Zeichnung des Gefieders sind sehr vielfältig. Viele haben einen schwarzen Oberkopf oder eine gelbe bis weiße Unterseite, auch blaue, grüne und rotbraune Farben kommen vor, und manche sind überwiegend schwarz; nicht wenige tragen eine Haube. Die Geschlechter sind sehr ähnlich oder gleich gefärbt; nur bei der Schmuckmeise (*Pardaliparus venustulus*) und zwei sehr nahe verwandten Arten besteht ein ausgeprägter Geschlechtsdimorphismus. Allen Arten der Paridae gemeinsam ist, dass sie als Höhlenbrüter ihre Nester in Höhlen anlegen, meist in Baumhöhlen, die manche Arten in morschem Holz auch selbst aushacken; aber auch in Nistkästen, Briefkästen und anderen Hohlräumen brüten sie, zuweilen sogar in vorgefundenen oder selbst gegrabenen Erdlöchern.

Die Eigentlichen Meisen leben in Laub- und Nadelwäldern – im Hochgebirge und im hohen Norden bis zur Baumgrenze – in Parkanlagen, Obstplantagen und Gärten, aber auch in offenem Gelände mit Bäumen und Sträuchern und in Dörfern und Städten.

Ihre Nahrung sind überwiegend Insekten einschließlich deren Eier, Larven und Puppen und auch andere Gliederfüßer wie Spinnen, in den gemäßigten Zonen während der kalten Jahreszeit auch Samen, Früchte und Knospen. Viele horten im Herbst Samen, indem sie diese hinter Baumrinde und in Ritzen und Spalten verste-

W. Wittig (✉)
Dresden, Deutschland

cken. Bei der Nahrungsaufnahme können die Eigentlichen Meisen, anders als die meisten anderen Sperlingsvögel, das mit dem Schnabel zu bearbeitende Futter festhalten, indem sie es mit einem Fuß oder beiden auf der Sitzstange festklemmen. Selten ergreifen sie es mit einem Fuß und heben es etwas an.

Meisen sind in der Mehrzahl der Arten monogam. Beide Geschlechter kümmern sich gemeinsam um den Nachwuchs, der eigentliche Nestbau und das Brutgeschäft obliegen jedoch den Weibchen. Das Nest wird bei vielen Arten vor allem mit Moos gebaut, und die Nestmulde wird mit Haaren oder Federn ausgekleidet. Die Weibchen legen, je nach Art, zwischen 2 und 13 Eier. Die Gelege der tropischen Arten sind kleiner als die der Arten aus nördlichen Verbreitungsgebieten. Die Brutdauer beträgt 12–14 Tage, die anschließende Nestlingszeit 16–22 Tage. Außerhalb der Brutzeit sind die Meisen meist gesellig (vgl. Haffer 1993; Harrap und Quinn 1996).

Die überwiegende Zahl der Meisenarten ist derzeit noch nicht gefährdet. Nur eine Art, die Weißflügelmeise (*Machlolophus nuchalis*), gilt zur Zeit als gefährdet („vulnerable"), drei Arten sind „stark gefährdet („endangered")", darunter die Taiwanmeise (*Machlolophus holsti*). Diese Arten bewohnen jeweils nur eng begrenzte Lebensräume auf kleinen Inseln, wo sie anthropogenen Einflüssen (vor allem Holzeinschlag) besonders stark ausgesetzt sind. Die Bestände der Taiwanmeise werden zudem durch den Vogelfang und -handel beeinträchtigt. (Winkler et al. 2015, www. iucnredlist.org).

Haltungsanforderungen

Meisen spielen in der Vogelhaltung nur eine untergeordnete Rolle. Von den Eigentlichen Meisen sind in Privathand gelegentlich vor allem die europäischen Arten Kohlmeise (*Parus major)*, Blaumeise (*Cyanistes caeruleus*) (Abb. 1), Tannenmeise (*Periparus ater*) und Lasurmeise (*Cyanistes cyanus*) sowie die exotischen Arten Schmuckmeise, Himalayakronenmeise (*Machlolophus xanthogenys*), Buntmeise (*Sittiparus varius*) und Bergkohlmeise (*Parus monticolus*) in moderater bis geringer Anzahl anzutreffen, und die meisten wurden auch schon nachgezogen (vgl. Baars 1981; Karsten 2008; Löhrl 1977, 2003; Vít 2007; Wittig 2004). Aus den Tiergärten sind mittlerweile fast alle Meisenarten verschwunden (www.zootierliste.de).

Meisen können in Anbetracht ihres ausgeprägten Bewegungsdranges nur in Volieren gehalten werden. Eine Käfighaltung ist nur ausnahmsweise für kurze Zeit bei besonderen Umständen möglich, z. B. bei Erkrankung und zur Eingewöhnung. Die Meisen wissen sich jedoch auch in diesem Fall gewöhnlich in ihr Schicksal zu fügen. Die Voliere sollte für ein Paar möglichst eine Grundfläche von mindestens 2–3 m^2 haben; besser ist natürlich das Doppelte und mehr, insbesondere wenn Nachwuchs zu erwarten oder die Vergesellschaftung mit einer anderen Art vorgesehen ist. Da sich die Meisen viel im Gezweig bewegen, ist die Voliere reichlich mit Sträuchern, Zweigen und Ästen auszustatten; es muss aber auch Raum zum Fliegen vorhanden sein, besonders im oberen Bereich. Viele Arten kommen oft auch auf den Boden, der deshalb in größeren Bereichen freigehalten werden sollte. Zumindest ein Teil der Voliere ist zu überdachen und auch seitlich vor Wind zu schützen. Meisen aus Gebieten mit tropischen Temperaturen brauchen Zugang zu einer Innenvoliere mit einer Mindesttemperatur von etwa 10 °C. Bei Überwinterung in der Freivoliere

Abb. 1 Ein häufiger Gast an den Futterstellen im Garten ist die Blaumeise (*Cyanistes caeruleus*). In der Volierenhaltung ist sie eher weniger vertreten. (Foto: Jörg Asmus)

müssen die Meisen Schutz in dichter Vegetation oder auch in Nistkästen, kleinen Höhlen oder Nischen finden können.

In der Brutsaison ist der Besatz der Voliere mit Meisen auf ein Paar zu beschränken; die Nachwuchstiere können im Allgemeinen im laufenden Jahr in der Voliere bleiben. Außerhalb der Zuchtzeit können mehrere Meisen, auch verschiedener Arten, in der Regel zusammen gehalten werden; die Kohlmeise soll manchmal streitsüchtig sein. Mit verträglichen Arten anderer Familien wie Finken können die Meisen meist ohne Probleme vergesellschaftet werden.

In der Natur sind im Frühjahr und Sommer Insekten und andere Gliederfüßer die hauptsächliche Nahrung, im Herbst und Winter in den gemäßigten Zonen auch Samen. In Menschenobhut werden die Insekten meistens durch industriell hergestelltes Fertigfutter ersetzt, das die benötigten Nährstoffe, Vitamine und Mineralstoffe enthält und genügend schmackhaft ist, oder durch ein vom Tierhalter selbst nach individueller Rezeptur hergestelltes Weichfutter. Doch sollte auf die Zufütterung von Insekten nicht ganz verzichtet werden, die zur Aufzucht von Jungvögeln durch die Eltern ohnehin unentbehrlich sind. Sie werden gewöhnlich lebend verfüttert, aber auch gefrostet meist gern genommen. Neben Larven des Getreideschimmelkäfers, der Großen und der Kleinen Wachsmotte und verschiedener Fliegenarten werden vor allem Mehlwürmer, die Larven des Mehlkäfers, gegeben, deren harte Chitinhäute gut vertragen werden. Die Meisen bearbeiten sie entweder mit ihrem Schnabel kurz am Kopf und verschlucken sie dann unzerteilt, oder sie beißen das Kopfteil ab, ziehen das Innere des Mehlwurms heraus und verschlucken es und

verschlingen schließlich die leere Hülle meist ebenfalls. In der Natur ist für die
Vögel der Darminhalt der von ihnen verzehrten Insekten eine wichtige Vitamin-
quelle. Die Mehlwürmer müssen deshalb so gefüttert werden, dass ihr Darm dann,
wenn sie gefressen werden, vitaminhaltiges pflanzliches Futter wie z. B. Möhren
enthält. Wachsmottenlarven können durch Zusatz eines Vitamin-Mineralstoff-Ami-
nosäuren-Präparates zu dem Honig, den sie als Letztes vor der Verfütterung erhalten,
aufgewertet werden (Karsten 2007); entsprechend kann man auch mit Mehlwürmern
verfahren. Frischgehäutete, weiße Mehlwürmer, die für die Meisen ein Leckerbissen
sind, haben einen leeren Darm; es fehlen ihnen also die im Darminhalt enthaltenen
Vitamine. Wenn man sie in größerer Menge gibt, werden sie und andere lebende
Insekten, die nicht mit vitaminhaltigem Futter gefüttert wurden, wie auch gefrostete
Insekten mit einem Multivitaminpräparat bepudert; dies kann auch bei entsprechend
gefütterten Mehlwürmern in verringerter Dosierung zusätzlich nützlich sein. Die
Zugabe weniger Tropfen Speiseöl zu den Mehlwürmern sorgt dafür, dass das Pulver
besser haftet. Die Verfütterung von Insekten aus der Natur wie Raupen, Fliegen und
Blattläuse, auch als Wiesenplankton, sowie von Larven und Puppen nicht geschützter Ameisenarten kann sehr nützlich sein, wenn eine Kontamination mit Insektiziden
und anderen Chemikalien ausgeschlossen werden kann.

Samen sind für die Eigentlichen Meisen, soweit sie nicht in den Tropen zu Hause
sind, in der kalten Jahreszeit ein normales Futter. Sie werden dann verstärkt verzehrt.
Vor allem werden Sonnenblumenkerne gegeben, aber auch andere ölhaltige Samen
wie Hanfsamen und verschiedene Nüsse. Äpfel und anderes Obst sollten über das
ganze Jahr regelmäßig angeboten werden. Meisen mit gelber Färbung müssen zu
deren Erhaltung vor und während der Mauser Lutein bekommen (Stradi 1998),
entweder mit dem Darminhalt der Mehlwürmer, die vor der Verfütterung luteinhal-
tige grüne Pflanzenteile wie Salat, Mohrrübenblätter oder Brokkoli aufgenommen
haben, oder durch Gaben eines käuflichen, aus Tagetesblüten gewonnenen Lutein-
präparates, zweckmäßigerweise mit den Mehlwürmern.

Eine Mineralsalzmischung sollte den Vögeln immer zur Verfügung stehen,
besonders aber in den Wochen vor der Eiablage. Wasser kann in der Freivoliere im
Winter durch Schnee oder geraspeltes Eis ersetzt werden.

Wenn eine Brut zu erwarten ist, muss den Meisen mindestens ein Nistkasten, besser
noch zwei oder drei zur Auswahl, zur Verfügung stehen. Es ist darauf zu achten, dass
diese nicht zu stark der Sonne ausgesetzt sind. Holzbetonnistkästen haben sich wegen
der guten Wärmedämmung bewährt. Als Nistmaterial dienen vor allem Moos und
auch Grashalme und für die Nestmulde Haare und tierische Wolle oder Baumwolle.

Zur Fütterung der Nestlinge erhalten die Meisen die oben genannten Insekten,
wobei auf deren Ernährung bzw. den Zusatz eines Multivitaminpräparates besonders
zu achten ist. Es sind auch der Größe der Nestlinge entsprechende Futtertiere anzubieten; die Elterntiere wissen jedoch z. B. auch große Mehlwürmer für kleine Nestlinge passend zuzurichten und ziehen diese manchmal den kleineren vor. Besonders
bei warmem Wetter sollen die Elterntiere Apfel oder eine andere Frucht zur Verfügung
haben, mit der sie den Flüssigkeitsbedarf der Jungvögel decken können, solange diese
noch nicht an die Tränke gelangen. Wenn die Jungvögel den Nistkasten verlassen, ist
auf die Gefahr des Ertrinkens in zu tiefen Badeschalen zu achten.

Die **Schmuckmeise** ist eine kleine Meise, die in China zu Hause ist. In Größe und Gestalt ähnelt sie der Tannenmeise, mit der sie nahe verwandt ist. Anders als bei dieser unterscheiden sich die Geschlechter deutlich. Über ihre Haltung und Nachzucht hat der Verfasser schon berichtet (Wittig 2004). Gegenüber dem Pfleger waren die Schmuckmeisen sehr zutraulich. Sie schritten problemlos zur Fortpflanzung und benutzten dazu verschiedene Nistkästen, brüteten aber auch mit Erfolg in einer von ihnen unter einem aufgestellten Baumstamm gegrabenen Erdhöhle, meißelten eine Höhle in einen morschen Stamm und eine andere in eine horizontale Mörtelfuge in der Hausfassade. Die Gelegegröße war für Meisen relativ gering. Die Aufzucht der Jungtiere, vom ersten Tag ab mit Mehlwürmern, machte keine Schwierigkeiten. Die Jungvögel wie auch die Alttiere zeigten nach der Mauser nur eine sehr schwach gelbliche Färbung der Unterseite, nicht das kräftige Gelb wie bei Wildtieren. Es war damals noch nicht berücksichtigt worden, dass sich das Gelb in ihrem Gefieder nur erhält, wenn die Nahrung Lutein enthält (vgl. Löhrl 1987; Stradi 1998).

Die **Lasurmeise** (Abb. 2) ist eine der wenigen in Menschenhand öfter nachgezogenen Meisenarten. Ihre Heimat ist vor allem die Taiga von Osteuropa bis zum Japanischen Meer; nur selten kommen einzelne Exemplare bis nach Mitteleuropa. Zwei Unterarten (*Cyanistes cyanus flavipectus* und *C. c. carruthersi*), die sich durch die gelbe Färbung der Brust von der Nominatform unterscheiden, leben in den Gebirgen Mittelasiens. Diese **Gelbbrust-Lasurmeise**, die früher als eigene Art galt, hat der Verfasser in den letzten Jahren gepflegt und wiederholt nachgezogen. Anfangs war das Zuchtpaar etwas scheu, aber zuletzt konnte die Nachzucht mit frischgehäuteten Mehlwürmern dazu gebracht werden, diese am Gitter aus der Hand zu nehmen und sich durch die Gegenwart des Pflegers bei ihren Lebensäußerungen nicht stören zu lassen. Meist erfolgte nur eine Brut, wobei nicht alle Eier befruchtet waren; bei einer Zweitbrut waren alle Eier unbefruchtet. Durch Gaben von Lutein und bei einer Brut auch nur durch Ernährung der Mehlwürmer mit luteinreichem Futter wurde erreicht, dass sich bei der Mauser die Brustfedern von Alt- und Jungtieren gelb färbten, wenn auch mit unterschiedlicher Intensität.

Abb. 2 Gelbbrust-Lasurmeisen (*Cyanistes cyanus*), hier ein Altvogel mit Mehlwurm am Nistkasten, gehören mit zu den am häufigsten gehaltenen Meisenarten. (Foto: Walter Wittig)

Im Anschluss folgen noch Hinweise zu einigen im Deutschen ebenfalls als „Meisen" bezeichneten und ab und zu in Volieren gepflegten kleinen Vogelarten aus anderen Familien der Sperlingsvögel. Für ihre Pflege gilt weitgehend das Gleiche wie für die Eigentlichen Meisen, aber Besonderheiten bei Lebensweise und Ernährung sind zu berücksichtigen.

Die sehr kleinen **Schwanzmeisen** (Aegithalidae) leben mit 13 Arten in vier Gattungen in Europa und Asien und mit einer Art in Nord- und Mittelamerika. Sie weisen keine nähere Verwandtschaft zu den Eigentlichen Meisen auf und werden taxonomisch in der Nähe der Laubsänger (Phylloscopidae) und der Buschsänger (Scotocercidae) gesehen (Winkler et al. 2015). Schwanzmeisen bauen geschlossene Nester und leben außerhalb der Brutzeit in Trupps mit festem Revier. Sie ernähren sich von kleinen Insekten und Spinnen, die sie nicht, wie die Eigentlichen Meisen, unter die Zehen klemmen und dort mit dem Schnabel bearbeiten können. Pflanzliche Nahrung nutzen sie kaum, aber die auch in Mitteleuropa heimische Schwanzmeise (A*egithalos caudatus*) nimmt im Winter an Futterstellen auch gern Fettfutter. Sie und die Schwarz-kehlschwanzmeise (*A. concinnus*) vom Himalaya und aus Ostasien werden bisweilen in Volieren gehalten und selten auch nachgezogen (Komac und Motyl 2009; Pagel und Marcordes 2011). Sie ernähren sich hier von geeignetem Weichfutter und Insekten einschließlich Mehlwürmern; auch geraspelte Nüsse werden gern gefressen.

Die **Bartmeise** (*Panurus biarmicus*), die einzige Art in der Familie der Bart-meisen (Panuridae), ist ebenfalls mit den Eigentlichen Meisen nicht näher verwandt, sondern mit den Lerchen (Alaudidae) und den Tropfenvögeln (Nicatoridae) (Wink-ler et al. 2015) (Abb. 3). Sie lebt in ausgedehnten Schilfgebieten von Europa bis zur

Abb. 3 Bartmeisen (*Panurus biarmicus*) haben nur den Namen mit den Eigentlichen Meisen gemein, näher verwandt sind sie mit diesen nicht. (Foto: Jörg Asmus)

Mandschurei. Ihre Nahrung besteht im Sommer aus Insekten. Im Winter wird in winterkalten Gebieten hauptsächlich Schilfsamen aufgenommen; der Muskelmagen stellt sich dazu um, indem er ein dickes Keratinhäutchen bildet. Das Nest wird im Schilf in Bodennähe gebaut, niemals hängend. Die Voliere, in der sich die Bartmeise gegenüber anderen Arten verträglich zeigt, sollte dem Schilf entsprechende senkrechte Strukturen wie Bambus aufweisen. Im Winter können kleine Hirsesorten, Grassamen und Mohn gefüttert werden. In Menschenobhut wurde die Bartmeise mehrfach nachgezogen (Baars 1981; Löhrl 2003).

Aus der Familie der mit wenigen Arten in Asien, Europa und Afrika verteten Beutelmeisen (Remicidae) ist die auch in Mitteleuropa vorkommende **Beutelmeise** (*Remiz pendulinus*) von Bedeutung, die vor allem in Gehölzen an Fluss- und See Ufern lebt. Sie ist außerhalb der Brutzeit gesellig und zieht in den nördlicheren Gebieten ihrer Verbreitung im Herbst nach Süden. Sie baut ein geschlossenes hängendes Nest aus Fasern und Pflanzenwolle mit Eingangsröhre; wenn dieses fertiggestellt ist, vertreibt das Weibchen seinen Partner. Die Nahrung besteht aus Insekten; in Menschenobhut wird auch Weichfutter gefüttert. Die Zucht ist schwierig, und Nachzucht konnte nur selten erzielt werden (Löhrl 2003; Wählen und Todte 2009).

Für die Haltung der „exotischen" Meisenarten einschließlich der genannten weiteren „Meisen" gelten derzeit keine gesetzlichen Bestimmungen. Die einheimischen bzw. europäischen Arten unterliegen dagegen den Regularien der Bundesartenschutzverordnung, auch wenn es sich um deren nichteuropäische Unterarten handelt (Abb. 4). Sie sind demnach nachweis- und meldepflichtig gegenüber den

Abb. 4 Weidenmeisen (*Poecile montanus*) sind in Mitteleuropa weit verbreitete Brutvögel. Im Falle einer Volierenhaltung unterliegen sie den gesetzlichen Regularien der Bundesartenschutzverordnung. (Foto: Jörg Asmus)

zuständigen Behörden und mit geschlossenen Artenschutzringen zu kennzeichnen. Nur für die Lasurmeise besteht keine Beringungspflicht, weil diese in der Anlage 6 zur Bundesartenschutzverordnung nicht aufgeführt ist; als europäische Art ist sie aber trotzdem meldepflichtig.

Literatur

Baars, W. (1981). *Insektenfresser: ihre Haltung und Pflege* (S. 149–157). Stuttgart: Ulmer.

Haffer, J. (1993). Paridae – Meisen. In U. N. Glutz von Blotzheim (Hrsg.), *Handbuch der Vögel Mitteleuropas* (Bd. 13/I, S. 359–808). Wiesbaden: Aula.

Harrap, S., & Quinn, D. (1996). *Tits, nuthatches and treecreepers*. London: Christopher Helm.

Karsten, P. (2007). *Pekin Robins and small softbills: Management and breeding*. Surrey: Hancock House.

Karsten, P. (2008). Erfahrungen mit Blaumeisen in der Gemeinschaftsvoliere. *Gefiederte Welt, 132* (7), 8–12.

Komac, M., & Motyl, T. (2009). Die Meise mit der Räubermaske – Haltung und Zucht von Schwarzkehl-Schwanzmeisen. *Gefiederte Welt, 133*(2), 20–25.

Löhrl, H. (1977). *Die Tannenmeise*. Wittenberg: Ziemsen.

Löhrl, H. (1987). Haltung und Zucht der Schmuckmeise (*Parus venustulus*). *Gefiederte Welt, 111*, 121–123.

Löhrl, H. (2003). Artikel: Aegithalidae. Aegithalos. Cyanistes. Lophophanes. Panurus. Paridae. Periparus. Poecile. Remicidae. Remiz. In F. Robiller (Hrsg.), *Das große Lexikon der Vogelpflege*. Stuttgart: Ulmer.

Pagel, T., & Marcordes, B. (2011). *Exotische Weichfresser* (S. 124–125). Stuttgart: Ulmer.

Stradi, R. (1998). *The colour of flight*. Milan: Solei gruppo Editoriale Informatico.

Vít, R. (2007). Erfolgreiche Zucht mit Lasurmeisen. *Gefiederte Welt, 131*(1), 12–15.

Wählen, W., & Todte, I. (2009). Die Beutelmeise – Freileben, Zucht und Haltung. *Gefiederte Welt, 133*(5), 16–18.

Winkler, D. W., Billermann, S. M., & Lovette, I. J. (2015). *Bird families of the world – Paridae, Remizidae* (S. 409–413). Barcelona: Lynx.

Wittig, W. (2004). Nachwuchs bei den Schmuckmeisen. *Gefiederte Welt, 128*, 9–11.

Familie: Pycnonotidae – Bülbüls (Haarvögel)

Bernd Simon

Inhalt

1 Systematik und allgemeine Biologie

Die Bülbüls (Pycnonotidae) sind eine Familie in der Ordnung der Sperlingsvögel (Passeriformes), aus der Überfamilie der Grasmücken und ihrer Verwandten (Sylvioidea). Derzeit sind 31 Gattungen und 157 Arten beschrieben (HBW Alive Species 2019).

Laut der aktuellen „Roten Liste" der IUCN (Juni 2019) sind von den 157 Arten derzeit 122 Arten als „least concern" zu betrachten, 20 Arten als „near-threatened" und 9 Arten sind als „vulnerable" eingestuft. Datenmangel (DD) besteht für konkretere Aussagen über den Blaubrillenbülbül (*Pycnonotus nieuwenhusii*). Der Moheli-Rotschnabelbülbül (*Hypsipetes moheliensis*), der Schieferkopfbülbül (*Hypsipetes siquijorensis*) und der Prigoginebülbül (*Chorocichla prigoginei*) gelten als stark gefährdet („endangered"), und der Gelbscheitelbülbül (*Pycnonotus zeylanicus*) und der Sangihebülbül (*Thapsinillas platenae*) sind als vom Aussterben bedroht („critically endangered") eingestuft. Bei 11 Arten gibt es zunehmende, 97 haben gleichbleibende und 49 Arten haben abnehmende Bestandszahlen (http://www.iucn redlist.org).

Bülbüls sind sperlings- bis drosselgroße Vögel. Der Schuppenbülbül (*Pycnonotus squamatus*) ist mit 14–16 cm ein kleiner Vertreter. Der vom Aussterben bedrohte

B. Simon (✉)
Arbeitsgruppe Weichfresser e.V., Pustow, Deutschland

© Springer-Verlag GmbH Deutschland, ein Teil von Springer Nature 2021   863
W. Lantermann, J. Asmus (Hrsg.), *Wildvogelhaltung*,
https://doi.org/10.1007/978-3-662-59604-3_44

Gelbscheitelbülbül misst 28–29 cm und der Orpheusbülbül (*Hypsipetes amaurotis*) wird 28 cm groß. Beide zählen zu den größten Bülbülarten. Bülbüls sind schlanke, kurzhalsige Vögel mit kurzen, gerundeten Flügeln, relativ kurzen Beinen und mittellangem Schwanz. Die Schnäbel sind kräftig, mit leichter Krümmung nach unten, aber meistens nicht sehr dick. Ausnahmen bilden mit ihren kurzen, sehr kräftigen Schnäbeln der Finkenbülbül (*Spizixos canifrons*) und der Halsbandbülbül (*Spizixos semitorques*). Typisch für alle Bülbüls sind nackenständige Büschelchen haarähnlicher Fadenfedern, die zwar äußerlich nicht sonderlich in Erscheinung treten, aber ausschlaggebend sind für die Bezeichnung „Haarvögel" – wie man die Bülbüls auch nennt. Kopfhauben oder -schöpfe kommen öfter vor. Das Gefieder ist weich, flaumig wirkend. Die Färbung variiert in dieser Familie stark. Mehrheitlich ist sie schlicht, in dunkleren Farben – eine Mischung aus Braun- und Olivfarbtönen. Es gibt aber auch ziemlich kontrastreich gezeichnete, aber nicht im eigentlichen Sinne bunte Arten. Männchen und Weibchen sehen gleich aus. Die Männchen sind oft größer und langschnäbliger als die Weibchen (Grummt und Strehlow 2014).Viele Bülbülarten verfügen über klangvolle Ruffolgen oder Gesänge. Bei einigen Arten singen auch die Weibchen, allerdings nicht so laut und anhaltend.

Bülbüls leben in weiten Teilen Afrikas, Asiens und des Nahen Ostens. Der Lebensraum umfasst dichtes Unterholz und Gebüsche aller Art, ganz gleich ob es sich um Auwälder, Waldränder, Sekundärwälder, Flussufer, Gärten oder Parks handelt, in der Ebene wie auch im Bergland (Baars 1986). Vielfach leben Bülbüls als recht anpassungsfähige Kulturfolger mitten in Dörfern und Städten wo sie, ohne große Scheu vor den Menschen, agieren.

Die geselligen Tiere schweifen außerhalb der Brutzeit in Trupps oder Schwärmen, in denen sich auch andere Vogelarten befinden können, auf der Nahrungssuche umher. Auf dem Land werden manche Bülbüls als Schädlinge betrachtet, da sie sich oft in großen Scharen über Obstbestände hermachen. Ein Rotohrbülbül-Schwarm (*Pycnonotus jocosus*) kann aus ca. 50 Tieren bestehen, China-Rotschnabelbülbüls (*Hypsipetes leucocephalus*) fliegen in großen Schwärmen (Abb. 1). Die gesuchte Nahrung besteht in ihren tropischen oder subtropischen Habitaten überwiegend aus Beeren und Früchten. Es werden aber auch Nektar, Insekten und andere Wirbellose sowie kleine Eidechsen oder Geckos vertilgt. Der Finkenbülbül nimmt auch hartschalige Samen zu sich (Grummt und Strehlow 2014).

2   Haltungsanforderungen

Die Haltung von Bülbüls in Europa ist in den letzten Jahren stark zurück gegangen. In der „Zootierliste" findet man zur ehemaligen Haltung in europäischen zoologischen Einrichtungen 70 Bülbülarten. Derzeit sind es nur noch 13 Arten, wovon 8 auch in deutschen Zoos gehalten werden bzw. in dieser Listung aufgeführt sind. Demnach ist der Rotohrbülbül in 39 europäischen und 28 deutschen Zoos vertreten und der China-Rotschnabelbülbül in 15 europäischen und 7 deutschen Zoos zu sehen (http://www.zootierliste.de).

Abb. 1 Im Freiland lebt der China-Rotschnabelbülbül (*Hypsipetes leucocephalus*) in großen Schwärmen zusammen. (Foto: Jörg Asmus)

In der privaten Vogelhaltung ist ebenfalls die Artenvielfalt zurückgegangen, allerdings sind dort noch mehr Individuen, als in den Zoos zu finden. Die gehaltenen Arten sind größtenteils identisch. Auch hier ist der Rotohrbülbül der Favorit. Ehemals zahlreich gehaltene Arten wie Weißohrbülbül (*Pycnonotus leucotis*), Chinabülbül (*P. sinensis*), Graubülbül (*P. barbatus*), Rotsteißbülbül (früher Rußbülbül) (*P. cafer*), Halsbandbülbül oder Schuppenbülbül sind deutlich weniger vorhanden. Es befinden sich aber auch schon immer selten gehaltene Arten wie Finkenbülbül, Schwarzkopfbülbül (*P. atriceps*) oder Haubenbülbül (*P. flaviventris*) in privaten Beständen (Abb. 2). Nennenswerte Vermehrungszahlen gibt es – außer bei den Rotohrbülbüls – von den Weißohrbülbüls und den Halsbandbülbüls.

Während die Haltung von Bülbüls in ihren Herkunftsgebieten, besonders im asiatischen Raum, überwiegend in kleinen Käfigen erfolgt, hat sich in den zurückliegenden dreißig Jahren in Europa – und ganz besonders in Deutschland – deren Haltung in Volieren durchgesetzt. Eine bekannte Aussage weist auf die Haltungsansprüche für Bülbüls hin: „Da Bülbüls ausgesprochen aktive Vögel sind, benötigen sie geräumige Gehege" (Baars 1986). „Volieren und andere möglichst große Flugräume ..." sind im Buch „Zootierhaltung Vögel" (Grummt und Strehlow 2014) als erforderlich erwähnt. Behördliche Richtlinien zur artgerechten Unterbringung von Bülbüls gibt es keine. Aber auch hier gilt: mehr ist immer besser. Als Orientierung kann aber die Mindestanforderung an Gehege für Drosseln zur Hilfe genommen

Abb. 2 Der Rotsteißbülbül (früher Rußbülbül) (*Pycnonotus cafer*) wird derzeit außer im Kölner Zoo in keinem deutschen Tiergarten, wohl aber in einigen Privatbeständen gehalten. (Foto: Thomas Ratjen)

werden. Hier werden 7,5 m² im Außenbereich mit 2,5 m Höhe pro Paar erwartet. Für jedes weitere Tier sollen 2 m² zusätzlich verfügbar sein. (Gehegemaße für Vögel bei Tiergehegegenehmigungen in Niedersachsen von 1992 – Mindestanforderungen bei Einzel-, Paar- und Gruppenhaltung). Der ständige Zugang vom Außengehege zu einem Innengehege mit mindestens (!) 15 °C Raumtemperatur ist für diese aus tropischen oder subtropischen Regionen kommenden Vögel erforderlich.

Die Bepflanzung kann für diese überwiegend waldbewohnenden Vögel mit Laub- und Nadelgewächsen abwechslungsreich und üppig erfolgen. Dies bietet den Tieren Versteckmöglichkeiten und Brutplätze. Trink- und Badewasser ist für Bülbüls sehr wichtig und sollte stets frisch zur Verfügung stehen.

Bülbüls gelten als anfällig für Kokzidien durch Kotaufnahme. Regelmäßige Kotuntersuchungen sollten also vorgenommen werden (Grummt und Strehlow 2014).

Als überwiegende Fruchtfresser bekommen Bülbüls in erster Linie süßes Obst wie Beeren, geschnittene Birne, Kaki oder Banane, Weintrauben oder halbierte Orangen angeboten. Auch Nektarlösungen oder Honigwasser werden genommen. Das pelletierte NutriBird T16 für fruchtfressende Vögel von Versele Laga sollte zur freien Verfügung stehen. Ein grobes Weichfutter mit Honig darf auch nicht fehlen. Rezepte für selbst hergestellte Futtermischungen mit Quark, Traubenzucker und mehreren Zutaten findet man bei Baars (1986). Lebende Insekten wie Mehlwürmer,

Heuschrecken, Heimchen oder Pinkies sind ebenfalls regelmäßig anzubieten. Jungtiere werden in den ersten Tagen ausschließlich mit kleinen Insekten gefüttert. Auch Spinnen und/oder Wiesenplankton sind – sofern beschaffbar – ein hervorragendes Aufzuchtfutter.

Bülbüls einer Art sollten am besten paarweise untergebracht sein – ein harmonischer Umgang der beiden Partnervögel miteinander vorausgesetzt. Ein Paar Rußbülbüls musste nach fünfjährigem Zusammenleben getrennt werden. Mehrmalige, mit größer werdenden Abständen, wiederholte Zusammenführungsversuche scheiterten. Eine Garantie für ewige Harmonie gibt es auch für Bülbülpaare nicht (B. Simon). Vergesellschaftungen von Bülbüls mit anderen Vögeln als Fasanen oder Tauben werden nicht empfohlen, sind aber schon praktiziert worden. Graubülbüls kann man nicht mit Vögeln mit braunem Gefieder zusammenhalten, mit anderen schon. Mit Rotohrbülbüls (Abb. 3). hat man die Erfahrung gemacht, dass sie in relativ großen, gut bepflanzten Volieren durchaus auch gemeinsam mit Sonnenvögeln (*Leiothrix lutea*) und einheimischen Vögeln, z. B. Stieglitzen (*Carduelis carduelis*) u. a. gehalten werden können und auch brüten. Weißohrbülbül hält man auch problemlos mit Silberohrsonnenvögeln (*Leiothrix argentauris*) (mdl. K. Deichfischer). Halsbandbülbüls wurden ebenfalls mit Sonnenvögeln oder Goldstirn-Fruchttauben (*Ptilinops aurantiifrons*), aber auch Sumbawadrosseln (*Goekichla dohertyi*) und Amethystglanzstaren (*Cinnyricinclus leucogaster*) vergesellschaftet

Abb. 3 Rotohrbülbüls
(*Pycnonotus jocosus*) können
bei entsprechender
Volierengröße auch mit
anderen (kleineren) Vögel
vergesellschaftet werden.
(Foto: Jörg Asmus)

und vermehrten sich auch (Pestel 2015). Chinabülbüls lebten lange gemeinsam mit Prachthäherlingen (*Trochalopteron formosum*) und Graubrauen-Bambushuhn (*Bambusicola thoracica*) zusammen (B. Simon).

Weißohrbülbüls sind nicht zur Gruppenhaltung geeignet, wohl aber zur Haltung im Familienverband. Allerdings ist hier die Individualität des Männchens ausschlaggebend für den Verbleib der jungen männlichen Tiere aus den Bruten in so einem Verband (mdl. K. Deichfischer).

Die Vermehrung vieler Arten ist schon gelungen. Bülbüls nehmen an versteckten Plätzen angebotene Nisthilfen an. Halsbandbülbüls nutzten wiederholt einen kleinen Bastkorb direkt unter der Volierendecke in 2,30 m Höhe im Innenbereich, Chinabülbüls brüteten ca. 50 cm über dem Boden unmittelbar am Stamm der erwählten Scheinzypresse (B. Simon). Auch Drahtkörbe oder Halbkästen werden angenommen. Die offenen Napfnester werden dann aus dünnen Zweigen, Grashalmen, Kokos- oder Sisalfasern, feinen Gräsern, Moosen, Tierhaaren und Federn darin gebaut. Es können mehrere Gelege mit bis zu fünf Eiern erfolgen. Zwischen 11 und 13 Tagen wird gebrütet. Die Nestlingsdauer ist ebenso lang. Die Variabilität der Eierfarbe ist recht groß.

Der Gelbscheitelbülbül ist im Anhang B der Europäischen Artenschutzverordnung 2017/160 aufgeführt und damit meldepflichtig mit Vorlage des Herkunftsnachweises. Der Graubülbül wird in der Vogelschutzrichtlinie 2009/147 geführt und ist ebenfalls meldepflichtig (mit Herkunftsnachweis) (http://www.wisia.de).

Literatur

Baars, W. (1986). *Die Weichfresser. Band 2: Fruchtfresser und Blütenbesucher*. Stuttgart: Ulmer.

Grummt, W., & Strehlow, H. (Hrsg.). (2014). *Zootierhaltung – Vögel*. Haan-Gruiten: Europa-Lehrmittel.

HBW Alive Species. (2019). *Handbook of birds of the world – Passeriformes/Pycnonotidae*. http://www.hbw.com/species. Zugegriffen am 30.08.2019.

Pestel, P. (2015). Die Haltung und Zucht des Halsbandbülbüls. *VZE-Vogelwelt, 60*(5), 96–98.

Familie: Zosteropidae – Brillenvögel

Angelika Hogefeld

Inhalt

1 Systematik und allgemeine Biologie

Zu der Familie der Zosteropidae werden derzeit 12 Gattungen und 120 Arten gerechnet. Im deutschen Sprachgebrauch spricht man üblicherweise summarisch von Brillenvögeln (und bei 11 Arten von Yuhinas oder Meisentimalien). Es sind kleine bis sehr kleine Vögel mit überwiegend gelbem oder olivgrünem Grundgefieder und oftmals einem weißbefiederten Augenring. Als kleinster Brillenvogel (und einer der kleinsten Vögel der Welt) gilt der Ameisenbrillenvogel (*Zosterops minutus*) mit einer Größe von 10–12 cm bei einem Gewicht von knapp 9 g im männlichen und 7,6 g im weiblichen Geschlecht (HBW Alive Species 2019). Die Yuhinas sind bis 16 cm groß, weisen meist eine braune oder graubraune Gefiederfärbung auf und tragen eine Haube, deren hintere Federn bzw. Nackenfedern oftmals farblich etwas hervorgehoben sind. Brillenvögel sind vormals aufgrund ihrer besonderen Zungen-Morphologie in die verwandtschaftliche Nähe der Honigfresser (Meliphagidae) bzw. der Nektarvögel (Nectariinidae) gestellt worden. Molekularbiologische Untersuchungen haben dann aber übereinstimmend ergeben, dass sie als Schwesterngruppe der Timalien (Timaliidae), der Häherlinge und Lachdrosseln (Leiothrichidae) und der Drosslinge (Pellorneidae) einzuordnen sind (z. B. Alström et al. 2006).

A. Hogefeld (✉)
Bocholt, Deutschland

© Springer-Verlag GmbH Deutschland, ein Teil von Springer Nature 2021   869
W. Lantermann, J. Asmus (Hrsg.), *Wildvogelhaltung*,
https://doi.org/10.1007/978-3-662-59604-3_64

Die Vertreter der Zosteropidae sind in Afrika südlich der Sahara, im indo-malayischen Raum sowie in Australien, Neuseeland und auf der umliegenden Inselwelt weit verbreitet. Als Lebensräume bewohnen sie ein breites Habitatspektrum – von dichtem Regenwald bis hin zu trockenem Buschland, aber sie kommen zunehmend auch in Gärten und Parks vor (Radicke 1985; Winkler et al. 2015).

Brillenvögel sind vorwiegend Insektenfresser, hier und dort erbeuten sie auch Spinnen und kleine Schnecken, die sie von Blättern und Ästen pflücken. In Zeiten von Nahrungsknappheit weichen sie auch auf Früchte, Samen, Pflanzensaft und Nektar aus, zu dessen Aufnahme die meisten Arten mit einer bürstenartig geformten Zungenspitze ausgestattet sind (Radicke 1985).

Brillenvögel bilden monogame Partnerschaften, bauen gemeinsam ein Nest, brüten und ziehen gemeinsam ihre Jungen auf. Das Nest wird als offenes Napfnest am Ende eines gegabelten Astes angelegt und aus kleinen Zweigen, Moos, Flechten, Blättern und Halmen errichtet. Auch Spinnweben werden in die Nestkonstruktion mit einbezogen. Yuhinas sind dagegen Gruppenbrüter. Mehrere Weibchen können ihre Eier in ein Gemeinschaftsnest legen und gemeinschaftlich betreuen. Dabei bleiben die einzelnen Paare aber untereinander monogam. Die Weibchen der Zosteropiden legen – je nach Art – 1–6, durchschnittlich 2–3 Eier, die 10–16 Tage bebrütet werden. Die Nestlingszeit liegt bei 10–17 Tagen, nach dem Ausfliegen werden die Jungvögel noch bis zu drei Wochen von ihren Eltern betreut (Winkler et al. 2015; vgl. Oppermann 2019).

Unter den Brillenvögeln sind ungewöhnlich viele Arten gefährdet oder bedroht. So sind in der Roten Liste der IUCN derzeit etwa ein Drittel aller Arten (zumindest potenziell) gefährdet, darunter gelten allein 7 Arten als „endangered" und sogar 5 als „critically endangered" (vom Aussterben bedroht). Diese hohe Zahl an gefährdeten Arten kommt dadurch zustande, dass sich die Familie der Brillenvögel im Laufe ihrer Stammesgeschichte sehr stark differenziert, in zahlreiche Arten aufgespalten und selbst die entlegensten Inseln im Pazifischen und Indischen Ozean besiedelt hat. Dort sind die Arten mit besonders kleinen Verbreitungsgebieten dann zusätzlich durch Habitatzerstörung (Umwandlung in Landwirtschaftsflächen) und eingeführte Beutegreifer gefährdet. Beispielsweise sind die Populationen des Sangihe-Brillenvogels (*Zosterops nehrkorni*) von der Sulawesi-Insel Sangihe und der Norfolkbrillenvogel (*Zosterops albigularis*) von der Neuseeland vorgelagerten Norfolk-Insel inzwischen auf unter 50 Tiere gesunken – deren Aussterben ist wahrscheinlich kaum noch zu verhindern Alle 11 Yuhina-Arten sind derzeit dagegen erfreulicherweise noch nicht gefährdet („least concern") (www.iucnredlist.org).

2 Haltungsanforderungen

In der Vergangenheit wurden knapp 30 verschiedene Brillenvogelarten importiert und zumindest zeitweise in mehren europäischen Tiergärten und bei Privatliebhabern gehalten – am häufigsten waren in den 1970er- bis 1990er-Jahren Gangesbrillenvögel (*Zosterops palpebrosus*) (17 Tiergärten), Senegalbrillenvögel (*Z. senegalensis*) (10 Tiergärten), Japanbrillenvögel (*Z. japonicus*) (9) und Rostflanken-Brillen-

Abb. 1 Der Kilimandscharo-
Brillenvogel (*Zosterops
eurycriotus*) ist heute der am
häufigsten in Tiergärten
gehaltene Brillenvogel. (Foto:
Jörg Asmus)

vögel (*Z. erythropleurus*) (7) in den deutschen Zoos und Vogelparks vertreten
(www.zootierliste.de), und ebenso dürften mindestens diese Arten auch in Privathand in entsprechender Zahl zu finden gewesen sein (Pagel und Marcordes
2011). Heute ist nur der Kilimandscharo-Brillenvogel (*Z. eurycricotus*) in nennenswerter Anzahl (in 8 Parks) zu finden (Abb. 1). Rostflanken-Brillenvögel
werden zum jetzigen Zeitpunkt noch im Augsburger Zoo und Senegalbrillenvögel nur in Chemnitz gehalten. Yuhinas sind zur Zeit in keinem deutschen Tiergarten (www.zootierliste.de) und nur in wenigen Privathaltungen vertreten (Pagel
und Marcordes 2011).

Viele Jahre herrschte – sogar in den Tiergärten – große Verwirrung über die
genaue (Unter-)Artzugehörigkeit der gehaltenen Brillenvögel. Der große breite
Augenring findet sich bei mindestens drei (früheren) Unterarten nämlich *Z. poliogastrus, eurycriotus* und *kikuyuensis* und ist damit als Bestimmungsmerkmal ungeeignet. Der Kikuyubrillenvogel dürfte auch in den Jahren vor dem Importstopp kaum
oder gar nicht importiert worden sein, denn Kenia hat seit Jahren eine Ausfuhrsperre
für seine Vögel erlassen. Einige markante Unterschiede weist der Kikuyubrillenvogel zum Kilimandscharo-Brillenvogel auf. So zum Beispiel die gelben Federn der
Stirnplatte und die gelblichen Federchen im Brust-und Bauchbereich. Diese Bereiche schimmern beim Kilimandscharo-Brillenvogel nicht gelb, sondern schilfgrün.
Diese schilfgrünen Brillenvögel mit den großen, weißen Augenringen sind hierzulande noch in einigen Volieren und Zoos zu finden. Das ist der „eigentliche"
Kilimandscharo-Brillenvogel, und er wird zumindest in Privathand regelmäßig in
geringer Zahl per Naturbrut in naturnahen Volieren gezogen.

Mittlerweile haben molekularbiologische Untersuchungen ergeben, dass die bisherigen Unterarten von *Z. poliogastrus* zum Teil eigene Arten darstellen, und
demnach werden heute Bergbrillenvögel (*Z. poliograstrus*), Kilimandscharo-Brillenvögel (*Z. eurycriotus*) und Kikuyubrillenvögel (*Z. kukuyuensis*) als eigenständige
Arten unterschieden (HBW Alive 2019) (Abb. 2).

Die folgenden Angaben und Haltungserfahrungen beziehen sich überwiegend auf
die Kilimandscharo-Brillenvögel, deren Verbreitungsgebiet vom Mount Kilimand-

Abb. 2 Gebirgsbrillenvögel
(*Zosterops montanus*) –
hier ein Exemplar in der
Kollektion der Verfasserin –
sind heute in keinem
deutschen Tiergarten mehr zu
finden. (Foto: Angelika
Hogefeld)

jaro und Mount Meru bis nach Arusha in Nord-Tansania reicht. Dort kommen diese
Brillenvögel mit einer Gesamtlänge von 11–12 cm bis in Höhenlagen von 3400 m
vor (del Hoyo et al. 2008).

Die Brutzeit der Kilimandscharo-Brillenvögel hierzulande ist von April bis
August. Sie bauen ein kugelförmiges Napfnest aus Hamsterwolle, Spinnweben,
Kokosfasern und winzigen Moosteilchen innerhalb weniger Tage in einer Astgabel
in ca. 1 bis 1,5 m Höhe. Dabei werden Buchsbaum, Zypressen (*Thuja*) und Japanische Lavendelheide (*Pieris japonica*) bevorzugt als Nistort gewählt. Das Gelege
besteht aus 2 bis 3 leuchtend blauen Eiern, die von beiden Geschlechtern für 12 Tage
bebrütet werden. Die Blaufärbung der Eier entsteht durch das Pigment Biliverdin. Je
intensiver die Blaufärbung, umso größer ist die Vitalität des Weibchens. Bei älteren
Weibchen verlieren die Eier an Farbintensivität.

Die Nestlinge werden nach dem Schlupf mit Fruchtfliegen, fliegenden Ameisen,
Spinnen, anderen Kleinstinsekten und frisch gehäuteten Mehlwürmchen gefüttert.
Aufgewertet und bepudert werden die lebenden Futtertiere allgemein alle zwei Tage
mit Mineralien. Aus tiefen Boxen, aus denen sie nicht entweichen können, werden in
den ersten Tagen die winzig kleinen, später dann dem Alter entsprechend etwas
größeren Futtertiere von den Alttieren aufgenommen und an die Nestlinge weitergegeben. Das geht nicht immer mühelos vonstatten. So werden die gehäuteten
Mehlwürmchen zuerst leblos geschlagen und weichgeklopft. Vorsichtig transportieren die Altvögel diese leblosen Körper dann in die sperrenden Schnäbelchen. Das
gelingt ungeübten Elterntieren selten beim ersten Versuch. Auch zirkeln sie gezielt in

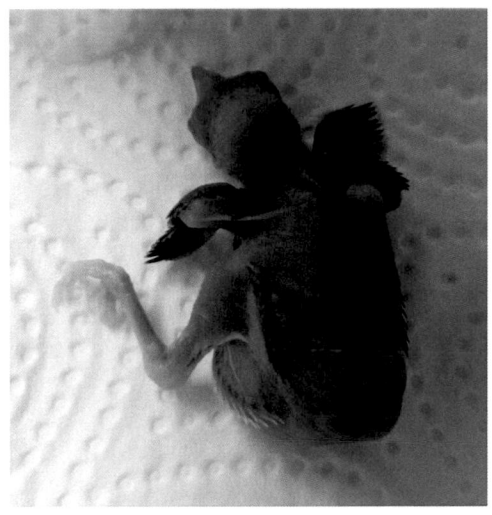

Abb. 3 Fünf Tage alter Gebirgsbrillenvogel (*Zosterops montanus*) – zu diesem Zeitpunkt kann der Vogel beringt werden. (Foto: Angelika Hogefeld)

Mauerritzen nach Insekten und hängen kopfüber am Volierendraht. Der Kot wird nach der Futtertiergabe vom Nestrand aus aufgenommen und weggetragen. Diese Kotballen werden meistens im Flug fallen gelassen. Eine geschlossene Beringung wird, falls beabsichtigt, am 5. Nestlingstag, optimal nachmittags vor einer Futtergabe, mit 2,5 Ringen ausgeführt (Abb. 3). Nach ca. 12 Tagen verlassen die Jungvögel recht unbeholfen und oft noch hopsend das Nest. Sie wechseln während ihrer Ästlingszeit mehrmals täglich den Sitzplatz, während die adulten Tiere ständig Futtertiere bringen und die Jungen dann vor der Abenddämmerung ins sichere Gebüsch locken. Dort schützen die Alttiere ihre Jungen gerne zwischen sich. Die Jungtiere sind nach 14 Tagen schon gut befiedert. Nur die weißen Federchen, die den Augenring bilden, fehlen noch. Sie wachsen aber innerhalb von 2–3 Tagen und zeigen sich fertig angeordnet und gut sichtbar am 20. Tag. Die Jungtiere sind mit 4 Wochen selbstständig und nehmen auch vermehrt weiche Birne, süße Beeren und süße Navelina-Apfelsinen in ihren Speiseplan auf. Nektartrank aus 100 % Frucht steht ebenfalls zur ständigen Verfügung. Sie können – zumindest zeitweise – bei den Altvögeln in einer geräumigen Voliere verweilen. Manchmal behindern und stören sie aber die Folgebrut und müssen getrennt werden. Die Geschlechter unterscheiden sich nicht sichtbar. Eine DNA-Geschlechtsbestimmung schafft Klarheit (vgl. Strehlow und Haensel 2014).

Als Grundnahrung in den Wintermonaten dient ein gutes Weichfutter für kleine Weichfresser mit hohem Insektenanteil, z. B. Nutribird Uni Komplet, ein Futter für kleine und obstfressende Vögel. Kilimandscharo-Brillenvögel zählen zu den robusteren Brillenvögeln. Auch in den Wintermonaten verbringen sie sonnige und frostige Tage in der Außenvoliere. Die Verfasserin pflegt ihre Brillenvögel in einer knapp 50 m^2 großen Gemeinschaftsvoliere, dessen Drahtbespannung eine 8×8 mm Maschenweite aufweist. Die Maschengröße des Volierendaches beträgt 12 mm. Das frostfreie, auf 15 Grad beheizte Schutzhaus suchen die Vögel bei Nässe und

Minustemperaturen freiwillig auf. In dieser Gemeinschaftsvoliere leben neben den Brillenvögeln je ein Paar Schuppenbülbüls (*Pycnonotus squamatus*), Diademyuhinas (*Yuhina diademata*), Bändersivas (*Chrysominla strigula*), Schwefelgirlitze (*Crithagra sulphurata*) und Graubrauen-Bambushühner (*Bambusicola thoracicus*) (Hogefeld 2014).

Nur wenige weitere Arten sind derzeit in europäischen Privatvolieren zu finden, darunter auch Rostflanken-Brillenvögel. Diese Brillenvögel zählen zu den wenigen Arten, deren Geschlechter äußerlich zu unterscheiden sind. Wie der Name schon sagt, zeigen die Vögel eine rostrote Flanke. Beim Männchen ist diese deutlich breiter zu sehen, als beim Weibchen. Der weiße Augenring ist sehr klein (del Hoyo et al. 2008).

Auch die Haltung von Yuhinas gehört heute eher zu den Ausnahmen – in deutschen Zoos werden sie nicht mehr gehalten (www.zootierliste.de), in Privathand nur noch selten (Pagel und Marcordes 2011). Früher wurden in kleinen Stückzahlen u. a. Rohtohryuhinas (*Yuhina castaniceps*), Braunscheitelyuhinas (*Y. brunneiceps*), Gelbnackenyuhinas (*Y. flavicollis*) und Diademyuhinas (*Y. diademata*) importiert und in geringem Maße auch nachgezüchtet (Hachfeld 1983; Ebert 1985; Schürzinger 1985; Wöhrmann 2001; Bösche 2005). Die Haltungserfahrungen der Autorin beziehen sich insbesondere auf Diademyuhinas (Abb. 4). Das erste Paar wurde 2014 erworben. Die Tiere wurden in einer überdachten Außenvoliere mit den Maßen 2,5 × 3,0 m untergebracht. Das Paar zeigte von Anfang an eine harmonische Beziehung. Oft konnten die Tiere zusammen und kraulend beobachtet werden. Eine Seite ihrer naturnahen Voliere war mit Feuerdorn bewachsen. Auf der anderen Seite standen ein Hibiskus und eine *Thuja*. So blieb es nicht aus, dass die Vögel ihr erstes Napfnest aus Hamsterwatte und Kokosfasern mit einem Innendurchmesser von etwa 7 cm und einer Tiefe von 5 cm in 1,5 m Höhe

Abb. 4 Diademyuhinas (*Yuhina diademata*) werden gegenwärtig in keinem deutschen Tiergarten und nur bei wenigen Privathaltern gehalten – hier in der Anlage der Verfasserin. (Foto: Werner Lantermann)

Abb. 5 Zweiergelege im
Napfnest der Diademyuhina
(*Yuhina diademata*). (Foto:
Angelika Hogefeld)

bauten. Die *Thuja* wählten sie dazu als Nistplatz. Beide Geschlechter bauten das
Nest (Abb. 5) und brüteten 13 Tage im Wechsel. Das Gelege enthielt 3 Eier, mintgrundig
mit braunen Flecken. Die Jungen wurden mit Fruchtfliegen, fliegenden Ameisen,
kleinen Spinnen, mittleren Heimchen und gehäuteten Mehlwürmchen groß gezogen.
Erwachsene Diademyuhinas nahmen vom Feuerdorn sowohl die Blüten, als auch die
Knospen und reifen Beeren. An Pelletfutter wurde Nutribird T 16 und Uni Komplet
gereicht. Gerne tranken sie Nektartrank. Eine Beringung mit der Ringgröße 3,5 mm war
nach 5 Nestlingstagen möglich. Die Jungvögel verließen nach 12 Tagen das Nest und
waren einen Monat später selbstständig. Diademyuhinas baden gerne in einer flacheren
Badeschale mit frischem Wasser, genießen aber auch eine Regendusche. In einer
Gemeinschaftsvoliere zeigten sich die Diademyuhinas stets friedlich, auch während
der Brutzeit. Sie suchten das auf etwa 15 °C erwärmte Schutzhaus im Winter nur
gelegentlich auf. Die Vögel sind nach der Eingewöhnung in der Haltung wenig kälteempfindlich, denn in ihrem Heimatland China kommen sie noch in Höhen (von 800) bis
3600 m vor. Dort bewohnen sie immergrüne Wälder, Teeplantagen und Sekundarwälder
(Kazmierczak und van Perlo 2008).

Verbindliche oder empfohlene Richtlinien zur Haltung von Brillenvögeln und
Yuhinas gibt es in Deutschland nicht. Die Mindestanforderungen nach der Tierhaltungsverordnung in Österreich (BGBl II vom 17.12.2004, Nr. 486: S. 23/24)
lesen sich folgendermaßen:

(1) Die Mindestmaße des Käfigs je Paar müssen (Länge × Breite × Höhe in m)
1,80 × 0,80 × 1,50 betragen. (2) Bei der Unterbringung von weiteren 2 Vögeln
während der Brutzeit ist die Grundfläche um 25 % zu erweitern. Außerhalb der

Brutzeit ist eine Schwarmhaltung möglich. (3) Bei der Haltung in Außenvolieren ausschließlich während der Sommermonate muss den Tieren ein Schutzraum von mindestens 1 m^2 Grundfläche zur Verfügung stehen. (4) Die Mindesttemperatur darf in der Eingewöhnungsphase 20 °C, später 15 °C nicht unterschreiten. Zusätzlich sind punktförmige Wärmequellen mit Strahlungswärme, die bei Bedarf aufgesucht werden können, anzubieten. (5) Den Tieren sind Volieren mit dichter natürlicher Bepflanzung und weicher, saugfähiger Bodenuntergrund wie Grasboden, Rindenmulch und Laub einzurichten. In Außenvolieren ist auf genügend Sonnenplätze zu achten. Badebecken sind zur Verfügung zu stellen. (6) Den Tieren sind Nektar, kleine Insekten, Wachsmotten, Spinnen, Blattläuse, süßes Obst und Beeren anzubieten. Das Futter muss täglich mindestens zweimal frisch zubereitet werden. Futter und Wasser sind in der oberen Volierenhälfte anzubieten.

Diese Richtlinien stellen – zumindest in Deutschland – keine Verbindlichkeit, sondern eine Empfehlung dar, an der sich z. B. Behörden orientieren können. Bei der Haltung von Brillenvögeln bestehen in Deutschland derzeit keine artenschutzrechtlichen Einschränkungen. Lediglich der Norfolkbrillenvogel unterliegt den Reglements des Washingtoner Artenschutzübereinkommens (Anhang 1/A) und darf nur unter ganz bestimmten Voraussetzungen in den Handel gebracht werden. Er hat und hatte aber niemals Handelsrelevanz (www.cites.org).

Literatur

Alström, P., Ericson, P. G., Olsson, U., & Sundberg, P. (2006). Phylogeny and classification of the avian superfamily Sylvioidea. *Molecular Phylogenetics and Evolution, 38*(2), 381–397.

Bösche, H.-J. (2005). Interessante Vögel für eine große Voliere – Diademyuhinas. *Gefiederte Welt, 122*(2), 43–45.

Ebert, D. (1985). Zucht der Braunkopfyuhina. *Trochilus, 6*, 38.

Hachfeld, B. (1983). Wenig importiert: Die Rotohryuhina. *Die Voliere, 6*, 241.

HBW Alive Species. (2019). *Handbook of birds of the world* – Zosteropidae. www.hbw.com/species. Zugegriffen am 13.10.2019.

Hogefeld, A. (2014). Bericht über den Heuglin-Brillenvogel (*Zosterops poliogastrus eurycriotus*) in der Hoffnung auf Arterhaltung. *GAV-Journal, 1*, 12–14.

Hoyo, J. del, Elliot, A., & Christie, D. (Hrsg.). (2008). *Handbook of the birds of the world* (Penduline-tits to Shrikes, Bd. 13). Barcelona: Lynx.

Kazmierczak, K., & van Perlo, B. (2008). *A field guide to the birds of the Indian subcontinent.* London: Helm.

Oppermann, D. (2019). Der Sommer 2018 – und seine möglichen Auswirkungen auf die Vermehrung meiner Brillenvögel. *Gefiederte Welt, 143*(4), 26–29.

Pagel, T., & Marcordes, B. (2011). *Exotische Weichfresser* (S. 127–128). Stuttgart: Ulmer.

Radicke, F. (1985). *Der indische Brillenvogel.* Wittenberg: Neue Brehm Bücherei.

Schürzinger, H. (1985). Zucht der Gelbnackentimalie (*Yuhina flavicollis*). *Trochilus, 6*, 140.

Strehlow, H., & Haensel, H.-J. (2014). Kapitel Sperlingsvögel – Passeriformes/Familie Brillenvögel. In W. Grummt & H. Strehlow (Hrsg.), *Zootierhaltung – Vögel* (S. 674–676). Haan-Gruiten: Europa-Lehrmittel.

Winkler, D. W., Billermann, S. M., & Lovette, I. J. (2015). *Bird families of the world* (Family Zosteropidae, S. 450–452). Barcelona: Lynx.

Wöhrmann, H.-J. (2001). Diademyuhina. *Die Voliere, 24*, 310–313.

Familie: Timaliidae – Timalien

Sascha Fischer

Inhalt

1 Systematik und allgemeine Biologie

„Was man nicht unterbringen kann, das sieht man als Timalien an" (Hartert 1910, S. 469). Dieser etwas scherzhaft gemeinten Auffassung des deutschen Ornithologen Ernst Hartert zufolge landeten viele Sperlingsvögel seinerzeit in der großen Familie der Timalien, in der bis in die jüngste Vergangenheit 309 Arten in 84 Gattungen zusammengefasst waren (Collar und Robson 2007) und die damit die viertgrößte Singvogelfamilie darstellte (vgl. Pfeifer 2013). Jüngere genetische Studien zeigten jedoch die Zusammenhänge verschiedener Taxa. So wurden aus einer ursprünglich sehr großen Vogelfamilie mittlerweile sechs, zum Teile sehr nahe verwandte Familien, nämlich außer den Timaliidae die Pellorneidae, Leiothrichidae, Pnoepygidae, Zosteropidae und Sylviidae. Die Timaliidae umfassen nach diesen Studien gegenwärtig nur noch 10 Gattungen mit 51–54 Arten und knapp 200 Unterarten (vgl. Winkler et al. 2015). Des Weiteren stellte man fest, dass viele Arten polyphyletisch (vielstämmig) sind und somit auch in anderen Familien zu finden sind, wie z. B. *Macronus* (Meisentimalien), *Pomatorhinus* (Säbler oder Sicheltimalien) und *Stachyris* (Buschtimalien). Diese verbliebenen Arten wurden noch nicht vollständig genetisch untersucht, sodass zu vermuten ist, dass noch viel Bewegung in die innere Systematik der Familie kommen wird. Gegenwärtig sind die drei genannten Gattungen noch den Timaliidae zugeordnet (HBW Alive 2019).

S. Fischer (✉)
AG Weichfresser, Südharz, Deutschland

© Springer-Verlag GmbH Deutschland, ein Teil von Springer Nature 2021
W. Lantermann, J. Asmus (Hrsg.), *Wildvogelhaltung*,
https://doi.org/10.1007/978-3-662-59604-3_51

877

Timalien sind hauptsächlich in der alten Welt zu finden, mit dem Hauptvorkommen in Südostasien und auf dem indischen Subkontinent. Die morphologische Vielfalt ist ziemlich ausgeprägt. Die Vögel zeichnen sich überwiegend durch ein braunes, weiches Gefieder mit zusätzlichen gelben und/oder roten Farbakzenten aus. Timalien sind kleine bis mittelgroße Vögel, die kräftige Beine und kurze, abgerundete Flügel aufweisen. Ihre Schnäbel sind ähnlich denen von Drosseln, die Säbler (*Erythrogenys*, *Pomatorhinus*) weisen dagegen einen nach unten gebogenen Schnabel auf. Ihre Größe reicht von der nur 9 cm großen Rotkehl-Zaunkönigtimalie (*Spelaeornis caudatus*) (10–12 g) und der 10–12 cm großen Goldbuschtimalie (*Cyanoderma chrysaeum*) (6–10 g) bis hin zum 26–28 cm großen und knapp 70 g schweren Riesensäbler (*Erythrogenys hypoleucos*) (HBW Alive 2019). Die namengebende Timaliengattung *Timalia* umfasst mit der Rotkappentimalie (*Timalia pileata*) nur eine einzige Art.

Timalien leben paarweise oder in Gruppen in spärlich bewaldeten Gebieten, aber auch in dichten Wäldern, Sümpfen und sogar in Wüsten. Sie sind hauptsächlich Insektenfresser, nehmen aber auch Beeren, Obst, Pflanzenteile und Samen, größere Arten sogar kleine Eidechsen und andere Wirbeltiere auf. Während der Nahrungsaufnahme bleiben die Vögel durch laute, abwechslungsreiche Rufe und Laute in Kontakt und gewährleisten somit einen Zusammenhalt der Gruppe.

Als soziale Vögel trifft man sie in Gemeinschaften von 2–12 Individuen, die gemeinsam ein Territorium besetzen. Viele Arten brüten sogar gemeinsam, wobei ein dominantes Paar ein napfförmiges Nest baut und der Rest der Gruppe dabei hilft, die Jungen aufzuziehen und zu verteidigen. Bei diesen Helfern handelt es sich meist um Jungtiere vergangener Bruten. Nester werden immer in dichter Vegetation aus Zweigen, Pflanzenfasern und Moos gebaut. Einige Arten bauen eine Kuppel mit seitlichem Eingang. Außerhalb der Brutzeit sind Gruppen mit anderen Arten sichtbar. Aufgrund ihrer schlechten Flugeigenschaften, sind Timalien überwiegend Standvögel. Manche von ihnen ziehen im Herbst lediglich aus höheren in tiefere Habitate (Collar und Robson 2007).

Von den 51 (–54) Timalienarten sind in den Kriterien der IUCN derzeit 12 Arten aufgeführt, davon acht Arten als potenziell gefährdet („near-threatened") und vier Arten als gefährdet („vulnerable"). Dies sind die Mishmi-Zaunkönigtimalie (*Spelaeornis badeigularis*), die Khasi-Zaunkönigtimalie (*S. longicaudatus*) und die beiden *Stachyris*-Arten *S. oglei* (Weißkehl-Buschtimalie) und *S. nonggangensis* (Nonggang-Buschtimalie). Diese vier Arten haben entweder äußerst kleine Verbreitungsgebiete und/oder werden durch die Ausweitung von Landwirtschaftsflächen immer mehr zurückgedrängt (www.iucnredlist.org).

2 Haltungsanforderungen

Nach der taxonomischen Neuordnung der Timalien sind nur noch wenige Arten aus der Gruppe haltungsrelevant. Aus den Tiergärten sind sie fast vollständig verschwunden. Lediglich für den Weltvogelpark Walsrode ist noch eine Art, nämlich der Rotrückensäbler (*Pomatorhinus montanus*) dokumentiert (www.zootierliste.de). Auch in

Privathand sind die Vögel rar. Lediglich der Schwarzstrichelsäbler (*Erythrogenys gravivox*) ist mit einer Haltung z. B. in der Nachzucht- und Bestandsliste 2018 der *Arbeitsgruppe Weichfresser e. V.* genannt (Simon 2018). Wahrscheinlich existiert hier und dort noch der eine oder andere weitere Vogel aus dieser Vogelgruppe in Privathaltungen.

Entsprechend ihrer natürlichen Herkunft sind die Volieren der Timalien einzurichten. Dabei sind bei den kleinen bis mittleren Arten die Unterkünfte mindestens mit 3–4 m^2 pro Paar zu bemessen, größere Arten benötigen mindestens 8 m^2, noch besser 10 m^2. Tropenhäuser sind für alle Arten die ideale Halteform. Die paarweise Unterbringung ist allen anderen vorzuziehen, damit das Paar während der Brutzeit ungestört sein kann. Somit kann eine bessere Kontrolle der Nahrungsweitergabe erfolgen. Der Boden sollte natürlich und teilweise mit einer lockeren Laubschicht bedeckt sein. Auch Rindenmulch kann eingetragen werden, sowie Sand. Aufgrund der benötigten Rückzugsmöglichkeit pflanzt man Thuja, Bambus, Kirschlorbeer, Holunder und/oder wilden Wein. Die Immergrünen bieten das gesamte Jahr einen wichtigen Wind- und Sichtschutz.

Eine ausgewogene Ernährung bietet den Timalien neben einer geborgenen Unterkunft die Grundvoraussetzung für ein langes Leben und eine erfolgreiche Aufzucht der Jungtiere. Sie sollte aus einem guten Weichfutter mit getrockneten Insekten bestehen, welches mit Fruchtpellets erweitert wird. Das ganze Jahr sind weiches Obst, wie Birnen, Äpfel, Bananen, Feigen und Weintrauben anzubieten. Holunder-, Brombeeren, Johannis- und Himbeeren nehmen die Vögel ebenfalls auf. Zu Beginn und für die Einstimmung auf die Fortpflanzungsperiode müssen Insekten angeboten werden. Als Frost- und Lebendinsekten fressen sie Buffalos, Pinkies, Heimchen in verschiedenen Größen, Wachsmottenlarven, Mehlwürmer, Zophobas und für die größeren Arten zudem wenige Babymäuse. Bewährt hat sich das „Panieren" von Insekten, besonders zur Aufzucht von Jungen. Hierbei benetzt man die Futterinsekten mit Oliven- oder Leinöl. Darüber werden Multivitaminpräparate, Bierhefe, Mineralgemische o. ä. gepudert. Nur so viel, dass das Futterinsekt als solches noch zu erkennen ist. Hart gekochte Eier können im Frühjahr zerkleinert und unter das Hauptfutter gegeben werden. Dadurch erhöht sich der Eiweißgehalt des Futters.

Ein früher gelegentlich gehaltener und mittlerweile in den Haltungen sehr selten gewordener Vertreter der Timalien (siehe oben) ist der **Rotrückensäbler**, der mit seinen 4 Unterarten den südostasiatischen Raum bewohnt (Abb. 1). Man findet ihn sowohl auf Java, Bali, in Südthailand, Malaysia und auf Sumatra, als auch auf den umliegenden Inseln. Sein natürliches Habitat sind tropische und subtropische Wälder im Tief- und Hochland, wo er paarweise oder in Gruppen das Unterholz nach Nahrung durchstreift. Diese besteht aus Käfern (Coleoptera), Grillen und Heuschrecken (Orthoptera), Zikaden (Cicadidae), Ohrwürmer (Demaptera), Raupen, Maden und Spinnen (Arachnoidae). Verschiedene Beeren, Obst, Blüten und Samen runden den Speiseplan ab. Rotrückensäbler zeichnen sich durch einen gelben bis hornfarben nach unten gebogenen Schnabel aus. Sie haben einen schwarzen Kopf mit weißen Augenbrauen, Hals und Brust sowie einer kastanienbraunen Rückenfärbung, die sich bis zu den Seiten der Brust, den Flanken und dem Hinterteil zieht. Dadurch entsteht ein intensiver Kontrast zu den dunklen Flügeln und dem Schwanz. Über das

Abb. 1 Rotrückensäbler
(*Pomatorhinus montanus*) im
Weltvogelpark Walsrode. In
der Gegenart wird auch diese
Timalienart selten gehalten.
(Foto: Jörg Asmus)

Fortpflanzungsverhalten von Rotrückensäblern ist nur sehr wenig bekannt. Das
Weibchen legt 2–3 Eier, die circa 12–14 Tage bebrütet werden. Die Jungen fliegen
mit 15–18 Tagen aus. Diese Art ist momentan nicht bedroht, unterliegt aber wie
viele Arten der Lebensraumzerstörung durch Landgewinnung und Landwirtschaft
und dem Vogelfang (www.iucnredlist.org). Gehalten werden die Säbler in großen,
dicht bepflanzten Volieren, die viel Deckung bieten. Ein auf mindestens 15 Grad
temperiertes Schutzhaus darf diesem Tropenbewohner nicht fehlen. Eine paarweise
Unterbringung ist zu empfehlen. Eine insektenreiche Grundmischung sollte mit
Fruchtpellets gemischt ganzjährig zur Verfügung stehen. Weiches Obst und Beeren
nehmen die Vögel dankend an. Für die Aufzucht der Jungvögel sind Frost- und
Lebendinsekten aller Art unverzichtbar. Die Jungvögel können nach dem Ausfliegen
zunächst bei ihren Eltern verbleiben.

Literatur

Collar, N., & Robson, C. (2007). Family Timaliidae (Babblers). In J. del Hoyo, A. Elliott & D. A.
    Christie (Hrsg.), *Handbook of the birds of the world* (Bd. 12, S. 70–291). Barcelona: Lynx.
Hartert, E. (1910). *Die Vögel der paläarktischen Fauna. Systematische Übersicht der in Europa,
    Nord-Asien und der Mittelmeerregion vorkommenden Vögel* (Bd. 1). Berlin: Friedländer.
HBW Alive Species. (2019). *Handbook of birds of the world* – Timaliidae. www.hbw.com/species.
    Zugegriffen am 12.03.2021.

Pfeifer, R. (2013). Was ist eine Timalie? Faszinierende Vielfalt der Lebensformen und Herausforderung an den Systematiker. *Vogelwarte, 51*, 117–126.

Simon, B. (2018). *Nachzucht- und Bestandsliste der Arbeitsgruppe Weichfresser e. V.* Sassen-Trantow: Selbstverlag.

Winkler, D. W., Billermann, S. M., & Lovette, I. J. (2015). *Bird Families of the World – Timaliidae* (S. 453–454). Barcelona: Lynx.

Familie: Leiothrichidae – Häherlinge

Sascha Fischer

Inhalt

1 Systematik und allgemeine Biologie

Leiothrichidae sind eine Familie von Sperlingsvögeln der Alten Welt, in der heute 138 Arten in 21 Gattungen vereint sind (Winkler et al. 2015). Bis vor kurzem waren die Gattungen *Cutia, Kupeornis, Phyllanthus, Turdoides, Garrulax, Heterophasia, Leiothrix, Minla, Liocichla* und *Actinodura* noch der Familie der Timalien zugeordnet (vgl. Collar und Robson 2007), heute gehören sie – nach ersten molekularbiologischen Untersuchungen – zu den Leiothrichidae, allerdings mit enger Verwandtschaft zu den Timaliidae und den Pellorneidae (vgl. Cibois 2003). Weiterhin entdeckte man, dass die Gattungen *Garrulax, Actinodura, Minla, Heterophasia* und *Turdoides* polyphyletisch (vielstämmig) sind. Nicht alle Arten sind bisher molekularbiologisch untersucht, und es wird vermutet, dass es noch einige Veränderungen in der Systematik geben wird. Die hier dargestellte Auflistung ist daher nur als vorläufig zu betrachten.

Diese Vögel kommen vorwiegend aus den tropischen Gebieten mit der größten Artenvielfalt in Südostasien und auf dem indischen Subkontinent. Leiothrichidae sind kleine bis mittelgroße Vögel, die starke Beine haben und drosselähnliche Schnäbel. Die meisten haben überwiegend braunes Gefieder, teilweise mit minimalen Unterschieden zwischen den Geschlechtern. Es gibt aber auch viele hell gefärbte

S. Fischer (✉)
AG Weichfresser, Südharz, Deutschland

© Springer-Verlag GmbH Deutschland, ein Teil von Springer Nature 2021
W. Lantermann, J. Asmus (Hrsg.), *Wildvogelhaltung*,
https://doi.org/10.1007/978-3-662-59604-3_50

Arten mit farbigen Abzeichen an Kopf, Brust und Flügeln. Es sind vorwiegend Standvögel, die keine großen Distanzen überwinden können, darauf deuten schon ihre kurzen, abgerundeten Flügel hin. Sie leben in leicht bis dicht bewaldeten Habitaten, wo sie vorwiegend im Unterholz und auf dem Boden nach Nahrung suchen. Diese besteht zu einem großen Teil aus Insekten, sowie Beeren, Obst, Samen und Pflanzenteilen. Größere Arten nehmen sogar Eidechsen und andere kleine Wirbeltiere. Sie streifen, selten einzeln, meist paarweise oder in Familien/Gruppen der gleichen oder nah verwandten Art(en) durchs Revier (Collar und Robson 2007).

28 Arten sind nach den Kriterien der IUCN in irgendeiner Form bedroht, darunter gelten derzeit 12 Arten als potenziell bedroht („near-threatened"), 10 als gefährdet („vulnerable"), 4 als stark gefährdet („endangered") und 2 als vom Aussterben bedroht („critically endangered") (http://www.iucnredlist.org). Bei den beiden Letzt-genannten handelt es sich um den erst 2006 entdeckten Bugunbunthäherling (*Liocichla bugunorum*) und den Blaukappenhäherling (*Garrulax courtoisi*), der nur von zwei weit auseinanderliegenden Verbreitungsgebieten in China bekannt ist und eine Populationsgröße von nur noch rund 300 Vögel aufweisen soll. 200 weitere Tiere leben innerhalb eines Erhaltungszuchtprogrammes in den USA, Europa und Hong-kong. Lebensraumveränderungen und der Vogelfang für den internationalen Vogel-handel wurden als Hauptursachen des Rückgangs der gefährdeten Arten ausgemacht (Winkler et al. 2015).

2   Haltungsanforderungen

Von den ursprünglich mehr als 90 Arten von Häherlingen und Verwandten, die in der Vergangenheit in den Zoos und Vogelparks Europas gehalten wurden, sind heute nur noch wenige Arten vertreten. Am häufigsten in deutschen Parks gehalten werden derzeit der Rotschnabel-Sonnenvogel (*Leiothrix lutea*) in 14 Tiergärten, gefolgt vom Blaukappenhäherling in 11, dem Östlichen Weißhaubenhäherling (*Garrulax leucolophus diardi*) in 8 sowie dem Omeibunthäherling (*Liocichla omeiensis*) und dem Ockerhäherling (früher China-Graubauchhäherling) (*Garrulax berthemy*) (Abb. 1) in jeweils 6 Tiergärten. Die größte Artenzahl mit diversen nur dort gehaltenen Arten ist derzeit im Berliner Zoo zu finden (http://www.zootierliste.de). Zum Vergleich: In der Arbeitsgruppe Weichfresser e. V. wurden zum Ende 2018 insgesamt 22 Arten aus der Vogelfamilie der Leiothrichidae mit insgesamt 202 Individuen gehalten. Darunter waren die Rotschnabel-Sonnenvögel mit rund 40 Paaren am häufigsten vertreten, gefolgt von 13 Paaren Weißhaubenhäherlingen (*Garrulax leucolophus*), je sechs Paaren Ockerhäherlingen und Borstenhäherlingen (*Trochalopteron lineatum*) sowie mit je vier Paaren Weißohrhäherlingen (*Garrulax chinensis*) (Abb. 2), Augen-brauenhäherlingen (*Garrulax canorus*) und Grau(flügel)häherlingen (*Garrulax cineraceus*), um nur die häufigsten Arten aufzuführen (Simon 2018).

Mehr noch als in den Tiergärten waren und sind Häherlinge in Privathaltung recht begehrt und werden daher noch relativ viel gehalten. Diese Vögel dürfen niemals allein in einem Käfig gehalten werden! Leider ist diese Praxis in ihren Ursprungs-ländern ein gewohntes Bild. Hier werden die männlichen Tiere als Gesangsvögel

Abb. 1 Der Ocker– oder China-Graubauchhäherling (*Garrulax berthemy*) wird gegenwärtig in sechs deutschen Tiergärten gehalten. (Foto: Jörg Asmus)

Abb. 2 Der Weißohrhäherling (*Garrulax chinensis*) ist gelegentlich in Privathaltungen zu finden. (Foto: Jörg Asmus)

gehalten. Sollte ein Vogel erkranken, ist auch sein Partner in den Quarantänekäfig zu setzen. Außerhalb der Brutzeit können einige Arten vergesellschaftet werden. Vorsicht ist bei dem Versuch, kleinere Arten mit größeren zu vergesellschaften, geboten. Eine ideale Haltung ist die paarweise. Kleinere Arten sind in Volieren mit 3 × 1 m Grundfläche zufrieden, mittelgroße Arten brauchen Volieren mit 5–6 m² und große Arten ab 10 m² Grundfläche bei 2–2,5 m Höhe. Die Volieren sollten überdacht sein, da besonders Jungvögel bei Nässe hinfällig sind. Der Volierenboden besteht aus Walderde, auf dem Eichen- und/oder Buchenlaub ausgestreut werden kann. Hier können die Vögel nach Kerfen suchen. Es muss bedacht werden, dass nur wenige Vertreter der Leiothrichidae winterhart sind. Deshalb sind kombinierte Volieren mit einem angrenzenden Schutzhaus, wo die Tiere gefüttert und zur Nacht hineingetrieben werden können, von Vorteil. Hier reichen 10 °C Wärme in den späten Herbstmonaten und der gesamten Winterzeit aus. Die Außenvolieren müssen bepflanzt sein, damit sich die Tiere wohl fühlen. Bewährt haben sich Bambus, Thuja, Kirschlorbeer, Holunder und kleine Gehölze. Manche Arten schreiten nur dann zur Brut, wenn die komplette Voliere zugewachsen ist. Ein Abhängen der Volierenseiten ist dann von Vorteil, damit die empfindlichen Eltern keine optischen Störungen erfahren. Dagegen scheint eine laute Umgebung weniger störend zu sein. Manche Paare vertragen neugierige Blicke des Halters, manche hingegen sind so sensibel, dass ein Betreten der Unterkunft das Aus für ein Gelege bzw. die Jungen bedeuten kann. Ein Beringen kann nur bei stressunempfindlichen Paaren erfolgen, ansonsten kann man die Jungen beim Herausfangen, z. B. beim Federnziehen für die DNA-Analyse, mit offenen Ringen markieren. Sollten Eltern ihre Jungen daraufhin nicht mehr versorgen, können sie notfalls von Hand groß gezogen werden.

Ein gutes Weichfresserfutter bildet zusammen mit Fruchtpellets eine Grundversorgung. Daneben ist weiches Obst, z. B. Birnen, Äpfel und Weintrauben, aufgeschnitten anzubieten. Als Insektenfresser brauchen die Vögel zur Aufzucht von Jungtieren unbedingt verschiedene Insekten. Damit der natürliche Instinkt gefördert wird, können Mehlwürmer, Zophobas, Pinkys, Buffalos, Heimchen, Schokoschaben, Wachsmottenlarven und Drohnenbrut in gefrorenem und/oder lebendem Zustand in einer großen Plastikwanne (Abb. 3), die mit Blättern befüllt ist, angeboten werden. Es ist wichtig, dass das Gefäß so hoch gewählt wird, dass ein Entrinnen der Futtertiere nicht möglich ist. Die Futtertiere sind regelmäßig, besonders aber zur Jungtieraufzucht, zu „panieren", d. h. mit einem nativen Oliven- oder Leinöl leicht zu benetzen und mit einem Vitamin- und Mineralstoffpräparat wechselweise zu bestäuben. Weil sich das Nahrungsangebot verschiedener Häherlinge, aber auch das von Sonnenvögeln, teilweise in ihrer Heimat jahreszeitlich ändert, muss auch in der Haltung darauf eingegangen werden. Sämereien, wie Kanariensaat und Exotenfutter, können mit Haferflocken und einigen Sonnenblumenkernen angeboten werden. Auch Nüsse nehmen sie gern an, sie dürfen aber nur dosiert zur Verfügung stehen. Einen weiteren wichtigen Anreiz und eine gern angenommene Abwechslung geben lebende Ameisen, wenn sie natürlicherweise in einer Voliere vorkommen. Dann kann man ein sofortiges Einemsen beobachten, es schützt die Vögel vor Parasiten.

Aufgrund ihrer Vorliebe für ein Wasserbad müssen die Badeschalen täglich gereinigt und mit frischem Wasser neu befüllt werden. In der Regel baden die Vögel gemeinsam mit dem Partner oder, wenn sie in der Gruppe gehalten werden, mit anderen Mitgliedern. Dabei ist zu beobachten, dass dann mindestens ein Vogel im Geäst verbleibt, um die badende Gruppe vor Feinden rechtzeitig zu warnen.

Optimale Nachzuchtergebnisse erzielt man mit einer paarweisen Haltung. Als Nistmaterial nehmen die Vögel Kokos- und Hanffasern, Heu, Bambusblätter, Laub, kleine Zweige, Kiefernnadeln, Holzwolle, bei den kleinen Arten auch Watte. In

Abb. 3 Futterangebot für Häherlinge mit Mehlwürmern, Zophobas, Beeren und Co. (Foto: Sascha Fischer)

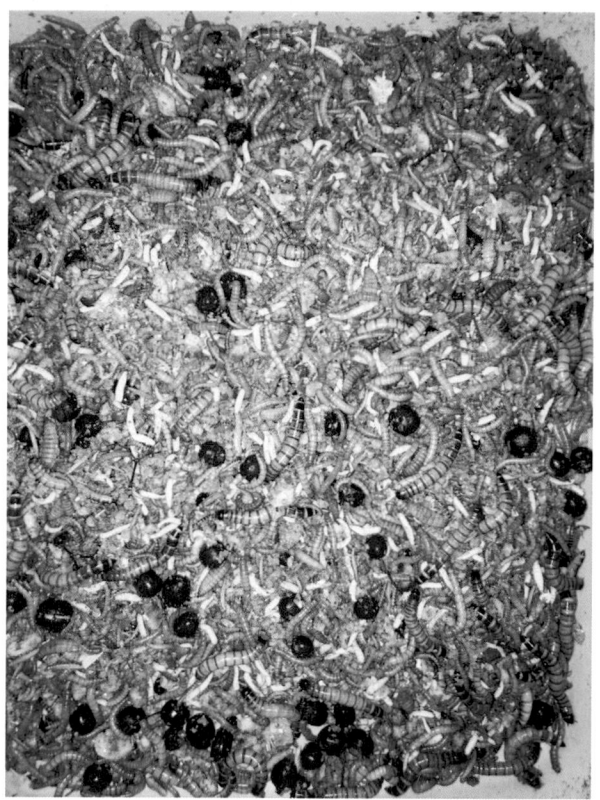

Astgabeln und auf Zweigen im Dickicht können, gut versteckt, Nisthilfen in Form von Nistkörbchen befestigt werden. Manche Arten bevorzugen Kaiser- oder Exotennester, andere nehmen halb offene Höhlen an. Das Paar braucht in der Brutzeit sehr viel Ruhe. Es ist zu empfehlen, nur dann an das Nest zu gehen, wenn die Altvögel im Innenraum eines Schutzhauses sind, damit sie sich nicht weiter gestört fühlen. Zwei Tage vor dem Schlupf können schon kleine Mengen der zu verfütternden Insekten in einer Plastikbox oder Wanne angeboten werden, damit sich die Vögel daran gewöhnen. Heimchen und frisch gehäutete Mehlwürmer werden bevorzugt. Später ist die Größe und Anzahl der Insekten zu erhöhen. Größere Arten nehmen auch Babymäuse und Zophobas. Nur vertraute Paare tolerieren Nestkontrollen und eine Beringung, beides sollte allerdings aufgrund der Seltenheit und geringen Nachzuchtergebnisse vieler Arten vermieden werden. Jungvögel können nach dem Selbstständigwerden in der Voliere bleiben, wenn diese von den Eltern geduldet werden (vgl. Winkendick et al. 2011; Fischer 2016, 2017, 2019a, b).

Der am häufigsten gehaltene Weichfresser ist der 14–15 cm große **Rotschnabel-Sonnenvogel**, früher auch Chinanachtigall genannt (Abb. 4). Er fällt durch einen korallenroten Schnabel mit schwarzer Basis auf. Darunter folgen eine gelbe Kehle und eine orange Brust. Der Rest des Gefieders ist olivgrün. An den Flügeln finden

Abb. 4 Rotschnabel-Sonnenvögel (*Leiothrix lutea*) wurden vor Jahren aufgrund größerer Import-zahlen noch zahlreich gehalten. (Foto: Jörg Asmus)

sich gelbe Partien. Die Beine sind grünlich-gelb bis hellbraun. Männchen und Weibchen unterscheidet man deutlich am Gesang. Das Weibchen hat einen zwei- bis dreisilbigen etwas schrillen Ruf, die Männchen hingegen sind durch melodiöse Strophen zu erkennen. Mit seinen 5 Unterarten bewohnt der Sonnenvogel ein riesiges Gebiet vom Norden Pakistans bis nach Südchina in Höhen von 900–3200 m. Der Rotschnabel-Sonnenvogel ist ein Standvogel, zieht im Spätherbst von höheren in tiefe Lagen. Auf Hawai, Japan und in einigen europäischen Ländern, wie Frankreich, Italien, Nordostspanien und sogar in Deutschland wurden sie vom Menschen eingeführt. In seiner ursprünglichen Heimat kommt der Sonnenvogel in Bambus-, Laub-, Misch- und Nadelwäldern vor, wo er das Unterholz, meist in Gruppen, auf der Suche nach Nahrung durchstreift, oft auch in Gesellschaft mit anderen nah verwandten Arten. Es werden verschiedene Insekten, Würmer, Beeren, Früchte, Samen, Pflanzenteile und Nektar aufgenommen. Zur Brutzeit ziehen sich die Paare zurück. Die Nester werden in der Regel vom Männchen aus kleinen Ästen, trockenem Bambuslaub, Moos und feinen Pflanzenfasern wie Gräsern gebaut. Diese befinden sich in dichter Vegetation, auf Ästen und Zweigen oder in Stammnähe. Das Gelege besteht aus 3–5 Eiern, die im Wechsel circa 13 Tage bebrütet werden. Die Jungen werden von beiden Eltern mit Insekten versorgt und verlassen noch flugun-fähig nach circa 9–12 Tagen das Nest. Schon kurz darauf erfolgt ein zweiter Brut-versuch, obwohl die Jungvögel noch nicht selbstständig sind. Sie verbleiben im gleichen Revier und beteiligen sich teilweise an der Aufzucht der jüngeren Geschwister. Der Familienverband bleibt bis zum nächsten Jahr zusammen (Collar und Robson 2007).

Sonnenvögel werden ausschließlich in Volieren gehalten, deren Größe nicht unter 2 × 1 × 2 m (L × B × H) liegen darf, wenn ein Paar allein gehalten wird. Eine

Vergesellschaftung mit anderen, nicht verwandten Arten ist möglich, wenn alle Vögel ausreichend Platz zum Ausweichen haben. Zur Brutzeit ist dann ein aufmerksames Beobachten nötig. Ein Schutzhaus ist von Vorteil, damit sich die Vögel bei Minusgraden dahin zurückziehen können. Hier kann man auch das Futter anbieten. Auf eine ausreichende Bepflanzung muss geachtet werden. Thuja, Holunder und verschiedene Bambussorten haben sich besonders bewährt. Der Volierenboden sollte aus Walderde bestehen und teilweise mit Laub bedeckt sein. Da Sonnenvögel gern auf den Boden gehen, um hier nach Nahrung zu suchen, können hier regelmäßig Futterinsekten hingeworfen werden. Diese können sich im Laub verstecken und werden nach und nach von den Vögeln entdeckt und gefressen. Ein gutes Weichfresserfutter bietet zusammen mit kleinen Fruchtperlen die Grundernährung in Menschenobhut. Daneben müssen weiches Obst, wie Äpfel und Birnen, aber auch verschiedene Beeren täglich gereicht werden. Besonders zur Brutzeit sind Futterinsekten wichtig, um Jungtiere groß zu bekommen. Sie nehmen Frost- und Lebendinsekten, wie Mehlwürmer, Pinkies, Buffalos, mittlere Heimchen und Wachsmotten an. Da Sonnenvögel regelmäßig baden, ist es wichtig, das Badewasser täglich zu wechseln. Zur Brutzeit ist es am besten, wenn das Paar einzeln gehalten wird. Zum Nestbau werden Hanf- und Sisalfasern, aber auch feine Grashalme genommen, die im gut geschützten Pflanzendickicht zu einem festen Nest vom Männchen verbaut werden. Gelegentlich hilft das Weibchen beim Nestbau mit. Die Vögel nehmen kleine Kanariennester als Nestunterlage dankend an. Das Weibchen legt nach der Fertigstellung des Nestes 2–4 Eier, die es bis zum Schlupf der Jungen circa 13 Tage lang bebrütet. Die Jungen werden von beiden Eltern mit Insekten versorgt, bis sie, nach circa 10–12 Tagen, ausfliegen. Sie sind noch nicht flugfähig und sitzen entweder auf dem Boden oder als Ästlinge kurz über dem Boden. Das Paar beginnt kurze Zeit darauf mit dem Ausbessern des Nestes oder einem Neubau. Wenn die Voliere groß genug ist, können die Jungen in der Regel bei dem Paar bleiben, auch wenn jüngere Geschwister geschlüpft sind. Sollte das Männchen seinen älteren Nachwuchs treiben, müssen sie aus der Voliere schnellstmöglich entnommen werden. Eine ähnlich zu haltende Art ist der Silberohr-Sonnenvogel (*Leiothrix argentauris*).

Die **Blauflügelsiva** (*Siva cyanouroptera*) ist 14–15,5 cm groß und wiegt 14–28 g. Sie ist ein eher kleiner, schlanker, blassbräunlicher Weichfresser mit langem Schwanz. Die meisten Unterarten besitzen einen bläulich-schwarzen Kronenstreifen, blaue Flügelränder und einen blauen Schwanz. Männchen und Weibchen sind gleich gefärbt. Man findet ihre 8 Unterarten im Norden Indiens und in weiten Teilen Südostasiens. Hier durchstreifen sie die immergrünen Bambus-, Kiefern- und Mischwälder auf der Suche nach Insekten, Beeren, Früchten und Samen. Auch Nektar wird gern genommen. In der Regel sind sie in Gruppen von 5–20 Tieren außerhalb der Brutzeit anzutreffen, auch in Gesellschaft mit anderen Arten. Die Fortpflanzungszeit beginnt im März und endet im August. Das Paar baut kleine Nester in geringer Höhe, unter anderem auch in Böschungen von Bachläufen. Diese bestehen aus feinen Pflanzenfasern, Spinnfäden und kleinen Bambusblättern. Es werden 2–5 Eier gelegt, die 14 Tage lang von beiden Alttieren im Wechsel bebrütet werden. Die Jungen verlassen nach 14–16 Tagen das Nest, können aber noch nicht gleich fliegen. Sie verbleiben bei ihren Eltern und helfen, die Folgebrut mit aufzuziehen (Collar und Robson 2007).

Blauflügelsivas hält man am besten paarweise in einer mindestens 3 m^2 großen Voliere, die ein angrenzendes Schutzhaus hat. Da sie aus den Tropen und Subtropen kommen, müssen die Vögel bei mindestens 5 °C überwintert werden. Der Außenbereich sollte überdacht und voll bepflanzt werden, damit das Paar genügend Rückzugsmöglichkeiten hat. Feines Weichfresserfutter, kleine Fruchtperlen und -pellets gelten als Grundernährung. Darüber hinaus müssen frisches weiches Obst, verschiedene Beeren sowie auch Insekten täglich gegeben werden. Letztere sind für die Jungvogelaufzucht sehr wichtig. Am liebsten nehmen sie Fliegenmaden, Buffalos, frisch gehäutete Mehlwürmer, kleine bis mittlere Heimchen, Fruchtfliegen und Drohnenbrut. Nisthilfen und Kaisernester werden bereitwillig angenommen, wenn diese gut versteckt im Geäst befestigt werden. Dem Paar bietet man Sisal- und Hanffasern, sowie feines Heu, Aquariumwatte und Wolle zum Nestbau an. Beide Geschlechter verhalten sich ab dieser Zeit sehr heimlich. Das Weibchen legt in der Regel seine 3–4 Eier im Abstand eines Tages. Diese werden im Wechsel von beiden Geschlechtern 14 Tage lang bebrütet. Auf ein reiches Angebot an Futterinsekten ist zu achten, da täglich die Vorlieben der Altvögel wechseln können. Auch Obst und Beeren werden an die Jungen weitergegeben. Nach rund 14 Tagen verlassen die stummelschwänzigen Jungvögel das Nest und sind im unteren Bereich der Voliere zu finden. Äste, die kurz über dem Boden angeboten werden, dienen den Jungen als Kletterhilfe. Die Familie kann beisammen bleiben, auch wenn das Paar mit einer Folgebrut beginnt. Ähnlich zu haltende Arten sind z. B. Bändersivas (*Chrysominla strigula*) und Rotschwanzminlas (früher Rotschwanzsivas) (*Minla ignotincta*).

Der **Rotgesicht-Bunthäherling** (*Liocichla ripponi*) (Abb. 5) kommt in zwei Unterarten in Bangladesch, Bhutan, China, Indien, Myanmar und Nepal vor. Sein

Abb. 5 Bei Brutversuchen sind Rotgesicht-Häherlinge (*Liocichla ripponi*) am besten paarweise – ohne Vergesellschaftung mit anderen Vogelarten – zu halten. (Foto: Sascha Fischer)

natürliches Habitat sind überwiegend tropische und subtropische Bergwälder. Hier ist er im dichten Unterholz immergrüner Laubwälder anzutreffen. Mit seinen 21–23 cm wiegt er 42–53 g. Die Grundfarbe seines Gefieders ist olivgrün bis braun, das Gesicht und die Halsseiten haben einen purpurroten Ton. Der Kronenscheitel ist von matt graublauer Färbung, welche sich bis in den Nacken zieht und durch feine schwarze Federn gestrichelt unterstützt wird. An den Flügeln finden sich rote und gelbe Partien, die erst richtig im Flug zur Geltung kommen. Die dunkelbraunen Schwanzfedern enden mit einer verwaschen gelben Binde. Der Schnabel ist schwarz und die Beine sind graubraun. Der Rotgesicht-Bunthäherling durchstreift je nach Jahreszeit einzeln, paarweise oder in kleinen Gruppen von 4–5 Individuen sein Revier auf der Suche nach Insekten, Beeren, Obst, Nektar und Samen. Die Brutzeit erstreckt sich von März bis September. Das napfförmige Nest wird von beiden Partnern in Höhen von 0,6–1,5 m erstellt, in dem das Weibchen 2–4 (3) Eier legt. Die Brutdauer beträgt circa 14–16 Tage. Die Jungen werden von beiden Eltern versorgt und verlassen noch nicht voll flugfähig das Nest mit circa 16–19 Tagen. Die Jungen bleiben bei den Eltern und beteiligen sich teilweise an der Aufzucht der Jungen der nächsten Generation (Collar und Robson 2007).

Rotgesicht-Bunthäherlinge hält man am besten paarweise in einer Voliere von mindestens 4 m^2 Grundfläche, die voll bepflanzt sein sollte. Ein angrenzendes Schutzhaus ist anzuraten, da sie Temperaturen von weniger als 0 °C nur schlecht vertragen. In großen Volieren ab 25 m^2 können sie sogar mit kleineren Arten vergesellschaftet werden, jedoch nicht mit anderen *Liocichla*-Arten. Man bietet ihnen eine abwechslungsreiche Ernährung, die aus einer hochwertigen Weichfressermischung, Fruchtperlen und -pellets, weichem Obst, Beeren und Insekten besteht. Zur Brutzeit erhöht man den Insektenanteil. In der kälteren Jahreszeit können zusätzlich Sämereien, Haferflocken und geschälte Sonnenblumenkerne angeboten werden. Ab Mai baut das Paar gemeinsam, gut versteckt, ein tiefes napfförmiges Nest. Wie oft bei Häherlingen zu beobachten, gibt es kurz vor der Eiablage ein „Probesitzen", d. h. beide Partner wechseln sich beim Bebrüten eines leeren Nestes ab. Das Weibchen legt in der Regel 3 Eier, die im Wechsel von beiden Geschlechtern 14 Tage lang bebrütet werden. Die Jungen verlassen nach etwas mehr als 2 Wochen das Nest und sind dann meist am Boden oder als Ästlinge im unteren Pflanzenbereich zu finden. Sie können nach Erreichen ihrer Selbstständigkeit mit circa 4 Wochen bei den Alttieren verbleiben und unterstützen die Eltern beim Aufziehen der Folgebrut (vgl. Sickert 2019).

Ein sehr beeindruckender Vertreter aus der Gattung *Garrulax* ist der bis 31 cm große und bis 130 g schwere **Weißhaubenhäherling** (Abb. 6). Er ist ein sehr geselliger und lautstarker Vogel, der in den Wäldern und Buschland des Himalaya-Vorgebirges bis nach Südostasien mit 4 Unterarten vorkommt. Er hat von allen *Garrulax*-Arten das größte Verbreitungsgebiet. Die Unterart *G. l. diardi* wurde in Malaysia und Singapur in den 70–80er-Jahren des letzten Jahrhunderts eingeführt. Besonders in Singapur hat er sich gut eingelebt und verdrängt einheimische Vögel mit ähnlichem Nahrungsspektrum. Sie durchkämmen in Gruppen von 6–12 Tieren das Revier nach Nahrung, die sich aus Wirbellosen, Käfern, Spinnen, Würmern,

Abb. 6 Mit über 31 cm
Gesamtlänge ist der
Weißhaubenhäherling
(*Garrulax leucolophus*) eine
der größten Häherlingsarten.
(Foto: Jörg Asmus)

Fliegen, Raupen, Schnecken und Blutegeln zusammensetzt. Außerdem fressen sie
Früchte, Samen, Nektar und sogar kleine Reptilien und Amphibien. Auch das
Fressen von menschlichen Abfällen ist bekannt. Sie sind bei der Nahrungsaufnahme
meist hüpfend auf dem Boden zu beobachten.

Weißhaubenhäherlinge suchen nach Wirbellosen, in dem sie das Laub zur Seite
werfen. Dabei bleiben sie ständig mit verschiedenartigen Rufen in Verbindung.
Diese dienen nicht nur zum Zusammenhalt, sondern warnen sie auch vor Eindring-
lingen anderer Gruppen oder Fressfeinden. Mit dem Eintreten des 2. Lebensjahres
beginnen die Vögel mit der Fortpflanzung. Zwischen Februar und September werden mehrere Bruten getätigt. Die Nester sind flach und becherförmig aus Bambusblättern und Gras gebaut und finden sich in 2–6 m Höhe in Sträuchern und Bäumen.
Das Weibchen legt 2–6 weiße Eier, die von beiden Geschlechtern 13–17 Tagen
bebrütet werden. Das Aufziehen der Jungen fällt ebenfalls beiden zu. Diese verlassen mit 14–16 Tagen das Nest. Die Gruppe brütet gemeinsam und es werden Helfer,
meist Junge aus dem vergangenen Jahr, beobachtet. Sie helfen beim Nestbau, Brüten
und/oder Füttern der Geschwister mit (Collar und Robson 2007).

Weißhaubenhäherlinge brauchen eine große Freivoliere mit einem angrenzenden
Schutzhaus, in der sich die Vögel bei Kälte zurückziehen können. Sie sollten
paarweise untergebracht werden. Selbst größere Voliereninsassen, wie z. B. Fasane

werden angegriffen und stark bedrängt. Der Außenbereich sollte mindestens 10 m^2 groß und dicht bepflanzt sein. Es empfiehlt sich, einige Sitzäste so anzubringen, dass die Vögel eine freie Sicht auf die Umgebung haben. Hier halten sich die Tiere gerne auf und lassen ihr lautes „Lachen" hören, das sich auch in ihrem englischen Namen „Laughingthrush" widerspiegelt. Der Volierenboden kann mit einer Laubschicht bedeckt sein, die von den Vögeln nach Kerfen untersucht wird. Man kann regelmäßig Mehlwürmer und Zophobas hineinwerfen, um genügend Abwechslung zu bieten. Die Vögel benötigen ein grobes Weichfresserfutter mit getrockneten Insekten und Beoperlen, dazu Obst, lebende und gefrostete Insekten und Beeren. Manche Halter bieten ihren Weißhaubenhäherlingen darüber hinaus Stinte, Babymäuse, Katzenfutter oder Trockenpellets für Junghunde an. Da ihr Badebedürfnis sehr groß ist, muss jeden Tag frisches Wasser gegeben werden. Die Brutzeit beginnt ab April mit dem Nestbau. Als Nistmaterial werden kleine Äste, Bambusblätter, Hanffasern und Heu verwendet. Nisthilfen in Form von Weiden-, Bastkörbchen und ähnlichem befestigt man gut geschützt im Geäst. Das Weibchen legt in der Regel 3–4 Eier, die im Wechsel circa 13–15 Tage lang bebrütet werden. Die Jungen brauchen viele verschiedene Insekten, wie Heimchen, Mehlwürmer, Zophobas, Schaben und andere. Auch Babymäuse können nach etwa der Hälfte der Nestlingszeit angeboten werden. Nach 14–16 Tagen fliegen die Jungen aus, sind aber noch nicht vollständig flugfähig. Sie können bei den Eltern verbleiben, auch wenn diese bereits eine neue Brut beginnen.

er vom Aussterben bedrohte **Blaukappenhäherling** (*Garrulax courtoisi*) kommt in zwei separierten Populationen nur in einem kleinen Gebiet in der Region NO Jiangxi im Osten Chinas vor. Er besiedelt immergrünen subtropischen Laub- und Nadelwald, sowie angrenzendes Buschland in Gruppen von 40 und mehr Tieren. Die Gesamtzahl der in Freiheit vorkommenden Blaukappenhäherlinge beträgt circa 300 Individuen. Ihre Nahrung besteht aus Insekten, Beeren, Obst und Samen. Mit 24–25 cm gehört er zu den mittelgroßen Arten und wiegt rund 90 g. Seine Krone und der Nacken sind matt grau gefärbt, mit einer kobaltblauen Linie über der schwarzen Stirn. Seine Kehle ist gelb, der Mantel ist beigebraun. Die Unterschwanzdecken sind weiß. Beide Geschlechter sind gleich gefärbt. Die Brutzeit erstreckt sich von April bis Juli. Meistens werden 2 Bruten gemacht. Blaukappenhäherlinge sind Koloniebrüter. Das napfförmige Nest wird aus dünnen Zweigen, Bambusblättern, Gräsern und anderen Pflanzenteilen in einer Höhe von 4–10 m gebaut. Das Weibchen legt im Abstand von einem Tag 3–5 Eier, die circa 14 Tage lang bebrütet werden. Die Nestlingszeit beträgt 13–16 Tage. Die Jungen werden auch von anderen Gruppenmitgliedern versorgt. Sie verbleiben im Verband und beteiligen sich an der Aufzucht der nächsten Generation (Collar und Robson 2007).

Blaukappenhäherlinge benötigen eine große, gut strukturierte Voliere, in der sie gemeinsam mit anderen Artgenossen untergebracht werden. Zur Brutzeit kann man die Paare in kleineren Volieren von 5–8 m^2 separieren und nebeneinander setzen. Auch überzählige Vögel können bei einem Paar oder der Gruppe verbleiben. Ernährt werden Blaukappenhäherlinge mit einem Weichfresserfutter, welches einen hohen Insektenanteil hat. Fruchtperlen werden ebenso gern genommen wie

weiches Obst, Beeren und Samen. Auch Nüsse kann man im Winterhalbjahr
sparsam reichen. Gefrostete und lebende Insekten werden das ganze Jahr angeboten und sind zur Aufzucht der Jungen unverzichtbar. Sie lieben es zu baden und
nehmen eine große Badeschale bereitwillig an. Blaukappenhäherlinge brauchen
zur Brutzeit viel Ruhe. Als Nistmaterial bietet man ihnen Bambusblätter, Hanffasern und Heu an. Nisthilfen werden so angebracht, dass sie vor den neugierigen
Blicken des Pflegers geschützt sind. Bei der Brut wechseln sich das Paar, aber auch
die Helfer ab. Manchmal sitzen sogar 2 Vögel auf dem Gelege. Wenn die Jungen
nach 14 Tagen Brutzeit schlüpfen, werden sie von allen Vögeln der Gruppe mit
kleinen lebenden Insekten versorgt. Bewährt haben sich frisch gehäutete Mehlwürmer, Buffalos, Heimchen und Schokoschaben. Mit dem Größerwerden müssen
auch größere Insekten gereicht werden. Nachdem die Jungen ausgeflogen sind,
belässt man sie zunächst bei der Gruppe. Um Inzucht zu vermeiden, trennt man die
Jungvögel des Vorjahres von den Eltern.

Die Haltung von Häherlingen und verwandten Arten unterliegt im Allgemeinen
keinen gesetzlichen Einschränkungen – mit Ausnahme der fünf im Washingtoner
Artenschutzübereinkommen, Anhang II, aufgeführten Arten, nämlich Augenbrauenhäherling, Taiwanhäherling (*Garrulax taewanus*), Omeibunthäherling (Abb. 7), Rotschnabel-Sonnenvogel und Silberohr-Sonnenvogel. Diese fünf Arten unterliegen
gewissen Handelsbeschränkungen und einer Nachweis, Melde- und Beringungspflicht. Europäische Zuchtprogramme existieren derzeit für den Schwarzweißhäherling (*Garrulax bicolor*) (Abb. 8) (EEP im Chester Zoo), für den Blaukappenhäherling (EEP im Zoo London) und für den Omeibunthäherling (ESB in Burford) (http://
www.eaza.net).

Abb. 7 Der Omeibunthäherling (*Liocichla omeiensis*) ist mittlerweile in Anhang II des Washingtoner Artenschutzübereinkommens aufgeführt und unterliegt damit gewissen Handelsbeschränkungen. (Foto: Jörg Asmus)

Abb. 8 Das Europäische Erhaltungszuchtprogramm (EEP) für den Schwarzweißhäherling (*Garrulax bicolor*) wird derzeit im Chester Zoo in England geführt. (Foto: Werner Lantermann).

Literatur

Cibois, A. (2003). Mitochondrial DNA phylogeny of babblers (Timaliidae). *Auk, 120*, 35–54.

Collar, N. J., & Robson, C. (2007). Family Timaliidae (babblers). In J. del Hoyo, A. Elliott & D. A. Christie (Hrsg.), *Handbook of the birds of the world* (Bd. 12, S. 70–291). Barcelona: Lynx.

Fischer, S. (2016). Der Grauhäherling – ein interessanter Pflegling. http://www.weichfresser.de/grauhaeherling. Zugegriffen am 18.03.2020.

Fischer, S. (2017). Rotschwanzhäherling. http://www.weichfresser.de/rotschwanzhaeherling. Zugegriffen am 18.03.2020.

Fischer, S. (2019a). Erfahrungen mit Augenbrauenhäherlingen. *Gefiederte Welt, 143*(6), 12–15.

Fischer, S. (2019b). Chinagraubauchhäherlinge – ihre Haltung und Vermehrung. *Gefiederte Welt, 143*(8), 10.

Sickert, B. (2019). Der Rotgesicht-Bunthäherling. *Gefiederte Welt, 143*(12), 8–11.

Simon, B. (2018). *Nachzucht- und Bestandsliste der Arbeitsgruppe Weichfresser e. V.* Sassen-Trantow: Selbstverlag.

Winkendick, S., Winkendick, R., & Lölfing, H. (2011). Häherlinge – ihre Haltung und Zucht. *Gefiederte Welt, 135*(8), 8–11, (9), 22–25.

Winkler, D. W., Billermann, S. M., & Lovette, I. J. (2015). *Bird families of the world – Leiothrichidae* (S. 458–460). Barcelona: Lynx.

Familie: Sturnidae – Stare

Werner Lantermann

Inhalt

1   Systematik und allgemeine Biologie

Die Singvogelgruppe der **Stare** (Familie Sturnidae) umfasst nach derzeitigem Stand 33 Gattungen mit insgesamt 115 Arten, von denen mittlerweile mindestens vier als ausgestorben gelten. Zwei große Unterfamilien werden unterschieden: zum einen die Eigentlichen Stare (Sturninae, 22 Gattungen), in denen z. B. der Europäische Star (*Sturnus vulgaris*), der Rosenstar (*Sturnus roseus*), der bekannte Balistar (*Leucopsar rothschildi*), der asiatische Pagodenstar (*Sturnia pagodarum*) (Abb. 1), die Hirtenmaina (*Acridotheres tristis*) oder die afrikanischen Glanzstare in mehreren Genera vertreten sind. Mit 10 Gattungen deutlich kleiner ist die Unterfamilie Mainatinae, in denen z. B. die übrigen Mainas und die Beos (Gattungen *Gracula, Mino, Ampeliceps*) zu finden sind. Eine einzige weitere Gattung (*Rhabdornis* – Kleiberstare, vier Arten*)*, lange Zeit in einer eigenen Familie geführt, wird mittlerweile als monotypische Gattung in der Staren-Unterfamilie Rhabdornithinae gesehen. Als nächstverwandte Familie der Stare gelten die Spottdrosseln (Mimidae) (Winkler et al. 2015).

Stare sind kleine bis mittelgroße Vögel, die meist baumlebend sind, aber ihre Nahrung oftmals auf dem Boden suchen. Ihr Gefieder ist vielfach dunkel und metallisch-glänzend. Viele Arten leben ganzjährig gesellig und sind Koloniebrüter.

W. Lantermann (✉)
Oberhausen, Deutschland
E-Mail: w.lantermann@arcor.de

© Springer-Verlag GmbH Deutschland, ein Teil von Springer Nature 2021
W. Lantermann, J. Asmus (Hrsg.), *Wildvogelhaltung*,
https://doi.org/10.1007/978-3-662-59604-3_47

Abb. 1 Der asiatische Pagodenstar (*Sturnia pagodarum*) ist neben dem Balistar der am häufigsten in Menschenobhut gehaltene Star. (Foto: Werner Lantermann)

Einige Arten bilden außerhalb der Brutzeit große Schwärme. Stare waren ursprünglich nur in der Alten Welt zu Hause, mittlerweile sind manche Arten aber in Nordamerika, Australien und Neuseeland eingeführt worden. Nach den Kriterien der IUCN gelten derzeit acht Arten als „near-threatened", drei Arten als „vulnerable", zwei Arten als „endangered" (Rostbürzelstar *Aplonis santovestris* und Sundabeo *Gracula venerata*) (frühere Unterart von *Gracula religiosa*) sowie fünf Arten als „critically endangered" (Abb. 2) (Balistar, Pelzelnstar (früher Pohnpei-Singstar) *Aplonis pelzelni*, Niasbeo *Gracula robusta*, Schwarzflügelmaina *A. melanopterus* und deren mittlerweile in den Artrang erhobene frühere Unterarten Graurückenmaina *A. tricolor* und Graubürzelmaina *Aristdotheres tertius*) (http://www.iucnredlist.org). Im CITES-Übereinkommen ist nur der Balistar im Anhang I (A) aufgeführt und damit vom legalen Handel ausgeschlossen. Nachzuchten mit geschlossenem Ring werden innerhalb der EU wie Angang B-Arten behandelt. Der Bergbeo (früher Beo) (*Gracula religiosa*) wird im Anhang II (B) geführt. Es besteht also eine Nachweis-, Melde- und Beringungspflicht für die Jungtiere (geschlossener Ring: 5,5 mm). Für alle anderen außereuropäischen Starenarten gelten keine Haltungsbeschränkungen. Der Europäische Star und der Rosenstar unterliegen jedoch den Vorschriften der Bundesartenschutzverordnung. Ihre Haltung ist meldepflichtig (mit Herkunftsnachweis), die Nachkommen müssen mit Artenschutzkennzeichen geschlossen beringt und wiederum bei den zuständigen Behörden gemeldet werden.

Abb. 2 Zu den im Freiland vom Aussterben bedrohten Arten gehört der Balistar (*Leucopsar rothschildi*) – in Menschenobhut ist sein Bestand gesichert. (Foto: Jörg Asmus)

2 Haltungsanforderungen

Vertreter aus der Familie der Starenvögel werden seit langem in Menschenobhut gehalten, darunter der Pagodenstar, der Purpurglanzstar (*Lamprotornis purpureus*), der Lappenstar *Creatophora cinnereus*), der Hirtenstar (Hirtenmaina), gelegentlich auch der Europäische Star und einige andere Arten. Relativ häufige Erscheinungen in Tier- und Vogelparks sind Dreifarben-Glanzstare (*Lamprotornis superbus*) und Beos. Beide sind in der Vergangenheit regelmäßig und zeitweise auch in größeren Stückzahlen importiert worden. Erstere sind vor allem Vögel der (begehbaren) Volieren und Tropenhallen, in denen sie wenig scheu und relativ „besuchernah" zu erleben sind. Beos dagegen gehören – ebenso wie manche Papageien – zu den Vögeln, in die von ihren Haltern falsche Erwartungen gesetzt werden. Angeschafft als zahme und „sprechende" Hausgenossen, erweisen sie sich schnell als anspruchsvolle und relativ stark schmutzende Mitbewohner, für die früher oder später ein Pflegeplatz gesucht wird. Sie landeten früher als Abgabetiere in Tier- und Vogelparks, wo mittlerweile gelegentlich sogar größere Gruppen (teilweise in Gemeinschaftsvolieren) gehalten werden. Seit dem Importstopp erreichen die früher preiswert gehandelten Vögel mittlerweile allerdings deutlich höhere Preise als z. B. die ebenfalls recht hochpreisigen Königsglanz- (*Lamprotornis regius*) und Balistare (http://www.vogelnetzwerk.de).

Der etwa 18 cm große **Dreifarben-Glanzstar** (Abb. 3) besticht durch sein außergewöhnlich buntes Gefieder, in dem die Töne rostbraun, metallisch-blau, schwarz und weiß dominieren. Dieser untersetzt wirkende, kurzschwänzige Star verfügt über ein breites Repertoire an Pfeif- und Trillerlauten und ahmt auch die Rufe anderer Arten nach. Der Dreifarben-Glanzstar bewohnt Akaziensavannen,

Abb. 3 Dreifarben-
Glanzstare (*Lamprotornis
superbus*) werden sowohl in
Tiergärten als auch in
Privatanlagen häufig gehalten
und nachgezüchtet. (Foto:
Werner Lantermann)

Buschgebiete, Ackerland, Wiesen, Stadtränder und Stadtgebiete im Sudan, in Äthiopien, Somalia, Uganda, Kenia und Tansania. Besucher der ostafrikanischen Nationalparks begegnen ihm regelmäßig. Selbst in Hotelanlagen und auf Campingplät-
zen ist er mittlerweile ein regelmäßiger Besucher und durchstöbert die Müll- und
Abfallhaufen nach Nahrung – er ist dort zum regelrechten Kulturfolger geworden
(Feare und Craig 1998).

Seine Nahrung sucht der Star am Boden, wo er neben Insekten, Weichtieren und
Würmern auch Früchte und Körner aufspürt. Auch in Gärten und Anbaugebieten
geht er gelegentlich auf Nahrungssuche. Wo die Vögel in Schwärmen auftreten,
können sie beträchtliche Ernteschäden anrichten. Bei der Wahl des Nistplatzes ist der
Star wenig wählerisch. Er brütet in Baumhöhlen und Felsspalten oder baut sein
kugelförmiges Nest aus Gräsern und Zweigen. Das Gelege besteht in der Regel aus
vier blaugrünen Eiern, es wird etwa zwölf Tage lang bebrütet. Beide Elternvögel
kümmern sich um die Jungen. Die Jungvögel fliegen mit etwa drei Wochen aus und
sind am matteren Gefieder und den braunen Augenringen zu erkennen (Feare und
Craig 1998).

Die Haltung von Dreifarben-Glanzstaren erfolgt am besten paarweise in geräumigen, gut strukturierten Volieren. Auch die Gemeinschaftshaltung mit Jungvögeln
des Vorjahres ist in geräumigen Volieren möglich. Diese beteiligen sich dann u. U.
als Helfer am Nest und füttern die nächste Generation der Jungvögel nach dem

Ausfliegen mit (Lantermann 2020). Die Überwinterung erfolgt in einem Schutzraum bei mindestens 10 °C. In Menschenobhut werden sie mit einem groben Weichfresser- bzw. Insektenfertigfutter, klein gehacktem Obst und Grünfutter, Beeren sowie (besonders zur Brutzeit und bei der Jungenaufzucht) mit lebenden Insekten (Pinkies, Buffallowürmer, Heimchen, Mehlkäferlarven usw.) versorgt. Die Zucht gelingt nicht immer problemlos, zumal beide Geschlechter äußerlich keine Unterschiede aufweisen. Hier bietet sich die DNA-Bestimmung an. Das Nest wird seltener in einem Nistkasten, häufiger in einer Halbhöhle bzw. einem vorne offenen Nistkasten angelegt. Dorthinein bauen die Vögel aus Kokosfasern, Stroh und dünnen Zweigen ein kugelförmiges Nest. Nach dem Schlupf verbleiben die Jungvögel noch etwa 20 Tage im Nest und werden danach noch etwa fünf bis sechs Wochen von den Eltern bis zum Erreichen der Selbstständigkeit betreut (Lantermann 2018).

Die Haltung der weiteren gelegentlich importierten afrikanischen Glanzstare gleicht der des Dreifarben-Glanzstares, allerdings erweisen sich z. B. Amethystglanzstar (*Cinnyricinclus leucogaster*) (Abb. 4a, b) oder auch Schillerstar (früher Smaragdglanzstar) (*Lamprotornis iris*) als deutlich empfindlicher. Für sie sollten u. a. winterliche Haltungstemperaturen um 15 °C vorgesehen werden. Schwieriger zu halten und zu züchten sind auch die Königsglanzstare aufgrund ihrer etwas abweichenden Ernährung. Sie nehmen nämlich im Freiland überwiegend Insekten, Spinnen, Schnecken und kleine Wirbeltiere zu sich (Pagel und Marcordes 2011). In Menschenobhut kann man versuchen, sie auch an ein handelsübliches Weichfutter und kleine Obststückchen zu gewöhnen, den Hauptanteil der Nahrung machen jedoch Mehlkäferlarven, Pinkies, Heimchen und Grillen aus. Die wenigen nachgezogenen Jungtiere decken derzeit nicht den „Bedarf" der interessierten Halter, sodass die gelegentlich angebotenen Vögel recht hohe Preise erzielen (http://www.vogel netzwerk.de).

Der 30–35 cm große **Bergbeo** (früher Beo oder Großer Beo) (Abb. 5) ist in mehreren Unterarten in Südindien, im Himalayagebiet bis Südchina, in Malaysia

Abb. 4 a, b Im Gegensatz zu den *Lamprotornis*-Arten zeigen Amethystglanzstare (*Cinnyricinclus leucogaster*) einen ausgeprägten Geschlechtsdimorphismus (Weibchen unscheinbar braun-weiß). (Foto: Jörg Asmus/Werner Lantermann)

Abb. 5 Der Bergbeo, hier in
der Unterart *Gracula religiosa
intermedia,* ist in mehreren
Unterarten über weite Gebiete
Südostasiens verbreitet. (Foto:
Jörg Asmus)

und auf vielen südostasiatischen Inseln verbreitet. Sein Lebensraum sind die Baum-
wipfel am Rande dichter Wälder, aber auch Lichtungen und lichte Wälder mit
beeren- und früchtetragenden Büschen. Außerhalb der Brutzeit lebt der Beo in
kleinen Gruppen von fünf bis sechs Vögeln, seltener auch in Gemeinschaft von
mehr als hundert Tieren, die sich in früchtetragenden (Feigen-)Bäumen zur Nahrungsaufnahme einfinden. Weiterhin besteht die Nahrung aus Nektar und Insekten,
die die Tiere oftmals im Flug erbeutet. Zur Brutzeit sondern sich die Vögel paarweise ab, schlafen dann zunächst in dicht belaubtem Geäst, später in Baumhöhlen,
wo sie auch zur Brut schreiten. Beos bleiben lebenslang mit einem Partner zusammen.

Beos wurden in der Vergangenheit oft importiert und wegen ihres Nachahmungs-
vermögens oftmals auch von solchen Liebhabern gekauft, die sonst mit der Vogelhaltung wenig zu tun haben. Entsprechend häufig wurden die Vögel dann auch
wieder weitergegeben, wenn sich herausstellte, dass Beos recht anspruchsvoll in der
Ernährung sind und viel Pflege benötigen. Dies gilt besonders für die Reinigung der
Unterkünfte, die vom umher geschleuderten Futter der Tiere stets gründlich ausge-
waschen werden müssen. Die Haltung erfolgt am besten paarweise in einer Voliere
mit Schutzraum (Wintertemperatur 10–15 °C), wobei die Sitzäste weit genug vom
Volierengitter und den Wänden entfernt und sein sollten, damit allzu grobe Verschmutzungen durch Kot und Futter nicht auftreten können. Alle Gegenstände in der

Beovoliere sollten gut zu reinigen sein. Das gilt auch für die Sitzäste, die regelmäßig zu säubern bzw. zu erneuern sind. Futter- und Wassernäpfe brauchen einen festen Standort, damit die Vögel sie nicht umwerfen können. Ernährt werden Beos in Menschenobhut mit einem handelsüblichen „Beofutter" (grobes Weichfresserfutter, Insektenfutter), dazu erhalten sie klein geschnittenes Obst, Beeren, Mehlkäferlarven und andere Insekten. Die im Handel erhältlichen „Beoperlen" reduzieren zwar die flüssigen Kotanteile der Tiere erheblich, sind als Alleinfutter aber nicht ausreichend. Als Zusatzfutter stellen sie jedoch eine geeignete Ergänzung des Nahrungsangebotes dar.

Die Zucht von Beos ist immer noch recht schwierig. Zumindest die Paarzusammenstellung der äußerlich nicht unterscheidbaren Vögel sollte mit Hilfe eines DNA-Tests kein Problem mehr sein. Nachteilig auf die Paarbildung wirkt sich möglicherweise der hohe Anteil handaufgezogener Vögel im Handel aus. Ansonsten scheint eine harmonische Beo-Partnerschaft – ähnlich wie bei den Papageien – in hohem Maße von gegenseitiger „Sympathie" der Partner abzuhängen. Zur Brut nehmen die Vögel einen gewöhnlichen Nistkasten mit 5–6 cm großem Einschlupfloch, als Nistmaterial Kokosfasern, Zweige, Stroh und Heu an. Beos legen zwei bis drei türkisblaue, dunkel gesprenkelte Eier. Die Brutzeit dauert etwa 15 Tage, die Nestlingszeit etwa einen Monat. Die Jungtiere benötigen zur Aufzucht hauptsächlich Lebendfutter.

Unter den asiatischen Staren soll weiterhin der **Pagodenstar** genannt werden, er wird recht häufig gehalten und gilt als wenig empfindlich (Pagel und Marcordes 2011). Seine Heimat ist Sri Lanka, Indien, Nepal und Ost-Pakistan. Harmonierende Paare sorgen in der Voliere jährlich mehrfach für Nachwuchs, sofern die Aufzuchtbedingungen stimmen. Dazu gehört außer einem Nistkasten (ein üblicher „Starenkasten" mit 6 cm Schlupfloch-Durchmesser) viel Lebendfutter bei der Jungenaufzucht (kleine Mehlkäferlarven, Pinkies, Heimchen in den ersten Lebenstagen der Jungen, später auch kleine Heuschrecken und größere Heimchen bzw. Grillen). Die Brutdauer liegt bei 13–14 Tagen, die Nestlingszeit bei knapp drei Wochen. Die Jungen können im Alter von sieben Tagen mit einem geschlossenen Ring der Größe 4,5 mm beringt werden (Pagel und Marcordes 2011). Ein Artenschutzring ist nicht vorgeschrieben.

Einen Sonderfall unter den Staren stellt der **Balistar** dar. Im Freiland steht er heute kurz vor der Ausrottung, in Menschenobhut liegt sein Bestand dank intensiver Zuchtbemühungen inzwischen wieder bei mehreren hundert Vögeln. In Freiheit leben kaum mehr als zwei Dutzend Paare. Wie groß die aktuelle Population genau ist, ist allerdings nicht bekannt. In der Roten Liste der IUCN wird die Art als „vom Aussterben bedroht" geführt (http://www.iucnredlist.org). Das Washingtoner Artenschutzübereinkommen stellt die Vögel im Anhang I unter besonderen Schutz. Die Gründe für die katastrophale Bestandsentwicklung liegen einerseits in der dramatischen Vernichtung der natürlichen Lebensräume, andererseits stellt vor allem der illegale Tierhandel die größte Bedrohung dar (Feare und Craig 1998). Auf dem internationalen Schwarzmarkt werden teilweise sehr hohe Preise für einen Balistar bezahlt. Die Seltenheit des Vogels hat die Preise in die Höhe getrieben und somit die illegale Bejagung weiter verschärft (Jepson 2016). Auf Bali steht die Art bereits seit

1970 unter Schutz. Heute leben die Vögel dort nur noch in einem kleinen Reservat im Bali Barat Nationalpark, das mittlerweile durch Wildhüter geschützt wird. Auf der südlich von Bali gelegenen Insel Nusa Penida läuft ein erfolgreiches Wiederansiedlungsprojekt (Pagel und Marcordes 2011).

Dank koordinierter Zuchtbemühungen ist die unmittelbare Gefahr des Aussterbens für den Balistar in Menschenobhut gebannt. Ein EEP, das im Kölner Zoo geführt wird, koordiniert seit 1992 die Zuchten in den europäischen Parks (eaza. net/conservation/programs), so dass heute wieder mehrere hundert Vögel in europäischen Volieren leben – darunter auch zahlreiche Vögel in Privathand. Die Haltungsbedingungen sind ähnlich wie beim Dreifarben-Glanzstar, nur sollten bei derart wertvollen Vögeln keine Experimente gemacht werden. Diese Tiere gehören ausschließlich in die Obhut spezialisierter Halter sowie in gut geführte Tiergärten. Allein in Deutschland sind derzeit 30 Haltungsorte in Zoos und Vogelparks gelistet, im übrigen Europa (EAZA-Raum) 93 (http://www.zootierliste.de).

Literatur

Feare, C., & Craig, A. (1998). *Starlings and mynas*. London: Helm.
Jepson, P. R. (2016). Saving a species threatened by trade: A network study of Bali starling *Leucopsar rothschildi* conservation. *Oryx, 50*(3), 480–488.
Lantermann, W. (2018). Dreifarbenglanzstare in Freiland und Voliere. *Gefiederte Welt, 142*(12), 8–13.
Lantermann, W. (2020). Neue Beobachtungen bei der Zucht von Dreifarbenglanzstaren (*Lamprotornis superbus*) in einer Gemeinschaftsvoliere. *Gefiederte Welt, 144*(8), 12–14.
Pagel, T., & Marcordes, B. (2011). *Exotische Weichfresser* (S. 140–150). Stuttgart: Ulmer.
Winkler, D. W., Billermann, S. M., & Lovette, I. J. (2015). *Bird families of the world – Sturnidae* (S. 473–475). Barcelona: Lynx.

Familie: Turdidae – Drosseln

Sascha Fischer

Inhalt

1 Systematik und Allgemeine Biologie

Drosseln sind eine artenreiche Vogelfamilie aus der Ordnung der Passeriformes mit 176 Arten in 20 Gattungen, die in die zwei Unterfamilien Myadestinae und Turdinae unterteilt werden. 16 Arten sind gefährdet (drei davon vom Aussterben bedroht), vier gelten als ausgestorben. Drosseln sind weltweit verbreitet, fehlen aber in der Antarktis und in weiten Teilen der Arktis (Collar 2005). Ihre nächsten Verwandten sind die Fliegenschäpper (Muscicapidae) und die Wasseramseln (Cinclidae). Die Grenzen zwischen diesen Familien und ihren Artengruppen verlaufen „fließend", so dass in der Vergangenheit des Öfteren die eine oder andere Artengruppe einmal hier, einmal dort platziert war (Winkler et al. 2015).

Diese kleinen bis mittelgroßen Vögel messen bei den kleineren Arten etwa 16 cm und erreichen ein Gewicht von 20–25 g (wie die Zwergmusendrossel *Catharus ustulatus*), und die großen Arten können, wie bei der Riesendrossel (*Turdus fuscater*), eine Gesamtlänge von 35 cm bei ein Gewicht von 150 g erreichen. Männchen und Weibchen zeigen bei vielen Arten einen ausgeprägten Geschlechtsdimorphismus, andere hingegen nicht. Das Gefieder variiert von braun oder grau über blau, kastanienbraun oder orange, manchmal mit auffälligen Flügelflecken, Augenbrauen und Kragen (Abb. 1). Jungvögel haben in der Regel ein gesprenkeltes Federkleid, sind eher unauffällig und dadurch gut getarnt (Clement und Hathway 2000; Collar 2005).

S. Fischer (✉)
AG Weichfresser, Südharz, Deutschland

© Springer-Verlag GmbH Deutschland, ein Teil von Springer Nature 2021
W. Lantermann, J. Asmus (Hrsg.), *Wildvogelhaltung*,
https://doi.org/10.1007/978-3-662-59604-3_52

Abb. 1 Zu den Arten mit „Kragen" gehört auch die Ringdrossel (*Turdus torquatus*), deren Hauptverbreitungsgebiet in Nordeuropa liegt. (Foto: Jörg Asmus)

Drosseln haben große Augen, schlanke Schnäbel, lange Beine, wobei der Unterschenkel eher glatt als schuppig ist. Die Füße sind kräftig und bei manchen Arten groß. Ihre Flügel sind hauptsächlich gerundet, der Schwanz quadratisch oder leicht gerundet. Drosseln fliegen oft wellenförmig.

Drosseln sind vorwiegend Bewohner der Wälder. Hier suchen sie rennend oder hüpfend ihre Nahrung auf dem Boden, in Büschen und/oder auf Bäumen. Diese besteht vorwiegend aus Wirbellosen, wie Insekten, Würmern und Schnecken, aber auch aus Früchten und Beeren, deren Samen unverdaut wieder ausgeschieden werden, sodass sie zur Verbreitung der Pflanzen beitragen. Auf dem Boden nach Nahrung suchende Drosseln werfen durch einen schnellen Kopfschlag Blätter zur Seite, um darunter liegende Futtertiere zu ergreifen (Clement und Hathway 2000; Winkler et al. 2015).

Manche Arten konnten sich erfolgreich an anthropogene Habitatveränderungen anpassen und sind heute als Kulturfolger in der Nähe des Menschen zu finden.

Turdidae sind territorial und fast immer monogam. Das Revier ist von beiden Geschlechtern besetzt und wird gegen arteigene, aber auch artfremde Vögel stark verteidigt. Dieses Gebiet muss das ganze Jahr über Nahrung bieten, insbesondere für Standvögel (viele Arten sind Zugvögel). Die Männchen zeigen verschiedene Balzvorführungen, wie Gesang, Verfolgungsjagden, meist mit anschließender Kopulation und Beuteübergaben als Werbegeschenke des Männchens an das Weibchen. Der Gesang der Männchen ist normalerweise sehr melodiös und enthält viele abwechslungsreiche Strophen, klare Töne und Pfiffe. Sie werden im Frühjahr und während

der Brutzeit meist von exponierter Ansitzwarte im Morgengrauen und in der Dämmerung vorgetragen (Clement und Hathway 2000; Winkler et al. 2015).

Drosseln können je nach geografischer Lage und Lebensraum in Baumhöhlen,
Felsspalten, in becher- und kuppelförmigen Nestern am Boden und in Erdhöhlen
nisten. Das Weibchen wählt normalerweise den Neststandort und baut das Nest. Es
übernimmt den größten Teil der Bebrütung, während es vom Männchen gefüttert
wird. Beide Eltern versorgen die Jungen. Die Brutzeit dauert zwischen 11 und 15
Tagen. Dabei verhalten sich die Drosseln ziemlich heimlich. Die Jungvögel bleiben
etwa 12 bis 15 Tage im Nest. Nach dem Ausfliegen sind die Jungvögel aller
Arten noch nicht voll flugfähig und verstecken sich oft in der umgebenden Vegetation. Hier sind sie als Ästlinge kaum zu entdecken (Clement und Hathway 2000;
Winkler et al. 2015).

Weltweit sind Drosseln durch massive Lebensraumzerstörung, Einsatz von Her-
biziden, Insektiziden, Fungiziden, durch Neozoen und Neophyten, aber auch durch
Jagd und Vogelfang bedroht. Vom Aussterben bedroht („critically endangered") ist
beispielsweise die Taitadrossel (*Turdus helleri*), die nur noch in drei kleinen bewaldeten Arealen im Taita-Gebirge in Kenia vorkommt (Winkler et al. 2015).

2   Haltungsanforderungen

Bei der Haltung von Drosseln ist zu beachten, dass die meisten Arten während der
Brutzeit gegenüber anderen Artgenossen, aber auch gegenüber anderen Volierenmitbewohnern äußerst aggressiv sein können. Manchmal richten sie die Aggressionen sogar gegen den Partner. Die meisten Drosseln sind Einzelgänger und leben
außerhalb der Fortpflanzungsperiode im Verborgenen. Dieses ist bei der Unterbringung in Menschenobhut zu berücksichtigen und bedarf einer intensiven Beobachtung. Vergesellschaftungen sind mit anderen Weichfressern möglich, besonders
Bülbüls, Sonnenvögel, Fruchttauben und Hühnervögel haben sich bewährt, solange
genug Platz zum Ausweichen vorhanden ist.

Drosseln werden ausschließlich in Volieren gehalten. Die Käfighaltung ist strikt
abzulehnen, maximal aus Quarantänegründen kann sie für kurze Zeit sinnvoll sein.
Im Sommer ist auf eine gute Belüftung zu achten. Volierengrößen mit 3 m Höhe sind
ideal. Die Grundfläche bei kleineren Arten darf pro Paar 3 × 2 m nicht unterschreiten, die mittelgroßen Arten sind bei 5 × 2 m unterzubringen, größere Drosseln
mögen 20 und mehr Quadratmeter. Tropenhäuser bieten eine ideale Unterkunft in
Menschenhand. Hier können sich Drosseln am besten entfalten und ihr natürliches
Verhalten zeigen. Wenn tropische Arten gehalten werden, ist die Unterbringung in
kombinierten Außen- und Innenvolieren vorzuziehen. Dieser Innenteil muss auf
mindestens 10 °C zu erwärmen sein, besser 15 °C. Auch Arten, die zu den Zugvögeln gehören, müssen warm überwintert werden.

Je nach Größe der Vögel sollte die Voliere auch gut strukturiert eingerichtet sein.
Da die meisten Drosseln viel Zeit mit der Nahrungssuche auf dem Boden verbrin-
gen, darf eine Laubschicht nicht fehlen. Sie enthält frisches Eichen- und/oder
Buchenlaub, das jeweils im Frühjahr und Herbst neu eingebracht wird. Regelmäßi-

ges Wässern zum Anlocken von Würmern ist empfehlenswert. Morsches Holz wird ebenfalls gern angenommen. Walderde ist ebenfalls notwendig, da diese auch zum Bau der Nester von einigen Arten benötigt wird.

Sitzäste sind in allen Volierenbereichen anzubringen, dürfen vor allem in Bodennähe nicht fehlen. Da die Männchen gern exponiert ihren wunderschönen Gesang vortragen, sollen im oberen Bereich solche Ansitzwarten vorhanden sein.

Die Bepflanzung soll so gewählt sein, dass bodendeckende Pflanzen nicht eingebracht werden. Thuja, Kirschlorbeer, Holunder, Bambus haben sich bewährt. Tiefhängende Äste können zurückgeschnitten werden. In großen Volieren sind „Pflanzinseln" dem natürlichen Habitat nachempfunden. Die Volierendecke kann teilweise mit einem Tarnnetz abgehangen werden, um den in der Natur vorkommenden diffusen Lichtverhältnissen zu ähneln. Ein geschlossenes, aber lichtdurchlässiges Dach ist von Vorteil, da bei den Jungtieren sonst Verluste durch starke Regenschauer vorkommen können.

Drosseln bekommen neben einem guten Weichfresserfutter Lebend- und Frostinsekten, die, um die Vögel optimal mit Vitaminen, Spurenelementen und Mineralien zu versorgen, mit Supplementen, wie Vitakalk, Multivitaminpräparaten, Aktivkohle etc. „paniert" werden. Viele Arten benötigen zur Jungenaufzucht Regenwürmer und Schnecken. Beeren, wie Holunder, Heidelbeeren, Brombeeren, Himbeeren und Johannesbeeren sind Leckerbissen und müssen neben weichem Obst, wie Äpfel und Birnen immer zur Verfügung stehen (Aeckerlein 1993; Kirschke 2004).

Die wohl bekannteste Drossel ist die **Amsel** (*Turdus merula*), die weit in Europa verbreitet ist (Abb. 2). Nur im hohen Norden und Südosten ist sie nicht anzutreffen.

Abb. 2 Einer unserer häufigsten Gartenvögel, der auch gelegentlich in der Voliere gehalten wird, ist die Amsel (*Turdus merula*), früher auch Schwarzdrossel genannt. (Foto: Jörg Asmus)

Darüber hinaus findet man sie in Teilen Nordafrikas und Asiens. Sie wurde in Australien und Neuseeland eingebürgert. 14 Unterarten sind bekannt. Sie ist ursprünglich ein Waldbewohner, der heute oft in menschlicher Nähe lebt und in Städten sogar die Scheu verliert. Männchen tragen ihren lauten flötenden Gesang von Hausdächern und Baumspitzen vor, besonders in Abend- und Morgenstunden. Ihre Nahrung besteht aus Würmern, Schnecken, Käfern, Beeren und Obst. Sie brütet auf Bäumen, in Büschen, Spalieren und Mauernischen. Das Nest besteht aus Reisern, Halmen und Fasern, deren Inneres mit Erde ausgekleidet wird. Die Brutzeit ist von Mai bis Juli, 2–3 Bruten jährlich sind üblich. Die Amsel ist überwiegend Standvogel (Clement und Hathway 2000).

In bepflanzten Volieren ist die Amsel ausdauernd und bedarf keiner wärmenden Unterkunft, solange ein vom Wetter geschützter Bereich vorhanden ist. Eine Käfighaltung ist abzulehnen, da viele Vögel oft stürmisch und wild sind. Sie haben ein großes Badebedürfnis, auch ein Sandbad sollte möglich sein. Eine abwechslungsreiche Ernährung mit Weichfutter (Drossel-Mischung), Frost- und Lebendinsekten, Beeren und Obst ist substanziell. Schnecken, Regenwürmer und Raupen bereichern den Speiseplan und sind zur Aufzucht der Jungen wichtig. Die Art ist leicht zu vermehren, wenn die Voliere ausreichend bepflanzt und gut strukturiert ist. Das Anbringen von Nestern in Astgabeln und kleinen Brettchen in den Volierenecken wird gern angenommen. Das Gelege umfasst 3–6 Eier und wird nur vom Weibchen bebrütet. Das Männchen füttert seine Partnerin auf dem Nest. Der Schlupf der Jungvögel erfolgt nach 13–14 Tagen. Die Eltern füttern ausschließlich Insekten und Würmer an ihre Jungen. Nach 13–14 Tagen verlassen diese das Nest. Meist sind sie als Ästlinge zunächst noch flugunfähig im unteren Volierenbereich zu finden. Eine Gefahr des Ertrinkens durch zu große Badeschalen oder kleine Teiche ist gegeben. Circa 3 Wochen werden die Jungtiere von den Eltern gefüttert. Sie beginnen dann meist mit der nächsten Brut.

Ähnlich zu haltende Arten sind: Singdrossel (*Turdus philomelos*) (Abb. 3), Schwarzbrustdrossel (*Turdus dissimilis*), Amurdrossel (*Turdus hortulorum*) (früher Gartendrossel *Cichloselys hortulorum*) und Scheckendrossel (*Turdus cardis*).

Die von den Sundainseln Flores, Lombok und Sumbawa, den Inseln Timor, Sulawesi und Sumba (Indonesien) stammende **Sumbawadrossel** (*Geocichla dohertyi*) lebt im Unterholz der Wälder auf 350–2300 m Höhe (Abb. 4). Dort ernährt sie sich von verschiedenen Insekten, Kerbtieren und Beeren. Die schwarz, braun und weiß gefleckte Drossel wiegt 50–60 g und zeigt keinen Geschlechtsunterschied. In ihrer Heimat brütet die Sumbawadrossel ganzjährig. Aufgrund der massiven Lebensraumzerstörung und des Fangs für die Käfighaltung in ihrer Heimat ist die Sumbawadrossel inzwischen gefährdet. Deshalb ist ein Europäisches Studbook (ESB) im Rahmen der „Silent-Forest-Campaign" eingerichtet worden, das derzeit von Jamie Graham von der Zoological Society London koordiniert wird. Neben Zoos sind auch private Halter involviert (www.silentforest.eu/about/flagship-species/focus-species).

Untergebracht werden Sumbawadrosseln nur in ausreichend bepflanzten Außenvolieren, die einen Zugang zu einem wärmenden Innenbereich haben müssen. Dieser sollte auf mindestens 10 °C beheizbar sein. Bei kaltem und nassem Wetter dürfen die Vögel nicht nach draußen. Gegenüber anderen Vögeln sind sie meist friedlich,

Abb. 3 Die Singdrossel (*Turdus philomelos*) hat ähnliche Haltungsansprüche wie die Amsel. (Foto: Jörg Asmus)

Abb. 4 Die Sumbawadrossel (*Geocichla dohertyi*) gehört inzwischen zu den bedrohten Arten, deren Bestände in Menschenobhut über ein ESB (European Studbook) gemanagt werden. (Foto: Sascha Fischer)

sollten aber immer unter Beobachtung bleiben. Je größer die Voliere ist, desto besser. Tropenhäuser sind ideal für eine dauerhafte Unterbringung. Zu Vermehrungszwecken sind die Paare am besten einzeln in bepflanzte Volieren zu setzen. Es ist darauf zu achten, dass ausreichend Nistkörbchen vorhanden sind. Das Weibchen legt in der Regel 3 Eier, die es bis zum Schlupf der Jungtiere nach 14–15 Tagen bebrütet. Danach wird es vom Männchen mit Futter versorgt, welches die Insekten und Würmer nur an seine Partnerin übergibt. Nach circa 8 Tagen geht auch das Weibchen auf Futtersuche. Mit 14 Tagen verlassen die flüggen Jungtiere das Nest. Sie suchen nun Deckung auf, da sie noch nicht gut fliegen können. Kurz darauf beginnen die Eltern mit der nächsten Brut. Die Jungen können bei ausreichend großen Volieren zunächst bei den Eltern verbleiben. Es ist immer darauf zu achten, wie das Männchen reagiert und ob die Jungen die nachfolgende Brut nicht stören (vgl. Kotzanek 2001; Pagel und Marcordes 2011). – Eine ähnlich zu haltende Art ist die Damadrossel (*Geokichla citrina*).

Der zur Unterfamilie Myadestinae und dort zur Gattung der Hüttensänger (*Sialia*) gehörende **Blaukehl-Hüttensänger** (*Sialia mexicana*) bewohnt halboffene Landschaften im westlichen Nordamerika (Abb. 5). Er ernährt sich fast ausschließlich insectivor, erbeutet von einem Ansitz aus vorbeifliegende oder auf dem Boden befindliche Kerbtiere. Verschiedene Beeren runden das Nahrungsangebot in den Herbst- und Wintermonaten ab. Nördliche Populationen überwintern im Süden, dagegen sind südliche Unterarten Standvögel. Es sind 6 Unterarten bekannt. Sein

Abb. 5 Der Blaukehl-Hüttensänger (*Sialia mexicana*) – hier ein junges, unausgefärbtes Paar aus einer Volierennachzucht – wird in Deutschland gegenwärtig nur in einem Zoo, nämlich der Wilhelma in Stuttgart, dagegen aber relativ häufig in Privathand gehalten. (Foto: Jörg Asmus)

blaues Gefieder hat ihm dem englischen Namen Western Bluebird eingebracht. Seine nahe Verwandtschaft zu den beiden anderen Hüttensängerarten, dem Rotkehl-Hüttensänger (*Sialia sialis*) und dem Berghüttensänger (*Sialia currucoides*), lässt ihn in den Überlappungsgebieten bastardisieren. Blaukehl-Hüttensänger gehen eine Saisonehe ein. Die Paare kommen schon verpaart aus den Winterquartieren. Meist beginnt eine sofortige Suche nach geeigneten Nistplätzen. Leider besteht oft Nistplatzkonkurrenz zu Haussperling (*Passer domesticus*), Star (*Sturnus vulgaris*) und der Sumpfschwalbe (*Tachycineta bicolor*). Der Hüttensänger brütet in Höhlen in 2–6 m Höhe. Nistkästen werden daher bereitwillig angenommen. Das Gelege besteht aus 2–7 (5) bläulichen Eiern, die circa 14 Tage vom Weibchen bebrütet werden. Das Männchen versorgt in dieser Zeit sein Weibchen. Die Jungen schlüpfen innerhalb eines Tages. Fast drei Wochen dauert die Nestlingszeit. Die ausgeflogenen Jungtiere bleiben bei den Eltern, auch wenn diese die nächste Brut beginnen, wobei sie auch als Bruthelfer fungieren. 2–3 Jahresbruten sind möglich.

Blaukehl-Hüttensänger müssen in einer Voliere untergebracht werden, die ihnen die Möglichkeit gibt, viel zu fliegen, und in der sie von mehreren Ansitzen aus vorbeifliegende Insekten erbeuten können. Es bietet sich an, blütentragende Sträucher und Blumen einzubringen, die jedoch nicht zu dicht gepflanzt sein sollten. Ernährt werden die Blaukehlhüttensänger mit einem guten Weichfresserfutter, welches mit Frost- und Lebendinsekten bereichert wird. Daneben fressen sie gern Beeren jeglicher Art. Mit anderen Vögeln ist eine Gesellschaft möglich, jedoch nicht mit anderen Hüttensängern, da auch Kreuzungen möglich sind. Wilde Verfolgungsjagden sind zur Brutzeit möglich und sollten stets genau beobachtet werden. Manche Männchen sind so aggressiv, dass sie ihre Partnerinnen nicht mehr an das Futter oder aus dem Nistkasten lassen. Naturnisthöhlen und Nistkästen mit einer Höhe von 25–30 cm und einem Innendurchmesser von 18–22 cm werden im zeitigen Frühjahr inspiziert. Beide Geschlechter bauen ein Nest aus Blättern und feinen Grasfasern, manchmal auch Kiefernnadeln. Im Abstand von einem Tag werden 4–5 Eier gelegt. Nach der zweiwöchigen Brutdauer schlüpfen die Jungen. Sie werden von beiden Alttieren mit lebenden Insekten wie Mehlwürmern, Zophobas, Pinkys, Buffalos und Heimchen versorgt. Es empfiehlt sich, die Futtertiere mit Supplementen „paniert" anzubieten. Die Nestlingszeit beträgt circa 3 Wochen. Nach dem Ausfliegen können die Jungen bei den Eltern bleiben und helfen sogar bei der Aufzucht der Folgebruten mit.

Für Haltung der „exotischen" Drosseln gelten derzeit keine gesetzlichen Bestimmungen. Die einheimischen bzw. europäischen Arten unterliegen dagegen den Regularien der Bundesartenschutzverordnung. Sie sind demnach nachweis- und meldepflichtig gegenüber den zuständigen Behörden. Nachzuchten müssen geschlossen beringt und ebenfalls angemeldet, bei Tod und Weitergabe abgemeldet werden.

Literatur

Aeckerlein, W. (1993). *Die Ernährung des Vogels*. Stuttgart: Ulmer.
Clement, P., & Hathway, R. (2000). *Thrushes*. London: Helm.

Collar, N. (2005). Familiy Turdidae (Thrushes). In J. del Hoyo, A. Elliot & J. Sargatal (Hrsg.), *Handbook of the birds of the world* (Bd. 10, S. 514–807). Barcelona: Lynx.

Kirschke, S. (2004). *Zuchterfahrungen mit Insektenfressern*. Wilhelmshaven: Selbstverlag.

Kotzanek, J. (2001). Erstzucht der Sumbawadrossel. *Die Voliere, 24*, 83–85.

Pagel, T., & Marcordes, B. (2011). *Exotische Weichfresser* (S. 104–106). Stuttgart: Ulmer.

Winkler, D. W., Billermann, S. M., & Lovette, I. J. (2015). *Bird families of the world – Turdidae* (S. 478–480). Barcelona: Lynx.

Familie: Muscicapidae – Fliegenschnäpper

Sascha Fischer

Inhalt

1 Systematik und allgemeine Biologie

Fliegenschnäpper sind eine überwiegend altweltliche Vogelgruppe, die nach den neueren molekularbiologischen Untersuchungen derzeit 298 Arten in 57 Gattungen umfasst. Ihre nächsten Verwandten sind die Drosseln (Turdidae) und die Wasseramseln (Cinclidae). Fliegenschnäpper sind eine morphologisch recht uneinheitliche Vogelgruppe, deren Verwandtschaftszusammenhänge immer wieder diskutiert und deren Arten in der Vergangenheit oftmals neu gruppiert wurden (vgl. Sangster et al. 2010; Zuccon und Ericson 2010). Zur Zeit werden sie in vier Unterfamilien unterteilt: Muscicapinae (eigentliche Fliegenschnäpper), Niltavinae (Niltavas), Cossyphinae (Rötel u. a.) und die große Unterfamilie Saxicolinae (Schmätzer). Zu den Muscicapinae gehören beispielsweise die Schamadrossel (heute auch Weißbürzelschama genannt) (*Kittacincla malabarica*) und die Feuerschwanzschama (*Kittacincla pyrropygus*), zu den Niltavinae der Rotbauch-Blauschnäpper (früher Rotbauchniltava) (*Niltava sundara*), zu den Cossyphinae die meisten Rötelarten, z. B. der Schneescheitelrötel *(Cossypha niveicapilla)*, aber auch unser heimisches Rotkehlchen (*Erithacus rubecula*) (Abb. 1), zu den Saxicolinae viele bekannte europäische

S. Fischer (✉)
AG Weichfresser, Südharz, Deutschland

© Springer-Verlag GmbH Deutschland, ein Teil von Springer Nature 2021
W. Lantermann, J. Asmus (Hrsg.), *Wildvogelhaltung*,
https://doi.org/10.1007/978-3-662-59604-3_65

Abb. 1 Der bekannteste
Fliegerschnäpper und
regelmäßiger Gast in den
Hausgärten ist das
Rotkehlchen (*Erithacus
rubecula*). (Foto: Werner
Lantermann)

Singvögel, wie z. B. die Nachtigall (*Luscinia megarhynchos*), der Gartenrotschwanz
(*Phoenicurus phoenicurus*), das Rubinkehlchen (*Calliope calliope*), das Schwarz-
kehlchen (*Saxicola torquatus*), aber auch der Steinrötel (*Monticola saxatilis*) sowie
der düster gefärbte Hadesschmätzer (*Myrmecocichla nigra*) und der Springschmät-
zer (*Pinarornis plumosus*). Fliegenschnäpper sind überwiegend kleine bis mittelgroße Vögel, deren Grundfärbung oftmals braun oder schwarz-weiß, bei vielen
Arten zudem aber mit blauen, rötlichen oder gelben Gefiederpartien untermalt ist.
Männchen sind oftmals prächtiger gefärbt als die Weibchen (Winkler et al. 2015)
Eine der kleinsten Arten ist der Diamantschnäpper (*Anthipes monileger*) mit 11,5–
13 cm Größe bei einem Gewicht von 11 g, eine der größten die Purpurpfeifdrossel
(*Myophonus cearuleus*) mit bis zu 35 cm Länge und bis zu 231 g Gewicht.

Die vielen Arten der Muscicapidae leben in ganz unterschiedlichen Habitaten
über weite Teile der alten Welt (Europa, Asien, Afrika) verbreitet. Lediglich Stein-
schmätzer (*Oenanthe oenanthe*) und Blaukehlchen (*Luscinia svecica*) (Abb. 2)
bewohnen darüber hinaus Gebiete in Kanada, Alaska, Grönland und Sibirien (Stein-
schmätzer) bzw. in Nordalaska (Blaukehlchen). Ihr Lebensraum reicht von Wäldern,
Parkanlagen, Plantagen, Gras- und Buschland über Savannen und Wüsten bis hin
zur arktischen Tundra. Sie ernähren sich überwiegend von Insekten und anderen
Wirbellosen. Die eigentlichen Fliegenschnäpper ergreifen ihre Beute vielfach direkt
im Flug, nehmen aber ihre Futtertiere auch von Zweigen und Blättern sowie vom

Abb. 2 Das Blaukehlchen (*Luscinia svecica*) hat über den europäischen Raum hinaus ein Verbreitungsgebiet bis Nordalaska. (Foto: Jörg Asmus)

Boden. Für wenige Arten sind Samen und Beeren ein wichtiges Zusatzfutter (Winkler et al. 2015).

Das Brutverhalten der vielen Arten ist kaum zusammenfassend zu beschreiben. Die meisten Arten bilden einen monogamen Paarbund und sorgen gemeinsam für die Jungen. Es gibt aber auch Arten, die polygyn leben: Männchen paaren sich mit bis zu drei Weibchen. Bei einigen Arten wurden auch Helfer am Nest beobachtet, die das nistende Weibchen später bei der Jungenaufzucht unterstützen. Die übliche Form des Nestes ist ein nach oben offenes Becher- oder Napfnest, das aus kleinen Zweigen und anderen Pflanzenteilen, besonders Moos, gebaut wird. Es kann an sehr unterschiedlichen Standorten gebaut werden: hoch oben in den Baumkronen oder sogar in Bodennähe bzw. auf dem Boden. Manche Arten nisten auch in Baumhöhlungen oder übernehmen verlassene Nester anderer Vogelarten. Bei vielen Arten baut allein das Weibchen das Nest und übernimmt auch allein das Brutgeschäft. Die 2–8 Eier werden – je nach Art – 11 bis 18 Tage bebrütet, die anschließende Nestlingszeit beträgt 10–18 Tage. Beide Geschlechter beteiligen sich in der Regel an der Aufzucht der Jungen, die teilweise noch bis zu zehn Wochen über die eigentliche Nestlingszeit hinaus versorgt werden (Winkler et al. 2015).

Etwa 60 Arten der Muscicapidae sind im Freiland inzwischen in Gefahr, davon 16 gefährdet („vulnerable"), 15 stark gefährdet („endangered") und eine Art vom Aussterben bedroht („critically endangered"). Dies ist der Oustaletblauschnäpper (*Cyornis ruckii*), der allerdings zuletzt 1918 auf Sumatra gesichtet wurde und möglicherweise bereits ausgestorben ist. Die überwiegende Zahl der bedrohten Arten bewohnt nur kleine Areale und Inseln und ist dort durch menschliche Eingriffe (vor allem Entwaldung) besonders gefährdet, auf Inseln auch durch eingeführte Prädatoren (Winkler et al. 2015, http://www.iucnredlist.org).

2 Haltungsanforderungen

Von den knapp 300 Arten der Muscicapidae werden derzeit nur wenige in nennenswerter Anzahl in Menschenobhut gehalten. In Privathand zählen dazu zweifellos die Schamadrossel und der Schneescheitelrötel, in geringerem Umfang auch Dajalschama, früher: Dajaldrossel (*Copsychus saularis*), Rubin- (*Calliope calliope*) und Blaukehlchen (vgl. Simon 2018). In den Tiergärten ergibt sich ein ähnliches Bild. Auch hier sind Schneescheitelrötel (in fünf) und Schamadrossel (in acht Einrichtungen) vertreten, derweil von den vielen anderen Arten, die seinerzeit in den Zoos und Vogelparks zu finden waren, derzeit kaum noch Haltungen bestehen, und wenn dann nur mit wenigen Paaren oder Einzelexemplaren. Einige wenige Parks zeigen – bei rückläufiger Tendenz – in Themenvolieren noch die eine oder andere europäische Art, z. B. Grauschnäpper (*Muscicapa striata*) oder Blaukehlchen (http://www.zoo tierliste.de).

Fliegenschnäpper zeichnen sich unter anderem durch ihr bezauberndes Flugbild aus und benötigen deshalb eine große, nicht zu dicht bepflanzte Voliere. Sollten schnell wachsende Pflanzen vorhanden sein, ist ein regelmäßiges Rückschneiden unumgänglich, damit der Flugraum erhalten bleibt. Auch offene Flächen am Volierenboden werden sehr häufig aufgesucht und nach Nahrung untersucht. Diese können aus Walderde, Rindenmulch oder einem Erde-Sand-Gemisch bestehen. Hier können Futterinsekten angeboten werden. Auch Laub wird auf Kerfe untersucht. Die meisten Arten sind gut zu vergesellschaften, auch mit kleineren Arten, bedürfen besonders zur Fortpflanzungszeit aber einer aufmerksamen Beobachtung. Eine paarweise Unterbringung ist daher – zumindest zur Brutzeit – zu empfehlen. Manche Arten gehen Saisonehen ein, d. h., dass sie nach der Brutzeit getrennt werden müssen, und sie brauchen besondere Aufmerksamkeit bei der Zusammenführung im Frühjahr. Die Tiere müssen sich langsam aneinander gewöhnen und können zunächst über Wochen in Sichtkontakt bleiben. Man entlässt dann zuerst das Weibchen in die Unterkunft und hält das Männchen vorübergehend in einem Flugkäfig in der gleichen Voliere. Da es zu Beginn der Brutzeit zu heftigen Verfolgungsjagden beider Paarpartner kommen kann, dürfen Pflanzen und kleine Dickichte nicht fehlen. Da manche Männchen ihre Weibchen nicht an den Futternapf lassen, ist es empfehlenswert, mehrere Futterplätze einzurichten, auch in Bodennähe und unter schräg aufgestellten Brettern. Die Volieren sollten größtenteils überdacht sein, damit frisch ausgeflogene Jungvögel nicht einem Regenschauer zum Opfer fallen. In großen Tropenhäusern können die Vögel ihr natürliches Verhalten zeigen und haben hier den nötigen Platz, um sich aus dem Weg zu gehen.

Fliegenschnäpper sind vorwiegend Insektenfresser, nehmen aber auch Obst und Beeren auf. Eine ausgewogene und abwechslungsreiche Ernährung gewährt ein langes Leben in Menschenobhut. Ein spezielles Weichfresserfutter mit getrockneten Insekten, sowie Obstpellets stellen den Grundstock der Ernährung dar. Sie nehmen Frost- und Lebendinsekten auf, die ganzjährig angeboten werden müssen. Gut ernährte Mehlwürmer, Pinkies, Buffalos, Schokoschaben, Wachsmottenlarven und Drohnenbrut nehmen die Vögel gern an. Diese können mit Multivitamin- und Mineralstoffpräparaten benetzt werden, was besonders während der Aufzucht unumgänglich ist. Beeren von Holunder und Eberesche werden angeboten, sowie Erdbeeren, Heidelbeeren, Johannis- und Brombeeren. An weichem Obst wie Äpfeln, Birnen und ähnlichem wird gelegentlich gefressen.

Von den diversen Arten, die in Menschenobhut gehalten wurden und z. T. noch werden, sollen zwei im Folgenden exemplarisch etwas näher vorgestellt werden. Aus Äquatorialafrika stammt der **Schneescheitelrötel** (*Cossypha niveicapilla*) (Abb. 3). Man findet ihn in Dickichten in Savannen, im dichten Bewuchs entlang von Flussufern und alten Plantagen. Mit 20–21 cm Größe und einem Gewicht von 34–43 g ist dieser Rötel trotz seiner Farbenpracht eher durch seinen melodiösen, flötenartigen Gesang zu entdecken. Auch weibliche Tiere singen, jedoch leiser. Seine Nahrung in Form von Insekten und Beeren findet der Weißscheitelrötel auf dem Boden. Zur Brutzeit wird dieser Vogel sehr territorial und vertreibt jeden Eindringling. Das Nest wird vorwiegend in Astgabeln aus verschiedenen Pflanzenteilen gefertigt. Es werden 2–4 olivgrüne Eier mit bräunlichen Sprenkeln gelegt, die 12–13 Tage bebrütet werden. Nach 14 Tagen sind die Jungen flügge. Diese verbleiben nach dem Ausfliegen noch einige Zeit im Revier, auch wenn das Paar mit der nächsten Brut beschäftigt ist.

Weißscheitelrötel sind paarweise unterzubringen, da sie auch gegen deutlich größere Insassen sehr rabiat werden können, auch gegen Hühnervögel, wie Fasane oder Frankoline. Es gibt jedoch auch Belege von Kirschke (2004), der seine Weißscheitelrötel mit Prachtfinken, auch während der Brutzeit, problemlos vergesellschaftete. Die Voliere sollte mindestens 3 × 1 × 2 m groß und nicht zu dicht bepflanzt sein. Ein angrenzendes Schutzhaus, wohin sich die Vögel bei kälteren Temperaturen zurückziehen können, darf nicht fehlen. Als Futter nimmt man ein handelsübliches Aufzuchtfutter, welches mit Frost- und Lebendinsekten angereichert wird. Holunderbeeren, Erdbeeren, Johannesbeeren, Brombeeren und die Bee-

Abb 3 Der Schneescheitelrötel (*Cossypha niveicapilla*) trägt auf dem Kopf den namengebenden weißen Scheitel. (Foto: Jörg Asmus)

ren der Eberesche können angeboten werden. Zum Nisten nehmen die Paare gern halb offene Kästen an, gelegentlich auch Schalen, die in Astgabeln hängen. Nur die Weibchen bauen mit Blättern, Heu, Sisal- und Hanffasern das Nest. Die 2–4 (3) Eier, die im Abstand von einem Tag gelegt werden, werden 13–14 Tage bebrütet. Zur Aufzucht der Jungen sind Insekten notwendig. Diese können mit Vitaminen, Mineralien und Spurenelementen „paniert" werden, um eine optimale Versorgung zu gewährleisten (vgl. Hachfeld 1992; Pagel und Marcordes 2011). Ähnlich zu haltende Arten sind Amur- (*Monticola gularis*), Natal- (*Cossypha natalensis*), Tropfen- (*Cichladusa guttata*), Weißscheitel- (*Cossypha albicapillus*) und Weißbrauenrötel (*Cossypha heuglini*).

Einer der meistgehaltenen und erfolgreich vermehrten Weichfresser ist die **Schamadrossel** *(Kittacincla malabarica)* (Abb. 4). Sie bewohnt mit ihren 14 Unterarten den indischen Subkontinent, sowie den gesamten Raum Südostasiens. Darüber hinaus ist sie als Neozoon auf Hawaii eingeführt und hat sich von dort auf umliegende Inseln ausgebreitet. In Taiwan gilt sie als invasive Art. Die Schamadrossel wird 21–28 cm groß und wiegt zwischen 22 und 42 g. Unterarten sind oft nicht genau zu unterscheiden, da wenige Vergleichstiere in den europäischen Beständen zu finden sind. Unterartenreine Vögel sind letztlich nur durch Genanalysen festzustellen. Der fantastische Gesang wird und wurde diesem Vogel zum Verhängnis. Denn in seiner Heimat wird er oft als Käfigvogel gehalten, es kamen aber zeitweise auch kopfstarke Importe nach Europa, Japan und in die USA. Schamadrosseln sind sehr territorial und leben außerhalb der Brutzeit einzelgängerisch in Bambus- und Laubwäldern. Hier sucht sie im Unterholz und auf dem Boden nach Nahrung. Diese besteht aus Insekten, kleinen Reptilien, Amphibien und deren Larven. Beeren werden ebenfalls, jedoch nur im geringen Maße verzehrt. Wenn sich ein Paar gefunden hat, baut das Weibchen ein Nest in einer Baumhöhle oder in abgebroche-

Abb 4 Die Schamadrossel (*Kittacincla malabaricus*) wird heute in der neueren Literatur mehrheitlich Weißbürzelschama genannt. (Foto: Jörg Asmus)

nen Bambushalmen. Sie legt 2–6 (5) Eier, die 12–15 Tage lang bebrütet werden. Wenn die Jungen geschlüpft sind, bleibt das Weibchen auf dem Nest und wird in den Anfangstagen vom Männchen versorgt. Später nimmt auch das Weibchen an der Nahrungssuche teil. Nach 12–14 Tagen verlassen die Jungvögel das Nest, verbleiben noch wenige Wochen im Revier, werden dann aber vom Männchen vertrieben. Bis zu vier Folgebruten sind möglich.

Bei der Haltung von Schamadrosseln ist auf ihren territorialen Charakter einzugehen. Außerhalb der Fortpflanzungsperiode sind die Vögel einzeln unterzubringen. Man kann sie dabei mit anderen Arten vergesellschaften, niemals aber mit anderen Schamadrosseln. Selbst Weibchen sind untereinander streitsüchtig. Auch wenn es vielfach in ihren Herkunftsländern praktiziert wird, ist die Schamadrossel nicht für den Käfig geeignet. Es besteht leicht die Gefahr der Verfettung. Eine Voliere von 3 × 1,5 m Grundfläche bei einer Höhe von 2,5 m ist ausreichend. Die Vögel sind in einer kombinierten Innen- und Außenvoliere am besten aufgehoben. Die Außenvoliere muss nicht übermäßig bepflanzt sein, sie darf aber ein bisschen Deckung von oben aufweisen, um die Lichtverhältnisse dieses Dschungelbewohners nachzuempfinden. Eine komplette Überdachung hat sich bewährt, um vor übermäßiger Sonneneinstrahlung und starken Regengüssen zu schützen. Wichtig ist, dass dieser Weichfresser einen auf mindestens 10 °C erwärmten Schutzraum aufsuchen kann. Man sieht den Vögeln ihr Unwohlsein an, sobald die Temperaturen kälter werden. Tropenhäuser sind eine ideale Unterbringung. Hier können die Paare das ganze Jahre über zusammen bleiben.

Schamadrosseln sind fast ausschließlich Insektenfresser. Ihnen werden Mehlwürmer, Pinkies, Buffalos, Zophobas, Heimchen, Drohnenbrut, Soldatenfliegen und Wachsmottenlarven, sowohl lebend, als auch gefrostet angeboten. Obst wird meist gar nicht beachtet. Die Aufnahme von Holunderbeeren konnte allerdings schon beobachtet werden. Bei der Verpaarung im Frühjahr müssen beide Vögel aneinander gewöhnt werden, indem man sie zunächst in Nachbarvolieren setzt. Dem Weibchen kann schon eine Niststätte als Baumstamm oder ein Halbhöhlenkasten und dazu reichlich Nistmaterial in Form von Blättern, Stroh, Heu und Hanffasern angeboten werden. Wenn das Weibchen Strophen des Männchens imitiert und sich von ihm offensichtlich am Volierendraht begatten lassen möchte, kann eine Zusammenführung versucht werden. Meist sind wilde Verfolgungsflüge zu beobachten, bis das Weibchen den Schwanz zur Kopulation hebt. Danach kommt es zum sofortigen Tretakt durch das auffliegende Männchen. Sein wunderbarer Gesang begleitet das Geschehen. Das Weibchen legt im Abstand von einem Tag 3–5 Eier, die es bis zum Schlupf der Jungen nach circa 12–13 Tagen allein bebrütet. Das Männchen bleibt in der Nähe und trägt seinen Gesang vor. Es versorgt das brütende Weibchen und später auch die Jungen. Meist übergibt es in den ersten Tagen die Insekten an seine Partnerin. Heimchen und frischgehäutete Mehlwürmer sollten in dieser Zeit nicht fehlen. Nach weiteren 12–14 Tagen sind die Jungen flügge und verlassen das Nest. In dieser Zeit ist es wichtig, dass sie nicht nass werden (z. B. durch starke Regenschauer). Gewöhnlich ist das Weibchen wenige Tagen nach dem Ausfliegen wieder damit beschäftigt, das alte Nest auszubessern oder ein neues zu bauen. Deshalb muss zuvor das alte Nistmaterial entfernt und der Kasten desinfiziert werden. Die Jungen

Abb 5 Wie alle einheimischen Arten unterliegt auch der Trauerschnäpper (*Ficedula hypoleuca*) bei der Haltung den Regularien der Bundesartenschutzverordnung. (Foto: Jörg Asmus)

verbleiben so lange bei den Eltern, bis der Nachwuchs der Folgebrut ausfliegt. Danach kann es zu Verfolgungen durch das Männchen kommen. Die Brutzeit ist mit dem Beginn der Mauser vorbei. In dieser Zeit können die Männchen aggressiv werden und ihre Partnerin nicht mehr in der Nähe dulden. Dann ist das Trennen der Partnervögel überlebenswichtig. Die Jungen einer Brut sind bis kurz vor dem Einsetzen der Jugendmauser untereinander verträglich, dann fangen die Männchen langsam an, sich zu jagen. Dann ist der Zeitpunkt gekommen, sie einzeln zu setzen (vgl. Mayer 1996; Kirschke 2004).

Im Rahmen der „Silent-Forest-Campaign" unterliegt die Schamadrossel inzwischen einem Monitoring-Programm, das von Simon Bruslund in Heidelberg (jetzt Marlow) koordiniert wird. Hintergrund ist, dass von den 14 Unterarten der Schamadrossel einige inzwischen in ihrem Bestand rückläufig oder gar bereits gefährdet zu sein scheinen (http://www.silentforest.eu/about/flagship-species/focus-species).

Für die Haltung der allermeisten Fliegenschnäpper gelten derzeit keine gesetzlichen Vorgaben. Die einheimischen bzw. europäischen Arten unterliegen dagegen den Regularien der Bundesartenschutzverordnung (Abb. 5). Sie sind demnach nachweis- und meldepflichtig gegenüber den zuständigen Behörden. Nachzuchten müssen geschlossen beringt und ebenfalls behördlich angemeldet, bei Tod und Weitergabe der Vögel abgemeldet werden.

Literatur

Hachfeld, B. (1992). Haltung und Zucht des Weißscheitelrötels. *Die Voliere, 15,* 324–330.
Kirschke, S. (2004). *Zuchterfahrungen mit Insektenfressern.* Wilhelmshaven: Selbst.
Mayer, S. (1996). Haltung und Zucht der Schamadrossel. *Die Voliere, 19,* 228–231.
Pagel, T., & Marcordes, B. (2011). *Exotische Weichfresser* (S. 106–112). Stuttgart: Ulmer.

Sangster, G., Alström, P., Forsmark, E., & Olsson, U. (2010). Multi-locus phylogenetic analysis of old World chats and flycatchers reveals extensive paraphyly at family, subfamily and genus level (Aves: Muscicapidae). *Molecular Phylogenetics and Evolution, 57*(1), 380–392.

Simon, B. (2018). *Nachzucht- und Bestandsliste der Arbeitsgruppe Weichfresser e. V.* Sassen-Trantow: Eigen.

Winkler, D. W., Billermann, S. M., & Lovette, I. J. (2015). *Bird families of the world – Muscicapidae* (S. 481–485). Barcelona: Lynx.

Zuccon, D., & Ericson, P. G. P. (2010). A multi-gene phylogeny disentangles the chat-flycatcher complex (Aves: Muscicapidae). *Zoologica Scripta, 39*(3), 213–224.

Familie: Chloropseidae – Blattvögel

Irene Urbasch

Inhalt

1 Systematik und allgemeine Biologie

13 Arten in der einzigen Gattung *Chloropsis* bilden die Familie der Blattvögel innerhalb der Ordnung der Passeriformes. Blattvögel sind 14–21 cm kleine Singvögel, deren Gefiederfärbung überwiegend sattgrün ist und mit gelben, blauen oder orange gefärbten Gefiederanteilen kontrastiert. Die Maske ist bei den meisten Arten schwarz. Die kleinste Art ist der Blaustirn-Blattvogel (*Chloropsis venusta*) mit 14 cm Länge, die größte der Dickschnabel-Blattvogel (*C. sonnerati*) mit bis zu 21 cm Gesamtlänge und einem Gewicht von 38 g (Weibchen) bis maximal 48 g (Männchen) (HBW Alive Species 2019). Blattvögel kommen in den Regenwäldern Asiens (von Indien und Sri Lanka im Westen bis Sumatra, Java, Borneo und den Philippinen im Osten) vor. Ihre nächsten Verwandten sind die Elfenblauvögel (Familie Irenidae) (Wells 2005) und mit diesen zusammen bilden sie wahrscheinlich eine Schwestergruppe der Nektarvögel (Nectariniidae) (vgl. Winkler et al. 2015).

Über Freileben und allgemeine Biologie der Blattvögel ist bislang wenig bekannt, da sie sich vorwiegend in den Baumkronen aufhalten. So weiß man kaum etwas über das Sozialsystem der Arten und noch weniger über deren Brutverhalten. Das Nest wird in den Baumwipfeln aus Blättern, Zweigen und anderem Pflanzenmaterial gebaut und zwischen zwei Ästen aufgehängt ("Hängemattennest"). Im Inneren wird es mit Moos und Flechten ausgepolstert. 2–3 Eier umfasst das Gelege, das allein

I. Urbasch (✉)
Hamburg, Deutschland

© Springer-Verlag GmbH Deutschland, ein Teil von Springer Nature 2021
W. Lantermann, J. Asmus (Hrsg.), *Wildvogelhaltung*,
https://doi.org/10.1007/978-3-662-59604-3_66

vom Weibchen bebrütet wird (Baars 1986; Kraus 1983; Wells 2005). Brutzeit und Nestlingszeit sind überwiegend aus Beobachtungen an Volierenvögeln bekannt (siehe unten). Mit ihrer Nahrungspräferenz für Früchte und Nektar samt Pollen tragen die Blattvögel wesentlich zur Pflanzenbestäubung und -verbreitung in den asiatischen Regenwäldern bei (Ornithogamie).

Sechs der 13 Blattvogelarten sind nach den Kriterien der IUCN derzeit bestandsbedroht: drei sind als „near-threatened" auf der Vorwarnstufe geführt, drei weitere gelten als gefährdet („vulnerable"), nämlich Philippinenblattvogel (*Chloropsis flavipennis*), Dickschnabel-Blattvogel und Sumatrablattvogel (*C. media*). Hauptgründe für deren Rückgang ist der Holzeinschlag und die Umwandlung von Waldgebieten in landwirtschaftliche Nutzflächen, hier und dort auch der übermäßige Fang für den Vogelhandel (Winkler et al. 2015, www.iucnredlist.org).

2   Haltungsanforderungen

Blattvögel wurden immer schon relativ selten gehalten, sowohl in Zoos und Vogelparks als auch in Privathand. Von den 13 *Chloropsis*-Arten sind Goldstirn-Blattvogel (*C. aurifrons*) (Abb. 1) und Orangebauch-Blattvogel (*C. hardwickii*) noch am ehesten in Menschenobhut zu finden. In Deutschland werden Blattvögel nur noch in vier Tiergärten gehalten: Goldstirn-Blattvögel in Köln sowie Orangebauch-Blattvögel in Chemnitz, Halle, Berlin (Zoo) und Köln. Dabei handelt es sich leider überwiegend um Einzelvögel. Lediglich Köln hält derzeit zwei Paare Orangebauch-Blattvögel, die aus einer gelungenen Zucht im Zoo Schönbrunn/Wien stammen (www.zootierliste.de). Die private Blattvogel-Haltung beschränkt sich derzeit auf ganz wenige spezialisierte Liebhaber (Brunkhorst 1999; Gibson 1981; Günther 2004; Pflüger 1989; Smeets 2007).

Zur Unterbringung der Blattvögel eignet sich eine kombinierte Außen-/Innenvoliere (Mindestmaße der Außenanlage: $3 \times 1 \times 2$ m, der Innenvoliere: $120 \times 60 \times 90$ cm). Entsprechend ihrem bevorzugten, natürlichen Biotop in den Baumkronen werden die oberen Volierenbereiche am meisten frequentiert. Da Blatt-

Abb. 1 Der Goldstirn-Blattvogel (*Chloropsis aurifrons*), früher ein häufig importierter Weichfresser, lebt heute nur noch in wenigen Privathaltungen und in Deutschland nur im Kölner Zoo. (Foto: Jörg Asmus)

vögel aus den tropisch-subtropischen Klimazonen stammen, fühlen sie sich bei warmen Temperaturen von 22–25 °C und einer relativen Luftfeuchtigkeit von 65–70 % besonders wohl. Zur Überwinterung genügen 15 °C.

Als Volierenausstattung hat sich eine hohe Bepflanzung mit blühenden Sträuchern und Rankenpflanzen sowie dichte Thuja als Versteck- und Nistplatz bewährt. Da Blattvögel vorwiegend Früchte verzehren und entsprechend reichlich dünnflüssige Ausscheidungen produzieren, ist ein saugfähiger Bodenbelag (z. B. Katzenstreu) unabdingbar, um Krankheiten durch Verunreinigungen vorzubeugen.

Das Futterangebot für Blattvögel kann folgendermaßen zusammengesetzt sein (vgl. Urbasch 2005):

- Süße, weiche klein geschnittene Früchte (Weintrauben, Birnen, Pfirsiche, Papaya, Bananen, Melonen, Apfelsinenhälften). Sehr saftige Fruchtstücke werden im Schnabel ausgequetscht und die übrigbleibende Schale fallengelassen.
- Lebendfuttertiere (frisch gehäutete Mehlwürmer, Heimchen, Ameisenpuppen, Pinkies, Buffalos; vorwiegend kurz vor und zur Jungenaufzucht).
- Insektenreiches Weichfutter, eingeweichte Biskuit (meist erst nach Eingewöhnung).
- Grünfutter (Vogelmiere, Getreide-Keimlinge).
- Nektarlösungen bzw. verdünnte Fruchtsäfte (mit ihrer Bürstenzunge sind Blattvögel zum Saftlecken prädestiniert).
- Vor oder zur Mauserzeit im Spätsommer empfiehlt es sich, carotinoidhaltiges Farbfutter zu verabreichen, damit die Intensität der Gefiederfarben erhalten bleibt bzw. erneuert wird.

Blattvögel neigen, wie Fruchtfresser allgemein, leicht zur Eisenspeicherkrankheit (Hämosiderose) in der Leber. Daher sollte eine möglichst eisenarme Futterzusammensetzung gewählt werden (Legler et al. 2008; Pagel und Marcordes 2011).

Blattvögel sind von ihrem heimischen Freilandhabitat im Blätterdach der Regenwälder eine feuchte Umgebung gewohnt. In der Voliere bevorzugen sie eine leichte Berieselung gegenüber einem direkten Wasserbad.

Die Zucht von Blattvögeln bereitet immer noch Schwierigkeiten. Vor allem die Zusammenstellung eines harmonierenden Paares gestaltet sich nicht immer konfliktfrei. Zuchterfolge sind am ehesten bei paarweiser Haltung möglich. In der Natur leben die Blattvögel in monogamer Saisonehe. Nestunterlagen (Nistkörbchen) sollten hoch und gut versteckt in der Bepflanzung angebracht werden. Als Nistmaterial werden gerne Sisal-, Kokos- und Bastfasern, sehr dünne Zweigabschnitte, Moos und Tierhaare genommen. Die zwei bis vier cremefarbenen, rötlichbraun gefleckten Eier werden 13–14 Tage alleine vom Weibchen bebrütet, während das Männchen in Nestnähe bleibt und seinen Reviergesang vorträgt. Die Nestlingsphase dauert 12–15 Tage, die anschließende Betreuung der ausgeflogenen Jungvögel noch weitere drei Wochen. Beide Eltern kümmern sich dabei um ihren Nachwuchs. Als Aufzuchtfutter eignen sich nur Lebendfuttertiere wie z. B. mit Vorzug frisch gehäutete Mehlwürmer, kleine Heimchen, Ameisenpuppen, kleine Grashüpfer. Der Nachwuchs kann mit Ringen der Größe 3,5 mm gekennzeichnet werden. Blattvögel können ein beachtliches Höchstalter von bis zu 12 Jahren erreichen (Urbasch 2005).

Die Haltung von Blattvögeln unterliegt derzeit keinen Beschränkungen, es existiert keine Nachweis-, Melde- oder Beringungspflicht (www.wisia.de).

Zusammenfassend lässt sich festhalten, warum Blattvögel als Volierenvögel so beliebt sind (sofern noch erhältlich): Sie werden schnell zutraulich und nehmen gerne Futter aus der Hand des Pflegers. Beide Geschlechter können flötend zwitschern und beweisen bewundernswertes Imitationstalent. Allerdings können sie auch schrill schimpfen. Blattvögel sind sehr agil und können sich in jeder Position, auch kopfüber oder mit nur einem Bein überall festklammern. Sie haben bei optimaler Haltung eine hohe Lebenserwartung. Und zudem ist die Blattvogelhaltung derzeit durch keine rechtlichen Auflagen eingeschränkt.

Literatur

Baars, W. (1986). *Fruchtfresser und Blütenbesucher*. Stuttgart: Ulmer.
Brunkhorst, M. (1999). Endlich Nachzucht beim Orangebauch-Blattvogel. *Gefiederte Welt, 123*, 166–169.
Gibson, L. (1981). Breeding Hardwick's Chloropsis (*Chloropsis hardwickii*). *Avicultural Magazin, 87*(2), 70.
Günther, E. (2004). Erlebnisse mit dem Orangebauchblattvogel. *Gefiederte Welt, 128*, 364–368.
HBW Alive Species. (2019). *Handbook of the birds of the world – Chloropseidae*. http://www.hbw.com/species. Zugegriffen am 18.12.2019.
Kraus, K. (1983). *Ioras und Blattvögel*. Baden-Baden: Biotropic-Verlag.
Legler, M., Wolf, P., & Kummerfeld, N. (2008). Eisenspeicherkrankheit (Hämosiderose) bei Blaumasken- (*Chloropsis venusta*) und Blaubart-Blattvögeln (*Chloropsis cyanopogon*). *Kleintierpraxis, 53*, 362–371.
Pagel, T., & Marcordes, B. (2011). *Exotische Weichfresser* (S. 103–104). Stuttgart: Ulmer.
Pflüger, H. (1989). Meine Haltung und Zucht des Hardwicks Blattvogels. *Gefiederte Welt, 113*, 364.
Smeets, G. (2007). Orangebauch-Blattvögel – ihre Haltung und Zucht. *Gefiederte Welt, 131*, 330–331.
Urbasch, I. (2005). Lebensweise der Blattvögel (*Chloropsis* spp.). *Die Voliere, 28*, 324–331.
Wells, D. (2005). Family Chloropseidae (Leafbirds). In J. Del Hoyo, A. Elliott & J. Sargatal (Hrsg.), *Handbook of the birds of the world* (Bd. 10, S. 252–266). Barcelona: Lynx.
Winkler, D. W., Billermann, S. M., & Lovette, I. J. (2015). *Bird families of the world – Chloropseidae* (S. 501). Barcelona: Lynx.

Familie: Nectariniidae – Nektarvögel

Thomas Rempert

Inhalt

1   Systematik und allgemeine Biologie

Die Familie der **Nektarvögel** setzt sich aus 15 Gattungen, 147 Spezies und 395 Subspezies zusammen. Neben den überwiegend farbenprächtigen eigentlichen Nektarvögeln (deren Weibchen meist schlicht gezeichnet sind) werden auch die mehrheitlich unauffällig graubraun, blassgelb bis olivgrün gefärbten **Spinnenjäger** (Gattung *Arachnothera* = 10 Arten) zu den Nektarvögeln gerechnet. Die systematische Stellung der Nectariniidae innerhalb der Ordnung Passeriformes war lange Zeit umstritten. Heute ordnet man sie zwischen den Mistelfressern (Dicaeidae) und den Braunellen (Prunellidae) ein. Das Vorkommen der Nektarvögel erstreckt sich in Afrika über die Gebiete südlich der Sahara, die tropischen Gebiete Südasiens, über Papua-Neuguinea bis nach Australien. Nektarvögel leben in Wäldern, Savannen, Parks und Gärten. Sie sind in Höhenlagen bis zu 4880 m ü. NN anzutreffen (Feuerschwanz-Nektarvogel *Aethopyga ignicauda*) (del Hoyo et al. 2008; del Hoyo und Collar 2016).

Ökologisch betrachtet sind Nektarvögel aufgrund ihrer Nahrungsgewohnheiten und ihres äußeren Erscheinungsbildes gewissermaßen die Gegenstücke der amerikanischen Kolibris., mit denen sie allerdings nicht näher verwandt sind, es handelt sich lediglich um eine Stellenäquivalenz. Im Gegensatz zu den Kolibris ist es den Nektarvögeln aufgrund ihrer kräftigen Beine möglich, während der Nahrungsauf-

T. Rempert (✉)
Berlin, Deutschland

© Springer-Verlag GmbH Deutschland, ein Teil von Springer Nature 2021
W. Lantermann, J. Asmus (Hrsg.), *Wildvogelhaltung*,
https://doi.org/10.1007/978-3-662-59604-3_67

nahme zu sitzen. Ihr Körperbau lässt einen Schwirrflug, wie man ihn von den Kolibris kennt, nicht zu. Nektarvögel sind aber in der Lage, sich flügelschlagend im Flug vor der Blüte zu halten. Sie verfügen über eine lange Zunge, die an der Spitze zu zwei Saugröhren umgebildet ist und mit deren Hilfe diese Vögel zum Nektarsaugen tief in die Blüte eindringen können. Ihr Schnabel ist lang und abwärts gebogen. In den meisten Fällen herrscht ein ausgeprägter Geschlechtsdimorphismus vor (Cheke und Mann 2008). Neben dem bereits erwähnten Nektar dienen kleinere Insekten und Spinnentiere den Nektarvögeln als Nahrung.

Für ihre Fortpflanzung bauen Nektarvögel beutelförmige geschlossene Nester mit einem schmalen seitlichen Eingang, die Nester der Spinnenjäger sind oben offene Bechernester. Als Nestbaumaterial dienen den Nektarvögeln Pflanzenteile und Insektengespinst. Die Nester hängen an Zweigen oder größeren Blättern, zum Schutz gegen Feinde mitunter in der Nähe von einem Wespennest. In der Regel besteht ein Gelege aus nur 1 bis 3 Eiern, die bei den eigentlichen Nektarvögeln allein vom Weibchen, bei den Spinnenjägern von beiden Geschlechtern bebrütet werden. Um die spätere Fütterung des Nachwuchses kümmern sich bei beiden Vogelgruppen beide Geschlechter (Winkler et al. 2015).

Laut IUCN werden derzeit 9 Spezies als „near threatened" (potenziell gefährdet) eingestuft, 4 Arten als „vulnerable" (gefährdet). Letztere sind der Rotband-Nektarvogel (*Anthreptes rubritorques*), der Riesennektarvogel (*Dreptest homensis*), der Blutbrust-Nektarvogel (*Cinnyris rockefelleri*) und der Rotflügel-Nektarvogel (*Cinnyris rufipennis*). Der Amaninektarvogel (*Hedydipna pallidigaster*), der Orangebauch-Nektarvogel (*Cinnyris loveridgei*) und der Sangihenektarvogel (*Aethopyga duyvenbodei*) gehören zu den stark gefährdeten („endangered") Arten innerhalb dieser Familie (http://www.iucnredlist.org, del Hoyo und Collar 2016).

2   Haltungsanforderungen

Nektarvögel sind heute aus den Tiergärten fast ganz verschwunden, in Privathand haben sich noch einige wenige Arten in jeweils Einzelexemplaren oder Paaren erhalten. So leben gegenwärtig Amethystglanzköpfchen (*Chalcomitra amethystina*) nur im Hamburger Tierpark Hagenbeck und der Kenia-Ziernektarvogel, eine Unterart des Zier- bzw. Gelbbauch-Nektarvogels (*Cinnyris venustus*), nur in den Zoos von Hamburg, Stuttgart und Wuppertal (http://www.zootierliste.de). Das war nicht immer so: in der „heißen" Zeit des internationalen Wildvogelhandels ab Anfang der 1980er-Jahre waren diverse Importe mit mehreren Nektarvogelarten zu verzeichnen, darunter Ziernektarvögel (früher: Gelbbauch-Nektarvögel), Purpurkehl-Nektarvögel (*Leptocoma sperata*), Elfennektarvögel (*Cinnyris pulchellus*), Tacazzenektarvögel (*Nectarinia tacazze*), Malachitnektarvögel (*Nectarinia famosa*), Kupfernektarvögel (*Cinnyris cupreus*), Goldschwingen-Nektarvögel (*Drepanorhynchus reichenowi*) (Abb. 1) und andere mehr, mit denen zum Teil auch einzelne Zuchten gelungen sind (Kirchhofer 1981; Kleefisch 1982; Bitterwolf 1986; Andersen 1991).

Die Haltung von Nektarvögeln ist in Volieren ab einer Länge von 2 m möglich. Kleiner sollten die Tieranlagen nicht sein, da alle Nektarvögel, außer den Spinnen-

Abb. 1 Der Goldschwingen-Nektarvogel (*Drepanorhynchus reichenowi*) lebte bis 2007 noch im Zoo Berlin und bis 2011 bei Hagenbeck in Hamburg – in der Gegenwart gibt es keine Haltung mehr in einem deutschen Tiergarten. (Foto: Christian Matschei)

jägern, im Allgemeinen sehr hektische Vögel sind, insbesondere bei Ermangelung von Ausweichmöglichkeiten. Spinnenjäger sind dagegen in der Regel zutrauliche und „neugierige" Vögel. Sie sind die größten Vertreter der Nektarvögel und werden bis 30 cm groß. Nach Möglichkeit sollte die Hauptvoliere so groß wie möglich gewählt werden und angeschlossene Einzelboxen (von mindestens 1,6 m Länge) zum Absperren der Vögel besitzen. Außenvolieren sind wegen der möglichen Übertragung von Keimen nicht zu empfehlen. Überhaupt ist bei der Haltung von Nektarvögeln ein Höchstmaß an Hygiene einzuhalten – insbesondere im Hinblick auf die Säuberung der Trinkröhrchen und Futtergefäße.

Die Volieren sollten ausreichend bepflanzt sein. Vor allem sind blütenreiche Pflanzen (z. B. *Hibiscus*) zu nutzen, so dass Nektarvögel auch nach Bedarf vom natürlichen Nektar naschen können. Auch das gelegentliche Anbieten blütenreicher Obstbaumzweige hat sich bewährt (Pagel und Marcordes 2011). Als vorteilhaft erweisen sich Naturäste zum Ruhen und eine Beregnungsanlage zum Baden. Die Haltungstemperatur liegt zwischen 20 und 25 °C.

Die meisten Nektarvögel sind Einzelgänger, die sich nur zur Balz zusammenfinden. Deshalb sollten die Partner bei den meisten Arten nur zur Zucht zusammen gelassen werden. Wie bei den Kolibris werden auch bei dieser Vogelgruppe die Nektarröhrchen vehement gegenüber Artgenossen verteidigt. Folglich sollten Nektarvögel in der Regel nur zur Balzzeit und stets nur unter Beobachtung zusammengehalten werden. Sofern die Partner nicht in Balzstimmung sind, erfolgen oft heftige Auseinandersetzungen, in deren Verlauf sogar Todesfälle auftreten können. Kleinere Nektarvögel können mit anderen kleinen Vogelarten, wie Täubchen oder Prachtfinken, zusammengehalten werden. Große Nektarvögel vergesellschaftet man am besten nur mit „robusten" Vögeln, da sie manchmal recht dominant am Nektarplatz auftreten.

Wie der Name schon beschreibt, ernähren sich Nektarvögel überwiegend von Nektar, der in einem braunen Glasröhrchen gereicht wird (damit das Sonnenlicht gefiltert wird und – besonders in der warmen Jahreszeit – der Gärungsprozess der

Nährlösung nicht so schnell eintritt). Je nach Raumtemperatur wird dieser 2- bis 4-mal am Tag frisch dargeboten. Am besten greift man auf ein Fertigprodukt aus dem Fachhandel zurück, darin sind alle für die Nektarvogelernährung notwendigen Inhaltsstoffe enthalten. Wesentlich ist darüber hinaus eine gute Fruchtfliegenzucht, da Nektarvögel von Natur aus auch kleinere Fluginsekten nehmen. Spinnenjäger fressen am liebsten Spinnen, wie sich der Name erklärt. Das Nahrungsspektrum wird ergänzt durch einen Obstsalat aus zerschnittenen Weintrauben, weichen Birnen und halbierten Apfelsinen, die die Vögel auspicken können (Pagel und Marcordes 2011).

Die Zucht ist sehr schwierig. Als erstes muss bei einer Paarzusammenstellung das artgleiche Weibchen gefunden werden, denn die Weibchen der einzelnen Arten sehen einander sehr ähnlich. Oft hilft nur der direkte Vergleich. Wenn das passende Weibchen gefunden wurde, platziert man die Partner zunächst nebeneinander in zwei Volierenabteile. Sehen und hören ist gewünscht, jedoch noch nicht der direkte Kontakt. Dem Weibchen wird Nistmaterial gereicht (bewährt haben sich weiße feine Haare, Moos, Würzelchen und frische Spinnweben). Sobald die Brutbereitschaft zunimmt, baut das Weibchen ein Nest. Erst mit der Fertigstellung wird das Männchen dazu gelassen. Seine Schmuck- oder Balzfedern sind meist im Gefieder verborgen und werden nur während der Balz gezeigt. Dieser Moment ist sehr kritisch und muss vom Pfleger genau beobachtet werden.

Auch nach der Balz und Paarung müssen die Tiere sorgfältig beobachtet werden, bei aufkommender Aggression wird das Männchen notfalls wieder abgetrennt. Sofern die Paarung erfolgreich war, erfolgt nach 2 bis 3 Tagen die Ablage des ersten Eies. Je nach Art sind es 2 bis 5 Eier je Nest. Die Brutdauer beträgt 14 bis 18 Tage. Mit dem Schlupf kommt die größte Herausforderung: die Aufzucht der Jungvögel. Wenn die Weibchen Fruchtfliegen nehmen, müssen ausreichende Mengen und sichere Futterbestände zur Verfügung stehen. Probleme kann es auch bei Spinnenjägern geben, da diese zur Aufzucht nur Spinnen bevorzugen. Hier bestehen oftmals Bezugsprobleme. Auch andere Arten der Nektarvögel bevorzugen Spinnen in der Aufzucht. Somit muss bereits vor der Zucht die Bemühung bestehen, entsprechende Mengen an Spinnen bereitzuhalten oder die Tiere an Alternativen zu gewöhnen. Lebendfutter ist auf jeden Fall eine Grundvoraussetzung bei der Jungenaufzucht. Nach Erfahrungen im Kölner Zoo werden von einigen Arten auch kleine Heimchen und Wachsmotten genommen (Pagel und Marcordes 2011). Wenn die Aufzucht gelingt, fliegen die Jungen mit 18 bis 23 Tage aus und werden dann noch weitere 14 bis 18 Tage vom Weibchen (und ggf. auch vom Männchen – siehe oben) versorgt. Wenig später werden die Jungen aus der Voliere genommen, da es sonst zu Spannungen kommen kann.

Im Folgenden sollen aus der Gruppe der eigentlichen Nektarvögel exemplarisch zwei Arten vorgestellt werden, die in der Vergangenheit gelegentlich importiert und gehalten worden sind. Der **Kupfernektarvogel** (*Cinnyris cupreus*) ist sehr weit über Senegal, Kenia, Tanzania, Malawi, Angola, Gambia und angrenzende Staaten verbreitet (Abb. 2). Die Art ist nicht gefährdet. Das Männchen glänzt kupferfarben, das Weibchen ist olivgrün bis braun. Die Männchen besetzen meist nach der Regenzeit kleine Reviere mit vielen Blütenpflanzen. Durch Gesang wird das Revier abgegrenzt und ein Weibchen angelockt. Wenn das Weibchen erscheint, wird es angebalzt, und

Abb. 2 Kupfernektarvögel
(*Cinnyris cupreus*) wurden
vormals in fünf großen
deutschen Tiergärten gehalten
– die letzten bis 2017 im Zoo
Berlin. (Foto: Christian
Matschei)

wenn beide Vögel harmonieren, beginnt das Brutgeschäft. Das Weibchen beginnt
mit dem Nestbau, das Männchen bewacht das Revier. Es wird eine kurze Saisonehe
geführt. Wenn das Nest fertig ist, es dauert meist 5 bis 8 Tage, werden 1 bis 3 Eier
gelegt, die ca. 14 Tage meist vom Weibchen bebrütet werden. Nach dem Schlupf
kümmert sich hauptsächlich der weibliche Vogel um die Jungen, das Männchen
füttert sporadisch etwas mit. Nach ca. 18 bis 21 Tagen werden die Jungen flügge und
nach weiteren 18 bis 24 Tagen sind sie selbstständig. Nach ca. einem Jahr tritt die
Geschlechtsreife ein. Diese Art ist sehr zu empfehlen, zumal sie leicht einzugewöhnen ist und in Menschenobhut recht alt werden kann.

Der **Malachitnektarvogel** (*Nectarinia famosa*) kommt im Sudan, Malawi,
Kongo, Tanzania, Kenia vor. Die Art ist nicht gefährdet. Männchen und Weibchen
sind deutlich zu unterscheiden. Das Prachtkleid des Männchens ist smaragdgrün, das
Weibchen ist überwiegend olivbraun gefärbt. Das Männchen bezieht ein kleines
Revier. Wenn die Brutzeit heranrückt, wird vermehrt gesungen, um Weibchen
anzulocken. Wenn ein Weibchen erscheint, wird es intensiv umbalzt. Beide Vögel
müssen gut harmonieren, da nur eine kurze Saisonehe geführt wird. Das Nest baut
allein das Weibchen, derweil das Männchen die Reviergrenzen verteidigt. Die 1 bis 3
Eier werden 13 bis 15 Tage bebrütet. Nach dem Schlupf füttern beide Partner die
Jungen, sie werden mit 16 bis 21 Tage flügge. Nach 3 Woche sind die Jungvögel
selbstständig. Diese attraktive Art – sollte es einmal wieder kleine Importe geben –
ist sehr zu empfehlen, da sie leicht einzugewöhnen ist. Allerdings ist es bei dieser
und den meisten anderen Nektarvogelarten sehr schwierig, die Partner zum richtigen
Zeitpunkt zusammen zu bringen. Nektarvogelmännchen können sehr aggressiv
werden und – wenn nicht der richtige Zeitpunkt vorliegt – das Weibchen unter
Umständen zu Tode hetzen. Die richtige Voliere, das richtige Futter, das richtige
Nistmaterial und natürlich vor allen Dingen die Harmonie der Partner sind wichtig
für einen Bruterfolg!

Alle Arten der Nektarvögel sind derzeit nicht CITES-pflichtig. Es muss kein
Herkunftsnachweis geführt und sie müssen nicht behördlich gemeldet werden. Auch
eine Beringung ist nicht vorgeschrieben. Bei Vögeln, die dies zulassen, ohne den

Verlust der Jungvögel befürchten zu müssen, ist dazu in der Regel ein 2,5-mm-Ring geeignet.

Literatur

Andersen, S. (1991). Die Zucht des Gelbbauch-Nektarvogels. *Trochilus, 12*, 98–102.

Bitterwolf, J. (1986). Zucht des Purpurkehl-Nektarvogels. *Trochilus, 10*, 17–20.

Cheke, R., & Mann, C. (2008). Familiy Nectariniidae. In J. del Hoyo, A. Elliot & J. Sargatal (Hrsg.), *Handbook of the birds of the world* (Bd. 13, S. 196–321). Barcelona: Lynx.

Hoyo, J. del, & Collar, N. J. (2016). *HBW and BirdLife International illustrated checklist of the birds of the world: Passerines* (S. 674–693). Barcelona: Lynx.

Hoyo, J. del, Elliot, A., & Sargatal, J. (2008). *Handbook of the birds of the world* (Bd. 13). Barcelona: Lynx.

Kirchhofer, E. (1981). Die Zucht des Tacazze-Nektarvogels (*Nectarinia tacazze*). *Gefiederte Welt, 105*, 3.

Kleefisch, T. (1982). Zuchtversuche mit Elfennektarvögeln. *Trochilus, 3*, 7–9.

Pagel, T., & Marcordes, B. (2011). *Exotische Weichfresser* (S. 125–126). Stuttgart: Ulmer.

Winkler, D. W., Billermann, S. M., & Lovette, I. J. (2015). *Bird families of the world – Nectariniidae* (S. 504–506). Barcelona: Lynx.

Familie: Ploceidae – Webervögel

Jörg Asmus

Inhalt

1   Systematik und allgemeine Biologie

Bei den Webern handelt es sich um kleine bis mittelgroße Sperlingsvögel, von denen die meisten Arten für ihren charakteristischen Nestbau bekannt sind. Die artenreiche Familie Ploceidae setzt sich derzeit aus 15 Gattungen, 124 Arten und 207 Unterarten zusammen. Über die genaue Zahl der zur Familie der Webervögel zählenden Spezies herrscht jedoch immer wieder Uneinigkeit bei den Systematikern. Auch die Taxonomie der körnerfressenden Singvögel der Gruppen Fringillidae (Finken), Emberizidae (Ammern), Ploceidae (Weber) und Estrildidae (Prachtfinken) galt lange Zeit als umstritten und lückenhaft; demzufolge existierten fast so viele gegensätzliche Systemvorschläge wie Autoren. Lange Zeit wurden Weber z. B. zur Gruppe der eigentlichen Sperlinge (Passeridae) gezählt, aber dann brachten auch bei den Webervögeln phylogenetische Untersuchungen in den 1990er-Jahren etwas mehr Klarheit in ihrem verwandtschaftlichen Verhältnis zu den anderen Familien innerhalb der Ordnung Passeriformes (Sibley und Ahlquist 1990). Die Gattung *Ploceus* ist mit 67 Spezies die artenreichste Gruppe innerhalb der Ploceidae. Jedoch deuten neuere phylogenetische Untersuchungen wohl auch schon innerhalb der Gattung *Ploceus* auf eine gewisse Notwendigkeit der Überarbeitung hin, in die weitere zukünftige Studien zur Verhaltensentwicklung, Biogeografie und Evolutionsgeschichte der Familie mit einfließen müssten (de Silva et al. 2007).

J. Asmus (✉)
Gesellschaft für Arterhaltende Vogelzucht (GAV) e.V., Mönsterås, Schweden
E-Mail: joergasmus@hotmail.com

© Springer-Verlag GmbH Deutschland, ein Teil von Springer Nature 2021   935
W. Lantermann, J. Asmus (Hrsg.), *Wildvogelhaltung*,
https://doi.org/10.1007/978-3-662-59604-3_68

Die Männchen vieler Arten besitzen während der Fortpflanzungsperiode ein Prachtkleid, von denen die Männchen einiger Spezies unter den Widas (*Euclectes*) während dieser Zeit auch zusätzlich verlängerte Schwanzfedern aufweisen. Die Männchen des Hahnenschweifwebers (*Euplectes progne*) erreichen so im Prachtkleid eine Gesamtlänge von 50 bis 71 cm, außerhalb der Brutsaison sind diese Vögel gerade einmal 19 bis 21 cm groß (Abb. 1). Ansonsten ist der Schwanz bei allen anderen Weberarten mittellang und halbrund. Außerhalb der Brutzeit ähneln die meisten männlichen Webervögel den eher schlicht gefärbten Weibchen ihrer jeweiligen Spezies (Craig 2010). Die mittellangen, kräftigen Schnäbel der Weber deuten auf ihre Vorliebe für Sämereien hin, wobei die meisten Spezies unter ihnen auch grüne Pflanzenteile, Insekten und Früchte zu sich nehmen. Insekten erlangen besonders während der Aufzuchtphase eine große Bedeutung, so dass dieser Futterbestandteil in dieser Periode bis zu 50 Prozent des Nahrungsbedarfs darstellen kann. Bei manchen Arten wird der Nachwuchs zu Beginn der Aufzucht mitunter sogar ausschließlich mit animalischer Kost versorgt. Einige Arten, wie beispielsweise der Mauritiusweber (*Foudia rubra*), ernährt sich hauptsächlich von Insekten, Nektar und Früchten. Um an die begehrten Insekten oder Termiten zu kommen öffnen diese Weber verklebte Blätter oder entfernen Rindenteile von den Pflanzen. Als anatomische Besonder-

Abb. 1 Die Männchen der meisten Weberarten zeigen während der Fortpflanzungszeit ein farbenprächtiges Prachtkleid wie dieser Madagaskarweber (*Foudia madagascariensis*). (Foto: Jörg Asmus)

heit ist bei den Webervögeln die 10. Handschwinge zu nennen, die auf mehr als die Hälfte der 9. verkürzt oder bei manchen Arten fast gänzlich verschwunden ist. Die Flügel sind kurz und abgerundet; auch die Läufe sind relativ kurz (Craig 2010; Strehlow und Haensel 2014).

Die Familie Ploceidae ist in Afrika nördlich bis zum 18. Breitengrad anzutreffen, aber auch auf den westlichen sowie südöstlichen afrikanischen Inseln und in Südasien. In ihrer Heimat bewohnen die Weber bewaldete Gebiete, Buschland und offene Graslandschaften. Viele Arten unter ihnen gelten als Kulturfolger. Webervögel leben auch während der Brutzeit mitunter gesellig zusammen und brüten in Kolonien. Sie bauen geschlossene Nester mit teils unterschiedlicher Formgebung. Einige Nester wirken eher ungeordnet, andere sind besonders geformt und dabei aufwendig gewoben. Teilweise besitzen die Nester einiger Arten eine schlauchförmige Eingangsröhre, z. B. beim Kurzflügelweber (*Ploceus nigircollis*). Die oft kompliziert hergestellten Hängenester bestehen aus längeren, zugfesten sowie biegsamen Pflanzenfasern (Gräser, Palmblattstreifen), Federn, Haaren und Wolle. Mit dem Bau dieser Einzelnester sind vor der eigentlichen Balz zunächst ausschließlich die Männchen beschäftigt, die artabhängig häufig mehrere Nester herstellen. Das Weibchen entscheidet dann während der Balzphase darüber, welches Nest es zur Eiablage für geeignet hält und vervollständigt schließlich selbst den Innenbereich. Siedelweber (*Philetairus socius*) und Büffelweber (*Bubalornis niger*) bauen riesige Gemeinschaftsnester in Bäumen oder an Strom- bzw. Telefonmasten, die nicht selten von mehreren hundert Vögeln gleichzeitig benutzt werden. Diese Nestbauten werden von Jahr zu Jahr vergrößert und können über Jahrzehnte derartige Ausmaße erreichen, dass Bäume oder Masten unter dem Gewicht zusammenbrechen (Craig 2010).

Nach der Brutsaison bilden manche Arten riesige Gruppierungen und unternehmen auf der Suche nach Nahrung ausgedehnte Wanderungen. In diesen Konstellationen verursachen einige Spezies immense Ernteschäden und werden aus diesem Grund zum Teil im großen Stil von der einheimischen Bevölkerung bekämpft; so finden Sprengstoff und Benzin zur Vernichtung der Nistplätze oder auch Chemikalien Anwendung. In der letzten Zeit kommen zudem auch Kontaktgifte zum Einsatz, die mit Flugzeugen über die Massenschlaf- und Rastplätze der Vögel versprüht werden und nicht nur die Webervogelbestände dezimieren.

Charakteristisch für derart große Individuen-Ansammlungen ist vor allem der Blutschnabelweber (*Quelea quelea*), der sich zu Schwärmen zusammenschließt, die sich aus mehreren Millionen Vögeln zusammensetzen können. Dieser Weber zählt zu den häufigsten Vögeln weltweit und ist, wie 101 weitere Weberarten, in seinem Bestand nicht bedroht. Die folgenden acht Spezies sind hingegen stark gefährdet und werden entsprechend ihrem Bedrohungsstatus auf der Roten Liste der gefährdeten Arten derzeit als „endangered" eingestuft: Aldabraweber (*Foudia aldabrana*), Mauritiusweber (*F. rubra*), Braunwangenweber (*Ploceus batesi*), Golandweber (*P. golandi*), Goldnackenweber (*P. aureonucha*), Usambaraweber (*P. nicolli*), Ballmanweber (*Malimbus ballmanni*) und Ibadanweber (*M. ibadanensis*) (Craig 2010, http://www.iucnredlist.org).

2 Haltungsanforderungen

In zoologischen Einrichtungen des deutschen Sprachraums und auch in privaten Haltungen sind Webervögel in etwa 20 Arten vertreten. Zu den seltenen Arten zählen dabei der Büffelweber, Gelbschulterweber (*Euplectes macroura*), Jacksonweber (*Ploceus jacksoni*), Kapweber (*Ploceus capensis*), Kurzflügelweber (*Ploceus nigricollis*), Layardweber (*Ploceus nigriceps*), Maronenweber (*Ploceus rubiginosus*), Rotkopfweber (*Quelea erythrops*) und Schuppenkopfweber (*Sporopipes frontalis*) mit jeweils einer Haltung in den deutschen Zoos. Marmorweber (*Pseudonigrita arnaudi*), Maskenweber (*Ploceus velatus*) sowie Siedelweber sind in jeweils zwei Haltungen zu finden. Die wohl am häufigsten gehaltenen Weber überhaupt sind der Dorfweber (*Ploceus cucullatus*) und der Madagaskarweber (*Foudia madagascariensis*) (http://www.zootierliste.de) (Abb. 2).

Vor einigen Jahren konnten diverse Weberarten noch regelmäßig über den Zoofachhandel bezogen werden. Diese Vögel galten allgemein als widerstandsfähig und zeigen vor allem während der Fortpflanzungszeit ein interessantes Verhaltensrepertoire. Für die Haltung von Webervögeln kommen unterschiedliche Haltungsformen in Betracht, so wurden verschiedene Arten beispielsweise auch schon erfolgreich in Vitrinen gehalten. Die Unterbringung in Volieren mit einem daran angeschlossenen Schutzraum stellt jedoch die bessere Alternative dar, da Vitrinen zumeist in ihrem Raumangebot begrenzt sind. Weber gewöhnen sich bei einer Haltung in einer kombinierten Innen-/Außenvoliere schnell an ein Flugloch zwischen diesen beiden

Abb. 2 Genickbandweber (*Ploceus castaneiceps*), hier ein Männchen, werden noch in einigen deutschen Zoos gehalten. (Foto: Jörg Asmus)

Bereichen ihrer Unterkunft und können so ohne Weiteres unverzüglich Schutz vor schlechtem Wetter im Innenraum suchen. Während der kälteren Jahreszeit sollte der Schutzraum für die Weber auf 10 bis 15 °C erwärmt werden können, wobei ihnen bei mildem Winterwetter durchaus auch der Aufenthalt im Freien gestattet werden kann. Die kalten Nächte müssen diese Vögel aber dennoch zwingend im Innenraum verbringen. Der Autor dieses Beitrags gestattete den von ihm gehaltenen Madagaskarwebern nur zur Nachtzeit und bei wirklich strengem Frost keinen Aufenthalt in der Außenvoliere. Der Innenraum sollte neben einer Heizung möglichst auch über eine künstliche Lichtquelle verfügen, mit deren Hilfe die Tageslichtzeit während der Winterzeit auf insgesamt 12 bis 14 Stunden ausgedehnt werden kann, so wie es diese Vögel aus ihren tropischen Herkunftsgebieten gewohnt sind.

Sitzgelegenheiten sind aus natürlichen Ästen in verschiedenen Durchmessern anzubieten. Im Außenbereich sollten zudem ausreichend starkverzweigte Äste vorhanden sein, die in allen möglichen Ausrichtungen anzubringen sind, aber den Vögeln dennoch genügend Freiraum zum Fliegen übrig lassen. Diese oft in einer Volierenecke befestigten Äste dienen dem späteren Nest als Basis. Für den Nestbau der Weber haben sich so vor allem dornenbesetzte Äste, z. B. von der einheimischen Robinie (*Robinia pseudoacacia*), bewährt. Für die im Hochgras bzw. im Schilf brütende Weberarten, wie z. B. dem Oryxweber (*Euplectes orix*) oder auch Genickbandweber (*Ploceus castaneiceps*) sollten zudem Schilf, Bambus und Ginster bereitgestellt werden (Abb. 3). Dabei handelt es sich um

Abb. 3 Genickbandweber (*Ploceus castaneiceps*) bauen ihre Nester üblicherweise an Hochgräsern oder Schilf. In den Volieren weichen sie auch auf senkrecht stehende Äste aus. (Foto: Jörg Asmus)

Pflanzenarten, die durchaus in die Außenvoliere gepflanzt werden können. Webervögel baden sehr gern, manchmal auch einige Individuen gemeinsam; ihnen ist deshalb stets eine flache größere Badestelle anzubieten. Hierbei ist auf immer frisches Wasser zu achten, da einige Weber mehrmals täglich ein Bad nehmen.

In ausreichend großen Volieren können unter Umständen mehrere Paare verträglicher Webervögel zusammengehalten werden, ohne dass es zu wirklich ernsthaften Problemen kommt. Gelegentliche Streitigkeiten kommen dabei genauso vor wie in der freien Natur auch, sind aber oft harmlos. Zu den verträglichen heute noch haltungsrelevanten Arten zählen beispielsweise Dotterweber (*Ploceus vitellinus*), Feuerweber (*Euplectes franciscanus*), Oryxweber, Flammenweber (*Euplectes hordeaceus*), Blutschnabelweber, Napoleonweber (*Euplectes afer*) und der Marmorweber. Bruterfolge können jedoch durch eine Haltung mehrerer Paare auf engem Raum beeinträchtigt werden, so dass mitunter der Haltung von einem Männchen mit 2 bis 4 Weibchen der Vorzug zu geben ist. Eine Vergesellschaftung von Webervögeln mit ebenfalls verträglichen Vogelarten anderer Familien ist ohne Bedenken möglich. So sind einige Weber in der Vergangenheit bereits ohne Probleme mit Prachtfinken, Timalien, Staren und kleineren Papageienvögeln zusammen in einer Unterkunft gehalten worden. Zu den weniger verträglichen Arten unter den Webern zählen allerdings Maronenweber (*Ploceus rubiginosus*), Goldweber (*Ploceus subaureus*) und der Madagaskarweber, die in Brutstimmung auch größere Vögel attackieren können (Bielfeld 1976; Strehlow und Haensel 2014).

Als Nahrungsgrundlage dient den meisten hierzulande gehaltenen Webern ein Gemisch mehlhaltiger Sämereien (Hirse, Glanz, Grassamen, Reis, Weizen). Grassamen, Kolbenhirse, Hafer und Weizen dürfen gern auch im halb reifen Zustand angeboten werden. Oft wird Keimfutter von den Webern bevorzugt aufgenommen. Je nach Verfügbarkeit sollten auch Grünpflanzen wie Vogelmiere, Spinat, Löwenzahn, Salat und Kresse angeboten werden, aber auch Knospen von Laubbäumen. Eine weitere Ergänzung zu diesen Futterbestandteilen stellen verschiedene Obstsorten dar und vor allem während der Brutzeit das Angebot frischer Insekten (Mehlwürmer, Fliegen- und Wachsmaden, Heimchen, Heuschrecken, Wiesenplankton). Um den Webern ein reichhaltiges Futter bereitzustellen, bieten einige Halter diesen Vögeln ein handelsübliches Weichfutter an, das mit hart gekochtem Eigelb und geriebener Möhre angereichert wird. Ergänzend sollten dann noch ständig Mineralstoffe zur Verfügung stehen und während der Mauserzyklen sowie der Winterzeit zusätzliche Vitamine gereicht werden (Bielfeld 1976) (Abb. 4).

Für die Zucht von Webervögeln müssen einige Dinge Beachtung finden. Selbst dann gelingt die Vermehrung dieser Vögel nicht auf Anhieb, bei manchen Spezies sogar äußerst selten. Zunächst müssen vor allem geeignete Voraussetzungen geschaffen werden, die Möglichkeiten zum Nestbau bieten. Auf die verzweigten Äste und das Angebot von Schilf oder auch Bambus bei einigen Spezies ist weiter oben bereits hingewiesen worden. Manche Weber benötigen auch einige biegsame

Abb. 4 Zur Nahrungsaufnahme suchen die meisten Weberarten den Erdboden auf, so wie diese Marmorweber (*Pseudonigrita arnaudi*). (Foto: Jörg Asmus)

Zweige, an die sie ihre Nester bauen. Geeignetes Nestbaumaterial muss natürlich mit dem Einsetzen der Fortpflanzungsperiode in ausreichender Menge und in einer möglichst großen Vielfalt angeboten werden. Einige Weber gehen dabei recht wählerisch vor, manche bevorzugen beispielsweise eher harte Gräser und beachten weichere Pflanzenfasern eher weniger. Auch zum Auspolstern der Nestkammern muss entsprechendes Material vorhanden sein, wofür neben Haaren, Federn und Moos auch Kokosfasern und Sisal angeboten werden sollte. Manche Weber beachten zum Nestbau ausschließlich frische Pflanzenteile, für deren Nachschub dann selbstverständlich auch regelmäßig gesorgt werden muss. Auch wenn schließlich all diese Bedingungen erfüllt worden sind, kommt es nicht selten vor, dass Männchen zwar mit dem Bau einzelner Nester beginnen, diese aber nicht fertigstellen. Ist der Bau eines oder mehrerer Nester hingegen abgeschlossen worden und hat sich das Weibchen auch für ein Nest entschieden, dann bietet die anschließend eventuell erfolgte Eiablage in den meisten Fällen ebenfalls noch keine Garantie für einen vollständigen Zuchterfolg. Der anhaltend starke Fortpflanzungstrieb mancher Männchen führt nicht selten zu wiederholten Störungen des brütenden Weibchens in der Nestkammer. Einige Weibchen werden mitunter in der weiteren Folge durch das treibende Männchen aus dem Nest gejagt, und das zur Brut bereits genutzte Nest wird von dem Männchen wieder zerstört, um die zuvor verwendeten Pflanzenteile danach wieder zum Bau neuer Nester zu verwenden. Allein aus diesem Grund ist es manchmal von Vorteil ein einzelnes Männchen mit mehreren Weibchen in einer Voliere unterzubringen, um so für eine ausgiebigere Beschäftigung des Männchens zu sorgen. Der Verlust gezeitigter Gelege durch die Demontage bereits benutzter Brutstätten kann eventuell auch durch das rechtzeitige Herausfangen des Männchens vermieden werden. Auch Störungen der brütenden Vögel durch den Pfleger müssen selbstverständlich während dieser Zeit auf ein absolutes Mindestmaß reduziert werden, da das häufige Reinigen der Unterkunft oder auch Nestkontrollen zum Verlassen des Geleges führen können. Auch auf den Nebenbesatz in der Webervoliere muss unbedingt geachtet werden. Vogelarten, die sich allzu sehr für die Webernester interessieren, sollten als Gesellschaft der Webervögel bei geplanten Vermehrungsabsichten nicht infrage kommen (Bielfeld 1976; Strehlow und Haensel 2014).

Ein vollständiges Webervogelgelege besteht aus 2 bis 4 Eiern. Die Weibchen brüten zu einem überwiegenden Teil oder auch gänzlich allein. Die Inkubationszeit beträgt bei den Webervögeln zwischen 12 und 16 Tagen. Auch an der Aufzucht der Jungvögel beteiligen sich nur wenige Webermännchen direkt, so dass das Weibchen auch während dieser Phase bis zum Selbstständigwerden des Nachwuchses zumeist auf sich allein gestellt ist. Haben die Jungvögel bei weiterem erfolgreichen Fortpflanzungsverlauf schließlich nach 17 bis 24 Tagen das Nest verlassen, werden sie noch etwa 14 weitere Tage von dem Weibchen mit Nahrung versorgt, bevor sie als selbstständig bezeichnet werden können (Bielfeld 1976).

Beispielhaft für eine der früher häufig eingeführten Weber soll an dieser Stelle der **Madagaskarweber** genannt werden. Diese Spezies sollte unbedingt paarweise untergebracht werden, da die Männchen während der Fortpflanzungszeit recht angriffslustig gegenüber anderen Mitbewohnern auftreten können, auch gegenüber größeren Vogelarten. Interessant sind während dieser Zeit die melodisch vorgetragenen Laute. Das Nest wird von diesen Webern in Büschen gebaut, z. B. in Kirschlorbeer (*Prunus laurocerasus*) oder Lebensbäumen (*Thuja*). Es handelt dabei um ein weit weniger so kunstvoll errichtetes Nest, wie man es von vielen anderen Weberarten kennt. Ein Gelege dieser Spezies besteht in der Regel aus 2 bis 4 Eiern, die allein vom Weibchen über einen Zeitraum von 11 bis 14 Tagen bebrütet werden. An der Fütterung der Jungvögel beteiligen sich beide Paarpartner, so dass die Jungvögel bereits nach 14 bis 16 Tagen das Nest verlassen können. Etwa 2 Wochen nach dem Ausfliegen sind die jungen Madagaskarweber dann selbstständig und müssen von den Eltern getrennt werden. Bei einigen erfolgreichen Paaren konnten in einer einzigen Brutsaison bis zu drei Aufzuchten gezählt werden, wenngleich auch die Vermehrung dieser Weberart nicht als einfach bezeichnet werden kann (Craig 2010).

Ein Zuchtprojekt, an dem auch einige zoologische Einrichtungen beteiligt sind, existiert für den **Starweber** (*Dinemellia dinemelli*) seit einigen Jahren innerhalb der *Gesellschaft für Arterhaltende Vogelzucht* (GAV) e.V. (Abb. 5) Dieses Projekt dient vornehmlich dazu, die Bestände dieser Spezies unter Beobachtung zu halten und wird nicht nach den eigentlichen Richtlinien eines koordinierten Zuchtbuchs betrieben (http://www.gav-deutschland.de/Fokusgruppen).

Abb. 5 Für den Starweber
(*Dinemellia dinemelli*)
existiert ein Zuchtprojekt.
(Foto: Jörg Asmus)

Literatur

Bielfeld, H. (1976). *Weber, Witwen, Sperlinge als Volierenvögel.* Stuttgart: Ulmer.
Craig, A. (2010). Family Ploceidae (Weavers). In J. del Hoyo, A. Elliott & D. A. Christie (Hrsg.), *Handbook of the birds of the world* (Bd. 15, S. 74–197). Barcelona: Lynx.
Sibley, C. G., & Ahlquist, J. E. (1990). *Phylogeny and classification of birds: A study in molecular evolution.* New Haven/Connecticut/London: Yale University Press.
Silva, T. N. de, Peterson, A. T., Bates, J. M., Fernando, S. W., & Girard, M. G. (2007). Phylogenetic relationships of weaverbirds (Aves: Ploceidae): A first robust phylogeny based on mitochondrial and nuclear markers. *Molecular Phylogenetics and Evolution, 109,* 21–32. Amsterdam: Elsevier.
Strehlow, H., & Haensel, H.-J. (2014). Ordnung Sperlingsvögel, Familie Webervögel. In W. Grummt & H. Strehlow (Hrsg.), *Zootierhaltung – Vögel* (S. 723–731). Haan-Gruiten: Europa-Lehrmittel.

Familie: Estrildidae – Prachtfinken

Peter Kaufmann

Inhalt

1   Systematik und allgemeine Biologie

Die Familie der Prachtfinken gehört zoologisch in die Ordnung der Sperlingsvögel (Passeriformes). Ihre unmittelbaren Nachbarn im zoologischen System sind einerseits die Familie der Webervögel (Ploceidae) und andererseits die Familie der Witwen (Viduidae).

Zwei Unterfamilien werden in der „Checklist" von del Hoyo und Collar (2016) innerhalb der Familie Estrildidae unterschieden, und zwar die Unterfamilien Estrildinae und Lonchurinae.

Prachtfinken sind Vögel der alten Welt. Ihre natürlichen Verbreitungsgebiete liegen in Afrika, südlich der Sahara, einschließlich Madagaskar, in SO-Asien bzw. Ozeanien und Australien.

Es herrscht Konsens darüber, dass Prachtfinken sich von Afrika kommend über Arabien, Indien und Südostasien bis nach Australien ausgebreitet haben. Vorkommen außerhalb dieser Gebiete sind auf menschlichen Einfluss zurückzuführen, wie zum Beispiel die Population des Wellenastrild (*Estrilda astrild*) auf der Iberischen Halbinsel (Nicolai und Steinbacher 2007).

P. Kaufmann (✉)
Grabow, Deutschland

© Springer-Verlag GmbH Deutschland, ein Teil von Springer Nature 2021
W. Lantermann, J. Asmus (Hrsg.), *Wildvogelhaltung*,
https://doi.org/10.1007/978-3-662-59604-3_43

2   Unterfamilie: Estrildinae

In dieser Unterfamilie werden die afrikanischen Prachtfinken zusammengefasst.

In 20 Gattungen werden 74 Arten gelistet. Vier dieser Gattungen sind monotypisch, während die übrigen 16 Gattungen eine unterschiedliche Anzahl an Arten zusammenfassen. Die Gattung mit den meisten, nämlich 16 Arten, ist die Gattung *Estrilda*. In dieser Gattung befindet sich mit dem Wellenastrild auch die Art mit den meisten Unterarten, zur Zeit sind es 15.

Die Rote Liste der IUCN stuft von diesen 74 Arten 69 als „least concern" (nicht gefährdet) ein. Eine Einstufung als „vulnerable" (gefährdet) erhalten der Rotmantelastrild, früher Shelleys Bergastrild (*Cryptospiza shelleyi*) und der Olivastrild (*Amandava formosa*).

Der Anambraastrild (*Estrilda poliopareia*) wurde im Jahr 2017 von „vulnerable" zu „near- threatened" (potenziell gefährdet) herabgestuft (Anonymus 2018). Mit „near-threatened" wird auch der Rotstirn-Ameisenpicker (*Parmoptila rubrifrons*) eingestuft. Vom Schwarzzügelastrild (*Estrilda nigriloris*) liegen keine wissenschaftlichen Daten vor, so dass eine Einstufung mit „data deficient" (ungenügende Datengrundlage) erfolgt. (http://www.iucnredlist.org). Anambraastrild, Schwarzzügelastrild, Rotmantelastrild und Rotstirn-Ameisenpicker haben keine Haltungsrelevanz (Nicolai und Steinbacher 2007).

Innerhalb der Gattung *Amandava* sehen wir den Übergang von den Prachtfinken Afrikas zu denen Südostasiens. Während der Goldbrustastrild, früher Goldbrüstchen (*A. subflava*) mit beiden Unterarten noch ein typischer afrikanischer Prachtfink ist, handelt es sich beim Tüpfelastrild, früher Tigerfink (*A. amandava*) und beim Olivastrild (*A. formosa*) um Arten, die ihre Heimat in Asien haben. Während Letztgenannter in Zentralindien lebt, ist der Tüpfelastrild in drei Unterarten von Pakistan über Indien, Nepal, Kambodscha und Vietnam bis zu den Kleinen Sundainseln verbreitet (Nicolai und Steinbacher 2007).

3   Unterfamilie: Lonchurinae

Auch in dieser Subfamilie finden wir eine Gattung, die als Beleg für die Ausbreitung der Prachtfinken von Afrika in den asiatischen Raum dienen kann. Die Gattung *Euodice* umfasst zwei Arten: den Afrikasilberschnabel, früher Silberschnäbelchen (*E. cantans*), dessen Verbreitungsgebiet in zwei Unterarten von Mauretanien über Senegambia bis an die Süd- und Südwestküste der arabischen Halbinsel reicht. Die zweite Art, der Indiensilberschnabel, früher Malabarfasänchen (*E. malabarica*) schließt sich in seiner Verbreitung im Südosten dieser Halbinsel an und besiedelt fast den gesamten indischen Subkontinent.

In dieser Unterfamilie finden wir die Vertreter Asiens und Australiens, die in 14 Gattungen und diese wiederum in 67 Arten unterschieden werden. Auch hier kennt die Systematik 5 monotypische Gattungen, während die Gattung *Lonchura* in 31 Arten aufgesplittet wird.

Abb. 1 Die Reisamadine (*Lonchura oryzivora*) wird – obwohl in Menschenobhut vielfach gezüchtet – mittlerweile im Freiland als gefährdet („vulnerable") eingestuft. (Foto: Jörg Asmus)

Von diesen 67 Arten wird die Mehrzahl, nämlich 59 mit „least concern" in der Roten Liste der IUCN geführt. Aus der Gattung *Lonchura* werden zwei Arten, die Hadesnonne (*L. stygia*) und die Timorreisamadine, früher Brauner Reisfink (*L. fuscata*), mit „near-threatened" und zwei weitere Arten mit „vulnerable" eingestuft. Dabei handelt es sich um die Arfaknonne *(L. vana)* und die Reisamadine, früher auch Reisfink genannt (*L. orycivora*) (Abb. 1). Auch in der Gattung der Papageiamadinen (*Erythrura*), befinden sich vier „potenziell gefährdete" oder „gefährdete" Arten: Die Manilapapapageiamadine (*E. viridifacies)* und die Schwarzmasken-Papageiamadine, früher Kleinschmidts Papageiamadine *(E. kleinschmidti)* sind als „vulnerable", die Samoapapageiamadine *(E. cyaneovirens)* und die Buntkopf-Papageiamadine *(E. coloria)* als „near-treated" eingestuft (http://www.iucnredlist.org).

Bei den Arten *L. fuscata, L. orycivora* und bei *E. coloria* handelt es sich um haltungsrelevante Arten. Auch in der zweiten Subfamilie finden wir monotypische Arten wie die allseits bekannte Gouldamadine (*Chloebia gouldiae*), daneben aber auch solche wie das Muskatbronzemännchen *(L. punctulata)*, von dem heute 11 Unterarten unterschieden werden.

4   Allgemeine Biologie

Wie andere Tierarten so sind Prachtfinken auch in ihren **Verbreitungsgebieten** nicht flächendeckend anzutreffen. Im Laufe der Evolution haben sie sich bestimmte Lebensräume, auch auf den ersten Blick unwirtliche, erschlossen. Dabei bevorzugen die meisten Arten offene Gras-, Baum- oder Buschsavannen. Andere, wie die Bergastrilde der Gattung *Cryptospiza*, sind an das Leben in den Wäldern von Bergregionen bis in Höhen von 3000 m angepasst (Payne 2010). Wieder andere bevorzugen Feuchtgebiete und turnen gern an Schilfhalmen. Auch semiaride bzw. aride Gebiete wurden erobert. So finden sich die Austral-Zebraamadinen *(Taeniopygia castanotis)* in den Spinifex-Wüsten Australiens. Der Autor hatte das Glück, die Rotkopfamadine *(Amadina erythrocephala)* in der Namib anzutreffen, einen

Abb. 2 Rotkopfamadine
(*Amadina erythrocephala*) –
ein Freilandfoto aus Namibia.
(Foto: Peter Kaufmann)

Brutbaum mit Nestern und Jungvögeln, über den kurz zuvor ein Sandsturm hinweg gezogen war (Kaufmann und Kaufmann 2015) (Abb. 2). Etliche Arten haben sich aber auch zu Kulturfolgern entwickelt. So konnten wir selbst in den Häuserschluchten von Nairobi, Kenias Hauptstadt, Senegalamaranten *(Lagonosticta senegala)* mit Nistmaterial fliegen sehen (eig. Beob.).

Viele der Prachtfinkenarten halten sich bevorzugt am Boden oder in dessen Nähe auf. Der Wachtelastrild *(Ortygospiza articollis)* mit seinen Unterarten ist sogar zum reinen Bodenbewohner geworden, der dafür auch seine Fortbewegungsart angepasst hat. Er läuft mit trippelnden Schritten und nicht hüpfend wie die anderen Prachtfinken. Prachtfinken sind überwiegend gute Flieger, die sich außerhalb der Brutsaison gern zu größeren Schwärmen, auch mit Arten aus anderen Vogelfamilien, zusammenfinden. Dabei durchstreifen sie ihren Lebensraum, immer auf der Suche nach Wasser und Nahrung.

Die Angehörigen der Familie Prachtfinken ernähren sich bis auf wenige Nahrungsspezialisten, wie z. B. die Ameisenpicker aus der Gattung *Parmoptila*, von den Samen halb reifer und reifer Gräser, die sie vom Boden aufsammeln. Einige wenige haben es gelernt, sich an Gras- oder Schilfhalmen festzuhalten und die Ähren auszuklauben. Nonnen aus der Gattung *Lonchura* können sogar auf einem Grashalm sitzend einen anderen zu sich heranziehen, mit einem Fuß festhalten und die Ähren aussammeln (Nicolai und Steinbacher 2007). Zur Jungenaufzucht wird aber von fast allen Arten animalische Kost essenziell benötigt. Termiten und geflügelte Ameisen stehen vorrangig auf der Speisekarte, aber auch andere Insekten und deren Entwicklungsstadien werden verzehrt.

Prachtfinken sind zudem auf eine regelmäßige Aufnahme von Süßwasser angewiesen. Eine Ausnahme bildet die Austral- Zebraamadine, die als Anpassung an ihren Lebensraum längere Zeit auf Wasser verzichten kann. Die meisten Prachtfinken trinken nach Hühnerart, stecken den Schnabel ins Wasser und legen dann den Kopf in den Nacken, so dass das Wasser der Schwerkraft folgt und dann aktiv abgeschluckt werden kann. Einige australische Gattungen wie z. B. *Poephila* und *Taeniopygia* sind Saugtrinker. Nach Taubenart können sie so sehr schnell im offenen

Gelände ihren Wasserbedarf decken, möglicherweise ein Schutz vor Prädatoren (Payne 2010).

Prachtfinken erreichen schon im Alter von unter einem Jahr ihre Geschlechtsreife. Für die Australzebraamadine ist nachgewiesen, dass diese Art mit 8 Monaten geschlechtsreif ist und die Fruchtbarkeit dann bis zum 7. Lebensjahr kontinuierlich abnimmt (Günther 2017).

Prachtfinken bauen geschlossene, überdachte Kugelnester oder beziehen verlassene Webernester. Sie bauen in hohen Bäumen wie z. B. die Diamantamadine *(Stagonopleura guttata)*, in niedrigen, vor allem dornigen Sträuchern wie der Veilchenastrild *(Granatina ianthinogaster)* oder auf dem Boden wie der Grauastrild *(Estrilda troglodytes)*.

Die Partnerwahl wird nach neueren Erkenntnissen maßgeblich durch die Weibchen bestimmt (Stäb 2019). Die Balz des Männchens, eine typische Halmbalz, unterstützt die Paarfindung und dient der hormonellen Synchronisation und damit der Paarbindung. Viele Arten kleiden ihre Nester gern mit weißen Federn aus. Mettke-Hofmann & Hofmann (in Nicolai und Steinbacher 2007) vertreten dazu die sogenannte Kontrasthypothese. Die weißen Federn verstärken in den dunklen Nestern das Restlicht und die Jungen werden bei der Fütterung von ihren Eltern besser gesehen (vgl. Nicolai und Steinbacher 2007). Von einigen Arten werden sogenannte Schlafnester errichtet, die auch außerhalb der Brutzeit genutzt werden.

Ein typisches Prachtfinkengelege besteht aus 4–6 rein weißen Eiern, wobei die Eigröße mit der Körpergröße der Elternvögel korreliert. Beide Partner beteiligen sich an der Brut und an der späteren Aufzucht der Jungvögel. Die Jungen werden aus dem Kropf der Eltern gefüttert, wobei der Nachwuchs bei der Futterübergabe den Schnabelwinkel des Elternvogels umfasst und dieser den Kropfinhalt regelrecht überpumpt. Prachtfinken betreiben keine Nesthygiene, das bedeutet, dass der Kot der Jungen nicht aus dem Nest entfernt wird.

Eine Besonderheit stellen die Schnabelpapillen und die Rachenzeichnung der Jungvögel dar (Abb. 3). Auf Rachen und Zunge befinden sich Flecke und Strichmuster, von Art zu Art in unterschiedlicher Anordnung und Farbe, denen eine Auslöserfunktion für die Fütterung zugeschrieben wird. Dazu kommen Papillen in den Schnabelwinkeln, besonders auffällig bei der Gouldamadine, die im dunklen Nest den Weg für die Fütterung weisen.

Auch nach dem Ausfliegen kann man bei den Jungvögeln eine Besonderheit beobachten. Sie sperren nicht wie die Jungen anderer Sperlingsvögel, sondern drücken den Oberkörper nach unten und drehen dabei den Kopf zur Seite, so dass der Schnabel nach oben gerichtet ist. Dabei vollführen sie, von Art zu Art unterschiedlich, ein lautes Bettelkonzert und schlagen mit den Flügeln.

Einige Prachtfinkenarten fungieren als Brutwirte von Witwenvögeln. Diese imitieren bei ihren Jungen die Rachenzeichnung der Wirtsvogelart und schaffen somit die Voraussetzung dafür, dass die Prachtfinken die jungen Witwen aufziehen. Im Gegensatz zum Brutparasitismus unseres Kuckucks jedoch werfen die jungen Witwen die Nachzucht der Pflegeeltern nicht aus dem Nest. Alle haben sie die gleiche Chance, gemeinsam groß zu werden.

Abb. 3 Die
Rachenzeichnung – hier ein
24 Stunden alter
Goldbrustastrild (*Amandava
subflava*) – weist den Eltern
im Restlicht der Nisthöhle den
Weg zur Fütterung. (Foto:
Peter Kaufmann)

5   Haltungsanforderungen

Nach Dathe (1986) reicht die **Geschichte der Prachtfinkenhaltung** in Europa bis
zu Beginn des 17. Jahrhunderts zurück, als portugiesische Seefahrer die ersten Vögel
aus Westafrika mitbrachten. Robiller (1978) ergänzt diese Aussage mit der Bemer-
kung, dass nur wenig später Spanier, Franzosen und Holländer diese kleinen Vögel
in großen Mengen einführten.

Einen ersten Boom sehen wir in Deutschland Ende des 19. Jahrhunderts. Namen
wie A. E. Brehm, Karl Ruß und Karl Neunzig sind noch heute jedem Prachtfinken-
halter geläufig und bei vielen stehen deren Bücher noch immer in den Bücherwänden
(Brehm 1872; Ruß 1879; Neunzig 1921).

Auch in der Haltung von Prachtfinken ist eine Entwicklung zu verzeichnen, die
durchaus mit der anderer Vogelfamilien vergleichbar ist. Am Anfang waren es
Einzeltiere, die ihrer bunten Färbung und des aparten Verhaltens wegen gehalten
wurden. Später wendete man sich der Zucht dieser Vögel zu. Jetzt war die Unterbringung in Vogelstuben das erklärte Ziel.

Nach dem zweiten Weltkrieg wurde die Zucht domestizierter Vögel vorange-
trieben. Waren es erst nur Zebrafinken und Japanische Mövchen, wurde das
Artenspektrum immer mehr erweitert (darunter u. a. auch Reisamadinen). Das
Schauwesen entwickelte sich zunehmend und hatte zur Folge, dass immer neue
Farbschläge auf der Bildfläche erschienen, dass aber auch nicht-domestizierte
Vögel in das Ausstellungs- und Bewertungssystem einbezogen wurden, ja selbst
Hybride wurden bewertet.

In den letzten Jahren mehren sich die Stimmen, die einen verantwortungsvolleren
Umgang auch mit den Prachtfinken einfordern. Die Erhaltung der Wildformen ist für
diese Vogelhalter das erklärte Ziel und bestimmt ihr Handeln. Das Erreichen dieses
Ziels ist jedoch kein Selbstläufer, da die Handlungsweisen der Vergangenheit zwei
schwere Hypotheken hinterlassen haben. Zum einen treten nach wie vor bei vielen
Arten aus der Unterfamilie Estrildinae erhebliche Probleme mit einer regelmäßigen

Nachzucht ab Generation F1 auf. Dieses Phänomen ist aus der Vergangenheit bekannt, wurde aber von den meisten Züchtern einfach hingenommen, da die Bestände immer wieder durch Importe ergänzt werden konnten. Um uns der Lösung dieser Problematik anzunähern, haben Züchter innerhalb der GAV (Gesellschaft für Arterhaltende Vogelzucht), AG Prachtfinken, ein Zuchtprojekt für den Rotmaskenastrild *(Pytilia hypogrammica)* gestartet (Blümlein et al. 2019). Ausschlaggebend für die Wahl dieser Art war, dass von ihr mehrere AG–Mitglieder einen ausreichend großen Bestand halten. Damit ergaben sich die Voraussetzungen, unterschiedliche Haltungen miteinander zu vergleichen, mit dem Ziel, herauszufinden, unter welchen Bedingungen die besten Nachzuchtergebnisse erzielt werden.

Ganz anders sieht es bei den Vertretern der Unterfamilie Lonchurinae aus. Bis auf wenige Ausnahmen haben diese Arten eine hohe Reproduktionsrate und vermehren sich auch unter suboptimalen Bedingungen gut. Doch als Züchter, der sich die „Arterhaltende Vogelzucht" zum Ziel gesetzt hat, sieht man sich erheblichen Problemen gegenüber. Die meisten dieser Vögel stammen aus Beständen, die zumindest im phänotypischen Erscheinungsbild mit der Wildform nichts mehr zu tun haben. Ganz besonders problematisch sind sogenannte spalterbige Tiere, die im Phänotyp der Ursprungsart weitestgehend entsprechen, aber Genveränderungen in sich tragen. Sie sind für eine arterhaltende Zucht völlig ungeeignet.

Die GAV hat Kriterien für vier Kategorien formuliert, nach denen geeignete Vögel für die arterhaltende Zucht auszuwählen sind (Präsidium der GAV 2018).

Einen besonderen Glücksfall erlebten die Prachtfinkenfreunde unter den GAV-Mitgliedern mit der Bereitstellung von Austral-Zebraamadinen der F5 bzw. F6 der Linie „Melbourne" durch die Mitarbeiter des Max-Planck-Instituts in Seewiesen (MPI) (Günther 2017). Damit stehen uns Vögel für die arterhaltende Zucht zur Verfügung, die der Kategorie 1 oben genannten Präsidiumsbeschlusses entsprechen. Um den verantwortungsvollen Umgang mit diesen Vögeln zu sichern, wurde ein entsprechendes Zuchtprojekt ins Leben gerufen (Kaufmann 2018).

Die Haltung von Kleinvögeln und damit auch explizit die der Prachtfinken wird in Deutschland seitens des **Gesetzgebers** in zwei Rechtsakten geregelt, zum einen in den „Leitlinien über die Mindestanforderungen an die Haltung von Kleinvögeln" vom 10. Juli 1996 sowie in den „Mindestanforderungen an die Haltung von Vögeln", herausgegeben vom BMEL und auf dessen Homepage im Internet auch heute noch einsehbar (Anonymus 2017; Brücher et al. 1996). Beide Rechtsakte beziehen sich vorrangig auf die Haltung körnerfressender Arten.

In den Leitlinien gibt es Aussagen zu Klima (mit Haltungstemperatur gleichgesetzt), Licht, wie Tag-Nacht-Rhythmus und zur Käfiggröße. Alle weiteren Aussagen zur Ausstattung, zur Ernährung sowie Gemeinschaftshaltung sind von allgemeiner Natur. Bei den Käfigmaßen wird es konkreter. Es werden kleine Prachtfinken bis 13 cm Größe (Abb. 4) und solche über 13 cm unterschieden.

Die **Mindestmaße für einen Käfig** mit bis zu 4 Vögeln betragen nach obigen Leitlinien bei Vögeln bis 13 cm Größe 80 × 40 × 40 cm und über 13 cm 120 × 50 × 80 cm (Länge × Breite × Höhe). Freivolieren dürfen nur mit einem Schutzraum betrieben werden. Dieser muss sommers wie winters mindestens 15 °C, bei ausgewählten Arten z. B. der Gouldamadine 20 °C garantieren. Der Schutzraum

Abb. 4 Der Senegalamarant
(*Lagonostica senegala*)
gehört mit einer Größe von
9–10 cm zu den kleineren
Prachtfinkenarten. (Foto: Jörg
Asmus)

muss eine Mindestgröße von 1 qm aufweisen und darf mit maximal 30 Vögeln bis
13 cm bzw. 15 Vögeln über 13 cm besetzt werden. Die Mindestanforderungen aus
dem Jahr 2017 (Anonymus 2017) orientieren sich an diesen Werten. Bei den Käfigmaßen sind sie identisch, nur bei der Temperatur im Schutzraum weichen sie geringfügig ab. Die Autoren fordern für ausgewählte Arten nicht 20 sondern 18 °C.

Die Mindestmaße der Käfige haben ihre Wurzeln in der Haltung und Zucht
domestizierter Prachtfinken sowie in der Zucht von Bewertungsvögeln nicht-domes-
tizierter Arten.

In diesen Käfigen können Prachtfinken aber ihre natürlichen Verhaltensmuster
nicht ausleben.

Aus diesem Grund propagieren wir die **Zucht in Volieren**, seien es Innen- oder
kombinierte Innen- und Außenvolieren. Dabei gehen wir von einem Kubikmeter
Luftraum pro Zuchtpaar aus. Eine naturnahe Ausgestaltung dieser Volieren ist
selbstverständlich. Zum Vergleich: Der größere Käfig von 1,2 × 0,5 × 0,8 m hat
ein Volumen von nur 0,48 Kubikmetern.

In den ausgestalteten Volieren können die Prachtfinken freistehende Nester
bauen. Sie erhalten aber auch Nisthilfen wie z. B. Nistkästen (halb offen oder mit
Einflugloch). Sehr bewährt haben sich mit Pflanzenmaterial dekorierte röhrenförmi-
ge Drahtgeflechte, in denen die Nester errichtet werden.

In diesen Volieren können Gruppen verschiedener Arten zusammen gehalten
werden. Als günstig hat es sich erwiesen, wenn die Partner sich vorher in freier
Wahl zusammengefunden haben und keine Zwangsverpaarungen erfolgten. Dabei
sollten allerdings keine nahen Verwandten z. B. aus der gleichen Gattung miteinander vergesellschaftet werden, da sonst die Gefahr der Hybridisierung besteht. Außerdem sollte man die Besetzung der Voliere an einem Tag komplett erledigen, da es
problematisch werden kann, neue Individuen einer etablierten Vogelgemeinschaft
hinzu zu setzen. Es können bereits feste Reviere, vor allem im Nestbereich, gebildet
sein und gegen fremde Eindringlinge verteidigt werden. In diesem Moment könnten
dann auch ansonsten friedliche Arten aggressiv reagieren.

Die Grundlage der **Prachtfinkenfütterung** wird durch verschieden große Hirsesorten, die reif oder halb reif, trocken oder gequollen bzw. angekeimt, gefüttert werden, bestimmt. Dazu kommen aus Afrika stammende Saaten wie Foniopaddy und Pagima Green. Aber auch die Samen einheimischer Gräser werden gern genommen. Rote und/oder Gelbe Kolbenhirse dürfen nicht fehlen. Alle halb reifen Saaten können sowohl frisch als auch gefrostet angeboten werden.

Zur **Jungenaufzucht** wird bei vielen Arten animalische Kost essenziell benötigt. Dazu wurden in der Vergangenheit die „Eier" der Schwarzen Rasenameise gesammelt und frisch verfüttert bzw. eingefroren. Auch sogenanntes „Wiesenplankton" wurde gefangen und verfüttert. Dabei handelte es sich um diverse Insekten, die auf Wiesen leben und mit dem Kescher eingefangen wurden. Der rapide Rückgang unserer wild lebenden Insekten verbietet heute diese Vorgehensweise. Dafür werden diverse gezüchtete Insekten als Futtertiere im Zoofachhandel angeboten oder noch besser, eigenen Futtertierzuchten entnommen. Da man bei der zweiten Methode die Ernährung der Insekten kontrollieren und gestalten kann, ist sie dem bloßen Erwerb überlegen. Folgende Insekten und deren Entwicklungsstadien können bei Prachtfinken zum Einsatz kommen: Mehlwürmer (Larven des Mehlkäfers) frisch gehäutet oder ungehäutet, Larven des Getreideschimmelkäfers, Buffalows genannt, Pinkies frisch oder gefrostet, Mückenlarven lebend oder gefrostet, lebende Stummelfliegen und Drosophila (Essigfliegen), aber auch weiße Asseln und kleine Heimchen werden verfüttert. Viele Züchter bieten auch ein kommerzielles Eifutter an bzw. bereiten selbiges nach eigenen Rezepten und Überlieferungen zu.

Prachtfinken fressen aber auch Grünfutter wie Vogelmiere, Chicorè und grüne Gurke gern.

Die Mineralstoffversorgung muss vor allem in der Zuchtzeit gut überwacht werden. Grit, Schalen hart gekochter Eier, Sepia und falls erforderlich auch spezielle Ergänzungsfuttermittel aus dem Zoofachhandel bzw. der tierärztlichen Apotheke stehen zur Verfügung, um vor allem Legenot vorzubeugen. Dass den Vögeln täglich frisches Trink- und Badewasser angeboten wird, ist eine Selbstverständlichkeit.

Werden die Jungvögel in freistehenden Nestern und in den oben erwähnten Niströhren groß, dann gestaltet sich eine Beringung mit geschlossenen Ringen mitunter äußerst schwierig und gefährdet das Leben der Jungvögel. Aus diesem Grunde beringen viele Züchter die Jungen erst nach dem Flüggewerden. Dazu finden offene Ringe von 2,0 mm Durchmesser für Vögel von der Größe eines Goldbrustastrilds bzw. 2,5 mm für die größeren Arten Verwendung. Die größten Arten wie die Reisamadine werden mit Ringen der Größe 2,7 mm beringt.

Die Haltung der überwiegenden Mehrzahl der Prachtfinken bedarf keiner Genehmigung. Allerdings sind der Olivastrild (*Amandava formosa*), die Reisamadine (*Lonchura oryzivora*) und die Gürtelamadine (*Poephila cincta*) im Anhang II des Washingtoner Artenschutzübereinkommens aufgeführt. Mit Ausnahme der Gürtelamadine, die durch Anlage 5 der Bundesartenschutzverordnung von Melde- und Kennzeichnungspflicht befreit ist (dort Schwarzkehl-Gürtelgrasfink genannt), sind die anderen beiden Arten kennzeichnungs- und meldepflichtig. Das gilt – trotz produktiver Vermehrungsraten in Menschenobhut – auch für die Reisamadine, d. h., der Halter und Züchter dieser Art hat der nach Landesrecht zuständigen

Behörde unverzüglich nach Beginn der Haltung den Bestand der Tiere und den Zu- und Abgang schriftlich anzuzeigen.

Literatur

Anonymus. (2017). 2. Tierhaltungsverordnung konsolidiert BGBl.II Nr. 486/2004 idF BGBl. II Nr. 68/2017.

Anonymus. (2018). Red List Roundup. *BirdLife the Magazine*, January–March, S. 34–35.

Blümlein, L., Langguth, T., et al. (2019). Analyse der Haltung und Zucht des Rotmaskenastrilden (*Pytilia hypogrammica*). Unveröffentlichtes Material der GAV – *AG Prachtfinken*.

Brehm, A. E. (1872). *Gefangene Vögel. Ein Hand- und Lehrbuch für Liebhaber und Pfleger einheimischer und fremdländischer Käfigvögel* (unter Mitarbeit von O. Finsch, C. Bolle et al.) (Bd. 1). Leipzig/Heidelberg: Wintersche Verlagsbuchhandlung.

Brücher, et al. (1996). *Gutachten über die tierschutzgerechte Haltung von Kleinvögeln*. Bonn: Sachverständigen-Gruppe im Auftrag des BMEL.

Dathe, H. (1986). *Handbuch des Vogelliebhabers* (Bd. 2). Berlin: Deutscher Landwirtschaftsverlag.

Günther, E. (2017). Zebrafinken aus Seewiesen. *GAV-Journal, 11*, 34.

del Hoyo, J., & Collar, N. J. (2016). *HBW and BirdLife International illustrated checklist of the birds of the world* (Bd. 2: Passerines). Barcelona: Lynx.

Kaufmann, C., & Kaufmann, P. (2015). Rotkopfamadinen – Ein Erlebnis der besonderen Art. *Gefiederte Welt, 139*(2), 14–15.

Kaufmann, P. (2018). Vorstellung unseres Zebrafinkenprojektes. *GAV-Journal, 13*, 15–23.

Neunzig, K. (1921). *Fremdländische Stubenvögel* (5. Aufl.). Magdeburg: Creutzsche Verlagsbuch- handlung.

Nicolai, J., & Steinbacher, J. (Hrsg.). (2007). *Prachtfinken-Afrika. Handbuch der Vogelpflege*. Stuttgart: Ulmer.

Payne, R. (2010). Family Estrildidae (Waxbills). In J. del Hoyo, A. Elliott & D. A. Christie (Hrsg.), *Handbook of the birds of the world* (Bd. 15). Barcelona: Lynx.

Präsidium der GAV. (2018). Arterhaltung in der GAV. *GAV-Journal, 13*, 6.

Robiller, F. (1978). *Prachtfinken – Vögel von drei Kontinenten*. Berlin: VEB Deutscher Landwirt- schaftsverlag.

Ruß, K. (1879). *Die fremdländischen Stubenvögel. Ihre Naturgeschichte, Pflege und Zucht. Band 1: Die körnerfressenden fremdländischen Stubenvögel*. (Bd. 1) Hannover: Carl Rümpler.

Schäfer, F. (2018). Worauf es ankommt: Zuchtbücher und Anforderungen an die private Vogelhal- tung. *GAV-Journal, 13*, 30–34.

Stäb, F. (2019). Der Geruchssinn der Vögel – ein Schlüsselfaktor bei der Partnerwahl und evolu- tionären Überlebensstrategie der Arten? *GAV-Journal, 15*, 21–26.

Familie: Passeridae – Sperlinge

Jörg Asmus

Inhalt

1 Systematik und allgemeine Biologie

Vor einigen Jahren noch wurden der Familie Sperlinge weitere Vogelgruppen zuge-ordnet, die in der Gegenwart den Status eigener Familien besitzen. Dies betrifft insbesondere die naheverwandten Braunellen (Prunellidae), Webervögel (Plocei-dae), Prachtfinken (Estrildidae) und die Witwenvögel (Viduidae). Diese 4 sowie 14 weitere Familien werden manchmal zur Überfamilie Passeroidae zusammenge-fasst. Darunter auch die Passeridae, die in naher Verwandtschaft zu den Stelzen (Motacillidae) einzuordnen sind, was vor einiger Zeit durch molekulargenetische Untersuchungen nachgewiesen werden konnte (Jønsson und Fjeldså 2006). Heute zählt man zur Familie Passeridae nur noch insgesamt 8 Gattungen mit 43 Spezies und 103 Unterarten.

Die Sperlinge sind kleine zumeist recht unscheinbare Singvögel mit unauffälligen Gefiederfarben, wenn man einmal vom Braunrücken-Goldsperling (*Passer luteus*) und dem Jemengoldsperling (*Passer euchlorus*) absieht. Besonders melodische Ge-sänge fehlen den Sperlingen. Als kleinster Vertreter seiner Familie kann der Maro-nensperling (*Passer eminibey*) bezeichnet werden, der eine Gesamtlänge von 10,5 bis 11,5 cm und ein Gewicht von etwa 14 g aufweist; die größte Spezies dürfte der

J. Asmus (✉)
Gesellschaft für Arterhaltende Vogelzucht (GAV) e.V., Mönsterås, Schweden
E-Mail: joergasmus@hotmail.com

© Springer-Verlag GmbH Deutschland, ein Teil von Springer Nature 2021
W. Lantermann, J. Asmus (Hrsg.), *Wildvogelhaltung*,
https://doi.org/10.1007/978-3-662-59604-3_71

Schneesperling (*Montifringilla nivalis*) sein, mit einer Gesamtlänge von 17 bis 17,5 cm und einem Gewicht bis zu 57 g.

Sperlinge bewohnen eine Vielzahl von Lebensräumen (Steppen, Savannen, lichte Wälder, Wüsten und Halbwüsten), einschließlich der Hochgebirgsregionen. Einige Arten sind zu regelrechten Kulturfolgern geworden, die inzwischen Parks, Gärten, Felder und Plantagen bewohnen. Als bestes Beispiel in Sachen Anpassungsvermögen ist der einheimische Haussperling (*Passer domesticus*) zu nennen, der sich bereits vor 10.000 Jahren dem Menschen angeschlossen haben soll und inzwischen fast überall auf der Erde angesiedelt worden ist. Der Haussperling ist einer der häufigsten Vogelarten überhaupt und fehlt nur in den Polarregionen, Teilen Nordsibiriens, Chinas und Südostasiens, in Japan, Westaustralien, dem tropischen Afrika sowie Südamerika und dem nördlichsten Amerika.

Die meisten Sperlinge leben gruppenweise mit zum Teil dauerhafter Paarbildung zusammen. Viele Arten brüten in Kolonien, wie beispielsweise der Weidensperling (*Passer hispaniolensis*), bei dem in den 1950er-Jahren in Marokko bis zu 50 Nester in einem einzigen Baum gezählt worden sind (Fry und Keith 2004). Nur wenige Arten brüten einzeln. Ihre Nester werden von den Sperlingen frei in der Vegetation, in Nischen sowie Höhlen, aber auch in Bodenhöhlen angelegt. Der Weißbürzel-Erdsperling (*Onychostruthus taczanowski*) brütet zum Beispiel in Erdlöchern vom Schwarzlippigen Pfeifhasen (*Ochotona curzoniae*), in denen auf einer Matte von Wurzeln und Gräsern zusätzlich Fell und Federn als Polstermaterial für den Nestbau Verwendung findet (del Hoyo et al. 2009). Die Kulturfolger unter den Sperlingen brüten inzwischen auch in bereitgestellten Nistkästen, in Mauernischen und unter Gebäudedächern. Als Nistmaterial nutzen diese Arten dann auch Papier- und Stoffreste, wenn ihnen das adäquate Nistmaterial (Gräser, Stroh, Federn, Blätter) fehlt. (Abb. 1)

Als Nahrung dient den Sperlingen vorwiegend pflanzliche Kost, vor allem Sämereien von Pflanzen verschiedenster Arten. Kleinere Insekten werden von ihnen ebenfalls aufgenommen; insbesondere zur Jungenaufzucht werden ausschließlich kleine Insekten und deren Larven verfüttert.

Von den insgesamt 43 Arten sind heutzutage zwei auf der Roten Liste der gefährdeten Art als „vulnerable" (gefährdet) eingestuft. Hierbei handelt es sich um den Italiensperling (*Passer italiae*) und den Abd-al-Kuri-Sperling, früher Andensperling (*Passer hemileucus*) (http://www.iucnredlist.org).

2   Haltungsanforderungen

Die Haltung von Sperlingen erfolgt in ähnlicher Weise wie die der Webervögel; sie können im Schwarm oder auch paarweise gehalten werden. Eine bepflanzte Biotopvoliere bietet sich auch für die Haltung dieser Vögel an, mit hinreichend vielen Sitzmöglichkeiten. In Einzelfällen sollte auf die natürliche Lebensweise einzelner Arten eingegangen werden, so sind für Schneesperlinge (*Montifringilla*) große Gesteinsbrocken zur Ausgestaltung der Voliere von Vorteil, und für Steinsperlinge (*Gymnoris*) Felslandschaften mit tiefen Spalten, um deren natürliches Habitat nach-

Abb. 1 Der Feldsperling
(*Passer montanus*) wird heute
lediglich in 7 europäischen
Zoos außerhalb Deutschlands
gehalten. (Foto: Jörg Asmus)

zubilden. Auf eine Haltung in Käfigen sollte auch bei den Sperlingen verzichtet werden. Ganzjährig sollten ihnen Schlafkörbe bzw. Nistkästen angeboten werden, die ihnen auch als Versteckmöglichkeit dienen. Neben den bereits benannten Sitzgelegenheiten dienen den Sperlingen aber auch Badestellen sowie Sand- und Staubbademöglichkeiten zu ihrem Wohlbefinden.

Sperlinge sind verträglich und können grundsätzlich ohne Probleme mit anderen verträglichen Vögeln vergesellschaftet werden. In gemäßigten Gegenden beheimatete Sperlinge gelten zwar als winterhart, und ihnen genügt bei der Haltung hier in Europa ein Witterungsschutz, aber die anderen Vertreter dieser Vogelfamilie müssen bei einer Haltung in Außenvoliere stets einen Schutzraum mit mindestens 1 m² Grundfläche aufsuchen können, der während der kalten Jahreszeit wenigstens frostfrei sein muss. Für die Arten der Tropen und Subtropen sollte in dem Schutzraum eine Temperatur von mindestens 10 °C vorherrschen.

Ernährt werden die Sperlinge in Menschenhand mit einem abwechslungsreichen Waldvogelfuttermischung als Grundfutter. Während der warmen Jahreszeit sollte ihnen zusätzlich Grünfutter angeboten werden und während der Brutzeit auch verschiedene Insekten. Die Samenmischung darf zu dieser Zeit dann auch als Keimfutter gereicht werden. Des Weiteren kann auch ein Weichfutter als Ergänzung dienen, das als Fertigprodukt im Fachhandel bezogen werden kann.

Für eine geplante Zucht sollte den Sperlingen Gezweig und einige Versteckmöglichkeiten zur Verfügung gestellt werden. Nistkästen in verschiedener Bauweise aber auch Nistkörbe mit Dach können an verschiedenen Stellen der Unterkunft angebracht werden. Darin bauen Sperlinge ihre umfangreichen Nester, aus Stroh, Heu, Pflanzenfasern, Federn und Haaren. Während der Fortpflanzungsphase sind die Sperlinge verträglich gegenüber anderen Mitbewohnern der Voliere. Was sich eventuell als problematisch herausstellen könnte, ist die Neigung der Sperlinge die Nester anderer Vögel zu zerstören, um das bereits dafür verbaute Nistmaterial für den eigenen Nestbau zu verwenden.

Als einer der noch etwas häufiger in Menschenobhut gehaltenen Sperlinge kann der **Braunrücken-Goldsperling** bezeichnet werden. Die in Afrika beheimateten

Abb. 2 Braunrücken-
Goldsperlinge (*Passer luteus*)
gehören aufgrund ihrer
attraktiven Färbung zu den
gern gehaltenen Sperlingen.
(Foto: Jörg Asmus)

Vögel gelten als pflegeleicht und leicht zu vermehren. Allerdings müssen sie während der hiesigen Winter nach Belieben stets einen wenigstens 10 °C warmen Schutzraum aufsuchen können (Abb. 2).

Zu Vermehrungszwecken sollten ihnen mehrere verschiedene Nistkästen, auch halb offene, angeboten werden. Ausreichend Nistmaterial muss vorhanden sein, etwa Grashalme, Stroh, Pflanzenfasern, Federn, Haare usw. Die 2 bis 3 Eier werden allein vom Weibchen in ca. 11 Tagen bebrütet. Bei der dann folgenden Aufzucht beteiligt sich auch das Männchen. Die Nestlingszeit endet nach etwa 14 Tagen, und ungefähr weitere 14 Tage werden die jungen Braunrücken-Goldsperlinge dann noch von den Elterntieren gefüttert, bis sie selbstständig sind. Gute Zuchtpaare bringen es in einem Jahr auf 2 bis 3 Bruten, mehr sollte ihnen aber keinesfalls erlaubt werden (Bielfeld 1976).

Literatur

Bielfeld, H. (1976). *Weber, Witwen, Sperlinge als Volierenvögel*. Stuttgart: Ulmer.
Fry, C. H., & Keith, S. (2004). *The birds of Africa* (Bd. 7, S. 28). London: Christopher Helm.
Hoyo, J. del, Elliot, A., & Sargatal, J. (2009). *Handbook of the birds of the world* (Bd. 14, S. 760–813). Barcelona: Lynx.
Jønsson, K. A., & Fjeldså, J. (2006). A phylogenetic supertree of oscine passerine birds (Aves: Passeri). *Zoologica Scripta, 35*, 149–186.

Familie: Fringillidae – Finken

Werner Sterwerf

Inhalt

1 Systematik und allgemeine Biologie

Die vielfältige Gruppe der Finken (Familie Fringillidae), die den Singvögeln zuge-ordnet wird, umfasst nach aktuellem Stand 201 Arten in 49 Gattungen. Sie wird in drei gut definierte Unterfamilien aufgegliedert: die Fringillinae (Edelfinken) beinhal-tet drei Arten. Die Organisten der Unterfamilie Euphoninae, die bis vor kurzem zu den Tangaren (Thraupidae) gezählt wurden, umfassen 32 Arten (Hilty und Bonan 2019). Mit der stattlichen Anzahl von 166 Arten, zu denen auch manche unserer Gartenvögel gehören, vertreten die Carduelinae die größte Gruppe in dieser Vogel-familie (Collar et al. 2019; vgl. Winkler et al. 2015). Die Arten dieser Unterfamilie der Finken sind aufgrund ihrer attraktiven Erscheinung und der gut realisierbaren Haltungsanforderungen bei den Vogelhaltern sehr beliebt. Am Rande seien auch die Kleidervögel erwähnt, die als Tribus *Drepanidini* seit einiger Zeit ebenfalls der Unterfamilie Carduelinae zugeordnet werden. Sie bewohnen gegenwärtig noch mit 21 (zum Teil stark gefährdeten) Arten die Hawaii-Inseln, 13 Arten sind bereits ausgestorben. Sie spielen in der Vogelhaltung aber keine Rolle und bleiben deshalb an dieser Stelle weitgehend ausgespart.

Die Familie der Finken umfasst ein breites Spektrum an Arten mit Körpergrößen von 9 bis 25 cm bei einem Gewicht zwischen 8 und 99 g. Nahezu alle Vertreter dieser

W. Sterwerf (✉)
Espelkamp, Deutschland
E-Mail: Sturnidae@vollbio.de

© Springer-Verlag GmbH Deutschland, ein Teil von Springer Nature 2021
W. Lantermann, J. Asmus (Hrsg.), *Wildvogelhaltung*,
https://doi.org/10.1007/978-3-662-59604-3_70

Familie weisen einen Geschlechtsdimorphismus auf. Die große Mehrheit der Finken, rund 85 % der gesamten Familie, wird von der IUCN als „least concern" (nicht gefährdet) eingestuft. 31 Arten gelten als bedroht, davon 9 Arten als stark gefährdet („endangered") und 7 Arten als vom Aussterben bedroht („critically endangered"). Der Schmalschnabelgrünfink (*Chloris aurelioi*), ursprünglich ein Bewohner der Kanareninsel Teneriffa, ist bereits seit dem 16. Jahrhundert ausgestorben (Abb. 1). Ebenfalls ausgestorben ist der Boningimpel oder Boninfink (*Carpodacus ferreorostris*), der ursprünglich die Insel Chichijima, gut 1000 km südlich von Japan, bewohnt hat. Von den Kleidervögeln sind, je nach taxonomischer Bewertung, mindestens 13 Arten seit dem 18. Jahrhundert ausgestorben. Von den überlebenden 21 Arten haben nur 2 den Status „least concern", alle anderen sind durch anthropogene Zugriffe in irgendeiner Form gefährdet (Winkler et al. 2015).

Die Familie der Finken bewohnt außerhalb der tropischen Regionen typischerweise Lebensräume, die massive saisonale Veränderungen aufweisen. Das Nahrungsangebot in diesen Habitaten variiert lokal und zeitlich, sodass die Vögel zwischen den jeweiligen Futterquellen wandern müssen. Generell besitzen die Finken kräftige Schnäbel, mit denen sie eine Vielzahl von Samen verzehren können. Sie haben sich mit wechselnder Intensität als Körnerfresser etabliert. Dennoch ist ein gewisses Maß an Nischentrennung zu beobachten, denn Ammern und Sperlinge tendieren in den gemäßigten, borealen und arktischen Regionen zu einer Spezialisierung auf Grassamen. Ergänzt wird das Körnerfutter durch animalische Kost, insbesondere bei der Aufzucht ihrer Jungen (Bezzel 1993). Organisten ernähren sich im Wesentlichen von Früchten (vgl. Urbasch 2005).

Abb. 1 Der dem ausgestorbenen Schmalschnabelgrünfink vermutlich recht ähnliche Grünfink (*Chloris chloris*) ist seit Sommer 2009 deutlich seltener an den Futterstellen im Garten anzutreffen. Grund ist eine Trichomoniasis-Infektion, der bislang allein in Deutschland viele Tausend Grünfinken zum Opfer gefallen sein sollen. (Foto: Jörg Asmus)

Abb. 2 Der Bergfink (*Fringilla montifringilla*) verbringt als Wintergast aus Skandinavien und Nordost-Europa die Wintermonate in Mitteleuropa und ist dann gelegentlich an den Futterhäusern zu beobachten. (Foto: Jörg Asmus)

Das Verlassen des Brutgebiets im Winterhalbjahr ist eine Reaktion auf die dann verringerte Nahrungsverfügbarkeit. Da in den gemäßigten Klimazonen Samen über saisonale Grenzen hinweg mit großer Vorhersagbarkeit und Beständigkeit in der Umwelt verbleiben, sind samenfressende Arten wie Finken in der Lage, dem jeweiligen Nahrungsangebot zu folgen (Abb. 2).

Das Verhalten der Finken ist recht unauffällig: Im Regelfall fliegen die Finken wellenförmig mit periodischem, kurzen Schließen der Flügel. Bei Freilandbeobachtungen erscheint der Finkenflug im Vergleich zu anderen Vogelfamilien gemächlich. Dennoch können kräftige Arten, wie beispielsweise der Kernbeißer (*Coccothraustes coccothraustes*), Europas größter Fink, eine beachtliche Dynamik entwickeln. Da es sich bei vielen Finkenarten um gesellige Schwarmvögel handelt, ist es verständlich, dass sie ein reichhaltiges Repertoire in ihrer Kommunikation entwickelt haben. Die Stimmmuster variieren deutlich in Abhängigkeit von der Verhaltensökologie.

Zumindest während der Brutzeit sind Finken fast ausschließlich sozial monogam und territorial. Ihre Brutstrategien entsprechen weitestgehend ihrer phylogenetischen Einteilung: Fringilline Finken sind dabei wesentlich territorialer als Vertreter der Euphoninae und der Carduelinae.

2 Haltungsanforderungen

Viele Vertreter der Finkenfamilie erfreuen sich großer Beliebtheit bei den Vogelhaltern, wobei die Cardueliden den größten Anteil einnehmen. Sowohl in öffentlichen Einrichtungen wie Zoos und Vogelparks, als auch bei privaten Liebhabern werden die Vögel vielfach gehalten und größtenteils auch erfolgreich vermehrt. Die Organisten, die lange Zeit systematisch zu den Tangaren gerechnet wurden, sind nur selten in Zoos oder Liebhaberhaltungen zu finden. Gelegentlich gehalten wurden oder werden Veilchenorganisten (*Euphonia violacea*), Dickschnabelorganisten (*Euphonia laniirostris*) und Grünorganisten (*Chlorophonia cyanea*). Auf ihre Haltung, die eher der der Tangaren gleicht, wird hier nicht näher eingegangen (vgl. Urbasch 2005 und den Tangarenbeitrag von Dr. Urbasch in diesem Band).

Die nachstehenden Hinweise zur Haltung stellen die Basis der Finkenhaltung der Unterfamilie Carduelinae dar. Aufgrund der Vielzahl der Arten können an dieser Stelle keine detaillierten Haltungsbedingungen für alle Arten dargestellt werden. Hierfür muss der interessierte Halter auf die einschlägige Fachliteratur in Monografien oder Zeitschriftenbeiträgen verwiesen werden.

Bezüglich der Haltung und Unterbringung der Finken hat das deutsche Bundesministerium für Ernährung, Landwirtschaft und Forsten 1996 ein „Gutachten über Mindestanforderungen an die Haltung von Kleinvögeln (Teil 1, Körnerfresser)" erstellen lassen. Demnach beträgt das Käfig-Mindestmaß für Vögel bis etwa 13 cm Körperlänge 80 × 40 × 40 cm pro Paar, für Vögel von 13 bis etwa 20 cm Körperlänge 120 × 50 × 50 cm und für Vögel über 20 cm Gesamtlänge 160 × 80 × 80 cm, ebenfalls pro Paar (Brücher et al. 1996). Bei der Gemeinschaftshaltung sind diese Maße entsprechend zu vergrößern. Der Verfasser dieses Beitrages ist jedoch der Meinung, dass die Mindestabmessungen erheblich unterdimensioniert sind. Die lebhaften und fluggewandten Vögel sollten möglichst in größeren Behältnissen wie Vogelstuben, Zimmer- oder Freivolieren untergebracht werden. Bei letzterem sollten die Rückwand und mindestens eine Seitenwand geschlossen sein, um den Bewohnern Windschutz zu bieten. Das Dach der Voliere wird zu einem Drittel überdacht. Unter diesem Dach befinden sich der Futtertisch in einem Meter Höhe sowie das angebotene Nistmaterial. Um den Vögeln Nistmöglichkeiten zu bieten werden in den Volierenecken Kiefernzweige, Ginsterreisig bzw. Heidekrautbüschel in unterschiedlichen Höhen befestigt. In diesem dichten Gestrüpp finden die gefiederten Pfleglinge geeignete Astgabeln als Neststandort. In geräumigen Volieren lassen sich im nicht überdachten Bereich Brutmöglichkeiten durch das Anpflanzen dichter, immergrüner Pflanzen errichten. Buchsbaum, Ilex, Thuja und Fichten eignen sich gut für diesen Zweck. Falls die Vögel ihren Neststandort in einem der Sträucher wählen, sollte im Nachhinein eine Überdachung als Regenschutz installiert werden. Als Nistmaterial werden allerlei trockene Pflanzenfasern in unterschiedlichen Farben, Längen und Durchmessern angeboten. Der Fachhandel bietet geeignetes Material an, beispielsweise Kokosfasern, Scharpie, Baumwollfasern, Sisal, Jute, Hanf und dergleichen.

Der Volierenboden wird unter dem Schutzdach mit Sand ausgelegt, damit die Vögel trockene Plätze für ihre Sandbäder finden. Unter dem Volierendach befinden sich auch Sitzstangen mit unterschiedlichen Durchmessern. Diese dienen den Bewohnern als Schlafplätze und werden deshalb weit voneinander entfernt in unterschiedlichen Höhen angeordnet. Der Boden des nicht überdachten Bereiches wird mit sauberem Naturboden und einigen Steinen belegt. Hier befinden sich auch die Trinkwasserbehälter und Bademöglichkeiten. Ein mit Rindenmulch abgedecktes

Areal ist ebenfalls sinnvoll, denn es wirkt bei entsprechender Gestaltung sehr dekorativ. Bei der Bepflanzung mit Gräsern und dergleichen muss ein besonderes Augenmerk auf mögliche Verschmutzung mit Kot und Futterresten gerichtet werden, denn eventuelle Futterpflanzen müssen stets sauber sein. Der Bodenbereich unter den Sitzstangen sollte generell leicht zu reinigen sein. Einheimische Sträucher, Stauden oder kleine Bäume bieten im nicht überdachten Bereich der Voliere sowohl sonnige als auch schattige oder dem Regen ausgesetzte Sitzplätze für die Vögel. Mit etwas Geschick lassen sich hier auch angespitzte Äste integrieren. Auf ihnen wird Obst, wie beispielsweise halbierte Äpfel, Birnen, Orangenscheiben etc. aufgespießt, um den Bewohnern das nötige Frischfutter anzubieten. Bei der Innenausstattung der Voliere ist dem Bewegungsdrang der Bewohner Genüge zu tun. Es ist zu beachten, dass ausreichend Flugraum mit langen Flugstrecken vorhanden ist. Der angrenzende Schutzraum sollte eine Grundfläche von mindestens 1,5 m^2 und einen festen Untergrund aufweisen, um Schadnager möglichst fern zu halten. Damit die Vögel das Schutzhaus aufsuchen, muss es im Inneren hell und lichtdurchflutet sein. In der Winterperiode ist dieses Schutzhaus zu heizen: Für alle einheimischen Arten muss es zumindest frostfrei sein, für tropischen Finken darf die Temperatur nicht unter 10 °C sinken.

Als Grundfutter werden im Fachhandel diverse Samenmischungen für die Volierenbewohner angeboten. Beispielsweise können Zeisig-, Gimpel-, Waldvogel-, und Cardueliden-Mischungen fertig bezogen werden. Aber auch Einzelsaaten stehen dem Pfleger im Fachhandel zur Verfügung. So kann mit Distelsaat, Kardisaat, Paddyreis, Hanf, den Samen des Ramtillkrauts („Negersaat"), gestreiften und weißen Sonnenblumenkernen, Rübsen, Mungobohnen, Blaumohn, diversen Hirsesorten, Kolbenhirse, Buchweizen, Dari, und dergleichen ein abwechslungsreiches Futterangebot zusammengestellt werden. Obgleich es zeitaufwendiger ist, das Futter aus Einzelsaaten zusammenzustellen, überwiegen die Vorteile dieser Art der Nahrungsversorgung. Bei der Futterzubereitung mit Einzelsaaten können nicht nur die artspezifischen Vorlieben der Gefiederten, sondern auch jahreszeitliche und physiologische Besonderheiten berücksichtigt werden. Zur Vorbereitung auf die Brutsaison und bei Überwinterung in einer kalten Außenvoliere sollten den Pfleglingen vermehrt ölhaltige Samen angeboten werden. In den Ruhephasen hingegen erhalten die Vögel weniger energiehaltige Futtermittel, um einer möglichen Verfettung entgegenzuwirken. Vornehmlich die größeren Finkenarten verzehren mit Vorliebe Knospen von Bäumen und Sträuchern. Um diesem Bedürfnis gerecht zu werden bietet man seinen Schützlingen regelmäßig frische Zweige mit jungen Trieben und Knospen an.

Keimfutter stellt eine willkommene Abwechslung am Futtertisch dar. Insbesondere bei der Jungenaufzucht ist Keimfutter eine hervorragende und vitaminreiche Vogelnahrung. Im Handel werden verschiedene Vorrichtungen für die Herstellung des Keimfutters angeboten. Da das feuchtwarme Medium einen optimalen Nährboden für Schimmelpilze darstellt, sind peinliche Sauberkeit und tägliche Kontrolle der Keimlinge unabdingbar. Nach jeder Benutzung müssen die Vorrichtungen gründlich gereinigt und desinfiziert werden.

Die zur Familie der Korbblütler zählenden *Tagetes* werden in verschiedenen Sorten im Handel angeboten. Diese Blumen lassen sich sehr gut im eigenen Garten anbauen. Unter das Futter gemischt, verbessern die intensiven Farbstoffe dieser Pflanzen die roten und gelben Gefiederanteile einiger Finkenarten und wirken dem Verblassen des Gefieders entgegen. Stellvertretend für etliche Vertreter der Fringillidae seien hier der Gimpel bzw. Dompfaff (*Pyrrhula pyrrhula*) und der Stieglitz (*Carduelis carduelis*) genannt (Abb. 3). Das rote Brustgefieder der Dompfaffen und das farbenfrohe Gefieder der Stieglitze mit beachtlichen Rot- und Gelbanteilen bleiben auch in der Voliere bei ausreichender Fütterung mit Tagetes erhalten. Sollten keine dieser Pflanzen zur Verfügung stehen, kann alternativ auch Paprikapulver als Naturprodukt verabreicht werden. Sonnenblumen sind problemlos anzubauen und im Herbst sind die halb reifen Kerne ein Leckerbissen für viele Arten. Nicht nur den in menschlicher Obhut gehaltenen Vögeln kann man mit diesen Samen das Nahrungsangebot bereichern. Auch die frei lebenden Gefiederten finden Gefallen daran und besuchen gerne diese Futterquellen.

Wenn sich die Möglichkeit bietet, sollten Stieglitze im Spätsommer und Herbst mit halbreifen und reifen Distelsamen versorgt werden. Es handelt sich nicht nur um ein hervorragendes Futter, sondern es bereitet den Vögeln auch sichtlich Vergnügen, die Samen direkt aus den Distelköpfen zu klauben. Da sich Kreuzschnäbel (*Loxia* spec.) in freier Natur bevorzugt von den Samen der Nadelbäume ernähren, sollte den Vögeln diese Nahrung auch in menschlicher Obhut angeboten werden. Die Zapfen von Fichten, Lärchen und Kiefern sind im Herbst mancherorts in großen Mengen unter den Bäumen zu finden. Tannenzapfen fallen indes nicht als Zapfen zu Boden, sondern nur ihre einzelnen Schuppen. Wer Tannenzapfen verfüttern möchte, muss ganze Äste mit den aufrechtstehenden Zapfen in der Voliere platzieren (vgl. Sterwerf 2016).

Abb. 3 Stieglitze (*Caduelis carduelis*) sind – in mehreren Zuchtformen – begehrte Volierenvögel. Im heimischen Garten sind sie relativ leicht durch blühende und im Herbst verdorrende Disteln anzulocken. (Foto: Jörg Asmus)

Die heimische Natur hält sehr viele und hochqualitative Futtermittel für unsere Pfleglinge bereit. Allen voran seien hier die Früchte der Eberesche (Vogelbeeren) (Abb. 4) und der Wildrose (Hagebutten) genannt. Beide lassen sich im Herbst sammeln und frisch verfüttern oder durch Einfrieren konservieren. Die Beeren der Ebereschen können auch getrocknet und somit lagerfähig gemacht werden. Ferner bieten sich beispielsweise die Früchte von Weißdorn, wildem Wein, Holunder, Kornelkirsche, Schlehe, Vogelkirsche sowie diverse samentragender Gräser als Finkenfutter an.

Für die Aufzucht junger Finken sind lebende Futterinsekten unabdingbar. Um die Vögel an diese Nahrung zu gewöhnen, sollten sie bereits vor Beginn der Brutsaison angeboten werden. Schimmelkäferlarven (im Handel Buffalos genannt), Puppen nicht geschützter Ameisenarten, Pinkies und andere Fliegenmaden, Wachsmottenmaden, Heimchen, Schaben und dergleichen runden das Angebot an Lebendfutter ab. Mehlkäferlarven (sog. Mehlwürmer) leisten bei der Fütterung von Lebendfutter ebenfalls gute Dienste. Von ihnen sollten aber nur weiße, also frisch gehäutete Tiere, verfüttert werden. Die Chitinhülle dunkler Larven ist für die Jungvögel nicht gut bekömmlich. Insbesondere zur Vorbeugung von Rachitis, einer Mangelerkrankung, sollten täglich einige Mehlkäferlarven vor der Verfütterung besonders behandelt werden. Dazu werden sie mit einer hauchdünnen Schicht Keimöl versehen und anschließend mit einem Mineralienpräparat bestreut. Hierfür eignen sich beispielsweise Korvimin, Osspulvit, fein gemahlene Sepiaschalen und ähnliche Kalziumlieferanten. Da die Larven unter der Ölschicht rasch ersticken, sollten sie nur frisch zubereitet verfüttert werden.

Soldatenfliegenlarven eignen sich ebenfalls hervorragend für die Aufzucht junger Finken, denn sie zeichnen sich durch einen hohen Nährstoffgehalt aus. Die Larven

Abb. 4 Ebereschen (*Sorbus aucuparia*) bilden – gerade im Herbst – ein begehrtes Zusatzfutter für viele Finkenvögel – sowohl im Freiland als auch in der Volierenhaltung. (Foto: Werner Sterwerf)

beinhalten viele Mineralien und Proteine, und ihr sehr gutes Verhältnis von Kalzium zu Phosphor beträgt 1:5 bis 2:1. Demzufolge lässt sich durch die Fütterung von Soldatenfliegenlarven der Gefahr von Rachitis vorbeugen. Die Larven enthalten im Regelfall nur 9 % Fett, aber 17 % Proteine und natürliche Laurinsäure. Leider werden diese Futtertiere nicht von allen Vögeln gefressen. Um die Gefiederten an dieses Futter zu gewöhnen, sollten sie bereits vor Beginn der Brutperiode in kleinen Mengen unter das Futter gemischt werden. Getrocknete Süßwassergarnelen sind aufgrund ihrer Inhaltsstoffe ebenfalls gut als Vogelfutter geeignet. Bei einem Proteingehalt von durchschnittlich 44 % besitzen sie nur einen geringen Fettanteil von 6 %. Der Rohfaseranteil beträgt, ebenso wie der Ascheanteil, ca. 25 %.

Die Haltung von Finken unterliegt in der Mehrzahl der Arten keinen Beschränkungen, allerdings sind alle europäischen Arten nach der Bundesartenschutzverordnung geschützt (Abb. 5). Zur Haltung verlangt die zuständige Behörde einen Herkunftsnachweis, eine Anmeldung und für die Nachzuchten eine geschlossene Beringung. Der Kapuzenzeisig (*Spinus cucullatus*) ist im Anhang I des Washingtoner Artenschutzübereinkommens aufgeführt und damit als Wildvogel vom legalen Handel ausgeschlossen. Lediglich geschlossen beringte Nachzuchtvögel dürfen gehalten werden. Das gilt ebenso für den Yarellzeisig (*Spinus yarellii*) (Anhang II). Er darf aus legalen Importen mit Herkunftsnachweis gehalten werden. Nachzuchten sind geschlossen zu beringen und behördlich zu melden (wisia.de).

Abb. 5 Bluthänflinge (*Linaria cannabina*) sind – wie viele andere europäische Finken – vielfach in den Volieren der sogenannten Waldvogelzüchter zu finden. Sie unterliegen in Deutschland bei der Haltung den Regularien der Bundesartenschutzverordnung. (Foto: Jörg Asmus)

Literatur

Bezzel, E. (1993). *Kompendium der Vögel Mitteleuropas – Passeres. Familie Fringillidae* (S. 600–679). Wiesbaden: Aula.

Brücher, H., Pagel, T., van den Elzen, R., Schürer, U., Tschirch, W., Schuchmann, K. L., & Riebe, M. (1996). *Mindestanforderungen an die Haltung von Kleinvögeln (Teil 1: Körnerfresser).* Bonn: Sachverständigen-Gutachten im Auftrag des Bundesministeriums für Ernährung, Landwirtschaft und Forsten.

Collar, N., Newton, I., & Bonan, A. (2019). Finches (Fringillidae). In J. del Hoyo, A. Elliott, J. Sargatal, D. A. Christie & E. de Juana (Hrsg.), *Handbook of the birds of the world alive.* Barcelona: Lynx.

Hilty, S., & Bonan, A. (2019). Blue-naped Chlorophonia (*Chlorophonia cyanea*). In J. del Hoyo, A. Elliott, J. Sargatal, D. A. Christie & E. de Juana (Hrsg.), *Handbook of the birds of the world alive.* Barcelona: Lynx.

Pratt, H. D. (2010). Drepanididae (Hawaiian Honeycreepers). In J. Del Hoyo, A. Elliot & D. Christie (Hrsg.), *Handbook of the birds of the world* (Weavers to New World Warblers, Bd. 15). Barcelona: Lynx.

Sterwerf, W. (2016). Der Stieglitz – Vogel des Jahres 2016. *Gefiederte Welt, 140*(2), 8–11, (3) (S. 18–21).

Urbasch, I. (2005). Biologie und Pflege von Organisten. *Die Voliere, 28*, 164–169.

Winkler, D. W., Billermann, S. M., & Lovette, I. J. (2015). *Bird families of the world – Fringillidae* (S. 523–526). Barcelona: Lynx.

Familie: Cardinalidae – Kardinäle

Irene Urbasch

Inhalt

1 Systematik und allgemeine Biologie

Die Kardinäle sind eine recht heterogene Vogelgruppe mit derzeit anerkannten 51 Arten in 11 Gattungen. Kardinäle gehören zu den 9-Handschwingen-Singvögeln. Ihre nächsten Verwandten sind die Tangaren (Thraupidae), die Ammern (Emberizidae) und die Finken (Fringillidae) (Burns et al. 2016).

Zu den Kardinälen gehören so unterschiedliche Vogelformen wie die Kernknacker oder Großschnabelkardinäle (*Pheucticus*), die Farbfinken (*Passerina*), die Bischöfe (*Cyanocompsa, Cyanoloxia*), die eigentlichen Kardinäle (*Cardinalis*) und die früher unter den Tangaren eingeordneten Gattungen *Piranga* und *Habia* sowie der Rotschulterkardinal (früher Dickzissel) (*Spiza americana*) (vgl. Ridgely und Tudor 2009; Burns et al. 2016; Orenstein und Bonan 2019) (Abb. 1).

Kardinäle sind kleine bis sehr kleine, oftmals sehr farbenfroh gefärbte Singvögel von Finken- bis Starengröße (11–24 cm). Meist sind die Männchen prächtiger gefärbt als die Weibchen (Orenstein und Bonan 2019). Bei wenigen Arten liegt kein Geschlechtsdimorphismus vor, z. B. bei mehreren *Saltator*-Arten.

Kardinäle sind ausschließlich in der Neuen Welt verbreitet, von Süd-Kanada bis Uruguay und Nord-Argentinien, außerdem in der Karibik. Sie bewohnen sehr unterschiedliche Lebensräume – von Wäldern über Graslandschaften bis hin zu trockenem Buschland (Orenstein und Bonan 2019).

I. Urbasch (✉)
Hamburg, Deutschland

© Springer-Verlag GmbH Deutschland, ein Teil von Springer Nature 2021
W. Lantermann, J. Asmus (Hrsg.), *Wildvogelhaltung*,
https://doi.org/10.1007/978-3-662-59604-3_54

Abb. 1 Die Kardinäle der Gattung *Piranga*, hier ein männlicher Weißbindenkardinal (*Piranga leucoptera*), wurden früher der Familie der Tangaren zugeordnet. (Foto: Werner Lantermann)

Kardinäle haben zwei unterschiedliche Nahrungspräferenzen entwickelt, die sich u. a. in der Schnabelmorphologie widerspiegeln. Einige Arten sind mit einem massiven, konisch-kegelförmigen Schnabel ausgestattet, kennzeichnend für Körner-fresser und Samenknacker (*Pheucticus* und *Cardinalis* spp.). Andere Arten besitzen nur einen schmalen, länglicheren Schnabel, typisch für Insekten- und Fruchtfresser (z. B. *Habia* und *Piranga*) (Winkler et al. 2015; Burns et al. 2016).

Die Arten der Cardinalidae sind in der Regel monogam und die Eltern kümmern sich gemeinsam um den Nachwuchs. Selten ist Polygynie das vorherrschende Paarungssystem (so lockt beispielsweise das Dickzissel-Männchen bis zu sechs Weibchen in sein Territorium und paart sich mit ihnen). Auch Brut in Gemein-schaftsnestern ist bei einigen Arten möglich.

Die Nester der Kardinäle sind gewöhnlich nach oben offene Napfnester aus kleinen Zweigen, Grashalmen und anderen Pflanzenteilen. Zur Innenauspolsterung der Nester werden Haare und weiche Federchen verwendet. Die Weibchen legen – je nach Art – 1–6 Eier, die sie in der Regel allein für 11–14 Tage bebrüten. Die Nestlingsdauer beträgt 9–15 Tage. Häufig sind die Weibchen allein für die Fütterung der Jungen zuständig, zum Teil beteiligen sich aber auch die Männchen (Winkler et al. 2015; Orenstein und Bonan 2019).

Von den 51 Kardinal-Arten sind derzeit 6 gefährdet oder potenziell gefährdet. Eine Art, der erst 2003 entdeckte Carrizalkardinal (*Amaurospiza carrizalensis*), kommt nur in einem Laubwaldgebiet im Südosten Venezuelas vor und ist vom Aussterben bedroht („critically endangered") – mit einer Population von weniger als 50 Vögeln ! Der Schwarzwangenkardinal (*Habia atrimaxillaris*), eine endemische Art von der Osa-Halbinsel Costa Ricas, gilt aufgrund hoher Habitat-Verluste als stark gefährdet („endangered") (www.iucnredlist.org).

2   Haltungsanforderungen

Unter den Kardinälen gelten viele Arten als sehr beliebte Volierenvögel, denn vor allem die Männchen tragen ein äußerst farbenprächtiges Gefieder und beweisen großes Gesangstalent. Die meisten Kardinäle sind widerstandsfähig, anspruchslos in der Haltung und brüten mehrmals im Jahr.

Bei weitem am häufigsten in Menschenobhut ist der Rotkardinal (*Cardinalis cardinalis*) – derzeit allein in 12 Haltungen in deutschen Tiergärten (www.zootier liste.de) und darüber hinaus in zahlreichen Privathaltungen. Der verwandte Purpurkardinal (*Cardinalis phoeniceus*) sowie der Schmalschnabelkardinal (*Cardinalis sinuatus*) hingegen sind seltenere Pfleglinge in Europa.

Insbesondere die kleinen Farbfinken-Arten der Gattung *Passerina* finden bei Privathaltern großen Anklang, sowohl der Papstfink (*Passerina ciris*), als auch Orangeblaufink (*Passerina leclancheri*), Vielfarbenfink (*Passerina versicolor*), Azurfink (*Passerina caerulea*), Indigofink (*Passerina cyanea*) und Lazulifink (*Passerina amoena*). In Zoohaltungen sind sie dagegen so gut wie nicht zu finden (www.zootierliste.de).

Das bestechende Blau der „Bischöfe" hat ebenfalls zahlreiche Vogelliebhaber gefunden, die sich vor allem für den Azurfink (früher Hellblauer Bischof *Passerina caerulea*) (Giebing 2006), den Ultramarinkardinal (früher Ultramarinbischof) (*Cyancompsa brissonii*) und den Türkiskardinal (früher Türkisbischof) (*Cyanoloxia glaucocaerulea*) begeistern.

In Größe und Statur einem Kernbeißer ähnlich sind die Großschnabelkardinäle der Gattung *Pheucticus*: Gelbbauch-Kernknacker (*Pheucticus chrysogaster*), Rosenbrust-Kernknacker (*Pheucticus ludovicianus*) sowie der Schwarzkopf-Kernknacker (*Pheucticus melanocephalus*). Diese wurden früher eher in Zoos und Vogelparks gehalten, jetzt aber zunehmend auch privat, trotz hochpreisiger Erwerbskosten (Abb. 2).

Nach neueren genetischen Analysen werden die seit langem beliebten Grau-, Dominikaner-, Mantel- und Grünkardinäle inzwischen systematisch zu den Ammern (*Emberizidae)* gezählt (del Hoyo et al. 2011).

Die nördlichen (kanadischen und nordamerikanischen) Kardinal-Arten sind robust und kältetolerant. Für sie ist eine dicht bepflanzte Außenvoliere mit angeschlossenem Schutzraum ideal. Die mittel- und südamerikanischen Kardinäle brauchen zur Überwinterung und bei schlechtem Wetter jedoch einen beheizbaren Raum (mindestens 15 °C). Eine ständige Unterbringung in einer Innenvoliere ist wahlweise möglich. Für die „größeren" Kardinäle wie Rotkardinal oder Kernknacker verzeichnet das Gutachten zur „Haltung von Kleinvögeln" Käfigmindestmaße von

Abb. 2 In Größe und Statur
ähneln die Kernknacker,
darunter auch der Gelbbauch-
Kernknacker (*Pheucticus
chrysogaster*, hier ein
Männchen), den europäischen
Kernbeißern. (Foto: Werner
Lantermann)

120 × 50 × 50 cm. Die kleineren Farbfinken benötigen demnach eine Mindest-
käfiggröße von 80 × 40 × 40 cm (Brücher et al. 1996). Aus heutiger Sicht sind diese
Maße völlig unzureichend. Empfehlenswert für alle Arten sind Volierenmaße von
etwa 200 × 100 × 200 cm (L × B × H). Nur solche Volieren lassen sich gut
strukturieren und zu tiergerechten Unterkünften gestalten. Zur Volierenbepflanzung
eignen sich z. B. Liguster- und Holunderbüsche, Chamaecyparis, Thuja und weitere
Koniferen. Dichte Versteckmöglichkeiten sind wichtig. Dazu eine freie Fläche mit
Waldboden, Gras, Sand und Rindenmulch. Auf jeden Fall eine flache Badestelle,
denn alle Kardinäle baden gerne und ausgiebig (Strehlow und Haensel 2014).

Für Zuchtabsichten ist die paarweise Haltung am erfolgversprechendsten, weil
vor allem die Männchen zur Brutzeit gegen Artgenossen und ähnlich gefärbte
Mitbewohner aggressiv reagieren. Die Vergesellschaftung mit artfremden, größeren
Vögeln wie Tauben, Reihern oder Hühnervögeln hingegen funktioniert meist auch
zur Brutzeit der Kardinäle. Nach der Jungenaufzucht ist die Gemeinschaftshaltung
leichter, zumal sich die meisten Kardinäle während dieser Zeit auch im Freiland
wieder zu kleineren Trupps oder sogar größeren Schwärmen gruppieren.

Für Kardinäle gibt es inzwischen bei manchen Anbietern ein fertiges Spezialfutter
im Handel. Es lässt sich aber auch leicht eine Körnermischung als Grundfutter

herstellen, z. B. aus Agaporniden-, Kanarien-, Singvogel- und Universalfutter. Auch eine fettarme Mischung aus Hanf, Hirse, Glanz, Hafer, Weizen, Reis, Negersaat und wenigen Sonnenblumenkernen wird gerne genommen. Verschiedene Obstsorten, Grün- und Keimfutter sowie Zweige mit frischen Knospen ergänzen das Nahrungsangebot. Zwischendurch ist tierische Kost bei adulten Kardinälen willkommen, z. B. Mehlkäferlarven, Ameisenpuppen, Pinkies, Grillen und Heimchen, Spinnen, Drosophila, je nach Bedarf mit Vitaminpulver bestreut (Bielfeld 1981; Strehlow und Haensel 2014).

Als Beigaben zum Erhalt der Gefiederfarbintensität können carotinoidhaltige Zusätze wie Canthaxanthin oder Lutein mit dem Trinkwasser verabreicht werden, für das jeweilige Zuchtpaar ca. 1–2 Wochen vor Eiablage, ansonsten zur Mauserzeit. Diese Xanthophylle wirken gleichzeitig als Antioxidantien und somit u. a. als Immunstimulans für die Vögel. Das Brutvorbereitungsfutter muss besonders proteinreich sein, das Aufzuchtfutter für die Jungkardinäle besteht fast ausschließlich aus Lebendfuttertieren. Ein möglichst vielfältiges Angebot ist wie bei vielen Jungvogelaufzuchten ausschlaggebend für den Zuchterfolg.

Die geeignete Paarzusammenstellung ist manchmal durch ein überwiegendes Männchenangebot im Handel und nur wenigen Weibchen erschwert. Nistkörbchen oder leere Kokosnusshälften, niedrig in einem Busch befestigt, werden gern als Nestunterlage von den Kardinälen benutzt. Die kleinen Farbfinken beziehen auch Wellensittichkästen. Als Nistmaterial werden Kokos- und Sisalfasern, Grashalme und dünne Zweige verbaut, die Nestauspolsterung erfolgt mit Moos, Federn und Tierhaaren.

Die Jungenaufzucht gelingt meist zuverlässig in Naturbrut, sofern feines, vielfältiges Lebendfutter portionsweise mehrmals am Tag gereicht wird, damit die Jungen nicht durch Übersättigung aufhören zu betteln und dann von den Eltern vernachlässigt werden.

Unter den Kardinälen ist derzeit keine Art in den CITES-Anhängen aufgeführt. Somit bestehen für alle Arten der Gruppe derzeit keine Haltungsbeschränkungen (www.cites.org).

Der 19–23 cm große **Rote Kardinal** oder **Rotkardinal** ist sicherlich der bekannteste Vertreter aller Kardinäle und auch der häufigste in der Haltung. Wegen seines ausgezeichneten, melodischen Gesangs einschließlich Imitationen wird er im Handel manchmal als „Virginia-Nachtigall" angeboten (Abb. 3).

Das Männchen ist gekennzeichnet durch sein leuchtend rotes Federkleid, die spitze Haube und eine pechschwarze Gesichtsmaske. Die gesamte Familie der Kardinäle erhielt ihren Namen nach dem scharlachroten Gefieder der Männchen, denn der Farbton ähnelt dem einer Kardinalsrobe. Das Weibchen hingegen trägt ein bräunliches Tarnkleid. Nur Haube, Flügel und Schwanz sind rötlich überlaufen.

Der Rote Kardinal kommt in 19 Unterarten vom Südosten Kanadas über den Osten der USA bis nach Mittelamerika (Guatemala) vor. Er lebt im dichten Gebüsch, lichten Wäldern und am Waldrand, gern in Gewässernähe, wagt sich aber auch ohne große Scheu vor Menschen in Parkanlagen und Gärten. Rote Kardinäle sind flexible Kulturfolger (del Hoyo et al. 2011; Ritchinson 1997; Sibley 2000). Die Nahrung besteht hauptsächlich aus Samen, kleinen Früchten und Knospen, geringeranteilig

Abb. 3 Der Rotkardinal (*Cardinalis cardinalis*) – hier ein Männchen – ist derzeit der häufigste in Tiergärten und in Privathand gehaltene Kardinal. (Foto: Markus Zehnder)

auch aus tierischem Futter. Allerdings erhalten die Jungen fast ausschließlich Insekten und weitere wirbellose Kleintiere.

Das häufigste Fortpflanzungssystem der Rotkardinäle ist eine monogame Saisonehe. Zum Balzritual gehört intensiver Gesang des Männchens, zum Teil im Wechsel mit dem Weibchen, denn auch dieses kann dezent singen. Ferner sieht man Verfolgungsflüge, Haubensträuben, Schwanzfächern und Balzfüttern. Das Weibchen legt 2–5 hell bläulichgrüne, braun gefleckte Eier in ein Napfnest und brütet ca. 12–14 Tage alleine, wird aber vom Partner versorgt. Die Jungen werden von beiden Eltern gefüttert, vor allem mit Insekten. Das Nest verlassen die noch nicht flugsicheren Jungen selten schon mit neun Tagen, meist erst mit 11–13 Tagen. Im 3. Lebensjahr erreicht der Nachwuchs seine Fortpflanzungsreife. Rote Kardinäle zählen zu den fleißigsten Brütern (mit bis zu vier Jahres-Schachtelbruten). Die Jungvögel werden mit Ringen der Größe 3,5 mm gekennzeichnet (Urbasch 2006; Dinger 2010; del Hoyo et al. 2011).

Die frühesten Haltungsberichte besagen, dass schon im 16. Jahrhundert Rote Kardinäle in Europa gepflegt wurden (del Hoyo et al. 2011). Ihre Beliebtheit als Volierenvögel ist bis heute ungebrochen, denn sie vereinen viele Vorzüge: attraktives Gefieder, Genügsamkeit in der Haltung, Zutraulichkeit, leichte Züchtbarkeit und wunderschöner Gesang. Mit einem Höchstalter von bis zu 20 Jahren in Menschenobhut sind Rote Kardinäle zudem recht langlebig. Die Haltungsbedingungen sind weiter oben (Allgemeines) schon ausführlich beschrieben worden (vgl. Urbasch 2006).

Der nur 12–14 cm kleine **Papstfink** (*Passerina ciris*) gehört zu den farbenprächtigsten Kardinälen. Das bunte Gefieder des Männchens ist an Oberkopf, Halsseiten und Nacken intensiv blau, der Rücken gelblichgrün und die gesamte Unterseite signalrot. Das Weibchen hingegen ist oberseits grünlich, unterseits olivgelb und somit vor allem während der Brut besser getarnt (Abb. 4).

Der Papstfink kommt im Südosten der USA, Nordost-Mexiko und in Mittelamerika vor. Die Vögel vom nördlichen Rand des Verbreitungsgebietes ziehen zur Überwinterung in die Karibik. Bevorzugte Habitate des Papstfinks sind Waldränder, dichtbuschig bewachsene Gewässerufer, in Siedlungsnähe auch Straßenränder mit Baumbestand, Gärten, Parks und Obstplantagen. Papstfinken ernähren sich von vielerlei Samen, kleinen Früchten, Knospen und Blüten. Vor allem zur Jungenaufzucht werden vermehrt Insekten und andere Wirbellose gesammelt.

Der Gesang wird nur vom Männchen vorgetragen. Die Stimme ist angenehm melodisch-zwitschernd oder klingelnd, relativ leise und kann das ganze Jahr über gehört werden.

Das tiefe Napfnest wird niedrig in einem Busch oder Baum errichtet. Es besteht aus dünnen Zweigen, Grashalmen, feinen Wurzeln und einer weichen Feder-/Tierhaarauspolsterung. Die 3–5 hellblauen, rötlichbraun gefleckten Eier werden 13–14 Tage vom Weibchen bebrütet.

Währenddessen bewacht das Männchen seine Partnerin und versorgt sie mit Futter. Nach einer Nestlingsphase von 11–12 Tagen füttern beide Eltern gemeinsam ihre Jungen, überwiegend mit Kleingetier (del Hoyo et al. 2011; Orenstein und Bonan 2019).

Papstfinken sind nicht global bestandgefährdet, werden aber derzeit als „near threatened" eingestuft (del Hoyo et al. 2011).

Schon im 18. Jahrhundert konnten Papstfinken in England gezüchtet werden, in Deutschland erstmalig in den 1880er-Jahren von Karl Ruß. In Menschenobhut haben

Abb. 4 Früher war der Papstfink (*Passerina ciris,* Männchen) ein Allerweltsvogel auf dem Vogelmarkt, heute – nach dem Importstopp – gehören Nachzuchten eher zu den Seltenheiten. (Foto: Bernhard Walker)

sie schon ein Höchstalter von 16 Jahren erreicht. Papstfinken sind widerstandsfähig und bereiten kaum Probleme bei der Haltung. Sie können sehr zutraulich werden, benötigen aber eine warme Überwinterung (zwischen 15 und 20 °C). Die Ernährungspalette gleicht der der eigentlichen Kardinäle (siehe oben) (Strehlow und Haensel 2014).

Außer dem Papstfink sind noch 6 weitere Farbfinken der Gattung *Passerina* bekannt (del Hoyo et al. 2011): Orangeblaufink (*Passerina leclancheri*),Vielfarbenfink (*Passerina versicolor*), Indigofink (*Passerina cyanea*), Lazulifink (*Passerina amoena*), Azurfink (*Passerina caerulea*) und Rosenbauchfink (*Passerina rositae*), der in Europa aber nicht haltungsrelevant ist. Für alle diese Farbfinken gelten entsprechende Haltungs- und Zuchtkriterien wie für den Papstfink.

Der 20–22 cm große, kontrastreich gelb-schwarz-weiße **Gelbbauch-Kernknacker** (*Pheucticus chrysogaster*) wurde früher als Unterart von *Pheucticus chrysopeplus* geführt und wird jetzt als eigenständige Art eingestuft (del Hoyo et al. 2011). Er besitzt einen auffallend kräftigen, kegelförmigen Schnabel. Sein Verbreitungsgebiet liegt in den Anden (Ecuador und Peru), in Höhenlagen von 1500–3500 m! Dort bewohnt er die Bergwälder und buschige Berghänge. Er kommt aber auch im Siedlungsraum zurecht.

Sein abwechslungsreiches Gesangsrepertoire umfasst außergewöhnlich viele verschiedene Silben. Die Melodien klingen für diesen kräftigen Vogel unerwartet lieblich.

Gelbbauch-Kernknacker ernähren sich von hartschaligen Samen, Früchten, jungen Blatttrieben und einem ungewöhnlich hohen Anteil an Blüten samt Nektar, außerdem von Insekten. Die 2–4 Eier werden vorrangig vom Weibchen bebrütet, das Männchen übernimmt nur kurzzeitig tagsüber. Die Brutdauer beträgt etwa 14 Tage, die Nestlingsdauer 11–13 Tage (Orenstein und Bonan 2019). Gelbbauch-Kernknacker verhalten sich in der Voliere sehr friedlich. Die Haltungs- und Zuchtkriterien entsprechen denen des Roten Kardinals.

Literatur

Bielfeld, H. (1981). *Zeisige, Kardinäle und andere Finkenvögel*. Stuttgart: Ulmer.

Brücher, H., Pagel, T., van den Elzen, R., Schürer, U., Tschirch, W., Schuchmann, K. L., & Riebe, M. (1996). *Mindestanforderungen an die Haltung von Kleinvögeln (Teil 1: Körnerfresser)* (Sachverständigen-Gutachten im Auftrag des Bundesministeriums für Ernährung). Bonn: Landwirtschaft und Forsten.

Burns, K. J., Unitt, P., & Mason, N. A. (2016). A genus-level classification of the family Thraupidae (Class Aves: Order Passeriformes). *Zootaxa, 4088* (3), 329–354.

Dinger, R. (2010). Kardinäle – meine Erfahrungen mit Grau-, Rot und Grünkardinälen. *Die Gefiederte Welt, 134*(7), 8–13.

Giebing, M. (2006). Der Hellblaue Bischof. *Die Voliere, 29*(5), 132–136.

Hoyo, J. del, Elliott, A., & Christie, D. (2011). *Handbook of the birds of the world* (Bd. 16). Barcelona: Lynx.

Orenstein, R., & Bonan, A. (2019). Cardinals (*Cardinalidae*). In J. del Hoyo, A. Elliott, J. Sargatal, D. A. Christie & E. de Juana (Hrsg.), *Handbook of the birds of the world alive*. Barcelona: Lynx.

Ridgely, R. S., & Tudor, G. (2009). *Birds of South America. Passerines*. London: Helm.

Ritchinson, G. (1997). *Northern Cardinal*. Mechanicsburg: Stackpole Books.

Sibley, W. (2000). *The Northern American bird guide*. Sussex: Pica Press.

Strehlow, H., & Haensel, J. (2014). Kapitel Sperlingsvögel (Passeriformes, Kärdinäle). In W. Grummt & H. Strehlow (Hrsg.), *Zootierhaltung – Vögel* (S. 686–689). Haan-Gruiten: Europa-Lehrmittel.

Urbasch, I. (2006). Der Rote Kardinal. *Die Voliere, 29*(6), 164–170.

Winkler, D. W., Billermann, S. M., & Lovette, I. J. (2015). *Bird families of the world – Cardinalidae* (S. 552–553). Barcelona: Lynx.

Familie: Thraupidae – Tangaren

Irene Urbasch

Inhalt

1   Systematik und allgemeine Biologie

Nach der Auflistung von Winkler et al. (2015) und der Aktualisierung im HBW Alive (del Hoyo et al. 2019) werden die Tangaren aufgrund neuester molekularbiologischer Studien gegenwärtig in 98 Gattungen und 377 Arten unterteilt. Damit sind sie eine der größten Familien innerhalb der Passeriformes – und überhaupt innerhalb der Aves. Ihre nächsten Verwandten haben die Tangaren in den Kardinälen (Cardinalidae), beide Familien zusammen bilden Schwesterngruppen zu der neu installierten Familie Mitrospingidae, deren vier Arten früher ebenfalls zu den Tangaren gerechnet wurden (Barker et al. 2013). Die Tangaren stellen heute nach diesem taxonomischen Konzept eine sehr heterogene Vogelgruppe dar, in der neben den Tangaren-typischen insekten-, nektar- und fruchtfressenden Arten auch granivore Arten zu finden sind, die früher in anderen Taxa eingeordnet waren (z. B. *Geospiza, Tiaris, Poospiza, Sporophila,* ehemals Emberizidae) (Burns 1997). Auch der Zuckervogel (*Coereba flaveola*), der zuvor als einzige Art einer separaten Familie galt, wird heute den Tangaren zugerechnet (Hilty und Christie 2019). Tangaren sind kleine bis etwa amselgroße Vögel, deren Gefiederfärbung sehr variabel ist – bei den Samenfressern herrschen meist Brauntöne vor, die Frucht- und Insektenfresser sind dagegen oftmals äußerst farbenprächtig gezeichnet (Abb. 1).

I. Urbasch (✉)
Hamburg, Deutschland

© Springer-Verlag GmbH Deutschland, ein Teil von Springer Nature 2021   979
W. Lantermann, J. Asmus (Hrsg.), *Wildvogelhaltung*,
https://doi.org/10.1007/978-3-662-59604-3_55

Abb. 1 Farbenprächtig
gezeichnet ist die neotropische
Schwarzstirn-
tangare (Männchen)
(*Pipraeidea bonariensis*), die
mit einer Größe von 17 cm und
einem Gewicht von 28–46 g zu
den größten Tangarenarten
gehört. (Foto: Jörg Asmus)

Die Tangaren sind nach der neuen Systematik von del Hoyo et al. (2019) eine ausschließlich neotropische Vogelgruppe, deren Verbreitungsgebiet von Mexiko über Mittelamerika und die Karibischen Inseln bis Südargentinien reicht. Sie bewohnen eine Vielzahl unterschiedlichster Lebensräume: von tropischen küstennahen Regenwäldern über steppenartige Graslandschaften bis hin zu felsigen und z. T. schneebedeckten Hochgebirgs-Habitaten in den Anden. Berühmt sind die Darwinfinken (*Geospiza* spec.), die auf den Ekuador vorgelagerten Galápagosinseln endemisch sind und dort in der Mehrzahl der Arten bevorzugt trockene, buschreiche Habitate bewohnen.

Das Nahrungsspektrum der Tangaren ist so vielfältig wie deren Erscheinungsformen. Es reicht von reinen Samenfressern über Fruchtfresser, Insektenfresser und Gemischtköstler bis hin zu reinen Nektarfressern, die durch ihre gebogene Schnabelform an den Nektarerwerb im Inneren von Blüten angepasst sind.

Die meisten Tangaren-Arten sind monogam. Aber auch Polygynie kommt bei wenigen Arten vor. Sogar Helfer am Nest sind bei einigen *Tangara*-Arten beschrieben worden. Die Nester sind üblicherweise einfache Bechernester aus Zweigen, Halmen und Blättern. Einige Arten haben aber Spezialanpassungen entwickelt. So bauen beispielsweise die Darwinfinken (*Geospiza* spec.) rundum geschlossene Brutkobel aus Gras (Grant und Weiner 2011), die Safrangilbtangare (*Sicalis flaveola*) (Abb. 2) nistet in den verlassenen Lehmnestern der Töpfervögel (*Furnarius* spec.), wiederum andere Arten nisten in Felsspalten oder Bodenhöhlen, wie z. B. die Schwalbentangare (*Tersina viridis*). Die extremste Anpassung zeigt die Spiegelammertangare (*Diuca speculifera*), die als einziger Singvogel Amerikas im Hochgebirge sogar auch auf Gletschern brütet (Ridgely und Tudor 2009). Tangaren legen zwischen 1 und 4 Eiern, die die Weibchen etwa 12–14 Tage alleine bebrüten, die Höhlenbrüter auch bis zu 17 Tage. Beide Geschlechter kümmern sich um die Aufzucht der Jungvögel, die etwa 11–20 Tage nach dem Schlupf das Nest verlassen. Die Nestlingszeit ist umso kürzer, je gefährdeter der Neststandort (z. B. in Bodennähe) ist (Winkler et al. 2015).

In der Roten Liste der IUCN sind derzeit 61 Tangaren-Arten aufgeführt, deren Status von „near-threatened" bis „critically endangered" reicht. In letzterer Kategorie

Abb. 2 Die Safrangilbtangare, hier ein Männchen (*Sicalis flaveola*) – früher auch Safranammer genannt – brütet in den verlassenen Lehmnestern der Töpfervögel. (Foto: Jörg Asmus)

sind derzeit 5 Arten aufgeführt, und zwar die Darwinfinken *Geospiza pauper* und *G. heliobates*, die Goughammertangare (*Rowettia goughensis*), die Rubinkehltangare (*Nemosia rourei*) und die Witwentangare (*Conothraupis mesoleuca*) (www.iucnred list.org). Gründe für deren Rückgang liegen hauptsächlich im Habitatverlust, vor allem im Holzeinschlag und der Brandrodung zur Umwandlung von ursprünglichen Waldgebieten in Anbauflächen (Winkler et al. 2015).

2 Haltungsanforderungen

Rund 150 Tangarenarten und -unterarten sind in der Vergangenheit in deutschen Tiergärten gehalten worden, aktuell sind es jedoch nur noch etwa 20 Arten, von denen die meisten in sehr kleiner Anzahl und nur in einem bis drei Parks anzutreffen sind. Lediglich Brasiltangaren (*Ramphocelus bresilius*) (13 Tiergärten), Kobaltnaschvögel (früher Gelbfußhonigsauger – *Cyanerpes caeruleus*)) (5 Parks), Türkisnaschvögel (früher Rotfußhonigsauger – *Cyanerpes cyaneus*) (6 Parks) und Türkistangaren (*Tangara mexicana*) (2 Unteraten in 7 Parks) sind derzeit noch in nennenswerter Anzahl in deutschen Tiergärten vertreten (www.zootierliste.de). Auch in Privathand sind einige Arten bei spezialisierten Haltern zu finden, jedoch

ist seit dem Ende der Wildvogelimporte auch hier ein stetiger Rückgang zu verzeichnen. Die artenreichste und häufigste Gruppe in Privathaltungen stellen die nur
11–14 cm kleinen Schillertangaren dar (50 Arten). Bereits erfolgreich gezüchtet
wurden vor allem: Blaukopf- oder Azurtangare (*Tangara cyanicollis*), Paradies- oder
Siebenfarbentangare (*T. chilensis*), Dreifarbentangare (*T. seledon*), Vielfarbentangare
(*T. fastuosa*), Goldtangare (*T. arthus*), Türkistangare und Isabelltangare (*T. cayana*)
(Vandieken 2009). Aus der Gattung *Ramphocelus* wurden oder werden insbesondere Brasil- oder Purpurtangaren, Sammettangaren (*R. carbo*) und Maskentangaren
(*R. nigrogularis*) gepflegt. Die Organisten gehören zu den einzigen Tangaren, die
ihrem Namen entsprechend schön-orgelnd singen können und sogar imitieren! Gehalten wurden oder werden vornehmlich Veilchenorganisten (*Euphonia violacea*), Dickschnabelorganisten (*E. laniirostris*) und Grünorganisten (*Chlorophonia cyanea*). Von
den 4 Naschvogelarten (*Cyanerpes*) sind der Türkisnaschvogel und der Kobalt- oder
Purpurnaschvogel haltungsrelevant. Als vorwiegend nektartrinkende Vögel werden
diese ähnlich wie Kolibris und Nektarvögel ernährt (siehe unten). – Die Beliebtheit der
Tangaren beruht zweifellos auf der bunten Farbenpracht ihres Gefieders und ihrer
Lebhaftigkeit. Der Gesang klingt eher verhalten mit Ausnahme der Organisten (Urbasch 2005, 2006).

Die meisten Tangaren-Arten stammen aus tropisch-subtropischen Tieflandgebieten
Mittel- und Südamerikas. Sie benötigen als wärmeliebende Vögel etwa 20–25 °C,
entweder ganzjährig in einer Innenvoliere oder einer Außen-/Innenkombination. Die
Überwinterung erfolgt mindestens bei 15 °C. Die kältetoleranten Hochlandspezialis-
ten (z. B. *Chlorophonia* spec.) fühlen sich auch noch bei 15–20 °C in einer Garten-
voliere mit frostfreiem Schutzraum wohl.

Als sehr bewegungsfreudige Vögel brauchen Tangaren Volieren mit viel freiem
Flugraum. Die Mindestabmessungen von $2 \times 1 \times 2$ m sollten nur für eine kurzfris-
tige Unterkunft (z. B. Eingewöhnungsphase) gelten, ansonsten darf gerade bei
diesen agilen Vögeln nicht mit Raum gespart werden.

Ein Teil der Voliere sollte dicht und hoch bepflanzt sein (als Versteck und
Nistplatz). Geeignet sind beerentragende Büsche wie Himbeeren, Holunder, Feuerdorn, außerdem Hibiscus, Bambus und Koniferen. Ein weiterer Volierenbereich
muss für die regen Flugaktivitäten frei bleiben. Der Boden ist durch die schnelle
Verdauung der früchtefressenden Tangaren rasch verschmutzt. Der Bodenbelag
muss daher aus saugfähigem Material bestehen (Katzenstreu, Holzgranulat). Hygiene ist in der Tangarenhaltung äußerst wichtig, um Infektionen vorzubeugen
(Urbasch 2005, 2006).

Zur Brutzeit verhalten sich Tangaren meist unverträglich gegen Artgenossen.
Daher ist zur Zucht eine paarweise Unterbringung erfolgreicher. Außerhalb der
Brutsaison ist eine Gemeinschaftshaltung mit anderen Kleinvögeln möglich, denn
am natürlichen Standort bilden sich in dieser Zeit nahrungssuchende, größtenteils
verträgliche Trupps.

Die meisten Tangaren ernähren sich hauptsächlich von Früchten, ausgenommen
sind die Nektarspezialisten Naschvögel, Zuckervögel und Hakenschnäbel. Süße,
weiche, auch exotische Früchte, klein geschnitten, kleine Beeren (Heidelbeeren,

Vogelbeeren, Feuerdorn) bilden die bevorzugte Nahrung. Gemüse/Grünfutter (Tomatenstücke, Gurkenscheiben, geriebene Möhren, Vogelmiere, Löwenzahn u. a.) wird nur von wenigen Tangaren angerührt. Weichfutter mit Magerquark, gekochtem Eigelb, Biskuit und Honig wird dagegen von den meisten Arten gern genommen. Als Lebendfuttertiere sind Drosophila, kleine Mehlwürmer, Spinnen, Ameisenpuppen für adulte Finken- und Schwalbentangaren als Hauptfutter wichtig, für die übrigen Arten vor allem zur Jungenaufzucht. Nektargetränke, verdünnte Fruchtsäfte und Honigwasser mögen alle Tangaren, die Nektarspezialisten (s. o.) vorrangig. Vitamine, Mineralstoffe, Spurenelemente, Farbfutter werden je nach Bedarf ergänzt (Urbasch 2006; Strehlow und Haensel 2014).

Tangaren sind mit wenigen Ausnahmen (s. o.) Freibrüter. Nistkörbchen oder halb offene Kästen, erhöht aufgehängt, werden gut genutzt. Das Nistmaterialangebot besteht aus Grashalmen, Kokos- und Sisalfasern, dünnen Zweigen, Blättern, Moos, Federn und Tierhaaren. Das Aufzuchtfutter für alle Arten ist eine Vielfalt kleiner Lebendfuttertiere, die – über den Tag verteilt – portionsweise angeboten werden. Selbständig gewordene Jungtangaren sollten separat von den Eltern untergebracht werden (Strehlow und Haensel 2014).

Von allen *Ramphocelus*-Arten ist die **Brasil- oder Purpurtangare** die häufigste in der Haltung. Ihre Gesamtlänge beträgt 17–18 cm, ihr Gewicht 28–34 g. Die Männchen sind signalrot gefärbt, nur Flügel und Schwanz sind schwarz, Läufe und Schnabel grau. Die Iris ist rötlichbraun. Kennzeichnend für alle Männchen der gesamten Gattung ist der silbrig-weiße, wulstartig verdickte Unterschnabelfleck, der als Imponierzeichen bei Drohgebärden und bei der Balz eingesetzt wird. Die Weibchen sind überwiegend bräunlich, Hinterrücken, Bürzel und Bauch sind rot. Ihnen fehlt der verdickte Unterschnabelfleck. Die Jungvögel ähneln in der Färbung den Weibchen, tragen aber insgesamt etwas mattere Gefiederfarben.

Brasiltangaren kommen nur in Ost-Brasilien vor. Als strikte Tieflandbewohner leben sie im Küstenregenwald meist unter 400 m. Bevorzugte Habitate sind Sumpfgebiete und Flussufer mit dichtem Gebüsch, aber auch Parks und Gärten. Sie sind Standvögel (del Hoyo et al. 2011).

Brasiltangaren ernähren sich hauptsächlich von Früchten, ergänzt durch Insekten und Nektar. Bei der Nahrungssuche bewegen sich die Vögel teils in akrobatischen Überkopfstellungen in den Bäumen und Büschen. Ein Verhalten, das nur bei wenigen Vogelarten zu beobachten ist, ist das Saugtrinken! Ähnlich wie Tauben, Mausvögel, einige Prachtfinken u. a. saugen alle Tangaren Flüssigkeiten hoch ohne den Kopf zu heben (Moermond 1983).

Brasiltangaren brüten als Einzelpaare. Das Weibchen baut das Napfnest im Baum oder Busch, legt 2–3 blaßblaugrüne, dunkelgefleckte Eier ab und brütet diese alleine innerhalb von 12–14 Tagen aus. Nach weiteren 14 Tagen Nestlingsdauer und Fütterung mit Insekten und anderen Kleintieren bleiben viele Jungtangaren als Bruthelfer für die Folgegeneration bei der Familie! Ihre Fortpflanzungsreife erlangen sie mit 2 Jahren (del Hoyo et al. 2011).

Für die Haltung hat sich eine Innenvoliere (20–25 °C, 60 % Luftfeuchtigkeit) mit dichter Bepflanzung und flacher Badestelle bewährt. Die Überwinterung erfolgt bei mindestens 15 °C. Das Hauptfutter besteht aus einem Früchtesortiment (erste Wahl sind Heidelbeeren und viele exotische Obstsorten), Lebendinsekten (reichlich zur Jungenaufzucht), Weichfutter, Nektartrunk/Fruchtsäfte, selten Grünfutter.

Die Brasiltangare ist eine der wenigen Tangaren-Arten mit guten Zuchterfolgen in den letzten Jahren. Ringgröße 3,5 mm. Das vielfach bisher angegebene Höchstalter für Brasiltangaren mit 10 Jahren (Pagel und Marcordes 2011) lässt sich nach eigenen Kenntnissen auf 14 Jahre (Männchen) und 15 Jahre (Weibchen) erweitern (Urbasch 2006).

Die nur 12–13 cm kleine südamerikanische **Paradies- oder Siebenfarbentangare** (Abb. 3) ist vor allem wegen ihres besonders bunten Gefieders als Volierenvogel beliebt. Vor dem Importstopp gab es gelegentliche Einfuhren, erstmals bereits 1893 von der Hamburger Tierhandelsfirma Fockelmann (Neunzig 1921).

Männchen und Weibchen sehen äußerlich gleich aus: Nacken, Vorderrücken und Schwanz sind schwarz, der Hinterrücken ist scharlachrot bis orangerot, der Bürzel je nach Unterart gelb oder rot, der Kopf hell grasgrün, die Kehle blauviolett, die Flügel sind schwarz mit hellblauem Bug, die Unterseite ist hellblau. Schnabel und Läufe sind grau. Die Partie um den Schnabel ist schwarz, die Iris dunkelbraun, ein schmaler Augenring ist schwarz.

Der Artname „*chilensis*" täuscht. In Chile kommt keine der 4 Unterarten vor. Vielmehr liegt das Verbreitungsgebiet der Paradiestangare in Amazonien, von Süd-Venezuela und Ost-Kolumbien über Ost-Peru, Nord-Bolivien, Guayana und Brasilien bis in Höhenlagen von maximal 1400 m. Paradiestangaren sind Standvögel. Sie leben hauptsächlich im Kronendach der Regenwaldbäume, auch an Waldrändern (Isler und Isler 1987; del Hoyo et al. 2011).

Ihre Nahrung besteht überwiegend aus Früchten, außerdem verzehren sie Blüten, Pollen und Nektar. Insekten und weitere Wirbellose werden außerhalb der Brutzeit zu geringeren Anteilen gefressen, sind aber für den Nachwuchs wichtig.

Das Napfnest wird vom Weibchen gebaut. Das Gelege umfasst 2 weiße, rötlichbraun gefleckte Eier, die das Weibchen alleine 13–15 Tage lang bebrütet. Die Nestlingsdauer beträgt 14–16 Tage. Beide Eltern füttern die Jungen (del Hoyo et al. 2011).

Abb. 3 Die Paradies- oder Siebenfarbentangare (*Tangara chilensis*) wird aufgrund ihres farbenprächtigen Äußeren bereits seit Ende des 19. Jahrhunderts in Menschenobhut gehalten. (Foto: Werner Lantermann)

Die Haltung von Paradiestangaren kann ganzjährig in einer Innenvoliere oder im Sommerhalbjahr in einer kombinierten Außen-/Innenvoliere erfolgen. Die optimale Temperatur für diese wärmeliebende Art ist 20–25 °C, die Überwinterung erfolgt bei mindestens 15 °C. Der Hauptfutteranteil sollte aus vielen verschiedenen Früchten bestehen (Heidelbeeren, Johannisbeeren, Weintrauben, gequollene Rosinen, klein geschnittene Birnen, Pfirsiche, Mangos, Papaya u. a.). Dazu werden Grünfutter, Weichfutter, Lebendinsekten (vermehrt zur Jungenfütterung) und ein Nektargetränk angeboten (Strehlow und Haensel 2014).

Die Zucht ist schwierig und gelingt am ehesten bei paarweiser Haltung. Jungvögel werden mit Ringen der Größe 3,2 mm gekennzeichnet (Pagel und Marcordes 2011).

Der **Purpurnaschvogel** misst nur 10–11 cm Gesamtlänge (Abb. 4). In der Gestalt erinnert er an einen Nektarvogel. Die Männchen im Prachtkleid sind blau mit schwarzer Kehle. Zügel, Augenpartie, Flügel und Schwanz sind ebenfalls schwarz. Die Läufe sind hellgelb (daher der englische Name Yellow-legged Honeycreeper). Der dunkelgraue Schnabel ist dünn und leicht abwärts gebogen. Die Irisfärbung ist dunkelbraun. Das Männchen im Ruhekleid ist grünlich. Die Läufe sind zu jeder Jahreszeit hellgelb (dadurch ist das Männchen stets vom Weibchen unterscheidbar). Die Weibchen sind ganzjährig grünlich gefärbt, die Läufe sind grüngelb, die Zügel hellbraun, der Bartstreif hellblau, die Unterseite gelblichgrün mit grüner Längsstrichelung.

Purpurnaschvögel kommen von Panama und Kolumbien über Venezuela, Guayana, Surinam, West-Ecuador und Nord-Bolivien bis Brasilien vor. Auf Trinidad und Tobago sind sie vermutlich eingeführt (Isler und Isler 1987).

Regenwälder, Waldränder und Lichtungen, Sekundärwälder, Kulturflächen und Gärten sind ihr Lebensraum, vorwiegend im Tiefland, selten bis in Höhenlagen von 1800 m. Sie unternehmen nur lokale, kurze Wanderungen, abhängig vom Futterangebot.

Purpurnaschvögel zeigen Anpassungen an ihre partiell nektarivore Ernährungsweise: hinsichtlich der Schnabelform (schmal, spitz, gebogen) und hinsichtlich des Zungenbaus (basal röhrenförmig, Fransen an der Zungenspitze). Außer Blütennektar

Abb. 4 Der Purpurnaschvogel (*Cyanerpes caeruleus*) – früher auch Gelbfußhonigsauger genannt – erinnert in seinem Äußeren an einen Nektarvogel (hier ein Männchen im Prachtgefieder). (Foto: Werner Lantermann)

und Pollen gehören Insekten und kleine Früchte ins Nahrungsspektrum. Bei der Nahrungssuche sind die Naschvögel ruhelos, flink, Flügel zuckend und über Kopf hängend unterwegs.

Für den Bau des Napfnestes und das Bebrüten der meist 2 Eier ist das Weibchen allein zuständig. Brutdauer 12–13 Tage. Während der Nestlingsdauer von 12–14 Tagen hilft das Männchen mit bei der Jungenfütterung. Der Nachwuchs wird nahezu ausschließlich mit Insekten versorgt (del Hoyo et al. 2011).

Die Haltung der Purpurnaschvögel erfolgt vorzugsweise in einer dichtbepflanzten Innenvoliere, die Überwinterung unbedingt im Warmhaus (über 15 °C). Die Hauptnahrung besteht aus Nektarlösungen bzw. Honigwasser, beides entweder in Trinkröhrchen angeboten oder in Näpfchen. Apfelsinenhälften zum Auspicken können in der Bepflanzung befestigt werden. Darüber hinaus nehmen die Vögel gern saftige, süße Früchte/Fruchtstücke und insektenreiches Weichfutter sowie Lebendinsekten (die zur Jungenaufzucht sehr reichlich angeboten werden sollten). Fruchtfliegen (Drosophila) zum Selbstfangen aus der Luft sind ebenfalls begehrt (Baars 1986; Hüning 1998; Pagel und Marcordes 2011).

Zur Brutzeit verhalten sich Purpurnaschvögel meist unverträglich gegenüber Artgenossen. Eine Gemeinschaftshaltung mit anderen Kleinvögeln ist aber möglich. Die Fortpflanzungsreife tritt mit etwa 15 Monaten ein. Das Höchstalter von Purpurnaschvögeln in Menschenobhut liegt bei 15 Jahren! Ringgröße 2,5 mm. Naschvögel können dem Pfleger gegenüber sehr zutraulich bis sogar handzahm werden.

Literatur

Baars, W. (1986). *Fruchtfresser und Blütenbesucher*. Stuttgart: Ulmer.

Barker, F. K., Burns, K. J., Klicka, J., Lanyon, S. M., & Lovette, I. J. (2013). Going to extremes: Contrasting rates of diversification in a recent radiation of new world passerine birds. *Systematic Biology, 62*(2), 298–320.

Burns, K. J. (1997). Molecular systematics of tanagers (Thraupinae): Evolution and biogeography of a diverse radiation of neotropical birds. *Molecular Phylogenetics and Evolution, 8*(3), 234–348.

Grant, P. R., & Weiner, J. (2011). *Ecology and evolution of Darwin's finches*. Princeton: University Press.

Hilty, S., & Christie, D. A. (2019). Bananaquit (*Coereba flaveola*). In J. del Hoyo, A. Elliott, J. Sargatal, D. A. Christie & E. de Juana (Hrsg.), *Handbook of the birds of the world alive*. Barcelona: Lynx.

Hoyo, J. del, Elliott, A., & Christie, D. (2011). *Handbook of the birds of the world* (Bd. 16, S. 46–330). Barcelona: Lynx.

Hoyo, J. del, Elliott, A., Sargatal, J., Christie, D. A., & de Juana, E. (2019). *Handbook of the birds of the world alive*. Barcelona: Lynx.

Hüning, W. (1998). Der Purpurnaschvogel. *Gefiederte Welt, 122*, 52–55.

Isler, M. L., & Isler, P. R. (1987). *The tanagers*. Oxford: University Press.

Moermond, T. C. (1983). Suction-drinking in tanagers. *Ibis, 125*, 545–549.

Neunzig, K. (1921). *Die fremdländischen Stubenvögel*. Magdeburg: Creutz'sche Verlagsbuchhandlung.

Pagel, T., & Marcordes, B. (2011). *Exotische Weichfresser* (S. 150–154). Stuttgart: Ulmer.

Ridgely, R. S., & Tudor, G. (2009). *Birds of South America*. Oxford: University Press.

Strehlow, H., & Haensel, J. (2014). Kapitel Sperlingsvögel (Passeriformes, Tangaren). In W. Grummt & H. Strehlow (Hrsg.), *Zootierhaltung – Vögel* (S. 689–697). Haan-Gruiten: Europa-Lehrmittel.

Urbasch, I. (2005). Biologie und Pflege von Organisten. *Die Voliere, 28,* 164–169.

Urbasch, I. (2006). Tangaren: Biologie – Haltung – Zucht. *Die Voliere, 29,* 4–8.

Vandieken, J. (2009). Schillertangaren. *Gefiederte Welt, 133,* 8–13.

Winkler, D. W., Billermann, S. M., & Lovette, I. J. (2015). *Bird families of the world – Thraupidae* (S. 554–561). Barcelona: Lynx.

Stichwortverzeichnis